U0230704

物理学教授 顾樵博士

数学物理方法

Mathematical Methods for Physics

〔德〕顾　樵　(Qiao GU)　编著

科学出版社

北　京

内 容 简 介

本书根据作者20多年来在德国和中国开设数学物理方法讲座内容及相关的研究成果提炼而成。其主要内容包括傅里叶级数、傅里叶变换、拉普拉斯变换、数学物理方程的建立、分离变量法、本征函数法、施图姆-刘维尔理论、行波法、积分变换法、格林函数法、贝塞尔函数、勒让德多项式、量子力学薛定谔方程等。本书注重自身理论体系的科学性、严谨性、完整性与实用性，将中国传统教材讲授内容与国外先进教材相结合、教学实践与其他相关课程的需要相结合、抽象的数理概念与直观的物理实例相结合、经典的数理方法与新兴交叉学科的生长点相结合、基础的数理知识与科学前沿中的热点问题相结合。本书既可为教学所用，又可适应科研需要，同时，附有大量不同类型的综合性例题，便于不同层次读者学习掌握分析问题与解决问题的思路和方法。

本书可作为物理学、应用数学及相关理工科专业本科生与研究生的教材，也可供高等院校教师和科研院所技术人员在理论研究与实际工程中使用，或供有高等数学及普通物理学基础的自学者自修，还可供在国外研读相关专业的研究生及访问学者参考。

图书在版编目(CIP)数据

数学物理方法=Mathematical Methods for Physics/(德)顾樵编著. —北京：科学出版社，2012

ISBN 978-7-03-033064-2

Ⅰ. ①数… Ⅱ. ①顾… Ⅲ. ①数学物理方法-高等学校-教材 Ⅳ. ①O411.1

中国版本图书馆 CIP 数据核字(2011) 第265894号

责任编辑：刘凤娟／责任校对：包志虹
责任印制：霍 兵／封面设计：耕 者

科学出版社出版
北京东黄城根北街16号
邮政编码：100717
http://www.sciencep.com

三河市春园印刷有限公司印刷
科学出版社发行 各地新华书店经销

*

2012年 1 月第 一 版 开本：720×1000 1/16
2025年 3 月第二十七次印刷 印张：34 3/4 插页：1
字数：667 000

定价：89.00元

(如有印装质量问题，我社负责调换)

前　言

追溯历史，数学的发展有两条清晰的轨迹：一是纯理论性发展；二是与物理等实体科学和工程问题相结合。数学物理方法明显属于后者，作为一门高等数理工具，日益突显其广泛的实用性。它不仅可以直接用于物理学，而且涉及几乎所有理工类学科，甚至包含生命科学和经济学。

自 20 多年前到德国之后，我一直从事生物光子学的研究、开发与应用。由于自身理论物理的学术背景以及研究所的工作需要，也经常开设一些学术讲座，主讲数学物理方法和量子力学。作为一名以中国模式培养出来的教授，我感到所使用的外文教材系统性与缜密性不足。因此，我总是按照自己认定的逻辑授课，讲述的内容与学生手中的教材大相径庭。

近年，我常回中国讲学。除介绍国外科学前沿与高新技术外，也讲授数学物理方法和量子力学等基础课程，所用的通常是中文教材，面对母语颇感亲切。但对于一个熟谙西方治学方法的学者，又感到中文教材的灵活性与实用性欠缺。所以，讲课内容依然与学生手中的课本不相配合，而且不提供课件。有学生给我发邮件诉求："说句真心话，听顾老师的课是一种享受，您讲课太棒了！不知您能否把课件上传，这样我们复习就可以节约一些时间。" 问题还是没有称心如意的教材。许多学生以及听课教师问我为什么不出版自己的教材。我的想法是，有写教材的时间，不如去钻研重要的生物光子学课题。

但是，这样的想法随着听课人数的增加，渐渐发生了改变，授课内容与课本不相配合产生的负面影响越来越明显。于是，潜移默化地萌生了写书的念头。就在这时，我发现不少学生已经设法将我的课件复制下来并发到网上，这说明学生们对课件的喜爱，但殊不知其中很多原创内容迄今尚未发表。这个情况使写书的念头突然间转化成一种冲动。其实，平心而论，作为一名定居海外多年的学者，在讲学和研究之余，能为祖国留下几本教科书，以飨众多中国读者，也是一件很有意义的事情。

成书后的《数学物理方法》涉及内容较多，教学中可根据需要和课时加以取舍。书中所述知识绝非一个学期就可以完全掌握，需要长期反复思考与练习，所以本书对硕士生和博士生同样有用。另外，本人基于自己的经历深深感到，即使是从事教学、科研或工程多年的学者与技术人员，也常常需要查阅相关的基础性知识。所以，既为教学所用、又适应科研需要，是本书的宗旨。书中列出大量例题，读者可从中学习解决实际问题的思路与方法，但没有像普通教科书那样附上练习题。在本科阶段，授课老师寻找一些练习题布置给学生，并非一件难事。本书数学推导及物理论述详尽、浅显、简明，可以作为各类人员的自学教材及参考书。

在多年的学术讲座中，有不少学生提出许多有意义的问题，使本书内容日臻丰富，在此向他们致谢。另外，与 F. A. Popp 教授的有益讨论以及在德国国际生物物理研究所多年的学术合作使我受益良多。自 1977 年进入大学以来，在 30 多年的科学生涯中我一直受到妻子张爱华的全力支持和悉心关照，谨此表示由衷的感谢。

本书不妥之处，恳请读者批评指正。

顾 樵
Prof. Dr. Qiao GU(Chief Scientist)
gu-qiao@gmx.de
International Institute of Quantum Biology
Haßloch, Germany
20 August 2011

目　　录

第 1 章　基础理论知识

1.1　常微分方程模型与求解

常微分方程理论在实际问题上的应用是建立模型并求解。本节将通过不同领域的若干实例，论述常微分方程模型的建立和求解过程。这对于随后建立偏微分方程模型、求解数学物理方法的定解问题，具有直接的参考价值。我们首先讨论一个社会学问题。

例 1　马尔萨斯人口模型

英国著名人口统计学家马尔萨斯 (Malthus，1766~1834) 在担任牧师期间，利用教堂所拥有的资料，研究了英国 100 多年的人口增长，发现人口的相对增长率是一个常数。并由此建立了一个描述人口增长的模型，即后来闻名于世的“马尔萨斯人口模型”。

解　马尔萨斯人口模型可以归结为常微分方程

$$\frac{1}{u}\frac{\mathrm{d}u}{\mathrm{d}t} = \alpha \Rightarrow \frac{\mathrm{d}u}{\mathrm{d}t} = \alpha u \tag{1.1.1}$$

其中，t 是时间，u 是依赖于时间的人口数目，$\alpha(\alpha > 0)$ 为相对增长率常数。式 (1.1.1) 中的 $\mathrm{d}u/\mathrm{d}t$ 是绝对增长率，被 u 除后则表示相对增长率。设初始时刻 $(t = 0)$ 的人口数目为 n，由方程 (1.1.1) 容易解出

$$u(t) = n\exp(\alpha t) \tag{1.1.2}$$

式 (1.1.2) 显示了一个指数增长规律。

这个模型对于人口增长的相对短期预测是正确的。不过研究者发现，如果按照该模型预测世界人口，到 2510 年世界人口将多达 2 万亿。这意味着，即使将地球表面所有陆地和所有海洋面积都计算在内，人均面积也只有 $0.86\mathrm{m}^2$。显然这样一种状况是不可能出现的。这意味着马尔萨斯模型对于人口增长的长期预测是不正确的。

马尔萨斯模型的缺陷在于没有考虑人口增长的非线性机制。事实上，人口总数不太大时，其增长可以用式 (1.1.1) 所示的线性动力学 [即指数增长规律 (1.1.2)] 描述。但是随着人口总数的增加，地球上生存环境及生态资源对人口增长的限制变得越来越显著，这个重要的因素将使人口的增长趋于缓慢。马尔萨斯模型的问题在于没有考虑环境对人口增长的制约。

描述人口增长的更精确的模型是非线性的，它与下面的传染病问题有关。

例 2 传染病问题 (Logistic 模型)

一个区域有 M 只老鼠，其中 N 只患上了传染病。它们可以通过接触传染给健康的老鼠。问任意时刻患上传染病的老鼠有多少？

解 设任意 t 时刻病鼠和健康鼠的数目分别为 u 和 v，则

$$u + v = M \tag{1.1.3}$$

病鼠数目的变化率正比于乘积 uv(即正比于病鼠与健康鼠相遇的概率)：

$$\frac{\mathrm{d}u}{\mathrm{d}t} = \beta uv \tag{1.1.4}$$

这里非线性项 uv 刻画老鼠的接触性传染，比例系数 $\beta > 0$。利用式 (1.1.3)，可以将方程 (1.1.4)修改为

$$\frac{\mathrm{d}u}{\mathrm{d}t} = \alpha u - \beta u^2 \tag{1.1.5}$$

其中，$\alpha = \beta M$。现在求解方程 (1.1.5)，首先将它写成

$$\frac{M\mathrm{d}u}{u(u-M)} = -\alpha \mathrm{d}t \tag{1.1.6}$$

的形式，然后两边取定积分

$$M\int_N^{u(t)} \frac{\mathrm{d}u}{u(u-M)} = -\alpha \int_0^t \mathrm{d}t \tag{1.1.7}$$

利用积分公式

$$\int \frac{\mathrm{d}u}{(u+a)(u+b)} = \frac{1}{b-a} \ln \frac{a+u}{b+u} \quad (a \neq b) \tag{1.1.8}$$

式 (1.1.7)给出

$$u(t) = \frac{M}{1 + \left(\dfrac{M}{N} - 1\right) \exp(-\alpha t)} \tag{1.1.9}$$

式 (1.1.9) 作为非线性方程 (1.1.5) 的解给出任意时刻病鼠的数目。我们看出，它正是众所周知的生物学中的 “生长曲线”，如图 1.1 所示。

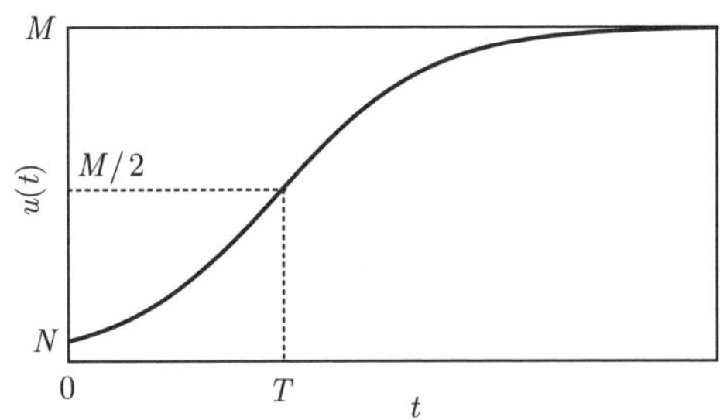

图 1.1 式 (1.1.9) 所示的生长曲线 (亦称 “S 曲线”)。初始值为 $u(0) = N$，饱和值为 $u(\infty) = M$，曲线拐点出现在时刻 $T = \dfrac{1}{\alpha}\ln[(M/N) - 1]$，函数在拐点的取值达到饱和值的一半，即 $u(T) = M/2$。生长曲线能够描述许多生物学过程，如人体重量、身高随年龄的增加，各种微生物的繁殖，生物群体中个体数目的增加，人体光子辐射信号随年龄的变化等

式 (1.1.5) 所示的非线性动力学包含了个体数目增长的非线性机制，能够相当好地描述人口增长，在人口学中称为 Logistic 模型。其中，非线性项 $-\beta u^2$ 所包含的机制是：人口的相对增长率不再是一个简单的常数，而是一个随 u 增大而线性衰减的函数，即

$$\alpha \longrightarrow \alpha\left(1 - \frac{u}{M}\right) \tag{1.1.10}$$

这样方程 (1.1.1) 修正为

$$\frac{\mathrm{d}u}{\mathrm{d}t} = \alpha\left(1 - \frac{u}{M}\right)u = \alpha u - \beta u^2 \tag{1.1.11}$$

由式 (1.1.11) 可以看出，在人口增长的线性阶段，个体数量 u 远小于饱和值 M，这时比值 $u/M \ll 1$，相对增长率 $\alpha(1 - u/M) \approx \alpha$，Logistic 模型约化为马尔萨斯模型。随着 u 的增大，u/M 变得不能忽略，于是相对增长率下降，人口增长率趋于缓慢。Logistic 模型被验证与许多国家及世界人口增长的统计数据相吻合。

由上述两个例子，可以大体看出建立常微分方程模型解决实际问题的基本步骤是：①分析考查量的变化规律，建立相应的微分方程；②写出考查量所满足的相关条件 (如上述两个实例中的初始条件)；③根据微分方程和相关条件，求出考查量的解；④分析考查量的变化特征；⑤讨论解的适用条件 (比如，马尔萨斯模型只能用于个体增长的线性阶段)。随后我们将对于数学物理方法的实际问题，建立偏微分方程模型，而解决问题的步骤也基本如此。下面我们继续讨论常微分方程的模型与求解。

例 3 *L-C* 电路

讨论图 1.2 的 *L-C* 电路中电容器所带电荷与回路中电流的变化规律，已知初始时刻 $(t = 0)$ 的电荷与电流分别为 $Q(0) = Q_0$，$I(0) = 0$。

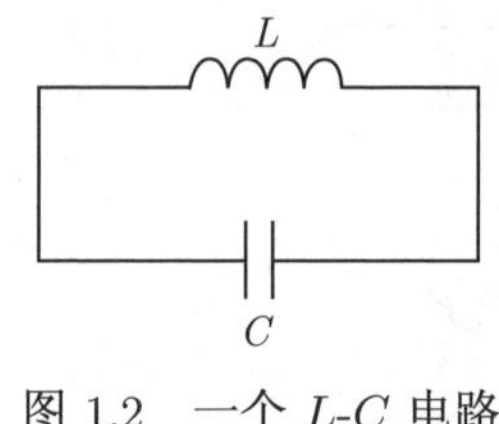

图 1.2　一个 L-C 电路

解　设电路中任意时刻的电流为 I，它经过电感 L 和电容 C 所产生的电压降分别为 $L\dfrac{\mathrm{d}I}{\mathrm{d}t}$ 和 $\dfrac{Q}{C}$，其中 Q 为任意时刻电容器的电荷。由基尔霍夫定律得到

$$L\frac{\mathrm{d}I}{\mathrm{d}t}+\frac{Q}{C}=0 \tag{1.1.12}$$

因为 $I=\dfrac{\mathrm{d}Q}{\mathrm{d}t}$，方程 (1.1.12) 可以写为

$$\frac{\mathrm{d}^2Q}{\mathrm{d}t^2}+\frac{Q}{LC}=0 \tag{1.1.13}$$

这个方程的通解是

$$Q(t)=A\cos\frac{t}{\sqrt{LC}}+B\sin\frac{t}{\sqrt{LC}} \tag{1.1.14}$$

其中，A 和 B 均是待定的常数。电荷的初始条件为

$$Q(0)=Q_0,\quad \dot{Q}(0)=I(0)=0 \tag{1.1.15}$$

利用后者得到 $B=0$，再利用前者得到 $A=Q_0$。这样式 (1.1.14) 给出特解

$$Q(t)=Q_0\cos\frac{t}{\sqrt{LC}} \tag{1.1.16}$$

而任意时刻的电流为

$$I(t)=\frac{\mathrm{d}Q}{\mathrm{d}t}=-\frac{Q_0}{\sqrt{LC}}\sin\frac{t}{\sqrt{LC}} \tag{1.1.17}$$

很明显，电荷与电流均以 $1/\sqrt{LC}$ 为圆频率做周期振荡，故图 1.2 所示的电路又称为 L-C 振荡回路。

最后我们考查电流的方程，事实上，方程 (1.1.12) 对 t 求导数立即得到

$$\frac{\mathrm{d}^2I}{\mathrm{d}t^2}+\frac{I}{LC}=0 \tag{1.1.18}$$

可见它与电荷方程 (1.1.13) 有完全相同的形式。这类常微分方程还可以描述许多其他的实际问题，如下面的单摆问题。

例 4 单摆问题

长度为 l 的柔软轻线，一端固定，一端系质量为 m 的质点 (称为摆球)，于铅直平面内在平衡位置两侧摆动，如图 1.3 所示。问摆角 θ 的变化服从什么规律？

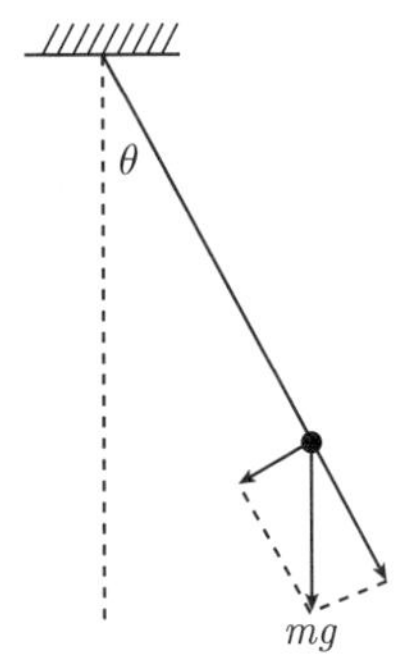

图 1.3 单摆：取摆球反时针运动的方向为摆角 θ 的正向

解 设任意时刻摆球偏离铅垂线的角度为 θ，摆球受到的合力为重力 mg 在切向的分量 $mg\sin\theta$，其切向速度为 $v = l\dfrac{\mathrm{d}\theta}{\mathrm{d}t}$。由牛顿第二定律得到

$$m\frac{\mathrm{d}v}{\mathrm{d}t} = -mg\sin\theta \tag{1.1.19}$$

式 (1.1.19) 中有负号是由于摆球加速度 $\dfrac{\mathrm{d}v}{\mathrm{d}t}$ 的方向与 θ 方向相反，故

$$\frac{\mathrm{d}^2\theta}{\mathrm{d}t^2} + \frac{g}{l}\sin\theta = 0 \tag{1.1.20}$$

这就是单摆的运动方程，它作为一个非线性方程能够描述单摆在任意摆角时的运动。如果摆动的角度很小，以致 $\sin\theta \approx \theta$，则方程 (1.1.20) 化为线性方程

$$\frac{\mathrm{d}^2\theta}{\mathrm{d}t^2} + \frac{g}{l}\theta = 0 \tag{1.1.21}$$

我们看到微振动单摆的角频率为 $\sqrt{g/l}$，它与 L-C 电路具有相同的数学模型

$$\frac{\mathrm{d}^2y}{\mathrm{d}x^2} + k^2y = 0 \tag{1.1.22}$$

其中，$k > 0$。不同问题可以具有相同的数学模型这一事实，反映了不同现象之间的内在相通性。正是这样的相通性，提供了用模拟方法研究复杂问题的理论依据。例如，利用简单的电路模拟力学系统、物理系统，生物系统中的动力学过程。

方程 (1.1.22) 是一个极为有用的常微分方程，让我们对它进行一般性的讨论。它的通解是

$$y(x) = A\cos kx + B\sin kx \tag{1.1.23}$$

还可以等价地写为

$$y(x) = E\sin(kx+\delta) \text{ 或 } y(x) = E\cos(kx+\delta) \tag{1.1.24}$$

其中，E 和 δ 分别是振幅与位相，式 (1.1.23) 和式 (1.1.24) 在物理上通常称为“驻波”解。而借助欧拉公式

$$\mathrm{e}^{\mathrm{i}z} = \cos z + \mathrm{i}\sin z, \quad \mathrm{e}^{-\mathrm{i}z} = \cos z - \mathrm{i}\sin z \tag{1.1.25}$$

方程 (1.1.22) 的通解还可以写成“行波”的形式

$$y(x) = C\exp(\mathrm{i}kx) + D\exp(-\mathrm{i}kx) \tag{1.1.26}$$

方程 (1.1.22) 的通解取驻波还是行波，视具体问题的相关条件而定。总的原则是利用相关条件尽可能使式 (1.1.23) 或式 (1.1.26) 中的一项为零。例如，对于条件 (1.1.15)，方程 (1.1.13) 应该取驻波解 (1.1.14)，得到单项解 (1.1.16)。另外，如果能够确定实际的系统只有一个方向的行波，则取行波解 (1.1.26)。例如，只有正向行波时，便只有单项解 $y(x) = C\exp(\mathrm{i}kx)$，这种情况在量子力学中尤为常见。

例 5　*R-G* 传输线

当电流通过传输线时，由于电路中存在电阻和电漏，传输线上的电压与电流都是随空间 x 变化的。讨论传输线上电压与电流的变化规律。

解　研究传输线上电压与电流的变化规律的方法是从传输线划出一个微元 Δx，它的等效电路如图 1.4 所示，其中 R 和 G 分别是单位长度的电阻与电漏。由于微元足够小，每个原件的尺度均视为 Δx。根据基尔霍夫定律，在长度为 Δx 的传输线中，电压降为

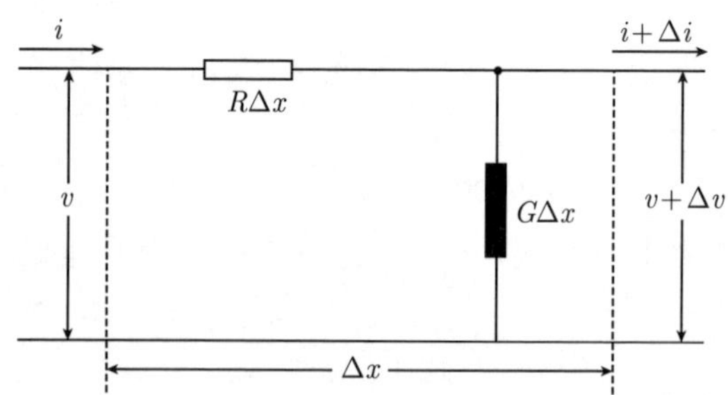

图 1.4　传输线的微元 Δx 的等效电路

$$v - (v+\Delta v) = R\Delta x \cdot i \tag{1.1.27a}$$

在节点，流入的电流等于流出的电流，即

$$i = (i+\Delta i) + G\Delta x \cdot (v+\Delta v) \tag{1.1.27b}$$

略去方程 (1.1.27b) 右边的二阶小量 $\Delta x\Delta v$，并将式 (1.1.27) 中的变化量用微商近似代替，得到

$$\frac{\partial i}{\partial x}+Gv=0 \tag{1.1.28a}$$

$$\frac{\partial v}{\partial x}+Ri=0 \tag{1.1.28b}$$

这是电压与电流的耦合方程，下面我们推出各自独立的方程。对式 (1.1.28a) 两边关于 x 求导数，得到

$$\frac{\partial^2 i}{\partial x^2}+G\frac{\partial v}{\partial x}=0 \tag{1.1.29}$$

由式 (1.1.28b) 解出 $\partial v/\partial x$，再代入式 (1.1.29)，得到

$$\frac{\partial^2 i}{\partial x^2}-RGi=0 \tag{1.1.30a}$$

这是电流的方程。同理可得电压的方程

$$\frac{\partial^2 v}{\partial x^2}-RGv=0 \tag{1.1.30b}$$

可见电压与电流有相同的变化规律。方程 (1.1.30a) 和方程 (1.1.30b) 具有相同的形式

$$\frac{\mathrm{d}^2 y}{\mathrm{d}x^2}-k^2y=0 \tag{1.1.31}$$

其中，$k>0$。方程 (1.1.31) 也是一个常见的方程，它的通解常表示为指数形式

$$y(x)=C\mathrm{e}^{kx}+D\mathrm{e}^{-kx} \tag{1.1.32}$$

其中，C 和 D 是待定的常数。利用公式

$$\cosh x=\frac{\mathrm{e}^x+\mathrm{e}^{-x}}{2},\quad \sinh x=\frac{\mathrm{e}^x-\mathrm{e}^{-x}}{2} \tag{1.1.33}$$

式 (1.1.32) 也可以表示为双曲函数形式 (图 1.5)

$$y(x)=A\cosh kx+B\sinh kx \tag{1.1.34}$$

解 (1.1.34) 在数学物理方法中是很有用的。方程 (1.1.31) 的通解选式 (1.1.32) 还是式 (1.1.34)，也视具体问题的相关条件而定，选取原则也是尽量使其中一项为零。

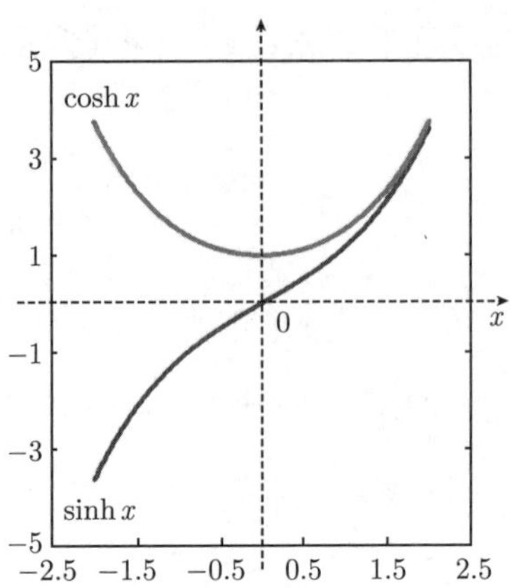

图 1.5 双曲函数是一种特别有用的初等函数，这里 $\cosh^2 x - \sinh^2 x = 1$

下面我们介绍一个关于生态学的常微分方程组的模型，并用特殊的方法进行求解。

例 6 捕食者–被捕食者模型 (predator-prey model)

设想一群食草类动物 (如山兔) 和一群食肉类动物 (如山猫) 居住在一个区域。这两群动物的数目变化具有怎样的动力学特性？定性地说，山猫吃了山兔，繁殖力增强，山猫的数目会增加。这样一来，山兔的数目便随之减少。接下来，山猫由于食物短缺而数目下降，导致山兔遇到山猫的机会减少，即被吃掉的概率下降，结果山兔的数目又逐渐增多。这样山猫得到食物的机会随之增加，其数目又一次上升，而山兔数目又一次减少，如此不断循环。其结果是两种动物的个体数目必然出现周期性的变化，而且彼此有一定的位相差。事实上，两种动物数目的变化可以进行定量的研究。

解 设任意 t 时刻山兔与山猫的数目分别为 x 和 y，二者的变化服从下面的动力学方程

$$\frac{\mathrm{d}x}{\mathrm{d}t} = k_1 x - \mu xy \tag{1.1.35a}$$

$$\frac{\mathrm{d}y}{\mathrm{d}t} = \nu xy - k_2 y \tag{1.1.35b}$$

其中，k_1，k_2，μ 和 ν 都是正常数。在方程 (1.1.35a) 中，$k_1 x$ 项表示山兔数目的自然增长率，与山兔的数目成正比。$-\mu xy$ 项表示山兔被山猫吃掉而导致的减少率，与乘积 xy 成正比 (也就是说与两种动物相遇的概率成正比)。对山猫而言，其繁殖率取决于捕食量，因此也与两种动物相遇的概率成正比，即 νxy 项表示山猫数目的增长率。$k_2 y$ 项是山猫的自然死亡率，与其数目成正比。至于山兔的自然死亡率，由于与 x 成正比，可以被认为包含在 $k_1 x$ 项之中。因此准确地说，$k_1 x$ 项表示山兔数目的净增长率。

方程组 (1.1.35) 是非线性的，因为右边含有非线性乘积 xy。现在采用线性化的特殊方法求解，也就是研究个体数目 x 和 y 在其稳态值附近的微小涨落。设方程组 (1.1.35) 的稳态解为 $x=x_0$，$y=y_0$，它们由

$$\left.\frac{\mathrm{d}x}{\mathrm{d}t}\right|_{x=x_0,\ y=y_0}=0,\quad \left.\frac{\mathrm{d}y}{\mathrm{d}t}\right|_{x=x_0,\ y=y_0}=0 \tag{1.1.36}$$

决定，即

$$k_1x_0-\mu x_0y_0=0 \tag{1.1.37a}$$

$$\nu x_0y_0-k_2y_0=0 \tag{1.1.37b}$$

代数方程组 (1.1.37) 的解为

$$x_0=\frac{k_2}{\nu} \tag{1.1.38a}$$

$$y_0=\frac{k_1}{\mu} \tag{1.1.38b}$$

现在，我们将方程组 (1.1.35) 的解写为

$$x=x_0+\xi \tag{1.1.39a}$$

$$y=y_0+\eta \tag{1.1.39b}$$

其中，ξ 和 η 与 x_0 和 y_0 相比都是小量。将式 (1.1.39) 代入式 (1.1.35)，得到关于变量 ξ 和 η 的方程组

$$\frac{\mathrm{d}\xi}{\mathrm{d}t}=k_1\xi-\mu x_0\eta-\mu y_0\xi-\mu\xi\eta \tag{1.1.40a}$$

$$\frac{\mathrm{d}\eta}{\mathrm{d}t}=\nu x_0\eta+\nu y_0\xi-k_2\eta+\nu\xi\eta \tag{1.1.40b}$$

其中，非线性项 $\mu\xi\eta$ 和 $\nu\xi\eta$ 可被忽略，因为它们都是二阶小量。再利用式 (1.1.38)，最后得到线性化的耦合方程组

$$\frac{\mathrm{d}\xi}{\mathrm{d}t}=-k_2\frac{\mu}{\nu}\eta \tag{1.1.41a}$$

$$\frac{\mathrm{d}\eta}{\mathrm{d}t}=k_1\frac{\nu}{\mu}\xi \tag{1.1.41b}$$

其中的耦合可以解开，变为

$$\frac{\mathrm{d}^2\xi}{\mathrm{d}t^2}+k_1k_2\xi=0 \tag{1.1.42a}$$

$$\frac{\mathrm{d}^2\eta}{\mathrm{d}t^2}+k_1k_2\eta=0 \tag{1.1.42b}$$

它们均为式 (1.1.22) 类型的方程。按照式 (1.1.24) 写出它们的解，再代入式 (1.1.39)，并利用式 (1.1.38)，最终的解可以写为

$$x = \frac{k_2}{\nu} + E_1 \sin\left(\sqrt{k_1 k_2} t + \delta_1\right) \tag{1.1.43a}$$

$$y = \frac{k_1}{\mu} + E_2 \sin\left(\sqrt{k_1 k_2} t + \delta_2\right) \tag{1.1.43b}$$

这就是线性化方法的最后结果，它们显示山兔和山猫的数目均在各自的稳态值附近振荡，振荡的圆频率均为 $\sqrt{k_1 k_2}$，而振荡的幅度和位相取决于各自的初始条件。十分有趣的是，山猫与山兔数目周期性变化的理论结果与相应的统计数据相吻合，如图 1.6 所示。

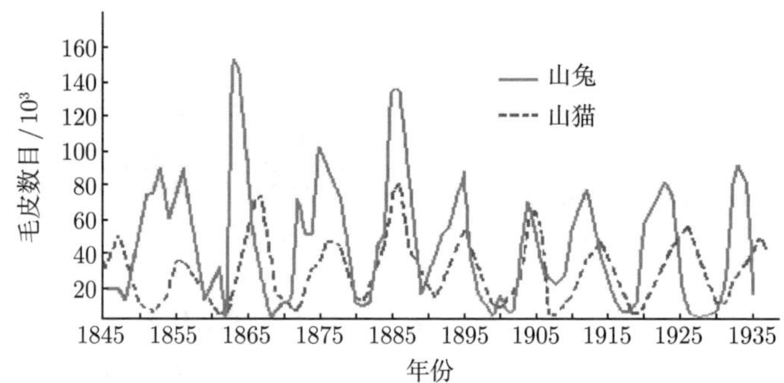

图 1.6　加拿大赫德森 · 贝 (Hudson Bay) 公司利用 1845~1935 年得到的毛皮数目的资料，画出相应的山兔和山猫个体数目在 90 年间的变化曲线。数据显示，两种动物个体数目的变化都是周期性的，而且具有大致相等的周期(约为10年)。也可以粗略看出，二者之间存在一定的位相差

上述的捕食者–被捕食者模型不但能描述众多的生态学问题，而且能够描述自催化反应系统的振荡特性，并且与细胞和生物体中出现的一系列基本过程的数学模型有许多共同之处。

以上例子说明，常微分方程模型在众多自然科学和技术领域，甚至在社会科学中都有广泛的应用。对于一个实际问题，如何将最本质的过程提炼出来，建立起相应的常微分方程模型，是解决问题的关键。这需要对具体问题的准确认识，也需要具备相关的专业知识，还需要数学上的分析与抽象能力。这些方面的积累需要一定的时间。在数学物理方法这门课程中，我们将进一步学习如何建立偏微分方程模型及其求解方法。

1.2 矢量微分算子与拉普拉斯算子

1.2.1 矢量微分算子 ∇

算子

$$\nabla=\frac{\partial}{\partial x}\boldsymbol{i}+\frac{\partial}{\partial y}\boldsymbol{j}+\frac{\partial}{\partial z}\boldsymbol{k} \tag{1.2.1}$$

称为矢量微分算子，简称矢量算子。在 ∇ 算子的基础上，若函数 $u(x,y,z)$ 和矢量 $\boldsymbol{E}(x,y,z)$ 有连续的一阶偏导数，则可作如下定义。

(1) **梯度**：函数 u 的梯度定义为

$$\nabla u=\frac{\partial u}{\partial x}\boldsymbol{i}+\frac{\partial u}{\partial y}\boldsymbol{j}+\frac{\partial u}{\partial z}\boldsymbol{k} \tag{1.2.2}$$

(2) **散度**：矢量 $\boldsymbol{E}$ 的散度定义为

$$\nabla\cdot\boldsymbol{E}=\left(\frac{\partial}{\partial x}\boldsymbol{i}+\frac{\partial}{\partial y}\boldsymbol{j}+\frac{\partial}{\partial z}\boldsymbol{k}\right)\cdot(E_x\boldsymbol{i}+E_y\boldsymbol{j}+E_z\boldsymbol{k})=\frac{\partial E_x}{\partial x}+\frac{\partial E_y}{\partial y}+\frac{\partial E_z}{\partial z} \tag{1.2.3}$$

(3) **旋度**：矢量 $\boldsymbol{E}$ 的旋度定义为

$$\begin{aligned}\nabla\times\boldsymbol{E}&=\begin{vmatrix}\boldsymbol{i} & \boldsymbol{j} & \boldsymbol{k}\\ \dfrac{\partial}{\partial x} & \dfrac{\partial}{\partial y} & \dfrac{\partial}{\partial z}\\ E_x & E_y & E_z\end{vmatrix}=\begin{vmatrix}\dfrac{\partial}{\partial y} & \dfrac{\partial}{\partial z}\\ E_y & E_z\end{vmatrix}\boldsymbol{i}-\begin{vmatrix}\dfrac{\partial}{\partial x} & \dfrac{\partial}{\partial z}\\ E_x & E_z\end{vmatrix}\boldsymbol{j}+\begin{vmatrix}\dfrac{\partial}{\partial x} & \dfrac{\partial}{\partial y}\\ E_x & E_y\end{vmatrix}\boldsymbol{k}\\ &=\left(\frac{\partial E_z}{\partial y}-\frac{\partial E_y}{\partial z}\right)\boldsymbol{i}+\left(\frac{\partial E_x}{\partial z}-\frac{\partial E_z}{\partial x}\right)\boldsymbol{j}+\left(\frac{\partial E_y}{\partial x}-\frac{\partial E_x}{\partial y}\right)\boldsymbol{k}\end{aligned} \tag{1.2.4}$$

拉普拉斯算子表示为

$$\nabla^2=\frac{\partial^2}{\partial x^2}+\frac{\partial^2}{\partial y^2}+\frac{\partial^2}{\partial z^2} \tag{1.2.5}$$

它作用于函数 u 给出

$$\nabla^2 u\equiv\nabla\cdot(\nabla u)=\frac{\partial^2 u}{\partial x^2}+\frac{\partial^2 u}{\partial y^2}+\frac{\partial^2 u}{\partial z^2} \tag{1.2.6}$$

而作用于矢量 $\boldsymbol{E}$ 给出

$$\nabla^2\boldsymbol{E}=(\nabla^2E_x)\boldsymbol{i}+(\nabla^2E_y)\boldsymbol{j}+(\nabla^2E_z)\boldsymbol{k} \tag{1.2.7}$$

设函数 u，v 和矢量 $\boldsymbol{E}$，$\boldsymbol{F}$ 都是 (x,y,z) 的函数，如果它们的一阶偏导数是存在的，则存在许多有关 ∇ 和 ∇^2 的公式，举例如下：

(1) $\nabla(u+v)=\nabla u+\nabla v$;

(2) $\nabla\cdot(\boldsymbol{E}+\boldsymbol{F})=\nabla\cdot\boldsymbol{E}+\nabla\cdot\boldsymbol{F}$;

(3) $\nabla\times(\boldsymbol{E}+\boldsymbol{F})=\nabla\times\boldsymbol{E}+\nabla\times\boldsymbol{F}$;

(4) $\nabla\cdot(u\boldsymbol{E})=(\nabla u)\cdot\boldsymbol{E}+u(\nabla\cdot\boldsymbol{E})$;

(5) $\nabla\times(u\boldsymbol{E})=(\nabla u)\times\boldsymbol{E}+u(\nabla\times\boldsymbol{E})$;

(6) $\nabla\cdot(\boldsymbol{E}\times\boldsymbol{F})=\boldsymbol{F}\cdot(\nabla\times\boldsymbol{E})-\boldsymbol{E}\cdot(\nabla\times\boldsymbol{F})$;

(7) $\nabla\times(\boldsymbol{E}\times\boldsymbol{F})=(\boldsymbol{F}\cdot\nabla)\boldsymbol{E}-\boldsymbol{F}(\nabla\cdot\boldsymbol{E})-(\boldsymbol{E}\cdot\nabla)\boldsymbol{F}+\boldsymbol{E}(\nabla\cdot\boldsymbol{F})$;

(8) $\nabla(\boldsymbol{E}\cdot\boldsymbol{F})=(\boldsymbol{F}\cdot\nabla)\boldsymbol{E}+(\boldsymbol{E}\cdot\nabla)\boldsymbol{F}+\boldsymbol{F}\times(\nabla\times\boldsymbol{E})+\boldsymbol{E}\times(\nabla\times\boldsymbol{F})$;

(9) $\nabla\times(\nabla u)=0$，即 u 的梯度的旋度是零;

(10) $\nabla\cdot(\nabla\times\boldsymbol{E})=0$，即 $\boldsymbol{E}$ 的旋度的散度是零;

(11) $\nabla\times(\nabla\times\boldsymbol{E})=\nabla(\nabla\cdot\boldsymbol{E})-\nabla^2\boldsymbol{E}$。

上述公式 (9)~公式 (11) 还假定 u 和 $\boldsymbol{E}$ 有二阶连续偏导数。这些公式均可以按 ∇ 的定义式 (1.2.1) 及矢量的点乘与叉乘运算公式予以证明，这里举几个例子。

例 1 证明公式

$$\nabla\cdot(u\boldsymbol{E})=(\nabla u)\cdot\boldsymbol{E}+u(\nabla\cdot\boldsymbol{E}) \tag{1.2.8}$$

证明

$$\begin{aligned}
\nabla\cdot(u\boldsymbol{E})&=\nabla\cdot(uE_x\boldsymbol{i}+uE_y\boldsymbol{j}+uE_z\boldsymbol{k})\\
&=\frac{\partial}{\partial x}(uE_x)+\frac{\partial}{\partial y}(uE_y)+\frac{\partial}{\partial z}(uE_z)\\
&=\frac{\partial u}{\partial x}E_x+\frac{\partial u}{\partial y}E_y+\frac{\partial u}{\partial z}E_z+u\left(\frac{\partial E_x}{\partial x}+\frac{\partial E_y}{\partial y}+\frac{\partial E_z}{\partial z}\right)\\
&=\left(\frac{\partial u}{\partial x}\boldsymbol{i}+\frac{\partial u}{\partial y}\boldsymbol{j}+\frac{\partial u}{\partial z}\boldsymbol{k}\right)\cdot(E_x\boldsymbol{i}+E_y\boldsymbol{j}+E_z\boldsymbol{k})\\
&\quad+u\left(\frac{\partial}{\partial x}\boldsymbol{i}+\frac{\partial}{\partial y}\boldsymbol{j}+\frac{\partial}{\partial z}\boldsymbol{k}\right)\cdot(E_x\boldsymbol{i}+E_y\boldsymbol{j}+E_z\boldsymbol{k})\\
&=(\nabla u)\cdot\boldsymbol{E}+u(\nabla\cdot\boldsymbol{E})
\end{aligned}$$

例 2 证明公式

$$\nabla\cdot(\nabla\times\boldsymbol{E})=0 \tag{1.2.9}$$

证明

$$\nabla\cdot(\nabla\times\boldsymbol{E})=\nabla\cdot\begin{vmatrix}\boldsymbol{i}&\boldsymbol{j}&\boldsymbol{k}\\ \dfrac{\partial}{\partial x}&\dfrac{\partial}{\partial y}&\dfrac{\partial}{\partial z}\\ E_x&E_y&E_z\end{vmatrix}$$

$$
\begin{aligned}
&= \nabla \cdot \left[\left(\frac{\partial E_z}{\partial y} - \frac{\partial E_y}{\partial z}\right)\boldsymbol{i} + \left(\frac{\partial E_x}{\partial z} - \frac{\partial E_z}{\partial x}\right)\boldsymbol{j} + \left(\frac{\partial E_y}{\partial x} - \frac{\partial E_x}{\partial y}\right)\boldsymbol{k}\right] \\
&= \frac{\partial}{\partial x}\left(\frac{\partial E_z}{\partial y} - \frac{\partial E_y}{\partial z}\right) + \frac{\partial}{\partial y}\left(\frac{\partial E_x}{\partial z} - \frac{\partial E_z}{\partial x}\right) + \frac{\partial}{\partial z}\left(\frac{\partial E_y}{\partial x} - \frac{\partial E_x}{\partial y}\right) \\
&= \frac{\partial^2 E_z}{\partial x \partial y} - \frac{\partial^2 E_y}{\partial x \partial z} + \frac{\partial^2 E_x}{\partial y \partial z} - \frac{\partial^2 E_z}{\partial y \partial x} + \frac{\partial^2 E_y}{\partial z \partial x} - \frac{\partial^2 E_x}{\partial z \partial y} = 0
\end{aligned}
$$

例 3 证明公式

$$
\nabla \times (\nabla \times \boldsymbol{E}) = \nabla(\nabla \cdot \boldsymbol{E}) - \nabla^2 \boldsymbol{E} \tag{1.2.10}
$$

证明

$$
\nabla \times (\nabla \times \boldsymbol{E}) = \nabla \times \begin{vmatrix} \boldsymbol{i} & \boldsymbol{j} & \boldsymbol{k} \\ \dfrac{\partial}{\partial x} & \dfrac{\partial}{\partial y} & \dfrac{\partial}{\partial z} \\ E_x & E_y & E_z \end{vmatrix}
$$

$$
\begin{aligned}
&= \nabla \times \left[\left(\frac{\partial E_z}{\partial y} - \frac{\partial E_y}{\partial z}\right)\boldsymbol{i} + \left(\frac{\partial E_x}{\partial z} - \frac{\partial E_z}{\partial x}\right)\boldsymbol{j} + \left(\frac{\partial E_y}{\partial x} - \frac{\partial E_x}{\partial y}\right)\boldsymbol{k}\right] \\
&= \begin{vmatrix} \boldsymbol{i} & \boldsymbol{j} & \boldsymbol{k} \\ \dfrac{\partial}{\partial x} & \dfrac{\partial}{\partial y} & \dfrac{\partial}{\partial z} \\ \dfrac{\partial E_z}{\partial y} - \dfrac{\partial E_y}{\partial z} & \dfrac{\partial E_x}{\partial z} - \dfrac{\partial E_z}{\partial x} & \dfrac{\partial E_y}{\partial x} - \dfrac{\partial E_x}{\partial y} \end{vmatrix} \\
&= \left[\frac{\partial}{\partial y}\left(\frac{\partial E_y}{\partial x} - \frac{\partial E_x}{\partial y}\right) - \frac{\partial}{\partial z}\left(\frac{\partial E_x}{\partial z} - \frac{\partial E_z}{\partial x}\right)\right]\boldsymbol{i} \\
&\quad + \left[\frac{\partial}{\partial z}\left(\frac{\partial E_z}{\partial y} - \frac{\partial E_y}{\partial z}\right) - \frac{\partial}{\partial x}\left(\frac{\partial E_y}{\partial x} - \frac{\partial E_x}{\partial y}\right)\right]\boldsymbol{j} \\
&\quad + \left[\frac{\partial}{\partial x}\left(\frac{\partial E_x}{\partial z} - \frac{\partial E_z}{\partial x}\right) - \frac{\partial}{\partial y}\left(\frac{\partial E_z}{\partial y} - \frac{\partial E_y}{\partial z}\right)\right]\boldsymbol{k} \\
&= \left(-\frac{\partial^2 E_x}{\partial y^2} - \frac{\partial^2 E_x}{\partial z^2}\right)\boldsymbol{i} + \left(-\frac{\partial^2 E_y}{\partial z^2} - \frac{\partial^2 E_y}{\partial x^2}\right)\boldsymbol{j} + \left(-\frac{\partial^2 E_z}{\partial x^2} - \frac{\partial^2 E_z}{\partial y^2}\right)\boldsymbol{k} \\
&\quad + \left(\frac{\partial^2 E_y}{\partial x \partial y} + \frac{\partial^2 E_z}{\partial z \partial x}\right)\boldsymbol{i} + \left(\frac{\partial^2 E_z}{\partial y \partial z} + \frac{\partial^2 E_x}{\partial x \partial y}\right)\boldsymbol{j} + \left(\frac{\partial^2 E_x}{\partial z \partial x} + \frac{\partial^2 E_y}{\partial y \partial z}\right)\boldsymbol{k} \\
&= \left(-\frac{\partial^2 E_x}{\partial x^2} - \frac{\partial^2 E_x}{\partial y^2} - \frac{\partial^2 E_x}{\partial z^2}\right)\boldsymbol{i} + \left(-\frac{\partial^2 E_y}{\partial x^2} - \frac{\partial^2 E_y}{\partial y^2} - \frac{\partial^2 E_y}{\partial z^2}\right)\boldsymbol{j} \\
&\quad + \left(-\frac{\partial^2 E_z}{\partial x^2} - \frac{\partial^2 E_z}{\partial y^2} - \frac{\partial^2 E_z}{\partial z^2}\right)\boldsymbol{k} + \left(\frac{\partial^2 E_x}{\partial x^2} + \frac{\partial^2 E_y}{\partial x \partial y} + \frac{\partial^2 E_z}{\partial z \partial x}\right)\boldsymbol{i}
\end{aligned}
$$

$$
\begin{aligned}
&+\left(\frac{\partial^2 E_x}{\partial x\partial y}+\frac{\partial^2 E_y}{\partial y^2}+\frac{\partial^2 E_z}{\partial y\partial z}\right)\boldsymbol{j}+\left(\frac{\partial^2 E_x}{\partial z\partial x}+\frac{\partial^2 E_y}{\partial y\partial z}+\frac{\partial^2 E_z}{\partial z^2}\right)\boldsymbol{k}\\
=&-\left(\frac{\partial^2}{\partial x^2}+\frac{\partial^2}{\partial y^2}+\frac{\partial^2}{\partial z^2}\right)(E_x\boldsymbol{i}+E_y\boldsymbol{j}+E_z\boldsymbol{k})\\
&+\boldsymbol{i}\frac{\partial}{\partial x}\left(\frac{\partial E_x}{\partial x}+\frac{\partial E_y}{\partial y}+\frac{\partial E_z}{\partial z}\right)+\boldsymbol{j}\frac{\partial}{\partial y}\left(\frac{\partial E_x}{\partial x}+\frac{\partial E_y}{\partial y}+\frac{\partial E_z}{\partial z}\right)\\
&+\boldsymbol{k}\frac{\partial}{\partial z}\left(\frac{\partial E_x}{\partial x}+\frac{\partial E_y}{\partial y}+\frac{\partial E_z}{\partial z}\right)\\
=&-\nabla^2\boldsymbol{E}+\nabla\left(\frac{\partial E_x}{\partial x}+\frac{\partial E_y}{\partial y}+\frac{\partial E_z}{\partial z}\right)=\nabla(\nabla\cdot\boldsymbol{E})-\nabla^2\boldsymbol{E}
\end{aligned}
$$

这一矢量公式将在 5.3 节中用来推导电磁场方程。

关于 ∇ 算子的一个基本问题是它的本征函数，与此有关的是下面的例题。

例 4 量子力学中的动量算符为 $-\mathrm{i}\hbar\nabla$，其中 $\hbar=h/2\pi$，h 是普朗克常数。求动量算符的本征函数。

解 动量算符 $-\mathrm{i}\hbar\nabla$ 的本征方程为

$$-\mathrm{i}\hbar\nabla\psi_{\boldsymbol{p}}(\boldsymbol{r})=\boldsymbol{p}\psi_{\boldsymbol{p}}(\boldsymbol{r}) \tag{1.2.11}$$

其中，$\boldsymbol{p}$ 是本征值，$\psi_{\boldsymbol{p}}(\boldsymbol{r})$ 是属于这个本征值的本征函数。设 $\psi_{\boldsymbol{p}}(\boldsymbol{r})$ 可以写成 $\psi_{\boldsymbol{p}}(\boldsymbol{r})=\psi_{p_x}(x)\psi_{p_y}(y)\psi_{p_z}(z)$，代入方程 (1.2.11)，分离变量后得到三个分量方程

$$-\mathrm{i}\hbar\frac{\partial}{\partial x}\psi_{p_x}(x)=p_x\psi_{p_x}(x) \tag{1.2.12a}$$

$$-\mathrm{i}\hbar\frac{\partial}{\partial y}\psi_{p_y}(y)=p_y\psi_{p_y}(y) \tag{1.2.12b}$$

$$-\mathrm{i}\hbar\frac{\partial}{\partial z}\psi_{p_z}(z)=p_z\psi_{p_z}(z) \tag{1.2.12c}$$

其中，$\boldsymbol{p}=p_x\boldsymbol{i}+p_y\boldsymbol{j}+p_z\boldsymbol{k}$。分量方程 (1.2.12a~c) 的解为

$$\psi_{p_x}(x)=c_x\exp\left(\frac{\mathrm{i}}{\hbar}p_x x\right) \tag{1.2.13a}$$

$$\psi_{p_y}(y)=c_y\exp\left(\frac{\mathrm{i}}{\hbar}p_y y\right) \tag{1.2.13b}$$

$$\psi_{p_z}(z)=c_z\exp\left(\frac{\mathrm{i}}{\hbar}p_z z\right) \tag{1.2.13c}$$

其中，c_x，c_y 和 c_z 是待定常数。于是动量算符 $-\mathrm{i}\hbar\nabla$ 的本征函数为

$$\psi_{\boldsymbol{p}}(\boldsymbol{r})=c\exp\left(\frac{\mathrm{i}}{\hbar}\boldsymbol{p}\cdot\boldsymbol{r}\right) \tag{1.2.14}$$

其中，$c=c_xc_yc_z$ 是待定的归一化常数。

1.2.2 拉普拉斯算子 ∇^2

函数 u 的梯度为 ∇u，如果再求 ∇u 的散度，便成为 $\nabla\cdot(\nabla u)\equiv\nabla^2 u$，它是拉普拉斯算子 ∇^2 对 u 的运算，简称拉普拉斯 (Laplacian)。在偏微分方程中，$\nabla^2 u$ 扮演着十分重要的角色，特别是，我们在数学物理方法中将要讨论如下方程

$$\nabla^2 u=0 \quad (\text{拉普拉斯方程}) \tag{1.2.15a}$$

$$\nabla^2 u+k^2 u=0 \quad (\text{亥姆霍兹方程}) \tag{1.2.15b}$$

$$\frac{\partial^2 u}{\partial t^2}=a^2\nabla^2 u \quad (\text{波动方程}) \tag{1.2.15c}$$

$$\frac{\partial u}{\partial t}=a^2\nabla^2 u \quad (\text{热传导方程}) \tag{1.2.15d}$$

$$\mathrm{i}\hbar\frac{\partial\psi}{\partial t}=-\frac{\hbar^2}{2m}\nabla^2\psi+V(r)\psi \quad (\text{薛定谔方程}) \tag{1.2.15e}$$

在这些方程中，∇^2 可以是三维形式，如式 (1.2.5) 所示，也可以是二维形式

$$\nabla^2=\frac{\partial^2}{\partial x^2}+\frac{\partial^2}{\partial y^2} \tag{1.2.16}$$

另外在二维情况下，对于圆域问题需要采用极坐标系；对于三维问题经常需要采用球坐标系或柱坐标系。为了随后数学物理方法问题的需要，本节将推导出拉普拉斯算子 ∇^2 在不同坐标系中的表示式。

1. 极坐标系中的拉普拉斯算子

极坐标系如图 1.7 所示，它与直角坐标系的关系为

$$x=r\cos\theta,\quad y=r\sin\theta \tag{1.2.17a}$$

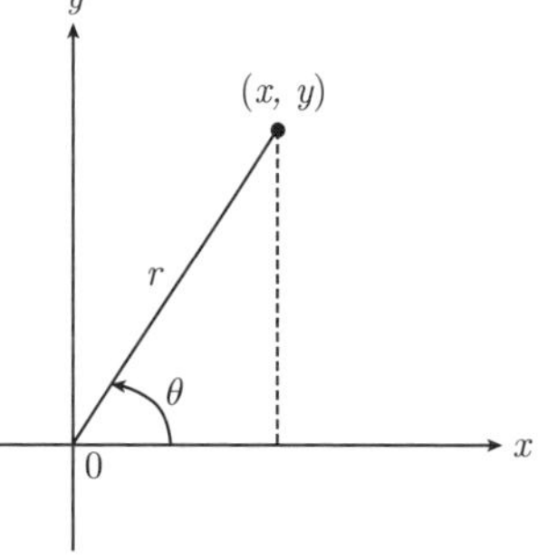

图 1.7 极坐标系

而

$$r^2=x^2+y^2,\quad \tan\theta=\frac{y}{x} \tag{1.2.17b}$$

利用 $r^2=x^2+y^2$ 计算 r 对 x 的微商，得到

$$2r\frac{\partial r}{\partial x}=2x\Rightarrow\frac{\partial r}{\partial x}=\frac{x}{r} \tag{1.2.18}$$

再次对 x 微商，得到

$$\frac{\partial^2 r}{\partial x^2}=\frac{r-x\dfrac{\partial r}{\partial x}}{r^2}=\frac{r-x\dfrac{x}{r}}{r^2}=\frac{r^2-x^2}{r^3}=\frac{y^2}{r^3} \tag{1.2.19}$$

利用 $\tan\theta = \dfrac{y}{x}$ 计算 θ 对 x 的微商，得到

$$\frac{\partial\theta}{\partial x} = \frac{1}{1+\left(\dfrac{y}{x}\right)^2}\left(-\frac{y}{x^2}\right) = -\frac{y}{r^2} \tag{1.2.20}$$

再次对 x 微商得

$$\frac{\partial^2\theta}{\partial x^2} = \frac{2y}{r^3}\frac{\partial r}{\partial x} = \frac{2xy}{r^4} \tag{1.2.21}$$

现在对 y 微分，按照类似的过程，我们得到

$$\frac{\partial r}{\partial y} = \frac{y}{r},\quad \frac{\partial^2 r}{\partial y^2} = \frac{x^2}{r^3},\quad \frac{\partial\theta}{\partial y} = \frac{x}{r^2},\quad \frac{\partial^2\theta}{\partial y^2} = -\frac{2xy}{r^4} \tag{1.2.22}$$

从以上结果，容易推出下面两个关系式

$$\frac{\partial^2\theta}{\partial x^2} + \frac{\partial^2\theta}{\partial y^2} = 0 \tag{1.2.23}$$

$$\frac{\partial r}{\partial x}\frac{\partial\theta}{\partial x} + \frac{\partial r}{\partial y}\frac{\partial\theta}{\partial y} = 0 \tag{1.2.24}$$

现在我们可以着手将拉普拉斯算子变换到极坐标系。利用复合函数的微分法则，我们有

$$\frac{\partial u}{\partial x} = \frac{\partial u}{\partial r}\frac{\partial r}{\partial x} + \frac{\partial u}{\partial\theta}\frac{\partial\theta}{\partial x} \tag{1.2.25}$$

再次对 x 微商得

$$\begin{aligned}\frac{\partial^2 u}{\partial x^2} &= \frac{\partial}{\partial x}\left(\frac{\partial u}{\partial r}\right)\frac{\partial r}{\partial x} + \frac{\partial u}{\partial r}\frac{\partial^2 r}{\partial x^2} + \frac{\partial}{\partial x}\left(\frac{\partial u}{\partial\theta}\right)\frac{\partial\theta}{\partial x} + \frac{\partial u}{\partial\theta}\frac{\partial^2\theta}{\partial x^2}\\ &= \left(\frac{\partial^2 u}{\partial r^2}\frac{\partial r}{\partial x} + \frac{\partial^2 u}{\partial r\partial\theta}\frac{\partial\theta}{\partial x}\right)\frac{\partial r}{\partial x} + \frac{\partial u}{\partial r}\frac{\partial^2 r}{\partial x^2}\\ &\quad + \left(\frac{\partial^2 u}{\partial r\partial\theta}\frac{\partial r}{\partial x} + \frac{\partial^2 u}{\partial\theta^2}\frac{\partial\theta}{\partial x}\right)\frac{\partial\theta}{\partial x} + \frac{\partial u}{\partial\theta}\frac{\partial^2\theta}{\partial x^2}\\ &= \frac{\partial^2 u}{\partial r^2}\left(\frac{\partial r}{\partial x}\right)^2 + 2\frac{\partial^2 u}{\partial r\partial\theta}\frac{\partial r}{\partial x}\frac{\partial\theta}{\partial x} + \frac{\partial u}{\partial r}\frac{\partial^2 r}{\partial x^2} + \frac{\partial^2 u}{\partial\theta^2}\left(\frac{\partial\theta}{\partial x}\right)^2 + \frac{\partial u}{\partial\theta}\frac{\partial^2\theta}{\partial x^2}\end{aligned} \tag{1.2.26}$$

对于 y 有同样的结果

$$\frac{\partial^2 u}{\partial y^2} = \frac{\partial^2 u}{\partial r^2}\left(\frac{\partial r}{\partial y}\right)^2 + 2\frac{\partial^2 u}{\partial r\partial\theta}\frac{\partial r}{\partial y}\frac{\partial\theta}{\partial y} + \frac{\partial u}{\partial r}\frac{\partial^2 r}{\partial y^2} + \frac{\partial^2 u}{\partial\theta^2}\left(\frac{\partial\theta}{\partial y}\right)^2 + \frac{\partial u}{\partial\theta}\frac{\partial^2\theta}{\partial y^2} \tag{1.2.27}$$

将式 (1.2.26) 与式 (1.2.27) 相加并注意式 (1.2.23) 和式 (1.2.24)，我们得到

$$\frac{\partial^2 u}{\partial x^2} + \frac{\partial^2 u}{\partial y^2} = \frac{\partial^2 u}{\partial r^2}\left[\left(\frac{\partial r}{\partial x}\right)^2 + \left(\frac{\partial r}{\partial y}\right)^2\right] + 2\frac{\partial^2 u}{\partial r\partial\theta}\left[\frac{\partial r}{\partial x}\frac{\partial\theta}{\partial x} + \frac{\partial r}{\partial y}\frac{\partial\theta}{\partial y}\right]$$

$$+\frac{\partial u}{\partial r}\left[\frac{\partial^2 r}{\partial x^2}+\frac{\partial^2 r}{\partial y^2}\right]+\frac{\partial^2 u}{\partial \theta^2}\left[\left(\frac{\partial \theta}{\partial x}\right)^2+\left(\frac{\partial \theta}{\partial y}\right)^2\right]+\frac{\partial u}{\partial \theta}\left[\frac{\partial^2 \theta}{\partial x^2}+\frac{\partial^2 \theta}{\partial y^2}\right]$$

$$=\frac{\partial^2 u}{\partial r^2}\left[\left(\frac{\partial r}{\partial x}\right)^2+\left(\frac{\partial r}{\partial y}\right)^2\right]+\frac{\partial u}{\partial r}\left[\frac{\partial^2 r}{\partial x^2}+\frac{\partial^2 r}{\partial y^2}\right]$$

$$+\frac{\partial^2 u}{\partial \theta^2}\left[\left(\frac{\partial \theta}{\partial x}\right)^2+\left(\frac{\partial \theta}{\partial y}\right)^2\right] \tag{1.2.28}$$

进一步利用式 (1.2.20)∼ 式 (1.2.22)，则式 (1.2.28) 变为

$$\frac{\partial^2 u}{\partial x^2}+\frac{\partial^2 u}{\partial y^2}=\frac{\partial^2 u}{\partial r^2}\left(\frac{x^2}{r^2}+\frac{y^2}{r^2}\right)+\frac{\partial u}{\partial r}\left(\frac{x^2}{r^3}+\frac{y^2}{r^3}\right)+\frac{\partial^2 u}{\partial \theta^2}\left(\frac{x^2}{r^4}+\frac{y^2}{r^4}\right) \tag{1.2.29}$$

利用 $r^2=x^2+y^2$，我们得到极坐标系中的拉普拉斯

$$\nabla^2 u=\frac{\partial^2 u}{\partial r^2}+\frac{1}{r}\frac{\partial u}{\partial r}+\frac{1}{r^2}\frac{\partial^2 u}{\partial \theta^2} \tag{1.2.30}$$

它还可以写为更加简洁的形式

$$\nabla^2 u=\frac{1}{r}\frac{\partial}{\partial r}\left(r\frac{\partial u}{\partial r}\right)+\frac{1}{r^2}\frac{\partial^2 u}{\partial \theta^2} \tag{1.2.31}$$

而极坐标系中的拉普拉斯算子为

$$\nabla^2=\frac{1}{r}\frac{\partial}{\partial r}\left(r\frac{\partial}{\partial r}\right)+\frac{1}{r^2}\frac{\partial^2}{\partial \theta^2} \tag{1.2.32}$$

2. 柱坐标系中的拉普拉斯算子

柱坐标系如图 1.8 所示，它与直角坐标系的关系为

$$x=\rho\cos\phi,\quad y=\rho\sin\phi,\quad z=z \tag{1.2.33}$$

这里我们用 ρ 和 ϕ 标记 x-y 平面的极坐标。柱坐标系只是在极坐标系的基础上增加了 z 坐标，因此利用式 (1.2.30) 容易写出柱坐标系中的拉普拉斯

$$\nabla^2 u=\frac{\partial^2 u}{\partial \rho^2}+\frac{1}{\rho}\frac{\partial u}{\partial \rho}+\frac{1}{\rho^2}\frac{\partial^2 u}{\partial \phi^2}+\frac{\partial^2 u}{\partial z^2} \tag{1.2.34}$$

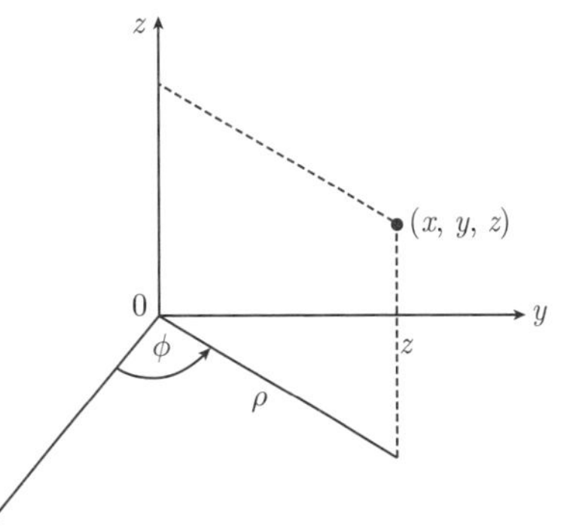

图 1.8 柱坐标系

而柱坐标系中的拉普拉斯算子为

$$\nabla^2=\frac{\partial^2}{\partial \rho^2}+\frac{1}{\rho}\frac{\partial}{\partial \rho}+\frac{1}{\rho^2}\frac{\partial^2}{\partial \phi^2}+\frac{\partial^2}{\partial z^2} \tag{1.2.35}$$

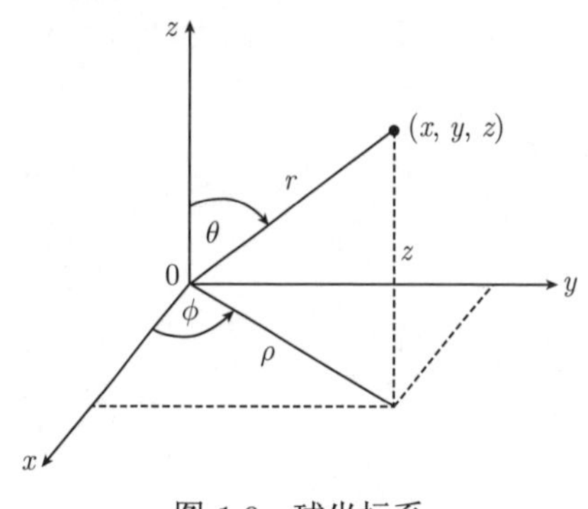

图 1.9　球坐标系

3. 球坐标系中的拉普拉斯算子

球坐标系如图 1.9 所示，它与直角坐标系的关系为

$$x = r\cos\phi\sin\theta \tag{1.2.36a}$$

$$y = r\sin\phi\sin\theta \tag{1.2.36b}$$

$$z = r\cos\theta \tag{1.2.36c}$$

而

$$r^2 = x^2 + y^2 + z^2 \tag{1.2.37}$$

从图 1.9，我们有

$$\rho = r\sin\theta, \quad x = \rho\cos\phi, \quad y = \rho\sin\phi, \quad \rho^2 = x^2 + y^2 \tag{1.2.38}$$

现在我们要用球坐标变量 r，θ 和 ϕ 来表示拉普拉斯 $\nabla^2 u$。首先我们写出 x-y 平面的极坐标系 (变量为 ρ 和 ϕ) 的拉普拉斯，利用式 (1.2.30) 我们得到

$$\frac{\partial^2 u}{\partial x^2} + \frac{\partial^2 u}{\partial y^2} = \frac{\partial^2 u}{\partial \rho^2} + \frac{1}{\rho}\frac{\partial u}{\partial \rho} + \frac{1}{\rho^2}\frac{\partial^2 u}{\partial \phi^2} \tag{1.2.39}$$

注意到

$$z = r\cos\theta, \quad \rho = r\sin\theta \tag{1.2.40}$$

与极坐标系–直角坐标系的变换关系 (1.2.17a) 是类似的。这样在 z-ρ 平面的极坐标系的拉普拉斯为

$$\frac{\partial^2 u}{\partial z^2} + \frac{\partial^2 u}{\partial \rho^2} = \frac{\partial^2 u}{\partial r^2} + \frac{1}{r}\frac{\partial u}{\partial r} + \frac{1}{r^2}\frac{\partial^2 u}{\partial \theta^2} \tag{1.2.41}$$

在式 (1.2.39) 两边加入 $\dfrac{\partial^2 u}{\partial z^2}$，并利用 (1.2.41)，即得到三维情况的拉普拉斯

$$\frac{\partial^2 u}{\partial x^2} + \frac{\partial^2 u}{\partial y^2} + \frac{\partial^2 u}{\partial z^2} = \frac{\partial^2 u}{\partial r^2} + \frac{1}{r}\frac{\partial u}{\partial r} + \frac{1}{r^2}\frac{\partial^2 u}{\partial \theta^2} + \frac{1}{\rho}\frac{\partial u}{\partial \rho} + \frac{1}{\rho^2}\frac{\partial^2 u}{\partial \phi^2} \tag{1.2.42}$$

现在需要将式 (1.2.42) 右边的 $\dfrac{\partial u}{\partial \rho}$ 表示为球坐标的形式。为此利用关系式 $\tan\theta = \rho/z$ 求出

$$\frac{\partial \theta}{\partial \rho} = \frac{1}{1+(\rho/z)^2}\frac{1}{z} = \frac{z}{z^2+\rho^2} = \frac{z}{r^2} = \frac{\cos\theta}{r} \tag{1.2.43}$$

对 $\rho = r\sin\theta$ 两边关于 ρ 微分，并利用式 (1.2.43) 得到

$$1 = \frac{\partial r}{\partial \rho}\sin\theta + r\cos\theta\frac{\partial \theta}{\partial \rho} = \frac{\partial r}{\partial \rho}\sin\theta + \cos^2\theta \tag{1.2.44}$$

由此

$$\frac{\partial r}{\partial \rho}=\frac{1-\cos^2\theta}{\sin\theta}=\sin\theta \tag{1.2.45}$$

现在对 u(作为 r,θ,ϕ 的函数) 关于 ρ 求微商

$$\frac{\partial u}{\partial \rho}=\frac{\partial u}{\partial r}\frac{\partial r}{\partial \rho}+\frac{\partial u}{\partial \theta}\frac{\partial \theta}{\partial \rho}+\frac{\partial u}{\partial \phi}\frac{\partial \phi}{\partial \rho} \tag{1.2.46}$$

由于 x-y 平面的极坐标系变量 ρ 和 ϕ 是相互独立的，因此 $\partial\phi/\partial\rho=0$，再利用式 (1.2.45) 和式 (1.2.43)，式 (1.2.46) 变成

$$\frac{\partial u}{\partial \rho}=\frac{\partial u}{\partial r}\sin\theta+\frac{\partial u}{\partial \theta}\frac{\cos\theta}{r} \tag{1.2.47}$$

将式 (1.2.47) 代入式 (1.2.42)，并利用 $\rho=r\sin\theta$，即得球坐标系的拉普拉斯

$$\nabla^2 u=\frac{\partial^2 u}{\partial r^2}+\frac{2}{r}\frac{\partial u}{\partial r}+\frac{1}{r^2}\left(\frac{\partial^2 u}{\partial \theta^2}+\cot\theta\frac{\partial u}{\partial \theta}\right)+\frac{1}{r^2\sin^2\theta}\frac{\partial^2 u}{\partial \phi^2} \tag{1.2.48}$$

它还可以写成更简洁的形式

$$\nabla^2 u=\frac{1}{r^2}\frac{\partial}{\partial r}\left(r^2\frac{\partial u}{\partial r}\right)+\frac{1}{r^2\sin\theta}\frac{\partial}{\partial \theta}\left(\sin\theta\frac{\partial u}{\partial \theta}\right)+\frac{1}{r^2\sin^2\theta}\frac{\partial^2 u}{\partial \phi^2} \tag{1.2.49}$$

而球坐标系中的拉普拉斯算子为

$$\nabla^2=\frac{1}{r^2}\frac{\partial}{\partial r}\left(r^2\frac{\partial}{\partial r}\right)+\frac{1}{r^2\sin\theta}\frac{\partial}{\partial \theta}\left(\sin\theta\frac{\partial}{\partial \theta}\right)+\frac{1}{r^2\sin^2\theta}\frac{\partial^2}{\partial \phi^2} \tag{1.2.50}$$

在随后的数学物理方法中，当我们求解圆域问题、柱体和球体问题时，将分别采用相应坐标系中的拉普拉斯算子，即式 (1.2.32)、式 (1.2.35) 和式 (1.2.50)。为了对拉普拉斯有直观的理解，我们给出下面的例题。

例 在球坐标系中求函数

$$u(x,y,z)=\ln\left(x^2+y^2+z^2\right),\quad (x,y,z)\neq(0,0,0) \tag{1.2.51}$$

的拉普拉斯。

解 在球坐标系中

$$u(r,\theta,\phi)=\ln r^2=2\ln r \tag{1.2.52}$$

因为 u 不含 $\theta,\ \phi$ 的依赖性，故

$$\frac{\partial u}{\partial r}=\frac{\partial}{\partial r}(2\ln r)=\frac{2}{r} \tag{1.2.53}$$

于是拉普拉斯为

$$\nabla^2 u=\frac{1}{r^2}\frac{\partial}{\partial r}\left(r^2\frac{\partial u}{\partial r}\right)=\frac{1}{r^2}\frac{\partial}{\partial r}(2r)=\frac{2}{r^2} \tag{1.2.54}$$

第 2 章　傅里叶级数

如同我们熟知的泰勒级数一样，傅里叶级数是一种特殊形式的函数展开。一个函数按泰勒级数展开时，基底函数取 $1, x, x^2, x^3, \cdots$，而一个函数按傅里叶级数展开时，基底函数取 $1, \cos x, \cos 2x, \cos 3x, \cdots, \sin x, \sin 2x, \sin 3x, \cdots$。与泰勒级数不同的是，在傅里叶级数中，任意两个不同的基底函数在 $[0, 2\pi]$ 上是正交的，即

$$\int_0^{2\pi} 1 \cdot \cos nx\mathrm{d}x = 0, \quad \int_0^{2\pi} 1 \cdot \sin nx\mathrm{d}x = 0 \tag{2.0.1a}$$

$$\int_0^{2\pi} \cos mx \cdot \cos nx\mathrm{d}x = 0\ (m \neq n), \quad \int_0^{2\pi} \sin mx \cdot \sin nx\mathrm{d}x = 0\ (m \neq n) \tag{2.0.1b}$$

$$\int_0^{2\pi} \cos mx \cdot \sin nx\mathrm{d}x = 0\ (m \neq n \text{ 或 } m = n) \tag{2.0.1c}$$

这里，$m, n = 1, 2, 3, \cdots$，我们将会看到基底函数的正交性对一个函数的傅里叶展开是至关重要的。傅里叶级数是一种很自然的函数展开形式，不但能够解决某些应用数学的经典问题，而且是描述许多重要物理现象的基础，如力学、声学、电子学以及信号分析等。本章介绍傅里叶级数的基本性质。

2.1　周期函数的傅里叶级数

一个傅里叶级数在一般情况下表示为

$$f(x) = a_0 + \sum_{n=1}^{\infty} (a_n \cos nx + b_n \sin nx) \tag{2.1.1}$$

其中，a_0，a_n 和 b_n 是展开系数。假定一个周期为 2π 的函数 $f(x)$，$f(x+2\pi) = f(x)$，能按式 (2.1.1) 展开，现在计算其中的展开系数。为此，对式 (2.1.1) 两边在 $[0, 2\pi]$ 范围积分，并利用式 (2.0.1a)，我们有

$$\begin{aligned}\int_0^{2\pi} f(x)\mathrm{d}x &= \int_0^{2\pi} \left[a_0 + \sum_{n=1}^{\infty} (a_n \cos nx + b_n \sin nx)\right]\mathrm{d}x \\ &= 2\pi a_0 + \sum_{n=1}^{\infty} a_n \underbrace{\int_0^{2\pi} \cos nx\mathrm{d}x}_{=0} + \sum_{n=1}^{\infty} b_n \underbrace{\int_0^{2\pi} \sin nx\mathrm{d}x}_{=0} \\ &= 2\pi a_0\end{aligned}$$

这样

$$a_0 = \frac{1}{2\pi}\int_0^{2\pi} f(x)\mathrm{d}x \tag{2.1.2}$$

注意 a_0 是函数 $f(x)$ 在 $[0,2\pi]$ 区间的平均值。为了计算系数 a_n，对式 (2.1.1) 两边同乘以 $\cos mx(m=1,2,3,\cdots)$，然后在 $[0,2\pi]$ 范围积分，并利用式 (2.0.1)，我们有

$$\begin{aligned}
\int_0^{2\pi} f(x)\cos mx\mathrm{d}x =& \int_0^{2\pi}\cos mx\left[a_0+\sum_{n=1}^{\infty}(a_n\cos nx+b_n\sin nx)\right]\mathrm{d}x\\
=&a_0\underbrace{\int_0^{2\pi}\cos mx\mathrm{d}x}_{=0}+\sum_{n=1}^{\infty}b_n\underbrace{\int_0^{2\pi}\cos mx\sin nx\mathrm{d}x}_{=0}\\
&+\sum_{n=1}^{\infty}a_n\int_0^{2\pi}\cos mx\cos nx\mathrm{d}x\\
=&\sum_{n=1}^{\infty}a_n\begin{cases}\pi & (m=n)\\ 0 & (m\neq n)\end{cases}\\
=&\pi\sum_{n=1}^{\infty}a_n\delta_{mn}
\end{aligned} \tag{2.1.3}$$

其中，符号 δ_{mn} 定义为

$$\delta_{mn}=\begin{cases}1 & (m=n)\\ 0 & (m\neq n)\end{cases} \tag{2.1.4}$$

它称为克罗内克符号，这是一个非常有用的符号。为了熟悉它的作用，我们仔细分析式 (2.1.3) 最后的求和，将它展开为

$$\sum_{n=1}^{\infty}a_n\delta_{mn}=a_1\delta_{m1}+a_2\delta_{m2}+\cdots+a_m\delta_{mm}+a_{m+1}\delta_{m,m+1}+\cdots \tag{2.1.5}$$

利用式 (2.1.4) 考查式 (2.1.5) 中每一项的 δ_{mn}，容易看出，只有 $\delta_{mm}=1$，其余的都等于零，于是 $\sum\limits_{n=1}^{\infty}a_n\delta_{mn}=a_m$，这样我们由式 (2.1.3) 得到

$$a_n=\frac{1}{\pi}\int_0^{2\pi}f(x)\cos nx\mathrm{d}x \tag{2.1.6a}$$

类似地，对式 (2.1.1) 两边同乘以 $\sin mx(m=1,2,3,\cdots)$，积分后得到

$$b_n=\frac{1}{\pi}\int_0^{2\pi}f(x)\sin nx\mathrm{d}x \tag{2.1.6b}$$

在式 (2.1.6) 中，$n = 1, 2, 3, \cdots$。我们的结论是，一个周期为 2π 的函数 $f(x)$ 可以按傅里叶级数 (2.1.1) 展开，其中的系数 a_0, a_n, b_n 由式 (2.1.2) 和式 (2.1.6) 确定。

这里需要说明，式 (2.1.2) 和式 (2.1.6) 的积分范围为 $[0, 2\pi]$，这种情况在数学物理方法的问题中经常出现。如果从一开始就取积分范围为 $[-\pi, \pi]$，在最后结果中，展开系数的表达式与式 (2.1.2) 和式 (2.1.6) 相同，只是积分范围变为 $[-\pi, \pi]$。事实上，由于被积函数是以 2π 为周期的，积分范围可以选取任意一个宽度为 2π 的区间。

现在我们讨论一个很重要的问题，即函数 $f(x)$ 的傅里叶级数 (2.1.1) 的收敛性。这个问题由狄利克雷 (Dirichlet) 定理描述，该定理的完整叙述是：

假定

(1) $f(x)$ 在 $(-\pi, \pi)$ 内除了有限个点外有定义且单值；

(2) $f(x)$ 在 $(-\pi, \pi)$ 外是周期函数，周期为 2π；

(3) $f(x)$ 和 $f'(x)$ 在 $(-\pi, \pi)$ 内分段连续 [即 $f(x)$ 分段光滑]，

则傅里叶级数收敛于

$$a_0 + \sum_{n=1}^{\infty} (a_n \cos nx + b_n \sin nx) = f(x) \quad (\text{在 } x \text{ 的连续点}) \tag{2.1.7a}$$

$$a_0 + \sum_{n=1}^{\infty} (a_n \cos nx + b_n \sin nx) = \frac{f(x-0) + f(x+0)}{2} \quad (\text{在 } x \text{ 的间断点}) \tag{2.1.7b}$$

其中，$f(x-0)$ 和 $f(x+0)$ 是 $f(x)$ 在 x 处的左极限和右极限。狄利克雷定理的含义是，如果将一个函数 $f(x)$ 按式 (2.1.1) 展开，其中的展开系数 a_0，a_n，b_n 由式 (2.1.2) 和式 (2.1.6) 计算，将算出的 a_0, a_n, b_n 代入展开式 (2.1.1)，得到傅里叶级数。这个傅里叶级数在原函数的一个连续点 x 给出 $f(x)$ 值，在原函数的一个间断点 x 给出 $[f(x-0) + f(x+0)]/2$ 值。

需要说明，狄利克雷定理中加于 $f(x)$ 的条件 (1)，(2)，(3) 是傅里叶级数收敛的充分条件，但不是必要条件，在实际问题中这些条件通常是满足的。目前尚不清楚傅里叶级数收敛的必要且充分的条件。图 2.1 显示了一个函数 $f(x)$ 与它的傅里叶级数的比较。

狄利克雷定理有非常广泛的用途，它不但可以确定以 2π 为周期的函数的傅里叶级数的收敛性，还适用于随后讨论的半幅傅里叶级数、傅里叶积分以及傅里叶变换。我们将会看到，在分析级数 (及积分) 收敛行为的过程中，狄利克雷定理能给出许多重要的信息 (比如给出许多重要的求和公式和积分公式)，它们是该理论体系的重要产物。关于狄利克雷定理的证明，传统的方法比较繁复，我们将在 3.2.4 节给出一个比较简单的方法 (借助于 δ 函数)。

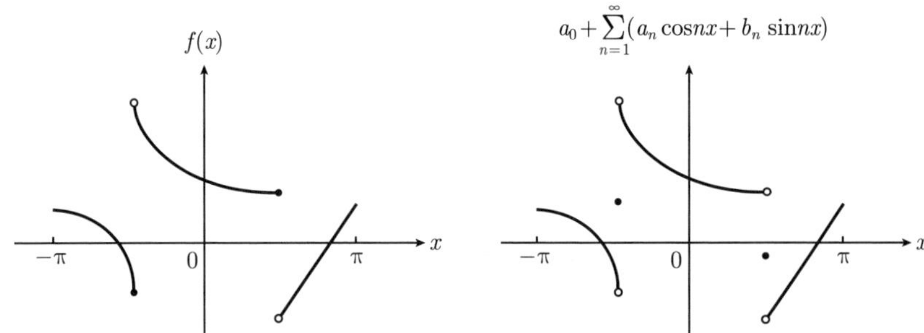

图 2.1 一个以 2π 为周期的分段光滑的函数 $f(x)$ 与它的傅里叶级数 $a_0+\sum\limits_{n=1}^{\infty}(a_n\cos nx+b_n\sin nx)$ 的比较，其中 a_0, a_n, b_n 由式 (2.1.2) 和式 (2.1.6) 给出。傅里叶级数在原函数的连续点收敛于 f，在原函数的间断点收敛于 $[f(x-0)+f(x+0)]/2$

上述傅里叶级数可以推广到以 $2L$ 为周期的函数，即 $f(x+2L)=f(x)$。在这种情况下，式 (2.1.1) 变为

$$f(x)=a_0+\sum_{n=1}^{\infty}\left(a_n\cos\frac{n\pi}{L}x+b_n\sin\frac{n\pi}{L}x\right) \tag{2.1.8}$$

其中的展开系数可以按照得到式 (2.1.2) 和式 (2.1.6) 的方法求出，结果为

$$a_0=\frac{1}{2L}\int_{-L}^{L}f(t)\mathrm{d}t \tag{2.1.9a}$$

$$a_n=\frac{1}{L}\int_{-L}^{L}f(t)\cos\frac{n\pi}{L}t\mathrm{d}t \tag{2.1.9b}$$

$$b_n=\frac{1}{L}\int_{-L}^{L}f(t)\sin\frac{n\pi}{L}t\mathrm{d}t \tag{2.1.9c}$$

需要注意，式 (2.1.9) 的被积函数有周期 $2L$，因此其中的积分区间 $(-L,L)$ 可以用任意一个宽度为 $2L$ 的区间代替，如 $(-L+x,L+x)$，这样

$$\int_{-L+x}^{L+x}\cdots\mathrm{d}t=\int_{-L}^{L}\cdots\mathrm{d}t \tag{2.1.10}$$

现在我们通过一个例题说明傅里叶级数的基本含义。

例 讨论图 2.2 所示的锯齿函数

$$f(x)=\begin{cases}\dfrac{1}{2}(\pi-x) & (0<x\leqslant 2\pi)\\ f(x+2\pi) & (x\text{在其他点})\end{cases} \tag{2.1.11}$$

的傅里叶级数。

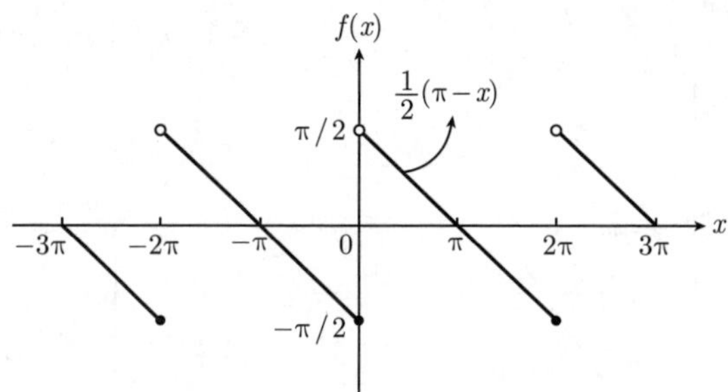

图 2.2　式 (2.1.11) 的锯齿函数

解　利用式 (2.1.2) 和式 (2.1.6)，我们有

$$a_0 = \frac{1}{2\pi}\int_0^{2\pi} f(x)\mathrm{d}x = \frac{1}{2\pi}\int_0^{2\pi}\frac{1}{2}(\pi - x)\mathrm{d}x = 0$$

$$\begin{aligned}a_n =& \frac{1}{\pi}\int_0^{2\pi}\frac{1}{2}(\pi - x)\cos nx\mathrm{d}x\\ =& \frac{1}{2\pi}\left[\pi\int_0^{2\pi}\cos nx\mathrm{d}x - \int_0^{2\pi} x\cos nx\mathrm{d}x\right]\\ & \left(\text{利用}\int x\cos ax\mathrm{d}x = \frac{1}{a^2}\cos ax + \frac{x}{a}\sin ax\right)\\ =& 0\end{aligned}$$

$$\begin{aligned}b_n =& \frac{1}{\pi}\int_0^{2\pi}\frac{1}{2}(\pi - x)\sin nx\mathrm{d}x\\ =& \frac{1}{2\pi}\left[\pi\int_0^{2\pi}\sin nx\mathrm{d}x - \int_0^{2\pi} x\sin nx\mathrm{d}x\right]\\ & \left(\text{利用}\int x\sin ax\mathrm{d}x = \frac{1}{a^2}\sin ax - \frac{x}{a}\cos ax\right)\\ =& \frac{1}{2\pi}\frac{2\pi}{n} = \frac{1}{n}\end{aligned}$$

于是锯齿函数 f 的傅里叶级数为

$$\sum_{n=1}^{\infty}\frac{\sin nx}{n} \tag{2.1.12}$$

这个级数的部分和 (前 m 项之和) 为

$$S_m(x) = \sum_{n=1}^{m}\frac{\sin nx}{n} \tag{2.1.13}$$

$S_m(x)$ 对于不同的 m 值显示在图 2.3。可以看出，随着求和项数 m 的增加，$S_m(x)$ 逐渐趋于图 2.2 所示的 f 函数。当 $m \to \infty$ 时，按照狄利克雷定理，傅里叶级数 (2.1.12) 在连续点收敛于 f，在间断点 $(x = 0, \pm 2\pi, \pm 4\pi, \cdots)$ 收敛于 $[f(x-0)+f(x+0)]/2 = 0$，如图 2.4 所示。

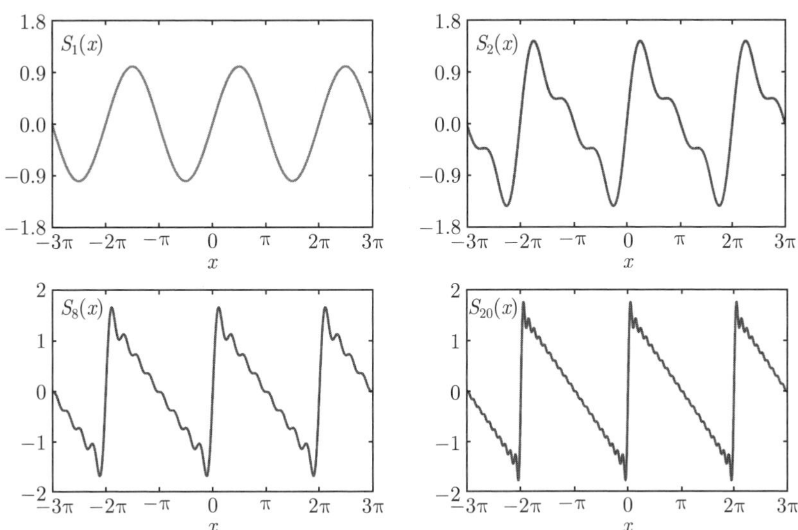

图 2.3 锯齿函数的傅里叶级数的部分和 $S_m(x)$，来自式 (2.1.13)

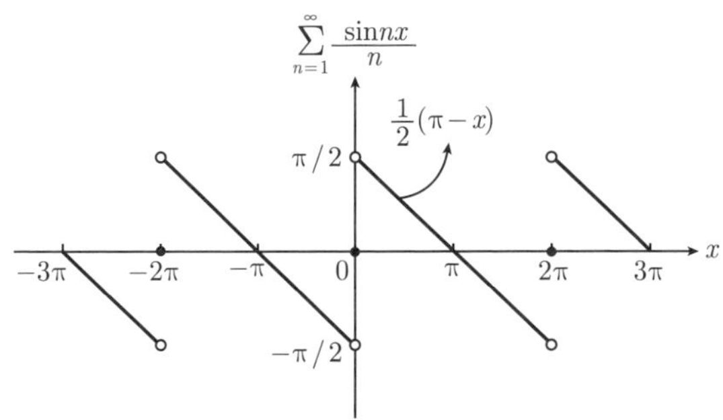

图 2.4 锯齿函数的傅里叶级数 (2.1.12)，它在连续点收敛于 f，在间断点 $(x = 0, \pm 2\pi, \pm 4\pi, \cdots)$ 收敛于 $[f(x-0)+f(x+0)]/2 = 0$

特别是，傅里叶级数 (2.1.12) 在连续区域 $0 < x < 2\pi$ 收敛于 $\frac{1}{2}(\pi - x)$，即

$$\sum_{n=1}^{\infty} \frac{\sin nx}{n} = \frac{1}{2}(\pi - x) \quad (0 < x < 2\pi) \tag{2.1.14}$$

这是一个重要的求和公式。我们看到，在讨论傅里叶级数 (2.1.12) 收敛行为的过程

中，自然得到了这个公式。

2.2 半幅傅里叶级数

在许多实际问题中，函数 $\phi(x)$ 是一个定义在有限区间 $0<x<L$ 上的任意函数，因为它不具有周期性，2.1 节的结果是不适用的。而这样的函数能展开为所谓的半幅傅里叶级数 (half-range Fourier series)。事实上，如果 $\phi(x)$ 在 $0<x<L$ 内是分段光滑的，则 $\phi(x)$ 有正弦函数展开式

$$\phi(x)=\sum_{n=1}^{\infty}C_n\sin\frac{n\pi x}{L} \tag{2.2.1}$$

其中，展开系数为

$$C_n=\frac{2}{L}\int_0^L\phi(x)\sin\frac{n\pi x}{L}\mathrm{d}x\quad(n=1,2,3,\cdots) \tag{2.2.2}$$

另外，$\phi(x)$ 还有余弦函数展开式

$$\phi(x)=D_0+\sum_{n=1}^{\infty}D_n\cos\frac{n\pi x}{L} \tag{2.2.3}$$

其中，展开系数是

$$D_0=\frac{1}{L}\int_0^L\phi(x)\mathrm{d}x \tag{2.2.4a}$$

和

$$D_n=\frac{2}{L}\int_0^L\phi(x)\cos\frac{n\pi x}{L}\mathrm{d}x\quad(n=1,2,3,\cdots) \tag{2.2.4b}$$

下面我们推导式 (2.2.2) 的展开系数，为此首先计算下面的积分

$$\begin{aligned}
&\int_0^L\sin\frac{m\pi x}{L}\sin\frac{n\pi x}{L}\mathrm{d}x\quad(m,n=1,2,3,\cdots)\\
=&\frac{1}{2}\int_0^L\left[\cos\frac{(m-n)\pi x}{L}-\cos\frac{(m+n)\pi x}{L}\right]\mathrm{d}x\\
=&\frac{L}{2\pi}\left[\frac{1}{m-n}\sin\frac{(m-n)\pi x}{L}-\frac{1}{m+n}\sin\frac{(m+n)\pi x}{L}\right]_0^L\\
=&\frac{L}{2\pi}\left[\frac{\sin(m-n)\pi}{m-n}-\frac{\sin(m+n)\pi}{m+n}\right]\\
=&0\quad(m\neq n)
\end{aligned}$$

而

$$\int_0^L \sin\frac{m\pi x}{L}\sin\frac{n\pi x}{L}\mathrm{d}x=\frac{L}{2}\quad (m=n) \tag{2.2.5}$$

统一表示为

$$\int_0^L \sin\frac{m\pi x}{L}\sin\frac{n\pi x}{L}\mathrm{d}x=\frac{L}{2}\delta_{mn} \tag{2.2.6}$$

现在，对式 (2.2.1) 两边同乘以 $\sin\dfrac{m\pi x}{L}(m=1,2,3,\cdots)$，然后在区间 $(0,L)$ 积分，并利用式 (2.2.6)，我们有

$$\begin{aligned}\int_0^L \phi(x)\sin\frac{m\pi x}{L}\mathrm{d}x&=\int_0^L \sin\frac{m\pi x}{L}\left(\sum_{n=1}^{\infty}C_n\sin\frac{n\pi x}{L}\right)\mathrm{d}x\quad (m,n=1,2,3,\cdots)\\&=\sum_{n=1}^{\infty}C_n\int_0^L \sin\frac{m\pi x}{L}\sin\frac{n\pi x}{L}\mathrm{d}x\\&=\frac{L}{2}\sum_{n=1}^{\infty}C_n\delta_{mn}=\frac{L}{2}C_m\end{aligned}$$

它给出式 (2.2.2) 的结果。下面推导式 (2.2.4) 的展开系数。首先，直接对式 (2.2.3) 两边积分，得到

$$\int_0^L \phi(x)\mathrm{d}x=D_0\int_0^L \mathrm{d}x+\sum_{n=1}^{\infty}D_n\underbrace{\int_0^L \cos\frac{n\pi x}{L}\mathrm{d}x}_{=0} \tag{2.2.7}$$

它给出式 (2.2.4a)。现在计算式 (2.2.4b) 的系数，先按照得到式 (2.2.6) 的方法，求出下面的积分

$$\int_0^L \cos\frac{m\pi x}{L}\cos\frac{n\pi x}{L}\mathrm{d}x=\frac{L}{2}\delta_{mn} \tag{2.2.8}$$

然后给式 (2.2.3) 两边同乘以 $\cos\dfrac{m\pi x}{L}(m=1,2,3,\cdots)$，并在区间 $(0,L)$ 积分，再利用 $\displaystyle\int_0^L \cos\frac{m\pi x}{L}\mathrm{d}x=0$ 及式 (2.2.8)，最终得到式 (2.2.4b)。

需要强调，半幅傅里叶级数的收敛性服从式 (2.1.7) 所示的狄利克雷定理，即级数 (2.2.1) 和级数 (2.2.3) 在函数 $\phi(x)$ 的连续点收敛于 ϕ，在它的在间断点收敛于 $[\phi(x-0)+\phi(x+0)]/2$。

上面介绍的半幅傅里叶级数在有限区间问题中有非常广泛的应用，对于具体的问题，特别是数学物理方法的不同边值问题，半幅傅里叶级数呈现不同的形式，除了式 (2.2.1) 和式 (2.2.3) 的形式外，还能取

$$\phi(x)=\sum_{n=0}^{\infty}C_n\sin\frac{(2n+1)\pi x}{2L} \tag{2.2.9}$$

$$\phi(x)=\sum_{n=0}^{\infty}D_n\cos\frac{(2n+1)\pi x}{2L} \tag{2.2.10}$$

的形式，其中的展开系数为

$$C_n=\frac{2}{L}\int_0^L\phi(x)\sin\frac{(2n+1)\pi x}{2L}\mathrm{d}x \tag{2.2.11}$$

$$D_n=\frac{2}{L}\int_0^L\phi(x)\cos\frac{(2n+1)\pi x}{2L}\mathrm{d}x \tag{2.2.12}$$

具体问题我们将在随后的章节中详细讨论。

例　将图 2.5 所示的函数 $\phi(x)=\sin x(0\leqslant x\leqslant\pi)$ 展开成半幅傅里叶级数。

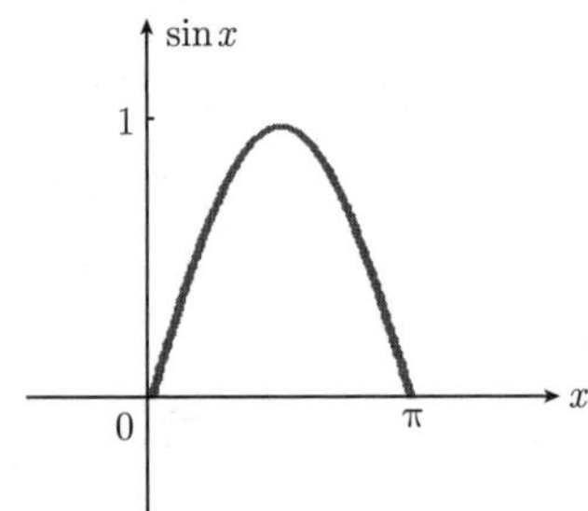

图 2.5　函数 $\phi(x)=\sin x(0\leqslant x\leqslant\pi)$

解　将函数 $\phi(x)=\sin x(0\leqslant x\leqslant\pi)$ 按式 (2.2.1) 展开时，只有一项 $\sin x$。现在将它按余弦函数式 (2.2.3) 展开，我们有

$$D_0=\frac{1}{L}\int_0^L\phi(x)\mathrm{d}x=\frac{1}{\pi}\int_0^{\pi}\sin x\mathrm{d}x=\frac{2}{\pi}$$

$$\begin{aligned}D_n&=\frac{2}{L}\int_0^L\phi(x)\cos\frac{n\pi x}{L}\mathrm{d}x=\frac{2}{\pi}\int_0^{\pi}\sin x\cos nx\mathrm{d}x\\&=\frac{1}{\pi}\int_0^{\pi}\left[\sin(x+nx)+\sin(x-nx)\right]\mathrm{d}x\\&=\frac{1}{\pi}\left[\frac{1-\cos(n+1)\pi}{n+1}-\frac{1-\cos(n-1)\pi}{n-1}\right]\\&=\frac{1}{\pi}\left(\frac{1+\cos n\pi}{n+1}-\frac{1+\cos n\pi}{n-1}\right)\\&=-\frac{2(1+\cos n\pi)}{\pi(n^2-1)}\quad(n\neq 1)\end{aligned}$$

当 $n=1$ 时

$$D_1=\frac{2}{\pi}\int_0^{\pi}\sin x\cos x\mathrm{d}x=\frac{1}{\pi}\int_0^{\pi}\sin 2x\mathrm{d}x=0 \tag{2.2.13}$$

于是半幅傅里叶级数 (2.2.3) 给出

$$\begin{aligned} f(x) &= \frac{2}{\pi} - \frac{2}{\pi}\sum_{n=2}^{\infty}\frac{1+\cos n\pi}{n^2-1}\cos nx \\ &= \frac{2}{\pi} - \frac{2}{\pi}\sum_{n=2}^{\infty}\frac{1+(-1)^n}{n^2-1}\cos nx \quad \left[1+(-1)^n = \begin{cases} 0\ (n=1,3,5,\cdots) \\ 2\ (n=0,2,4,\cdots) \end{cases}\right] \\ &= \frac{2}{\pi} - \frac{4}{\pi}\left(\frac{\cos 2x}{2^2-1} + \frac{\cos 4x}{4^2-1} + \frac{\cos 6x}{6^2-1} + \cdots\right) \\ &= \frac{2}{\pi} - \frac{4}{\pi}\sum_{k=1}^{\infty}\frac{\cos 2kx}{(2k)^2-1} \end{aligned}$$

由于图 2.5 的函数在定义区间 $[0,\pi]$ 没有间断点，因此收敛于 f，这样我们得到

$$\sin x = \frac{2}{\pi} - \frac{4}{\pi}\sum_{k=1}^{\infty}\frac{\cos 2kx}{(2k)^2-1} \quad (0 \leqslant x \leqslant \pi) \tag{2.2.14}$$

这是一个 $\sin x$ 的展开式。在讨论图 2.5 所示函数的傅里叶级数收敛行为的过程中，我们自然地得到了它。

2.3 傅里叶积分

以上两节我们讨论了周期函数的傅里叶级数以及有限区间的半幅傅里叶级数，那么一个定义在 $(-\infty,\infty)$ 区间的非周期函数还能进行傅里叶展开吗？这就是本节将要讨论的问题。实际上，傅里叶级数可以扩展到连续变化的情况，即傅里叶积分。

在讨论傅里叶级数向傅里叶积分转变的过程中，函数的“绝对可积”是一个重要的概念，我们首先介绍它。如果一个定义在区间 $(-\infty,\infty)$ 上的函数 $f(x)$ 满足条件

$$\int_{-\infty}^{\infty}|f(x)|\mathrm{d}x < \infty \tag{2.3.1}$$

则称 $f(x)$ 在 $(-\infty,\infty)$ 上是绝对可积的。一个绝对可积函数的示意图如图 2.6 所示。明显地

$$\int_{-\infty}^{\infty}|f(x)|\mathrm{d}x \geqslant \int_{-\infty}^{\infty}f(x)\mathrm{d}x \tag{2.3.2}$$

等号相应于 $f(x) \geqslant 0$。因此 $|f(x)|$ 在区间 $(-\infty,\infty)$ 上的可积确保了 $f(x)$ 的可积，即一个绝对可积函数 $f(x)$ 有性质

$$\int_{-\infty}^{\infty}f(x)\mathrm{d}x = 有限值 \tag{2.3.3}$$

另一方面，绝对可积条件 (2.3.1) 还要求

$$\text{当}x \to \pm\infty\text{时}, \quad f(x) \to 0 \tag{2.3.4}$$

这是绝对可积函数的一个非常有用的性质。

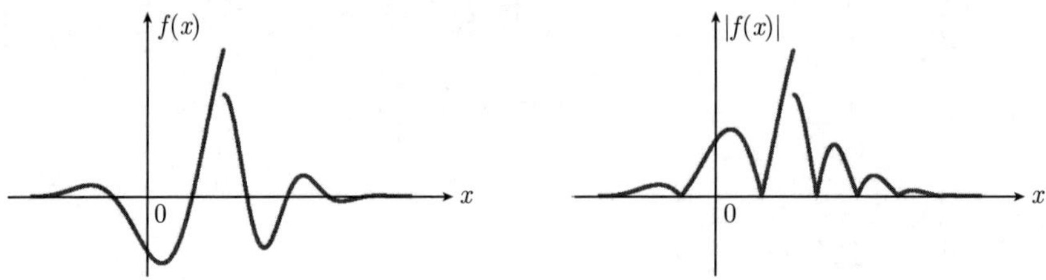

图 2.6　一个绝对可积函数 $f(x)$ 和它的绝对值 $|f(x)|$ 的示意图

现在我们考虑一个满足绝对可积条件式 (2.3.1) 的周期函数，周期为 $2L$，即 $f(x+2L)=f(x)$，它的傅里叶级数 [见式 (2.1.8)] 为

$$f(x) = a_0 + \sum_{n=1}^{\infty}\left(a_n \cos\frac{n\pi}{L}x + b_n \sin\frac{n\pi}{L}x\right) \tag{2.3.5}$$

其中，系数 a_0, a_n, b_n 由式 (2.1.9) 确定。其实，这样的周期函数可以转变成一个定义在 $(-\infty,\infty)$ 区间的非周期函数，最简单的途径是取 $L\to\infty$，这样一来函数就不再具有周期性，而且定义扩展到 $(-\infty,\infty)$ 区间。这时式 (2.1.9a) 中的系数为

$$a_0 = \frac{1}{2L}\int_{-L}^{L} f(t)\mathrm{d}t \xrightarrow{L\to\infty} 0 \tag{2.3.6}$$

其中，我们用到了绝对可积函数的性质 (2.3.3)。进一步，令 $\omega_n = n\pi/L$，则

$$\Delta\omega = \omega_n - \omega_{n-1} = \frac{\pi}{L} \tag{2.3.7}$$

由式 (2.3.7) 可以看出，傅里叶级数 (2.3.5) 的求和间隔 $\Delta\omega$ 在 $L\to\infty$ 时将变成微元 $\mathrm{d}\omega$，而变量 ω_n 趋于连续变化，傅里叶级数则转变成积分的形式，即

$$\sum_{n=1}^{\infty}\cdots\Delta\omega \xrightarrow{L\to\infty} \int_0^{\infty}\cdots\mathrm{d}\omega \tag{2.3.8}$$

事实上

$$\begin{aligned}\sum_{n=1}^{\infty} a_n \cos\frac{n\pi}{L}x &= \sum_{n=1}^{\infty}\frac{1}{L}\left[\int_{-L}^{L} f(t)\cos\frac{n\pi}{L}t\mathrm{d}t\right]\cos\frac{n\pi}{L}x \\ &= \sum_{n=1}^{\infty}\frac{\Delta\omega}{\pi}\left[\int_{-L}^{L} f(t)\cos\omega_n t\mathrm{d}t\right]\cos\omega_n x\end{aligned}$$

$$\xrightarrow{L\to\infty}\int_0^{\infty}\mathrm{d}\omega\left[\frac{1}{\pi}\int_{-\infty}^{\infty}f(t)\cos\omega t\mathrm{d}t\right]\cos\omega x \tag{2.3.9a}$$

同理

$$\sum_{n=1}^{\infty}b_n\sin\frac{n\pi}{L}x\xrightarrow{L\to\infty}\int_0^{\infty}\mathrm{d}\omega\left[\frac{1}{\pi}\int_{-\infty}^{\infty}f(t)\sin\omega t\mathrm{d}t\right]\sin\omega x \tag{2.3.9b}$$

现在我们利用式 (2.3.9)，将式 (2.3.5) 写成

$$f(x)=\int_0^{\infty}[A(\omega)\cos\omega x+B(\omega)\sin\omega x]\mathrm{d}\omega \tag{2.3.10}$$

其中

$$A(\omega)=\frac{1}{\pi}\int_{-\infty}^{\infty}f(t)\cos\omega t\mathrm{d}t \tag{2.3.11a}$$

$$B(\omega)=\frac{1}{\pi}\int_{-\infty}^{\infty}f(t)\sin\omega t\mathrm{d}t \tag{2.3.11b}$$

式 (2.3.10) 就是函数 $f(x)$ 的傅里叶积分表示，其中的展开系数 $A(\omega)$ 和 $B(\omega)$ 由式 (2.3.11) 确定。在上述由级数到积分的转变中，具体的变化是：①$L\to\infty$ 和 $f(x)$ 的绝对可积性质 (2.3.3) 导致系数 $a_0=0$；②计算 a_n 和 b_n 时的积分限 $(-L,L)$ 变成了计算 $A(\omega)$ 和 $B(\omega)$ 时的积分限 $(-\infty,\infty)$；③分立变化的求和变量 $\omega_n=n\pi/L(n=1,2,\cdots)$ 变成了连续变化的积分变量 $\omega\geqslant 0$。而确保级数可以转变成积分的条件则是式 (2.3.1) 所示的绝对可积。这个条件还进一步确保了式 (2.3.11) 中系数 $A(\omega)$ 和 $B(\omega)$ 的存在性，如图 2.7 所示意的那样。当然，为了使傅里叶积分式 (2.3.10) 具有式 (2.1.7) 所确定的收敛行为，函数 $f(x)$ 要满足狄利克雷定理成立的条件，即 $f(x)$ 分段光滑。总而言之，一个分段光滑且绝对可积的函数 $f(x)$ 具有傅里叶积分表示式 (2.3.10)，其中的 $A(\omega)$ 和 $B(\omega)$ 由式 (2.3.11) 确定；而傅里叶积分的收敛行为服从狄利克雷定理，即在原函数的连续点收敛于 $f(x)$，在原函数的间断点收敛于 $[f(x-0)+f(x+0)]/2$。

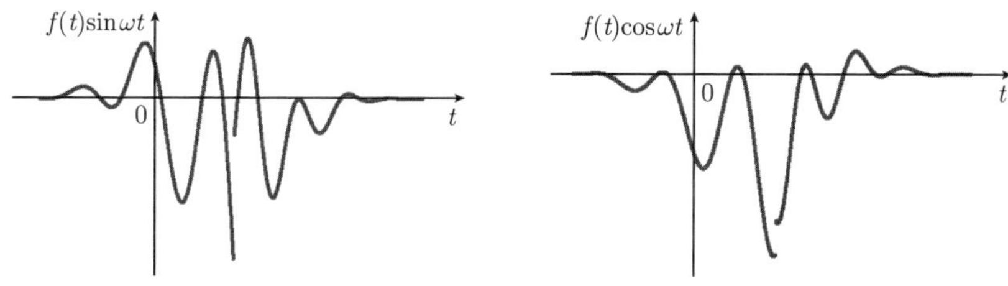

图 2.7 图 2.6 所示的绝对可积函数 $f(x)$ 确保系数 $A(\omega)$ 和 $B(\omega)$ 的存在性

物理上通常认为，$f(x)$ 代表一个“信号”，系数 $A(\omega)$ 和 $B(\omega)$ 则是信号 $f(x)$ 的频谱分布函数，它们分别相应于正交分量 $\cos\omega t$ 和 $\sin\omega t$。由信号得到频谱的过程，通常称为傅里叶分析。从式 (2.3.11) 可以看出：如果 $f(t)$ 是偶函数，则 $B(\omega)=0$；如果 f 是奇函数，则 $A(\omega)=0$。

应该注意，上述绝对可积条件 (2.3.1) 是傅里叶积分存在的充分条件，但不是必要的。实际上不少函数并不满足绝对可积条件，但它们的傅里叶积分确实存在。下面我们将通过两个例子进一步说明傅里叶积分的含义与意义。

例 1 求图 2.8 所示的函数

$$f(x)=\begin{cases}1 & (|x|\leqslant 1)\\ 0 & (|x|>1)\end{cases} \tag{2.3.12}$$

的傅里叶积分表示式。

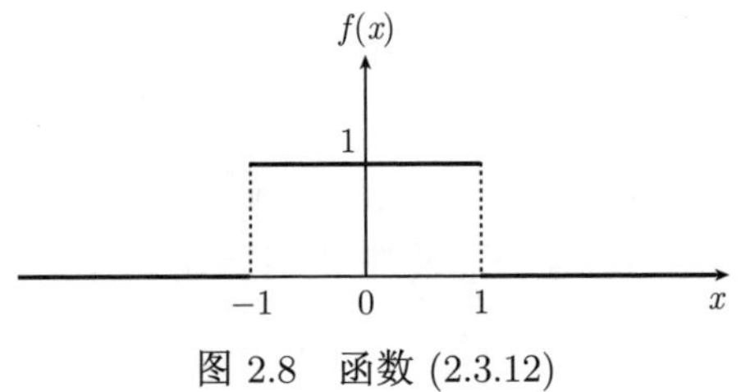

图 2.8 函数 (2.3.12)

解 首先计算式 (2.3.11) 中的频谱分布函数，因为式 (2.3.12) 表示一个偶函数，故 $B(\omega)=0$，而

$$A(\omega)=\frac{1}{\pi}\int_{-1}^{1}\cos\omega t\mathrm{d}t=\frac{2\sin\omega}{\pi\omega} \tag{2.3.13}$$

于是傅里叶积分表示式为

$$f(x)=\frac{2}{\pi}\int_{0}^{\infty}\frac{\sin\omega\cos\omega x}{\omega}\mathrm{d}\omega \tag{2.3.14}$$

根据狄利克雷定理，式 (2.3.14) 在原函数的不连续点 $x=\pm1$ 收敛于 $[f(x-0)+f(x+0)]/2=1/2$，在连续点收敛于 f，因此

$$\frac{2}{\pi}\int_{0}^{\infty}\frac{\sin\omega\cos\omega x}{\omega}\mathrm{d}\omega=\begin{cases}1 & (|x|<1)\\ \dfrac{1}{2} & (|x|=1)\\ 0 & (|x|>1)\end{cases} \tag{2.3.15}$$

特别地，在 $x=0$，有

$$\int_{0}^{\infty}\frac{\sin\omega}{\omega}\mathrm{d}\omega=\frac{\pi}{2} \tag{2.3.16}$$

这就是熟知的狄利克雷积分，我们在讨论傅里叶积分 (2.3.14) 的收敛行为时自然得到了这个公式。在式 (2.3.15) 中讨论 $|x|=1$ 的情况也能得到公式 (2.3.16)。

例 2 求图 2.9 所示的函数

$$f(x)=\begin{cases}\cos x & (|x|<\pi/2)\\ 0 & (|x|>\pi/2)\end{cases} \tag{2.3.17}$$

的傅里叶积分表示式。

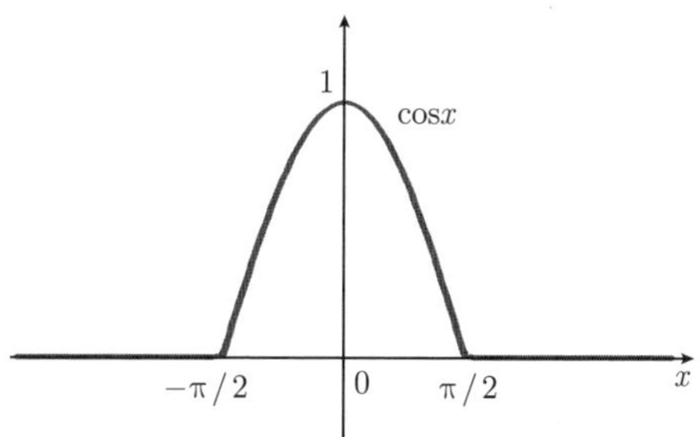

图 2.9 式 (2.3.17) 所示的函数

解 首先计算式 (2.3.11) 中的频谱分布函数，式 (2.3.17) 所示的函数 f 是定义在区间 $(-\infty,\infty)$ 上的偶函数，所以 $B(\omega)=0$，而

$$\begin{aligned}A(\omega)&=\frac{1}{\pi}\int_{-\infty}^{\infty}f(x)\cos\omega x\mathrm{d}x=\frac{2}{\pi}\int_{0}^{\pi/2}\cos x\cos\omega x\mathrm{d}x\\&=\frac{1}{\pi}\int_{0}^{\pi/2}[\cos(1+\omega)x+\cos(1-\omega)x]\mathrm{d}x\\&=\frac{1}{\pi}\left\{\frac{\sin[(1+\omega)\pi/2]}{1+\omega}+\frac{\sin[(1-\omega)\pi/2]}{1-\omega}\right\}\\&=\frac{1}{\pi}\left[\frac{\cos(\omega\pi/2)}{1+\omega}+\frac{\cos(\omega\pi/2)}{1-\omega}\right]\\&=\frac{2\cos(\omega\pi/2)}{\pi(1-\omega^2)}\end{aligned}$$

这个结果允许 $\omega=1$，事实上，利用洛必达法则，有

$$\lim_{\omega\to1}\frac{2\cos(\omega\pi/2)}{\pi(1-\omega^2)}=\frac{1}{2}\lim_{\omega\to1}\frac{\sin(\omega\pi/2)}{\omega}=\frac{1}{2} \tag{2.3.18a}$$

另一方面，我们利用式 (2.3.11a) 直接计算出

$$A(1)=\frac{2}{\pi}\int_{0}^{\pi/2}\cos^2 x\mathrm{d}x=\frac{1}{2} \tag{2.3.18b}$$

可见两种计算方法的结果是相同的。正如图 2.10 所示，$A(\omega)$ 在 $\omega = 1$ 是连续的。于是函数 (2.3.17) 的傅里叶积分表示式为

$$f(x) = \frac{2}{\pi}\int_0^{\infty} \frac{\cos(\omega\pi/2)}{1-\omega^2}\cos\omega x\mathrm{d}\omega \tag{2.3.19}$$

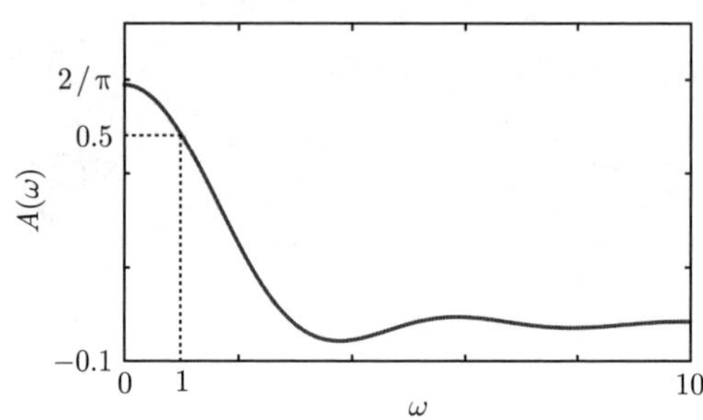

图 2.10　信号 (2.3.17) 的频谱分布

由于函数 (2.3.17) 在区间 $(-\infty,\infty)$ 上没有间断点，因此在所有 x 处收敛于 f，即

$$\frac{2}{\pi}\int_0^{\infty} \frac{\cos(\omega\pi/2)}{1-\omega^2}\cos\omega x\mathrm{d}\omega = \begin{cases} \cos x & (|x| < \pi/2) \\ 0 & (|x| > \pi/2) \end{cases} \tag{2.3.20}$$

特别地，在 $x = 0$ 处，有

$$\int_0^{\infty} \frac{\cos(\omega\pi/2)}{1-\omega^2}\mathrm{d}\omega = \frac{\pi}{2} \tag{2.3.21}$$

这是另一个重要的积分公式，我们在讨论傅里叶积分 (2.3.19) 的收敛行为时自然得到了它。

第 3 章　傅里叶变换

求解数学物理方法问题的重要工具之一是积分变换。所谓积分变换就是把函数 $f(t)$ 经过积分运算变为另一类函数 $F(\beta)$，一般表示为

$$F(\beta) = \int_a^b f(t)K(\beta, t)\mathrm{d}t \tag{3.0.1}$$

其中，β 是一个参变量，$K(\beta, t)$ 是一个确定的二元函数，称为积分变换的核。不同的核与不同的积分区域，构成不同的积分变换。本书主要介绍傅里叶变换与拉普拉斯变换这两种最常用的变换。它们具有非常广泛的应用，不但涉及工程技术，如力学、声学、电工学、电子学、信息光学、信息工程等领域的信号分析和信号处理等，还广泛应用于理论学科，如理论力学、量子力学、电动力学等。

3.1　傅里叶变换

第 2 章讨论的傅里叶积分是傅里叶级数向连续变量的扩展，而傅里叶积分又可以进一步扩展到傅里叶变换，这一扩展所引起的变化是频谱范围由 $\omega \in [0, \infty)$ 变成了 $\omega \in (-\infty, \infty)$。因此傅里叶变换涉及的问题更加广泛。本节介绍傅里叶变换的定义和性质，而傅里叶变换的计算和应用将随后讨论。

3.1.1　傅里叶变换的定义

考虑一个定义在区间 $(-\infty, \infty)$ 上的函数 $f(x)$，下面我们将从 $f(x)$ 的傅里叶积分过渡到傅里叶变换，为此首先利用式 (2.3.10) 和式 (2.3.11) 写出它的傅里叶积分表示式

$$\begin{aligned}
f(x) &= \frac{1}{\pi}\int_{\omega=0}^{\infty}\int_{t=-\infty}^{\infty} f(t)\left(\cos\omega t\cos\omega x + \sin\omega t\sin\omega x\right)\mathrm{d}t\mathrm{d}\omega \\
&= \frac{1}{\pi}\int_0^{\infty}\int_{-\infty}^{\infty} f(t)\cos\omega(x-t)\mathrm{d}t\mathrm{d}\omega \\
&= \frac{1}{2\pi}\int_0^{\infty}\int_{-\infty}^{\infty} f(t)\left[\mathrm{e}^{\mathrm{i}\omega(x-t)} + \mathrm{e}^{-\mathrm{i}\omega(x-t)}\right]\mathrm{d}t\mathrm{d}\omega \\
&= \frac{1}{2\pi}\int_{-\infty}^{\infty}\left[\int_0^{\infty} f(t)\mathrm{e}^{\mathrm{i}\omega(x-t)}\mathrm{d}\omega + \int_0^{\infty} f(t)\mathrm{e}^{-\mathrm{i}\omega(x-t)}\mathrm{d}\omega\right]\mathrm{d}t
\end{aligned} \tag{3.1.1}$$

现在，将式 (3.1.1) 中的后一个积分写为

$$
\begin{aligned}
\int_0^{\infty} f(t)\mathrm{e}^{-\mathrm{i}\omega(x-t)}\mathrm{d}\omega &= -\int_0^{-\infty} f(t)\mathrm{e}^{\mathrm{i}y(x-t)}\mathrm{d}y \ (y=-\omega) \\
&= \int_{-\infty}^{0} f(t)\mathrm{e}^{\mathrm{i}y(x-t)}\mathrm{d}y \\
&= \int_{-\infty}^{0} f(t)\mathrm{e}^{\mathrm{i}\omega(x-t)}\mathrm{d}\omega
\end{aligned}
$$

将结果代入式 (3.1.1)，与前一个积分合并后，得到

$$
f(x)=\frac{1}{2\pi}\int_{-\infty}^{\infty}\left[\int_{-\infty}^{\infty} f(t)\mathrm{e}^{\mathrm{i}\omega(x-t)}\mathrm{d}\omega\right]\mathrm{d}t=\frac{1}{2\pi}\int_{-\infty}^{\infty}\underbrace{\int_{-\infty}^{\infty} f(t)\mathrm{e}^{-\mathrm{i}\omega t}\mathrm{d}t}_{F(\omega)}\mathrm{e}^{\mathrm{i}\omega x}\mathrm{d}\omega \tag{3.1.2}
$$

我们得到

$$
F(\omega)=\int_{-\infty}^{\infty} f(x)\mathrm{e}^{-\mathrm{i}\omega x}\mathrm{d}x \quad (-\infty<\omega<\infty) \tag{3.1.3}
$$

$$
f(x)=\frac{1}{2\pi}\int_{-\infty}^{\infty} F(\omega)\mathrm{e}^{\mathrm{i}\omega x}\mathrm{d}\omega \quad (-\infty<x<\infty) \tag{3.1.4}
$$

其中，$F(\omega)$ 称为函数 $f(x)$ 的傅里叶变换，而 $f(x)$ 称为 $F(\omega)$ 的傅里叶反变换。我们将 $f(x)$ 和 $F(\omega)$ 之间的变换与反变换记为

$$
F(\omega)=\mathcal{F}\{f(x)\} \tag{3.1.5a}
$$

$$
f(x)=\mathcal{F}^{-1}\{F(\omega)\} \tag{3.1.5b}
$$

或者更简单地表示为

$$
F(\omega)\longleftrightarrow f(x) \tag{3.1.6}
$$

习惯上，$F(\omega)$ 称为象函数，而 $f(x)$ 称为原函数。从得到式 (3.1.3) 和式 (3.1.4) 的过程可以看出，傅里叶变换是从傅里叶积分过渡来的，因此傅里叶变换存在的条件与傅里叶积分存在的条件是相同的。具体说，函数 $f(x)$ 的傅里叶变换 $F(\omega)$ 存在的条件是式 (2.3.1) 所示的绝对可积。与傅里叶积分的情况一样，这个条件是充分的但不是必要的。当然，为了使傅里叶反变换 (3.1.4) 具有式 (2.1.7) 所确定的收敛行为，函数 $f(x)$ 要满足狄利克雷定理成立的条件，即 $f(x)$ 分段光滑。总而言之，一个分段光滑且绝对可积的函数 $f(x)$ 具有傅里叶变换 (3.1.3)，而反变换积分的收敛行为则服从狄利克雷定理，即在原函数的连续点收敛于 $f(x)$，在原函数的间断点收敛于 $[f(x-0)+f(x+0)]/2$。

傅里叶变换与傅里叶积分的区别在于 ω 的变化范围由 $\omega\in[0,\infty)$ 扩展到 $\omega\in(-\infty,\infty)$。不过，当积分 (3.1.4) 的被积函数是偶函数时，傅里叶变换约化为傅里叶积分。另外，像傅里叶积分情况下的解释一样，$f(x)$ 是信号，$F(\omega)$ 是频谱。由 $f(x)$ 求 $F(\omega)$ 的过程称为傅里叶分析，而由 $F(\omega)$ 求 $f(x)$ 的过程称为“反演”。在式 (3.1.3) 中令 $\omega=0$，得到

$$F(0)=\int_{-\infty}^{\infty}f(x)\mathrm{d}x \tag{3.1.7a}$$

这意味着频谱在 $\omega=0$ 的值等于信号 $f(x)$ 的面积。另一方面，在式 (3.1.4) 中取 $x=0$，得到

$$f(0)=\frac{1}{2\pi}\int_{-\infty}^{\infty}F(\omega)\mathrm{d}\omega \tag{3.1.7b}$$

即频谱的积分给出函数在原点取值的 2π 倍。

为了对傅里叶变换有一个直观的认识，首先考查下面简单函数的傅里叶变换。

例　讨论函数

$$f(x)=\begin{cases}1 & (|x|<a)\\ 0 & (|x|>a)\end{cases} \tag{3.1.8}$$

的傅里叶变换。

解　这个函数与式 (2.3.12) 的函数类似，它满足绝对可积条件 (2.3.1)，由式 (3.1.3) 得到它的傅里叶变换

$$\begin{aligned}F(\omega)&=\int_{-\infty}^{\infty}f(x)\mathrm{e}^{-\mathrm{i}\omega x}\mathrm{d}x=\int_{-a}^{a}\mathrm{e}^{-\mathrm{i}\omega x}\mathrm{d}x\\&=-\frac{1}{\mathrm{i}\omega}\,\mathrm{e}^{-\mathrm{i}\omega x}\Big|_{-a}^{a}=\frac{1}{\mathrm{i}\omega}\left(\mathrm{e}^{\mathrm{i}\omega a}-\mathrm{e}^{-\mathrm{i}\omega a}\right)\\&=2\frac{\sin a\omega}{\omega}\end{aligned} \tag{3.1.9}$$

式 (3.1.9) 允许取 $\omega=0$，事实上

$$\lim_{\omega\to0}F(\omega)=2\lim_{\omega\to0}\frac{\sin a\omega}{\omega}=2a \tag{3.1.10a}$$

另一方面，我们利用式 (3.1.7a) 进行验证

$$F(0)=\int_{-\infty}^{\infty}f(x)\mathrm{d}x=\int_{-a}^{a}\mathrm{d}x=2a \tag{3.1.10b}$$

两种方法的结果相同。因此对于所有 ω，频谱分布函数由式 (3.1.9) 表示 (图 3.1)。

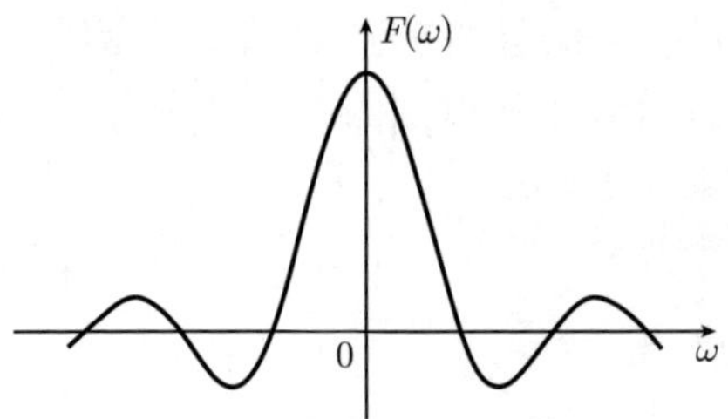

图 3.1　信号 (3.1.9) 的频谱分布 $F(\omega)$

现在我们利用 $F(\omega)$ 计算傅里叶反变换，由式 (3.1.4) 得到

$$
\begin{aligned}
f(x) &= \frac{1}{2\pi}\int_{-\infty}^{\infty} F(\omega)\mathrm{e}^{\mathrm{i}\omega x}\mathrm{d}\omega = \frac{1}{\pi}\int_{-\infty}^{\infty} \frac{\sin a\omega}{\omega}\mathrm{e}^{\mathrm{i}\omega x}\mathrm{d}\omega \\
&= \frac{1}{\pi}\int_{-\infty}^{\infty} \frac{\sin a\omega}{\omega}(\cos\omega x - \mathrm{i}\sin\omega x)\mathrm{d}\omega \\
&= \frac{2}{\pi}\int_{0}^{\infty} \frac{\sin a\omega\cos\omega x}{\omega}\mathrm{d}\omega
\end{aligned}
$$

得到该结果是因为 $\dfrac{\sin a\omega}{\omega}\sin\omega x$ 是 ω 的奇函数，它的积分为零。当 $a=1$ 时，上式作为 $2\dfrac{\sin a\omega}{\omega}$ 的反变换正好给出函数 (2.3.12) 的傅里叶积分表示式。得到这个结果是不奇怪的，如上所述，当积分 (3.1.4) 的被积函数是偶函数时，傅里叶变换约化为傅里叶积分。按照狄利克雷定理，反变换积分收敛于

$$
\frac{2}{\pi}\int_{0}^{\infty} \frac{\sin a\omega\cos\omega x}{\omega}\mathrm{d}\omega = \begin{cases} 1 & (|x|<a) \\ \dfrac{1}{2} & (|x|=a) \\ 0 & (|x|>a) \end{cases} \tag{3.1.11}
$$

特别是在 $x=0$ 时，有

$$
\int_{0}^{\infty} \frac{\sin a\omega}{\omega}\mathrm{d}\omega = \frac{\pi}{2} \quad (a>0) \tag{3.1.12a}
$$

这是狄利克雷积分 (2.3.16) 的一个推广。由式 (3.1.12a) 还可以得到

$$
\int_{0}^{\infty} \frac{\sin a\omega}{\omega}\mathrm{d}\omega = -\frac{\pi}{2} \quad (a<0) \tag{3.1.12b}
$$

推广的狄利克雷积分 (3.1.12) 将被用于 3.3 节的例 12。

3.1.2　傅里叶变换的性质

首先，傅里叶变换是线性变换，即

$$
\mathcal{F}\{C_1f_1+C_2f_2\} = C_1\mathcal{F}\{f_1\}+C_2\mathcal{F}\{f_2\} \tag{3.1.13}
$$

其中，C_1，C_2 均是常数。

证明

$$\begin{aligned}\mathcal{F}\{C_1 f_1 + C_2 f_2\} &= \int_{-\infty}^{\infty} [C_1 f_1(x) + C_2 f_2(x)] \mathrm{e}^{-\mathrm{i}\omega x} \mathrm{d}x \\ &= C_1 \int_{-\infty}^{\infty} f_1(x) \mathrm{e}^{-\mathrm{i}\omega x} \mathrm{d}x + C_2 \int_{-\infty}^{\infty} f_2(x) \mathrm{e}^{-\mathrm{i}\omega x} \mathrm{d}x \\ &= C_1 \mathcal{F}\{f_1\} + C_2 \mathcal{F}\{f_2\}\end{aligned}$$

进而，如果

$$f(x) \longleftrightarrow F(\omega) \tag{3.1.14}$$

则傅里叶变换有以下定理。

1) 微分定理 I

$$\frac{\mathrm{d}f(x)}{\mathrm{d}x} \longleftrightarrow \mathrm{i}\omega F(\omega) \tag{3.1.15}$$

证明

$$\begin{aligned}\frac{\mathrm{d}f(x)}{\mathrm{d}x} \longleftrightarrow \int_{-\infty}^{\infty} \frac{\mathrm{d}f(x)}{\mathrm{d}x} \mathrm{e}^{-\mathrm{i}\omega x} \mathrm{d}x &= \int_{-\infty}^{\infty} \mathrm{e}^{-\mathrm{i}\omega x} \mathrm{d}f(x) \\ &= \left[f(x)\mathrm{e}^{-\mathrm{i}\omega x}\right]_{-\infty}^{\infty} + \mathrm{i}\omega \int_{-\infty}^{\infty} f(x) \mathrm{e}^{-\mathrm{i}\omega x} \mathrm{d}x \\ &= \mathrm{i}\omega F(\omega)\end{aligned}$$

这里利用了当 $x \to \pm\infty$ 时，$f(x) \to 0$ 的性质 [见式 (2.3.4)]。

类似地，可以证明

$$f^{(n)}(x) \longleftrightarrow (\mathrm{i}\omega)^n F(\omega) \tag{3.1.16}$$

2) 微分定理 II

$$x f(x) \longleftrightarrow \mathrm{i}\frac{\mathrm{d}}{\mathrm{d}\omega} F(\omega) \tag{3.1.17}$$

证明 在式 (3.1.3) 两边关于 ω 求导数

$$\begin{aligned}\frac{\mathrm{d}}{\mathrm{d}\omega} F(\omega) &= \frac{\mathrm{d}}{\mathrm{d}\omega} \int_{-\infty}^{\infty} f(x) \mathrm{e}^{-\mathrm{i}\omega x} \mathrm{d}x \\ &= \int_{-\infty}^{\infty} f(x) \frac{\mathrm{d}}{\mathrm{d}\omega} \left(\mathrm{e}^{-\mathrm{i}\omega x}\right) \mathrm{d}x = -\mathrm{i} \int_{-\infty}^{\infty} x f(x) \mathrm{e}^{-\mathrm{i}\omega x} \mathrm{d}x \\ &= -\mathrm{i}\mathcal{F}\{x f(x)\}\end{aligned}$$

故式 (3.1.17) 成立。类似地，可以证明

$$x^n f(x) \longleftrightarrow \mathrm{i}^n \frac{\mathrm{d}^n}{\mathrm{d}\omega^n} F(\omega) \tag{3.1.18}$$

3) 积分定理

$$\int_{x_0}^{x} f(x)\mathrm{d}x \longleftrightarrow \frac{F(\omega)}{\mathrm{i}\omega} \quad (\text{积分下限 } x_0 \text{ 等价于积分常数}) \tag{3.1.19}$$

证明　令 $g(x)=\int_{x_0}^{x} f(x)\mathrm{d}x$，则 $f(x)=g'(x)$。由于

$$F(\omega)=\mathcal{F}\{f(x)\}=\mathcal{F}\{g'(x)\}=\mathrm{i}\omega G(\omega) \tag{3.1.20}$$

最后一步利用了式 (3.1.15)，式 (3.1.20) 即为

$$\frac{F(\omega)}{\mathrm{i}\omega}=G(\omega) \longleftrightarrow \int_{x_0}^{x} f(x)\mathrm{d}x \tag{3.1.21}$$

故式 (3.1.19) 成立。注意在实际问题中，x_0 的取值要满足给定的条件。

4) 位移定理

$$f(x+\xi) \longleftrightarrow \mathrm{e}^{\mathrm{i}\omega\xi}F(\omega) \quad (\xi\text{为任意实数}) \tag{3.1.22}$$

证明

$$\begin{aligned}
&\int_{-\infty}^{\infty} f(x+\xi)\mathrm{e}^{-\mathrm{i}\omega x}\mathrm{d}x \quad (y=x+\xi)\\
=&\int_{-\infty}^{\infty} f(y)\mathrm{e}^{-\mathrm{i}\omega(y-\xi)}\mathrm{d}y\\
=&\mathrm{e}^{\mathrm{i}\omega\xi}\int_{-\infty}^{\infty} f(y)\mathrm{e}^{-\mathrm{i}\omega y}\mathrm{d}y\\
=&\mathrm{e}^{\mathrm{i}\omega\xi}F(\omega)
\end{aligned}$$

故式 (3.1.22) 成立。

5) 卷积定义与卷积定理

设函数 $f_1(x)$ 和 $f_2(x)$ 均定义在区间 $(-\infty,\infty)$，则它们的卷积定义为

$$f_1(x)*f_2(x)=\int_{-\infty}^{\infty} f_1(\xi)f_2(x-\xi)\mathrm{d}\xi \tag{3.1.23}$$

卷积是一种综合性运算，包含函数相乘、延迟和积分。卷积的结果仍然是 x 的函数。卷积定理表示为

$$f_1(x)*f_2(x) \longleftrightarrow F_1(\omega)F_2(\omega) \tag{3.1.24}$$

其中，$F_1(\omega)$ 和 $F_2(\omega)$ 分别是 $f_1(x)$ 和 $f_2(x)$ 的傅里叶变换。

证明　我们根据卷积定义 (3.1.23) 计算函数 $f_1(x)*f_2(x)$ 的傅里叶变换

$$\int_{-\infty}^{\infty} f_1(x)*f_2(x)\mathrm{e}^{-\mathrm{i}\omega x}\mathrm{d}x=\int_{-\infty}^{\infty}\left[\int_{-\infty}^{\infty} f_1(\xi)f_2(x-\xi)\mathrm{d}\xi\right]\mathrm{e}^{-\mathrm{i}\omega x}\mathrm{d}x$$

$$
\begin{aligned}
&=\int_{-\infty}^{\infty} f_1(\xi)\left[\int_{-\infty}^{\infty} f_2(x-\xi)\mathrm{e}^{-\mathrm{i}\omega(x-\xi)}\mathrm{d}x\right]\mathrm{e}^{-\mathrm{i}\omega\xi}\mathrm{d}\xi \quad (y=x-\xi)\\
&=\int_{-\infty}^{\infty} f_1(\xi)\left[\int_{-\infty}^{\infty} f_2(y)\mathrm{e}^{-\mathrm{i}\omega y}\mathrm{d}y\right]\mathrm{e}^{-\mathrm{i}\omega\xi}\mathrm{d}\xi\\
&=\int_{-\infty}^{\infty} f_1(\xi)F_2(\omega)\mathrm{e}^{-\mathrm{i}\omega\xi}\mathrm{d}\xi = F_2(\omega)\int_{-\infty}^{\infty} f_1(\xi)\mathrm{e}^{-\mathrm{i}\omega\xi}\mathrm{d}\xi\\
&=F_1(\omega)F_2(\omega)
\end{aligned}
$$

故式 (3.1.24) 成立。同样 $f_2(x)*f_1(x)\longleftrightarrow F_2(\omega)F_1(\omega)$，这意味着卷积运算服从交换律

$$
f_1(x)*f_2(x)=f_2(x)*f_1(x) \tag{3.1.25}
$$

事实上

$$
\begin{aligned}
f_1(x)*f_2(x)&=\int_{-\infty}^{\infty} f_1(\xi)f_2(x-\xi)\mathrm{d}\xi \quad (\eta=x-\xi)\\
&=-\int_{\infty}^{-\infty} f_1(x-\eta)f_2(\eta)\mathrm{d}\eta\\
&=\int_{-\infty}^{\infty} f_2(\eta)f_1(x-\eta)\mathrm{d}\eta = f_2(x)*f_1(x)
\end{aligned}
$$

下面的例题显示了卷积运算的一些有趣性质。

例 对于偶函数 $f(-x)=f(x)$ 和奇函数 $h(-x)=-h(x)$，分别计算它们与 $\cos\omega x$，$\sin\omega x$ 函数的卷积，其中 ω 是任意实数。

解 对于偶函数 $f(-x)=f(x)$

$$
\begin{aligned}
f(x)*\cos\omega x&=\int_{-\infty}^{\infty} f(\xi)\cos\omega(x-\xi)\mathrm{d}\xi\\
&=\int_{-\infty}^{\infty} f(\xi)\left(\cos\omega x\cos\omega\xi+\sin\omega x\sin\omega\xi\right)\mathrm{d}\xi\\
&\quad\left[f(\xi)\sin\omega\xi\text{是}\xi\text{的奇函数}\right]\\
&=\cos\omega x\int_{-\infty}^{\infty} f(\xi)\cos\omega\xi\mathrm{d}\xi\\
&=\cos\omega x\int_{-\infty}^{\infty} f(\xi)\left(\cos\omega\xi-\mathrm{i}\sin\omega\xi\right)\mathrm{d}\xi\\
&=\cos\omega x\int_{-\infty}^{\infty} f(\xi)\mathrm{e}^{-\mathrm{i}\omega\xi}\mathrm{d}\xi
\end{aligned}
$$

即

$$
f(x)*\cos\omega x=F(\omega)\cos\omega x \tag{3.1.26a}
$$

同理可证

$$
f(x)*\sin\omega x=F(\omega)\sin\omega x \tag{3.1.26b}
$$

对于奇函数 $h(-x)=-h(x)$，则有

$$h(x)*\cos\omega x=\mathrm{i}H(\omega)\sin\omega x \tag{3.1.27a}$$

$$h(x)*\sin\omega x=-\mathrm{i}H(\omega)\cos\omega x \tag{3.1.27b}$$

3.2 δ 函 数

由量子力学大师狄拉克 (Dirac) 创建的 δ 函数是一个非常奇妙的函数，它在量子力学、经典物理学以及许多科学技术领域都有广泛的用途。这个函数定义在区间 $(-\infty,\infty)$，记为 $\delta(x-x_0)$，其中 x 是变量，x_0 是参数 $(|x_0|<\infty)$。本节将讨论 δ 函数的定义和性质，以及 δ 函数的极限表示。

3.2.1 δ 函数的定义和含义

δ 函数的定义涉及它的两个特征。第一个特征是

$$\delta(x-x_0)=\begin{cases}0 & (x\neq x_0)\\ \infty & (x=x_0)\end{cases} \tag{3.2.1}$$

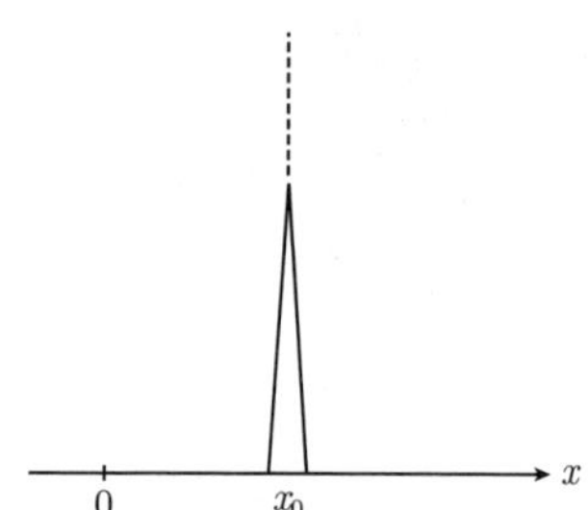

图 3.2 δ 函数 $\delta(x-x_0)$

这意味着 δ 函数是无限高且无穷窄的 (图 3.2)。它的第二个特征是

$$\int_{-\infty}^{\infty}\delta(x-x_0)\mathrm{d}x=1 \tag{3.2.2}$$

即 δ 函数有单位面积。这两个特征作为 δ 函数的定义是缺一不可的。

δ 函数的定义直接导致它的另一个重要性质：对于任何一个连续函数 $f(x)$ 都有

$$\int_{-\infty}^{\infty}f(x)\delta(x-x_0)\mathrm{d}x=f(x_0) \tag{3.2.3}$$

证明 因为 $\delta(x-x_0)$ 在 x_0 以外的任何地方均为零，因此，式 (3.2.3) 左边的积分范围可以写成 $[x_0-\varepsilon,x_0+\varepsilon]$。其中，$\varepsilon$ 是一个正的无穷小量，在这样一个无穷窄的区间内，$f(x)$ 可以被它的中间值 $f(x_0)$ 代替，于是

$$\begin{aligned}\int_{-\infty}^{\infty}f(x)\delta(x-x_0)\mathrm{d}x&=\int_{x_0-\varepsilon}^{x_0+\varepsilon}f(x)\delta(x-x_0)\mathrm{d}x\\&=f(x_0)\int_{x_0-\varepsilon}^{x_0+\varepsilon}\delta(x-x_0)\mathrm{d}x\\&=f(x_0)\end{aligned}$$

可以看出，δ 函数的作用是通过式 (3.2.3) 左边的积分将 $f(x)$ 在 x_0 的值 $f(x_0)$ 选出来，所以式 (3.2.3) 称为 δ 函数的 “筛选” 性质。

当 $x_0=0$ 时，上述结果约化为

$$\delta(x)=\begin{cases}0 & (x\neq 0)\\ \infty & (x=0)\end{cases} \tag{3.2.4}$$

$$\int_{-\infty}^{\infty}\delta(x)\mathrm{d}x=1 \tag{3.2.5}$$

$$\int_{-\infty}^{\infty}f(x)\delta(x)\mathrm{d}x=f(0) \tag{3.2.6}$$

我们进一步分析 δ 函数的物理含义，从式 (3.2.1) 看，δ 函数是一个点源函数，可以表示许多特殊的物理量。比如，位于 x_0 而质量为 m 的质点的线密度为 $m\delta(x-x_0)$；位于 x_0 而电量为 q 的点电荷的线密度为 $q\delta(x-x_0)$；冲量 k 在 x_0 位置作用而产生的冲量密度为 $k\delta(x-x_0)$。另一方面，从式 (3.2.2) 看，δ 函数又是一个归一化的分布函数，因此式 (3.2.3) 右边的 $f(x_0)$ 可以理解为物理量 $f(x)$ 在这个分布中的平均值。无论作为点源函数还是分布函数，$\delta(x-x_0)$ 是有量纲的：$[\delta(x)]=1/[x]$。比如，在电荷线密度中，$\delta(x-x_0)$ 具有坐标倒数的量纲。而作为分布函数，$\delta(x-x_0)$ 可以具有众多不同的量纲 (依赖于哪个物理量的分布)，如波长分布、质量分布、浓度分布等。具体情况我们将在随后的有关章节中详细讨论。

3.2.2 δ 函数的性质

本节将通过不同类型的例题进一步讨论 δ 函数的性质。

例 1 证明 δ 函数是偶函数。

证明 设 $f_1(x)=\delta(x-x_1)$，$f_2(x)=\delta(x-x_2)$，作积分 $\int_{-\infty}^{\infty}f_1(x)f_2(x)\mathrm{d}x$，并利用式 (3.2.3)，得到

$$\int_{-\infty}^{\infty}f_1(x)f_2(x)\mathrm{d}x=\int_{-\infty}^{\infty}\delta(x-x_1)f_2(x)\mathrm{d}x=f_2(x_1)=\delta(x_1-x_2) \tag{3.2.7a}$$

$$\int_{-\infty}^{\infty}f_1(x)f_2(x)\mathrm{d}x=\int_{-\infty}^{\infty}f_1(x)\delta(x-x_2)\mathrm{d}x=f_1(x_2)=\delta(x_2-x_1) \tag{3.2.7b}$$

式 (3.2.7) 的两式相等，故

$$\delta(x_1-x_2)=\delta(x_2-x_1) \tag{3.2.8}$$

若 $x_2-x_1=x$，则

$$\delta(-x)=\delta(x) \tag{3.2.9}$$

所以 δ 函数是偶函数。

例 2　讨论 δ 函数与函数 $f(x)(-\infty < x < \infty)$ 的卷积。

解　首先，$\delta(x)$ 函数与 $f(x)$ 的卷积给出 $f(x)$ 本身

$$\delta(x) * f(x) = \int_{-\infty}^{\infty} f(\xi)\delta(x-\xi)\mathrm{d}\xi = f(x) \tag{3.2.10}$$

而 $\delta(x-a)$ 与 $f(x)$ 的卷积为

$$\delta(x-a) * f(x) = \int_{-\infty}^{\infty} \delta(\xi-a)f(x-\xi)\mathrm{d}\xi = f(x-a) \tag{3.2.11}$$

可见卷积结果是将 $f(x)$ 平移了一段距离 a，如图 3.3 所示。

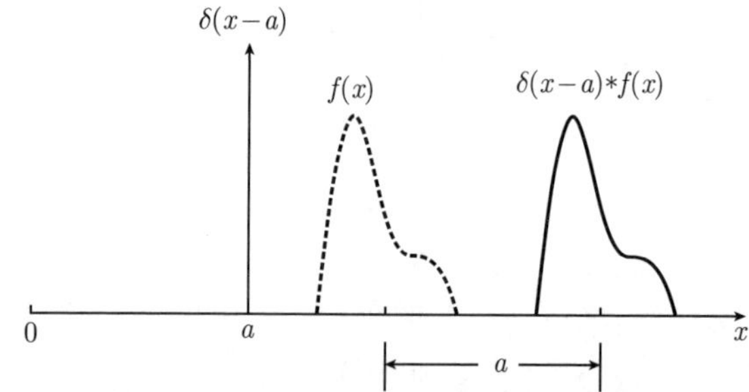

图 3.3　$\delta(x-a)$ 与 $f(x)$ 的卷积给出 $f(x-a)$

两个 δ 函数的卷积为

$$\delta(x-a) * \delta(x-b) = \int_{-\infty}^{\infty} \delta(\xi-a)\delta(x-\xi-b)\mathrm{d}\xi = \delta\left[x-(a+b)\right] \tag{3.2.12}$$

上述 δ 函数的卷积性质在计算机运算中是很有用的。

例 3　在量子力学中，坐标 x 是一个算符，证明 δ 函数满足算符 x 的本征方程

$$x\delta(x-x_0) = x_0\delta(x-x_0) \tag{3.2.13}$$

其中，x_0 是本征值，并进而讨论本征函数 $\delta(x-x_0)$ 的正交归一性和完备性。

证明　在式 (3.2.6) 左边的积分中取 $f(x)=x$，则积分筛选出 x 在 0 的取值，即

$$\int_{-\infty}^{\infty} f(x)\delta(x)\mathrm{d}x = \int_{-\infty}^{\infty} x\delta(x)\mathrm{d}x = 0 \tag{3.2.14}$$

该定积分结果为零有两种可能：一是被积函数 $x\delta(x)=0$；二是被积函数 $x\delta(x)$ 随 x 变化在积分区间出现正负面积相等的情况。现在，$x\delta(x)$ 在 0 以外的任何地方为零，不可能出现后一种可能，因此必定有

$$x\delta(x) = 0 \tag{3.2.15}$$

其中，x 是任意的，现在用 $x-x_0$ 代换其中的 x，得到

$$(x-x_0)\delta(x-x_0)=0 \tag{3.2.16}$$

它给出本征方程 (3.2.13)。

本征函数 $\delta(x-x_0)$ 对于本征值 x_0 的连续变化，构成了本征函数集合 $\{\delta(x-x_0)\}$。为了讨论本征函数的正交归一性，从集合 $\{\delta(x-x_0)\}$ 中取出两个本征函数 $\delta(x-x_1)$ 和 $\delta(x-x_2)$ 作积分，再利用式 (3.2.3)，我们得到

$$\int_{-\infty}^{\infty}\delta(x-x_1)\delta(x-x_2)\mathrm{d}x=\delta(x_1-x_2) \tag{3.2.17}$$

这就是坐标算符 x 的本征函数的正交归一性表达式，由于本征值 x_0 的变化形成了连续谱，积分结果归于 δ 函数，而不像分立谱情况下归于 δ_{mn} 符号 [见式 (2.1.4)]。

δ 函数的完备性是

$$f(x)=\int_{-\infty}^{\infty}f(\xi)\delta(\xi-x)\mathrm{d}\xi \tag{3.2.18}$$

它表示任意一个连续函数 $f(x)$ 可以按照坐标算符的本征函数集 $\{\delta(\xi-x)\}$ 展开。

例 4 讨论 δ 函数的傅里叶变换。

解 $\delta(x-x_0)$ 函数满足绝对可积条件 (2.3.1)，它的傅里叶变换为

$$\mathcal{F}\{\delta(x-x_0)\}=\int_{-\infty}^{\infty}\delta(x-x_0)\mathrm{e}^{-\mathrm{i}\omega x}\mathrm{d}x=\mathrm{e}^{-\mathrm{i}\omega x_0} \tag{3.2.19a}$$

其中利用了 δ 函数的筛选性质 (3.2.6)。当 $x_0=0$ 时，式 (3.2.19a) 给出

$$\mathcal{F}\{\delta(x)\}=1 \tag{3.2.19b}$$

由于 $\delta(x)$ 函数在定义区间 $(-\infty,\infty)$ 没有间断点，因此反变换积分收敛于

$$\delta(x)=\frac{1}{2\pi}\int_{-\infty}^{\infty}\mathrm{e}^{\mathrm{i}\omega x}\mathrm{d}\omega \tag{3.2.20}$$

根据 $\delta(x)$ 的偶函数性质 (3.2.9)，式 (3.2.20) 还可以写为

$$\delta(x)=\frac{1}{2\pi}\int_{-\infty}^{\infty}\mathrm{e}^{-\mathrm{i}\omega x}\mathrm{d}\omega \tag{3.2.21}$$

即

$$2\pi\delta(\omega)=\int_{-\infty}^{\infty}\mathrm{e}^{-\mathrm{i}\omega x}\mathrm{d}x \tag{3.2.22}$$

我们有 $\mathcal{F}\{\delta(x)\}=1$ 与 $\mathcal{F}\{1\}=2\pi\delta(\omega)$，这样 1 与 $\delta(x)$ 构成了一个傅里叶变换对。另外式 (3.2.20) 与式 (3.2.22) 给出

$$\int_{-\infty}^{\infty}\mathrm{e}^{-\mathrm{i}\omega x}\mathrm{d}x=\int_{-\infty}^{\infty}\mathrm{e}^{\mathrm{i}\omega x}\mathrm{d}x \tag{3.2.23}$$

这是一个有趣的结果。

式 (3.2.21) 可以变为

$$\delta(x)=\frac{1}{2\pi a}\int_{-\infty}^{\infty}\mathrm{e}^{\frac{\mathrm{i}}{a}(a\omega)x}\mathrm{d}\,(a\omega)=\frac{1}{2\pi a}\int_{-\infty}^{\infty}\mathrm{e}^{\frac{\mathrm{i}}{a}kx}\mathrm{d}k\quad(k=a\omega) \tag{3.2.24}$$

其中，a 是常数，即

$$\delta(x)=\frac{1}{2\pi a}\int_{-\infty}^{\infty}\mathrm{e}^{\frac{\mathrm{i}}{a}px}\mathrm{d}p \tag{3.2.25}$$

将 x 换成 $p-p'$，将积分变量换成 x，得到

$$\delta(p-p')=\frac{1}{2\pi a}\int_{-\infty}^{\infty}\mathrm{e}^{\frac{\mathrm{i}}{a}(p-p')x}\mathrm{d}x \tag{3.2.26}$$

式 (3.2.25) 和式 (3.2.26) 在量子力学中有特别的物理意义 (见下一个例题)。

例 5　讨论动量本征函数 (见 1.2.1 节，例 4) 的正交归一性和完备性。

解　式 (1.2.13a) 给出动量本征函数

$$\psi_p(x)=c\exp\left(\frac{\mathrm{i}}{\hbar}px\right) \tag{3.2.27}$$

其中，本征值 p 的变化组成连续谱。为了讨论动量本征函数的正交归一性，从集合 $\{\psi_p(x)\}$ 中取出两个本征函数作积分，得到

$$\begin{aligned}\int_{-\infty}^{\infty}\psi_{p'}^{*}(x)\cdot\psi_p(x)\mathrm{d}x&=\int_{-\infty}^{\infty}c^{*}\exp\left(-\frac{\mathrm{i}}{\hbar}p'x\right)\cdot c\exp\left(\frac{\mathrm{i}}{\hbar}px\right)\mathrm{d}x\\&=|c|^2\int_{-\infty}^{\infty}\exp\left[\frac{\mathrm{i}}{\hbar}(p-p')x\right]\mathrm{d}x\quad[\text{利用式}\,(3.2.26)]\\&=|c|^2\left[2\pi\hbar\delta(p-p')\right]\quad\left(\text{取}c=\frac{1}{\sqrt{2\pi\hbar}}\right)\\&=\delta(p-p')\end{aligned}$$

这就是动量本征函数的正交归一性表达式，其实这个结果是式 (3.2.26) 在 $a=\hbar$ 时的特殊情况。与坐标本征函数类似，动量本征函数的正交归一性也是归于 δ 函数。而归一化的动量本征函数为

$$\psi_p(x)=\frac{1}{\sqrt{2\pi\hbar}}\exp\left(\frac{\mathrm{i}}{\hbar}px\right) \tag{3.2.28}$$

为了讨论动量本征函数的完备性，将式 (3.1.4) 写为

$$f(x) = \frac{1}{2\pi a}\int_{-\infty}^{\infty} F(a\omega)\mathrm{e}^{\frac{\mathrm{i}}{a}(a\omega)x}\mathrm{d}\,(a\omega) \quad (p = a\omega)$$
$$= \frac{1}{2\pi a}\int_{-\infty}^{\infty} F(p)\mathrm{e}^{\frac{\mathrm{i}}{a}px}\mathrm{d}p$$

取 $a=\hbar$，得到

$$f(x) = \frac{1}{2\pi\hbar}\int_{-\infty}^{\infty} F(p)\mathrm{e}^{\frac{\mathrm{i}}{\hbar}px}\mathrm{d}p = \frac{1}{\sqrt{2\pi\hbar}}\int_{-\infty}^{\infty} F(p)\psi_p(x)\mathrm{d}p \tag{3.2.29}$$

式 (3.2.29) 就是动量本征函数 (3.2.28) 的完备性表达式，它表示任意一个连续函数 $f(x)$ 可以按照动量本征函数集 $\{\psi_p(x)\}$ 展开。而展开系数正比于 $f(x)$ 的傅里叶变换 $F(\omega)$。特别是，在式 (3.2.25) 中取 $a=\hbar$，得到

$$\delta(x) = \frac{1}{2\pi\hbar}\int_{-\infty}^{\infty} \mathrm{e}^{\frac{\mathrm{i}}{\hbar}px}\mathrm{d}p = \frac{1}{\sqrt{2\pi\hbar}}\int_{-\infty}^{\infty} \psi_p(x)\mathrm{d}p \tag{3.2.30}$$

它是 $\delta(x)$ 函数按动量本征函数集 $\{\psi_p(x)\}$ 的展开式。

3.2.3 δ 函数的辅助函数

本节讨论 δ 函数的辅助函数。这个问题的提出是基于 3.2.1 节所述的 δ 函数的两个特征：

(1) $\delta(x)$ 在 $x=0$ 为无穷大，在其他处为零；

(2) $\delta(x)$ 是归一化的分布函数：$\int_{-\infty}^{\infty}\delta(x)\mathrm{d}x = 1$。

按照这两个特征，我们考虑一个定义在区间 $(-\infty,\infty)$ 上的函数 $F_\beta(x)$，它在 $x=0$ 取最大值 $F_\beta(0)$，β 是一个参量。如果 $F_\beta(x)$ 对于每一个 β 值都满足归一化条件

$$\int_{-\infty}^{\infty} F_\beta(x)\mathrm{d}x = 1 \tag{3.2.31}$$

而且它的峰值 $F_\beta(0)$ 随着参量 β 的变化不断升高，并在 β 取极限值 β_0 时趋于无穷大，那么这个函数的极限形式就是 δ 函数

$$\lim_{\beta\to\beta_0} F_\beta(x) = \delta(x) \tag{3.2.32}$$

这样的函数 $F_\beta(x)$ 称为 δ 函数的辅助函数。其实许多函数都具有这样的特征，最简单的辅助函数是

$$U(x) = \begin{cases} \dfrac{1}{2\beta} & (|x| \leqslant \beta) \\ 0 & (|x| > \beta) \end{cases} \tag{3.2.33a}$$

而最常见的辅助函数是

$$V(x) = \frac{\sin \beta x}{\pi x} \tag{3.2.33b}$$

它们的曲线如图 3.4 所示，$U(x)$ 和 $V(x)$ 在极限情况下均趋于 δ 函数

$$\lim_{\beta \to 0} U(x) = \delta(x), \quad \lim_{\beta \to \infty} V(x) = \delta(x)$$

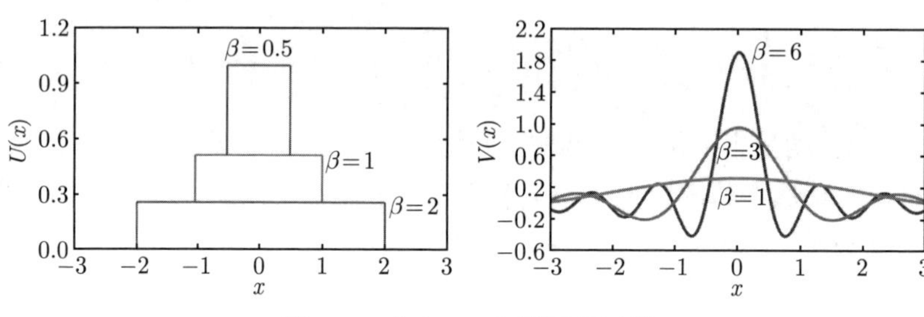

图 3.4　式 (3.2.33) 所示的函数

我们进而考查下列熟知的函数

$$G(x-a) = \frac{1}{\sqrt{\pi\beta}} \exp\left[-\frac{(x-a)^2}{\beta}\right] \tag{3.2.34a}$$

$$L(x-a) = \frac{1}{\pi} \frac{\beta}{(x-a)^2 + \beta^2} \tag{3.2.34b}$$

$$S(x-a) = \frac{\beta}{\pi(x-a)^2} \sin^2\left(\frac{x-a}{\beta}\right) \tag{3.2.34c}$$

$$E(x-a) = \frac{1}{2\beta} \exp\left(-\frac{|x-a|}{\beta}\right) \tag{3.2.34d}$$

这些函数都是定义在区间 $(-\infty, \infty)$ 上的归一化分布函数，都在 $x = a$ 取最大值，参数 $\beta > 0$。它们的峰值分别为

$$G(0) = \frac{1}{\sqrt{\pi\beta}},\ L(0) = \frac{1}{\pi\beta},\ S(0) = \frac{1}{\pi\beta},\ E(0) = \frac{1}{2\beta}$$

当参数 β 逐渐变小时，这些峰值不断升高，如图 3.5 所示。而在极限 $\beta \to 0$，它们均趋于无穷大，于是这些函数的极限形式均是 $\delta(x-a)$ 函数，即

$$\lim_{\beta \to 0} \frac{1}{\sqrt{\pi\beta}} \exp\left[-\frac{(x-a)^2}{\beta}\right] = \delta(x-a) \tag{3.2.35a}$$

$$\lim_{\beta \to 0} \frac{1}{\pi} \frac{\beta}{(x-a)^2 + \beta^2} = \delta(x-a) \tag{3.2.35b}$$

$$\lim_{\beta\to 0}\frac{\beta}{\pi(x-a)^2}\sin^2\left(\frac{x-a}{\beta}\right)=\delta(x-a) \tag{3.2.35c}$$

$$\lim_{\beta\to 0}\frac{1}{2\beta}\exp\left(-\frac{|x-a|}{\beta}\right)=\delta(x-a) \tag{3.2.35d}$$

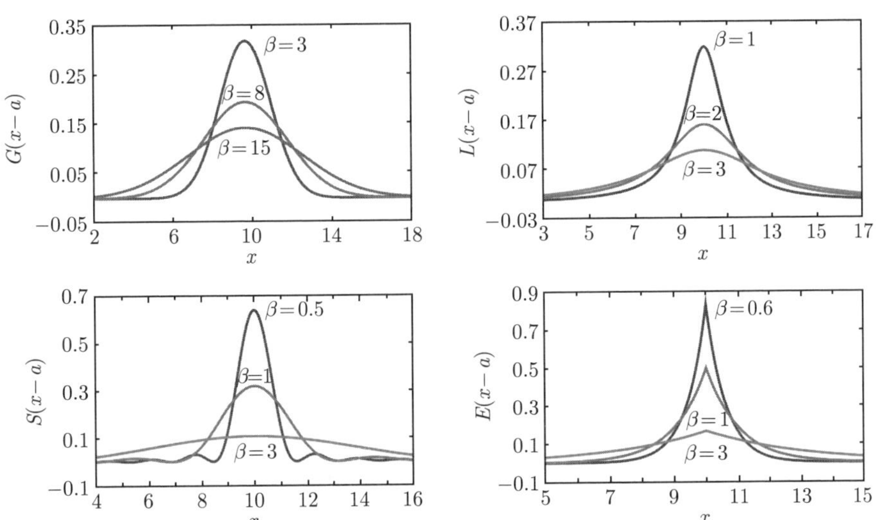

图 3.5 来自式 (3.2.34) 的函数。对于每一个函数，随着参量 β 的逐渐减小，峰值不断升高，在极限 $\beta\to 0$ 时，趋于 $\delta(x-a)$ 函数，图中取 $a=10$

式 (3.2.34) 的函数都是在区间 $(-\infty,\infty)$ 上的归一化分布函数。而某些函数在有限区间 $[-a,a]$ 内是归一化分布函数，其极限行为也具有 δ 函数的两个特征。一个典型的例子是函数

$$C(x,b)=\frac{1}{2\pi}\frac{1-b^2}{1-2b\cos x+b^2} \tag{3.2.36}$$

其中，$0<b<1$，这是一个关于 x 的偶函数，它在区间 $[-\pi,\pi]$ 上是归一化的

$$\int_{-\pi}^{\pi}C(x,b)\mathrm{d}x=1 \tag{3.2.37}$$

$C(x,b)$ 在 $x=0$ 取峰值

$$C(0,b)=\frac{1}{2\pi}\frac{1+b}{1-b} \tag{3.2.38}$$

当参数 b 增大时，峰值 $C(0,b)$ 升高，如图 3.6(a) 所示。在极限 $b\to 1$ 时，式 (3.2.38) 给出峰值 $C(0,1)\to\infty$，即

$$\lim_{b\to 1}C(x,b)=\frac{1}{2\pi}\lim_{b\to 1}\frac{1-b^2}{1-2b\cos x+b^2}=\delta(x) \tag{3.2.39}$$

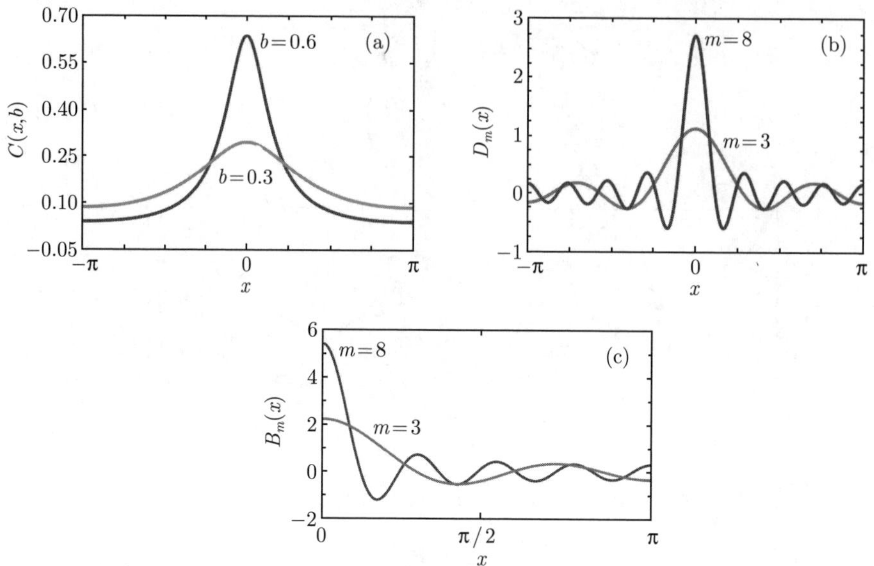

图 3.6　(a) 分布函数 (3.2.36)；(b) 狄利克雷内核 (3.2.45)；(c) 狄利克雷倍核 (3.2.49)

现在我们考查 δ 函数的另一个辅助函数，它基于求和

$$1+2\cos x+2\cos 2x+\cdots+2\cos mx \tag{3.2.40}$$

我们首先计算这个求和，利用

$$\sin\frac{1}{2}x\cos nx=\frac{1}{2}\left[\sin\left(n+\frac{1}{2}\right)x-\sin\left(n-\frac{1}{2}\right)x\right] \tag{3.2.41}$$

得到

$$\begin{aligned}&2\sin\frac{1}{2}x\,(\cos x+\cos 2x+\cdots+\cos mx)\\&=\left(\sin\frac{3}{2}x-\sin\frac{1}{2}x\right)+\left(\sin\frac{5}{2}x-\sin\frac{3}{2}x\right)+\left(\sin\frac{7}{2}x-\sin\frac{5}{2}x\right)+\cdots\\&\quad+\left[\sin\left(m+\frac{1}{2}\right)x-\sin\left(m-\frac{1}{2}\right)x\right]\\&=\sin\left(m+\frac{1}{2}\right)x-\sin\frac{1}{2}x\end{aligned}$$

两边同除以 $\sin\frac{1}{2}x$，得到

$$1+2\cos x+2\cos 2x+\cdots+2\cos mx=\frac{\sin\left(m+\frac{1}{2}\right)x}{\sin\frac{1}{2}x} \tag{3.2.42}$$

式 (3.2.42) 两边在区间 $[-\pi,\pi]$ 积分，因为所有的余弦项积分为零，得到

$$\int_{-\pi}^{\pi}\frac{\sin\left(m+\frac{1}{2}\right)x}{\sin\frac{1}{2}x}\mathrm{d}x=2\pi \tag{3.2.43}$$

它可以写成

$$\int_{-\pi}^{\pi}D_m(x)\mathrm{d}x=1 \tag{3.2.44}$$

其中

$$D_m(x)=\frac{1}{2\pi}\frac{\sin\left(m+\frac{1}{2}\right)x}{\sin\frac{1}{2}x} \tag{3.2.45}$$

称为狄利克雷内核 (Dirichlet kernel)。可以看出，$D_m(x)$ 是偶函数且是区间 $[-\pi,\pi]$ 上的归一化分布函数 [与函数 (3.2.36) 类似]。$D_m(x)$ 在 $x=0$ 取峰值

$$D_m(0)=\frac{1}{2\pi}\lim_{x\to 0}\frac{\sin\left(m+\frac{1}{2}\right)x}{\sin\frac{1}{2}x}=\frac{1}{2\pi}(2m+1) \tag{3.2.46}$$

$D_m(x)$ 对于不同的 m 值显示在图 3.6(b)。很明显，随着 m 的增加，其峰值 $D_m(0)$ 线性地升高；在 $m\to\infty$ 时，$D_m(0)\to\infty$，因此，$D_m(x)$ 是 δ 函数的辅助函数

$$\lim_{m\to\infty}D_m(x)=\frac{1}{2\pi}\lim_{m\to\infty}\frac{\sin\left(m+\frac{1}{2}\right)x}{\sin\frac{1}{2}x}=\delta(x) \tag{3.2.47}$$

另外，注意到 $D_m(x)$ 是偶函数，故式 (3.2.44) 给出

$$\int_{0}^{\pi}D_m(x)\mathrm{d}x=\frac{1}{2} \tag{3.2.48}$$

我们引入狄利克雷倍核 $B_m(x)$，它是狄利克雷内核的 2 倍

$$B_m(x)=2D_m(x)=\frac{1}{\pi}\frac{\sin\left(m+\frac{1}{2}\right)x}{\sin\frac{1}{2}x} \tag{3.2.49}$$

这样

$$\int_{0}^{\pi}B_m(x)\mathrm{d}x=1 \tag{3.2.50}$$

需要注意，函数 $B_m(x)$ 在区间 $[0,\pi]$ 上虽然不是对称的，但式 (3.2.50) 表示它是该区间上的归一化分布函数。而且随着 m 的增加，其峰值 $B_m(0)=(2m+1)/\pi$ 线性地升高，如图 3.6(c) 所示，并在 $m\to\infty$ 时，$B_m(0)\to\infty$，因此 $B_m(x)$ 也是 δ 函数的辅助函数：

$$\lim_{m\to\infty}B_m(x)=\frac{1}{\pi}\lim_{m\to\infty}\frac{\sin\left(m+\dfrac{1}{2}\right)x}{\sin\dfrac{1}{2}x}=\delta(x) \tag{3.2.51}$$

有了式 (3.2.47) 和式 (3.2.51)，我们可以便捷地证明式 (2.1.7) 所示的狄利克雷定理。

3.2.4 应用举例：狄利克雷定理的证明

狄利克雷定理是傅里叶变换理论的核心，它确定了傅里叶级数 (以及由它扩展而来的傅里叶积分和傅里叶变换)

$$a_0+\sum_{n=1}^{\infty}(a_n\cos nx+b_n\sin nx) \tag{3.2.52}$$

的收敛行为。我们已经看到 (并且还会继续看到)，在讨论每一个级数 (或积分) 收敛行为的过程中，狄利克雷定理都自然给出相应的求和 (或积分) 公式，其作用过程非常奇妙，应用非常广泛，这些公式是傅里叶变换理论的重要产物。不过按照传统方法，狄利克雷定理的证明过程相当复杂。这里我们借助狄利克雷内核和狄利克雷倍核在极限情况下的 $\delta(x)$ 函数形式，可以使之变得相当简单。

我们的出发点是傅里叶级数 (3.2.52) 的部分和

$$S_m(x)=a_0+\sum_{n=1}^{m}(a_n\cos nx+b_n\sin nx) \tag{3.2.53}$$

现在，我们对一个周期为 2π 的函数 $f(x)$ 计算 $S_m(x)$，从 $L=\pi$ 时的式 (2.1.9b) 和式 (2.1.9c) 得到

$$\begin{aligned}
a_n\cos nx+b_n\sin nx&=\frac{\cos nx}{\pi}\int_{-\pi}^{\pi}f(t)\cos nt\mathrm{d}t+\frac{\sin nx}{\pi}\int_{-\pi}^{\pi}f(t)\sin nt\mathrm{d}t\\
&=\frac{1}{\pi}\int_{-\pi}^{\pi}f(t)\left(\cos nt\cos nx+\sin nt\sin nx\right)\mathrm{d}t\\
&=\frac{1}{\pi}\int_{-\pi}^{\pi}f(t)\cos n(x-t)\mathrm{d}t
\end{aligned}$$

再利用 $L=\pi$ 时的式 (2.1.9a)，得到部分和

$$S_m(x)=\frac{1}{2\pi}\int_{-\pi}^{\pi}f(t)\mathrm{d}t+\frac{1}{\pi}\sum_{n=1}^{m}\int_{-\pi}^{\pi}f(t)\cos n(x-t)\mathrm{d}t$$

$$
\begin{aligned}
&= \frac{1}{2\pi}\int_{-\pi}^{\pi} f(t)\left[1+2\sum_{n=1}^{m}\cos n(x-t)\right]\mathrm{d}t \quad [\text{利用式 (3.2.42)}] \\
&= \int_{-\pi}^{\pi} f(t)\frac{\sin\left(m+\dfrac{1}{2}\right)(x-t)}{2\pi\sin\dfrac{1}{2}(x-t)}\mathrm{d}t \quad [\text{利用式 (3.2.45)}] \\
&= \int_{-\pi}^{\pi} f(t)D_m(x-t)\mathrm{d}t
\end{aligned} \tag{3.2.54}
$$

现在考虑 $m\to\infty$ 的极限情况，利用式 (3.2.47) 得到

$$
\lim_{m\to\infty} S_m(x) = \int_{-\pi}^{\pi} f(t)\delta(x-t)\mathrm{d}t = f(x) \tag{3.2.55a}
$$

这里假定函数 $f(x)$ 是连续的，可以利用 δ 函数的筛选性质, 式 (3.2.55a) 即为

$$
a_0 + \sum_{n=1}^{\infty}(a_n\cos nx + b_n\sin nx) = f(x) \tag{3.2.55b}
$$

至此，我们证明了狄利克雷定理在函数连续点的正确性。

现在考虑 $f(x)$ 在 x 点不连续的情况。将式 (3.2.54) 的积分分成两部分，并利用 $D_m(x)$ 的偶函数性质，得到

$$
\begin{aligned}
S_m(x) &= \underbrace{\frac{1}{2}\int_{-\pi}^{\pi} f(t)D_m(x-t)\mathrm{d}t}_{\text{令}x-t=y} + \underbrace{\frac{1}{2}\int_{-\pi}^{\pi} f(t)D_m(t-x)\mathrm{d}t}_{\text{令}t-x=z} \\
&= \frac{1}{2}\left[\int_{x-\pi}^{x+\pi} f(x-y)D_m(y)\mathrm{d}y + \int_{-\pi-x}^{\pi-x} f(x+z)D_m(z)\mathrm{d}z\right] \\
&= \frac{1}{2}\left[\int_{-\pi}^{\pi} f(x-t)D_m(t)\mathrm{d}t + \int_{-\pi}^{\pi} f(x+t)D_m(t)\mathrm{d}t\right]
\end{aligned} \tag{3.2.56}
$$

最后一步的得出是因为被积函数有 2π 周期，积分范围可以用任一长度为 2π 的区间代替 [见式 (2.1.10)]。现在将式 (3.2.56) 中的积分分成两段：$[-\pi,\pi]\to[-\pi,0]+[0,\pi]$，我们有

$$
\begin{aligned}
S_m(x) = &\underbrace{\frac{1}{2}\int_{-\pi}^{0} f(x-t)D_m(t)\mathrm{d}t}_{t=-T} + \frac{1}{2}\int_{0}^{\pi} f(x-t)D_m(t)\mathrm{d}t \\
&+ \underbrace{\frac{1}{2}\int_{-\pi}^{0} f(x+t)D_m(t)\mathrm{d}t}_{t=-T} + \frac{1}{2}\int_{0}^{\pi} f(x+t)D_m(t)\mathrm{d}t \quad [D_m(-x)=D_m(x)]
\end{aligned}
$$

$$
\begin{aligned}
&= \frac{1}{2}\int_0^{\pi} f(x+T)D_m(T)\mathrm{d}T + \frac{1}{2}\int_0^{\pi} f(x-t)D_m(t)\mathrm{d}t \\
&\quad + \frac{1}{2}\int_0^{\pi} f(x-T)D_m(T)\mathrm{d}T + \frac{1}{2}\int_0^{\pi} f(x+t)D_m(t)\mathrm{d}t \\
&= \int_0^{\pi} f(x-t)D_m(t)\mathrm{d}t + \int_0^{\pi} f(x+t)D_m(t)\mathrm{d}t \quad [\text{利用式}\,(3.2.49)] \\
&= \frac{1}{2}\left[\int_0^{\pi} f(x-t)B_m(t)\mathrm{d}t + \int_0^{\pi} f(x+t)B_m(t)\mathrm{d}t\right]
\end{aligned}
$$

现在考虑 $m \to \infty$ 的极限情况，利用式 (3.2.51) 得到

$$
\lim_{m\to\infty} S_m(x) = \frac{1}{2}\left[\int_0^{\pi} f(x-t)\delta(t)\mathrm{d}t + \int_0^{\pi} f(x+t)\delta(t)\mathrm{d}t\right] \tag{3.2.57}
$$

式 (3.2.57) 的两个积分区间均为 $0 \leqslant t \leqslant \pi$，因此两个积分的区别只是分别相应于间断点 x 左侧的函数 $f(x-t)$ 与右侧的函数 $f(x+t)$，它们在各自的区域都是连续的。因此可以利用 δ 函数的筛选性质积分得到

$$
\lim_{m\to\infty} S_m(x) = \frac{f(x-0)+f(x+0)}{2} \tag{3.2.58}
$$

这表示在 $f(x)$ 的间断点，有

$$
a_0 + \sum_{n=1}^{\infty}(a_n \cos nx + b_n \sin nx) = \frac{f(x-0)+f(x+0)}{2} \tag{3.2.59}
$$

这样，我们完整地证明了狄利克雷定理 (2.1.7)。需要指出，由于这里采用了狄利克雷内核 $D_m(x)$ 和狄利克雷倍核 $B_m(x)$ 在 $m \to \infty$ 时的 $\delta(x)$ 函数形式，上述证明过程比传统的方法要简单得多。此例也显示了 δ 函数的奇特用途。

3.3　典型函数的傅里叶变换

傅里叶变换存在的绝对可积条件，即式 (2.3.1)，是一个充分条件，但不是必要的条件，比如 $\sin x$、$\cos x$ 函数、单位阶跃函数、符号函数等都不满足绝对可积条件，但它们的傅里叶变换确实存在，而且这些函数的傅里叶变换有重要的应用价值。另外，无论所讨论的函数是否满足绝对可积条件，一旦求出它们的傅里叶变换 $F(\omega)$，就可以利用式 (3.1.4) 进一步计算傅里叶反变换积分，在考查积分收敛的同时，会自然得出一些很有用的积分公式。我们在本节将计算这些函数及其他典型函数的傅里叶变换，并引出若干积分公式与相关的重要结果。

例 1　求函数 $\sin kx$ 和 $\cos kx$ 的傅里叶变换，其中，k 是实常数。

解 函数 $\sin kx$ 和 $\cos kx$ 虽然不满足绝对可积条件式 (2.3.1)，但代入式 (3.1.3) 后可以进行计算，事实上

$$\begin{aligned}\int_{-\infty}^{\infty}\sin kx\mathrm{e}^{-\mathrm{i}\omega x}\mathrm{d}x &= \frac{1}{2\mathrm{i}}\int_{-\infty}^{\infty}(\mathrm{e}^{\mathrm{i}kx}-\mathrm{e}^{-\mathrm{i}kx})\mathrm{e}^{-\mathrm{i}\omega x}\mathrm{d}x \\ &= \frac{1}{2\mathrm{i}}\left[\int_{-\infty}^{\infty}\mathrm{e}^{-\mathrm{i}(\omega-k)x}\mathrm{d}x-\int_{-\infty}^{\infty}\mathrm{e}^{-\mathrm{i}(\omega+k)x}\mathrm{d}x\right] \quad [\text{利用式}(3.2.22)] \\ &= \frac{1}{2\mathrm{i}}\left[2\pi\delta(\omega-k)-2\pi\delta(\omega+k)\right] \\ &= \mathrm{i}\pi\left[\delta(\omega+k)-\delta(\omega-k)\right] \end{aligned} \tag{3.3.1a}$$

用类似的方法可以求出 $\cos kx$ 的傅里叶变换

$$\int_{-\infty}^{\infty}\cos kx\mathrm{e}^{-\mathrm{i}\omega x}\mathrm{d}x=\frac{1}{2}\int_{-\infty}^{\infty}(\mathrm{e}^{\mathrm{i}kx}+\mathrm{e}^{-\mathrm{i}kx})\mathrm{e}^{-\mathrm{i}\omega x}\mathrm{d}x=\pi\left[\delta(\omega+k)+\delta(\omega-k)\right] \tag{3.3.1b}$$

例 2 计算函数 $f(x)=\mathrm{e}^{-|x|}$ 的傅里叶变换。

解 这个函数是式 (3.2.34d) 所示的分布函数，满足绝对可积条件式 (2.3.1)，由式 (3.1.3) 得到它的傅里叶变换

$$\begin{aligned}F(\omega) &= \int_{-\infty}^{\infty}\mathrm{e}^{-|x|}\mathrm{e}^{-\mathrm{i}\omega x}\mathrm{d}x \\ &= \int_{-\infty}^{0}\mathrm{e}^{x}\mathrm{e}^{-\mathrm{i}\omega x}\mathrm{d}x+\int_{0}^{\infty}\mathrm{e}^{-x}\mathrm{e}^{-\mathrm{i}\omega x}\mathrm{d}x \quad (y=-x) \\ &= \int_{0}^{\infty}\mathrm{e}^{-y}\mathrm{e}^{\mathrm{i}\omega y}\mathrm{d}y+\int_{0}^{\infty}\mathrm{e}^{-x}\mathrm{e}^{-\mathrm{i}\omega x}\mathrm{d}x \\ &= \int_{0}^{\infty}\mathrm{e}^{-x}\left(\mathrm{e}^{\mathrm{i}\omega x}+\mathrm{e}^{-\mathrm{i}\omega x}\right)\mathrm{d}x \\ &= 2\int_{0}^{\infty}\mathrm{e}^{-x}\cos\omega x\mathrm{d}x=\frac{2}{1+\omega^2}\end{aligned}$$

现在，利用这个结果计算反变换积分式 (3.1.4)，我们有

$$\begin{aligned}f(x) &= \frac{1}{2\pi}\int_{-\infty}^{\infty}F(\omega)\mathrm{e}^{\mathrm{i}\omega x}\mathrm{d}\omega \\ &= \frac{1}{\pi}\int_{-\infty}^{\infty}\frac{1}{1+\omega^2}(\cos\omega x+\mathrm{i}\sin\omega x)\mathrm{d}\omega \\ &= \frac{2}{\pi}\int_{0}^{\infty}\frac{\cos\omega x}{1+\omega^2}\mathrm{d}\omega\end{aligned}$$

因为函数 $f(x)=\mathrm{e}^{-|x|}$ 在区间 $(-\infty,\infty)$ 没有间断点，该积分收敛于 f，这样我们得到

$$\int_{0}^{\infty}\frac{\cos\omega x}{1+\omega^2}\mathrm{d}\omega=\frac{\pi}{2}\mathrm{e}^{-|x|} \tag{3.3.2}$$

这是一个很有用的积分公式。特别地，当 $x=0$ 时

$$\int_0^{\infty} \frac{1}{1+\omega^2}\mathrm{d}\omega = \frac{\pi}{2} \tag{3.3.3}$$

例 3　计算函数 $f(x)=\dfrac{1}{1+x^2}$ 的傅里叶变换。

解　这个函数是式 (3.2.34b) 所示的分布函数，满足绝对可积条件式 (2.3.1)，由式 (3.1.3) 得到它的傅里叶变换

$$\begin{aligned}
F(\omega) &= \int_{-\infty}^{\infty} \frac{1}{1+x^2}\mathrm{e}^{-\mathrm{i}\omega x}\mathrm{d}x \\
&= \int_{-\infty}^{\infty} \frac{1}{1+x^2}(\cos\omega x - \mathrm{i}\sin\omega x)\,\mathrm{d}x \\
&= 2\int_0^{\infty} \frac{\cos\omega x}{1+x^2}\mathrm{d}x \quad [\text{利用式 (3.3.2)}] \\
&= \pi\mathrm{e}^{-|\omega|}
\end{aligned}$$

现在利用这个结果计算反变换积分式 (3.1.4)，得到

$$f(x) = \frac{1}{2}\int_{-\infty}^{\infty} \mathrm{e}^{-|\omega|}\mathrm{e}^{\mathrm{i}\omega x}\mathrm{d}\omega = \int_0^{\infty} \mathrm{e}^{-\omega}\cos\omega x\mathrm{d}\omega \tag{3.3.4}$$

推导式 (3.3.4) 采用了例 2 的计算方法。因为函数 $f(x)=\dfrac{1}{1+x^2}$ 在区间 $(-\infty,\infty)$ 没有间断点，该积分收敛于 f，这样我们得到

$$\int_0^{\infty} \mathrm{e}^{-\omega}\cos\omega x\mathrm{d}\omega = \frac{1}{1+x^2} \tag{3.3.5}$$

这是另一个很有用的积分公式，在例 2 的计算中就用过它。

以上两个例题显示：$\mathcal{F}\left\{\dfrac{1}{1+x^2}\right\} \sim \mathrm{e}^{-|\omega|}$，而 $\mathcal{F}\left\{\mathrm{e}^{-|x|}\right\} \sim \dfrac{1}{1+\omega^2}$，因此这两个函数构成一个傅里叶变换对。

例 4　计算高斯函数 $g(x)=\exp\left(-\dfrac{a}{2}x^2\right)$ 的傅里叶变换，其中 $a>0$。

解　这个函数是式(3.2.34a) 所示的高斯分布函数，满足绝对可积条件式(2.3.1)，记它的傅里叶变换为 $G(\omega)=\mathcal{F}\left\{\exp\left(-\dfrac{a}{2}x^2\right)\right\}$，由式 (3.1.3) 得到

$$\begin{aligned}
G(\omega) &= \int_{-\infty}^{\infty} \exp\left(-\frac{ax^2}{2}\right)\mathrm{e}^{-\mathrm{i}\omega x}\mathrm{d}x = \frac{\mathrm{i}}{\omega}\int_{-\infty}^{\infty} \exp\left(-\frac{ax^2}{2}\right)\mathrm{d}\left(\mathrm{e}^{-\mathrm{i}\omega x}\right) \\
&= \frac{\mathrm{i}}{\omega}\left[\exp\left(-\frac{ax^2}{2}\right)\mathrm{e}^{-\mathrm{i}\omega x}\right]_{-\infty}^{\infty} + \frac{\mathrm{i}a}{\omega}\int_{-\infty}^{\infty} x\exp\left(-\frac{ax^2}{2}\right)\mathrm{e}^{-\mathrm{i}\omega x}\mathrm{d}x
\end{aligned}$$

$$
\begin{aligned}
&= \frac{\mathrm{i}a}{\omega}\mathcal{F}\left\{x\exp\left(-\frac{ax^2}{2}\right)\right\} \quad [\text{利用式(3.1.17)}]\\
&= \frac{\mathrm{i}a}{\omega}\left[\mathrm{i}\frac{\mathrm{d}}{\mathrm{d}\omega}G(\omega)\right] = -\frac{a}{\omega}\frac{\mathrm{d}G(\omega)}{\mathrm{d}\omega}
\end{aligned}
$$

它是一个关于 $G(\omega)$ 的常微分方程

$$
\frac{\mathrm{d}G(\omega)}{\mathrm{d}\omega} + \frac{\omega}{a}G(\omega) = 0 \tag{3.3.6}
$$

它的解为

$$
G(\omega) = G(0)\exp\left(-\frac{\omega^2}{2a}\right) \tag{3.3.7}
$$

而傅里叶变换 $G(\omega)$ 在 $\omega = 0$ 的值为

$$
G(0) = \int_{-\infty}^{\infty}\exp\left(-\frac{ax^2}{2}\right)\mathrm{d}x = \sqrt{\frac{2\pi}{a}} \tag{3.3.8}
$$

这是一个非常有用的积分公式，可以用一个极其简便的方法证明。设$I=\int_{-\infty}^{\infty}\mathrm{e}^{-bx^2}\mathrm{d}x$，取它的平方，利用极坐标 ($r^2 = x^2 + y^2$，$\mathrm{d}x\mathrm{d}y = r\mathrm{d}r\mathrm{d}\theta$) 得到

$$
\begin{aligned}
I^2 &= \int_{-\infty}^{\infty}\mathrm{e}^{-bx^2}\mathrm{d}x\int_{-\infty}^{\infty}\mathrm{e}^{-by^2}\mathrm{d}y = \int_{-\infty}^{\infty}\int_{-\infty}^{\infty}\mathrm{e}^{-b(x^2+y^2)}\mathrm{d}x\mathrm{d}y\\
&= \int_{\theta=0}^{2\pi}\int_{r=0}^{\infty}\mathrm{e}^{-br^2}r\mathrm{d}r\mathrm{d}\theta = \int_0^{2\pi}\left[-\frac{1}{2b}\mathrm{e}^{-br^2}\right]_0^{\infty}\mathrm{d}\theta\\
&= \frac{1}{2b}\int_0^{2\pi}\mathrm{d}\theta = \frac{\pi}{b}
\end{aligned}
$$

开方后给出积分公式 (3.3.8)。

将式 (3.3.8) 代入式 (3.3.7)，得到

$$
G(\omega) = \sqrt{\frac{2\pi}{a}}\exp\left(-\frac{\omega^2}{2a}\right) \tag{3.3.9}
$$

这就是高斯函数 $g(x) = \exp\left(-\frac{a}{2}x^2\right)$ 的傅里叶变换。

现在，利用式 (3.3.9) 计算反变换积分式 (3.1.4)，我们有

$$
\begin{aligned}
f(x) &= \frac{1}{\sqrt{2\pi a}}\int_{-\infty}^{\infty}\exp\left(-\frac{\omega^2}{2a}\right)\mathrm{e}^{\mathrm{i}\omega x}\mathrm{d}\omega\\
&= \frac{1}{\sqrt{2\pi a}}\int_{-\infty}^{\infty}\exp\left(-\frac{\omega^2}{2a}\right)(\cos\omega x + \mathrm{i}\sin\omega x)\,\mathrm{d}\omega\\
&= \sqrt{\frac{2}{\pi a}}\int_0^{\infty}\exp\left(-\frac{\omega^2}{2a}\right)\cos\omega x\mathrm{d}\omega
\end{aligned}
$$

因为 $g(x)=\exp\left(-\dfrac{a}{2}x^2\right)$ 在区间 $(-\infty,\infty)$ 没有间断点，故这个积分收敛于 g，即

$$\sqrt{\frac{2}{\pi a}}\int_0^{\infty}\exp\left(-\frac{\omega^2}{2a}\right)\cos\omega x\mathrm{d}\omega=\exp\left(-\frac{ax^2}{2}\right) \tag{3.3.10}$$

在式 (3.3.10) 中取 $a=1/2$，有

$$\int_0^{\infty}\exp\left(-\omega^2\right)\cos\omega x\mathrm{d}\omega=\frac{\sqrt{\pi}}{2}\exp\left(-\frac{x^2}{4}\right) \tag{3.3.11}$$

这是一个重要的积分公式，当 $x=0$ 时给出高斯积分 $\displaystyle\int_0^{\infty}\exp\left(-\omega^2\right)\mathrm{d}\omega=\sqrt{\pi}/2$。

另外在原函数 $\exp\left(-\dfrac{a}{2}x^2\right)$ 及它的傅里叶变换式 (3.3.9) 中取 $a=1$，得到

$$\mathcal{F}\left\{\exp\left(-\frac{x^2}{2}\right)\right\}=\sqrt{2\pi}\exp\left(-\frac{\omega^2}{2}\right) \tag{3.3.12}$$

这表明函数 $\exp\left(-x^2/2\right)$ 的傅里叶变换是自身函数形式的再现。这个有趣的情况还出现在下面的例题中。

例 5　计算图 3.7 中的双曲正割函数 $f(x)=\mathrm{sech}kx\ (k>0)$ 的傅里叶变换。

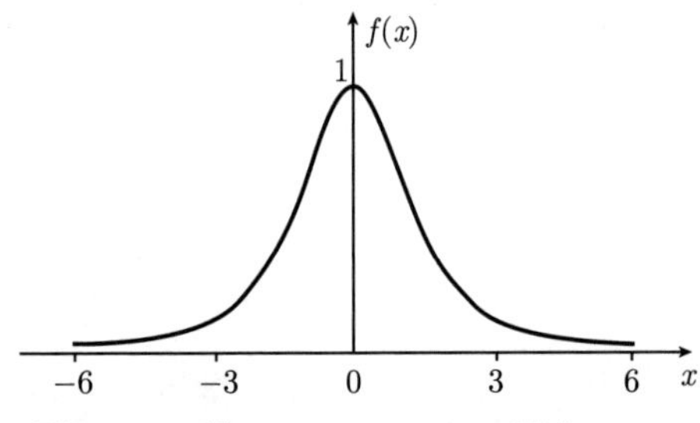

图 3.7　函数 $f(x)=\mathrm{sech}kx$，图中 $k=1$

解　这个函数满足绝对可积条件式 (2.3.1)，由式 (3.1.3) 得到它的傅里叶变换

$$\begin{aligned}F(\omega)&=\int_{-\infty}^{\infty}\mathrm{sech}kx\mathrm{e}^{-\mathrm{i}\omega x}\mathrm{d}x\\&=\int_{-\infty}^{\infty}\mathrm{sech}kx\left(\cos\omega x-\mathrm{i}\sin\omega x\right)\mathrm{d}x\\&=2\int_0^{\infty}\mathrm{sech}kx\cos\omega x\mathrm{d}x\\&=\frac{\pi}{k}\mathrm{sech}\frac{\pi\omega}{2k}\end{aligned} \tag{3.3.13}$$

现在，利用这个结果计算反变换积分式 (3.1.4)，我们有

$$
\begin{aligned}
f(x) &= \frac{1}{2k}\int_{-\infty}^{\infty}\operatorname{sech}\frac{\pi\omega}{2k}\mathrm{e}^{\mathrm{i}\omega x}\mathrm{d}\omega \\
&= \frac{1}{2k}\int_{-\infty}^{\infty}\operatorname{sech}\frac{\pi\omega}{2k}\left(\cos\omega x+\mathrm{i}\sin\omega x\right)\mathrm{d}\omega \\
&= \frac{1}{k}\int_{0}^{\infty}\operatorname{sech}\frac{\pi\omega}{2k}\cos\omega x\mathrm{d}\omega
\end{aligned}
$$

因为函数 $f(x)=\operatorname{sech}kx$ 在区间 $(-\infty,\infty)$ 没有间断点，该积分收敛于 f，这样我们得到

$$
\frac{1}{k}\int_{0}^{\infty}\operatorname{sech}\frac{\pi\omega}{2k}\cos\omega x\mathrm{d}\omega=\operatorname{sech}kx \tag{3.3.14}
$$

令 $a=\pi/2k$，式 (3.3.14) 给出

$$
\int_{0}^{\infty}\operatorname{sech}a\omega\cos\omega x\mathrm{d}\omega=\frac{\pi}{2a}\operatorname{sech}\frac{\pi x}{2a} \tag{3.3.15}
$$

这也是一个重要的积分公式。特别是，当 $x=0$ 时

$$
\int_{0}^{\infty}\operatorname{sech}a\omega\mathrm{d}\omega=\frac{\pi}{2a} \tag{3.3.16}
$$

另外在原函数 $\operatorname{sech}kx$ 及它的傅里叶变换式 (3.3.14) 中取 $k=\sqrt{\pi/2}$，得到

$$
\mathcal{F}\left\{\operatorname{sech}\sqrt{\frac{\pi}{2}}x\right\}=\sqrt{2\pi}\operatorname{sech}\sqrt{\frac{\pi}{2}}\omega \tag{3.3.17}
$$

这表明函数 $\operatorname{sech}\sqrt{\frac{\pi}{2}}x$ 的傅里叶变换是自身函数形式的再现，与例 4 中高斯函数情况类似。

例 6 计算图 3.8 所示的 Δ 函数

$$
\Delta(x)=\begin{cases}1-\dfrac{|x|}{2} & (|x|<2)\\ 0 & (|x|\geqslant 2)\end{cases} \tag{3.3.18}
$$

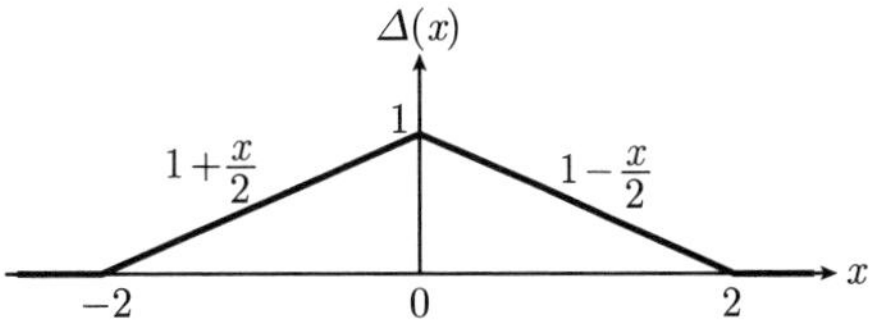

图 3.8 式 (3.3.18) 的函数

的傅里叶变换。

解 这个函数满足绝对可积条件式(2.3.1)，由式 (3.1.3) 得到它的傅里叶变换

$$
\begin{aligned}
F(\omega) &= \int_{-\infty}^{\infty}\Delta(x)\mathrm{e}^{-\mathrm{i}\omega x}\mathrm{d}x \\
&= \underbrace{\int_{-2}^{0}\left(1+\frac{x}{2}\right)\mathrm{e}^{-\mathrm{i}\omega x}\mathrm{d}x}_{y=-x}+\int_{0}^{2}\left(1-\frac{x}{2}\right)\mathrm{e}^{-\mathrm{i}\omega x}\mathrm{d}x
\end{aligned}
$$

$$
\begin{aligned}
&= \int_0^2 \left(1-\frac{y}{2}\right) \mathrm{e}^{\mathrm{i}\omega y}\mathrm{d}y + \int_0^2 \left(1-\frac{x}{2}\right) \mathrm{e}^{-\mathrm{i}\omega x}\mathrm{d}x \\
&= \int_0^2 \left(1-\frac{x}{2}\right) \left(\mathrm{e}^{\mathrm{i}\omega x} + \mathrm{e}^{-\mathrm{i}\omega x}\right) \mathrm{d}x \\
&= 2\int_0^2 \left(1-\frac{x}{2}\right) \cos\omega x \mathrm{d}x = \frac{2\sin^2\omega}{\omega^2}
\end{aligned}
$$

现在，利用这个结果计算反变换积分式 (3.1.4)，我们有

$$
\begin{aligned}
f(x) &= \frac{1}{2\pi}\int_{-\infty}^{\infty} F(\omega)\mathrm{e}^{\mathrm{i}\omega x}\mathrm{d}\omega \\
&= \frac{1}{\pi}\int_{-\infty}^{\infty} \frac{\sin^2\omega}{\omega^2}(\cos\omega x + \mathrm{i}\sin\omega x)\,\mathrm{d}\omega \\
&= \frac{2}{\pi}\int_0^{\infty} \frac{\sin^2\omega\cos\omega x}{\omega^2}\mathrm{d}\omega
\end{aligned}
$$

因为图 3.8 所示的函数在区间 $(-\infty, \infty)$ 没有间断点，积分收敛于

$$
\frac{2}{\pi}\int_0^{\infty} \frac{\sin^2\omega\cos\omega x}{\omega^2}\mathrm{d}\omega = \begin{cases} 1-\dfrac{|x|}{2} & (|x|<2) \\ 0 & (|x|\geqslant 2) \end{cases} \tag{3.3.19}
$$

特别是在 $x=0$，式 (3.3.19) 给出

$$
\int_0^{\infty} \frac{\sin^2\omega}{\omega^2}\mathrm{d}\omega = \frac{\pi}{2} \tag{3.3.20}
$$

这也是一个常用的积分公式。

例 7 计算函数 $f(x) = \dfrac{\sin^2 x}{x^2}$ 的傅里叶变换。

解 这个函数是式 (3.2.34c) 所示的分布函数，满足绝对可积条件式 (2.3.1)，由式 (3.1.3) 得到它的傅里叶变换

$$
\begin{aligned}
F(\omega) &= \int_{-\infty}^{\infty} \frac{\sin^2 x}{x^2}\mathrm{e}^{-\mathrm{i}\omega x}\mathrm{d}x \\
&= \int_{-\infty}^{\infty} \frac{\sin^2 x}{x^2}(\cos\omega x + \mathrm{i}\sin\omega x)\,\mathrm{d}x \\
&= 2\int_0^{\infty} \frac{\sin^2 x\cos\omega x}{x^2}\mathrm{d}x \quad [\text{利用式(3.3.19)}] \\
&= \begin{cases} \pi\left(1-\dfrac{|\omega|}{2}\right) & (|\omega|<2) \\ 0 & (|\omega|\geqslant 2) \end{cases} = \pi\varDelta(\omega)
\end{aligned}
$$

这就是函数 $f(x)=\dfrac{\sin^2 x}{x^2}$ 的傅里叶变换。可以看出 $\mathcal{F}\left\{\dfrac{\sin^2 x}{x^2}\right\}\sim\varDelta(\omega)$，而 $\mathcal{F}\{\varDelta(x)\}\sim\dfrac{\sin^2\omega}{\omega^2}$，因此这两个函数构成一个傅里叶变换对。

在下面的例题中，我们要证明一个复变函数的极限公式和相关的积分公式，它们对于后续的许多计算问题是有用的。

例 8　证明关于复变函数 $\mathrm{e}^{-(\beta+\mathrm{i}\omega)t}$ 的极限公式

$$\lim_{t\to\infty}\mathrm{e}^{-(\beta+\mathrm{i}\omega)t}=0 \tag{3.3.21}$$

和积分公式

$$\int_0^\infty \mathrm{e}^{-(\beta+\mathrm{i}\omega)t}\mathrm{d}t=\frac{1}{\beta+\mathrm{i}\omega} \tag{3.3.22}$$

其中，$\beta>0$，$-\infty<\omega<\infty$。

证明　首先计算复数 $\mathrm{e}^{-\mathrm{i}\omega t}$ 的模

$$\left|\mathrm{e}^{-\mathrm{i}\omega t}\right|=|\cos\omega t-\mathrm{i}\sin\omega t|=\sqrt{\cos^2\omega t+\sin^2\omega t}=1 \tag{3.3.23}$$

进而计算模的极限

$$\lim_{t\to\infty}\left|\mathrm{e}^{-(\beta+\mathrm{i}\omega)t}\right|=\lim_{t\to\infty}\left|\mathrm{e}^{-\mathrm{i}\omega t}\right|\mathrm{e}^{-\beta t}=\lim_{t\to\infty}\mathrm{e}^{-\beta t}=0 \tag{3.3.24}$$

如果一个复数的模为零，则这个复数为零，式 (3.3.21) 得证。

利用式 (3.3.21)，我们有

$$\begin{aligned}\int_0^\infty \mathrm{e}^{-(\beta+\mathrm{i}\omega)t}\mathrm{d}t&=-\frac{1}{\beta+\mathrm{i}\omega}\left[\mathrm{e}^{-(\beta+\mathrm{i}\omega)t}\right]_0^\infty\\&=-\frac{1}{\beta+\mathrm{i}\omega}\left[\lim_{t\to\infty}\mathrm{e}^{-(\beta+\mathrm{i}\omega)t}-1\right]\quad[\text{利用式}(3.3.21)]\\&=\frac{1}{\beta+\mathrm{i}\omega}\end{aligned}$$

即式 (3.3.22) 成立。

例 9　讨论图 3.9 所示的函数

$$f(t)=\mathrm{e}^{-\beta|t|} \tag{3.3.25}$$

的傅里叶变换，其中 $\beta>0$。

解　首先需要说明，这个例题并非本节例 2 的重复。我们将会看到，由于参数 β 的引入，它的傅里叶变换的结果对后续问题有重要的意义。

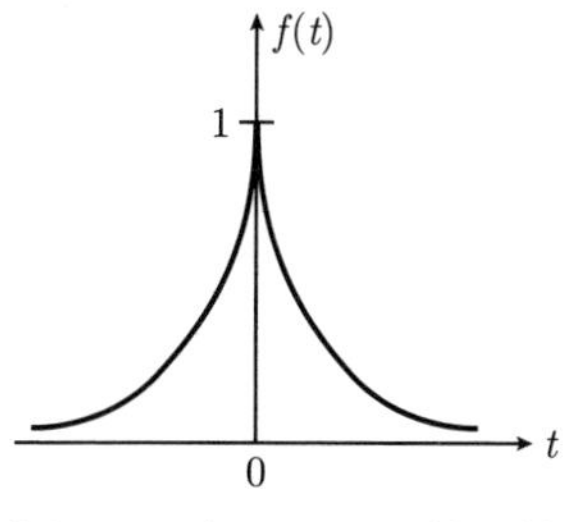

图 3.9　式 (3.3.25) 的函数

这个函数满足绝对可积条件式 (2.3.1)，由式 (3.1.3) 得到它的傅里叶变换

$$
\begin{aligned}
\int_{-\infty}^{\infty} f(t)\mathrm{e}^{-\mathrm{i}\omega t}\mathrm{d}t &= \int_{-\infty}^{0} \mathrm{e}^{\beta t}\mathrm{e}^{-\mathrm{i}\omega t}\mathrm{d}t + \int_{0}^{\infty} \mathrm{e}^{-\beta t}\mathrm{e}^{-\mathrm{i}\omega t}\mathrm{d}t \\
&= \underbrace{\int_{-\infty}^{0} \mathrm{e}^{(\beta-\mathrm{i}\omega)t}\mathrm{d}t}_{t=-\tau} + \int_{0}^{\infty} \mathrm{e}^{-(\beta+\mathrm{i}\omega)t}\mathrm{d}t \\
&= \int_{0}^{\infty} \mathrm{e}^{-(\beta-\mathrm{i}\omega)\tau}\mathrm{d}\tau + \int_{0}^{\infty} \mathrm{e}^{-(\beta+\mathrm{i}\omega)t}\mathrm{d}t \quad [\text{利用式}(3.3.22)] \\
&= \frac{1}{\beta-\mathrm{i}\omega} + \frac{1}{\beta+\mathrm{i}\omega} \\
&= \frac{2\beta}{\beta^2+\omega^2}
\end{aligned}
$$

现在我们利用这个结果进一步计算傅里叶反变换，由式 (3.1.4) 得到

$$
\begin{aligned}
f(t) &= \frac{1}{2\pi}\int_{-\infty}^{\infty} F(\omega)\mathrm{e}^{\mathrm{i}\omega t}\mathrm{d}\omega \\
&= \frac{1}{\pi}\int_{-\infty}^{\infty} \frac{\beta}{\beta^2+\omega^2}(\cos\omega t + \mathrm{i}\sin\omega t)\,\mathrm{d}\omega \\
&= \frac{2}{\pi}\int_{0}^{\infty} \frac{\beta\cos\omega t}{\beta^2+\omega^2}\mathrm{d}\omega
\end{aligned}
$$

由于原函数 (3.3.25) 在区间 $(-\infty,\infty)$ 没有间断点，故反变换积分收敛于

$$
\frac{2}{\pi}\int_{0}^{\infty} \frac{\beta\cos\omega t}{\beta^2+\omega^2}\mathrm{d}\omega = \mathrm{e}^{-\beta|t|} \tag{3.3.26}
$$

我们看到，在讨论反变换积分收敛行为的过程中，自然得到了这个很有用的积分公式。

由于随后的需要，我们现在计算极限值

$$
\lim_{\beta\to 0^+} \frac{\beta}{\beta^2+\omega^2} \tag{3.3.27}
$$

可以看出，式 (3.3.27) 正是洛伦兹线型函数的极限所给出的 $\pi\delta(\omega)$ 函数 [式 (3.2.34b)]。作为验证，我们将用另外的方法计算之。观察发现，式 (3.3.27) 可以写成

$$
\lim_{\beta\to 0} \frac{\beta}{\beta^2+\omega^2} = \begin{cases} \infty & (\omega = 0) \\ 0 & (\omega \neq 0) \end{cases} = C\delta(\omega) \tag{3.3.28}
$$

它具有 δ 函数的第一个特征，其中，C 是待定的系数。现在我们利用 δ 函数的第二个特性，即式 (3.2.5)，来确定 C，为此对式 (3.3.28) 两边关于 ω 积分

$$
\lim_{\beta\to 0}\int_{-\infty}^{\infty} \frac{\beta}{\beta^2+\omega^2}\mathrm{d}\omega = C\int_{-\infty}^{\infty} \delta(\omega)\mathrm{d}\omega = C \tag{3.3.29}
$$

进而计算 C，我们得到

$$C=\lim_{\beta\to0}\int_{-\infty}^{\infty}\frac{\beta}{\beta^2+\omega^2}\mathrm{d}\omega=\lim_{\beta\to0}\left[\arctan\left(\frac{\omega}{\beta}\right)\right]_{-\infty}^{\infty}=\left(\frac{\pi}{2}\right)-\left(-\frac{\pi}{2}\right)=\pi \tag{3.3.30}$$

将式 (3.3.30) 代入式 (3.3.28)，得到

$$\lim_{\beta\to0}\frac{\beta}{\beta^2+\omega^2}=\pi\delta(\omega) \tag{3.3.31}$$

它确实符合 (3.2.34b) 的表示。

上述讨论表明，函数 (3.3.25) 的傅里叶变换在 $\beta\to0^+$ 情况下给出 $2\pi\delta(\omega)$，而 $2\pi\delta(\omega)$ 正是 1 的傅里叶变换 [式 (3.2.22)]。这意味着，函数 (3.3.25) 在 $\beta\to0^+$ 情况下趋于 $f(t)=1$。这一结论将为随后单位阶跃函数的傅里叶变换的计算提供一个特别有效的途径。

例 10 讨论图 3.10 所示的函数

$$f(t)=\begin{cases}0 & (t<0)\\ \mathrm{e}^{-\beta t} & (t\geqslant0)\end{cases} \tag{3.3.32}$$

的傅里叶变换，其中 $\beta>0$。

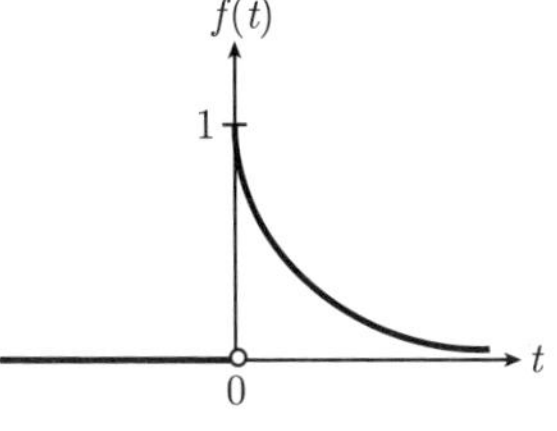

图 3.10 式 (3.3.32) 的函数

解 这个函数满足绝对可积条件式 (2.3.1)，由式 (3.1.3) 得到它的傅里叶变换

$$\begin{aligned}F(\omega)&=\int_{-\infty}^{\infty}f(t)\mathrm{e}^{-\mathrm{i}\omega t}\mathrm{d}t\\&=\int_0^{\infty}\mathrm{e}^{-\beta t}\mathrm{e}^{-\mathrm{i}\omega t}\mathrm{d}t=\int_0^{\infty}\mathrm{e}^{-(\beta+\mathrm{i}\omega)t}\mathrm{d}t\quad[\text{利用式 (3.3.22)}]\\&=\frac{1}{\beta+\mathrm{i}\omega}\end{aligned} \tag{3.3.33}$$

这个例题随后还可以用 4.2 节例 1 的拉普拉斯变换方法求解。

现在我们利用式 (3.3.33) 的结果进一步计算它的傅里叶反变换，由式 (3.1.4) 得到

$$\begin{aligned}f(t)&=\frac{1}{2\pi}\int_{-\infty}^{\infty}F(\omega)\mathrm{e}^{\mathrm{i}\omega t}\mathrm{d}\omega\\&=\frac{1}{2\pi}\int_{-\infty}^{\infty}\frac{1}{\beta+\mathrm{i}\omega}\mathrm{e}^{\mathrm{i}\omega t}\mathrm{d}\omega\\&=\frac{1}{2\pi}\int_{-\infty}^{\infty}\frac{\beta-\mathrm{i}\omega}{\beta^2+\omega^2}(\cos\omega t+\mathrm{i}\sin\omega t)\,\mathrm{d}\omega\\&=\frac{1}{\pi}\int_0^{\infty}\frac{\beta\cos\omega t+\omega\sin\omega t}{\beta^2+\omega^2}\mathrm{d}\omega\end{aligned}$$

这就是函数 (3.3.32) 的傅里叶积分表达式。我们从傅里叶变换出发得到了傅里叶积分。这是因为函数 (3.3.32) 的积分涉及 $[0,\infty)$ 范围，与 3.1.1 节例题的偶函数情况类似。

根据狄利克雷定理，这个积分在函数 (3.3.32) 的连续点收敛于 f，但在间断点 $t=0$ 收敛于 $[f(x-0)+f(x+0)]/2=1/2$，所以反变换积分给出

$$\frac{1}{\pi}\int_0^{\infty}\frac{\beta\cos\omega t+\omega\sin\omega t}{\beta^2+\omega^2}\mathrm{d}\omega=\begin{cases}0 & (t<0)\\ 1/2 & (t=0)\\ \mathrm{e}^{-\beta t} & (t>0)\end{cases}\tag{3.3.34}$$

特别是在 $t=0$ 有

$$\int_0^{\infty}\frac{1}{\beta^2+\omega^2}\mathrm{d}\omega=\frac{\pi}{2\beta}\tag{3.3.35}$$

我们利用函数 (3.3.32) 的傅里叶积分的收敛性，自然地得到了参变量积分式 (3.3.34) 以及重要的积分公式 (3.3.35)。

例 11　讨论图 3.11 所示的单位阶跃函数

$$u(t)=\begin{cases}0 & (t<0)\\ 1 & (t\geqslant 0)\end{cases}\tag{3.3.36}$$

的傅里叶变换。

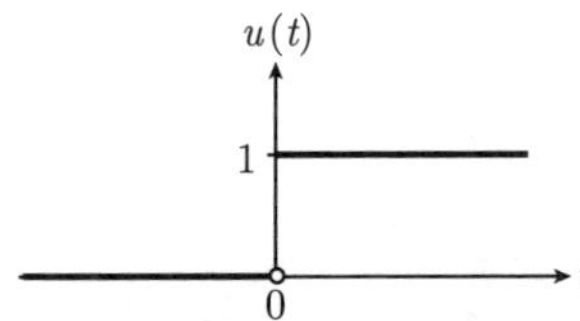

图 3.11　式 (3.3.36) 所示的单位阶跃函数

解　单位阶跃函数 $u(t)$ 与本节例 1 讨论的 $\sin kx$ 和 $\cos kx$ 一样，也不满足绝对可积条件式 (2.3.1)，事实上 $\int_{-\infty}^{\infty}|u(t)|\,\mathrm{d}t=\int_0^{\infty}\mathrm{d}t\to\infty$。为了得到它的傅里叶变换，我们将利用单位阶跃函数 $u(t)$ 与函数 (3.3.32) 的关系进行计算。本节例 9 的讨论表明，$f(t)=1$ 是函数 (3.3.25) 在 $\beta\to 0^+$ 的极限，这样 $u(t)$ 就是函数 (3.3.32) 在 $\beta\to 0^+$ 的极限，因此

$$\mathcal{F}\{u(t)\}=\lim_{\beta\to 0^+}\frac{1}{\beta+\mathrm{i}\omega}\tag{3.3.37}$$

由式 (3.3.37) 得到 $1/\mathrm{i}\omega$ 的结果是一个明显的错误，因为复变函数的极限要分成实部和虚部来求。我们有

$$\lim_{\beta\to 0^+}\frac{1}{\beta+\mathrm{i}\omega}=\lim_{\beta\to 0}\frac{\beta}{\beta^2+\omega^2}-\mathrm{i}\lim_{\beta\to 0}\frac{\omega}{\beta^2+\omega^2}\tag{3.3.38}$$

式 (3.3.38) 中的实部正是式 (3.3.31)，而虚部为

$$\lim_{\beta\to 0}\frac{\omega}{\beta^2+\omega^2}=\frac{1}{\omega} \tag{3.3.39}$$

式 (3.3.38) 给出

$$\lim_{\beta\to 0^+}\frac{1}{\beta+\mathrm{i}\omega}=\pi\delta(\omega)+\frac{1}{\mathrm{i}\omega} \tag{3.3.40}$$

这个结果意味着单位阶跃函数 $u(t)$ 的傅里叶变换为

$$F(\omega)=\pi\delta(\omega)+\frac{1}{\mathrm{i}\omega} \tag{3.3.41}$$

这个例子再次说明绝对可积条件不是傅里叶变换存在的必要条件。我们利用函数 (3.3.32) 和函数 (3.3.36) 的关系，间接地得到了 $u(t)$ 的傅里叶变换式 (3.3.41)。为了检验这个结果的正确性，下面我们将式 (3.3.41) 代入式 (3.1.4)，考查积分的收敛行为，即计算式 (3.3.41) 的傅里叶反变换。

例 12 计算 $\mathcal{F}^{-1}\left\{\pi\delta(\omega)+\dfrac{1}{\mathrm{i}\omega}\right\}$。

解 由傅里叶反变换式 (3.1.4)，我们有

$$\begin{aligned}f(t)&=\frac{1}{2\pi}\int_{-\infty}^{\infty}\left[\pi\delta(\omega)+\frac{1}{\mathrm{i}\omega}\right]\mathrm{e}^{\mathrm{i}\omega t}\mathrm{d}\omega\\&=\frac{1}{2}\int_{-\infty}^{\infty}\delta(\omega)\mathrm{e}^{\mathrm{i}\omega t}\mathrm{d}\omega+\frac{1}{2\pi}\int_{-\infty}^{\infty}\frac{1}{\mathrm{i}\omega}\mathrm{e}^{\mathrm{i}\omega t}\mathrm{d}\omega\qquad[\text{利用式 }(3.2.19\mathrm{b})]\\&=\frac{1}{2}+\frac{1}{2\pi}\int_{-\infty}^{\infty}\frac{1}{\mathrm{i}\omega}(\cos\omega t+\mathrm{i}\sin\omega t)\,\mathrm{d}\omega\\&=\frac{1}{2}+\frac{1}{\pi}\int_0^{\infty}\frac{\sin\omega t}{\omega}\mathrm{d}\omega\end{aligned}$$

根据推广的狄利克雷积分 (3.1.12)，我们有

$$\int_0^{\infty}\frac{\sin\omega t}{\omega}\mathrm{d}\omega=\begin{cases}-\pi/2 & (t<0)\\ 0 & (t=0)\\ \pi/2 & (t>0)\end{cases} \tag{3.3.42}$$

于是

$$f(t)=\begin{cases}0 & (t<0)\\ 1/2 & (t=0)\\ 1 & (t>0)\end{cases} \tag{3.3.43}$$

它在连续点正好收敛于单位阶跃函数 $u(t)$，而在间断点 $t=0$ 则收敛于 $[f(0-0)+f(0+0)]/2=1/2$，服从狄利克雷定理。因此，式 (3.3.41) 确实是单位阶跃函数 $u(t)$ 的傅里叶变换。

另外，我们还得到单位阶跃函数的积分表达式

$$u(t)=\frac{1}{2}+\frac{1}{\pi}\int_0^{\infty}\frac{\sin\omega t}{\omega}\mathrm{d}\omega\quad(t\neq 0)\tag{3.3.44}$$

和一个很有用的积分公式

$$\int_{-\infty}^{\infty}u(t)\mathrm{e}^{-\mathrm{i}\omega t}\mathrm{d}t=\int_0^{\infty}\mathrm{e}^{-\mathrm{i}\omega t}\mathrm{d}t=\pi\delta(\omega)+\frac{1}{\mathrm{i}\omega}\tag{3.3.45}$$

单位阶跃函数 $u(t)$ 是一个很重要的函数，它实际上刻画一种开关的作用，可以用于电工学、光学、信号处理等许多过程。它在理论上也有特别的意义，随后我们将会看到，正是借助于 $u(t)$ 函数，可以实现傅里叶变换到拉普拉斯变换的转变。现在我们进一步讨论 $u(t)$ 的性质。

例 13　讨论单位阶跃函数 $u(x)$ 的微分性质。

解　关于单位阶跃函数 $u(x)$ 的微分性质，经过直观的分析就能得到定性正确的结果。正如图 3.12 所示的那样，$u(x)$ 的微分在其连续段均为零：$u'(x<0)=0$ 和 $u'(x>0)=0$(因为切线的斜率为零)。在 $x=0$ 点，函数不连续：$u(0^-)\neq u(0^+)$，因此导数 $u'(0)$ 必然发散。这样 $u'(t)$ 的性质可以表示为

$$u'(x)=\left\{\begin{array}{ll}0 & (x\neq 0)\\ \infty & (x=0)\end{array}\right\}\to\delta(x)\tag{3.3.46}$$

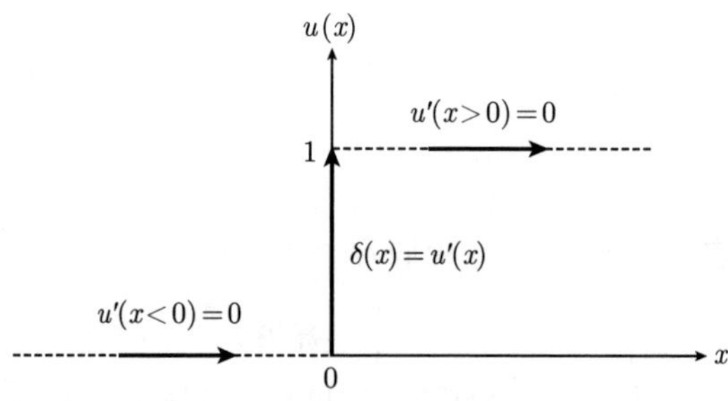

图 3.12　单位阶跃函数 $u(x)$ 的导数等于 $\delta(x)$ 函数

从微分的原始定义也有

$$u'(x)=\lim_{\Delta x\to 0}\frac{\Delta u}{\Delta x}=\lim_{\Delta x\to 0}\frac{u(x+\Delta x)-u(x)}{\Delta x}=\left\{\begin{array}{ll}0 & (x\neq 0)\\ \infty & (x=0)\end{array}\right\}\to\delta(x)\tag{3.3.47}$$

还可以从 δ 函数的 “反微分” 的角度考虑这个问题，事实上

$$\int_{-\infty}^{x}\delta(t)\mathrm{d}t=\left\{\begin{array}{ll}0 & (x<0)\\ 1 & (x>0)\end{array}\right\}\to u(x)\tag{3.3.48}$$

现在我们给出一个数学上的证明。设 $\phi(x)$ 是一个任意的连续函数，我们有

$$\begin{aligned}\int_{-\infty}^{\infty}\phi(x)\frac{\mathrm{d}u(x)}{\mathrm{d}x}\mathrm{d}x &= \int_{-\infty}^{\infty}\phi(x)\mathrm{d}u(x)\\ &= [\phi(x)u(x)]_{-\infty}^{\infty} - \int_{-\infty}^{\infty}u(x)\mathrm{d}\phi(x)\\ &= \phi(\infty) - \int_{0}^{\infty}\mathrm{d}\phi(x)\\ &= \phi(\infty) - [\phi(\infty) - \phi(0)] = \phi(0)\end{aligned}$$

另一方面

$$\int_{-\infty}^{\infty}\phi(x)\delta(x)\mathrm{d}x = \phi(0)$$

上两式相等，故

$$\int_{-\infty}^{\infty}\phi(x)\frac{\mathrm{d}u(x)}{\mathrm{d}x}\mathrm{d}x = \int_{-\infty}^{\infty}\phi(x)\delta(x)\mathrm{d}x \tag{3.3.49}$$

即

$$\int_{-\infty}^{\infty}\phi(x)\left[\frac{\mathrm{d}u(x)}{\mathrm{d}x} - \delta(x)\right]\mathrm{d}x = 0 \tag{3.3.50}$$

由于 $\phi(x)$ 是任意的，所以

$$\frac{\mathrm{d}u(x)}{\mathrm{d}x} = \delta(x) \tag{3.3.51}$$

其实，$u(x)$ 和 $\delta(x)$ 的关系在物理上是很有用的，除了理论上的应用外，它还提供了一种特别有效的数据处理手段。一个典型的例子是量子霍尔效应的实验数据处理，如图 3.13 所示。

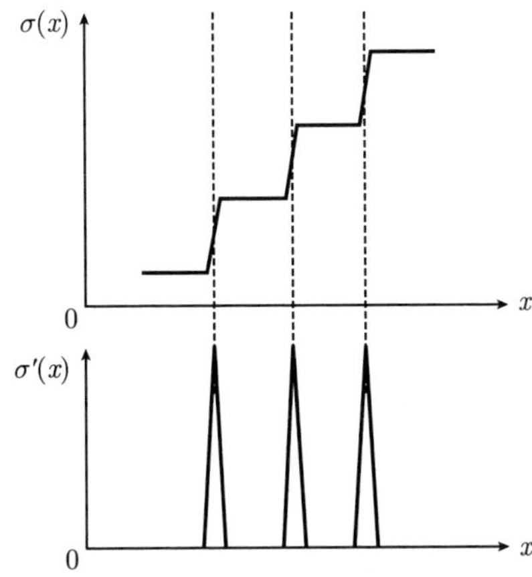

图 3.13　在关于量子霍尔效应的实验中，测量出电导率 $\sigma(x)$ 随参数 x 的变化数据。数据处理时，画出导数 $\sigma'(x)$ 随 x 变化的关系图，根据 $\sigma'(x)$ 的尖峰位置判断电导率的突变点，从而确认电导率的量子特性。该实验数据处理的理论依据正是 $u'(x) = \delta(x)$ 关系

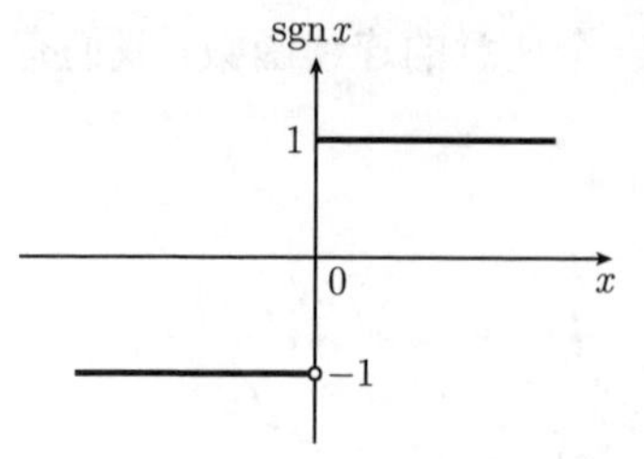

图 3.14 式 (3.3.52) 所示的符号函数

例 14 计算符号函数 (图 3.14)

$$\operatorname{sgn}x=\begin{cases}-1 & (x<0)\\ 1 & (x\geqslant 0)\end{cases} \tag{3.3.52}$$

的傅里叶变换。

解 利用单位阶跃函数 (3.3.36)，可以将符号函数 (3.3.52) 表示为

$$\operatorname{sgn}x=u(x)-u(-x) \tag{3.3.53}$$

我们已经有

$$\mathcal{F}\{u(x)\}=\pi\delta(\omega)+\frac{1}{\mathrm{i}\omega} \tag{3.3.54}$$

另外

$$\begin{aligned}\mathcal{F}\{u(-x)\}&=\int_{-\infty}^{\infty}u(-x)\mathrm{e}^{-\mathrm{i}\omega x}\mathrm{d}x \quad (y=-x)\\&=\int_{-\infty}^{\infty}u(y)\mathrm{e}^{\mathrm{i}\omega y}\mathrm{d}y\\&=\int_{-\infty}^{\infty}u(x)\mathrm{e}^{-\mathrm{i}(-\omega)x}\mathrm{d}x \quad [\text{利用式}(3.3.54)]\\&=\pi\delta(-\omega)+\frac{1}{\mathrm{i}(-\omega)} \quad [\delta(-x)=\delta(x)]\\&=\pi\delta(\omega)-\frac{1}{\mathrm{i}\omega}\end{aligned}$$

故

$$\begin{aligned}\mathcal{F}\{\operatorname{sgn}x\}&=\mathcal{F}\{u(x)\}-\mathcal{F}\{u(-x)\}\\&=\pi\delta(\omega)+\frac{1}{\mathrm{i}\omega}-\left[\pi\delta(\omega)-\frac{1}{\mathrm{i}\omega}\right]\\&=\frac{2}{\mathrm{i}\omega}\end{aligned}$$

现在我们利用这个结果进一步计算傅里叶反变换，由式 (3.1.4) 得到

$$\begin{aligned}f(x)&=\frac{1}{2\pi}\int_{-\infty}^{\infty}F(\omega)\mathrm{e}^{\mathrm{i}\omega x}\mathrm{d}\omega\\&=\frac{1}{\pi}\int_{-\infty}^{\infty}\frac{1}{\mathrm{i}\omega}(\cos\omega x+\mathrm{i}\sin\omega x)\,\mathrm{d}\omega\\&=\frac{2}{\pi}\int_{0}^{\infty}\frac{\sin\omega x}{\omega}\mathrm{d}\omega\end{aligned}$$

按照狄利克雷定理，它收敛于

$$\frac{2}{\pi}\int_0^{\infty}\frac{\sin\omega x}{\omega}\mathrm{d}\omega=\begin{cases}-1 & (x<0)\\ 0 & (x=0)\\ 1 & (x>0)\end{cases} \tag{3.3.55}$$

我们自然地推导出了这个积分结果，它正是本节例 12 中所需要的式 (3.3.42)。特别是在 $x=1$ 时，式 (3.3.55) 给出狄利克雷积分 (2.3.16)。

例 15 计算奇函数 (图 3.15)

$$f(x)=\frac{x}{x^2+1} \tag{3.3.56}$$

的傅里叶变换。

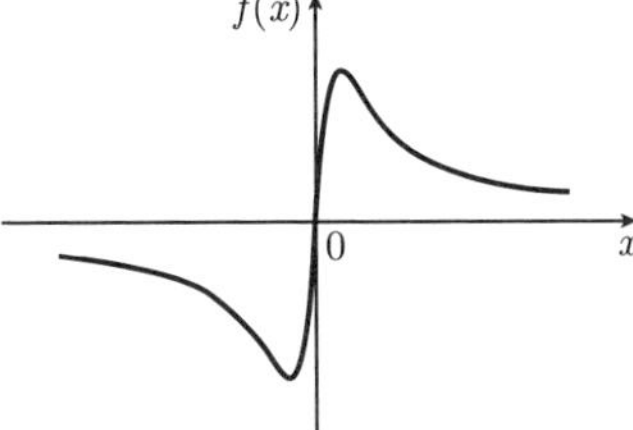

图 3.15 式 (3.3.56) 所示的奇函数

解 这个函数满足绝对可积条件式 (2.3.1)，由式 (3.1.3) 得到它的傅里叶变换

$$\begin{aligned}F(\omega)&=\int_{-\infty}^{\infty}\frac{x}{x^2+1}\mathrm{e}^{-\mathrm{i}\omega x}\mathrm{d}x\\&=\int_{-\infty}^{\infty}\frac{x}{x^2+1}(\cos\omega x-\mathrm{i}\sin\omega x)\,\mathrm{d}x\\&=-2\mathrm{i}\int_0^{\infty}\frac{x\sin\omega x}{x^2+1}\mathrm{d}x\end{aligned}$$

现在，我们计算积分

$$I(t)=\int_0^{\infty}\frac{\omega\sin\omega t}{\beta^2+\omega^2}\mathrm{d}\omega \tag{3.3.57}$$

事实上，由式 (3.3.34) 和式 (3.3.26) 得到

$$I(t)=\frac{\pi}{2}\begin{cases}-\mathrm{e}^{\beta t} & (t<0)\\ \mathrm{e}^{-\beta t} & (t>0)\end{cases}=\frac{\pi}{2}\mathrm{sgn}t\mathrm{e}^{-\beta|t|} \tag{3.3.58a}$$

图 3.16 显示了 $I(t)\sim t$ 曲线。利用 $I(t)$，我们得到

$$F(\omega)=-\mathrm{i}\pi\begin{cases}-\mathrm{e}^{\omega} & (\omega<0)\\ \mathrm{e}^{-\omega} & (\omega>0)\end{cases}=-\mathrm{i}\pi\mathrm{sgn}\omega\mathrm{e}^{-|\omega|} \tag{3.3.58b}$$

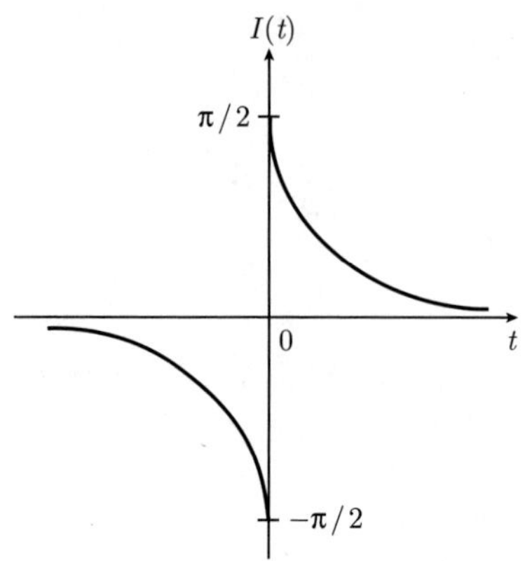

图 3.16 函数 $I(t)=\dfrac{\pi}{2}\mathrm{sgn}t\mathrm{e}^{-\beta|t|}(\beta>0)$.

现在，利用这个结果计算反变换积分式 (3.1.4)，我们有

$$\begin{aligned}
f(x)&=\frac{\mathrm{i}}{2}\left[\int_{-\infty}^{0}\mathrm{e}^{\omega}\mathrm{e}^{\mathrm{i}\omega x}\mathrm{d}\omega-\int_{0}^{\infty}\mathrm{e}^{-\omega}\mathrm{e}^{\mathrm{i}\omega x}\mathrm{d}\omega\right]\quad(\omega=-y)\\
&=\frac{\mathrm{i}}{2}\left[\int_{0}^{\infty}\mathrm{e}^{-y}\mathrm{e}^{-\mathrm{i}yx}\mathrm{d}y-\int_{0}^{\infty}\mathrm{e}^{-\omega}\mathrm{e}^{\mathrm{i}\omega x}\mathrm{d}\omega\right]\\
&=\frac{1}{2\mathrm{i}}\int_{0}^{\infty}\mathrm{e}^{-\omega}\left(\mathrm{e}^{\mathrm{i}\omega x}-\mathrm{e}^{-\mathrm{i}\omega x}\right)\mathrm{d}\omega\\
&=\int_{0}^{\infty}\mathrm{e}^{-\omega}\sin\omega x\mathrm{d}\omega
\end{aligned}$$

因为函数 (3.3.56) 在区间 $(-\infty,\infty)$ 没有间断点，该积分收敛于 f，这样我们得到

$$\int_{0}^{\infty}\mathrm{e}^{-\omega}\sin\omega x\mathrm{d}\omega=\frac{x}{1+x^2}\tag{3.3.59}$$

这是又一个重要的积分公式。

3.4 傅里叶变换应用举例

傅里叶变换的一个重要应用是求解微分方程、积分方程以及微分积分方程。其步骤是：①通过傅里叶变换将复杂的方程化成简单的代数方程；②求解代数方程；③将结果经过反变换，即得原方程的解。本节我们将通过典型例题的求解，阐述傅里叶变换的具体应用。

例 1 计算函数

$$f_1(x)=u(x)\sin ax\tag{3.4.1a}$$

$$f_2(x)=u(x)\cos ax\tag{3.4.1b}$$

的傅里叶变换。其中，$a>0$，$u(x)$ 是单位阶跃函数 (3.3.36)，变量 x 的变化范围是 $-\infty<x<\infty$。

解 首先作出函数 $f_1(x)$ 和 $f_2(x)$ 的曲线，如图 3.17 所示。

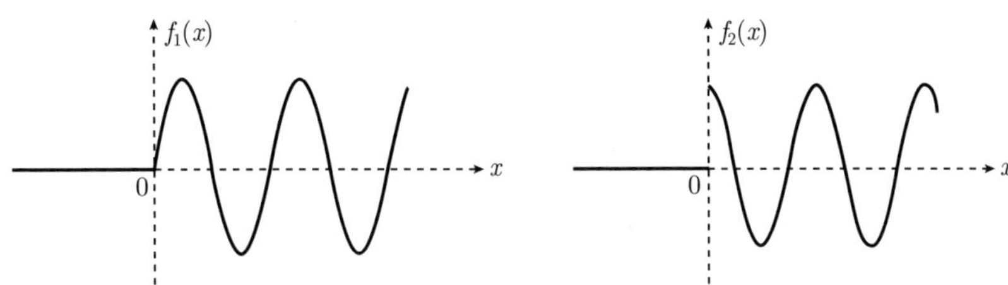

图 3.17 函数 $f_1(x)=u(x)\sin ax$ 和 $f_2(x)=u(x)\cos ax$

函数 $f_1(x)=u(x)\sin ax$ 的傅里叶变换为

$$
\begin{aligned}
F_1(\omega)&=\int_{-\infty}^{\infty}u(x)\sin ax\mathrm{e}^{-\mathrm{i}\omega x}\mathrm{d}x\\
&=\frac{1}{2\mathrm{i}}\int_{-\infty}^{\infty}u(x)\left(\mathrm{e}^{\mathrm{i}ax}-\mathrm{e}^{-\mathrm{i}ax}\right)\mathrm{e}^{-\mathrm{i}\omega x}\mathrm{d}x\\
&=\frac{1}{2\mathrm{i}}\int_{-\infty}^{\infty}u(x)\left[\mathrm{e}^{-\mathrm{i}(\omega-a)x}-\mathrm{e}^{-\mathrm{i}(\omega+a)x}\right]\mathrm{d}x\quad\left[\int_{-\infty}^{\infty}u(x)\mathrm{e}^{-\mathrm{i}\omega x}\mathrm{d}x=\pi\delta(\omega)+\frac{1}{\mathrm{i}\omega}\right]\\
&=\frac{1}{2\mathrm{i}}\left[\pi\delta(\omega-a)+\frac{1}{\mathrm{i}\,(\omega-a)}-\pi\delta(\omega+a)-\frac{1}{\mathrm{i}\,(\omega+a)}\right]\\
&=\frac{a}{a^2-\omega^2}+\frac{\pi}{2\mathrm{i}}\left[\delta(\omega-a)-\delta(\omega+a)\right]
\end{aligned}
$$

现在我们利用这个结果进一步计算傅里叶反变换，由式 (3.1.4) 得到

$$
\begin{aligned}
f_1(x)&=\frac{1}{2\pi}\int_{-\infty}^{\infty}F_1(\omega)\mathrm{e}^{\mathrm{i}\omega x}\mathrm{d}\omega\\
&=\frac{1}{2\pi}\int_{-\infty}^{\infty}\frac{a}{a^2-\omega^2}\left(\cos\omega x+\mathrm{i}\sin\omega x\right)\mathrm{d}\omega\\
&\quad+\frac{1}{4\mathrm{i}}\int_{-\infty}^{\infty}[\delta(\omega-a)-\delta(\omega+a)]\mathrm{e}^{\mathrm{i}\omega x}\mathrm{d}\omega\\
&=\frac{1}{\pi}\int_0^{\infty}\frac{a\cos\omega x}{a^2-\omega^2}\mathrm{d}\omega+\frac{1}{4\mathrm{i}}\left(\mathrm{e}^{\mathrm{i}ax}-\mathrm{e}^{-\mathrm{i}ax}\right)\\
&=\frac{1}{\pi}\int_0^{\infty}\frac{a\cos\omega x}{a^2-\omega^2}\mathrm{d}\omega+\frac{1}{2}\sin ax
\end{aligned}
$$

函数 $f_1(x)$ 在 $(-\infty,\infty)$ 没有间断点，按照狄利克雷定理，它收敛于

$$
\frac{1}{\pi}\int_0^{\infty}\frac{a\cos\omega x}{a^2-\omega^2}\mathrm{d}\omega+\frac{1}{2}\sin ax=\begin{cases}0 & (x<0)\\ \sin ax & (x\geqslant 0)\end{cases}\tag{3.4.2}
$$

即

$$\frac{1}{\pi}\int_0^{\infty}\frac{a\cos\omega x}{a^2-\omega^2}\mathrm{d}\omega=\begin{cases}-\dfrac{1}{2}\sin ax & (x<0)\\ \dfrac{1}{2}\sin ax & (x\geqslant 0)\end{cases}\tag{3.4.3}$$

用类似的过程求出 $f_2(x)=u(x)\cos ax$ 的傅里叶变换

$$\begin{aligned}F_2(\omega)&=\int_{-\infty}^{\infty}u(x)\cos ax\mathrm{e}^{-\mathrm{i}\omega x}\mathrm{d}x\\&=\frac{1}{2}\int_{-\infty}^{\infty}u(x)\left(\mathrm{e}^{\mathrm{i}ax}+\mathrm{e}^{-\mathrm{i}ax}\right)\mathrm{e}^{-\mathrm{i}\omega x}\mathrm{d}x\\&=\frac{\mathrm{i}\omega}{a^2-\omega^2}+\frac{\pi}{2}[\delta(\omega-a)+\delta(\omega+a)]\end{aligned}$$

其傅里叶反变换为

$$\begin{aligned}f_2(x)&=\frac{1}{2\pi}\int_{-\infty}^{\infty}F_2(\omega)\mathrm{e}^{\mathrm{i}\omega x}\mathrm{d}\omega\\&=\frac{1}{2\pi}\int_{-\infty}^{\infty}\frac{\mathrm{i}\omega}{a^2-\omega^2}(\cos\omega x+\mathrm{i}\sin\omega x)\mathrm{d}\omega\\&\quad+\frac{1}{4}\int_{-\infty}^{\infty}[\delta(\omega-a)+\delta(\omega+a)]\mathrm{e}^{\mathrm{i}\omega x}\mathrm{d}\omega\\&=\frac{1}{\pi}\int_0^{\infty}\frac{\omega\sin\omega x}{\omega^2-a^2}\mathrm{d}\omega+\frac{1}{4}\left(\mathrm{e}^{\mathrm{i}ax}+\mathrm{e}^{-\mathrm{i}ax}\right)\\&=\frac{1}{\pi}\int_0^{\infty}\frac{\omega\sin\omega x}{\omega^2-a^2}\mathrm{d}\omega+\frac{1}{2}\cos ax\end{aligned}$$

函数 $f_2(x)$ 只有一个间断点 $x=0$，按照狄利克雷定理，在该点收敛于 $[f_2(x-0)+f_2(x+0)]/2=1/2$，而在其他点收敛于 f_2，于是

$$\frac{1}{\pi}\int_0^{\infty}\frac{\omega\sin\omega x}{\omega^2-a^2}\mathrm{d}\omega+\frac{1}{2}\cos ax=\begin{cases}0 & (x<0)\\ 1/2 & (x=0)\\ \cos x & (x>0)\end{cases}\tag{3.4.4}$$

即

$$\frac{1}{\pi}\int_0^{\infty}\frac{\omega\sin\omega x}{\omega^2-a^2}\mathrm{d}\omega=\begin{cases}-\dfrac{1}{2}\cos ax & (x<0)\\ 0 & (x=0)\\ \dfrac{1}{2}\cos ax & (x>0)\end{cases}\tag{3.4.5}$$

例 2　求解下列微分方程

$$\delta(x)-f(x)=\frac{\mathrm{d}^2f(x)}{\mathrm{d}x^2}\quad(-\infty<x<\infty)\tag{3.4.6a}$$

$$\delta(x)-\frac{\mathrm{d}f(x)}{\mathrm{d}x}=\int_{-\infty}^{x}f(x)\mathrm{d}x\quad(-\infty<x<\infty)\tag{3.4.6b}$$

解 对式 (3.4.6a) 两边取傅里叶变换，并利用式 (3.2.19b) 以及傅里叶变换的微分定理 (3.1.16)，得到

$$1-F(\omega)=-\omega^2F(\omega)\Rightarrow F(\omega)=\frac{1}{1-\omega^2}\tag{3.4.7}$$

现在利用这个结果计算傅里叶反变换，由式 (3.1.4) 得到

$$\begin{aligned}f(x)&=\frac{1}{2\pi}\int_{-\infty}^{\infty}F(\omega)\mathrm{e}^{\mathrm{i}\omega x}\mathrm{d}\omega\\&=\frac{1}{2\pi}\int_{-\infty}^{\infty}\frac{1}{1-\omega^2}(\cos\omega x+\mathrm{i}\sin\omega x)\,\mathrm{d}\omega\\&=\frac{1}{\pi}\int_{0}^{\infty}\frac{\cos\omega x}{1-\omega^2}\mathrm{d}\omega\quad[\text{利用式 (3.4.3)}]\\&=\begin{cases}-\dfrac{1}{2}\sin x & (x<0)\\ \dfrac{1}{2}\sin x & (x\geqslant 0)\end{cases}\end{aligned}$$

这就是方程 (3.4.6a) 的解。

在式 (3.4.6b) 两边取傅里叶变换，并利用式 (3.2.19b) 以及傅里叶变换的微分定理 (3.1.15) 与积分定理 (3.1.19)，得到

$$1-\mathrm{i}\omega F(\omega)=\frac{F(\omega)}{\mathrm{i}\omega}\Rightarrow F(\omega)=\frac{\mathrm{i}\omega}{1-\omega^2}\tag{3.4.8}$$

现在利用这个结果计算傅里叶反变换，由式 (3.1.4) 得到

$$\begin{aligned}f(x)&=\frac{1}{2\pi}\int_{-\infty}^{\infty}F(\omega)\mathrm{e}^{\mathrm{i}\omega x}\mathrm{d}\omega\\&=\frac{1}{2\pi}\int_{-\infty}^{\infty}\frac{\mathrm{i}\omega}{1-\omega^2}(\cos\omega x+\mathrm{i}\sin\omega x)\,\mathrm{d}\omega\\&=\frac{1}{\pi}\int_{0}^{\infty}\frac{\omega\sin\omega x}{\omega^2-1}\mathrm{d}\omega\quad[\text{利用式 (3.4.5)}]\\&=\begin{cases}-\dfrac{1}{2}\cos x & (x<0)\\ 0 & (x=0)\\ \dfrac{1}{2}\cos x & (x>0)\end{cases}\end{aligned}$$

这就是方程 (3.4.6b) 的解。

例 3 求解微积分方程

$$a\frac{\mathrm{d}f(x)}{\mathrm{d}x}+bf(x)+c\int_{-\infty}^{x}f(x)\mathrm{d}x=h(x)\quad(-\infty<x<\infty)\tag{3.4.9}$$

其中，a，b，c 均是实常数，$h(x)$ 为已知函数。

解 对方程 (3.4.9) 两端取傅里叶变换，得到

$$a\mathrm{i}\omega F(\omega)+bF(\omega)+\frac{c}{\mathrm{i}\omega}F(\omega)=H(\omega)\tag{3.4.10}$$

解之得

$$F(\omega)=\frac{H(\omega)}{b+\mathrm{i}\left(a\omega-\frac{c}{\omega}\right)}\tag{3.4.11}$$

代入傅里叶反变换式 (3.1.4)，得到

$$f(x)=\frac{1}{2\pi}\int_{-\infty}^{\infty}\frac{H(\omega)}{b+\mathrm{i}\left(a\omega-\frac{c}{\omega}\right)}\mathrm{e}^{\mathrm{i}\omega x}\mathrm{d}\omega\tag{3.4.12}$$

这就是方程 (3.4.9) 的解。

例 4 求解非齐次常微分方程

$$\frac{\mathrm{d}^2}{\mathrm{d}t^2}y(t)-y(t)=-2f(t)\quad(-\infty<t<\infty)\tag{3.4.13}$$

其中，$f(t)$ 是已知函数；如果 $f(t)=\delta(t)$，讨论解的性质。

解 对方程 (3.4.13) 两端取傅里叶变换，并利用傅里叶变换的微分定理 (3.1.16)，得到

$$-\omega^2Y(\omega)-Y(\omega)=-2F(\omega)\tag{3.4.14}$$

解此代数方程，得到

$$Y(\omega)=F(\omega)\frac{2}{1+\omega^2}\tag{3.4.15}$$

对式 (3.4.15) 反演，并利用 3.3 节例 2 的结果，即

$$\mathrm{e}^{-|t|}\longleftrightarrow\frac{2}{1+\omega^2}\tag{3.4.16}$$

我们得到

$$y(t)=f(t)*\mathrm{e}^{-|t|}=\int_{-\infty}^{\infty}f(\tau)\mathrm{e}^{-|t-\tau|}\mathrm{d}\tau\tag{3.4.17}$$

这就是方程 (3.4.13) 的解。

如果 $f(t)=\delta(t)$，式 (3.4.17) 变为

$$y(t)=\int_{-\infty}^{\infty}\delta(\tau)\mathrm{e}^{-|t-\tau|}\mathrm{d}\tau=\mathrm{e}^{-|t|}\tag{3.4.18}$$

图 3.18 显示了 $y(t)$，$y'(t)$ 和 $y''(t)$ 的性质，$t=0$ 是函数 $y(t)$ 的尖点，因此 $y'(t)$ 是不连续的，而 $y''(t)$ 则是发散的。实际上，由方程 (3.4.13) 得知 $y''(0)=-2\delta(t)+1$。

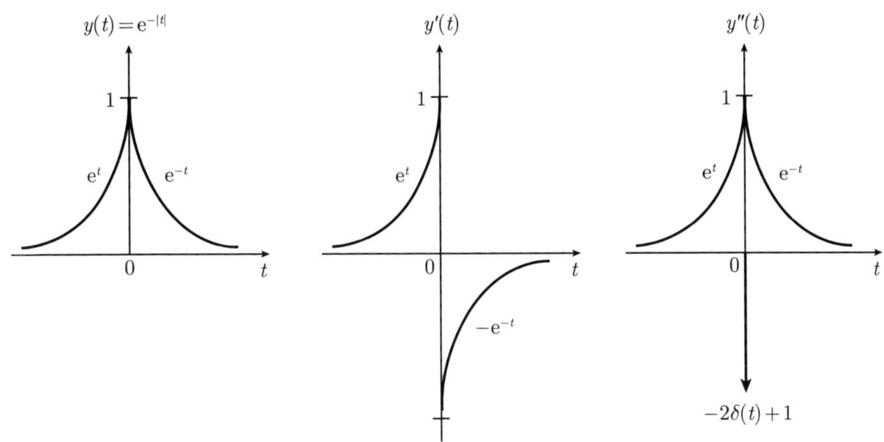

图 3.18 解 (3.4.18) 的性质

例 5 求解关于 $y(x)$ 的积分方程

$$y(x)=g(x)+\int_{-\infty}^{\infty} y(\xi)r(x-\xi)\mathrm{d}\xi \quad (-\infty<x<\infty) \tag{3.4.19}$$

其中，$g(x)$ 和 $r(x)$ 均是已知函数。

解 对方程(3.4.19) 两端取傅里叶变换，并利用傅里叶变换的卷积定理(3.1.24)，得到

$$Y(\omega)=G(\omega)+Y(\omega)R(\omega)\Rightarrow Y(\omega)=\frac{G(\omega)}{1-R(\omega)} \tag{3.4.20}$$

若 $R(\omega)=1$，则 $r(x)=\mathcal{F}^{-1}\{1\}=\delta(x)$，原方程 (3.4.19) 无解。若 $R(\omega)\neq 1$，设

$$\mathcal{F}^{-1}\left\{\frac{1}{1-R(\omega)}\right\}=h(x) \tag{3.4.21}$$

则原方程的解为

$$y(x)=h(x)*g(x)=\int_{-\infty}^{\infty} h(\xi)g(x-\xi)\mathrm{d}\xi \tag{3.4.22}$$

例 6 求解常微分方程

$$\frac{\mathrm{d}^2x}{\mathrm{d}t^2}+2\gamma\frac{\mathrm{d}x}{\mathrm{d}t}+\omega_0^2x=f(t) \quad (-\infty<t<\infty) \tag{3.4.23}$$

其中，γ 和 ω_0 是常数，$f(t)$ 是已知函数，并给出该方程在 $f(t)=a$(常数) 时的解。

解 对方程 (3.4.23) 两边取傅里叶变换，得到

$$-\omega^2X(\omega)+2\mathrm{i}\gamma\omega X(\omega)+\omega_0^2X(\omega)=F(\omega) \tag{3.4.24}$$

解之得

$$X(\omega)=\frac{F(\omega)}{\omega_0^2-\omega^2+2\mathrm{i}\gamma\omega} \tag{3.4.25}$$

反演后得到

$$x(t)=\frac{1}{2\pi}\int_{-\infty}^{\infty}\frac{F(\omega)}{\omega_0^2-\omega^2+2\mathrm{i}\gamma\omega}\mathrm{e}^{\mathrm{i}\omega t}\mathrm{d}\omega \tag{3.4.26}$$

这就是方程 (3.2.3) 的解。

当 $f(t)=a$ 时，由式 (3.2.22) 得到它的傅里叶变换 $F(\omega)=2\pi a\delta(\omega)$，于是

$$x(t)=a\int_{-\infty}^{\infty}\frac{\delta(\omega)}{\omega_0^2-\omega^2+2\mathrm{i}\gamma\omega}\mathrm{e}^{\mathrm{i}\omega t}\mathrm{d}\omega=\frac{a}{\omega_0^2} \tag{3.4.27}$$

这是一个与 t 无关的常数解，它显然满足方程 (3.4.23)。

例 7　量子力学中的定态薛定谔方程为

$$H\psi=E\psi \tag{3.4.28}$$

其中

$$H=-\frac{\hbar^2}{2m}\frac{\mathrm{d}^2}{\mathrm{d}x^2}+V(x) \tag{3.4.29}$$

为哈密顿算符，ψ 和 E 分别是 H 的本征函数和本征值，m 是微观粒子的质量。假定粒子在 δ 势阱 (图 3.19)

$$V(x)=-\alpha\delta(x)\quad(\alpha>0) \tag{3.4.30}$$

中运动，对于束缚态情况 $(E<0)$，求解本征方程 (3.4.28)。

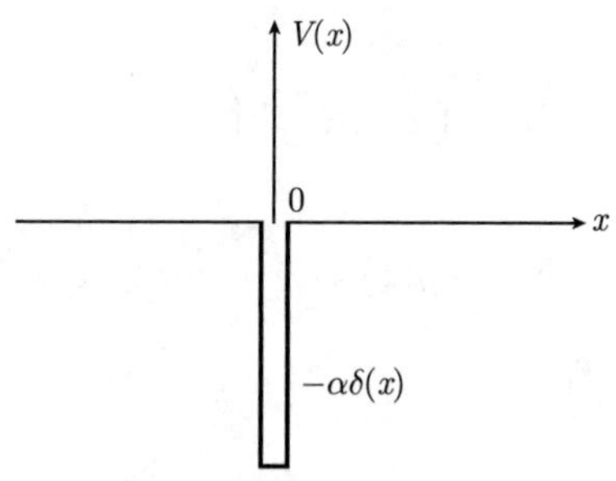

图 3.19　δ 函数势阱

解　方程 (3.4.28) 可以写为

$$\frac{\mathrm{d}^2\psi}{\mathrm{d}x^2}-k^2\psi=-A\delta(x)\psi \tag{3.4.31}$$

其中

$$k=\sqrt{-\frac{2mE}{\hbar^2}},\quad A=\frac{2m\alpha}{\hbar^2} \tag{3.4.32}$$

对方程 (3.4.31) 两边进行傅里叶变换，得到

$$-\omega^2\varPsi(\omega)-k^2\varPsi(\omega)=-A\int_{-\infty}^{\infty}\delta(x)\psi(x)\mathrm{e}^{-\mathrm{i}\omega x}\mathrm{d}x=-A\psi(0) \tag{3.4.33}$$

解之得

$$\varPsi(\omega)=\frac{A\psi(0)}{k^2+\omega^2} \tag{3.4.34}$$

代入傅里叶反变换式 (3.1.4)，得到

$$\begin{aligned}\psi(x)&=\frac{1}{2\pi}\int_{-\infty}^{\infty}\varPsi(\omega)\mathrm{e}^{\mathrm{i}\omega x}\mathrm{d}\omega\\&=\frac{A\psi(0)}{2\pi}\int_{-\infty}^{\infty}\frac{1}{k^2+\omega^2}(\cos\omega x+\mathrm{i}\sin\omega x)\,\mathrm{d}\omega\\&=\frac{A\psi(0)}{\pi}\int_0^{\infty}\frac{\cos\omega x}{k^2+\omega^2}\mathrm{d}\omega\quad[\text{利用式 (3.3.26)}]\\&=\frac{A\psi(0)}{2k}\mathrm{e}^{-k|x|}\end{aligned}$$

由 $A=2k$ 得到

$$k=\frac{m\alpha}{\hbar^2} \tag{3.4.35}$$

而本征能量为

$$E=-\frac{m\alpha^2}{2\hbar^2} \tag{3.4.36}$$

式 (3.4.36) 显示系统只有一个束缚态 [无论势 $V(x)$ 的 “强度”α 如何]。最后我们要确定 $\psi(0)$，为此利用归一化条件

$$\int_{-\infty}^{\infty}|\psi(x)|^2\mathrm{d}x=2|\psi(0)|^2\int_0^{\infty}\mathrm{e}^{-2kx}\mathrm{d}x=\frac{|\psi(0)|^2}{k}=1 \tag{3.4.37}$$

得到

$$\psi(0)=\sqrt{k} \tag{3.4.38}$$

于是归一化的本征函数为

$$\psi(x)=\frac{\sqrt{m\alpha}}{\hbar}\exp\left(-\frac{m\alpha}{\hbar^2}|x|\right) \tag{3.4.39}$$

它的曲线如图 3.9 所示。

从以上各种类型的例题可以看出傅里叶变换的广泛应用，至于它在求解数学物理方程中的应用，我们将在随后的章节中详细讨论。

第 4 章　拉普拉斯变换

前面讨论的傅里叶变换有非常广泛的应用，也有明显的缺点，即对函数 $f(x)$ 的要求太苛刻，这表现在两个方面：

(1) 当函数在区间 $(-\infty,\infty)$ 绝对可积，即满足 $\int_{-\infty}^{\infty}|f(x)|\,\mathrm{d}x<\infty$ 时，傅里叶变换存在。这个条件要求当 $|x|\to\infty$ 时，$f(x)\to 0$。事实上，许多函数都不满足这个条件，如 $f=a$(常数)、正弦和余弦函数、线性函数、单位阶跃函数等。

(2) 要求函数 $f(x)$ 必须在整个区间 $(-\infty,\infty)$ 有定义，对于定义在区间 $0\leqslant x<\infty$ 的函数，比如以时间 t 为变量的函数 $f(t)$，则无法进行傅里叶变换。

解决这些问题的办法是引入拉普拉斯变换。

4.1　拉普拉斯变换

4.1.1　拉普拉斯变换的定义

拉普拉斯变换是在傅里叶变换的基础上引入的。现在考虑对一个任意函数 $g(t)(t\geqslant 0)$ 进行傅里叶变换，为了使之在 $(-\infty,\infty)$ 区间有定义，给它乘以单位阶跃函数 $u(t)$；为了容易满足绝对可积条件，再乘以衰减因子 $\exp(-\beta t)(\beta>0)$，然后对函数 $g(t)u(t)\exp(-\beta t)$ 进行傅里叶变换

$$\int_{-\infty}^{\infty}g(t)u(t)\exp(-\beta t)\mathrm{e}^{-\mathrm{i}\omega t}\mathrm{d}t=\int_{0}^{\infty}f(t)\mathrm{e}^{-pt}\mathrm{d}t \tag{4.1.1}$$

其中，$p=\beta+\mathrm{i}\omega$，$f(t)=g(t)u(t)$。式 (4.1.1) 右边展示了一种新的积分变换，称为拉普拉斯变换，记为

$$F(p)=\int_{0}^{\infty}f(t)\mathrm{e}^{-pt}\mathrm{d}t \tag{4.1.2}$$

可见 $f(t)$ 的拉普拉斯变换就是 $g(t)u(t)\exp(-\beta t)$ 的傅里叶变换。式 (4.1.2) 是函数 $f(t)(t\geqslant 0)$ 的拉普拉斯变换的一般定义式，其中参量 p 是一个复数 (实部为正)。不过在实际应用中，通常取 p 为正实数，这相应于傅里叶变换取 $\omega=0$ 的情况 [见式 (3.1.7)]。

$f(t)$ 的拉普拉斯变换记为 $F(p)=\mathcal{L}\{f(t)\}$，而反变换为 $f(t)=\mathcal{L}^{-1}\{F(p)\}$，或者更简单地表示为

$$F(p)\longleftrightarrow f(t) \tag{4.1.3}$$

习惯上 $F(p)$ 称为象函数，而 $f(t)$ 称为原函数。

相对于傅里叶变换，拉普拉斯变换存在的条件要弱得多，因为指数因子 $\exp(-pt)$ 的嵌入使积分变得很容易收敛。但这并不意味着任意一个函数都存在拉普拉斯变换而无需任何条件。事实上，拉普拉斯变换存在的充分条件可以表述为：

(1) 函数 $f(t)$ 在区间 $[0,\infty)$ 上是分段连续的；

(2) 存在正常数 M 和 α，对于所有的 $t \geqslant 0$，使得 $|f(t)| \leqslant M\exp(\alpha t)$ 成立，则函数 $f(t)$ 对于所有的 $p > \alpha$，存在拉普拉斯变换，即

$$\left|\int_0^{\infty} f(t)\mathrm{e}^{-pt}\mathrm{d}t\right| < \infty \tag{4.1.4}$$

这个条件是不难证明的。

证明 考虑一个如图 4.1 所示的分段连续的函数 $f(t) \in [0,\infty)$，它在 $t = T$ 是不连续的，我们有

$$F(p) = \int_0^{\infty} f(t)\mathrm{e}^{-pt}\mathrm{d}t = \int_0^{T} f(t)\mathrm{e}^{-pt}\mathrm{d}t + \int_T^{\infty} f(t)\mathrm{e}^{-pt}\mathrm{d}t \tag{4.1.5}$$

由于 $f(t)$ 在 $0 \leqslant t < T$ 是连续的，所以 $f(t)\mathrm{e}^{-pt}$ 在这个区间也是连续的，于是式 (4.1.5) 右边的第一个积分存在。

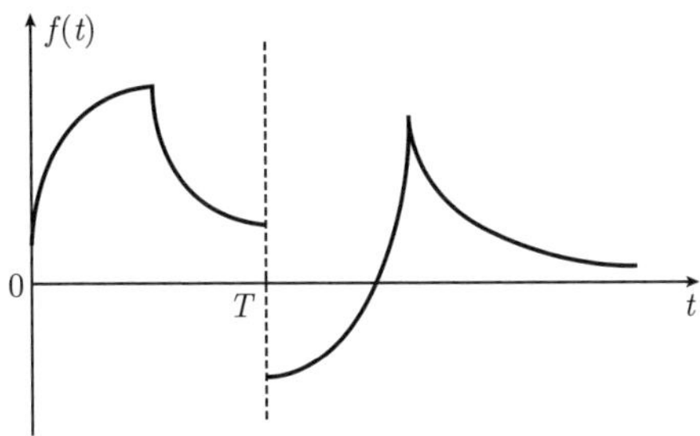

图 4.1 一个分段连续的函数 $f(t)(0 \leqslant t < \infty)$，在区间 $[0,T)$ 和 (T,∞) 均连续，在 $t = T$ 不连续

为了证明第二个积分的存在，我们要利用条件 $|f(t)| \leqslant M\exp(\alpha t)$，事实上我们有

$$\begin{aligned}\left|\int_T^{\infty} f(t)\mathrm{e}^{-pt}\mathrm{d}t\right| &\leqslant \int_T^{\infty} |f(t)|\mathrm{e}^{-pt}\mathrm{d}t \leqslant \int_T^{\infty} M\mathrm{e}^{-(p-\alpha)t}\mathrm{d}t \\ &\leqslant M\int_0^{\infty} \mathrm{e}^{-(p-\alpha)t}\mathrm{d}t = \frac{M}{p-\alpha} < \infty \quad (p > \alpha)\end{aligned}$$

所以式 (4.1.4) 成立。

实际问题中的函数大都满足拉普拉斯存在的充分条件，而不满足傅里叶变换中绝对可积条件的 $u(t)$，$\cos t$，t 等函数，现在都满足上述拉普拉斯变换存在的条件：

$$|u(t)| \leqslant 1\cdot\exp(0\cdot t) : M = 1,\ \alpha = 0 \tag{4.1.6a}$$

$$|\cos t| \leqslant 1 \cdot \exp(0 \cdot t) : M = 1,\ \alpha = 0 \tag{4.1.6b}$$

$$|t| \leqslant 1 \cdot \exp(1 \cdot t) : M = 1,\ \alpha = 1 \tag{4.1.6c}$$

应该强调，与傅里叶变换的情况类似，上述拉普拉斯变换存在的两个条件是充分的，但不是必要的。有的函数尽管不满足上面的条件，但仍然存在拉普拉斯变换。为了直观了解拉普拉斯变换的作用及存在的条件，我们首先考查下面简单函数的拉普拉斯变换。

例 1 计算 $\mathcal{L}\{1\}$，$\mathcal{L}\{t\}$ 和 $\mathcal{L}\{\mathrm{e}^{\alpha t}\}$，其中 α 是常数。

解

$$\mathcal{L}\{1\} = \int_0^\infty \mathrm{e}^{-pt}\mathrm{d}t = \frac{1}{p} \quad (p > 0) \tag{4.1.7a}$$

$$\mathcal{L}\{t\} = \int_0^\infty t\mathrm{e}^{-pt}\mathrm{d}t = \frac{1}{p^2} \quad (p > 0) \tag{4.1.7b}$$

$$\mathcal{L}\left\{\mathrm{e}^{\alpha t}\right\} = \int_0^\infty \mathrm{e}^{\alpha t}\mathrm{e}^{-pt}\mathrm{d}t = \frac{1}{p-\alpha} \quad (p > \alpha) \tag{4.1.7c}$$

例 2 讨论函数 $f(t) = \dfrac{1}{\sqrt{t}}$ 的拉普拉斯变换。

解 首先注意到这个函数不满足条件 $|f(t)| \leqslant M\exp(\alpha t)$(对于所有的 $t \geqslant 0$)。事实上，在 $t = 0$，$f(0) \to \infty$。但是它的拉普拉斯变换存在

$$\mathcal{L}\left\{\frac{1}{\sqrt{t}}\right\} = \int_0^\infty t^{-1/2}\mathrm{e}^{-pt}\mathrm{d}t = \sqrt{\frac{\pi}{p}} \tag{4.1.8}$$

4.1.2 拉普拉斯变换的性质

与傅里叶变换一样，拉普拉斯变换有一系列的性质。首先，拉普拉斯变换是线性变换，即

$$\mathcal{L}\{C_1 f_1 + C_2 f_2\} = C_1\mathcal{L}\{f_1\} + C_2\mathcal{L}\{f_2\} \tag{4.1.9}$$

其中，C_1 和 C_2 是常数。

证明

$$\begin{aligned}\mathcal{L}\{C_1 f_1 + C_2 f_2\} &= \int_0^\infty [C_1 f_1(t) + C_2 f_2(t)]\mathrm{e}^{-pt}\mathrm{d}t \\ &= C_1\int_0^\infty f_1(t)\mathrm{e}^{-pt}\mathrm{d}t + C_2\int_0^\infty f_2(t)\mathrm{e}^{-pt}\mathrm{d}t \\ &= C_1\mathcal{L}\{f_1\} + C_2\mathcal{L}\{f_2\}\end{aligned}$$

进而，如果

$$f(t) \longleftrightarrow F(p) \tag{4.1.10}$$

则拉普拉斯变换有以下定理。

1) 微分定理 I

$$\frac{\mathrm{d}f(t)}{\mathrm{d}t} \longleftrightarrow pF(p) - f(0) \tag{4.1.11}$$

证明

$$\begin{aligned}\frac{\mathrm{d}f(t)}{\mathrm{d}t} \longleftrightarrow \int_0^{\infty} \frac{\mathrm{d}f(t)}{\mathrm{d}t}\mathrm{e}^{-pt}\mathrm{d}t &= \int_0^{\infty} \mathrm{d}f(t)\mathrm{e}^{-pt} \\ &= \left[f(t)\mathrm{e}^{-pt}\right]_0^{\infty} + p\int_0^{\infty} f(t)\mathrm{e}^{-pt}\mathrm{d}t \\ &= -f(0) + pF(p)\end{aligned}$$

类似地，可以证明

$$\frac{\mathrm{d}^2 f(t)}{\mathrm{d}t^2} \longleftrightarrow p^2F(p) - pf(0) - f'(0) \tag{4.1.12}$$

2) 微分定理 II

$$tf(t) \longleftrightarrow -\frac{\mathrm{d}}{\mathrm{d}p}F(p) \tag{4.1.13}$$

证明 对式 (4.1.2) 两边关于 p 求导数

$$\begin{aligned}\frac{\mathrm{d}}{\mathrm{d}p}F(p) &= \frac{\mathrm{d}}{\mathrm{d}p}\int_0^{\infty} f(t)\mathrm{e}^{-pt}\mathrm{d}t \\ &= \int_0^{\infty} f(t)\frac{\mathrm{d}}{\mathrm{d}p}\left(\mathrm{e}^{-pt}\right)\mathrm{d}t = \int_0^{\infty} f(t)\left(-t\mathrm{e}^{-pt}\right)\mathrm{d}t \\ &= -\int_0^{\infty} [tf(t)]\mathrm{e}^{-pt}\mathrm{d}t = -\mathcal{L}\{tf(t)\}\end{aligned}$$

故式 (4.1.13) 成立。

类似地，可以证明

$$t^n f(t) \longleftrightarrow (-1)^n \frac{\mathrm{d}^n}{\mathrm{d}p^n}F(p) \tag{4.1.14}$$

3) 积分定理

$$\int_0^t f(t)\mathrm{d}t \longleftrightarrow \frac{F(p)}{p} \tag{4.1.15}$$

证明 令 $g(t) = \int_0^t f(t)\mathrm{d}t$，则

$$f(t) = g'(t) \longleftrightarrow pG(p) - g(0) = pG(p) \tag{4.1.16}$$

这里利用了

$$g(0) = \int_0^0 f(t)\mathrm{d}t = 0 \tag{4.1.17}$$

由式 (4.1.16) 得出

$$pG(p) = F(p) \tag{4.1.18}$$

故式 (4.1.15) 成立。

4) 位移定理 I

$$\mathrm{e}^{\alpha t} f(t) \longleftrightarrow F(p-\alpha) \tag{4.1.19}$$

其中，α 是实数。

证明

$$\int_0^{\infty} \mathrm{e}^{\alpha t} f(t)\mathrm{e}^{-pt}\mathrm{d}t = \int_0^{\infty} f(t)\mathrm{e}^{-(p-\alpha)t}\mathrm{d}t = F(p-\alpha) \tag{4.1.20}$$

故式 (4.1.19) 成立。

5) 位移定理 II

$$u(t-a)f(t-a) \longleftrightarrow \mathrm{e}^{-ap}F(p) \tag{4.1.21}$$

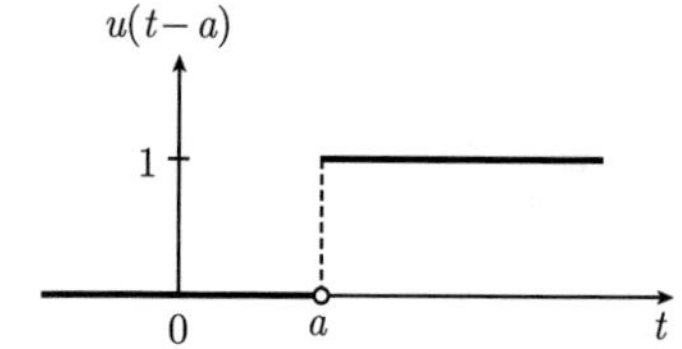

图 4.2　式 (4.1.22) 的单位阶跃函数

其中，$a > 0$，$u(t-a)$ 是图 4.2 所示的单位阶跃函数

$$u(t-a) = \begin{cases} 0 & (t < a) \\ 1 & (t \geqslant a) \end{cases} \tag{4.1.22}$$

证明　函数 $u(t-a)f(t-a)$ 可以写为

$$u(t-a)f(t-a) = \begin{cases} 0 & (t < a) \\ f(t-a) & (t \geqslant a) \end{cases} \tag{4.1.23}$$

它的拉普拉斯变换为

$$\begin{aligned} & \int_0^{\infty} u(t-a)f(t-a)\mathrm{e}^{-pt}\mathrm{d}t \\ = & \int_a^{\infty} f(t-a)\mathrm{e}^{-pt}\mathrm{d}t \quad (T = t-a) \\ = & \int_0^{\infty} f(T)\mathrm{e}^{-(T+a)p}\mathrm{d}T \\ = & \mathrm{e}^{-ap}\int_0^{\infty} f(T)\mathrm{e}^{-Tp}\mathrm{d}T \\ = & \mathrm{e}^{-ap}F(p) \end{aligned}$$

故式 (4.1.21) 成立。

6) 卷积的定义与卷积定理

在讨论傅里叶变换时，卷积由式 (3.1.23) 定义为

$$f_1(t) * f_2(t) = \int_{-\infty}^{\infty} f_1(\tau) f_2(t-\tau) \mathrm{d}\tau \tag{4.1.24}$$

在拉普拉斯变换 (4.1.2) 中，函数 $f(t)$ 定义在区间 $[0,\infty)$，所以可以认为，当 $t<0$ 时，$f(t)=0$。这样一来，对拉普拉斯变换而言，卷积 (4.1.24) 的积分区间可以缩小。事实上，如果 $f_1(t)$ 和 $f_2(t)$ 都满足条件：当 $t<0$ 时，$f_1(t)=0$ 和 $f_2(t)=0$，则式 (4.1.24) 可以写为

$$\begin{aligned}
f_1(t) * f_2(t) &= \underbrace{\int_{-\infty}^{0} f_1(\tau) f_2(t-\tau) \mathrm{d}\tau}_{=0} \quad [f_1(t)=0(t<0)] \\
&\quad + \int_{0}^{t} f_1(\tau) f_2(t-\tau) \mathrm{d}\tau + \int_{t}^{\infty} f_1(\tau) f_2(t-\tau) \mathrm{d}\tau \\
&= \int_{0}^{t} f_1(\tau) f_2(t-\tau) \mathrm{d}\tau + \underbrace{\int_{t}^{\infty} f_1(\tau) f_2(t-\tau) \mathrm{d}\tau}_{T=t-\tau} \\
&= \int_{0}^{t} f_1(\tau) f_2(t-\tau) \mathrm{d}\tau - \underbrace{\int_{0}^{-\infty} f_1(t-T) f_2(T) \mathrm{d}T}_{=0} \quad [f_2(t)=0(t<0)] \\
&= \int_{0}^{t} f_1(\tau) f_2(t-\tau) \mathrm{d}\tau
\end{aligned}$$

这样，我们得到了拉普拉斯变换的卷积定义

$$f_1(t) * f_2(t) = \int_{0}^{t} f_1(\tau) f_2(t-\tau) \mathrm{d}\tau \tag{4.1.25}$$

它是傅里叶变换的卷积定义在拉普拉斯变换情况下的简约形式。进而

$$\begin{aligned}
F_1(p)F_2(p) &= \left[\int_{0}^{\infty} f_1(u) \mathrm{e}^{-pu} \mathrm{d}u\right] \left[\int_{0}^{\infty} f_2(v) \mathrm{e}^{-pv} \mathrm{d}v\right] \\
&= \int_{0}^{\infty} \int_{0}^{\infty} \mathrm{e}^{-p(u+v)} f_1(u) f_2(v) \mathrm{d}u \mathrm{d}v \quad (t=u+v) \\
&= \int_{t=0}^{\infty} \int_{u=0}^{t} \mathrm{e}^{-pt} f_1(u) f_2(t-u) \mathrm{d}u \mathrm{d}t \\
&= \int_{t=0}^{\infty} \mathrm{e}^{-pt} \left[\int_{u=0}^{t} f_1(u) f_2(t-u) \mathrm{d}u\right] \mathrm{d}t \\
&= \int_{t=0}^{\infty} \mathrm{e}^{-pt} [f_1(t) * f_2(t)] \mathrm{d}t = \mathcal{L}\{f_1(t) * f_2(t)\}
\end{aligned}$$

于是

$$F_1(p)F_2(p) \longleftrightarrow f_1(t) * f_2(t) = \int_0^t f_1(\tau)f_2(t-\tau)\mathrm{d}\tau \tag{4.1.26}$$

这就是拉普拉斯变换的卷积定理。另外，与傅里叶变换一样，拉普拉斯变换的卷积运算也服从交换率。

4.2　典型函数的拉普拉斯变换

本节将通过若干典型例题，进一步讨论拉普拉斯变换的计算方法。

例 1　求函数 (3.3.32) 的傅里叶变换。

解

$$\begin{aligned}F(\omega) &= \int_{-\infty}^{\infty} f(t)\mathrm{e}^{-\mathrm{i}\omega t}\mathrm{d}t\\ &= \int_0^{\infty} \mathrm{e}^{-\beta t}\mathrm{e}^{-\mathrm{i}\omega t}\mathrm{d}t \quad \left[=\mathcal{L}\left\{\mathrm{e}^{-\mathrm{i}\omega t}\right\}，\text{再利用式 (4.1.7c)}\right]\\ &= \frac{1}{\beta+\mathrm{i}\omega}\end{aligned} \tag{4.2.1}$$

这个例子表明，某些傅里叶变换问题能更简便地用拉普拉斯变换的方法处理。

例 2　求 $\sin kt$ 和 $\cos kt$ 的拉普拉斯变换，其中 k 是实数。

解

方法 1　直接积分

$$\begin{aligned}\int_0^{\infty} \sin kt\mathrm{e}^{-pt}\mathrm{d}t &= \frac{1}{p^2+k^2}\left[\mathrm{e}^{-pt}\left(-p\sin kt - k\cos kt\right)\right]_0^{\infty}\\ &= \frac{1}{p^2+k^2}\left[0-(-k)\right]\\ &= \frac{k}{p^2+k^2}\end{aligned}$$

方法 2

$$\begin{aligned}\int_0^{\infty} \sin kt\mathrm{e}^{-pt}\mathrm{d}t &= -\frac{1}{p}\int_0^{\infty} \sin kt\mathrm{d}\left(\mathrm{e}^{-pt}\right)\\ &= -\frac{1}{p}\left(\sin kt\mathrm{e}^{-pt}\Big|_0^{\infty} - k\int_0^{\infty} \mathrm{e}^{-pt}\cos kt\mathrm{d}t\right)\\ &= \frac{k}{p}\int_0^{\infty} \mathrm{e}^{-pt}\cos kt\mathrm{d}t = -\frac{k}{p^2}\int_0^{\infty} \cos kt\mathrm{d}\left(\mathrm{e}^{-pt}\right)\\ &= -\frac{k}{p^2}\left(\cos kt\mathrm{e}^{-pt}\Big|_0^{\infty} + k\int_0^{\infty} \mathrm{e}^{-pt}\sin kt\mathrm{d}t\right)\\ &= -\frac{k}{p^2}\left(-1 + k\int_0^{\infty} \mathrm{e}^{-pt}\sin kt\mathrm{d}t\right)\end{aligned}$$

从该方程解出

$$\int_0^{\infty} \sin kt \mathrm{e}^{-pt} \mathrm{d}t = \frac{k}{p^2 + k^2} \tag{4.2.2a}$$

方法 3

$$\begin{aligned}
\int_0^{\infty} \sin kt \mathrm{e}^{-pt} \mathrm{d}t &= \frac{1}{2\mathrm{i}} \int_0^{\infty} \left(\mathrm{e}^{\mathrm{i}kt} - \mathrm{e}^{-\mathrm{i}kt}\right) \mathrm{e}^{-pt} \mathrm{d}t \\
&= \frac{1}{2\mathrm{i}} \left[\int_0^{\infty} \mathrm{e}^{-(p-\mathrm{i}k)t} \mathrm{d}t - \int_0^{\infty} \mathrm{e}^{-(p+\mathrm{i}k)t} \mathrm{d}t\right] \quad [\text{利用式 (3.3.22)}] \\
&= \frac{1}{2\mathrm{i}} \left(\frac{1}{p - \mathrm{i}k} - \frac{1}{p + \mathrm{i}k}\right) \\
&= \frac{1}{2\mathrm{i}} \frac{2\mathrm{i}k}{p^2 + k^2} = \frac{k}{p^2 + k^2}
\end{aligned}$$

用以上三种方法，可以类似地求出

$$\int_0^{\infty} \cos kt \mathrm{e}^{-pt} \mathrm{d}t = \frac{p}{p^2 + k^2} \tag{4.2.2b}$$

方法 4 以上方法都是分别求出 $\sin kt$ 和 $\cos kt$ 的拉普拉斯变换，下面的方法将同时求出二者的拉普拉斯变换。利用拉普拉斯变换的线性性质，对欧拉公式 $\exp(\mathrm{i}kt) = \cos kt + \mathrm{i} \sin kt$ 两端取拉普拉斯变换

$$\begin{aligned}
\mathcal{L}\{\cos kt\} + \mathrm{i}\mathcal{L}\{\sin kt\} &= \int_0^{\infty} (\cos kt + \mathrm{i} \sin kt) \, \mathrm{e}^{-pt} \mathrm{d}t \\
&= \int_0^{\infty} \mathrm{e}^{-(p-\mathrm{i}k)t} \mathrm{d}t \quad [\text{利用式 (3.3.22)}] \\
&= \frac{1}{p - \mathrm{i}k} = \frac{p}{p^2 + k^2} + \mathrm{i} \frac{k}{p^2 + k^2}
\end{aligned}$$

两边比较实部和虚部，得到

$$\int_0^{\infty} \cos kt \mathrm{e}^{-pt} \mathrm{d}t = \frac{p}{p^2 + k^2}, \quad \int_0^{\infty} \sin kt \mathrm{e}^{-pt} \mathrm{d}t = \frac{k}{p^2 + k^2}$$

方法 5 这个问题还有一个很特别的微分方程解法。考虑微分方程 (1.1.22) 的一个初值问题

$$\begin{cases}
\dfrac{\mathrm{d}^2 x}{\mathrm{d}^2 t} + k^2 x = 0 \qquad (t > 0) & (4.2.3\text{a}) \\
x(0) = 1, \ \dot{x}(0) = 0 & (4.2.3\text{b})
\end{cases}$$

它的解为

$$x(t) = \cos kt \tag{4.2.4}$$

这样一来，如果我们对方程 (4.2.3a) 两边作拉普拉斯变换，并利用初始条件 (4.2.3b)，就可以得到象函数 $X(p)$ 的代数方程，它的解就是 $X(p)=\mathcal{L}\{\cos kt\}$。我们有

$$p^2X(p)-px(0)-\dot{x}(0)+k^2X(p)=0 \tag{4.2.5}$$

利用式 (4.2.3b) 后

$$p^2X(p)-p+k^2X(p)=0 \tag{4.2.6}$$

解之得

$$X(p)=\mathcal{L}\{\cos kt\}=\frac{p}{p^2+k^2} \tag{4.2.7}$$

类似地，利用初值问题

$$\begin{cases}\dfrac{\mathrm{d}^2x}{\mathrm{d}^2t}+k^2x=0 & \text{(4.2.8a)}\\ x(0)=0,\ \dot{x}(0)=k & \text{(4.2.8b)}\end{cases}$$

的解 $x(t)=\sin kt$，得到

$$p^2X(p)-k+k^2X(p)=0 \tag{4.2.9}$$

从而

$$X(p)=\mathcal{L}\{\sin kt\}=\frac{k}{p^2+k^2} \tag{4.2.10}$$

例 3　求 $\sinh kt$ 和 $\cosh kt$ 的拉普拉斯变换，其中 k 是实数。

解　这个题也有类似于例 2 的各种解法，这里用微分方程解法。考虑微分方程 (1.1.31) 的两个初值问题

$$\begin{cases}\dfrac{\mathrm{d}^2x}{\mathrm{d}^2t}-k^2x=0\\ x(0)=1,\ \dot{x}(0)=0\end{cases}\quad 和 \quad\begin{cases}\dfrac{\mathrm{d}^2x}{\mathrm{d}^2t}-k^2x=0\\ x(0)=0,\ \dot{x}(0)=k\end{cases} \tag{4.2.11}$$

其解分别为

$$\cosh kt \quad 和 \quad \sinh kt \tag{4.2.12}$$

对式 (4.2.11) 中的方程两端取拉普拉斯变换，得到

$$p^2X(p)-px(0)-\dot{x}(0)-k^2X(p)=0 \tag{4.2.13}$$

代入初始条件后，得到

$$p^2X(p)-p-k^2X(p)=0 \quad 和 \quad p^2X(p)-k-k^2X(p)=0 \tag{4.2.14}$$

解之得

$$X(p)=\frac{p}{p^2-k^2}=\mathcal{L}\{\cosh kt\} \quad 和 \quad X(p)=\frac{k}{p^2-k^2}=\mathcal{L}\{\sinh kt\} \tag{4.2.15}$$

这两个拉普拉斯变换存在的条件是 $p>|k|$。需要指出，函数 $\cosh kt$ 和 $\sinh kt$(图 1.5) 都不满足傅里叶变换的绝对可积条件，它们的傅里叶变换确实不存在，但是它们的拉普拉斯变换都存在而且很容易求出。这个例子再次显示出拉普拉斯变换的优越性。

例 4 计算 $\mathcal{L}\{t\sin kt\}$，其中 k 是实数。

解

$$\begin{aligned}\mathcal{L}\{t\sin kt\}&=\int_0^{\infty}t\sin kt\mathrm{e}^{-pt}\mathrm{d}t=\frac{1}{2\mathrm{i}}\int_0^{\infty}t\left(\mathrm{e}^{\mathrm{i}kt}-\mathrm{e}^{-\mathrm{i}kt}\right)\mathrm{e}^{-pt}\mathrm{d}t\\&=\frac{1}{2\mathrm{i}}\left[\int_0^{\infty}t\mathrm{e}^{-(p-\mathrm{i}k)t}\mathrm{d}t-\int_0^{\infty}t\mathrm{e}^{-(p+\mathrm{i}k)t}\mathrm{d}t\right]\quad[\text{利用式 (4.1.7b)}]\\&=\frac{1}{2\mathrm{i}}\left[\frac{1}{(p-\mathrm{i}k)^2}-\frac{1}{(p+\mathrm{i}k)^2}\right]\\&=\frac{1}{2\mathrm{i}}\frac{4\mathrm{i}pk}{(p^2+k^2)^2}=\frac{2pk}{(p^2+k^2)^2}\end{aligned}$$

这个问题的另一解法见下面的例题。

例 5 计算 $tf(t)$ 类函数的拉普拉斯变换。

解 利用拉普拉斯变换的微分定理 (4.1.13)

$$tf(t)\longleftrightarrow-\frac{\mathrm{d}}{\mathrm{d}p}F(p)\tag{4.2.16}$$

我们有

$$t\mathrm{e}^{-\alpha t}\longleftrightarrow-\frac{\mathrm{d}}{\mathrm{d}p}\left(\frac{1}{p+\alpha}\right)=\frac{1}{(p+\alpha)^2}\tag{4.2.17}$$

$$t\sin kt\longleftrightarrow-\frac{\mathrm{d}}{\mathrm{d}p}\left(\frac{k}{p^2+k^2}\right)=\frac{2pk}{(p^2+k^2)^2}\tag{4.2.18a}$$

$$t\cos kt\longleftrightarrow-\frac{\mathrm{d}}{\mathrm{d}p}\left(\frac{p}{p^2+k^2}\right)=\frac{p^2-k^2}{(p^2+k^2)^2}\tag{4.2.18b}$$

$$t\sinh kt\longleftrightarrow-\frac{\mathrm{d}}{\mathrm{d}p}\left(\frac{k}{p^2-k^2}\right)=\frac{2pk}{(p^2-k^2)^2}\tag{4.2.19a}$$

$$t\cosh kt\longleftrightarrow-\frac{\mathrm{d}}{\mathrm{d}p}\left(\frac{p}{p^2-k^2}\right)=\frac{p^2+k^2}{(p^2-k^2)^2}\tag{4.2.19b}$$

$$t\cdot t=t^2\longleftrightarrow-\frac{\mathrm{d}}{\mathrm{d}p}\left(\frac{1}{p^2}\right)=\frac{2}{p^3}\tag{4.2.20a}$$

$$t\cdot t^2=t^3\longleftrightarrow-\frac{\mathrm{d}}{\mathrm{d}p}\left(\frac{2}{p^3}\right)=\frac{6}{p^4}\tag{4.2.20b}$$

例 6 计算 $\mathrm{e}^{\alpha t}f(t)$ 类函数的拉普拉斯变换，其中 α 是实数。

解 利用拉普拉斯变换的位移定理 (4.1.19)

$$\mathcal{L}\left\{\mathrm{e}^{\alpha t}f(t)\right\}=F(p-\alpha) \tag{4.2.21}$$

再利用相关函数的拉普拉斯变换，我们得到

$$\mathcal{L}\left\{\mathrm{e}^{\alpha t}\sin kt\right\}=\frac{k}{(p-\alpha)^2+k^2} \tag{4.2.22a}$$

$$\mathcal{L}\left\{\mathrm{e}^{\alpha t}\cos kt\right\}=\frac{p-\alpha}{(p-\alpha)^2+k^2} \tag{4.2.22b}$$

$$\mathcal{L}\left\{\mathrm{e}^{\alpha t}\sinh kt\right\}=\frac{k}{(p-\alpha)^2-k^2} \tag{4.2.23a}$$

$$\mathcal{L}\left\{\mathrm{e}^{\alpha t}\cosh kt\right\}=\frac{p-\alpha}{(p-\alpha)^2-k^2} \tag{4.2.23b}$$

例 7 计算 $\mathcal{L}^{-1}\left\{\dfrac{2}{(p-1)^2+4}\right\}$ 和 $\mathcal{L}^{-1}\left\{\dfrac{1}{p^2+2p+3}\right\}$, 其中 α 是实数。

解 在式 (4.2.22a) 中取 $\alpha=1$ 和 $k=2$，得到

$$\mathcal{L}\left\{\mathrm{e}^{t}\sin 2t\right\}=\frac{2}{(p-1)^2+4} \tag{4.2.24}$$

所以

$$\mathcal{L}^{-1}\left\{\frac{2}{(p-1)^2+4}\right\}=\mathrm{e}^{t}\sin 2t \tag{4.2.25}$$

另外

$$\frac{1}{p^2+2p+3}=\frac{1}{(p+1)^2+\left(\sqrt{2}\right)^2}=\frac{1}{\sqrt{2}}\frac{\sqrt{2}}{(p+1)^2+\left(\sqrt{2}\right)^2} \tag{4.2.26}$$

故

$$\mathcal{L}^{-1}\left\{\frac{1}{p^2+2p+3}\right\}=\frac{1}{\sqrt{2}}\mathrm{e}^{-t}\sin\sqrt{2}t \tag{4.2.27}$$

例 8 已知象函数 $F(p)=-\dfrac{1}{p^2(p-1)}$，求它的原函数 $f(t)$。

解

$$F(p)=-\frac{1}{p^2(p-1)}=\left(-\frac{1}{p^2}\right)\left(\frac{1}{p-1}\right) \tag{4.2.28}$$

记

$$F_1(p)=-\frac{1}{p^2},\quad F_2(p)=\frac{1}{p-1} \tag{4.2.29}$$

对式 (4.2.29) 反演，并利用式 (4.1.7b) 和式 (4.1.7c)，得到

$$f_1(t)=-t,\quad f_2(t)=\mathrm{e}^{t} \tag{4.2.30}$$

利用卷积定理 (4.1.26)，对式 (4.2.28) 反演，得到

$$
\begin{aligned}
f(t) = f_1(t) * f_2(t) &= \int_0^t f_1(\tau) f_2(t-\tau)\mathrm{d}\tau \\
&= \int_0^t (-\tau)\mathrm{e}^{t-\tau}\mathrm{d}\tau = 1 + t - \mathrm{e}^t
\end{aligned}
$$

4.3 拉普拉斯变换应用举例

拉普拉斯变换的主要应用是求解微分方程 (以及积分方程和微积分方程)，而对于求解常系数线性微分方程的初值问题是特别有用的。求解中首先对方程两边取拉普拉斯变换，并利用初始条件得到象函数的代数方程。从代数方程解出象函数，进而对象函数反演，就得到初值问题的解，整个过程如图 4.3 所示。这个方法也适用于非齐次方程、常微分方程组的初值问题，以及随后讨论的数学物理方法的定解问题。由于用拉普拉斯变换求解微分方程的便捷性，使之在力学、电磁学、电工学、光学、地学、信号处理等理论问题与工程技术领域中得到广泛的应用。

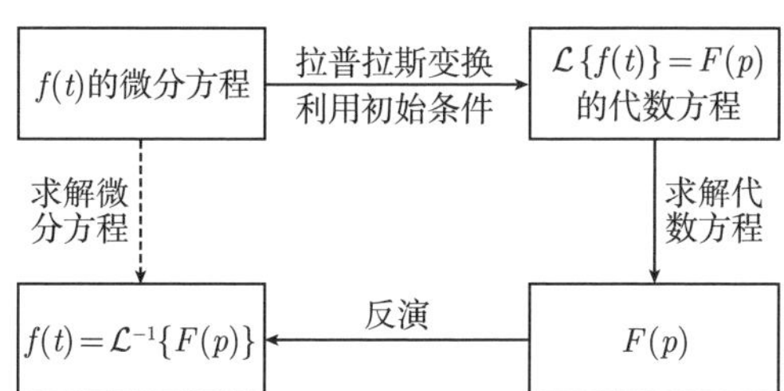

图 4.3 用拉普拉斯变换法求解微分方程的过程

下面用典型的例题加以说明。

例 1 求解积分方程

$$
y(t) = 1 + \int_0^t y(\tau)\sin(t-\tau)\mathrm{d}\tau \quad (t \geqslant 0) \tag{4.3.1}
$$

解 方程 (4.3.1) 右边的积分可以写为

$$
y(t) * \sin t = \int_0^t y(\tau)\sin(t-\tau)\mathrm{d}\tau \tag{4.3.2}
$$

对式(4.3.1) 两端取拉普拉斯变换，并利用式(4.1.7a)，式(4.2.2a) 和式(4.1.26)，得到

$$
Y(p) = \frac{1}{p} + Y(p)\frac{1}{p^2+1} \tag{4.3.3}
$$

解之得

$$
Y(p) = \frac{p^2+1}{p^3} = \frac{1}{p} + \frac{1}{p^3} \tag{4.3.4}
$$

对式 (4.3.4) 反演，并利用式 (4.1.7a) 和式 (4.2.20a)，得到

$$y(t)=1+\frac{t^2}{2} \tag{4.3.5}$$

这就是方程 (4.3.1) 的解。

例 2　求解常微分方程的初值问题

$$\begin{cases}\dfrac{\mathrm{d}^2x}{\mathrm{d}t^2}+\lambda x=0 \qquad (t>0) & (4.3.6\text{a})\\ x(0)=\phi,\ \dot{x}(0)=\psi & (4.3.6\text{b})\end{cases}$$

其中，λ 是常数。

解　对方程 (4.3.6a) 两边取拉普拉斯变换，得到

$$\left[p^2X(p)-px(0)-\dot{x}(0)\right]+\lambda X(p)=0 \tag{4.3.7}$$

将初始条件 (4.3.6b) 代入，得到

$$\left[p^2X(p)-p\phi-\psi\right]+\lambda X(p)=0 \tag{4.3.8}$$

解之得

$$X(p)=\phi\frac{p}{p^2+\lambda}+\psi\frac{1}{p^2+\lambda} \tag{4.3.9}$$

有三种情况需要考虑。

(1) $\lambda>0$，这时设 $\lambda=a^2\,(a>0)$，式 (4.3.9) 写为

$$X(p)=\phi\frac{p}{p^2+a^2}+\psi\frac{1}{p^2+a^2} \tag{4.3.10}$$

对式 (4.3.10) 反演，并利用式 (4.2.2)，得到

$$x(t)=\phi\cos at+\frac{\psi}{a}\sin at \tag{4.3.11}$$

(2) $\lambda=0$，式 (4.3.9) 写为

$$X(p)=\phi\frac{1}{p}+\psi\frac{1}{p^2} \tag{4.3.12}$$

对式 (4.3.12) 反演，并利用式 (4.1.7a) 和式 (4.1.7b)，得到

$$x(t)=\phi+\psi t \tag{4.3.13}$$

(3) $\lambda<0$，这时设 $\lambda=-b^2\,(b>0)$，式 (4.3.9) 写为

$$X(p)=\phi\frac{p}{p^2-b^2}+\psi\frac{1}{p^2-b^2} \tag{4.3.14}$$

对式 (4.3.14) 反演，并利用式 (4.2.15)，得到

$$x(t)=\phi\cosh bt+\frac{\psi}{b}\sinh bt \tag{4.3.15}$$

例 3 求解非齐次常微分方程的初值问题

$$\begin{cases}\dfrac{\mathrm{d}^2y}{\mathrm{d}t^2}+y=2 \qquad (t>0) & (4.3.16\text{a})\\ y(0)=0,\ \dot{y}(0)=1 & (4.3.16\text{b})\end{cases}$$

解 对方程 (4.3.16a) 两边取拉普拉斯变换，得到

$$p^2Y(p)-py(0)-y'(0)+Y(p)=\frac{2}{p} \tag{4.3.17}$$

将初始条件 (4.3.16b) 代入，得到

$$(p^2+1)Y(p)-1=\frac{2}{p}\Rightarrow Y(p)=\frac{1}{p^2+1}+\frac{2}{p(p^2+1)} \tag{4.3.18}$$

将式 (4.3.18) 化成部分分式

$$Y(p)=\frac{1}{p^2+1}+\frac{2}{p}-\frac{2p}{p^2+1} \tag{4.3.19}$$

对式 (4.3.19) 反演，得到

$$y(t)=\sin t+2-2\cos t \tag{4.3.20}$$

这就是初值问题 (4.3.16) 的解。

例 4 求解非齐次常微分方程的初值问题

$$\begin{cases}y''+2y'-3y=\mathrm{e}^{-t} \quad (t>0) & (4.3.21\text{a})\\ y(0)=0,\ \dot{y}(0)=1 & (4.3.21\text{b})\end{cases}$$

解 对方程 (4.3.21a) 两边取拉普拉斯变换，得到

$$\left[p^2Y(p)-py(0)-y'(0)\right]+2\left[pY(p)-y(0)\right]-3Y(p)=\frac{1}{p+1} \tag{4.3.22}$$

利用初始条件 (4.3.21b)，式 (4.3.22) 变为

$$p^2Y(p)-1+2pY(p)-3Y(p)=\frac{1}{p+1} \tag{4.3.23}$$

解之得

$$Y(p)=\frac{p+2}{(p+1)(p^2+2p-3)}=\frac{p+2}{(p+1)(p-1)(p+3)}$$

$$= -\frac{1}{4}\left(\frac{1}{p+1}\right) + \frac{3}{8}\left(\frac{1}{p-1}\right) - \frac{1}{8}\left(\frac{1}{p+3}\right)$$

反演给出

$$y(t) = -\frac{1}{4}\exp(-t) + \frac{3}{8}\exp(t) - \frac{1}{8}\exp(-3t) \tag{4.3.24}$$

这就是初值问题 (4.3.21) 的解。

例 5 求解强迫振动系统的初值问题

$$\begin{cases} y'' + 4y = f(t) \qquad (t > 0) & (4.3.25\text{a}) \\ y(0) = 1,\ \dot{y}(0) = 0 & (4.3.25\text{b}) \end{cases}$$

其中，t 是时间，$y(t)$ 是 t 时刻的位移，$f(t)$ 表示驱动力 (图 4.4)

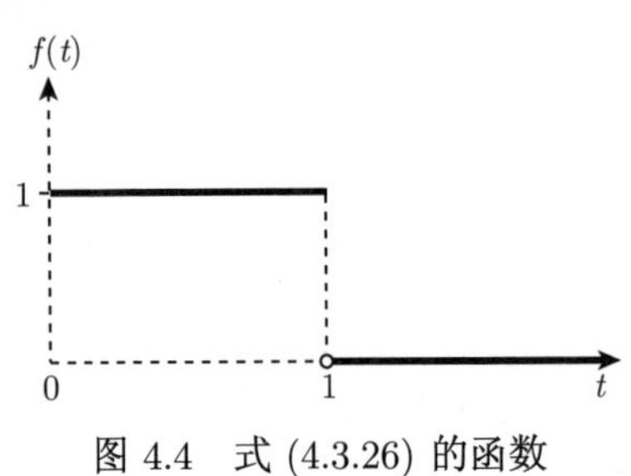

图 4.4 式 (4.3.26) 的函数

$$f(t) = \begin{cases} 1 & (0 \leqslant t \leqslant 1) \\ 0 & (t > 1) \end{cases} \tag{4.3.26}$$

并进一步讨论解的性质。

解 利用式 (4.1.22) 的单位阶跃函数可以将驱动力 (4.3.26) 表示为

$$f(t) = 1 - u(t-1) \tag{4.3.27}$$

这样方程 (4.3.25a) 变为

$$y'' + 4y = 1 - u(t-1) \tag{4.3.28}$$

首先计算 $\mathcal{L}\{u(t-1)\}$。为此，在式 (4.1.21) 中取 $f(t) = 1$，$\alpha = 1$，并利用式 (4.1.7a)，得到

$$\mathcal{L}\{u(t-1)\} = \frac{\mathrm{e}^{-p}}{p} \tag{4.3.29}$$

对方程 (4.3.28) 两边取拉普拉斯变换，并利用初始条件 (4.3.25b)，得到

$$p^2 Y(p) - p + 4Y(p) = \frac{1}{p} - \frac{\mathrm{e}^{-p}}{p} \tag{4.3.30}$$

解之得

$$\begin{aligned} Y(p) &= \frac{p}{p^2+4} + \frac{1+\mathrm{e}^{-p}}{p\,(p^2+4)} \\ &= \frac{p}{p^2+4} + \frac{1}{4}\left(1-\mathrm{e}^{-p}\right)\left(\frac{1}{p} - \frac{p}{p^2+4}\right) \\ &= \frac{p}{p^2+4} + \frac{1}{4}\left(\frac{1}{p} - \frac{p}{p^2+4}\right) - \frac{1}{4}\mathrm{e}^{-p}\left(\frac{1}{p} - \frac{p}{p^2+4}\right) \end{aligned}$$

对上式反演，并利用式 (4.2.2b)、式 (4.1.7a)、式 (4.3.29) 以及式 (4.1.21)，得到

$$y(t)=\cos 2t+\frac{1}{4}(1-\cos 2t)-\frac{1}{4}u(t-1)\left[1-\cos 2(t-1)\right] \tag{4.3.31}$$

式 (4.3.31) 所示的位移函数 $y(t)$ 随时间 t 的变化曲线如图 4.5(a) 所示。实际上，$y(t)$ 可以分段写为

$$y_1(t)=\frac{1}{4}+\frac{3}{4}\cos 2t \quad (0\leqslant t\leqslant 1) \tag{4.3.32a}$$

$$y_2(t)=\frac{3}{4}\cos 2t+\frac{1}{4}\cos 2(t-1)=A\cos 2(t-\theta) \quad (t>1) \tag{4.3.32b}$$

其中，$A=\dfrac{\sqrt{10+6\cos 2}}{4}=0.685$，$\tan 2\theta=\dfrac{\sin 2}{3+\cos 2}=0.352$。在驱动力作用的过程中 $(0\leqslant t\leqslant 1)$，位移函数按式 (4.3.32a) 变化；在驱动力撤销后 $(t>1)$，系统按规律 $y''+4y=0$ 作简谐振动，位移函数按式 (4.3.32b) 变化。在 $t=1$ 时刻，虽然驱动力是不连续的，但函数 $y_1(t)$ 和 $y_2(t)$ 是连续的

$$y_1(1)=y_2(1)=\frac{1}{4}+\frac{3}{4}\cos 2=-0.062 \tag{4.3.33}$$

而且二者之间的连接还是光滑的，如图 4.5(a) 所示。

我们进一步利用式 (4.3.32) 计算出 $y'(t)$ 和 $y''(t)$

$$y_1'(t)=-\frac{3}{2}\sin 2t,\quad y_2'(t)=-\frac{3}{2}\sin 2t-\frac{1}{2}\sin 2(t-1) \tag{4.3.34a}$$

$$y_1''(t)=-3\cos 2t,\quad y_2''(t)=-3\cos 2t-\cos 2(t-1) \tag{4.3.34b}$$

图 4.5(b) 和 (c) 显示了 $y'(t)$ 和 $y''(t)$ 随时间 t 的变化曲线。可以看出，在 $t=1$，$y'(t)$ 是连续的：$y_1'(1)=y_2'(1)=-\dfrac{3}{2}\sin 2=-1.364$，但它是不光滑的。而 $y''(t)$ 在 $t=1$ 则出现不连续性。其实 $y''(t)$ 的不连续性从方程 (4.3.28) 可以直接看出来，事实上

$$y''(t)=1-u(t-1)-4y=\begin{cases}1-4y & (0\leqslant t\leqslant 1)\\ -4y & (t>1)\end{cases} \tag{4.3.35}$$

再利用式 (4.3.33)，得到

$$y''(1)=\begin{cases}1.248 & (t\to 1^-)\\ 0.248 & (t\to 1^+)\end{cases} \tag{4.3.36}$$

这种不连续行为如图 4.5(c) 所示。

二阶导数 $y''(t)$ 在 $t=1$ 出现不连续性的物理机制是很简单的，因为此刻系统的受力情况发生了突变，因此加速度 $y''(t)$ 自然随之突变，但位移 $y(t)$ 和速度 $y'(t)$ 仍然是连续的。

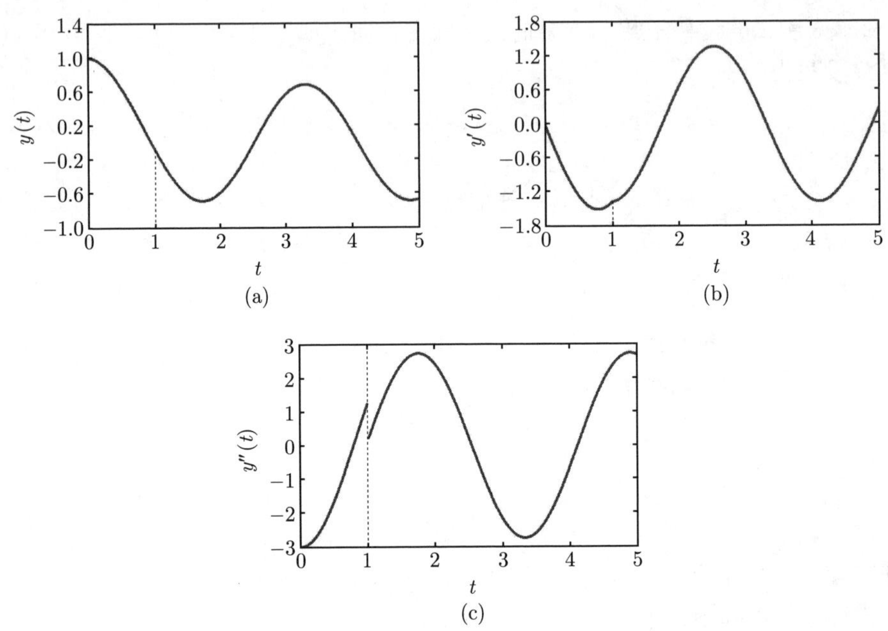

图 4.5　在驱动力撤销的 $t=1$ 时刻，(a) 位移函数 $y(t)$ 保持连续，(b)$y'(t)$ 显示不光滑行为，而 (c)$y''(t)$ 出现不连续性

例 6　求解强迫振动的初值问题

$$\begin{cases} \dfrac{\mathrm{d}^2x}{\mathrm{d}t^2}+2\gamma\dfrac{\mathrm{d}x}{\mathrm{d}t}+\omega_0^2x=f(t) \quad (t>0) & (4.3.37\text{a}) \\ x(0)=\phi,\ \dot{x}(0)=\psi & (4.3.37\text{b}) \end{cases}$$

其中，γ 和 ω_0 是常数，$f(t)$ 是已知函数。

解　本例题是问题 (4.3.6) 的推广。对方程 (4.3.37a) 两边取拉普拉斯变换，得到

$$\left[p^2X(p)-px(0)-\dot{x}(0)\right]+2\gamma\left[pX(p)-x(0)\right]+\omega_0^2X(p)=F(p) \tag{4.3.38}$$

将初始条件 (4.3.37b) 代入式 (4.3.38)，得到

$$\left[p^2X(p)-p\phi-\psi\right]+2\gamma\left[pX(p)-\phi\right]+\omega_0^2X(p)=F(p) \tag{4.3.39}$$

解之得

$$X(p)=\frac{p\phi+(2\gamma\phi+\psi)+F(p)}{p^2+2\gamma p+\omega_0^2} \tag{4.3.40}$$

将式 (4.3.40) 化成部分分式

$$X(p)=\phi\frac{p+\gamma}{(p+\gamma)^2+R}+(\gamma\phi+\psi)\frac{1}{(p+\gamma)^2+R}+\frac{F(p)}{(p+\gamma)^2+R} \tag{4.3.41}$$

其中，$R=\omega_0^2-\gamma^2$，有三种情况需要考虑。

(1) $R>0$，这时设 $R=a^2\left(a=\sqrt{\omega_0^2-\gamma^2}\right)$，式 (4.3.41) 写为

$$X(p)=\phi\frac{p+\gamma}{(p+\gamma)^2+a^2}+(\gamma\phi+\psi)\frac{1}{(p+\gamma)^2+a^2}+\frac{F(p)}{(p+\gamma)^2+a^2} \tag{4.3.42}$$

反演后得到

$$x(t)=\exp(-\gamma t)\left(\phi\cos at+\frac{\gamma\phi+\psi}{a}\sin at\right)+\frac{1}{a}\int_0^t f(\tau)\mathrm{e}^{-\gamma(t-\tau)}\sin a(t-\tau)\mathrm{d}\tau \tag{4.3.43}$$

(2) $R=0$，式 (4.3.41) 写为

$$X(p)=\phi\frac{1}{p+\gamma}+(\gamma\phi+\psi)\frac{1}{(p+\gamma)^2}+\frac{F(p)}{(p+\gamma)^2} \tag{4.3.44}$$

反演后得到

$$x(t)=\exp(-\gamma t)\left[\phi+(\gamma\phi+\psi)t\right]+\int_0^t f(\tau)(t-\tau)\mathrm{e}^{-\gamma(t-\tau)}\mathrm{d}\tau \tag{4.3.45}$$

(3) $R<0$，这时设 $R=-b^2\left(b=\sqrt{\gamma^2-\omega_0^2}\right)$，式 (4.3.41) 写为

$$X(p)=\phi\frac{p+\gamma}{(p+\gamma)^2-b^2}+(\gamma\phi+\psi)\frac{1}{(p+\gamma)^2-b^2}+\frac{F(p)}{(p+\gamma)^2-b^2} \tag{4.3.46}$$

反演后得到

$$x(t)=\exp(-\gamma t)\left(\phi\cosh bt+\frac{\gamma\phi+\psi}{b}\sinh bt\right)+\frac{1}{b}\int_0^t f(\tau)\mathrm{e}^{-\gamma(t-\tau)}\sinh b(t-\tau)\mathrm{d}\tau \tag{4.3.47}$$

需要指出，这个问题用傅里叶变换法求解时 [见式 (3.4.23)]，只能得到形式解 (3.4.26) 及常数解 (3.4.27)，但用拉普拉斯变换法，可以得到初值问题的所有解。

例 7 求解微分方程组的初值问题

$$\begin{cases} y''-x''+x'-y=\mathrm{e}^t-2 & (4.3.48\text{a})\\ 2y''-x''-2y'+x=-t & (4.3.48\text{b})\\ x(0)=x'(0)=0 & (4.3.48\text{c})\\ y(0)=y'(0)=0 & (4.3.48\text{d}) \end{cases}$$

解　对方程组作拉普拉斯变换，并利用初始条件，得到

$$\begin{cases} p^2Y(p) - p^2X(p) + pX(p) - Y(p) = \dfrac{1}{p-1} - \dfrac{2}{p} & (4.3.49\text{a}) \\ 2p^2Y(p) - p^2X(p) - 2pY(p) + X(p) = -\dfrac{1}{p^2} & (4.3.49\text{b}) \end{cases}$$

化简后得

$$\begin{cases} (p+1)Y - pX = \dfrac{-p+2}{p(p-1)^2} & (4.3.50\text{a}) \\ 2pY - (p+1)X = -\dfrac{1}{p^2(p-1)} & (4.3.50\text{b}) \end{cases}$$

解之得

$$\begin{cases} X(p) = \dfrac{2p-1}{p^2(p-1)^2} = -\dfrac{1}{p^2} + \dfrac{1}{(p-1)^2} & (4.3.51\text{a}) \\ Y(p) = \dfrac{1}{p(p-1)^2} = \dfrac{1}{p} - \dfrac{1}{p-1} + \dfrac{1}{(p-1)^2} & (4.3.51\text{b}) \end{cases}$$

反演后得

$$x(t) = -t + t\mathrm{e}^t, \quad y(t) = 1 - \mathrm{e}^t + t\mathrm{e}^t \tag{4.3.52}$$

这就是方程组 (4.3.48) 的解。

例 8　设 a 和 b 分别是量子系统中光子和声子的湮灭算子，a^+ 和 b^+ 是相应的产生算子，它们服从玻色对易关系：$[a, a^+] = 1$ 和 $[b, b^+] = 1$，求解光子–声子耦合方程组

$$\begin{cases} \dfrac{\mathrm{d}a(t)}{\mathrm{d}t} = -\gamma_a a(t) + \kappa b^+(t) & (4.3.53\text{a}) \\ \dfrac{\mathrm{d}b(t)}{\mathrm{d}t} = -\gamma_b b(t) + \kappa a^+(t) & (4.3.53\text{b}) \end{cases}$$

其中，γ_a，γ_a 和 κ 均是常数。

解　对方程 (4.3.53a) 和方程 (4.3.53b) 两边分别取拉普拉斯变换，得到相应的代数方程，解之得到象函数 $A(p) = \mathcal{L}\{a(t)\}$ 和 $B(p) = \mathcal{L}\{b(t)\}$，然后对象函数反演，最后得到

$$a(t) = [a(\cosh \varOmega t - \cos \varTheta \sinh \varOmega t) + b^+ \sin \varTheta \sinh \varOmega t] \exp(-\gamma t) \tag{4.3.54a}$$

$$b(t) = [a^+ \sin \varTheta \sinh \varOmega t + b(\cosh \varOmega t + \cos \varTheta \sinh \varOmega t)] \exp(-\gamma t) \tag{4.3.54b}$$

其中，$a \equiv a(0)$ 和 $b \equiv b(0)$ 分别是初始 $t = 0$ 时刻的光子和声子的湮灭算子，而

$$\varOmega = \sqrt{\delta^2 + \kappa^2} \tag{4.3.55a}$$

$$\tan \varTheta = \frac{\kappa}{\delta} \quad (0 \leqslant \varTheta \leqslant \pi) \tag{4.3.55b}$$

$$\gamma = \frac{1}{2}(\gamma_a + \gamma_b), \quad \delta = \frac{1}{2}(\gamma_a - \gamma_b) \tag{4.3.55c}$$

均是不含时间的参量。

以上例题显示了拉普拉斯变换法在求解常微分方程中的应用，至于它在求解数学物理方程中的应用，我们将在随后的章节中详细讨论。

第 5 章　基本数学物理方程的建立

正如第 1 章所讨论的，许多实际问题可以用常微分方程模型描述，只涉及一个变量。但是有更多的问题一般包含两个变量，如空间与时间。而数学物理方法所研究的主要对象是包含两个 (或更多) 变量的偏微分方程问题。数学物理方程的典型例子是电磁场的麦克斯韦方程和量子力学的薛定谔方程，前者涉及电磁场的时空变化规律，后者则包含波函数的时空依赖特征。而基本的数学物理方程有三类：①基于弦振动问题的波动方程；② 热传导方程；③ 描述多维系统稳态温度分布及电磁场空间分布的拉普拉斯方程。本章将围绕这些基本数学物理方程的建立、一般二阶偏微分方程的基本问题，以及数学物理方法定解问题的表述进行详细的讨论。

5.1　波 动 方 程

5.1.1　弦振动问题

本节首先推导弦振动问题的方程，旨在建立波动方程，因为波动方程具有极为广泛的应用。

考虑一根长度为 L、水平放置的弦，取弦平衡时所在的直线为 x 轴，弦的两个端点固定在 $x=0$ 和 $x=L$ 处。假定弦在初始 $t=0$ 时刻的形状被函数 $\phi(x)$ 描述，它表示弦上任意点 x 离开平衡位置的位移 (图 5.1)。在随后 $t>0$ 时，弦在平衡位置附近振动。现在我们要确定在任意 t 时刻，处于任意位置 $x(0<x<L)$ 的弦点离开其平衡位置的位移 $u(x,t)$。

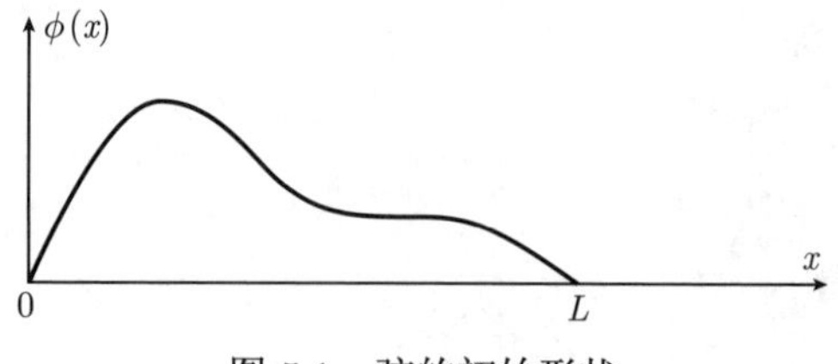

图 5.1　弦的初始形状

在建立 $u(x,t)$ 所满足的运动方程之前，我们首先作如下假定：

(1) 弦是均匀的，平衡时的线密度为 ρ；

(2) 弦是完全轻质而柔软的，在平衡和振动时均是绷紧的 (内部有张力)；

(3) 弦振动的幅度很小 (微振动)，由此弦线上每一点的斜率 $\partial u/\partial x$ 很小；

(4) 弦振动是横向的，即每一点的振动方向均与 x 轴垂直，且整个弦的振动在同一个平面 (即 $x \sim u$ 平面) 内。

我们首先分析无外界驱动力的情况，并忽略弦的重力。这样弦在平衡位置和振动时只有张力起作用。设弦在平衡位置时内部张力的大小为常数 T。弦在振动时，由于幅度很小，它的伸长很小，张力相对于平衡态时变化很小，由此可以认为各个点的张力近似相等，并维持为平衡态时的常数 T。

现在我们分析弦振动时任意 x 处的一段微元 Δs 的受力情况。如图 5.2 所示，Δs 的左右端受到的张力分别为 $\boldsymbol{T}_1$ 和 $\boldsymbol{T}_2$，它们的方向不同 (沿 Δs 左右端的切线方向)，但大小均为 T，即 $T_1 = T_2 = T$。由于弦振动是横向的，在 x 方向没有运动 (合力为零)。根据牛顿第二定律写出 u 方向的运动方程为

$$T_2 \sin\alpha_2 - T_1 \sin\alpha_1 = T\left(\sin\alpha_2 - \sin\alpha_1\right) = m\frac{\partial^2 u}{\partial t^2} \tag{5.1.1}$$

其中，α_1 和 α_2 是 Δs 左右两端的切线与 x 轴的夹角，m 是 Δs 的质量，也是平衡位置时 Δx 的质量，因此

$$m = \rho\,\Delta x \tag{5.1.2}$$

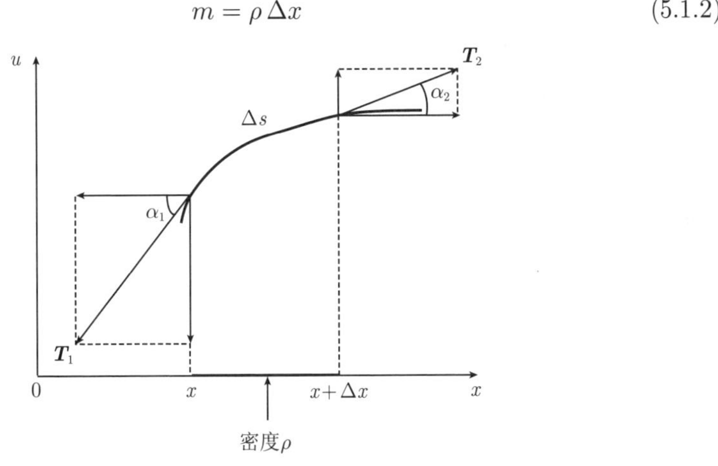

图 5.2 弦振动系统中微元 Δs 的受力分析

现在考查 Δs 两端的斜率，考虑到微振动的性质：$\alpha_1, \alpha_2 \to 0$，我们有

$$\left.\frac{\partial u}{\partial x}\right|_x = \tan\alpha_1 \approx \sin\alpha_1 \tag{5.1.3a}$$

$$\left.\frac{\partial u}{\partial x}\right|_{x+\Delta x} = \tan\alpha_2 \approx \sin\alpha_2 \tag{5.1.3b}$$

式 (5.1.3b) 与式 (5.1.3a) 之差 $\left(\left.\frac{\partial u}{\partial x}\right|_{x+\Delta x} - \left.\frac{\partial u}{\partial x}\right|_x\right)$ 是 $\frac{\partial u}{\partial x}$ 的变化量，故

$$\left(\left.\frac{\partial u}{\partial x}\right|_{x+\Delta x} - \left.\frac{\partial u}{\partial x}\right|_{x}\right) = \Delta\left(\frac{\partial u}{\partial x}\right) = \frac{\Delta\left(\dfrac{\partial u}{\partial x}\right)}{\Delta x}\Delta x \approx \frac{\partial^2 u}{\partial x^2}\Delta x \tag{5.1.4}$$

最后一步我们用微商近似代替了变化量。将式 (5.1.1) 中的 $\sin\alpha_1$ 和 $\sin\alpha_2$ 用式 (5.1.3) 中的斜率代换，并利用式 (5.1.4) 和式 (5.1.2)，得到

$$T\frac{\partial^2 u}{\partial x^2}\Delta x = \rho\Delta x\frac{\partial^2 u}{\partial t^2} \tag{5.1.5}$$

即

$$\frac{\partial^2 u}{\partial t^2} = a^2\frac{\partial^2 u}{\partial x^2} \tag{5.1.6}$$

式 (5.1.6) 就是弦振动的运动方程，其中 $a = \sqrt{T/\rho}$ 是弦的物理参量，它具有速度的量纲。我们将会看到，a 就是振动传播的速度 (即波速)。

5.1.2　强迫振动与阻尼振动

现在进一步考虑横向附加力的影响，如重力或外界驱动力。一般情况下，附加力是时空依赖的，设作用在单位长度弦上的附加力为 $F(x, t)$，如图 5.3 所示，则方程 (5.1.1) 左边应添加微元受到的附加力 $F(x, t)\Delta x$，即

$$\begin{aligned} T_2\sin\alpha_2 - T_1\sin\alpha_1 + F\Delta x &= T\left(\left.\frac{\partial u}{\partial x}\right|_{x+\Delta x} - \left.\frac{\partial u}{\partial x}\right|_{x}\right) + F\Delta x \\ &= T\frac{\partial^2 u}{\partial x^2}\Delta x + F\Delta x \\ &= \rho\Delta x\frac{\partial^2 u}{\partial t^2} \end{aligned} \tag{5.1.7}$$

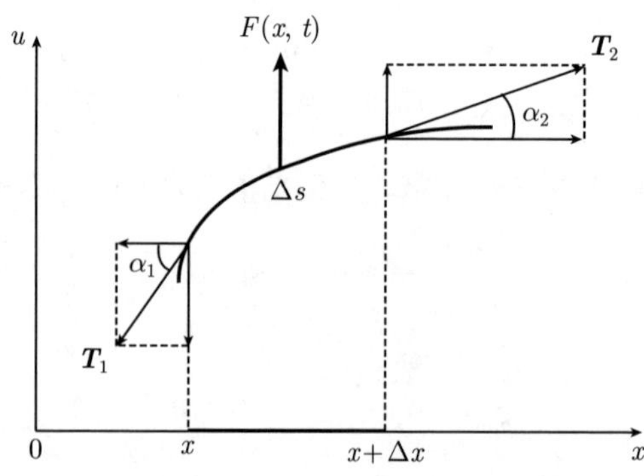

图 5.3　强迫弦振动系统中微元 Δs 的受力分析

因此

$$\frac{\partial^2 u}{\partial t^2} = a^2 \frac{\partial^2 u}{\partial x^2} + f(x,t) \tag{5.1.8}$$

其中

$$f(x,\, t) = \frac{F(x,\, t)}{\rho} \tag{5.1.9}$$

方程 (5.1.8) 就是所谓强迫振动方程。如果附加力是弦的重力，则式 (5.1.7) 中的附加力为 $F\Delta x = -mg = -\rho\Delta xg$($g$ 是重力加速度)，于是方程 (5.1.8) 变成

$$\frac{\partial^2 u}{\partial t^2} = a^2 \frac{\partial^2 u}{\partial x^2} - g \tag{5.1.10}$$

对于弦振动位移 $u(x,t)$ 而言，附加力 $f(x,t)$ 和重力 mg 是外界驱动力，通常称为"力项"(force term)，也称为驱动项，方程 (5.1.8) 和方程 (5.1.10) 是非齐次偏微分方程。

现在进一步考虑阻尼弦振动的情况，如图 5.4 所示。设想弦在某种介质中做微振动，振动时受到的阻力与振动的速度成正比，这样单位长度的弦受到的阻力可以表示为

$$F(x,t) = -k\frac{\partial u}{\partial t} \tag{5.1.11}$$

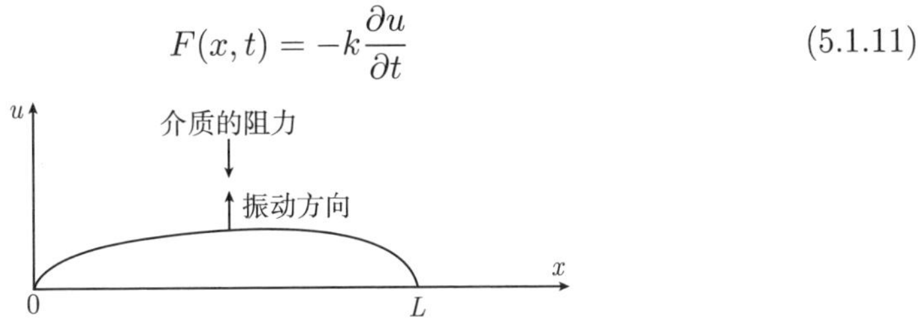

图 5.4 阻尼弦振动的示意图

其中，k 是阻尼系数，负号表示阻力与振动方向相反。式 (5.1.11) 的阻力属于弦振动的一种附加力，即式 (5.1.8) 中的力项 $f(x,t)$，它现在表示为

$$f(x,\, t) = \frac{F(x,\, t)}{\rho} = -\frac{k}{\rho}\frac{\partial u}{\partial t} \equiv -2b\frac{\partial u}{\partial t} \tag{5.1.12}$$

将式 (5.1.12) 代入式 (5.1.8) 得到

$$\frac{\partial^2 u}{\partial t^2} - a^2 \frac{\partial^2 u}{\partial x^2} + 2b\frac{\partial u}{\partial t} = 0 \tag{5.1.13}$$

这就是阻尼弦振动的运动方程。需要注意，虽然附加力 (5.1.11) 是来自外界的阻力，但它的大小依赖于弦本身的运动状态 (弦的速度越大，受到的阻力越大)。对于弦振动位移 $u(x,t)$ 而言，这种作用已经不是纯粹的外界力项，而是系统与外界相互作用的结果，它所导致的阻尼项 $\partial u/\partial t$ 反映系统本身的性质。现在，方程 (5.1.13) 明显是一个齐次方程。

上述弦振动问题的解 $u(x,t)$ 表示位于 x 处的弦点在任意 t 时刻离开平衡位置的位移。其实，时空依赖的振动就是波动，波动是振动的传播。在波动的意义上，$u(x,t)$ 表示空间任意 x 点的波形 (图 5.5)；又可以理解为任意 t 时刻波动在空间的分布。上述的振动方程常称为波动方程，而波动方程 (5.1.8) 中的附加力 $f(x, t)$ 可以视为外波源。

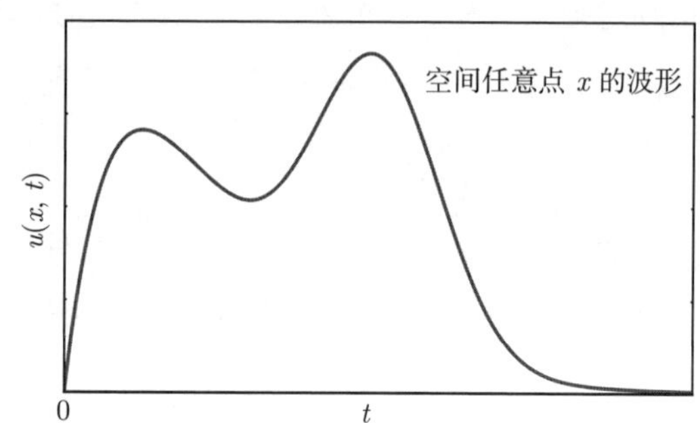

图 5.5　波动方程的解 $u(x,t)$ 表示空间任意 x 点的波形

上述一维波动方程的结果容易推广到二维和三维情况

$$\frac{\partial^2 u}{\partial t^2}=a^2\left(\frac{\partial^2 u}{\partial x^2}+\frac{\partial^2 u}{\partial y^2}\right)+f(x,y,t) \tag{5.1.14}$$

$$\frac{\partial^2 u}{\partial t^2}=a^2\left(\frac{\partial^2 u}{\partial x^2}+\frac{\partial^2 u}{\partial y^2}+\frac{\partial^2 u}{\partial z^2}\right)+f(x,y,z,t) \tag{5.1.15}$$

它们分别刻画一个二维平面上和一个三维立体空间内的波动行为，而 $f(x,y,t)$ 和 $f(x,y,z,t)$ 则是相应的时空依赖的外波源。特别是方程 (5.1.14) 可以描述二维膜的振动，具体问题我们将在 6.3.1 节详细讨论。

5.1.3　高频传输线问题

除了弦振动问题之外，还有许多物理现象都服从波动方程，一个典型的例子是高频传输线问题。与 1.1 节例 5 的普通传输线不同，当高频电流通过传输线时，不仅有导线电阻和电路电漏的存在，而且分布电容、分布电感更是不可避免的，因此高频传输线上的电压与电流不但随空间变化，而且随时间变化。与研究普通传输线的方法相同，对于高频传输线，也是从传输线划出一个微元 Δx，不过它的等效电路更为复杂，如图 5.6 所示。图中的 R，L，C 和 G 分别是单位长度的电阻、电感、电容和电漏，由于微元足够小，每个元件的尺度均为 Δx。现在根据基尔霍夫定律写出电压与电流的方程。在长度为 Δx 的传输线中，电压降为

$$v-(v+\Delta v)=R\Delta x\cdot i+L\Delta x\cdot\frac{\partial i}{\partial t} \tag{5.1.16a}$$

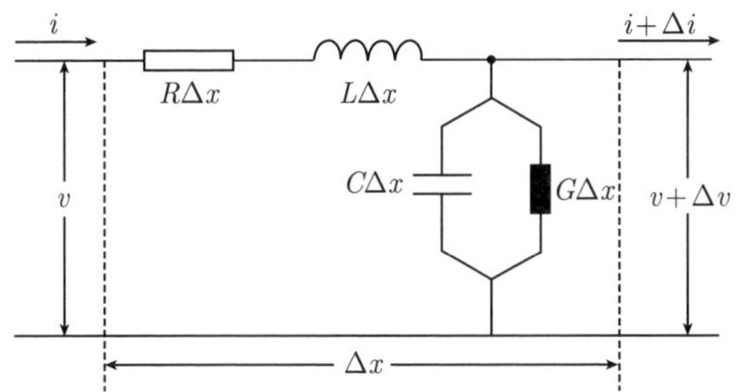

图 5.6 高频传输线微元 Δx 的等效电路

在节点，流入的电流等于流出的电流

$$i=(i+\Delta i)+C\Delta x\cdot\frac{\partial v}{\partial t}+G\Delta x\cdot v \tag{5.1.16b}$$

注意，式 (5.1.16) 右端的 v 原本是 $v+\Delta v$，这里略去了二阶小量 $\Delta x\Delta v$。方程 (5.1.16) 中的变化量用微商近似代替后变成

$$\frac{\partial i}{\partial x}+C\frac{\partial v}{\partial t}+Gv=0 \tag{5.1.17a}$$

$$\frac{\partial v}{\partial x}+L\frac{\partial i}{\partial t}+Ri=0 \tag{5.1.17b}$$

这是电压与电流的耦合方程，下面我们推出各自独立的方程。为此，对式 (5.1.17a) 两边关于 x 求导数，得到

$$\frac{\partial^2 i}{\partial x^2}+C\frac{\partial^2 v}{\partial x\,\partial t}+G\frac{\partial v}{\partial x}=0 \tag{5.1.18a}$$

对式 (5.1.17b) 两边关于 t 求导数，得到

$$\frac{\partial^2 v}{\partial x\,\partial t}+L\frac{\partial^2 i}{\partial t^2}+R\frac{\partial i}{\partial t}=0 \tag{5.1.18b}$$

式 (5.1.18b) 两边同乘以 C，再与式 (5.1.18a) 相减，得到

$$\frac{\partial^2 i}{\partial x^2}+G\frac{\partial v}{\partial x}-LC\frac{\partial^2 i}{\partial t^2}-RC\frac{\partial i}{\partial t}=0 \tag{5.1.19}$$

由式 (5.1.17b) 解出 $\partial v/\partial x$，再代入式 (5.1.19)，得到

$$\frac{\partial^2 i}{\partial x^2}=LC\frac{\partial^2 i}{\partial t^2}+(RC+GL)\frac{\partial i}{\partial t}+GRi \tag{5.1.20a}$$

这是电流的方程。同理可得电压的方程

$$\frac{\partial^2 v}{\partial x^2}=LC\frac{\partial^2 v}{\partial t^2}+(RC+GL)\frac{\partial v}{\partial t}+GRv \tag{5.1.20b}$$

可见电压与电流有相同的变化规律。方程 (5.1.20a) 和方程 (5.1.20b) 具有相同的形式

$$\frac{\partial^2 u}{\partial t^2} - a^2 \frac{\partial^2 u}{\partial x^2} + 2b\frac{\partial u}{\partial t} + cu = 0 \tag{5.1.21}$$

方程 (5.1.21) 称为电报方程 (telegraph equation)，其中 $a, b, c > 0$。它与阻尼弦振动方程 (5.1.13) 相比，多了函数项 cu。

对于理想的传输线，电阻与电漏的影响可以忽略，方程 (5.1.20) 约化为

$$\frac{\partial^2 u}{\partial t^2} = a^2 \frac{\partial^2 u}{\partial x^2} \ (u = i \text{ 或 } v) \tag{5.1.22}$$

其中，$a = \sqrt{1/LC}$。这就是理想高频传输线方程，我们看到它与弦振动方程 (5.1.6) 有完全相同的形式。

同一个方程可以描述不同的物理现象，换言之，不同的物理现象可以被相同的规律所支配，这反映了不同物理现象之间的相通性。式 (5.1.22) 的波动方程还适用于许多波动现象，事实上自然界许多弹性振动，如机械振动、地震波、声波，以及电磁波等，都可以在波动方程的基础上加以描述。

5.2　热传导方程

热传导是一个很常见的现象。当物体内部的温度分布不均匀时，热量就会从温度较高的地方向温度较低的地方流动，在这个过程中，温度是空间和时间的函数。热传导方程就是温度所满足的偏微分方程，它的解给出任意时刻物体内的温度分布。

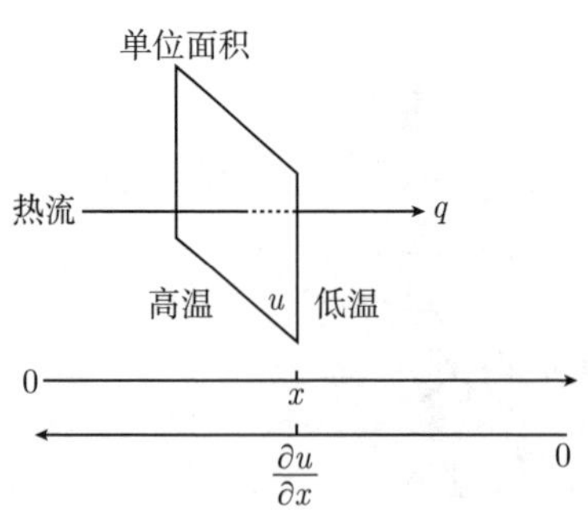

图 5.7　热传导的傅里叶定律

为了建立热传导方程，我们首先介绍热传导的傅里叶定律。设一维热传导系统置于 x 轴，考查系统在任意 x 处的横截面上的一个单位面积，如图 5.7 所示。设热流沿 x 方向传递，x 处的温度为 $u(x)$，温度梯度为 $\partial u/\partial x$。傅里叶定律指出: 在单位时间内流经该单位面积的热量 q 与该处的温度梯度成正比，即

$$q = -k\frac{\partial u}{\partial x} \tag{5.2.1}$$

其中，k 是热导率，负号表示热流方向与温度梯度方向相反。

现在设这个一维的热传导系统 (如一个均匀的细杆) 的长度为 L，横截面积为 S，杆的两个端点处于 $x = 0$ 和 $x = L$。假定杆在初始 $t = 0$ 时刻的温度分布为

$\phi(x)$，在随后的时间 $(t>0)$，热量在杆中流动。现在我们要确定在任意 t 时刻，杆中任意位置 $x(0<x<L)$ 的温度 $u(x,t)$。

我们考查系统在 x 位置的一段微元 Δx，如图 5.8 所示。根据傅里叶定律 (5.2.1)，在 Δt 时间内从 Δx 前端流入的热量为

$$Q_1=-kS\Delta t\left.\frac{\partial u}{\partial x}\right|_x \tag{5.2.2}$$

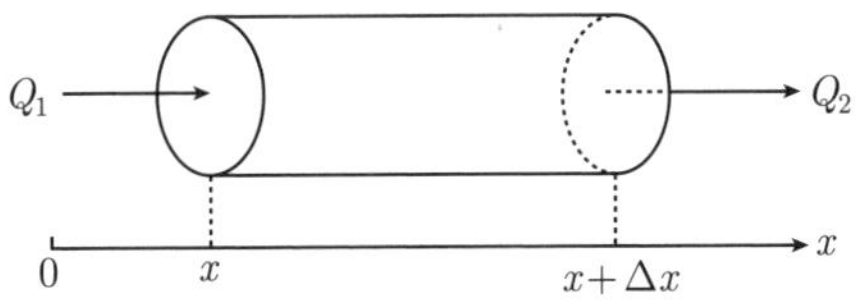

图 5.8 一维热传导系统的微元 Δx

另一方面，在该时间内从 Δx 后端流出的热量为

$$Q_2=-kS\Delta t\left.\frac{\partial u}{\partial x}\right|_{x+\Delta x} \tag{5.2.3}$$

在没有其他热源的情况下，体积元 $S\Delta x$ 吸收的热量使之温度升高。而温度升高的描述则是基于物体比热 c 的定义

$$c=\frac{1}{m}\frac{\Delta Q}{\Delta u} \tag{5.2.4}$$

其中，m 是物体的质量，c 表示单位质量的物体温度升高 1K 所需要的热量。这样体积元 $S\Delta x$ 吸收的热量为

$$Q_3=c\rho S\Delta x\Delta u \tag{5.2.5}$$

其中，$\rho=m/(S\Delta x)$ 是系统的质量体密度。热量守恒要求

$$Q_1-Q_2=Q_3 \tag{5.2.6}$$

将式 (5.2.2)、式 (5.2.3) 和式 (5.2.5) 代入式 (5.2.6)，得到

$$kS\Delta t\left(\left.\frac{\partial u}{\partial x}\right|_{x+\Delta x}-\left.\frac{\partial u}{\partial x}\right|_x\right)=c\rho S\Delta x\Delta u \tag{5.2.7}$$

温度梯度的变化量 [利用式 (5.1.4)] 为

$$\left(\left.\frac{\partial u}{\partial x}\right|_{x+\Delta x}-\left.\frac{\partial u}{\partial x}\right|_x\right)\approx\frac{\partial^2 u}{\partial x^2}\Delta x \tag{5.2.8}$$

再利用变化量与微分的近似关系

$$\frac{\Delta u}{\Delta t} \approx \frac{\partial u}{\partial t} \tag{5.2.9}$$

式 (5.2.7) 变为

$$\frac{\partial u}{\partial t} = a^2 \frac{\partial^2 u}{\partial x^2} \tag{5.2.10}$$

其中，$a = \sqrt{k/c\rho}$ 是系统的物理参量，它扮演了一个热扩散系数。式 (5.2.10) 就是一维系统的热传导方程。

热传导方程 (5.2.10) 与波动方程 (5.1.6) 的不同之处在于，它的时间微商项是一阶的，这使得我们可以讨论热传导系统的稳态行为。在稳态情况下，$u(x,t)$ 不随时间变化，即 $\partial u/\partial t = 0$，故 $\partial^2 u/\partial x^2 = 0$，因此系统的稳态温度分布为

$$u(x) = Ax + B \tag{5.2.11}$$

这是一个简单的线性解，其中 A 和 B 是常数，由热传导系统的边界条件确定。比如对于边界条件 $u(0) = T_1$ 和 $u(L) = T_2$，则 $A = (T_2 - T_1)/L$，$B = T_1$。如果边界条件为 $u(0) = 0$ 和 $u(L) = 0$，则 $A = B = 0$。

与弦振动时附加力的引入类似，有源热传导方程表示为

$$\frac{\partial u}{\partial t} = a^2 \frac{\partial^2 u}{\partial x^2} + f(x,t) \tag{5.2.12}$$

其中，$f(x,t)$ 表示一个时空依赖的外热源。

一维热传导方程 (5.2.12) 容易推广到二维与三维情况

$$\frac{\partial u}{\partial t} = a^2 \left(\frac{\partial^2 u}{\partial x^2} + \frac{\partial^2 u}{\partial y^2} \right) + f(x,y,t) \tag{5.2.13}$$

$$\frac{\partial u}{\partial t} = a^2 \left(\frac{\partial^2 u}{\partial x^2} + \frac{\partial^2 u}{\partial y^2} + \frac{\partial^2 u}{\partial z^2} \right) + f(x,y,z,t) \tag{5.2.14}$$

它们分别描述一个二维平面上和一个三维立体空间内的热传导行为，而 $f(x,y,t)$ 和 $f(x,y,z,t)$ 则是相应的时空依赖的外波源。这两个方程以后都会用到。

下面我们通过一个例题讨论有源热传导方程的建立。

例　一个长度为 L，横截面积为 S、电阻率为 r 的匀质导线，内有电流密度为 j 的均匀分布的直流电通过。设导线的比热、体密度和热导率分别为 c，ρ 和 k。试推导导线内的热传导方程。

解　按照推导方程 (5.2.10) 的过程，进一步考虑电流在系统体积元 $S\Delta x$ 中产生的焦耳热量

$$Q_4 = I^2 R \frac{\Delta x}{L} \Delta t = j^2 r S \Delta x \Delta t \tag{5.2.15}$$

其中，R 和 I 分别是导线的总电阻和电流强度，则热量守恒方程由 (5.2.6) 变为

$$Q_1 - Q_2 + Q_4 = Q_3 \tag{5.2.16}$$

这样，在式 (5.2.7) 左边加入 $j^2 rS\Delta x\Delta t$，并利用式 (5.2.8)，得到

$$kS\Delta t\frac{\partial^2 u}{\partial x^2}\Delta x + j^2 rS\Delta x\Delta t = c\rho S\Delta x\Delta u \tag{5.2.17}$$

即

$$\frac{\partial u}{\partial t} = a^2\frac{\partial^2 u}{\partial x^2} + f \tag{5.2.18}$$

其中，$f = \dfrac{j^2 r}{c\rho}$，式 (5.2.18) 就是导线内的热传导方程，由于内部热源的存在，它是一个非齐次的方程。

5.3 拉普拉斯方程

二维热传导方程 (5.2.13) 在稳态 $\partial u/\partial t = 0$ 且 $f(x,y,t) = 0$ 情况下给出

$$\frac{\partial^2 u}{\partial x^2} + \frac{\partial^2 u}{\partial y^2} = 0 \tag{5.3.1}$$

这就是熟知的二维拉普拉斯方程。这个方程给出关于二维热传导系统稳态温度分布的各种形式解。另外，它还能描述电磁场的空间分布，现在我们利用麦克斯韦方程推导电磁场的拉普拉斯方程。

描述电磁波时空变化规律的麦克斯韦方程为

$$\nabla \cdot \boldsymbol{D} = \rho \tag{5.3.2a}$$

$$\nabla \times \boldsymbol{E} = -\frac{\partial \boldsymbol{B}}{\partial t} \tag{5.3.2b}$$

$$\nabla \cdot \boldsymbol{B} = 0 \tag{5.3.2c}$$

$$\nabla \times \boldsymbol{H} = \boldsymbol{J} + \frac{\partial \boldsymbol{D}}{\partial t} \tag{5.3.2d}$$

其中，$\boldsymbol{D}$ 是电位移矢量，$\boldsymbol{E}$ 是电场强度，$\boldsymbol{B}$ 是磁感应强度，$\boldsymbol{H}$ 是磁场强度，ρ 是自由电荷体密度，$\boldsymbol{J}$ 是传导电流密度。另外还有物质方程

$$\boldsymbol{D} = \varepsilon\boldsymbol{E} \tag{5.3.3a}$$

$$\boldsymbol{B} = \mu\boldsymbol{H} \tag{5.3.3b}$$

$$\boldsymbol{J} = \sigma\boldsymbol{E} \tag{5.3.3c}$$

其中，ε，μ 和 σ 分别是介质的介电常数、磁导率与电导率。

现在我们从式 (5.3.2) 和式 (5.3.3) 出发，首先推导电磁场方程，利用矢量运算公式 (1.2.10)，我们有

$$\nabla(\nabla\cdot\boldsymbol{E})-\nabla^2\boldsymbol{E}=\nabla\times(\nabla\times\boldsymbol{E}) \tag{5.3.4}$$

将式 (5.3.4) 中的 $\boldsymbol{E}$ 视为电场强度，利用式 (5.3.3a) 和式 (5.3.2a)，得到

$$\nabla(\nabla\cdot\boldsymbol{E})=\frac{1}{\varepsilon}\nabla(\nabla\cdot\boldsymbol{D})=\frac{1}{\varepsilon}\nabla\rho=0 \tag{5.3.5}$$

最后一步是假定自由电荷密度 ρ 为常数。进一步利用式 (5.3.2) 和式 (5.3.3)，我们有

$$\begin{aligned}\nabla\times(\nabla\times\boldsymbol{E})&=-\nabla\times\frac{\partial\boldsymbol{B}}{\partial t}=-\frac{\partial}{\partial t}\nabla\times\boldsymbol{B}\\&=-\mu\frac{\partial}{\partial t}\nabla\times\boldsymbol{H}=-\mu\frac{\partial}{\partial t}\left(\boldsymbol{J}+\frac{\partial\boldsymbol{D}}{\partial t}\right)\\&=-\mu\left(\frac{\partial\boldsymbol{J}}{\partial t}+\frac{\partial^2\boldsymbol{D}}{\partial t^2}\right)=-\mu\sigma\frac{\partial\boldsymbol{E}}{\partial t}-\mu\varepsilon\frac{\partial^2\boldsymbol{E}}{\partial t^2}\end{aligned}$$

将这个结果和式 (5.3.5) 代入式 (5.3.4)，得到

$$\mu\varepsilon\frac{\partial^2\boldsymbol{E}}{\partial t^2}+\mu\sigma\frac{\partial\boldsymbol{E}}{\partial t}=\nabla^2\boldsymbol{E} \tag{5.3.6a}$$

这是电场方程。同理可得磁场方程

$$\mu\varepsilon\frac{\partial^2\boldsymbol{H}}{\partial t^2}+\mu\sigma\frac{\partial\boldsymbol{H}}{\partial t}=\nabla^2\boldsymbol{H} \tag{5.3.6b}$$

式 (5.3.6) 中的一阶微商项刻画系统的损耗，电导率 σ 扮演了一个唯象的损耗因子。如果系统的损耗为零，则式 (5.3.6) 变为

$$\frac{\partial^2\boldsymbol{E}}{\partial t^2}=\frac{1}{\mu\varepsilon}\nabla^2\boldsymbol{E},\quad \frac{\partial^2\boldsymbol{H}}{\partial t^2}=\frac{1}{\mu\varepsilon}\nabla^2\boldsymbol{H} \tag{5.3.7}$$

这是电磁场所满足的波动方程。在一维情况下约化为

$$\frac{\partial^2 E}{\partial t^2}=a^2\frac{\partial^2 E}{\partial x^2},\quad \frac{\partial^2 H}{\partial t^2}=a^2\frac{\partial^2 H}{\partial x^2} \tag{5.3.8}$$

其中，$a=\sqrt{1/\mu\varepsilon}$ 正是电磁波的速度。我们看到，从麦克斯韦方程推导出了波动方程 (5.3.8)。

求解矢量场的波动方程 (5.3.7) 是相当繁复的。为了得到矢量 $\boldsymbol{E}$，通常的方法是借助电场 $\boldsymbol{E}$ 与电位 u 的关系

$$\boldsymbol{E}=-\nabla u \tag{5.3.9}$$

先求出标量 u，取梯度后便得到矢量 $\boldsymbol{E}$。

下面我们通过一个简单的方式，来解释关系式 (5.3.9)。在一个理想的平行板电容器中，电场强度是均匀的，电场强度与电位梯度的关系如图 5.9 所示，电场为

$$E=\frac{U_{高}-U_{低}}{d}=-\frac{U_{低}-U_{高}}{d} \tag{5.3.10}$$

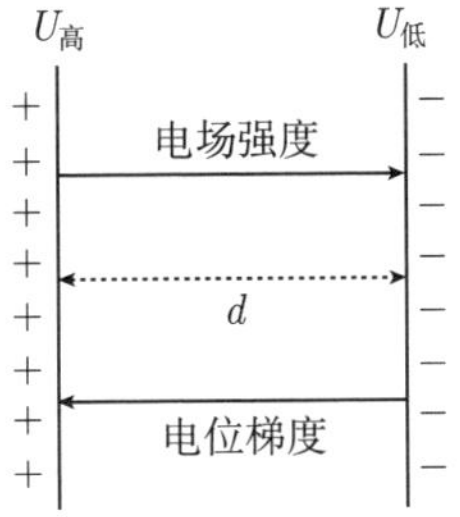

图 5.9 均强电场中电场强度与电位梯度的关系

其中，$U_{高}$ 和 $U_{低}$ 分别表示平行板电容器的高、低电位。进而考虑一个任意电荷系统形成的电场 (图 5.10)，在任意 x 点的电场强度 $E(x)$ 可以近似为微元 Δx 范围内的平行板电容器的电场，因此

$$E(x)=-\frac{U\,|_{x+\Delta x}-U\,|_{x}}{\Delta x}=-\frac{\Delta U}{\Delta x}\approx-\frac{\partial U}{\partial x} \tag{5.3.11}$$

这个结果简要地解释了关系式 (5.3.9)。

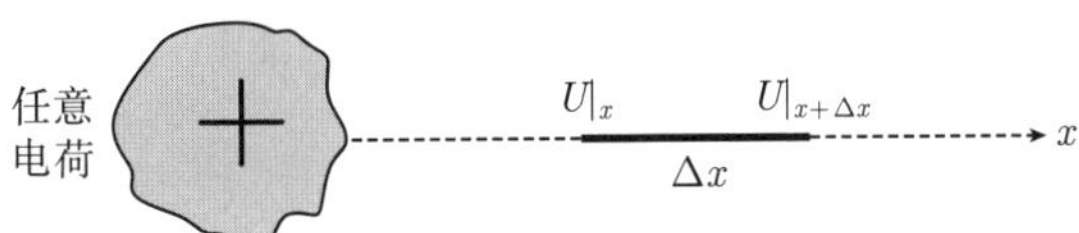

图 5.10 非均匀电场中电场强度与电位梯度的关系

从式 (5.3.9) 可以进一步得到

$$\nabla\cdot\nabla u=-\nabla\cdot\boldsymbol{E}=-\frac{1}{\varepsilon}\nabla\cdot\boldsymbol{D}=-\frac{\rho}{\varepsilon} \tag{5.3.12}$$

式 (5.3.12) 就是熟知的泊松方程

$$\nabla^2 u=-\frac{\rho}{\varepsilon} \tag{5.3.13}$$

如果电场是无源的，即 $\rho=0$，则方程 (5.3.13) 就变成拉普拉斯方程

$$\nabla^2 u=0 \tag{5.3.14}$$

这个结果意味着无源场的电位满足拉普拉斯方程。

方程 (5.3.13) 和方程 (5.3.14) 都是三维的，它们的二维形式为

$$\frac{\partial^2 u}{\partial x^2}+\frac{\partial^2 u}{\partial y^2}=-\frac{\rho_{\mathrm{s}}}{\varepsilon} \tag{5.3.15}$$

$$\frac{\partial^2 u}{\partial x^2}+\frac{\partial^2 u}{\partial y^2}=0 \tag{5.3.16}$$

方程 (5.3.15) 中的 ρ_{s} 表示自由电荷面密度。

我们在 5.1~5.3 节分别建立了波动方程、热传导方程和拉普拉斯方程，它们是基本的数学物理方程。建立方程固然是我们的需要，但最重要的是体会建立方程所用的方法。我们所用的方法，加之第 1 章建立常微分方程模型的方法，总结起来有三种，它们的基本思路如下：

(1) 统计法　对所考查的问题进行统计学研究，分析考查量的变化规律，归纳出它所满足的微分方程。这种方法具有非常广泛的用途，包括生物学、生态学、医学、经济学、社会学等。典型例子是建立马尔萨斯人口模型和 Logistic 模型。

(2) 微元法　在系统中分出一个微元，分析它与附近部分的相互作用，推导出作用规律 (如牛顿第二定律、基尔霍夫定理、热传导的傅里叶定律) 的数学表达式，它就是系统的微分方程。典型例子是建立波动方程、电报方程和热传导方程。

(3) 规律法　直接从物理学规律出发，将它变成数学物理方程。比如，利用电磁波的麦克斯韦方程，得到电场强度、磁场强度、电位等物理量的微分方程。

5.4　二阶偏微分方程

5.4.1　分类与标准形式

我们在 5.1~5.3 节建立了如下双变量的二阶偏微分方程

$$\frac{\partial^2 u}{\partial t^2}=a^2\frac{\partial^2 u}{\partial x^2}\quad(\text{一维波动方程}) \tag{5.4.1a}$$

$$\frac{\partial^2 u}{\partial t^2}=a^2\frac{\partial^2 u}{\partial x^2}+f(x,t)\quad(\text{一维有源波动方程}) \tag{5.4.1b}$$

$$\frac{\partial^2 u}{\partial t^2}-a^2\frac{\partial^2 u}{\partial x^2}+2b\frac{\partial u}{\partial t}=0\quad(\text{一维阻尼波动方程}) \tag{5.4.1c}$$

$$\frac{\partial^2 u}{\partial t^2}-a^2\frac{\partial^2 u}{\partial x^2}+2b\frac{\partial u}{\partial t}+cu=0\quad(\text{电报方程}) \tag{5.4.1d}$$

$$\frac{\partial u}{\partial t}=a^2\frac{\partial^2 u}{\partial x^2}\quad(\text{一维热传导方程}) \tag{5.4.1e}$$

$$\frac{\partial u}{\partial t}=a^2\frac{\partial^2 u}{\partial x^2}+f(x,t)\quad(\text{一维有源热传导方程}) \tag{5.4.1f}$$

$$\frac{\partial^2 u}{\partial x^2}+\frac{\partial^2 u}{\partial y^2}=0 \quad (\text{二维拉普拉斯方程}) \tag{5.4.1g}$$

$$\frac{\partial^2 u}{\partial x^2}+\frac{\partial^2 u}{\partial y^2}=f(x,y) \quad (\text{二维泊松方程}) \tag{5.4.1h}$$

这些方程都是线性的 (方程中的函数和它的各阶导数都是一次方)。确切地说，它们都是二阶线性双变量偏微分方程。

从方程 (5.4.1) 可以归纳出二阶线性双变量的偏微分方程的通式

$$A\frac{\partial^2 u}{\partial x^2}+2B\frac{\partial^2 u}{\partial x\partial y}+C\frac{\partial^2 u}{\partial y^2}+D\frac{\partial u}{\partial x}+E\frac{\partial u}{\partial y}+Fu=G \tag{5.4.2}$$

其中，A、B、C、D、E、F、G 都是 x 和 y 的函数，但不含 u。方程 (5.4.2) 是非齐次的，如果 $G=0$，则变成齐次的。这里已经假定函数 u 满足 $\partial^2 u/\partial x\partial y=\partial^2 u/\partial y\partial x$。

现在讨论方程 (5.4.2) 的分类，我们将证明该方程按照 $\varDelta=B^2-AC$ 的取值分成三类，而且可以化成如下标准形式：

$\varDelta>0$(双曲形方程)

$$\frac{\partial^2 u}{\partial x\partial y}=[\cdots] \quad \text{或} \quad \frac{\partial^2 u}{\partial x^2}-\frac{\partial^2 u}{\partial y^2}=[\cdots] \tag{5.4.3}$$

$\varDelta=0$(抛物线形方程)

$$\frac{\partial^2 u}{\partial x^2}=[\cdots] \quad \text{或} \quad \frac{\partial^2 u}{\partial y^2}=[\cdots] \tag{5.4.4}$$

$\varDelta<0$(椭圆形方程)

$$\frac{\partial^2 u}{\partial x^2}+\frac{\partial^2 u}{\partial y^2}=[\cdots] \tag{5.4.5}$$

其中，$[\cdots]$ 代表所有不含二阶偏导数的项。

为了化简方程 (5.4.2)，引入变量代换

$$\xi=\xi(x,y),\quad \eta=\eta(x,y) \tag{5.4.6}$$

为保证逆变换存在，其雅可比行列式满足

$$\begin{vmatrix} \dfrac{\partial \xi}{\partial x} & \dfrac{\partial \xi}{\partial y} \\ \dfrac{\partial \eta}{\partial x} & \dfrac{\partial \eta}{\partial y} \end{vmatrix} \neq 0 \tag{5.4.7}$$

现在要把方程 (5.4.2) 化成关于 $u(\xi,\eta)$ 的形式。由式 (5.4.6)，我们有

$$\frac{\partial u}{\partial x}=\frac{\partial u}{\partial \xi}\frac{\partial \xi}{\partial x}+\frac{\partial u}{\partial \eta}\frac{\partial \eta}{\partial x}$$

$$\frac{\partial u}{\partial y}=\frac{\partial u}{\partial \xi}\frac{\partial \xi}{\partial y}+\frac{\partial u}{\partial \eta}\frac{\partial \eta}{\partial y}$$

$$\frac{\partial^2 u}{\partial x^2}=\frac{\partial^2 u}{\partial \xi^2}\left(\frac{\partial \xi}{\partial x}\right)^2+2\frac{\partial^2 u}{\partial \xi\partial \eta}\frac{\partial \xi}{\partial x}\frac{\partial \eta}{\partial x}+\frac{\partial^2 u}{\partial \eta^2}\left(\frac{\partial \eta}{\partial x}\right)^2+\frac{\partial u}{\partial \xi}\frac{\partial^2 \xi}{\partial x^2}+\frac{\partial u}{\partial \eta}\frac{\partial^2 \eta}{\partial x^2}$$

$$\frac{\partial^2 u}{\partial x\partial y}=\frac{\partial^2 u}{\partial \xi^2}\frac{\partial \xi}{\partial x}\frac{\partial \xi}{\partial y}+\frac{\partial^2 u}{\partial \xi\partial \eta}\left(\frac{\partial \xi}{\partial x}\frac{\partial \eta}{\partial y}+\frac{\partial \xi}{\partial y}\frac{\partial \eta}{\partial x}\right)+\frac{\partial^2 u}{\partial \eta^2}\frac{\partial \eta}{\partial x}\frac{\partial \eta}{\partial y}+\frac{\partial u}{\partial \xi}\frac{\partial^2 \xi}{\partial x\partial y}+\frac{\partial u}{\partial \eta}\frac{\partial^2 \eta}{\partial x\partial y}$$

$$\frac{\partial^2 u}{\partial y^2}=\frac{\partial^2 u}{\partial \xi^2}\left(\frac{\partial \xi}{\partial y}\right)^2+2\frac{\partial^2 u}{\partial \xi\partial \eta}\frac{\partial \xi}{\partial y}\frac{\partial \eta}{\partial y}+\frac{\partial^2 u}{\partial \eta^2}\left(\frac{\partial \eta}{\partial y}\right)^2+\frac{\partial u}{\partial \xi}\frac{\partial^2 \xi}{\partial y^2}+\frac{\partial u}{\partial \eta}\frac{\partial^2 \eta}{\partial y^2}$$

将这些结果代入式 (5.4.2)，得到

$$a\frac{\partial^2 u}{\partial \xi^2}+2b\frac{\partial^2 u}{\partial \xi\partial \eta}+c\frac{\partial^2 u}{\partial \eta^2}+d\frac{\partial u}{\partial \xi}+e\frac{\partial u}{\partial \eta}+fu=g \tag{5.4.8}$$

它就是以 ξ，η 为变量的方程，其中

$$a=A\left(\frac{\partial \xi}{\partial x}\right)^2+2B\frac{\partial \xi}{\partial x}\frac{\partial \xi}{\partial y}+C\left(\frac{\partial \xi}{\partial y}\right)^2$$

$$b=A\frac{\partial \xi}{\partial x}\frac{\partial \eta}{\partial x}+B\left(\frac{\partial \xi}{\partial x}\frac{\partial \eta}{\partial y}+\frac{\partial \xi}{\partial y}\frac{\partial \eta}{\partial x}\right)+C\frac{\partial \xi}{\partial y}\frac{\partial \eta}{\partial y}$$

$$c=A\left(\frac{\partial \eta}{\partial x}\right)^2+2B\frac{\partial \eta}{\partial x}\frac{\partial \eta}{\partial y}+C\left(\frac{\partial \eta}{\partial y}\right)^2$$

$$d=A\frac{\partial^2 \xi}{\partial x^2}+2B\frac{\partial^2 \xi}{\partial x\partial y}+C\frac{\partial^2 \xi}{\partial y^2}+D\frac{\partial \xi}{\partial x}+E\frac{\partial \xi}{\partial y}$$

$$e=A\frac{\partial^2 \eta}{\partial x^2}+2B\frac{\partial^2 \eta}{\partial x\partial y}+C\frac{\partial^2 \eta}{\partial y^2}+D\frac{\partial \eta}{\partial x}+E\frac{\partial \eta}{\partial y}$$

$$f=F$$

$$g=G$$

可以看出，a 和 c 有相同的形式。我们从这个特点入手化简方程 (5.4.8)，为此考查相应的微分方程

$$A\left(\frac{\partial W}{\partial x}\right)^2+2B\frac{\partial W}{\partial x}\frac{\partial W}{\partial y}+C\left(\frac{\partial W}{\partial y}\right)^2=0 \tag{5.4.9}$$

由于式 (5.4.9) 中平方项的存在，$W(x,y)$ 有两个特解，而且可以看出它有常数解

$$W(x,y)=\gamma\quad(常数) \tag{5.4.10}$$

如果让两个常数解作为 ξ 和 η，即 $\xi(x,y)=\gamma_1$ 和 $\eta(x,y)=\gamma_2$，则 $a=0$ 和 $c=0$，那么方程 (5.4.8) 就被化简了。式 (5.4.10) 中将 y 视为 x 的函数，利用隐函数求导得到

$$\frac{\mathrm{d}y}{\mathrm{d}x}=-\frac{\partial W}{\partial x}\bigg/\frac{\partial W}{\partial y} \tag{5.4.11}$$

方程 (5.4.9) 两边同除以 $\left(\dfrac{\partial W}{\partial y}\right)^2$，并利用式 (5.4.11)，得到

$$A\left(\frac{\mathrm{d}y}{\mathrm{d}x}\right)^2-2B\frac{\mathrm{d}y}{\mathrm{d}x}+C=0 \tag{5.4.12}$$

方程 (5.4.12) 被称为二阶线性偏微分方程 (5.4.2) 的特征方程，曲线 $\xi(x,y)=\gamma_1$ 和 $\eta(x,y)=\gamma_2$ 称为方程 (5.4.2) 的特征线。特征方程 (5.4.12) 可以分解成两个方程

$$\frac{\mathrm{d}y}{\mathrm{d}x}=\frac{B+\sqrt{B^2-AC}}{A} \tag{5.4.13a}$$

$$\frac{\mathrm{d}y}{\mathrm{d}x}=\frac{B-\sqrt{B^2-AC}}{A} \tag{5.4.13b}$$

现在我们按 $\varDelta=B^2-AC$ 的取值分三种情况具体讨论。

(1) 当 $\varDelta>0$ 时，式 (5.4.13) 给出两族特征线

$$\xi(x,y)=\gamma_1\quad 和\quad \eta(x,y)=\gamma_2 \tag{5.4.14}$$

它们是方程 (5.4.9) 的解，从而

$$a=c=0 \tag{5.4.15}$$

则式 (5.4.8) 变成

$$\frac{\partial^2 u}{\partial\xi\partial\eta}=-\frac{1}{2b}\left(d\frac{\partial u}{\partial\xi}+e\frac{\partial u}{\partial\eta}+f\,u-g\right) \tag{5.4.16}$$

这正是式 (5.4.3) 的第一个方程所示的双曲形方程的标准形式。

如果令 $\xi=\mu+\nu$，$\eta=\mu-\nu$，则式 (5.4.16) 变成

$$\frac{\partial^2 u}{\partial\mu^2}-\frac{\partial^2 u}{\partial\nu^2}=-\frac{1}{b}\left[(d+e)\frac{\partial u}{\partial\mu}+(d-e)\frac{\partial u}{\partial\nu}+2fu-2g\right] \tag{5.4.17}$$

它是双曲形方程的另一个标准形式 [见式 (5.4.3) 的第二个方程]。显然波动方程 (5.4.1a)~(5.4.1d) 都属于双曲形方程。

(2) 当 $\varDelta=0(B^2=AC)$ 时，方程 (5.4.9) 变为

$$\begin{aligned}
&A\left(\frac{\partial W}{\partial x}\right)^2+2B\frac{\partial W}{\partial x}\frac{\partial W}{\partial y}+C\left(\frac{\partial W}{\partial y}\right)^2\\
&=A\left(\frac{\partial W}{\partial x}\right)^2+2\sqrt{AC}\frac{\partial W}{\partial x}\frac{\partial W}{\partial y}+C\left(\frac{\partial W}{\partial y}\right)^2\\
&=\left(\sqrt{A}\frac{\partial W}{\partial x}+\sqrt{C}\frac{\partial W}{\partial y}\right)^2=0
\end{aligned}$$

这时我们取 $W=\xi(x,y)$，则

$$\sqrt{A}\frac{\partial\xi}{\partial x}+\sqrt{C}\frac{\partial\xi}{\partial y}=0 \tag{5.4.18}$$

当式 (5.4.6) 中的 $\xi(x,y)$ 取这个变换时，$a=0$。$\eta(x,y)$ 则可以取与 $\xi(x,y)$ 无关的任何函数 [但要满足条件 (5.4.7)]。同时还有

$$\begin{aligned}
b&=A\frac{\partial\xi}{\partial x}\frac{\partial\eta}{\partial x}+B\left(\frac{\partial\xi}{\partial x}\frac{\partial\eta}{\partial y}+\frac{\partial\xi}{\partial y}\frac{\partial\eta}{\partial x}\right)+C\frac{\partial\xi}{\partial y}\frac{\partial\eta}{\partial y}\\
&=A\frac{\partial\xi}{\partial x}\frac{\partial\eta}{\partial x}+\sqrt{AC}\frac{\partial\xi}{\partial x}\frac{\partial\eta}{\partial y}+\sqrt{AC}\frac{\partial\xi}{\partial y}\frac{\partial\eta}{\partial x}+C\frac{\partial\xi}{\partial y}\frac{\partial\eta}{\partial y}\\
&=\sqrt{A}\frac{\partial\xi}{\partial x}\left(\sqrt{A}\frac{\partial\eta}{\partial x}+\sqrt{C}\frac{\partial\eta}{\partial y}\right)+\sqrt{C}\frac{\partial\xi}{\partial y}\left(\sqrt{A}\frac{\partial\eta}{\partial x}+\sqrt{C}\frac{\partial\eta}{\partial y}\right)\\
&=\underbrace{\left(\sqrt{A}\frac{\partial\xi}{\partial x}+\sqrt{C}\frac{\partial\xi}{\partial y}\right)}_{=0}\left(\sqrt{A}\frac{\partial\eta}{\partial x}+\sqrt{C}\frac{\partial\eta}{\partial y}\right)=0
\end{aligned}$$

现在我们有 $a=0$ 和 $b=0$，故方程 (5.4.8) 化成

$$\frac{\partial^2u}{\partial\eta^2}=-\frac{1}{c}\left(d\frac{\partial u}{\partial\xi}+e\frac{\partial u}{\partial\eta}+fu-g\right) \tag{5.4.19}$$

这正是式 (5.4.4) 所示的抛物线形方程的标准形式。 如果取 $W=\eta(x,y)$，则式 (5.4.19) 呈现 $\dfrac{\partial^2u}{\partial\xi^2}=[\cdots]$ 的形式。热传导方程 (5.4.1e) 和方程 (5.4.1f) 都属于抛物线形方程。

(3) 当 $\Delta<0$ 时，特征方程 (5.4.12) 没有实根。设它的解为复函数

$$\psi(x,y)=\psi_1(x,y)+\mathrm{i}\psi_2(x,y)=\gamma \tag{5.4.20}$$

其中，$\psi_1(x,y)$ 和 $\psi_2(x,y)$ 为实函数，则利用方程 (5.4.9)，得到

$$A\left(\frac{\partial\psi}{\partial x}\right)^2+2B\frac{\partial\psi}{\partial x}\frac{\partial\psi}{\partial y}+C\left(\frac{\partial\psi}{\partial y}\right)^2=0 \tag{5.4.21}$$

分别考虑实部和虚部，得到

$$\begin{aligned}
&A\left(\frac{\partial\psi_1}{\partial x}\right)^2+2B\frac{\partial\psi_1}{\partial x}\frac{\partial\psi_1}{\partial y}+C\left(\frac{\partial\psi_1}{\partial y}\right)^2\\
&=A\left(\frac{\partial\psi_2}{\partial x}\right)^2+2B\frac{\partial\psi_2}{\partial x}\frac{\partial\psi_2}{\partial y}+C\left(\frac{\partial\psi_2}{\partial y}\right)^2
\end{aligned} \tag{5.4.22}$$

$$A\frac{\partial\psi_1}{\partial x}\frac{\partial\psi_2}{\partial x}+B\left(\frac{\partial\psi_1}{\partial x}\frac{\partial\psi_2}{\partial y}+\frac{\partial\psi_1}{\partial y}\frac{\partial\psi_2}{\partial x}\right)+C\frac{\partial\psi_1}{\partial y}\frac{\partial\psi_2}{\partial y}=0 \tag{5.4.23}$$

由此可以取变换

$$\xi = \psi_1(x, y), \quad \eta = \psi_2(x, y) \tag{5.4.24}$$

则有

$$a = c, \quad b = 0 \tag{5.4.25}$$

从而方程 (5.4.8) 变为

$$\frac{\partial^2 u}{\partial \xi^2} + \frac{\partial^2 u}{\partial \eta^2} = -\frac{1}{a}\left(d\frac{\partial u}{\partial \xi} + e\frac{\partial u}{\partial \eta} + fu - g\right) \tag{5.4.26}$$

这正是式 (5.4.5) 所示的椭圆形方程的标准形式。二维拉普拉斯方程 (5.4.1g) 和二维泊松方程 (5.4.1h) 都属于椭圆形方程。

例 将下列特里科米 (Tricomi) 方程化为标准形式

$$y\frac{\partial^2 u}{\partial x^2} + \frac{\partial^2 u}{\partial y^2} = 0 \tag{5.4.27}$$

解 将方程 (5.4.27) 与方程 (5.4.2) 相比较，有

$$(A = y, \quad B = 0, \quad C = 1) \Rightarrow \varDelta = -y \tag{5.4.28}$$

(1) 当 $\varDelta > 0(y < 0)$ 时，式 (5.4.13) 给出特征方程

$$\frac{\mathrm{d}y}{\mathrm{d}x} = \pm\frac{1}{\sqrt{-y}} \tag{5.4.29}$$

解之得到特征线

$$x \pm \frac{2}{3}(-y)^{3/2} = \gamma \tag{5.4.30}$$

则变换为

$$\xi = x - \frac{2}{3}(-y)^{3/2}, \quad \eta = x + \frac{2}{3}(-y)^{3/2} \tag{5.4.31}$$

下面利用式 (5.4.31) 计算出式 (5.4.16) 中的 b，d，e 即可。但我们可以写出反变换

$$x = \frac{\xi + \eta}{2}, \quad y = -\left[\frac{3}{4}(\eta - \xi)\right]^{2/3} \tag{5.4.32}$$

利用式 (5.4.32) 计算出

$$\frac{\partial^2 u}{\partial x^2} = \frac{\partial^2 u}{\partial \xi^2} + 2\frac{\partial^2 u}{\partial \xi \partial \eta} + \frac{\partial^2 u}{\partial \eta^2} \tag{5.4.33a}$$

$$\frac{\partial^2 u}{\partial y^2} = -\frac{1}{2\sqrt{-y}}\left(\frac{\partial u}{\partial \xi} - \frac{\partial u}{\partial \eta}\right) - y\left(\frac{\partial^2 u}{\partial \xi^2} - 2\frac{\partial^2 u}{\partial \xi \partial \eta} + \frac{\partial^2 u}{\partial \eta^2}\right) \tag{5.4.33b}$$

将式 (5.4.33) 代入方程 (5.4.27)，化简后得到标准方程

$$\frac{\partial^2 u}{\partial\xi\partial\eta}=\frac{1}{6(\xi-\eta)}\left(\frac{\partial u}{\partial\xi}-\frac{\partial u}{\partial\eta}\right) \tag{5.4.34}$$

(2) 当 $\varDelta=0(y=0)$ 时，式 (5.4.27) 变为

$$\frac{\partial^2 u}{\partial y^2}=0 \tag{5.4.35}$$

这是抛物线形方程的标准形式 (5.4.4)。

(3) 当 $\varDelta<0(y>0)$ 时，式 (5.4.13) 给出特征方程

$$\frac{\mathrm{d}y}{\mathrm{d}x}=\pm\mathrm{i}\frac{1}{\sqrt{y}} \tag{5.4.36}$$

解之得到特征线

$$x+\mathrm{i}\frac{2}{3}y^{3/2}=\gamma_1,\quad x-\mathrm{i}\frac{2}{3}y^{3/2}=\gamma_2 \tag{5.4.37}$$

二者的和与差给出

$$x=\gamma_3,\quad \frac{2}{3}y^{3/2}=\gamma_4 \tag{5.4.38}$$

变换取为

$$\xi=x,\quad \eta=\frac{2}{3}y^{3/2} \tag{5.4.39}$$

反变换为

$$x=\xi,\quad y=\left(\frac{3}{2}\eta\right)^{2/3} \tag{5.4.40}$$

标准方程 (5.4.26) 约化为

$$\frac{\partial^2 u}{\partial\xi^2}+\frac{\partial^2 u}{\partial\eta^2}=-\frac{1}{3\eta}\frac{\partial u}{\partial\eta} \tag{5.4.41}$$

综合上述，特里科米方程在上半平面 $(y>0)$ 是椭圆形方程，在 $y=0$ 时约化为抛物线形方程，在下半平面 $(y<0)$ 是双曲形方程。

5.4.2 常系数方程

若方程 (5.4.2) 中的 A，B，C 均为常数，则判别式 $\varDelta=B^2-AC$ 也是常数，这种情况在数学物理方法中尤为常见，这里专门讨论之。从方程 (5.4.13) 解出

$$y-\frac{B+\sqrt{B^2-AC}}{A}x=\gamma_1,\quad y-\frac{B-\sqrt{B^2-AC}}{A}x=\gamma_2 \tag{5.4.42}$$

(1) 当 $\varDelta>0$ 时，式 (5.4.42) 给出变换

$$\xi=y-\frac{B+\sqrt{B^2-AC}}{A}x,\quad \eta=y-\frac{B-\sqrt{B^2-AC}}{A}x \tag{5.4.43}$$

标准方程是式 (5.4.16) 的约化形式，即

$$\frac{\partial^2 u}{\partial\xi\partial\eta}=d_1\frac{\partial u}{\partial\xi}+e_1\frac{\partial u}{\partial\eta}+f_1u+g_1(\xi,\eta) \tag{5.4.44}$$

其中，d_1，e_1，f_1 均是常数。

(2) 当 $\varDelta=0$ 时，取变换

$$\xi=y-\frac{B}{A}x,\quad \eta=y \tag{5.4.45}$$

其中，η 可以任意选择，式 (5.4.45) 的选择满足式 (5.4.7)。标准方程是式 (5.4.19) 的约化形式，即

$$\frac{\partial^2 u}{\partial\eta^2}=d_2\frac{\partial u}{\partial\xi}+e_2\frac{\partial u}{\partial\eta}+f_2u+g_2(\xi,\eta) \tag{5.4.46}$$

其中，d_2，e_2，f_2 均是常数。

(3) 当 $\varDelta<0$ 时，式 (5.4.42) 给出特征线

$$y-\frac{B+\mathrm{i}\sqrt{AC-B^2}}{A}x=\gamma_1 \tag{5.4.47a}$$

$$y-\frac{B-\mathrm{i}\sqrt{AC-B^2}}{A}x=\gamma_2 \tag{5.4.47b}$$

式 (5.4.47a) 与式 (5.4.47b) 分别相加、相减得出特征线

$$y-\frac{B}{A}x=\gamma_3,\quad \frac{\sqrt{AC-B^2}}{A}x=\gamma_4 \tag{5.4.48}$$

于是取变换

$$\xi=y-\frac{B}{A}x,\quad \eta=\frac{\sqrt{AC-B^2}}{A}x \tag{5.4.49}$$

标准方程是式 (5.4.26) 的约化形式，即

$$\frac{\partial^2 u}{\partial\xi^2}+\frac{\partial^2 u}{\partial\eta^2}=d_3\frac{\partial u}{\partial\xi}+e_3\frac{\partial u}{\partial\eta}+f_3u+g_3(\xi,\eta) \tag{5.4.50}$$

其中，d_3，e_3，f_3 均是常数。

例 1　一个二阶偏微分方程为

$$\frac{\partial^2 u}{\partial x^2}-(A+B)\frac{\partial^2 u}{\partial x\partial y}+AB\frac{\partial^2 u}{\partial y^2}=0 \tag{5.4.51}$$

其中，A 和 B 均是常数，且 $A\neq B$。判断它是什么类型的方程，并将它化成标准形式。

解

$$\varDelta=(A+B)^2-4AB=(A-B)^2>0\quad(A\neq B)\tag{5.4.52}$$

它是双曲形方程。

变换式 (5.4.43) 约化为

$$\xi=y+Ax,\quad \eta=y+Bx\tag{5.4.53}$$

这时 $d=0$，$e=0$，$b\neq 0$，故方程变成标准形式

$$\frac{\partial^2 u}{\partial\xi\partial\eta}=0\tag{5.4.54}$$

这个问题还可以采用直接证明的方法。在变换式 (5.4.53) 之下，有

$$\begin{aligned}
\frac{\partial u}{\partial x}&=\frac{\partial u}{\partial \xi}\frac{\partial \xi}{\partial x}+\frac{\partial u}{\partial \eta}\frac{\partial \eta}{\partial x}=A\frac{\partial u}{\partial \xi}+B\frac{\partial u}{\partial \eta}\\
\frac{\partial u}{\partial y}&=\frac{\partial u}{\partial \xi}\frac{\partial \xi}{\partial y}+\frac{\partial u}{\partial \eta}\frac{\partial \eta}{\partial y}=\frac{\partial u}{\partial \xi}+\frac{\partial u}{\partial \eta}\\
\frac{\partial^2 u}{\partial x^2}&=\frac{\partial}{\partial \xi}\left(A\frac{\partial u}{\partial \xi}+B\frac{\partial u}{\partial \eta}\right)\frac{\partial \xi}{\partial x}+\frac{\partial}{\partial \eta}\left(A\frac{\partial u}{\partial \xi}+B\frac{\partial u}{\partial \eta}\right)\frac{\partial \eta}{\partial x}\\
&=A^2\frac{\partial^2 u}{\partial \xi^2}+2AB\frac{\partial^2 u}{\partial \xi\,\partial \eta}+B^2\frac{\partial^2 u}{\partial \eta^2}\\
\frac{\partial^2 u}{\partial x\partial y}&=\frac{\partial}{\partial \xi}\left(A\frac{\partial u}{\partial \xi}+B\frac{\partial u}{\partial \eta}\right)\frac{\partial \xi}{\partial y}+\frac{\partial}{\partial \eta}\left(A\frac{\partial u}{\partial \xi}+B\frac{\partial u}{\partial \eta}\right)\frac{\partial \eta}{\partial y}\\
&=A\frac{\partial^2 u}{\partial \xi^2}+(A+B)\frac{\partial^2 u}{\partial \xi\,\partial \eta}+B\frac{\partial^2 u}{\partial \eta^2}\\
\frac{\partial^2 u}{\partial y^2}&=\frac{\partial}{\partial \xi}\left(\frac{\partial u}{\partial \xi}+\frac{\partial u}{\partial \eta}\right)\frac{\partial \xi}{\partial y}+\frac{\partial}{\partial \eta}\left(\frac{\partial u}{\partial \xi}+\frac{\partial u}{\partial \eta}\right)\frac{\partial \eta}{\partial y}\\
&=\frac{\partial^2 u}{\partial \xi^2}+2\frac{\partial^2 u}{\partial \xi\partial \eta}+\frac{\partial^2 u}{\partial \eta^2}
\end{aligned}$$

代入方程 (5.4.51)，有

$$\begin{aligned}
&\frac{\partial^2 u}{\partial x^2}-(A+B)\frac{\partial^2 u}{\partial x\partial y}+AB\frac{\partial^2 u}{\partial y^2}\\
&=A^2\frac{\partial^2 u}{\partial \xi^2}+2AB\frac{\partial^2 u}{\partial \xi\partial \eta}+B^2\frac{\partial^2 u}{\partial \eta^2}\\
&\quad-(A+B)\left[A\frac{\partial^2 u}{\partial \xi^2}+(A+B)\frac{\partial^2 u}{\partial \xi\,\partial \eta}+B\frac{\partial^2 u}{\partial \eta^2}\right]\\
&\quad+AB\left(\frac{\partial^2 u}{\partial \xi^2}+2\frac{\partial^2 u}{\partial \xi\partial \eta}+\frac{\partial^2 u}{\partial \eta^2}\right)
\end{aligned}$$

$$= -(A-B)^2 \frac{\partial^2 u}{\partial \xi \partial \eta}$$

由于 $A \neq B$，故方程 (5.4.51) 变为方程 (5.4.54)。

例 2　利用例 1 的结果将波动方程

$$\frac{\partial^2 u}{\partial t^2} = a^2 \frac{\partial^2 u}{\partial x^2} \tag{5.4.55}$$

化成标准形式。

解　方程 (5.4.55) 与方程 (5.4.51) 相对照，有 $A+B=0, AB=-a^2$，所以 $A=a$，$B=-a$，故式 (5.4.53) 变为

$$\xi = x + at, \quad \eta = x - at \tag{5.4.56}$$

于是波动方程 (5.4.55) 在变换式 (5.4.56) 之下变成标准形式

$$\frac{\partial^2 u}{\partial \xi \partial \eta} = 0 \tag{5.4.57}$$

例 3　将电报方程 [见式 (5.1.21)]

$$\frac{\partial^2 u}{\partial x^2} - \alpha^2 \frac{\partial^2 u}{\partial y^2} + 2\beta \frac{\partial u}{\partial x} + \delta u = 0 \tag{5.4.58}$$

化成标准形式。

解　方程 (5.4.58) 与方程 (5.4.2) 相比较，有

$$A=1, \quad B=0, \quad C=-\alpha^2, \quad D=2\beta, \quad E=0, \quad F=\delta, \quad G=0 \tag{5.4.59}$$

变换式 (5.4.43) 约化为

$$\xi = y - \alpha x, \quad \eta = y + \alpha x \tag{5.4.60}$$

求出 $b=-2\alpha^2$，$d=-2\alpha\beta$，$e=2\alpha\beta$，式 (5.4.16) 约化为

$$\frac{\partial^2 u}{\partial \xi \partial \eta} = -\frac{\beta}{2\alpha}\left(\frac{\partial u}{\partial \xi} - \frac{\partial u}{\partial \eta} - \frac{\delta}{2\alpha\beta} u\right) \tag{5.4.61}$$

这就是电报方程 (5.4.58) 的标准形式。

例 4　将非齐次方程

$$\frac{\partial^2 u}{\partial x^2} - 4\frac{\partial^2 u}{\partial x \partial y} + 4\frac{\partial^2 u}{\partial y^2} = \mathrm{e}^y \tag{5.4.62}$$

化成标准形式。

解　将方程 (5.4.62) 与方程 (5.4.2) 相比较，有

$$(A=1,\quad B=-2,\quad C=4)\Rightarrow \varDelta=0 \tag{5.4.63}$$

变换式 (5.4.45) 约化为

$$\xi=y+2x,\quad \eta=y \tag{5.4.64}$$

标准方程是式 (5.4.46) 的约化形式，即

$$\frac{\partial^2 u}{\partial \eta^2}=\frac{1}{4}\mathrm{e}^{\eta} \tag{5.4.65}$$

5.5　定 解 问 题

5.5.1　一个例子

我们在 5.1.1 节推导弦振动方程时，假定弦的两个端点固定在 $x=0$ 和 $x=L$，而弦在初始 $t=0$ 时刻的位移是 $\phi(x)$，最终得到弦的运动方程 (5.1.6)。利用这些条件还不能完全确定任意位置 $x(0<x<L)$ 的弦点在任意 t 时刻离开其平衡位置的位移 $u(x,t)$。根据常微分方程的知识我们知道，方程 (5.1.6) 的时间导数是二阶的，要确定问题的特解还需要知道弦的初始速度。如果进一步知道弦的初始速度为 $\psi(x)$，我们把方程与所有的条件列出来，便是

$$\begin{cases}\dfrac{\partial^2 u}{\partial t^2}=a^2\dfrac{\partial^2 u}{\partial x^2} & (0<x<L,\ t>0) \quad (5.5.1\text{a})\\[2ex] u\big|_{t=0}=\phi(x),\quad \left.\dfrac{\partial u}{\partial t}\right|_{t=0}=\psi(x) & (0\leqslant x\leqslant L) \quad (5.5.1\text{b})\\[2ex] u\big|_{x=0}=0,\quad u\big|_{x=L}=0 & (t>0) \quad (5.5.1\text{c})\end{cases}$$

式 (5.5.1) 就构成了上述弦振动的定解问题，解这个问题就可以完全确定任意位置的弦点在任意时刻离开其平衡位置的位移 $u(x,t)$。其中，式 (5.5.1a) 称为泛定方程，而式 (5.5.1b) 和式 (5.5.1c) 则是初始条件和边界条件。下面对它们进行一般性的论述。

5.5.2　泛定方程与叠加原理

泛定方程刻画广泛性的运动规律，不涉及具体的系统和具体的问题。比如，波动方程 (5.1.6) 既可以描述弦振动，也可以描述高频传输线，这就是数学的抽象性。数学物理方法中的泛定方程是各种各样的，例如式 (5.4.1) 中的那些线性方程。另外，与非线性常微分方程 (1.1.5)、(1.1.20) 类似，数学物理方程也可以是非线性的。例如

$$\frac{\partial^2 u}{\partial t^2}=a^2\frac{\partial^2 u}{\partial x^2}+\sin u \tag{5.5.2}$$

是描述孤立子 (soliton) 的 sine-Gordon 方程。而

$$\frac{\partial u}{\partial t}+u\frac{\partial u}{\partial x}=0 \tag{5.5.3}$$

是冲击波方程。我们知道线性方程的定义是函数与它的各阶导数都是一次方。方程 (5.5.2) 的非线性在于 $\sin u$ 项，就像方程 (1.1.20) 那样。而方程 (5.5.3) 中的非线性项是它左边的后一项 (函数与导数的乘积)。

必须指出，线性与非线性方程的区别在于线性方程服从叠加原理，这对于线性方程来说是一个特别有用的性质。为了解释叠加原理，我们需要一点算符的概念。简单地说，算符就是运算符号。比如

$$\frac{\mathrm{d}}{\mathrm{d}x},\quad \frac{\partial}{\partial x}+\frac{\partial}{\partial y},\quad \frac{\partial^2}{\partial t^2}-a^2\frac{\partial^2}{\partial x^2} \tag{5.5.4}$$

都是微分算符，而

$$\int \mathrm{d}x,\quad \int \mathrm{d}x\mathrm{d}y,\quad \int \mathrm{d}\boldsymbol{r} \tag{5.5.5}$$

都是积分算符。就连

$$\sqrt{\ },\quad \ln,\quad \sin \tag{5.5.6}$$

也都是算符。算符可以用一个字母表示，比如用 $\boldsymbol{L}$ 表示算符。

如果算符 $\boldsymbol{L}$ 满足

$$\boldsymbol{L}(au_1+bu_2)=a\boldsymbol{L}(u_1)+b\boldsymbol{L}(u_2) \tag{5.5.7}$$

其中，a 和 b 是常数，而 u_1 和 u_2 是函数，则 $\boldsymbol{L}$ 称为线性算符。按照这样的定义，式 (5.5.4) 和式 (5.5.5) 中的算符都是线性的，而式 (5.5.6) 中的算符都是非线性的。利用算符，可以把波动方程 (5.4.1a)、热传导方程 (5.4.1e) 和拉普拉斯方程 (5.4.1g) 统一表示为

$$\boldsymbol{L}u=0 \tag{5.5.8}$$

其中，$\boldsymbol{L}$ 分别为

$$\boldsymbol{L}=\frac{\partial^2}{\partial t^2}-a^2\frac{\partial^2}{\partial x^2},\quad \boldsymbol{L}=\frac{\partial}{\partial t}-a^2\frac{\partial^2}{\partial x^2},\quad \boldsymbol{L}=\frac{\partial^2}{\partial x^2}+\frac{\partial^2}{\partial y^2} \tag{5.5.9}$$

它们都是线性算符。而一般的二阶线性齐次偏微分方程也可以表示为式 (5.5.8) 的形式，其中的算符

$$\boldsymbol{L}=A\frac{\partial^2}{\partial x^2}+2B\frac{\partial^2}{\partial x\partial y}+C\frac{\partial^2}{\partial y^2}+D\frac{\partial}{\partial x}+E\frac{\partial}{\partial y}+F \tag{5.5.10}$$

是一个线性算符。

在了解算符概念的基础上，我们可以介绍叠加原理。叠加原理的表述如下：如果 $u_i(x,y)(i=1,2,3,\cdots)$ 是方程 (5.5.8) 的解，即

$$\boldsymbol{L}u_i(x,y)=0 \tag{5.5.11}$$

其中，算符 $\boldsymbol{L}$ 由式 (5.5.10) 表示，而且级数

$$u=\sum_{i=1}^{\infty}C_iu_i(x,y) \tag{5.5.12}$$

收敛，并且能够逐项微分两次 (C_i 是任意常数) 则式 (5.5.12) 也是方程 (5.5.8) 的解。

证明　用式 (5.5.10) 的算符 $\boldsymbol{L}$ 作用于式 (5.5.12)，利用 $\boldsymbol{L}$ 的线性性质及式 (5.5.11)，我们有

$$\boldsymbol{L}u=\boldsymbol{L}\sum_{i=1}^{\infty}C_iu_i=\sum_{i=1}^{\infty}C_i\boldsymbol{L}u_i=0 \tag{5.5.13}$$

式 (5.5.13) 表明叠加式 (5.5.12) 也是方程 (5.5.8) 的解。

我们将会看到，叠加原理为求解线性泛定方程的定解问题提供了有力的工具。不过在使用叠加原理之前，一定要检查泛定方程是否是线性齐次的。下面的例题表明，如果方程不是线性的，则叠加原理失效。

例　证明叠加原理不适用于非线性方程 (5.5.3)。

证明　该方程有解

$$u(x,t)=\frac{x}{t+1} \tag{5.5.14}$$

它给出

$$\frac{\partial u}{\partial t}=-\frac{x}{(t+1)^2},\quad \frac{\partial u}{\partial x}=\frac{1}{t+1} \tag{5.5.15}$$

代入方程 (5.5.3)，有

$$\frac{\partial u}{\partial t}+u\frac{\partial u}{\partial x}=-\frac{x}{(t+1)^2}+\frac{x}{t+1}\cdot\frac{1}{t+1}=0 \tag{5.5.16}$$

下面考查方程 (5.5.3) 的两个解的叠加，即

$$u(x,t)=\frac{x}{t+1}+\frac{x}{t+1}=\frac{2x}{t+1} \tag{5.5.17}$$

现在

$$\frac{\partial u}{\partial t}=-\frac{2x}{(t+1)^2},\quad \frac{\partial u}{\partial x}=\frac{2}{t+1} \tag{5.5.18}$$

代入方程 (5.5.3)，有

$$\frac{\partial u}{\partial t}+u\frac{\partial u}{\partial x}=-\frac{2x}{(t+1)^2}+\frac{2x}{t+1}\cdot\frac{2}{t+1}=\frac{2x}{(t+1)^2}\neq 0 \tag{5.5.19}$$

可见解 (5.5.14) 的叠加式 (5.5.17) 不是方程 (5.5.3) 的解，故叠加原理不适用于非线性方程 (5.5.3)。

5.5.3 初始条件与边界条件

5.5.2 节讨论了构成定解问题的泛定方程 (及相关的叠加原理)，本节继续讨论定解问题所包含的定解条件。对于一个物理问题的求解，条件与方程是同等重要、缺一不可的。没有方程，固然谈不上解；而只有方程没有相应的条件，同样得不到问题的解。定解条件的重要性还表现在同样的方程，在不同条件下，其解会大不相同。我们这里所说的定解条件主要指初始条件和边界条件。

初始条件关系到系统的时间行为。一个系统在某个时刻的状态，总是由前一个时刻的状态演化而来的，总是与以前的状态有关，由此往前追溯，就一定与系统的初始状态有关。我们知道，5.1.1 节所讨论的弦振动问题，其泛定方程的时间导数是二阶的，因此涉及两个初始条件，即式 (5.5.1b) 所示的初始位移和初始速度

$$u|_{t=0}=\phi(x),\quad \left.\frac{\partial u}{\partial t}\right|_{t=0}=\psi(x)\quad (0\leqslant x\leqslant L) \tag{5.5.20}$$

其中, $\phi(x)$ 和 $\psi(x)$ 是任意函数，它们定义在系统所占据的整个空间 (包括端点)。对于热传导问题，由于泛定方程的时间导数是一阶的，只有一个初始条件，可以写为

$$u|_{t=0}=\phi(x)\quad (0\leqslant x\leqslant L) \tag{5.5.21}$$

它表示系统的初始温度分布。

对于不含时间的泛定方程，如泊松方程与拉普拉斯方程，它们不涉及初始条件。

关于边界条件，对于 5.1.1 节讨论的弦振动问题，由于弦的两端始终固定，所以

$$u|_{x=0}=0,\quad u|_{x=L}=0\quad (t>0) \tag{5.5.22}$$

注意，由于式 (5.5.20) 已经确定了端点在 $t=0$ 时刻的状态，这里只是对于端点在 $t>0$ 的状态而言。式 (5.5.22) 所示的边界条件是两端的函数均为零，描述函数 u 行为的边界条件称为第一类边界条件。弦振动还可能具有另外形式的边界条件，如

$$u|_{x=0}=0,\quad \left.\frac{\partial u}{\partial x}\right|_{x=L}=0\quad (t>0) \tag{5.5.23}$$

这时 $x = 0$ 端点的边界条件仍然是第一类，而 $x = L$ 端的边界条件是导数为零，描述导数 $\partial u/\partial x$ 行为的边界条件称为第二类边界条件。式 (5.5.23) 所示的 $x = L$ 端的边界条件表示，该端点不固定 (自由端)，在位移方向的受力为零，即 $T_2 \sin\alpha_2 = 0$ (图 5.2)，因而 $\alpha_2 = 0$，即弦线在该点的斜率为零，如图 5.11 所示。如果 $x = L$ 端在位移方向的张力 $T_2 \sin\alpha_2$ 被一个弹性力所平衡 (即该端是一个弹性支承端)，则由式 (5.1.3b) 得到

$$T\frac{\partial u}{\partial x}\bigg|_{x=L} = -ku|_{x=L} \tag{5.5.24}$$

其中，$-ku|_{x=L}$ 是弹性力，而 k 是倔强系数。式 (5.5.24) 可以改写为

$$\left[u + \beta\frac{\partial u}{\partial x}\right]_{x=L} = 0 \tag{5.5.25}$$

其中，$\beta = T/k$，式 (5.5.25) 表示函数与导数的线性组合为零。描述函数 u 与导数 $\partial u/\partial x$ 组合行为的边界条件称为第三类边界条件。

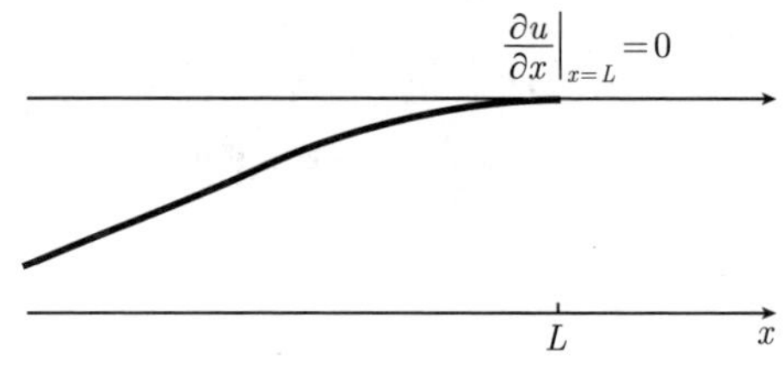

图 5.11　弦振动的自由端

上述的三类边界条件都是齐次的，如果在边界 S 上的条件为

$$u|_S = f_1(t) \tag{5.5.26a}$$

$$\frac{\partial u}{\partial x}\bigg|_S = f_2(t) \tag{5.5.26b}$$

$$\left[u + \beta\frac{\partial u}{\partial x}\right]_S = f_3(t) \tag{5.5.26c}$$

其中，$f_1(t), f_2(t)$，$f_3(t)$ 为已知的函数 (一般依赖于时间 t)，则式 (6.5.26) 称为非齐次边界条件。对于热传导问题也存在三类边界条件，也有齐次和非齐次两种情况 (我们将在后续的内容中讨论)。

在有些定解问题中还涉及衔接条件。比如，研究几种不同介质组成的材料时，物理量在界面上可能是连续的，也可能是跃变的。在连续情况下，物理量在界面上的变化可以写出衔接条件。例如，光由空气进入水时，电场强度的切向分量是连续变化的，而电感强度的法向分量是连续的，如图 5.12 所示。

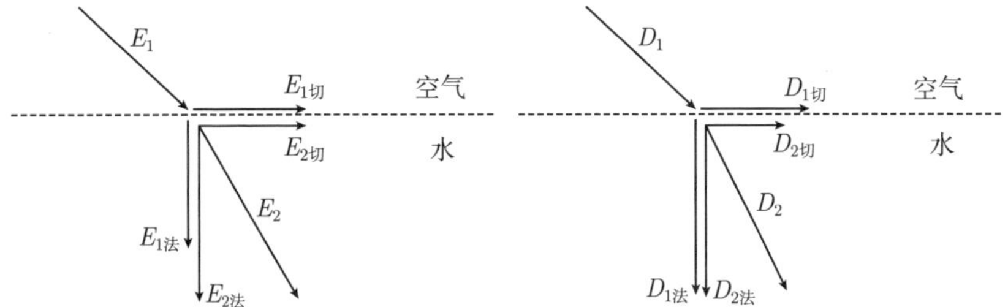

图 5.12 衔接条件的一个例子：$E_{1切} = E_{2切}$，$D_{1法} = D_{2法}$

5.5.4 几个典型的定解问题

建立定解问题就是对一个系统的运动规律建立泛定方程，并找到相关物理量所满足的定解条件 (特别是初始条件和边界条件)，把泛定方程与定解条件结合在一起，就构成了一个定解问题。本节通过一些具体的例子说明定解问题的建立过程。

例 1 均匀柔软弦的两端 $x = 0$ 和 $x = L$ 固定，用横向力 F 拉弦上的点 $x = c$(设 $F \ll T$，T 为弦在平衡状态时的张力)，弦在受力平衡后形成如图 5.13 所示的初始位移。然后撤掉拉力，弦做微振动，写出弦振动的定解问题。

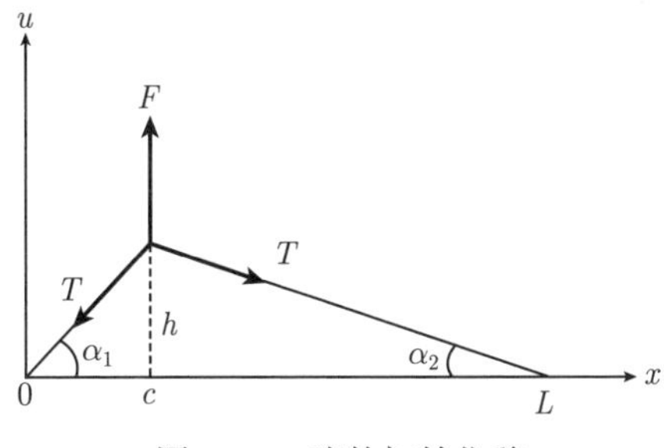

图 5.13 弦的初始位移

解 对于图 5.13 所示的弦的初始位移，由于 $F \ll T$，$h \ll c$，故

$$\sin\alpha_1 \approx \tan\alpha_1 = \frac{h}{c}, \quad \sin\alpha_2 \approx \tan\alpha_2 = \frac{h}{L-c} \tag{5.5.27}$$

因为弦伸长很小，其张力维持平衡态时的 T 值，所以弦的受力平衡条件为

$$\begin{aligned} F &= T\sin\alpha_1 + T\sin\alpha_2 \\ &= Th\left(\frac{1}{c} + \frac{1}{L-c}\right) = Th\frac{L}{c\,(L-c)} \end{aligned}$$

解出

$$h = \frac{Fc\,(L-c)}{TL} \tag{5.5.28}$$

由此，弦的初始位移为

$$h\frac{x}{c}=\frac{F(L-c)x}{TL}\quad(0\leqslant x\leqslant c) \tag{5.5.29a}$$

$$h\frac{L-x}{L-c}=\frac{Fc(L-x)}{TL}\quad(c\leqslant x\leqslant L) \tag{5.5.29b}$$

而弦的初始速度为零，故弦振动的定解问题为

$$\begin{cases}\dfrac{\partial^2 u}{\partial t^2}=a^2\dfrac{\partial^2 u}{\partial x^2} & (0<x<L,\ t>0) \quad (5.5.30\text{a})\\ u|_{t=0}=\begin{cases}\dfrac{F(L-c)x}{TL} & (0\leqslant x\leqslant c)\\ \dfrac{Fc(L-x)}{TL} & (c\leqslant x\leqslant L)\end{cases} & \quad (5.5.30\text{b})\\ \left.\dfrac{\partial u}{\partial t}\right|_{t=0}=0 & (0\leqslant x\leqslant L) \quad (5.5.30\text{c})\\ u|_{x=0}=0,\quad u|_{x=L}=0 & (t>0) \quad (5.5.30\text{d})\end{cases}$$

例 2　均匀柔软弦的两端 $x=0$ 和 $x=L$ 固定，初始处于平衡位置，开始时敲击弦上的点 $x=c$，使弦获得冲量 k，然后弦做微振动。设弦的质量线密度为 ρ，写出弦振动的定解问题。

解　弦的初始位移为零。敲击弦上的点使之获得动量，相当于给弦一个初速度。清楚起见，假定冲量作用范围是以 c 点为中心、长度为 2δ 的一小段弦 (其质量为 m)，这样弦在 2δ 范围内获得了初始速度，其他地方速度为零，如图 5.14 所示。根据冲量定理 (动量的变化等于冲量)，有

$$mv-mv_0=k \tag{5.5.31}$$

其中，v_0 是敲击前的速度 ($v_0=0$)，v 是敲击后的速度，这样式 (5.5.31) 变为

$$m\left.\frac{\partial u}{\partial t}\right|_{t=0}=k \tag{5.5.32}$$

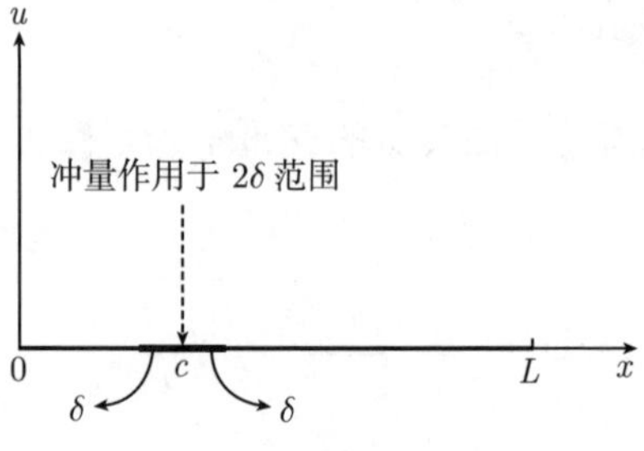

图 5.14　弦的初始速度

式 (5.5.32) 只限于 2δ 范围，而该范围的冲量密度 (单位长度的冲量) 为

$$\frac{m}{2\delta}\frac{\partial u}{\partial t}\bigg|_{t=0}=\rho\frac{\partial u}{\partial t}\bigg|_{t=0}=\frac{k}{2\delta} \tag{5.5.33}$$

于是弦的初始速度为

$$\frac{\partial u}{\partial t}\bigg|_{t=0}=\begin{cases}0, & |x-c|>\delta\\ \dfrac{k}{2\delta\rho}, & |x-c|\leqslant\delta\end{cases}\quad(\delta\to 0) \tag{5.5.34}$$

利用 δ 函数 (见 3.2.1 节)，冲量 k 在 $x=c$ 位置作用而产生的冲量密度为 $k\delta(x-c)$，于是式 (5.5.33) 可以表示为

$$\rho\frac{\partial u}{\partial t}\bigg|_{t=0}=k\delta(x-c) \tag{5.5.35}$$

事实上，按照 δ 函数的极限表示式 (3.2.33a)，从式 (5.5.34) 也得到式 (5.5.35) 的结果。综合上述，所得的定解问题为

$$\begin{cases}\dfrac{\partial^2 u}{\partial t^2}=a^2\dfrac{\partial^2 u}{\partial x^2} & (0<x<L,\ t>0) & (5.5.36\text{a})\\ u|_{t=0}=0,\quad \dfrac{\partial u}{\partial t}\bigg|_{t=0}=\dfrac{k}{\rho}\delta(x-c) & (0\leqslant x\leqslant L) & (5.5.36\text{b})\\ u|_{x=0}=0,\quad u|_{x=L}=0 & (t>0) & (5.5.36\text{c})\end{cases}$$

例 3 均匀柔软弦的端点 $x=0$ 是自由端，端点 $x=L$ 固定，弦的初始位移和初始速度均为任意函数，写出弦的微振动的定解问题。

解 弦的端点 $x=0$ 是自由端，该处在位移方向的受力为零，即 $T_1\sin\alpha_1=0$ (图 5.2)，因而 $\alpha_1=0$，则弦在该点的斜率为零

$$\frac{\partial u}{\partial x}\bigg|_{x=0}=0 \tag{5.5.37}$$

故定解问题为

$$\begin{cases}\dfrac{\partial^2 u}{\partial t^2}=a^2\dfrac{\partial^2 u}{\partial x^2} & (0<x<L,\ t>0) & (5.5.38\text{a})\\ u|_{t=0}=\phi(x),\quad \dfrac{\partial u}{\partial t}\bigg|_{t=0}=\psi(x) & (0\leqslant x\leqslant L) & (5.5.38\text{b})\\ \dfrac{\partial u}{\partial x}\bigg|_{x=0}=0,\quad u|_{x=L}=0 & (t>0) & (5.5.38\text{c})\end{cases}$$

例 4　把高频输电线充电到具有电压 E，然后一端短路封闭，另一端仍保持断开，写出传输线上任意时刻电压分布的定解问题。

解　设输电线长度为 L，把高频输电线充电到各处具有电压 E 之后，$x=0$ 端短路，$x=L$ 端始终开启，如图 5.15 所示。之后，传输线上的电压随空间和时间变化，设为 $u(x,t)$。传输线上的初始电压为 E(常数)，因此系统的初始条件为

$$u\,|_{t=0}=E,\quad \left.\frac{\partial u}{\partial t}\right|_{t=0}=0 \tag{5.5.39}$$

传输线的 $x=0$ 端短路，则电压为零

$$u\,|_{x=0}=0 \tag{5.5.40}$$

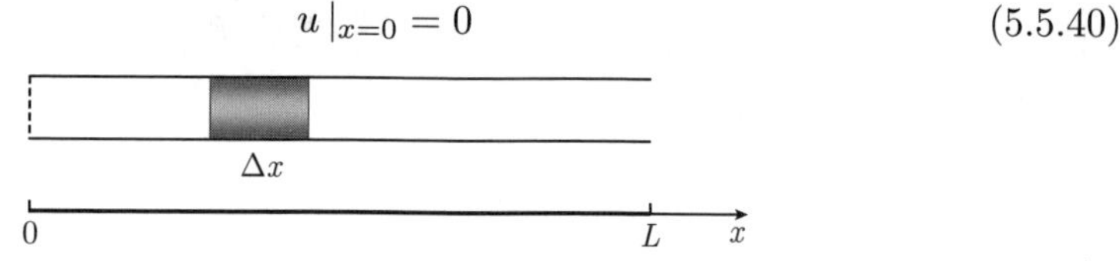

图 5.15　高频传输线，其中 Δx 的等效电路见图 5.6

传输线的 $x=L$ 端开路，则电流为零。由式 (5.1.17b) 可知

$$\left.\frac{\partial u}{\partial x}\right|_{x=L}=0 \tag{5.5.41}$$

判断 $x=L$ 端边界条件的另一个办法是电流、电流密度、电场、电位梯度的正比关系：$I\propto J\propto E\propto \dfrac{\partial u}{\partial x}$，它导致式 (5.5.41) 的结果。故定解问题为

$$\begin{cases}\dfrac{\partial^2 u}{\partial t^2}=a^2\dfrac{\partial^2 u}{\partial x^2} & (0<x<L,\ t>0) \quad (5.5.42\text{a})\\[2mm] u|_{t=0}=E,\quad \left.\dfrac{\partial u}{\partial t}\right|_{t=0}=0 & (0\leqslant x\leqslant L) \quad (5.5.42\text{b})\\[2mm] u|_{x=0}=0,\quad \left.\dfrac{\partial u}{\partial x}\right|_{x=L}=0 & (t>0) \quad (5.5.42\text{c})\end{cases}$$

例 5　均匀有界杆的长度为 L，侧面绝热。设杆一端的温度为零，另一端有恒定热流 q 进入 (即单位时间内通过单位面积流入的热量为 q)。已知杆的初始温度分布为 $\dfrac{x(L-x)}{2}$，写出杆内任意时刻温度分布的定解问题。

解　设有界杆的两个端点处于 $x=0$ 和 $x=L$。杆的初始温度分布 $u|_{t=0}$ 如图 5.16 所示。杆的 $x=0$ 端的温度为零，即 $u|_{x=0}=0$。它的 $x=L$ 端有恒定的热流 q 进入，根据傅里叶热传导定律 [式 (5.2.1)]，当热量沿 x 轴正向流动时，在单位时间内流经单位面积的热量为

$$q=-k\frac{\partial u}{\partial x} \tag{5.5.43}$$

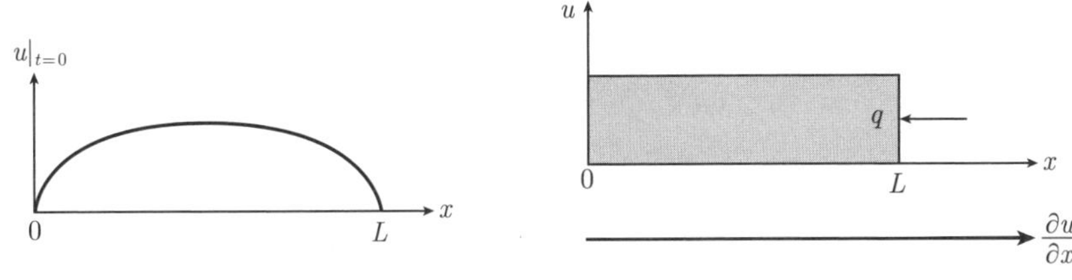

图 5.16 一个热传导系统

现在热流的方向是沿 x 轴的负向，温度梯度 $\partial u/\partial x$ 与 x 方向相同，于是

$$q = k\left.\frac{\partial u}{\partial x}\right|_{x=L} \tag{5.5.44}$$

这样定解问题为

$$\begin{cases} \dfrac{\partial u}{\partial t} = a^2\dfrac{\partial^2 u}{\partial x^2} & (0 < x < L,\ t > 0) \quad (5.5.45\text{a}) \\ u|_{t=0} = \dfrac{x(L-x)}{2} & (0 \leqslant x \leqslant L) \quad (5.5.45\text{b}) \\ u|_{x=0} = 0, \quad \left.\dfrac{\partial u}{\partial x}\right|_{x=L} = \dfrac{q}{k} & (t > 0) \quad (5.5.45\text{c}) \end{cases}$$

其中，$x = L$ 端是第二类非齐次边界条件。

例 6 有界杆的长度为 L，其左端保持为零度，右端自由散热 (设外界介质温度为 u_0)。已知杆内初始温度分布为任意函数 $\phi(x)$，写出杆内任意时刻温度分布的定解问题。

解 设有界杆的两个端点处于 $x = 0$ 和 $x = L$。杆的 $x = 0$ 端保持为零度，则

$$u|_{x=0} = 0 \tag{5.5.46}$$

它的 $x = L$ 端自由散热，按照牛顿冷却定律，散失的热量正比于该端温度与外界介质温度之差，即

$$-k\left.\frac{\partial u}{\partial x}\right|_{x=L} = H(u|_{x=L} - u_0) \tag{5.5.47}$$

其中，k 是杆的热导率，H 是比例系数 ($H > 0$)。整理后得

$$\left[u + h\frac{\partial u}{\partial x}\right]_{x=L} = u_0 \tag{5.5.48}$$

其中，$h = k/H$。式 (5.5.48) 表示一个第三类非齐次边界条件。于是系统的定解问

题为

$$\begin{cases} \dfrac{\partial u}{\partial t} = a^2 \dfrac{\partial^2 u}{\partial x^2} & (0 < x < L,\ t > 0) & (5.5.49\text{a}) \\ u\big|_{t=0} = \phi(x) & (0 \leqslant x \leqslant L) & (5.5.49\text{b}) \\ u\big|_{x=0} = 0, \quad \left[u + h\dfrac{\partial u}{\partial x}\right]_{x=L} = u_0 & (t > 0) & (5.5.49\text{c}) \end{cases}$$

如果 $u_0 = 0$，式 (5.5.48) 可以写成

$$\left.\frac{\partial u}{\partial x}\right|_{x=L} = -\frac{1}{h} u\,|_{x=L} \tag{5.5.50}$$

式 (5.5.50) 表示 $x = L$ 端的自由散热是热量流入温度为零的介质之中。

另外，从物理上式 (5.5.50) 还可以理解为这样一种热传导作用：从 $x = L$ 端流出的热量与该端的温度成正比。一般来说，比例系数可以取正值或负值。如果 $h > 0$，表示系统是散热的 (热辐射)，而 $h < 0$ 则表示系统从外界吸收热量 (热吸收)。这两种情况我们将在随后的热传导定解问题中详细讨论。

以上我们建立了一些典型的定解问题，它们涉及不同类型的泛定方程和各种组合的定解条件。有些情况下，一个定解问题只有初始条件，没有边界条件，称为初值问题；反之，只有边界条件而没有初始条件，称为边值问题。既有初始条件也有边界条件的定解问题称为混合问题。

定解问题作为一个数学物理模型，是否能准确无误地描述实际过程，需要对结果进一步检验。从数学角度来看，即考查解的 “适定性”，它包括三个方面：

(1) 存在性　即考查定解问题的解是否存在；

(2) 唯一性　实际问题的解往往是唯一的，但数学解可能不是唯一的，要舍去没有实际意义的数学解；

(3) 稳定性　考查定解条件或驱动项的微小变化是否导致解的性质的改变。如果一个解经不起微扰，或者说在小小的微扰下，解的性质就发生了改变 (图 5.17)，尽管这个解是存在的和唯一的，但没有实际意义。

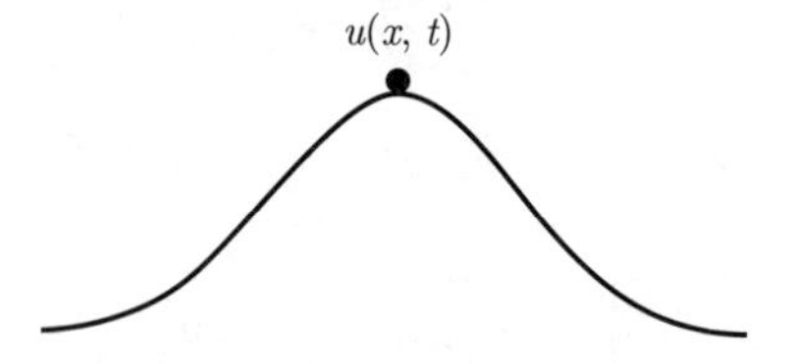

图 5.17　一个存在唯一但不稳定的解 $u(x,t)$

如果一个定解问题的解是存在的、唯一的、稳定的，则称这个定解问题是适定的。适定性的讨论，对于一个定解问题是很必要的。本书所涉及的定解问题都是经典的，它们的适定性都经过了证明。

当然一个定解问题的解的正确性和适用性，最终要通过实践来证实。例如，我们在 1.1 节讨论的马尔萨斯人口模型，它的解确实是适定性的，但实际上有很大的局限性。

第 6 章　分离变量法

在传统意义上，数学物理方法的定解问题涉及物理系统与物理问题。但随着科学技术的不断发展，在许多领域都出现各种各样的定解问题。数学物理方法的应用不但已经覆盖几乎所有的理工学科，甚至涉及生物学、医学、经济学和社会学。因此，研究定解问题的建立和求解具有普遍的意义。在第 5 章我们已经初步看到怎样把实际的物理问题表达为定解问题。从本章开始我们要继续建立一些新的定解问题，但更重要的内容则是介绍关于定解问题的解法，包括分离变量法、本征函数法、辅助函数法等。除了齐次方程和齐次边界条件之外，还将涉及非齐次方程和非齐次边界条件。关于泛定方程，主要讨论第 5 章所建立的波动方程、热传导方程以及拉普拉斯方程。

分离变量法是求解数学物理方法定解问题的基本方法。它的基本思想是将多变量的偏微分方程转变成几个单变量的常微分方程，以便逐一求解。这里我们所讨论的问题主要是有界区域的弦振动问题和热传导问题，也涉及矩形域和圆域的拉普拉斯方程问题。所需要的数学工具是简单的常微分方程理论和傅里叶级数知识。

6.1　弦振动问题

6.1.1　弦振动问题的求解

为了说明什么是分离变量法以及分离变量法的使用条件，我们选取两端固定的弦的自由振动问题为例，在具体的求解过程中逐步回答这些问题。两端固定弦振动的定解问题 [式 (5.5.1)] 为

$$\begin{cases} \dfrac{\partial^2 u}{\partial t^2}=a^2\dfrac{\partial^2 u}{\partial x^2} & (0<x<L,\ t>0) & (6.1.1\text{a}) \\ u|_{t=0}=\phi(x),\quad \left.\dfrac{\partial u}{\partial t}\right|_{t=0}=\psi(x) & (0\leqslant x\leqslant L) & (6.1.1\text{b}) \\ u|_{x=0}=0,\quad u|_{x=L}=0 & (t>0) & (6.1.1\text{c}) \end{cases}$$

其中，$\phi(x)$ 和 $\psi(x)$ 是已知函数，分别代表弦的初始位移与初始速度。

分离变量法旨在把关于 $u(x,t)$ 的偏微分方程转化为空间 x 和时间 t 的常微分

方程，即

$$\boldsymbol{L}u\left(x,t\right)=0\Rightarrow\left\{\begin{array}{l}\boldsymbol{L}_xX\left(x\right)=0\\ \boldsymbol{L}_tT\left(t\right)=0\end{array}\right. \tag{6.1.2}$$

按照式 (6.1.2) 的思想，我们设方程 (6.1.1a) 有变量分离的形式解

$$u(x,t)=X(x)T(t) \tag{6.1.3}$$

将 $u(x,t)$ 代入方程 (6.1.1a)，得到

$$X(x)T''(t)=a^2X''(x)T(t) \tag{6.1.4}$$

式 (6.1.4) 两边同除以 $X(x)T(t)$，得到

$$\frac{X''(x)}{X(x)}=\frac{T''(t)}{a^2T(t)} \tag{6.1.5}$$

式 (6.1.5) 两边对 x 求导数，因为右边不含 x，故

$$\frac{\mathrm{d}}{\mathrm{d}x}\left[\frac{X''(x)}{X(x)}\right]=\frac{\mathrm{d}}{\mathrm{d}x}\left[\frac{T''(t)}{a^2T(t)}\right]=0 \tag{6.1.6}$$

这样

$$\frac{X''(x)}{X(x)}=\frac{T''(t)}{a^2T(t)}=\text{常数} \tag{6.1.7}$$

设这一常数为 $-\lambda$，它被称为分离常数 (separation constant)。这样式 (6.1.7) 给出

$$X''(x)+\lambda X(x)=0 \tag{6.1.8a}$$

$$T''(t)+\lambda a^2T(t)=0 \tag{6.1.8b}$$

这样我们得到了空间函数 $X(x)$ 与时间函数 $T(t)$ 的常微分方程。同时我们可以看出，利用分离变量法的条件是：泛定方程必须是齐次的。否则由于方程中驱动项 $f(x,t)$ 的存在，式 (6.1.4) 变成

$$X(x)T''(t)=a^2X''(x)T(t)+f(x,t) \tag{6.1.9}$$

不能进而写出变量分离的形式，即式 (6.1.8)。

进一步考查形式解 (6.1.3)，它必须满足边界条件 (6.1.1c)，即

$$X(0)T(t)=0,\quad X(L)T(t)=0 \tag{6.1.10}$$

由于 $T(t)\neq0$[否则导致 (6.1.3) 中 $u(x,t)\equiv0$，这是无意义的平庸解]，故式 (6.1.10) 给出

$$X(0)=0,\quad X(L)=0 \tag{6.1.11}$$

这样空间函数 $X(x)$ 构成下列常微分方程的边值问题

$$\begin{cases} X''(x) + \lambda X(x) = 0 & (6.1.12a) \\ X(0) = 0, \quad X(L) = 0 & (6.1.12b) \end{cases}$$

解这个边值问题就可以得到 $X(x)$。不过可以看出，利用分离变量法的另一个条件是边界条件必须是齐次的。否则，非齐次边界条件将导致

$$X(0)T(t) = f_1(t), \quad X(L)T(t) = f_2(t) \tag{6.1.13}$$

这样的条件 (仍然含有时间 t) 与方程 (6.1.12a) 联立后，仍然是双变量情况，并没有构成关于 $X(x)$ 的常微分方程问题，不能求出单独的空间函数 $X(x)$。只有 $f_1(t)$、$f_2(t) = 0$，才能消去 $T(t)$，构成边值问题 (6.1.12)。

注意到边值问题 (6.1.12) 是一个本征值问题。下面我们将求解这个本征值问题，这意味着既要求出本征函数 $X(x)$，还要求出本征值 λ。我们将会看到，并不是所有的 λ 都能给出非零解 $X(x)$。现在分三种情况讨论。

(1) $\lambda = 0$，这时方程 (6.1.12a) 的通解为 $X(x) = A + Bx$，其中 A 和 B 为任意常数。满足边界条件 (6.1.12b) 的唯一结果是 $A = B = 0$，它导致平庸解 $u(x,t) \equiv 0$。

(2) $\lambda < 0$，这时方程 (6.1.12a) 的通解为 [式 (1.1.34)]

$$X(x) = A\cosh kx + B\sinh kx \tag{6.1.14}$$

其中，$k = \sqrt{-\lambda}$。这时 $X(0) = 0$ 要求 $A = 0$，于是 $X(x) = B\sinh kx$。而 $X(L) = 0$ 要求 $B\sinh kL = 0$。但由于一般情况下 $kL \neq 0$，所以 $\sinh kL \neq 0$(图 1.5)。因此，满足边界条件 (6.1.12b) 的唯一结果是 $A = B = 0$，它再次导致平庸解 $u(x,t) \equiv 0$。

(3) $\lambda > 0$，这时方程 (6.1.12a) 的通解为 [式 (1.1.23)]

$$X(x) = A\cos kx + B\sin kx \tag{6.1.15}$$

其中，$k = \sqrt{\lambda}$。这时边界条件 $X(0) = 0$ 要求 $A = 0$，于是

$$X(x) = B\sin kx \tag{6.1.16}$$

而 $X(L) = 0$ 要求 $B\sin kL = 0$。但是 $B \neq 0$[否则 $u(x,t) \equiv 0$]，所以

$$\sin kL = 0 \tag{6.1.17}$$

故

$$k = k_n = \frac{n\pi}{L} \quad (n = 1, 2, 3, \cdots) \tag{6.1.18}$$

这里 n 不取零与负值是由于 $k>0$。于是本征值为

$$\lambda=\lambda_n=\left(\frac{n\pi}{L}\right)^2 \tag{6.1.19}$$

而本征函数为

$$X(x)=X_n(x)=B_n\sin\frac{n\pi}{L}x \tag{6.1.20}$$

式 (6.1.19) 和式 (6.1.20) 就是本征值问题 (6.1.12) 的结果。它们是一系列分立的本征值 λ_n 和相应的本征函数 $X_n(x)$。

现在回到式 (6.1.8b)，它变为

$$T''(t)+\left(\frac{an\pi}{L}\right)^2T(t)=0 \tag{6.1.21}$$

其通解为

$$T(t)=T_n(t)=c_n\cos\frac{an\pi}{L}t+d_n\sin\frac{an\pi}{L}t \tag{6.1.22}$$

其中，c_n 和 d_n 是任意常数。于是由式 (6.1.20) 和式 (6.1.22) 得到满足泛定方程 (6.1.1a) 和边界条件 (6.1.1c) 的解

$$u_n(x,t)=\left(C_n\cos\frac{an\pi}{L}t+D_n\sin\frac{an\pi}{L}t\right)\sin\frac{n\pi}{L}x\quad(n=1,2\cdots) \tag{6.1.23}$$

其中，$C_n=B_nc_n$ 和 $D_n=B_nd_n$ 是任意常数。由于解 (6.1.23) 中的空间函数是本征方程 (6.1.12) 的解，我们称式 (6.1.23) 为泛定方程 (6.1.1a) 的本征解。它满足泛定方程 (6.1.1a)，因为它是将形式解 (6.1.3) 代入泛定方程 (6.1.1a) 而得到的，同时它还满足边界条件 (6.1.1c)，因为它是在边界条件 (6.1.10) 之下得到的。

至此我们没有涉及初始条件 (6.1.1b)，但式 (6.1.23) 显然不能表征任意的初始位移 $\phi(x)$，因为 $u_n(x,0)=C_n\sin\dfrac{n\pi}{L}x$ 是一个特定的正弦函数。我们注意到泛定方程 (6.1.1a) 是一个线性齐次方程，可以按照叠加原理将本征解 (6.1.23) 叠加起来，构成

$$u(x,t)=\sum_{n=1}^{\infty}u_n(x,t)=\sum_{n=1}^{\infty}\left(C_n\cos\frac{an\pi}{L}t+D_n\sin\frac{an\pi}{L}t\right)\sin\frac{n\pi}{L}x \tag{6.1.24}$$

若这个无穷级数收敛并且对 x 和 t 二次可微，则也是方程 (6.1.1a) 的解，且满足边界条件 (6.1.1c)。我们将式 (6.1.24) 称为定解问题 (6.1.1a) 的一般解 (general solution)，它不同于偏微分方程的通解，因为一般解不只满足泛定方程，还满足边界条件，而且选择展开系数 C_n 和 D_n 之后还能满足初始条件。

现在我们要确定式 (6.1.24) 中的展开系数 C_n 和 D_n，为此首先由式 (6.1.24) 计算出任意时刻的速度

$$\frac{\partial u(x,t)}{\partial t}=\sum_{n=1}^{\infty}\frac{an\pi}{L}\left(-C_n\sin\frac{an\pi}{L}t+D_n\cos\frac{an\pi}{L}t\right)\sin\frac{n\pi}{L}x \tag{6.1.25}$$

利用初始条件 (6.1.1b)，得到

$$\phi(x)=\sum_{n=1}^{\infty}C_n\sin\frac{n\pi}{L}x \tag{6.1.26a}$$

$$\psi(x)=\sum_{n=1}^{\infty}D_n\frac{an\pi}{L}\sin\frac{n\pi}{L}x \tag{6.1.26b}$$

可以看出，C_n 和 $D_n\dfrac{an\pi}{L}$ 正是 $\phi(x)$ 和 $\psi(x)$ 的半幅傅里叶级数 (2.2.1) 的展开系数，它们由式 (2.2.2) 确定，即

$$C_n=\frac{2}{L}\int_0^L\phi(x)\sin\frac{n\pi}{L}x\mathrm{d}x \tag{6.1.27a}$$

$$D_n=\frac{2}{n\pi a}\int_0^L\psi(x)\sin\frac{n\pi}{L}x\mathrm{d}x \tag{6.1.27b}$$

现在，一般解 (6.1.24) 中的系数 C_n 和 D_n 由式 (6.1.27) 确定，它满足初始条件 (6.1.1b)。我们看到，利用上述方法，叠加式 (6.1.24) 中的系数不但被确定，还使之正好满足给定的初始条件。综合上述，一般解 (6.1.24) 满足式 (6.1.1a)、式 (6.1.1b) 和式 (6.1.1c)，因此它就是定解问题 (6.1.1) 的解。

现在对上述求解过程及结果作进一步讨论。首先，时间函数 (6.1.22) 中的频率 $an\pi/L$ 称为弦振动的特征频率，它是基频 $a\pi/L$ 的整数倍，这样由各种频率成分叠加而成的一般解 (6.1.24) 的时间变化便是周期性的，所以弦振动是一种周期运动。

另外应该思考一个问题：为什么要首先求解空间函数的本征值问题 (6.1.12)，能否首先求解时间函数 $T(t)$? 事实上，这时方程 (6.1.8b) 与初始条件 (6.1.1b) 结合构成

$$\begin{cases}T''(t)+\lambda a^2T(t)=0 & (6.1.28\text{a})\\ T(0)=\dfrac{\phi(x)}{X(x)},\quad T'(0)=\dfrac{\psi(x)}{X(x)} & (6.1.28\text{b})\end{cases}$$

这个问题不能求解，因为式 (6.1.28b) 中的 $X(x)$ 是未知的，而且式 (6.1.28a) 中的 λ 是未定的。

那么，在求解空间函数的本征值问题时，定出 λ 的 “机制” 是什么? 原则上，λ 的确定基于边界条件 (6.1.12)，但就其细节而言是利用了线性齐次方程组的一个重要性质，下面我们给予具体的说明。事实上，通解 (6.1.15) 在满足齐次边界条件 (6.1.12b) 的情况下，给出了关于 A 和 B 的线性齐次方程组

$$A+B\cdot 0=0 \tag{6.1.29a}$$

$$A\cos kL+B\sin kL=0 \tag{6.1.29b}$$

这里有三个未知量：A，B 和 k。方程组 (6.1.29) 有非零解的必要充分条件是系数行列式为零，即

$$\begin{vmatrix} 1 & 0 \\ \cos kL & \sin kL \end{vmatrix} = 0$$

它导致 $\sin kL = 0$，进而得到本征值 k_n(即 λ_n)。总而言之，空间函数的通解满足 $x = 0$ 和 $x = L$ 两个端点的齐次边界条件时，给出两个线性齐次方程，所构成的方程组有非零解的必要充分条件给出了本征值。利用这样的方法求本征值具有一般性的意义，以后我们会经常使用。顺便而言，利用方程组 (6.1.29) 能够确定 $A = 0$，还不能确定 B，因为 k 确定后，式 (6.1.29a) 与式 (6.1.29b) 是线性相关的，所以式 (6.1.20) 中维持待定的 B。量子力学中常常再利用附加的归一化条件，使 A 和 B 都确定下来，而数学物理方法的定解问题，则利用初始条件进而确定它们。

现在我们可以总结分离变量法的使用条件：

(1) 泛定方程必须是线性的；

(2) 泛定方程必须是齐次的；

(3) 边界条件必须是齐次的。

强调泛定方程必须是线性的是为了使用叠加原理得到一般解，从而表征任意的初始条件。换言之，利用初始条件可以确定一般解中的展开系数。在满足上述三个条件的前提下，用分离变量法求解定解问题的步骤是：

(1) 对于泛定方程写出变量分离的形式解 $u(x,t) = X(x)T(t)$；

(2) 代入泛定方程得到空间函数 $X(x)$ 和时间函数 $T(t)$ 的常微分方程；

(3) 求解 $X(x)$ 的常微分方程与相应的边界条件构成的本征值问题，得到本征值 λ_n 和本征函数 $X_n(x)$；

(4) 将 λ_n 代入时间函数的方程解出 $T_n(t)$，与 $X_n(x)$ 相乘得到泛定方程的本征解 $u_n(x,t) = X_n(x)T_n(t)$；

(5) 利用叠加原理得到一般解 $u(x,t) = \sum\limits_{n=1}^{\infty} u_n(x,t)$，并利用初始条件确定 $u_n(x,t)$ 中的系数。

6.1.2 解的物理意义：驻波条件

本节进一步分析上述结果的物理意义，首先考查本征解 (6.1.23)。它可以改写成本征波

$$u_n(x,t) = N_n \sin(\omega_n t + \theta_n) \sin \frac{n\pi}{L} x \tag{6.1.30}$$

其中

$$N_n = \sqrt{C_n^2 + D_n^2}, \quad \omega_n = \frac{na\pi}{L}, \quad \tan\theta_n = \frac{C_n}{D_n} \tag{6.1.31}$$

现在我们从两方面来分析本征波 (6.1.30)。首先对于确定的时间 t_0，式 (6.1.30) 给出

$$u_n(x) = A_n(t_0)\sin\frac{n\pi}{L}x \tag{6.1.32}$$

这意味着本征波的空间形状是一条正弦曲线，其振幅与 t_0 有关。作为一个例子，图 6.1 显示 $n=3$ 时本征波的曲线。可以看出，当 t_0 取不同的值 (t_1, t_2, t_3, t_4)，正弦曲线有不同的振幅。另一方面，对于确定的弦点 x_0，式 (6.1.30) 给出

$$u_n(t) = B_n(x_0)\sin(\omega_n t+\theta_n) \tag{6.1.33}$$

它表示该弦点在平衡位置附近以特征频率 ω_n 作简谐振荡，其振幅与 x_0 有关。

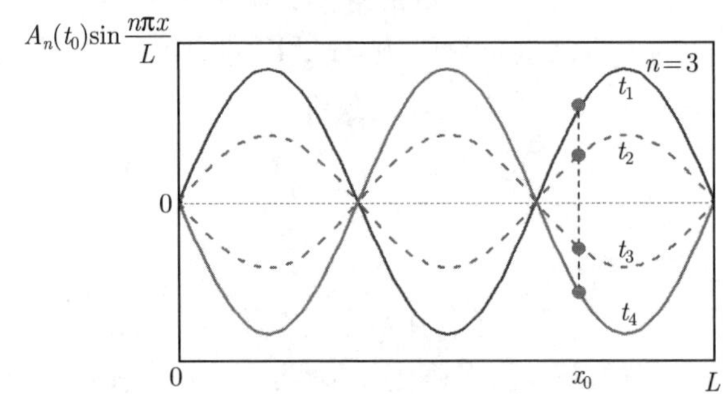

图 6.1　弦振动的本征解 $u\sim\sin\frac{n\pi}{L}x$ 满足驻波条件 $L=\frac{\lambda}{2}n$

图 6.1 显示，在任意时刻，本征波的节点 (即正弦曲线的零点) 的位置总是固定的。在一般情况下，节点的位置由 $\sin\frac{n\pi}{L}x=0$ 确定，即 $\frac{n\pi}{L}x=m\pi$，故第 m 个节点的位置是

$$x_m=\frac{mL}{n}\quad (m=0,\ 1,\ 2,\cdots,n) \tag{6.1.34}$$

可以看出，一个本征波有 $n+1$ 个节点，第 0 个位于 $x_0=0$，第 n 个位于 $x_n=L$。显然，两端固定有界弦自由振动的本征波为驻波。由式 (6.1.34) 得到 $L=(x_m/m)\,n$，其中 x_m/m 对于每一个 m 都等于波长的一半，即

$$L=\frac{\lambda}{2}n\quad (n=1,\ 2,\ 3\cdots) \tag{6.1.35}$$

这就是熟知的驻波条件。满足驻波条件是弦振动的本质特点。驻波条件的概念是非常一般的，它意味着，对于一个确定的系统 (L 确定)，一个由 n 标志的本征态 $\sin(n\pi x/L)$ 对应一个波长由式 (6.1.35) 确定的驻波。

当然，对于弦振动情况，本征波 (6.1.30) 并不代表弦的真实形状，弦的真实形状是许多本征波叠加而成的一般解 (6.1.24)。那么是否存在一个工作在单个本征态的物理系统呢? 回答是肯定的，最典型的就是单模激光，单模激光是工作在单个本

征态 $E \sim \sin(n\pi x/L)$ 的物理系统，单模激光的产生必须满足驻波条件 (6.1.35)，如图 6.2 所示，其中 L 是激光谐振腔的腔长，λ 是激光的波长。

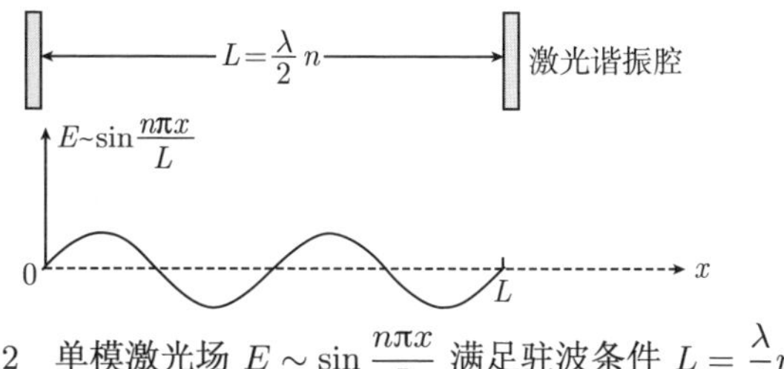

图 6.2 单模激光场 $E \sim \sin\dfrac{n\pi x}{L}$ 满足驻波条件 $L = \dfrac{\lambda}{2}n$

工作在单个本征态的另一个物理系统涉及量子力学的一维无限深势阱模型，势阱中微观粒子的波函数为 $\psi \sim \sin(n\pi x/L)$，如图 6.3 所示。这里也有驻波条件 (6.1.35)，其中 L 是势阱的宽度，λ 是几率波的波长，而驻波条件的具体含义是势阱中粒子的一个本征态对应一个特定波长的德布罗意驻波。

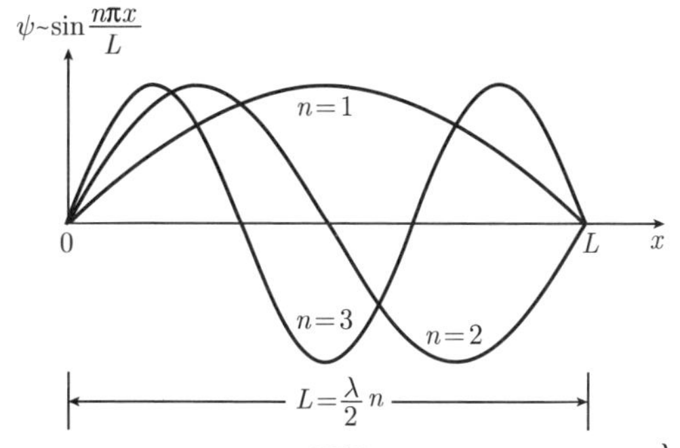

图 6.3 几率波 $\psi \sim \sin\dfrac{n\pi x}{L}$ 满足驻波条件 $L = \dfrac{\lambda}{2}n$

我们把上述几个不同系统的单模本征态联系起来，可以看出它们之间的内在相通性，也可以看出数学物理方法的广泛适用性，如表 6.1 所示。

表 6.1 不同系统的驻波条件 $L = \dfrac{\lambda}{2}n$

系统	波	L	学科
弦振动	机械波	弦的长度	数学物理方法
单模激光	电磁波	谐振腔长度	激光物理学
势阱中的粒子	几率波	势阱宽度	量子力学

现在进而考虑本征波的叠加。式 (6.1.30) 显示，本征波 $u_1(x,t)$，$u_2(x,t)$，$u_3(x,t)\cdots$ 是一系列驻波，它们的振幅、频率、位相都因 n 的不同而不同。物理上，$u_1(x,t)$ 称为基波 (或基态)，而 $u_n(x,t)$ $(n \geqslant 2)$ 则称为谐波 (或激发态)。物理学的理论和实

验证实，一个系统可以处于基态或某个激发态，也可以处于若干个状态的叠加

$$\sum_n N_n \sin(\omega_n t+\theta_n)\sin\frac{n\pi}{L}x \tag{6.1.36}$$

叠加态仍然是系统的状态。所以，叠加原理不但是数学的原理，也是物理学的原理，而且物理上的叠加态是可以观察、可以测量的。比如激光器的输出模式就是可测量的，测量后可以明确地知道一台激光器是工作在单模还是哪些本征模的叠加。另外，叠加原理不但适用于宏观系统，在微观系统中也扮演着十分重要的角色。描述微观系统运动规律的薛定谔方程是

$$\mathrm{i}\hbar\frac{\partial\Psi}{\partial t}=-\frac{\hbar^2}{2m}\nabla^2\Psi+U(r)\Psi \tag{6.1.37}$$

对于这样一个线性齐次方程。数学上的叠加原理表述为：如果 Ψ_1 和 Ψ_2 是它的解，则 $C_1\Psi_1+C_2\Psi_2$ 也是它的解。而物理上的表述是：如果 Ψ_1 和 Ψ_2 是微观粒子的状态，则它们的线性组合 $C_1\Psi_1+C_2\Psi_2$ 也是该粒子的状态，而 $|C_1|^2$ 和 $|C_2|^2$ 表示粒子处于 Ψ_1 和 Ψ_2 态的概率，这就是量子力学的态叠加原理。因此数学上关于线性方程本征解的叠加原理与物理上关于线性系统本征态的叠加原理是相通的。

6.2　基本定解问题

用分离变量法不但可以圆满求解上述第一类边界条件下的波动方程的定解问题，还可以应用于第二类、第三类边界条件。而泛定方程还可以是更复杂的波动方程，以及热传导方程和拉普拉斯方程。本节通过一些典型例题进一步求解波动方程和热传导的定解问题，而关于拉普拉斯方程的定解问题，在第 7 章进行专门的讨论。

例 1　求解 5.5.4 节例 1 的定解问题 (5.5.30)，其中 $L=1$，$c=\dfrac{1}{3}$，$\dfrac{F}{T}=\dfrac{9}{20}$。

解　这个问题是 6.1.1 节讨论的两端固定弦振动问题的一个具体例子，定解问题 (5.5.30) 现在约化为

$$\begin{cases}\dfrac{\partial^2 u}{\partial t^2}=a^2\dfrac{\partial^2 u}{\partial x^2} & (0<x<1,\ t>0) \quad (6.2.1\text{a})\\ u|_{t=0}=\begin{cases}\dfrac{3}{10}x & (0\leqslant x\leqslant 1/3)\\ \dfrac{3}{20}(1-x) & (1/3\leqslant x\leqslant 1)\end{cases} & \quad (6.2.1\text{b})\\ \left.\dfrac{\partial u}{\partial t}\right|_{t=0}=0 & (0\leqslant x\leqslant 1) \quad (6.2.1\text{c})\\ u|_{x=0}=0,\quad u|_{x=L}=0 & (t>0) \quad (6.2.1\text{d})\end{cases}$$

展开系数 (6.1.27) 现在为

$$C_n = 2\int_0^1 \phi(x)\sin\frac{n\pi}{L}x\mathrm{d}x = \frac{3}{5}\int_0^{1/3} x\sin(n\pi x)\,\mathrm{d}x + \frac{3}{10}\int_{1/3}^1 (1-x)\sin(n\pi x)\,\mathrm{d}x$$

$$= -\frac{\cos\dfrac{n\pi}{3}}{5n\pi} + \frac{3}{5}\frac{\sin\dfrac{n\pi}{3}}{n^2\pi^2} + \frac{\cos\dfrac{n\pi}{3}}{5n\pi} + \frac{3}{10}\frac{\sin\dfrac{n\pi}{3}}{n^2\pi^2} = \frac{9}{10\pi^2}\frac{\sin\dfrac{n\pi}{3}}{n^2}$$

$$D_n = 0$$

将 C_n 和 D_n 代入一般解 (6.1.24)，得到

$$u(x,t) = \frac{9}{10\pi^2}\sum_{n=1}^{\infty}\frac{\sin\dfrac{n\pi}{3}}{n^2}\cos(an\pi t)\sin(n\pi x) \tag{6.2.2}$$

图 6.4 显示了一般解 (6.2.2) 所示的弦在不同 t 时刻的形态。图 6.5 显示了弦中点 $(x=1/2)$ 的位移随时间变化的曲线，可以看出，它是周期性变化的。

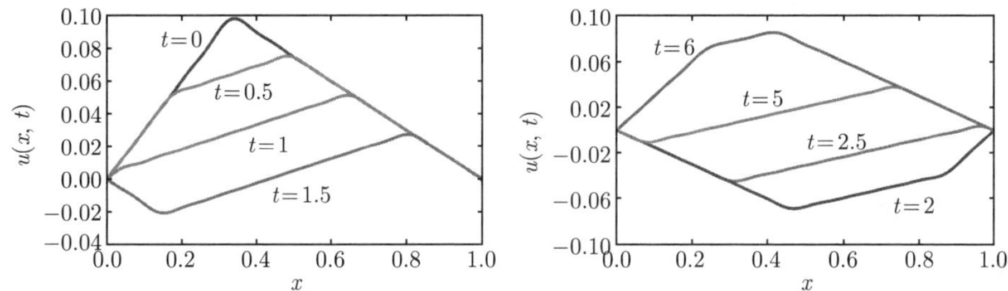

图 6.4 一般解 (6.2.2) 的部分和 (前 20 项) 的曲线，这里取 $a\pi=1$。图中 $t=0$ 的曲线有图 5.13 的形态，当 $t>0$ 时，不同时刻的曲线存在有趣的重叠现象 (每一条曲线的两个端点都在 $x=0$ 和 $x=1$)。图中的曲线显示了弦振动在一个周期中的各种形态

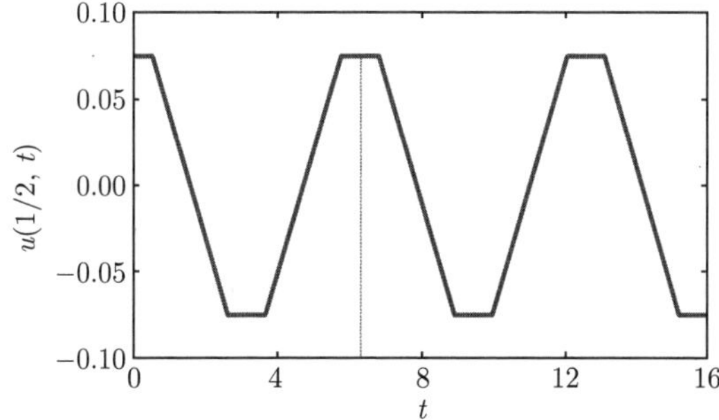

图 6.5 弦中点 $(x=1/2)$ 的位移随时间的演化，这里取 $a\pi=1$，周期约为 6.3。在一定的时间段，位移不发生变化，相应于该时间段内的曲线重叠 (图 6.4)

例 2　求解 5.5.4 节例 2 的定解问题 (5.5.36)。

解　这个问题是 6.1.1 节讨论的两端固定弦振动问题的一个具体例子，其特点在于初始位移和初始速度分别为

$$\phi(x)=0,\quad \psi(x)=\frac{k}{\rho}\delta(x-c) \tag{6.2.3}$$

这样一来，式 (6.1.27) 给出

$$C_n=0 \tag{6.2.4}$$

$$D_n=\frac{2}{n\pi a}\int_0^L\psi(x)\sin\frac{n\pi}{L}x\mathrm{d}x=\frac{2}{n\pi a}\int_0^L\frac{k}{\rho}\delta(x-c)\sin\frac{n\pi}{L}x\mathrm{d}x \tag{6.2.5}$$

由于 $0<c<L$，而且函数 $\sin\dfrac{n\pi}{L}x$ 在区间 $[0,\ L]$ 上是连续的，利用 δ 函数的筛选性质 (3.2.3)，得到

$$D_n=\frac{2k}{n\pi a\rho}\sin\frac{n\pi c}{L} \tag{6.2.6}$$

将式 (6.2.4) 和式 (6.2.6) 代入一般解 (6.1.24)，得到

$$u(x,t)=\frac{2k}{\pi a\rho}\sum_{n=1}^{\infty}\frac{1}{n}\sin\frac{n\pi c}{L}\sin\frac{an\pi}{L}t\sin\frac{n\pi}{L}x \tag{6.2.7}$$

这就是定解问题 (5.5.36) 的解。弦振动在不同时刻的形态如图 6.6 所示。

例 3　求解阻尼波动方程 (5.1.13) 的定解问题

$$\begin{cases}\dfrac{\partial^2u}{\partial t^2}-a^2\dfrac{\partial^2u}{\partial x^2}+2b\dfrac{\partial u}{\partial t}=0 & (0<x<L,\ t>0) & \text{(6.2.8a)}\\ u\big|_{t=0}=\phi(x),\quad \dfrac{\partial u}{\partial t}\bigg|_{t=0}=\psi(x) & (0\leqslant x\leqslant L) & \text{(6.2.8b)}\\ u\big|_{x=0}=0,\quad u\big|_{x=L}=0 & (t>0) & \text{(6.2.8c)}\end{cases}$$

其中，$b>0$。

解　这里的波动方程 (6.2.8a) 虽然比基本形式 (5.1.6) 多出了阻尼项，但仍然是线性齐次方程，而且边界条件是齐次的，故可以用分离变量法求解。令 $u(x,t)=X(x)T(t)$, 其中 $X(x)$ 构成本征值问题

$$\begin{cases}X''(x)+\lambda X(x)=0 & \text{(6.2.9a)}\\ X(0)=0,\quad X(L)=0 & \text{(6.2.9b)}\end{cases}$$

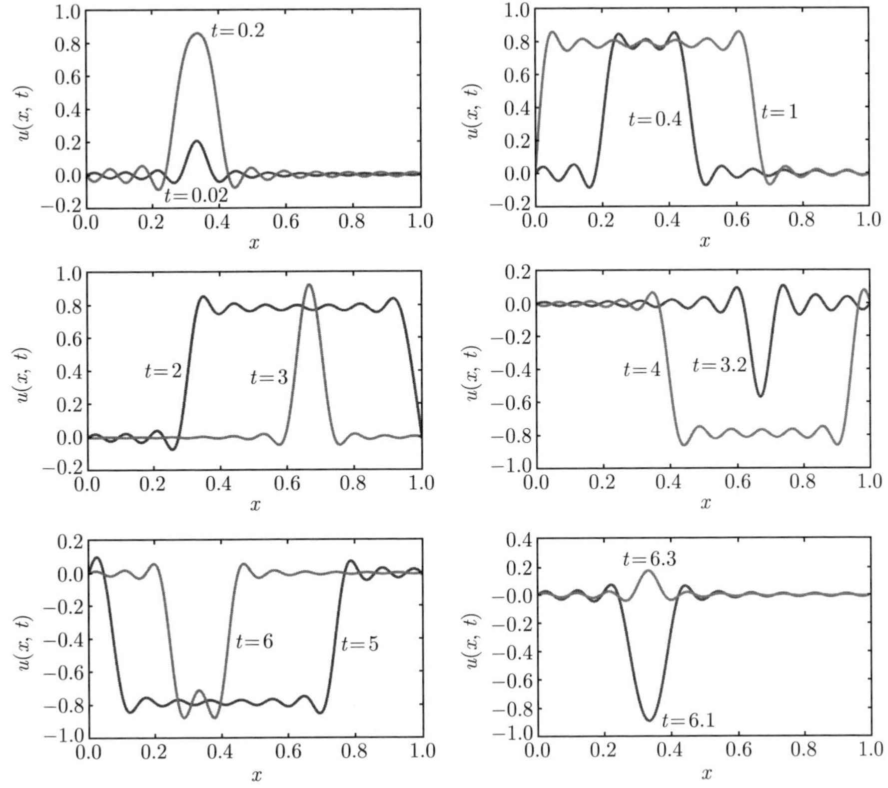

图 6.6 一般解 (6.2.7) 的部分和 (前 20 项) 的曲线，这里取 $L=1$，$a\pi=1$，$2k/\rho=1$，$c=1/3$。图中的曲线显示了弦振动在一个周期内的形态演化

而 $T(t)$ 满足方程

$$T''(t)+2bT'(t)+\lambda a^2T(t)=0 \tag{6.2.10}$$

本征值问题 (6.2.9) 在 $\lambda>0$ 时有解

$$\lambda_n=\left(\frac{n\pi}{L}\right)^2,\quad X_n(x)=B_n\sin\left(\frac{n\pi}{L}x\right)\quad(n=1,\ 2,\ 3,\cdots) \tag{6.2.11}$$

时间函数 $T(t)$ 的方程为

$$T''(t)+2bT'(t)+\left(\frac{n\pi a}{L}\right)^2T(t)=0 \tag{6.2.12}$$

它的通解有三种情况

$$T_n(t)=\exp(-bt)\left(c_n\cosh q_nt+d_n\sinh q_nt\right)\quad\left(n<\frac{bL}{\pi a}\right) \tag{6.1.13a}$$

$$T_n(t)=c_n\exp(-bt)+d_nt\exp(-bt)\quad\left(n=\frac{bL}{\pi a}\right) \tag{6.2.13b}$$

$$T_n(t) = \exp(-bt)\left(c_n \cos q_n t + d_n \sin q_n t\right) \quad \left(n > \frac{bL}{\pi a}\right) \tag{6.2.13c}$$

其中，c_n 和 d_n 是任意常数，而

$$q_n = \sqrt{\left|\left(\frac{n\pi a}{L}\right)^2 - b^2\right|} \tag{6.2.14}$$

考虑阻尼较小的情况，即 $\dfrac{bL}{\pi a} < 1$，我们有 $n > \dfrac{bL}{\pi a}$(对于所有的 n)，这样只需要考虑解 (6.2.13c)，故一般解为

$$u(x,t) = \exp(-bt)\sum_{n=1}^{\infty}\left(C_n \cos q_n t + D_n \sin q_n t\right)\sin\frac{n\pi}{L}x \tag{6.2.15}$$

其中，$C_n = B_n c_n$，$D_n = B_n d_n$。考虑到初始条件 (6.2.8b)，我们有

$$\phi(x) = \sum_{n=1}^{\infty} C_n \sin\frac{n\pi}{L}x \tag{6.2.16a}$$

$$\psi(x) = \sum_{n=1}^{\infty}\left(-C_n b + D_n q_n\right)\sin\frac{n\pi}{L}x \tag{6.2.16b}$$

其中，C_n 和 $(-C_n b + D_n q_n)$ 分别是初始位移 $\phi(x)$ 和初始速度 $\psi(x)$ 的半幅傅里叶级数的展开系数，从式 (2.2.2) 得到

$$C_n = \frac{2}{L}\int_0^L \phi(x)\sin\frac{n\pi}{L}x\mathrm{d}x \tag{6.2.17a}$$

$$D_n = \frac{b}{q_n}C_n + \frac{2}{Lq_n}\int_0^L \psi(x)\sin\frac{n\pi}{L}x\mathrm{d}x \tag{6.2.17b}$$

式 (6.2.15) 就是定解问题 (6.2.8) 在较小阻尼情况下的解，其中 C_n 和 D_n 由式 (6.2.17) 表示。由于阻尼因子 $\exp(-bt)$ 的作用，其稳态解为 $u(x,\infty) = 0$。

例 4　求解电报方程 (5.1.21) 的定解问题

$$\begin{cases} \dfrac{\partial^2 u}{\partial t^2} - a^2\dfrac{\partial^2 u}{\partial x^2} + 2b\dfrac{\partial u}{\partial t} + cu = 0 \quad (0 < x < L,\ t > 0) & (6.2.18\text{a}) \\ u|_{t=0} = \phi(x), \quad \left.\dfrac{\partial u}{\partial t}\right|_{t=0} = \psi(x) \quad (0 \leqslant x \leqslant L) & (6.2.18\text{b}) \\ u|_{x=0} = 0, \quad u|_{x=L} = 0 \quad (t > 0) & (6.2.18\text{c}) \end{cases}$$

其中，b, $c > 0$。

解 这里的泛定方程比上例的阻尼波动方程多出了函数项 cu，但仍然是线性齐次方程，而且边界条件是齐次的，故可以用分离变量法求解。令 $u(x,t)=X(x)T(t)$，其中 $X(x)$ 构成本征值问题

$$\begin{cases} X''(x)+\lambda X(x)=0 & (6.2.19\text{a}) \\ X(0)=0, X(L)=0 & (6.2.19\text{b}) \end{cases}$$

而 $T(t)$ 满足方程

$$T''(t)+2bT'(t)+\left(\lambda a^2+c\right)T(t)=0 \tag{6.2.20}$$

接下来的运算与上例相同，只需要将上例中的 λa^2 换成 λa^2+c 即可。本征值问题的解依然是

$$\lambda_n=\left(\frac{n\pi}{L}\right)^2,\quad X_n(x)=B_n\sin\left(\frac{n\pi}{L}x\right)\quad (n=1,\ 2,\ 3,\cdots) \tag{6.2.21}$$

而时间函数 $T(t)$ 的方程为

$$T''(t)+2bT'(t)+\left[\left(\frac{n\pi a}{L}\right)^2+c\right]T(t)=0 \tag{6.2.22}$$

在阻尼较小的情况下，一般解为

$$u(x,t)=\exp(-bt)\sum_{n=1}^{\infty}\left(C_n\cos q_nt+D_n\sin q_nt\right)\sin\frac{n\pi}{L}x \tag{6.2.23}$$

其中

$$q_n=\sqrt{\left|\left(\frac{n\pi a}{L}\right)^2+c-b^2\right|} \tag{6.2.24}$$

展开系数 C_n 和 D_n 仍由式 (6.2.17) 给出。

在泛定方程 (6.2.18a) 中，如果 $b=0$，则空间函数的结果仍由式 (6.2.21) 确定，而时间函数 $T(t)$ 的方程为

$$T''(t)+\left[\left(\frac{n\pi a}{L}\right)^2+c\right]T(t)=0 \tag{6.2.25}$$

一般解为

$$u(x,t)=\sum_{n=1}^{\infty}\left(C_n\cos q_nt+D_n\sin q_nt\right)\sin\frac{n\pi}{L}x \tag{6.2.26}$$

其中

$$q_n=\sqrt{\left(\frac{n\pi a}{L}\right)^2+c} \tag{6.2.27}$$

展开系数 C_n 和 D_n 仍由式 (6.2.17) 给出。

例 5　(1) 求解 $x=0$ 端自由，$x=L$ 端固定的弦振动的定解问题 (5.5.38)；(2) 对于初始条件

$$u\big|_{t=0}=\cos\frac{\pi x}{2L},\quad \left.\frac{\partial u}{\partial t}\right|_{t=0}=0 \tag{6.2.28}$$

求解该定解问题。

解　(1) 这里 $x=0$ 端是第二类齐次边界条件，$x=L$ 端是第一类齐次边界条件，可以用分离变量法求解。令 $u(x,t)=X(x)T(t)$, 其中 $X(x)$ 构成本征值问题

$$\begin{cases} X''(x)+\lambda X(x)=0 & (6.2.29\text{a})\\ X'(0)=0,\quad X(L)=0 & (6.2.29\text{b})\end{cases}$$

而 $T(t)$ 满足方程

$$T''(t)+\lambda a^2T(t)=0 \tag{6.2.30}$$

我们首先求解本征值问题 (6.2.29)，与两端固定弦振动问题一样，$\lambda\leqslant 0$ 时都只有零解，而 $\lambda>0$ 时，泛定方程 (6.2.29a) 的通解为

$$X(x)=A\cos kx+B\sin kx \tag{6.2.31}$$

其中，$k=\sqrt{\lambda}$，A 和 B 是任意常数。它的导数为

$$X'(x)=-kA\sin kx+kB\cos kx \tag{6.2.32}$$

现在边界条件 $X'(0)=0$ 要求 $B=0$，于是解 (6.2.31) 约化为

$$X(x)=A\cos kx \tag{6.2.33}$$

从边界条件 $X(L)=0$ 得到 $\cos kL=0$，故

$$kL=\frac{(2n+1)\pi}{2}\quad (n=0,\ 1,\ 2,\cdots) \tag{6.2.34}$$

这里没有考虑 n 为负值的情况，因为 $k>0$。本征值和本征函数为

$$\lambda_n=\left[\frac{(2n+1)\pi}{2L}\right]^2,\quad X_n(x)=A_n\cos\frac{(2n+1)\pi}{2L}x \tag{6.2.35}$$

将 λ_n 代入式 (6.2.30)，得到时间函数的通解

$$T_n(t)=c_n\cos\frac{(2n+1)\pi a}{2L}t+d_n\sin\frac{(2n+1)\pi a}{2L}t \tag{6.2.36}$$

其中，c_n 和 d_n 是任意常数。由此得到一般解

$$u(x,t)=\sum_{n=0}^{\infty}\left[C_n\cos\frac{(2n+1)\pi a}{2L}t+D_n\sin\frac{(2n+1)\pi a}{2L}t\right]\cos\frac{(2n+1)\pi}{2L}x \tag{6.2.37}$$

其中，$C_n=A_nc_n$ 和 $D_n=A_nd_n$ 分别是初始位移 $\phi(x)$ 和初始速度 $\psi(x)$ 的半幅傅里叶级数的展开系数，根据式 (2.2.12) 得到

$$C_n=\frac{2}{L}\int_0^L\phi(x)\cos\frac{(2n+1)\pi}{2L}x\mathrm{d}x \tag{6.2.38a}$$

$$D_n=\frac{4}{(2n+1)\pi a}\int_0^L\psi(x)\cos\frac{(2n+1)\pi}{2L}x\mathrm{d}x \tag{6.2.38b}$$

式 (6.2.37) 就是定解问题 (5.5.38) 的解，其中 C_n 和 D_n 由式 (6.2.38) 表示。

(2) 对于初始条件 (6.2.28)，展开系数为

$$\begin{aligned}C_n&=\frac{2}{L}\int_0^L\cos\frac{\pi x}{2L}\cos\frac{(2n+1)\pi}{2L}x\mathrm{d}x\\&=\frac{2}{L}\int_0^L\cos\frac{(2\cdot0+1)\pi x}{2L}\cos\frac{(2n+1)\pi}{2L}x\mathrm{d}x\\&=\delta_{0n}\end{aligned}$$

$$D_n=0$$

将 C_n 和 D_n 代入式 (6.2.37)，得到

$$u(x,t)=\sum_{n=0}^{\infty}\delta_{0n}\cos\frac{(2n+1)\pi a}{2L}t\cos\frac{(2n+1)\pi}{2L}x=\cos\frac{\pi a}{2L}t\cos\frac{\pi}{2L}x \tag{6.2.39}$$

这个结果表示，弦的 $x=L$ 端固定，$x=0$ 端在 $[1,\ -1]$ 间振荡。实际上，弦上任意点 x 以其初始位移 $\cos\dfrac{\pi x}{2L}$ 为振幅，以 $a/4L$ 为频率作简谐振荡，如图 6.7 所示。在任意时刻 t，弦在 $x=0$ 端的斜率为零。

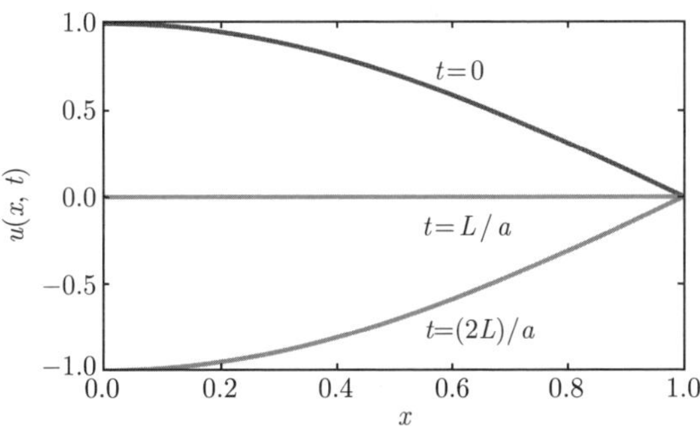

图 6.7 一般解 (6.2.39) 的曲线。

例 6　(1) 求解下列定解问题

$$\begin{cases} \dfrac{\partial^2 u}{\partial t^2} = a^2 \dfrac{\partial^2 u}{\partial x^2} & (0 < x < L,\ t > 0) \quad (6.2.40a) \\ u|_{t=0} = \phi(x), \quad \left.\dfrac{\partial u}{\partial t}\right|_{t=0} = \psi(x) & (0 \leqslant x \leqslant L) \quad (6.2.40b) \\ u|_{x=0} = 0, \quad \left.\dfrac{\partial u}{\partial x}\right|_{x=L} = 0 & (t > 0) \quad (6.2.40c) \end{cases}$$

(2) 求解 5.5.4 节例 4 关于高频传输线的定解问题 (5.5.42);

(3) 对于初始条件

$$u|_{t=0} = x^2 - 2Lx, \quad \left.\frac{\partial u}{\partial t}\right|_{t=0} = \frac{a\pi}{2L} \sin \frac{\pi x}{2L} \tag{6.2.41}$$

求解定解问题 (6.2.40)。

解　(1) 这里 $x = 0$ 端是第一类齐次边界条件，$x = L$ 端是第二类齐次边界条件，可以用分离变量法求解。令 $u(x,t) = X(x)T(t)$, 其中 $X(x)$ 构成本征值问题

$$\begin{cases} X''(x) + \lambda X(x) = 0 & (6.2.42a) \\ X(0) = 0, \quad X'(L) = 0 & (6.2.42b) \end{cases}$$

而 $T(t)$ 满足方程

$$T''(t) + \lambda a^2 T(t) = 0 \tag{6.2.43}$$

与例 5 的过程类似，在 $\lambda > 0$ 时，得到本征值和本征函数

$$\lambda_n = \left[\frac{(2n+1)\pi}{2L}\right]^2, \quad X_n(x) = B \sin \frac{(2n+1)\pi}{2L} x \quad (n = 0,\ 1,\ 2, \cdots) \tag{6.2.44}$$

将 λ_n 代入式 (6.2.43)，解出时间函数 $T_n(t)$，由此得到一般解

$$u(x,t) = \sum_{n=0}^{\infty} \left(C_n \cos \frac{(2n+1)\pi a}{2L} t + D_n \sin \frac{(2n+1)\pi a}{2L} t \right) \sin \frac{(2n+1)\pi}{2L} x \tag{6.2.45}$$

其中，C_n 和 D_n 分别是 $\phi(x)$ 和 $\psi(x)$ 的半幅傅里叶级数的展开系数。由初始条件 (6.2.40b) 及式 (2.2.11) 得到

$$C_n = \frac{2}{L} \int_0^L \phi(x) \sin \frac{(2n+1)\pi}{2L} x \mathrm{d}x \tag{6.2.46a}$$

$$D_n = \frac{4}{(2n+1)\pi a} \int_0^L \psi(x) \sin \frac{(2n+1)\pi}{2L} x \mathrm{d}x \tag{6.2.46b}$$

(2) 对于高频传输线的定解问题 (5.5.42)，将 $\phi(x) = E,\quad \psi(x) = 0$ 代入式 (6.2.46)，得到展开系数

$$C_n = \frac{2}{L}\int_0^L E\sin\frac{(2n+1)\pi}{2L}x\mathrm{d}x = \frac{4E}{\pi}\frac{1}{2n+1},\quad D_n = 0 \tag{6.2.47}$$

这样

$$u(x,t) = \frac{4E}{\pi}\sum_{n=0}^{\infty}\frac{1}{2n+1}\cos\frac{(2n+1)\pi a}{2L}t\sin\frac{(2n+1)\pi}{2L}x \tag{6.2.48}$$

这就是关于高频传输线的定解问题 (5.5.42) 的一般解。

(3) 对于初始条件 (6.2.41)，展开系数为

$$\begin{aligned}
C_n &= \frac{2}{L}\int_0^L (x^2 - 2Lx)\sin\frac{(2n+1)\pi}{2L}x\mathrm{d}x = -\frac{32L^2}{(2n+1)^3\pi^3}\\
D_n &= \frac{4}{(2n+1)\pi a}\int_0^L \frac{a\pi}{2L}\sin\frac{\pi}{2L}x\sin\frac{(2n+1)\pi}{2L}x\mathrm{d}x\\
&= \frac{2}{(2n+1)L}\int_0^L \sin\frac{(2\cdot 0+1)\pi}{2L}x\sin\frac{(2n+1)\pi}{2L}x\mathrm{d}x\\
&= \delta_{n0}
\end{aligned}$$

将 C_n 和 D_n 代入式 (6.2.45)，得到

$$\begin{aligned}
u(x,t) &= \sum_{n=0}^{\infty}\left[-\frac{32L^2}{(2n+1)^3\pi^3}\cos\frac{(2n+1)\pi a}{2L}t + \delta_{n0}\sin\frac{(2n+1)\pi a}{2L}t\right]\sin\frac{(2n+1)\pi}{2L}x\\
&= \left(-\frac{32L^2}{\pi^3}\cos\frac{\pi a}{2L}t + \sin\frac{\pi a}{2L}t\right)\sin\frac{\pi}{2L}x\\
&\quad -\sum_{n=1}^{\infty}\frac{32L^2}{(2n+1)^3\pi^3}\cos\frac{(2n+1)\pi a}{2L}t\sin\frac{(2n+1)\pi}{2L}x
\end{aligned}$$

它可以写成更简单的形式

$$u(x,t) = \sin\frac{\pi a}{2L}t\sin\frac{\pi}{2L}x - \sum_{n=0}^{\infty}\frac{32L^2}{(2n+1)^3\pi^3}\cos\frac{(2n+1)\pi a}{2L}t\sin\frac{(2n+1)\pi}{2L}x \tag{6.2.49}$$

该一般解在不同时刻 t 的曲线如图 6.8 所示。

例 7 考虑一维的热传导系统 (有界杆)，设杆的长度为 L，其两端保持绝热，杆的初始温度分布为 $\phi(x)$。

(1) 求解有界杆任意时刻温度分布的定解问题;

(2) 求系统的稳态温度分布及任意时刻的平均温度;

(3) 设 $\phi(x) = x$，求系统任意时刻的温度分布;

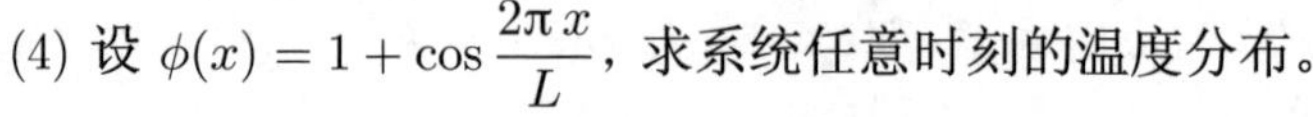

(4) 设 $\phi(x)=1+\cos\dfrac{2\pi x}{L}$，求系统任意时刻的温度分布。

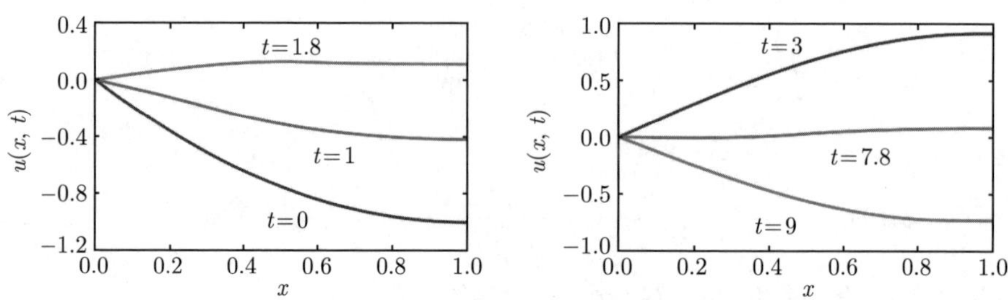

图 6.8　一般解 (6.2.49) 的部分和 (前 20 项) 的曲线，这里取 $L=1$，$a\pi=1$。图中的曲线显示了一般解在一个周期内的不同行为，任意 t 时刻曲线在后端的斜率为 0

解　(1) 设有界杆的两个端点处于 $x=0$ 和 $x=L$。杆的两端保持绝热，因此从两端进入的热量为零。根据热传导的傅里叶定律 [式 (5.2.1)]，两端的温度梯度均为零，故定解问题为

$$\begin{cases} \dfrac{\partial u}{\partial t}=a^2\dfrac{\partial^2 u}{\partial x^2} & (0<x<L,\ t>0) \quad (6.2.50\text{a}) \\ u\big|_{t=0}=\phi(x) & (0\leqslant x\leqslant L) \quad (6.2.50\text{b}) \\ \left.\dfrac{\partial u}{\partial x}\right|_{x=0}=0,\quad \left.\dfrac{\partial u}{\partial x}\right|_{x=L}=0 & (t>0) \quad (6.2.50\text{c}) \end{cases}$$

两端都是第二类齐次边界条件，可以用分离变量法求解。设泛定方程 (6.2.50a) 有变量分离的形式解 $u(x,t)=X(x)T(t)$，其中 $X(x)$ 构成本征值问题

$$\begin{cases} X''(x)+\lambda X(x)=0 & (6.2.51\text{a}) \\ X'(0)=0, X'(L)=0 & (6.2.51\text{b}) \end{cases}$$

而 $T(t)$ 满足方程

$$T'(t)+\lambda a^2 T(t)=0 \tag{6.2.52}$$

与波动方程的情况不同，现在时间函数 $T(t)$ 服从一阶常微分方程，这是由于泛定方程 (6.2.50a) 中关于时间的微商是一阶的。我们首先求解本征值问题 (6.2.51)，考虑三种情况。

① $\lambda=0$，这时方程 (6.2.50a) 的通解为 $X(x)=A+Bx[X'(x)=B]$，其中 A 和 B 为任意常数。边界条件 $X'(0)=0$ 要求 $B=0$，于是 $X(x)=A$。这个结果表示 $X'(x)=0$，即任意 x 处的导数为零，当然满足 $X'(L)=0$。这样我们看到，在边界条件 (6.2.51b) 之下，本征值问题 (6.2.51) 的解为：$\lambda_0=0$，$X_0(x)=A$。

② $\lambda<0$，这时方程 (6.2.51a) 的通解为 [式 (1.1.34)]

$$X(x)=A\cosh kx+B\sinh kx \tag{6.2.53a}$$

其中，$k=\sqrt{-\lambda}$。它的导数为

$$X'(x)=kA\sinh kx+kB\cosh kx \tag{6.2.53b}$$

边界条件 $X'(0)=0$ 要求 $B=0$，于是 $X(x)=A\cosh kx$。而 $X'(L)=0$ 要求 $kA\sinh kL=0$，但 $\sinh kL\neq 0$，故 $A=0$。这样 $\lambda<0$ 时只有零解。

③ $\lambda>0$，这时方程 (6.2.51a) 的通解为 [式 (1.1.23)]

$$X(x)=A\cos kx+B\sin kx \tag{6.2.54a}$$

其中，$k=\sqrt{\lambda}$。它的导数为

$$X'(x)=-kA\sin kx+kB\cos kx \tag{6.2.54b}$$

边界条件 $X'(0)=0$ 要求 $B=0$，于是 $X(x)=A\cos kx$。而 $X'(L)=0$ 要求 $\sin kL=0$。这样

$$k=k_n=\frac{n\pi}{L}\quad (n=1,\ 2,\ 3,\cdots) \tag{6.2.55}$$

这里 n 不取零与负值是由于 $k>0$。于是本征值与本征函数为

$$\lambda_n=\left(\frac{n\pi}{L}\right)^2,\quad X_n(x)=A_n\cos\frac{n\pi}{L}x \tag{6.2.56}$$

将上述所有的本征值 $\lambda_n\ (n=0,\ 1,\ 2,\cdots)$ 代入方程 (6.2.52)，得到时间函数 $T(t)$ 的方程

$$T_n'(t)+\left(\frac{na\pi}{L}\right)^2 T_n(t)=0\quad (n=0,\ 1,\ 2,\cdots) \tag{6.2.57}$$

它的解为

$$T_0=c_0,\quad T_n(t)=c_n\exp\left[-\left(\frac{na\pi}{L}\right)^2 t\right]\quad (n=1,\ 2,\ 3,\cdots) \tag{6.2.58}$$

其中，$T_0=c_0$ 相应于 $\lambda_0=0$。于是由式 (6.2.56) 和式 (6.2.58) 得到满足泛定方程 (6.2.50a) 和边界条件 (6.2.50c) 的本征解

$$u_n(x,t)=C_0+C_n\exp\left[-\left(\frac{na\pi}{L}\right)^2 t\right]\cos\frac{n\pi}{L}x \tag{6.2.59}$$

其中，$C_0=A_0c_0$ 和 $C_n=A_nc_n$ 是任意常数。由于泛定方程 (6.2.50a) 是线性齐次的，故由叠加原理得到一般解

$$u(x,t)=C_0+\sum_{n=1}^{\infty}C_n\exp\left[-\left(\frac{na\pi}{L}\right)^2 t\right]\cos\frac{n\pi}{L}x \tag{6.2.60}$$

现在利用初始条件 (6.2.50b) 确定其中的系数 C_0 和 C_n，我们有

$$\phi(x)=C_0+\sum_{n=1}^{\infty}C_n\cos\frac{n\pi}{L}x \tag{6.2.61}$$

式 (6.2.61) 显示，C_0 和 C_n 是半幅傅里叶余弦级数 (2.2.3) 的展开系数，式 (2.2.4) 给出

$$C_0=\frac{1}{L}\int_0^L\phi(x)\mathrm{d}x \tag{6.2.62a}$$

$$C_n=\frac{2}{L}\int_0^L\phi(x)\cos\frac{n\pi x}{L}\mathrm{d}x\quad(n=1,\ 2,\ 3,\cdots) \tag{6.2.62b}$$

式 (6.2.60) 就是该定解问题的解，其中的展开系数 C_0 和 C_n 由 (6.2.62) 表示。

(2) 关于系统的稳态温度，我们可以从三个角度进行讨论。

首先一般解 (6.2.60) 在 $t\to\infty$ 时给出稳态温度 $u(x,\infty)=C_0$，再利用式 (6.2.62a) 得到

$$u(x,\infty)=\frac{1}{L}\int_0^L\phi(x)\mathrm{d}x \tag{6.2.63}$$

式 (6.2.63) 表示，系统的稳态温度是初始温度的平均值。

另外，从热力学的角度进行分析，系统 $t=0$ 时刻的温度分布是函数 $u(x,0)=\phi(x)$，然后温度随时空变化。当 $t\to\infty$ 时，热量在空间均匀分布，因此 $u(x,\infty)=$ 常数，如图 6.9 所示。由于 $t=0\sim\infty$ 的演化过程中是绝热的，热量保持守恒，即图 6.9 中两条曲线下的面积相等：$\int_0^L\phi(x)\mathrm{d}x=u(x,\infty)L$，它给出稳态温度式 (6.2.63)。

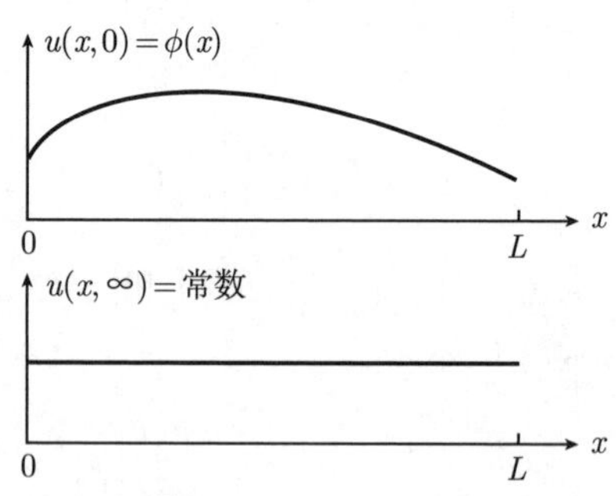

图 6.9　绝热系统在 $t=0$ 和 $t\to\infty$ 的温度分布。

我们还可以从热传导方程的稳态解 [式 (5.2.11)] 考虑，在任何条件下，热传导方程的稳态解由

$$u(x,\infty)=A+Bx \tag{6.2.64a}$$

表示。利用边界条件 (6.2.50c)，式 (6.2.64a) 变为 $u(x,\infty)=A$。再利用初始条件 (6.2.50b) 得到稳态温度：

$$A=\frac{1}{L}\int_0^L\phi(x)\mathrm{d}x \tag{6.2.64b}$$

系统在任意时刻的平均温度定义为 $u(x,t)$ 对空间的积分除以系统的长度 L，即

$$U(t)=\frac{1}{L}\int_0^L u(x,t)\mathrm{d}x \tag{6.2.65}$$

由于现在的系统是绝热的，系统的平均温度应该不随时间变化，事实上，将式 (6.2.60) 代入式 (6.2.65) 给出

$$\begin{aligned}U(t)&=\frac{1}{L}\int_0^L\left\{C_0+\sum_{n=1}^{\infty}C_n\exp\left[-\left(\frac{na\pi}{L}\right)^2t\right]\cos\frac{n\pi}{L}x\right\}\mathrm{d}x\\&=C_0+\frac{1}{L}\sum_{n=1}^{\infty}C_n\exp\left[-\left(\frac{na\pi}{L}\right)^2t\right]\underbrace{\int_0^L\cos\frac{n\pi}{L}x\mathrm{d}x}_{=0}\\&=C_0\end{aligned}$$

它就是系统的稳态温度。

(3) 初始温度 $\phi(x)=x$ 时

$$C_0=\frac{1}{L}\int_0^L x\mathrm{d}x=\frac{L}{2}$$

$$\begin{aligned}C_n&=\frac{2}{L}\int_0^L x\cos\frac{n\pi}{L}x\mathrm{d}x=\frac{2}{L}\left[\frac{\cos\frac{n\pi}{L}x}{\left(\frac{n\pi}{L}\right)^2}+\frac{x\sin\frac{n\pi}{L}x}{\frac{n\pi}{L}}\right]_0^L\\&=\frac{2}{L}\left(\frac{L}{n\pi}\right)^2(\cos n\pi-1)=\frac{2L}{n^2\pi^2}[(-1)^n-1]\end{aligned}$$

将 C_0 和 C_n 代入式 (6.2.60) 得到一般解

$$u(x,t)=\frac{L}{2}+\frac{2L}{\pi^2}\sum_{n=1}^{\infty}\frac{(-1)^n-1}{n^2}\exp\left[-\left(\frac{na\pi}{L}\right)^2t\right]\cos\frac{n\pi}{L}x \tag{6.2.66}$$

(4) 初始温度 $\phi(x)=1+\cos\dfrac{2\pi x}{L}$ 时

$$C_0=\frac{1}{L}\int_0^L\left(1+\cos\frac{2\pi x}{L}\right)\mathrm{d}x=1 \tag{6.2.67}$$

$$
\begin{aligned}
C_n &= \frac{2}{L}\int_0^L \left(1+\cos\frac{2\pi x}{L}\right)\cos\frac{n\pi x}{L}\mathrm{d}x \\
&= \frac{2}{L}\int_0^L \cos\frac{2\pi x}{L}\cos\frac{n\pi x}{L}\mathrm{d}x \quad [\text{利用式}(2.2.8)] \\
&= \delta_{2n}
\end{aligned}
$$

将 C_0 和 C_n 代入式 (6.2.60) 得到一般解

$$
\begin{aligned}
u(x,t) &= C_0 + \sum_{n=1}^{\infty} \delta_{2n} \exp\left[-\left(\frac{na\pi}{L}\right)^2 t\right]\cos\frac{n\pi}{L}x \\
&= 1 + \exp\left[-\left(\frac{2a\pi}{L}\right)^2 t\right]\cos\frac{2\pi}{L}x
\end{aligned} \tag{6.2.68}
$$

系统在不同 t 时刻的温度分布如图 6.10 所示。

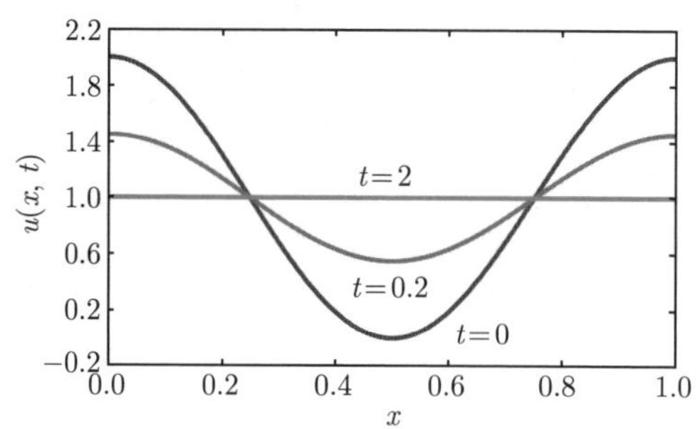

图 6.10　一般解 (6.2.68) 的曲线，这里取 $L=1$，$a\pi=1$。
系统在 $t=2$ 时已经趋于稳态温度 $C_0=1$

从以上例题可以总结出用分离变量法求解基本定解问题的要点：

(1) 对于有界空间 $(0 \leqslant x \leqslant L)$ 的波动方程与热传导方程的定解问题，其泛定方程具有变量分离的形式解 $u(x,t)=X(x)T(t)$，其中空间函数 $X(x)$ 所满足的方程在一般情况下具有确定的形式 $X''(x)+\lambda X(x)=0$，并与 $x=0$ 和 $x=L$ 两端的齐次边界条件结合，构成相关的本征值问题。本征值问题的解依赖于分离常数 λ 的取值，在 $\lambda>0$ 情况下，有通解

$$
X(x) = A\cos kx + B\sin kx \tag{6.2.69}
$$

(2) 通解 (6.2.69) 在不同的边界条件下，约化成两种特解。如果 $x=0$ 端是第一类边界条件，则特解为正弦项；反之，如果 $x=0$ 端是第二类边界条件，则特解为余弦项，即

$$
u\,|_{x=0} = 0 \longrightarrow X(x) = B\sin kx \tag{6.2.70a}
$$

$$
\left.\frac{\partial u}{\partial x}\right|_{x=0} = 0 \longrightarrow X(x) = A\cos kx \tag{6.2.70b}
$$

简言之，$x=0$ 端的边界条件决定本征函数，而 $x=L$ 端的边界条件进一步决定本征值。

(3) 边界条件有 4 种不同的组合，相应的本征值与本征函数列于表 6.2 中。

表 6.2 本征方程 $X''(x)+\lambda X(x)=0$ 的本征值与本征函数

边界条件	本征值	本征函数
$u\|_{x=0}=0,\ u\|_{x=L}=0:$	$\lambda_n=\left(\dfrac{n\pi}{L}\right)^2,$	$X_n(x)=B_n\sin\dfrac{n\pi}{L}x,\ \ n=1,\ 2,\ 3,\cdots$
$\left.\dfrac{\partial u}{\partial x}\right\|_{x=0}=0,\ \left.\dfrac{\partial u}{\partial x}\right\|_{x=L}=0:$	$\lambda_n=\left(\dfrac{n\pi}{L}\right)^2,$	$X_n(x)=A_n\cos\dfrac{n\pi}{L}x,\ \ n=0,\ 1,\ 2,\cdots$
$u\|_{x=0}=0,\ \left.\dfrac{\partial u}{\partial x}\right\|_{x=L}=0:$	$\lambda_n=\left[\dfrac{(2n+1)\pi}{2L}\right]^2,$	$X_n(x)=B_n\sin\dfrac{(2n+1)\pi}{2L}x,\ \ n=0,\ 1,\ 2,\cdots$
$\left.\dfrac{\partial u}{\partial x}\right\|_{x=0}=0,\ u\|_{x=L}=0:$	$\lambda_n=\left[\dfrac{(2n+1)\pi}{2L}\right]^2,$	$X_n(x)=A_n\cos\dfrac{(2n+1)\pi}{2L}x,\ \ n=0,\ 1,\ 2,\cdots$

6.3 二维泛定方程的定解问题

本节讨论二维波动方程与热传导方程的定解问题，如果方程与边界条件都是齐次的，也可以用分离变量法求解。与一维情形不同的是，由于空间变量是两个，所以在时空变量分离后，需要对两个空间变量进行进一步的分离。

6.3.1 二维波动方程

考虑膜振动问题：一个边长为 a 和 b 的矩形膜置于 x-y 平面的第一象限，其四周被固定，膜的初始位移与初始速度为任意函数，确定任意点 (x,y) 在任意时刻 t 的位移 $u(x,y,t)$，即求解下面的定解问题

$$\begin{cases}\dfrac{\partial^2 u}{\partial t^2}=c^2\left(\dfrac{\partial^2 u}{\partial x^2}+\dfrac{\partial^2 u}{\partial y^2}\right) & (0<x<a,\ 0<y<b,t>0) \quad (6.3.1\text{a})\\ u\big|_{t=0}=\phi(x,y),\quad \left.\dfrac{\partial u}{\partial t}\right|_{t=0}=\psi(x,y) & (0\leqslant x\leqslant a,\ 0\leqslant y\leqslant b) \quad (6.3.1\text{b})\\ u\big|_{x=0}=u\big|_{x=a}=0 & (0\leqslant y\leqslant b,\ \ t>0) \quad (6.3.1\text{c})\\ u\big|_{y=0}=u\big|_{y=b}=0 & (0\leqslant x\leqslant a,\ \ t>0) \quad (6.3.1\text{d})\end{cases}$$

其中，c 为二维情况下的波速，$\phi(x,y)$ 和 $\psi(x,y)$ 是膜的初始位移和初始速度。

设方程 (6.3.1a) 有形式解

$$u(x,y,t)=V(x,y)T(t) \tag{6.3.2}$$

代入方程 (6.3.1a) 得到

$$\frac{T''}{c^2T}=\frac{1}{V}\left(\frac{\partial^2V}{\partial x^2}+\frac{\partial^2V}{\partial y^2}\right)=-\lambda \tag{6.3.3}$$

其中，λ 是分离常数，由式 (6.3.3) 得到

$$\frac{\partial^2V}{\partial x^2}+\frac{\partial^2V}{\partial y^2}+\lambda V=0 \tag{6.3.4a}$$

$$T''+\lambda c^2T=0 \tag{6.3.4b}$$

方程 (6.3.4a) 是二维拉普拉斯算符的本征方程。再令

$$V(x,y)=X(x)Y(y) \tag{6.3.5}$$

代入式 (6.3.4a) 得到

$$\frac{X''}{X}=-\frac{Y''+\lambda Y}{Y}=-\mu \tag{6.3.6}$$

μ 是又一个分离常数。由式 (6.3.6) 及边界条件 (6.3.1c) 和式 (6.3.1d) 得到

$$\begin{cases} X''+\mu X=0 \quad (0<x<a) & (6.3.7a)\\ X(0)=X(a)=0 & (6.3.7b)\end{cases}$$

$$\begin{cases} Y''+\nu Y=0 \quad (0<y<b) & (6.3.8a)\\ Y(0)=Y(b)=0 & (6.3.8b)\end{cases}$$

其中，$\lambda=\mu+\nu$。我们看到，式 (6.3.7) 和式 (6.3.8) 都是 6.1 节所讨论的弦振动空间函数的本征值问题 [方程 (6.1.12)]。它们在 $\mu>0$ 和 $\nu>0$ 情况下有非零解

$$\mu=\mu_m=\left(\frac{m\pi}{a}\right)^2 \quad 和 \quad \nu=\nu_n=\left(\frac{n\pi}{b}\right)^2 \quad (m,\ n=1,\ 2,\ 3,\cdots) \tag{6.3.9}$$

$$X_m(x)=\sin\frac{m\pi}{a}x \quad 和 \quad Y_n(y)=\sin\frac{n\pi}{b}y \tag{6.3.10}$$

这样本征方程 (6.3.4a) 的解为

$$\lambda=\lambda_{mn}=\left(\frac{m\pi}{a}\right)^2+\left(\frac{n\pi}{b}\right)^2 \tag{6.3.11a}$$

$$V_{mn}(x,y)=\sin\frac{m\pi}{a}x\sin\frac{n\pi}{b}y \tag{6.3.11b}$$

将式 (6.3.11a) 代入式 (6.3.4b) 解出时间函数

$$T(t)=T_{mn}(t)=C_{mn}\cos\omega_{mn}t+D_{mn}\sin\omega_{mn}t \tag{6.3.12}$$

其中，C_{mn} 和 D_{mn} 是待定系数，而

$$\omega_{mn}=c\pi\sqrt{\left(\frac{m}{a}\right)^2+\left(\frac{n}{b}\right)^2} \tag{6.3.13}$$

是膜振动的特征频率，其中基频为

$$\omega_{11}=c\pi\sqrt{\left(\frac{1}{a}\right)^2+\left(\frac{1}{b}\right)^2} \tag{6.3.14}$$

与一维弦振动情况不同，ω_{mn} 不是基频的整数倍。进而，本征解 (6.3.2) 为

$$u_{mn}(x,y,t)=(C_{mn}\cos\omega_{mn}t+D_{mn}\sin\omega_{mn}t)\sin\frac{m\pi}{a}x\sin\frac{n\pi}{b}y\quad(m,n=1,2,\ 3\cdots) \tag{6.3.15}$$

为了表征任意的初始条件，我们将所有的本征解叠加起来，得到一般解

$$u(x,y,t)=\sum_{m=1}^{\infty}\sum_{n=1}^{\infty}(C_{mn}\cos\omega_{mn}t+D_{mn}\sin\omega_{mn}t)\sin\frac{m\pi}{a}x\sin\frac{n\pi}{b}y \tag{6.3.16}$$

它表示任意时刻 t 的位移，而任意时刻 t 的速度为

$$\frac{\partial u(x,y,t)}{\partial t}=\sum_{m=1}^{\infty}\sum_{n=1}^{\infty}(-\omega_{mn}C_{mn}\sin\omega_{mn}t+\omega_{mn}D_{mn}\cos\omega_{mn}t)\sin\frac{m\pi}{a}x\sin\frac{n\pi}{b}y \tag{6.3.17}$$

利用初始条件 (6.3.1b)，我们有

$$\phi(x,y)=\sum_{m=1}^{\infty}\sum_{n=1}^{\infty}C_{mn}\sin\frac{m\pi}{a}x\sin\frac{n\pi}{b}y \tag{6.3.18a}$$

$$\psi(x,y)=\sum_{m=1}^{\infty}\sum_{n=1}^{\infty}\omega_{mn}D_{mn}\sin\frac{m\pi}{a}x\sin\frac{n\pi}{b}y \tag{6.3.18b}$$

现在我们利用式 (6.3.18) 确定系数 C_{mn} 和 D_{mn}。首先考查本征函数 (6.3.11b) 的正交性

$$\begin{aligned}&\int_0^b\int_0^a V_{mn}(x,y)V_{m'n'}(x,y)\mathrm{d}x\mathrm{d}y\\=&\int_0^b\int_0^a\sin\frac{m\pi}{a}x\sin\frac{n\pi}{b}y\sin\frac{m'\pi}{a}x\sin\frac{n'\pi}{b}y\mathrm{d}x\mathrm{d}y\\=&\left(\int_0^a\sin\frac{m\pi}{a}x\sin\frac{m'\pi}{a}x\mathrm{d}x\right)\left(\int_0^b\sin\frac{n\pi}{b}y\sin\frac{n'\pi}{b}y\mathrm{d}y\right)\end{aligned}$$

[利用式 (2.2.6)]

$$= \frac{ab}{4}\delta_{mm'}\delta_{nn'} \tag{6.3.19}$$

可见本征函数 (6.3.11b) 是正交的。这样用 $\sin\frac{m'\pi}{a}x\sin\frac{n'\pi}{b}y$ 乘以式 (6.3.18a) 两端，然后对 x 和 y 积分，并利用式 (6.3.19)，得到

$$C_{mn} = \frac{4}{ab}\int_0^b\int_0^a \phi(x,y)\sin\frac{m\pi}{a}x\sin\frac{n\pi}{b}y\mathrm{d}x\mathrm{d}y \tag{6.3.20a}$$

同理

$$D_{mn} = \frac{4}{ab\omega_{mn}}\int_0^b\int_0^a \psi(x,y)\sin\frac{m\pi}{a}x\sin\frac{n\pi}{b}y\mathrm{d}x\mathrm{d}y \tag{6.3.20b}$$

式 (6.3.16) 就是定解问题 (6.3.1) 的解，其中 C_{mn} 和 D_{mn} 由式 (6.3.20) 确定。应该指出，与弦振动的情况不同，膜振动的时间行为不是周期性的，这是因为特征频率 ω_{mn} 不是基频的整数倍，因此由各种频率成分叠加而成的一般解没有确定的周期。

通过这个问题的求解，我们得到了本征方程 (6.3.4a) 的一套本征函数集

$$\left\{\sin\frac{m\pi}{a}x\sin\frac{n\pi}{b}y\right\} \quad (m,\ n=1,\ 2,\ 3,\cdots) \tag{6.3.21}$$

这样一来，对于一个定义在 $0<x<a,\ 0<y<b$ 的函数 $f(x,y)$，可以将它按该本征函数集展开，即

$$f(x,y) = \sum_{m=1}^{\infty}\sum_{n=1}^{\infty} C_{mn}\sin\frac{m\pi}{a}x\sin\frac{n\pi}{b}y \tag{6.3.22a}$$

而展开系数 C_{mn} 由

$$C_{mn} = \frac{4}{ab}\int_0^b\int_0^a f(x,y)\sin\frac{m\pi}{a}x\sin\frac{n\pi}{b}y\mathrm{d}x\mathrm{d}y \tag{6.3.22b}$$

确定。很明显，式 (6.3.22a) 是一个二重傅里叶级数。

另外在定解问题 (6.3.1) 中，边界条件式 (6.3.1c) 和式 (6.3.1d) 还可以取其他的形式，如表 6.2 所示的各种组合，由此引出更多的本征函数集。比如，对于边界条件

$$u|_{x=0}=0,\quad \left.\frac{\partial u}{\partial x}\right|_{x=a}=0 \quad (0\leqslant y\leqslant b,\ t>0) \tag{6.3.23a}$$

$$\left.\frac{\partial u}{\partial x}\right|_{y=0}=0,\quad u|_{y=b}=0 \quad (0\leqslant x\leqslant a,\ t>0) \tag{6.3.23b}$$

方程 (6.3.4a) 的本征函数集为

$$\left\{\sin\frac{(2m+1)\pi}{2a}x\cos\frac{(2n+1)\pi}{2b}y\right\} \quad (m,\ n=0,\ 1,\ 2,\cdots) \tag{6.3.24}$$

例 设矩形膜的边长为 $a=b=1$，$c=1/\pi$，膜的初始位移为函数 $\phi(x,y)=x(x-1)y(y-1)$，初始速度 $\psi(x,y)=0$，确定膜上任意点 (x,y) 在任意 t 时刻的位移。

解 由式 (6.3.20b) 得到 $D_{mn}=0$，而

$$
\begin{aligned}
C_{mn}&=4\int_0^1\int_0^1 x(x-1)y(y-1)\sin m\pi x\sin n\pi y\mathrm{d}x\mathrm{d}y\\
&=4\left[\int_0^1 x(x-1)\sin m\pi x\mathrm{d}x\right]\left[\int_0^1 y(y-1)\sin n\pi y\mathrm{d}y\right]\\
&=4\frac{2\left[(-1)^m-1\right]}{\pi^3m^3}\frac{2\left[(-1)^n-1\right]}{\pi^3n^3}
\end{aligned}
$$

当 m,n 中任意一个为偶数时，$C_{mn}=0$。如果 m 和 n 均为奇数，则 $C_{mn}=\dfrac{64}{\pi^6m^3n^3}$，于是

$$
\begin{aligned}
u(x,y,t)&=\sum_{m=1,3\cdots}\sum_{n=1,3\cdots}\frac{64}{\pi^6m^3n^3}\cos\left(\sqrt{m^2+n^2}t\right)\sin m\pi x\sin n\pi y\\
&=\sum_{k=0}^{\infty}\sum_{l=0}^{\infty}\frac{64}{\pi^6(2k+1)^3(2l+1)^3}\cos\left[\sqrt{(2k+1)^2+(2l+1)^2}t\right]\\
&\quad\times\sin(2k+1)\pi x\sin(2l+1)\pi y
\end{aligned}
$$

这就是定解问题的结果，我们看到特征频率 $\sqrt{(2k+1)^2+(2l+1)^2}$ 不是基频 $\sqrt{2}$ 的整数倍，所以这个解的时间变化不是周期性的。我们进一步考虑膜中心点 (1/2, 1/2) 的位移

$$
\begin{aligned}
u(1/2,\ 1/2,\ t)=&\sum_{k=0}^{\infty}\sum_{l=0}^{\infty}\frac{64}{\pi^6(2k+1)^3(2l+1)^3}\cos\left[\sqrt{(2k+1)^2+(2l+1)^2}t\right]\\
&\times\sin(2k+1)\frac{\pi}{2}\sin(2l+1)\frac{\pi}{2}
\end{aligned}\tag{6.3.25}
$$

图 6.11 显示了中心点位移的时间演化，可以看出，它不是严格周期性的。

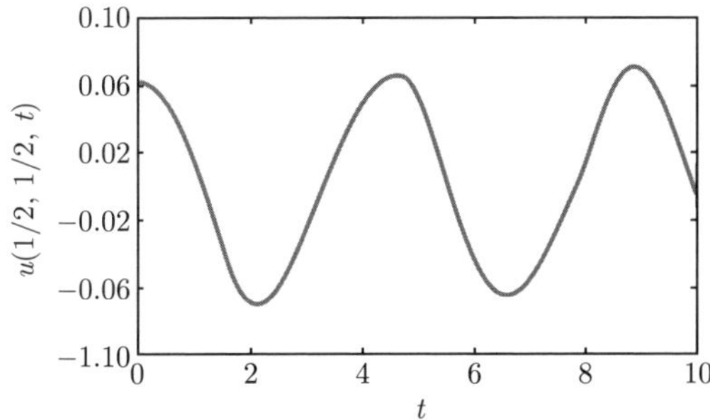

图 6.11 膜中心位移的时间演化 [式 (6.3.25) 的部分和，k 和 l 的求和均取前 30 项]

6.3.2　二维热传导方程

考虑二维热传导问题：一个边长为 a 和 b 的矩形薄片置于 x-y 平面的第一象限，其周边温度为零，薄片的初始温度分布为任意函数 $\phi(x,y)$，确定薄片在任意 t 时刻的温度分布 $u(x,y,t)$，即求解下面的定解问题

$$\begin{cases}\dfrac{\partial u}{\partial t}=c^2\left(\dfrac{\partial^2 u}{\partial x^2}+\dfrac{\partial^2 u}{\partial y^2}\right) & (0<x<a,\ 0<y<b,t>0) & (6.3.26\text{a})\\ u\big|_{t=0}=\phi(x,y) & (0\leqslant x\leqslant a,\ 0\leqslant y\leqslant b) & (6.3.26\text{b})\\ u\big|_{x=0}=u\big|_{x=a}=0 & (0\leqslant y\leqslant b,\ \ t>0) & (6.3.26\text{c})\\ u\big|_{y=0}=u\big|_{y=b}=0 & (0\leqslant x\leqslant a,\ \ t>0) & (6.3.26\text{d})\end{cases}$$

其中，c 为二维情况下的热扩散系数。这个问题的解法与 6.3.1 节的二维波动方程类似。设方程 (6.3.26a) 有形式解

$$u(x,y,t)=V(x,y)T(t) \tag{6.3.27}$$

其中，空间函数 $V(x,y)$ 与时间函数 $T(t)$ 的方程是

$$\frac{\partial^2 V}{\partial x^2}+\frac{\partial^2 V}{\partial y^2}+\lambda V=0 \tag{6.3.28a}$$

$$T'+c^2\lambda T=0 \tag{6.3.28b}$$

在边界条件式 (6.3.26c) 和式 (6.3.26d) 之下，本征方程 (6.3.28a) 的解为

$$\lambda_{mn}=\left(\frac{m\pi}{a}\right)^2+\left(\frac{n\pi}{b}\right)^2,\quad V_{mn}(x,y)=\sin\frac{m\pi}{a}x\sin\frac{n\pi}{b}y \tag{6.3.29}$$

由方程 (6.3.28b) 得到时间函数的解为

$$T_{mn}(t)=\mathrm{e}^{-\omega_{mn}^2 t} \tag{6.3.30}$$

其中

$$\omega_{mn}=c\pi\sqrt{\left(\frac{m}{a}\right)^2+\left(\frac{n}{b}\right)^2} \tag{6.3.31}$$

一般解为

$$u(x,y,t)=\sum_{m=1}^{\infty}\sum_{n=1}^{\infty}C_{mn}\mathrm{e}^{-\omega_{mn}^2 t}\sin\frac{m\pi}{a}x\sin\frac{n\pi}{b}y \tag{6.3.32}$$

展开系数为

$$C_{mn}=\frac{4}{ab}\int_0^b\int_0^a\phi(x,y)\sin\frac{m\pi}{a}x\sin\frac{n\pi}{b}y\mathrm{d}x\mathrm{d}y \tag{6.3.33}$$

例 1 设矩形薄片的边长为 $a=b=1$，$c\pi=1$，周边温度为零。薄片的初始温度分布为 $\phi(x,y)=x(x-1)y(y-1)$，求薄片在任意 t 时刻的温度分布 $u(x,y,t)$ 并讨论薄片中心温度的时间演化。

解 按照 6.3.1 节的方法，从式 (6.3.32) 得到

$$u(x,y,t)=\sum_{k=0}^{\infty}\sum_{l=0}^{\infty}\frac{64}{\pi^6(2k+1)^3(2l+1)^3}\mathrm{e}^{-\left[(2k+1)^2+(2l+1)^2\right]t}\times\sin(2k+1)\pi x\sin(2l+1)\pi y \tag{6.3.34}$$

薄片中心温度为

$$u(1/2,\ 1/2,\ t)=\sum_{k=0}^{\infty}\sum_{l=0}^{\infty}\frac{64}{\pi^6(2k+1)^3(2l+1)^3}\mathrm{e}^{-\left[(2k+1)^2+(2l+1)^2\right]t}\times\sin(2k+1)\frac{\pi}{2}\sin(2l+1)\frac{\pi}{2} \tag{6.3.35}$$

它随时间的演化显示在图 6.12。

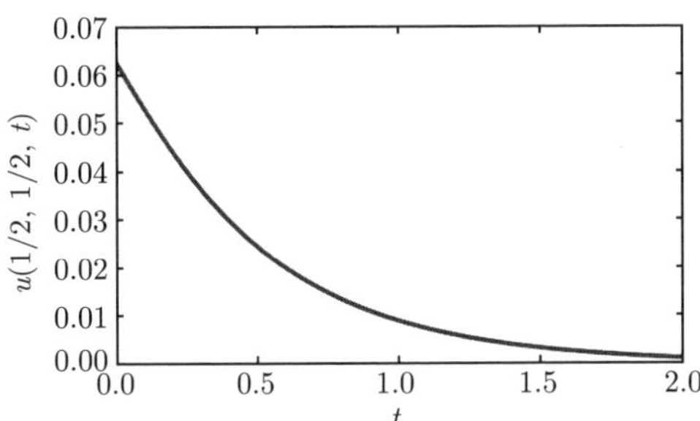

图 6.12 薄片中心温度的时间演化 [式 (6.3.35) 的部分和, k 和 l 的求和均取前 30 项]

例 2 设矩形薄片的边长为 $a=b=1$，$c\pi=1$，周边温度为零。薄片的初始温度分布为 $\phi(x,y)=\sin\pi x\sin\pi y$，求任意 t 时刻薄片的温度分布 $u(x,y,t)$ 及薄片中的心温度。

解 将 $\phi(x,y)=\sin\pi x\sin\pi y$ 代入式 (6.3.33)，并利用式 (6.3.19) 得到

$$\begin{aligned}C_{mn}&=4\int_0^1\int_0^1\sin\pi x\sin\pi y\sin m\pi x\sin n\pi y\mathrm{d}x\mathrm{d}y\\&=\left(2\int_0^1\sin\pi x\sin m\pi x\mathrm{d}x\right)\left(2\int_0^1\sin\pi y\sin n\pi y\mathrm{d}y\right)\\&=\delta_{1m}\delta_{1n}\end{aligned} \tag{6.3.36}$$

代入式 (6.3.32) 得到一般解

$$u(x,y,t)=\sum_{m=1}^{\infty}\sum_{n=1}^{\infty}\delta_{1m}\delta_{1n}\mathrm{e}^{-\omega_{mn}^2t}\sin m\pi x\sin n\pi y=\mathrm{e}^{-2t}\sin\pi x\sin\pi y \tag{6.3.37}$$

这就是任意 t 时刻薄片的温度分布。薄片中的心温度为

$$u(1/2,\ 1/2,\ t) = \mathrm{e}^{-2t} \tag{6.3.38}$$

6.4 第三类边界条件下的定解问题

6.4.1 本征函数的正交性

上述的定解问题只涉及第一类、第二类边界条件，本节通过具体的问题进一步讨论第三类边界条件下的定解问题。为此我们首先讨论有关本征函数正交性的一般问题。假定一个定义在有界区间 $[0,\ L]$ 上的函数 $X(x)$ 满足本征值问题

$$\begin{cases} X''(x) + \lambda X(x) = 0 & (6.4.1\text{a}) \\ f|_{x=0} = 0, \quad g|_{x=L} = 0 & (6.4.1\text{b}) \end{cases}$$

其中，$\lambda = \lambda_n$ 是第 n 个本征值，$X(x) = X_n(x)$ 是相应的本征函数 $(n = 1,\ 2,\ 3, \cdots)$。式 (6.4.1b) 表示 $X_n(x)$ 在 $x = 0$ 和 $x = L$的齐次边界条件 (可以是各类边界条件)。现在讨论本征函数的正交性，即计算积分 $\int_0^L X_m(x)X_n(x)\mathrm{d}x\ (m \neq n)$。

方程 (6.4.1a) 给出

$$\frac{\mathrm{d}^2}{\mathrm{d}x^2}X_n = -\lambda_n X_n \tag{6.4.2a}$$

因此我们有

$$\frac{\mathrm{d}}{\mathrm{d}x}(X_n') = -\lambda_n X_n \quad 和 \quad \frac{\mathrm{d}}{\mathrm{d}x}(X_m') = -\lambda_m X_m,\ 其中\ m \neq n \tag{6.4.2b}$$

给上二式两边分别乘以 X_m 和 X_n，得到

$$X_m\frac{\mathrm{d}}{\mathrm{d}x}(X_n') = -\lambda_n X_m X_n \quad 和 \quad X_n\frac{\mathrm{d}}{\mathrm{d}x}(X_m') = -\lambda_m X_m X_n \tag{6.4.3}$$

式 (6.4.3) 两式两边相减再积分，得到

$$\int_0^L \left[X_m\frac{\mathrm{d}}{\mathrm{d}x}(X_n') - X_n\frac{\mathrm{d}}{\mathrm{d}x}(X_m')\right]\mathrm{d}x = \int_0^L (\lambda_m X_m X_n - \lambda_n X_m X_n)\mathrm{d}x \tag{6.4.4}$$

计算式 (6.4.4) 左边的积分

$$\begin{aligned} &\int_0^L \left[X_m\frac{\mathrm{d}}{\mathrm{d}x}(X_n') - X_n\frac{\mathrm{d}}{\mathrm{d}x}(X_m')\right]\mathrm{d}x \\ =& \int_0^L X_m\mathrm{d}(X_n') - \int_0^L X_n\mathrm{d}(X_m') \end{aligned}$$

$$
\begin{aligned}
&= [X_m X_n']_0^L - \int_0^L X_n' \mathrm{d}X_m - [X_n X_m']_0^L + \int_0^L X_m' \mathrm{d}X_n \\
&= X_m(L)X_n'(L) - X_m(0)X_n'(0) - \int_0^L X_n' \frac{\mathrm{d}X_m}{\mathrm{d}x}\mathrm{d}x \\
&\quad - X_n(L)X_m'(L) + X_n(0)X_m'(0) + \int_0^L X_m' \frac{\mathrm{d}X_n}{\mathrm{d}x}\mathrm{d}x \\
&= [X_n(0)X_m'(0) - X_m(0)X_n'(0)] - [X_n(L)X_m'(L) - X_m(L)X_n'(L)] \\
&\quad - \underbrace{\left(\int_0^L X_n' X_m' \mathrm{d}x - \int_0^L X_m' X_n' \mathrm{d}x\right)}_{=0} \\
&= [X_n(0)X_m'(0) - X_m(0)X_n'(0)] - [X_n(L)X_m'(L) - X_m(L)X_n'(L)]
\end{aligned}
$$

式 (6.4.4) 右边的积分为

$$\int_0^L (\lambda_m X_m X_n - \lambda_n X_m X_n)\mathrm{d}x = (\lambda_m - \lambda_n)\int_0^L X_m X_n \mathrm{d}x \tag{6.4.5}$$

这样

$$\int_0^L X_m X_n \mathrm{d}x = \frac{Q}{\lambda_m - \lambda_n} \quad (m \neq n) \tag{6.4.6}$$

其中

$$Q = [X_n(0)X_m'(0) - X_m(0)X_n'(0)] - [X_n(L)X_m'(L) - X_m(L)X_n'(L)] \tag{6.4.7}$$

称为 Q 因子，它依赖于本征函数及其导数在两个端点 $x=0$ 和 $x=L$ 的取值。式 (6.4.6) 是关于本征值问题 (6.4.1) 的一般性结果，适用于该方程的任何形式的本征值与本征函数。式 (6.4.6) 表示，只要给定的边界条件满足 $Q=0$，则相应的本征函数 $X_1, X_2, X_3, \cdots$ 在 $(0, L)$ 上是相互正交的。

6.4.2 热辐射定解问题

现在利用 6.4.1 节的知识，讨论第三类边界条件下的热传导定解问题。我们首先求解 5.5.4 节例 6 关于有界杆热传导的定解问题

$$
\begin{cases}
\dfrac{\partial u}{\partial t} = a^2 \dfrac{\partial^2 u}{\partial x^2} & (0 < x < L,\ t > 0) \quad (6.4.8\text{a}) \\
u|_{t=0} = \phi(x) & (0 \leqslant x \leqslant L) \quad (6.4.8\text{b}) \\
u|_{x=0} = 0, \quad \left[u + h\dfrac{\partial u}{\partial x}\right]_{x=L} = 0 & (t > 0) \quad (6.4.8\text{c})
\end{cases}
$$

有界杆的两个端点 $x=0$ 和 $x=L$ 的边界条件分别为第一类、第三类，但都是齐次的，符合分离变量法的使用条件。在 $x=L$ 端的边界条件中，当 $h>0$ 时，该端是辐射热量的 [式 (5.5.50)]，而辐射强度与端点的温度成正比。

设泛定方程 (6.4.8a) 有变量分离的形式解 $u(x,t)=X(x)T(t)$, 其中 $X(x)$ 构成本征值问题

$$\begin{cases} X''(x)+\lambda X(x)=0 & (6.4.9a)\\ X(0)=0, \quad X(L)+hX'(L)=0 & (6.4.9b)\end{cases}$$

而 $T(t)$ 满足方程

$$T'(t)+\lambda a^2T(t)=0 \tag{6.4.10}$$

我们首先求解本征值问题 (6.4.9)，考虑以下三种情况：

(1) $\lambda=0$，这时方程 (6.4.9a) 的通解为 $X(x)=A+Bx$。边界条件 $X(0)=0$ 要求 $A=0$，于是 $X(x)=Bx$[那么 $X(L)=BL$]，故 $X'(x)=B$，因此 $X'(L)=B$。这样边界条件 $X(L)+hX'(L)=0$ 导致 $BL+hB=0$，即 $B=0$。可见 $\lambda=0$ 时，只有平庸解。

(2) $\lambda<0$，这时方程 (6.4.9a) 的通解为 [式 (1.1.34)]

$$X(x)=A\cosh kx+B\sinh kx \tag{6.4.11a}$$

其中，$k=\sqrt{-\lambda}$。它的导数为

$$X'(x)=kA\sinh kx+kB\cosh kx \tag{6.4.11b}$$

这时边界条件 $X(0)=0$ 要求 $A=0$，于是 $X(x)=B\sinh kx$。而 $X(L)+hX'(L)=0$ 要求 $B\sinh kL+Bhk\cosh kL=0$，它导致 $B=0$。这样 $\lambda<0$ 时只有平庸解。

(3) $\lambda>0$，这时方程 (6.4.9a) 的通解为 [式 (1.1.23)]

$$X(x)=A\cos kx+B\sin kx \tag{6.4.12a}$$

其中，$k=\sqrt{\lambda}$。它的导数为

$$X'(x)=-kA\sin kx+kB\cos kx \tag{6.4.12b}$$

这时，边界条件 $X(0)=0$ 要求 $A=0$，于是 $X(x)=B\sin kx$。进而利用边界条件 $X(L)+hX'(L)=0$ 得到

$$\sin kL+hk\cos kL=0 \tag{6.4.13}$$

这是本征值所满足的超越方程，我们用曲线法求解，为此将式 (6.4.13) 写为

$$\tan\mu=-\alpha\mu \tag{6.4.14}$$

其中

$$\mu=kL, \quad \alpha=h/L \tag{6.4.15}$$

我们作出曲线 $y=\tan\mu$ 和 $y=-\alpha\mu$，如图 6.13 所示，二者交点的横坐标就是超越方程 (6.4.14) 的解

$$\mu_1,\ \mu_2,\ \mu_3,\cdots,\mu_n,\cdots \tag{6.4.16}$$

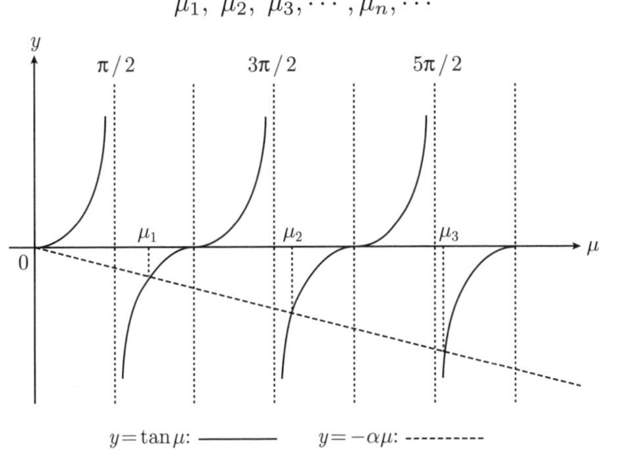

图 6.13　超越方程 (6.4.14) 的曲线解

在图 6.13 中没有作出 $\mu<0$ 部分的曲线是因为 $k>0$(因此 $\mu>0$)。这样本征值和本征函数为

$$\lambda_n=\frac{\mu_n^2}{L^2},\quad X_n(x)=B_n\sin\frac{\mu_n}{L}x\quad(n=1,\ 2,\ 3,\cdots) \tag{6.4.17}$$

可以看出，函数 $\sin\frac{\mu_n}{L}x$ 不同于先前的 $\sin\frac{n\pi}{L}x$，μ_n 的变化不是 π 的整数倍。图 6.13 显示 $\mu_2-\mu_1<\mu_3-\mu_2<\pi$。可以看出，随着 n 的增加，间隔 $\mu_{n+1}-\mu_n$ 变得越来越接近于 π; 在极限 $n\to\infty$ 时，$\mu_{n+1}-\mu_n=\pi$。所以集合

$$\left\{\sin\frac{\mu_n}{L}x\right\}\quad(n=1,\ 2,\ 3,\cdots) \tag{6.4.18}$$

在 $n\to\infty$ 时可以构成傅里叶级数。相应的，时间函数 $T(t)$ 的方程为

$$T'(t)+\left(\frac{\mu_n a}{L}\right)^2T(t)=0 \tag{6.4.19}$$

它的通解为

$$T_n(t)=c_n\exp\left[-\left(\frac{\mu_n a}{L}\right)^2t\right] \tag{6.4.20}$$

其中，c_n 是任意常数。于是由式 (6.4.17) 和式 (6.4.20) 得到满足泛定方程 (6.4.8a) 和边界条件 (6.4.8c) 的本征解

$$u_n(x,\ t)=C_n\exp\left[-\left(\frac{\mu_n a}{L}\right)^2t\right]\sin\frac{\mu_n}{L}x \tag{6.4.21}$$

其中，$C_n = B_n c_n$ 是任意常数。由于泛定方程 (6.4.8a) 是线性齐次的，由叠加原理得到一般解

$$u(x,t) = \sum_{n=1}^{\infty} C_n \exp\left[-\left(\frac{\mu_n a}{L}\right)^2 t\right] \sin\frac{\mu_n}{L}x \tag{6.4.22}$$

现在利用初始条件 (6.4.8b) 确定式 (6.4.22) 中的系数 C_n，我们有

$$\phi(x) = \sum_{n=1}^{\infty} C_n \sin\frac{\mu_n}{L}x \tag{6.4.23}$$

注意，式 (6.4.23) 不是通常的傅里叶级数。但我们将会看出，它非常接近傅里叶级数，因此可以称为广义傅里叶级数 (generalized Fourier series)。为求系数 C_n，给 (6.4.23) 两边同乘以 $\sin\frac{\mu_m x}{L}(m=1,\ 2,\ 3,\cdots)$，然后积分，得到

$$\begin{aligned}\int_0^L \sin\frac{\mu_m x}{L}\phi(x)\mathrm{d}x &= \int_0^L \sin\frac{\mu_m x}{L}\left(\sum_{n=1}^{\infty} C_n \sin\frac{\mu_n x}{L}\right)\mathrm{d}x\\ &= \sum_{n=1}^{\infty} C_n \int_0^L \sin\frac{\mu_m x}{L}\sin\frac{\mu_n x}{L}\mathrm{d}x\\ &= \sum_{n=1}^{\infty} C_n \frac{L}{2}\left(1-\frac{\sin 2\mu_n}{2\mu_n}\right)\delta_{mn}\\ &= C_m\frac{L}{2}\left(1-\frac{\sin 2\mu_m}{2\mu_m}\right)\end{aligned}$$

式中的运算中用到了正交性关系式

$$\int_0^L \sin\frac{\mu_m x}{L}\sin\frac{\mu_n x}{L}\mathrm{d}x = \frac{L}{2}\left(1-\frac{\sin 2\mu_n}{2\mu_n}\right)\delta_{mn} \tag{6.4.24}$$

这样

$$C_n = \frac{2}{L\left(1-\dfrac{\sin 2\mu_n}{2\mu_n}\right)}\int_0^L \phi(x)\sin\frac{\mu_n}{L}x\mathrm{d}x \tag{6.4.25}$$

式 (6.3.22) 就是定解问题的一般解，其中 μ_n 是超越方程 (6.4.14) 的解，而展开系数 C_n 由式 (6.4.25) 确定。

现在证明积分表达式 (6.4.24)。

方法 1　直接计算积分

$$\begin{aligned}&\int_0^L \sin\frac{\mu_m x}{L}\sin\frac{\mu_n x}{L}\mathrm{d}x\\ &= \frac{1}{2}\int_0^L\left[\cos\frac{(\mu_m-\mu_n)x}{L}-\cos\frac{(\mu_m+\mu_n)x}{L}\right]\mathrm{d}x\end{aligned}$$

$$
\begin{aligned}
&= \frac{L}{2}\left[\frac{\sin(\mu_m-\mu_n)}{\mu_m-\mu_n}-\frac{\sin(\mu_m+\mu_n)}{\mu_m+\mu_n}\right] \\
&= \frac{L}{\mu_m^2-\mu_n^2}(\mu_n\sin\mu_m\cos\mu_n-\mu_m\cos\mu_m\sin\mu_n) \\
&\qquad (\text{利用 } \tan\mu_n=-\alpha\mu_n) \\
&= \frac{L}{\mu_m^2-\mu_n^2}[\mu_n(-\alpha\mu_m)\cos\mu_m\cos\mu_n-\mu_m\cos\mu_m\cos\mu_n(-\alpha\mu_n)] \\
&= 0 \quad (m\neq n)
\end{aligned}
$$

当 $m=n$ 时

$$
\int_0^L \sin\frac{\mu_m x}{L}\sin\frac{\mu_n x}{L}\mathrm{d}x=\int_0^L \sin^2\frac{\mu_n x}{L}\mathrm{d}x=\frac{L}{2}\left(1-\frac{\sin 2\mu_n}{2\mu_n}\right) \tag{6.4.26}
$$

于是式 (6.4.24) 得证。

方法 2 我们根据一般性结果式 (6.4.6) 考查本征函数 (6.4.17) 的正交性，为此将边界条件 (6.4.9b) 代入式 (6.4.7)，计算 Q 因子，得到

$$
\begin{aligned}
Q &= [X_n(0)X_m'(0)-X_m(0)X_n'(0)]-[X_n(L)X_m'(L)-X_m(L)X_n'(L)] \\
&= -\left[X_n(L)\frac{X_m(L)}{-h}-X_m(L)\frac{X_n(L)}{-h}\right]=0
\end{aligned} \tag{6.4.27}
$$

于是式 (6.4.6) 化为

$$
\int_0^L \sin\frac{\mu_m x}{L}\sin\frac{\mu_n x}{L}\mathrm{d}x=0 \quad (m\neq n) \tag{6.4.28}
$$

最后我们讨论系统的平均温度，它由式 (6.2.65) 表示。将式 (6.4.22) 代入式 (6.2.65) 得到

$$
\begin{aligned}
U(t) &= \frac{1}{L}\int_0^L u(x,t)\mathrm{d}x \\
&= \frac{1}{L}\sum_{n=1}^{\infty}C_n\exp\left[-\left(\frac{\mu_n a}{L}\right)^2 t\right]\int_0^L \sin\frac{\mu_n}{L}x\mathrm{d}x \\
&= \sum_{n=1}^{\infty}C_n\frac{1-\cos\mu_n}{\mu_n}\exp\left[-\left(\frac{\mu_n a}{L}\right)^2 t\right]
\end{aligned}
$$

例 1 对于上述有界杆热传导的定解问题，设 $L=1$，$a=1$，$h=1$，系统的初始温度分布为 $\phi(x)=x(1-x)$。用数值方法计算出前 5 个 μ_n 值; 由此讨论该定解问题的数值解。

解 我们有 $\alpha=h/L=1$，超越方程 (6.4.14) 现在为 $\tan\mu=-\mu$，用数值计算得到前 5 个 μ_n 值

$$
\mu_1=2.0288,\quad \mu_2=4.9132,\quad \mu_3=7.9787,\quad \mu_4=11.0855,\quad \mu_5=14.2074 \tag{6.4.29}
$$

首先我们利用这些 μ_n 值将函数集合 $\left\{\sin\dfrac{\mu_n}{L}x\right\}$ 与傅里叶级数的函数集合 $\left\{\sin\dfrac{n\pi}{L}x\right\}$ 相比较，为此作出 μ_n 与 $n\pi$ 随 n 的变化曲线，如图 6.14 所示。可以看出，μ_n 几乎是线性变化的，所以构成的级数与傅里叶级数非常接近。进而我们利用

$$C_n = \frac{2}{1-\dfrac{\sin 2\mu_n}{2\mu_n}}\int_0^1 x(1-x)\sin\mu_n x\mathrm{d}x \tag{6.4.30}$$

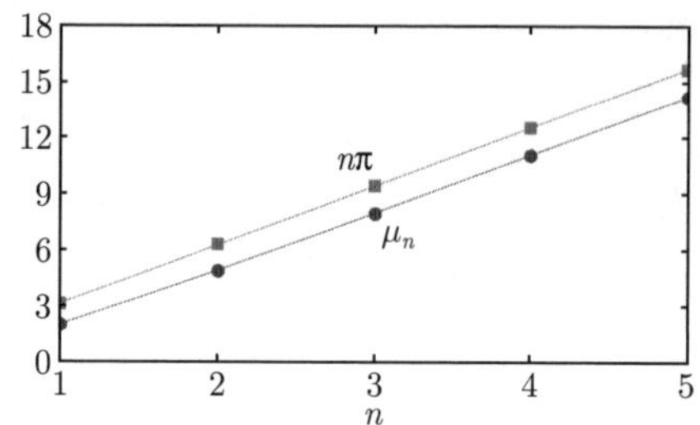

图 6.14　$\sin\dfrac{n\pi}{L}x$ 中的 $n\pi$ 与 $\sin\dfrac{\mu_n}{L}x$ 中的 μ_n 相比较，后者来自式 (6.4.29)

计算出展开系数

$$C_1 = 0.2133,\quad C_2 = 0.1040,\quad C_3 = -0.0220,\quad C_4 = 0.0187,\quad C_5 = -0.0083 \tag{6.4.31}$$

可以看出，$|C_n|$ 随着 n 的增大而减小，这是一个相当普遍的情况。这在物理上意味着，谐波的阶数越高，所占的权重越小。现在利用部分和表示初始温度分布

$$x(1-x)\approx\sum_{n=1}^{5}C_n\sin\mu_n x \tag{6.4.32}$$

图 6.15 显示了二者的比较，在 $x=L$ 处有明显的拟合偏差，这是部分和的近似性造成的。进而利用部分和表示一般解

$$u(x,t)\approx\sum_{n=1}^{5}C_n\sin\mu_n x\exp(-\mu_n^2 t) \tag{6.4.33}$$

图 6.16 显示了系统不同时刻的温度分布：由最初的对称性分布，逐渐塌缩，在 $t\to 1$ 时，趋于稳态值 $u(x,1)\to 0$。

最后我们用部分和表示系统的平均温度

$$U(t)\approx\sum_{n=1}^{5}C_n\frac{1-\cos\mu_n}{\mu_n}\mathrm{e}^{-\mu_n^2 t} \tag{6.4.34}$$

图 6.17 显示平均温度的时间演化，可以看出，当 $t=1$ 时，系统已经趋于稳态值：$U(1)\to 0$。

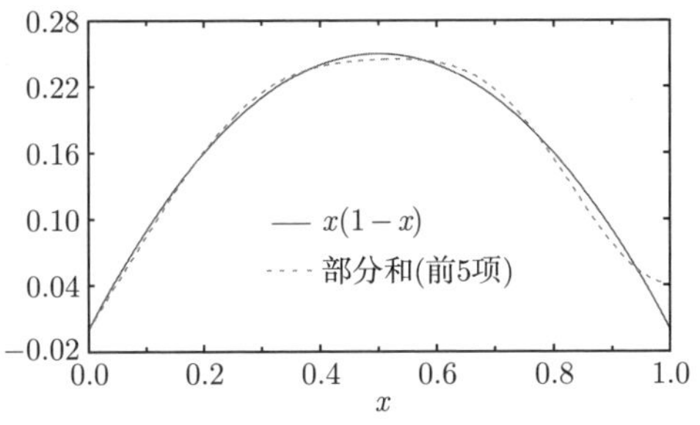

图 6.15　式 (6.4.32) 两边的比较

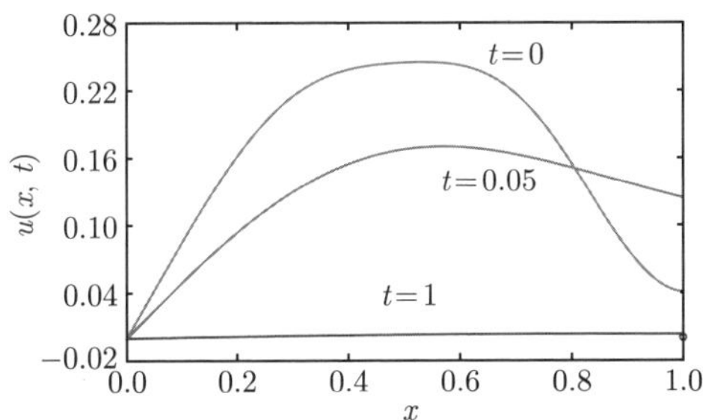

图 6.16　不同时刻的温度分布，来自式 (6.4.33)

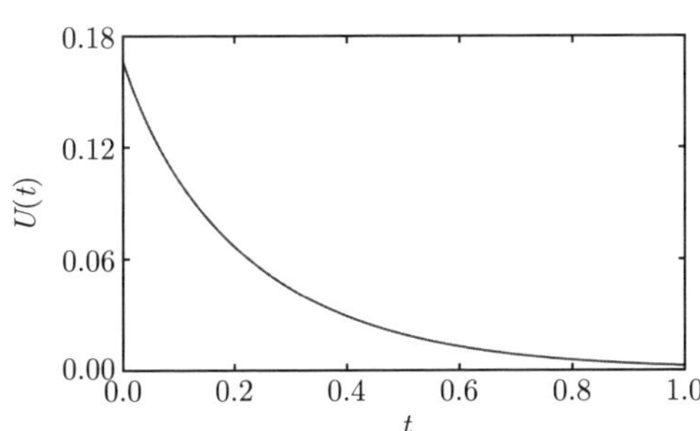

图 6.17　平均温度的时间演化，来自式 (6.4.34)

下面我们将定解问题 (6.4.8) 中 $x=0$ 端的边界条件改成第二类，求解相应的定解问题，即

$$\begin{cases} \dfrac{\partial u}{\partial t}=a^2\dfrac{\partial^2 u}{\partial x^2} & (0<x<L,\ t>0) \quad (6.4.35\text{a}) \\ u\big|_{t=0}=\phi(x) & (0\leqslant x\leqslant L) \quad (6.4.35\text{b}) \\ \dfrac{\partial u}{\partial x}\Big|_{x=0}=0,\quad \left[u+h\dfrac{\partial u}{\partial x}\right]_{x=L}=0 & (t>0) \quad (6.4.35\text{c}) \end{cases}$$

现在有界杆的两个端点 $x=0$ 和 $x=L$ 的边界条件分别为第二类、第三类，但都是齐次的，符合分离变量法的使用条件。式 (6.4.35c) 所示的边界条件意味着，$x=0$

端保持绝热，而后端 $x = L$ 辐射热量，辐射强度与该端的温度成正比。

设泛定方程 (6.4.35a) 有变量分离的形式解 $u(x,t) = X(x)T(t)$, 其中 $X(x)$ 构成本征值问题

$$\begin{cases} X''(x) + \lambda X(x) = 0 & (6.4.36a) \\ X'(0) = 0, \quad X(L) + hX'(L) = 0 & (6.4.36b) \end{cases}$$

而 $T(t)$ 满足方程

$$T'(t) + \lambda a^2 T(t) = 0 \tag{6.4.37}$$

容易证明当 $\lambda \leqslant 0$ 时，只有平庸解。当 $\lambda > 0$ 时，方程 (6.4.36a) 有非零解

$$X(x) = A\cos kx + B\sin kx \tag{6.4.38}$$

其中，$k = \sqrt{\lambda}$。边界条件 (6.4.36b) 导致

$$\cos kL - hk\sin kL = 0 \tag{6.4.39}$$

这是本征值所满足的超越方程，它可以写为

$$\cot\mu = \alpha\mu \tag{6.4.40}$$

其中，μ 和 α 的定义与式 (6.4.15) 相同。我们作出曲线 $y = \cot\mu$ 和 $y = \alpha\mu$，如图 6.18 所示，二者交点的横坐标 $\mu_1, \mu_2, \mu_3, \cdots$ 就是超越方程 (6.4.40) 的解。

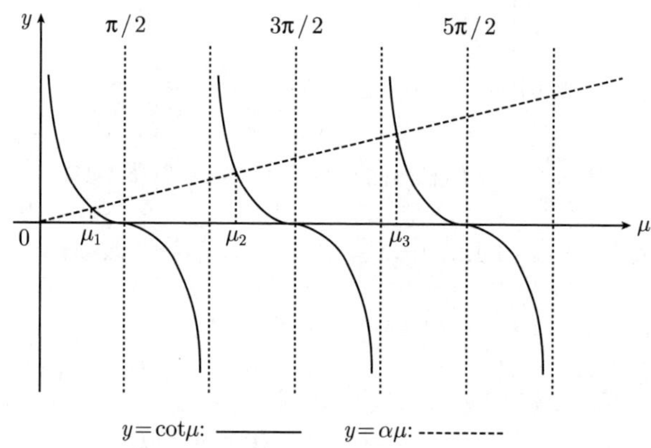

图 6.18 超越方程 (6.4.40) 的曲线解

故本征值和本征函数为

$$\lambda_n = \frac{\mu_n^2}{L^2}, \quad X_n(x) = A_n\cos\frac{\mu_n}{L}x \quad (n = 1,\ 2,\ 3, \cdots) \tag{6.4.41}$$

将 λ_n 代入时间函数 $T(t)$ 的方程 (6.4.37)，按照定解问题 (6.4.8) 的求解过程，最终得到一般解

$$u(x,t)=\sum_{n=1}^{\infty}C_n\exp\left[-\left(\frac{\mu_n a}{L}\right)^2 t\right]\cos\frac{\mu_n}{L}x \tag{6.4.42}$$

初始条件为

$$\phi(x)=\sum_{n=1}^{\infty}C_n\cos\frac{\mu_n}{L}x \tag{6.4.43}$$

式 (6.4.43) 两边同乘以 $\cos\dfrac{\mu_m x}{L}$ $(m=1,\ 2,\ 3,\cdots)$，然后积分，并利用

$$\int_0^L\cos\frac{\mu_m x}{L}\cos\frac{\mu_n x}{L}\mathrm{d}x=\frac{L}{2}\left(1+\frac{\sin 2\mu_n}{2\mu_n}\right)\delta_{mn} \tag{6.4.44}$$

得到

$$C_n=\frac{2}{L\left(1+\dfrac{\sin 2\mu_n}{2\mu_n}\right)}\int_0^L\phi(x)\cos\frac{\mu_n}{L}x\mathrm{d}x \tag{6.4.45}$$

式 (6.4.42) 就是定解问题 (6.4.35) 的一般解，其中 μ_n 是超越方程 (6.4.40) 的解，而展开系数 C_n 由式 (6.4.45) 确定。

关于正交性表达式 (6.4.44) 的证明，也有类似的两种方法，方法一是直接计算积分

$$\begin{aligned}
&\int_0^L\cos\frac{\mu_m x}{L}\cos\frac{\mu_n x}{L}\mathrm{d}x\\
=&\frac{1}{2}\int_0^L\left[\cos\frac{(\mu_m+\mu_n)x}{L}+\cos\frac{(\mu_m-\mu_n)x}{L}\right]\mathrm{d}x\\
=&\frac{L}{\mu_m^2-\mu_n^2}\left(\mu_m\sin\mu_m\cos\mu_n-\mu_n\cos\mu_m\sin\mu_n\right)\\
&\qquad\qquad(\text{利用 }\cot\mu_n=\alpha\mu_n)\\
=&\frac{L}{\mu_m^2-\mu_n^2}\left[\mu_m\sin\mu_m\sin\mu_n\left(\alpha\mu_n\right)-\mu_n\sin\mu_m\left(\alpha\mu_m\right)\sin\mu_n\right]\\
=&0\quad(m\neq n)
\end{aligned}$$

当 $m=n$ 时

$$\int_0^L\cos\frac{\mu_m x}{L}\cos\frac{\mu_n x}{L}\mathrm{d}x=\int_0^L\cos^2\frac{\mu_n x}{L}\mathrm{d}x=\frac{L}{2}\left(1+\frac{\sin 2\mu_n}{2\mu_n}\right) \tag{6.4.46}$$

于是式 (6.4.44) 得证。

方法二是将边界条件 (6.4.36b) 代入式 (6.4.7) 计算 Q 因子，得到

$$\begin{aligned}Q &= [X_n(0)X'_m(0) - X_m(0)X'_n(0)] - [X_n(L)X'_m(L) - X_m(L)X'_n(L)] \\ &= -\left[X_n(L)\frac{X_m(L)}{-h} - X_m(L)\frac{X_n(L)}{-h}\right] = 0\end{aligned}$$

最后，系统的平均温度为

$$\begin{aligned}U(t) &= \frac{1}{L}\sum_{n=1}^{\infty} C_n \exp\left[-\left(\frac{\mu_n a}{L}\right)^2 t\right]\int_0^L \cos\frac{\mu_n}{L}x\mathrm{d}x \\ &= \sum_{n=1}^{\infty} C_n \frac{\sin\mu_n}{\mu_n}\exp\left[-\left(\frac{\mu_n a}{L}\right)^2 t\right]\end{aligned}$$

例 2　对于上述有界杆热传导的定解问题，设 $L=1$，$a=1$，$h=1$，系统的初始温度分布为 $\phi(x)=x(1-x)$。用数值方法计算出前 5 个 μ_n 值; 由此讨论该定解问题的数值解。

解　现在超越方程为 $\cot\mu=\mu$，用数值计算得到前 5 个 μ_n 值

$$\mu_1 = 0.860,\quad \mu_2 = 3.426,\quad \mu_3 = 6.437,\quad \mu_4 = 9.529,\quad \mu_5 = 12.645 \tag{6.4.47}$$

为了比较 $\left\{\cos\frac{\mu_n}{L}x\right\}$与 $\left\{\cos\frac{n\pi}{L}x\right\}$，我们作出 μ_n 与 $n\pi$ 随 n 的变化曲线，如图 6.19 所示。与本节例 1 的情况相比，μ_n 的取值较小，但仍然是近线性变化的，所以构成的级数与傅里叶级数非常接近。进而我们利用

$$C_n = \frac{2}{1+\dfrac{\sin 2\mu_n}{2\mu_n}}\int_0^1 x(1-x)\cos\mu_n x\mathrm{d}x \tag{6.4.48}$$

计算出展开系数

$$C_1 = 0.189,\quad C_2 = -0.032,\quad C_3 = -0.091,\quad C_4 = -0.001,\quad C_5 = -0.025 \tag{6.4.49}$$

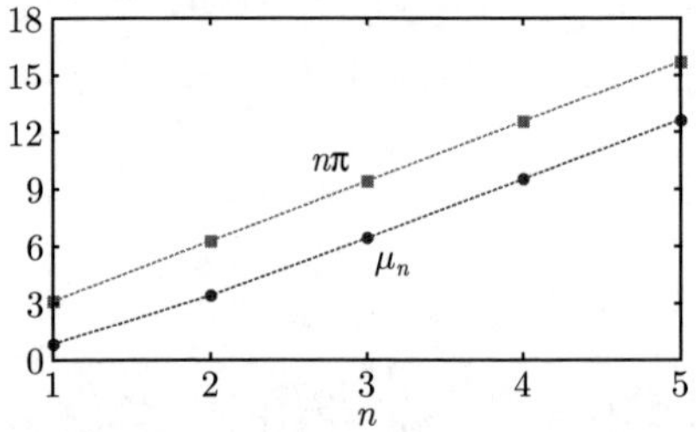

图 6.19　$\cos\frac{n\pi}{L}x$ 中的 $n\pi$ 与 $\cos\frac{\mu_n}{L}x$ 中的 μ_n 相比较，后者来自式 (6.4.47)

现在利用部分和表示初始温度分布

$$x(1-x) \approx \sum_{n=1}^{5} C_n \cos \mu_n x \tag{6.4.50}$$

图 6.20 显示了二者的比较，在 $x = 0$ 和 $x = L$ 处均有明显的拟合偏差。进而利用部分和表示一般解

$$u(x,t) \approx \sum_{n=1}^{5} C_n \cos \mu_n x \exp(-\mu_n^2 t) \tag{6.4.51}$$

图 6.21 显示了不同时刻的温度分布，由最初的对称性分布逐渐塌缩，但是与图 6.16 的情况相比，塌缩比较缓慢，当 $t = 1$ 时，仍有明显的分布曲线。

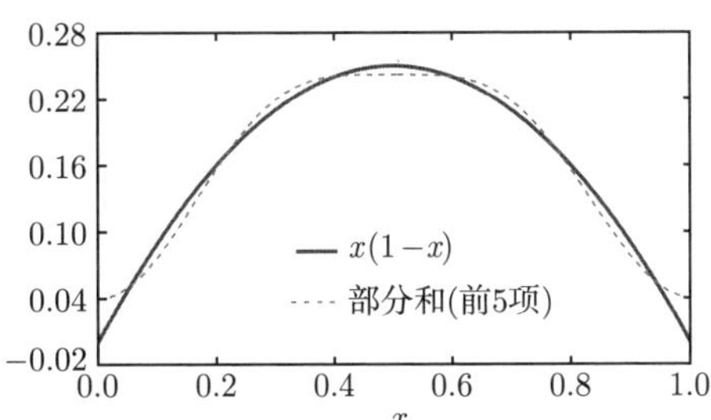

图 6.20　式 (6.4.50) 两边的比较

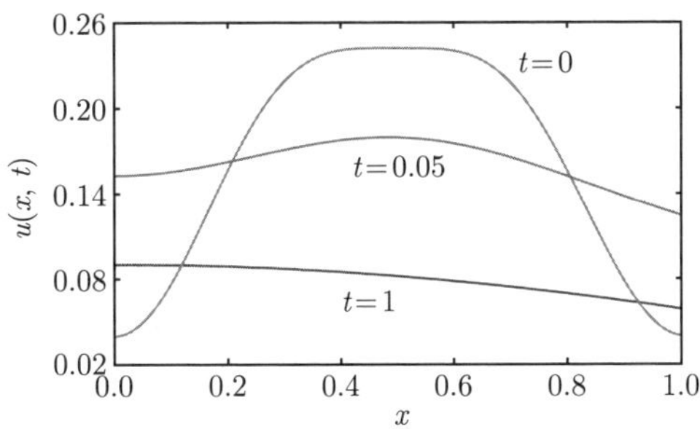

图 6.21　不同时刻的温度分布，来自式 (6.4.51)

最后我们用部分和表示平均温度

$$U(t) \approx \sum_{n=1}^{5} C_n \frac{\sin \mu_n}{\mu_n} \mathrm{e}^{-\mu_n^2 t} \tag{6.4.52}$$

图 6.22 显示了系统平均温度的时间演化。可以看出，当 $t = 5$ 时，温度趋于稳态值 $U(5) \to 0$。这个结果与例 2 的情况是不同的，在那里系统的前端被保持在零度，实际上是散失热量的，所以当 $t = 1$ 时，系统已经趋于稳态 (图 6.16)。但是现在系统的前端是绝热的，没有热量从前端散失，因此在较长时间后才趋于稳态。

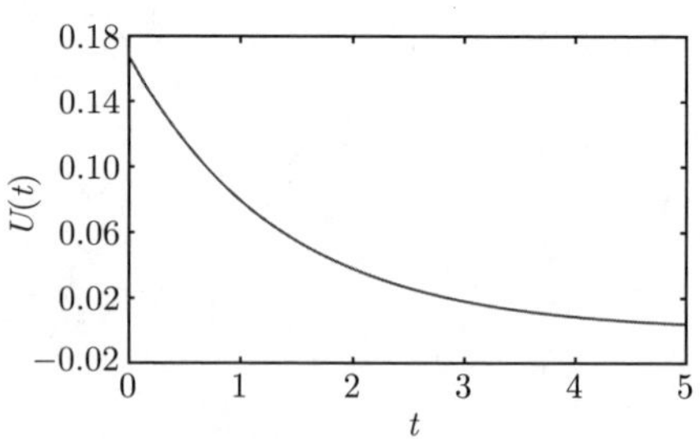

图 6.22　系统平均温度的时间演化，来自式 (6.4.52)

本节所讨论的两种热传导情况的共同点是后端的边界条件相同，这决定了系统都是散失热量的，因此在 $t \to \infty$ 时，平均温度 $U(\infty) \to 0$。这类问题属于热辐射问题。随后我们将讨论热吸收问题，它是由另类边界条件引起的。

本节的讨论显示，本征方程 $X''(x) + \lambda X(x) = 0$ 除了有表 6.2 的本征函数之外还有

$$\sin \frac{\mu_n}{L} x \quad (n = 1,\ 2,\ 3, \cdots) \tag{6.4.53}$$

其中，μ_n 是超越方程 $\tan \mu = -\alpha\mu$ 的第 n 个正根，以及

$$\cos \frac{\mu_n}{L} x \quad (n = 1,\ 2,\ 3, \cdots) \tag{6.4.54}$$

其中，μ_n 是超越方程 $\cot \mu = \alpha\mu$ 的第 n 个正根。

这两套本征函数集都不是构成傅里叶级数的普通三角函数，但每一套所包含的本征函数是相互正交的，因此可以利用它们将定义在区间 $(0, L)$ 上的一个函数展开。下一章我们将对该本征方程引入更多本征函数集。

第 7 章　分离变量法的应用

第 6 章用分离变量法所讨论的定解问题具有两个特点：① 只有当分离常数 $\lambda > 0$ 时才有非零解; ② 相应的本征函数 $X(x)$ 只包含正弦函数或余弦函数一项。作为分离变量法的应用，本章将讨论较为复杂的定解问题。我们将会看到，对于某些边界条件，分离常数取正值和负值时都有非零解，另外本征函数也将涉及正弦函数和余弦函数的组合，以及别的函数形式。而关于热传导定解问题，除 6.4.2 节的热辐射之外，我们还将讨论热吸收的情况，以及对称边界条件与反对称边界条件下的综合问题。另外我们还将讨论拉普拉斯方程的定解问题。

7.1　热吸收定解问题

在 6.4.2 节所讨论的热传导定解问题式 (6.4.8) 和式 (6.4.35) 中，我们取 $h > 0$，这表示 $x = L$ 端是辐射热量的。事实上，在物理上还存在后端吸收热量的情况，它相应于 $h < 0$。这样的定解问题不能简单地将上述问题中的 h 换成 $-h$ 而得到结论，因为边界条件不同，必须重新求解。作为分离变量法的进一步应用，本节将求解热吸收定解问题，并对本征方程 $X''(x) + \lambda X(x) = 0$ 引出新的本征函数集。

7.1.1　吸收–耗散系统

考虑下面热传导的定解问题

$$\begin{cases} \dfrac{\partial u}{\partial t} = a^2 \dfrac{\partial^2 u}{\partial x^2} & (0 < x < L, t > 0) & (7.1.1\text{a}) \\ u|_{t=0} = \phi(x) & (0 \leqslant x \leqslant L) & (7.1.1\text{b}) \\ u\,|_{x=0} = 0\,,\ \left[u - \eta \dfrac{\partial u}{\partial x}\right]_{x=L} = 0 & (t > 0) & (7.1.1\text{c}) \end{cases}$$

其中，$\eta > 0$。式中的边界条件意味着 $x = 0$ 端保持为零度，而 $x = L$ 端吸收热量，吸收能力与该端点的温度成正比。

设泛定方程 (7.1.1a) 有变量分离的形式解

$$u(x,t) = X(x)T(t),$$

其中, $X(x)$ 构成本征值问题

$$\begin{cases} X''(x) + \lambda X(x) = 0 & (7.1.2a) \\ X(0) = 0, \quad X(L) - \eta X'(L) = 0 & (7.1.2b) \end{cases}$$

而 $T(t)$ 满足方程

$$T'(t) + \lambda a^2 T(t) = 0 \tag{7.1.3}$$

其中，λ 是分离常数。

首先求解空间函数 $X(x)$ 的本征值问题。按三种情况讨论。

(1) $\lambda = 0$ 时，只有平庸解 $A = 0$，$B = 0$。

(2) $\lambda < 0$ 时，方程 (7.1.2a) 的通解为

$$X(x) = A\cosh kx + B\sinh kx \tag{7.1.4a}$$

其中，$k = \sqrt{-\lambda}$，它的导数为

$$X'(x) = kA\sinh kx + kB\cosh kx \tag{7.1.4b}$$

由边界条件 $X(0) = 0$ 得到 $A = 0$，因此

$$X(x) = B\sinh kx, \quad X'(x) = kB\cosh kx \tag{7.1.5}$$

由边界条件 $X(L) - \eta X'(L) = 0$ 和 $B \neq 0$ 得到

$$\sinh kL - \eta k\cosh kL = 0 \tag{7.1.6}$$

它可以写成

$$\tanh\mu = \beta\mu \tag{7.1.7}$$

其中

$$\mu = kL, \quad \beta = \eta/L \tag{7.1.8}$$

超越方程 (7.1.7) 在 $\beta < 1$ 条件下有一个非零解 (图 7.1)，记为 μ_0，则相应的本征值与本征函数为

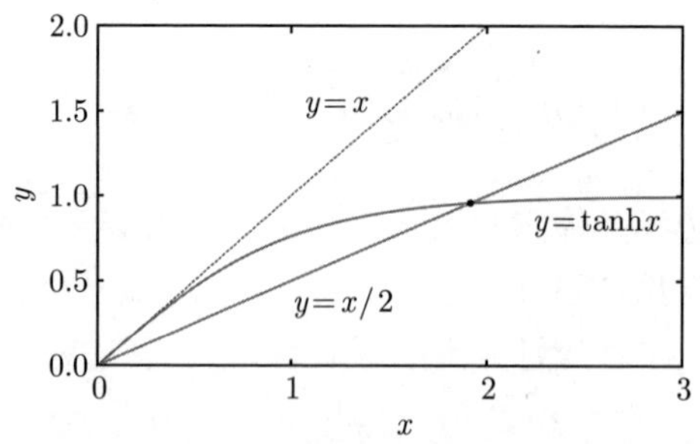

图 7.1　超越方程 $\tanh x = \beta x$ 在 $\beta = 1$ 时有一个零解，在 $\beta < 1$ 时有一个非零解。例如，当 $\beta = 1/2$ 时，非零解为 $x = 1.9130$

$$\lambda_0 = -\frac{\mu_0^2}{L^2}, \quad X_0(x) = B_0 \sinh \frac{\mu_0}{L} x \tag{7.1.9}$$

对于相应的时间函数，由方程 (7.1.3) 得到

$$T_0'(t) - \left(\frac{\mu_0 a}{L}\right)^2 T_0(t) = 0 \Rightarrow T_0(t) = C_0 \exp\left[\left(\frac{\mu_0 a}{L}\right)^2 t\right] \tag{7.1.10}$$

函数 $T_0(t)$ 随时间按指数增加。这样，$\lambda < 0$ 情况下的本征解为

$$u_0(x,t) = c_0 \exp\left[\left(\frac{\mu_0 a}{L}\right)^2 t\right] \sinh \frac{\mu_0}{L} x \tag{7.1.11}$$

其中，$c_0 = C_0 B_0$。我们看到，对于现在的边界条件，在 λ 为负值的情况下也存在非零的本征解。

(3) $\lambda > 0$ 时，方程 (7.1.2a) 的通解为

$$X(x) = A\cos kx + B\sin kx \tag{7.1.12a}$$

其中，$k = \sqrt{\lambda}$，它的导数为

$$X'(x) = -kA\sin kx + kB\cos kx \tag{7.1.12b}$$

由边界条件 $X(0) = 0$ 得到 $A = 0$，因此

$$X(x) = B\sin kx, \quad X'(x) = kB\cos kx \tag{7.1.13}$$

由边界条件 $X(L) - \eta X'(L) = 0$ 和 $B \neq 0$ 得到

$$\sin kL - \eta k \cos kL = 0 \tag{7.1.14}$$

即

$$\tan\mu = \beta\mu \tag{7.1.15}$$

其中，μ 和 β 的定义与式 (7.1.8) 相同。超越方程 (7.1.15) 的解显示在图 7.2，当 $\beta \leqslant 1$ 时，第一个非零解 μ_1 处于 $\pi < \mu_1 < 3\pi/2$ 范围; 当 $\beta > 1$ 时，则在 $0 < \mu_1 < \pi/2$ 范围，如图 7.3 所示。由此，本征值和本征函数为

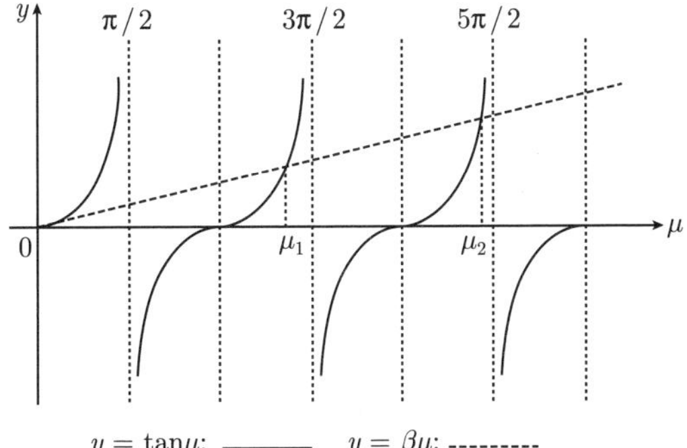

图 7.2 超越方程 $\tan\mu = \beta\mu$ 的非零解 $(\beta \leqslant 1)$

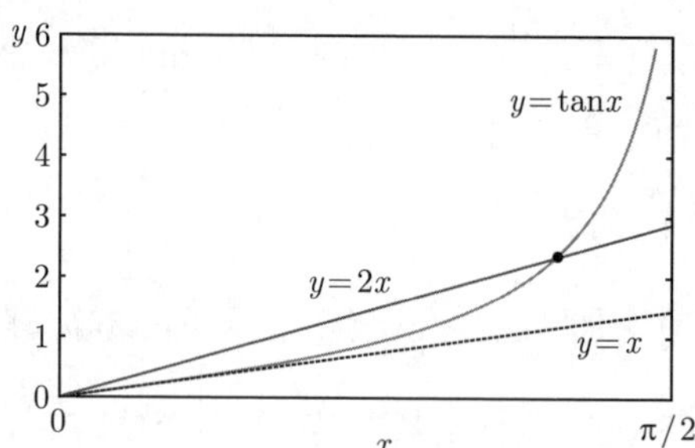

图 7.3　超越方程 $\tan x = \beta x(\beta > 1)$ 的第一个非零解 $x_1(0 < x_1 < \pi/2)$

$$\lambda_n = \frac{\mu_n^2}{L^2}, \quad X_n(x) = B_n \sin \frac{\mu_n}{L}x \quad (n = 1, 2, 3, \cdots) \tag{7.1.16}$$

对于相应的时间函数，由方程 (7.1.3) 得到

$$T_n'(t) + \left(\frac{\mu_n a}{L}\right)^2 T_n(t) = 0 \Rightarrow T_n(t) = C_n \exp\left[-\left(\frac{\mu_n a}{L}\right)^2 t\right] \tag{7.1.17}$$

因此本征解为

$$u_n(x,t) = c_n \exp\left[-\left(\frac{\mu_n a}{L}\right)^2 t\right] \sin \frac{\mu_n}{L}x \quad (n = 1, 2, 3, \cdots) \tag{7.1.18}$$

其中，$c_n = C_n B_n$。现在我们将 $\lambda < 0$ 时的本征解 (7.1.11) 与 $\lambda > 0$ 的本征解 (7.1.18) 叠加起来得到一般解

$$u(x,t) = c_0 \exp\left[\left(\frac{\mu_0 a}{L}\right)^2 t\right] \sinh \frac{\mu_0}{L}x + \sum_{n=1}^{\infty} c_n \exp\left[-\left(\frac{\mu_n a}{L}\right)^2 t\right] \sin \frac{\mu_n}{L}x \tag{7.1.19}$$

下面利用初始条件 (7.1.1b) 确定式 (7.1.19) 中的系数 c_0 和 c_n，我们有

$$\phi(x) = c_0 \sinh \frac{\mu_0}{L}x + \sum_{n=1}^{\infty} c_n \sin \frac{\mu_n}{L}x \tag{7.1.20}$$

为求 c_0 和 c_n，必须首先考查本征函数 X_0，X_1，$X_2, \cdots$ 在区间 $(0, L)$ 上的正交性，首先计算

$$\begin{aligned}
&\int_0^L X_0(x)X_n(x)\mathrm{d}x = \int_0^L \sinh \frac{\mu_0}{L}x \sin \frac{\mu_n}{L}x\mathrm{d}x \\
&= \frac{L^2}{\mu_0^2 + \mu_n^2}\left[\frac{\mu_0}{L}\cosh \frac{\mu_0}{L}x \sin \frac{\mu_n}{L}x - \frac{\mu_n}{L}\sinh \frac{\mu_0}{L}x \cos \frac{\mu_n}{L}x\right]_0^L \\
&= \frac{L^2}{\mu_0^2 + \mu_n^2}\left(\frac{\mu_0}{L}\cosh \mu_0 \sin \mu_n - \frac{\mu_n}{L}\sinh \mu_0 \cos \mu_n\right) \\
&\qquad (\text{利用} \tanh \mu_0 = \beta\mu_0, \quad \tan \mu_n = \beta\mu_n) \\
&= \frac{L^2}{\mu_0^2 + \mu_n^2}\left[\frac{\mu_0}{L}\cosh \mu_0 (\beta\mu_n \cos \mu_n) - \frac{\mu_n}{L}(\beta\mu_0 \cosh \mu_0)\cos \mu_n\right] \\
&= 0
\end{aligned}$$

可见 X_0 与 $X_n(n=1,2,3,\cdots)$ 是正交的。另外 $X_n(n=1,2,3,\cdots)$ 中任意两个是正交的，事实上，按照证明式 (6.4.24) 的方法一，同样可以得到

$$\int_0^L \sin\frac{\mu_m x}{L}\sin\frac{\mu_n x}{L}\mathrm{d}x = \frac{L}{2}\left(1-\frac{\sin 2\mu_n}{2\mu_n}\right)\delta_{mn} \tag{7.1.21}$$

其中，μ_n 是超越方程 $\tan\mu=\beta\mu$ 的解 [式 (7.1.15)]。综合上述证明：X_0，X_1，$X_2,\cdots$ 中任意两个是相互正交的。证明本征函数正交性的另一个方法是将边界条件 (7.1.2b) 代入式 (6.4.7) 计算 Q 因子，我们有

$$\begin{aligned}Q &= [X_n(0)X_m'(0)-X_m(0)X_n'(0)]-[X_n(L)X_m'(L)-X_m(L)X_n'(L)]\\ &= -\left[X_n(L)\frac{X_m(L)}{\eta}-X_m(L)\frac{X_n(L)}{\eta}\right]=0\end{aligned}$$

我们还需要模值

$$\int_0^L X_0(x)X_0(x)\mathrm{d}x=\int_0^L \sinh^2\frac{\mu_0}{L}x\mathrm{d}x=\frac{L}{2}\left(\frac{\sinh 2\mu_0}{2\mu_0}-1\right) \tag{7.1.22}$$

至此我们已经完全证明了本征函数 $X_0,X_1,X_2,\cdots$ 的正交性，并计算出了相应的模值。现在可以计算式 (7.1.20) 中的系数 c_0 和 c_n，为此首先给式 (7.1.20) 两边同乘以 $\sinh\dfrac{\mu_0}{L}x$ 并积分，我们有

$$\begin{aligned}\int_0^L \phi(x)\sinh\frac{\mu_0}{L}x\mathrm{d}x &= \int_0^L \sinh\frac{\mu_0}{L}x\left[c_0\sinh\frac{\mu_0}{L}x+\sum_{n=1}^{\infty}c_n\sin\frac{\mu_n}{L}x\right]\mathrm{d}x\\ &= c_0\int_0^L \sinh\frac{\mu_0}{L}x\sinh\frac{\mu_0}{L}x\mathrm{d}x+\sum_{n=1}^{\infty}c_n\underbrace{\int_0^L \sinh\frac{\mu_0}{L}x\sin\frac{\mu_n}{L}x\mathrm{d}x}_{=0}\\ &= c_0\frac{L}{2}\left(\frac{\sinh 2\mu_0}{2\mu_0}-1\right)\end{aligned}$$

故

$$c_0=\frac{2}{L\left(\dfrac{\sinh 2\mu_0}{2\mu_0}-1\right)}\int_0^L \phi(x)\sinh\frac{\mu_0}{L}x\mathrm{d}x \tag{7.1.23a}$$

另外, 式 (7.1.20) 两边同乘以 $X_m(x)=\sin\dfrac{\mu_m}{L}x(m=1,2,3,\cdots)$ 并积分，我们有

$$\begin{aligned}\int_0^L \phi(x)X_m(x)\mathrm{d}x &= \int_0^L \left[c_0\sinh\frac{\mu_0}{L}x+\sum_{n=1}^{\infty}c_nX_n(x)\right]X_m(x)\mathrm{d}x\\ &= c_0\underbrace{\int_0^L \sinh\frac{\mu_0}{L}x\sin\frac{\mu_m}{L}x\mathrm{d}x}_{=0}+\sum_{n=1}^{\infty}c_n\int_0^L X_n(x)X_m(x)\mathrm{d}x\end{aligned}$$

$$= \sum_{n=1}^{\infty} c_n \int_0^L X_n(x) X_m(x) \mathrm{d}x = \sum_{n=1}^{\infty} c_n \frac{L}{2} \left(1 - \frac{\sin 2\mu_n}{2\mu_n}\right) \delta_{mn}$$
$$= c_m \frac{L}{2} \left(1 - \frac{\sin 2\mu_m}{2\mu_m}\right)$$

即

$$c_n = \frac{2}{L\left(1 - \dfrac{\sin 2\mu_n}{2\mu_n}\right)} \int_0^L \phi(x) \sin \frac{\mu_n}{L} x \mathrm{d}x \quad (n = 1, 2, 3, \cdots) \tag{7.1.23b}$$

式 (7.1.19) 就是定解问题 (7.1.1) 的解，其中展开系数由式 (7.1.23) 确定。最后由式 (7.1.19) 得到系统的平均温度

$$U(t) = \frac{1}{L} \int_0^L u(x,t) \mathrm{d}x$$
$$= \frac{1}{L} \left[c_0 \exp\left(\frac{\mu_0^2 a^2}{L^2} t\right) \int_0^L \sinh \frac{\mu_0}{L} x \mathrm{d}x + \sum_{n=1}^{\infty} c_n \exp\left(-\frac{\mu_n^2 a^2}{L^2} t\right) \int_0^L \sin \frac{\mu_n}{L} x \mathrm{d}x \right]$$
$$= c_0 \frac{\cosh \mu_0 - 1}{\mu_0} \exp\left(\frac{\mu_0^2 a^2}{L^2} t\right) + \sum_{n=1}^{\infty} c_n \frac{1 - \cos \mu_n}{\mu_n} \exp\left(-\frac{\mu_n^2 a^2}{L^2} t\right)$$

通过求解这个定解问题，我们看到，除了表 6.2、式 (6.4.53) 及式 (6.4.54) 的本征函数集之外，本征方程 $X''(x) + \lambda X(x) = 0$ 还存在本征函数集

$$\sinh \frac{\mu_0}{L} x, \quad \sin \frac{\mu_n}{L} x \quad (n = 1, 2, 3, \cdots) \tag{7.1.24}$$

其中，μ_0 是 $\tanh \mu = \beta\mu$ 的解，而 μ_n 是 $\tan \mu = \beta\mu$ 的第 n 个正根。利用它们可以将一个定义在区间 $(0, L)$ 上的函数展开，式 (7.1.24) 所示的本征函数集的确是很有趣的。

例 1 对于上面讨论的有界杆热传导的定解问题，设 $L = 1$，$a = 1$，$\eta = 1/2$，系统的初始温度分布为 $\phi(x) = x(1 - x)$。用数值方法计算出 μ_0 和 $\mu_n (n = 1, \cdots, 5)$ 值，由此讨论该定解问题的数值解。

解 对于给定的条件，有 $\beta = \eta/L = 1/2$，故 μ_0 所满足的超越方程 (7.1.7) 变为 $\tanh \mu_0 = \mu_0/2$，由图 7.1 得到

$$\mu_0 = 1.9130 \tag{7.1.25a}$$

另一方面，μ_n 满足 $\tan \mu_n = \mu_n/2$，用数值计算得到前 5 个 μ_n 值

$$\mu_1 = 4.2748, \quad \mu_2 = 7.5965, \quad \mu_3 = 10.8127, \quad \mu_4 = 13.9952, \quad \mu_5 = 17.1628 \tag{7.1.25b}$$

展开系数式 (7.1.23) 给出

$$c_0 = \frac{2}{\dfrac{\sinh 2\mu_0}{2\mu_0} - 1} \int_0^1 x(1-x) \sinh \mu_0 x \mathrm{d}x \tag{7.1.26a}$$

$$c_n = \frac{2}{1 - \dfrac{\sin 2\mu_n}{2\mu_n}} \int_0^1 x(1-x) \sin \mu_n x \mathrm{d}x \quad (n = 1, 2, 3, \cdots) \tag{7.1.26b}$$

将式 (7.1.25) 的数值代入式 (7.1.26)，算出

$$c_0 = 0.081 \tag{7.1.27a}$$

$$c_1 = 0.189, \quad c_2 = -0.028, \quad c_3 = 0.021, \quad c_4 = -0.009, \quad c_5 = 0.008 \tag{7.1.27b}$$

我们再次看出，$|c_n|$ 随着 n 的增大而减小，正如式 (6.4.31) 所示。

这样初始温度用部分和近似表示为

$$x(1-x) \approx c_0 \sinh \mu_0 x + \sum_{n=1}^{5} c_n \sin \mu_n x \tag{7.1.28}$$

图 7.4 显示了初始温度分布 $\phi(x) = x(1-x)$ 与部分和的比较。在端点 $x = 1$ 有明显的拟合偏差，这是部分和的不精确性造成的。利用部分和，任意时刻 t 的温度分布和系统平均温度表示为

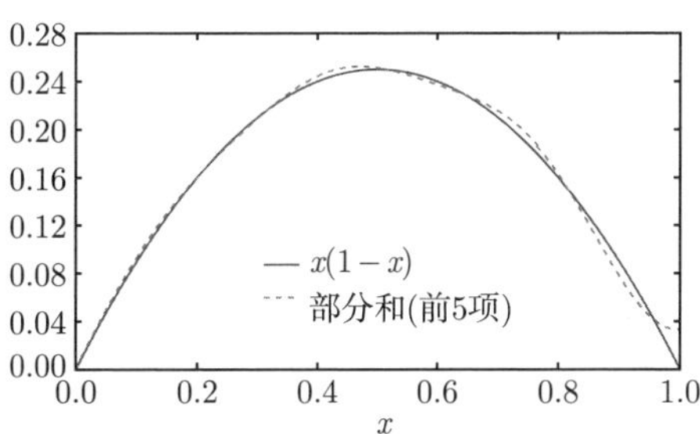

图 7.4 式 (7.1.28) 两边的比较

$$u(x,t) \approx c_0 \exp(\mu_0^2 t) \sinh \mu_0 x + \sum_{n=1}^{5} c_n \exp(-\mu_n^2 t) \sin \mu_n x \tag{7.1.29a}$$

和

$$U(t) \approx c_0 \frac{\cosh \mu_0 - 1}{\mu_0} \exp(\mu_0^2 t) + \sum_{n=1}^{5} c_n \frac{1 - \cos \mu_n}{\mu_n} \exp(-\mu_n^2 t) \tag{7.1.29b}$$

式 (7.1.29a) 的曲线对于不同的时刻 t 被显示在图 7.5。可以看出，温度分布由初始的有峰分布逐渐演化成随空间 x 单调升高的分布。为了比较式 (7.1.29a) 中第一项与求和部分对温度的贡献，我们分别做出

$$u_1(x,t) = c_0 \exp(\mu_0^2 t) \sinh \mu_0 x \tag{7.1.30a}$$

$$u_2(x,t) = \sum_{n=1}^{5} c_n \exp(-\mu_n^2 t) \sin \mu_n x \tag{7.1.30b}$$

的曲线，如图 7.6 所示。可以看出，在 t 较小时，$u_2(x,t)$ 对温度的贡献起主要作用; 但随着 t 的增加，$u_1(x,t)$ 的作用越来越大，这是由于式 (7.1.30a) 中指数因子 $\exp(\mu_0^2 t)$ 的作用。当 $t \to \infty$ 时，$u_2 \to 0$，系统的温度分布完全由 u_1 确定，成为 $\sinh \mu_0 x$ 的函数形式。

系统后端温度以及系统平均温度随时间 t 的变化显示在图 7.7。随着 t 的增加，后端温度持续升高，这是由边界条件 (7.1.1c) 所决定的: 系统吸收的热量与后端温度成正比。但在后端吸收热量的同时，系统固有的耗散作用 [表现为式 (7.1.29) 中的 $\exp(-\mu_n^2 t)$ 因子] 导致热量的散失。所以在 t 较小时，后端温度的升高比较缓慢，系统的平均温度甚至降低。这个过程中既有后端的吸收热量，也有系统固有的散失热量，因此是一个吸收–耗散过程。随着 t 的增加，热吸收作用变得越来越强，即式 (7.1.29) 中的 $\exp(\mu_0^2 t)$ 因子越来越大，而 $\exp(-\mu_n^2 t)$ 因子越来越小，所以在 t 较大时，系统温度按指数规律升高。

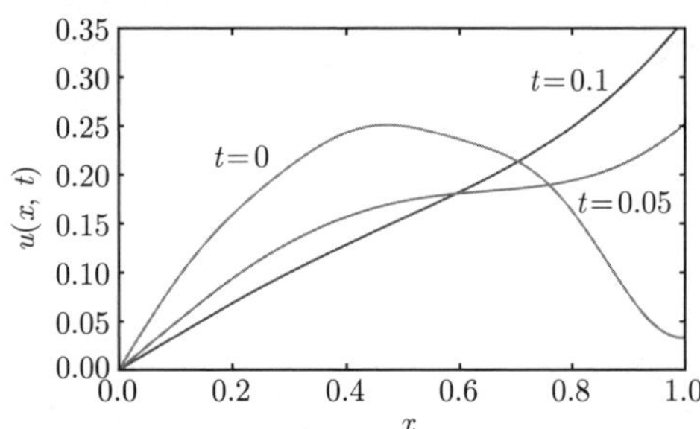

图 7.5　系统在不同时刻的温度分布, 来自式 (7.1.29a)

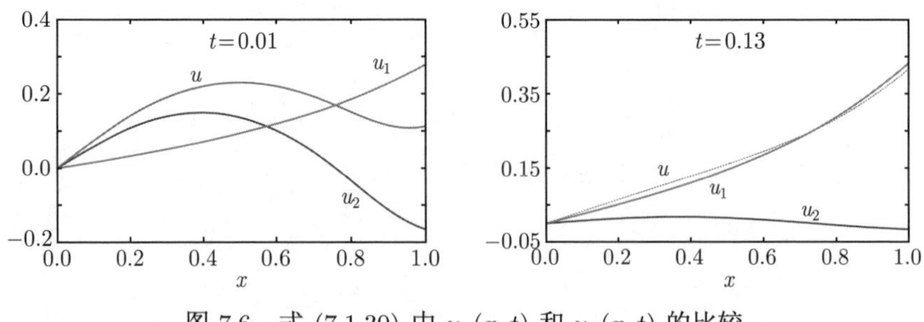

图 7.6　式 (7.1.30) 中 $u_1(x,t)$ 和 $u_2(x,t)$ 的比较

最后需要说明，按照给定的初始温度分布，在初始 $t=0$ 时刻，后端的温度应该为零，但图 7.7 所示的 $u(1,t)$ 曲线不是这样的，这是因为部分和的近似性所致，如图 7.4 所示。下面的例题将把求和 $u_2(x,t)$ 变成一个简单的函数，即给出一

个 $u(x,t)$ 的 "精确解"，这样将会消除部分和造成的误差。

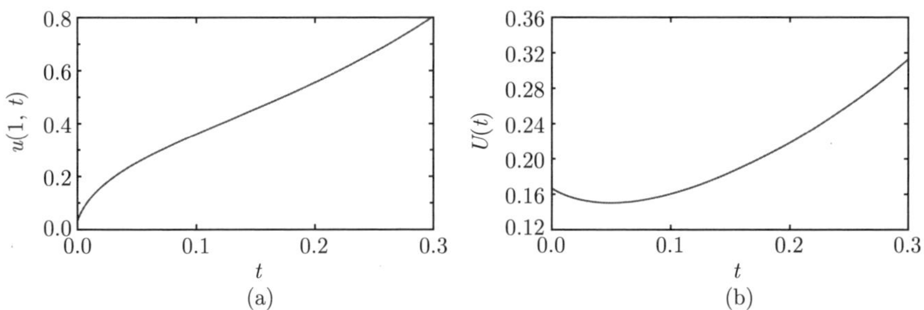

图 7.7 (a) 后端温度的时间演化, 来自式 (7.1.29a); (b) 平均温度的时间演化, 来自式 (7.1.29b)

例 2 对于上例的有界杆热传导的定解问题，设 $L=1$，$a=1$，$\eta=1/2$，系统的初始温度分布为

$$\phi(x)=\sinh\mu_0 x-\frac{\sinh\mu_0}{\sin\mu_1}\sin\mu_1 x \tag{7.1.31}$$

这里 $\dfrac{\sinh\mu_0}{\sin\mu_1}=-3.66$，求解该定解问题。

解 现在的初始温度分布如图 7.8 所示，它与例 1 类似。但它可以使一般解 (7.1.19) 约化为非常简单的形式，这是利用了本征函数的正交性。事实上展开系数为

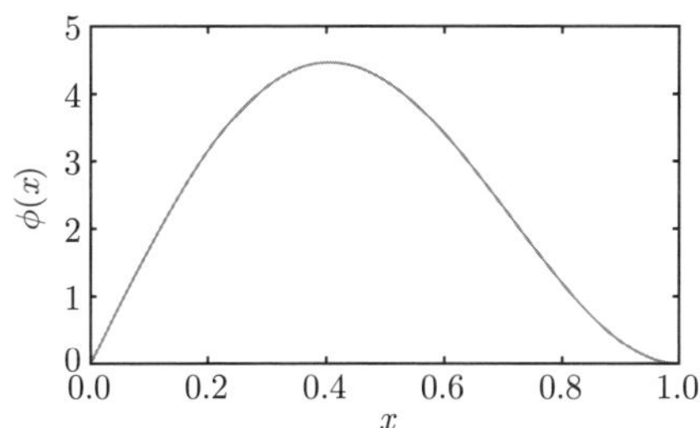

图 7.8 系统的初始温度分布式 (7.1.31)

$$c_0=\frac{2}{\dfrac{\sinh 2\mu_0}{2\mu_0}-1}\int_0^1\left(\sinh\mu_0 x-\frac{\sinh\mu_0}{\sin\mu_1}\sin\mu_1 x\right)\sinh\mu_0 x\mathrm{d}x=1 \tag{7.1.32a}$$

$$c_n=\frac{2}{1-\dfrac{\sin 2\mu_n}{2\mu_n}}\int_0^1\left(\sinh\mu_0 x-\frac{\sinh\mu_0}{\sin\mu_1}\sin\mu_1 x\right)\sin\mu_n x\mathrm{d}x=-\frac{\sinh\mu_0}{\sin\mu_1}\delta_{1n} \tag{7.1.32b}$$

由此，一般解为

$$u(x,t) = \exp(\mu_0^2 t)\sinh\mu_0 x - \frac{\sinh\mu_0}{\sin\mu_1}\exp(-\mu_1^2 t)\sin\mu_1 x \tag{7.1.33}$$

而平均温度为

$$U(t) = \frac{\cosh\mu_0 - 1}{\mu_0}\exp(\mu_0^2 t) - \frac{\sinh\mu_0 \tan(\mu_1/2)}{\mu_1}\exp(-\mu_1^2 t) \tag{7.1.34}$$

现在式 (7.1.33) 和式 (7.1.34) 不是求和形式，而是简单的初等函数。后端温度 $u(1,t)$ 和平均温度随时间的演化如图 7.9 所示，它们的行为与图 7.7 类似，但是严格地有 $u(1,0)=0$。

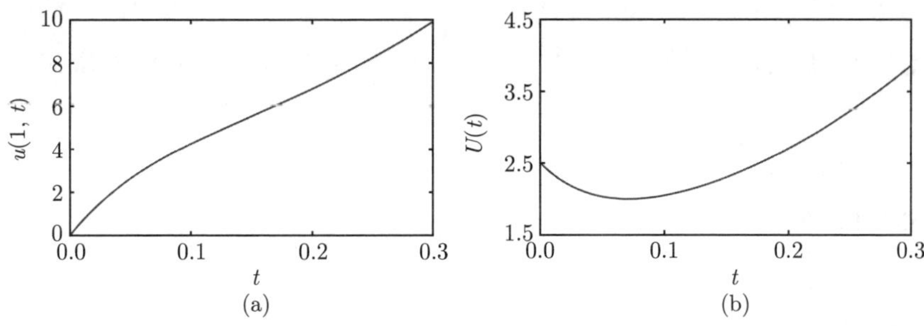

图 7.9　系统后端温度和平均温度的时间演化

7.1.2　吸收–绝热系统

本节讨论一个吸收–绝热的热传导系统，即求解下面的定解问题

$$\begin{cases} \dfrac{\partial u}{\partial t} = a^2\dfrac{\partial^2 u}{\partial x^2} & (0 < x < L,\ t > 0) \quad (7.1.35\text{a}) \\ u\big|_{t=0} = \phi(x) & (0 \leqslant x \leqslant L) \quad (7.1.35\text{b}) \\ \dfrac{\partial u}{\partial x}\Big|_{x=0} = 0, \quad \left[u - \eta\dfrac{\partial u}{\partial x}\right]_{x=L} = 0 & (t > 0) \quad (7.1.35\text{c}) \end{cases}$$

其中，$\eta > 0$。

式中的边界条件意味着 $x=0$ 端保持绝热，而后端 $x=L$ 吸收热量，吸收能力与该端的温度成正比。物理上的预言是：系统的温度将随时间升高，特别在 $t\to\infty$ 时，$U(\infty)\to\infty$。

设泛定方程 (7.1.35a) 有变量分离的形式解 $u(x,t) = X(x)T(t)$, 其中 $X(x)$ 构成本征值问题

$$\begin{cases} X''(x) + \lambda X(x) = 0 & (7.1.36\text{a}) \\ X'(0) = 0, \quad X(L) - \eta X'(L) = 0 & (7.1.36\text{b}) \end{cases}$$

而 $T(t)$ 满足方程

$$T'(t) + \lambda a^2 T(t) = 0 \tag{7.1.37}$$

下面按三种情况讨论 (讨论中将略去不重要的常数)。

(1) $\lambda = 0$ 时，只有平庸解 $A = 0, B = 0$。

(2) $\lambda < 0$ 时，本征值问题 (7.1.36) 的解为

$$\lambda_0 = -\frac{\mu_0^2}{L^2}, \quad X_0(x) = \cosh\frac{\mu_0}{L}x \tag{7.1.38}$$

其中，μ_0 是超越方程

$$\coth\mu = \beta\mu \tag{7.1.39}$$

的解，这里 μ 与 β 的定义与式 (7.1.8) 相同。对于任何 $\beta > 0$，方程 (7.1.39) 有一个非零解，如图 7.10 所示。相应的时间函数为

$$T_0(t) = \exp\left[\left(\frac{\mu_0 a}{L}\right)^2 t\right] \tag{7.1.40}$$

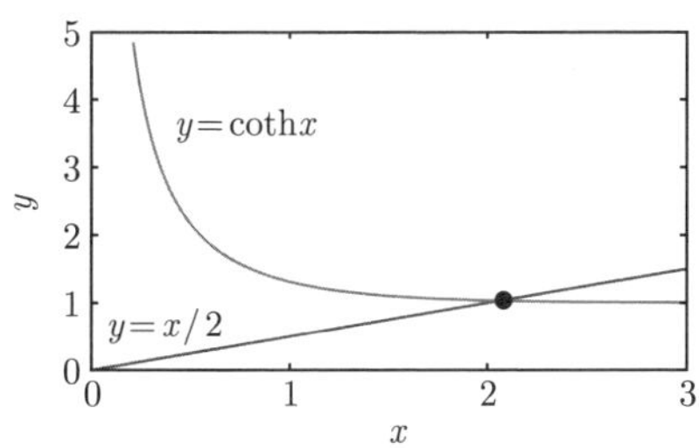

图 7.10 超越方程 $\coth x = \beta x$ 在 $\beta > 0$ 时有一个非零解。当 $\beta = 1/2$ 时, 非零解为 $x = 2.0667$

(3) $\lambda > 0$ 时，本征值问题 (7.1.36) 的解为

$$\lambda_n = \frac{\mu_n^2}{L^2}, \quad X_n(x) = \cos\frac{\mu_n}{L}x \quad (n = 1, 2, 3, \cdots) \tag{7.1.41}$$

其中，μ_n 是超越方程

$$\cot\mu = -\beta\mu \tag{7.1.42}$$

的解，如图 7.11 所示。相应的时间函数为

$$T_n(t) = \exp\left[-\left(\frac{\mu_n a}{L}\right)^2 t\right] \tag{7.1.43}$$

将 $\lambda < 0$ 与 $\lambda > 0$ 两种情况下的本征解叠加起来得到一般解

$$u(x,t) = c_0\exp\left[\left(\frac{\mu_0 a}{L}\right)^2 t\right]\cosh\frac{\mu_0}{L}x + \sum_{n=1}^{\infty} c_n\exp\left[-\left(\frac{\mu_n a}{L}\right)^2 t\right]\cos\frac{\mu_n}{L}x \tag{7.1.44}$$

初始温度分布为

$$\phi(x) = c_0 \cosh \frac{\mu_0}{L} x + \sum_{n=1}^{\infty} c_n \cos \frac{\mu_n}{L} x \tag{7.1.45}$$

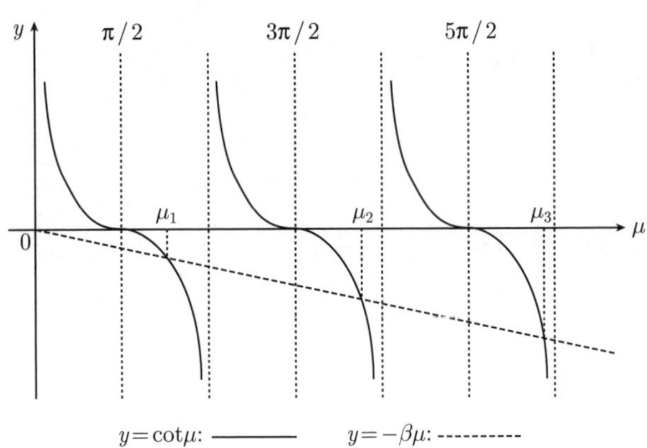

图 7.11　超越方程 (7.1.42) 的解

关于本征函数的正交性，利用边界条件式 (7.1.36b)，计算式 (6.4.7) 中的 Q 因子

$$\begin{aligned} Q &= [X_n(0)X_m'(0) - X_m(0)X_n'(0)] - [X_n(L)X_m'(L) - X_m(L)X_n'(L)] \\ &= -\left[X_n(L)\frac{X_m(L)}{\eta} - X_m(L)\frac{X_n(L)}{\eta}\right] = 0 \end{aligned}$$

可见本征函数 X_0，X_1，$X_2, \cdots$ 在区间 $(0, L)$ 上是正交的。按照证明式 (6.4.44) 的方法一，同样可以得到

$$\int_0^L \cos \frac{\mu_m x}{L} \cos \frac{\mu_n x}{L} \mathrm{d}x = \frac{L}{2}\left(1 + \frac{\sin 2\mu_n}{2\mu_n}\right)\delta_{mn} \tag{7.1.46}$$

这里，μ_n 是超越方程 (7.1.42) 的解。我们还需要模值

$$\int_0^L \cosh^2 \frac{\mu_0 x}{L} \mathrm{d}x = \frac{L}{2}\left(1 + \frac{\sinh 2\mu_0}{2\mu_0}\right) \tag{7.1.47}$$

现在我们对式 (7.1.45) 两边分别乘以 $\cosh \frac{\mu_0}{L} x$ 和 $\cos \frac{\mu_m x}{L}$ 然后积分，并利用式 (7.1.46) 和式 (7.1.47)，得到

$$c_0 = \frac{2}{L\left(1 + \dfrac{\sinh 2\mu_0}{2\mu_0}\right)} \int_0^L \phi(x) \cosh \frac{\mu_0}{L} x \mathrm{d}x \tag{7.1.48a}$$

$$c_n = \frac{2}{L\left(1 + \dfrac{\sin 2\mu_n}{2\mu_n}\right)} \int_0^L \phi(x) \cos \frac{\mu_n}{L} x \mathrm{d}x \quad (n = 1, 2, 3, \cdots) \tag{7.1.48b}$$

式 (7.1.44) 就是定解问题 (7.1.35) 的解，其中的展开系数 c_0 和 c_n 由式 (7.1.48) 表示。最后，我们给出平均温度

$$U(t)=c_0\frac{\sinh\mu_0}{\mu_0}\exp\left(\frac{\mu_0^2a^2}{L^2}t\right)+\sum_{n=1}^{\infty}c_n\frac{\sin\mu_n}{\mu_n}\exp\left(-\frac{\mu_n^2a^2}{L^2}t\right) \tag{7.1.49}$$

我们看到，本征方程 $X''(x)+\lambda X(x)=0$ 又有一套新的本征函数集

$$\cosh\frac{\mu_0}{L}x,\quad \cos\frac{\mu_n}{L}x\quad (n=1,2,3,\cdots) \tag{7.1.50}$$

其中，μ_0 是 $\coth\mu=\beta\mu$ 的解；而 μ_n 是 $\cot\mu=-\beta\mu$ 的第 n 个正根。利用它们可以将一个定义在区间 $(0,L)$ 上的函数展开。

例 1 对于上面讨论的有界杆热传导的定解问题，设 $L=1$，$a=1$，$\eta=1/2$，系统的初始温度分布为 $\phi(x)=x(1-x)$。用数值方法计算出前 5 个 μ_n 值; 由此讨论该定解问题的数值解。

解 对于给定的条件，有 $\beta=1/2$，故 μ_0 所满足的超越方程 (7.1.39) 变为 $\coth\mu_0=\mu_0/2$，由图 7.10 得到

$$\mu_0=2.0667 \tag{7.1.51a}$$

另一方面，μ_n 满足 $\cot\mu_n=-\mu_n/2$，用数值计算得到前 5 个 μ_n 值

$$\mu_1=2.4600,\quad \mu_2=5.9595,\quad \mu_3=9.2110,\quad \mu_4=12.4065,\quad \mu_5=15.5803 \tag{7.1.51b}$$

展开系数式 (7.1.48) 为

$$c_0=\frac{2}{1+\dfrac{\sinh 2\mu_0}{2\mu_0}}\int_0^1 x(1-x)\cosh\mu_0 x\mathrm{d}x \tag{7.1.52a}$$

$$c_n=\frac{2}{1+\dfrac{\sin 2\mu_n}{2\mu_n}}\int_0^1 x(1-x)\cos\mu_n x\mathrm{d}x\quad (n=1,2,3,\cdots) \tag{7.1.52b}$$

初始温度用部分和近似表示为

$$x(1-x)\approx c_0\cosh\mu_0x+\sum_{n=1}^{5}c_n\cos\mu_nx \tag{7.1.53}$$

图 7.12 显示了初始温度分布 $\phi(x)=x(1-x)$ 与部分和的比较。在端点 $x=0$ 和 $x=1$ 都有明显的拟合偏差 (与图 6.20 类似)。进而用部分和表示任意时刻的温度分布及平均温度

$$u(x,t)\approx c_0\exp(\mu_0^2t)\cosh\mu_0x+\sum_{n=1}^{5}c_n\exp(-\mu_n^2t)\cos\mu_nx \tag{7.1.54}$$

$$U(t) \approx c_0 \frac{\sinh \mu_0}{\mu_0} \exp(\mu_0^2 t) + \sum_{n=1}^{5} c_n \frac{\sin \mu_n}{\mu_n} \exp(-\mu_n^2 t) \tag{7.1.55}$$

系统在不同时刻 t 的温度分布如图 7.13 所示。可以看出，温度分布由初始的有峰分布逐渐演化成随空间 x 单调升高的分布，由最初的对称性分布逐渐演化为 $\cosh \mu_0 x$ 形式的分布。

系统两端温度及平均温度随时间 t 的变化显示在图 7.14。由于系统后端吸收热量，而前端保持绝热 (不散失热量)，因此随着 t 的增加，两端温度都持续升高。特别是，式 (7.1.51a) 所示的 μ_0 值相当大 [与 (7.1.25a) 相比较]，因此吸收作用 $\exp(\mu_0^2 t)$ 很强; 而系统的固有耗散 $\exp(-\mu_n^2 t)$ 则因式 (7.1.51b) 中较大的 μ_n 值而作用甚微。当 $t \to \infty$ 时，$\exp(-\mu_n^2 t) \to 0$，系统的温度分布完全由式 (7.1.54) 中的第一项确定，成为 $\cosh \mu_0 x$ 的形式。与上述吸收–耗散系统不同，这是一个吸收–绝热系统，只吸收而不散失热量，其平均温度没有图 7.9(b) 所示的下降过程，而是指数地升高。这是一种非常有效的热吸热过程。

需要说明，图 7.12 中端点 $x = 0$ 和 $x = 1$ 的数值拟合存在明显的偏差，这是部分和的不精确造成的，下面的例题将显示温度分布的 “精确解”。

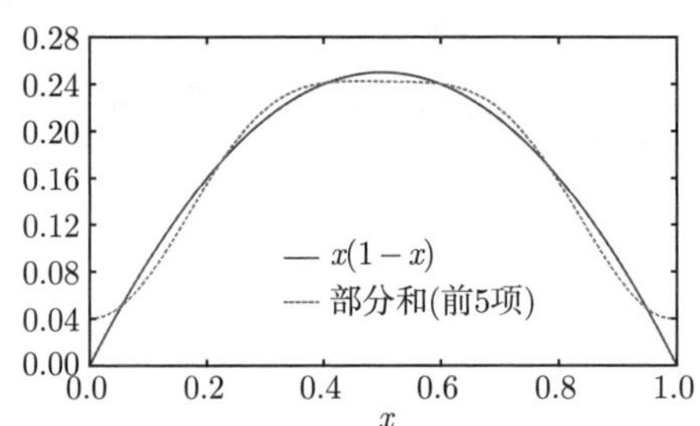

图 7.12　式 (7.1.53) 两边的比较

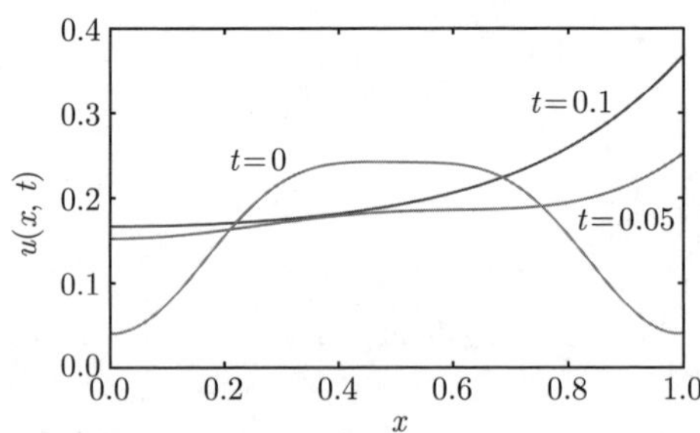

图 7.13　系统在不同时刻的温度分布, 来自式 (7.1.54)

例 2　对于上例的有界杆热传导的定解问题，设 $L = 1$，$a = 1$，$\eta = 1/2$，系统的初始温度分布为

$$\phi(x) = \cosh \mu_0 x - \frac{\cosh \mu_0}{\cos \mu_1} \cos \mu_1 x \tag{7.1.56}$$

这里 $\dfrac{\cosh\mu_0}{\cos\mu_1}=-5.17$，求解该定解问题。

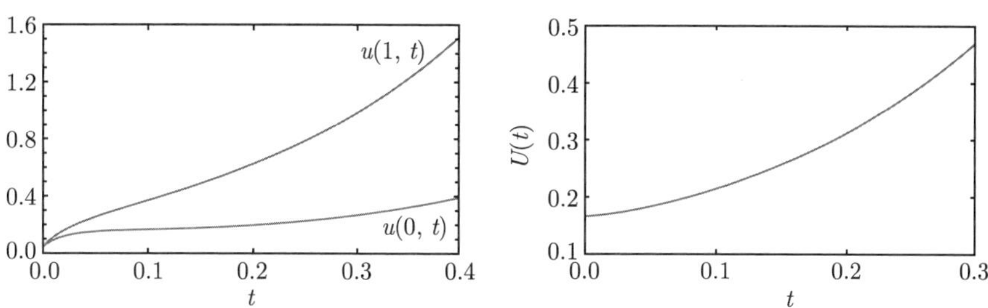

图 7.14 系统两端温度及平均温度的时间演化, 来自式 (7.1.54) 和式 (7.1.55)

解 初始温度分布如图 7.15 所示，它可以使一般解 (7.1.54) 约化为非常简单的形式，这是利用了本征函数的正交性。展开系数式 (7.1.48) 为

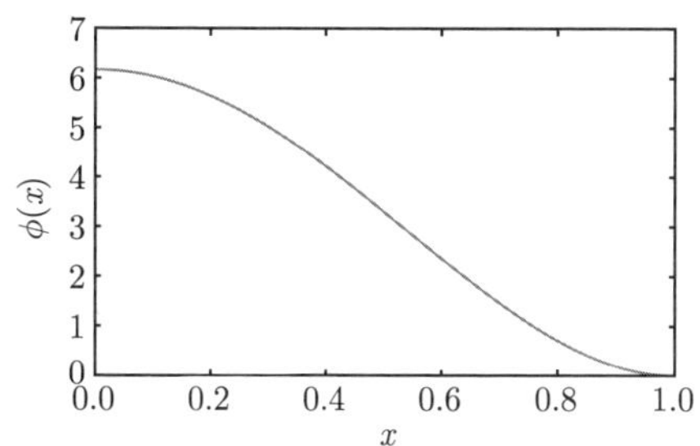

图 7.15 系统的初始温度分布式 (7.1.56)

$$c_0=\frac{2}{1+\dfrac{\sinh 2\mu_0}{2\mu_0}}\int_0^1\left(\cosh\mu_0x-\frac{\cosh\mu_0}{\cos\mu_1}\cos\mu_1x\right)\cosh\mu_0x\mathrm{d}x=1 \tag{7.1.57a}$$

$$c_n=\frac{2}{1+\dfrac{\sin 2\mu_n}{2\mu_n}}\int_0^1\left(\cosh\mu_0x-\frac{\cosh\mu_0}{\cos\mu_1}\cos\mu_1x\right)\cos\mu_nx\mathrm{d}x=-\frac{\cosh\mu_0}{\cos\mu_1}\delta_{1n} \tag{7.1.57b}$$

由此，任意时刻的温度分布和平均温度为

$$u(x,t)=\exp(\mu_0^2t)\cosh\mu_0x-\frac{\cosh\mu_0}{\cos\mu_1}\exp(-\mu_1^2t)\cos\mu_1x \tag{7.1.58}$$

和

$$U(t)=\frac{\sinh\mu_0}{\mu_0}\exp(\mu_0^2t)-\cosh\mu_0\frac{\tan\mu_1}{\mu_1}\exp(-\mu_1^2t) \tag{7.1.59}$$

系统两端温度及平均温度随时间的演化显示在图 7.16。后端的初始温度较低，所以吸热后温度持续升高。前端的初始温度较高，t 较小时，在维持绝热过程中将热量

传向内部，致使本身温度降低; 但 t 较大时，获得后端传来的热量，温度转为升高。再看系统的平均温度，由于式 (7.1.59) 中的固有耗散项 $\exp(-\mu_1^2 t)$ 在 t 较大时作用甚微，平均温度的变化基本由 $\exp(\mu_0^2 t)$ 项确定。作为一个吸收–绝热系统，其平均温度按指数规律升高。这里的 "精确解" 确保后端的初始温度为 $u(1,0)=0$。

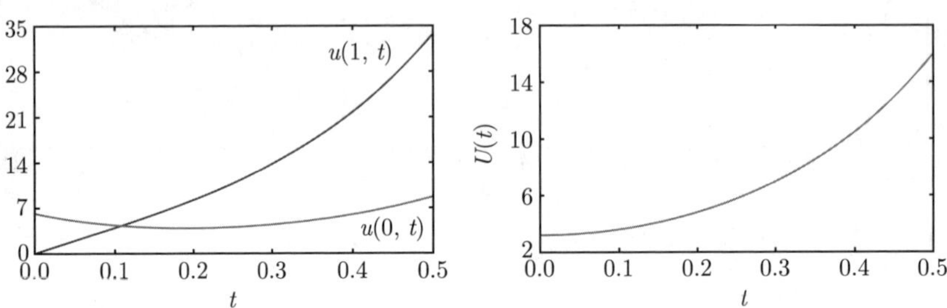

图 7.16　系统两端温度及平均温度的时间演化，来自式 (7.1.58) 和式 (7.1.59)

至此，我们已经详细讨论了热辐射与热吸收问题，从数学的角度，还可以进一步讨论一些相关的定解问题。例如，$x=0$ 端取为第三类边界条件，而 $x=L$ 维持零度或绝热。但是物理上，我们更想探讨综合性的热传导问题。

7.2　综合热传导定解问题

本节进一步讨论热传导定解问题，与热辐射与热吸收问题一样，这些问题不但是分离变量法的应用，并且将方程 $X''(x)+\lambda X(x)=0$ 的本征函数的类型不断扩大，理论上很有意义。下面我们将按第三类边界条件的不同组合讨论综合性热传导问题。

7.2.1　对称边界条件

首先考虑下列热传导定解问题

$$\begin{cases} \dfrac{\partial u}{\partial t}=a^2\dfrac{\partial^2 u}{\partial x^2} & (0<x<L,t>0) & (7.2.1\text{a})\\ u|_{t=0}=\phi(x) & (0\leqslant x\leqslant L) & (7.2.1\text{b})\\ \left[u+h\dfrac{\partial u}{\partial x}\right]_{x=0}=0,\left[u+h\dfrac{\partial u}{\partial x}\right]_{x=L}=0 & (t>0) & (7.2.1\text{c}) \end{cases}$$

其中，$h>0$。

该定解问题中的边界条件在 $x=0$ 与 $x=L$ 两端具有相同的形式，我们称之为对称边界条件。它表示 $x=0$ 端吸收热量而 $x=L$ 端辐射热量，而吸收能力和辐射强度分别与两端的温度成正比。

简单起见，我们取 $a=1$，$L=1$，$h=1$。设方程 (7.2.1a) 具有变量分离的形式解 $u(x,t)=X(x)T(t)$，其中 $X(x)$ 构成本征值问题

$$\begin{cases} X''(x)+\lambda X(x)=0 & (7.2.2\text{a}) \\ X(0)+X'(0)=0, \quad X(1)+X'(1)=0 & (7.2.2\text{b}) \end{cases}$$

而 $T(t)$ 满足方程

$$T'(t)+\lambda T(t)=0 \tag{7.2.3}$$

其中，λ 是分离常数。首先求解空间函数 $X(x)$ 的本征值问题。按三种情况讨论。

(1) $\lambda=0$ 时，只有平庸解 $A=B=0$。

(2) $\lambda<0$ 时，方程 (7.2.2a) 的通解为 [见式 (1.1.32)]

$$X(x)=A\mathrm{e}^{kx}+B\mathrm{e}^{-kx} \tag{7.2.4a}$$

其中, $k=\sqrt{-\lambda}$，A 和 B 是任意常数。它的导数为

$$X'(x)=kA\mathrm{e}^{kx}-kB\mathrm{e}^{-kx} \tag{7.2.4b}$$

边界条件式 (7.2.2b) 要求

$$A(1+k)+B(1-k)=0 \tag{7.2.5a}$$

$$A(1+k)\mathrm{e}^{k}+B(1-k)\mathrm{e}^{-k}=0 \tag{7.2.5b}$$

式 (7.2.5) 是关于 A 和 B 的线性齐次方程组，它有非零解的必要充分条件是

$$\begin{vmatrix} 1+k & 1-k \\ (1+k)\mathrm{e}^{k} & (1-k)\mathrm{e}^{-k} \end{vmatrix}=0 \tag{7.2.6}$$

即

$$(1-k^2)\mathrm{e}^{-k}-(1-k^2)\mathrm{e}^{k}=0 \tag{7.2.7}$$

它的解为 $k=1$(不取 $k=-1$ 是因为 $\lambda<0$)。进而由式 (7.2.5a) 得到 $A=0$，故本征值问题 (7.2.2) 的解为

$$\lambda_0=-1, X_0(x)=b_0\mathrm{e}^{-x} \tag{7.2.8}$$

其中，$b_0=B$。对于相应的时间函数，由方程 (7.2.3) 得到

$$T_0'(t)-T_0(t)=0 \Rightarrow T_0(t)=C_0\mathrm{e}^{t} \tag{7.2.9}$$

由此本征解为

$$u_0(x,t)=c_0\mathrm{e}^{t}\mathrm{e}^{-x} \tag{7.2.10}$$

其中，$c_0 = C_0 b_0$。我们再次看到，对于现在的边界条件，在 $\lambda < 0$ 情况下也存在非零解。

(3) $\lambda > 0$ 时，方程 (7.2.2a) 的通解为

$$X(x) = A\cos kx + B\sin kx \tag{7.2.11a}$$

其中，$k = \sqrt{\lambda}$，它的导数为

$$X'(x) = -kA\sin kx + kB\cos kx \tag{7.2.11b}$$

边界条件 (7.2.2b) 要求

$$A + kB = 0 \tag{7.2.12a}$$

$$A(\cos k - k\sin k) + B(\sin k + k\cos k) = 0 \tag{7.2.12b}$$

由式 (7.2.12a) 解出 $A = -kB$，代入式 (7.2.12b)，由 $B \neq 0$ 得到 $\sin k = 0$，所以

$$k = n\pi \quad (n = 1, 2, 3, \cdots) \tag{7.2.13}$$

这里，n 不取零与负值是因为 $\lambda > 0$。这样本征值问题 (7.2.2) 的解为

$$\lambda_n = (n\pi)^2, \quad X_n(x) = b_n\left(n\pi\cos n\pi x - \sin n\pi x\right) \quad (n = 1, 2, 3, \cdots) \tag{7.2.14}$$

这里，$b_n = -B$。我们看到，现在的本征函数是正弦函数与余弦函数的组合。

对于相应的时间函数，由方程 (7.2.3) 得到

$$T_n'(t) + (n\pi)^2 T_n(t) = 0 \tag{7.2.15}$$

它的通解为

$$T_n(t) = C_n \mathrm{e}^{-(n\pi)^2 t} \tag{7.2.16}$$

由此，本征解为

$$u_n(x,t) = c_n \mathrm{e}^{-(n\pi)^2 t}\left(n\pi\cos n\pi x - \sin n\pi x\right) \quad (n = 1, 2, 3, \cdots) \tag{7.2.17}$$

其中，$c_n = C_n b_n$。我们将 $\lambda < 0$ 时的本征解 (7.2.10) 与 $\lambda > 0$ 的本征解 (7.2.17) 叠加起来得到一般解

$$u(x,t) = c_0 \mathrm{e}^{t}\mathrm{e}^{-x} + \sum_{n=1}^{\infty} c_n \mathrm{e}^{-(n\pi)^2 t}\left(n\pi\cos n\pi x - \sin n\pi x\right) \tag{7.2.18}$$

现在利用初始条件 (7.2.1b) 确定系数 c_0 和 c_n，我们有

$$\phi(x) = c_0 \mathrm{e}^{-x} + \sum_{n=1}^{\infty} c_n\left(n\pi\cos n\pi x - \sin n\pi x\right) \tag{7.2.19}$$

为求 c_0 和 c_n，必须首先考查本征函数 X_0，X_1，$X_2,\cdots$ 在区间 $(0,1)$ 上的正交性，略去不重要的系数后，本征函数写为

$$X_0(x)=\mathrm{e}^{-x} \tag{7.2.20a}$$

$$X_n(x)=n\pi\cos n\pi x-\sin n\pi x \quad (n=1,2,3,\cdots) \tag{7.2.20b}$$

首先计算

$$\begin{aligned}\int_0^1 X_0(x)X_n(x)\mathrm{d}x&=\int_0^1 \mathrm{e}^{-x}\left(n\pi\cos n\pi x-\sin n\pi x\right)\mathrm{d}x\\&=\frac{n\pi}{1+(n\pi)^2}\left[\mathrm{e}^{-x}\left(-\cos n\pi x+n\pi\sin n\pi x\right)\right]_0^1\\&\quad-\frac{1}{1+(n\pi)^2}\left[\mathrm{e}^{-x}\left(-\sin n\pi x-n\pi\cos n\pi x\right)\right]_0^1\\&=\frac{n\pi}{1+(n\pi)^2}\left[\mathrm{e}^{-1}\left(-\cos n\pi\right)+1+\mathrm{e}^{-1}\cos n\pi-1\right]=0\end{aligned}$$

可见本征函数式 (7.2.20a) 与式 (7.2.20b) 是正交的。而式 (7.2.20b) 中的任意两个本征函数也是正交的，事实上

$$\begin{aligned}\int_0^1 X_m(x)X_n(x)\mathrm{d}x&=\int_0^1\left(m\pi\cos m\pi x-\sin m\pi x\right)\left(n\pi\cos n\pi x-\sin n\pi x\right)\mathrm{d}x\\&=mn\pi^2\underbrace{\int_0^1\cos m\pi x\cos n\pi x\mathrm{d}x}_{=0(m\neq n)}+\underbrace{\int_0^1\sin m\pi x\sin n\pi x\mathrm{d}x}_{=0(m\neq n)}-\\&\quad\underbrace{\left(m\pi\int_0^1\cos m\pi x\sin n\pi x\mathrm{d}x+n\pi\int_0^1\cos n\pi x\sin m\pi x\mathrm{d}x\right)}_{=0(m\neq n\ \text{或}\ m=n)}\\&=0(m\neq n)\end{aligned}$$

可见 $X_0,X_1,X_2,\cdots$ 中任意两个都是正交的。其实正交性的证明还有下面的方法，即利用边界条件 (7.2.2b) 计算式 (6.4.7) 的 Q 因子，我们有

$$\begin{aligned}Q&=[X_n(0)X_m'(0)-X_m(0)X_n'(0)]-[X_n(L)X_m'(L)-X_m(L)X_n'(L)]\\&=\{X_n(0)\left[-X_m(0)\right]-X_m(0)\left[-X_n(0)\right]\}-\{X_n(L)\left[-X_m(L)\right]-X_m(L)\left[-X_n(L)\right]\}\\&=0\end{aligned}$$

模值为

$$\int_0^1 X_n^2(x)\mathrm{d}x=(n\pi)^2\int_0^1\cos^2 n\pi x\mathrm{d}x+\int_0^1\sin^2 n\pi x\mathrm{d}x=\frac{(n\pi)^2+1}{2} \tag{7.2.21}$$

这样一来，我们有

$$\int_0^1 X_n(x)X_m(x)\mathrm{d}x = \frac{(n\pi)^2+1}{2}\delta_{nm} \tag{7.2.22}$$

另一个模值为

$$\int_0^1 X_0^2(x)\mathrm{d}x = \int_0^1 \mathrm{e}^{-2x}\mathrm{d}x = \frac{\mathrm{e}^2-1}{2\mathrm{e}^2} \tag{7.2.23}$$

至此我们已经完全证明了本征函数 (7.2.20) 的正交性，并计算出了相应的模值。现在可以计算式 (7.2.19) 中的系数 c_0 和 c_n，首先给式 (7.2.19) 两边同乘以 e^{-x} 并积分，然后利用 X_0 与 X_n 的正交性以及模值式 (7.2.23)，得到

$$c_0 = \frac{2\mathrm{e}^2}{\mathrm{e}^2-1}\int_0^1 \phi(x)\mathrm{e}^{-x}\mathrm{d}x \tag{7.2.24a}$$

进而给式 (7.2.19) 两边同乘以 $X_m(x)(m=1,\ 2,\ 3,\cdots)$ 并积分，然后利用 X_0 与 X_m 的正交性以及式 (7.2.22)，得到

$$c_n = \frac{2}{(n\pi)^2+1}\int_0^1 \phi(x)X_n(x)\mathrm{d}x \quad (n=1,\ 2,\ 3,\cdots) \tag{7.2.24b}$$

式 (7.2.18) 就是定解问题 (7.2.1) 的解，其展开系数由式 (7.2.24) 确定。最后我们按照式 (7.2.18) 计算系统的平均温度

$$\begin{aligned}
U(t) &= \int_0^1 u(x,t)\mathrm{d}x \\
&= c_0\mathrm{e}^t\int_0^1 \mathrm{e}^{-x}\mathrm{d}x + \sum_{n=1}^{\infty} c_n\mathrm{e}^{-(n\pi)^2t}\int_0^1 (n\pi\cos n\pi x - \sin n\pi x)\,\mathrm{d}x \\
&= c_0\frac{\mathrm{e}-1}{\mathrm{e}}\mathrm{e}^t - \frac{1}{\pi}\sum_{n=1}^{\infty}\frac{c_n}{n}(1-\cos n\pi)\mathrm{e}^{-(n\pi)^2t}
\end{aligned}$$

利用

$$1-\cos n\pi = \begin{cases} 2 & (n=1,\ 3,\ 5,\cdots) \\ 0 & (n=0,\ 2,\ 4,\cdots) \end{cases}$$

得到

$$U(t) = c_0\frac{\mathrm{e}-1}{\mathrm{e}}\mathrm{e}^t - \frac{2}{\pi}\sum_{k=0}^{\infty}\frac{c_{2k+1}}{2k+1}\mathrm{e}^{-(2k+1)^2\pi^2t} \tag{7.2.25}$$

我们看到，通过求解这个定解问题，本征方程 $X''(x)+\lambda X(x)=0$ 又多了一套本征函数集

$$\mathrm{e}^{-x}, \quad n\pi\cos n\pi x - \sin n\pi x \quad (n=1,2,3,\cdots) \tag{7.2.26}$$

利用它们可以将一个定义在区间 $(0,1)$ 上的函数展开。

例 1 设系统初始温度分布为 $\phi(x)=x$, 对上面的结果进行讨论。

解 首先计算展开系数式 (7.2.24)，我们有

$$c_0=\frac{2\mathrm{e}^2}{\mathrm{e}^2-1}\int_0^1 x\mathrm{e}^{-x}\mathrm{d}x=2\mathrm{e}\frac{\mathrm{e}-2}{\mathrm{e}^2-1} \tag{7.2.27a}$$

$$c_n=\frac{2}{n^2\pi^2+1}\int_0^1 x\left(n\pi\cos n\pi x-\sin n\pi x\right)\mathrm{d}x=\frac{2\left[2(-1)^n-1\right]}{n\pi\left(n^2\pi^2+1\right)} \tag{7.2.27b}$$

将 c_0 和 c_n 分别代入式 (7.2.18) 和式 (7.2.25)，得到

$$u(x,t)=2\mathrm{e}\frac{\mathrm{e}-2}{\mathrm{e}^2-1}\mathrm{e}^t\mathrm{e}^{-x}+\frac{2}{\pi}\sum_{n=1}^{\infty}\frac{\left[2(-1)^n-1\right]}{n\left(n^2\pi^2+1\right)}\mathrm{e}^{-(n\pi)^2t}\left(n\pi\cos n\pi x-\sin n\pi x\right) \tag{7.2.28}$$

$$U(t)=2\frac{\mathrm{e}-2}{\mathrm{e}+1}\mathrm{e}^t-\frac{4}{\pi^2}\sum_{k=0}^{\infty}\frac{\left[2(-1)^{2k+1}-1\right]}{(2k+1)^2\left[(2k+1)^2\pi^2+1\right]}\mathrm{e}^{-(2k+1)^2\pi^2t} \tag{7.2.29}$$

系统在不同时刻的温度分布显示在图 7.17。可以看出，温度分布由初始的 $\phi(x)=x$ 形式，向相反的方向变化。较长时间后，式 (7.2.28) 中的求和为零，温度分布成为指数形式 e^{-x}。为了比较式 (7.2.28) 中第一项 [记为 $u_1(x,t)$] 与求和部分 [记为 $u_2(x,t)$] 的相对大小，我们分别作出它们的曲线，如图 7.18 所示。可以看出，在 t 较小时 $u_2(x,t)$ 部分对温度的贡献起主要作用；但随着 t 的增加，$u_1(x,t)$ 的作用越来越大，这是由于 $u_1(x,t)$ 中指数因子 e^t 的作用。当 $t\to\infty$ 时，$u_2\to 0$，系统温度分布由 u_1 确定。

系统两端温度随时间 t 的变化显示在图 7.19(a)。在初始 $t=0$ 时刻，$x=0$ 端温度为 0 而 $x=1$ 端温度为 1。之后前端温度上升，后端温度下降，这是因为前端吸收热量，而后端辐射热量。当 t 较大时，由于 $u_1(x,t)$ 中指数因子 e^t 的作用，前端的温度快速上升。后端虽然一直在辐射热量，但在辐射的同时不断吸收前端传导过来的热量，当吸收的热量多于辐射的热量时，温度转为升高，但没有前端升高得那么快。

系统的平均温度随时间的演化显示在图 7.19(b)。可以看出，在最初阶段，平均温度下降，这意味着后端辐射热量 [即系统的固有耗散 $\mathrm{e}^{-(n\pi)^2t}$] 起主要作用。随着 t 的增长，耗散作用下降，而吸收作用 e^t 上升，最终导致平均温度按指数规律上升。形成上述温度变化的根本原因是式 (7.2.9) 所显示的时间函数 $T_0(t)$ 的指数增长，而它是由边界条件 (7.2.1c) 推导出来的。我们自然会问，如果系统前端辐射而后端吸收，情况将会如何？这就是下面所讨论的具有另一类对称边界条件的定解问题。

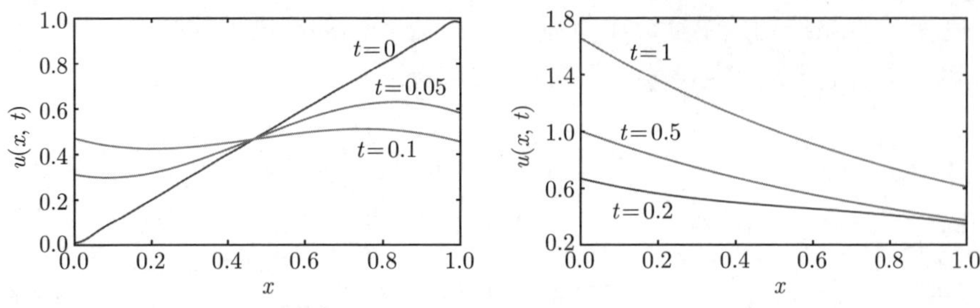

图 7.17 系统在不同时刻 t 的温度分布, 曲线来自式 (7.2.28) 的部分和 (前 20 项)

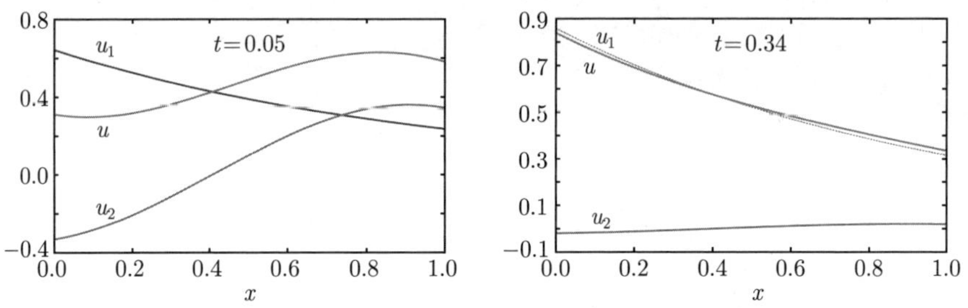

图 7.18 $u_1(x,t)$ 和 $u_2(x,t)$ 的比较, 曲线来自式 (7.2.28) 的部分和 (前 20 项)

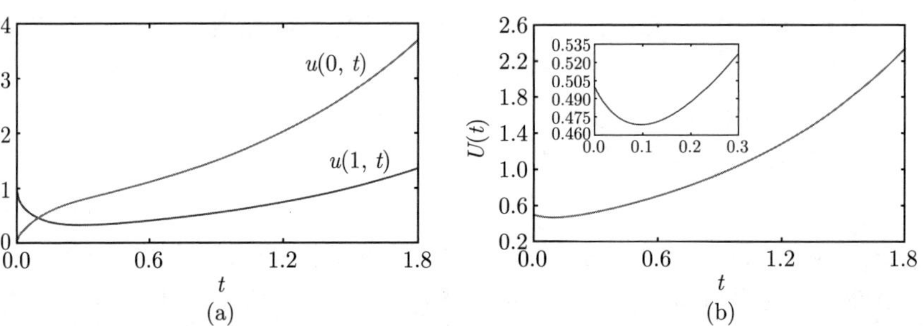

图 7.19 系统两端温度及平均温度的时间演化, 曲线来自式 (7.2.28) 和式 (7.2.29) 的部分和 (前 20 项)

现在我们进一步讨论下列热传导问题

$$\begin{cases} \dfrac{\partial u}{\partial t} = \dfrac{\partial^2 u}{\partial x^2} & (0 < x < 1,\ t > 0) \quad (7.2.30\text{a}) \\ u|_{t=0} = \phi(x) & (0 \leqslant x \leqslant 1) \quad (7.2.30\text{b}) \\ \left[u - \dfrac{\partial u}{\partial x}\right]_{x=0} = 0, \left[u - \dfrac{\partial u}{\partial x}\right]_{x=1} = 0 & (t > 0) \quad (7.2.30\text{c}) \end{cases}$$

这个热传导问题也具有对称边界条件，它表示前端辐射热量而后端吸收热量，而辐射强度与吸收能力分别与前后端的温度成正比。这个问题不能由式 (7.2.1) 问

题中取 $h=-1$ 得到结果，因为边界条件不同，将给出不同的本征函数，必须重新求解。设方程 (7.2.30a) 的形式解为 $u(x,t)=X(x)T(t)$，其中 $X(x)$ 构成本征值问题

$$\begin{cases} X''(x)+\lambda X(x)=0 & (7.2.31\text{a}) \\ X(0)-X'(0)=0, \quad X(1)-X'(1)=0 & (7.2.31\text{b}) \end{cases}$$

而 $T(t)$ 满足方程

$$T'(t)+\lambda T(t)=0 \tag{7.2.32}$$

下面按三种情况讨论 (讨论中将略去不重要的常数)。

(1) $\lambda=0$ 时只有平庸解。

(2) $\lambda<0$ 情况下的解为

$$\lambda_0=-1, \quad X_0(x)=\mathrm{e}^x \tag{7.2.33}$$

$$T_0(t)=\mathrm{e}^t \tag{7.2.34}$$

(3) $\lambda>0$ 情况下的解为

$$\lambda_n=(n\pi)^2, \quad X_n(x)=n\pi\cos n\pi x+\sin n\pi x \quad (n=1,2,3,\cdots) \tag{7.2.35}$$

$$T_n(t)=\mathrm{e}^{-(n\pi)^2 t} \tag{7.2.36}$$

一般解为

$$u(x,t)=c_0\mathrm{e}^t\mathrm{e}^x+\sum_{n=1}^{\infty}c_n\mathrm{e}^{-(n\pi)^2 t}(n\pi\cos n\pi x+\sin n\pi x) \tag{7.2.37}$$

平均温度为

$$U(t)=c_0(\mathrm{e}-1)\mathrm{e}^t+\frac{2}{\pi}\sum_{k=0}^{\infty}\frac{c_{2k+1}}{2k+1}\mathrm{e}^{-(2k+1)^2\pi^2 t} \tag{7.2.38}$$

本征函数 X_0，X_1，$X_2,\cdots$ 在区间 $(0,1)$ 上是正交的，即

$$\int_0^1 X_i(x)X_j(x)\mathrm{d}x=0 \quad (i\neq j) \tag{7.2.39}$$

这是因为利用边界条件 (7.2.31b) 计算式 (6.4.7) 的 Q 因子，得到

$$\begin{aligned} Q&=[X_n(0)X_m'(0)-X_m(0)X_n'(0)]-[X_n(L)X_m'(L)-X_m(L)X_n'(L)] \\ &=\{X_n(0)[X_m(0)]-X_m(0)[X_n(0)]\}-\{X_n(L)[X_m(L)]-X_m(L)[X_n(L)]\} \\ &=0 \end{aligned}$$

利用初始条件

$$\phi(x)=c_0\mathrm{e}^x+\sum_{n=1}^{\infty}c_n(n\pi\cos n\pi x+\sin n\pi x) \tag{7.2.40}$$

及本征函数的正交性式 (7.2.39)，得到展开系数

$$c_0 = \frac{2}{\mathrm{e}^2 - 1}\int_0^1 \phi(x)\mathrm{e}^x \mathrm{d}x \tag{7.2.41a}$$

$$c_n = \frac{2}{(n\pi)^2 + 1}\int_0^1 \phi(x)X_n(x)\mathrm{d}x \quad (n = 1, 2, 3, \cdots) \tag{7.2.41b}$$

至此我们已经完成了这个定解问题的求解，求解中引入了 $X''(x) + \lambda X(x) = 0$ 的新的本征函数集

$$\mathrm{e}^x, \quad n\pi\cos n\pi x + \sin n\pi x \quad (n = 1, 2, 3, \cdots) \tag{7.2.42}$$

它与式 (7.2.26) 在形式上是镜像对称的 ($x \leftrightarrow -x$)。

例 2　设初始温度分布为 $\phi(x) = x$，对上面的结果进行讨论。

解　首先计算展开系数式 (7.2.41)，我们有

$$c_0 = \frac{2}{\mathrm{e}^2 - 1}, c_n = -\frac{2}{n\pi\left(n^2\pi^2 + 1\right)} \tag{7.2.43}$$

代入式 (7.2.37) 和式 (7.2.38) 进行数值计算。系统在不同时刻 t 的温度分布 $u(x,t)$、前后端点温度 $u(0,t)$，$u(1,t)$ 和平均温度 $U(t)$ 随时间的演化显示在图 7.20。可以看出，系统温度由最初的 $\phi(x) = x$ 分布迅速演化为指数 e^x 分布，这是式 (7.2.37) 中指数因子 e^t 的作用。系统后端 $x = 1$ 是吸收热量的，其温度按指数规律快速升高。前端 $x = 0$ 是辐射热量的，但由于吸收了后端传导过来的热量，因此温度也随时间升高，但较为缓慢。整个系统平均温度的时间演化可以近似为 $u(0,t)$ 与 $u(1,t)$ 的平均，它是单调上升的。这里的结果与图 7.19(b) 不同，在那里后端温度在初始阶段是下降的，因此平均温度出现一个极小值。

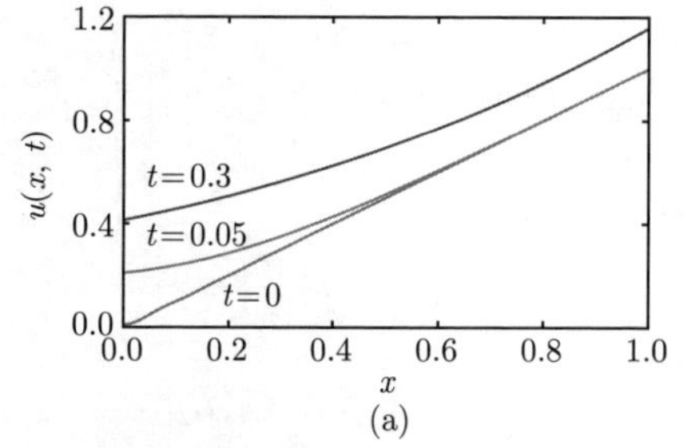

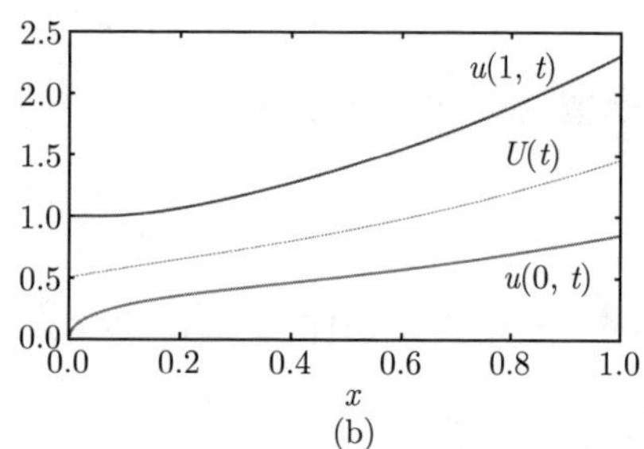

图 7.20　(a) 系统在不同时刻 t 的温度分布，来自式 (7.2.37) 的部分和 (前 20 项)；(b) 两端温度及平均温度的时间演化，来自式 (7.2.37) 和式 (7.2.38) 的部分和 (前 20 项)

7.2.2　反对称边界条件

本节讨论具有反对称边界条件的热传导问题，即系统前后端的边界条件在形

式上是相反的，由此引出新的本征函数。首先考虑下面的定解问题：

$$\begin{cases} \dfrac{\partial u}{\partial t} = \dfrac{\partial^2 u}{\partial x^2} & (0 < x < 1, t > 0) & (7.2.44\text{a}) \\ u|_{t=0} = \phi(x) & (0 \leqslant x \leqslant 1) & (7.2.44\text{b}) \\ \left[u - \dfrac{\partial u}{\partial x}\right]_{x=0} = 0,\ \left[u + \dfrac{\partial u}{\partial x}\right]_{x=1} = 0 & (t > 0) & (7.2.44\text{c}) \end{cases}$$

现在的边界条件表示两端都辐射热量，而且辐射强度分别与两端的温度成正比。从物理上可以预言，它的稳态解为 $u(x,\infty) \to 0$。设式 (7.2.44a) 的形式解为 $u(x,t) = X(x)T(t)$，其中，$X(x)$ 构成本征值问题

$$\begin{cases} X''(x) + \lambda X(x) = 0 & (7.2.45\text{a}) \\ X(0) - X'(0) = 0, X(1) + X'(1) = 0 & (7.2.45\text{b}) \end{cases}$$

而 $T(t)$ 满足方程

$$T'(t) + \lambda T(t) = 0 \tag{7.2.46}$$

其中，λ 是分离常数。

首先求解空间函数 $X(x)$ 的本征值问题，容易证明在 $\lambda \leqslant 0$ 时只有平庸解。当 $\lambda > 0$ 时，方程 (7.2.45a) 的通解为

$$X(x) = A\cos\mu x + B\sin\mu x \tag{7.2.47}$$

其中，$\mu = \sqrt{\lambda}$。边界条件 (7.2.45b) 要求

$$A - \mu B = 0 \tag{7.2.48a}$$

$$A(\cos\mu - \mu\sin\mu) + B(\sin\mu + \mu\cos\mu) = 0 \tag{7.2.48b}$$

由式 (7.2.48a) 解出 $A = \mu B$，代入式 (7.2.48b)，利用 $B \neq 0$，得到

$$\tan\mu = \frac{2\mu}{\mu^2 - 1} \tag{7.2.49}$$

这是本征值所满足的超越方程，我们作出曲线 $y = \tan\mu$ 和 $y = \dfrac{2\mu}{\mu^2-1}$，如图 7.21 所示，二者交点的横坐标 μ_n 就是超越方程 (7.2.49) 的解。这样本征值问题 (7.2.45) 的解为

$$\lambda_n = \mu_n^2, \quad X_n(x) = \mu_n\cos\mu_n x + \sin\mu_n x \quad (n = 1, 2, 3, \cdots) \tag{7.2.50}$$

对于相应的时间函数，从式 (7.2.46) 得到

$$T_n'(t) + \mu_n^2 T_n(t) = 0 \Rightarrow T_n(t) = \mathrm{e}^{-\mu_n^2 t} \tag{7.2.51}$$

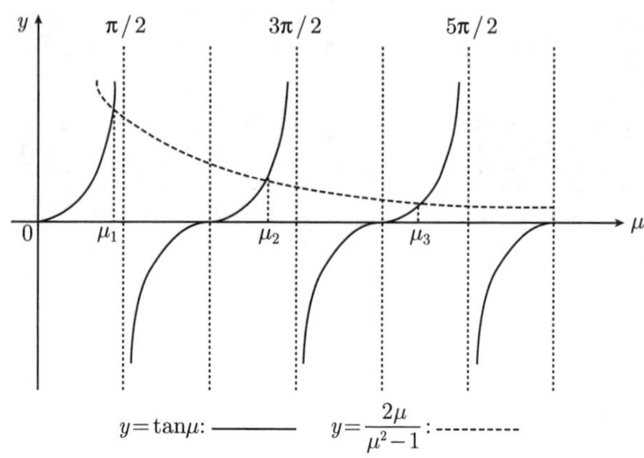

图 7.21 超越方程 (7.2.49) 的曲线解

将本征解叠加起来得到一般解

$$u(x,t) = \sum_{n=1}^{\infty} c_n \mathrm{e}^{-\mu_n^2 t} \left(\mu_n \cos \mu_n x + \sin \mu_n x\right) \tag{7.2.52}$$

现在利用初始条件式 (7.2.44b) 确定系数，我们有

$$\phi(x) = \sum_{n=1}^{\infty} c_n \left(\mu_n \cos \mu_n x + \sin \mu_n x\right) \tag{7.2.53}$$

为确定 c_n，必须首先考查本征函数 $X_n(x)$ 在区间 $(0,1)$ 上的正交性，为此利用边界条件式 (7.2.45b) 计算式 (6.4.7) 的 Q 因子，我们有

$$\begin{aligned} Q &= [X_n(0)X_m'(0) - X_m(0)X_n'(0)] - [X_n(L)X_m'(L) - X_m(L)X_n'(L)] \\ &= \{X_n(0)\,[X_m(0)] - X_m(0)\,[X_n(0)]\} - \{X_n(L)\,[-X_m(L)] - X_m(L)\,[-X_n(L)]\} \\ &= 0 \end{aligned}$$

可见，式 (7.2.50) 的本征函数是正交的。而模值为

$$\begin{aligned} M_n &\equiv \int_0^1 X_n^2(x)\mathrm{d}x \\ &= \frac{\mu_n^2}{2}\left(1 + \frac{\sin 2\mu_n}{2\mu_n}\right) - \frac{2\mu_n \cos 2\mu_n + \sin 2\mu_n}{4\mu_n} + 1 \end{aligned}$$

故

$$\int_0^1 X_m(x)X_n(x)\mathrm{d}x = M_n\delta_{mn} \tag{7.2.54}$$

利用式 (7.2.53) 和式 (7.2.54) 得到展开系数

$$c_n = \frac{1}{M_n}\int_0^1 \phi(x)X_n(x)\mathrm{d}x \tag{7.2.55}$$

而平均温度为

$$U(t) = \sum_{n=1}^{\infty} c_n\left(\sin\mu_n + \frac{1-\cos\mu_n}{\mu_n}\right)\mathrm{e}^{-\mu_n^2 t} \tag{7.2.56}$$

至此我们已经完成了这个定解问题的求解。求解中引入了 $X''(x)+\lambda X(x)=0$ 的新的本征函数集

$$\mu_n\cos\mu_n x + \sin\mu_n x \quad (n=1,2,3,\cdots) \tag{7.2.57}$$

其中，μ_n 是超越方程 $\tan\mu = \dfrac{2\mu}{\mu^2-1}$ 的第 n 个正根。

例 1 设初始温度分布为 $\phi(x)=x$，对上面的结果进行讨论。

解 首先求出超越方程 (7.2.49) 的前 5 个根

$$\mu_1 = 1.3066,\quad \mu_2 = 3.6735,\quad \mu_3 = 6.5850,\quad \mu_4 = 9.6320,\quad \mu_5 = 12.7230 \tag{7.2.58}$$

展开系数为

$$c_n = \frac{-\dfrac{1}{\mu_n}+\sin\mu_n+\dfrac{\sin\mu_n}{\mu_n^2}}{\dfrac{\mu_n^2}{2}\left(1+\dfrac{\sin 2\mu_n}{2\mu_n}\right)-\dfrac{2\mu_n\cos 2\mu_n+\sin 2\mu_n}{4\mu_n}+1} \tag{7.2.59}$$

初始温度用部分和近似表示为

$$x \approx \sum_{n=1}^{5} c_n\left(\mu_n\cos\mu_n x+\sin\mu_n x\right) \tag{7.2.60}$$

图 7.22 显示了式 (7.2.60) 两边的比较。可以看出，在端点 $x=0$ 和 $x=1$ 都有明显的拟合偏差，式 (7.2.60) 右边的求和可以称为准线性分布。系统在任意时刻 t 的温度分布与平均温度用部分和表示为

$$u(x,t) \approx \sum_{n=1}^{5} c_n\left(\mu_n\cos\mu_n x+\sin\mu_n x\right)\mathrm{e}^{-\mu_n^2 t} \tag{7.2.61a}$$

$$U(t) \approx \sum_{n=1}^{5} c_n\left(\sin\mu_n + \frac{1-\cos\mu_n}{\mu_n}\right)\mathrm{e}^{-\mu_n^2 t} \tag{7.2.61b}$$

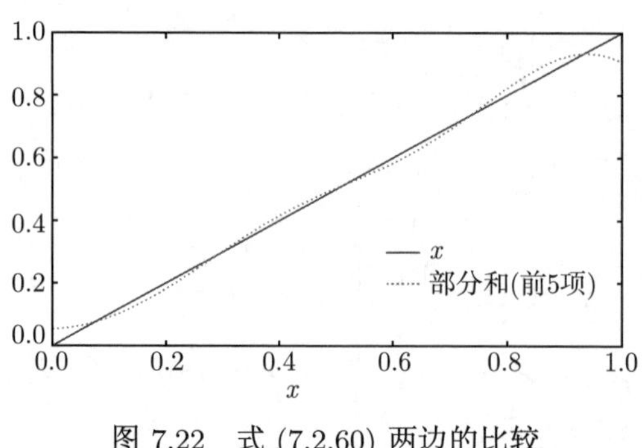

图 7.22　式 (7.2.60) 两边的比较

图 7.23(a)显示了不同时刻 t 的温度分布，可以看出，温度由最初的准线性分布变为有峰分布，并逐渐塌缩，最终趋于 $u(x,\infty)\to 0$。

系统两端温度及平均温度随时间 t 的变化显示在图 7.23(b)。系统后端是散热的，此端的温度从 $u(1,0)=1$开始一直单调下降。系统前端也是散热的，但初始时刻温度为 $u(0,0)=0$，此刻无热可散。在 $t>0$ 时，后端在散热的同时，还向前端传热，故前端的温度由零度上升，而一旦高于零度，便随即出现散热。在 t 较小时，前端从后端吸收的热量多于散失的热量，因此温度不断升高。在 t_0 时刻前端的温度升到极大值，在 t_0 之后，散失的热量多于吸收的热量，因此温度下降，并一直延续下去。系统平均温度在 t_0 之前，一直处于前后端温度之间，但在 t_0 之后高于两端的温度。这个现象并不奇怪，因为 $U(t)$ 是整个系统的平均温度，而不是前后端的平均。由于系统温度在 $t>0$ 时为有峰分布，因此温度在整个空间的平均会高于两端的平均。这个问题中温度的分布特性及时间演化都是很有趣的。

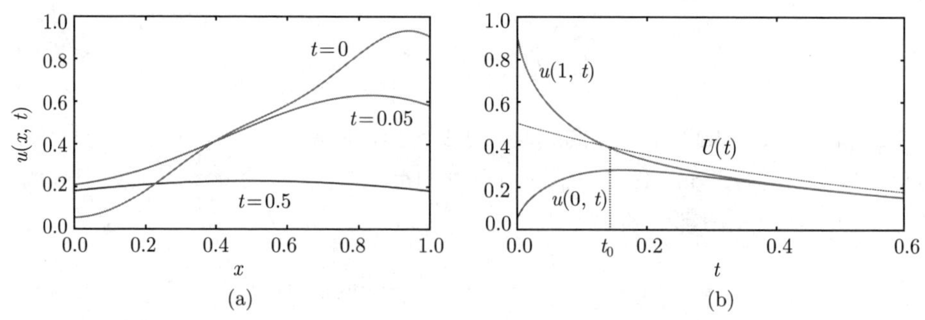

图 7.23　(a) 系统在不同时刻 t 的温度分布, 来自式 (7.2.61a)；(b) 两端温度及平均温度的时间演化, 来自式 (7.2.61a) 和式 (7.2.61b)

下面讨论另一类具有反对称边界条件的热传导问题

$$\begin{cases} \dfrac{\partial u}{\partial t} = \dfrac{\partial^2 u}{\partial x^2} & (0 < x < 1,\ t > 0) \quad (7.2.62\text{a}) \\ u|_{t=0} = \phi(x) & (0 \leqslant x \leqslant 1) \quad (7.2.62\text{b}) \\ \left[u + \dfrac{\partial u}{\partial x}\right]_{x=0} = 0, \left[u - \dfrac{\partial u}{\partial x}\right]_{x=1} = 0 & (t > 0) \quad (7.2.62\text{c}) \end{cases}$$

式 (7.2.62c) 表示系统前后端都吸收热量，而吸收能力分别与两端的温度成正比。我们从物理上可以预言，系统的稳态分布为 $u(x,\infty) \to \infty$。设式 (7.2.62a) 的形式解为 $u(x,t) = X(x)T(t)$，其中 $X(x)$ 构成本征值问题

$$\begin{cases} X''(x) + \lambda X(x) = 0 & (7.2.63\text{a}) \\ X(0) + X'(0) = 0, X(1) - X'(1) = 0 & (7.2.63\text{b}) \end{cases}$$

而 $T(t)$ 满足方程

$$T'(t) + \lambda T(t) = 0 \quad (7.2.64)$$

其中，λ 是分离常数。

(1) $\lambda = 0$ 时，只有平庸解。

(2) $\lambda < 0$ 时，方程 (7.2.63a) 的通解为

$$X(x) = A\cosh\mu x + B\sinh\mu x \quad (7.2.65)$$

其中，$\mu = \sqrt{-\lambda}$。边界条件式 (7.2.63b) 要求

$$A + \mu B = 0 \quad (7.2.66\text{a})$$

$$A\cosh\mu + B\sinh\mu - \mu A\sinh\mu - \mu B\cosh\mu = 0 \quad (7.2.66\text{b})$$

式 (7.2.66) 是关于 A 和 B 的线性齐次方程组，它导致非零解

$$\lambda_0 = -\mu_0^2, \quad X_0(x) = \mu_0\cosh\mu_0 x - \sinh\mu_0 x \quad (7.2.67)$$

其中，μ_0 是超越方程

$$\tanh\mu = \frac{2\mu}{\mu^2+1} \quad (7.2.68)$$

的解，如图 7.24(a) 所示。而此时式 (7.2.67) 的 $X_0(x)$ 曲线显示在图 7.24(b)。

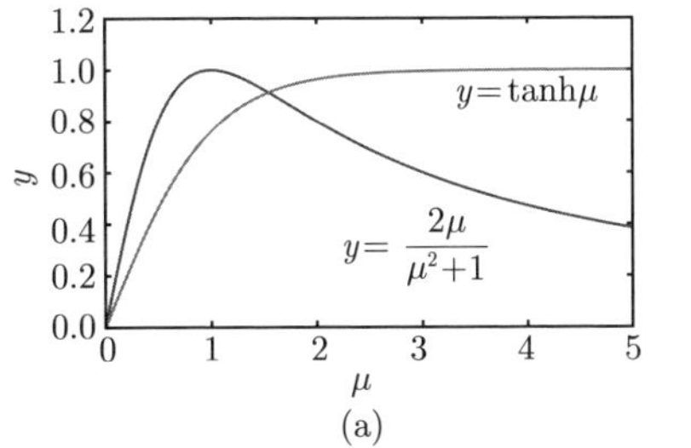

(a)

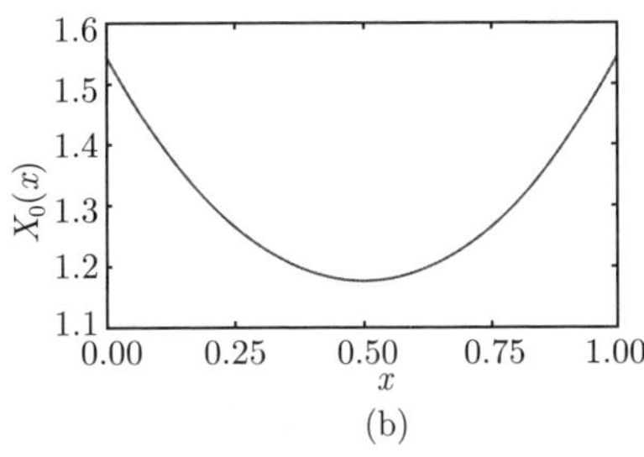

(b)

图 7.24 (a) 超越方程 (7.2.68) 的解：$\mu_0 = 1.5440$；(b) $X_0(x)$ 函数 [来自式 (7.2.67)]

对于相应的时间函数，由式 (7.2.64) 得到

$$T_0'(t) - \mu_0^2 T_0(t) = 0 \Rightarrow T_0(t) = \exp(\mu_0^2 t) \tag{7.2.69}$$

(3) $\lambda > 0$ 时，方程 (7.2.63a) 的通解为

$$X(x) = A\cos\mu x + B\sin\mu x \tag{7.2.70}$$

其中，$\mu = \sqrt{\lambda}$。边界条件 (7.2.63b) 要求

$$A + \mu B = 0 \tag{7.2.71a}$$

$$A\cos\mu + B\sin\mu + \mu A\sin\mu - \mu B\cos\mu = 0 \tag{7.2.71b}$$

式 (7.2.71) 是关于 A 和 B 的线性齐次方程组，它导致非零解

$$\lambda_n = \mu_n^2, \quad X_n(x) = \mu_n\cos\mu_n x - \sin\mu_n x \quad (n = 1, 2, 3, \cdots) \tag{7.2.72}$$

其中，μ_n 是超越方程

$$\tan\mu = -\frac{2\mu}{\mu^2 - 1} \tag{7.2.73}$$

的第 n 个根，如图 7.25 所示。

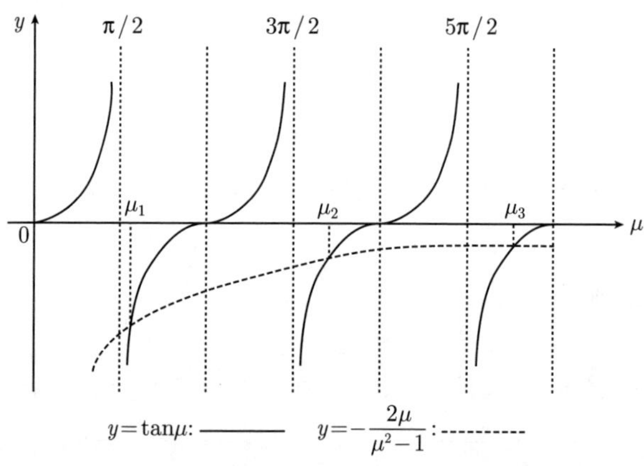

图 7.25 超越方程 (7.2.73) 的曲线解

对于相应的时间函数 $T(t)$

$$T_n'(t) + \mu_n^2 T_n(t) = 0 \Rightarrow T_n(t) = \exp(-\mu_n^2 t) \tag{7.2.74}$$

将 $\lambda < 0$ 和 $\lambda > 0$ 情况下的本征解叠加起来，给出一般解

$$u(x,t) = c_0 T_0(t) X_0(x) + \sum_{n=1}^{\infty} c_n T_n(t) X_n(x) \tag{7.2.75}$$

现在利用初始条件式 (7.2.62b) 确定系数 c_0 和 c_n，我们有

$$\phi(x) = c_0 X_0(x) + \sum_{n=1}^{\infty} c_n X_n(x) \tag{7.2.76}$$

为确定 c_0 和 c_n，必须首先考查本征函数 $X_0(x)$，$X_1(x)$，$X_2(x),\cdots$ 在区间 $(0,1)$ 上的正交性，为此利用边界条件式 (7.2.63b) 计算式 (6.4.7) 的 Q 因子，我们有

$$\begin{aligned} Q &= [X_n(0)X_m'(0) - X_m(0)X_n'(0)] - [X_n(L)X_m'(L) - X_m(L)X_n'(L)] \\ &= \{X_n(0)[-X_m(0)] - X_m(0)[-X_n(0)]\} - \{X_n(L)[X_m(L)] - X_m(L)[X_n(L)]\} \\ &= 0 \end{aligned}$$

可见，本征函数 $X_0(x), X_1(x), X_2(x), \cdots$ 在区间 $(0,1)$ 上是相互正交的。在此基础上，利用式 (7.2.76)，得到展开系数

$$c_0 = \frac{1}{M_0}\int_0^1 \phi(x)X_0(x)\mathrm{d}x \tag{7.2.77a}$$

$$c_n = \frac{1}{M_n}\int_0^1 \phi(x)X_n(x)\mathrm{d}x \tag{7.2.77b}$$

其中

$$M_0 = \frac{\mu_0^2}{2}\left(1 + \frac{\sinh 2\mu_0}{2\mu_0}\right) - \frac{2\mu_0\cosh 2\mu_0 - \sinh 2\mu_0}{4\mu_0} \tag{7.2.78a}$$

$$M_n = \frac{\mu_n^2}{2}\left(1 + \frac{\sin 2\mu_n}{2\mu_n}\right) + \frac{2\mu_n\cos 2\mu_n - \sin 2\mu_n}{4\mu_n} \tag{7.2.78b}$$

至此这个定解问题的求解已经全部完成。求解中引入了 $X''(x) + \lambda X(x) = 0$ 的新的本征函数集

$$\mu_0\cosh\mu_0 x - \sinh\mu_0 x, \quad \mu_n\cos\mu_n x - \sin\mu_n x \quad (n = 1,\ 2,\ 3, \cdots) \tag{7.2.79}$$

其中，μ_0 是 $\tanh\mu = \dfrac{2\mu}{\mu^2+1}$ 的解, 而 μ_n 是 $\tan\mu = -\dfrac{2\mu}{\mu^2-1}$ 的第 n 个根。

例 2 设初始温度分布为 $\phi(x) = x$，对上面的结果进行讨论。

解 首先从图 7.24(a) 得到

$$\mu_0 = 1.5440 \tag{7.2.80a}$$

并求出超越方程 (7.2.73) 的前 5 个根

$$\mu_1 = 2.3315, \quad \mu_2 = 5.9500, \quad \mu_3 = 9.2080, \quad \mu_4 = 14.4055, \quad \mu_5 = 15.5800 \tag{7.2.80b}$$

利用式 (7.2.77) 和式 (7.2.78) 计算展开系数，然后利用部分和表示初始温度，即

$$x \approx c_0 \left(\mu_0 \cosh \mu_0 x - \sinh \mu_0 x\right) + \sum_{n=1}^{5} c_n \left(\mu_n \cos \mu_n x - \sin \mu_n x\right) \tag{7.2.81}$$

式 (7.2.81) 两边的比较显示在图 7.26。二者基本吻合很好 (只在 $x = 0$ 处略有偏差)。进一步用部分和表示任意时刻的温度分布及平均温度

$$u(x,t) \approx c_0 \left(\mu_0 \cosh \mu_0 x - \sinh \mu_0 x\right) \mathrm{e}^{\mu_0^2 t} + \sum_{n=1}^{5} c_n \left(\mu_n \cos \mu_n x - \sin \mu_n x\right) \mathrm{e}^{-\mu_n^2 t} \tag{7.2.82}$$

$$U(t) \approx c_0 \frac{\mu_0 \sinh \mu_0 - \cosh \mu_0 + 1}{\mu_0} \mathrm{e}^{\mu_0^2 t} + \sum_{n=1}^{5} c_n \frac{\mu_n \sin \mu_n + \cos \mu_n - 1}{\mu_n} \mathrm{e}^{-\mu_n^2 t} \tag{7.2.83}$$

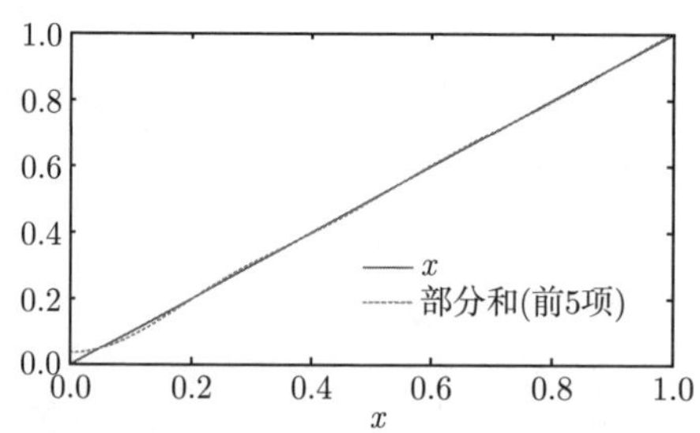

图 7.26　式 (7.2.81) 两边的比较

系统在不同 t 时刻的温度分布显示在图 7.27(a)。可以看出，温度由初始的线性分布演化成具有极小值的分布；在 t 较大时呈对称分布，这是因为在 t 较大时式 (7.2.82) 趋于分布

$$X_0(x) = \mu_0 \cosh \mu_0 x - \sinh \mu_0 x \tag{7.2.84}$$

式 (7.2.84) 的曲线显示在图 7.24(b)。对函数 $X_0(x)$ 求导数，得到

$$\frac{\mathrm{d}X_0(x)}{\mathrm{d}x} = \mu_0^2 \sinh \mu_0 x - \mu_0 \cosh \mu_0 x = 0 \tag{7.2.85}$$

这样 $X_0(x)$ 的极小值位置 x 由 $\coth \mu_0 x = \mu_0$ 确定，结果为 $x = 0.5$。

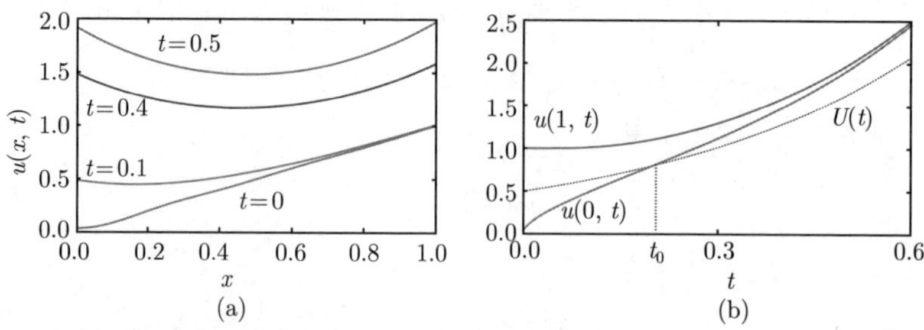

图 7.27　(a) 系统在不同时刻 t 的温度分布, 来自式 (7.2.82)；(b) 两端温度及平均温度的时间演化, 来自式 (7.2.82) 和式 (7.2.83)

系统两端温度及平均温度的时间演化显示在图 7.27(b)。在 $t=0$ 时，温度为线性分布 $\phi(x)=x$，系统平均温度为 $U(0)=0.5$。之后，由于两端都吸收热量，其温度均单调上升。在时间 t 较小时，$U(t)$ 介于低温 $u(0,t)$ 和高温 $u(1,t)$ 之间。随着 t 的增加，两端温度升高，吸收的热量增加。所吸收的热量还引起系统中间区域的温度升高，但中间区域从两端吸收的热量少于两端从外界吸收的热量，因此两端的温度高于中间区域，形成极小值分布 [图 7.24(b) 和图 7.27(a)]，这样平均温度越来越接近低温 $u(0,t)$。在时间 t_0 之后，甚至出现 $U(t)<u(0,t)$ $(t>t_0)$ 的情况，即系统的平均温度低于两端的温度 [正好与图 7.23(b) 的情况相反]。当 t 较大时，极小值分布 (7.2.84) 导致平均温度与两端温度相差越来越大。在 $t\to\infty$ 时。式 (7.2.82) 给出前后端的温度分别为

$$u(0,\infty)=c_0\mathrm{e}^{\mu_0^2 t}\mu_0 \tag{7.2.86a}$$

$$u(1,\infty)=c_0\mathrm{e}^{\mu_0^2 t}\left(\mu_0\cosh\mu_0-\sinh\mu_0\right) \tag{7.2.86b}$$

利用式 (7.2.68)，得到

$$\begin{aligned}\mu_0\cosh\mu_0-\sinh\mu_0&=\mu_0\cosh\mu_0-\frac{2\mu_0}{\mu_0^2+1}\cosh\mu_0\\&=\mu_0\frac{\mu_0^2-1}{\mu_0^2+1}\cosh\mu_0=\mu_0\frac{\mu_0^2-1}{\mu_0^2+1}\frac{1}{\sqrt{1-\tanh^2\mu_0}}\\&=\mu_0\frac{\mu_0^2-1}{\mu_0^2+1}\frac{1}{\sqrt{1-\left(\dfrac{2\mu_0}{\mu_0^2+1}\right)^2}}=\mu_0\end{aligned}$$

故 $u(0,\infty)=u(1,\infty)=c_0\mathrm{e}^{\mu_0^2 t}\mu_0\approx 1.5c_0\mathrm{e}^{\mu_0^2 t}$，即前后端的温度相等，而这个值高于系统的平均温度 $U(\infty)=c_0\mathrm{e}^{\mu_0^2 t}\dfrac{2}{\mu_0}\approx 1.3c_0\mathrm{e}^{\mu_0^2 t}$。

在上述相关章节中，我们用分离变量法详细讨论了具有第三类边界条件的热传导定解问题。我们看到，其中的数学模型和物理分析是完全吻合的。特别是分析系统在不同边界条件下的温度分布与温度演化细节是很有趣的。另一个很有意义的理论结果是方程 $X''(x)+\lambda X(x)=0$ 的本征函数集的多样性。除了表 6.2 所示的傅里叶级数的基底函数之外，还有许多本征数集，如表 7.1 所示。每一套本征函数集都可以用来将一个定义在 $(0,1)$ 区间上的任意函数展开。本征函数的知识不仅是数学物理方法的核心内容之一，也是许多科学与技术领域的重要思想和工具。下一章我们将利用本征函数的知识和方法，求解非齐次方程和非齐次边界条件的定解问题。而本章的最后一节，我们讨论拉普拉斯方程的定解问题。

表 7.1　方程 $X''(x)+\lambda X(x)=0$ 的本征值与本征函数 ($L=1,\ n=1,2,3,\cdots$)

边界条件	本征值与本征函数
$u\|_{x=0}=0,\ \left[u+\dfrac{\partial u}{\partial x}\right]_{x=1}=0:$	$\lambda_n=\mu_n^2$ $X_n=\sin\mu_n x$ $(\tan\mu_n=-\mu_n)$
$\left.\dfrac{\partial u}{\partial x}\right\|_{x=0}=0,\ \left[u+\dfrac{\partial u}{\partial x}\right]_{x=1}=0:$	$\lambda_n=\mu_n^2$ $X_n=\cos\mu_n x$ $(\cot\mu_n=\mu_n)$
$u\|_{x=0}=0,\ \left[u-\dfrac{1}{2}\dfrac{\partial u}{\partial x}\right]_{x=1}=0:$	$\lambda_0=-\mu_0^2,\quad \lambda_n=\mu_n^2$ $X_0=\sinh\mu_0 x,\quad X_n=\sin\mu_n x$ $(\tanh\mu_0=\mu_0/2,\quad \tan\mu_n=\mu_n/2)$
$\left.\dfrac{\partial u}{\partial x}\right\|_{x=0}=0,\ \left[u-\dfrac{1}{2}\dfrac{\partial u}{\partial x}\right]_{x=1}=0:$	$\lambda_0=-\mu_0^2,\quad \lambda_n=\mu_n^2$ $X_0=\cosh\mu_0 x,\quad X_n=\cos\mu_n x$ $(\coth\mu_0=\mu_0/2,\quad \cot\mu_n=-\mu_n/2)$
$\left[u+\dfrac{\partial u}{\partial x}\right]_{x=0}=0,\ \left[u+\dfrac{\partial u}{\partial x}\right]_{x=1}=0:$	$\lambda_0=-1,\quad \lambda_n=(n\pi)^2$ $X_0=\mathrm{e}^{-x},\quad X_n=n\pi\cos n\pi x-\sin n\pi x$
$\left[u-\dfrac{\partial u}{\partial x}\right]_{x=0}=0,\ \left[u-\dfrac{\partial u}{\partial x}\right]_{x=1}=0:$	$\lambda_0=-1,\quad \lambda_n=(n\pi)^2$ $X_0=\mathrm{e}^{x},\quad X_n=n\pi\cos n\pi x+\sin n\pi x$
$\left[u-\dfrac{\partial u}{\partial x}\right]_{x=0}=0,\ \left[u+\dfrac{\partial u}{\partial x}\right]_{x=1}=0:$	$\lambda_n=\mu_n^2$ $X_n=\mu_n\cos\mu_n x+\sin\mu_n x$ $\left(\tan\mu_n=\dfrac{2\mu_n}{\mu_n^2-1}\right)$
$\left[u+\dfrac{\partial u}{\partial x}\right]_{x=0}=0,\ \left[u-\dfrac{\partial u}{\partial x}\right]_{x=1}=0:$	$\lambda_0=-\mu_0^2,\ \lambda_n=\mu_n^2$ $X_0=\mu_0\cosh\mu_0 x-\sinh\mu_0 x,\ X_n=\mu_n\cos\mu_n x-\sin\mu_n x$ $\left(\tanh\mu_0=\dfrac{2\mu_0}{\mu_0^2+1},\quad \tan\mu_n=-\dfrac{2\mu_n}{\mu_n^2-1}\right)$

7.3　拉普拉斯方程的求解

7.3.1　直角坐标系的拉普拉斯方程

考虑一个二维的薄片 (图 7.28)，热量在其中传播，薄片上任意点 (x,y) 在任意时刻 t 的温度 $u(x,y,t)$ 服从二维热传导方程 [见式 (5.2.13)]

$$\frac{\partial u}{\partial t}=a^2\left(\frac{\partial^2 u}{\partial x^2}+\frac{\partial^2 u}{\partial y^2}\right)\quad(0<x<a,\ 0<y<b)\tag{7.3.1}$$

在 $t\to\infty$ 时，系统达到恒稳状态，温度不再随时间变化，即 $\partial u/\partial t=0$。稳态温度

由拉普拉斯方程

$$\frac{\partial^2 u}{\partial x^2}+\frac{\partial^2 u}{\partial y^2}=0 \quad (0<x<a, 0<y<b) \tag{7.3.2a}$$

确定。

稳态的二维热传导问题也是无源静电场的电位问题 [见式 (5.3.16)]，因为它们有相同的数学模型，因此求解拉普拉斯方程也可以理解为求解无源静电场的电位分布。

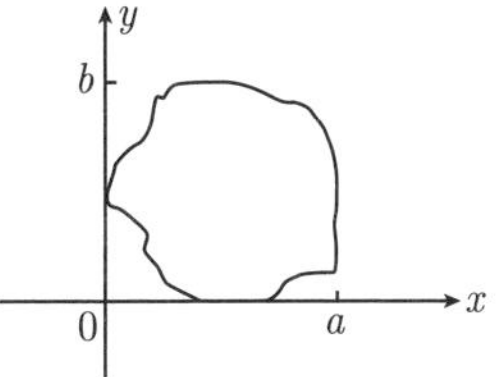

图 7.28 二维热传导系统

本节讨论直角坐标系中的拉普拉斯方程的求解，所涉及的区域为矩形，其边界条件为

$$u(x,0)=f_1(x), \quad u(x,b)=f_2(x) \quad (0\leqslant x\leqslant a) \tag{7.3.2b}$$

$$u(0,y)=g_1(y), \quad u(a,y)=g_2(y) \quad (0\leqslant y\leqslant b) \tag{7.3.2c}$$

如图 7.29 所示。求解式 (7.3.2a)，式 (7.3.2b) 和式 (7.3.2c) 构成的边值问题是本节的主要内容。我们首先考虑一个基本的边值问题

$$\begin{cases} \dfrac{\partial^2 u}{\partial x^2}+\dfrac{\partial^2 u}{\partial y^2}=0 & (0<x<a,\ 0<y<b) \quad (7.3.3\text{a})\\ u(x,0)=0, u(x,b)=f_2(x) & (0\leqslant x\leqslant a) \quad (7.3.3\text{b})\\ u(0,y)=0, u(a,y)=0 & (0\leqslant y\leqslant b) \quad (7.3.3\text{c}) \end{cases}$$

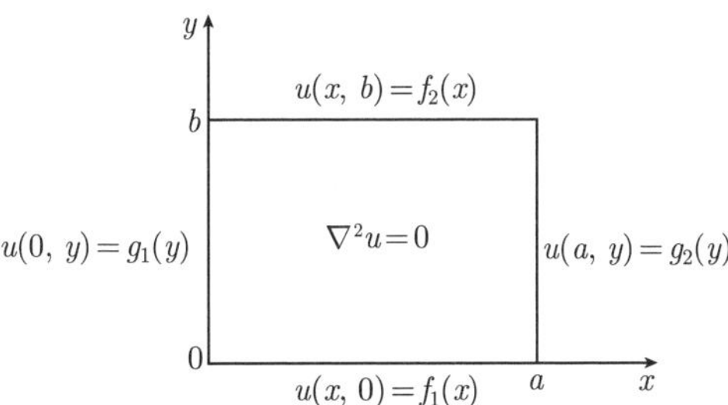

图 7.29 矩形域内拉普拉斯方程的定解问题

这个定解问题可以这样思考，将式 (7.3.3b) 视为弦振动与热传导问题中的“初始条件”(将 y 视为时间 t)，而将式 (7.3.3c) 视为齐次边界条件，故可以用分离变量法求出本征解，再叠加起来满足条件 (7.3.3b)。因此设泛定方程 (7.3.3a) 有变量分离的形式解 $u(x,y)=X(x)Y(y)$，代入式 (7.3.3a) 得到

$$X''+\lambda X=0 \tag{7.3.4a}$$

$$Y''-\lambda Y=0 \tag{7.3.4b}$$

其中，λ 是分离常数。这里 $X(x)$ 相当于波动方程与热传导方程中的空间函数，而 $Y(y)$ 相当于时间函数。利用式 (7.3.3c)，我们得到

$$X(0)Y(y)=0,\quad X(a)Y(y)=0 \tag{7.3.5}$$

在式 (7.3.5) 中，$Y(y)\neq 0$[否则给出平庸解 $u(x,y)\equiv 0$]，因此

$$X(0)=0,\quad X(a)=0, \tag{7.3.6}$$

现在式 (7.3.4a) 与式 (7.3.6) 构成一个本征值问题 [与式 (6.1.12) 相同]。于是本征值和本征函数为

$$\lambda_n=\left(\frac{n\pi}{a}\right)^2, X_n(x)=b_n\sin\frac{n\pi}{a}x\quad (n=1,2,3,\cdots) \tag{7.3.7}$$

其中，b_n 是任意常数。将 λ_n 代入式 (7.3.4b) 给出函数 $Y(y)$ 的通解

$$Y_n(y)=c_n\cosh\frac{n\pi}{a}y+d_n\sinh\frac{n\pi}{a}y \tag{7.3.8}$$

在波动方程与热传导方程情况下，时间函数没有相应的约束条件，因此它的通解不能简化。而对于 $Y(y)$ 函数，存在条件 $X(x)Y(0)=0$，由于 $X(x)\neq 0$[否则给出平庸解 $u(x,y)\equiv 0$]，因此 $Y(0)=0$。这样由式 (7.3.8) 得到 $c_n=0$，因此，式 (7.3.8) 简化为

$$Y_n(y)=d_n\sinh\frac{n\pi}{a}y \tag{7.3.9}$$

于是本征解为

$$u_n(x,t)=X_n(x)Y_n(y)=B_n\sin\frac{n\pi}{a}x\sinh\frac{n\pi}{a}y \tag{7.3.10}$$

其中，$B_n=b_nd_n$ 是任意常数。由于方程 (7.3.3a) 是线性齐次的，我们利用叠加原理将本征解 (7.3.10) 叠加起来，构成一般解

$$u(x,y)=\sum_{n=1}^{\infty}B_n\sin\frac{n\pi}{a}x\sinh\frac{n\pi}{a}y \tag{7.3.11}$$

最后利用边界条件 $u(x,b)=f_2(x)$ 确定式 (7.3.11) 中的系数 B_n，我们有

$$f_2(x)=\sum_{n=1}^{\infty}B_n\sinh\frac{n\pi b}{a}\sin\frac{n\pi}{a}x \tag{7.3.12}$$

其中，$B_n\sinh\dfrac{n\pi b}{a}$ 是函数 $f_2(x)$ 的半幅傅里叶级数的展开系数。由式 (2.2.2) 得到

$$B_n=\frac{2}{a}\mathrm{csch}\frac{n\pi b}{a}\int_0^a f_2(x)\sin\frac{n\pi}{a}x\mathrm{d}x \tag{7.3.13}$$

式 (7.3.11) 就是定解问题 (7.3.3) 的一般解，其中，B_n 由式 (7.3.13) 表示。

例 1 (1) 散热片的横截面为矩形 (边长为 a 和 b)，它的一边 ($y=b$) 处于较高的温度 T，其他三边处于冷却介质中 (保持在零度)。求出这个横截面上的稳态温度分布。(2) 如果 $a=b=1$，计算散热片中心点的稳态温度。

解 (1) 设横截面上的稳态温度分布为 $u(x,y)$，则 $u(x,y)$ 满足下面边值问题

$$\begin{cases} \dfrac{\partial^2 u}{\partial x^2}+\dfrac{\partial^2 u}{\partial y^2}=0 & (0<x<a, 0<y<b) \quad (7.3.14\text{a}) \\ u(x,0)=0, \quad u(x,b)=T & (0\leqslant x\leqslant a) \quad (7.3.14\text{b}) \\ u(0,y)=0, \quad u(a,y)=0 & (0\leqslant y\leqslant b) \quad (7.3.14\text{c}) \end{cases}$$

利用式 (7.3.12)，我们有

$$T=\sum_{n=1}^{\infty} B_n \sinh\frac{n\pi b}{a}\sin\frac{n\pi}{a}x \tag{7.3.15}$$

其中，$B_n \sinh\dfrac{n\pi}{a}b$ 是函数 T 的半幅傅里叶级数的展开系数，故由式 (7.3.13) 得到

$$\begin{aligned} B_n \sinh\frac{n\pi b}{a} &= \frac{2}{a}\int_0^a T\sin\frac{n\pi x}{a}\mathrm{d}x \\ &= \frac{2T}{n\pi}(1-\cos n\pi)=\begin{cases} 0 & (n=0,2,4,\cdots) \\ \dfrac{4T}{n\pi} & (n=1,3,5,\cdots) \end{cases} \end{aligned}$$

这样

$$B_n=\frac{4T}{n\pi}\mathrm{csch}\frac{n\pi b}{a} \quad (n=1,3,5,\cdots) \tag{7.3.16}$$

代入一般解 (7.3.11) 得到

$$\begin{aligned} u(x,y) &= \frac{4T}{\pi}\sum_{n=1,3,5,\cdots}^{\infty}\frac{\sin\dfrac{n\pi}{a}x\sinh\dfrac{n\pi}{a}y}{n\sinh\dfrac{n\pi}{a}b} \\ &= \frac{4T}{\pi}\sum_{k=0}^{\infty}\frac{\sin\dfrac{(2k+1)\pi}{a}x\sinh\dfrac{(2k+1)\pi}{a}y}{(2k+1)\sinh\dfrac{(2k+1)\pi b}{a}} \end{aligned} \tag{7.3.17}$$

这就是定解问题 (7.3.14) 的解。

(2) 如果 $a=b=1$，中心点 $\left(\dfrac{1}{2},\dfrac{1}{2}\right)$ 的稳态温度由式 (7.3.17) 给出，即

$$u\left(\frac{1}{2},\frac{1}{2}\right)=\frac{4T}{\pi}\sum_{k=0}^{\infty}\frac{\sinh\dfrac{(2k+1)\pi}{2}\sin\dfrac{(2k+1)\pi}{2}}{(2k+1)\sinh(2k+1)\pi}$$

$$\left[\text{利用}\sinh 2x=2\sinh x\cosh x,\sin\frac{(2k+1)\pi}{2}=(-1)^k\right]$$

$$=\frac{2T}{\pi}\sum_{k=0}^{\infty}\frac{(-1)^k}{(2k+1)\cosh\dfrac{(2k+1)\pi}{2}}$$

$$=\frac{2T}{\pi}\sum_{k=0}^{\infty}\frac{(-1)^k}{(2k+1)}\operatorname{sech}\frac{(2k+1)\pi}{2}$$

计算出上式的求和

$$\sum_{k=0}^{\infty}\frac{(-1)^k}{(2k+1)}\operatorname{sech}\frac{(2k+1)\pi}{2}=0.393 \tag{7.3.18}$$

于是中心点的稳态温度为

$$u\left(\frac{1}{2},\frac{1}{2}\right)=0.25T \tag{7.3.19}$$

例如，如果 $T=100K$，则中心点稳态温度为 $25K$。

例 2　(1) 求解边值问题 (7.3.2)；(2) 如果 $a=b=1$，四边的初始温度均为 T，计算散热片中心点的稳态温度。

解　(1) 由于边值问题 (7.3.2) 的线性性质，它是如下四个边值问题之和 (图 7.30)，即

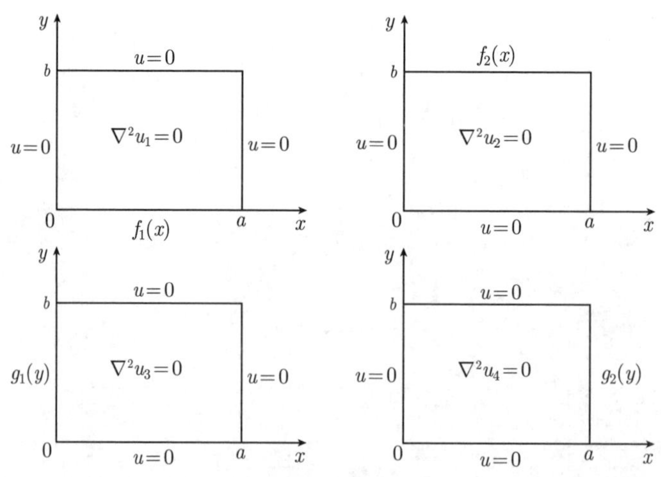

图 7.30　图中的四个边值问题之和是式 (7.3.2) 的解

$$u=u_1+u_2+u_3+u_4 \tag{7.3.20}$$

其中，$u_2(x,y)$ 已经在例 1 中求出

$$u_2(x,y)=\sum_{n=1}^{\infty}B_n\sin\frac{n\pi}{a}x\sinh\frac{n\pi}{a}y \tag{7.3.21}$$

其中

$$B_n=\frac{2}{a}\text{csch}\frac{n\pi b}{a}\int_0^a f_2(x)\sin\frac{n\pi}{a}x\text{d}x \tag{7.3.22}$$

其他的解能被类似地求出。特别是，u_4 与 u_2 是对称的，作代换 $x\to y$，$a\to b$ 后，得到

$$u_4(x,y)=\sum_{n=1}^{\infty}D_n\sinh\frac{n\pi}{b}x\sin\frac{n\pi}{b}y \tag{7.3.23}$$

其中

$$D_n=\frac{2}{b}\text{csch}\frac{n\pi a}{b}\int_0^b g_2(y)\sin\frac{n\pi}{b}y\text{d}y \tag{7.3.24}$$

而 u_1 与 u_3 的结果为

$$u_1(x,y)=\sum_{n=1}^{\infty}A_n\sin\frac{n\pi}{a}x\sinh\frac{n\pi}{a}(b-y) \tag{7.3.25}$$

$$u_3(x,y)=\sum_{n=1}^{\infty}C_n\sinh\frac{n\pi}{b}(a-x)\sin\frac{n\pi}{b}y \tag{7.3.26}$$

其中

$$A_n=\frac{2}{a}\text{csch}\frac{n\pi b}{a}\int_0^a f_1(x)\sin\frac{n\pi}{a}x\text{d}x \tag{7.3.27}$$

$$C_n=\frac{2}{b}\text{csch}\frac{n\pi a}{b}\int_0^b g_1(y)\sin\frac{n\pi}{b}y\text{d}y \tag{7.3.28}$$

将式 (7.3.21)、式 (7.3.23)、式 (7.3.25) 和式 (7.3.26) 代入式 (7.3.20)，即得定解问题 (7.3.2) 的解

$$\begin{aligned}u(x,y)=&\sum_{n=1}^{\infty}A_n\sin\frac{n\pi}{a}x\sinh\frac{n\pi}{a}(b-y)+\sum_{n=1}^{\infty}B_n\sin\frac{n\pi}{a}x\sinh\frac{n\pi}{a}y\\&+\sum_{n=1}^{\infty}C_n\sinh\frac{n\pi}{b}(a-x)\sin\frac{n\pi}{b}y+\sum_{n=1}^{\infty}D_n\sinh\frac{n\pi}{b}x\sin\frac{n\pi}{b}y\end{aligned} \tag{7.3.29}$$

其中的展开系数 A_n，B_n，C_n，D_n 分别由式 (7.3.27)、式 (7.3.22)、式 (7.3.28)、式 (7.3.24) 表示。式 (7.3.29) 是一个一般性的结果，适于初始边界温度 $f_1(x)$，$f_2(x)$，$f_3(x)$，$f_4(x)$ 取能展开成傅里叶级数的任何函数。

(2) 如果 $a=b=1$，且四边的初始温度均为 T，利用式 (7.3.29) 和式 (7.3.19) 得到中心点 $\left(\frac{1}{2},\frac{1}{2}\right)$ 的稳态温度

$$u\left(\frac{1}{2},\frac{1}{2}\right)=u_1\left(\frac{1}{2},\frac{1}{2}\right)+u_2\left(\frac{1}{2},\frac{1}{2}\right)+u_3\left(\frac{1}{2},\frac{1}{2}\right)+u_4\left(\frac{1}{2},\frac{1}{2}\right)=4u_2\left(\frac{1}{2},\frac{1}{2}\right)=T \tag{7.3.30}$$

作为一个例子，如果 $T=100\text{K}$，则中心点稳态温度为 100K，即中心点与四边的温度相等。

例 3　求解上半平面拉普拉斯方程的边值问题

$$\begin{cases}\dfrac{\partial^2 u}{\partial x^2}+\dfrac{\partial^2 u}{\partial y^2}=0 \quad (y>0,-\infty<x<+\infty) & (7.3.31\text{a})\\ u\,|_{y=0}=f(x) \quad (-\infty<x<+\infty) & (7.3.31\text{b})\\ \lim\limits_{y\to\infty}u=\text{有限值} \quad (-\infty<x<+\infty) & (7.3.31\text{c})\end{cases}$$

解　设泛定方程 (7.3.31a) 有变量分离的形式解 $u(x,y)=X(x)Y(y)$，代入式 (7.3.31a) 得到

$$X''+\lambda X=0 \tag{7.3.32a}$$

$$Y''-\lambda Y=0 \tag{7.3.32b}$$

其中，λ 是分离常数。当 $\lambda>0$ 时，方程 (7.3.32a) 的通解为

$$X(x)=a\cos\omega x+b\sin\omega x \tag{7.3.33}$$

其中，$\omega=\sqrt{\lambda}$，而 a，b 是任意常数。相应的，方程 (7.3.32b) 的通解为

$$Y(y)=c\mathrm{e}^{\omega y}+d\mathrm{e}^{-\omega y} \tag{7.3.34}$$

其中，c，d 为任意常数。

条件式 (7.3.31c) 要求 $c=0$，于是我们得到满足式 (7.3.31a) 和式 (7.3.31c) 的解

$$u_\omega(x,y)=[A(\omega)\cos\omega x+B(\omega)\sin\omega x]\,\mathrm{e}^{-\omega y} \tag{7.3.35}$$

其中，$A(\omega)=ad$，$B(\omega)=bd$。为了进一步满足边界函数 $f(x)$，需要对式 (7.3.35) 进行叠加构成一般解。现在变量 ω 的变化是连续的，因此一般解是对 ω 的积分，即

$$u(x,y)=\int_0^\infty [A(\omega)\cos\omega x+B(\omega)\sin\omega x]\,\mathrm{e}^{-\omega y}\mathrm{d}\omega \tag{7.3.36}$$

由条件式 (7.3.31b) 得到

$$f(x)=\int_0^\infty [A(\omega)\cos\omega x+B(\omega)\sin\omega x]\,\mathrm{d}\omega \tag{7.3.37}$$

它是边界函数 $f(x)$ 的傅里叶积分表示式，由式 (2.3.11) 得到展开系数

$$A(\omega)=\frac{1}{\pi}\int_{-\infty}^{\infty}f(x)\cos\omega x\mathrm{d}x \tag{7.3.38a}$$

$$B(\omega)=\frac{1}{\pi}\int_{-\infty}^{\infty}f(x)\sin\omega x\mathrm{d}x \tag{7.3.38b}$$

式 (7.3.36) 就是定解问题 (7.3.31) 的解，其中的展开系数 $A(\omega)$ 和 $B(\omega)$ 由式 (7.3.38) 表示。确保 $A(w)$ 和 $B(w)$ 存在的条件是函数 $f(x)$ 绝对可积 (见图 2.7)。这个例题的另一个解法见 11.1.2 节例 4。

例 4 对于下列三个边界函数 $f(x)$，求解定解问题 (7.3.31)：

(1) 2.3 节例 1 的函数 $f(x)=\begin{cases}1 & (|x|<1)\\ 0 & (|x|>1)\end{cases}$。

(2) 3.3 节例 3 的函数 $f(x)=\dfrac{1}{x^2+1}$。

(3) 3.3 节例 15 的函数 $f(x)=\dfrac{x}{x^2+1}$。

解

(1) 由式 (2.3.13) 得

$$A(\omega)=\frac{1}{\pi}\int_{-1}^{1}\cos\omega t\mathrm{d}t=\frac{2\sin\omega}{\pi\omega},\quad B(\omega)=0 \tag{7.3.39}$$

一般解 (7.3.36) 为

$$u(x,y)=\frac{2}{\pi}\int_{0}^{\infty}\frac{\sin\omega\cos\omega x}{\omega}\mathrm{e}^{-\omega y}\mathrm{d}\omega=\frac{1}{\pi}\left[\arctan\left(\frac{1+x}{y}\right)+\arctan\left(\frac{1-x}{y}\right)\right] \tag{7.3.40}$$

它满足方程 (7.3.31a) 和条件式 (7.3.31c)。当 $y=0$ 时，利用式 (2.3.15)，从式 (7.3.40) 得到

$$u(x,0)=\frac{2}{\pi}\int_{0}^{\infty}\frac{\sin\omega\cos\omega x}{\omega}\mathrm{d}\omega=\begin{cases}1 & (|x|<1)\\ 0 & (|x|>1)\end{cases} \tag{7.3.41}$$

它正是题目给定的边界函数。可见式 (7.3.40) 是该定解问题的解。

(2) 利用给定的边界函数，得到

$$A(\omega)=\frac{2}{\pi}\int_{0}^{\infty}\frac{\cos\omega x}{x^2+1}\mathrm{d}x=\mathrm{e}^{-\omega},\quad B(\omega)=0 \tag{7.3.42}$$

一般解为

$$u(x,y)=\int_{0}^{\infty}\mathrm{e}^{-\omega}\cos\omega x\mathrm{e}^{-\omega y}\mathrm{d}\omega$$

$$
\begin{aligned}
&= \int_0^{\infty} \cos \omega x \mathrm{e}^{-\omega(y+1)} \mathrm{d}\omega \\
&= \frac{y+1}{(y+1)^2 + x^2}
\end{aligned} \tag{7.3.43a}
$$

它满足方程 (7.3.31a) 和条件式 (7.3.31c)。当 $y = 0$ 时，式给 (7.3.43a) 出

$$
u(x, 0) = \frac{1}{x^2 + 1} \tag{7.3.43b}
$$

它正是题目给定的边界函数。可见式 (7.3.43a) 是该定解问题的解。

(3) 利用 3.3 节例 15 的结果，得到

$$
A(\omega) = 0, \quad B(\omega) = \frac{1}{\pi} \int_{-\infty}^{\infty} \frac{x \sin \omega x}{x^2 + 1} \mathrm{d}x = \mathrm{e}^{-\omega} \tag{7.3.44}
$$

一般解为

$$
\begin{aligned}
u(x, y) &= \int_0^{\infty} \mathrm{e}^{-\omega} \sin \omega x \mathrm{e}^{-\omega y} \mathrm{d}\omega \\
&= \int_0^{\infty} \sin \omega x \mathrm{e}^{-\omega(y+1)} \mathrm{d}\omega \\
&= \frac{x}{(y+1)^2 + x^2}
\end{aligned} \tag{7.3.45a}
$$

它满足方程 (7.3.31a) 和条件 (7.3.31c)。当 $y = 0$ 时，上式给出

$$
u(x, 0) = \frac{x}{x^2 + 1} \tag{7.3.45b}
$$

它正是题目给定的边界函数。可见式 (7.3.45a) 是该定解问题的解。

7.3.2　极坐标系的拉普拉斯方程

考虑一个半径为 a 的薄圆片 (图 7.31)，它是一个二维的热传导系统，热量在其中传播。当系统达到恒稳状态时，圆片上的温度分布 $u(r, \theta)$ 服从极坐标系的拉普拉斯方程 [见式 (1.2.31)]

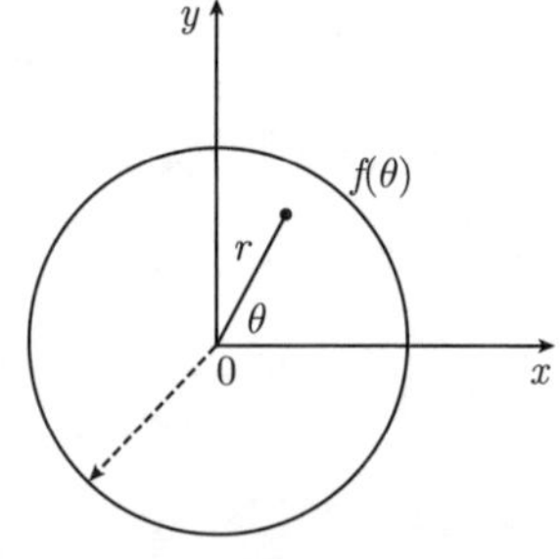

图 7.31　半径为 a 的薄圆片，$f(\theta)$ 为边缘的温度分布

$$\frac{1}{r}\frac{\partial}{\partial r}\left(r\frac{\partial u}{\partial r}\right)+\frac{1}{r^2}\frac{\partial^2 u}{\partial \theta^2}=0 \quad (0<r<a, 0<\theta<2\pi) \tag{7.3.46a}$$

设圆盘边缘的温度分布为

$$u(a,\theta)=f(\theta) \quad (0\leqslant\theta\leqslant 2\pi) \tag{7.3.46b}$$

式 (7.3.46) 是一个圆域内拉普拉斯方程的定解问题，我们用分离变量法进行求解，设方程 (7.3.46a) 有径向变量 r 和角向变量 θ 分离的形式解

$$u(r,\theta)=R(r)\Theta(\theta) \tag{7.3.47}$$

将式 (7.3.47) 代入式 (7.3.46a)，分离变量后得到

$$\frac{r^2R''+rR'}{R}=-\frac{\Theta''}{\Theta}=\lambda \tag{7.3.48}$$

其中，λ 是分离常数。由此得到径向和角向方程

$$r^2R''+rR'-\lambda R=0 \tag{7.3.49a}$$

$$\Theta''+\lambda\Theta=0 \tag{7.3.49b}$$

现在仅有定解条件 (7.3.46b)，即 $R(a)\Theta(\theta)=f(\theta)$，它不能分离成关于 R 和 Θ 的两个独立的边界条件，不能构成关于 R 和 Θ 的常微分方程的定解问题。我们必须寻找物理上的边界条件。事实上，该定解问题存在以下两个定解条件。

(1) 很明显，(r,θ) 与 $(r,\theta+2\pi)$ 在物理上代表系统的同一个点，具有相同的温度

$$u(r,\theta)=u(r,\theta+2\pi) \tag{7.3.50}$$

这意味着函数 $u(r,\theta)$ 是关于 θ 的周期函数，周期为 2π。条件式 (7.3.50) 称为“周期性边界条件”。

(2) 物理上认定，圆盘中心的温度是有限的

$$u(0,\theta)=\text{有限值} \tag{7.3.51}$$

条件式 (7.3.51) 称为“自然边界条件”。

这样一来，这两个条件分别与角向方程 (7.3.49b) 与径向方程 (7.3.49a) 结合，构成两个独立的定解问题

$$\begin{cases}\Theta''+\lambda\Theta=0 & (7.3.52\text{a})\\ \Theta(\theta+2\pi)=\Theta(\theta) & (7.3.52\text{b})\end{cases}$$

$$\begin{cases} r^2R'' + rR' - \lambda R = 0 & (7.3.53\text{a}) \\ R(0) = \text{有限值} & (7.3.53\text{b}) \end{cases}$$

接下来我们将逐一求解角向和径向的定解问题，至于边界条件 (7.3.46b)，将像弦振动和热传递问题中的初始条件一样，最后再去考虑。

我们首先求解本征值问题 (7.3.52)，考虑三种情况：

(1) $\lambda = 0$，这时方程 (7.3.52a) 的通解为 $\Theta(\theta) = A + B\theta$，其中 A 和 B 为任意常数。这时常数解 $\Theta(\theta) = A$ 满足边界条件 (7.3.52b)。故将此时本征值问题 (7.3.52) 的解记为 $\lambda_0 = 0$，$\Theta_0(\theta) = A_0$。

(2) $\lambda < 0$，这时方程 (7.3.52a) 的通解为

$$\Theta(\theta) = A\cosh k\theta + B\sinh k\theta \tag{7.3.54}$$

其中，$k = \sqrt{-\lambda}$，这个解不能满足周期性边界条件 (7.3.52b)，除非 $A = B = 0$。

(3) $\lambda > 0$，这时方程 (7.3.52a) 的通解为

$$\Theta(\theta) = A\cos k\theta + B\sin k\theta \tag{7.3.55}$$

其中，$k = \sqrt{\lambda}$，A 和 B 是任意常数。解 (7.3.55) 满足周期性边界条件 (7.3.52b) 的条件是

$$k = n \quad (n = 1, 2, 3, \cdots) \tag{7.3.56}$$

这里 n 不取零和负值是因为 $k > 0$。于是本征值问题 (7.3.52) 的解为

$$\lambda_n = n^2, \quad \Theta_n(\theta) = A_n\cos n\theta + B_n\sin n\theta \quad (n = 1, 2, 3, \cdots) \tag{7.3.57}$$

将上述所有的本征值 $\lambda_n(n = 0, 1, 2, \cdots)$ 代入方程 (7.3.53a) 得到径向函数 $R(r)$ 的方程

$$r^2R_n'' + rR_n' - n^2R_n = 0 \quad (n = 0, 1, 2, \cdots) \tag{7.3.58}$$

这是一个欧拉方程。它的一般形式是

$$x^2y'' + \alpha xy' + \beta y = 0 \tag{7.3.59}$$

欧拉方程的特征方程为

$$\rho^2 + (\alpha - 1)\,\rho + \beta = 0 \tag{7.3.60}$$

它有两个根 ρ_1 和 ρ_1。如果 $\rho_1 \neq \rho_2$，则式 (7.3.59) 的通解为 $y = cx^{\rho_1} + dx^{\rho_2}$；如果 $\rho_1 = \rho_2 = \rho$，则通解为 $y = cx^{\rho} + dx^{\rho}\ln x$。现在式 (7.3.58) 的特征方程为

$$\rho^2 - n^2 = 0 \tag{7.3.61}$$

当 $n=0$ 时，$\rho=0$，方程 (7.3.58) 的解为

$$R_0(r)=c_0+d_0\ln r \tag{7.3.62}$$

当 $n=1,\ 2,\ 3,\cdots$ 时，$\rho_1=n$，$\rho_2=-n$，方程 (7.3.58) 的解可以写为

$$R_n(r)=c_n\left(\frac{r}{a}\right)^n+d_n\left(\frac{r}{a}\right)^{-n} \tag{7.3.63}$$

注意到当 $r\to 0$ 时，式 (7.3.62) 和式 (7.3.63) 给出 $R_0(r)\to\infty$，$R_n(r)\to\infty$。为了满足自然边界条件 (7.3.53b)，必须取 $d_0=0$，$d_n=0$，这样

$$R_0=c_0,\quad R_n(r)=c_n\left(\frac{r}{a}\right)^n \tag{7.3.64}$$

于是我们由式 (7.3.47) 得到本征解

$$u_0(r,\theta)=a_0 \tag{7.3.65}$$

$$u_n(r,\theta)=\left(\frac{r}{a}\right)^n(a_n\cos n\theta+b_n\sin n\theta)\quad(n=1,\ 2,\ 3,\cdots) \tag{7.3.66}$$

这里，$a_0=A_0c_0$，$a_n=A_nc_n$，$b_n=B_nc_n$。而一般解为

$$u(r,\theta)=a_0+\sum_{n=1}^{\infty}\left(\frac{r}{a}\right)^n(a_n\cos n\theta+b_n\sin n\theta) \tag{7.3.67}$$

现在我们考虑边界条件 (7.3.46b)，由式 (7.3.67) 得到

$$f(\theta)=a_0+\sum_{n=1}^{\infty}(a_n\cos n\theta+b_n\sin n\theta) \tag{7.3.68}$$

式 (7.3.68) 是函数 $f(\theta)$ 的傅里叶级数。其中，a_0，a_n 和 b_n 由式 (2.1.2) 和式 (2.1.6) 确定，即

$$a_0=\frac{1}{2\pi}\int_0^{2\pi}f(\theta)\mathrm{d}\theta \tag{7.3.69a}$$

$$a_n=\frac{1}{\pi}\int_0^{2\pi}f(\theta)\cos n\theta\mathrm{d}\theta \tag{7.3.69b}$$

$$b_n=\frac{1}{\pi}\int_0^{2\pi}f(\theta)\sin n\theta\,\mathrm{d}\theta \tag{7.3.69c}$$

式 (7.3.69a) 显示了 a_0 的物理意义，它是圆盘边缘温度的平均值。式 (7.3.67) 就是定解问题 (7.3.46) 的解，它给出圆盘上任意点 (r,θ) 的温度。而圆盘中心 $r=0$ 的温度为 $u(0,\theta)=a_0$，它等于圆盘边缘温度的平均值。

例 1 设圆盘边缘的温度分布为 $f(\theta)=A\cos\theta$，求解边值问题 (7.3.46)。

解　这是定解问题 (7.3.46) 的一个具体例子，按照式 (7.3.69) 计算展开系数，得到

$$a_0 = \frac{1}{2\pi}\int_0^{2\pi} A\cos\theta \mathrm{d}\theta = 0 \tag{7.3.70a}$$

$$a_n = \frac{1}{\pi}\int_0^{2\pi} A\cos\theta\cos n\theta \mathrm{d}\theta = A\delta_{1n} \tag{7.3.70b}$$

这里的运算用到式 (2.1.3)，而

$$b_n = \frac{1}{\pi}\int_0^{2\pi} A\cos\theta\sin n\theta \mathrm{d}\theta = 0 \tag{7.3.70c}$$

于是一般解为

$$u(r,\theta) = \sum_{n=1}^{\infty}\left(\frac{r}{a}\right)^n A\delta_{1n}\cos n\theta = A\frac{r}{a}\cos\theta \tag{7.3.71}$$

圆盘中心的温度为 $u(0,\theta) = 0$。

例 2　设圆盘的半径 $a = 1$，边缘的温度分布为

$$f(\theta) = \begin{cases} 1 & (0 < \theta < \pi) \\ 0 & (\pi < \theta < 2\pi) \end{cases} \tag{7.3.72}$$

如图 7.32 所示，求解边值问题 (7.3.46)。

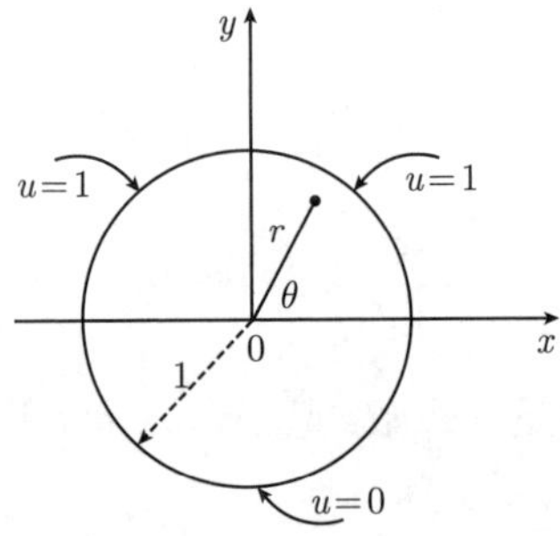

图 7.32　半径为 1 的薄圆盘，边缘的温度分布为函数 (7.3.72)

解　这是定解问题 (7.3.46) 的一个具体例子，按照式 (7.3.69) 计算展开系数，得到

$$a_0 = \frac{1}{2\pi}\int_0^{\pi} \mathrm{d}\theta = \frac{1}{2} \tag{7.3.73a}$$

$$a_n = \frac{1}{\pi}\int_0^{\pi} \cos n\theta \mathrm{d}\theta = 0 \tag{7.3.73b}$$

$$b_n = \frac{1}{\pi}\int_0^{\pi} \sin n\theta \mathrm{d}\theta = \frac{1}{n\pi}(1-\cos n\pi) = \begin{cases} 0 & (n = 0, 2, 4, \cdots) \\ \dfrac{2}{n\pi} & (n = 1,\ 3,\ 5, \cdots) \end{cases} \tag{7.3.73c}$$

代入式 (7.3.67) 得到一般解

$$u(r,\theta)=\frac{1}{2}+\frac{2}{\pi}\sum_{k=0}^{\infty}\frac{r^{2k+1}}{2k+1}\sin(2k+1)\theta \tag{7.3.74}$$

圆盘中心的温度为 $u(0,\theta)=\dfrac{1}{2}$，它等于圆盘边缘温度的平均值。在 $r=1$ 时，式 (7.3.74) 给出

$$u(1,\theta)=\frac{1}{2}+\frac{2}{\pi}\sum_{k=0}^{\infty}\frac{1}{2k+1}\sin(2k+1)\theta \tag{7.3.75}$$

按照给定的边界条件，级数 (7.3.75) 应该表示函数 (7.3.72)。为了搞清楚二者的关系，我们考查函数 (7.3.72)。它作为圆盘边缘的温度分布，满足周期性边界条件：$f(\theta+2\pi)=f(\theta)$，如图 7.33 所示。这样它可以展开成傅里叶级数 [式 (2.1.1)]，其中的展开系数由式 (2.1.2) 和式 (2.1.6) 确定。事实上，对于函数 (7.3.72) 计算其展开系数时，正如式 (7.3.73) 所示，可见式 (7.3.75) 是函数 (7.3.72) 的傅里叶级数。为了说明这一结论，我们作出式 (7.3.75) 的部分和，如图 7.34 所示。可以看出当求和项数增加时，曲线趋于函数 (7.3.72)。

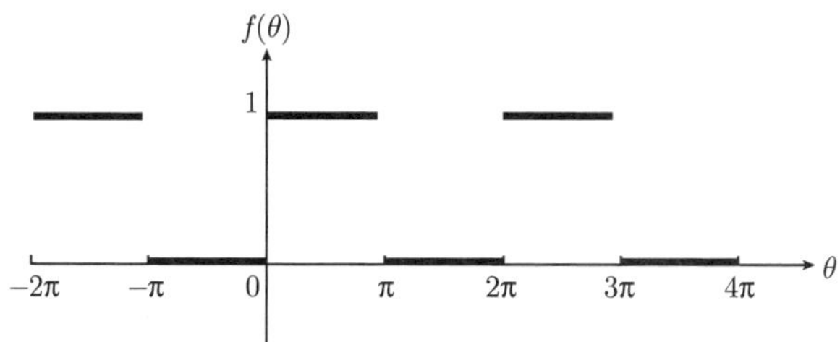

图 7.33 函数 (7.3.72) 是一个以 2π 为周期的函数

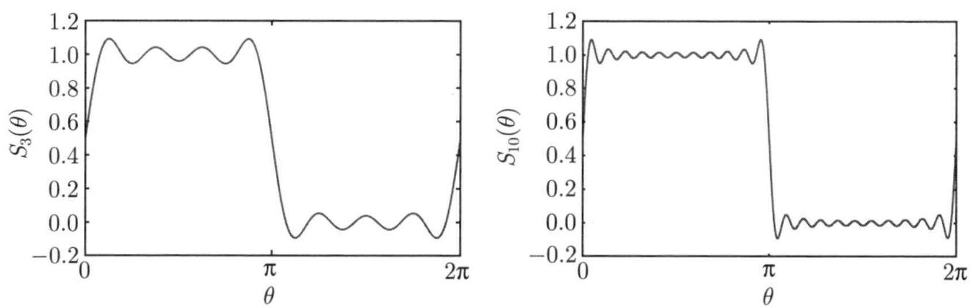

图 7.34 傅里叶级数 (7.3.75) 的部分和 (前 3 项及前 10 项)

例 3 求定解问题

$$\begin{cases}\dfrac{\partial^2 u}{\partial x^2}+\dfrac{\partial^2 u}{\partial y^2}=0 \quad (x^2+y^2<1) & (7.3.76\text{a})\\ u\big|_{x^2+y^2=1}=x+y & (7.3.76\text{b})\end{cases}$$

并解释结果的物理含义。

解 这是一个圆域的拉普拉斯方程的定解问题，在极坐标系表示为

$$\begin{cases} \dfrac{1}{r}\dfrac{\partial}{\partial r}\left(r\dfrac{\partial u}{\partial r}\right)+\dfrac{1}{r^2}\dfrac{\partial^2 u}{\partial \theta^2}=0 \quad (0<r<1, 0<\theta<2\pi) & (7.3.77a) \\ u(1,\theta)=\cos\theta+\sin\theta \qquad (0\leqslant\theta\leqslant 2\pi) & (7.3.77b) \end{cases}$$

这是定解问题 (7.3.46) 的一个具体例子，按照式 (7.3.69) 计算展开系数，得到

$$a_0=\frac{1}{2\pi}\int_0^{2\pi}(\cos\theta+\sin\theta)\mathrm{d}\theta=0$$

$$\begin{aligned} a_n&=\frac{1}{\pi}\int_0^{2\pi}(\cos\theta+\sin\theta)\cos n\theta\mathrm{d}\theta \\ &=\frac{1}{\pi}\int_0^{2\pi}\cos\theta\cos n\theta\mathrm{d}\theta+\underbrace{\frac{1}{\pi}\int_0^{2\pi}\sin\theta\cos n\theta\mathrm{d}\theta}_{=0} \\ &=\frac{1}{\pi}\int_0^{2\pi}\cos\theta\cos n\theta\mathrm{d}\theta=\delta_{1n} \\ b_n&=\frac{1}{\pi}\int_0^{2\pi}(\cos\theta+\sin\theta)\sin n\theta\mathrm{d}\theta \\ &=\underbrace{\frac{1}{\pi}\int_0^{2\pi}\cos\theta\sin n\theta\mathrm{d}\theta}_{=0}+\frac{1}{\pi}\int_0^{2\pi}\sin\theta\sin n\theta\mathrm{d}\theta \\ &=\frac{1}{\pi}\int_0^{2\pi}\sin\theta\sin n\theta\mathrm{d}\theta=\delta_{1n} \end{aligned}$$

代入式 (7.3.67) 得到一般解

$$\begin{aligned} u(r,\theta)&=a_0+\sum_{n=1}^{\infty}r^n\delta_{1n}(\cos n\theta+\sin n\theta) \\ &=r(\cos\theta+\sin\theta) \end{aligned}$$

转换到直角坐标系

$$u(x,y)=x+y \tag{7.3.78}$$

我们从温度分布的角度解释这个结果的物理含义。所讨论的热传导系统是一个单位圆盘，定解问题的结果是：内部温度分布 $u(x,y)=x+y$ 与边界条件 $u\big|_{x^2+y^2=1}=x+y$ 是相同的。这表示圆盘内部与边缘的温度分布服从相同的规律，即任意一点的温度 (不管是内部还是边缘) 都等于该点的纵、横坐标之和。

我们进一步讨论系统的等温线，圆盘上具有相同温度的点 (x, y) 满足

$$x + y = c, \text{即} y = -x + c \tag{7.3.79}$$

其中，c 是常数。式 (7.3.79) 就是系统的等温线，如图 7.35 所示，它是一族斜率为 -1 的平行线。特别是，图中的实线是等温线 $x + y = 1$，线上所有点的温度均为 1，包括边界上的两个点：$A(1, 0)$ 和 $B(0, 1)$；图中的虚线是等温线 $x + y = 0$，线上所有点的温度均为 0，包括边界上的两个点：$C(1/\sqrt{2}, -1/\sqrt{2})$ 和 $D(-1/\sqrt{2}, 1/\sqrt{2})$。总之，圆盘上斜率为 -1 的直线所覆盖的点 (包括内部与边缘) 具有相同的温度 c[c 是该直线在 y 轴 (或 x 轴) 上的截距]。

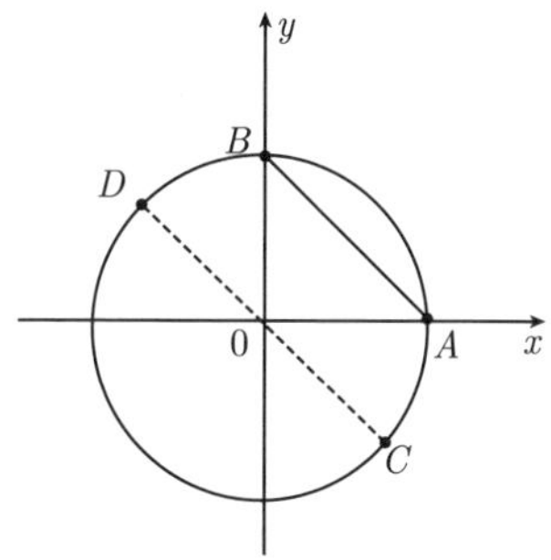

图 7.35 圆盘内部与边缘的温度分布服从相同的规律

需要说明，对于热传导问题，由于温度 $c \geqslant 0$，所以实际问题的解限于 CD 右上方的半圆区域。但是定解问题 (7.3.76) 是一般性的，没有限定具体的物理系统，问题的解遍及整个单位圆盘。

第 8 章　本征函数法

第 6、7 章所讨论的分离变量法主要解决由齐次方程和齐次边界条件构成的定解问题，本章我们要处理非齐次方程的问题。由于不能使用叠加原理，所以先前的求解方法 (分离变量 → 求本征解 → 叠加 → 确定系数) 不能使用，必须采用新的方法。一个可以处理非齐次方程定解问题的方法称为“本征函数法”。这种方法不需要分离变量，而是按照相应的齐次问题的边界条件，选择适当的本征函数集合，直接写出级数形式解，再利用泛定方程和初始条件确定级数中的展开系数。这是一种具有“综合”思路的方法，可以处理多种类型的定解问题，包括具有非齐次边界条件的定解问题。

8.1　本征函数法的引入

我们在求解两端固定弦振动的定解问题 (6.1.1) 时，最后得到的一般解为式 (6.1.24)。可以看出，这个解及相应的初始条件式 (6.1.26) 都是按本征函数集

$$\left\{\sin\frac{n\pi}{L}x\right\}\quad (n=1,2,3,\cdots) \tag{8.1.1}$$

展开的。这给我们一个启示，能否一开始就将定解问题 (6.1.1) 的一般解写成这个本征函数集的展开式。当然，一般解 $u(x,t)$ 既包含空间变量 x，也包含时间变量 t，因此展开系数一定是时间 t 的函数。我们可以按这样的思考，重新试解定解问题 (6.1.1)，设它的形式解为

$$u(x,t)=\sum_{n=1}^{\infty}T_n(t)\sin\frac{n\pi}{L}x \tag{8.1.2}$$

其中，展开系数 $T_n(t)$ 是时间 t 的函数。这个解满足边界条件式 (6.1.1c)，因为最初取空间函数为 $\sin(n\pi x/L)$ 是由边界条件决定的 (见 6.1.1 的求解过程)。事实上，在解 (8.1.2) 中取 $x=0$ 和 $x=L$ 确实给出边界条件式 (6.1.1c)。下面我们让式 (8.1.2) 进一步满足泛定方程 (6.1.1a) 和初始条件式 (6.1.1b)，为此将形式解 (8.1.2) 代入方程 (6.1.1a) 得到

$$\sum_{n=1}^{\infty}\left[T_n''(t)+\left(\frac{na\pi}{L}\right)^2T_n(t)\right]\sin\frac{n\pi}{L}x=0 \tag{8.1.3}$$

求和中的各项是相互独立的，式 (8.1.3) 成立的必要充分条件是左边级数的每一项

为零, 而 $\sin(n\pi x/L)\neq 0$(否则导致平庸解)，因此

$$T_n''(t)+\left(\frac{na\pi}{L}\right)^2 T_n(t)=0 \tag{8.1.4}$$

这正是分离变量法中的时间函数 $T(t)$ 的方程 (6.1.21)，它的通解为式 (6.1.22)。将式 (6.1.22) 代入式 (8.1.2) 立即得到

$$u(x,t)=\sum_{n=1}^{\infty}\left(C_n\cos\frac{na\pi}{L}t+D_n\sin\frac{na\pi}{L}t\right)\sin\frac{n\pi}{L}x \tag{8.1.5}$$

这正是定解问题 (6.1.1) 的一般解。至于利用初始条件式 (6.1.1b) 确定展开系数 C_n 与 D_n 的过程，与 6.1.1 节完全相同。

上述这种求解定解问题的方法称为本征函数法，它的思路是直截了当的: 按本征函数集写出级数形式解 (8.1.2) 之后，只需要利用泛定方程 (6.1.1a) 和初始条件 (6.1.1b) 来确定其中的展开系数 $T(t)$ 即可

本征函数法的关键在于选择本征函数集，而本征函数集的选择完全由定解问题的边界条件而定。应用最为广泛的方程 $X''(x)+\lambda X(x)=0$ 的本征函数集列在表 6.2 和表 7.1 之中。对于未知的齐次泛定方程和齐次边界条件构成的定解问题，可以求解相应的本征值问题

$$\begin{cases} FX_n=\lambda_n X_n & (8.1.6\text{a})\\ \text{边界条件} & (8.1.6\text{b})\end{cases}$$

从而得到本征函数集 $\{X_n\}$。

下面我们用一个简单的例子说明本征函数法的应用。

例 用本征函数法求解下列热传导的定解问题

$$\begin{cases} \dfrac{\partial u}{\partial t}=a^2\dfrac{\partial^2 u}{\partial x^2} & (0<x<L,t>0) & (8.1.7\text{a})\\ u|_{t=0}=\cos\dfrac{3\pi}{2L}x & (0\leqslant x\leqslant L) & (8.1.7\text{b})\\ \left.\dfrac{\partial u}{\partial x}\right|_{x=0}=0,\quad u|_{x=L}=0 & (t>0) & (8.1.7\text{c})\end{cases}$$

解 按照边界条件式 (8.1.7c)，从表 6.2 选出本征函数集

$$\left\{\cos\frac{(2n+1)\pi}{2L}x\right\}\quad (n=0,\ 1,\ 2,\cdots) \tag{8.1.8}$$

设定解问题 (8.1.7) 的形式解为

$$u(x,t)=\sum_{n=0}^{\infty}T_n(t)\cos\frac{(2n+1)\pi}{2L}x \tag{8.1.9}$$

其中，$T_n(t)$ 是时间 t 依赖的展开系数，将式 (8.1.9) 代入泛定方程 (8.1.7a) 得到

$$\sum_{n=0}^{\infty}\left\{T_n'(t)+\left[\frac{(2n+1)\pi a}{2L}\right]^2 T_n(t)\right\}\cos\frac{(2n+1)\pi}{2L}x=0 \tag{8.1.10}$$

于是

$$T_n'(t)+\left[\frac{(2n+1)\pi a}{2L}\right]^2 T_n(t)=0 \tag{8.1.11}$$

它的通解为

$$T_n(t)=C_n\exp\left\{-\left[\frac{(2n+1)\pi a}{2L}\right]^2 t\right\} \tag{8.1.12}$$

将式 (8.1.12) 代入式 (8.1.9) 得到

$$u(x,t)=\sum_{n=0}^{\infty}C_n\exp\left\{-\left[\frac{(2n+1)\pi a}{2L}\right]^2 t\right\}\cos\frac{(2n+1)\pi}{2L}x \tag{8.1.13}$$

现在利用初始条件确定展开系数 C_n，设初始温度分布为 $\phi(x)$，我们有

$$\phi(x)=\sum_{n=0}^{\infty}C_n\cos\frac{(2n+1)\pi}{2L}x \tag{8.1.14a}$$

利用式 (2.2.12) 得到

$$C_n=\frac{2}{L}\int_0^L\phi(x)\cos\frac{(2n+1)\pi}{2L}x\mathrm{d}x \tag{8.1.14b}$$

式 (8.1.13) 就是定解问题的一般解，其中，展开系数 C_n 由式 (8.1.14b) 确定。现在将式 (8.1.7b) 中的初始温度 $\cos\frac{3\pi}{2L}x$ 代入式 (8.1.14b)，得到

$$\begin{aligned}C_n&=\frac{2}{L}\int_0^L\cos\frac{3\pi}{2L}x\cos\frac{(2n+1)\pi}{2L}x\mathrm{d}x\\&=\frac{2}{L}\int_0^L\cos\frac{(2\cdot1+1)\pi}{2L}x\cos\frac{(2n+1)\pi}{2L}x\mathrm{d}x=\delta_{1n}\end{aligned}$$

进而将 C_n 代入式 (8.1.13) 得到

$$\begin{aligned}u(x,t)&=\sum_{n=0}^{\infty}\delta_{1n}\exp\left\{-\left[\frac{(2n+1)\pi a}{2L}\right]^2 t\right\}\cos\frac{(2n+1)\pi}{2L}x\\&=\exp\left[-\left(\frac{3\pi a}{2L}\right)^2 t\right]\cos\frac{3\pi}{2L}x\end{aligned}$$

这就是定解问题 (8.1.7) 的一般解，它是一个简单的初等函数，其空间部分是余弦函数，而时间部分是指数衰减函数。

8.2 非齐次方程的解法

利用本征函数法求解定解问题的要点是: ①根据边界条件选择本征函数集，写出定解问题的级数形式解；② 将它代入泛定方程得到展开系数 $T_n(t)$ 所满足的常微分方程；③ 解出 $T_n(t)$ 后，将它代入形式解并利用初始条件确定其中的系数。这个方法的优点是思路简洁、运算简便，更重要的是它可以用来求解非齐次方程的定解问题。

8.2.1 一分为二法

现在求解如下非齐次波动方程 (即强迫弦振动方程) 的定解问题

$$\begin{cases} \dfrac{\partial^2 v}{\partial t^2}=a^2\dfrac{\partial^2 v}{\partial x^2}+f(x,t) \quad (0<x<L,t>0) & \text{(8.2.1a)} \\ v|_{x=0}=0, \quad v|_{x=L}=0 \quad (t>0) & \text{(8.2.1b)} \\ v|_{t=0}=0, \quad \left.\dfrac{\partial v}{\partial t}\right|_{t=0}=0 \quad (0\leqslant x\leqslant L) & \text{(8.2.1c)} \end{cases}$$

首先选择本征函数集，它由相应的齐次方程 $\left(即\dfrac{\partial^2 v}{\partial t^2}=a^2\dfrac{\partial^2 v}{\partial x^2}\right)$ 和现定的齐次边界条件式 (8.2.1b) 确定。由表 6.2 查出相应的本征函数集，即式 (8.1.1)，然后写出形式解为

$$v(x,t)=\sum_{n=1}^{\infty}g_n(t)\sin\frac{n\pi}{L}x \tag{8.2.2}$$

其中，$g_n(t)$ 是时间依赖的展开系数。作为函数 $v(x,t)$ 的半幅傅里叶级数的展开系数，它应该满足式 (2.2.2)，即

$$g_n(t)=\frac{2}{L}\int_0^L v(x,t)\sin\frac{n\pi x}{L}\mathrm{d}x \tag{8.2.3a}$$

为了后面的需要，写出它的时间导数

$$g_n'(t)=\frac{2}{L}\int_0^L \frac{\partial v(x,t)}{\partial t}\sin\frac{n\pi x}{L}\mathrm{d}x \tag{8.2.3b}$$

将式 (8.2.2) 代入式 (8.2.1a) 得到

$$\sum_{n=1}^{\infty}\left[g_n''(t)+\left(\frac{na\pi}{L}\right)^2 g_n(t)\right]\sin\frac{n\pi}{L}x=f(x,t) \tag{8.2.4}$$

其中的驱动项 $f(x,t)$ 是已知函数，也按该本征函数集展开

$$f(x,t)=\sum_{n=1}^{\infty} f_n(t)\sin\frac{n\pi}{L}x \tag{8.2.5}$$

式 (8.2.5) 是函数 $f(x,t)$ 的半幅傅里叶级数，由式 (2.2.2) 得到展开系数

$$f_n(t)=\frac{2}{L}\int_0^L f(x,t)\sin\frac{n\pi}{L}x\mathrm{d}x \tag{8.2.6}$$

现在将式 (8.2.5) 代入式 (8.2.4)，整理后得

$$\sum_{n=1}^{\infty}\left[g_n''(t)+\left(\frac{na\pi}{L}\right)^2 g_n(t)-f_n(t)\right]\sin\frac{n\pi}{L}x=0 \tag{8.2.7}$$

由此得

$$g_n''(t)+\left(\frac{na\pi}{L}\right)^2 g_n(t)-f_n(t)=0 \tag{8.2.8}$$

由初始条件式 (8.2.1c) 与式 (8.2.3) 得到

$$g_n(0)=0,\quad g_n'(0)=0 \tag{8.2.9}$$

现在方程 (8.2.8) 与初始条件式 (8.2.9) 构成了常微分方程的初值问题，我们用拉普拉斯变换法求解。为此对式 (8.2.8) 两边取拉普拉斯变换，并利用式 (8.2.9)，得到象函数的代数方程

$$p^2G_n(p)+\left(\frac{na\pi}{L}\right)^2 G_n(p)-F_n(p)=0 \tag{8.2.10}$$

其中，$G_n(p)=\mathcal{L}\{g_n(t)\}$，$F_n(p)=\mathcal{L}\{f_n(t)\}$ 分别是 $g_n(t)$ 和 $f_n(t)$ 的象函数。解代数方程 (8.2.10) 得到

$$G_n(p)=\frac{F_n(p)}{p^2+\left(\dfrac{na\pi}{L}\right)^2} \tag{8.2.11}$$

现在对式 (8.2.11) 反演，按照卷积定理 (4.1.26)，并利用式 (4.2.2a)，得到

$$g_n(t)=\frac{L}{na\pi}\int_0^t f_n(\tau)\sin\frac{na\pi}{L}(t-\tau)\mathrm{d}\tau \tag{8.2.12}$$

将式 (8.2.12) 代入式 (8.2.2)，得到

$$v(x,t)=\sum_{n=1}^{\infty}\left[\frac{L}{na\pi}\int_0^t f_n(\tau)\sin\frac{na\pi}{L}(t-\tau)\mathrm{d}\tau\right]\sin\frac{n\pi}{L}x \tag{8.2.13}$$

这就是定解问题 (8.2.1) 的解，其中，$f_n(t)$ 由式 (8.2.6) 表示。

例 设 $f(x,t)=\sin\dfrac{2\pi x}{L}\sin\dfrac{2a\pi t}{L}$，求解定解问题 (8.2.1)。

解 由式 (8.2.6) 得到

$$\begin{aligned}f_n(t)&=\frac{2}{L}\int_0^L\sin\frac{2\pi x}{L}\sin\frac{2a\pi t}{L}\sin\frac{n\pi}{L}x\mathrm{d}x\\&=\frac{2}{L}\sin\frac{2a\pi t}{L}\int_0^L\sin\frac{2\pi x}{L}\sin\frac{n\pi}{L}x\mathrm{d}x\\&=\sin\frac{2a\pi t}{L}\delta_{2n}\end{aligned}$$

代入式 (8.2.13)，得到

$$\begin{aligned}v(x,t)&=\sum_{n=1}^{\infty}\delta_{2n}\left[\frac{L}{na\pi}\int_0^t\sin\frac{2a\pi\tau}{L}\sin\frac{na\pi}{L}(t-\tau)\mathrm{d}\tau\right]\sin\frac{n\pi}{L}x\\&=\frac{L}{2a\pi}\left[\int_0^t\sin\frac{2a\pi\tau}{L}\sin\frac{2a\pi}{L}(t-\tau)\mathrm{d}\tau\right]\sin\frac{2\pi}{L}x\\&=\frac{L}{4a\pi}\left(\frac{L}{2a\pi}\sin\frac{2a\pi}{L}t-t\cos\frac{2a\pi}{L}t\right)\sin\frac{2\pi}{L}x\end{aligned}$$

这就是定解问题 (8.2.1) 在给定外热源之下的解。

接下来我们进一步求解定解问题

$$\begin{cases}\dfrac{\partial^2 w}{\partial t^2}=a^2\dfrac{\partial^2 w}{\partial x^2}+f(x,t) & (0<x<L,t>0) & (8.2.14\text{a})\\ w|_{x=0}=0,\quad w|_{x=L}=0 & (t>0) & (8.2.14\text{b})\\ w|_{t=0}=\phi(x),\quad \left.\dfrac{\partial w}{\partial t}\right|_{t=0}=\psi(x) & (0\leqslant x\leqslant L) & (8.2.14\text{c})\end{cases}$$

由于方程和定解条件都是线性的，我们令

$$w(x,t)=u(x,t)+v(x,t) \tag{8.2.15}$$

其中，$u(x,t)$ 和 $v(x,t)$ 分别满足式 (6.1.1) 和式 (8.2.1)。这样定解问题 (8.2.14) 就是 $u(x,t)$ 和 $v(x,t)$ 两个定解问题相加。事实上，将式 (8.2.15) 代入式 (8.2.14a) 有

$$\frac{\partial^2 u}{\partial t^2}+\frac{\partial^2 v}{\partial t^2}=a^2\frac{\partial^2 u}{\partial x^2}+a^2\frac{\partial^2 v}{\partial x^2}+f(x,t) \tag{8.2.16}$$

当 $\dfrac{\partial^2 u}{\partial t^2}=a^2\dfrac{\partial^2 u}{\partial x^2}$ 时，有 $\dfrac{\partial^2 v}{\partial t^2}=a^2\dfrac{\partial^2 v}{\partial x^2}+f(x,t)$。可见关于 $w(x,t)$ 的定解问题 (8.2.14) 是 $u(x,t)$ 和 $v(x,t)$ 两个定解问题之和。

我们的结论是，对于非齐次方程的定解问题 (8.2.14)，可以将 $w(x,t)$ 分成 $u(x,t)$ 和 $v(x,t)$ 两个定解问题，前者用分离变量法求解，后者用本征函数法求解。然后

将两个结果相加就得到关于 $w(x,t)$ 的结果，我们将这种方法称为 "一分为二法"。这是求解非齐次方程定解问题的一个基本方法。下面我们将会看到，这样的定解问题也可以用本征函数法一次性求解，不必分成两个定解问题，其思路和计算都更加简单。

8.2.2 合二为一法

考查 6.1.1 节关于 $u(x,t)$ 的定解问题和 8.2.1 节关于 $v(x,t)$ 的定解问题的结果

$$u(x,t)=\sum_{n=1}^{\infty}\left(C_n\cos\frac{na\pi}{L}t+D_n\sin\frac{na\pi}{L}t\right)\sin\frac{n\pi}{L}x=\sum_{n=1}^{\infty}g_n^{(u)}(t)\sin\frac{n\pi}{L}x$$

$$v(x,t)=\sum_{n=1}^{\infty}\left[\frac{L}{na\pi}\int_0^t f_n(\tau)\sin\frac{na\pi}{L}(t-\tau)\mathrm{d}\tau\right]\sin\frac{n\pi}{L}x=\sum_{n=1}^{\infty}g_n^{(v)}(t)\sin\frac{n\pi}{L}x$$

而关于 $w(x,t)$ 的定解问题的结果为

$$\begin{aligned}w(x,t)&=u(x,t)+v(x,t)\\&=\sum_{n=1}^{\infty}g_n^{(u)}(t)\sin\frac{n\pi}{L}x+\sum_{n=1}^{\infty}g_n^{(v)}\sin\frac{n\pi}{L}x\\&=\sum_{n=1}^{\infty}\left[g_n^{(u)}(t)+g_n^{(v)}(t)\right]\sin\frac{n\pi}{L}x\\&=\sum_{n=1}^{\infty}g_n(t)\sin\frac{n\pi}{L}x\end{aligned}$$

我们看到，结果仍然是该本征函数集的展开式。这意味着关于 $w(x,t)$ 的定解问题不必分成 $u(x,t)$ 和 $v(x,t)$，一开始就可以写出上式的形式解，然后再利用泛定方程与初始条件确定其中的系数 $g_n(t)$，这就是所谓 "合二为一法"。现在我们按照这样的思路，求解下面热传导的定解问题

$$\begin{cases}\dfrac{\partial u}{\partial t}=a^2\dfrac{\partial^2 u}{\partial x^2}+f(x,t) & (0<x<L,\ t>0) & (8.2.17\text{a})\\ u|_{t=0}=\phi(x) & (0\leqslant x\leqslant L) & (8.2.17\text{b})\\ u|_{x=0}=0,\quad u|_{x=L}=0 & (t>0) & (8.2.17\text{c})\end{cases}$$

其中，$f(x,t)$ 表示外热源 (驱动项)。由相应的齐次方程与边界条件式 (8.2.17c)，按照表 6.2 选出本征函数集

$$\left\{\sin\frac{n\pi}{L}x\right\}\quad(n=1,2,3,\cdots)\tag{8.2.18}$$

故一般解设为

$$u(x,t)=\sum_{n=1}^{\infty}g_n(t)\sin\frac{n\pi}{L}x \tag{8.2.19}$$

其中，$g_n(t)$ 作为函数 $u(x,t)$ 的半幅傅里叶级数的展开系数，应该满足式 (2.2.2)，即

$$g_n(t)=\frac{2}{L}\int_0^L u(x,t)\sin\frac{n\pi}{L}x\mathrm{d}x \tag{8.2.20}$$

将驱动项 $f(x,t)$ 也按该本征函数集展开：

$$f(x,t)=\sum_{n=1}^{\infty}f_n(t)\sin\frac{n\pi}{L}x \tag{8.2.21}$$

其中

$$f_n(t)=\frac{2}{L}\int_0^L f(x,t)\sin\frac{n\pi}{L}x\mathrm{d}x \tag{8.2.22}$$

将式 (8.2.19) 和式 (8.2.21) 代入式 (8.2.17a) 和式 (8.2.17b)，得到

$$\sum_{n=1}^{\infty}\left[g_n'(t)+\left(\frac{na\pi}{L}\right)^2 g_n(t)-f_n(t)\right]\sin\frac{n\pi}{L}x=0 \tag{8.2.23}$$

$$\sum_{n=1}^{\infty}g_n(0)\sin\frac{n\pi}{L}x=\phi(x) \tag{8.2.24}$$

由式 (8.2.23) 得到

$$g_n'(t)+\left(\frac{na\pi}{L}\right)^2 g_n(t)=f_n(t) \tag{8.2.25a}$$

式 (8.2.24) 表示 $g_n(0)$ 是函数 $\phi(x)$ 的半幅傅里叶级数的展开系数，故记

$$g_n(0)\equiv C_n \tag{8.2.25b}$$

其中

$$C_n=\frac{2}{L}\int_0^L \phi(x)\sin\frac{n\pi}{L}x\mathrm{d}x \tag{8.2.26}$$

方程 (8.2.25a) 与初始条件式 (8.2.25b) 构成一个常微分方程的初值问题。用拉普拉斯变换法得到象函数的代数方程

$$pG_n(p)-C_n+\left(\frac{na\pi}{L}\right)^2 G_n(p)=F_n(p) \tag{8.2.27}$$

解之得

$$G_n(p)=\frac{C_n+F_n(p)}{p+\left(\frac{na\pi}{L}\right)^2} \tag{8.2.28}$$

反演后，得到

$$g_n(t)=C_n\mathrm{e}^{-\left(\frac{na\pi}{L}\right)^2t}+\int_0^t f_n(\tau)\mathrm{e}^{-\left(\frac{na\pi}{L}\right)^2(t-\tau)}\mathrm{d}\tau \tag{8.2.29}$$

将式 (8.2.29) 代入式 (8.2.19) 得到一般解

$$u(x,t)=\sum_{n=1}^{\infty}\mathrm{e}^{-\left(\frac{na\pi}{L}\right)^2t}\left[C_n+\int_0^t f_n(\tau)\mathrm{e}^{\left(\frac{na\pi}{L}\right)^2\tau}\mathrm{d}\tau\right]\sin\frac{n\pi}{L}x \tag{8.2.30}$$

式 (8.2.30) 就是定解问题 (8.2.17) 的解。由式 (8.2.30) 得到系统的平均温度

$$U(t)=\sum_{n=1}^{\infty}\frac{1-\cos n\pi}{n\pi}\left[C_n\mathrm{e}^{-\left(\frac{na\pi}{L}\right)^2t}+\int_0^t f_n(\tau)\mathrm{e}^{-\left(\frac{na\pi}{L}\right)^2(t-\tau)}\mathrm{d}\tau\right] \tag{8.2.31}$$

当 $t=0$ 时，式 (8.2.30) 给出

$$u(x,0)=\sum_{n=1}^{\infty}C_n\sin\frac{n\pi}{L}x=\phi(x) \tag{8.2.32}$$

它与式 (8.2.24) 是相同的。当 $f(x,t)=0$ 时，式 (8.2.30) 给出

$$u(x,t)=\sum_{n=1}^{\infty}C_n\mathrm{e}^{-\left(\frac{na\pi}{L}\right)^2t}\sin\frac{n\pi}{L}x \tag{8.2.33}$$

这是相应的无源热传导问题的解。当初始温度 $\phi(x)=0$ 时，$C_n=0$，式 (8.2.30) 约化为

$$u(x,t)=\sum_{n=1}^{\infty}\mathrm{e}^{-\left(\frac{na\pi}{L}\right)^2t}\left[\int_0^t f_n(\tau)\mathrm{e}^{\left(\frac{na\pi}{L}\right)^2\tau}\mathrm{d}\tau\right]\sin\frac{n\pi}{L}x \tag{8.2.34}$$

相应的平均温度为

$$U(t)=\sum_{n=1}^{\infty}\frac{1-\cos n\pi}{n\pi}\mathrm{e}^{-\left(\frac{na\pi}{L}\right)^2t}\left[\int_0^t f_n(\tau)\mathrm{e}^{\left(\frac{na\pi}{L}\right)^2\tau}\mathrm{d}\tau\right] \tag{8.2.35}$$

下面我们通过例题进一步讨论上述结果。

例 1 有界杆的长度为 L，其两端温度为零，已知杆内初始温度分布为常数 T。求解具有放射性衰变的热传导方程的定解问题

$$\begin{cases}\dfrac{\partial^2u}{\partial x^2}-a^2\dfrac{\partial u}{\partial t}+A\mathrm{e}^{-\alpha x}=0 & (0<x<L,t>0) & (8.2.36\mathrm{a})\\ u\big|_{t=0}=T & (0\leqslant x\leqslant L) & (8.2.36\mathrm{b})\\ u\big|_{x=0}=0,\quad u\big|_{x=L}=0 & (t>0) & (8.2.36\mathrm{c})\end{cases}$$

其中，A 和 α 均是常数。

解 这个问题是定解问题 (8.2.17) 的特殊情况，在变换 $a=1/b, A=Ba^2$ 之下，泛定方程 (8.2.36a) 化成标准的形式

$$\frac{\partial u}{\partial t}=b^2\frac{\partial^2 u}{\partial x^2}+B\mathrm{e}^{-\alpha x} \tag{8.2.37}$$

展开系数式 (8.2.22) 和式 (8.2.26) 给出

$$f_n(t)=\frac{2}{L}\int_0^L B\mathrm{e}^{-\alpha x}\sin\frac{n\pi}{L}x\mathrm{d}x=\frac{2n\pi B\left[1-(-1)^n\mathrm{e}^{-\alpha L}\right]}{n^2\pi^2+\alpha^2L^2} \tag{8.2.38}$$

$$C_n=\frac{2}{L}\int_0^L T\sin\frac{n\pi}{L}x\mathrm{d}x=\frac{2T}{n\pi}\left[1-(-1)^n\right] \tag{8.2.39}$$

由此得到

$$g_n(t)=\frac{2T}{n\pi}\left[1-(-1)^n\right]\mathrm{e}^{-\left(\frac{n\pi}{aL}\right)^2t}+\frac{2AL^2}{n\pi}\frac{\left[1-(-1)^n\mathrm{e}^{-\alpha L}\right]}{n^2\pi^2+\alpha^2L^2}\left[1-\mathrm{e}^{-\left(\frac{n\pi}{aL}\right)^2t}\right] \tag{8.2.40}$$

将式 (8.2.40) 代入式 (8.2.19) 即得任意时刻的温度分布。图 8.1 显示了系统在不同时刻的温度分布及衰变常数 A 对温度分布的影响 (图中取 $a=L=T=\alpha=1$)。图 8.2 显示了系统在不同衰变常数 A 下的平均温度 (图中取 $a=L=T=1$)。

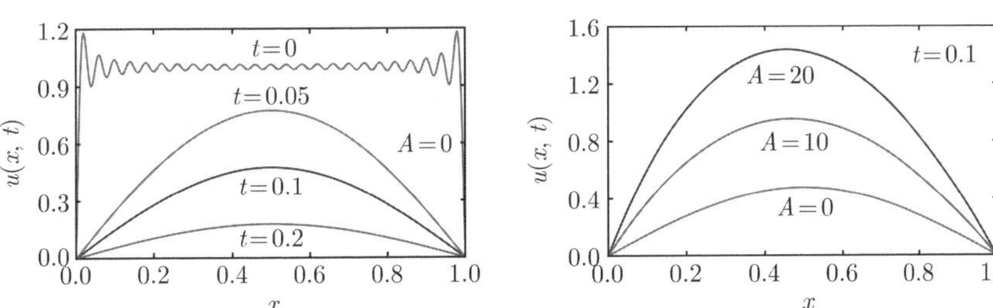

图 8.1 系统在不同 t 时刻、不同衰变常数 A 下的温度分布，曲线为部分和的前 50 项

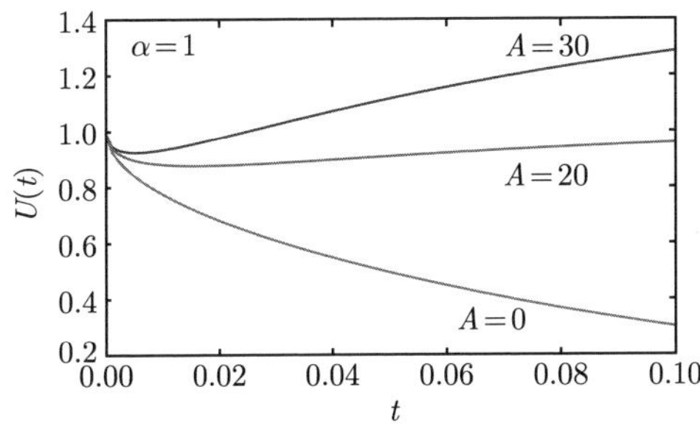

图 8.2 系统在不同衰变常数 A 下的平均温度，曲线为部分和的前 50 项

例 2　设 $a=1, L=\pi$，$\phi(x)=0$，$f(x,t)=x\mathrm{e}^{-t}$，讨论一般解式 (8.2.34) 和平均温度式 (8.2.35)。

解　这时式 (8.2.34) 变为

$$u(x,t)=\sum_{n=1}^{\infty}\mathrm{e}^{-n^2t}\left[\int_0^t f_n(\tau)\mathrm{e}^{n^2\tau}\mathrm{d}\tau\right]\sin nx \tag{8.2.41}$$

其中

$$f_n(t)=\frac{2}{\pi}\mathrm{e}^{-t}\int_0^{\pi}x\sin nx\mathrm{d}x \tag{8.2.42}$$

式 (8.2.42) 中的积分为

$$\int_0^{\pi}x\sin nx\mathrm{d}x=\left[\frac{1}{n^2}\sin nx-\frac{x}{n}\cos nx\right]_0^{\pi}=-\frac{\pi}{n}\cos n\pi=\frac{\pi}{n}(-1)^{n+1} \tag{8.2.43}$$

这样式 (8.2.42) 变成

$$f_n(t)=\frac{2}{\pi}\mathrm{e}^{-t}\frac{\pi}{n}(-1)^{n+1}=\frac{2}{n}(-1)^{n+1}\mathrm{e}^{-t} \tag{8.2.44}$$

于是式 (8.2.41) 中的积分为

$$\int_0^t f_n(\tau)\mathrm{e}^{n^2\tau}\mathrm{d}\tau=\int_0^t\left[\frac{2}{n}(-1)^{n+1}\mathrm{e}^{-\tau}\right]\mathrm{e}^{n^2\tau}\mathrm{d}\tau=\frac{2}{n}(-1)^{n+1}\int_0^t\mathrm{e}^{(n^2-1)\tau}\mathrm{d}\tau \tag{8.2.45}$$

而其中的积分为

$$\int_0^t\mathrm{e}^{(n^2-1)\tau}\mathrm{d}\tau=\begin{cases}t & (n=1)\\ \dfrac{\mathrm{e}^{(n^2-1)t}-1}{n^2-1} & (n>1)\end{cases} \tag{8.2.46}$$

这样式 (8.2.41) 中求和的第一项需要单独写出来，整理后得到

$$u(x,t)=2t\mathrm{e}^{-t}\sin x+2\sum_{n=2}^{\infty}\frac{(-1)^{n+1}\left[\mathrm{e}^{(n^2-1)t}-1\right]}{n(n^2-1)}\mathrm{e}^{-n^2t}\sin nx \tag{8.2.47}$$

这就是系统在任意 t 时刻的温度分布。下面我们对它进行具体讨论，为叙述方便，将式 (8.2.47) 写成

$$u(x,t)=u_1(x,t)+u_2(x,t) \tag{8.2.48}$$

其中

$$u_1(x,t)=2t\mathrm{e}^{-t}\sin x \tag{8.2.49a}$$

$$u_2(x,t)=2\sum_{n=2}^{\infty}\frac{(-1)^{n+1}\left[\mathrm{e}^{(n^2-1)t}-1\right]}{n(n^2-1)}\mathrm{e}^{-n^2t}\sin nx \tag{8.2.49b}$$

首先可以看出，当 $t=0$ 时，$u_1(x,0)=0$ 和 $u_2(x,0)=0$，因此 $u(x,0)=0$，这与题目给出的初始条件相符合。不同 t 时刻的温度分布 $u(x,t)$ 显示在图 8.3。可以看出，在任意时刻 t，$u(x,t)$ 呈现有峰分布。峰的高度先随 t 的增大而上升，随后又单调下降。图 8.4 显示了系统中央 $(x=\pi/2)$ 的温度 $u(\pi/2,t)$ 随时间 t 的变化，可以看出，$u(\pi/2,t)$ 在时刻 $t=1$ 取极大值，数值计算给出 $u(\pi/2,1)=0.71$。

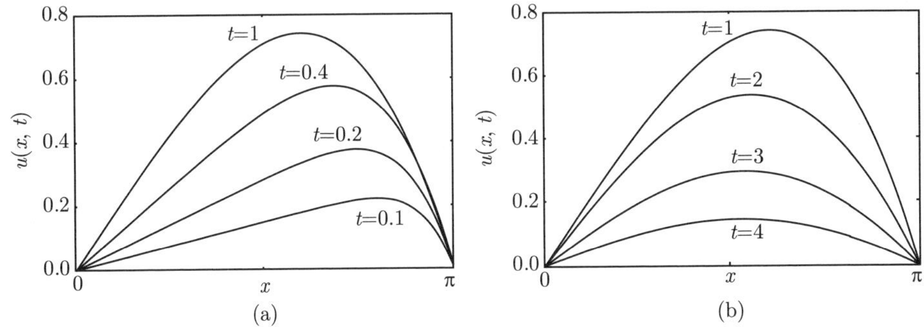

图 8.3 系统在不同 t 时刻的温度分布，式 (8.2.47) 的求和部分取前 10 项之和

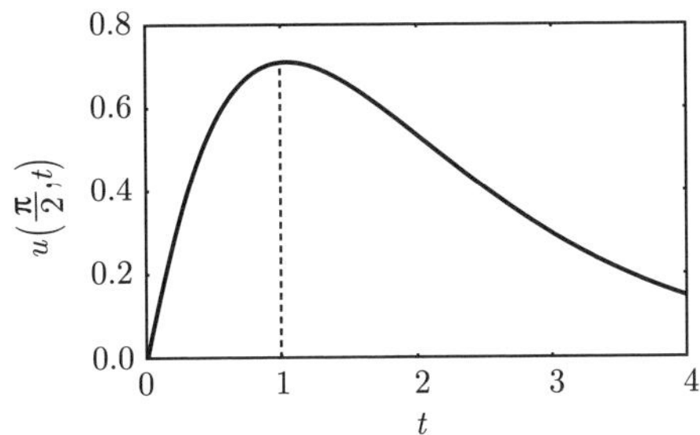

图 8.4 系统中央 $(x=\pi/2)$ 温度随时间 t 的变化曲线，式 (8.2.47) 的求和部分取前 10 项之和

为了解释上述结果，我们在图 8.5 中显示了 $u_1(x,t)$ 和 $u_2(x,t)$ 的比较。可以看出：

1. $u_1(x,t)$ 在任何 t 时刻都显示正弦曲线 [见式 (8.2.49a)]，在区间 $[0,\pi]$ 上呈对称分布 (而振幅按 $t\mathrm{e}^{-t}$ 规律变化)。$u_2(x,t)$ 作为 $\sin nx$ 的求和，似应有振荡行为，但是由于求和表达式 (8.2.49b) 中 e^{-n^2t} 因子的作用，$n=2$ 以后的项急速衰减，所以求和的结果只有 $u_2(x,t)\sim-\sin 2x$ 项有明显的贡献 (如图 8.5 所示)。

2. $u_1(x,t)$ 对总温度的贡献大于 $u_2(x,t)$。在 t 较小的情况下，$u_2(x,t)$ 的贡献尚可观察：它与 $u_1(x,t)$ 叠加的结果使 $u(x,t)$ 的峰出现在 $x>\pi/2$ 一侧 (见图 8.3a)。从物理上讲，这是由于热源 $x\mathrm{e}^{-t}$ 在较大的 x 位置有较强的散热作用。但这个作用又随 t 的增加而减弱 (见图 8.3b)，并使 $u(x,t)$ 的峰不断向中心位置 $\pi/2$ 移动，以至于 $u_2(x,\infty)\to 0$。

3. 由于 t 较大时有 $u_1(x,t) \approx u(x,t)$，因此 $u(x,t)$ 随时间 t 的变化基本上可以用关系式 (8.2.49a) 描述，进一步求导数

$$\frac{\mathrm{d}u_1}{\mathrm{d}t} \sim (1-t)\mathrm{e}^{-t} = 0 \tag{8.2.50}$$

由式 (8.2.50) 可以看出，当 $t=1$ 时，温度出现极大值 (见图 8.4)。也正是基于式 (8.2.49a)，我们能够预言系统的稳态温度为 $u(x,\infty) \to 0$。

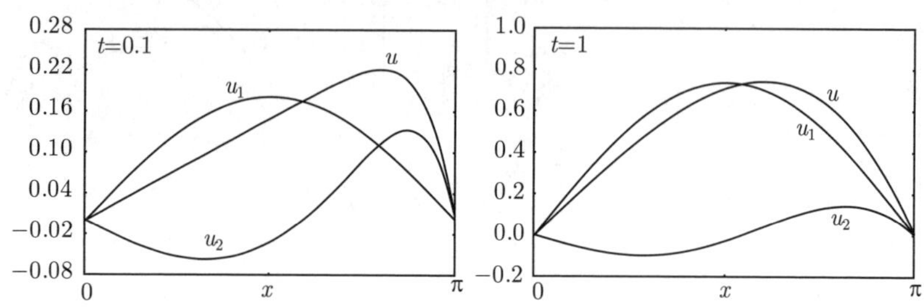

图 8.5 温度分量 $u_1(x,t)$ 和 $u_2(x,t)$ 的比较，$u_2(x,t)$ 的求和部分取前 10 项之和

由上述例题可以看出，利用本征函数法求解定解问题时，方程可以是非齐次的，初始条件也可以是任意函数，关键是边界条件必须是齐次的。这样，可以选择出恰当的本征函数集，从而写出级数形式上的一般解，然后利用方程与初始条件确定级数中的展开系数即可。下面我们再讨论一些典型的问题，它们将涉及更多类型的本征函数集。

8.3 有源热传导定解问题

本节利用本征函数法进一步讨论不同类型的非齐次方程的定解问题，主要涉及外热源作用下的热传导问题。

8.3.1 绝热系统

考虑外热源作用下的绝热系统的热传导问题

$$\begin{cases} \dfrac{\partial u}{\partial t} = a^2\dfrac{\partial^2 u}{\partial x^2} + f(x,t) & (0<x<L, t>0) \quad (8.3.1\mathrm{a}) \\ u|_{t=0} = \phi(x) & (0 \leqslant x \leqslant L) \quad (8.3.1\mathrm{b}) \\ \left.\dfrac{\partial u}{\partial x}\right|_{x=0} = 0, \quad \left.\dfrac{\partial u}{\partial x}\right|_{x=L} = 0 & (t>0) \quad (8.3.1\mathrm{c}) \end{cases}$$

其中，$f(x,t)$ 表示时空依赖的外热源。

首先由相应的齐次方程问题 (6.2.50) 与边界条件 (8.3.1c)，按照表 6.2 选出本征函数集

$$\left\{\cos\frac{n\pi}{L}x\right\} \quad (n=0,1,2,\cdots) \tag{8.3.2}$$

故一般解设为

$$u(x,t)=\sum_{n=0}^{\infty}g_n(t)\cos\frac{n\pi}{L}x \tag{8.3.3}$$

其中，$g_n(t)$ 作为函数 $u(x,t)$ 的半幅傅里叶级数的展开系数，应该满足式 (2.2.4)，即

$$g_0(t)=\frac{1}{L}\int_0^L u(x,t)\mathrm{d}x \tag{8.3.4a}$$

$$g_n(t)=\frac{2}{L}\int_0^L u(x,t)\cos\frac{n\pi}{L}x\mathrm{d}x \quad (n=1,2,3,\cdots) \tag{8.3.4b}$$

将驱动项 $f(x,t)$ 也按该本征函数集展开

$$f(x,t)=\sum_{n=0}^{\infty}f_n(t)\cos\frac{n\pi}{L}x \tag{8.3.5}$$

其中

$$f_0(t)=\frac{1}{L}\int_0^L f(x,t)\mathrm{d}x \tag{8.3.6a}$$

$$f_n(t)=\frac{2}{L}\int_0^L f(x,t)\cos\frac{n\pi}{L}x\mathrm{d}x \quad (n=1,2,3,\cdots) \tag{8.3.6b}$$

将式 (8.3.3) 和式 (8.3.5) 代入式 (8.3.1a) 和式 (8.3.1b)，得到

$$\sum_{n=0}^{\infty}\left[g_n'(t)+\left(\frac{na\pi}{L}\right)^2 g_n(t)-f_n(t)\right]\cos\frac{n\pi}{L}x=0 \tag{8.3.7}$$

$$\sum_{n=0}^{\infty}g_n(0)\cos\frac{n\pi}{L}x=\phi(x) \tag{8.3.8}$$

由式 (8.3.7) 得到

$$g_n'(t)+\left(\frac{na\pi}{L}\right)^2 g_n(t)=f_n(t) \tag{8.3.9a}$$

式 (8.3.8) 表示 $g_n(0)$ 是函数 $\phi(x)$ 的半幅傅里叶级数的展开系数，故记

$$g_n(0)\equiv C_n \quad (n=0,\ 1,\ 2,\cdots) \tag{8.3.9b}$$

其中

$$C_0=\frac{1}{L}\int_0^L \phi(x)\mathrm{d}x \tag{8.3.10a}$$

$$C_n = \frac{2}{L}\int_0^L \phi(x)\cos\frac{n\pi}{L}x\mathrm{d}x \quad (n=1,2,3,\cdots) \tag{8.3.10b}$$

式 (8.3.9) 是一个常微分方程的初值问题。我们用拉普拉斯变换法求解, 象函数的代数方程为

$$pG_n(p) - C_n + \left(\frac{na\pi}{L}\right)^2 G_n(p) = F_n(p) \tag{8.3.11}$$

解之得

$$G_n(p) = \frac{C_n + F_n(p)}{p + \left(\frac{na\pi}{L}\right)^2} \tag{8.3.12}$$

反演后，得到

$$g_n(t) = C_n \mathrm{e}^{-\left(\frac{na\pi}{L}\right)^2 t} + \int_0^t f_n(\tau)\mathrm{e}^{-\left(\frac{na\pi}{L}\right)^2(t-\tau)}\mathrm{d}\tau \tag{8.3.13}$$

将式 (8.3.13) 代入式 (8.3.3) 得到一般解

$$u(x,t) = \sum_{n=0}^{\infty} \mathrm{e}^{-\left(\frac{na\pi}{L}\right)^2 t}\left[C_n + \int_0^t f_n(\tau)\mathrm{e}^{\left(\frac{na\pi}{L}\right)^2 \tau}\mathrm{d}\tau\right]\cos\frac{n\pi}{L}x \tag{8.3.14}$$

式 (8.3.14) 就是定解问题 (8.3.1) 的解。当 $f(x,t)=0$ 时, 式 (8.3.14) 给出

$$u(x,t) = C_0 + \sum_{n=1}^{\infty} C_n \exp\left[-\left(\frac{na\pi}{L}\right)^2 t\right]\cos\frac{n\pi}{L}x \tag{8.3.15}$$

其中，C_0 和 C_n 由式 (8.3.10) 表示，这与相应的无源热传导问题 (6.2 节例 7) 的结果是相同的。

例 1　求解绝热系统的具有放射性衰变的热传导方程的定解问题 (8.3.1)，设 $f(x,t) = A\mathrm{e}^{-\alpha x}$,　$\phi(x) = T$, 其中 A，α，T 均是正常数。

解　当 $n=0$ 时，展开系数为

$$f_0(t) = \frac{1}{L}\int_0^L f(x,t)\mathrm{d}x = \frac{A}{L\alpha}\left(1-\mathrm{e}^{-\alpha L}\right) \tag{8.3.16a}$$

$$C_0 = \frac{1}{L}\int_0^L \phi(x)\mathrm{d}x = T \tag{8.3.16b}$$

初值问题 (8.3.9) 给出

$$\begin{cases} g_0'(t) = \dfrac{A}{L\alpha}\left(1-\mathrm{e}^{-\alpha L}\right) & (8.3.17\mathrm{a}) \\ g_0(0) = T & (8.3.17\mathrm{b}) \end{cases}$$

它的解为

$$g_0(t) = T + \frac{A}{L\alpha}\left(1-\mathrm{e}^{-\alpha L}\right)t \tag{8.3.18}$$

当 $n=1,2,3,\cdots$ 时，展开系数为

$$f_n(t)=\frac{2A}{L}\int_0^L \mathrm{e}^{-\alpha x}\cos\frac{n\pi}{L}x\mathrm{d}x=2\alpha AL\frac{1-\mathrm{e}^{-\alpha L}\cos n\pi}{(\alpha L)^2+(n\pi)^2} \tag{8.3.19}$$

$$C_n=\frac{2}{L}\int_0^L T\cos\frac{n\pi}{L}x\mathrm{d}x=0 \quad (n=1,2,3,\cdots) \tag{8.3.20}$$

式 (8.3.13) 给出

$$g_n(t)=\frac{2\alpha AL^3}{(na\pi)^2}\frac{1-\mathrm{e}^{-\alpha L}\cos n\pi}{(\alpha L)^2+(n\pi)^2}\left[1-\mathrm{e}^{-\left(\frac{na\pi}{L}\right)^2 t}\right] \tag{8.3.21}$$

由式 (8.3.18) 和式 (8.3.21) 得到定解问题的解

$$\begin{aligned}u(x,t)=&T+\frac{A}{L\alpha}\left(1-\mathrm{e}^{-\alpha L}\right)t\\&+\frac{2\alpha AL^3}{(a\pi)^2}\sum_{n=1}^{\infty}\frac{1}{n^2}\frac{1-\mathrm{e}^{-\alpha L}\cos n\pi}{(\alpha L)^2+(n\pi)^2}\left[1-\mathrm{e}^{-\left(\frac{na\pi}{L}\right)^2 t}\right]\cos\frac{n\pi}{L}x\end{aligned} \tag{8.3.22}$$

由式 (8.3.22) 得到：$u(x,0)=T$，而 $u(x,\infty)\to\infty$。

例 2 设 $f(x,t)=A\sin\omega t$, $\phi(x)=0$, 求解定解问题 (8.3.1)。

解 展开系数为

$$f_0(t)=\frac{1}{L}\int_0^L A\sin\omega t\mathrm{d}x=A\sin\omega t \tag{8.3.23a}$$

$$f_n(t)=\frac{2}{L}\int_0^L A\sin\omega t\cos\frac{n\pi}{L}x\mathrm{d}x=0 \quad (n=1,2,3,\cdots) \tag{8.3.23b}$$

$$C_n=0 \quad (n=0,\ 1,\ 2,\cdots) \tag{8.3.23c}$$

当 $n=0$ 时，初值问题 (8.3.9) 给出

$$\begin{cases}g_0'(t)=A\sin\omega t & (8.3.24\text{a})\\ g_0(0)=0 & (8.3.24\text{b})\end{cases}$$

它的解为

$$g_0(t)=\frac{A}{\omega}(1-\cos\omega t) \tag{8.3.25}$$

当 $n=1,\ 2,\ 3,\cdots$ 时，初值问题 (8.3.9) 给出

$$\begin{cases}g_n'(t)+\left(\dfrac{na\pi}{L}\right)^2 g_n(t)=0 & (8.3.26\text{a})\\ g_n(0)=0 & (8.3.26\text{b})\end{cases}$$

它的解为

$$g_n(t) = g_n(0)\exp\left[-\left(\frac{na\pi}{L}\right)^2 t\right] = 0 \tag{8.3.27}$$

由式 (8.3.25) 和式 (8.3.27) 得到本定解问题的解

$$u(x,t) = \sum_{n=0}^{\infty} g_n(t)\cos\frac{n\pi}{L}x = \frac{A}{\omega}(1-\cos\omega t) \tag{8.3.28}$$

结果表明，系统的温度以 ω 为角频率做简谐振荡，与空间变量没有关系。

8.3.2　绝热–耗散系统

考虑外热源作用下的绝热–耗散系统的热传导问题

$$\begin{cases} \dfrac{\partial u}{\partial t} = a^2\dfrac{\partial^2 u}{\partial x^2} + f(x,t) & (0 < x < L, t > 0) & (8.3.29\text{a}) \\ u|_{t=0} = \phi(x) & (0 \leqslant x \leqslant L) & (8.3.29\text{b}) \\ u|_{x=0} = 0, \quad \left.\dfrac{\partial u}{\partial x}\right|_{x=L} = 0 & (t > 0) & (8.3.29\text{c}) \end{cases}$$

其中，$f(x,t)$ 表示时空依赖的外热源。

由相应的齐次方程与边界条件式 (8.3.29c)，按照表 6.2 选出本征函数集

$$\left\{\sin\frac{(2n+1)\pi}{2L}x\right\} \quad (n = 0, 1, 2, \cdots) \tag{8.3.30}$$

故一般解设为

$$u(x,t) = \sum_{n=0}^{\infty} g_n(t)\sin\frac{(2n+1)\pi}{2L}x \tag{8.3.31}$$

其中，$g_n(t)$ 满足初值问题

$$\begin{cases} g_n'(t) + \left[\dfrac{(2n+1)\pi a}{2L}\right]^2 g_n(t) = f_n(t) & (8.3.32\text{a}) \\ g_n(0) \equiv C_n & (8.3.32\text{b}) \end{cases}$$

其中

$$f_n(t) = \frac{2}{L}\int_0^L f(x,t)\sin\frac{(2n+1)\pi}{2L}x\mathrm{d}x \tag{8.3.33a}$$

$$C_n = \frac{2}{L}\int_0^L \phi(x)\sin\frac{(2n+1)\pi}{2L}x\mathrm{d}x \tag{8.3.33b}$$

用拉普拉斯变换法解初值问题 (8.3.32)，得到

$$g_n(t)=C_n\mathrm{e}^{-\left[\frac{(2n+1)\pi a}{2L}\right]^2 t}+\int_0^t f_n(\tau)\mathrm{e}^{-\left[\frac{(2n+1)\pi a}{2L}\right]^2 (t-\tau)}\mathrm{d}\tau \tag{8.3.34}$$

将式 (8.3.34) 代入式 (8.3.31) 得到一般解

$$u(x,t)=\sum_{n=0}^{\infty}\mathrm{e}^{-\left[\frac{(2n+1)\pi a}{2L}\right]^2 t}\left\{C_n+\int_0^t f_n(\tau)\mathrm{e}^{\left[\frac{(2n+1)\pi a}{2L}\right]^2 \tau}\mathrm{d}\tau\right\}\sin\frac{(2n+1)\pi}{2L}x \tag{8.3.35}$$

式 (8.3.35) 就是定解问题 (8.3.29) 的解。

例 设 $a=1$, $L=\pi$, $\phi(x)=\sin\dfrac{x}{2}$，$f(x,t)=\sin\dfrac{x}{2}$，求解定解问题 (8.3.29)。

解 展开系数为

$$f_n(t)=\frac{2}{\pi}\int_0^{\pi}\sin\frac{(2\cdot 0+1)}{2}x\sin\frac{(2n+1)}{2}x\mathrm{d}x=\delta_{0n} \tag{8.3.36a}$$

$$C_n=\frac{2}{\pi}\int_0^{\pi}\sin\frac{(2\cdot 0+1)}{2}x\sin\frac{(2n+1)}{2}x\mathrm{d}x=\delta_{0n} \tag{8.3.36b}$$

式 (8.3.35) 给出任意时刻的温度分布

$$\begin{aligned}
u(x,t)&=\sum_{n=0}^{\infty}\delta_{0n}\mathrm{e}^{-\frac{(2n+1)^2}{4}t}\sin\frac{(2n+1)}{2}x+\int_0^t\mathrm{d}\tau\sum_{n=0}^{\infty}\delta_{0n}\mathrm{e}^{-\frac{(2n+1)^2}{4}(t-\tau)}\sin\frac{(2n+1)}{2}x\\
&=\mathrm{e}^{-t/4}\sin\frac{x}{2}+\sin\frac{x}{2}\mathrm{e}^{-t/4}\int_0^t\mathrm{e}^{\tau/4}\mathrm{d}\tau\\
&=\mathrm{e}^{-t/4}\sin\frac{x}{2}+4\left(1-\mathrm{e}^{-t/4}\right)\sin\frac{x}{2}\\
&=\left(4-3\mathrm{e}^{-t/4}\right)\sin\frac{x}{2}
\end{aligned}$$

这个结果是容易理解的，如果不存在外热源 $[f(x,t)=0]$，则系统的状态为 $T_0(t)X_0(x)=\mathrm{e}^{-t/4}\sin\dfrac{x}{2}$，它不是叠加态，而是系统的第一个本征态 (即基态 $n=0$)。这时系统将按固有的指数衰减方式 $\mathrm{e}^{-t/4}$ 耗散热量，而任意 t 时刻的温度分布为 $\sin\dfrac{x}{2}$。如果存在外热源但它的供热方式与系统的本征行为无关，它对系统温度的贡献来自式 (8.3.34) 的第二项。而现在的外热源 $4\left(1-\mathrm{e}^{-t/4}\right)\sin\dfrac{x}{2}$ 与系统的本征态具有相同的 “位相”，是可以 “相干叠加” 的。其结果，系统处于自身行为与外界作用的叠加态 $\left(4-3\mathrm{e}^{-t/4}\right)\sin\dfrac{x}{2}$。这是一种 “相长干涉”，随着时间 t 的增加，系统温度的分布 $\sin\dfrac{x}{2}$ 不变，但每一点的温度都按 $\left(4-3\mathrm{e}^{-t/4}\right)$ 规律升高，如图 8.6 所示。

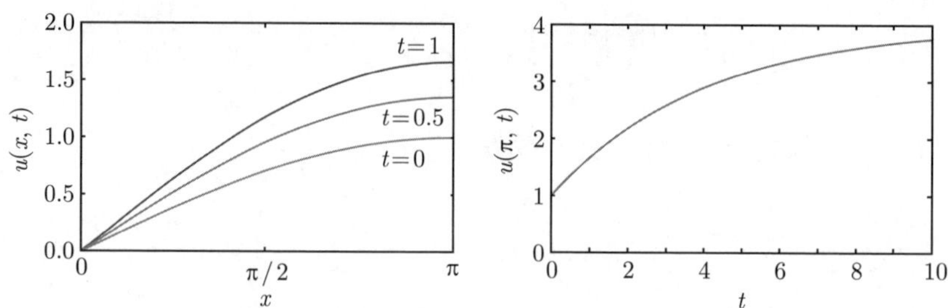

图 8.6　系统在不同时刻的温度分布及后端温度的时间演化

8.3.3　绝热–辐射系统

考虑外热源作用下的绝热–辐射系统的热传导问题

$$\begin{cases} \dfrac{\partial u}{\partial t} = a^2 \dfrac{\partial^2 u}{\partial x^2} + f(x,t) & (0 < x < L,\ t > 0) & (8.3.37\text{a}) \\ u\big|_{t=0} = \phi(x) & (0 \leqslant x \leqslant L) & (8.3.37\text{b}) \\ \left.\dfrac{\partial u}{\partial x}\right|_{x=0} = 0, \quad \left[u + h\dfrac{\partial u}{\partial x}\right]_{x=L} = 0 & (t > 0) & (8.3.37\text{c}) \end{cases}$$

其中，$f(x,t)$ 表示时空依赖的外热源。

由相应的齐次方程问题 (6.4.35) 及边界条件 (8.3.37c) 选出本征函数集

$$\left\{\cos \frac{\mu_n}{L} x\right\} \quad (n = 1, 2, 3, \cdots) \tag{8.3.38}$$

其中，μ_n 是超越方程 $\cot \mu = \alpha\mu$ 的第 n 个根 (见 6.4.2 节)，故一般解设为

$$u(x,t) = \sum_{n=1}^{\infty} g_n(t) \cos \frac{\mu_n}{L} x \tag{8.3.39}$$

其中，$g_n(t)$ 满足初值问题

$$\begin{cases} g_n'(t) + \left(\dfrac{\mu_n a}{L}\right)^2 g_n(t) = f_n(t) & (8.3.40\text{a}) \\ g_n(0) \equiv C_n & (8.3.40\text{b}) \end{cases}$$

其中

$$f_n(t) = \frac{2}{L\left(1 + \dfrac{\sin 2\mu_n}{2\mu_n}\right)} \int_0^L f(x,t) \cos \frac{\mu_n}{L} x \mathrm{d}x \tag{8.3.41a}$$

$$C_n = \frac{2}{L\left(1 + \dfrac{\sin 2\mu_n}{2\mu_n}\right)} \int_0^L \phi(x) \cos \frac{\mu_n}{L} x \mathrm{d}x \tag{8.3.41b}$$

式 (8.3.40) 是一个常微分方程的初值问题，用拉普拉斯变换法解之，得到

$$g_n(t)=C_n\mathrm{e}^{-\left(\frac{\mu_n a}{L}\right)^2 t}+\int_0^t f_n(\tau)\mathrm{e}^{-\left(\frac{\mu_n a}{L}\right)^2(t-\tau)}\mathrm{d}\tau \tag{8.3.42}$$

将式 (8.3.42) 代入式 (8.3.39) 得到一般解

$$u(x,t)=\sum_{n=1}^{\infty}\mathrm{e}^{-\left(\frac{\mu_n a}{L}\right)^2 t}\left[C_n+\int_0^t f_n(\tau)\mathrm{e}^{\left(\frac{\mu_n a}{L}\right)^2\tau}\mathrm{d}\tau\right]\cos\frac{\mu_n}{L}x \tag{8.3.43}$$

式 (8.3.43) 就是定解问题 (8.3.37) 的解。当 $f(x,t)=0$ 时，式 (8.3.43) 给出

$$u(x,t)=\sum_{n=1}^{\infty}C_n\exp\left[-\left(\frac{\mu_n a}{L}\right)^2 t\right]\cos\frac{\mu_n}{L}x \tag{8.3.44}$$

其中，C_n 由式 (8.3.41b) 表示，这与相应的无源热传导问题的结果式 (6.4.42) 是相同的。

例 设 $a=1$，$L=1$，$h=1$，$\phi(x)=x(1-x)$，$f(x,t)=\cos\mu_1 x\cos t$，求解定解问题 (8.3.37)。

解 展开系数为

$$f_n(t)=\frac{\cos t\displaystyle\int_0^1\cos\mu_1 x\cos\mu_n x\mathrm{d}x}{\dfrac{1}{2}\left(1+\dfrac{\sin 2\mu_n}{2\mu_n}\right)}=\delta_{1n}\cos t \tag{8.3.45}$$

一般解式 (8.3.43) 给出

$$\begin{aligned}u(x,t)&=\int_0^t\cos\tau\left[\sum_{n=1}^{\infty}\delta_{1n}\mathrm{e}^{-\mu_n^2(t-\tau)}\cos\mu_n x\right]\mathrm{d}\tau+\sum_{n=1}^{\infty}C_n\mathrm{e}^{-\mu_n^2 t}\cos\mu_n x\\&=\mathrm{e}^{-\mu_1^2 t}\left(\int_0^t\cos\tau\mathrm{e}^{\mu_1^2\tau}\mathrm{d}\tau\right)\cos\mu_1 x+\sum_{n=1}^{\infty}C_n\mathrm{e}^{-\mu_n^2 t}\cos\mu_n x\\&=\frac{\sin t+\mu_1^2\cos t-\mu_1^2\mathrm{e}^{-\mu_1^2 t}}{1+\mu_1^4}\cos\mu_1 x+\sum_{n=1}^{\infty}C_n\mathrm{e}^{-\mu_n^2 t}\cos\mu_n x\end{aligned}$$

利用部分和 (前 5 项) 表示一般解

$$u(x,t)\approx\frac{\sin t+\mu_1^2\cos t-\mu_1^2\mathrm{e}^{-\mu_1^2 t}}{1+\mu_1^4}\cos\mu_1 x+\sum_{n=1}^{5}C_n\mathrm{e}^{-\mu_n^2 t}\cos\mu_n x \tag{8.3.46}$$

其中，μ_n 和 C_n 分别由式 (6.4.47) 和式 (6.4.49) 给出。而平均温度为

$$U(t)\approx\frac{\sin\mu_1}{\mu_1}\frac{\sin t+\mu_1^2\cos t-\mu_1^2\mathrm{e}^{-\mu_1^2 t}}{1+\mu_1^4}+\sum_{n=1}^{5}C_n\frac{\sin\mu_n}{\mu_n}\mathrm{e}^{-\mu_n^2 t} \tag{8.3.47}$$

利用式 (8.3.46) 和式 (8.3.47) 作出系统在不同时刻的温度分布及平均温度的时间演化，如图 8.7 所示。与相应的无源热传导问题 (图 6.21 与图 6.22) 不同，现在系统的温度随时间上升，这是外热源作用的结果。

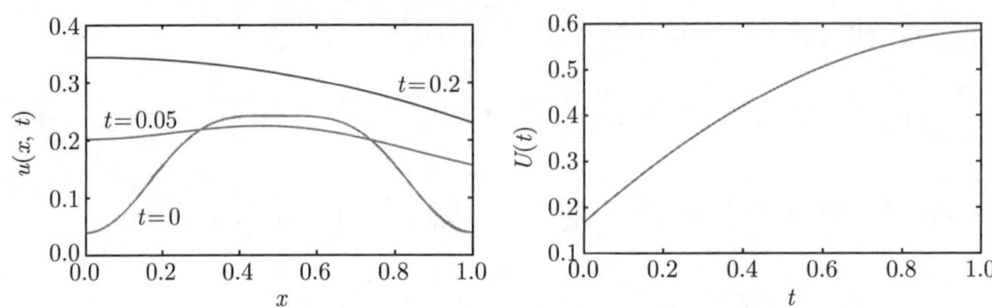

图 8.7　系统在不同时刻的温度分布及平均温度的时间演化

8.3.4　吸收–耗散系统

考虑外热源作用下的吸收–耗散系统的热传导问题

$$\begin{cases} \dfrac{\partial w}{\partial t} = \dfrac{\partial^2 w}{\partial x^2} + f(x,t) & (0 < x < 1, t > 0) & (8.3.48\text{a}) \\ w|_{t=0} = \phi(x) & (0 \leqslant x \leqslant 1) & (8.3.48\text{b}) \\ w\,|_{x=0} = 0\,, \quad \left[w - \eta\dfrac{\partial w}{\partial x}\right]_{x=1} = 0 & (t > 0) & (8.3.48\text{c}) \end{cases}$$

其中，$\eta > 0$, $f(x,t)$ 表示时空依赖的外热源。

我们用 “一分为二法” 处理这个问题，令

$$w(x,t) = u(x,t) + v(x,t) \tag{8.3.49}$$

其中，$u(x,t)$ 的定解问题 (7.1.1) 在第 7 章已经讨论过，而 $v(x,t)$ 的定解问题为

$$\begin{cases} \dfrac{\partial v}{\partial t} = \dfrac{\partial^2 v}{\partial x^2} + f(x,t) & (0 < x < 1, t > 0) & (8.3.50\text{a}) \\ v|_{t=0} = 0 & (0 \leqslant x \leqslant 1) & (8.3.50\text{b}) \\ v\,|_{x=0} = 0\,, \left[v - \eta\dfrac{\partial v}{\partial x}\right]_{x=1} = 0 & (t > 0) & (8.3.50\text{c}) \end{cases}$$

由相应的齐次方程问题 (7.1.1) 和边界条件式 (8.3.50c)，选出本征函数集 [式 (7.1.24)]：

$$\sinh \mu_0 x, \quad \{\sin \mu_n x\} \quad (n = 1, 2, 3, \cdots) \tag{8.3.51}$$

其中，μ_0 是 $\tanh \mu = \beta\mu$ 的解，而 μ_n 是 $\tan \mu = \beta\mu$ 的第 n 个正根。设式 (8.3.50a) 的形式解为

$$v(x,t) = g_0(t) \sinh \mu_0 x + \sum_{n=1}^{\infty} g_n(t) \sin \mu_n x \tag{8.3.52}$$

其中，$g_0(t)$ 和 $g_n(t)$ 相当于式 (7.1.20) 中的展开系数 c_0 和 c_n，从式 (7.1.23) 得到

$$g_0(t)=\frac{2}{\dfrac{\sinh 2\mu_0}{2\mu_0}-1}\int_0^1 v(x,t)\sinh\mu_0 x\mathrm{d}x \tag{8.3.53a}$$

$$g_n(t)=\frac{2}{1-\dfrac{\sin 2\mu_n}{2\mu_n}}\int_0^1 v(x,t)\sin\mu_n x\mathrm{d}x\quad (n=1,2,3,\cdots) \tag{8.3.53b}$$

将源项 $f(x,t)$ 也按该本征函数集展开

$$f(x,t)=f_0(t)\sinh\mu_0 x+\sum_{n=1}^{\infty}f_n(t)\sin\mu_n x \tag{8.3.54}$$

其中，展开系数为

$$f_0(t)=\frac{2}{\dfrac{\sinh 2\mu_0}{2\mu_0}-1}\int_0^1 f(x,t)\sinh\mu_0 x\mathrm{d}x \tag{8.3.55a}$$

$$f_n(t)=\frac{2}{1-\dfrac{\sin 2\mu_n}{2\mu_n}}\int_0^1 f(x,t)\sin\mu_n x\mathrm{d}x\quad (n=1,2,3,\cdots) \tag{8.3.55b}$$

将形式解式 (8.3.52) 及式 (8.3.54) 代入式 (8.3.50a)，得到

$$\begin{aligned}&g_0'(t)\sinh\mu_0 x+\sum_{n=1}^{\infty}g_n'(t)\sin\mu_n x\\=&\mu_0^2 g_0(t)\sinh\mu_0 x-\sum_{n=1}^{\infty}\mu_n^2 g_n(t)\sin\mu_n x+f_0(t)\sinh\mu_0 x+\sum_{n=1}^{\infty}f_n(t)\sin\mu_n x\end{aligned} \tag{8.3.56}$$

式 (8.3.56) 两边比较 $\sinh\mu_0 x$ 的系数，并利用式 (8.3.53a) 和式 (8.3.50b) 得到

$$\begin{cases}g_0'(t)=\mu_0^2 g_0(t)+f_0(t) & (8.3.57\text{a})\\ g_0(0)=0 & (8.3.57\text{b})\end{cases}$$

式 (8.3.56) 两边比较 $\sin\mu_n x$ 的系数，并利用式 (8.3.53b) 和式 (8.3.50b)，得到

$$\begin{cases}g_n'(t)=-\mu_n^2 g_n(t)+f_n(t) & (8.3.58\text{a})\\ g_n(0)=0\quad (n=1,2,3,\cdots) & (8.3.58\text{b})\end{cases}$$

用拉普拉斯变换法分别求解初值问题 (8.3.57) 和式 (8.3.58)，得到

$$g_0(t)=\int_0^t f_0(\tau)\mathrm{e}^{\mu_0^2(t-\tau)}\mathrm{d}\tau \tag{8.3.59a}$$

$$g_n(t)=\int_0^t f_n(\tau)\mathrm{e}^{-\mu_n^2(t-\tau)}\mathrm{d}\tau \quad (n=1,2,3,\cdots) \tag{8.3.59b}$$

将式 (8.3.59) 代入形式解式 (8.3.52) 得到

$$v(x,t)=\left[\int_0^t f_0(\tau)\mathrm{e}^{\mu_0^2(t-\tau)}\mathrm{d}\tau\right]\sinh\mu_0 x+\sum_{n=1}^{\infty}\left[\int_0^t f_n(\tau)\mathrm{e}^{-\mu_n^2(t-\tau)}\mathrm{d}\tau\right]\sin\mu_n x \tag{8.3.60}$$

因此，定解问题 (8.3.48) 的解为式 (7.1.19) 与式 (8.3.60) 相加，即

$$\begin{aligned} w(x,t)&=c_0\mathrm{e}^{\mu_0^2 t}\sinh\mu_0 x+\sum_{n=1}^{\infty}c_n\mathrm{e}^{-\mu_n^2 t}\sin\mu_n x\\ &\quad+\left[\int_0^t f_0(\tau)\mathrm{e}^{\mu_0^2(t-\tau)}\mathrm{d}\tau\right]\sinh\mu_0 x+\sum_{n=1}^{\infty}\left[\int_0^t f_n(\tau)\mathrm{e}^{-\mu_n^2(t-\tau)}\mathrm{d}\tau\right]\sin\mu_n x\\ &=\left[c_0\mathrm{e}^{\mu_0^2 t}+\int_0^t f_0(\tau)\mathrm{e}^{\mu_0^2(t-\tau)}\mathrm{d}\tau\right]\sinh\mu_0 x\\ &\quad+\sum_{n=1}^{\infty}\left[c_n e^{-\mu_n^2 t}+\int_0^t f_n(\tau)\mathrm{e}^{-\mu_n^2(t-\tau)}\mathrm{d}\tau\right]\sin\mu_n x \end{aligned} \tag{8.3.61}$$

其中，c_0 和 c_n 由式 (7.1.23) 给出。在式 (8.3.61) 中，当源项 $f(x,t)=0$ 时，约化为定解问题 (7.1.1) 的结果式 (7.1.19)。

例 在定解问题 (8.3.48) 中，设 $\eta=1/2$，初始温度分布 [见式 (7.1.31)] 为

$$\phi(x)=\sinh\mu_0 x-\frac{\sinh\mu_0}{\sin\mu_1}\sin\mu_1 x \tag{8.3.62}$$

源项为

$$f(x)=A\sinh\mu_0 x \tag{8.3.63}$$

其中，A 是常数，求解该定解问题。

解 由式 (8.3.55) 得到展开系数

$$f_0(t)=A,\quad f_n(t)=0\quad (n=1,2,3,\cdots) \tag{8.3.64}$$

由此式 (8.3.61) 变成

$$w(x,t)=\left(c_0\mathrm{e}^{\mu_0^2 t}+A\frac{\mathrm{e}^{\mu_0^2 t}-1}{\mu_0^2}\right)\sinh\mu_0 x+\sum_{n=1}^{\infty}c_n\mathrm{e}^{-\mu_n^2 t}\sin\mu_n x \tag{8.3.65}$$

由式 (8.3.65) 得到平均温度

$$U(t)=\frac{\cosh\mu_0-1}{\mu_0}\left(c_0\mathrm{e}^{\mu_0^2 t}+A\frac{\mathrm{e}^{\mu_0^2 t}-1}{\mu_0^2}\right)+\sum_{n=1}^{\infty}c_n\frac{1-\cos\mu_n}{\mu_n}\mathrm{e}^{-\mu_n^2 t} \tag{8.3.66}$$

式 (8.3.65) 和式 (8.3.66) 在 $A=0$ 时约化为无源热传导的结果 (见 7.1.1 节)。对于初始温度分布 (8.3.62)，由式 (7.1.32) 有 $c_0=1$，$c_n=-\dfrac{\sinh\mu_0}{\sin\mu_1}\delta_{1n}$，于是式 (8.3.65) 和式 (8.3.66) 变为

$$w(x,t)=\left(\mathrm{e}^{\mu_0^2 t}+A\frac{\mathrm{e}^{\mu_0^2 t}-1}{\mu_0^2}\right)\sinh\mu_0 x-\frac{\sinh\mu_0}{\sin\mu_1}\exp(-\mu_1^2 t)\sin\mu_1 x \tag{8.3.67}$$

$$U(t)=\frac{\cosh\mu_0-1}{\mu_0}\left(\mathrm{e}^{\mu_0^2 t}+A\frac{\mathrm{e}^{\mu_0^2 t}-1}{\mu_0^2}\right)-\frac{\sinh\mu_0\tan(\mu_1/2)}{\mu_1}\exp(-\mu_1^2 t) \tag{8.3.68}$$

式 (8.3.67) 和式 (8.3.68) 在 $A=0$ 时约化为相应无源热传导的结果，即式 (7.1.33) 与式 (7.1.34)。利用式 (7.1.25) 的 μ_0 和 μ_1 值，作出平均温度 (8.3.68) 在不同热源常数 A 下随时间演化的曲线，如图 8.8 所示。当 $A=0$ 时，约化为图 7.9(b)，当 $A>0$ 时，源项使系统的温度升高，当 $A<0$ 时，源项使系统的温度降低。

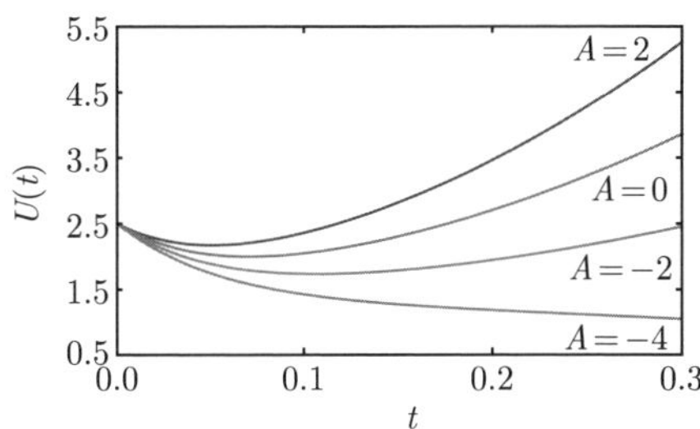

图 8.8　平均温度在不同热源常数 A 下随时间演化的曲线

8.4　泊松方程的定解问题

考虑有源的稳态二维热传导问题：一个边长为 a 和 b 的矩形薄片置于 x-y 平面的第一象限，其周边温度为零，外热源为任意函数 $f(x,y)$。确定薄片上的温度分布 $u(x,y)$，即求解下面泊松方程的定解问题

$$\begin{cases}\dfrac{\partial^2 u}{\partial x^2}+\dfrac{\partial^2 u}{\partial y^2}=f(x,y) \quad (0<x<a, 0<y<b) & (8.4.1\text{a})\\ u(x,0)=0,\quad u(x,b)=0 \quad (0\leqslant x\leqslant a) & (8.4.1\text{b})\\ u(0,y)=0,\quad u(a,y)=0 \quad (0\leqslant y\leqslant b) & (8.4.1\text{c})\end{cases}$$

我们用本征函数法求解这一定解问题。首先注意到，函数

$$V_{mn}(x,y)=\sin\frac{m\pi}{a}x\sin\frac{n\pi}{b}y \quad (m,n=1,2,3,\cdots) \tag{8.4.2}$$

是二维拉普拉斯算符的本征函数 (如 6.3.1 节所述)，事实上，我们可以直接给出

$$\begin{aligned}\nabla^2 V_{mn}(x,y) &= \left(\frac{\partial^2}{\partial x^2}+\frac{\partial^2}{\partial y^2}\right)\sin\frac{m\pi}{a}x\sin\frac{n\pi}{b}y\\ &=\sin\frac{n\pi}{b}y\frac{\partial^2}{\partial x^2}\left(\sin\frac{m\pi}{a}x\right)+\sin\frac{m\pi}{a}x\frac{\partial^2}{\partial y^2}\left(\sin\frac{n\pi}{b}y\right)\\ &=-\left(\frac{m\pi}{a}\right)^2\sin\frac{n\pi}{b}y\sin\frac{m\pi}{a}x-\left(\frac{n\pi}{b}\right)^2\sin\frac{m\pi}{a}x\sin\frac{n\pi}{b}y\\ &=-\left[\left(\frac{m\pi}{a}\right)^2+\left(\frac{n\pi}{b}\right)^2\right]\sin\frac{m\pi}{a}x\sin\frac{n\pi}{b}y\end{aligned}$$

其中

$$\lambda_{mn}=\left(\frac{m\pi}{a}\right)^2+\left(\frac{n\pi}{b}\right)^2 \tag{8.4.3}$$

为本征值。这样我们可以将方程 (8.4.1a) 的解写成该本征函数集的展开式 [见式 (6.3.22a)]

$$u(x,y)=\sum_{m=1}^{\infty}\sum_{n=1}^{\infty}A_{mn}\sin\frac{m\pi}{a}x\sin\frac{n\pi}{b}y \tag{8.4.4}$$

为了确定展开系数 A_{mn}，我们将式 (8.4.4) 代入式 (8.4.1a)，并利用式 (8.4.3)，得到

$$\sum_{m=1}^{\infty}\sum_{n=1}^{\infty}-A_{mn}\lambda_{mn}\sin\frac{m\pi}{a}x\sin\frac{n\pi}{b}y=f(x,y) \tag{8.4.5}$$

式 (8.4.5) 是函数 $f(x,y)$ 的二元傅里叶级数，由式 (6.3.22b) 得到展开系数

$$A_{mn}=-\frac{4}{ab\lambda_{mn}}\int_0^b\int_0^a f(x,y)\sin\frac{m\pi}{a}x\sin\frac{n\pi}{b}y\mathrm{d}x\mathrm{d}y \tag{8.4.6}$$

式 (8.4.4) 不但满足泛定方程 (8.4.1a)，也满足边界条件式 (8.4.1b) 和式 (8.4.1c)，它就是定解问题 (8.4.1) 的解，其中，A_{mn} 由式 (8.4.6) 表示。

我们进而考虑定解问题

$$\begin{cases}\dfrac{\partial^2 u}{\partial x^2}+\dfrac{\partial^2 u}{\partial y^2}=f(x,y) & (0<x<a,\ 0<y<b) & (8.4.7\text{a})\\ u(x,0)=f_1(x),\quad u(x,b)=f_2(x) & (0\leqslant x\leqslant a) & (8.4.7\text{b})\\ u(0,y)=g_1(y),\quad u(a,y)=g_2(y) & (0\leqslant y\leqslant b) & (8.4.7\text{c})\end{cases}$$

这个问题是图 8.9 所示两个定解问题的相加，它们的结果分别显示在式 (8.4.4) 和式 (7.3.29)。

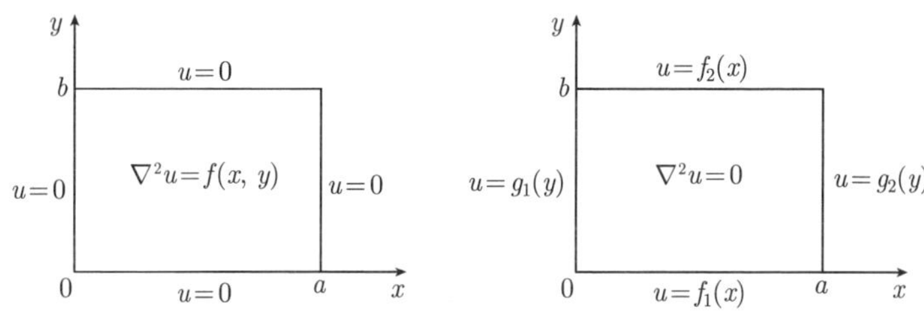

图 8.9 两个定解问题

例 1 设 $a = b = 1$，$f(x,y) = T_0$，求解定解问题 (8.4.1)。

解 首先利用式 (8.4.6) 求出展开系数

$$A_{mn} = -\frac{4T_0}{\lambda_{mn}}\int_0^1\int_0^1 \sin(m\pi x)\sin(n\pi y)\mathrm{d}x\mathrm{d}y = -\frac{4T_0}{\lambda_{mn}}\frac{[1-(-1)^m]}{\pi m}\frac{[1-(-1)^n]}{\pi n} \tag{8.4.8}$$

其中

$$\lambda_{mn} = (m\pi)^2 + (n\pi)^2 \tag{8.4.9}$$

由式 (8.4.4) 得到 (参照 6.3.1 节例)

$$\begin{aligned} u(x,y) &= -\frac{16T_0}{\pi^4}\sum_{m=1,3,\cdots}\sum_{n=1,3,\cdots}\frac{\sin m\pi x\sin n\pi y}{mn(m^2+n^2)} \\ &= -\frac{16T_0}{\pi^4}\sum_{k=0}^{\infty}\sum_{l=0}^{\infty}\frac{\sin(2k+1)\pi x\sin(2l+1)\pi y}{(2k+1)(2l+1)\left[(2k+1)^2+(2l+1)^2\right]} \end{aligned}$$

这就是定解问题的解。

例 2 求解定解问题

$$\begin{cases} \dfrac{\partial^2 u}{\partial x^2} + \dfrac{\partial^2 u}{\partial y^2} = T_0 & (0 < x < 1, 0 < y < 1) & \text{(8.4.10a)} \\ u(x,0) = 0, \quad u(x,b) = T & (0 \leqslant x \leqslant 1) & \text{(8.4.10b)} \\ u(0,y) = 0, \quad u(a,y) = 0 & (0 \leqslant y \leqslant 1) & \text{(8.4.10c)} \end{cases}$$

解 它是定解问题 (7.3.14) 和本节例 1 定解问题的相加，结果为

$$\begin{aligned} u(x,y) = &\frac{4T}{\pi}\sum_{k=0}^{\infty}\frac{\sin(2k+1)\pi x\sinh(2k+1)\pi y}{(2k+1)\sinh(2k+1)\pi} \\ &-\frac{16T_0}{\pi^4}\sum_{k=0}^{\infty}\sum_{l=0}^{\infty}\frac{\sin(2k+1)\pi x\sin(2l+1)\pi y}{(2k+1)(2l+1)\left[(2k+1)^2+(2l+1)^2\right]} \end{aligned}$$

利用式 (7.3.19)，中心点温度为

$$
\begin{aligned}
u\left(\frac{1}{2},\frac{1}{2}\right) &= \frac{2T}{\pi}\sum_{k=0}^{\infty}\frac{(-1)^k}{(2k+1)}\operatorname{sech}\frac{(2k+1)\pi}{2} \\
&\quad -\frac{16T_0}{\pi^4}\sum_{k=0}^{\infty}\sum_{l=0}^{\infty}\frac{(-1)^{k+l}}{(2k+1)(2l+1)\left[(2k+1)^2+(2l+1)^2\right]} \\
&= 0.25T - 0.074T_0
\end{aligned}
$$

例 3　在单位圆内求解泊松方程的定解问题

$$
\begin{cases}
\dfrac{\partial^2 u}{\partial x^2}+\dfrac{\partial^2 u}{\partial y^2} = -2x \quad (x^2+y^2<1) & (8.4.11\text{a}) \\
u\left|_{x^2+y^2=1}\right. = 0 & (8.4.11\text{b})
\end{cases}
$$

解　这是圆域内泊松方程的定解问题，我们采用极坐标系，则式 (8.4.11) 变为

$$
\begin{cases}
\dfrac{1}{r}\dfrac{\partial}{\partial r}\left(r\dfrac{\partial u}{\partial r}\right)+\dfrac{1}{r^2}\dfrac{\partial^2 u}{\partial \theta^2} = -2r\cos\theta \quad (0<r<1) & (8.4.12\text{a}) \\
u\left|_{r=1}\right. = 0 & (8.4.12\text{b})
\end{cases}
$$

由 7.3.2 节的讨论中可知，与式 (8.4.12) 相应的齐次问题在周期性边界条件之下有角向本征函数

$$
\Theta_n(\theta) = A_n\cos n\theta + B_n\sin n\theta \quad (n=0,1,2,\cdots) \tag{8.4.13}
$$

设方程 (8.4.12a) 的解可以按该本征函数集展开，即

$$
u(r,\theta) = \sum_{n=0}^{\infty} g_n(r)\left(A_n\cos n\theta + B_n\sin n\theta\right) \tag{8.4.14a}
$$

式 (8.4.14a) 也可以写成

$$
u(r,\theta) = \sum_{n=0}^{\infty} A_n(r)\cos n\theta + B_n(r)\sin n\theta \tag{8.4.14b}
$$

其中，$A_n(r)$ 和 $B_n(r)$ 是 r 依赖的展开系数。将式 (8.4.14b) 代入式 (8.4.12a)，得到

$$
\sum_{n=0}^{\infty}\left\{
\begin{aligned}
&\left[A_n''(r)+\frac{1}{r}A_n'(r)-\frac{n^2}{r^2}A_n(r)\right]\cos n\theta \\
&+\left[B_n''(r)+\frac{1}{r}B_n'(r)-\frac{n^2}{r^2}B_n(r)\right]\sin n\theta
\end{aligned}
\right\} = -2r\cos\theta \tag{8.4.15}
$$

两边分别比较 $\cos n\theta, \sin n\theta$ 的系数，得到

$$A_1''(r)+\frac{1}{r}A_1'(r)-\frac{1}{r^2}A_1(r)=-2r \tag{8.4.16a}$$

$$A_n''(r)+\frac{1}{r}A_n'(r)-\frac{n^2}{r^2}A_n(r)=0 \quad (n\neq 1) \tag{8.4.16b}$$

$$B_n''(r)+\frac{1}{r}B_n'(r)-\frac{n^2}{r^2}B_n(r)=0 \quad (n=0,1,2,\cdots) \tag{8.4.16c}$$

边界条件 (8.4.12b) 给出

$$A_n(1)=0, \quad B_n(1)=0 \tag{8.4.17a}$$

而自然边界条件要求

$$A_n(0)=\text{有限值}, \quad B_n(0)=\text{有限值} \tag{8.4.17b}$$

我们首先求解 (8.4.16a)，相应的齐次方程是 $n=1$ 的欧拉方程 [见 (7.3.58)]，通解为 $C_1r+C_2r^{-1}$；而非齐次方程 (8.4.16a) 有特解 $-r^3/4$，故方程 (8.4.16a) 的通解为

$$A_1(r)=C_1r+C_2r^{-1}-\frac{1}{4}r^3 \tag{8.4.18}$$

由 $A_1(0)=$ 有限值，得 $C_2=0$，再由 $A_1(1)=0$ 得 $C_1=1/4$，故

$$A_1(r)=\frac{1}{4}r-\frac{1}{4}r^3 \tag{8.4.19}$$

而方程 (8.4.16b) 的解为

$$A_0(r)=c_0+d_0\ln r \tag{8.4.20a}$$

$$A_n(r)=c_nr^n+d_nr^{-n} \quad (n=2,\ 3,\ 4,\cdots) \tag{8.4.20b}$$

由 $A_0(0)=$ 有限值，得 $d_0=0$，由 $A_n(0)=$ 有限值，得 $d_n=0$；由 $A_0(1)=0$ 得 $c_0=0$，由 $A_n(1)=0$ 得 $c_n=0$，故式 (8.4.16b) 的解为 $A_n(r)=0(n\neq 1)$。同理可证式 (8.4.16c) 中 $B_n(r)=0$。这样只有 $A_1(r)\neq 0$，将式 (8.4.19) 代入式 (8.4.14b)，得到定解问题 (8.4.12) 的解

$$u(r,\theta)=A_1(r)\cos\theta=\frac{1}{4}\left(1-r^2\right)r\cos\theta \tag{8.4.21}$$

化成直角坐标即为

$$u(x,y)=\frac{1}{4}x\left[1-\left(x^2+y^2\right)\right] \tag{8.4.22}$$

这个问题还可以用观察法求解。从原定解问题 (8.4.11) 看，对解 $u(x,y)$ 求 x,y 的二阶导数后得到 x 的一次方，所以解含有因子 x^3。另外在边界上要满足 $x^2+y^2=1$，解中应含有因子 $\left(x^2+y^2-1\right)$。综合起来可以设

$$u(x,y)=Ax\left(x^2+y^2-1\right) \tag{8.4.23}$$

代入原方程得

$$\left(\frac{\partial^2}{\partial x^2}+\frac{\partial^2}{\partial y^2}\right)\left[Ax\left(x^2+y^2-1\right)\right]=8Ax=-2x \tag{8.4.24}$$

故 $A=-1/4$，代入式 (8.4.23)，即得解 (8.4.22)。

本节用本征函数法求解了一些典型的泊松方程定解问题。我们看到，求解这类非齐次方程定解问题的思路依然是“一分为二法”和“合二为一法”，其中的关键是根据相应的齐次问题，选择本征函数集。关于本征函数集的选择，我们已经得到许多有意义的结果。如果遇到新的本征值问题，则首先求解本征方程，得到本征函数，再用它的集合表示相应定解问题的形式解。下面我们讨论如何用本征函数法处理具有非齐次边界条件的定解问题。

8.5 非齐次边界条件的处理

本征函数法能够用来进一步处理具有非齐次边界条件的定解问题。处理这类问题的思想方法是把边界条件齐次化。具体而言，就是选择一个适当的辅助函数 $\varOmega(x,t)$

$$u(x,t)=v(x,t)+\varOmega(x,t) \tag{8.5.1}$$

使得关于 $v(x,t)$ 的定解问题具有齐次边界条件。而对于这样的定解问题，我们用上述的一分为二与合二为一的方法予以求解。我们先举两个简单的例子。

对于定解问题

$$\begin{cases}\dfrac{\partial u}{\partial t}=a^2\dfrac{\partial^2 u}{\partial x^2} & (8.5.2\text{a})\\ u|_{t=0}=\phi(x) & (8.5.2\text{b})\\ u|_{x=0}=T,\quad \left.\dfrac{\partial u}{\partial x}\right|_{x=L}=0 & (8.5.2\text{c})\end{cases}$$

这里 $x=0$ 端为非齐次边界条件。选辅助函数 $\varOmega=T$，则关于 $v(x,t)$ 的定解问题是

$$\begin{cases}\dfrac{\partial v}{\partial t}=a^2\dfrac{\partial^2 v}{\partial x^2} & (8.5.3\text{a})\\ v|_{t=0}=\phi(x)-T & (8.5.3\text{b})\\ v|_{x=0}=0,\quad \left.\dfrac{\partial v}{\partial x}\right|_{x=L}=0 & (8.5.3\text{c})\end{cases}$$

现在边界条件已经被齐次化，初始条件仍是任意函数。这个问题可以用分离变量法解决。再比如，对于边界条件为

$$u|_{x=0}=T_1,\quad u|_{x=L}=T_2 \tag{8.5.4a}$$

的热传导问题，选

$$\Omega = \frac{T_2 - T_1}{L}x + T_1 \tag{8.5.4b}$$

则边界条件变为 $v|_{x=0} = 0,\ v|_{x=L} = 0$。

一般情况下，边界条件的表达式是时间的函数，因此辅助函数在包含空间变量的同时也是时间的函数。对于一维波动方程 (5.1.6) 与一维热传导方程 (5.2.10)，存在与表 6.2 相应的 4 类非齐次边界条件的组合 (表 8.1)。容易验证，对于每一种组合，都存在相应的辅助函数 $\Omega(x,t)$，使边界条件齐次化。

表 8.1　不同非齐次边界条件组合下的辅助函数

边界条件	辅助函数
$u\|_{x=0} = u_1(t),\quad u\|_{x=L} = u_2(t)$:	$\Omega = \dfrac{u_2(t)-u_1(t)}{L}x + u_1(t)$
$u\|_{x=0} = u_1(t),\quad \left.\dfrac{\partial u}{\partial x}\right\|_{x=L} = u_2(t)$:	$\Omega = u_2(t)x + u_1(t)$
$\left.\dfrac{\partial u}{\partial x}\right\|_{x=0} = u_1(t),\quad u\|_{x=L} = u_2(t)$:	$\Omega = u_1(t)x + u_2(t) - Lu_1(t)$
$\left.\dfrac{\partial u}{\partial x}\right\|_{x=0} = u_1(t),\quad \left.\dfrac{\partial u}{\partial x}\right\|_{x=L} = u_2(t)$:	$\Omega = \dfrac{u_2(t)-u_1(t)}{2L}x^2 + u_1(t)x$

边界条件被齐次化之后，新的定解问题可以按照本章所述的本征函数法予以解决。特别要指出的是，如果非齐次方程中的自由项 f 和边界条件的表达式都不含时间 t，则可以选择适当的辅助函数 $\Omega(x)$，使得方程与边界条件同时齐次化，这就是所谓 “辅助函数法”。我们以下列定解问题为例说明

$$\begin{cases} \dfrac{\partial^2 u}{\partial t^2} = a^2\dfrac{\partial^2 u}{\partial x^2} + f(x) & (0 < x < L,\ \ t > 0) & (8.5.5\text{a}) \\ u|_{x=0} = b,\ u|_{x=L} = c & (t > 0) & (8.5.5\text{b}) \\ u|_{t=0} = \phi(x),\quad \left.\dfrac{\partial u}{\partial t}\right|_{t=0} = \psi(x) & (0 \leqslant x \leqslant L) & (8.5.5\text{c}) \end{cases}$$

其中，$f(x)$ 不含时间，而 b 和 c 都是常数。将 $u(x,t) = v(x,t) + \Omega(x)$ 代入式 (8.5.5a) 和式 (8.5.5b)，得到

$$\begin{cases} \dfrac{\partial^2 v}{\partial t^2} = a^2\dfrac{\partial^2 v}{\partial x^2} + a^2\dfrac{\partial^2 \Omega}{\partial x^2} + f(x) & (8.5.6\text{a}) \\ v(0) + \Omega(0) = b, v(L) + \Omega(L) = c & (8.5.6\text{b}) \end{cases}$$

为使关于 $v(x,t)$ 的方程和边界条件都变成齐次的，按下列条件选取辅助函数

$$\begin{cases} a^2\dfrac{\partial^2 \Omega}{\partial x^2} + f(x) = 0 & (8.5.7\text{a}) \\ \Omega(0) = b, \Omega(L) = c & (8.5.7\text{b}) \end{cases}$$

解式 (8.5.7) 得到

$$\Omega(x)=b+\frac{c-b}{L}x+F(x)+\frac{F(0)-F(L)}{L}x-F(0) \tag{8.5.8}$$

其中

$$F(x)=-\frac{1}{a^2}\int\left[\int f(x)\mathrm{d}x\right]\mathrm{d}x \tag{8.5.9}$$

对于具体的问题，将 $f(x)$ 代入式 (8.5.9)，完成两次积分后将 $F(x)$ 代入式 (8.5.8) 即可确定 $\Omega(x)$，从而 $v(x,t)$ 的定解问题为

$$\begin{cases}\dfrac{\partial^2 v}{\partial t^2}=a^2\dfrac{\partial^2 v}{\partial x^2} & \text{(8.5.10a)}\\ v|_{x=0}=0,\ v|_{x=L}=0 & \text{(8.5.10b)}\\ v|_{t=0}=\phi(x)-\Omega(x),\quad \left.\dfrac{\partial v}{\partial t}\right|_{t=0}=\psi(x) & \text{(8.5.10c)}\end{cases}$$

这里方程与边界条件都已经齐次化，它是熟知的两端固定的弦振动问题 (见 6.1.1 节)。

例 1　设 $f(x)=A, b=0, \phi(x)=0, \psi(x)=0$，求解定解问题 (8.5.5)。

解　首先求出式 (8.5.9) 的函数

$$F(x)=-\frac{1}{a^2}\int\left[\int A\mathrm{d}x\right]\mathrm{d}x=-\frac{A}{a^2}\int x\mathrm{d}x=-\frac{A}{2a^2}x^2 \tag{8.5.11}$$

辅助函数为

$$\begin{aligned}\Omega(x)&=b+\frac{c-b}{L}x+F(x)+\frac{F(0)-F(L)}{L}x-F(0)\\&=-\frac{A}{2a^2}x^2+\left(\frac{AL}{2a^2}+\frac{c}{L}\right)x\end{aligned} \tag{8.5.12}$$

关于 $v(x,t)$ 的定解问题是式 (8.5.10)，它的一般解为

$$v(x,t)=\sum_{n=1}^{\infty}\left(C_n\cos\frac{na\pi}{L}t+D_n\sin\frac{na\pi}{L}t\right)\sin\frac{n\pi}{L}x \tag{8.5.13}$$

其中，展开系数为

$$\begin{aligned}C_n&=\frac{2}{L}\int_0^L[\phi(x)-\Omega(x)]\sin\frac{n\pi}{L}x\mathrm{d}x\\&=-\frac{2}{L}\int_0^L\left[-\frac{A}{2a^2}x^2+\left(\frac{AL}{2a^2}+\frac{c}{L}\right)x\right]\sin\frac{n\pi}{L}x\mathrm{d}x\end{aligned}$$

$$= -\frac{2AL^2}{a^2n^3\pi^3} + \frac{2}{n\pi}\left(\frac{AL^2}{a^2n^2\pi^2} + c\right)\cos n\pi$$

$$= (-1)^n \frac{2}{n\pi}\left(\frac{AL^2}{a^2n^2\pi^2} + c\right) - \frac{2AL^2}{a^2n^3\pi^3} \tag{8.5.14a}$$

$$D_n = 0 \tag{8.5.14b}$$

于是原定解问题的解为

$$u(x,t) = -\frac{A}{2a^2}x^2 + \left(\frac{AL}{2a^2} + \frac{c}{L}\right)x + \sum_{n=1}^{\infty} C_n \cos\frac{na\pi}{L}t \sin\frac{n\pi}{L}x \tag{8.5.15}$$

其中，C_n 由式 (8.5.14a) 表示。

例 2 求解下列有源热传导的定解问题

$$\begin{cases} \dfrac{\partial u}{\partial t} = a^2\dfrac{\partial^2 u}{\partial x^2} + \cos\dfrac{x}{2} & (0 < x < \pi, t > 0) & (8.5.16a) \\ u|_{t=0} = x + \cos\dfrac{x}{2} & (0 \leqslant x \leqslant \pi) & (8.5.16b) \\ \left.\dfrac{\partial u}{\partial x}\right|_{x=0} = 1, \quad u|_{x=\pi} = \pi & (t > 0) & (8.5.16c) \end{cases}$$

解 这个定解问题中，泛定方程 (8.5.16a) 的自由项以及边界条件式 (8.5.16c) 都不含时间 t，可以用辅助函数法求解。设 $u(x,t) = v(x,t) + \Omega(x)$，我们有

$$\begin{cases} \dfrac{\partial v}{\partial t} = a^2\dfrac{\partial^2 v}{\partial x^2} + a^2\dfrac{\partial^2 \Omega}{\partial x^2} + \cos\dfrac{x}{2} & (8.5.17a) \\ \left.\dfrac{\partial v}{\partial x}\right|_{x=0} + \Omega'(0) = 1, \quad v|_{x=\pi} + \Omega(\pi) = \pi & (8.5.17b) \end{cases}$$

为使关于 $v(x,t)$ 的方程和边界条件都变成齐次的，按下列条件选取辅助函数 $\Omega(x)$

$$\begin{cases} a^2\dfrac{\partial^2 \Omega}{\partial x^2} + \cos\dfrac{x}{2} = 0 & (8.5.18a) \\ \Omega'(0) = 1, \quad \Omega(\pi) = \pi & (8.5.18b) \end{cases}$$

解边值问题 (8.5.18) 得到

$$\Omega(x) = x + \frac{4}{a^2}\cos\frac{x}{2} \tag{8.5.19}$$

从而 $v(x,t)$ 的定解问题为

$$\begin{cases} \dfrac{\partial v}{\partial t} = a^2\dfrac{\partial^2 v}{\partial x^2} & (8.5.20a) \\ v|_{t=0} = \left(1 - \dfrac{4}{a^2}\right)\cos\dfrac{x}{2} & (8.5.20b) \\ \left.\dfrac{\partial v}{\partial x}\right|_{x=0} = 0, \quad v|_{x=\pi} = 0 & (8.5.20c) \end{cases}$$

这个定解问题本质上与式 (8.1.7) 相同，其解为

$$v(x,t)=\sum_{n=0}^{\infty}C_n\exp\left\{-\left[\frac{(2n+1)a}{2}\right]^2t\right\}\cos\frac{(2n+1)}{2}x \tag{8.5.21}$$

其中，展开系数为

$$\begin{aligned}C_n&=\frac{2}{\pi}\int_0^{\pi}\phi(x)\cos\frac{2n+1}{2}x\mathrm{d}x\\&=\frac{2}{\pi}\left(1-\frac{4}{a^2}\right)\int_0^{\pi}\cos\frac{x}{2}\cos\frac{2n+1}{2}x\mathrm{d}x\\&=\left(1-\frac{4}{a^2}\right)\delta_{0n}\end{aligned}$$

代入式 (8.5.21) 得到

$$\begin{aligned}v(x,t)&=\sum_{n=0}^{\infty}\left(1-\frac{4}{a^2}\right)\delta_{0n}\exp\left\{-\left[\frac{(2n+1)a}{2}\right]^2t\right\}\cos\frac{(2n+1)}{2}x\\&=\left(1-\frac{4}{a^2}\right)\exp\left(-\frac{a^2}{4}t\right)\cos\frac{x}{2}\end{aligned}$$

于是定解问题 (8.5.16) 的解为

$$u(x,t)=x+\frac{4}{a^2}\cos\frac{x}{2}+\left(1-\frac{4}{a^2}\right)\exp\left(-\frac{a^2}{4}t\right)\cos\frac{x}{2} \tag{8.5.22}$$

8.6　综合定解问题的求解

本节讨论两个综合性定解问题，它们涉及用分离变量法与本征函数法求解定解问题的全过程。

例 1　(1) 求解下列热传导的定解问题

$$\begin{cases}\dfrac{\partial u}{\partial t}=a^2\dfrac{\partial^2u}{\partial x^2}-b^2u & (0<x<L,t>0) & (8.6.1\text{a})\\ u|_{t=0}=\dfrac{c}{L^2}x^2 & (0\leqslant x\leqslant L) & (8.6.1\text{b})\\ \left.\dfrac{\partial u}{\partial x}\right|_{x=0}=0,\ u|_{x=L}=c & (t>0) & (8.6.1\text{c})\end{cases}$$

其中，a，b 和 c 都是常数。

(2) 设 $a=b=c=1$，$L=\pi/2$, 讨论所得结果。

解　(1) 这里泛定方程是线性齐次的，边界条件是非齐次的，我们用不同的方法解之。

方法 1(一分为二法) 令

$$u(x,t)=v(x,t)+c \tag{8.6.2}$$

得到关于 $v(x,t)$ 的定解问题

$$\begin{cases}\dfrac{\partial v}{\partial t}=a^2\dfrac{\partial^2 v}{\partial x^2}-b^2v-b^2c & (8.6.3a)\\ v|_{t=0}=\dfrac{c}{L^2}x^2-c & (8.6.3b)\\ \left.\dfrac{\partial v}{\partial x}\right|_{x=0}=0,\quad v|_{x=L}=0 & (8.6.3c)\end{cases}$$

现在边界条件已经齐次化，但方程变成非齐次的。它可以分成两个定解问题，令 $v(x,t)=v_1(x,t)+v_2(x,t)$，我们有

$$\begin{cases}\dfrac{\partial v_1}{\partial t}=a^2\dfrac{\partial^2 v_1}{\partial x^2}-b^2v_1 & (8.6.4a)\\ v_1|_{t=0}=\dfrac{c}{L^2}x^2-c & (8.6.4b)\\ \left.\dfrac{\partial v_1}{\partial x}\right|_{x=0}=0,\quad v_1|_{x=L}=0 & (8.6.4c)\end{cases}$$

$$\begin{cases}\dfrac{\partial v_2}{\partial t}=a^2\dfrac{\partial^2 v_2}{\partial x^2}-b^2v_2-b^2c & (8.6.5a)\\ v_2|_{t=0}=0 & (8.6.5b)\\ \left.\dfrac{\partial v_2}{\partial x}\right|_{x=0}=0, v_2|_{x=L}=0 & (8.6.5c)\end{cases}$$

现在关于 $v_1(x,t)$ 的问题可以用分离变量法，而关于 $v_2(x,t)$ 的问题可以用本征函数法。首先求解式 (8.6.4)，设变量分离的形式解为 $v_1(x,t)=X(x)T(t)$，代入式 (8.6.4a)，得到

$$\frac{X''}{X}=\frac{T'+b^2T}{a^2T}=-\lambda \tag{8.6.6}$$

其中，λ 是分离常数。由此得到空间函数的本征值问题

$$\begin{cases}X''+\lambda X=0 & (8.6.7a)\\ X'(0)=0, X(L)=0 & (8.6.7b)\end{cases}$$

与时间函数的方程

$$T'+(b^2+\lambda a^2)T=0 \tag{8.6.8}$$

本征值问题 (8.6.7) 的解为 [见 (6.2.35)]

$$\lambda_n=\frac{(2n+1)^2\pi^2}{4L^2},\quad X_n(x)=\cos\frac{(2n+1)\pi}{2L}x\quad (n=0,1,2,\cdots) \tag{8.6.9}$$

相应的时间函数为

$$T_n(t) = C_n \mathrm{e}^{-\left[b^2+\frac{(2n+1)^2\pi^2a^2}{4L^2}\right]t} \tag{8.6.10}$$

于是一般解为

$$v_1(x,t) = \sum_{n=0}^{\infty} C_n \mathrm{e}^{-\left[b^2+\frac{(2n+1)^2\pi^2a^2}{4L^2}\right]t} \cos\frac{(2n+1)\pi}{2L}x \tag{8.6.11}$$

初始条件式 (8.6.4b) 给出

$$\sum_{n=0}^{\infty} C_n \cos\frac{(2n+1)\pi}{2L}x = \frac{c}{L^2}x^2 - c \tag{8.6.12}$$

由此

$$C_n = \frac{2}{L}\int_0^L \left(\frac{c}{L^2}x^2 - c\right)\cos\frac{(2n+1)\pi}{2L}x\mathrm{d}x = \frac{32c}{\pi^3}\frac{(-1)^{n+1}}{(2n+1)^3} \tag{8.6.13}$$

式 (8.6.11) 就是定解问题 (8.6.4) 的解，其中 C_n 由式 (8.6.13) 确定。

现在用本征函数法求解式 (8.6.5)，从表 6.2 选出本征函数集，进而写出形式解

$$v_2(x,t) = \sum_{n=0}^{\infty} g_n(t)\cos\frac{(2n+1)\pi}{2L}x \quad (n = 0,1,2,\cdots) \tag{8.6.14}$$

将式 (8.6.14) 代入方程 (8.6.5a) 和初始条件式 (8.6.5b)，得到

$$\sum_{n=0}^{\infty}\left\{g_n'(t) + \left[\frac{(2n+1)a\pi}{2L}\right]^2 g_n(t) + b^2 g_n(t)\right\}\cos\frac{(2n+1)\pi}{2L}x = -b^2c \tag{8.6.15}$$

$$\sum_{n=0}^{\infty} g_n(0)\cos\frac{(2n+1)\pi}{2L}x = 0 \tag{8.6.16}$$

将式 (8.6.15) 右边的常数也按该本征函数展开

$$-b^2c = \sum_{n=0}^{\infty} B_n \cos\frac{(2n+1)\pi}{2L}x \tag{8.6.17a}$$

其中

$$B_n = \frac{2}{L}\int_0^L (-b^2c)\cos\frac{(2n+1)\pi}{2L}x\mathrm{d}x = \frac{4b^2c}{\pi}\frac{(-1)^{n+1}}{2n+1} \tag{8.6.17b}$$

故

$$-b^2c = \frac{4b^2c}{\pi}\sum_{n=0}^{\infty}\frac{(-1)^{n+1}}{2n+1}\cos\frac{(2n+1)\pi}{2L}x \tag{8.6.18}$$

进而得到关于 $g_n(t)$ 的初值问题

$$\begin{cases} g_n'(t)+\left\{b^2+\left[\dfrac{(2n+1)a\pi}{2L}\right]^2\right\}g_n(t)=\dfrac{4b^2c}{\pi}\dfrac{(-1)^{n+1}}{2n+1} & (8.6.19\text{a}) \\ g_n(0)=0 & (8.6.19\text{b}) \end{cases}$$

用拉普拉斯变换法解式 (8.6.19)，得到

$$g_n(t)=D_n\left\{\mathrm{e}^{-\left[b^2+\frac{(2n+1)^2a^2\pi^2}{4L^2}\right]t}-1\right\} \tag{8.6.20}$$

其中

$$D_n=\frac{(-1)^n16b^2cL^2}{(2n+1)\pi[4b^2L^2+(2n+1)^2a^2\pi^2]} \tag{8.6.21}$$

定解问题 (8.6.5) 的解为

$$v_2(x,t)=\sum_{n=0}^{\infty}D_n\left\{\mathrm{e}^{-\left[b^2+\frac{(2n+1)^2a^2\pi^2}{4L^2}\right]t}-1\right\}\cos\frac{(2n+1)\pi}{2L}x\quad (n=0,\ 1,\ 2,\cdots) \tag{8.6.22}$$

其中，D_n 由式 (8.6.21) 确定。最后，定解问题 (8.6.1) 的解由 $u(x,t)=c+v_1(x,t)+v_2(x,t)$ 表示。

方法 2(合二为一法)　由于定解问题 (8.6.4) 和式 (8.6.5) 先前都未遇到过，必须求解 $v_1(x,t)$ 和 $v_2(x,t)$ 才能得到 $v(x,t)$ 的解。简单起见，可以用合二为一法，直接求解 (8.6.3)。首先按照相应的齐次问题的边界条件，从表 6.2 选出本征函数集，并写出形式解

$$v(x,t)=\sum_{n=0}^{\infty}g_n(t)\cos\frac{(2n+1)\pi}{2L}x\quad (n=0,\ 1,\ 2,\cdots) \tag{8.6.23}$$

将式 (8.6.23) 代入方程 (8.6.3a) 和初始条件式 (8.6.3b)，得到

$$\sum_{n=0}^{\infty}\left\{g_n'(t)+\left[\frac{(2n+1)a\pi}{2L}\right]^2g_n(t)+b^2g_n(t)\right\}\cos\frac{(2n+1)\pi}{2L}x=-b^2c \tag{8.6.24a}$$

$$\sum_{n=0}^{\infty}g_n(0)\cos\frac{(2n+1)\pi}{2L}x=\frac{c}{L^2}x^2-c \tag{8.6.24b}$$

其中，$g_n(0)$ 是函数 $\dfrac{c}{L^2}x^2-c$ 的半幅傅里叶级数的展开系数，写为

$$g_n(0)\equiv C_n \tag{8.6.25}$$

这里 C_n 由式 (8.6.13) 确定。用式 (8.6.18) 代换式 (8.6.24a) 右边，并与式 (8.6.25) 结合起来，构成关于 $g_n(t)$ 的初值问题

$$\begin{cases} g_n'(t) + \left\{b^2 + \left[\dfrac{(2n+1)a\pi}{2L}\right]^2\right\} g_n(t) = \dfrac{4b^2c}{\pi}\dfrac{(-1)^{n+1}}{2n+1} & (8.6.26\text{a}) \\ g_n(0) = C_n & (8.6.26\text{b}) \end{cases}$$

用拉普拉斯变换法解式 (8.6.26)，得到

$$g_n(t) = C_n \mathrm{e}^{-\left[b^2 + \frac{(2n+1)^2 a^2 \pi^2}{4L^2}\right]t} + D_n \left\{\mathrm{e}^{-\left[b^2 + \frac{(2n+1)^2 a^2 \pi^2}{4L^2}\right]t} - 1\right\} \tag{8.6.27}$$

由此，定解问题 (8.6.3) 的解为

$$u(x,t) = c + \sum_{n=0}^{\infty} g_n(t) \cos \frac{(2n+1)\pi}{2L} x \tag{8.6.28}$$

其中，$g_n(t)$ 由式 (8.6.27) 表示，而所含的 C_n 和 D_n 分别由式 (8.6.13) 和式 (8.6.21) 确定。显然这个方法与方法一的结果是相同的，它的优点在于利用本征函数法一次性地得到了结果。

方法 3 (辅助函数法)　原定解问题(8.6.1) 显示，自由项与边界条件都不含时间，这样令

$$u(x,t) = v(x,t) + \varOmega(x) \tag{8.6.29}$$

我们得到

$$\begin{cases} \dfrac{\partial v}{\partial t} = a^2 \dfrac{\partial^2 v}{\partial x^2} + a^2 \dfrac{\partial^2 \varOmega}{\partial x^2} - b^2 v - b^2 \varOmega & (8.6.30\text{a}) \\ \left.\dfrac{\partial v}{\partial x}\right|_{x=0} + \varOmega'(0) = 0, \quad v|_{x=L} + \varOmega(L) = c & (8.6.30\text{b}) \end{cases}$$

让 $\varOmega(x)$ 服从边值问题

$$\begin{cases} a^2 \dfrac{\partial^2 \varOmega}{\partial x^2} - b^2 \varOmega = 0 & (8.6.31\text{a}) \\ \varOmega'(0) = 0, \quad \varOmega(L) = c & (8.6.31\text{b}) \end{cases}$$

则 $v(x,t)$ 的问题化为

$$\begin{cases} \dfrac{\partial v}{\partial t} = a^2 \dfrac{\partial^2 v}{\partial x^2} - b^2 v & (8.6.32\text{a}) \\ v|_{t=0} = \dfrac{c}{L^2} x^2 - \varOmega(x) & (8.6.32\text{b}) \\ \left.\dfrac{\partial v}{\partial x}\right|_{x=0} = 0, \quad v|_{x=L} = 0 & (8.6.32\text{c}) \end{cases}$$

方程 (8.6.32a) 与边界条件式 (8.6.32c) 都是齐次的，可以用分离变量法求解。不过我们需要首先求解边值问题 (8.6.31)。方程 (8.6.31a) 的通解为

$$\Omega(x) = \alpha \cosh kx + \beta \sinh kx \tag{8.6.33}$$

其中，α 和 β 是任意常数，$k = b/a$。边界条件式 (8.6.31b) 要求

$$\beta = 0, \quad \alpha \cosh kL = c \tag{8.6.34}$$

故辅助函数为

$$\Omega(x) = \frac{c}{\cosh kL} \cosh kx = c\,\mathrm{sech} kL \cosh kx \tag{8.6.35}$$

现在求解定解问题 (8.6.32)，它与定解问题 (8.6.4) 是本质上相同的，只是初始温度由式 (8.6.4b) 变为式 (8.6.32b)，于是一般解式 (8.6.11) 变为

$$v(x,t) = \sum_{n=0}^{\infty} A_n \mathrm{e}^{-\left[b^2 + \frac{(2n+1)^2\pi^2 a^2}{4L^2}\right]t} \cos \frac{(2n+1)\pi}{2L} x \tag{8.6.36}$$

其中

$$\begin{aligned}
A_n &= \frac{2}{L}\int_0^L \left[\frac{c}{L^2}x^2 - \Omega(x)\right] \cos \frac{(2n+1)\pi}{2L} x \mathrm{d}x \\
&= \frac{2c}{L^3}\int_0^L x^2 \cos \frac{(2n+1)\pi}{2L} x \mathrm{d}x - \frac{2c\,\mathrm{sech} kL}{L}\int_0^L \cosh kx \cos \frac{(2n+1)\pi}{2L} x \mathrm{d}x \\
&= (-1)^n \left[\frac{4c(2n+1)^2\pi^2 - 32c}{(2n+1)^3\pi^3} - \frac{4a^2 c(2n+1)\pi}{4b^2L^2 + (2n+1)^2\pi^2 a^2}\right]
\end{aligned}$$

最终结果为

$$u(x,t) = c\mathrm{sech}\left(\frac{b}{a}L\right)\cosh\left(\frac{b}{a}x\right) + \sum_{n=0}^{\infty} A_n \mathrm{e}^{-\left[b^2 + \frac{(2n+1)^2\pi^2 a^2}{4L^2}\right]t} \cos \frac{(2n+1)\pi}{2L} x \tag{8.6.37}$$

可以看出，式 (8.6.37) 比式 (8.6.28) 更加简明 (读者可以验证二者的等价性)。显然这里的辅助函数法比前两种方法更加简捷。

(2) 在 $a = b = c = 1$，$L = \pi/2$ 情况下，式 (8.6.37) 变为

$$\begin{aligned}
u(x,t) = {}& \mathrm{sech}\left(\frac{\pi}{2}\right)\cosh x \\
& + \sum_{n=0}^{\infty} A_n \mathrm{e}^{-\left[1+(2n+1)^2\right]t} \cos(2n+1)x
\end{aligned} \tag{8.6.38}$$

而其中的展开系数为

$$A_n = (-1)^n \frac{4}{\pi} \left[\frac{(2n+1)^2\pi^2 - 8}{(2n+1)^3\pi^2} - \frac{2n+1}{1+(2n+1)^2} \right] \tag{8.6.39}$$

平均温度为

$$\begin{aligned} U(t) &= \frac{2}{\pi} \int_0^{\pi/2} u(x,t)\mathrm{d}x \\ &= \frac{2}{\pi} \left\{ \tanh\left(\frac{\pi}{2}\right) + \sum_{n=0}^{\infty} \frac{(-1)^n A_n}{2n+1} \mathrm{e}^{-\left[1+(2n+1)^2\right]t} \right\} \end{aligned} \tag{8.6.40}$$

图 8.10(a) 显示了不同时刻的温度分布。在 $t=0$ 时，温度为式 (8.6.1b) 所示的抛物线分布，之后 $x=0$ 端的温度持续升高，在 $t\to\infty$ 时，式 (8.6.38) 给出稳态分布 $u(x,\infty)=\mathrm{sech}\,(\pi/2)\cosh x$. 另外，前端点温度 $u(0,t)$、中点温度 $u(\pi/4,t)$ 以及系统的平均温度 $U(t)$ 的时间演化显示在图 8.10(b)，在 $t\to\infty$ 时，它们分别趋于稳态值

$$u(0,\infty) = \mathrm{sech}(\pi/2) = 0.40 \tag{8.6.41a}$$

$$u(\pi/4,\infty) = \mathrm{sech}\left(\frac{\pi}{2}\right)\cosh\left(\frac{\pi}{4}\right) = 0.53 \tag{8.6.41b}$$

$$U(\infty) = \frac{2}{\pi}\tanh\left(\frac{\pi}{2}\right) = 0.58 \tag{8.6.41c}$$

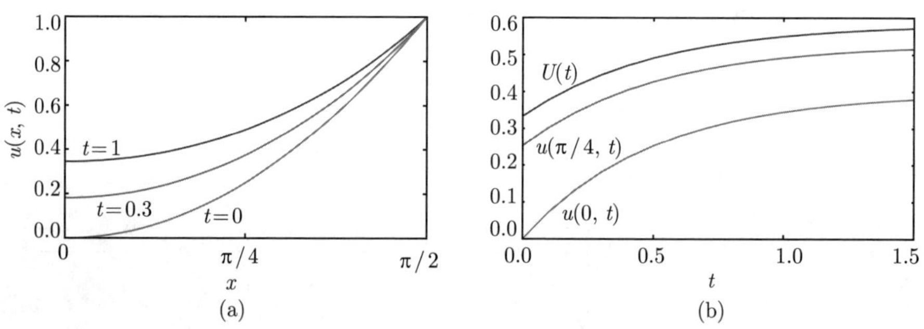

图 8.10　(a) 系统在不同时刻的温度分布; (b) 前端点温度 $u(0,t)$、中点温度 $u(\pi/4,t)$ 以及系统的平均温度 $U(t)$ 的时间演化

现在我们可以将综合定解问题的求解思路总结如下：

(1) 如果自由项和边界条件不含时间，选取适当的辅助函数使方程和边界条件同时齐次化。

(2) 如果不满足上述条件，选取适当的辅助函数 (表 8.1) 使边界条件齐次化。

(3) 选择适当的本征函数集，用 “合二为一法”(本征函数法) 一次性求解。

(4) 用 “一分为二法”(分离变量法与本征函数法) 求解，再将二者相加。

最后我们按照这样的思路再讨论一个具有含时边界条件的综合性定解问题。

例 2

(1) 求解下列有源热传导定解问题

$$\begin{cases} \dfrac{\partial u}{\partial t} = a^2 \dfrac{\partial^2 u}{\partial x^2} + f(x,t) & (0 < x < L, t > 0) & (8.6.42\text{a}) \\ u|_{t=0} = \phi(x) & (0 \leqslant x \leqslant L) & (8.6.42\text{b}) \\ u|_{x=0} = A(t), \quad u|_{x=L} = B(t) & (t > 0) & (8.6.42\text{c}) \end{cases}$$

其中，$A(t)$ 和 $B(t)$ 是系统两端调制热源的温度，均是时间 t 的函数，$f(x,t)$ 表示时空依赖的外热源。

(2) 设 $a=1$，$L=\pi$，$\phi(x)=0$，$f(x,t)=0$，$A(t)=t\mathrm{e}^{-t}$，$B(t)=0$，讨论所得到的结果。

解 (1) 从表 8.1 选出辅助函数

$$\varOmega(x,t) = \frac{B(t)-A(t)}{L}x + A(t) \tag{8.6.43}$$

将

$$u(x,t) = v(x,t) + \frac{B(t)-A(t)}{L}x + A(t) \tag{8.6.44}$$

代入式 (8.6.42)，得到

$$\begin{cases} \dfrac{\partial v}{\partial t} = a^2 \dfrac{\partial^2 v}{\partial x^2} + f(x,t) - \dfrac{B'(t)-A'(t)}{L}x - A'(t) & (0<x<L,\ t>0) & (8.6.45\text{a}) \\ v|_{t=0} = \phi(x) - \dfrac{B(0)-A(0)}{L}x - A(0) & (0 \leqslant x \leqslant L) & (8.6.45\text{b}) \\ v|_{x=0} = 0, \quad v|_{x=L} = 0 & (t > 0) & (8.6.45\text{c}) \end{cases}$$

这个问题的边界条件已经齐次化，形式上与式 (8.2.17) 相同，它的解为

$$v(x,t) = \sum_{n=1}^{\infty} \left[C_n \mathrm{e}^{-\left(\frac{na\pi}{L}\right)^2 t} + \int_0^t f_n(\tau) \mathrm{e}^{-\left(\frac{na\pi}{L}\right)^2 (t-\tau)} \mathrm{d}\tau \right] \sin \frac{n\pi}{L}x \tag{8.6.46}$$

其中

$$f_n(t) = \frac{2}{L} \int_0^L \left[f(x,t) - \frac{B'(t)-A'(t)}{L}x - A'(t) \right] \sin \frac{n\pi}{L} x \mathrm{d}x \tag{8.6.47}$$

$$C_n = \frac{2}{L} \int_0^L \left[\phi(x) - \frac{B(0)-A(0)}{L}x - A(0) \right] \sin \frac{n\pi}{L} x \mathrm{d}x \tag{8.6.48}$$

式 (8.6.46) 就是定解问题 (8.6.45) 的解，其中，$f_n(t)$ 和 C_n 分别由式 (8.6.47) 和式 (8.6.48) 表示。

(2) 我们有 $A(t)=t\mathrm{e}^{-t}$，$A'(t)=(1-t)\,\mathrm{e}^{-t}$，$C_n=0$，辅助函数 (8.6.43) 变为

$$\Omega(x,t)=\left(1-\frac{x}{\pi}\right)t\mathrm{e}^{-t} \tag{8.6.49}$$

式 (8.6.47) 给出

$$\begin{aligned}f_n(t)&=\frac{2}{\pi}\int_0^{\pi}\left[\frac{A'(t)}{\pi}x-A'(t)\right]\sin nx\mathrm{d}x\\&=\frac{2}{\pi}A'(t)\left(\frac{1}{\pi}\int_0^{\pi}x\sin nx\mathrm{d}x-\int_0^{\pi}\sin nx\mathrm{d}x\right)\\&=\frac{2}{n\pi}\,(t-1)\,\mathrm{e}^{-t}\end{aligned}$$

代入式 (8.6.46)，得

$$v(x,t)=\frac{2}{\pi}\sum_{n=1}^{\infty}\frac{1}{n}\mathrm{e}^{-n^2t}\sin nx\left[\int_0^t(\tau-1)\mathrm{e}^{(n^2-1)\tau}\mathrm{d}\tau\right] \tag{8.6.50}$$

其中，积分为

$$\int_0^t(\tau-1)\mathrm{e}^{(n^2-1)\tau}d\tau=\begin{cases}t\left(\dfrac{t}{2}-1\right) & (n=1)\\[2ex] \dfrac{n^2\left[1-\mathrm{e}^{(n^2-1)t}\right]}{\left(n^2-1\right)^2}+\dfrac{t\mathrm{e}^{(n^2-1)t}}{n^2-1} & (n>1)\end{cases} \tag{8.6.51}$$

将式 (8.6.51) 代入 (8.6.50) 式 (将 $n=1$ 项单独写出)，再代入式 (8.6.44)，最终结果为

$$\begin{aligned}u(x,t)&=\frac{2}{\pi}\sum_{n=1}^{\infty}\frac{1}{n}e^{-n^2t}\sin nx\left[\int_0^t(\tau-1)\mathrm{e}^{(n^2-1)\tau}\mathrm{d}\tau\right]+\Omega(x,t)\\&=\frac{2}{\pi}t\left(\frac{t}{2}-1\right)\mathrm{e}^{-t}\sin x+\left(1-\frac{x}{\pi}\right)t\mathrm{e}^{-t}\\&\quad+\frac{2}{\pi}\sum_{n=2}^{\infty}\frac{1}{n}\mathrm{e}^{-n^2t}\left\{\frac{n^2\left[1-\mathrm{e}^{(n^2-1)t}\right]}{\left(n^2-1\right)^2}+\frac{t\mathrm{e}^{(n^2-1)t}}{n^2-1}\right\}\sin nx\end{aligned} \tag{8.6.52}$$

进而系统平均温度为

$$\begin{aligned}U(t)=&\frac{4}{\pi^2}t\left(\frac{t}{2}-1\right)\mathrm{e}^{-t}+\frac{1}{2}t\mathrm{e}^{-t}\\&+\frac{2}{\pi^2}\sum_{n=2}^{\infty}\frac{1}{n^2}\mathrm{e}^{-n^2t}\left\{\frac{n^2\left[1-\mathrm{e}^{(n^2-1)t}\right]}{\left(n^2-1\right)^2}+\frac{t\mathrm{e}^{(n^2-1)t}}{n^2-1}\right\}(1-\cos n\pi)\end{aligned} \tag{8.6.53}$$

图 8.11 显示了不同时刻 t 的温度分布。而系统中心点温度 $u(\pi/2,t)$、平均温度 $U(t)$，以及调制热源的温度 $A(t)$ 的时间演化显示在图 8.12。在初始时刻 $t=0$，系统温度分布 $u(x,0)=0$。当 $t>0$ 时，凭借前端 $(x=0)$ 的边界条件，即调制热源

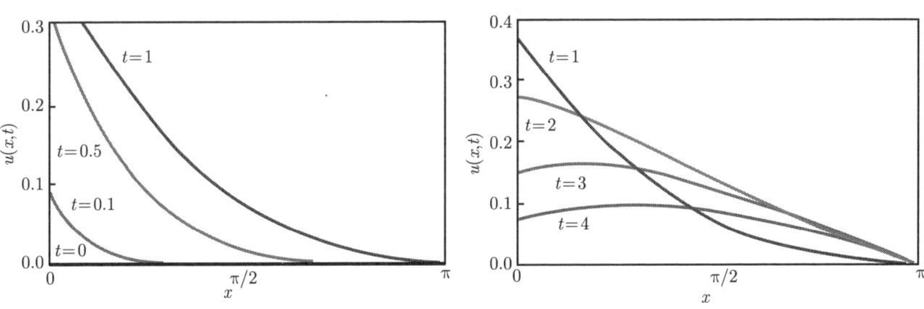

图 8.11 系统在不同时刻的温度分布

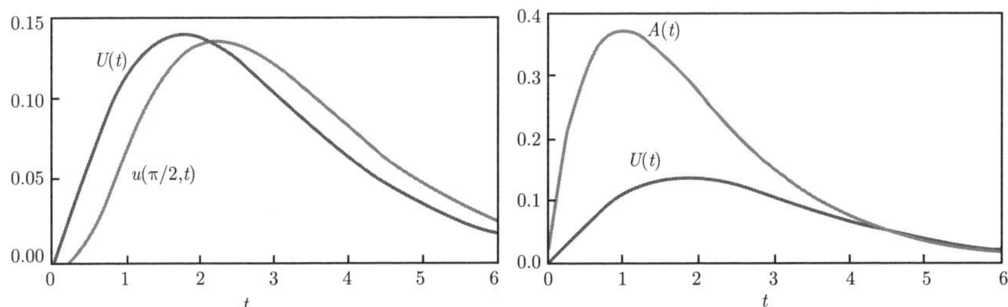

图 8.12 系统中心点温度 $u\left(\dfrac{\pi}{2},t\right)$、平均温度 $U(t)$ 及热调制温度 $A(t)$ 随时间的演化

$A(t)=t\mathrm{e}^{-t}$ 的作用，系统温度上升 [后端维持 $u(\pi,t)=0$]。到 $t\approx 1.8$ 时，系统的平均温度达到最高。之后平均温度下降，在 $t\to\infty$ 时，$U(\infty)\to 0$。比较系统中心点温度与平均温度的时间演化可以看出，在 t 较小时，中心点温度低于平均温度；而 t 较大时，中心点温度高于平均温度。这是因为前者相应于温度单调变化的分布，而后者则相应于有峰分布。另一个有趣的现象是，调制热源的温度 $A(t)$ 的最大值出现在 $t=1$ 时，而系统平均温度的最大值出现在 $t\approx 1.8$ 时，这在物理上是热惰性的表现。

第 9 章　施图姆–刘维尔理论及应用

在前几章所讨论的分离变量法与本征函数法中，我们多次遇到本征值问题。所谓本征值问题，指常微分方程或偏微分方程在一定边界条件下的解是一系列的本征值和相应的本征函数。傅里叶级数是最基本的本征函数集，方程 $X''(x)+\lambda X(x)=0$ 的本征函数集有非常广泛的应用，我们还遇到过二维拉普拉斯算符的本征方程 [见式 (6.3.4a)] 及相应的二维本征函数集 [式 (6.3.21)]。本征值问题是数学物理方法和许多科学与技术领域的理论基础与重要工具。本章讨论一般的二阶常微分方程的本征值问题，并与厄米算符的本征值问题相比较。

9.1　施图姆–刘维尔本征值问题

任何一个二阶线性常微分方程都可以化成如下的形式

$$\frac{\mathrm{d}}{\mathrm{d}x}\left[k(x)\frac{\mathrm{d}y}{\mathrm{d}x}\right]-q(x)y+\lambda\rho(x)y=0\quad(0<x<L)\tag{9.1.1}$$

其中，$k(x)$、$q(x)$ 和 $\rho(x)$ 都是 x 的函数；λ 是参数。方程 (9.1.1) 称为施图姆–刘维尔 (Sturm-Liouville) 型方程。这里我们不失一般性地考虑变量 x 的有限区间 $(0<x<L)$。在实际问题中除方程 (9.1.1) 外，通常还带有边界条件，它们可以是第一、第二、第三类齐次边界条件，还可以是周期性边界条件 [如式 (7.3.52b)] 和自然边界条件 [如式 (7.3.53b)] 等。满足这些边界条件的非平庸解往往在 λ 取某些特定值时才存在，这些值称为本征值，相应的非平庸解称为本征函数。

我们将一般性地讨论施图姆–刘维尔本征值问题。为此首先对式 (9.1.1) 中的函数系数作如下假定：$k(x)$、$k'(x)$、$q(x)$ 和 $\rho(x)$ 在开区间 $0<x<L$ 是连续的，且在这个开区间上，$k(x)>0$，$\rho(x)>0$。在这样的条件下，存在无穷多个实的本征值，并构成一个递增序列

$$\lambda_1<\lambda_2<\lambda_3<\cdots\tag{9.1.2}$$

当 $i\to\infty$ 时，$\lambda_i\to\infty$。

现在我们按照 6.4.1 节的方法，讨论本征函数的正交性。假定 λ_m 和 λ_n 是两个不同的本征值，相应的本征函数分别为 $y_m(x)$ 和 $y_n(x)$，则它们分别满足

$$\frac{\mathrm{d}}{\mathrm{d}x}(ky_m')-qy_m+\lambda_m\rho y_m=0\tag{9.1.3}$$

$$\frac{\mathrm{d}}{\mathrm{d}x}\left(ky_n'\right)-qy_n+\lambda_n\rho y_n=0 \tag{9.1.4}$$

式 (9.1.3) 和式 (9.1.4) 两边分别乘以 y_n 和 y_m，然后相减，得到

$$y_n\frac{\mathrm{d}}{\mathrm{d}x}\left(ky_m'\right)-y_m\frac{\mathrm{d}}{\mathrm{d}x}\left(ky_n'\right)+\left(\lambda_m-\lambda_n\right)\rho y_m y_n=0 \tag{9.1.5}$$

式 (9.1.5) 对 x 从 0 到 L 积分，得到

$$\begin{aligned}&\int_0^L\left[y_n\frac{\mathrm{d}}{\mathrm{d}x}\left(ky_m'\right)-y_m\frac{\mathrm{d}}{\mathrm{d}x}\left(ky_n'\right)\right]\mathrm{d}x+\left(\lambda_m-\lambda_n\right)\int_0^L\rho y_m y_n\mathrm{d}x\\&=\int_0^L\frac{\mathrm{d}}{\mathrm{d}x}\left(ky_ny_m'-ky_my_n'\right)\mathrm{d}x+\left(\lambda_m-\lambda_n\right)\int_0^L\rho y_m y_n\mathrm{d}x\\&=\left[ky_ny_m'-ky_my_n'\right]_0^L+\left(\lambda_m-\lambda_n\right)\int_0^L\rho y_m y_n\mathrm{d}x\\&=k(0)\left[y_m(0)y_n'(0)-y_n(0)y_m'(0)\right]-k(L)\left[y_m(L)y_n'(L)-y_n(L)y_m'(L)\right]\\&\quad+\left(\lambda_m-\lambda_n\right)\int_0^L\rho y_m y_n\mathrm{d}x=0\end{aligned}$$

这样

$$\int_0^L\rho(x)y_m(x)y_n(x)\mathrm{d}x=\frac{Q}{\lambda_m-\lambda_n}\quad(m\neq n) \tag{9.1.6}$$

其中

$$Q=k(0)\left[y_n(0)y_m'(0)-y_m(0)y_n'(0)\right]-k(L)\left[y_n(L)y_m'(L)-y_m(L)y_n'(L)\right] \tag{9.1.7}$$

称为 Q 因子。式 (9.1.6) 是关于本征方程 (9.1.1) 的本征函数正交性的一般性结果，适用于该方程的任何形式的本征函数，它依赖于本征函数及其导数在两个端点 $x=0$ 和 $x=L$ 的取值。式 (9.1.7) 表示，只要边界条件的取值满足 $Q=0$，则相应的本征函数 $y_1,y_2,y_3\cdots$ 在区间 $[0,L]$ 上是带权重 $\rho(x)$ 正交的。这里的结论在 $k(x)=1$，$q(x)=0$，$\rho(x)=1$ 时约化为 6.4.1 节所讨论的关于本征方程 $X''(x)+\lambda X(x)=0$ 的结果。

我们进一步讨论本征函数集 $\{y_n(x)\}$ 的完备性，若函数 $f(x)$ 在区间 $[0,L]$ 内具有连续二阶导数并满足与本征函数集 $\{y_n(x)\}$ 相同的边界条件，则 $f(x)$ 可以展开成绝对且一致收敛的级数

$$f(x)=\sum_n C_n\,y_n(x) \tag{9.1.8}$$

式 (9.1.8) 中的展开系数 C_n 与 x 无关。本征函数 $y_n(x)$ 的这种性质称为完备性。现在我们利用正交性表达式 (9.1.6) 来计算式 (9.1.8) 中的 C_n。式 (9.1.8) 两边同乘以 $\rho(x)y_m(x)(m=1,2,3\cdots)$，并在区间 $[0,L]$ 积分，得到

$$\begin{aligned}\int_0^L \rho(x)y_m(x)f(x)\mathrm{d}x &= \int_0^L \rho(x)y_m(x)\left[\sum_n C_n\, y_n(x)\right]\mathrm{d}x \\ &= \sum_n C_n \int_0^L \rho(x)y_m(x)y_n(x)\,\mathrm{d}x \\ &= \sum_n C_n I_n(L)\delta_{mn} \\ &= C_m I_m(L)\end{aligned}$$

其中

$$I_n(L) = \int_0^L \rho(x)y_n^2(x)\mathrm{d}x \tag{9.1.9}$$

于是

$$C_n = \frac{1}{I_n(L)}\int_0^L \rho(x)y_n(x)f(x)\mathrm{d}x \tag{9.1.10}$$

例 1 对于施图姆–刘维尔本征值问题

$$\begin{cases}\dfrac{\mathrm{d}}{\mathrm{d}x}\left[k(x)\dfrac{\mathrm{d}y}{\mathrm{d}x}\right] - q(x)y + \lambda\rho(x)y = 0 \quad (0 < x < L) & (9.1.11\mathrm{a}) \\ \alpha_1 y(0) + \alpha_2 y'(0) = 0, \quad \beta_1 y(L) + \beta_2 y'(L) = 0 & (9.1.11\mathrm{b})\end{cases}$$

假定 $k(x)$，$q(x)$，$\rho(x)$ 均为实函数，$\alpha_1,\alpha_2,\beta_1,\beta_2$ 均为实常数，证明：

(1) 本征值 λ 是实的。

(2) 本征函数 $y(x)$ 是正交的。

证明

(1) 对式 (9.1.11) 取复共轭得到

$$\begin{cases}\dfrac{\mathrm{d}}{\mathrm{d}x}\left[k(x)\dfrac{\mathrm{d}y^*}{\mathrm{d}x}\right] - q(x)y^* + \lambda^*\rho(x)y^* = 0 \quad (0 < x < L) & (9.1.12\mathrm{a}) \\ \alpha_1 y^*(0) + \alpha_2 y'^*(0) = 0, \quad \beta_1 y^*(L) + \beta_2 y'^*(L) = 0 & (9.1.12\mathrm{b})\end{cases}$$

方程 (9.1.11a) 两边乘以 y^*，方程 (9.1.12a) 两边乘以 y，然后相减，化简后得到

$$\frac{\mathrm{d}}{\mathrm{d}x}\left[k(x)\left(yy'^* - y^*y'\right)\right] = \left(\lambda - \lambda^*\right)\rho(x)yy^* \tag{9.1.13}$$

对式 (9.1.13) 从 0 到 L 积分，利用条件式 (9.1.11b) 和式 (9.1.12b)，得到

$$\left(\lambda - \lambda^*\right)\int_0^L \rho(x)\left|y\right|^2\mathrm{d}x = \left[k(x)\left(yy'^* - y^*y'\right)\right]_0^L = 0 \tag{9.1.14}$$

因为 $\rho(x)$ 在开区间 $0 < x < L$ 为正，式 (9.1.14) 左边的积分是正的，所以 $\lambda - \lambda^* = 0$，或 $\lambda = \lambda^*$，即 λ 是实的。

(2) 利用式 (9.1.11b) 计算式 (9.1.7) 的 Q 因子，我们有

$$\begin{aligned}Q =&k(0)\left[y_n(0)\left(-\frac{\alpha_1}{\alpha_2}y_m(0)\right)-y_m(0)\left(-\frac{\alpha_1}{\alpha_2}y_n(0)\right)\right]\\&-k(L)\left[y_n(L)\left(-\frac{\beta_1}{\beta_2}y_m(L)\right)-y_m(L)\left(-\frac{\beta_1}{\beta_2}y_n(L)\right)\right]\\=&k(0)\left(-\frac{\alpha_1}{\alpha_2}\right)[y_n(0)y_m(0)-y_m(0)y_n(0)]\\&-k(L)\left(-\frac{\beta_1}{\beta_2}\right)[y_n(L)y_m(L)-y_m(L)y_n(L)]\\=&0\end{aligned}$$

因此，本征函数 $y(x)$ 是正交的。

例 2 求解本征值问题

$$\begin{cases}X''(x)+\lambda X(x)=0\quad(0<x<2\pi) & (9.1.15a)\\X(0)=X(2\pi) & (9.1.15b)\\X'(0)=X'(2\pi) & (9.1.15c)\end{cases}$$

并证明本征函数的正交性。

解 容易看出，当 $\lambda<0$ 时，式 (9.1.15) 只有平庸解。当 $\lambda=0$ 时，式 (9.1.15a) 的通解为 $X(x)=A+Bx$，其中，A 和 B 为任意常数。满足边界条件式 (9.1.15b) 和式 (9.1.15c) 的解为：$\lambda_0=0$，$X_0(x)=A$。当 $\lambda>0$ 时，式 (9.1.15a) 的通解为

$$X(x)=A\cos kx+B\sin kx \tag{9.1.16}$$

其中，$k=\sqrt{\lambda}$；A 和 B 是任意常数。式 (9.1.16) 满足周期性边界条件 (9.1.15b) 和 (9.1.15c) 的条件是

$$k=n\quad(n=0,1,2\cdots) \tag{9.1.17}$$

这里已经包含了 $\lambda=0$ 时的解。于是本征值问题 (9.1.15) 的解为

$$\lambda_n=n^2,\quad X_n(x)=A_n\cos nx+B_n\sin nx\quad(n=0,1,2,\cdots) \tag{9.1.18}$$

我们进一步考查本征函数 $X_n(x)$ 的正交性，将边界条件式 (9.1.15b) 和式 (9.1.15c) 代入式 (9.1.7) 得到

$$\begin{aligned}Q&=[X_n(0)X_m'(0)-X_m(0)X_n'(0)]-[X_n(2\pi)X_m'(2\pi)-X_m(2\pi)X_n'(2\pi)]\\&=[X_n(0)X_m'(0)-X_m(0)X_n'(0)]-[X_n(0)X_m'(0)-X_m(0)X_n'(0)]=0\end{aligned}$$

可见本征函数 $X_n(x)$ 在区间 $[0,2\pi]$ 上是正交的。

例 3　求解本征值问题

$$\begin{cases} \dfrac{\mathrm{d}^4 y}{\mathrm{d}x^4} + \lambda \dfrac{\mathrm{d}^2 y}{\mathrm{d}x^2} = 0 \quad (0 < x < L) & (9.1.19\text{a}) \\ y(0) = 0, \quad y'(0) = 0 & (9.1.19\text{b}) \\ y(L) = 0, \quad y'(L) = 0 & (9.1.19\text{c}) \end{cases}$$

的本征值 $\lambda_1, \lambda_2, \lambda_3 \cdots$ 及第一个本征函数 y_1。

解　容易验证，当 $\lambda \leqslant 0$ 时，式 (9.1.19) 只有平庸解，我们只需要考虑 $\lambda > 0$ 的情况。设 $\beta = \sqrt{\lambda}$，式 (9.1.19a) 的特征方程为

$$r^4 + \beta^2 r^2 = r^2(r^2 + \beta^2) = 0 \tag{9.1.20}$$

它有二重根 $r = 0$ 及虚数根 $r = \pm \mathrm{i}\beta$，由此方程 (9.1.19a) 的一般解为

$$y = A + Bx + C\cos\beta x + D\sin\beta x \tag{9.1.21a}$$

它的导数为

$$y' = B - \beta C\sin\beta x + \beta D\cos\beta x \tag{9.1.21b}$$

由边界条件式 (9.1.19b) 和式 (9.1.19c) 得到

$$A + C = 0 \tag{9.1.22a}$$

$$B + \beta D = 0 \tag{9.1.22b}$$

$$A + BL + C\cos\beta L + D\sin\beta L = 0 \tag{9.1.22c}$$

$$B - \beta C\sin\beta L + \beta D\cos\beta L = 0 \tag{9.1.22d}$$

这是一个关于 A, B, C, D 的线性齐次方程组，它有非零解的必要充分条件是系数行列式为零，即

$$\begin{vmatrix} 1 & 0 & 1 & 0 \\ 0 & 1 & 0 & \beta \\ 1 & L & \cos\beta L & \sin\beta L \\ 0 & 1 & -\beta\sin\beta L & \beta\cos\beta L \end{vmatrix} = 0 \tag{9.1.23}$$

计算左边的行列式，给出

$$\sin\frac{\beta L}{2}\left(2\sin\frac{\beta L}{2} - \beta L\cos\frac{\beta L}{2}\right) = 0 \tag{9.1.24}$$

即

$$\sin\frac{\beta L}{2} = 0 \tag{9.1.25}$$

和

$$2\sin\frac{\beta L}{2}-\beta L\cos\frac{\beta L}{2}=0 \tag{9.1.26}$$

式 (9.1.25) 给出本征值

$$\beta_n=\frac{2\pi n}{L}\quad(n=1,2,3\cdots) \tag{9.1.27}$$

式 (9.1.26) 给出本征值所满足的超越方程

$$\tan\frac{\beta L}{2}=\frac{\beta L}{2} \tag{9.1.28}$$

它的根由图 9.1 确定为

$$\beta_n=\frac{2\mu_n}{L}\quad(n=1,2,3\cdots) \tag{9.1.29}$$

其中，μ_n 是超越方程 $\tan\mu=\mu$ 的第 n 个根。故本征值问题 (9.1.19) 的本征值为

$$\lambda_n=\left(\frac{2\pi n}{L}\right)^2,\quad \lambda_n=\left(\frac{2\mu_n}{L}\right)^2\quad(n=1,2,3\cdots) \tag{9.1.30}$$

为了确定第一个本征值，由计算机算出 $\mu_1=4.49$，可见由式 (9.1.30) 第一式所确定的 $\beta_1=\dfrac{2\pi}{L}$ [即 $\lambda_1=(2\pi/L)^2$] 是第一个本征值。利用 β_1 值和式 (9.1.22a~c)，得到 $B=D=0$。进而由式 (9.1.22a) 和式 (9.1.21a) 给出 (取 $A=1$)

$$y_1=1-\cos\frac{2\pi}{L}x \tag{9.1.31}$$

这就是本征值问题 (9.1.19) 的第一个本征函数。

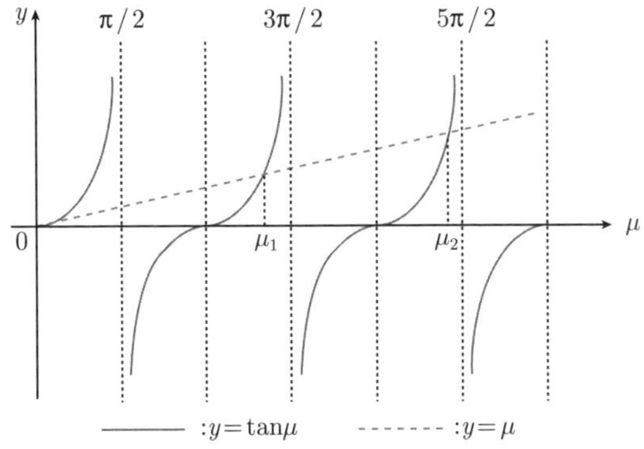

图 9.1 超越方程 $\tan\mu=\mu$ 的根：μ_1，μ_2，$\mu_3\cdots$

9.2 施图姆–刘维尔理论的应用：吊摆问题

讨论了施图姆–刘维尔理论之后，我们用它来研究一个重要的定解问题，即吊

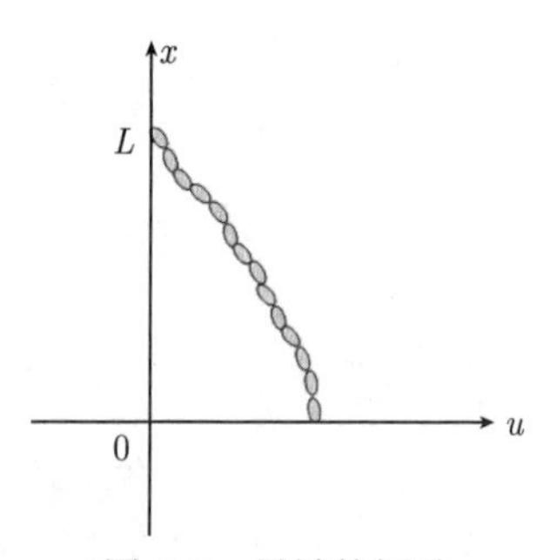

图 9.2　吊链的摆动

链的摆动 (简称吊摆)。这个问题所以重要，是因为它在常微分方程理论发展中，扮演过一个核心的角色。正是基于这个问题的求解，丹尼尔・伯努利 (Daniel Bernoulli) 于 1732 年最先发现了贝塞尔函数。我们下面的叙述强调施图姆–刘维尔理论的应用，但同时也自然地触及到贝塞尔函数的性质 (详见第 13 章)。

考虑如图 9.2 所示的长度为 L 的柔性吊链的摆动，吊链上端点固定在 $x = L$，假定吊链在横向摆动时，始终处于一个铅直面内，且吊链摆动的幅度很小，以致其下端在摆动时始终维持在同一水平线上。我们来确定任意时刻吊链上任意点 x 离开铅直线 (吊链的平衡位置) 的位移 $u(x,t)$。

吊链的横向小幅摆动由下面的定解问题描述

$$\begin{cases} \dfrac{\partial^2 u}{\partial t^2} = g\left(x\dfrac{\partial^2 u}{\partial x^2} + \dfrac{\partial u}{\partial x}\right) & (0 < x < L, t > 0) \quad (9.2.1\text{a}) \\ u|_{t=0} = f(x),\ \dfrac{\partial u}{\partial t}\bigg|_{t=0} = v(x) & (0 \leqslant x \leqslant L) \quad (9.2.1\text{b}) \\ u|_{x=L} = 0 & (t > 0) \quad (9.2.1\text{c}) \end{cases}$$

其中，g 是重力加速度；$f(x)$ 和 $v(x)$ 是吊链的初始位移与初始速度。我们将用分离变量法求解这个问题，它的一般解将涉及贝塞尔级数，而其中的空间函数是一个施图姆–刘维尔本征值问题。

设方程 (9.2.1a) 有变量分离的形式解 $u(x,t) = X(x)T(t)$，代入方程 (9.2.1a)，得到

$$XT'' = gT(xX'' + X') \tag{9.2.2}$$

即

$$\frac{1}{g}\frac{T''}{T} = \frac{xX'' + X'}{X} \tag{9.2.3}$$

由此得到时间函数和空间函数的方程

$$\frac{1}{g}\frac{T''}{T} = \beta, \quad \frac{xX'' + X'}{X} = \beta \tag{9.2.4}$$

其中，β 是分离常数。边界条件式 (9.2.1c) 给出 $X(L)T(t) = 0$，由此 $X(L) = 0$。于是我们得到

$$T'' - \beta gT = 0 \text{ 和 } xX'' + X' - \beta X = 0, \quad X(L) = 0 \tag{9.2.5}$$

如果 $\beta \geqslant 0$，$T(t)$ 的解是线性或指数函数，物理上显然不存在这样的情况。β 必须是负值，于是我们令 $\lambda = \sqrt{-\beta}$，得到

$$T'' + \lambda^2 g T = 0 \tag{9.2.6}$$

$$\begin{cases} xX'' + X' + \lambda^2 X = 0 & (9.2.7a) \\ X(L) = 0 & (9.2.7b) \end{cases}$$

方程 (9.2.6) 的通解为

$$T(t) = A\cos\left(\sqrt{g}\lambda t\right) + B\sin\left(\sqrt{g}\lambda t\right) \tag{9.2.8}$$

下面我们利用施图姆–刘维尔理论研究本征值问题 (9.2.7)，首先将式 (9.2.7a) 写成式 (9.1.1) 的形式，即

$$(xX')' + \lambda^2 X = 0 \tag{9.2.9}$$

方程式 (9.2.9) 与式 (9.1.1) 相比较，有 $k(x)=x$，$q(x)=0$，$\rho(x)=1$。我们将会显示，空间函数 X 的本征值问题有无穷多个本征值，相应于一套本征函数集，这些本征函数在区间 $[0,L]$ 上是正交的。这样，定解问题 (9.2.1) 的一般解作为本征解的叠加，能够表征任意的初始条件。事实上，式 (9.2.7) 的解给出本征值与本征函数 (见 13.3 节)

$$\lambda_m = \frac{\mu_m}{2\sqrt{L}}, \quad X_m(2\sqrt{x}) = J_0\left(\mu_m\sqrt{\frac{x}{L}}\right) \quad (m=1,2,3\cdots) \tag{9.2.10}$$

其中，μ_m 是零阶贝塞尔函数 J_0 的第 m 个零点，如图 9.3 所示。本征函数的正交性关系式为 (见式 (13.5.35))

$$\int_0^L J_0\left(\mu_m\sqrt{\frac{x}{L}}\right) J_0\left(\mu_n\sqrt{\frac{x}{L}}\right)\mathrm{d}x = L J_1^2(\mu_m)\delta_{mn} \tag{9.2.11}$$

其中，J_1 为一阶贝塞尔函数。定解问题 (9.2.1) 的本征解为

$$u_m(x,t) = J_0\left(\mu_m\sqrt{\frac{x}{L}}\right)\left[A_m\cos\left(\sqrt{\frac{g}{L}}\frac{\mu_m}{2}t\right) + B_m\sin\left(\sqrt{\frac{g}{L}}\frac{\mu_m}{2}t\right)\right] \tag{9.2.12}$$

它的一般解为

$$u(x,t) = \sum_{m=1}^{\infty} J_0\left(\mu_m\sqrt{\frac{x}{L}}\right)\left[A_m\cos\left(\sqrt{\frac{g}{L}}\frac{\mu_m}{2}t\right) + B_m\sin\left(\sqrt{\frac{g}{L}}\frac{\mu_m}{2}t\right)\right] \tag{9.2.13}$$

进而利用初始条件式 (9.2.1b) 与正交性关系式 (9.2.11) 确定系数，它们是

$$A_m = \frac{1}{LJ_1^2(\mu_m)}\int_0^L f(x)J_0\left(\mu_m\sqrt{\frac{x}{L}}\right)\mathrm{d}x \tag{9.2.14a}$$

$$B_m = \frac{2}{\mu_m\sqrt{gL}J_1^2(\mu_m)}\int_0^L v(x)J_0\left(\mu_m\sqrt{\frac{x}{L}}\right)\mathrm{d}x \tag{9.2.14b}$$

至此，我们已经完全确定了定解问题 (9.2.1) 的解，它由式 (9.2.13) 表示，其中的系数 A_m 和 B_m 由式 (9.2.14) 给出。

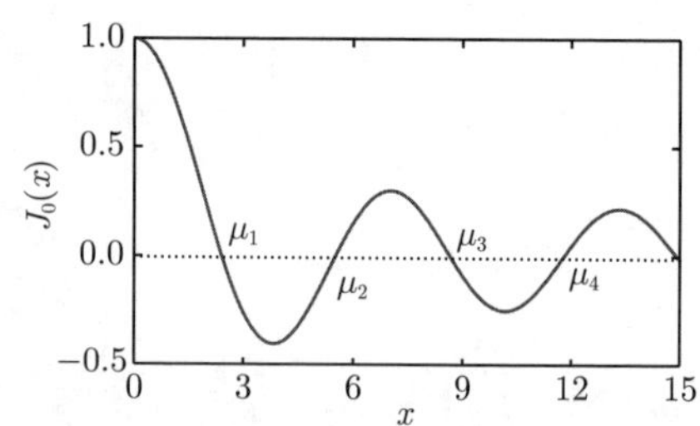

图 9.3　零阶贝塞尔函数 $J_0(x)$ 与它的零点 μ_m

例　设吊链的长度为 $L = 1\text{m}$，其初始状态如图 9.4 所示，初始速度 $v(x) = 0$，利用 J_0 的前三个零点值对式 (9.2.13) 作数值计算，取 $g = 9.8\text{m/s}^2$。

解　J_0 的前三个零点值为

$$\mu_1 = 2.40483, \quad \mu_2 = 5.52008, \quad \mu_3 = 8.65373 \tag{9.2.15}$$

展开系数为

$$A_m = \frac{1}{J_1^2(\mu_m)}\left[\int_0^{1/2} \frac{x}{100} J_0\left(\mu_m\sqrt{x}\right) \mathrm{d}x + \int_{1/2}^{1} \frac{1-x}{100} J_0\left(\mu_m\sqrt{x}\right) \mathrm{d}x\right] \tag{9.2.16a}$$

$$B_m = 0 \tag{9.2.16b}$$

这样式 (9.2.13) 变为

$$\begin{aligned} u(x,t) \approx & \sum_{m=1}^{3} A_m J_0\left(\mu_m\sqrt{x}\right)\cos\left(\sqrt{9.8}\frac{\mu_m}{2}t\right) \\ =& 0.003847 J_0(2.40480\sqrt{x})\cos(3.76415t) \\ & - 0.005787 J_0(5.52008\sqrt{x})\cos(8.64029t) \\ & + 0.002371 J_0(8.65373\sqrt{x})\cos(13.5452t) \end{aligned}$$

按照上式作出图 9.5，它显示了吊链在不同时刻的状态。由于上式的近似性，初始 $t = 0$ 时刻的状态与图 9.4 有一定的偏差。

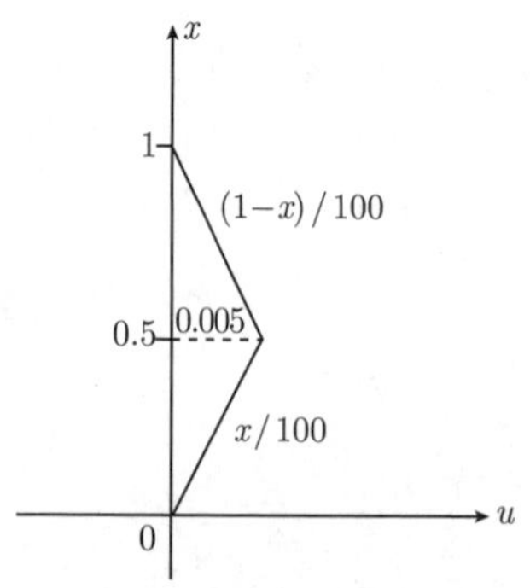

图 9.4　吊链的初始状态

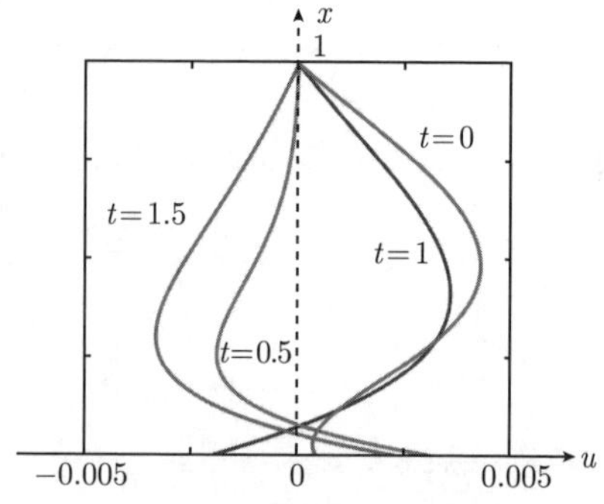

图 9.5　吊链在不同时刻的状态

9.3 厄米算符本征函数的正交性

本节讨论与施图姆–刘维尔理论有关的厄米算符的本征函数问题。如果对于任意两个复变函数 ψ 和 ϕ，算符 F 满足下列等式

$$\int \psi^* F\phi \, \mathrm{d}x = \int (F\psi)^* \phi \, \mathrm{d}x \tag{9.3.1}$$

则称 F 为厄米算符。其中，x 代表所有的变量，积分范围是所有变量变化的整个区域。现在我们证明，由式 (9.3.1) 所定义的厄米算符的本征值为实数。

证明 由于式 (9.3.1) 中的函数 ψ 和 ϕ 可以任意取，现取 $\psi \equiv \phi$，且取它们为 F 的本征函数，相应的本征值为 λ，则 $F\psi = \lambda\psi$，这样式 (9.3.1) 的两边分别成为

$$\int \psi^* F\phi \, \mathrm{d}x = \int \psi^* F\psi \, \mathrm{d}x = \lambda \int \psi^* \psi \, \mathrm{d}x \tag{9.3.2a}$$

$$\int (F\psi)^* \psi \, \mathrm{d}x = \int (\lambda\psi)^* \psi \, \mathrm{d}x = \lambda^* \int \psi^* \psi \, \mathrm{d}x \tag{9.3.2b}$$

式 (9.3.2a) 和式 (9.3.2b) 的左边相等，故

$$\lambda = \lambda^* \tag{9.3.3}$$

因此，厄米算符的本征值是实数。

下面我们推导厄米算符的一个等价定义。首先，算符 F 的厄米共轭 F^+ 由

$$(F\psi)^* \equiv \psi^* F^+ \tag{9.3.4}$$

定义，其中，ψ 是任意函数。式 (9.3.4) 两边同乘以任意函数 ϕ，然后在变量变化的整个区域积分，并利用式 (9.3.1)，我们有

$$\int \psi^* F\phi \, \mathrm{d}x = \int \psi^* F^+ \phi \, \mathrm{d}x \tag{9.3.5}$$

由于式 (9.3.5) 中的 ψ 和 ϕ 都是任意的，式 (9.3.5) 给出

$$F = F^+ \tag{9.3.6}$$

定义式 (9.3.6) 与式 (9.3.1) 是等价的：即一个算符如果等于它的厄米共轭，则该算符为厄米算符。

我们进一步证明厄米算符的归一化本征函数是正交的，即

$$\int \psi_m^* \psi_n \mathrm{d}x = \delta_{mn} \tag{9.3.7}$$

证明　设 $\psi_1, \psi_2, \cdots, \psi_n \cdots$ 是厄米算符 F 的归一化本征函数，即

$$\int \psi_n^* \psi_n \mathrm{d}x = \int |\psi_n|^2 \mathrm{d}x = 1 \tag{9.3.8}$$

相应的本征值为 $\lambda_1, \lambda_2, \cdots, \lambda_n \cdots$ 考虑其中任意两个不同的本征函数 ψ_m 和 ψ_n，利用本征方程

$$F\psi_m = \lambda_m \psi_m, \quad F\psi_n = \lambda_n \psi_n \tag{9.3.9}$$

我们有

$$\begin{aligned}
0 &= \int \psi_m^* F \psi_n \mathrm{d}x - \int \psi_m^* F^+ \psi_n \mathrm{d}x \quad (\text{因为 } F \text{ 是厄米的：} F = F^+) \\
&= \int \psi_m^* F \psi_n \mathrm{d}x - \int (F\psi_m)^* \psi_n \mathrm{d}x \quad (\text{定义式 } (F\psi)^* \equiv \psi^* F^+) \\
&= \int \psi_m^* \lambda_n \psi_n \mathrm{d}x - \int (\lambda_m \psi_m)^* \psi_n \mathrm{d}x \quad (\text{利用 } F\psi_m = \lambda_m \psi_m) \\
&= \int \psi_m^* \lambda_n \psi_n \mathrm{d}x - \int \psi_m^* \lambda_m^* \psi_n \mathrm{d}x \\
&= \int \psi_m^* \lambda_n \psi_n \mathrm{d}x - \int \psi_m^* \lambda_m \psi_n \mathrm{d}x \quad (\text{本征值为实数：} \lambda_m^* = \lambda_m) \\
&= (\lambda_n - \lambda_m) \int \psi_m^* \psi_n \mathrm{d}x \quad (\lambda_n \neq \lambda_m) \\
&\Rightarrow \int \psi_m^* \psi_n \mathrm{d}x = 0
\end{aligned}$$

进而考虑到式 (9.3.8)，故式 (9.3.7) 得证。

我们进一步讨论厄米算符本征函数的完备性。设 F 是一个满足条件式 (9.3.6) 的厄米算符，它的正交归一本征函数是 $\psi_n(x)$，相应的本征值是 λ_n，则任一函数 $f(x)$ 可以按 $\{\psi_n(x)\}$ 展开为级数

$$f(x) = \sum_n C_n \psi_n(x) \tag{9.3.10}$$

式 (9.3.10) 中的展开系数 C_n 可以由 $f(x)$ 和 $\psi_n(x)$ 求得。以 $\psi_m^*(x)$ 乘式 (9.3.10) 两端，并对 x 变化的整个区域积分，由 $\psi_n(x)$ 的正交归一性表达式 (9.3.7)，我们有

$$\begin{aligned}
\int \psi_m^*(x) f(x) \mathrm{d}x &= \int \psi_m^*(x) \left[\sum_n C_n \psi_n(x) \right] \mathrm{d}x \\
&= \sum_n C_n \int \psi_m^*(x) \psi_n(x) \mathrm{d}x \\
&= \sum_n C_n \delta_{mn} = C_m
\end{aligned}$$

即

$$C_n = \int \psi_n^*(x) f(x) \mathrm{d}x \tag{9.3.11}$$

最后我们分析厄米算符理论与施图姆–刘维尔理论的共性与区别。共性是二者的本征值都是实数，本征函数都具有正交性，完备性。而区别是：

(1) 施图姆–刘维尔理论中的本征函数的正交性依赖于本征函数的定义范围 $[0, L]$ 和相应的边界条件，厄米算符的本征函数的正交性不涉及本征函数的定义范围和边界条件。

(2) 厄米算符是一个抽象的概念，除了厄米性 $(F = F^+)$ 之外，没有具体的限制，因此与施图姆–刘维尔理论中的算符

$$\frac{\mathrm{d}}{\mathrm{d}x}\left[k(x)\frac{\mathrm{d}}{\mathrm{d}x}\right] - q(x) \tag{9.3.12}$$

相比，更具有一般性。

(3) 按照施图姆–刘维尔理论，本征函数正交性关系式中有一个权函数 $\rho(x)$，而在厄密算符理论中不出现权函数。

(4) 施图姆–刘维尔理论中，将一个任意函数 $f(x)$ 按照本征函数集 $\{y_n(x)\}$ 展开时，要求 $f(x)$ 与本征函数集有相同的边界条件，而厄米算符理论中没有这样的要求。

上述分析表明，施图姆–刘维尔理论与厄米算符理论属于不同的理论体系，各有特点，但具有内在的相通性。

第10章　行　波　法

前几章所讨论的分离变量法与本征函数法是求解有限域内定解问题的一个常用方法，其思想是将偏微分方程的定解问题化成常微分方程的初值问题和边值问题，它们不但适用于齐次方程与齐次边界条件构成的基本定解问题，还可以处理非齐次方程与非齐次边界条件构成的综合性问题。本章所讨论的行波法，主要用来解决无界域波动方程的定解问题。其基本思想是首先求出偏微分方程的通解 (指包含任意函数的解)，然后用定解条件确定函数的具体形式。这一思想与常微分方程的解法是类似的。求解的关键步骤是通过变量代换，将泛定方程化为混合偏微分形式，便于积分后得到通解。我们还进一步讨论双曲型方程的定解问题，一阶线性偏微分方程的特征线法，非齐次波动方程和三维波动方程的解法。最后讨论旁轴波动方程，并将相关结果用于傅里叶光学。

10.1　一维波动方程的通解

本节我们一般性地求解波动方程

$$\frac{\partial^2 u}{\partial t^2}=a^2\frac{\partial^2 u}{\partial x^2} \tag{10.1.1}$$

在 5.4.2 节例 2 中，我们将方程 (10.1.1) 化成了标准形式 (5.4.57)。其实该过程也可以按下面的方法直接进行，令

$$\xi=x+at,\quad \eta=x-at \tag{10.1.2}$$

利用复合函数微分法则，得到

$$\frac{\partial u}{\partial x}=\frac{\partial u}{\partial \xi}\frac{\partial \xi}{\partial x}+\frac{\partial u}{\partial \eta}\frac{\partial \eta}{\partial x}=\frac{\partial u}{\partial \xi}+\frac{\partial u}{\partial \eta}$$

$$\begin{aligned}\frac{\partial^2 u}{\partial x^2}&=\frac{\partial}{\partial \xi}\left(\frac{\partial u}{\partial \xi}+\frac{\partial u}{\partial \eta}\right)\frac{\partial \xi}{\partial x}+\frac{\partial}{\partial \eta}\left(\frac{\partial u}{\partial \xi}+\frac{\partial u}{\partial \eta}\right)\frac{\partial \eta}{\partial x}\\&=\frac{\partial}{\partial \xi}\left(\frac{\partial u}{\partial \xi}+\frac{\partial u}{\partial \eta}\right)+\frac{\partial}{\partial \eta}\left(\frac{\partial u}{\partial \xi}+\frac{\partial u}{\partial \eta}\right)\\&=\frac{\partial^2 u}{\partial \xi^2}+2\frac{\partial^2 u}{\partial \xi\partial \eta}+\frac{\partial^2 u}{\partial \eta^2}\end{aligned} \tag{10.1.3a}$$

同理可得

$$\frac{\partial^2 u}{\partial t^2} = a^2 \left(\frac{\partial^2 u}{\partial \xi^2} - 2\frac{\partial^2 u}{\partial \xi \partial \eta} + \frac{\partial^2 u}{\partial \eta^2} \right) \tag{10.1.3b}$$

将式 (10.1.3) 代入式 (10.1.1) 得到

$$\frac{\partial^2 u}{\partial \xi\, \partial \eta} = 0 \tag{10.1.4}$$

现在求方程 (10.1.4) 的通解，首先对 η 积分得到

$$\frac{\partial u}{\partial \xi} = C_1 \tag{10.1.5}$$

其中，C_1 是对 η 积分而出现的积分常数, 因此 C_1 不含 η。但 C_1 必须包含 ξ[否则方程 (10.1.5) 仅给出 $u(\xi,\eta) \propto \xi$ 形式的结果]，于是式 (10.1.5) 可以写为

$$\frac{\partial u}{\partial \xi} = f(\xi) \tag{10.1.6}$$

其中，$f(\xi)$ 是 ξ 的任意可微函数。再将式 (10.1.6) 对 ξ 积分，得到

$$u(\xi,\eta) = \int f(\xi)\mathrm{d}\xi + C_2 \tag{10.1.7}$$

其中，C_2 是对 ξ 积分而出现的积分常数，因此 C_2 不含 ξ。但 C_2 必须包含 η [否则方程 (10.1.7) 给出的结果只包含 $u(\xi,\eta)$ 对 ξ 的依赖性，与 η 无关]。这样式 (10.1.7) 可以写为

$$u(\xi,\eta) = f_1(\xi) + f_2(\eta) \tag{10.1.8}$$

即

$$u(x,t) = f_1(x+at) + f_2(x-at) \tag{10.1.9}$$

这就是方程 (10.1.1) 的解，其中，f_1, f_2 都是任意二次连续可微函数。我们看到，式 (10.1.9) 的得出没有任何限制条件，因此它是波动方程 (10.1.1) 的通解 (包含有两个任意函数的解)。上述推导过程给出的另一个重要结论是，混合偏微分形式的方程 (10.1.4) 有通解 (10.1.8)。

例 1 求解定解问题

$$\begin{cases} \dfrac{\partial^2 u}{\partial x \partial y} = x^2 y \quad (x>1, y>0) & (10.1.10a) \\ u\big|_{y=0} = x^2 & (10.1.10b) \\ u\big|_{x=1} = \cos y & (10.1.10c) \end{cases}$$

解 对方程 (10.1.10a) 关于 x 和 y 积分，容易得到

$$u(x,y) = \frac{1}{6}x^3 y^2 + f_1(y) + f_2(x) \tag{10.1.11}$$

下面我们确定式 (10.1.11) 中的任意函数 $f_1(y)$ 和 $f_2(x)$，为此在式 (10.1.11) 中令 $y=0$，并利用式 (10.1.10b) 得到

$$f_1(0)+f_2(x)=x^2 \tag{10.1.12a}$$

即

$$f_2(x)=x^2-f_1(0) \tag{10.1.12b}$$

在式 (10.1.11) 中令 $x=1$，并利用式 (10.1.10c) 得到

$$\frac{1}{6}y^2+f_1(y)+f_2(1)=\cos y \tag{10.1.13}$$

在式 (10.1.12b) 中令 $x=1$，得到 $f_2(1)=1-f_1(0)$，然后代入式 (10.1.13)，得到

$$f_1(y)=\cos y-\frac{1}{6}y^2-1+f_1(0) \tag{10.1.14}$$

将式 (10.1.12b) 和式 (10.1.14) 代入式 (10.1.11)，得到

$$u(x,y)=\frac{1}{6}x^3y^2+x^2+\cos y-\frac{1}{6}y^2-1 \tag{10.1.15}$$

这就是定解问题 (10.1.10) 的解。

例 2 求下列 Goursat 问题的解

$$\begin{cases}\dfrac{\partial^2 u}{\partial t^2}=a^2\dfrac{\partial^2 u}{\partial x^2} \quad (-at<x<at,t>0) & (10.1.16\text{a})\\ u|_{x-at=0}=\phi(x) & (10.1.16\text{b})\\ u|_{x+at=0}=\psi(x) & (10.1.16\text{c})\end{cases}$$

其中，$\phi(0)=\psi(0)$。

解 引入变换

$$\begin{cases}\xi=x+at\\ \eta=x-at\end{cases} \Rightarrow \begin{cases}x=\dfrac{\xi+\eta}{2}\\ t=\dfrac{\xi-\eta}{2a}\end{cases} \tag{10.1.17}$$

定解问题 (10.1.16) 变为

$$\begin{cases}\dfrac{\partial^2 u}{\partial\xi\partial\eta}=0 \quad (\xi>0,\eta<0) & (10.1.18\text{a})\\ u|_{\eta=0}=\phi\left(\dfrac{\xi}{2}\right) & (10.1.18\text{b})\\ u|_{\xi=0}=\psi\left(\dfrac{\eta}{2}\right) & (10.1.18\text{c})\end{cases}$$

方程 (10.1.18a) 的通解为

$$u(\xi,\eta)=f_1(\xi)+f_2(\eta) \tag{10.1.19}$$

其中，f_1 和 f_2 是任意函数。由此，式 (10.1.18b) 和式 (10.1.18c) 变为

$$\phi\left(\frac{\xi}{2}\right)=f_1(\xi)+f_2(0) \tag{10.1.20a}$$

$$\psi\left(\frac{\eta}{2}\right)=f_1(0)+f_2(\eta) \tag{10.1.20b}$$

式 (10.1.20a) 和式 (10.1.20b) 相加得到

$$f_1(\xi)+f_2(\eta)=\phi\left(\frac{\xi}{2}\right)+\psi\left(\frac{\eta}{2}\right)-[f_1(0)+f_2(0)] \tag{10.1.21}$$

在式 (10.1.20) 中分别令 $\xi=0$ 和 $\eta=0$，得到

$$\phi\,(0)=f_1(0)+f_2(0) \tag{10.1.22a}$$

$$\psi\,(0)=f_1(0)+f_2(0) \tag{10.1.22b}$$

故

$$f_1(0)+f_2(0)=\frac{\phi(0)+\psi\,(0)}{2}=\phi(0) \tag{10.1.23}$$

代入式 (10.1.21)，给出

$$u(x,t)=\phi\left(\frac{x+at}{2}\right)+\psi\left(\frac{x-at}{2}\right)-\phi(0) \tag{10.1.24}$$

这就是定解问题 (10.1.16) 的解。

10.2　一维波动方程的达朗贝尔公式

10.2.1　达朗贝尔公式的推导

上节我们得到了波动方程的通解 (10.1.9)，本节将根据定解条件，确定其中的函数 f_1 和 f_2 的具体形式。为此我们考虑无界弦的自由振动，即下面的定解问题

$$\begin{cases} \dfrac{\partial^2 u}{\partial t^2}=a^2\dfrac{\partial^2 u}{\partial x^2} & (-\infty<x<+\infty,\ t>0) \qquad (10.2.1a)\\ u\big|_{t=0}=\phi(x),\quad \left.\dfrac{\partial u}{\partial t}\right|_{t=0}=\psi(x) & (-\infty<x<+\infty) \qquad (10.2.1b)\end{cases}$$

其中，$\phi(x)$ 和 $\psi(x)$ 分别是弦的初始位移与初始速度。利用初始条件 (10.2.1b)，从式 (10.1.9) 得到

$$f_1(x)+f_2(x)=\phi(x) \tag{10.2.2a}$$

$$a\,f_1'(x) - a\,f_2'(x) = \psi(x) \tag{10.2.2b}$$

式 (10.2.2b) 两端对 x 积分，积分区间为 $[0, x]$，得到

$$\int_{f_1(0)}^{f_1(x)} \mathrm{d}f_1(x) - \int_{f_2(0)}^{f_2(x)} \mathrm{d}f_2(x) = \frac{1}{a}\int_0^x \psi(x)\mathrm{d}x \tag{10.2.3}$$

即

$$f_1(x) - f_2(x) = \frac{1}{a}\int_0^x \psi(\xi)\mathrm{d}\xi + C \tag{10.2.4}$$

其中，$C = f_1(0) - f_2(0)$。式 (10.2.2a) 与式 (10.2.4) 联立解出

$$f_1(x) = \frac{1}{2}\phi(x) + \frac{1}{2a}\int_0^x \psi(\xi)\mathrm{d}\xi + \frac{C}{2} \tag{10.2.5a}$$

$$f_2(x) = \frac{1}{2}\phi(x) - \frac{1}{2a}\int_0^x \psi(\xi)\mathrm{d}\xi - \frac{C}{2} \tag{10.2.5b}$$

将式 (10.2.5) 代入通解式 (10.1.9) 得

$$\begin{aligned} u(x,t) &= \frac{1}{2}\phi(x+at) + \frac{1}{2a}\int_0^{x+at} \psi(\xi)\mathrm{d}\xi + \frac{1}{2}\phi(x-at) - \frac{1}{2a}\int_0^{x-at} \psi(\xi)\mathrm{d}\xi \\ &= \frac{1}{2}\left[\phi(x+at) + \phi(x-at)\right] + \frac{1}{2a}\left[\int_{x-at}^{0} \psi(\xi)\mathrm{d}\xi + \int_0^{x+at} \psi(\xi)\mathrm{d}\xi\right] \end{aligned}$$

即

$$u(x,t) = \frac{1}{2}\left[\phi(x+at) + \phi(x-at)\right] + \frac{1}{2a}\int_{x-at}^{x+at} \psi(\xi)\mathrm{d}\xi \tag{10.2.6}$$

这就是无界弦自由振动的达朗贝尔 (d'Alembert) 公式。将给定的初始位移 $\phi(x)$ 和初始速度 $\psi(x)$ 代入式 (10.2.6)，即可得到弦上任意点 x 在任意 t 时刻的位移 $u(x,t)$。

现在我们来说明达朗贝尔公式的物理意义。由于达朗贝尔公式 (10.2.6) 是由式 (10.1.9) 得来的，所以我们首先需要说明式 (10.1.9) 的物理意义。首先考虑其中 $f_2(x-at)$ 项的物理意义。假定一个观察者在初始 $t=0$ 时刻处于 $x=D$ 位置，其看到的波形为 $f_2(x-at) = f_2(D)$，如图 10.1 所示。然后观察者以速度 a 沿 x 轴正向运动，运动一段时间 t 之后，到达 $x = D + at$ 位置，此时看到的波形为 $f_2(x-at) = f_2(D+at-at) = f_2(D)$。这里 t 是一个任意的时间间隔，表示观察者在任意时刻看到的波形都是 $f_2(D)$，因此波形以相同的速度 a 运动。所以 $f_2(x-at)$ 表示一个以速度 a 沿 x 轴正向传播的行波，称为右行波。同样道理，$f_1(x+at)$ 表示一个以速度 a 沿 x 轴负向传播的行波，称为左行波。

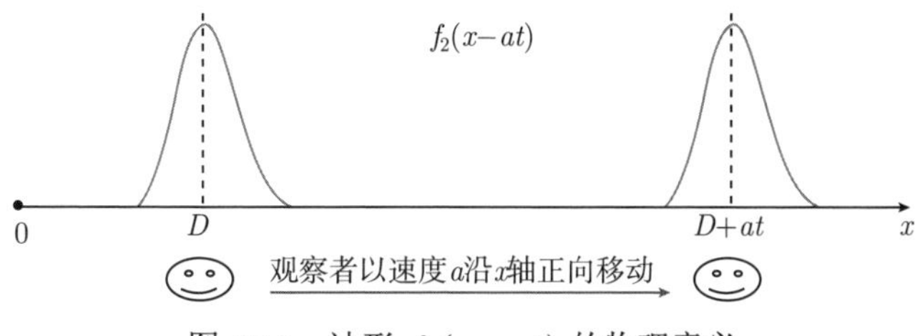

图 10.1 波形 $f_2(x-at)$ 的物理意义

这样我们看到，波动方程的通解式 (10.1.9) 表示左行波 $f_1(x+at)$ 和右行波 $f_2(x-at)$ 的叠加，如图 10.2 所示。在初始 $t=0$ 时刻，两个波有不同的函数形式 $f_1(x)$ 和 $f_2(x)$，然后以相等的速度 a，分别沿 x 轴的负向和正向传播。

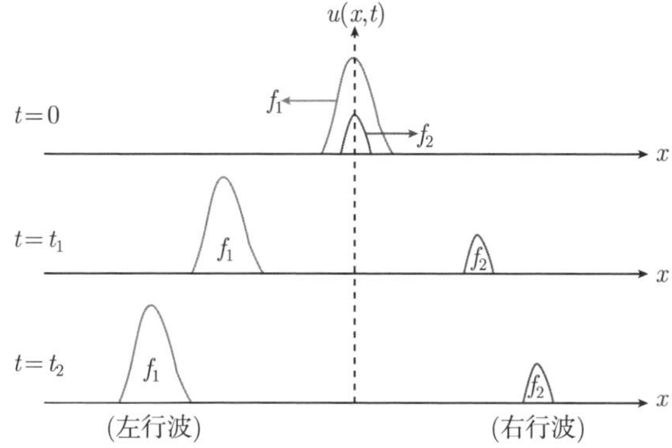

图 10.2 波动方程的通解是左行波 $f_1(x+at)$ 和右行波 $f_2(x-at)$ 的叠加

对于给定的初始位移 $\phi(x)$ 和初始速度 $\psi(x)=0$，达朗贝尔公式 (10.2.6) 给出

$$u(x,t)=\frac{1}{2}\left[\phi(x+at)+\phi(x-at)\right] \tag{10.2.7}$$

这是波形相同速度相等的左行波 $\phi(x+at)$ 和右行波 $\phi(x-at)$ 的叠加。达朗贝尔公式的物理意义还表现在积分 $\displaystyle\int_{x-at}^{x+at}\psi(\xi)\mathrm{d}\xi$ 所引起的“干涉”效应。事实上，该积分能使式 (10.2.6) 的波形发生畸变 (甚至变成单个的行波)，如下面的例题。

例 1 求解下面无界波动方程的定解问题

$$\begin{cases}\dfrac{\partial^2 u}{\partial t^2}=a^2\dfrac{\partial^2 u}{\partial x^2} & (-\infty<x<+\infty,\ t>0) & (10.2.8\text{a})\\ u|_{t=0}=\mathrm{e}^{-x^2},\ \left.\dfrac{\partial u}{\partial t}\right|_{t=0}=2ax\mathrm{e}^{-x^2} & (-\infty<x<+\infty) & (10.2.8\text{b})\end{cases}$$

解 将初始条件 (10.2.8b) 代入达朗贝尔公式 (10.2.6)，得到

$$u(x,t)=\frac{1}{2}\left[\mathrm{e}^{-(x+at)^2}+\mathrm{e}^{-(x-at)^2}\right]+\frac{1}{2a}\int_{x-at}^{x+at}2a\xi\mathrm{e}^{-\xi^2}\mathrm{d}\xi \tag{10.2.9}$$

其中的干涉项为

$$\begin{aligned}
&\frac{1}{2a}\int_{x-at}^{x+at}2a\xi\mathrm{e}^{-\xi^2}\mathrm{d}\xi\\
=&\int_{x-at}^{x+at}\xi\mathrm{e}^{-\xi^2}\mathrm{d}\xi=\frac{1}{2}\int_{x-at}^{x+at}\mathrm{e}^{-\xi^2}d\left(\xi^2\right)\\
=&-\frac{1}{2}\left[\mathrm{e}^{-\xi^2}\right]_{x-at}^{x+at}=-\frac{1}{2}\left[\mathrm{e}^{-(x+at)^2}-\mathrm{e}^{-(x-at)^2}\right]\\
=&\frac{1}{2}\left[\mathrm{e}^{-(x-at)^2}-\mathrm{e}^{-(x+at)^2}\right]
\end{aligned}$$

这一干涉项抵消了左行波，结果变成单个的右行波

$$u(x,t)=\mathrm{e}^{-(x-at)^2} \tag{10.2.10}$$

这是一个沿 x 轴正向传播的高斯波包。

例 2　求解下面无界波动方程的定解问题

$$\begin{cases}\dfrac{\partial^2 u}{\partial t^2}=\dfrac{\partial^2 u}{\partial x^2} & (-\infty<x<+\infty,t>0) \quad (10.2.11\text{a})\\[2ex] u|_{t=0}=0,\ \left.\dfrac{\partial u}{\partial t}\right|_{t=0}=\sin x & (-\infty<x<+\infty) \quad (10.2.11\text{b})\end{cases}$$

解　将初始条件 (10.2.11b) 代入达朗贝尔公式 (10.2.6)，得到

$$\begin{aligned}
u(x,t)&=\frac{1}{2}\int_{x-t}^{x+t}\sin\xi\mathrm{d}\xi\\
&=-\frac{1}{2}[\cos(x+t)-\cos(x-t)]\\
&=\sin x\sin t
\end{aligned}$$

这是一个振幅周期性变化的驻波。

10.2.2　达朗贝尔公式的讨论

达朗贝尔公式 (10.2.6) 所示的特解 $u(x,t)$ 只依赖于初始位置在 $x-at$ 和 $x+at$ 的值，而其中的积分值只依赖于初始速度在区间 $[x-at,x+at]$ 内的变化行为，这意味着 $u(x,t)$ 只依赖于该区间的初始条件, 而与其他点上的初始条件无关。下面我们考查这个区间的边界，为此，设 X 是该区间内的任意一点，则

$$x-at\leqslant X\leqslant x+at \tag{10.2.12}$$

设 X 的最小值为 X_1，最大值为 X_2，则区间的边界为

$$x - at = X_1, \quad x + at = X_2 \tag{10.2.13}$$

式 (10.2.13) 可以改写为

$$t = \frac{x}{a} - \frac{X_1}{a}, \quad t = -\frac{x}{a} + \frac{X_2}{a} \tag{10.2.14}$$

在 t-x 平面上，式 (10.2.14) 表示斜率为 $\pm\frac{1}{a}$、截距为 $-\frac{X_1}{a}$ 和 $\frac{X_2}{a}$、相交于点 (x,t) 的两条直线，它们与直线 $t=0$ 围成一个三角形，该三角形内部的点的集合相应于达朗贝尔公式 (10.2.6) 中的积分区域，因此决定了定解问题 (10.2.1) 的解，称为“决定区域”，如图 10.3(a) 所示。而这个区域的边界线段 X_1X_2 相应于达朗贝尔公式 (10.2.6) 中 $t=0$ 时的积分区间，称为点 (x,t) 的“依赖区间”。

在 $t=0$ 时刻，初始扰动影响的区间为

$$X_1 \leqslant x \leqslant X_2 \tag{10.2.15}$$

经过 t 时间后，影响到的区域为

$$X_1 - at \leqslant x \leqslant X_2 + at \tag{10.2.16}$$

该区域的边界为

$$x = X_1 - at, \quad x = X_2 + at \tag{10.2.17}$$

这两条直线与直线 $t=0$ 围成的区域相应于初始扰动作用 t 时间后所影响到的区域，称为“影响区域”，它是定解问题 (10.2.1) 的求解区域，如图 10.3(b) 所示。

现在平移式 (10.2.14) 的两条直线，给出两族平行线

$$t = \frac{x}{a} - \frac{C_1}{a}(C_1 \geqslant X_1) \tag{10.2.18a}$$

$$t = -\frac{x}{a} + \frac{C_2}{a}(C_2 \leqslant X_2) \tag{10.2.18b}$$

它们称为“特征线”，如图 10.3(c) 所示。式 (10.2.18) 可以写为

$$x - at = C_1, \quad x + at = C_2 \tag{10.2.19}$$

式 (10.2.19) 所示的特征线，对一维波动方程 (10.1.1) 的研究有重要的作用。由 5.4 节的讨论知道，正是基于式 (10.2.19) 的特征线，才得到式 (10.1.2) 的特征变换，波动方程 (10.1.1) 才化成标准形式 (10.1.4)，并继而得到通解 (10.1.9)。另一方面，在特征线 $x-at=C_1$ 上，右行波 $f_2(x-at)$ 的振幅取常数值 $f_2(C_1)$; 在特征线 $x+at=C_2$ 上，左行波 $f_1(x+at)$ 的振幅取常数值 $f_1(C_2)$，且这两个常数值随特征线的移动 (即 C_1 和 C_2 的改变) 而改变，所以我们看出，波动实际上是沿特征线传播的。这是波动方程的一个重要特点。

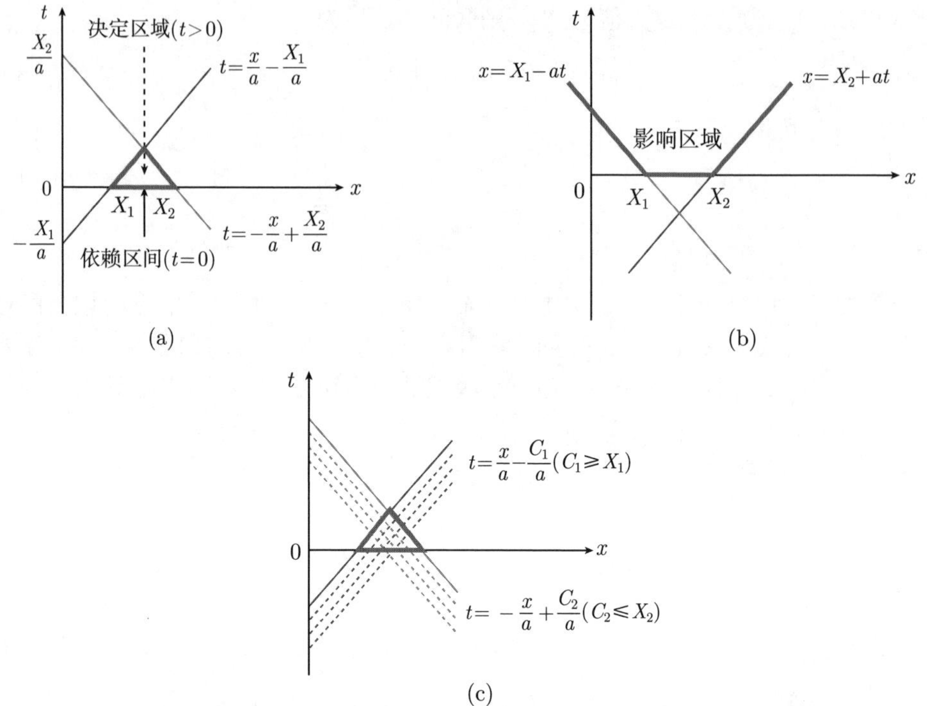

图 10.3 "决定区域","依赖区间","影响区域" 及 "特征线"

10.3 双曲型方程的定解问题

我们在 5.4.2 节例 1 中讨论过方程

$$\frac{\partial^2 u}{\partial x^2}-(A+B)\frac{\partial^2 u}{\partial x\partial y}+AB\frac{\partial^2 u}{\partial y^2}=0 \tag{10.3.1}$$

其中,A 和 B 均是常数,且 $A\neq B$。我们知道它是一个双曲型方程,在变换

$$\xi=y+Ax,\quad \eta=y+Bx \tag{10.3.2}$$

之下,化成标准形式 (10.1.4),而它的通解为 (10.1.8)。本节我们通过例题进一步讨论双曲型方程的定解问题。

例 1 求解定解问题

$$\begin{cases}\dfrac{\partial^2 u}{\partial x^2}+2\dfrac{\partial^2 u}{\partial x\partial y}-3\dfrac{\partial^2 u}{\partial y^2}=0 \quad (-\infty<x<+\infty, y>0) & (10.3.3\text{a})\\ u\,|_{y=0}=3x^2,\quad \left.\dfrac{\partial u}{\partial y}\right|_{y=0}=0 \quad (-\infty<x<+\infty) & (10.3.3\text{b})\end{cases}$$

解 由于 $\Delta>0$，泛定方程 (10.3.3a) 是一个双曲型方程，由

$$A+B=-2,\quad AB=-3 \tag{10.3.4}$$

得到 $A=-3, B=1$，故特征变换为

$$\xi=y-3x,\quad \eta=y+x \tag{10.3.5}$$

在变换式 (10.3.5) 之下，式 (10.3.3a) 化成标准形式

$$\frac{\partial^2 u}{\partial\xi\partial\eta}=0 \tag{10.3.6}$$

它的通解为

$$u(\xi,\eta)=f_1(\xi)+f_2(\eta) \tag{10.3.7}$$

其中，f_1 和 f_2 是两个任意的二次连续可微的函数，由特征变换式 (10.3.5) 得到通解

$$u(x,y)=f_1(y-3x)+f_2(y+x) \tag{10.3.8}$$

由条件 (10.3.3b) 得到

$$f_1(-3x)+f_2(x)=3x^2 \tag{10.3.9}$$

$$f_1'(-3x)+f_2'(x)=0 \tag{10.3.10}$$

对式 (10.3.10) 积分得

$$-\frac{1}{3}f_1(-3x)+f_2(x)=C \tag{10.3.11}$$

方程式 (10.3.9) 与式 (10.3.11) 联立解得

$$f_1(-3x)=\frac{9}{4}x^2-\frac{3}{4}C=\frac{1}{4}(-3x)^2-\frac{3}{4}C \tag{10.3.12a}$$

$$f_2(x)=\frac{3}{4}x^2+\frac{3}{4}C \tag{10.3.12b}$$

将式 (10.3.12) 代入式 (10.3.8) 得到

$$u(x,y)=\frac{1}{4}(y-3x)^2+\frac{3}{4}(y+x)^2=3x^2+y^2 \tag{10.3.13}$$

这就是定解问题 (10.3.3) 的解。

例 2 求解定解问题

$$\begin{cases}\dfrac{\partial^2 u}{\partial x^2}-\dfrac{\partial^2 u}{\partial x\partial y}-2\dfrac{\partial^2 u}{\partial y^2}+\dfrac{\partial u}{\partial x}-2\dfrac{\partial u}{\partial y}=0 & (-\infty<x<+\infty, y>0) \quad (10.3.14\text{a})\\ u\,|_{y=0}=2x^2 & (-\infty<x<+\infty) \quad (10.3.14\text{b})\\ \left.\dfrac{\partial u}{\partial y}\right|_{y=0}=x & (-\infty<x<+\infty) \quad (10.3.14\text{c})\end{cases}$$

解　由于 $\Delta > 0$，泛定方程 (10.3.14a) 是一个双曲型方程，它可以写为

$$\frac{\partial^2 u}{\partial x^2} - \frac{\partial^2 u}{\partial x \partial y} - 2\frac{\partial^2 u}{\partial y^2} + \frac{\partial u}{\partial x} - 2\frac{\partial u}{\partial y}$$
$$= \left(\frac{\partial}{\partial x} + \frac{\partial}{\partial y} + 1\right)\left(\frac{\partial}{\partial x} - 2\frac{\partial}{\partial y}\right) u = 0 \tag{10.3.15}$$

令

$$v = \left(\frac{\partial}{\partial x} - 2\frac{\partial}{\partial y}\right) u \tag{10.3.16a}$$

则方程 (10.3.15) 变成

$$\left(\frac{\partial}{\partial x} + \frac{\partial}{\partial y} + 1\right) v = 0 \tag{10.3.16b}$$

方程 (10.3.16) 是关于 u 和 v 的一阶偏微分方程。我们首先对 v 求解，为此考查 $v\,|_{y=0}$ 值，利用式 (10.3.16a) 和式 (10.3.14c) 得到

$$v\,|_{y=0} = \left[\frac{\partial u}{\partial x} - 2\frac{\partial u}{\partial y}\right]_{y=0} = \left.\frac{\partial u}{\partial x}\right|_{y=0} - 2x \tag{10.3.17}$$

另外，从式 (10.3.14b) 得到

$$\left.\frac{\partial u}{\partial x}\right|_{y=0} = \frac{\partial u(x,0)}{\partial x} = 4x \tag{10.3.18}$$

将式 (10.3.18) 代入式 (10.3.17) 得到

$$v\,|_{y=0} = 2x \tag{10.3.19}$$

求解式 (10.3.16b) 与式 (10.3.19) 组成的定解问题，得到

$$v(x,y) = 2(x-y)\mathrm{e}^{-y} \tag{10.3.20}$$

将式 (10.3.20) 代入式 (10.3.16a) 得到

$$\frac{\partial u}{\partial x} - 2\frac{\partial u}{\partial y} = 2(x-y)\mathrm{e}^{-y} \tag{10.3.21}$$

求解式 (10.3.21) 与式 (10.3.14b) 组成的定解问题 (见 10.4 节例 2)，得到

$$u(x,y) = \frac{3}{2} - x - \frac{y}{2} + 2x^2 + 2xy + \frac{y^2}{2} + (x - y - \frac{3}{2})\mathrm{e}^{-y} \tag{10.3.22}$$

式 (10.3.22) 就是定解问题 (10.3.14) 的解。

10.4　一阶线性偏微分方程的特征线法

考虑下列一阶线性偏微分方程的定解问题

$$\begin{cases} \dfrac{\partial u}{\partial t}+a(x,t)\dfrac{\partial u}{\partial x}+b(x,t)\,u=f(x,t) \quad (-\infty<x<+\infty,t>0) & (10.4.1\text{a}) \\ u|_{t=0}=\phi(x) \quad (-\infty<x<+\infty) & (10.4.1\text{b}) \end{cases}$$

其中，$a(x,t)$ 和 $b(x,t)$ 是与 x,t 有关的系数，$f(x,t)$ 是任意函数。式 (10.4.1b) 表示初始条件，我们将用特征线法求解 (10.4.1)。求解的思路是：希望将这个偏微分方程问题化成常微分方程问题来求解。一般而言，$u(x,t)$ 中的两个变量 x,t 是相互独立的。如果 x 是 t 的函数，即 $x=x(t)$，则函数

$$u(x,t)=u[x(t),t]\equiv U(t) \tag{10.4.2}$$

满足常微分方程。现在我们建立 $U(t)$ 的方程，为此求导数

$$\frac{\mathrm{d}U}{\mathrm{d}t}=\frac{\partial u}{\partial x}\frac{\partial x}{\partial t}+\frac{\partial u}{\partial t}\frac{\partial t}{\partial t}=\frac{\partial u}{\partial t}+\frac{\partial u}{\partial x}\frac{\mathrm{d}x}{\mathrm{d}t} \tag{10.4.3}$$

假定 $x(t)$ 对 t 的依赖关系可以表示为

$$\frac{\mathrm{d}x}{\mathrm{d}t}=a[x(t),t] \tag{10.4.4}$$

则式 (10.4.3) 变为

$$\frac{\mathrm{d}U}{\mathrm{d}t}=\frac{\partial u}{\partial t}+a[x(t),t]\frac{\partial u}{\partial x} \tag{10.4.5}$$

由该方程写出 $\dfrac{\partial u}{\partial t}$，然后代入式 (10.4.1a)，得到

$$\frac{\mathrm{d}U}{\mathrm{d}t}+b[x(t),t]U=f[x(t),t] \tag{10.4.6}$$

设曲线 $x(t)\sim t$ 的起点为 $x(0)=c$(c 是一个参量)。它与式 (10.4.4) 结合构成关于 $x(t)$ 的初值问题

$$\begin{cases} \dfrac{\mathrm{d}x}{\mathrm{d}t}=a[x(t),t] & (10.4.7\text{a}) \\ x(0)=c & (10.4.7\text{b}) \end{cases}$$

另一方面，初始条件 (10.4.1b) 给出 $U\,|_{t=0}=\phi\,[x(0)]=\phi(c)$，它与方程 (10.4.6) 结合构成关于 $U(t)$ 的初值问题

$$\begin{cases} \dfrac{\mathrm{d}U}{\mathrm{d}t}+b[x(t),t]U=f[x(t),t] & (10.4.8\text{a}) \\ U\,|_{t=0}=\phi(c) & (10.4.8\text{b}) \end{cases}$$

初值问题 (10.4.7) 的解为特征线 $x = x(t, c)$，它与式 (10.4.8) 的解联立消去参量 c，即得原定解问题 (10.4.1) 的解 $u(x, t)$。

例 1 求解定解问题

$$\begin{cases} \dfrac{\partial u}{\partial t} + (x+t)\dfrac{\partial u}{\partial x} + u = x & (-\infty < x < +\infty, t > 0) \quad (10.4.9a) \\ u|_{t=0} = x & (-\infty < x < +\infty) \quad (10.4.9b) \end{cases}$$

解 定解问题 (10.4.9) 与 (10.4.1) 相比，有 $a(x, t) = x + t$，$b = 1$，$f(x, t) = x$。首先求特征线，由式 (10.4.7) 得到

$$\begin{cases} \dfrac{\mathrm{d}x}{\mathrm{d}t} = x + t & (10.4.10a) \\ x(0) = c & (10.4.10b) \end{cases}$$

用拉普拉斯变换法求解该初值问题得到特征线

$$x(t) = \mathrm{e}^t - t - 1 + c\mathrm{e}^t \tag{10.4.11}$$

它被显示在图 10.4。而关于 $U(t)$ 的问题 (10.4.8) 现在变为

$$\begin{cases} \dfrac{\mathrm{d}U}{\mathrm{d}t} + U = \mathrm{e}^t - t - 1 + c\mathrm{e}^t & (10.4.12a) \\ U(0) = c & (10.4.12b) \end{cases}$$

用拉普拉斯变换法求解方程 (10.4.12) 得到

$$U(t) = -t + \frac{1}{2}\left(\mathrm{e}^t - \mathrm{e}^{-t}\right) + \frac{c}{2}\left(\mathrm{e}^t + \mathrm{e}^{-t}\right) \tag{10.4.13}$$

由式 (10.4.11) 解出

$$c = (x + t + 1)\,\mathrm{e}^{-t} - 1 \tag{10.4.14}$$

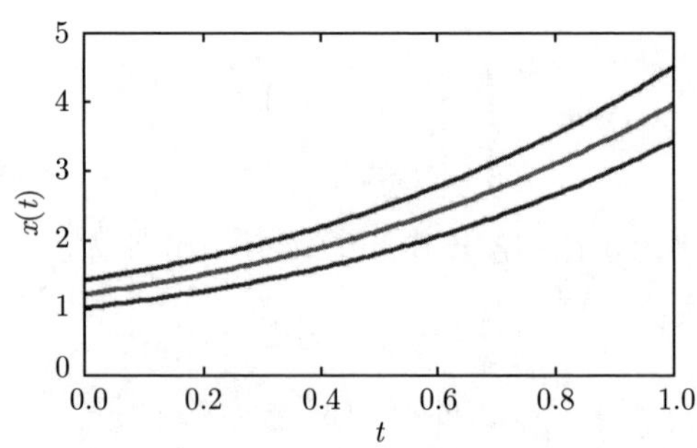

图 10.4 式 (10.4.11) 所示的特征线

代入式 (10.4.13) 得到

$$u(x,t)=\frac{1}{2}(x-t+1)-\mathrm{e}^{-t}+\frac{1}{2}(x+t+1)\mathrm{e}^{-2t} \tag{10.4.15}$$

这就是定解问题 (10.4.9) 的解。

例 2 求解定解问题

$$\begin{cases}\dfrac{\partial u}{\partial y}-\dfrac{1}{2}\dfrac{\partial u}{\partial x}=(y-x)\mathrm{e}^{-y} & (-\infty<x<+\infty, y>0) \quad (10.4.16\text{a})\\ u\left|_{y=0}\right.=2x^2 & (-\infty<x<+\infty) \quad (10.4.16\text{b})\end{cases}$$

解 定解问题 (10.4.16) 与定解问题 (10.4.1) 相比较，有 $a(x,t)=-1/2$，$b=0$，$f(x,t)=(y-x)\mathrm{e}^{-y}$。我们首先求特征线，由式 (10.4.7) 得到

$$\begin{cases}\dfrac{\mathrm{d}x}{\mathrm{d}y}=-\dfrac{1}{2} & (10.4.17\text{a})\\ x(0)=c & (10.4.17\text{b})\end{cases}$$

解式 (10.4.17) 得到特征线

$$x=c-\frac{y}{2} \tag{10.4.18}$$

该特征线为一族平行线。关于 $U(y)$ 的问题 (10.4.8) 变为

$$\begin{cases}\dfrac{\mathrm{d}U}{\mathrm{d}y}=\left(\dfrac{3y}{2}-c\right)\mathrm{e}^{-y} & (10.4.19\text{a})\\ U\left|_{y=0}\right.=2c^2 & (10.4.19\text{b})\end{cases}$$

对式 (10.4.19a) 积分，并利用式 (10.4.19b)，得到

$$U-2c^2=\frac{3}{2}\left[1-(1+y)\,\mathrm{e}^{-y}\right]+c\left(\mathrm{e}^{-y}-1\right) \tag{10.4.20}$$

由式 (10.4.18) 解出 $c=x+\dfrac{y}{2}$，代入式 (10.4.20)，得到

$$u(x,y)=\frac{3}{2}\left[1-(1+y)\,\mathrm{e}^{-y}\right]+\left(x+\frac{y}{2}\right)\left(\mathrm{e}^{-y}-1\right)+2\left(x+\frac{y}{2}\right)^2 \tag{10.4.21}$$

这就是式 (10.3.22)。

10.5 非齐次波动方程：齐次化原理

本节将利用齐次化原理求解非齐次波动方程的定解问题。为此我们首先介绍积分微商定理，设

$$U(x)=\int_a^x f(x,\tau)\mathrm{d}\tau \tag{10.5.1a}$$

其中，a 是一个确定的常数，则

$$\frac{\mathrm{d}}{\mathrm{d}x}U(x)=f(x,x)+\int_a^x\frac{\partial}{\partial x}f(x,\tau)\mathrm{d}\tau \tag{10.5.1b}$$

证明　引入一个双变量函数

$$\varOmega(x,y)=\int_a^y f(x,\tau)\mathrm{d}\tau \tag{10.5.2}$$

按照基本的微分运算，我们有

$$\frac{\partial}{\partial y}\varOmega(x,y)=\frac{\partial}{\partial y}\int_a^y f(x,\tau)\mathrm{d}\tau=f(x,y) \tag{10.5.3}$$

另一方面，按照积分号下求微分的法则，由式 (10.5.2) 得到

$$\frac{\partial}{\partial x}\varOmega(x,y)=\frac{\partial}{\partial x}\int_a^y f(x,\tau)\mathrm{d}\tau=\int_a^y\frac{\partial}{\partial x}f(x,\tau)\mathrm{d}\tau \tag{10.5.4}$$

现在假定 y 是 x 的函数，记为 $y=y(x)$。按照复合函数求微商的法则，由式 (10.5.4) 和式 (10.5.3) 得到

$$\begin{aligned}\frac{\mathrm{d}}{\mathrm{d}x}\varOmega\left[x,y(x)\right]&=\frac{\partial}{\partial x}\varOmega\left[x,y(x)\right]\frac{\mathrm{d}x}{\mathrm{d}x}+\frac{\partial}{\partial y}\varOmega\left[x,y(x)\right]\frac{\mathrm{d}y}{\mathrm{d}x}\\&=\int_a^{y(x)}\frac{\partial}{\partial x}f(x,\tau)\mathrm{d}\tau+f\left[x,y(x)\right]\frac{\mathrm{d}y}{\mathrm{d}x}\end{aligned}$$

在上式中取 $y(x)=x$，得到

$$\frac{\mathrm{d}}{\mathrm{d}x}\varOmega(x)=f(x,x)+\int_a^x\frac{\partial}{\partial x}f(x,\tau)\mathrm{d}\tau \tag{10.5.5a}$$

而式 (10.5.2) 变为

$$\varOmega(x)=\int_a^x f(x,\tau)\mathrm{d}\tau \tag{10.5.5b}$$

故定理式 (10.5.1) 得证。

现在我们考虑无界弦强迫振动的定解问题：

$$\begin{cases}\dfrac{\partial^2 u}{\partial t^2}=a^2\dfrac{\partial^2 u}{\partial x^2}+f(x,t)\quad(-\infty<x<+\infty,t>0) & (10.5.6\text{a})\\ u|_{t=0}=0,\ \left.\dfrac{\partial u}{\partial t}\right|_{t=0}=0\quad(-\infty<x<+\infty) & (10.5.6\text{b})\end{cases}$$

为了求解此问题，我们利用齐次化原理。它表述为：设 $\varOmega(x,t,\tau)$ 是下列初值问题的解

$$\begin{cases}\dfrac{\partial^2\varOmega}{\partial t^2}=a^2\dfrac{\partial^2\varOmega}{\partial x^2}\qquad(-\infty<x<+\infty,t>\tau) & (10.5.7\text{a})\\ \varOmega|_{t=\tau}=0,\ \left.\dfrac{\partial\varOmega}{\partial t}\right|_{t=\tau}=f(x,\tau)\quad(-\infty<x<+\infty) & (10.5.7\text{b})\end{cases}$$

则定解问题 (10.5.6) 的解为

$$u(x,t) = \int_0^t \Omega(x,t,\tau)\,\mathrm{d}\tau \tag{10.5.8}$$

其中，τ 为参数。

证明 表达式 (10.5.8) 直接给出

$$u|_{t=0} = \left[\int_0^t \Omega(x,t,\tau)\,\mathrm{d}\tau\right]_{t=0} = 0$$

利用定理式 (10.5.1) 及式 (10.5.7b) 中的第一式，我们有

$$\left.\frac{\partial u}{\partial t}\right|_{t=0} = \Omega(x,t,t) + \left[\int_0^t \frac{\partial}{\partial t}\Omega(x,t,\tau)\mathrm{d}\tau\right]_{t=0} = 0$$

可见解 (10.5.8) 满足初始条件 (10.5.6b)。我们再来考查式 (10.5.8) 是否满足方程 (10.5.6a)。事实上，利用定理式 (10.5.1) 和式 (10.5.7b) 中的第二式，以及式 (10.5.7a) 我们有

$$\begin{aligned}
\frac{\partial^2 u}{\partial t^2} &= \frac{\partial}{\partial t}\int_0^t \frac{\partial}{\partial t}\Omega(x,t,\tau)\mathrm{d}\tau \\
&= \left[\frac{\partial}{\partial t}\Omega(x,t,\tau)\right]_{\tau=t} + \int_0^t \frac{\partial^2}{\partial t^2}\,\Omega(x,t,\tau)\mathrm{d}\tau \\
&= f(x,t) + a^2\int_0^t \frac{\partial^2}{\partial x^2}\Omega(x,t,\tau)\mathrm{d}\tau \\
&= f(x,t) + a^2\frac{\partial^2}{\partial x^2}\int_0^t \Omega(x,t,\tau)\mathrm{d}\tau \\
&= f(x,t) + a^2\frac{\partial^2 u}{\partial x^2}
\end{aligned}$$

可见式 (10.5.8) 也满足方程 (10.5.6a)，故式 (10.5.8) 是方程 (10.5.6) 的解。

下面求解初值问题 (10.5.7)，为此令 $T = t-\tau$，则式 (10.5.7) 化为

$$\begin{cases}
\dfrac{\partial^2\Omega}{\partial T^2} = a^2\dfrac{\partial^2\Omega}{\partial x^2} \qquad (-\infty < x < +\infty,\ T > 0) & \text{(10.5.9a)}\\[2ex]
\Omega|_{T=0} = 0,\ \left.\dfrac{\partial\Omega}{\partial T}\right|_{T=0} = f(x,\tau) \quad (-\infty < x < +\infty) & \text{(10.5.9b)}
\end{cases}$$

达朗贝尔公式给出式 (10.5.9) 的解

$$\Omega(x,t,\tau) = \frac{1}{2a}\int_{x-aT}^{x+aT} f(\xi,\tau)\mathrm{d}\xi = \frac{1}{2a}\int_{x-a(t-\tau)}^{x+a(t-\tau)} f(\xi,\tau)\mathrm{d}\xi \tag{10.5.10}$$

将式 (10.5.10) 代入式 (10.5.8) 得到式 (10.5.6) 的解

$$u(x,t) = \frac{1}{2a}\int_0^t \int_{x-a(t-\tau)}^{x+a(t-\tau)} f(\xi,\tau)\mathrm{d}\xi\,\mathrm{d}\tau \tag{10.5.11}$$

其中的积分区域显示在图 10.5，它是过点 (x,t) 的两条特征线 $\xi = x \pm a(t-\tau)$ 与 $\tau = 0$ 直线所围成的三角形区域。

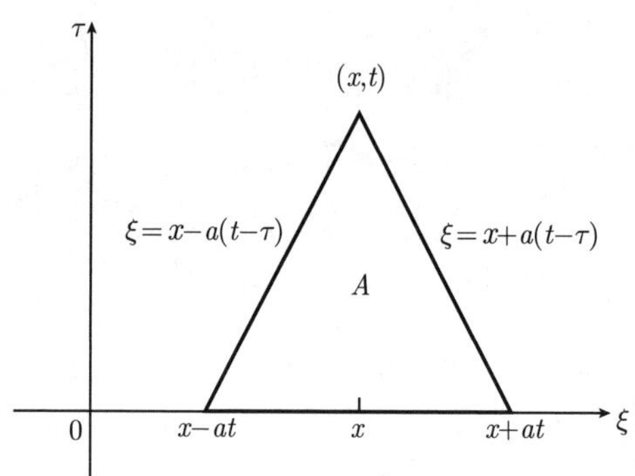

图 10.5　式 (10.5.11) 积分的区域 A

现在我们进一步求解具有任意初始条件的无界弦强迫振动的定解问题

$$\begin{cases} \dfrac{\partial^2 w}{\partial t^2} = a^2 \dfrac{\partial^2 w}{\partial x^2} + f(x,t) \qquad (-\infty < x < +\infty,\ t > 0) & (10.5.12a) \\ w|_{t=0} = \phi(x),\ \left.\dfrac{\partial w}{\partial t}\right|_{t=0} = \psi(x) \qquad (-\infty < x < +\infty) & (10.5.12b) \end{cases}$$

按照叠加原理，令 $w = u + v$，其中 u 是定解问题 (10.5.6) 的解，而 v 是达朗贝尔问题 (10.2.1) 的解，故式 (10.5.12) 的解是式 (10.2.6) 与式 (10.5.11) 的相加，即

$$\begin{aligned} w(x,t) =& \frac{1}{2}\left[\phi(x+at) + \phi(x-at)\right] + \frac{1}{2a}\int_{x-at}^{x+at} \psi(\xi)\mathrm{d}\xi \\ &+ \frac{1}{2a}\int_0^t \int_{x-a(t-\tau)}^{x+a(t-\tau)} f(\xi,\tau)\mathrm{d}\xi\,\mathrm{d}\tau \end{aligned} \tag{10.5.13}$$

这就是非齐次波动方程的初值问题 (10.5.12) 的解，与齐次情况下的达朗贝尔公式相比，多出了第三项，即自由项 $f(x,t)$ 对时间和空间的积分。

例 1　求解定解问题

$$\begin{cases} \dfrac{\partial^2 u}{\partial t^2} = a^2 \dfrac{\partial^2 u}{\partial x^2} + \dfrac{x}{(1+x^2)^2} \qquad (-\infty < x < +\infty, t > 0) & (10.5.14a) \\ u|_{t=0} = 0,\ \left.\dfrac{\partial u}{\partial t}\right|_{t=0} = 0 \qquad (-\infty < x < +\infty) & (10.5.14b) \end{cases}$$

解 该定解问题属于式 (10.5.6) 的形式，而相应的关于 $\varOmega(x,t,\tau)$ 的定解问题属于式 (10.5.7) 的形式，即

$$\begin{cases} \dfrac{\partial^2 \varOmega}{\partial t^2} = a^2 \dfrac{\partial^2 \varOmega}{\partial x^2} & (-\infty < x < +\infty, t > \tau) \quad (10.5.15\text{a}) \\ \varOmega|_{t-\tau=0} = 0,\ \dfrac{\partial \varOmega}{\partial t}\Big|_{t-\tau=0} = \dfrac{x}{(1+x^2)^2} & (-\infty < x < +\infty) \quad (10.5.15\text{b}) \end{cases}$$

它的解属于式 (10.5.10) 的形式，即

$$\begin{aligned} \varOmega(x,t,\tau) &= \frac{1}{2a}\int_{x-a(t-\tau)}^{x+a(t-\tau)} \frac{\xi}{(1+\xi^2)^2}\mathrm{d}\xi \\ &= \frac{1}{4a}\left\{\frac{1}{1+[x-a(t-\tau)]^2} - \frac{1}{1+[x+a(t-\tau)]^2}\right\} \end{aligned}$$

按照式 (10.5.8) 对 $\varOmega(x,t,\tau)$ 积分得到

$$\begin{aligned} u(x,t) &= \int_0^t \varOmega(x,t,\tau)\,\mathrm{d}\tau \\ &= \frac{1}{4a}\int_0^t \left\{\frac{1}{1+[x-a(t-\tau)]^2} - \frac{1}{1+[x+a(t-\tau)]^2}\right\}\mathrm{d}\tau \\ &= \frac{1}{4a^2}[2\arctan x - \arctan(x+at) - \arctan(x-at)] \end{aligned}$$

这就是定解问题 (10.5.14) 的解。

例 2 求解定解问题

$$\begin{cases} \dfrac{\partial^2 u}{\partial t^2} = \dfrac{\partial^2 u}{\partial x^2} + \mathrm{e}^{-t}\cos x \quad (-\infty < x < +\infty, t > 0) & (10.5.16\text{a}) \\ u|_{t=0} = 0,\ \dfrac{\partial u}{\partial t}\Big|_{t=0} = 0 \quad (-\infty < x < +\infty) & (10.5.16\text{b}) \end{cases}$$

解 与式 (10.5.6) 相比较，有 $f(x,t) = \mathrm{e}^{-t}\cos x$，故式 (10.5.10) 变为

$$\varOmega(x,t,\tau) = \frac{1}{2}\int_{x-(t-\tau)}^{x+(t-\tau)} \mathrm{e}^{-\tau}\cos\xi\mathrm{d}\xi = \mathrm{e}^{-\tau}\cos x\sin(t-\tau) \quad (10.5.17)$$

于是式 (10.5.8) 给出

$$\begin{aligned} u(x,t) &= \int_0^t \varOmega(x,t,\tau)\,\mathrm{d}\tau \\ &= \int_0^t \mathrm{e}^{-\tau}\cos x\sin(t-\tau)\,\mathrm{d}\tau \end{aligned}$$

$$= \frac{1}{2}\cos x\left(\mathrm{e}^{-t} - \cos t + \sin t\right)$$

这就是定解问题 (10.4.16) 的解。

例 3 求解定解问题

$$\begin{cases} \dfrac{\partial^2 u}{\partial t^2} = a^2 \dfrac{\partial^2 u}{\partial x^2} + kx & (-\infty < x < +\infty, t > 0) \quad (10.5.18\text{a}) \\ u|_{t=0} = \cos x,\ \left.\dfrac{\partial u}{\partial t}\right|_{t=0} = 0 & (-\infty < x < +\infty) \quad (10.5.18\text{b}) \end{cases}$$

解 与式 (10.5.12) 比较，有 $f(x,t) = kx$，$\phi(x) = \cos x$，$\psi(x) = 0$，故式 (10.5.13) 变为

$$u(x,t) = \frac{1}{2}\left[\phi(x+at) + \phi(x-at)\right] + \frac{1}{2a}\int_0^t \int_{x-a(t-\tau)}^{x+a(t-\tau)} f(\xi,\tau)\mathrm{d}\xi\,\mathrm{d}\tau \tag{10.5.19}$$

其中

$$\frac{1}{2}\left[\phi(x+at) + \phi(x-at)\right] = \frac{1}{2}\left[\cos(x+at) + \cos(x-at)\right] = \cos x \cos at$$

$$\frac{1}{2a}\int_0^t \int_{x-a(t-\tau)}^{x+a(t-\tau)} f(\xi,\tau)\mathrm{d}\xi\,\mathrm{d}\tau = \frac{k}{4a}\int_0^t \left[\xi^2\right]_{x-a(t-\tau)}^{x+a(t-\tau)}\mathrm{d}\tau = \frac{k}{2}xt^2$$

故

$$u(x,t) = \cos x \cos at + \frac{k}{2}xt^2 \tag{10.5.20}$$

这就是定解问题 (10.5.18) 的解。

10.6 三维波动方程

以上我们讨论了无边界一维波动方程和相关双曲型方程的定解问题，得到了达朗贝尔公式 (10.2.6) 及非齐次问题的解 (10.5.13)，但一维波动方程还不能满足相关科学研究与工程技术的需要。例如，有关电磁波与电磁场的时空变化问题常常涉及三维波动方程。本节考虑三维无限空间中的波动问题，即求解下列定解问题

$$\begin{cases} \dfrac{\partial^2 u}{\partial t^2} = a^2\left(\dfrac{\partial^2 u}{\partial x^2} + \dfrac{\partial^2 u}{\partial y^2} + \dfrac{\partial^2 u}{\partial z^2}\right) & (-\infty < x,y,z < +\infty, t > 0) \quad (10.6.0\text{a}) \\ u|_{t=0} = \phi(x,y,z) & (-\infty < x,y,z < +\infty) \quad (10.6.0\text{b}) \\ \left.\dfrac{\partial u}{\partial t}\right|_{t=0} = \psi(x,y,z) & (-\infty < x,y,z < +\infty) \quad (10.6.0\text{c}) \end{cases}$$

其中, 式 (10.6.0b) 和式 (10.6.0c) 分别表示初始位移和初始速度，这里的初始条件表示一个立体区域 (二维初始条件表示一个曲面，一维初始条件表示一条曲线)。由于方程 (10.6.0a) 包含三个坐标变量，不能将一维的结果直接推广到三维，但仍然可以用行波法求解。我们首先考虑一个特殊情况。

10.6.1 三维波动方程的球对称解

取球坐标系

$$x = r\sin\theta\cos\phi,\quad y = r\sin\theta\sin\phi,\quad z = r\cos\theta \tag{10.6.1}$$

波动方程 (10.6.0a) 在球坐标系中表示为 [式 (1.2.49)]

$$\frac{1}{r^2}\frac{\partial}{\partial r}\left(r^2\frac{\partial u}{\partial r}\right)+\frac{1}{r^2\sin\theta}\frac{\partial}{\partial\theta}\left(\sin\theta\frac{\partial u}{\partial\theta}\right)+\frac{1}{r^2\sin^2\theta}\frac{\partial^2 u}{\partial\phi^2}=\frac{1}{a^2}\frac{\partial^2 u}{\partial t^2} \tag{10.6.2}$$

当 u 不依赖于角向变量 θ,ϕ 时，方程 (10.6.2) 化简为

$$\frac{1}{r^2}\frac{\partial}{\partial r}\left(r^2\frac{\partial u}{\partial r}\right)=\frac{1}{a^2}\frac{\partial^2 u}{\partial t^2} \tag{10.6.3}$$

由于

$$\frac{1}{r^2}\frac{\partial}{\partial r}\left(r^2\frac{\partial u}{\partial r}\right)=\frac{\partial^2 u}{\partial r^2}+\frac{2}{r}\frac{\partial u}{\partial r}=\frac{1}{r}\frac{\partial^2(ru)}{\partial r^2} \tag{10.6.4}$$

方程 (10.6.3) 可以写为

$$\frac{\partial^2(ru)}{\partial t^2}=a^2\frac{\partial^2(ru)}{\partial r^2} \tag{10.6.5}$$

这是一个以 ru 为变量的一维波动方程，其通解为

$$u(r,t)=\frac{f_1(r+at)}{r}+\frac{f_2(r-at)}{r} \tag{10.6.6}$$

这就是三维波动方程的球对称解，它们分别是发散和会聚的三维波，其中，f_1 和 f_2 是两个任意二次连续可微的函数，它们由给定的初始条件来确定。

10.6.2 三维波动方程的泊松公式

考虑三维波动方程的一般情况，我们的目的是求任意 t 时刻在空间任意点 $M(x,y,z)$ 的波函数 $u(x,y,z,t)=u(M,t)$。对于 10.6.1 节讨论的球对称情况，波函数 u 只是 r 与 t 的函数，ru 满足一维波动方程 (10.6.5)。但在一般情况下 u 不能写成 r 与 t 的函数，而是 x,y,z，t 的函数，所以 ru 不可能满足三维波动方程。但是，如果我们不去考虑波函数 u 本身, 而是考虑 u 在以 $M(x,y,z)$ 为球心, 以 r 为半径的球面上的平均值，则这个平均值在 x,y,z 暂时固定之后就只与 r,t 有关了。

为此，以 M 点为中心，以 r 为半径作一个球面 S_r^M，如图 10.6 所示，则波函数在球面上的平均值为

$$\langle u(r,t)\rangle \equiv \frac{1}{4\pi r^2}\iint\limits_{S_r^M} u(M',t)\,\mathrm{d}S \tag{10.6.7}$$

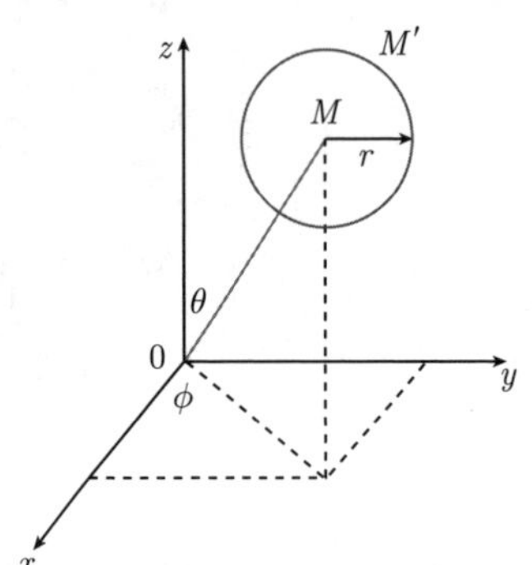

图 10.6　波函数的球面平均示意图

其中，$M'(\xi,\eta,\delta)$ 是球面 S_r^M 上的动点，这里

$$\xi = x + r\sin\theta\cos\phi,\quad \eta = y + r\sin\theta\sin\phi,$$

$$\delta = z + r\cos\theta \tag{10.6.8}$$

$\mathrm{d}S$ 是球面 S_r^M 上的面积元素。进而在 $r\to 0$ 情况下求极限

$$\lim_{r\to 0}\langle u(r,t)\rangle = u(M,t) \tag{10.6.9}$$

它就是任意 t 时刻在空间任意点 $M(x,y,z)$ 的波函数。利用上述思路求解三维波动方程初值问题 (10.6.0) 的方法称为球面平均法。

用球面平均法求解式 (10.6.0)，通常是先建立 $\langle u(r,t)\rangle$ 的微分方程，求解后再取 $r\to 0$ 的极限。我们这里介绍一个简单的方法，其出发点是一维波动方程定解问题的达朗贝尔公式 (10.2.6)，它可以改写为

$$u(x,t) = \frac{\partial}{\partial t}\left[\frac{t}{2at}\int_{x-at}^{x+at}\phi(\xi)\mathrm{d}\xi\right] + \frac{t}{2at}\int_{x-at}^{x+at}\psi(\xi)\mathrm{d}\xi \tag{10.6.10}$$

注意到积分 $\langle F(x,t)\rangle \equiv \dfrac{1}{2at}\displaystyle\int_{x-at}^{x+at}F(\xi)\mathrm{d}\xi$ 是函数 $F(\xi)$ 在区间 $[x-at,x+at]$ 上的平均值，这样式 (10.6.10) 可以写为

$$u(x,t) = \frac{\partial}{\partial t}\left[t\langle\phi(x,t)\rangle\right] + t\langle\psi(x,t)\rangle \tag{10.6.11}$$

其中

$$\langle\phi(x,t)\rangle = \frac{1}{2at}\int_{x-at}^{x+at}\phi(\xi)\mathrm{d}\xi \tag{10.6.12a}$$

$$\langle\psi(x,t)\rangle = \frac{1}{2at}\int_{x-at}^{x+at}\psi(\xi)\mathrm{d}\xi \tag{10.6.12b}$$

分别是初始位移 ϕ 和初始速度 ψ 在区间 $[x-at,x+at]$ 上的平均值。

式 (10.6.12) 所示一维的区间平均容易推广到三维的球面平均，二者之间的对应关系如表 10.1 所示。特别是，一维求平均时的区间长度 $2at$ 对应三维求平均时

的球面面积 $4\pi(at)^2$。这样，与一维平均位移式 (10.6.12a) 与平均速度式 (10.6.12b) 对应的三维结果为

$$\langle\phi(x,y,z,t)\rangle=\frac{1}{4\pi(at)^2}\iint\limits_{S_{at}^M}\phi(\xi,\eta,\delta)\,\mathrm{d}S \tag{10.6.13a}$$

$$\langle\psi(x,y,z,t)\rangle=\frac{1}{4\pi(at)^2}\iint\limits_{S_{at}^M}\psi(\xi,\eta,\delta)\,\mathrm{d}S \tag{10.6.13b}$$

式 (10.6.13) 中的积分遍及以 $M(x,y,z)$ 为中心，以 at 为半径的整个球面 S_{at}^M。进而，与式 (10.6.11) 对应的三维波函数为

$$u(x,y,z,t)=\frac{\partial}{\partial t}\left[t\left\langle\phi(x,y,z,t)\right\rangle\right]+t\left\langle\psi(x,y,z,t)\right\rangle \tag{10.6.14}$$

将式 (10.6.13) 代入式 (10.6.14)，整理后得到

$$u(x,y,z,t)=\frac{1}{4\pi a}\frac{\partial}{\partial t}\iint\limits_{S_{at}^M}\frac{\phi(M')}{at}\mathrm{d}S+\frac{1}{4\pi a}\iint\limits_{S_{at}^M}\frac{\psi(M')}{at}\mathrm{d}S \tag{10.6.15}$$

式 (10.6.15) 称为三维波动方程的泊松公式。不难验证，当 $\phi(x,y,z)$ 是三次连续可微的函数，$\psi(x,y,z)$ 是二次连续可微的函数时，由式 (10.6.15) 所确定的函数 $u(x,y,z,t)$ 确实是定解问题 (10.6.0) 的解。在第 12 章，我们还将利用格林函数法推导出三维波动方程的泊松公式 (10.6.15)。

表 10.1　一维区间平均与三维球面平均的比较

区间：$[x-at,x+at]$	球面：$(\xi-x)^2+(\eta-y)^2+(\delta-z)^2=(at)^2$
区间中心：x	球面中心：(x,y,z)
区间半宽：at	球面半径：at
区间长度：$2at$	球面面积：$4\pi(at)^2$

下面举一个例子说明泊松公式 (10.6.15) 的用法。

例　设已知 $\phi(x,y,z)=x+y+z$，$\psi(x,y,z)=0$，求解定解问题 (10.6.0)。

解　将给定的初始条件代入式 (10.6.15)，得到所要求的解为

$$\begin{aligned}&u(x,y,z,t)\\&=\frac{1}{4\pi a^2}\frac{\partial}{\partial t}\left[\frac{1}{t}\iint\limits_{S_{at}^M}\phi(M')\mathrm{d}S\right]\\&=\frac{1}{4\pi a}\frac{\partial}{\partial t}\left\{\frac{1}{at}\iint[(x+at\sin\theta\cos\phi)+(y+at\sin\theta\sin\phi)\right.\end{aligned}$$

$$
\begin{aligned}
&\quad + (z + at\cos\theta)] \, (at)^2 \sin\theta \, \mathrm{d}\theta \mathrm{d}\phi \Big\} \\
&= \frac{1}{4\pi a} \frac{\partial}{\partial t} \left\{ at \iint [(x + y + z) + at\,(\sin\theta\cos\phi + \sin\theta\sin\phi) + at\cos\theta] \sin\theta \, \mathrm{d}\theta \mathrm{d}\phi \right\} \\
&= \frac{1}{4\pi a} \frac{\partial}{\partial t} \Bigg\{ at \left[(x + y + z) \int_{\phi=0}^{2\pi} \mathrm{d}\phi \int_{\theta=0}^{\pi} \sin\theta \, \mathrm{d}\theta \right] \\
&\quad + (at)^2 \underbrace{\left[\int_{\phi=0}^{2\pi} (\cos\phi + \sin\phi) \mathrm{d}\phi \int_{\theta=0}^{\pi} \sin^2\theta \mathrm{d}\theta + \int_{\phi=0}^{2\pi} \mathrm{d}\phi \int_{\theta=0}^{\pi} \cos\theta \sin\theta \mathrm{d}\theta \right]}_{=0} \Bigg\} \\
&= \frac{1}{4\pi a} \frac{\partial}{\partial t} \left[at\,(x + y + z) 4\pi \right] = x + y + z
\end{aligned}
$$

这个结果意味着系统在时间演化中维持初始的波函数不变。

10.6.3 泊松公式的物理意义

我们进一步讨论泊松公式 (10.6.15) 的物理意义。设初始条件限于三维区域 T_0，d 和 D 分别是考查点 M 点到 T_0 的最小和最大距离。式 (10.6.15) 表示，t 时刻 $M(x, y, z)$ 点的波函数 $u(x, y, z, t)$ 是由以 M 为中心、at 为半径的球面 S_{at}^M 上的初始条件决定的。当 $at < d$，即 $t < d/a$ 时，$u(x, y, z, t) = 0$，这表明扰动的“前锋”还未到达，如图 10.7(a) 所示；当 $d \leqslant at \leqslant D$，即 $d/a \leqslant t \leqslant D/a$ 时，$u(x, y, z, t) \neq 0$，这表明扰动发生作用，如图 10.7(b) 所示；当 $at > D$，即 $t > D/a$ 时，$u(x, y, z, t) = 0$，这表明扰动的“阵尾”已经过去，如图 10.7(c) 所示。因此，当初始扰动限制在空间某局部范围内时，扰动有清晰的“前锋”和“阵尾”，这种现象在物理学中称为惠更斯原理或无后效现象。由于在点 (ξ, η, δ) 的初始扰动是向各方向传播的，在时间 t 它的影响是在以 (ξ, η, δ) 为中心，at 为半径的一个球面上，因此解 (10.6.15) 称为球面波。

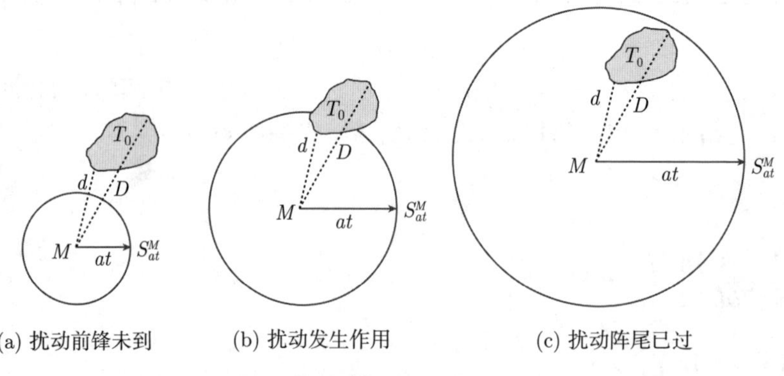

(a) 扰动前锋未到　　(b) 扰动发生作用　　(c) 扰动阵尾已过

图 10.7

从式 (10.6.15) 我们也可以得到二维波动方程始值问题的解。事实上，如果 u 与 z 无关，则 $\partial u/\partial z = 0$，这时三维波动方程的始值问题就变成二维波动方程的始值问题

$$\begin{cases} \dfrac{\partial^2 u}{\partial t^2} = a^2\left(\dfrac{\partial^2 u}{\partial x^2} + \dfrac{\partial^2 u}{\partial y^2}\right) & (-\infty < x, y < +\infty, t > 0) \quad (10.6.16a) \\ u\big|_{t=0} = \phi(x,y) & (-\infty < x, y < +\infty) \quad (10.6.16b) \\ \dfrac{\partial u}{\partial t}\Big|_{t=0} = \psi(x,y) & (-\infty < x, y < +\infty) \quad (10.6.16c) \end{cases}$$

为得式 (10.6.16) 解的表达式, 将式 (10.6.15) 中两个沿球面的积分转化成在圆域

$$\varSigma_{at}^M : (\xi - x)^2 + (\eta - y)^2 \leqslant (at)^2 \tag{10.6.17}$$

内的积分，下面以式 (10.6.15) 的第二项为例说明这个转化方法。先将这个积分拆成两部分

$$\frac{1}{4\pi a}\iint\limits_{S_{at}^M} \frac{\psi(M')}{at}\mathrm{d}S = \frac{1}{4\pi a}\iint\limits_{S_1} \frac{\psi(M')}{at}\mathrm{d}S + \frac{1}{4\pi a}\iint\limits_{S_2} \frac{\psi(M')}{at}\mathrm{d}S \tag{10.6.18}$$

其中，S_1 和 S_2 分别表示球面 S_{at}^M 的上半球面和下半球面。由于被积函数不依赖于变量 z，所以式 (10.6.18) 右端两个积分是相等的，即

$$\frac{1}{4\pi a}\iint\limits_{S_{at}^M} \frac{\psi(M')}{at}\mathrm{d}S = \frac{1}{2\pi a}\iint\limits_{S_1} \frac{\psi(M')}{at}\mathrm{d}S \tag{10.6.19}$$

把右端的积分化为二重积分，并注意到球面 S_{at}^M 上的面积元素 $\mathrm{d}S$ 与它在圆域 $\varSigma_{at}^M$ 上的投影元素 $\mathrm{d}\xi\mathrm{d}\eta$ 的关系 (图 10.8)

$$\mathrm{d}\xi\mathrm{d}\eta = \mathrm{d}S\cos\beta = \frac{\sqrt{(at)^2 - (\xi - x)^2 - (\eta - y)^2}}{at}\mathrm{d}S \tag{10.6.20}$$

其中, β 是这两个面积元素法线方向之间的夹角, 由此得到

$$\begin{aligned} \frac{1}{4\pi a}\iint\limits_{S_{at}^M} \frac{\psi(M')}{at}\mathrm{d}S &= \frac{1}{2\pi a}\iint\limits_{\varSigma_{at}^M} \frac{\psi(\xi,\eta)}{at}\frac{at}{\sqrt{(at)^2 - (\xi - x)^2 - (\eta - y)^2}}\mathrm{d}\xi\mathrm{d}\eta \\ &= \frac{1}{2\pi a}\iint\limits_{\varSigma_{at}^M} \frac{\psi(\xi,\eta)}{\sqrt{(at)^2 - (\xi - x)^2 - (\eta - y)^2}}\mathrm{d}\xi\mathrm{d}\eta \end{aligned} \tag{10.6.21a}$$

按相同的方法对式 (10.6.15) 的第一项进行转化，得到

$$\frac{1}{4\pi a}\iint\limits_{S_{at}^M} \frac{\phi(M')}{at}\,\mathrm{d}S = \frac{1}{2\pi a}\iint\limits_{\varSigma_{at}^M} \frac{\phi(\xi,\eta)}{\sqrt{(at)^2 - (\xi - x)^2 - (\eta - y)^2}}\mathrm{d}\xi\mathrm{d}\eta \tag{10.6.21b}$$

将式 (10.6.21) 代入式 (10.6.15) 得到

$$
\begin{aligned}
u(x,y,t) = & \frac{1}{2\pi a}\frac{\partial}{\partial t}\iint\limits_{\Sigma_{at}^M}\frac{\phi(\xi,\eta)}{\sqrt{(at)^2-(\xi-x)^2-(\eta-y)^2}}\mathrm{d}\xi\mathrm{d}\eta \\
& + \frac{1}{2\pi a}\iint\limits_{\Sigma_{at}^M}\frac{\psi(\xi,\eta)}{\sqrt{(at)^2-(\xi-x)^2-(\eta-y)^2}}\mathrm{d}\xi\mathrm{d}\eta
\end{aligned}
\tag{10.6.22}
$$

这就是初值问题 (10.6.16) 的解。

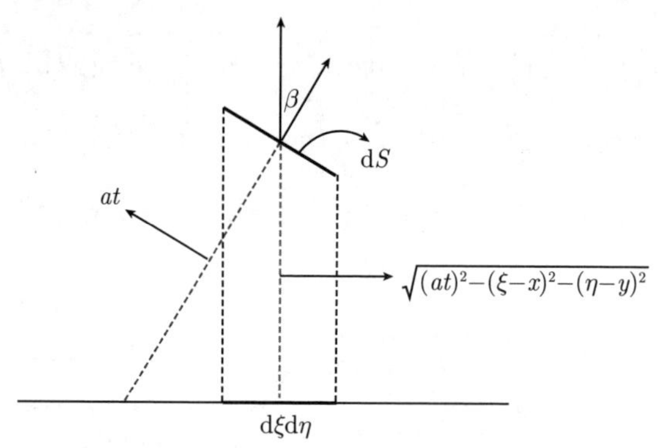

图 10.8　$\mathrm{d}S$ 与 $\mathrm{d}\xi\mathrm{d}\eta$ 的关系

例　设已知 $\phi(x,y)=x^2(x+y)$, $\psi(x,y)=0$，求解定解问题 (10.6.16)。

解　在极坐标系中

$$
\xi = x + r\cos\theta,\quad \eta = y + r\sin\theta \tag{10.6.23}
$$

故

$$
(\xi-x)^2+(\eta-y)^2=r^2 \tag{10.6.24}
$$

代入式 (10.6.22) 得到

$$
\begin{aligned}
u(x,y,t) &= \frac{1}{2\pi a}\frac{\partial}{\partial t}\int_0^{at}\int_0^{2\pi}\frac{\phi(x+r\cos\theta,y+r\sin\theta)}{\sqrt{(at)^2-r^2}}r\mathrm{d}r\mathrm{d}\theta \\
&= \frac{1}{2\pi a}\frac{\partial}{\partial t}\int_0^{at}\int_0^{2\pi}\frac{(x+r\cos\theta)^2(x+r\cos\theta+y+r\sin\theta)}{\sqrt{(at)^2-r^2}}r\mathrm{d}r\mathrm{d}\theta \\
&= \frac{1}{2\pi a}\frac{\partial}{\partial t}\int_0^{at}\frac{r}{\sqrt{(at)^2-r^2}}\left\{\int_0^{2\pi}\left[x^2(x+y)+(3x+y)r^2\cos^2\theta\right]\mathrm{d}\theta\right\}\mathrm{d}r \\
&= \frac{1}{2\pi a}\frac{\partial}{\partial t}\int_0^{at}\frac{r}{\sqrt{(at)^2-r^2}}\left[2\pi x^2(x+y)+\pi(3x+y)r^2\right]\mathrm{d}r \\
&= \frac{1}{2\pi a}\frac{\partial}{\partial t}\left[2\pi x^2(x+y)at+\frac{\pi}{2}(3x+y)\frac{4}{3}(at)^3\right]
\end{aligned}
$$

$$= x^2(x+y) + (3x+y)(at)^2$$

这就是所求定解问题的结果，当 $t=0$ 时，给出初始条件 $\phi(x,y)=x^2(x+y)$。

我们进一步讨论泊松公式 (10.6.22) 的物理意义。设初始条件限于二维区域 T_0，d 和 D 分别是 M 点到 T_0 的最小和最大距离。式 (10.6.22) 表示，t 时刻 $M(x,y)$ 点的波函数 $u(x,y,t)$ 是由以 M 为中心、at 为半径的圆域 Σ_{at}^M 上的初始条件决定的 (波函数 $u(x,y,t)$ 依赖于整个圆域 Σ_{at}^M 上的初始条件)。当 $at<d$ 时，$u(x,y,t)=0$；当 $d\leqslant at\leqslant D$ 时，$u(x,y,t)\neq 0$；当 $at>D$ 时，由于圆域 Σ_{at}^M 包含了区域 T_0, 所以 $u(x,y,t)$ 仍不为零，即在 $d/a\leqslant t<+\infty$ 时段，式 (10.6.22) 的积分值不为零。这种现象称为波的弥散 (后效现象)，其含义是局部范围内的初始扰动，具有长期的连续的后效特性，扰动有清晰的 “前锋” 而无 “阵尾”，这一点与球面波不同。

平面上以点 (ξ,η) 为中心的圆周的方程 $(x-\xi)^2+(y-\eta)^2=r^2$ 在空间坐标系内表示母线平行于 z 轴的圆柱面，所以在过 (ξ,η) 点平行于 z 轴的无限长直线上的初始扰动，在时间 t 后的影响是在以该直线为轴，at 为半径的圆柱面内，因此解式 (10.6.22) 称为柱面波。

10.7 旁轴波动方程: 格林算子法

10.7.1 旁轴波动方程的解

本节讨论三维波动方程

$$\frac{\partial^2 u}{\partial t^2} = a^2\left(\frac{\partial^2 u}{\partial x^2}+\frac{\partial^2 u}{\partial y^2}+\frac{\partial^2 u}{\partial z^2}\right) \tag{10.7.1}$$

在旁轴近似下的解及其应用，着重考虑自由传播的单色光。一列沿 z 轴正向自由传播的单色光束可以表示为

$$u(\boldsymbol{r},z,t) = \psi(\boldsymbol{r},z)\exp\left[\mathrm{i}(kz-\omega t)\right] \tag{10.7.2}$$

其中，k 和 ω 分别是光波的波数与频率；$\boldsymbol{r}=x\boldsymbol{i}+y\boldsymbol{j}$ 是 z 处的横向位置矢径。将式 (10.7.2) 代入式 (10.7.1)，因为振幅 $\psi(\boldsymbol{r},z)$ 在一个光频波长内变化很小，可以略去二阶微商项 $\partial^2\psi/\partial z^2$，从而得到

$$\mathrm{i}\beta\frac{\partial}{\partial z}\psi(\boldsymbol{r},z) = \hat{H}\psi(\boldsymbol{r},z) \tag{10.7.3}$$

这里

$$\beta = -2k \tag{10.7.4}$$

$$\hat{H} = \frac{\partial^2}{\partial x^2}+\frac{\partial^2}{\partial y^2} \tag{10.7.5}$$

方程 (10.7.3) 称为旁轴波动方程，它与量子力学的薛定谔方程有相似的形式，其中 z 代替了薛定谔方程中的时间 t，而 β 相当于普朗克常数 $\hbar$。

于是可以按照量子力学的表述，把式 (10.7.3) 写成抽象态矢量 $|\psi(z)\rangle$ 的形式

$$\mathrm{i}\beta\frac{\partial}{\partial z}|\psi(z)\rangle = \hat{H}|\psi(z)\rangle \tag{10.7.6}$$

由于 $\hat{H}$ 不含 z，对式 (10.7.6) 积分，有

$$\int_{|\psi(z_0)\rangle}^{|\psi(z)\rangle}\frac{\mathrm{d}|\psi(z)\rangle}{|\psi(z)\rangle} = -\frac{\mathrm{i}}{\beta}\hat{H}\int_{z_0}^{z}\mathrm{d}z$$

得到

$$|\psi(z)\rangle = \hat{G}_L|\psi(z_0)\rangle \tag{10.7.7}$$

其中

$$\hat{G}_L = \exp\left(-\mathrm{i}\frac{L}{\beta}\hat{H}\right) = \exp\left(\mathrm{i}\frac{L}{2k}\hat{H}\right) \tag{10.7.8}$$

称为格林算子，它决定态矢量 $|\psi(z)\rangle$ 随 z 的演化，而 L 是演化的距离

$$L = z - z_0 \tag{10.7.9}$$

按量子力学的知识，二维坐标本征态 $|\boldsymbol{r}\rangle$ 构成连续谱，并有完备性关系式

$$\int_{-\infty}^{\infty}|\boldsymbol{r}\rangle\langle\boldsymbol{r}|\,\mathrm{d}\boldsymbol{r} = 1 \tag{10.7.10}$$

态矢量 (10.7.7) 向二维坐标表象 $\{|\boldsymbol{r}\rangle\}$ 投影，并利用式 (10.7.7) 和式 (10.7.10)，得到

$$\begin{aligned}\langle\boldsymbol{r}|\psi(z)\rangle &= \langle\boldsymbol{r}|\hat{G}_L|\psi(z_0)\rangle\rangle \\ &= \left\langle\boldsymbol{r}\middle|\hat{G}_L\int_{-\infty}^{\infty}|\boldsymbol{r}_0\rangle\langle\boldsymbol{r}_0|\mathrm{d}\boldsymbol{r}_0|\psi(z_0)\rangle\right\rangle \\ &= \int_{-\infty}^{\infty}\langle\boldsymbol{r}|\,\hat{G}_L\,|\boldsymbol{r}_0\rangle\,\langle\boldsymbol{r}_0|\psi(z_0)\rangle\,\mathrm{d}\boldsymbol{r}_0\end{aligned}$$

而 $\langle\boldsymbol{r}|\psi(z)\rangle = \psi(\boldsymbol{r},z)$ 是坐标表象的波函数，故

$$\psi(\boldsymbol{r},z) = \int_{-\infty}^{\infty}G_L(\boldsymbol{r},\boldsymbol{r}_0)\psi(\boldsymbol{r}_0,z_0)\mathrm{d}\boldsymbol{r}_0 \tag{10.7.11}$$

其中，矩阵元

$$G_L(\boldsymbol{r},\boldsymbol{r}_0) = \langle\boldsymbol{r}|\,\hat{G}_L\,|\boldsymbol{r}_0\rangle \tag{10.7.12}$$

称为格林函数。

式 (10.7.11) 的物理意义是很清楚的，如图 10.9 所示，一列沿 z 轴传播的旁轴单色光束，如果在输入平面 (x_0, y_0) 的振幅为 $\psi(\boldsymbol{r}_0, z_0)$，在自由空间传播 L 距离到输出平面 (x, y) 时，振幅演化为 $\psi(\boldsymbol{r}, z)$，它由式 (10.7.11) 的积分表示。其中，格林函数 $G_L(\boldsymbol{r}, \boldsymbol{r}_0)$ 是输入平面上位于 $\boldsymbol{r}_0$ 的一个点源在输出平面的 $\boldsymbol{r}$ 点产生的场分布，现在我们来计算它。

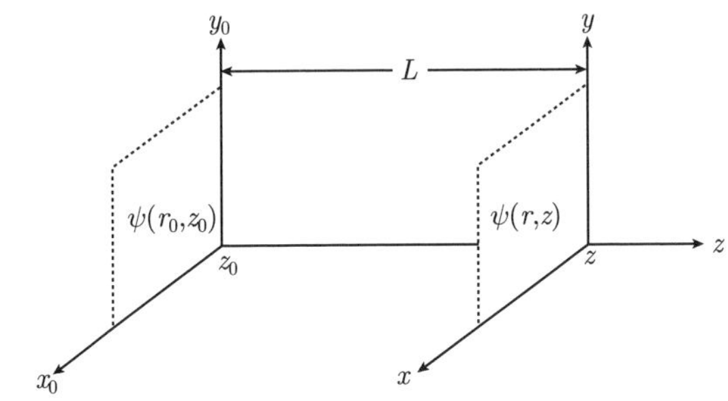

图 10.9 光场 $\psi(\boldsymbol{r}_0, z_0)$ 传播自由空间 L 后变成 $\psi(\boldsymbol{r}, z)$

二维动量本征态 $|\boldsymbol{K}\rangle$ 是拉普拉斯算符式 (10.7.5) 的本征态，即

$$\hat{H}\,|\boldsymbol{K}\rangle = -K^2\,|\boldsymbol{K}\rangle \tag{10.7.13}$$

它构成连续谱，并有完备性关系式

$$\int_{-\infty}^{\infty} |\boldsymbol{K}\rangle\,\langle\boldsymbol{K}|\,\mathrm{d}\boldsymbol{K} = 1 \tag{10.7.14}$$

它在坐标表象表示为

$$\langle\boldsymbol{r}|\boldsymbol{K}\rangle = \frac{1}{2\pi}\exp\left(\mathrm{i}\boldsymbol{K}\cdot\boldsymbol{r}\right) \tag{10.7.15}$$

将完备性关系式 (10.7.14) 插入式 (10.7.12) 的矩阵元，并利用式 (10.7.8) 和式 (10.7.13)，得到

$$\begin{aligned}
G_L(\boldsymbol{r}, \boldsymbol{r}_0) &= \langle\boldsymbol{r}|\,\hat{G}_L\,|\boldsymbol{r}_0\rangle \\
&= \langle\boldsymbol{r}|\,\hat{G}_L\int_{-\infty}^{\infty}|\boldsymbol{K}\rangle\,\langle\boldsymbol{K}|\,\mathrm{d}\boldsymbol{K}\,|\boldsymbol{r}_0\rangle \\
&= \int_{-\infty}^{\infty}\langle\boldsymbol{r}|\exp\left(-\mathrm{i}\frac{L}{\beta}\hat{H}\right)|\boldsymbol{K}\rangle\,\langle\boldsymbol{K}|\boldsymbol{r}_0\rangle\,\mathrm{d}\boldsymbol{K} \\
&= \int_{-\infty}^{\infty}\exp\left(\mathrm{i}\frac{L}{\beta}K^2\right)\langle\boldsymbol{r}|\boldsymbol{K}\rangle\,\langle\boldsymbol{K}|\boldsymbol{r}_0\rangle\,\mathrm{d}\boldsymbol{K} \\
&= \frac{1}{(2\pi)^2}\int_{-\infty}^{\infty}\exp\left(\frac{\mathrm{i}}{\beta}K^2 L\right)\mathrm{e}^{\mathrm{i}\boldsymbol{K}\cdot(\boldsymbol{r}-\boldsymbol{r}_0)}\mathrm{d}\boldsymbol{K}
\end{aligned}$$

完成积分后，利用式 (10.7.4)，得到

$$G_L(\boldsymbol{r}, \boldsymbol{r}_0) = \frac{1}{\mathrm{i}\lambda L} \mathrm{e}^{\mathrm{i}\frac{k}{2L}|\boldsymbol{r}_0 - \boldsymbol{r}|^2} \tag{10.7.16}$$

其中, $\lambda = \dfrac{2\pi}{k}$ 是单色光的波长。将式 (10.7.16) 代入式 (10.7.11) 得到

$$\psi(\boldsymbol{r}, z) = \frac{1}{\mathrm{i}\lambda L} \int_{-\infty}^{\infty} \psi(\boldsymbol{r}_0, z_0) \mathrm{e}^{\mathrm{i}\frac{k}{2L}|\boldsymbol{r}_0 - \boldsymbol{r}|^2} \mathrm{d}\boldsymbol{r}_0 \tag{10.7.17}$$

式 (10.7.17) 就是旁轴波动方程 (10.7.3) 的解，它表示熟知的旁轴近似的菲涅耳衍射积分。其中，格林函数 $G_L(\boldsymbol{r}, \boldsymbol{r}_0)$ 可以称为菲涅耳核，它就是通常所说的“脉冲响应”。

10.7.2　光学元件与光学系统的格林算子

设一个光学元件对于垂直入射的旁轴光束的透过率函数为 $G_F(\boldsymbol{r})$，则该光学元件的格林算子定义为 $G_F(\boldsymbol{r})$ 的相应的算子形式。例如，一个球面薄透镜对垂直入射的旁轴光束的透过率函数为

$$G_F(\boldsymbol{r}) = \mathrm{e}^{-\mathrm{i}\frac{k}{2f} r^2} \tag{10.7.18}$$

其中，f 是透镜的焦距，于是该透镜的格林算子为

$$\hat{G}_F = \mathrm{e}^{-\mathrm{i}\frac{k}{2f} \hat{r}^2} \tag{10.7.19}$$

一般光学系统是由若干个分立元件和它们之间的自由空间组成的。例如，图 10.10 所示的光学系统，是由位于 z_0 的球面薄透镜 F_1，透过率函数为 $T(\boldsymbol{r})$ 的物 F_2，两段自由空间 (长度分别为 L_1 和 L_2) 组成的。对于整个系统来说，如果输入、输出态矢量分别为 $|\psi(z_0)\rangle$ 和 $|\psi(z)\rangle$，则在它们之间也存在一个格林算子 $\hat{G}$，显然它是系统中各个分立元件及各段自由空间格林算子的有序乘积。对于图 10.10 所示的系统，$\hat{G}$ 写为

$$\hat{G} = \hat{G}_{L_2} \hat{G}_T \hat{G}_{L_1} \hat{G}_F \tag{10.7.20}$$

其中，$\hat{G}_T = T(\hat{\boldsymbol{r}})$ 是物的透过率算子。

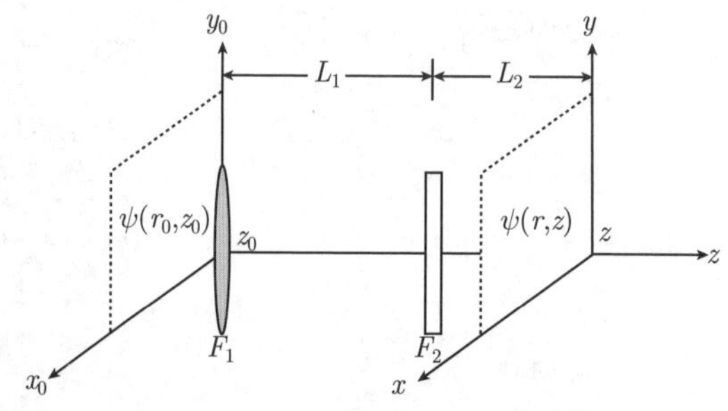

图 10.10　光场 $\psi(\boldsymbol{r}_0, z_0)$ 在系统中传播后变成 $\psi(\boldsymbol{r}, z)$

对于一般光学系统，其格林算子可以表示为

$$\hat{G} = \prod_i \hat{G}_i \tag{10.7.21}$$

其中，$\hat{G}_i$ 是第 i 个元件 (包括自由空间) 的格林算子。若式 (10.7.21) 的格林算子将输入态矢量 $|\psi(z_0)\rangle$ 与输出态矢量 $|\psi(z)\rangle$ 相联系，即

$$|\psi(z)\rangle = \hat{G}\,|\psi(z_0)\rangle \tag{10.7.22}$$

则按照得到式 (10.7.11) 的过程可得

$$\psi(\boldsymbol{r}, z) = \int_{-\infty}^{\infty} G(\boldsymbol{r}, \boldsymbol{r}_0)\psi(\boldsymbol{r}_0, z_0)\mathrm{d}\boldsymbol{r}_0 \tag{10.7.23}$$

其中，矩阵元

$$G(\boldsymbol{r}, \boldsymbol{r}_0) = \langle \boldsymbol{r}|\,\hat{G}\,|\boldsymbol{r}_0\rangle \tag{10.7.24}$$

是整个系统的格林函数。这样一来，对于一个给定的光学系统，如果求得其格林函数 $G(\boldsymbol{r}, \boldsymbol{r}_0)$，就可以代入式 (10.7.23)，由任意的输入光场 $\psi(\boldsymbol{r}_0, z_0)$ 求得相应的输出光场 $\psi(\boldsymbol{r}, z)$。因此，利用上述的格林算子法，原则上可以处理傅里叶光学和相关领域的全部理论问题。而上述方法的优越性在于，对于给定的光学系统，恰当地插入完备性关系式 (10.7.10)，可以简化运算过程。

10.7.3 格林算子法的应用

作为格林算子法的应用，我们讨论如图 10.10 所示的光学系统。简单起见，设输入平面 (x_0, y_0) 的光场为单位振幅的平面波，即

$$\psi(\boldsymbol{r}_0, z_0) = 1 \tag{10.7.25}$$

现在求输出平面 (x, y) 上的光场分布 $\psi(\boldsymbol{r}, z)$。将系统的格林算子式 (10.7.20) 在二维坐标表象取矩阵元，给出系统的格林函数

$$G(\boldsymbol{r}, \boldsymbol{r}_0) = \langle \boldsymbol{r}|\,\hat{G}_{L_2}T(\hat{\boldsymbol{r}})\hat{G}_{L_1}\hat{G}_F\,|\boldsymbol{r}_0\rangle \tag{10.7.26}$$

计算式 (10.7.26) 最简单的方法是在算子 $T(\hat{\boldsymbol{r}})$ 之后插入完备性关系式 $\int_{-\infty}^{\infty}|\boldsymbol{r}'\rangle\langle\boldsymbol{r}'|\mathrm{d}\boldsymbol{r}' = 1$，这样可以利用本征方程

$$T(\hat{\boldsymbol{r}})\,|\boldsymbol{r}'\rangle = T(\boldsymbol{r}')\,|\boldsymbol{r}'\rangle \tag{10.7.27a}$$

$$\hat{G}_F\,|\boldsymbol{r}_0\rangle = \mathrm{e}^{-\mathrm{i}\frac{k}{2f}r_0^2}\,|\boldsymbol{r}_0\rangle \tag{10.7.27b}$$

得到

$$\begin{aligned}G(\boldsymbol{r},\boldsymbol{r}_0)&=\int_{-\infty}^{\infty}\langle\boldsymbol{r}|\,\hat{G}_{L_2}T(\hat{\boldsymbol{r}})\,|\boldsymbol{r}'\rangle\,\langle\boldsymbol{r}'|\,\hat{G}_{L_1}\hat{G}_F\,|\boldsymbol{r}_0\rangle\,\mathrm{d}\boldsymbol{r}'\\&=\int_{-\infty}^{\infty}\langle\boldsymbol{r}|\,\hat{G}_{L_2}\,|\boldsymbol{r}'\rangle T(\boldsymbol{r}')\,\langle\boldsymbol{r}'|\,\hat{G}_{L_1}\,|\boldsymbol{r}_0\rangle\,\mathrm{e}^{-\mathrm{i}\frac{k}{2f}r_0^2}\mathrm{d}\boldsymbol{r}'\\&=\int_{-\infty}^{\infty}G_{L_2}(\boldsymbol{r},\boldsymbol{r}')T(\boldsymbol{r}')G_{L_1}(\boldsymbol{r}',\boldsymbol{r}_0)\mathrm{e}^{-\mathrm{i}\frac{k}{2f}r_0^2}\mathrm{d}\boldsymbol{r}'\end{aligned}\tag{10.7.28}$$

将式 (10.7.28) 代入式 (10.7.23)，并利用式 (10.7.25) 和式 (10.7.16) 得到

$$\begin{aligned}\psi(\boldsymbol{r},z)&=\int_{-\infty}^{\infty}\int_{-\infty}^{\infty}G_{L_2}(\boldsymbol{r},\boldsymbol{r}')\,T(\boldsymbol{r}')G_{L_1}(\boldsymbol{r}',\boldsymbol{r}_0)\mathrm{e}^{-\mathrm{i}\frac{k}{2f}r_0^2}\mathrm{d}\boldsymbol{r}'\mathrm{d}\boldsymbol{r}_0\\&=-\frac{1}{\lambda^2L_1L_2}\int_{-\infty}^{\infty}\int_{-\infty}^{\infty}T(\boldsymbol{r}')\mathrm{e}^{\mathrm{i}\frac{k}{2L_2}\left|\boldsymbol{r}-\boldsymbol{r}'\right|^2}\mathrm{e}^{\mathrm{i}\frac{k}{2L_1}\left|\boldsymbol{r}'-\boldsymbol{r}_0\right|^2}\mathrm{e}^{-\mathrm{i}\frac{k}{2f}r_0^2}\mathrm{d}\boldsymbol{r}'\mathrm{d}\boldsymbol{r}_0\\&=-\frac{1}{\lambda^2L_1L_2}\int_{-\infty}^{\infty}I(\boldsymbol{r}')T(\boldsymbol{r}')\mathrm{e}^{\mathrm{i}\frac{k}{2L_2}\left|\boldsymbol{r}-\boldsymbol{r}'\right|^2}\,\mathrm{d}\boldsymbol{r}'\end{aligned}\tag{10.7.29}$$

其中

$$I(\boldsymbol{r}')=\int_{-\infty}^{\infty}\mathrm{e}^{\mathrm{i}\frac{k}{2L_1}\left|\boldsymbol{r}'-\boldsymbol{r}_0\right|^2}\mathrm{e}^{-\mathrm{i}\frac{k}{2f}r_0^2}\mathrm{d}\boldsymbol{r}_0\tag{10.7.30}$$

积分式 (10.7.30) 的结果为

$$I(\boldsymbol{r}')=\frac{\mathrm{i}\lambda}{\dfrac{1}{L_1}-\dfrac{1}{f}}\exp\left[\left(\mathrm{i}\frac{k}{2L_1}r'^2\right)+\left(-\mathrm{i}\frac{k}{2L_1^2}\frac{1}{\dfrac{1}{L_1}-\dfrac{1}{f}}r'^2\right)\right]\tag{10.7.31}$$

将式 (10.7.31) 代入式 (10.7.29) 得

$$\psi(\boldsymbol{r},z)=\frac{f}{\mathrm{i}\lambda L_2(f-L_1)}\mathrm{e}^{\mathrm{i}\frac{k}{2L_2}r^2}\int_{-\infty}^{\infty}T(\boldsymbol{r}')\mathrm{e}^{\mathrm{i}\frac{k}{2}\frac{f-(L_1+L_2)}{L_2(f-L_1)}r'^2}\,\mathrm{e}^{-\mathrm{i}2\pi\boldsymbol{r}'\cdot\frac{\boldsymbol{r}}{\lambda L_2}}\mathrm{d}\boldsymbol{r}'\tag{10.7.32}$$

这就是图 10.10 所示光学系统的一般结果。当 $L_1+L_2=f$ 时，式 (10.7.32) 变为

$$\psi(\boldsymbol{r},z)=\frac{f}{\mathrm{i}\lambda L_2^2}\mathrm{e}^{\mathrm{i}\frac{k}{2L_2}r^2}\int_{-\infty}^{\infty}T(\boldsymbol{r}')\,\mathrm{e}^{-\mathrm{i}2\pi\boldsymbol{r}'\cdot\frac{\boldsymbol{r}}{\lambda L_2}}\mathrm{d}\boldsymbol{r}'\tag{10.7.33}$$

式 (10.7.33) 中的积分恰好表示物 $T(\boldsymbol{r})$ 的二维傅里叶变换，而“空间频率”为

$$\boldsymbol{\nu}=\frac{\boldsymbol{r}}{\lambda L_2}=\left\{\frac{x}{\lambda L_2},\frac{y}{\lambda L_2}\right\}\tag{10.7.34}$$

也就是说，在透镜的后焦面上得到了物的傅里叶频谱，而且改变 L_2 时，可以得到不同尺度的频谱。

在傅里叶光学及相关领域中，讨论光束在系统中传播的通常方法是逐段求菲涅耳积分，这样的计算过程往往比较复杂。上述的格林算子法不是逐段求积分，而是着眼整个光学系统，着力求系统的格林算子 $\hat{G} = \prod_i \hat{G}_i$ 和相应的格林函数 $G(\boldsymbol{r}, \boldsymbol{r}_0) = \langle \boldsymbol{r}| \hat{G} |\boldsymbol{r}_0\rangle$。在计算过程中可以灵活地插入一个 (或多个) 完备性关系式 $\int_{-\infty}^{\infty} |\boldsymbol{r}\rangle \langle \boldsymbol{r}| \, \mathrm{d}\boldsymbol{r} = 1$，利用相应的本征方程使计算简化。这种方法的另一个特点是只要具体给出系统中所有元件的透过率函数，原则上就可以由任意输入求得输出，没有附加的限制条件 (如对透过率函数的限制、对元件排列的限制等)。有的情况下即使不知道元件透过率的函数形式，也能定性地判断输出的特征。例如，在上述的例子中，虽然不知道输出的函数表示式，但知道它是物的傅里叶变换。这正是“空间滤波”技术的物理基础。

这种方法能被期待处理傅里叶光学与相关领域中的一些较复杂的光传输问题。

10.8 非线性波动方程：光学孤立子

本节简要介绍有关非线性波动方程和光学孤立子的概念。按照辐射与物质相互作用的半经典理论，可以得到一个非线性波动方程 (见 Qiao Gu. Radiation and Bioinformation. Science Press, 2003: 262–287)

$$\frac{\partial^2 \theta}{\partial \tau^2} - \frac{\partial^2 \theta}{\partial \xi^2} = -\sin\theta \tag{10.8.1}$$

其中，ξ 和 τ 分别是无量纲的坐标与时间

$$\xi = \omega_n t - \frac{2\omega_n}{c}x, \quad \tau = \omega_n t \tag{10.8.2}$$

其中，ω_n 是系统的特征频率，c 是真空中的光速；x 和 t 是通常的坐标与时间变量。式 (10.8.1) 中的 θ 是布洛赫角，它与光场振幅 E 之间有如下关系

$$\frac{\mathrm{d}\theta}{\mathrm{d}t} = \frac{\mu}{\hbar}E \tag{10.8.3}$$

这里 μ 是原子的偶极矩阵元，$\hbar$ 是普朗克常数 h 除以 2π。式 (10.8.1) 称为 Sine-Gordon 方程，它有解

$$\theta = 4\arctan[\exp(\xi\sqrt{1+\alpha^2} - \alpha\tau)] \tag{10.8.4}$$

其中，α 是一个不含时间的常数，但与系统的初始条件有关。这个解对时间微商后给出一个光脉冲，它是一个双曲正割函数

$$E(x,t) = E_0 \mathrm{sech}\left(\frac{x - at}{at_D}\right) \tag{10.8.5}$$

其中

$$E_0 \equiv E(0,0) = 2\frac{\hbar}{\mu}\omega_n\left(\sqrt{1+\alpha^2}-\alpha\right) \tag{10.8.6}$$

是脉冲的振幅，a 和 t_D 分别是脉冲的速度和宽度，它们能在脉冲振幅的意义上表示为

$$a = \frac{c}{1+\left(2\dfrac{\hbar}{\mu}\dfrac{\omega_n}{E_0}\right)^2} \tag{10.8.7a}$$

$$t_D = 2\frac{\hbar}{\mu}\frac{1}{E_0} \tag{10.8.7b}$$

表达式 (10.8.5) 表示了一个孤立子解。孤立子是沿 x 轴正向传播的波包，它的特征是脉冲的振幅越大传播越快，而且宽度越窄。图 10.11 显示了孤立子在任意位置 x 的波形 (见图 5.5)。

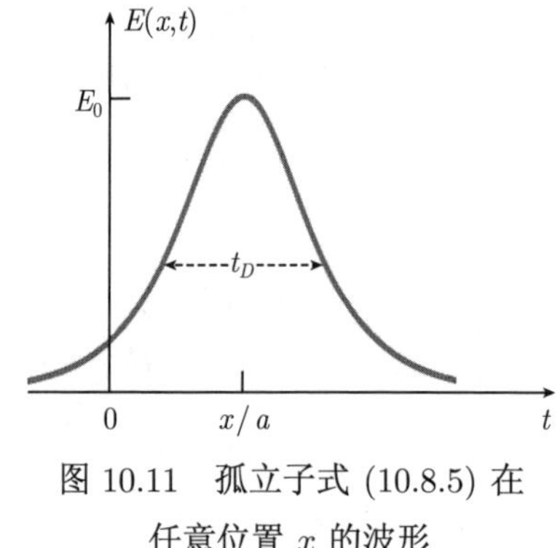

图 10.11 孤立子式 (10.8.5) 在任意位置 x 的波形

孤立子脉冲的时间积分 (脉冲面积) 给出它在空间任意位置 x 的能量

$$\begin{aligned}\theta &= \frac{\mu}{\hbar}\int_{-\infty}^{\infty} E(x,t)\mathrm{d}t \\ &= \frac{\mu}{\hbar}\int_{-\infty}^{\infty} E_0\mathrm{sech}\left(\frac{x-at}{at_D}\right)\mathrm{d}t \\ &= \frac{\mu}{\hbar}E_0 t_D\left[\arctan\left(\sinh\xi\right)\right]_{-\infty}^{\infty} = 2\pi\end{aligned}$$

这个常数结果意味着孤立子脉冲在空间传播时，其能量与空间位置 x 没有关系，即在任意位置孤立子脉冲具有相同的能量 (能量守恒)。换言之，孤立子在介质中传播时不损失它的能量，这是由 sech 波形所决定的。其物理机制是面积为 2π 的孤立子光脉冲进入介质之初，原子处于低能态。孤立子通过介质时将原子从低能态激发到高能态，在这个过程中孤立子失去了一定的能量。随后，当孤立子离开介质时，高能态的原子跃迁回低能态又将等量的能量 “退还” 给孤立子，如图 10.12 所示。这样孤立子在穿过介质的全过程中没有将自身的能量消耗在原子系统中。所以孤立子脉冲是一个所谓的 “自感应透明”(self-induced transparency) 脉冲。

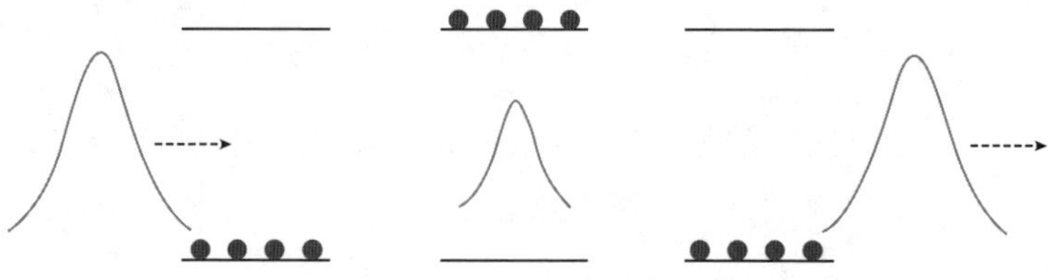
图 10.12 孤立子传播不损失能量的物理机制

第 11 章　积分变换法

我们在第 3 章、第 4 章中介绍了傅里叶变换与拉普拉斯变换在求解常微分方程中的应用，求解中通过取积分变换将未知函数的常微分方程化成了象函数的代数方程，消去了对自变量求导数的运算。解出代数方程后，再进行反演就得到了原来常微分方程的解。基于这一事实，我们自然会想到，积分变换法也能用于求解偏微分方程。事实上，在偏微分方程两端对某个变量取变换就能消去未知函数对该自变量求偏导数的运算，使象函数的微分方程变得较为简单。如果原来的偏微分方程只包含两个自变量，经过一次变换则得到象函数的常微分方程。积分变换法在求解数学物理方程中具有广泛的用途，特别是对于非齐次泛定方程及非齐次边界条件，用经典的分离变量法求解比较烦琐，而积分变换法为这类问题提供了一种系统规范的解决方法，具有固定的程序。本章将用傅里叶变换法、拉普拉斯变换法以及联合变换法处理不同类型的定解问题。

11.1　傅里叶变换法

用分离变量法求解有限空间的定解问题时，所得到的本征值谱是分立的，所得到的一般解表示为本征函数的叠加。对于无限空间，所得到的本征值谱一般是连续的，一般解可表示为对连续本征值的积分形式。因此，对于无限空间的定解问题，傅里叶变换是一种很适用的求解方法。本节将通过几个典型例子说明运用傅里叶变换求解无界空间定界问题的基本过程。

我们将二元函数 $u(x,t)$ 关于变量 x 的傅里叶变换记为

$$\mathcal{F}\{u(x,t)\}=U(\omega,t)=\int_{-\infty}^{\infty}u(x,t)\,\mathrm{e}^{-\mathrm{i}\omega\,x}\mathrm{d}x \tag{11.1.1}$$

在对 $\dfrac{\partial u}{\partial t}$ 关于 x 作傅里叶变换时，我们有

$$\mathcal{F}\left\{\frac{\partial u}{\partial t}\right\}=\int_{-\infty}^{\infty}\frac{\partial u}{\partial t}\mathrm{e}^{-\mathrm{i}\omega x}\mathrm{d}x=\frac{\mathrm{d}}{\mathrm{d}t}\int_{-\infty}^{\infty}u(x,t)\mathrm{e}^{-\mathrm{i}\omega x}\mathrm{d}x=\frac{\mathrm{d}U(\omega,t)}{\mathrm{d}t} \tag{11.1.2a}$$

同理

$$\mathcal{F}\left\{\frac{\partial^2 u}{\partial t^2}\right\}=\frac{\mathrm{d}^2U(\omega,t)}{\mathrm{d}t^2} \tag{11.1.2b}$$

11.1.1　热传导问题与高斯核

作为傅里叶变换法的应用，我们首先求解下列无限长细杆的热传导问题

$$\begin{cases} \dfrac{\partial u}{\partial t}=a^2\dfrac{\partial^2 u}{\partial x^2} \quad (-\infty<x<\infty, t>0) & (11.1.3\text{a}) \\ u|_{t=0}=\phi(x) \quad (-\infty<x<\infty) & (11.1.3\text{b}) \end{cases}$$

其中，a 是热扩散系数；$\phi(x)$ 是初始温度分布。这个问题的求解将引出一个重要的概念 ——“高斯核” (Gauss kernel)。

我们对 (11.1.3) 关于 x 作傅里叶变换，考虑到式 (11.1.2a) 并利用式 (3.1.16)，得到

$$\begin{cases} \dfrac{\mathrm{d}U(\omega,t)}{\mathrm{d}t}=-a^2\omega^2U(\omega,t) & (11.1.4\text{a}) \\ U|_{t=0}=\varPhi(\omega) & (11.1.4\text{b}) \end{cases}$$

其中

$$\varPhi(\omega)=\int_{-\infty}^{\infty}\phi(x)\mathrm{e}^{-\mathrm{i}\omega x}\mathrm{d}x \tag{11.1.5}$$

是初始温度 $\phi(x)$ 的傅里叶变换。常微分方程问题 (11.1.4) 的解为

$$U(\omega,t)=\varPhi(\omega)\mathrm{e}^{-a^2\omega^2t} \tag{11.1.6}$$

利用傅里叶反变换式 (3.1.4)，得到

$$u(x,t)=\frac{1}{2\pi}\int_{-\infty}^{\infty}\varPhi(\omega)\mathrm{e}^{-\omega^2a^2t}\mathrm{e}^{\mathrm{i}\omega x}\mathrm{d}\omega \tag{11.1.7}$$

这就是无限长热传导定解问题 (11.1.3) 的形式解，它是一种积分的形式，其中的 $\varPhi(\omega)$ 由式 (11.1.5) 确定。

现在我们进一步计算式 (11.1.7) 的积分，为此将式 (11.1.5) 代入式 (11.1.7)，得到

$$\begin{aligned} u(x,t)&=\frac{1}{2\pi}\int_{-\infty}^{\infty}\left[\int_{-\infty}^{\infty}\phi(\xi)\mathrm{e}^{-\mathrm{i}\omega\xi}\mathrm{d}\xi\right]\mathrm{e}^{-\omega^2a^2t}\mathrm{e}^{\mathrm{i}\omega x}\mathrm{d}\omega \\ &=\frac{1}{2\pi}\int_{-\infty}^{\infty}\phi(\xi)\left[\int_{-\infty}^{\infty}\exp\left(-\omega^2a^2t\right)\mathrm{e}^{-\mathrm{i}\omega(\xi-x)}\mathrm{d}\omega\right]\mathrm{d}\xi \\ &\qquad (\xi-x=X) \\ &=\frac{1}{2\pi}\int_{-\infty}^{\infty}\phi(\xi)\left[\int_{-\infty}^{\infty}\exp\left(-\omega^2a^2t\right)\mathrm{e}^{-\mathrm{i}\omega X}\mathrm{d}\omega\right]\mathrm{d}\xi \end{aligned} \tag{11.1.8}$$

其中，关于 ω 的积分正是高斯函数 $\exp\left(-\omega^2a^2t\right)$ 的傅里叶变换。在第 3.3 节例 4 中，我们得到结论：高斯函数的傅里叶变换仍是高斯函数。利用这一性质，从式

(3.3.9) 推导出

$$\int_{-\infty}^{\infty} \exp\left(-a^2\omega^2 t\right) \mathrm{e}^{-\mathrm{i}\omega X} \mathrm{d}\omega = \sqrt{\frac{\pi}{a^2 t}} \exp\left(-\frac{X^2}{4a^2 t}\right) \tag{11.1.9}$$

代入式 (11.1.8) 得到

$$u(x,t) = \frac{1}{2a\sqrt{\pi t}} \int_{-\infty}^{\infty} \phi(\xi) \exp\left[-\frac{(x-\xi)^2}{4a^2 t}\right] \mathrm{d}\xi \tag{11.1.10}$$

这个结果值得进一步讨论，我们将式 (11.1.10) 写成卷积形式

$$u(x,t) = \phi(x) * K(x,t) \tag{11.1.11}$$

其中

$$K(x,t) = \begin{cases} \dfrac{1}{2a\sqrt{\pi t}} \exp\left(-\dfrac{x^2}{4a^2 t}\right) & (t > 0) \\ 0 & (t \leqslant 0) \end{cases} \tag{11.1.12}$$

就是所谓高斯核，它是应用数学和统计学中最重要的函数之一。我们首先分析它的物理含义，如果初始温度分布为 $\phi(x) = \delta(x)$，则式 (11.1.10) 立即给出

$$\begin{aligned} u(x,t) &= \frac{1}{2a\sqrt{\pi t}} \int_{-\infty}^{\infty} \delta(\xi) \exp\left[-\frac{(x-\xi)^2}{4a^2 t}\right] \mathrm{d}\xi \\ &= \frac{1}{2a\sqrt{\pi t}} \exp\left(-\frac{x^2}{4a^2 t}\right) \end{aligned}$$

可见高斯核是初始 $t=0$ 时刻位于 $x=0$ 的点源在任意时刻 t 引起的温度分布。

下面进一步分析高斯核的性质，为此我们将它与普通的高斯分布

$$G(x) = \frac{1}{\sqrt{2\pi}\sigma} \exp\left(-\frac{x^2}{2\sigma^2}\right) \tag{11.1.13}$$

相比较。可以看出，高斯核是一个标准差为 $\sigma = a\sqrt{2t}$ 的高斯分布函数。这意味着在任何时刻 t，高斯核 $K(x,t)$ 均为关于 x 的高斯函数，当 t 增大时，它的峰值 $K(0,t) = 1/(2a\sqrt{\pi t})$ 下降，分布变宽，但在任意时刻都维持单位面积，即

$$\int_{-\infty}^{\infty} \frac{1}{2a\sqrt{\pi t}} \exp\left(-\frac{x^2}{4a^2 t}\right) \mathrm{d}x = 1 \tag{11.1.14}$$

高斯核式 (11.1.12) 的曲线如图 11.1 所示。当 t 逐渐变小时，高斯核的峰值不断升高，而在极限 $t \to 0$，峰值趋于无穷大，于是高斯核的极限形式是 δ 函数，即

$$\lim_{t\to 0} \frac{1}{2a\sqrt{\pi t}} \exp\left(-\frac{x^2}{4a^2 t}\right) = \delta(x) \tag{11.1.15}$$

因此，图 11.1 就是初始点源 $\delta(x)$ 在任意时刻 t 引起的温度分布。$x=0$ 处温度随时间下降的物理机制是由于系统的热扩散作用。

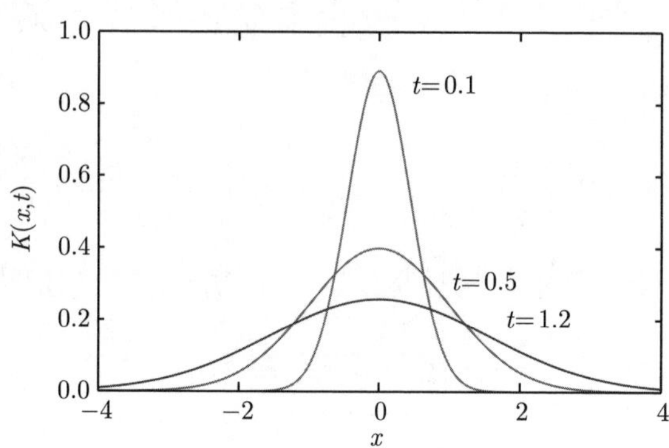

图 11.1　高斯核曲线 (11.1.12) $(a=1)$

另外，由式 (11.1.9) 可以得到

$$\frac{1}{2\pi}\int_{-\infty}^{\infty}\mathrm{e}^{-\omega^2a^2t}\mathrm{e}^{\mathrm{i}\omega x}\mathrm{d}\omega=\frac{1}{2a\sqrt{\pi t}}\exp\left(-\frac{x^2}{4a^2t}\right)\tag{11.1.16}$$

这意味着

$$\mathcal{F}^{-1}\left\{\mathrm{e}^{-\omega^2a^2t}\right\}=\frac{1}{2a\sqrt{\pi t}}\exp\left(-\frac{x^2}{4a^2t}\right)=K(x,t)\tag{11.1.17a}$$

或

$$\mathcal{F}\left\{K(x,t)\right\}=\mathcal{F}\left\{\frac{1}{2a\sqrt{\pi t}}\exp\left(-\frac{x^2}{4a^2t}\right)\right\}=\mathrm{e}^{-\omega^2a^2t}\tag{11.1.17b}$$

即高斯核的傅里叶变换是 $\exp\left(-\omega^2a^2t\right)$，这也是一个重要的结论，与第 3.3 节例 4 的结论相吻合。

例　设热传导问题 (11.1.3) 的初始温度分布为归一化的高斯函数

$$\phi(x)=\frac{1}{\sqrt{\pi}}\mathrm{e}^{-x^2}\tag{11.1.18}$$

讨论系统任意时刻的温度分布。

解　首先将式 (11.1.18) 代入式 (11.1.5) 得到

$$\varPhi(\omega)=\int_{-\infty}^{\infty}\frac{1}{\sqrt{\pi}}\mathrm{e}^{-x^2}\mathrm{e}^{-\mathrm{i}\omega x}\mathrm{d}x=\exp\left(-\frac{\omega^2}{4}\right)\tag{11.1.19}$$

再代入式 (11.1.7)，得到

$$u(x,t)=\frac{1}{2\pi}\int_{-\infty}^{\infty}\mathrm{e}^{-\frac{\omega^2}{4}}\mathrm{e}^{-\omega^2a^2t}\mathrm{e}^{\mathrm{i}\omega x}\mathrm{d}\omega$$

$$= \frac{1}{2\pi}\int_{-\infty}^{\infty} e^{-\frac{(4a^2t+1)}{4}\omega^2} e^{i\omega x} d\omega$$

$$= \frac{1}{\sqrt{\pi(4a^2t+1)}} \exp\left(-\frac{x^2}{4a^2t+1}\right) \tag{11.1.20}$$

这就是所求的结果。

这个问题的求解还可以直接从式 (11.1.11) 出发

$$\begin{aligned} u(x,t) &= \phi(x) * K(x,t) \\ &= \frac{1}{\sqrt{\pi}} e^{-x^2} * \frac{1}{2a\sqrt{\pi t}} \exp\left(-\frac{x^2}{4a^2t}\right) \end{aligned}$$

可见问题的解是两个高斯函数的卷积。为了计算这个卷积，我们求它的傅里叶变换，利用式 (11.1.11)，得到

$$\begin{aligned} &\mathcal{F}\left\{\frac{1}{\sqrt{\pi}} e^{-x^2} * \frac{1}{2a\sqrt{\pi t}} \exp\left(-\frac{x^2}{4a^2t}\right)\right\} \\ =&\mathcal{F}\left\{\frac{1}{\sqrt{\pi}} e^{-x^2}\right\} \mathcal{F}\left\{\frac{1}{2a\sqrt{\pi t}} \exp\left(-\frac{x^2}{4a^2t}\right)\right\} \\ =&e^{-\omega^2/4} e^{-\omega^2 a^2 t} = e^{-\frac{\omega^2(4a^2t+1)}{4}} \end{aligned}$$

再取它的傅里叶反变换，利用式 (11.1.17a)，得到

$$\begin{aligned} u(x,t) &= \mathcal{F}^{-1}\left\{e^{-\frac{\omega^2(4a^2t+1)}{4}}\right\} \\ &= \frac{1}{\sqrt{\pi(4a^2t+1)}} \exp\left(-\frac{x^2}{4a^2t+1}\right) \end{aligned}$$

当 $t=0$ 时，$u(x,0) = \exp\left(-x^2\right)/\sqrt{\pi}$。而温度分布 $u(x,t)$ 随时间的演化与点源情况 (图 11.1) 相似。

最后需要指出，高斯核的演化是一个普遍的现象，存在于许多系统之中。它反映一个点源函数在系统自身的扩散作用之下，其分布变得越来越宽。除了上述的热量扩散之外，还有物质浓度的扩散，比如半导体载流子浓度的扩散等。但是在这种扩散作用之下，分布不会发生迁移，峰值始终维持在确定的位置。随后我们将会进一步讨论系统在扩散与迁移双重作用下的演化行为。

11.1.2 傅里叶变换法的应用

下面我们通过各种例题进一步讨论傅里叶变换法在求解定解问题中的应用。

例 1 用傅里叶变换法求解无边界波动方程的初值问题

$$\begin{cases} \dfrac{\partial^2 u}{\partial t^2} = a^2 \dfrac{\partial^2 u}{\partial x^2} & (-\infty < x < \infty, t > 0) \quad (11.1.21\text{a}) \\ u|_{t=0} = \phi(x),\ \dfrac{\partial u}{\partial t}\Big|_{t=0} = \psi(x) & (-\infty < x < \infty) \quad (11.1.21\text{b}) \end{cases}$$

假定初始位移 $\phi(x)$ 和初始速度 $\psi(x)$ 的傅里叶变换均存在。

解　对式 (11.1.21a) 两边关于 x 作傅里叶变换，利用式 (11.1.2b) 和式 (3.1.16)，有

$$\frac{\mathrm{d}^2 U(\omega,t)}{\mathrm{d}t^2} = -a^2\omega^2 U(\omega,t) \tag{11.1.22}$$

进而对边界条件 (11.1.21b) 关于 x 作傅里叶变换，我们有

$$\int_{-\infty}^{\infty} u(x,0)\mathrm{e}^{-\mathrm{i}\omega x}\mathrm{d}x = U(\omega,0) = \varPhi(\omega) \tag{11.1.23a}$$

$$\int_{-\infty}^{\infty} \frac{\partial u}{\partial t}\Big|_{t=0} \mathrm{e}^{-\mathrm{i}\omega x}\mathrm{d}x = \frac{\mathrm{d}U}{\mathrm{d}t}\Big|_{t=0} = \varPsi(\omega) \tag{11.1.23b}$$

其中

$$\varPhi(\omega) = \int_{-\infty}^{\infty} \phi(x)\,\mathrm{e}^{-\mathrm{i}\omega\,x}\mathrm{d}x, \quad \varPsi(\omega) = \int_{-\infty}^{\infty} \psi(x)\,\mathrm{e}^{-\mathrm{i}\omega\,x}\mathrm{d}x \tag{11.1.24}$$

分别是初始位移和初始速度的傅里叶变换。

方程 (11.1.22) 的通解为

$$U(\omega,t) = A\cos(a\omega t) + B\sin(a\omega t) \tag{11.1.25}$$

利用初始条件 (11.1.23) 确定出：$A = \varPhi(\omega), B = \dfrac{\varPsi(\omega)}{a\omega}$，故

$$U(\omega,t) = \varPhi(\omega)\cos(a\omega t) + \frac{\varPsi(\omega)}{a\omega}\sin(a\omega t) \tag{11.1.26}$$

我们利用傅里叶反变换 (3.1.4)，由式 (11.1.26) 得到

$$u(x,t) = \frac{1}{2\pi}\int_{-\infty}^{\infty} \left[\varPhi(\omega)\cos(a\omega t) + \frac{\varPsi(\omega)}{a\omega}\sin(a\omega t)\right]\mathrm{e}^{\mathrm{i}\omega\,x}\mathrm{d}\omega \tag{11.1.27}$$

这就是无边界定解问题 (11.1.21) 的解，它是一种积分的形式，其中的 $\varPhi(\omega)$ 和 $\varPsi(\omega)$ 由式 (11.1.24) 确定。

我们可以进一步完成式 (11.1.27) 中的积分，为此将它写成两项

$$u(x,t) = u_1(x,t) + u_2(x,t) \tag{11.1.28}$$

其中

$$u_1(x,t) = \frac{1}{2\pi}\int_{-\infty}^{\infty} \varPhi(\omega)\cos(a\omega t)\,\mathrm{e}^{\mathrm{i}\omega\,x}\mathrm{d}\omega \tag{11.1.29a}$$

$$u_2(x,t)=\frac{1}{2\pi}\int_{-\infty}^{\infty}\frac{\Psi(\omega)}{a\omega}\sin(a\omega t)\,\mathrm{e}^{\mathrm{i}\omega x}\mathrm{d}\omega \tag{11.1.29b}$$

首先计算 $u_1(x,t)$，一个基本的方法如下

$$\begin{aligned}u_1(x,t)&=\frac{1}{2\pi}\int_{-\infty}^{\infty}\frac{\Phi(\omega)}{2}\left(\mathrm{e}^{\mathrm{i}a\omega t}+\mathrm{e}^{-\mathrm{i}a\omega t}\right)\mathrm{e}^{\mathrm{i}\omega x}\mathrm{d}\omega\\&=\frac{1}{2}\left[\frac{1}{2\pi}\int_{-\infty}^{\infty}\Phi(\omega)\mathrm{e}^{\mathrm{i}\omega(x+at)}\mathrm{d}\omega+\frac{1}{2\pi}\int_{-\infty}^{\infty}\Phi(\omega)\mathrm{e}^{\mathrm{i}\omega(x-at)}\mathrm{d}\omega\right]\\&\qquad(\text{令 }\xi=x+at,\quad \eta=x-at)\\&=\frac{1}{2}\left[\frac{1}{2\pi}\int_{-\infty}^{\infty}\Phi(\omega)\mathrm{e}^{\mathrm{i}\omega\xi}\mathrm{d}\omega+\frac{1}{2\pi}\int_{-\infty}^{\infty}\Phi(\omega)\mathrm{e}^{\mathrm{i}\omega\eta}\mathrm{d}\omega\right]\\&=\frac{1}{2}[\phi(\xi)+\phi(\eta)]=\frac{1}{2}[\phi(x+at)+\phi(x-at)]\end{aligned}$$

另一个方法是

$$\begin{aligned}u_1(x,t)&=\frac{1}{2\pi}\int_{-\infty}^{\infty}\frac{\Phi(\omega)}{2}\left(\mathrm{e}^{\mathrm{i}a\omega t}+\mathrm{e}^{-\mathrm{i}a\omega t}\right)\mathrm{e}^{\mathrm{i}\omega x}\mathrm{d}\omega\\&=\frac{1}{2}\left[\frac{1}{2\pi}\int_{-\infty}^{\infty}\mathrm{e}^{\mathrm{i}\omega a t}\Phi(\omega)\mathrm{e}^{\mathrm{i}\omega x}\mathrm{d}\omega+\frac{1}{2\pi}\int_{-\infty}^{\infty}\mathrm{e}^{-\mathrm{i}\omega a t}\Phi(\omega)\mathrm{e}^{\mathrm{i}\omega x}\mathrm{d}\omega\right]\\&\qquad\left[\text{利用 }f(x+\xi)\longleftrightarrow\mathrm{e}^{\mathrm{i}\omega\xi}F(\omega)\right]\\&=\frac{1}{2}[\phi(x+at)+\phi(x-at)]\end{aligned}$$

计算 $u_2(x,t)$ 的基本方法如下

$$\begin{aligned}u_2(x,t)&=\frac{1}{2\pi}\int_{-\infty}^{\infty}\frac{\Psi(\omega)}{2\mathrm{i}a\omega}\left(\mathrm{e}^{\mathrm{i}a\omega t}-\mathrm{e}^{-\mathrm{i}a\omega t}\right)\mathrm{e}^{\mathrm{i}\omega x}\mathrm{d}\omega\\&=\frac{1}{2a}\left[\frac{1}{2\pi}\int_{-\infty}^{\infty}\frac{\Psi(\omega)}{\mathrm{i}\omega}\mathrm{e}^{\mathrm{i}\omega(x+at)}\mathrm{d}\omega-\frac{1}{2\pi}\int_{-\infty}^{\infty}\frac{\Psi(\omega)}{\mathrm{i}\omega}\mathrm{e}^{\mathrm{i}\omega(x-at)}\mathrm{d}\omega\right]\\&\qquad(\text{令 }\xi=x+at,\quad \eta=x-at)\\&=\frac{1}{2a}\left[\frac{1}{2\pi}\int_{-\infty}^{\infty}\frac{\Psi(\omega)}{\mathrm{i}\omega}\mathrm{e}^{\mathrm{i}\omega\xi}\mathrm{d}\omega-\frac{1}{2\pi}\int_{-\infty}^{\infty}\frac{\Psi(\omega)}{\mathrm{i}\omega}\mathrm{e}^{\mathrm{i}\omega\eta}\mathrm{d}\omega\right]\\&\qquad\left[\text{利用 }\int_0^x f(x)\mathrm{d}x\longleftrightarrow\frac{F(\omega)}{\mathrm{i}\omega}\right]\\&=\frac{1}{2a}\left[\int_0^{\xi}\psi(\xi)\mathrm{d}\xi-\int_0^{\eta}\psi(\eta)\mathrm{d}\eta\right]\\&=\frac{1}{2a}\left[\int_0^{x+at}\psi(\xi)\mathrm{d}\xi-\int_0^{x-at}\psi(\xi)\mathrm{d}\xi\right]=\frac{1}{2a}\int_{x-at}^{x+at}\psi(\xi)\mathrm{d}\xi\end{aligned}$$

另一个方法是

$$u_2(x,t)=\frac{1}{2\pi}\int_{-\infty}^{\infty}\frac{\Psi(\omega)}{2\mathrm{i}a\omega}\left(\mathrm{e}^{\mathrm{i}a\omega t}-\mathrm{e}^{-\mathrm{i}a\omega t}\right)\mathrm{e}^{\mathrm{i}\omega x}\mathrm{d}\omega$$

$$
\begin{aligned}
&= \frac{1}{2a}\cdot\frac{1}{2\pi}\int_{-\infty}^{\infty}\varPsi(\omega)\left[\frac{\mathrm{e}^{\mathrm{i}(x+at)\omega}-\mathrm{e}^{\mathrm{i}(x-at)\omega}}{\mathrm{i}\omega}\right]\mathrm{d}\omega \\
&= \frac{1}{2a}\cdot\frac{1}{2\pi}\int_{-\infty}^{\infty}\varPsi(\omega)\left[\frac{\mathrm{e}^{\mathrm{i}\omega\xi}}{\mathrm{i}\omega}\right]_{x-at}^{x+at}\mathrm{d}\omega \\
&= \frac{1}{2a}\cdot\frac{1}{2\pi}\int_{-\infty}^{\infty}\varPsi(\omega)\left[\int_{x-at}^{x+at}\mathrm{e}^{\mathrm{i}\omega\xi}\mathrm{d}\xi\right]\mathrm{d}\omega \\
&= \frac{1}{2a}\int_{x-at}^{x+at}\left[\frac{1}{2\pi}\int_{-\infty}^{\infty}\varPsi(\omega)\mathrm{e}^{\mathrm{i}\omega\xi}\mathrm{d}\omega\right]\mathrm{d}\xi \\
&= \frac{1}{2a}\int_{x-at}^{x+at}\psi(\xi)\mathrm{d}\xi
\end{aligned}
$$

最简单的方法是将式 (11.1.26) 写成

$$
U(\omega,t)=\frac{1}{2}\left[\mathrm{e}^{\mathrm{i}a\omega t}\varPhi(\omega)+\mathrm{e}^{-\mathrm{i}a\omega t}\varPhi(\omega)\right]+\frac{1}{2a}\left[\mathrm{e}^{\mathrm{i}a\omega t}\frac{\varPsi(\omega)}{\mathrm{i}\omega}-\mathrm{e}^{-\mathrm{i}a\omega t}\frac{\varPsi(\omega)}{\mathrm{i}\omega}\right]
$$

然后利用式 (3.1.22) 和式 (3.1.19)，直接得到

$$
\begin{aligned}
u(x,t) &= \frac{1}{2}[\phi(x+at)+\phi(x-at)]+\frac{1}{2a}\left[\int_0^{x+at}\psi(\xi)\mathrm{d}\xi-\int_0^{x-at}\psi(\xi)\mathrm{d}\xi\right] \\
&= \frac{1}{2}[\phi(x+at)+\phi(x-at)]+\frac{1}{2a}\int_{x-at}^{x+at}\psi(\xi)\mathrm{d}\xi
\end{aligned}
$$

以上，我们用不同的反演方法得到了定解问题 (11.1.21) 的达朗贝尔公式。至此，我们可以总结出用傅里叶变换法求解偏微分方程定解问题的步骤:

(1) 如果变量 $x\in(-\infty,\infty)$，对 $u(x,t)$ 的偏微分方程问题关于 x 作傅里叶变换，得到象函数 $U(\omega,t)$ 的常微分方程问题；

(2) 求解该常微分方程问题得到 $U(\omega,t)$；

(3) 对 $U(\omega,t)$ 反演 (注意选择最简洁的方式) 得到 $u(x,t)$。

例 2　用傅里叶变换法求解混合微分的定解问题

$$
\begin{cases}
\dfrac{\partial^2 u}{\partial t\partial x}=\dfrac{\partial^2 u}{\partial x^2} \quad (-\infty<x<\infty,t>0) & (11.1.30\mathrm{a})\\[2ex]
u\,|_{t=0}=\sqrt{\dfrac{\pi}{2}}\mathrm{e}^{-|x|} \quad (-\infty<x<\infty) & (11.1.30\mathrm{b})
\end{cases}
$$

解　对式 (11.1.30a) 左边关于 x 作傅里叶变换，得到

$$
\mathcal{F}\left\{\frac{\partial^2 u}{\partial t\partial x}\right\}=\mathcal{F}\left\{\frac{\partial}{\partial t}\frac{\partial u}{\partial x}\right\}=\frac{\mathrm{d}}{\mathrm{d}t}\mathcal{F}\left\{\frac{\partial u}{\partial x}\right\}=\mathrm{i}\omega\frac{\mathrm{d}U(\omega,t)}{\mathrm{d}t} \tag{11.1.31a}
$$

对式 (11.1.30a) 右边关于 x 作傅里叶变换，利用式 (3.1.16)，得到

$$\mathcal{F}\left\{\frac{\partial^2 u}{\partial x^2}\right\}=-\omega^2 U(\omega,t) \tag{11.1.31b}$$

再对式 (11.1.30b) 两边关于 x 作傅里叶变换，得到

$$\mathcal{F}\left\{u\left|_{t=0}\right.\right\}=U(\omega,0)=\mathcal{F}\left\{\sqrt{\frac{\pi}{2}}\mathrm{e}^{-|x|}\right\}=\frac{\sqrt{2\pi}}{1+\omega^2} \tag{11.1.32}$$

这里利用了第 3.3 节例 2 的结果。这样我们就得到关于 $U(\omega,t)$ 的常微分方程问题

$$\begin{cases}\dfrac{\mathrm{d}U(\omega,t)}{\mathrm{d}t}=\mathrm{i}\omega U(\omega,t) & (11.1.33\mathrm{a})\\[2ex] U(\omega,0)=\dfrac{\sqrt{2\pi}}{1+\omega^2} & (11.1.33\mathrm{b})\end{cases}$$

它的解为

$$U(\omega,t)=\frac{\sqrt{2\pi}}{1+\omega^2}\mathrm{e}^{\mathrm{i}\omega t} \tag{11.1.34}$$

现在对式 (11.1.34) 反演，利用式 (3.1.22) 得到

$$u(x,t)=\sqrt{\frac{\pi}{2}}\mathrm{e}^{-|x+t|} \tag{11.1.35}$$

这就是定解问题 (11.1.30) 的解，它的曲线如图 11.2 所示。

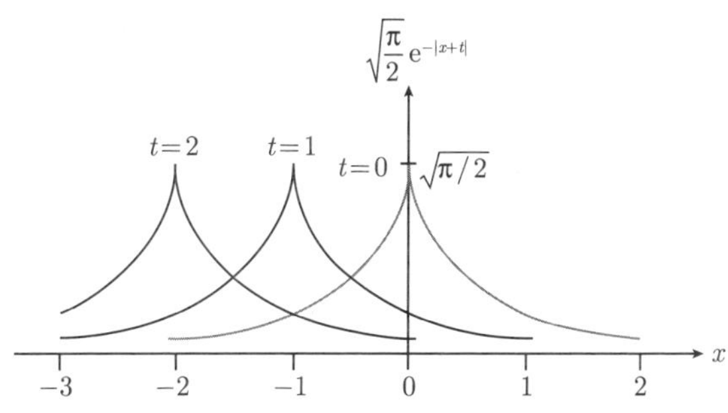

图 11.2 解式 (11.1.35) 在不同时刻的曲线

例 3 用傅里叶变换法求解下列非常数系数 (nonconstant coefficience) 方程的定解问题

$$\begin{cases}t\dfrac{\partial u}{\partial x}+\dfrac{\partial u}{\partial t}=0 \quad (-\infty<x<\infty,t>0) & (11.1.36\mathrm{a})\\[2ex] u\left|_{t=0}\right.=f(x) \quad (-\infty<x<\infty) & (11.1.36\mathrm{b})\end{cases}$$

并分析该定解问题对 $f(x)$ 的要求。

解 对式 (11.1.36a) 左边第一项关于 x 作傅里叶变换 (视 t 为常数)，得到

$$\mathcal{F}\left\{t\frac{\partial u}{\partial x}\right\}=t\mathcal{F}\left\{\frac{\partial u}{\partial x}\right\}=\mathrm{i}\omega tU(\omega,t) \tag{11.1.37}$$

这样我们得到关于 $U(\omega,t)$ 的常微分方程问题

$$\begin{cases}\mathrm{i}\omega tU(\omega,t)+\dfrac{\mathrm{d}U(\omega,t)}{\mathrm{d}t}=0 & (11.1.38\mathrm{a})\\ U(\omega,0)=F(\omega) & (11.1.38\mathrm{b})\end{cases}$$

对式 (11.1.38a) 积分，并利用式 (11.1.38b)，有

$$\int_{F(\omega)}^{U(\omega,t)}\frac{\mathrm{d}U}{U}=-\mathrm{i}\omega\int_0^t t\mathrm{d}t \tag{11.1.39}$$

式 (11.1.39) 给出

$$U(\omega,t)=F(\omega)\exp\left(-\mathrm{i}\frac{t^2}{2}\omega\right) \tag{11.1.40}$$

现在对式 (11.1.40) 反演，利用式 (3.1.22)，得到

$$u(x,t)=f\left(x-\frac{t^2}{2}\right) \tag{11.1.41}$$

我们可以检验这个解，代入式 (11.1.36a) 有

$$\frac{\partial u(x,t)}{\partial x}=f'\left(x-\frac{t^2}{2}\right),\frac{\partial u(x,t)}{\partial t}=-tf'\left(x-\frac{t^2}{2}\right) \tag{11.1.42}$$

满足方程 (11.1.36a)，式 (11.1.41) 显然也满足初始条件 $u(x,0)=f(x)$，故式 (11.1.41) 是定解问题 (11.1.36) 的解。由此我们也看到，定解问题 (11.1.36) 对 $f(x)$ 的要求是一次可微。

例 4　用傅里叶变换法求解 7.3.1 节例 3 关于上半平面拉普拉斯方程的定解问题

$$\begin{cases}\dfrac{\partial^2u}{\partial x^2}+\dfrac{\partial^2u}{\partial y^2}=0 \quad (y>0,-\infty<x<+\infty) & (11.1.43\mathrm{a})\\ u\left|_{y=0}\right.=f(x) \quad (-\infty<x<+\infty) & (11.1.43\mathrm{b})\\ \lim\limits_{y\to\infty}u=\text{有限值} \quad (-\infty<x<+\infty) & (11.1.43\mathrm{c})\end{cases}$$

其中，式 (11.1.43c) 是一个自然边界条件。

解　对式 (11.1.43) 关于 x 作傅里叶变换，得到

$$\begin{cases}-\omega^2U(\omega,y)+\dfrac{\mathrm{d}^2U(\omega,y)}{\mathrm{d}y^2}=0 & (11.1.44\mathrm{a})\\ U|_{y=0}=F(\omega) & (11.1.44\mathrm{b})\\ \lim\limits_{y\to\infty}U=\text{有限值} & (11.1.44\mathrm{c})\end{cases}$$

方程 (11.1.44a) 的通解为

$$U(\omega,y)=C_1\mathrm{e}^{-\omega y}+C_2\mathrm{e}^{\omega y} \tag{11.1.45}$$

自然边界条件 (11.1.44c) 要求 $C_1=0$ (如果 $\omega<0$) 或者 $C_2=0$ (如果 $\omega>0$)。因此，我们可以将式 (11.1.45) 写为 $U(\omega,y)=C\mathrm{e}^{-|\omega|y}$，再利用式 (11.1.44b) 得到

$$U(\omega,y)=F(\omega)\mathrm{e}^{-|\omega|y} \tag{11.1.46}$$

现在对 $U(\omega,y)$ 反演，由式 (3.1.4) 得到

$$\begin{aligned}u(x,y)&=\frac{1}{2\pi}\int_{-\infty}^{\infty}F(\omega)\mathrm{e}^{-|\omega|y}\mathrm{e}^{\mathrm{i}\omega x}\mathrm{d}\omega\\&=\frac{1}{2\pi}\int_{-\infty}^{\infty}\left[\int_{-\infty}^{\infty}f(\xi)\mathrm{e}^{-\mathrm{i}\omega\xi}\mathrm{d}\xi\right]\mathrm{e}^{-|\omega|y}\mathrm{e}^{\mathrm{i}\omega x}\mathrm{d}\omega\\&=\frac{1}{2\pi}\int_{-\infty}^{\infty}f(\xi)\left[\int_{-\infty}^{\infty}\mathrm{e}^{-|\omega|y}\mathrm{e}^{-\mathrm{i}\omega(\xi-x)}\mathrm{d}\omega\right]\mathrm{d}\xi\end{aligned}$$

利用第 3.3 节例 9 的傅里叶变换关系，即

$$\mathcal{F}\left\{\mathrm{e}^{-\beta|x|}\right\}=\int_{-\infty}^{\infty}\mathrm{e}^{-\beta|x|}\mathrm{e}^{-\mathrm{i}\omega x}\mathrm{d}x=\frac{2\beta}{\beta^2+\omega^2} \tag{11.1.47}$$

得到

$$u(x,y)=\frac{1}{\pi}\int_{-\infty}^{\infty}f(\xi)\frac{y}{(x-\xi)^2+y^2}\mathrm{d}\xi \tag{11.1.48}$$

这就是定解问题 (11.1.43) 的解。

值得注意，解式 (11.1.48) 还可以写成类似于式 (11.1.11) 的卷积形式

$$u(x,y)=f(x)*P(x,y) \tag{11.1.49}$$

其中

$$P(x,y)=\frac{1}{\pi}\frac{y}{x^2+y^2} \tag{11.1.50}$$

称为泊松核 (Poisson kernel)。它是点源引起的分布，事实上，当式 (11.1.48) 中的边界函数取 $f(x)=\delta(x)$ 时，式 (11.1.48) 给出

$$u(x,y)=\frac{1}{\pi}\int_{-\infty}^{\infty}\delta(\xi)\frac{y}{(x-\xi)^2+y^2}\mathrm{d}\xi=\frac{1}{\pi}\frac{y}{x^2+y^2} \tag{11.1.51}$$

可见点源引起的分布正是泊松核 (11.1.50)。关于泊松核的傅里叶变换，由式 (3.3.26) 可以得到

$$\mathcal{F}\left\{\frac{1}{\pi}\frac{y}{x^2+y^2}\right\}=\mathrm{e}^{-|\omega|y} \tag{11.1.52}$$

最后顺便指出，自然边界条件 (11.1.43c) 对于定解问题 (11.1.43) 是很重要的。如果没有它，由式 (11.1.43a) 和式 (11.1.43b) 构成的定解问题的解不是唯一的。显然

$$y+\frac{1}{\pi}\int_{-\infty}^{\infty}f(\xi)\frac{y}{(x-\xi)^2+y^2}\mathrm{d}\xi \tag{11.1.53}$$

也满足式 (11.1.43a) 和式 (11.1.43b)。但是这个解不满足自然边界条件 (11.1.43c)。我们的结论是：附有自然边界条件 (11.1.43c) 时，定解问题 (11.1.43) 的解才是唯一的，它就是式 (11.1.48)。这个结果与式 (7.3.36) 的等价性见下面的例题。

例 5 例 4 的结果式 (11.1.48) 可以表示二维热传导系统的稳态温度分布，设边界函数 $f(x)$ 为

$$f_1(x)=\begin{cases}1\,(|x|<1)\\0\,(|x|>1)\end{cases};\quad f_2(x)=\frac{1}{x^2+1};\quad f_3(x)=\frac{x}{x^2+1}$$

分别计算上半平面的温度 $u(x,y)$，并确定相应的等温线。

解 (1) 将 $f_1(x)$ 代入式 (11.1.48)，得到

$$u(x,y)=\frac{1}{\pi}\int_{-1}^{1}\frac{y}{(x-\xi)^2+y^2}\mathrm{d}\xi=\frac{1}{\pi}\left[\arctan\left(\frac{1+x}{y}\right)+\arctan\left(\frac{1-x}{y}\right)\right] \tag{11.1.54}$$

这与第 7.3.1 节例 4 所用方法的结果是相同的。

等温线 $u(x,y)=T$(常数) 为

$$\arctan\left(\frac{1+x}{y}\right)+\arctan\left(\frac{1-x}{y}\right)=\pi T \tag{11.1.55}$$

对式 (11.1.55) 两边取余割函数平方，即 $\csc^2(\cdots)$，并利用三角函数公式

$$\csc^2\alpha=1+\cot^2\alpha \quad 和 \quad \cot(\alpha+\beta)=\frac{1-\tan\alpha\tan\beta}{\tan\alpha+\tan\beta} \tag{11.1.56}$$

得到

$$x^2+[y-\cot(\pi T)]^2=\csc^2(\pi T) \tag{11.1.57}$$

式 (11.1.57) 在数学上表示以 $[0,\cot(\pi T)]$ 为圆心，以 $\csc(\pi T)$ 为半径的圆周。图 11.3 显示了上半平面的等温线，它们是圆心位于 y 轴 $(x=0)$ 的弧线。当 $T=1/2$ 时，式 (11.1.57) 变为 $x^2+y^2=1$。等温线是圆心为 $(0,0)$，半径为 1 的半圆。当 $0<T<1/2$ 时，$\cot(\pi T)>0$，圆心在 x 轴的上方，等温线是多半圆。当 $1/2<T<1$ 时，$\cot(\pi T)<0$，圆心在 x 轴的下方，但 $\csc(\pi T)>|\cot(\pi T)|$ (半径大于圆心到原点的距离)，所以在上半平面仍存在等温线 (少半圆)。

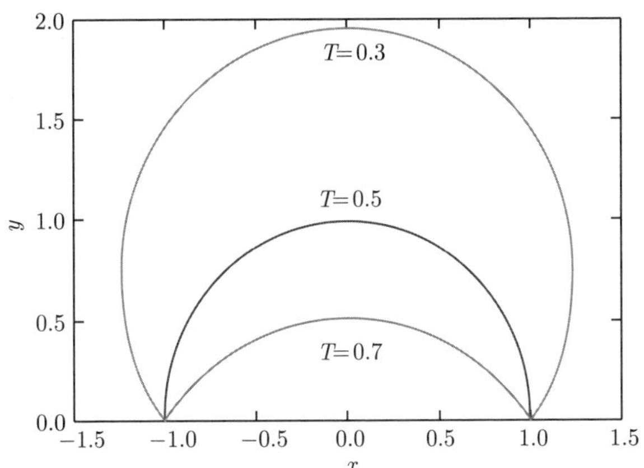

图 11.3 等温线式 (11.1.57) 是圆心位于 y 轴的弧线 (三个 T 值分别相应于多半圆、半圆、少半圆)

(2) 将 $f_2(x)$ 代入式 (11.1.48)，得到

$$u(x,y)=\frac{1}{\pi}\int_{-\infty}^{\infty}\frac{1}{\xi^2+1}\frac{y}{(x-\xi)^2+y^2}\mathrm{d}\xi \tag{11.1.58}$$

它可以视为两个泊松核的卷积，即

$$u(x,y)=\frac{1}{x^2+1}*\frac{1}{\pi}\frac{y}{x^2+y^2} \tag{11.1.59}$$

前一个核相应于 $y=1$。对式 (11.1.59) 右边取傅里叶变换，利用式 (11.1.52)，得到

$$\begin{aligned}\mathcal{F}\left\{\frac{1}{x^2+1}*\frac{1}{\pi}\frac{y}{x^2+y^2}\right\}&=\mathcal{F}\left\{\frac{1}{x^2+1}\right\}\mathcal{F}\left\{\frac{1}{\pi}\frac{y}{x^2+y^2}\right\}\\&=\pi\mathrm{e}^{-|\omega|}\mathrm{e}^{-|\omega|y}=\pi\mathrm{e}^{-|\omega|(y+1)}\end{aligned}$$

对它取傅里叶反变换，利用式 (11.1.47)，得到

$$u(x,y)=\frac{1}{2}\int_{-\infty}^{\infty}\mathrm{e}^{-|\omega|(y+1)}\mathrm{e}^{\mathrm{i}\omega x}\mathrm{d}\omega=\frac{y+1}{x^2+(y+1)^2} \tag{11.1.60}$$

这与第 7.3.1 节例 4 所用方法的结果是相同的。

等温线为

$$x^2+\left[y-\left(\frac{1}{2T}-1\right)\right]^2=\left(\frac{1}{2T}\right)^2 \tag{11.1.61}$$

式 (11.1.61) 在数学上表示以 $\left(0,\dfrac{1}{2T}-1\right)$ 为圆心，以 $\dfrac{1}{2T}$ 为半径的圆周。等温线 (11.1.61) 的特征与图 11.3 相似，它们是圆心位于 y 轴的弧线。当 $T=1/2$

时，式 (11.1.58) 变为 $x^2+y^2=1$，等温线是圆心为 $(0,0)$，半径为 1 的半圆。当 $0<T<1/2$ 时，$\dfrac{1}{2T}-1>0$，圆心在 x 轴的上方，等温线是多半圆。当 $1/2<T<1$ 时，$\dfrac{1}{2T}-1<0$，圆心在 x 轴的下方，但 $\dfrac{1}{2T}>\left|\dfrac{1}{2T}-1\right|$ (半径大于圆心到原点的距离)，所以在上半平面仍有等温线 (少半圆)。

(3) 将 $f_3(x)$ 代入式 (11.1.48)，按照得到式 (11.1.60) 的过程，我们有

$$u(x,y)=\frac{1}{\pi}\int_{-\infty}^{\infty}\frac{\xi}{\xi^2+1}\frac{y}{(x-\xi)^2+y^2}\mathrm{d}\xi=\frac{x}{x^2+(y+1)^2} \tag{11.1.62}$$

这与 7.3.1 节例 4 所用方法的结果是相同的。现在 $u(x,y)$ 表示温度，因此式 (11.1.62) 中不允许 $x<0$。

等温线为

$$\left(x-\frac{1}{2T}\right)^2+(y+1)^2=\left(\frac{1}{2T}\right)^2 \tag{11.1.63}$$

式 (11.1.63) 在 $x>0$ 的条件下表示以 $\left(\dfrac{1}{2T},-1\right)$ 为圆心，以 $\dfrac{1}{2T}$ 为半径的圆周。对于不同的 T，圆心始终在 $y=-1$ 直线上，因此等温线必须满足半径 $\dfrac{1}{2T}>1$，即 $0<T<1/2$。不同 T 值的等温线如图 11.4 所示，它们是圆心位于 $y=-1$ 直线上的弧线 (少半圆)。

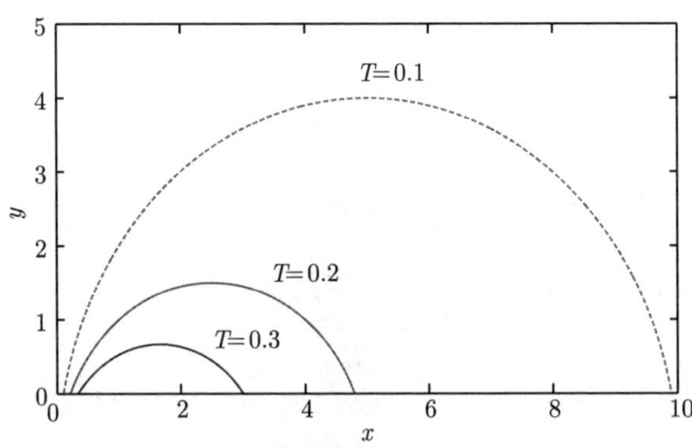

图 11.4　等温线式 (11.1.63) 是圆心位于直线 $y=-1$ 上的弧线 (均为少半圆)

11.2　拉普拉斯变换法

我们在第 4 章介绍过用拉普拉斯变换法求解常微分方程的初值问题。用这个方法，不需要考虑方程是否齐次，解题步骤都是一样的，变换后得到象函数的代数

方程 (包含了初始条件)，解出象函数之后再反演便得到常微分方程的解，这种方法往往比经典的方法 (先求通解，再利用初始条件确定常数) 更加优越。

本节我们用拉普拉斯变换法求解偏微分方程的定解问题。我们将会看到，不管问题的边界条件是否齐次，不管方程是否齐次，不管方程定义在无界还是有界区域，不管是时间变量还是空间变量，只要自变量的变化在 $[0,\infty)$ 范围，并知道该变量的相关条件，原则上都可以用拉普拉斯变换法求解，而求解思路与傅里叶变换法相同，即

(1) 对原定解问题施行变换，得到象函数的常微分方程问题；

(2) 求解该常微分方程问题得到象函数；

(3) 对象函数反演得到原函数。

我们将二元函数 $u(x,t)$ 关于变量 t 的拉普拉斯变换记为

$$\mathcal{L}\{u(x,t)\} = U(x,p) = \int_0^\infty u(x,t)\,\mathrm{e}^{-pt}\mathrm{d}t \tag{11.2.1}$$

对导数 $\dfrac{\partial u}{\partial x}$ 关于 t 作拉普拉斯变换时

$$\mathcal{L}\left\{\frac{\partial u}{\partial x}\right\} = \frac{\mathrm{d}U(x,p)}{\mathrm{d}x}, \quad \mathcal{L}\left\{\frac{\partial^2 u}{\partial x^2}\right\} = \frac{\mathrm{d}^2U(x,p)}{\mathrm{d}x^2} \tag{11.2.2}$$

另外我们将需要两个重要的拉普拉斯变换公式 [式 (4.1.11) 和式 (4.1.12)]

$$\mathcal{L}\left\{\frac{\partial u}{\partial t}\right\} = pU(x,p) - u(x,0) \tag{11.2.3a}$$

$$\mathcal{L}\left\{\frac{\partial^2 u}{\partial t^2}\right\} = p^2U(x,p) - pu(x,0) - \left.\frac{\partial u}{\partial t}\right|_{t=0} \tag{11.2.3b}$$

下面我们通过不同例题说明拉普拉斯变换法在求解各种定解问题中的应用。

例 1 用拉普拉斯变换法求解半无限长细杆热传导的定解问题

$$\begin{cases} \dfrac{\partial u}{\partial t} = a^2\dfrac{\partial^2 u}{\partial x^2} \quad (x>0, t>0) & (11.2.4\text{a}) \\ u|_{t=0} = 0 \quad (x \geqslant 0) & (11.2.4\text{b}) \\ u|_{x=0} = f(t) \quad (t>0) & (11.2.4\text{c}) \end{cases}$$

这个问题如图 11.5 所示。

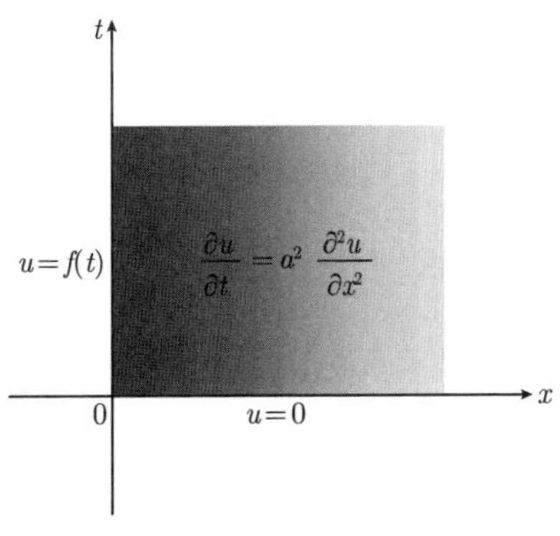

图 11.5 定解问题 (11.2.4) 的示意图

解 首先我们注意到，式 (11.2.4c) 表示系统边缘 $(x=0)$ 的热库温度，它是一个非齐次边界条件，这对于拉普拉斯变换

法来说，求解过程与齐次问题是一样的。对式 (11.2.4a) 两边关于 t 作拉普拉斯变换，并利用式 (11.2.3a)，得到

$$pU(x,p)-u(x,0)=a^2\frac{\mathrm{d}^2U(x,p)}{\mathrm{d}x^2} \tag{11.2.5}$$

利用式 (11.2.4b)，方程 (11.2.5) 变为

$$\frac{\mathrm{d}^2U(x,p)}{\mathrm{d}x^2}-\frac{p}{a^2}U(x,p)=0 \tag{11.2.6}$$

对式 (11.2.4c) 两边关于 t 作拉普拉斯变换，得到

$$U(0,p)=\mathcal{L}\{f(t)\}=F(p) \tag{11.2.7}$$

方程 (11.2.6) 的通解为

$$U(x,p)=C_1\exp\left(\frac{\sqrt{p}}{a}x\right)+C_2\exp\left(-\frac{\sqrt{p}}{a}x\right) \tag{11.2.8}$$

当 $x\to\infty$ 时，温度 $u(x,t)$ 应该满足自然边界条件，即 $u(\infty,t)=$ 有限值，因而作为线性变换的 $U(x,p)$ 也应该满足这一条件，即 $U(\infty,p)=$ 有限值，故 $C_1=0$。再由式 (11.2.7) 得到 $C_2=F(p)$，从而得

$$U(x,p)=F(p)\exp\left(-\frac{x}{a}\sqrt{p}\right) \tag{11.2.9}$$

现在对 $U(x,p)$ 反演，利用

$$\mathcal{L}^{-1}\left\{\exp\left(-\frac{x}{a}\sqrt{p}\right)\right\}=\frac{x}{2a\sqrt{\pi}t^{3/2}}\exp\left(-\frac{x^2}{4a^2t}\right) \tag{11.2.10}$$

及拉普拉斯变换的卷积性质, 得到

$$\begin{aligned}u(x,t)&=\mathcal{L}^{-1}\left\{F(p)\exp\left(-\frac{x}{a}\sqrt{p}\right)\right\}\\&=f(t)*\frac{x}{2a\sqrt{\pi}t^{3/2}}\exp\left(-\frac{x^2}{4a^2t}\right)\\&=\frac{x}{2a\sqrt{\pi}}\int_0^t f(\tau)\frac{1}{(t-\tau)^{3/2}}\exp\left[-\frac{x^2}{4a^2(t-\tau)}\right]\mathrm{d}\tau\end{aligned} \tag{11.2.11}$$

这就是定解问题 (11.2.4) 的解。这个解只依赖于 $f(\tau)$ 在 $0<\tau<t$ 范围内的取值。这是所期待的，因为热库温度在 $\tau>t$ 的值不能影响目前 t 时刻的系统温度。

我们可以思考一个问题，可否对坐标变量 x 进行拉普拉斯变换来求解定解问题 (11.2.4)。从变量 $x\in[0,\infty)$ 来看，原则上是可以的，让我们试着对方程 (11.2.4a) 两边取拉普拉斯变换，我们有

$$\frac{\mathrm{d}U(p,t)}{\mathrm{d}t}=a^2\left[p^2U(p,t)-pu(0,t)-\left.\frac{\partial u}{\partial x}\right|_{x=0}\right] \tag{11.2.12}$$

考查方程 (11.2.12) 右边：$u(0,t)=f(t)$ 是已知的，但是 $\left.\dfrac{\partial u}{\partial x}\right|_{x=0}$ 是未知的，因此该方程无法求解。

例 2 例 1 中，设热库温度 $f(t)=T$(常数)，对结果式 (11.2.11) 进行数值计算。

解 在计算之前，我们首先从物理上定性分析系统温度分布随时间变化的特征。现在系统的初始条件和边界条件为

$$u|_{t=0}=0 \quad (x\geqslant 0) \tag{11.2.13a}$$

$$u|_{x=0}=T \quad (t>0) \tag{11.2.13b}$$

在 $t=0$ 时刻，整个系统的初始温度为零，即 $u(x,0)=0\ (x\geqslant 0)$，如式 (11.2.13a) 所示。然后热库开始作用，系统 $x=0$ 端的温度骤然升到 T。在 t 较小时，系统中离热库足够远的地方，温度仍维持接近初始温度。随着时间的推移，热量在系统中传播的范围逐渐扩大。当 $t\to\infty$ 时，热量在系统中均匀分布，$u(x,\infty)=T$，因此系统的温度分布随时间的变化应该有如图 11.6 所示的行为。

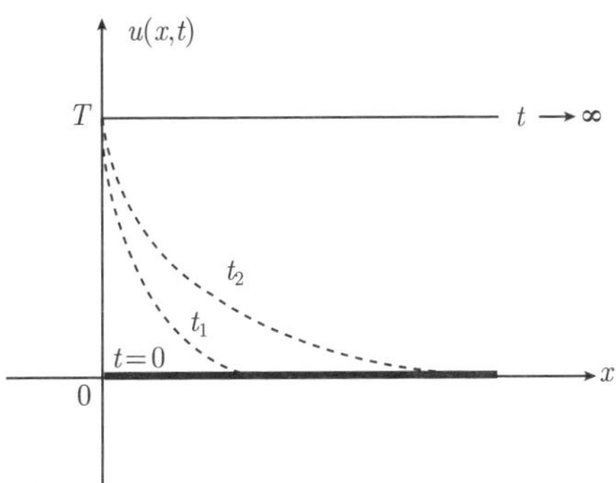

图 11.6 系统温度分布随时间变化的趋势：$0<t_1<t_2<\infty$

现在我们进一步求解，将 $f(t)=T$ 代入式 (11.2.11)，并用变量代换

$$y=\frac{x}{2a\sqrt{t-\tau}},\quad \frac{\mathrm{d}y}{\mathrm{d}\tau}=\frac{x}{4a\,(t-\tau)^{3/2}} \tag{11.2.14}$$

得到

$$u(x,t)=\frac{2T}{\sqrt{\pi}}\int_{x/\left(2a\sqrt{t}\right)}^{\infty}\mathrm{e}^{-y^2}\mathrm{d}y=T\mathrm{erfc}\left(\frac{x}{2a\sqrt{t}}\right) \tag{11.2.15}$$

其中

$$\mathrm{erfc}(x)=\frac{2}{\sqrt{\pi}}\int_{x}^{\infty}\mathrm{e}^{-y^2}\mathrm{d}y \tag{11.2.16}$$

是余误差函数。首先由式 (11.2.15) 讨论初始温度分布，当 $t=0$ 时，式 (11.2.15) 中的积分下限为无穷大，故 $u(x,0)=0$。另一方面，当 $t\to\infty$ 时，积分下限为零，故

$u(x,\infty)=T$。图 11.7 显示了温度分布式 (11.2.15) 在不同时刻的曲线。所有计算结果都与图 11.6 的物理分析相吻合。

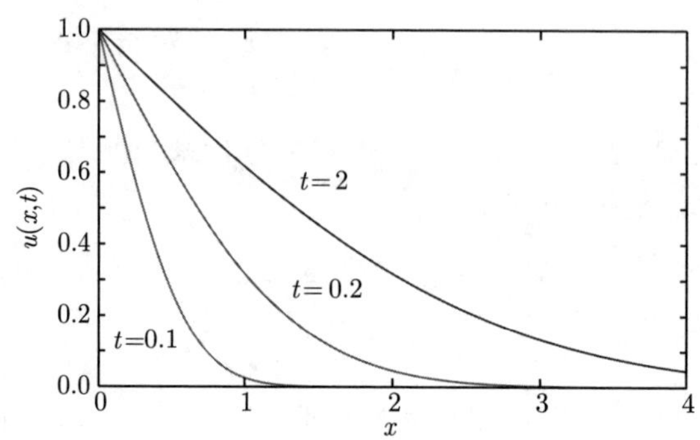

图 11.7　温度分布式 (11.2.15) 在不同时刻的曲线 $(a=1,T=1)$

例 3　用拉普拉斯变换法求解有界杆热传导的定解问题

$$\begin{cases}\dfrac{\partial u}{\partial t}=a^2\dfrac{\partial^2 u}{\partial x^2} & (0<x<L,t>0) \quad (11.2.17\text{a})\\ u|_{x=0}=0,\ u|_{x=L}=0 & (t>0) \quad (11.2.17\text{b})\\ u\,|_{t=0}\ =\sin\dfrac{\pi x}{L} & (x\geqslant 0) \quad (11.2.17\text{c})\end{cases}$$

解　对式 (11.2.17a) 两边取 t 的拉普拉斯变换，并利用式 (11.2.17c) 和式 (11.2.17b)，得到

$$\begin{cases}\dfrac{\mathrm{d}^2U(x,p)}{\mathrm{d}x^2}-\dfrac{p}{a^2}U(x,p)=-\dfrac{1}{a^2}\sin\dfrac{\pi x}{L} \quad (11.2.18\text{a})\\ U(0,p)=0,U(L,p)=0 \quad (11.2.18\text{b})\end{cases}$$

这是一个非齐次常微分方程问题，我们首先求式 (11.2.18a) 的通解。我们知道，非齐次常微分方程的通解等于相应齐次方程的通解加上非齐次方程的一个特解。相应的齐次方程为 (11.2.6)，它的通解是式 (11.2.8)。另外，我们用观察法容易看出非齐次方程 (11.2.18a) 的一个特解

$$U(x,p)=C\sin\frac{\pi x}{L} \tag{11.2.19}$$

为了确定其中的系数 C，将式 (11.2.19) 代入式 (11.2.18a)，有

$$-C\left(\frac{\pi}{L}\right)^2\sin\frac{\pi x}{L}-C\frac{p}{a^2}\sin\frac{\pi x}{L}=-\frac{1}{a^2}\sin\frac{\pi x}{L} \tag{11.2.20}$$

上式两边比较 $\sin\dfrac{\pi x}{L}$ 的系数，得到

$$-C\left(\frac{\pi}{L}\right)^2 - C\frac{p}{a^2} = -\frac{1}{a^2} \tag{11.2.21}$$

即

$$C = \frac{1}{p+\left(\dfrac{a\pi}{L}\right)^2} \tag{11.2.22}$$

将式 (11.2.22) 代入式 (11.2.19)，并与齐次通解 (11.2.8) 相加，便得到非齐次方程 (11.2.18a) 的通解：

$$U(x,p) = C_1\exp\left(\frac{\sqrt{p}}{a}x\right) + C_2\exp\left(-\frac{\sqrt{p}}{a}x\right) + \frac{1}{p+\left(\dfrac{a\pi}{L}\right)^2}\sin\frac{\pi x}{L} \tag{11.2.23}$$

利用边界条件 (11.2.18b)，得到 $C_1 = C_2 = 0$，这样常微分方程问题 (11.2.18) 的解为

$$U(x,p) = \frac{1}{p+\left(\dfrac{a\pi}{L}\right)^2}\sin\frac{\pi x}{L} \tag{11.2.24}$$

现在对 $U(x,p)$ 进行反演，利用式 (4.1.7c) 直接得到

$$u(x,t) = \sin\frac{\pi x}{L}\exp\left[-\left(\frac{a\pi}{L}\right)^2 t\right] \tag{11.2.25}$$

这就是定解问题 (11.2.17) 的解。该问题也可以用分离变量法求解，结果与式 (11.2.25) 相同。

例 4 用拉普拉斯变换法求解混合微分方程的定解问题：

$$\begin{cases} \dfrac{\partial^2 u}{\partial x\partial t} = 1 \qquad (x>0, t>0) & (11.2.26a) \\ u|_{x=0} = t+1 \qquad (t>0) & (11.2.26b) \\ u|_{t=0} = 1 \qquad (x \geqslant 0) & (11.2.26c) \end{cases}$$

解

方法 1 由于变量 $t\in[0,\infty)$，我们对式 (11.2.26a) 两边取 t 的拉普拉斯变换，左边的变换给出

$$\begin{aligned} \mathcal{L}\left\{\frac{\partial^2 u}{\partial x\partial t}\right\} &= \mathcal{L}\left\{\frac{\partial}{\partial x}\frac{\partial u}{\partial t}\right\} = \frac{\mathrm{d}}{\mathrm{d}x}\mathcal{L}\left\{\frac{\partial u}{\partial t}\right\} \\ &= \frac{\mathrm{d}}{\mathrm{d}x}[pU(x,p) - u(x,0)] \ [\text{利用式 (11.2.26c)}] \\ &= p\frac{\mathrm{d}U(x,p)}{\mathrm{d}x} \end{aligned}$$

对式 (11.2.26a) 右边进行变换，给出 $\mathcal{L}\{1\}=1/p$，于是

$$p\frac{\mathrm{d}U(x,p)}{\mathrm{d}x}=\frac{1}{p} \tag{11.2.27a}$$

再对式 (11.2.26b) 两边关于 t 作拉普拉斯变换，利用式 (4.1.7b) 和式 (4.1.7a)，得到

$$U(0,p)=\frac{1}{p^2}+\frac{1}{p} \tag{11.2.27b}$$

对式 (11.2.27a) 两边积分，并利用式 (11.2.27b)，得到

$$U(x,p)=\frac{x}{p^2}+\frac{1}{p^2}+\frac{1}{p} \tag{11.2.28}$$

对式 (11.2.28) 反演，并利用式 (4.1.7b) 和式 (4.1.7a)，得到

$$u(x,t)=xt+t+1 \tag{11.2.29}$$

方法 2　由于变量 $x\in[0,\infty)$，可以对式 (11.2.26a) 两边取 x 的拉普拉斯变换，左边的变换给出

$$\begin{aligned}\mathcal{L}\left\{\frac{\partial^2 u}{\partial x\partial t}\right\}&=\mathcal{L}\left\{\frac{\partial}{\partial t}\frac{\partial u}{\partial x}\right\}=\frac{\mathrm{d}}{\mathrm{d}t}\mathcal{L}\left\{\frac{\partial u}{\partial x}\right\}\\&=\frac{\mathrm{d}}{\mathrm{d}t}\left[pU(p,t)-u(0,t)\right]\left[\text{利用式 (11.2.26b)}\right]\\&=p\frac{\mathrm{d}U(p,t)}{\mathrm{d}t}-1\end{aligned}$$

对式 (11.2.26a) 右边进行变换，给出 $\mathcal{L}\{1\}=1/p$，于是

$$p\frac{\mathrm{d}U(p,t)}{\mathrm{d}t}-1=\frac{1}{p}\Rightarrow\frac{\mathrm{d}U(p,t)}{\mathrm{d}t}=\frac{1}{p^2}+\frac{1}{p} \tag{11.2.30a}$$

再对式 (11.2.26c) 两边关于 x 作拉普拉斯变换得

$$U(p,0)=\frac{1}{p} \tag{11.2.30b}$$

对式 (11.2.30a) 两边积分，并利用式 (11.2.30b)，得到

$$U(p,t)=\frac{t}{p^2}+\frac{t}{p}+\frac{1}{p} \tag{11.2.31}$$

对式 (11.2.31) 反演，并利用式 (4.1.7b) 和式 (4.1.7a)，得到

$$u(x,t)=xt+t+1 \tag{11.2.32}$$

例 5 求解定解问题

$$\begin{cases} \dfrac{\partial u}{\partial t}+x\dfrac{\partial u}{\partial x}=x \quad (x>0,t>0) & (11.2.33\text{a}) \\ u|_{x=0}=0 \quad (t>0) & (11.2.33\text{b}) \\ u|_{t=0}=0 \quad (x\geqslant 0) & (11.2.33\text{c}) \end{cases}$$

解 方程 (11.2.33a) 是一个变系数微分方程。现在两个自变量 x 和 t 的变化范围都是 $[0,\infty)$，而且起点的条件都是已知的，可以对任一个变量取拉普拉斯变换。由于式 (11.2.33a) 中含有 $x\dfrac{\partial u}{\partial x}$ 项，取 x 的拉普拉斯变换较为麻烦。我们对式 (11.2.33a) 作关于 t 的拉普拉斯变换，并利用式 (11.2.33c)，得到

$$\frac{\mathrm{d}U(x,p)}{\mathrm{d}x}+\frac{p}{x}U(x,p)=\frac{1}{p} \tag{11.2.34a}$$

对式 (11.2.33b) 两边关于 t 作拉普拉斯变换，得到

$$U(0,p)=0 \tag{11.2.34b}$$

一阶常微分方程 (11.2.34a) 的积分因子为

$$\exp\left(\int\frac{p}{x}\mathrm{d}x\right)=\exp\left(p\ln x\right)=x^p \tag{11.2.35}$$

故式 (11.2.34a) 具有解

$$x^pU(x,p)=\int x^p\frac{1}{p}\mathrm{d}x=\frac{1}{p}\frac{x^{p+1}}{(p+1)}+C(p) \tag{11.2.36}$$

其中，$C(p)$ 是包含 p 的积分常数，故

$$U(x,p)=\frac{x}{p(p+1)}+\frac{C(p)}{x^p} \tag{11.2.37}$$

条件 (11.2.34b) 要求 $C(p)=0$，故式 (11.2.37) 变成

$$U(x,p)=\frac{x}{p(p+1)}=x\left(\frac{1}{p}-\frac{1}{p+1}\right) \tag{11.2.38}$$

对式 (11.2.38) 反演，利用式 (4.1.7a) 和式 (4.1.7c)，得到

$$u(x,t)=x\left(1-\mathrm{e}^{-t}\right) \tag{11.2.39}$$

这就是定解问题 (11.2.33) 的解。

例 6　求解半无界弦强迫振动的定解问题

$$\begin{cases} \dfrac{\partial^2 u}{\partial t^2} = a^2 \dfrac{\partial^2 u}{\partial x^2} + f(t) & (x > 0, t > 0) \quad (11.2.40a) \\ u|_{x=0} = 0 & (t > 0) \quad (11.2.40b) \\ u|_{t=0} = 0, \quad \left.\dfrac{\partial u}{\partial t}\right|_{t=0} = 0 & (x \geqslant 0) \quad (11.2.40c) \end{cases}$$

解　定解问题 (11.2.40) 显示，半无界弦初始处于平衡位置 x 轴且速度为零，一个端点始终固定在 $x=0$，振动时受强迫力 $f(t)$ 作用，它只是时间 t 的函数。我们用拉普拉斯变换法求解这一问题。注意到，虽然空间变量 $x \in [0, \infty)$，但 $[\partial u/\partial x]_{x=0}$ 是未知的，故不能对 x 作拉普拉斯变换。我们对式 (11.2.40a) 和式 (11.2.40b) 关于 t 作拉普拉斯变换，并利用初始条件式 (11.2.40c)，得到

$$\begin{cases} -a^2 \dfrac{\mathrm{d}^2 U(x,p)}{\mathrm{d}x^2} + p^2 U(x,p) = F(p) & (11.2.41a) \\ U(0,p) = 0 & (11.2.41b) \end{cases}$$

式 (11.2.41a) 是一个非齐次常微分方程，但 $F(p)$ 不含变量 x。相应的齐次方程的通解为

$$U(x,p) = C_1 \exp\left(\frac{p}{a}x\right) + C_2 \exp\left(-\frac{p}{a}x\right) \tag{11.2.42}$$

而非齐次方程 (11.2.41a) 的一个特解显然是 $F(p)/p^2$，故式 (11.2.41a) 的通解为

$$U(x,p) = C_1 \exp\left(\frac{p}{a}x\right) + C_2 \exp\left(-\frac{p}{a}x\right) + \frac{F(p)}{p^2} \tag{11.2.43}$$

自然边界条件要求 $C_1 = 0$，进而从条件 (11.2.41b) 得到

$$C_2 = -\frac{F(p)}{p^2} \tag{11.2.44}$$

于是式 (11.2.43) 变为

$$U(x,p) = F(p)\left(\frac{1}{p^2} - \frac{\mathrm{e}^{-\frac{p}{a}x}}{p^2}\right) \tag{11.2.45}$$

为了对式 (11.2.45) 反演，我们首先计算两个拉普拉斯反变换

$$\mathcal{L}^{-1}\left\{\frac{1}{p^2}\right\} \quad 和 \quad \mathcal{L}^{-1}\left\{\frac{\mathrm{e}^{-\frac{p}{a}x}}{p^2}\right\} \tag{11.2.46}$$

利用式 (4.1.7b) 容易得到

$$\mathcal{L}^{-1}\left\{\frac{1}{p^2}\right\} = t \tag{11.2.47}$$

另外，拉普拉斯变换式 (4.1.21) 给出

$$\mathcal{L}^{-1}\left\{\mathrm{e}^{-a\,p}F(p)\right\}=u(t-a)f(t-a) \tag{11.2.48}$$

其中，$a>0$，$u(t-a)$ 是图 4.2 所示的单位阶跃函数。利用式 (11.2.48)，我们有

$$\mathcal{L}^{-1}\left\{\frac{\mathrm{e}^{-\frac{p}{a}x}}{p^2}\right\}=\left(t-\frac{x}{a}\right)u\left(t-\frac{x}{a}\right) \tag{11.2.49}$$

这样

$$\mathcal{L}^{-1}\left\{\frac{1}{p^2}-\frac{\mathrm{e}^{-\frac{p}{a}x}}{p^2}\right\}=t-\left(t-\frac{x}{a}\right)u\left(t-\frac{x}{a}\right) \tag{11.2.50}$$

于是式 (11.2.45) 的反变换为

$$\begin{aligned}u(x,t)&=f(t)*\left[t-\left(t-\frac{x}{a}\right)u\left(t-\frac{x}{a}\right)\right]\\&=\int_0^t f(t-\tau)\left[\tau-\left(\tau-\frac{x}{a}\right)u\left(\tau-\frac{x}{a}\right)\right]\mathrm{d}\tau\\&=\int_0^t \tau f(t-\tau)\mathrm{d}\tau-\int_0^t\left(\tau-\frac{x}{a}\right)f(t-\tau)u\left(\tau-\frac{x}{a}\right)\mathrm{d}\tau\end{aligned}$$

它可以写成

$$u(x,t)=\begin{cases}\displaystyle\int_0^t \tau f(t-\tau)\mathrm{d}\tau & \left(t<\dfrac{x}{a}\right)\\ \displaystyle\int_0^t \tau f(t-\tau)\mathrm{d}\tau-\int_{x/a}^t\left(\tau-\frac{x}{a}\right)f(t-\tau)\mathrm{d}\tau \quad \left(t\geqslant\dfrac{x}{a}\right) & \left(t\geqslant\dfrac{x}{a}\right)\end{cases} \tag{11.2.51}$$

这就是定解问题 (11.2.40) 的解。

例 7 在例 6 中若强迫力为弦的重力 mg，即泛定方程为 [见式 (5.1.10)]

$$\frac{\partial^2 u}{\partial t^2}=a^2\frac{\partial^2 u}{\partial x^2}-g \quad (x>0,t>0) \tag{11.2.52}$$

其中，$g=9.8\mathrm{m/s^2}$ 是重力加速度，计算弦的位移 $u(x,t)$。

解 取 $f(t)=-g$，由式 (11.2.51) 得到

$$u(x,t)=\begin{cases}-\dfrac{1}{2}g\left[t^2-\left(t-\dfrac{x}{a}\right)^2\right] & (x\leqslant at)\\ -\dfrac{1}{2}gt^2 & (x>at)\end{cases} \tag{11.2.53}$$

式 (11.2.53) 显示，当 $x\leqslant at$ 时，弦的位移 $u(x,t)$ 依赖于位置 x 和时间 t。而 $x>at$ 区域的弦则呈现自由落体运动 (位移与 x 无关)。不过由于端点 $x=0$ 是固定的，弦在 x 较小处的下落较慢，不是自由的。随着时间 t 的增大，自由落体区域 $(x>at)$ 缩小。图 11.8 显示了弦在不同时刻的位置。

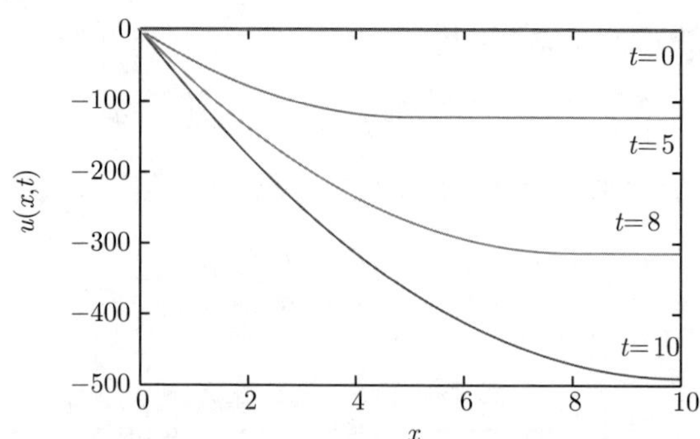

图 11.8 弦在不同时刻的位置 ($a = 1$)

11.3 联合变换法

我们已经看到，使用傅里叶变换和拉普拉斯变换求解定解问题的条件是变量的变化范围分别为 $(-\infty, \infty)$ 和 $[0, \infty)$。实际上，在许多二阶偏微分方程问题中，为了求出结果 $u(x, t)$，可以联合使用这两个变换，得到双重象函数 $U(\omega, p)$，然后进行两次反变换即可。在这样的求解过程中，完全消去了对自变量求导数的运算，只需要求解一个代数方程。特别是，在许多问题中，坐标变量为 $x \in (-\infty, \infty)$，而时间变量 $t \in [0, \infty)$，正好适合傅里叶变换和拉普拉斯变换。本节将用联合变换法求解若干典型的定解问题。我们首先讨论含有对流机制的热传导问题，并引出相应的高斯核。

11.3.1 对流热传导问题

考虑下列无界杆热传导的定解问题

$$\begin{cases} \dfrac{\partial u}{\partial t} = a^2 \dfrac{\partial^2 u}{\partial x^2} - k\dfrac{\partial u}{\partial x} & (-\infty < x < \infty, t > 0) \quad (11.3.1a) \\ u|_{t=0} = \phi(x) & (-\infty < x < \infty) \quad (11.3.1b) \end{cases}$$

该系统含有对流的机制，借此与外界交换热量，它表现在函数 u 对空间变量的一阶微商项，k 是一个常数，称为对流系数 (convection coefficient)，而 a 仍是扩散系数。该问题包含了热量的扩散与迁移两重作用。

首先对式 (11.3.1a) 取关于 t 的拉普拉斯变换，并利用初始条件 (11.3.1b)，得到

$$pU(x, p) - \phi(x) = a^2 \frac{\mathrm{d}^2 U(x, p)}{\mathrm{d}x^2} - k\frac{\mathrm{d}U(x, p)}{\mathrm{d}x} \tag{11.3.2}$$

对式 (11.3.2) 关于 x 作傅里叶变换，得到

$$pU(\omega, p) - \varPhi(\omega) = -a^2\omega^2 U(\omega, p) - \mathrm{i}k\omega U(\omega, p) \tag{11.3.3}$$

其中

$$\varPhi(\omega)=\int_{-\infty}^{\infty}\phi(x)\mathrm{e}^{-\mathrm{i}\omega x}\mathrm{d}x \tag{11.3.4}$$

从式 (11.3.3) 解出

$$U(\omega,p)=\varPhi(\omega)\frac{1}{p+(a^2\omega^2+\mathrm{i}k\omega)} \tag{11.3.5}$$

对它作拉普拉斯反变换，得到

$$U(\omega,t)=\varPhi(\omega)\mathrm{e}^{-\left(a^2\omega^2+\mathrm{i}k\omega\right)t} \tag{11.3.6}$$

再作傅里叶反变换，利用式 (3.1.4) 得到

$$u(x,t)=\frac{1}{2\pi}\int_{-\infty}^{\infty}\varPhi(\omega)\mathrm{e}^{-a^2\omega^2t}\mathrm{e}^{\mathrm{i}\omega Z}\mathrm{d}\omega\quad(Z=x-kt) \tag{11.3.7}$$

这就是定解问题 (11.3.1) 的积分解。我们看到，式 (11.3.7) 与无对流作用时的式 (11.1.7) 有相同的形式，因此只需要用 $Z=x-kt$ 代替式 (11.1.10) 中的 x，就可以得到现在问题的结果，即

$$\begin{aligned}u(x,t)&=\frac{1}{2a\sqrt{\pi t}}\int_{-\infty}^{\infty}\phi(\xi)\exp\left[-\frac{(Z-\xi)^2}{4a^2t}\right]\mathrm{d}\xi\\&=\frac{1}{2a\sqrt{\pi t}}\int_{-\infty}^{\infty}\phi(\xi)\exp\left[-\frac{(x-kt-\xi)^2}{4a^2t}\right]\mathrm{d}\xi\end{aligned} \tag{11.3.8}$$

类似地，它可以写成卷积的形式

$$u(x,t)=\phi(x)*K(x,t,k) \tag{11.3.9}$$

其中

$$K(x,t,k)=\frac{1}{2a\sqrt{\pi t}}\exp\left(-\frac{Z^2}{4a^2t}\right)=\frac{1}{2a\sqrt{\pi t}}\exp\left[-\frac{(x-kt)^2}{4a^2t}\right] \tag{11.3.10}$$

是对流热传导问题的高斯核。当 $k=0$ 时，它约化为式 (11.1.12)。高斯核式 (11.3.10) 具有式 (11.1.12) 的所有性质，只是它的峰值设在 $x=kt$ 处。该高斯核仍然表示初始位于 $x=0$ 的点源在任意时刻 t 引起的温度分布。但在任意 t 时刻，温度分布不但有展宽，而且出现了迁移，$k>0$ 时，峰值向 x 轴正向迁移；$k<0$ 时，峰值则向 x 轴负向迁移，如图 11.9 所示。这种具有扩散和迁移双重作用的演化行为存在于许多系统之中。

例 设系统初始温度为高斯分布函数式 (11.1.18)，对上面的结果进行讨论。

解 将式 (11.1.19) 代入式 (11.3.7) 得到

$$u(x,t)=\frac{1}{2\pi}\int_{-\infty}^{\infty}\mathrm{e}^{-\frac{\omega^2}{4}}\mathrm{e}^{-a^2\omega^2t}\mathrm{e}^{\mathrm{i}\omega(x-kt)}\mathrm{d}\omega$$

$$= \frac{1}{2\pi}\int_{-\infty}^{\infty} \mathrm{e}^{-\frac{4a^2t+1}{4}\omega^2}\mathrm{e}^{\mathrm{i}\omega(x-kt)}\mathrm{d}\omega$$

$$= \frac{1}{\sqrt{\pi\,(4a^2t+1)}}\exp\left[-\frac{(x-kt)^2}{4a^2t+1}\right] \tag{11.3.11}$$

这就是对流热传导问题的结果。它的时间演化与高斯核的行为 (图 11.9) 相似。在无对流情况下，它变成式 (11.1.20)。

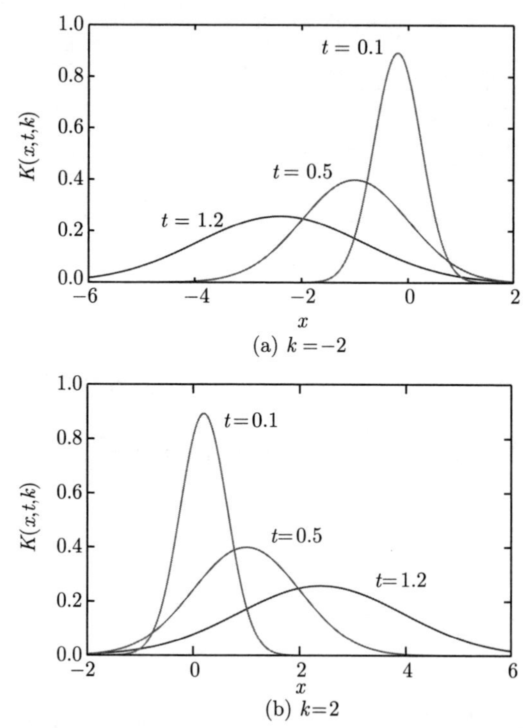

图 11.9　不同 t 时刻高斯核式 (11.3.10) 的曲线 ($a=1$)

11.3.2　线性衰变的影响

我们进一步在方程 (11.3.1) 中引入线性衰变机制，并研究它对温度分布的影响，即考虑下列无界杆热传导的定解问题

$$\begin{cases} \dfrac{\partial V}{\partial t} = a^2\dfrac{\partial^2 V}{\partial x^2} - k\dfrac{\partial V}{\partial x} - \gamma V \quad (-\infty < x < \infty, t > 0) & (11.3.12\text{a}) \\ V|_{t=0} = \phi(x) \quad (-\infty < x < \infty) & (11.3.12\text{b}) \end{cases}$$

其中，$V = V(x,t)$ 是任意时刻 t 的温度分布；γV 反映系统温度的线性衰变机制；γ 是衰变常数。

在定解问题 (11.3.1) 的基础上，求解现在的问题是很简单的。事实上，按照下列变换

$$V(x,t) = u(x,t)\exp(-\gamma t) \tag{11.3.13}$$

引入新的函数 $u(x,t)$。然后将式 (11.3.13) 代入式 (11.3.12)，注意到 $V(x,0) = u(x,0)$，我们得到关于 $u(x,t)$ 的定解问题

$$\begin{cases} \dfrac{\partial u}{\partial t} = a^2\dfrac{\partial^2 u}{\partial x^2} - k\dfrac{\partial u}{\partial x} \quad (-\infty < x < \infty, t > 0) & (11.3.14\text{a}) \\ u|_{t=0} = \phi(x) \quad (-\infty < x < \infty) & (11.3.14\text{b}) \end{cases}$$

这个问题与式 (11.3.1) 是完全相同的，于是从式 (11.3.8) 直接得到

$$V(x,t) = \frac{\exp(-\gamma t)}{2a\sqrt{\pi t}}\int_{-\infty}^{\infty}\phi(\xi)\exp\left[-\frac{(x-kt-\xi)^2}{4a^2t}\right]\mathrm{d}\xi \tag{11.3.15}$$

这就是定解问题 (11.3.12) 的解。可以看出，线性衰变的机制表现在指数衰变因子 $\exp(-\gamma t)$ 的出现。

例 1 设定解问题 (11.3.12) 的初始温度分布为 $\phi(x) = \delta(x)$，对它的结果式 (11.3.15) 进行讨论。

解 现在解式 (11.3.15) 给出

$$\begin{aligned} V(x,t) &= \frac{\exp(-\gamma t)}{2a\sqrt{\pi t}}\int_{-\infty}^{\infty}\delta(\xi)\exp\left[-\frac{(x-kt-\xi)^2}{4a^2t}\right]\mathrm{d}\xi \\ &= \frac{\exp(-\gamma t)}{2a\sqrt{\pi t}}\exp\left[-\frac{(x-kt)^2}{4a^2t}\right] \end{aligned}$$

如果不考虑迁移作用 ($k = 0$)，则上式变为

$$V(x,t) = \frac{\exp(-\gamma t)}{2a\sqrt{\pi t}}\exp\left(-\frac{x^2}{4a^2t}\right) \tag{11.3.16}$$

图 11.10 显示了式 (11.3.16) 所示的不同时刻的温度分布。与无外热源的图 11.1 相

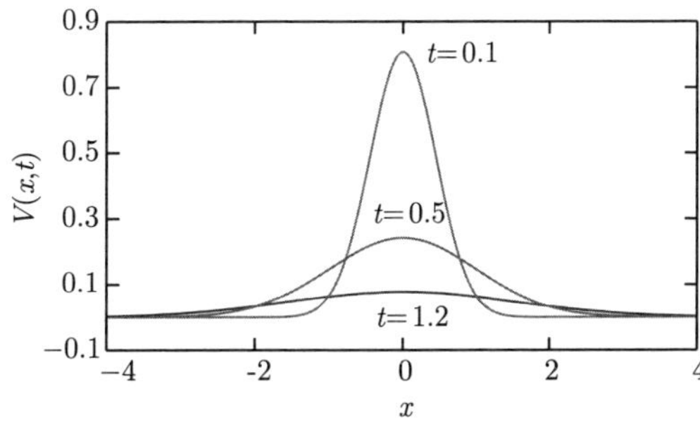

图 11.10 线性衰变对点源引起的温度分布的影响 ($a = 1, \gamma = 1$)

比，在 t 较小时，线性衰变 $\exp(-\gamma t)$ 对温度的影响不太显著，但随着 t 的增加，影响越来越大，系统的温度迅速趋于零。

例 2　求解下列无界杆热传导的定解问题

$$\begin{cases} \dfrac{\partial V}{\partial t} = a^2 \dfrac{\partial^2 V}{\partial x^2} - tV & (-\infty < x < \infty, t > 0) \quad (11.3.17\text{a}) \\ V|_{t=0} = \phi(x) & (-\infty < x < \infty) \quad (11.3.17\text{b}) \end{cases}$$

解　现在线性项的衰变系数不是常数，而是变数 t。取函数变换

$$V(x,t) = u(x,t)\exp\left(-\frac{t^2}{2}\right) \tag{11.3.18}$$

则定解问题 (11.3.17) 变为

$$\begin{cases} \dfrac{\partial u}{\partial t} = a^2 \dfrac{\partial^2 u}{\partial x^2} & (-\infty < x < \infty, t > 0) \quad (11.3.19\text{a}) \\ u|_{t=0} = \phi(x) & (-\infty < x < \infty) \quad (11.3.19\text{b}) \end{cases}$$

这正是定解问题 (11.1.3)，直接利用式 (11.1.10) 得到

$$V(x,t) = \frac{\exp\left(-t^2/2\right)}{2a\sqrt{\pi t}} \int_{-\infty}^{\infty} \phi(\xi) \exp\left[-\frac{(x-\xi)^2}{4a^2 t}\right] \mathrm{d}\xi \tag{11.3.20}$$

这就是定解问题 (11.3.17) 的解。现在线性衰变的机制表现在指数因子 $\exp(-t^2/2)$ 的出现。

从上述例题可以看出，高斯核在热传导问题中有重要的作用。下面我们将会看到，高斯核在有源热传导问题中仍然扮演核心的角色。

11.3.3　有源热传导问题

考虑无边界有源热传导定解问题

$$\begin{cases} \dfrac{\partial u}{\partial t} = a^2 \dfrac{\partial^2 u}{\partial x^2} + f(x,t) & (-\infty < x < \infty, t > 0) \quad (11.3.21\text{a}) \\ u|_{t=0} = \phi(x) & (-\infty < x < \infty) \quad (11.3.21\text{b}) \end{cases}$$

其中，$\phi(x)$ 是初始温度分布；$f(x,t)$ 是时空依赖的外热源。

我们用联合变换法求解这一问题，先对式 (11.3.21) 作关于 x 的傅里叶变换，得到常微分方程问题

$$\begin{cases} \dfrac{\mathrm{d}U(\omega,t)}{\mathrm{d}t} = -a^2\omega^2 U(\omega,t) + F(\omega,t) & (11.3.22\text{a}) \\ U(\omega,0) = \varPhi(\omega) & (11.3.22\text{b}) \end{cases}$$

其中

$$\Phi(\omega)=\int_{-\infty}^{\infty}\phi(x)\mathrm{e}^{-\mathrm{i}\omega x}\mathrm{d}x \tag{11.3.23a}$$

$$F(\omega,t)=\int_{-\infty}^{\infty}f(x,t)\mathrm{e}^{-\mathrm{i}\omega x}\mathrm{d}x \tag{11.3.23b}$$

再对式 (11.3.22a) 作关于 t 的拉普拉斯变换并利用式 (11.3.22b)，得到

$$pU(\omega,p)-\Phi(\omega)=-a^2\omega^2U(\omega,p)+F(\omega,p) \tag{11.3.24}$$

解之得

$$U(\omega,p)=\frac{\Phi(\omega)+F(\omega,p)}{p+a^2\omega^2}=\frac{\Phi(\omega)}{p+a^2\omega^2}+\frac{F(\omega,p)}{p+a^2\omega^2} \tag{11.3.25}$$

对式 (11.3.25) 作拉普拉斯反变换，得到

$$\begin{aligned}U(\omega,t)&=\Phi(\omega)\mathrm{e}^{-a^2\omega^2t}+F(\omega,t)*\mathrm{e}^{-a^2\omega^2t}\\&=\Phi(\omega)\mathrm{e}^{-a^2\omega^2t}+\int_0^tF(\omega,\tau)\mathrm{e}^{-a^2\omega^2(t-\tau)}\mathrm{d}\tau\end{aligned} \tag{11.3.26}$$

再对式 (11.3.26) 作傅里叶反变换，利用式 (3.1.4) 得到

$$u(x,t)=\frac{1}{2\pi}\int_{-\infty}^{\infty}\Phi(\omega)\mathrm{e}^{-a^2\omega^2t}\mathrm{e}^{\mathrm{i}\omega x}\mathrm{d}\omega+\mathcal{F}^{-1}\left\{\int_0^tF(\omega,\tau)\mathrm{e}^{-a^2\omega^2(t-\tau)}\mathrm{d}\tau\right\} \tag{11.3.27}$$

这就是定解问题 (11.3.21) 的积分解。式 (11.3.27) 中第一个积分就是式 (11.1.7)，它给出解式 (11.1.11)。现在我们计算式 (11.3.27) 的第二个积分

$$\begin{aligned}\mathcal{F}^{-1}\left\{\int_0^tF(\omega,\tau)\mathrm{e}^{-a^2\omega^2(t-\tau)}\mathrm{d}\tau\right\}&=\int_0^t\mathcal{F}^{-1}\left\{F(\omega,\tau)\mathrm{e}^{-a^2\omega^2(t-\tau)}\right\}\mathrm{d}\tau\\&=\int_0^tf(x,\tau)*\mathcal{F}^{-1}\left\{\mathrm{e}^{-a^2\omega^2(t-\tau)}\right\}\mathrm{d}\tau\\&=\int_0^tf(x,\tau)*K(x,t-\tau)\mathrm{d}\tau\end{aligned}$$

这里利用了式 (11.1.17a)，其中，$K(x,t-\tau)$ 是高斯核式 (11.1.12)，即

$$K(x,t-\tau)=\frac{1}{2a\sqrt{\pi(t-\tau)}}\exp\left[-\frac{x^2}{4a^2(t-\tau)}\right] \tag{11.3.28}$$

这样式 (11.3.27) 变为

$$u(x,t)=\phi(x)*K(x,t)+\int_0^tf(x,\tau)*K(x,t-\tau)\mathrm{d}\tau \tag{11.3.29}$$

我们看到，这个解由两部分组成：一部分是初始温度 $\phi(x)$ 与高斯核 $K(x,t)$ 的卷积，另一部分则是外热源 $f(x,t)$ 与高斯核 $K(x,t-\tau)$ 的卷积对时间的积分。我们再次看到高斯核在热传导问题中的作用。进一步将式 (11.3.29) 写成

$$u(x,t)=\int_{-\infty}^{\infty}\phi(\xi)\,K(x-\xi,t)\mathrm{d}\xi+\int_0^t\mathrm{d}\tau\int_{-\infty}^{\infty}f(\xi,\tau)K(x-\xi,t-\tau)\mathrm{d}\xi \tag{11.3.30}$$

将高斯核式 (11.1.12) 代入式 (11.3.30)，得到

$$\begin{aligned}u(x,t)=&\frac{1}{2a\sqrt{\pi t}}\int_{-\infty}^{\infty}\phi(\xi)\,\exp\left[-\frac{(x-\xi)^2}{4a^2t}\right]\mathrm{d}\xi\\&+\frac{1}{2a\sqrt{\pi}}\int_0^t\frac{\mathrm{d}\tau}{\sqrt{t-\tau}}\int_{-\infty}^{\infty}f(\xi,\tau)\exp\left[-\frac{(x-\xi)^2}{4a^2(t-\tau)}\right]\mathrm{d}\xi\end{aligned} \tag{11.3.31}$$

这就是定解问题 (11.3.21) 的解的表达式。

在求解热传导问题中，我们看到高斯核扮演了一个核心的角色。式 (11.3.30) 通常称为热传导方程的泊松公式，称高斯核为热传导方程的基本解。基本解有明确的物理意义，我们在第 11.1.1 节的讨论中知道，高斯核 $K(x,t)$ 是初始 $t=0$ 时刻位于 $x=0$ 的点源在任意时刻 t 引起的温度分布。因此 $\phi(\xi)K(x-\xi,t)$ 表示初始 0 时刻位于 ξ 处的、温度为 $\phi(\xi)$ 的点源 (不同位置的点源有不同的温度) 在任意时刻 t 引起的温度分布，对它的积分表示全部初始点源对体系温度分布的贡献。类似地，$f(\xi,\tau)K(x-\xi,t-\tau)$ 表示初始 τ 时刻位于 ξ 处的、温度为 $f(\xi,\tau)$ 的点源在 $t-\tau$ 时刻引起的温度分布，对它的时空积分则表示整个外热源在 $0\to t$ 时间内的供热总和对体系温度分布的贡献。热传导方程中的高斯核也称为点源影响函数，它与旁轴波动方程中的格林函数 [式 (10.7.23)] 在本质上是相同的。该格林函数表示光学系统中输入平面上位于 $\boldsymbol{r}_0$ 的一个点源在输出平面上引起的光场分布。

其实 “核” 是一个一般性的概念。事实上，积分变换式 (3.0.1) 中的 $K(\beta,t)$ 就是一个核，当其中的分布 $f(x)$ 缩成一个位于 x_0 的点源 $\delta(x-x_0)$ 时，式 (3.0.1) 给出

$$\int_a^b\delta(x-x_0)K(\beta,x)\,\mathrm{d}x=K(\beta,x_0) \tag{11.3.32a}$$

可见核就是点源引起的分布。具体而言，傅里叶变换 (3.1.3) 中的核是 $\mathrm{e}^{-\mathrm{i}\omega x}$，当其中的分布 $f(x)$ 缩成一个点源 $\delta(x-x_0)$ 时，式 (3.1.3) 给出

$$\int_{-\infty}^{\infty}\delta(x-x_0)\,\mathrm{e}^{-\mathrm{i}\omega x}\mathrm{d}x=\mathrm{e}^{-\mathrm{i}\omega x_0} \tag{11.3.32b}$$

这正是式 (3.2.19a)。同样拉普拉斯变换式 (4.1.2) 中的核是 e^{-pt}，当其中的函数 $f(t)$ 缩成一个点源 $\delta(t-t_0)$ 时，式 (4.1.2) 给出

$$\int_0^{\infty}\delta(t-t_0)\mathrm{e}^{-pt}\mathrm{d}t=\mathrm{e}^{-pt_0} \tag{11.3.32c}$$

这与式 (3.2.3) 相一致。再看式 (3.2.54) 中的狄利克雷核 $D_m(x)=\dfrac{1}{2\pi}\dfrac{\sin\left(m+\dfrac{1}{2}\right)x}{\sin\dfrac{1}{2}x}$，当其中的函数 $f(t)$ 缩成一个点源 $\delta(t)$ 时，式 (3.2.54) 给出

$$\int_{-\pi}^{\pi}\delta(t)\,D_m(x-t)\mathrm{d}t=D_m(x) \tag{11.3.32d}$$

所有这些核的共同性质是，它们都表示一个点源产生的影响。

例 设系统的初始温度分布为 $\phi(x)=\delta(x)$，外热源为 $f(x,t)=\mathrm{e}^{-t^2}$，讨论结果式 (11.3.31)。

解 这时式 (11.3.31) 变为

$$\begin{aligned}u(x,t)=&\frac{1}{2a\sqrt{\pi t}}\int_{-\infty}^{\infty}\delta(\xi)\,\exp\left[-\frac{(x-\xi)^2}{4a^2t}\right]\mathrm{d}\xi\\&+\int_0^t\exp(-\tau^2)\mathrm{d}\tau\,\underbrace{\int_{-\infty}^{\infty}\frac{1}{2a\sqrt{\pi(t-\tau)}}\exp\left[-\frac{(x-\xi)^2}{4a^2(t-\tau)}\right]\mathrm{d}\xi}_{=1}\\=&\frac{1}{2a\sqrt{\pi t}}\exp\left(-\frac{x^2}{4a^2t}\right)+\frac{\sqrt{\pi}}{2}\mathrm{erf}(t)\end{aligned} \tag{11.3.33}$$

其中，$\mathrm{erf}(t)=\dfrac{2}{\sqrt{\pi}}\displaystyle\int_0^t\exp(-\tau^2)\mathrm{d}\tau$ 是误差函数。注意，外热源 $f(x,t)=\mathrm{e}^{-t^2}$ 与空间变量无关。与无外热源情况相比，系统在 t 时刻的附加温度为 $\dfrac{\sqrt{\pi}}{2}\mathrm{erf}(t)$。这样一来，本问题式 (11.3.33) 中第一项所示的扩散作用使系统温度随时间下降，而第二项的外热源作用使系统温度随时间上升。如图 11.11 所示，外热源的作用大于系统的扩散作用，因此，系统温度呈上升趋势。

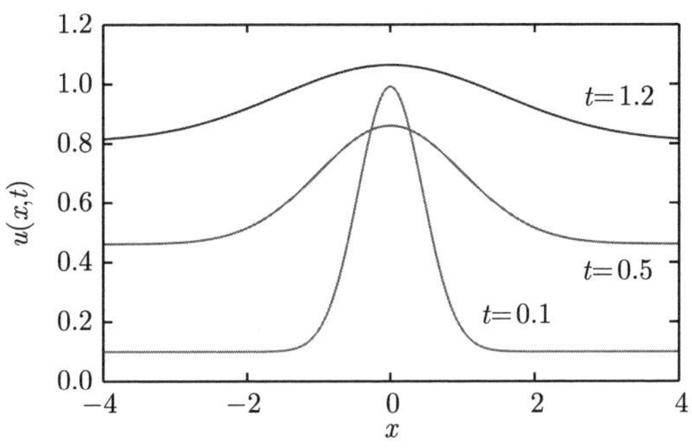

图 11.11 系统温度随时间上升 ($a=1$)

11.3.4 非齐次波动方程问题

下面我们通过几个例题讨论联合变换法在求解非齐次无边界波动方程的定解问题中的应用。

例 1 求解定解问题

$$\begin{cases} \dfrac{\partial^2 u}{\partial t^2} = \dfrac{\partial^2 u}{\partial x^2} + t\sin x & (-\infty < x < \infty, t > 0) & \text{(11.3.34a)} \\ u|_{t=0} = 0 & (-\infty < x < \infty) & \text{(11.3.34b)} \\ \left.\dfrac{\partial u}{\partial t}\right|_{t=0} = \sin x & (-\infty < x < \infty) & \text{(11.3.34c)} \end{cases}$$

解 对式 (11.3.34) 关于 t 作拉普拉斯变换，利用式 (4.1.7b)，得到

$$p^2 U(x,p) - \sin x = \frac{\mathrm{d}^2 U(x,p)}{\mathrm{d}x^2} + \frac{\sin x}{p^2} \tag{11.3.35}$$

对式 (11.3.35) 再作关于 x 的傅里叶变换，利用式 (3.3.1a)，即

$$\mathcal{F}\{\sin x\} = \mathrm{i}\pi\left[\delta(\omega+1) - \delta(\omega-1)\right] \tag{11.3.36}$$

得到

$$p^2 U(\omega,p) = -\omega^2 U(\omega,p) + \left(1 + \frac{1}{p^2}\right)\mathrm{i}\pi\left[\delta(\omega+1) - \delta(\omega-1)\right] \tag{11.3.37}$$

从式 (11.3.37) 解出

$$U(\omega,p) = \frac{\left(1 + \dfrac{1}{p^2}\right)\mathrm{i}\pi\left[\delta(\omega+1) - \delta(\omega-1)\right]}{p^2 + \omega^2} \tag{11.3.38}$$

式 (11.3.38) 取非零值的条件是 $\omega = \pm 1$，在此条件下变为

$$U(\omega,p) = \frac{\left(1 + \dfrac{1}{p^2}\right)\mathrm{i}\pi\left[\delta(\omega+1) - \delta(\omega-1)\right]}{p^2 + 1} = \frac{\mathrm{i}\pi\left[\delta(\omega+1) - \delta(\omega-1)\right]}{p^2} \tag{11.3.39}$$

对式 (11.3.39) 作傅里叶反变换和拉普拉斯反变换，利用式 (11.3.36) 和式 (4.1.7b)，得到

$$u(x,t) = t\sin x \tag{11.3.40}$$

这就是定解问题 (11.3.34) 的解，就是方程 (11.3.34a) 中的驱动项。

例 2 求解定解问题

$$\begin{cases}\dfrac{\partial^2 u}{\partial t^2}=\dfrac{\partial^2 u}{\partial x^2}+\dfrac{xt}{(1+x^2)^2} & (-\infty<x<\infty,t>0) \quad (11.3.41a)\\ u|_{t=0}=0 & (-\infty<x<\infty) \quad (11.3.41b)\\ \left.\dfrac{\partial u}{\partial t}\right|_{t=0}=\dfrac{1}{1+x^2} & (-\infty<x<\infty) \quad (11.3.41c)\end{cases}$$

解 令

$$f(x)=\frac{1}{1+x^2} \tag{11.3.42}$$

则式 (11.3.41) 变为

$$\begin{cases}\dfrac{\partial^2 u}{\partial t^2}=\dfrac{\partial^2 u}{\partial x^2}-\dfrac{t}{2}f'(x) & (11.3.43a)\\ u|_{t=0}=0 & (11.3.43b)\\ \left.\dfrac{\partial u}{\partial t}\right|_{t=0}=f(x) & (11.3.43c)\end{cases}$$

对式 (11.3.43) 关于 x 作傅里叶变换，得到

$$\begin{cases}\dfrac{\mathrm{d}^2U(\omega,t)}{\mathrm{d}t^2}=-\omega^2U(\omega,t)-\dfrac{\mathrm{i}\omega t}{2}F(\omega) & (11.3.44a)\\ U|_{t=0}=0 & (11.3.44b)\\ \left.\dfrac{\mathrm{d}U}{\mathrm{d}t}\right|_{t=0}=F(\omega) & (11.3.44c)\end{cases}$$

对式 (11.3.44) 关于 t 作拉普拉斯变换，得到

$$p^2U(\omega,p)-F(\omega)=-\omega^2U(\omega,p)-\frac{\mathrm{i}\omega}{2p^2}F(\omega) \tag{11.3.45}$$

解出

$$U(\omega,p)=\frac{F(\omega)}{p^2+\omega^2}\left(1-\frac{\mathrm{i}\omega}{2p^2}\right) \tag{11.3.46}$$

对它作拉普拉斯反变换，有

$$\begin{aligned}U(\omega,t)&=\frac{F(\omega)}{\omega}\mathcal{L}^{-1}\left\{\frac{\omega}{p^2+\omega^2}\right\}-\mathrm{i}\frac{F(\omega)}{2}\mathcal{L}^{-1}\left\{\frac{\omega}{p^2+\omega^2}\cdot\frac{1}{p^2}\right\}\\&=\frac{F(\omega)}{\omega}\sin\omega t-\mathrm{i}\frac{F(\omega)}{2}(\sin\omega t*t)\\&=\frac{F(\omega)}{\omega}\sin\omega t-\mathrm{i}\frac{F(\omega)}{2}\left(\frac{t}{\omega}-\frac{\sin\omega t}{\omega^2}\right)\\&=\frac{F(\omega)}{2\mathrm{i}\omega}t+\frac{F(\omega)}{\omega}\sin\omega t-\frac{F(\omega)}{2\mathrm{i}\omega^2}\sin\omega t\end{aligned} \tag{11.3.47}$$

现在我们对上式中的三项分别作傅里叶反变换，特别要利用关系式

$$F(\omega)\mathrm{e}^{\mathrm{i}\omega t} \leftrightarrow f(x+t), \quad \frac{F(\omega)}{\mathrm{i}\omega} \leftrightarrow \int_{x_0}^{x} f(\xi)\mathrm{d}\xi \tag{11.3.48}$$

(1)

$$\frac{1}{\mathrm{i}\omega}F(\omega) \leftrightarrow \int_{x_0=0}^{x} f(\xi)\mathrm{d}\xi = \int_{x_0=0}^{x} \frac{1}{1+\xi^2}\mathrm{d}\xi = \arctan x \tag{11.3.49}$$

(2) 首先计算

$$\begin{aligned} F(\omega)\sin\omega t &= \frac{1}{2\mathrm{i}}\left[F(\omega)\mathrm{e}^{\mathrm{i}\omega t} - F(\omega)\mathrm{e}^{-\mathrm{i}\omega t}\right] \\ &\longleftrightarrow \frac{1}{2\mathrm{i}}\left[\frac{1}{1+(x+t)^2} - \frac{1}{1+(x-t)^2}\right] \end{aligned} \tag{11.3.50}$$

这样

$$\begin{aligned} \mathrm{i}\left[\frac{1}{\mathrm{i}\omega}F(\omega)\sin\omega t\right] &\longleftrightarrow \mathrm{i}\int_{x_0=-\infty}^{x} \frac{1}{2\mathrm{i}}\left[\frac{1}{1+(\xi+t)^2} - \frac{1}{1+(\xi-t)^2}\right]\mathrm{d}\xi \\ &= \frac{1}{2}\left[\arctan(x+t) - \arctan(x-t)\right] \end{aligned} \tag{11.3.51}$$

(3) 利用式 (11.3.51)，我们有

$$\begin{aligned} &\frac{1}{\mathrm{i}\omega}\left[\frac{1}{\omega}F(\omega)\sin\omega t\right] \longleftrightarrow \frac{1}{2}\int_{x_0=0}^{x} \left[\arctan(\xi+t) - \arctan(\xi-t)\right]\mathrm{d}\xi \\ =&\frac{1}{2}\left[(x+t)\arctan(x+t) - (x-t)\arctan(x-t)\right] - \frac{1}{4}\ln\frac{1+(x+t)^2}{1+(x-t)^2} \end{aligned} \tag{11.3.52}$$

这里用到了积分公式

$$\int \arctan\frac{x}{b}\mathrm{d}x = x\arctan\frac{x}{b} - \frac{b}{2}\ln(b^2+x^2) + c \tag{11.3.53}$$

利用式 (11.3.49)、式 (11.3.51) 和式 (11.3.52)，对式 (11.3.47) 反演，得到

$$\begin{aligned} u(x,t) =& \frac{1}{8}\ln\frac{1+(x+t)^2}{1+(x-t)^2} + \frac{t}{2}\arctan x + \frac{1}{4}(2-x-t)\arctan(x+t) \\ &- \frac{1}{4}(2-x+t)\arctan(x-t) \end{aligned} \tag{11.3.54}$$

这就是定解问题 (11.3.41) 的解，它不但满足泛定方程 (11.3.41a)，而且满足给定的初始条件 (11.3.41b,c)，这与上述诸积分中积分下限 x_0 的取值有关。

这个问题还可以用行波法求解，事实上利用式 (10.5.13) 得到

$$u(x,t) = \frac{1}{2}\int_{x-t}^{x+t} \frac{1}{1+\xi^2}\mathrm{d}\xi + \frac{1}{2}\int_0^t \int_{x-(t-\tau)}^{x+(t-\tau)} \frac{\xi\tau}{(1+\xi^2)^2}\mathrm{d}\xi\mathrm{d}\tau \tag{11.3.55}$$

完成式 (11.3.55) 中的积分后，结果与式 (11.3.54) 相同。

11.3.5 无边界电报方程问题

考虑无限长传输线上的电报方程的定解问题

$$\begin{cases}\dfrac{\partial^2 V}{\partial t^2}-a^2\dfrac{\partial^2 V}{\partial x^2}+2b\dfrac{\partial V}{\partial t}+c^2V=0 & (-\infty<x<\infty,t>0) & (11.3.56a)\\ V|_{t=0}=\phi(x) & (-\infty<x<\infty) & (11.3.56b)\\ \left.\dfrac{\partial V}{\partial t}\right|_{t=0}=\psi(x) & (-\infty<x<\infty) & (11.3.56c)\end{cases}$$

方程 (11.3.56a) 来自传输线问题 [式 (5.1.21)]，其中 $b>0$，$c>0$。方程 (11.3.56a) 可以通过一个变换消去一阶时间微商项，事实上令

$$V(x,t)=u(x,t)\exp(-bt) \tag{11.3.57}$$

代入式 (11.3.56)，得到

$$\begin{cases}\dfrac{\partial^2 u}{\partial t^2}-a^2\dfrac{\partial^2 u}{\partial x^2}+B^2u=0 & (-\infty<x<\infty,t>0) & (11.3.58a)\\ u|_{t=0}=\phi(x) & (-\infty<x<\infty) & (11.3.58b)\\ \left.\dfrac{\partial u}{\partial t}\right|_{t=0}=\psi(x)+b\phi(x) & (-\infty<x<\infty) & (11.3.58c)\end{cases}$$

其中，$B=\sqrt{c^2-b^2}$(假定 $c>b$)。对式 (11.3.58) 关于 x 作傅里叶变换，取 $\phi(x)=0$，得到

$$\begin{cases}\dfrac{\mathrm{d}^2U(\omega,t)}{\mathrm{d}t^2}+\left(a^2\omega^2+B^2\right)U(\omega,t)=0 & (11.3.59a)\\ U|_{t=0}=0 & (11.3.59b)\\ \left.\dfrac{\mathrm{d}U}{\mathrm{d}t}\right|_{t=0}=\varPsi(\omega) & (11.3.59c)\end{cases}$$

其中

$$\varPsi(\omega)=\int_{-\infty}^{\infty}\psi(x)\mathrm{e}^{-\mathrm{i}\omega x}\mathrm{d}x \tag{11.3.60}$$

再对式 (11.3.59) 作关于 t 的拉普拉斯变换，得到

$$p^2U(\omega,p)-\varPsi(\omega)+\left(a^2\omega^2+B^2\right)U(\omega,p)=0 \tag{11.3.61}$$

解之得

$$U(\omega,p)=\frac{\varPsi(\omega)}{p^2+(a^2\omega^2+B^2)} \tag{11.3.62}$$

对式 (11.3.62) 取关于 p 的拉普拉斯反变换，有

$$U(\omega,t)=\frac{\Psi(\omega)}{\sqrt{a^2\omega^2+B^2}}\sin\left(t\sqrt{a^2\omega^2+B^2}\right) \tag{11.3.63}$$

利用傅里叶反变换式 (3.1.4)，得到

$$u(x,t)=\frac{1}{2\pi}\int_{-\infty}^{\infty}\frac{\Psi(\omega)}{\sqrt{a^2\omega^2+B^2}}\sin\left(t\sqrt{a^2\omega^2+B^2}\right)\mathrm{e}^{\mathrm{i}\omega x}\mathrm{d}\omega \tag{11.3.64}$$

这就是定解问题 (11.3.58) 的积分形式的解，其中，$\Psi(\omega)$ 由式 (11.3.60) 确定。

设初始速度为 $\psi(x)=A$ (常数)，利用式 (3.2.22) 计算出式 (11.3.60) 中的傅里叶变换

$$\Psi(\omega)=A\int_{-\infty}^{\infty}\mathrm{e}^{-\mathrm{i}\omega x}\mathrm{d}x=2\pi A\delta(\omega) \tag{11.3.65}$$

代入式 (11.3.64) 得到

$$\begin{aligned}u(x,t)&=A\int_{-\infty}^{\infty}\frac{\delta(\omega)}{\sqrt{a^2\omega^2+B^2}}\sin\left(\sqrt{a^2\omega^2+B^2}t\right)\mathrm{e}^{\mathrm{i}\omega x}\mathrm{d}\omega\\&=\frac{A}{B}\sin Bt\end{aligned} \tag{11.3.66}$$

代入式 (11.3.57) 得到

$$V(x,t)=\frac{A}{\sqrt{c^2-b^2}}\exp(-bt)\sin\sqrt{c^2-b^2}t \tag{11.3.67}$$

这就是定解问题 (11.3.56) 在 $c>b$，$\phi(x)=0$，$\psi(x)=A$ 情况下的解。

11.4　半导体载流子的输运方程

作为本章的最后一节，我们讨论半导体物理中载流子的输运方程。假设 n 型半导体在初始 $t=0$ 时刻，于 $x=0$ 处存在一定数量的电子–空穴对。这样，载流子在任意时刻的浓度分布 $V(x,t)$ 被下列输运方程的定解问题描述

$$\begin{cases}\dfrac{\partial V}{\partial t}=D\dfrac{\partial^2 V}{\partial x^2}-\mu E\dfrac{\partial V}{\partial x}-\dfrac{V}{\tau}\quad(-\infty<x<\infty,t>0) & (11.4.1\mathrm{a})\\ V|_{t=0}=\delta(x) & (11.4.1\mathrm{b})\end{cases}$$

其中，D、μ 和 τ 分别是载流子的扩散系数、迁移率和寿命；E 是外加的恒定电场。在初始 $t=0$ 时刻，载流子只存在于 $x=0$ 处，因此载流子的归一化初始浓度分布为 $\delta(x)$ 函数。

定解问题式 (11.4.1) 是式 (11.3.12) 的特例，其中，$a^2=D$，$k=\mu E$，$\gamma=1/\tau$，$\phi(x)=\delta(x)$。由式 (11.3.15) 得到它的解

$$V(x,t)=\frac{\exp\left(-t/\tau\right)}{\sqrt{4\pi Dt}}\int_{-\infty}^{\infty}\delta(\xi)\exp\left[-\frac{(x-\mu Et-\xi)^2}{4Dt}\right]\mathrm{d}\xi \tag{11.4.2}$$

利用 δ 函数的筛选性质得到

$$V(x,t)=\frac{\exp\left(-t/\tau\right)}{\sqrt{4\pi Dt}}\exp\left[-\frac{(x-\mu Et)^2}{4Dt}\right] \tag{11.4.3}$$

这就是定解问题 (11.4.1) 的解。

下面我们用联合变换法进行详细求解。对式 (11.4.1) 引入变换

$$V(x,t)=u(x,t)\exp(-t/\tau) \tag{11.4.4}$$

注意到 $V(x,0)=u(x,0)$，我们得到关于 $u(x,t)$ 的定解问题

$$\left\{\begin{array}{ll}\dfrac{\partial u}{\partial t}=D\dfrac{\partial^2 u}{\partial x^2}-\mu E\dfrac{\partial u}{\partial x}\quad(-\infty<x<\infty,t>0) & \text{(11.4.5a)}\\ u|_{t=0}=\delta(x) & \text{(11.4.5b)}\end{array}\right.$$

对式 (11.4.5a) 作关于 t 的拉普拉斯变换，并利用式 (11.4.5b) 得到

$$pU(x,p)-\delta(x)=D\frac{\mathrm{d}^2U(x,p)}{\mathrm{d}x^2}-\mu E\frac{\mathrm{d}U(x,p)}{\mathrm{d}x} \tag{11.4.6}$$

再对式 (11.4.6) 作关于 x 的傅里叶变换，并利用 $\delta(x)$ 函数的傅里叶变换 [式 (3.2.19b)]

$$\int_{-\infty}^{\infty}\delta(x)\,\mathrm{e}^{-\mathrm{i}\omega x}\mathrm{d}x=1 \tag{11.4.7}$$

方程式 (11.4.6) 变换为

$$pU(\omega,p)-1=-\omega^2DU(\omega,p)-\mathrm{i}\omega\mu EU(\omega,p) \tag{11.4.8}$$

解之得

$$U(\omega,p)=\frac{1}{p+\omega^2D+\mathrm{i}\omega\mu E} \tag{11.4.9}$$

先作关于 p 的拉普拉斯反变换，利用式 (4.1.7c) 得到

$$U(\omega,t)=\mathrm{e}^{-\left(\omega^2D+\mathrm{i}\omega\mu E\right)t}=\mathrm{e}^{-\mathrm{i}\omega\mu Et}\mathrm{e}^{-\omega^2Dt} \tag{11.4.10}$$

再作关于 ω 的傅里叶反变换，为此首先利用式 (11.1.17a) 求出

$$\mathcal{F}^{-1}\left\{\mathrm{e}^{-\omega^2Dt}\right\}=\frac{1}{\sqrt{4\pi Dt}}\exp\left(-\frac{x^2}{4Dt}\right) \tag{11.4.11}$$

再利用傅里叶变换的平移性质，即 $f(x+\xi)\longleftrightarrow\mathrm{e}^{\mathrm{i}\omega\xi}F(\omega)$，从式 (11.4.10) 得到

$$u(x,t)=\frac{1}{\sqrt{4\pi Dt}}\exp\left[-\frac{(x-\mu Et)^2}{4Dt}\right] \tag{11.4.12}$$

它正是对流热传导问题的高斯核式 (11.3.10)。得到式 (11.4.12) 的另一个思路是对式 (11.4.10) 作傅里叶反变换，利用式 (3.2.19a) 和式 (11.4.11)，得到

$$\begin{aligned}u(x,t)&=\mathcal{F}^{-1}\left\{\mathrm{e}^{-\mathrm{i}\omega\mu Et}\right\}*\mathcal{F}^{-1}\left\{\mathrm{e}^{-\omega^2Dt}\right\}\\&=\delta(x-\mu Et)*\frac{1}{\sqrt{4\pi Dt}}\exp\left(-\frac{x^2}{4Dt}\right)\\&=\int_{-\infty}^{\infty}\delta(\xi-\mu Et)\frac{1}{\sqrt{4\pi Dt}}\exp\left[-\frac{(x-\xi)^2}{4Dt}\right]\mathrm{d}\xi\\&=\frac{1}{\sqrt{4\pi Dt}}\exp\left[-\frac{(x-\mu Et)^2}{4Dt}\right]\end{aligned}$$

它再次显示高斯核是点源引起的分布。将所得结果代入式 (11.4.4) 得到

$$V(x,t)=\frac{\exp(-t/\tau)}{\sqrt{4\pi Dt}}\exp\left[-\frac{(x-\mu Et)^2}{4Dt}\right] \tag{11.4.13}$$

这个结果与式 (11.4.3) 相同。

我们按照实验数据作出不同时刻的空穴浓度分布，如图 11.12 所示。

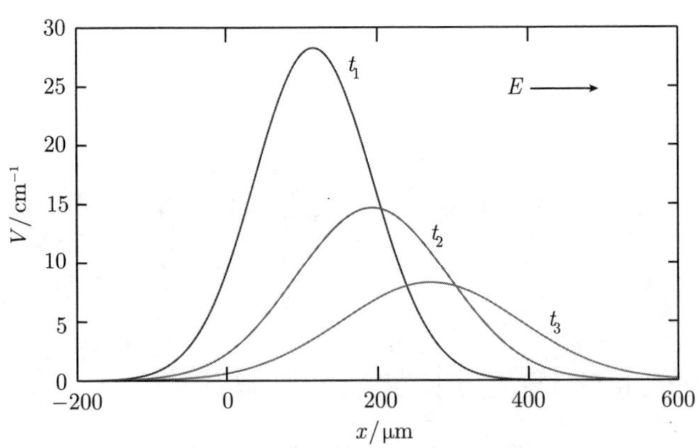

图 11.12　不同时刻的空穴浓度分布

实验数据为 $\tau=5\mu\mathrm{s}$，$D=10\mathrm{cm}^2/\mathrm{s}$，$\mu=386\mathrm{cm}^2/(\mathrm{V\cdot s})$，$E=10\mathrm{V/cm}$，图中三条曲线对应的时间、峰值浓度和峰的位置分别为：$t_1=3\mu\mathrm{s}$，$V_1=28.3\mathrm{cm}^{-1}$，$x_1=116\mu\mathrm{m}$；$t_2=5\mu\mathrm{s}$，$V_2=14.7\mathrm{cm}^{-1}$，$x_2=193\mu\mathrm{m}$；$t_3=7\mu\mathrm{s}$，$V_3=8.3\mathrm{cm}^{-1}$，$x_3=270\mu\mathrm{m}$

第 12 章　格林函数法

在第 10 章、第 11 章我们多次遇到“核”，如狄利克雷内核 (3.2.45)、菲涅耳核 (10.7.16)、高斯核 (11.1.12) 以及泊松核 (11.1.50) 等。这些“核”有一个共同的特征，它们都表示点源 (即“核”) 引起的场分布，因此，“核”也称为“点源影响函数”，或“脉冲响应”。“核”一般还被称为“格林函数”。

从物理上看，许多数学物理方程的解取决于点源产生的“场”。比如，旁轴波动方程的解 (10.7.17) 取决于输入平面上的点光源在输出平面上产生的“光波场”；热传导方程的解 (11.1.10) 取决于初始点热源在任意时刻引起的“温度场”；拉普拉斯方程的解 (11.1.48) 取决于边界上的点电源在上半平面形成的“电压场”。所有这些解在形式上可以统一表示为

$$u(x)=\int_{-\infty}^{\infty}\phi(\xi)G(x,\xi)\mathrm{d}\xi \tag{12.0.1}$$

其中，$G(x,\xi)$ 是格林函数，它表示 ξ 域的点源在 x 域产生的场；$\phi(\xi)G(x,\xi)$ 则是位于 ξ 处的、强度为 $\phi(\xi)$ 的点源在 x 域产生的场，对它的积分就是全部点源产生的场分布 $u(x)$。如果知道了 $G(x,\xi)$，就可以通过积分 (12.0.1) 求出 $u(x)$。显然，式 (12.0.1) 是对线性系统施用叠加原理的结果。

本章将一般性地阐述格林函数的概念，并用之于求解数学物理方法的定解问题，这就是所谓“格林函数法”。这种方法的特点是直接给出定解问题的解，而不是先求出一般解再利用相关条件确定系数。格林函数法有非常广泛的用途，可以求解无界域和有界域的问题，可以求解齐次和非齐次方程问题，可以求解一维、二维和三维的问题，可以求解第一类、第二类、第三类齐次和非齐次边界条件的问题，甚至可以处理非线性方程问题。

12.1　无界域的格林函数

我们在第 5 章推导出了电位所满足的泊松方程

$$\nabla^2u(\boldsymbol{r})=\frac{\partial^2u}{\partial x^2}+\frac{\partial^2u}{\partial y^2}+\frac{\partial^2u}{\partial z^2}=-\frac{\rho(\boldsymbol{r})}{\varepsilon} \tag{12.1.1}$$

其中，ε 是介质的介电常数；$\rho(\boldsymbol{r})$ 是自由电荷密度，它一般情况下是空间变量 $\boldsymbol{r}$ 的函数；$u(\boldsymbol{r})$ 是 $\rho(\boldsymbol{r})$ 所引起的电位分布。现在我们按照格林函数的概念求解方程

(12.1.1)。

对于无界区域的自由电荷分布，按照静电学的理论，电荷分布中位于 $\boldsymbol{r}_0$ 的电量为 q 的点电荷在空间任意点 $\boldsymbol{r}$ 形成的电位为

$$\frac{q}{4\pi\varepsilon\left|\boldsymbol{r}-\boldsymbol{r}_0\right|} \tag{12.1.2}$$

对于单位电荷 $(q=1)$，则有

$$G(\boldsymbol{r},\boldsymbol{r}_0)=\frac{1}{4\pi\varepsilon\left|\boldsymbol{r}-\boldsymbol{r}_0\right|} \tag{12.1.3}$$

这就是系统的格林函数，它表示位于 $\boldsymbol{r}_0$ 的点源 ($q=1$ 的点电荷) 在任意点 $\boldsymbol{r}$ 形成的电位。这样，按照积分公式 (12.0.1) 的三维形式，密度为 $\rho(\boldsymbol{r}_0)$ 的电荷分布在空间任意点 $\boldsymbol{r}$ 形成的电位为

$$u(\boldsymbol{r})=\frac{1}{4\pi\varepsilon}\iiint\limits_{\infty}\frac{\rho(\boldsymbol{r}_0)}{\left|\boldsymbol{r}-\boldsymbol{r}_0\right|}\mathrm{d}\boldsymbol{r}_0 \tag{12.1.4}$$

这就是泊松方程 (12.1.1) 的解，称为泊松公式，它是静电学中熟知的公式。

上述问题的出发点是点电荷在空间的电位表达式 (12.1.2)。现在我们进行反向思考，如果自由电荷分布是一个位于 $\boldsymbol{r}_0$ 的电量 $q=1$ 的点电荷，那么它在空间任意点 $\boldsymbol{r}$ 的电位应该满足什么样的方程？这时电荷密度为 $\rho(\boldsymbol{r})=\delta(\boldsymbol{r}-\boldsymbol{r}_0)$，则泊松方程 (12.1.1) 化为

$$\nabla^2 u=-\frac{1}{\varepsilon}\delta(\boldsymbol{r}-\boldsymbol{r}_0) \tag{12.1.5}$$

这个方程的解应该是 $q=1$ 的点电荷形成的电位，即式 (12.1.3)，下面我们证明之。简单起见设 $\boldsymbol{r}_0=0$，于是方程 (12.1.5) 在直角坐标系中可以写成

$$\frac{\partial^2 u}{\partial x^2}+\frac{\partial^2 u}{\partial y^2}+\frac{\partial^2 u}{\partial z^2}=-\frac{1}{\varepsilon}\delta(x)\delta(y)\delta(z) \tag{12.1.6}$$

下面我们用傅里叶变换法求解方程 (12.1.6)。首先注意到，三维函数 $u(x,y,z)$ 的傅里叶变换表示为

$$\mathcal{F}\left\{u(x,y,z)\right\}=\iiint\limits_{\infty}u(x,y,z)\mathrm{e}^{-\mathrm{i}(\omega_x x+\omega_y y+\omega_z z)}\mathrm{d}x\mathrm{d}y\mathrm{d}z\equiv U(\omega_x,\omega_y,\omega_z) \tag{12.1.7}$$

对方程 (12.1.6) 两边取三维傅里叶变换，得到

$$
\begin{aligned}
&-\left(\omega_x^2+\omega_y^2+\omega_z^2\right)U(\omega_x,\omega_y,\omega_z)\\
=&-\frac{1}{\varepsilon}\iiint\limits_{\infty}\delta(x)\delta(y)\delta(z)\mathrm{e}^{-\mathrm{i}(\omega_x x+\omega_y y+\omega_z z)}\mathrm{d}x\mathrm{d}y\mathrm{d}z\\
=&-\frac{1}{\varepsilon}\int_{-\infty}^{\infty}\delta(x)\mathrm{e}^{-\mathrm{i}\omega_x x}\mathrm{d}x\int_{-\infty}^{\infty}\delta(y)\mathrm{e}^{-\mathrm{i}\omega_y y}\mathrm{d}y\int_{-\infty}^{\infty}\delta(z)\mathrm{e}^{-\mathrm{i}\omega_z z}\mathrm{d}z\\
=&-\frac{1}{\varepsilon}
\end{aligned}
$$

故傅里叶变换为

$$
U(\omega_x,\omega_y,\omega_z)=\frac{1}{\varepsilon\left(\omega_x^2+\omega_y^2+\omega_z^2\right)}=\frac{1}{\varepsilon\omega^2} \tag{12.1.8}
$$

它的傅里叶反变换为

$$
\begin{aligned}
u(x,y,z)=&\mathcal{F}^{-1}\left\{U(\omega_x,\omega_y,\omega_z)\right\}\\
=&\frac{1}{(2\pi)^3}\iiint\limits_{\infty}U(\omega_x,\omega_y,\omega_z)\\
&\cdot\mathrm{e}^{\mathrm{i}(\omega_x x+\omega_y y+\omega_z z)}\mathrm{d}\omega_x\mathrm{d}\omega_y\mathrm{d}\omega_z\\
=&\frac{1}{(2\pi)^3\varepsilon}\iiint\limits_{\infty}\frac{\mathrm{e}^{\mathrm{i}\boldsymbol{\omega}\cdot\boldsymbol{r}}}{\omega^2}\mathrm{d}\boldsymbol{\omega}
\end{aligned}
$$

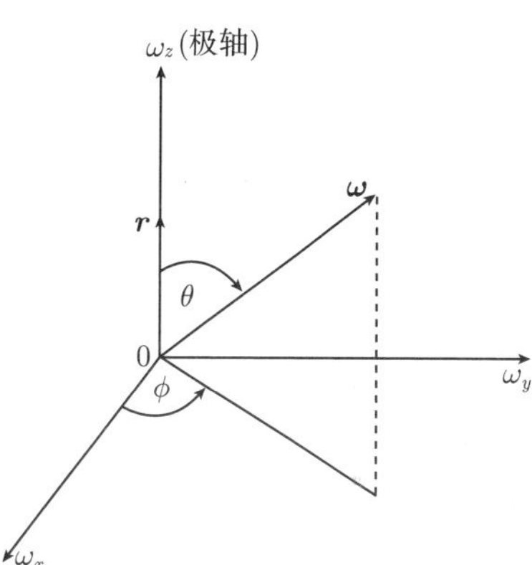

图 12.1 球坐标系 (ω,θ,ϕ)

现在我们在球坐标系 (ω,θ,ϕ) 中计算这个积分。由于矢径 $\boldsymbol{r}$ 是固定的, 我们可以将极轴 ω_z 取为 $\boldsymbol{r}$ 的方向, 如图 12.1 所示。由于点电荷形成的电位具有球对称性 (只是 r 的函数), 故上面的积分可以写为

$$
\begin{aligned}
u(r)=&\frac{1}{(2\pi)^3\varepsilon}\int_0^{\infty}\int_0^{\pi}\int_0^{2\pi}\left(\frac{\mathrm{e}^{\mathrm{i}\omega r\cos\theta}}{\omega^2}\right)\omega^2\sin\theta\mathrm{d}\omega\mathrm{d}\theta\mathrm{d}\phi\\
=&\frac{1}{(2\pi)^3\varepsilon}\int_0^{\infty}\mathrm{d}\omega\int_0^{\pi}\mathrm{e}^{\mathrm{i}\omega r\cos\theta}\sin\theta\mathrm{d}\theta\int_0^{2\pi}\mathrm{d}\phi\\
=&\frac{1}{2\pi^2\varepsilon r}\int_0^{\infty}\frac{\sin\omega r}{\omega}\mathrm{d}\omega\ [\text{利用式 (3.1.12a)}]\\
=&\frac{1}{4\pi\varepsilon r}
\end{aligned}
$$

这正是 $\boldsymbol{r}_0=0$ 时的式 (12.1.3)，即位于坐标原点的点源的格林函数为

$$
G(r,0)=\frac{1}{4\pi\varepsilon r} \tag{12.1.9}
$$

接下来我们通过例题求解二维情况下的格林函数。

例　求解二维无界域的点源方程

$$\frac{\partial^2 u}{\partial x^2}+\frac{\partial^2 u}{\partial y^2}=-\frac{1}{\varepsilon}\delta(x)\delta(y) \tag{12.1.10}$$

解　方程 (12.1.10) 的解 $u(x,y)$ 表示位于 $(0,0)$ 的点源在任意点 (x,y) 的影响。物理上，$u(x,y)$ 则表示位于 z 轴的无限长线电荷在 $x-y$ 平面上任意点形成的电位。

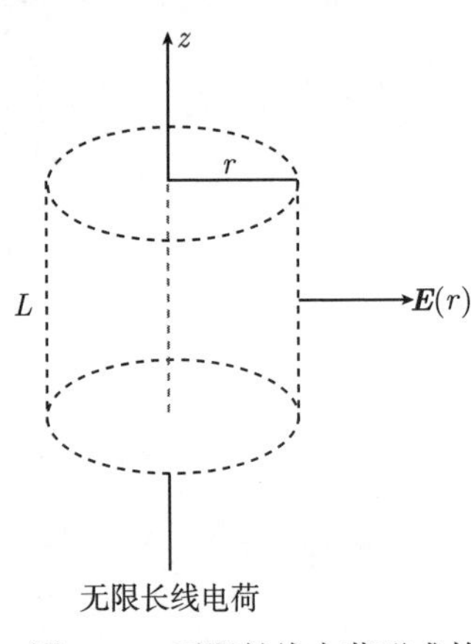

图 12.2　无限长线电荷形成的电场强度 $\boldsymbol{E}(r)$

我们用物理的方法求解方程 (12.1.10)。根据静电场知识，无限长线电荷在空间的电场是轴对称的，电场的大小只与观察点到线电荷的距离 r 有关。为了求出 r 处的电场强度，通常作一个以线电荷为轴的封闭圆柱面 S，其高度为 L，半径为 r，如图 12.2 所示。根据高斯定理

$$\iint\limits_S \boldsymbol{E}(r)\cdot \mathrm{d}\boldsymbol{S}=\frac{L\rho}{\varepsilon} \tag{12.1.11}$$

其中，$\boldsymbol{E}(r)$ 是电场强度；ρ 是线电荷密度。由于 $\boldsymbol{E}(r)$ 的方向与圆柱侧面垂直，所以式 (12.1.11) 在圆柱上、下底面的积分为零，而电场强度的大小在圆柱的侧面为常数 $E(r)$，故式 (12.1.11) 给出

$$E(r)2\pi rL=\frac{L\rho}{\varepsilon}\Rightarrow E(r)=\frac{\rho}{2\pi\varepsilon r} \tag{12.1.12}$$

而观察点的电位 $u(x,y)$ 由

$$E(r)=-\frac{\mathrm{d}u(r)}{\mathrm{d}r} \tag{12.1.13}$$

确定。将式 (12.1.12) 代入式 (12.1.13)，取 $r=1$ 处的电位为参考电位，即 $u(1)=0$，则式 (12.1.13) 给出

$$\int_0^{u(r)}\mathrm{d}u(r)=-\int_1^r\frac{\rho}{2\pi\varepsilon r}\mathrm{d}r \tag{12.1.14}$$

结果为

$$u(r)=\frac{\rho}{2\pi\varepsilon}\ln\frac{1}{r} \tag{12.1.15}$$

这就是线密度为 ρ 的无限长线电荷在 r 处形成的电位。如果 $\rho=1$，式 (12.1.15) 变为

$$u(r)=\frac{1}{2\pi\varepsilon}\ln\frac{1}{r} \tag{12.1.16}$$

这就是具有单位线密度的无限长线电荷在离它 r 处形成的电位。式 (12.1.16) 作为方程 (12.1.10) 的解表示二维情况下的格林函数。

12.2 三维波动方程问题

本节我们用格林函数法求解三维波动方程的定解问题 [见式 (10.6.0)]

$$\begin{cases} \dfrac{\partial^2 w}{\partial t^2} = a^2\left(\dfrac{\partial^2 w}{\partial x^2}+\dfrac{\partial^2 w}{\partial y^2}+\dfrac{\partial^2 w}{\partial z^2}\right) & (-\infty < x,y,z < +\infty,\ t>0) \quad (12.2.1\text{a}) \\ w\big|_{t=0} = \phi(x,y,z) & (-\infty < x,y,z < +\infty) \quad (12.2.1\text{b}) \\ \left.\dfrac{\partial w}{\partial t}\right|_{t=0} = \psi(x,y,z) & (-\infty < x,y,z < +\infty) \quad (12.2.1\text{c}) \end{cases}$$

首先求解初始位移 $\phi(x,y,z)=0$ 时的定解问题

$$\begin{cases} \dfrac{\partial^2 u}{\partial t^2} = a^2\left(\dfrac{\partial^2 u}{\partial x^2}+\dfrac{\partial^2 u}{\partial y^2}+\dfrac{\partial^2 u}{\partial z^2}\right) & (-\infty < x,y,z < +\infty,\ t>0) \quad (12.2.2\text{a}) \\ u\big|_{t=0} = 0 & (12.2.2\text{b}) \\ \left.\dfrac{\partial u}{\partial t}\right|_{t=0} = \psi(x,y,z) & (-\infty < x,y,z < +\infty) \quad (12.2.2\text{c}) \end{cases}$$

设式 (12.2.2) 的解为

$$u(\boldsymbol{r},t) = \iiint\limits_{\infty} \psi(\boldsymbol{r}_0)G(\boldsymbol{r},\boldsymbol{r}_0,t)\mathrm{d}\boldsymbol{r}_0 \tag{12.2.3}$$

其中，格林函数 $G(\boldsymbol{r},\boldsymbol{r}_0,t)$ 表示初始 $t=0$ 时刻位于 $\boldsymbol{r}_0$ 处的点源在任意时刻 t 产生的“场”。将式 (12.2.3) 代入式 (12.2.2) 得到关于格林函数 $G(\boldsymbol{r},\boldsymbol{r}_0,t)$ 的定解问题

$$\begin{cases} \dfrac{\partial^2 G}{\partial t^2} = a^2\left(\dfrac{\partial^2 G}{\partial x^2}+\dfrac{\partial^2 G}{\partial y^2}+\dfrac{\partial^2 G}{\partial z^2}\right) & (12.2.4\text{a}) \\ G\big|_{t=0} = 0 & (12.2.4\text{b}) \\ \left.\dfrac{\partial G}{\partial t}\right|_{t=0} = \delta(x-x_0)\delta(y-y_0)\delta(z-z_0) & (12.2.4\text{c}) \end{cases}$$

格林函数的定解问题 (12.2.4) 与相应的式 (12.2.2) 相比较，方程是相同的，初始位移都是零，而初始速度变为 $\delta(\boldsymbol{r}-\boldsymbol{r}_0)$ 函数。定解问题 (12.2.4) 的解 $G(\boldsymbol{r},\boldsymbol{r}_0,t)$ 表示 $\boldsymbol{r}_0$ 处的点源引起的电位分布。简单起见，我们在式 (12.2.4) 中令 $x_0=y_0=z_0=0$。这样，式 (12.2.4) 的解表示坐标原点 $\boldsymbol{r}_0=0$ 处的点源引起的电位分布，记为

$G(\boldsymbol{r},0,t)\equiv G(\boldsymbol{r},t)$。由于 $\boldsymbol{r}_0=0$ 处的点源引起的电位分布有球对称性 (只与 r 有关)，又可以将格林函数写为 $G(r,t)$。下面我们先求出 $G(r,t)$，再推广到 $G(\boldsymbol{r},\boldsymbol{r}_0,t)$。

对式 (12.2.4) 作傅里叶变换，令

$$\mathcal{F}\left\{G(r,t)\right\}=\iiint\limits_{\infty}G(r,t)\mathrm{e}^{-\mathrm{i}\boldsymbol{\omega}\cdot\boldsymbol{r}}\mathrm{d}\boldsymbol{r}\equiv g(\boldsymbol{\omega},t) \tag{12.2.5}$$

得到

$$\begin{cases}\dfrac{\mathrm{d}^2g}{\mathrm{d}t^2}+a^2\omega^2g=0 & (12.2.6\mathrm{a})\\ g\big|_{t=0}=0 & (12.2.6\mathrm{b})\\ \left.\dfrac{\mathrm{d}g}{\mathrm{d}t}\right|_{t=0}=1 & (12.2.6\mathrm{c})\end{cases}$$

这个常微分方程问题的解为

$$g(\omega,t)=\frac{\sin(a\omega t)}{a\omega} \tag{12.2.7}$$

对它取傅里叶反变换，按图 12.1 的方式将极轴 ω_z 取为矢径 $\boldsymbol{r}$ 的方向，有

$$\begin{aligned}G(r,t)&=\frac{1}{(2\pi)^3a}\iiint\limits_{\infty}\frac{\sin(a\omega t)}{\omega}\mathrm{e}^{\mathrm{i}\boldsymbol{\omega}\cdot\boldsymbol{r}}\mathrm{d}\boldsymbol{\omega}\\&=\frac{1}{(2\pi)^3a}\int_0^{\infty}\int_0^{\pi}\int_0^{2\pi}\left[\frac{\sin(a\omega t)}{\omega}\mathrm{e}^{\mathrm{i}\omega r\cos\theta}\right]\omega^2\sin\theta\mathrm{d}\omega\mathrm{d}\theta\mathrm{d}\phi\\&=\frac{1}{(2\pi)^3a}\int_0^{\infty}\omega\sin(a\omega t)\mathrm{d}\omega\int_0^{\pi}\mathrm{e}^{\mathrm{i}\omega r\cos\theta}\sin\theta\mathrm{d}\theta\int_0^{2\pi}\mathrm{d}\phi\\&=\frac{1}{2\pi^2ar}\int_0^{\infty}\sin(a\omega t)\sin(\omega r)\mathrm{d}\omega\end{aligned} \tag{12.2.8}$$

现在计算其中的积分，我们有

$$\begin{aligned}&\int_0^{\infty}\sin(a\omega t)\sin(\omega r)\,\mathrm{d}\omega\\=&\frac{1}{2\mathrm{i}}\int_0^{\infty}\sin(a\omega t)\mathrm{e}^{\mathrm{i}\omega r}\mathrm{d}\omega-\frac{1}{2\mathrm{i}}\int_0^{\infty}\sin(a\omega t)\mathrm{e}^{-\mathrm{i}\omega r}\mathrm{d}\omega\quad(\text{令 }\omega=-\varOmega)\\=&-\frac{1}{2\mathrm{i}}\int_{-\infty}^{0}\sin(a\varOmega t)\mathrm{e}^{-\mathrm{i}\varOmega r}\mathrm{d}\varOmega-\frac{1}{2\mathrm{i}}\int_0^{\infty}\sin(a\omega t)\mathrm{e}^{-\mathrm{i}\omega r}\mathrm{d}\omega\\=&\frac{\mathrm{i}}{2}\int_{-\infty}^{\infty}\sin(a\omega t)\mathrm{e}^{-\mathrm{i}\omega r}\mathrm{d}\omega\quad[\text{利用式 (3.3.1a)}]\\=&\frac{\pi}{2}\left[\delta(r-at)-\delta(r+at)\right]\end{aligned}$$

这个积分结果还可以用另一种方法得到，事实上

$$\int_0^{\infty} \sin(a\omega t)\sin(\omega r)\,\mathrm{d}\omega = \frac{1}{2}\int_{-\infty}^{\infty} \sin(a\omega t)\sin(\omega r)\,\mathrm{d}\omega$$

$$=\frac{1}{2}\int_{-\infty}^{\infty} \frac{\mathrm{e}^{\mathrm{i}a\omega t}-\mathrm{e}^{-\mathrm{i}a\omega t}}{2\mathrm{i}}\frac{\mathrm{e}^{\mathrm{i}\omega r}-\mathrm{e}^{-\mathrm{i}\omega r}}{2\mathrm{i}}\mathrm{d}\omega \quad [\text{利用式 (3.2.23)}]$$

$$=\frac{1}{4}\left[\int_{-\infty}^{\infty} \mathrm{e}^{-\mathrm{i}\omega(at-r)}\mathrm{d}\omega - \int_{-\infty}^{\infty} \mathrm{e}^{-\mathrm{i}\omega(at+r)}\mathrm{d}\omega\right] \quad [\text{利用式 (3.2.22)}]$$

$$=\frac{\pi}{2}[\delta(r-at)-\delta(r+at)]$$

代入式 (12.2.8) 得到

$$G(r,t)=\frac{1}{4\pi ar}[\delta(r-at)-\delta(r+at)] \tag{12.2.9}$$

当 $t>0$ 时，式 (12.2.9) 右端的 $\delta(r+at)=0$(因为 $r>0$)，因此式 (12.2.9) 实际上为

$$G(r,t)=\frac{1}{4\pi a}\frac{\delta(r-at)}{r} \tag{12.2.10}$$

式 (12.2.10) 表示 $\boldsymbol{r}_0=0$ 处的点源引起的电位分布，于是位于 $\boldsymbol{r}_0$ 的点源引起的电位分布为

$$G(\boldsymbol{r},\boldsymbol{r}_0,t)=\frac{1}{4\pi a}\frac{\delta(|\boldsymbol{r}-\boldsymbol{r}_0|-at)}{|\boldsymbol{r}-\boldsymbol{r}_0|} \tag{12.2.11}$$

将式 (12.2.11) 代入式 (12.2.3) 得到

$$u(\boldsymbol{r},t)=\frac{1}{4\pi a}\iiint\limits_{\infty}\psi(\boldsymbol{r}_0)\frac{\delta(|\boldsymbol{r}-\boldsymbol{r}_0|-at)}{|\boldsymbol{r}-\boldsymbol{r}_0|}\mathrm{d}\boldsymbol{r}_0 \tag{12.2.12}$$

这就是定解问题 (12.2.2) 的解。

下一步我们要求解初始速度 $\psi(x,y,z)=0$ 的定解问题

$$\begin{cases}\dfrac{\partial^2 v}{\partial t^2}=a^2\left(\dfrac{\partial^2 v}{\partial x^2}+\dfrac{\partial^2 v}{\partial y^2}+\dfrac{\partial^2 v}{\partial z^2}\right) & (-\infty<x,y,z<+\infty,\ t>0) \quad (12.2.13\text{a})\\ v\big|_{t=0}=\phi(x,y,z) & (-\infty<x,y,z<+\infty) \quad (12.2.13\text{b})\\ \left.\dfrac{\partial v}{\partial t}\right|_{t=0}=0 & \quad (12.2.13\text{c})\end{cases}$$

将它的解与式 (12.2.12) 相加才能得到式 (12.2.1) 的解。设定解问题

$$\begin{cases}\dfrac{\partial^2 u}{\partial t^2}=a^2\left(\dfrac{\partial^2 u}{\partial x^2}+\dfrac{\partial^2 u}{\partial y^2}+\dfrac{\partial^2 u}{\partial z^2}\right) & (-\infty<x,y,z<+\infty,\ t>0) \quad (12.2.14\text{a})\\ u\big|_{t=0}=0 & \quad (12.2.14\text{b})\\ \left.\dfrac{\partial u}{\partial t}\right|_{t=0}=\phi(x,y,z) & (-\infty<x,y,z<+\infty) \quad (12.2.14\text{c})\end{cases}$$

的解为 $u(\boldsymbol{r},t)$，则式 (12.2.13) 的解为

$$v(\boldsymbol{r},t)=\frac{\partial u(\boldsymbol{r},t)}{\partial t} \tag{12.2.15}$$

我们来验证这一结论。事实上，将式 (12.2.15) 代入式 (12.2.13a) 得到

$$\begin{aligned}\frac{\partial^2 v}{\partial t^2}-a^2\left(\frac{\partial^2 v}{\partial x^2}+\frac{\partial^2 v}{\partial y^2}+\frac{\partial^2 v}{\partial z^2}\right)&=\frac{\partial^3 u}{\partial t^3}-a^2\frac{\partial}{\partial t}\left(\frac{\partial^2 u}{\partial x^2}+\frac{\partial^2 u}{\partial y^2}+\frac{\partial^2 u}{\partial z^2}\right)\\&=\frac{\partial}{\partial t}\left[\frac{\partial^2 u}{\partial t^2}-a^2\left(\frac{\partial^2 u}{\partial x^2}+\frac{\partial^2 u}{\partial y^2}+\frac{\partial^2 u}{\partial z^2}\right)\right]\end{aligned}$$

将式 (12.2.14a) 代入上式，正好得到

$$\frac{\partial^2 v}{\partial t^2}=a^2\left(\frac{\partial^2 v}{\partial x^2}+\frac{\partial^2 v}{\partial y^2}+\frac{\partial^2 v}{\partial z^2}\right) \tag{12.2.16}$$

可见解式 (12.2.15) 满足泛定方程 (12.2.13a)。另外将式 (12.2.15) 代入式 (12.2.13b) 的左端，并利用式 (12.2.14c)，得到

$$v(x,y,z,0)=\left.\frac{\partial u}{\partial t}\right|_{t=0}=\phi(x,y,z) \tag{12.2.17}$$

可见解式 (12.2.15) 满足条件式 (12.2.13b)。最后将式 (12.2.15) 代入式 (12.2.13c) 的左端，并利用式 (12.2.14a) 和式 (12.2.14b)，得到

$$\begin{aligned}\left.\frac{\partial v(x,y,z,t)}{\partial t}\right|_{t=0}&=\left.\frac{\partial^2 u(x,y,z,t)}{\partial t^2}\right|_{t=0}\\&=a^2\nabla^2 u(x,y,z,t)\big|_{t=0}=a^2\nabla^2 u(x,y,z,0)\\&=a^2\nabla^2 0=0\end{aligned}$$

可见式 (12.2.15) 满足条件式 (12.2.13c)。总之，式 (12.2.15) 满足式 (12.2.13) 的所有条件，是式 (12.2.13) 的解。

显然，关于 $u(\boldsymbol{r},t)$ 的定解问题 (12.2.14) 与式 (12.2.2) 在形式上相同的，因此只需要将式 (12.2.3) 中的 $\psi(\boldsymbol{r}_0)$ 换成 $\phi(\boldsymbol{r}_0)$，再代入式 (12.2.15)，便得到定解问题 (12.2.13) 的解

$$v(\boldsymbol{r},t)=\frac{\partial}{\partial t}\iiint\limits_{\infty}\phi(\boldsymbol{r}_0)G(\boldsymbol{r},\boldsymbol{r}_0,t)\mathrm{d}\boldsymbol{r}_0 \tag{12.2.18}$$

最后将式 (12.2.18) 与式 (12.2.3) 相加得到

$$w(\boldsymbol{r},t)=\frac{\partial}{\partial t}\iiint\limits_{\infty}\phi(\boldsymbol{r}_0)G(\boldsymbol{r},\boldsymbol{r}_0,t)\mathrm{d}\boldsymbol{r}_0+\iiint\limits_{\infty}\psi(\boldsymbol{r}_0)G(\boldsymbol{r},\boldsymbol{r}_0,t)\mathrm{d}\boldsymbol{r}_0 \tag{12.2.19}$$

这就是定解问题 (12.2.1) 解的积分公式。这里格林函数 $G(\boldsymbol{r},\boldsymbol{r}_0,t)$ 表示点源产生的“场”，式 (12.2.19) 中的两个积分分别刻画初始位移 $\phi(\boldsymbol{r}_0)$ 和初始速度 $\psi(\boldsymbol{r}_0)$ 对任意 t 时刻“场分布”的贡献。利用 $G(\boldsymbol{r},\boldsymbol{r}_0,t)$ 的表达式 (12.2.11)，可将式 (12.2.19) 写为

$$\begin{aligned}w(\boldsymbol{r},t)=&\frac{1}{4\pi a}\frac{\partial}{\partial t}\iiint\limits_{\infty}\phi(\boldsymbol{r}_0)\frac{\delta\left(|\boldsymbol{r}-\boldsymbol{r}_0|-at\right)}{|\boldsymbol{r}-\boldsymbol{r}_0|}\mathrm{d}\boldsymbol{r}_0\\&+\frac{1}{4\pi a}\iiint\limits_{\infty}\psi(\boldsymbol{r}_0)\frac{\delta\left(|\boldsymbol{r}-\boldsymbol{r}_0|-at\right)}{|\boldsymbol{r}-\boldsymbol{r}_0|}\mathrm{d}\boldsymbol{r}_0\end{aligned}\tag{12.2.20}$$

这就是定解问题 (12.2.1) 的解。它可以进一步被简化，可以看出，在解 (12.2.20) 中只有当

$$|\boldsymbol{r}-\boldsymbol{r}_0|=at\tag{12.2.21}$$

即

$$(x-x_0)^2+(y-y_0)^2+(z-z_0)^2=(at)^2\tag{12.2.22}$$

时，其中的积分才是非零的。这表示只有在以 $\boldsymbol{r}=\{x,y,z\}$ 为中心、以 at 为半径的球面上的扰动 $\phi(\boldsymbol{r}_0)$ 和 $\psi(\boldsymbol{r}_0)$ 才对式 (12.2.20) 中的积分有贡献，如图 12.3 所示。这样式 (12.2.20) 可以写成

$$w(\boldsymbol{r},t)=\frac{1}{4\pi a}\left[\frac{\partial}{\partial t}\iint\limits_{S_{at}^{\boldsymbol{r}}}\frac{\phi(\boldsymbol{r}_0)}{at}\mathrm{d}S+\iint\limits_{S_{at}^{\boldsymbol{r}}}\frac{\psi(\boldsymbol{r}_0)}{at}\mathrm{d}S\right]\tag{12.2.23}$$

其中，$S_{at}^{\boldsymbol{r}}$ 是以 $\boldsymbol{r}=\{x,y,z\}$ 为中心，以 at 为半径的球面。式 (12.2.23) 就是第 10.6.2 节所讨论的泊松公式。当初始扰动 $\phi(\boldsymbol{r}_0)$ 和 $\psi(\boldsymbol{r}_0)$ 在球面 (12.2.21) 的外部和内部时，$w(\boldsymbol{r},t)=0$，如图 12.3 所示。

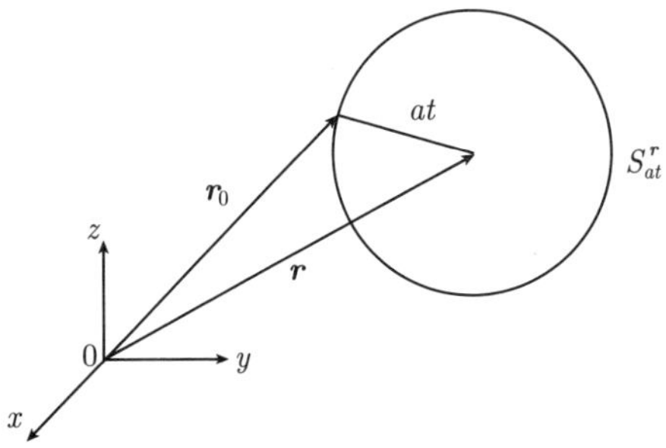

图 12.3 式 (12.2.23) 的积分在以 $\boldsymbol{r}=\{x,y,z\}$ 为中心、以 at 为半径的球面 $S_{at}^{\boldsymbol{r}}$ 上进行

12.3　一维有界热传导问题

本节我们用格林函数法求解一维有界域定解问题，首先考虑下列具有齐次边界条件的有源热传导问题

$$\begin{cases} \dfrac{\partial w}{\partial t} = a^2 \dfrac{\partial^2 w}{\partial x^2} + f(x,t) & (0 < x < L,\ t > 0) \quad (12.3.1\text{a}) \\ w\big|_{t=0} = \phi(x) & (0 \leqslant x \leqslant L) \quad (12.3.1\text{b}) \\ w\big|_{x=0} = 0, w\big|_{x=L} = 0 & (t > 0) \quad (12.3.1\text{c}) \end{cases}$$

首先求解无热源 $[f(x,t) = 0]$ 时的定解问题

$$\begin{cases} \dfrac{\partial u}{\partial t} = a^2 \dfrac{\partial^2 u}{\partial x^2} & (0 < x < L,\ t > 0) \quad (12.3.2\text{a}) \\ u\big|_{t=0} = \phi(x) & (0 \leqslant x \leqslant L) \quad (12.3.2\text{b}) \\ u\big|_{x=0} = 0, u\big|_{x=L} = 0 & (t > 0) \quad (12.3.2\text{c}) \end{cases}$$

设式 (12.3.2) 的解为

$$u(x,t) = \int_0^L \phi(x_0) G(x, x_0, t) \mathrm{d}x_0 \tag{12.3.3}$$

其中，格林函数 $G(x, x_0, t)$ 是初始 $t = 0$ 时刻位于 x_0 处的点源在任意时刻 t 引起的温度分布。将式 (12.3.3) 代入式 (12.3.2) 得到关于 $G(x, x_0, t)$ 的定解问题

$$\begin{cases} \dfrac{\partial G}{\partial t} = a^2 \dfrac{\partial^2 G}{\partial x^2} & (0 < x < L,\ t > 0) \quad (12.3.4\text{a}) \\ G\big|_{t=0} = \delta(x - x_0) & (0 \leqslant x \leqslant L) \quad (12.3.4\text{b}) \\ G\big|_{x=0} = 0, G\big|_{x=L} = 0 & (t > 0) \quad (12.3.4\text{c}) \end{cases}$$

格林函数的定解问题 (12.3.4) 与相应的定解问题 (12.3.2) 相比较，方程是相同的，边界条件是相同的，初始条件变为 δ 函数。定解问题 (12.3.4) 的解 $G(x, x_0, t)$ 表示 x_0 处的点源引起的电位分布。

我们用第 8 章所讨论的特征函数法求解该定解问题，容易得到一般解

$$G(x, x_0, t) = \sum_{n=1}^{\infty} C_n \exp\left[-\left(\frac{na\pi}{L}\right)^2 t\right] \sin\frac{n\pi}{L} x \tag{12.3.5}$$

其中

$$C_n = \frac{2}{L} \int_0^L \delta(x - x_0) \sin\frac{n\pi}{L} x \mathrm{d}x = \frac{2}{L} \sin\frac{n\pi}{L} x_0 \tag{12.3.6}$$

将式 (12.3.6) 代入式 (12.3.5) 得到

$$G(x,x_0,t)=\frac{2}{L}\sum_{n=1}^{\infty}\mathrm{e}^{-\left(\frac{na\pi}{L}\right)^2t}\sin\frac{n\pi}{L}x\sin\frac{n\pi}{L}x_0 \tag{12.3.7}$$

再将式 (12.3.7) 代入式 (12.3.3) 得到

$$u(x,t)=\frac{2}{L}\int_0^L\left[\sum_{n=1}^{\infty}\mathrm{e}^{-\left(\frac{na\pi}{L}\right)^2t}\sin\frac{n\pi}{L}x\sin\frac{n\pi}{L}x_0\right]\phi(x_0)\mathrm{d}x_0 \tag{12.3.8}$$

这就是定解问题 (12.3.2) 的解，与本征函数法的结果 [式 (8.2.33)] 相同。

下一步我们要求解非齐次方程的定解问题

$$\begin{cases}\dfrac{\partial v}{\partial t}=a^2\dfrac{\partial^2 v}{\partial x^2}+f(x,t) & (0<x<L,\ t>0) & (12.3.9\text{a})\\ v\big|_{t=0}=0 & (0\leqslant x\leqslant L) & (12.3.9\text{b})\\ v\big|_{x=0}=0,v\big|_{x=L}=0 & (t>0) & (12.3.9\text{c})\end{cases}$$

将它的解与式 (12.3.8) 相加才能得到式 (12.3.1) 的解。设定解问题

$$\begin{cases}\dfrac{\partial u}{\partial t}=a^2\dfrac{\partial^2 u}{\partial x^2} & (0<x<L,\ t>0) & (12.3.10\text{a})\\ u\big|_{t=\tau}=f(x,\tau) & (0\leqslant x\leqslant L) & (12.3.10\text{b})\\ u\big|_{x=0}=0,u\big|_{x=L}=0 & (t>0) & (12.3.10\text{c})\end{cases}$$

的解为 $u(x,t,\tau)$，则式 (12.3.9) 的解为

$$v(x,t)=\int_0^t u(x,t,\tau)\mathrm{d}\tau \tag{12.3.11}$$

注意这个解是积分形式，与 12.2 节的微分形式 (12.2.15) 不同。我们来验证式 (12.3.11) 是式 (12.3.9) 的解。为此将式 (12.3.11) 代入式 (12.3.9c)，并利用式 (12.3.10c)，得到

$$v(0,t)=\int_0^t u\big|_{x=0}\mathrm{d}\tau=0,\quad v(L,t)=\int_0^t u\big|_{x=L}\mathrm{d}\tau=0 \tag{12.3.12}$$

可见解 (12.3.11) 满足边界条件式 (12.3.9c)。另外将式 (12.3.11) 代入式 (12.3.9b)，得到

$$v(x,0)=\int_0^0 u\mathrm{d}\tau=0 \tag{12.3.13}$$

可见解 (12.3.11) 满足初始条件式 (12.3.9b)。最后将式 (12.3.11) 代入式 (12.3.9a)，并利用式 (12.3.10a) 和式 (12.3.10b)，我们有

$$\begin{aligned}\frac{\partial v}{\partial t} &= \int_0^t \frac{\partial u(x,t,\tau)}{\partial t}\mathrm{d}\tau + u\big|_{t=\tau} \quad [\text{利用式 (10.5.1)}]\\ &= \int_0^t a^2\frac{\partial^2 u(x,t,\tau)}{\partial x^2}\mathrm{d}\tau + f(x,t)\\ &= a^2\frac{\partial^2}{\partial x^2}\int_0^t u(x,t,\tau)\mathrm{d}\tau + f(x,t)\\ &= a^2\frac{\partial^2 v}{\partial x^2} + f(x,t)\end{aligned}$$

可见式 (12.3.11) 满足方程 (12.3.9a)。总之，式 (12.3.11) 满足式 (12.3.9) 的所有条件，因此是式 (12.3.9) 的解。

显然，关于 $u(x,t,\tau)$ 的定解问题 (12.3.10) 与式 (12.3.2) 是形式上相同的，因此只需要将式 (12.3.3) 中的 $G(x,x_0,t)$ 换成 $G(x,x_0,t-\tau)$，将 $\phi(x_0)$ 换成 $f(x_0,\tau)$，便得到

$$u(x,t,\tau) = \int_0^L f(x_0,\tau)G(x,x_0,t-\tau)\mathrm{d}x_0 \tag{12.3.14}$$

其中, 格林函数由式 (12.3.7) 变为

$$G(x,x_0,t-\tau) = \frac{2}{L}\sum_{n=1}^{\infty}\mathrm{e}^{-\left(\frac{na\pi}{L}\right)^2(t-\tau)}\sin\frac{n\pi}{L}x\sin\frac{n\pi}{L}x_0 \tag{12.3.15}$$

将式 (12.3.14) 代入式 (12.3.11) 得到 $v(x,t)$ 的表达式

$$v(x,t) = \int_0^t\int_0^L f(x_0,\tau)G(x,x_0,t-\tau)\mathrm{d}x_0\mathrm{d}\tau \tag{12.3.16}$$

将式 (12.3.3) 与式 (12.3.16) 相加得到

$$w(x,t) = \int_0^L \phi(x_0)G(x,x_0,t)\mathrm{d}x_0 + \int_0^t\int_0^L f(x_0,\tau)G(x,x_0,t-\tau)\mathrm{d}x_0\mathrm{d}\tau \tag{12.3.17}$$

这就是定解问题 (12.3.1) 解的积分公式。这里，格林函数 $G(x,x_0,t)$ 表示零时刻点源产生的温度场，而 $G(x,x_0,t-\tau)$ 表示 τ 时刻点源产生的温度场。其中的两个积分分别刻画初始温度分布 $\phi(x_0)$ 和外热源 $f(x_0,\tau)$ 对任意 t 时刻温度场的贡献。注意到式 (12.3.17) 与无边界有源热传导问题的解 (11.3.30) 具有相同的表达形式，这表示用格林函数表示解的积分公式具有普遍意义。利用 $G(x,x_0,t)$ 的表示式 (12.3.7) 和 $G(x,x_0,t-\tau)$ 的表示式 (12.3.15)，式 (12.3.17) 写为

$$w(x,t)=\frac{2}{L}\int_0^L\left[\sum_{n=1}^{\infty}\mathrm{e}^{-\left(\frac{na\pi}{L}\right)^2t}\sin\frac{n\pi}{L}x\sin\frac{n\pi}{L}x_0\right]\phi(x_0)\mathrm{d}x_0$$
$$+\frac{2}{L}\int_0^t\int_0^L\left[\sum_{n=1}^{\infty}\mathrm{e}^{-\left(\frac{na\pi}{L}\right)^2(t-\tau)}\sin\frac{n\pi}{L}x\sin\frac{n\pi}{L}x_0\right]f(x_0,\tau)\mathrm{d}x_0\mathrm{d}\tau \tag{12.3.18}$$

这就是定解问题 (12.3.1) 的解，与本征函数法的结果 [式 (8.2.30)] 相同。

我们进一步求解下列具有非齐次边界条件的有源热传导问题

$$\begin{cases}\dfrac{\partial w}{\partial t}=a^2\dfrac{\partial^2 w}{\partial x^2}+f(x,t) & (0<x<L,\ t>0) & (12.3.19\text{a})\\ w\big|_{t=0}=\phi(x) & (0\leqslant x\leqslant L) & (12.3.19\text{b})\\ w\big|_{x=0}=u_1(t),w\big|_{x=L}=u_2(t) & (t>0) & (12.3.19\text{c})\end{cases}$$

其中，$u_1(t)$ 和 $u_2(t)$ 是系统 $x=0$ 和 $x=L$ 端的边界函数。为了把边界条件齐次化，取变换

$$w(x,t)=u(x,t)+\varOmega(x,t) \tag{12.3.20}$$

其中辅助函数由表 8.1 查出为

$$\varOmega(x,t)=\frac{u_2(t)-u_1(t)}{L}x+u_1(t) \tag{12.3.21}$$

将式 (12.3.20) 代入式 (12.3.19) 得到关于 $u(x,t)$ 的定解问题

$$\begin{cases}\dfrac{\partial u}{\partial t}=a^2\dfrac{\partial^2 u}{\partial x^2}+F(x,t) & (0<x<L,\ t>0) & (12.3.22\text{a})\\ u\big|_{t=0}=\varPhi(x) & (0\leqslant x\leqslant L) & (12.3.22\text{b})\\ u\big|_{x=0}=0,u\big|_{x=L}=0 & (t>0) & (12.3.22\text{c})\end{cases}$$

其中

$$\varPhi(x)=\phi(x)-\varOmega(x,0) \tag{12.3.23a}$$

$$F(x,t)=f(x,t)-\left[\frac{\partial\varOmega(x,t)}{\partial t}-a^2\frac{\partial^2\varOmega(x,t)}{\partial x^2}\right] \tag{12.3.23b}$$

现在式 (12.3.22) 就是定解问题 (12.3.1)，因此它的解由式 (12.3.18) 表示，而其中的初始温度及外热源由式 (12.3.23) 给出。求解定解问题 (12.3.22) 后将 $u(x,t)$ 代入 (12.3.20) 即得 (12.3.19) 的解。

从 12.2 节和 12.3 节的讨论中可以领会到用格林函数法求解定解问题的主要步骤: ① 建立格林函数 G 的定解问题 [式 (12.2.4) 和式 (12.3.4)]; ② 求解该定解问题得到格林函数 [式 (12.2.11) 和式 (12.3.7)]; ③ 利用解的积分公式 [式 (12.2.19) 和式 (12.3.17)] 得到定解问题的解。

12.4 格 林 公 式

从本节起，我们进一步用格林函数法求解拉普拉斯方程和泊松方程的定解问题。在这种情况下，解的积分公式可利用格林公式来求得。我们首先介绍有关格林公式的基础理论知识。

12.4.1 格林定理

格林定理是关于多变量微积分的一个重要定理，它把一个沿封闭环的线积分与环所包围区域的面积分联系起来。

设 C 是一个分段光滑的封闭环，它所包围的区域为 D，设函数 $M(x,y)$ 和 $N(x,y)$ 在 C 和 D 上连续，且一阶偏导数连续，则有

$$\int_C [M(x,y)\mathrm{d}x + N(x,y)\mathrm{d}y] = \iint\limits_D \left(\frac{\partial N}{\partial x} - \frac{\partial M}{\partial y}\right)\mathrm{d}x\mathrm{d}y \tag{12.4.1}$$

这就是格林定理 (或称为平面格林定理)。我们首先用一个简单的例子验证它的正确性。设 C 是一个正向封闭环 (图 12.4)，它所包围的区域为 D。很明显，区域 D 的面积可以由下面的任一个积分表示

$$\int_C -y\mathrm{d}x, \quad \int_C x\mathrm{d}y, \quad \frac{1}{2}\int_C (-y\mathrm{d}x + x\mathrm{d}y) \tag{12.4.2}$$

现在我们利用这个事实来验证格林定理 (12.4.1)。首先取 $M(x,y) = -y$，$N(x,y) = 0$，代入式 (12.4.1)，得到

$$\int_C -y\mathrm{d}x = \iint\limits_D \mathrm{d}x\mathrm{d}y = D \text{ 的面积} \tag{12.4.3a}$$

类似地，取 $M(x,y) = 0$，$N(x,y) = x$，代入式 (12.4.1)，得到

$$\int_C x\mathrm{d}y = \iint\limits_D \mathrm{d}x\mathrm{d}y = D \text{ 的面积} \tag{12.4.3b}$$

同样，我们取 $M(x,y) = -y$，$N(x,y) = x$，代入式 (12.4.1)，得到

$$\int_C (-y\mathrm{d}x + x\mathrm{d}y) = 2\iint\limits_D \mathrm{d}x\mathrm{d}y \tag{12.4.3c}$$

即

$$\frac{1}{2}\int_C(-y\mathrm{d}x+x\mathrm{d}y)=\iint_D \mathrm{d}x\mathrm{d}y=D\text{ 的面积} \tag{12.4.3d}$$

式 (12.4.3) 验证了格林定理的正确性。

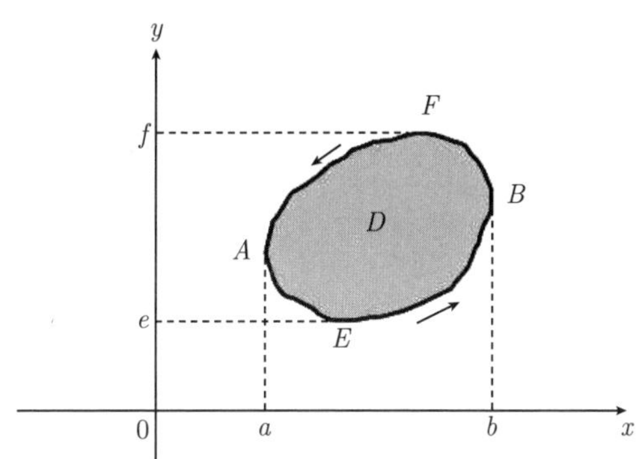

图 12.4 一个正向封闭环 C 和它所包围的区域 D

现在我们对于如图 12.4 所示的正向封闭环 C 和它所包围的区域 D 一般性地证明格林定理 (12.4.1)。

证明 设 C 是这样的封闭环，用任意平行于坐标轴的直线割 C 至多得两个交点。设曲线 AEB 和 AFB 分别由 $y=Y_1(x)$ 和 $y=Y_2(x)$ 表示，我们有

$$\begin{aligned}\iint_D \frac{\partial M}{\partial y}\mathrm{d}x\mathrm{d}y&=\int_{x=a}^{b}\left[\int_{y=Y_1}^{Y_2}\frac{\partial M}{\partial y}\mathrm{d}y\right]\mathrm{d}x\\&=\int_a^b[M(x,y)]_{Y_1}^{Y_2}\mathrm{d}x=\int_a^b[M(x,Y_2)-M(x,Y_1)]\mathrm{d}x\\&=-\int_a^b M(x,Y_1)\mathrm{d}x-\int_b^a M(x,Y_2)\mathrm{d}x=-\int_C M\mathrm{d}x\end{aligned}$$

于是

$$\int_C M\mathrm{d}x=-\iint_D\frac{\partial M}{\partial y}\mathrm{d}x\mathrm{d}y \tag{12.4.4}$$

类似地，设曲线 EAF 和 EBF 的表示式分别为 $x=X_1(y)$ 和 $x=X_2(y)$，则

$$\begin{aligned}\iint_D\frac{\partial N}{\partial x}\mathrm{d}x\mathrm{d}y&=\int_{y=e}^{f}\left[\int_{x=X_1}^{X_2}\frac{\partial N}{\partial x}\mathrm{d}x\right]\mathrm{d}y\\&=\int_e^f[N(X_2,y)-N(X_1,y)]\mathrm{d}y\end{aligned}$$

$$= \int_f^e N(X_1, y)\mathrm{d}y + \int_e^f N(X_2, y)\mathrm{d}y = \int_C N\mathrm{d}y$$

于是

$$\int_C N\mathrm{d}y = \iint_D \frac{\partial N}{\partial x}\mathrm{d}x\mathrm{d}y \tag{12.4.5}$$

将式 (12.4.4) 与式 (12.4.5) 相加得

$$\int_C (M\mathrm{d}x + N\mathrm{d}y) = \iint_D \left(\frac{\partial N}{\partial x} - \frac{\partial M}{\partial y}\right)\mathrm{d}x\mathrm{d}y \tag{12.4.6}$$

这个定理也可以推广到用平行于坐标轴的直线割 C 得到两个以上交点的情况。

12.4.2 散度定理

设 Γ 是一个封闭曲面，它所包围的体积为 Ω，设曲面上任一点的外法线与 x 轴、y 轴、z 轴正向的夹角为 α、β、γ，设函数 $M(x,y,z)$、$N(x,y,z)$、$R(x,y,z)$ 在 Γ 和 Ω 上连续，且一阶偏导数连续，则有

$$\iiint_\Omega \left(\frac{\partial M}{\partial x} + \frac{\partial N}{\partial y} + \frac{\partial R}{\partial z}\right)\mathrm{d}V = \iint_\Gamma (M\cos\alpha + N\cos\beta + R\cos\gamma)\,\mathrm{d}S \tag{12.4.7}$$

引入矢量函数 $\boldsymbol{A}(x,y,z)$ 和外法线矢量 $\boldsymbol{n}$

$$\boldsymbol{A}(x,y,z) = M\boldsymbol{i} + N\boldsymbol{j} + R\boldsymbol{k} \quad \text{和} \quad \boldsymbol{n} = \cos\alpha\boldsymbol{i} + \cos\beta\boldsymbol{j} + \cos\gamma\boldsymbol{k} \tag{12.4.8}$$

式 (12.4.7) 可以写成

$$\iiint_\Omega \nabla\cdot\boldsymbol{A}\mathrm{d}V = \iint_\Gamma \boldsymbol{A}\cdot\boldsymbol{n}\mathrm{d}S \tag{12.4.9}$$

这个定理称为散度定理或空间格林定理。它表示矢量 $\boldsymbol{A}$ 在一个闭曲面 Γ 的外法向 $\boldsymbol{n}$ 上的分量沿 Γ 的面积分等于 $\boldsymbol{A}$ 的散度在 Γ 所包围的区域 Ω 内的体积分。它是格林定理 (12.4.6) 向三维情况的推广。

证明　设 Γ 是这样的闭曲面，用任意平行于坐标轴的直线割 Γ 至多得两个交点。考虑与图 12.4 相应的三维情况，设 Γ 的下半部分 Γ_1 和上半部分 Γ_2 分别由 $z = Z_1(x,y)$ 和 $z = Z_2(x,y)$ 表示，曲面 Γ 在 $x-y$ 平面的投影为 Σ。我们有

$$\begin{aligned}\iiint_\Omega \frac{\partial R}{\partial z}\mathrm{d}V &= \iiint_\Omega \frac{\partial R}{\partial z}\mathrm{d}x\mathrm{d}y\mathrm{d}z \\ &= \iint_\Sigma \left[\int_{z=Z_1}^{Z_2} \frac{\partial R}{\partial z}\mathrm{d}z\right]\mathrm{d}x\mathrm{d}y = \iint_\Sigma [R(x,y,z)]_{Z_1}^{Z_2}\mathrm{d}x\mathrm{d}y\end{aligned}$$

$$= \iint_{\Sigma} [R(x, y, Z_2) - R(x, y, Z_1)]\mathrm{d}x\mathrm{d}y$$

对于闭曲面的上半部分 Γ_2，$\mathrm{d}x\mathrm{d}y = (\cos\gamma_2)\,\mathrm{d}S_2 = \boldsymbol{k}\cdot\boldsymbol{n}_2\mathrm{d}S_2$，这时，$\mathrm{d}S_2$ 的外法线 $\boldsymbol{n}_2$ 与 $\boldsymbol{k}$ 方向构成锐角 γ_2，如图 12.5 所示。但是对于闭曲面的下半部分 Γ_1，$\mathrm{d}S_1$ 的外法线 $\boldsymbol{n}_1$ 与 $\boldsymbol{k}$ 构成钝角 $\gamma_1(\cos\gamma_1 < 0)$，因此，$\mathrm{d}x\mathrm{d}y = -(\cos\gamma_1)\,\mathrm{d}S_1 = -\boldsymbol{k}\cdot\boldsymbol{n}_1\mathrm{d}S_1$。于是

$$\iint_{\Sigma} R(x, y, Z_2)\mathrm{d}x\mathrm{d}y = \iint_{\Gamma_2} R\boldsymbol{k}\cdot\boldsymbol{n}_2\mathrm{d}S_2 \quad (12.4.10a)$$

$$\iint_{\Sigma} R(x, y, Z_1)\mathrm{d}x\mathrm{d}y = -\iint_{\Gamma_1} R\boldsymbol{k}\cdot\boldsymbol{n}_1\mathrm{d}S_1 \quad (12.4.10b)$$

式 (12.4.10a) 与式 (12.4.10b) 相减，得到

$$\begin{aligned}
&\iint_{\Sigma} R(x, y, Z_2)\mathrm{d}x\mathrm{d}y - \iint_{\Sigma} R(x, y, Z_1)\mathrm{d}x\mathrm{d}y \\
&= \iint_{\Gamma_2} R\boldsymbol{k}\cdot\boldsymbol{n}_2\mathrm{d}S_2 + \iint_{\Gamma_1} R\boldsymbol{k}\cdot\boldsymbol{n}_1\mathrm{d}S_1 \\
&= \iint_{\Gamma} R\boldsymbol{k}\cdot\boldsymbol{n}\mathrm{d}S
\end{aligned}$$

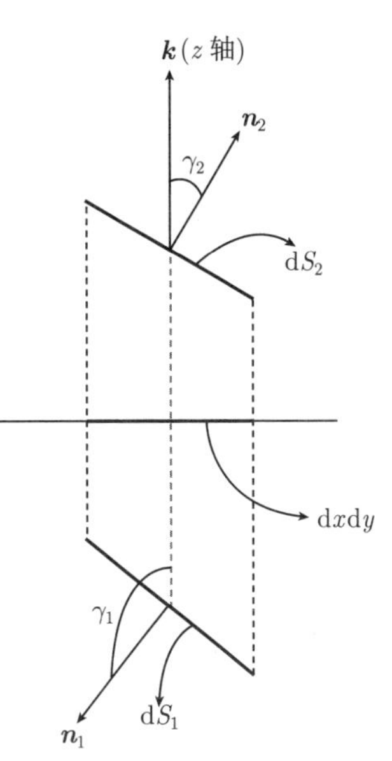

图 12.5 $\mathrm{d}S_2$ 的外法线 $\boldsymbol{n}_2$ 与 $\boldsymbol{k}$ 构成锐角 γ_2，$\mathrm{d}S_1$ 的外法线 $\boldsymbol{n}_1$ 与 $\boldsymbol{k}$ 构成钝角 γ_1

即

$$\iiint_{\Omega} \frac{\partial R}{\partial z}\mathrm{d}V = \iint_{\Gamma} R\boldsymbol{k}\cdot\boldsymbol{n}\mathrm{d}S \quad (12.4.11a)$$

同理可证

$$\iiint_{\Omega} \frac{\partial M}{\partial x}\mathrm{d}V = \iint_{\Gamma} M\boldsymbol{i}\cdot\boldsymbol{n}\mathrm{d}S \quad (12.4.11b)$$

$$\iiint_{\Omega} \frac{\partial N}{\partial y}\mathrm{d}V = \iint_{\Gamma} N\boldsymbol{j}\cdot\boldsymbol{n}\mathrm{d}S \quad (12.4.11c)$$

式 (12.4.11) 的三式相加得到

$$\iiint_{\Omega} \left(\frac{\partial M}{\partial x} + \frac{\partial N}{\partial y} + \frac{\partial R}{\partial z}\right)\mathrm{d}V = \iint_{\Gamma} (M\boldsymbol{i} + N\boldsymbol{j} + R\boldsymbol{k})\cdot\boldsymbol{n}\mathrm{d}S \quad (12.4.12a)$$

注意到式 (12.4.8)，它可以写成

$$\iiint\limits_{\Omega} \nabla \cdot \boldsymbol{A}\mathrm{d}V = \iint\limits_{\Gamma} \boldsymbol{A} \cdot \boldsymbol{n}\mathrm{d}S \tag{12.4.12b}$$

这个定理也可以推广到用平行于坐标轴的直线割 Γ 得到两个以上交点的情况。

另外，散度定理可以约化为二维情况。事实上，设 C 是一个封闭环，它所包围的面积为 D，设函数 $M(x,y)$、$N(x,y)$ 在 C 和 D 上连续，且一阶偏导数连续，在式 (12.4.8) 中取

$$\boldsymbol{A}(x,y) = M\boldsymbol{i} + N\boldsymbol{j} \quad 和 \quad \boldsymbol{n} = \cos\alpha\boldsymbol{i} + \cos\beta\boldsymbol{j} \tag{12.4.13}$$

按照上述推导式 (12.4.12b) 的过程，最后得到

$$\iint\limits_{D} \nabla \cdot \boldsymbol{A}\mathrm{d}\sigma = \int_C \boldsymbol{A} \cdot \boldsymbol{n}\mathrm{d}l \tag{12.4.14}$$

它表示二维矢量 $\boldsymbol{A}$ 在封闭环 C 的外法向 $\boldsymbol{n}$ 上的分量沿 C 的线积分等于 $\boldsymbol{A}$ 的散度在 C 所包围的区域 D 内的面积分。式 (12.4.14) 可以称为二维散度定理。

12.4.3　格林公式

本节来推导散度定理式 (12.4.12) 的两个推论。设函数 $u(x,y,z)$ 和 $v(x,y,z)$ 在 Γ 和 Ω 上具有连续的二阶偏导数，在式 (12.4.12) 中取

$$M = u\frac{\partial v}{\partial x}, \quad N = u\frac{\partial v}{\partial y}, \quad R = u\frac{\partial v}{\partial z} \tag{12.4.15}$$

则式 (12.4.12a) 的左边为

$$\begin{aligned}
&\iiint\limits_{\Omega} \left(\frac{\partial M}{\partial x} + \frac{\partial N}{\partial y} + \frac{\partial R}{\partial z}\right)\mathrm{d}V \\
=&\iiint\limits_{\Omega} \left(u\frac{\partial^2 v}{\partial x^2} + u\frac{\partial^2 v}{\partial y^2} + u\frac{\partial^2 v}{\partial z^2}\right)\mathrm{d}V + \iiint\limits_{\Omega} \left(\frac{\partial u}{\partial x}\frac{\partial v}{\partial x} + \frac{\partial u}{\partial y}\frac{\partial v}{\partial y} + \frac{\partial u}{\partial z}\frac{\partial v}{\partial z}\right)\mathrm{d}V \\
=&\iiint\limits_{\Omega} (u\nabla^2 v)\mathrm{d}V + \iiint\limits_{\Omega} (\nabla u \cdot \nabla v)\mathrm{d}V
\end{aligned}$$

而式 (12.4.12a) 的右边为

$$\iint\limits_{\Gamma} (M\boldsymbol{i} + N\boldsymbol{j} + R\boldsymbol{k}) \cdot \boldsymbol{n}\mathrm{d}S$$

$$
\begin{aligned}
&= \iint_{\Gamma} \left(u\frac{\partial v}{\partial x}\boldsymbol{i} + u\frac{\partial v}{\partial y}\boldsymbol{j} + u\frac{\partial v}{\partial z}\boldsymbol{k} \right) \cdot \boldsymbol{n}\mathrm{d}S \\
&= \iint_{\Gamma} u\nabla v\cdot\boldsymbol{n}\mathrm{d}S = \iint_{\Gamma} u\frac{\partial v}{\partial n}\mathrm{d}S
\end{aligned}
$$

由此得到

$$\iiint_{\Omega} (u\nabla^2 v)\mathrm{d}V = \iint_{\Gamma} u\frac{\partial v}{\partial n}\mathrm{d}S - \iiint_{\Omega} (\nabla u \cdot \nabla v)\mathrm{d}V \tag{12.4.16}$$

式 (12.4.16) 称为第一格林公式。由于 u 和 v 是任意函数，在式 (12.4.16) 中交换它们的位置，则得

$$\iiint_{\Omega} (v\nabla^2 u)\mathrm{d}V = \iint_{\Gamma} v\frac{\partial u}{\partial n}\mathrm{d}S - \iiint_{\Omega} (\nabla v \cdot \nabla u)\mathrm{d}V \tag{12.4.17}$$

将式 (12.4.16) 与式 (12.4.17) 相减得到

$$\iiint_{\Omega} (u\nabla^2 v - v\nabla^2 u)\mathrm{d}V = \iint_{\Gamma} \left(u\frac{\partial v}{\partial n} - v\frac{\partial u}{\partial n} \right)\mathrm{d}S \tag{12.4.18}$$

式 (12.4.18) 称为第二格林公式，简称格林公式。它显示了函数 u、v 在闭曲面 Γ 上的面积分与它们在区域 Ω 内的体积分之间的关系。

显然，格林公式 (12.4.18) 可以约化为二维情况。事实上，如果在二维散度定理式 (12.4.14) 中取

$$M = u\frac{\partial v}{\partial x}, \quad N = u\frac{\partial v}{\partial y} \tag{12.4.19}$$

按照推导式 (12.4.18) 的过程，最后得到

$$\iint_{D} \left(u\nabla^2 v - v\nabla^2 u\right) \mathrm{d}\sigma = \int_C \left(u\frac{\partial v}{\partial n} - v\frac{\partial u}{\partial n} \right) \mathrm{d}l \tag{12.4.20}$$

它显示了二维函数 u、v 在封闭环 C 上的线积分与它们在 C 所包围的区域 D 内的面积分之间的关系。式 (12.4.20) 可以称为二维格林公式。

12.5 拉普拉斯方程和泊松方程

12.5.1 拉普拉斯方程的基本解

我们首先介绍拉普拉斯方程的基本解。三维拉普拉斯方程为

$$\frac{\partial^2 u}{\partial x^2} + \frac{\partial^2 u}{\partial y^2} + \frac{\partial^2 u}{\partial z^2} = 0 \tag{12.5.1}$$

它在球坐标系中表示为 [式 (1.2.49)]

$$\frac{1}{r^2}\frac{\partial}{\partial r}\left(r^2\frac{\partial u}{\partial r}\right)+\frac{1}{r^2\sin\theta}\frac{\partial}{\partial\theta}\left(\sin\theta\frac{\partial u}{\partial\theta}\right)+\frac{1}{r^2\sin^2\theta}\frac{\partial^2 u}{\partial\phi^2}=0 \tag{12.5.2}$$

考虑方程 (12.5.2) 的球对称解 $u=u(r)$(与变量 θ、ϕ 无关)，此时方程 (12.5.2) 约化为

$$\frac{\partial}{\partial r}\left(r^2\frac{\partial u}{\partial r}\right)=0 \quad (r\neq 0) \tag{12.5.3}$$

它的解为

$$u(r)=c_1\frac{1}{r}+c_2 \tag{12.5.4}$$

其中，c_1、c_2 是任意常数。考虑到 $u(r)$ 通常表示电位，应满足自然边界条件，即当 $r\to\infty$ 时 $u(r)\to 0$，故有 $c_2=0$；若取 $c_1=1/4\pi$，则有

$$u(r)=\frac{1}{4\pi r} \tag{12.5.5}$$

二维拉普拉斯方程在极坐标系中表示为 [式 (1.2.31)]

$$\frac{1}{r}\frac{\partial}{\partial r}\left(r\frac{\partial u}{\partial r}\right)+\frac{1}{r^2}\frac{\partial^2 u}{\partial\theta^2}=0 \tag{12.5.6}$$

考虑方程 (12.5.6) 的轴对称解 $u=u(r)$(与变量 θ 无关)。此时方程 (12.5.6) 约化为

$$\frac{\partial}{\partial r}\left(r\frac{\partial u}{\partial r}\right)=0 \quad (r\neq 0) \tag{12.5.7}$$

它的解为

$$u(r)=c_1\ln r+c_2 \tag{12.5.8}$$

其中，c_1、c_2 是任意常数。为使零电位处于 $r=1$，即 $u(1)=0$，要求 $c_2=0$；若取 $c_1=-1/2\pi$，则有

$$u(r)=\frac{1}{2\pi}\ln\frac{1}{r} \tag{12.5.9}$$

式 (12.5.5) 和式 (12.5.9) 称为三维和二维拉普拉斯方程的基本解，它们分别与式 (12.1.9) 和式 (12.1.16) 是一致的。可见这里的基本解就是三维和二维拉普拉斯方程的点源影响函数，它们在拉普拉斯方程研究中具有重要的作用。

12.5.2 泊松方程的基本积分公式

考虑电位 $u(\boldsymbol{r})$ 的泊松方程

$$\nabla^2 u(\boldsymbol{r})=\frac{\partial^2 u}{\partial x^2}+\frac{\partial^2 u}{\partial y^2}+\frac{\partial^2 u}{\partial z^2}=-f(\boldsymbol{r}) \tag{12.5.10}$$

式 (12.5.10) 右边用负号是为了让 $f(\boldsymbol{r})$ 表示自由电荷密度 $\rho(\boldsymbol{r})$ [这里已取 $\varepsilon=1$，见式 (12.1.1)]，从而为随后构建格林函数提供方便。相应的格林函数 $G(\boldsymbol{r},\boldsymbol{r}_0)$ 的方程为

$$\nabla^2 G=-\delta(\boldsymbol{r}-\boldsymbol{r}_0) \tag{12.5.11}$$

这里 $G(\boldsymbol{r},\boldsymbol{r}_0)$ 表示位于 $\boldsymbol{r}_0$ 的点源 (电量 $q=1$ 的点电荷) 在 $\boldsymbol{r}$ 形成的电位。下面我们将建立电位分布 $u(\boldsymbol{r})$ 与格林函数 $G(\boldsymbol{r},\boldsymbol{r}_0)$ 之间的关系。为此将格林公式 (12.4.18) 中的 u 视为电位分布，而将 v 取作格林函数 G，并利用式 (12.5.11) 和式 (12.5.10)，得到

$$\begin{aligned}\iint\limits_{\Gamma}\left(u\frac{\partial G}{\partial n}-G\frac{\partial u}{\partial n}\right)\mathrm{d}S&=\iiint\limits_{\Omega}(u\nabla^2G-G\nabla^2u)\mathrm{d}V\\&=\iiint\limits_{\Omega}\left[-u\delta\left(\boldsymbol{r}-\boldsymbol{r}_0\right)-G\nabla^2u\right]\mathrm{d}V\\&=-u\left(\boldsymbol{r}_0\right)-\iiint\limits_{\Omega}G\nabla^2u\mathrm{d}V\\&=-u\left(\boldsymbol{r}_0\right)+\iiint\limits_{\Omega}Gf(\boldsymbol{r})\mathrm{d}V\end{aligned}$$

即

$$u\left(\boldsymbol{r}_0\right)=\iiint\limits_{\Omega}G(\boldsymbol{r},\boldsymbol{r}_0)f(\boldsymbol{r})\mathrm{d}V+\iint\limits_{\Gamma}\left[G(\boldsymbol{r},\boldsymbol{r}_0)\frac{\partial u(\boldsymbol{r})}{\partial n}-u(\boldsymbol{r})\frac{\partial G(\boldsymbol{r},\boldsymbol{r}_0)}{\partial n}\right]\mathrm{d}S \tag{12.5.12}$$

式 (12.5.12) 表示电位在 Ω 内某一点的值 $u\left(\boldsymbol{r}_0\right)$ 可以表示为两个积分的相加：一个是源项 f 在 Ω 内的体积分，另一个是 u 及它的法向导数 $\partial u/\partial n$ 沿 Γ 的面积分，在体积分与面积分中均含有格林函数。

方程 (12.5.11) 中 δ 函数的偶函数性质 $[\delta(\boldsymbol{r}-\boldsymbol{r}_0)=\delta(\boldsymbol{r}_0-\boldsymbol{r})]$ 导致格林函数满足 $G(\boldsymbol{r},\boldsymbol{r}_0)=G(\boldsymbol{r}_0,\boldsymbol{r})$，这称为格林函数的对易性 [如式 (12.2.11) 和式 (12.3.7)]。这在物理上意味着：$\boldsymbol{r}_0$ 处的点源在 $\boldsymbol{r}$ 处产生的场等同于 $\boldsymbol{r}$ 处的点源在 $\boldsymbol{r}_0$ 处产生的场。按照这一性质，对 (12.5.12) 中的 $\boldsymbol{r}$ 和 $\boldsymbol{r}_0$ 及相应的变量进行对换，可得

$$u\left(\boldsymbol{r}\right)=\iiint\limits_{\Omega}G(\boldsymbol{r},\boldsymbol{r}_0)f(\boldsymbol{r}_0)\mathrm{d}V_0+\iint\limits_{\Gamma}\left[G(\boldsymbol{r},\boldsymbol{r}_0)\frac{\partial u(\boldsymbol{r}_0)}{\partial n_0}-u(\boldsymbol{r}_0)\frac{\partial G(\boldsymbol{r},\boldsymbol{r}_0)}{\partial n_0}\right]\mathrm{d}S_0 \tag{12.5.13a}$$

这就是泊松方程的基本积分公式。我们看到，利用格林公式 (12.4.18)，可以巧妙地建立起泊松方程的解 $u(\boldsymbol{r})$ 与相应的格林函数 $G(\boldsymbol{r},\boldsymbol{r}_0)$ 之间的关系。

显然，式 (12.5.13a) 可以约化为二维情况。事实上，如果最初考虑一个封闭环 C 和它所包围的区域 D，在二维格林公式 (12.4.20) 中，将 u 视为二维电位分布，而将 v 取作二维格林函数 G，按照推导式 (12.5.13a) 的过程，最后得到

$$u(\boldsymbol{r})=\iint\limits_{D} G(\boldsymbol{r},\boldsymbol{r}_0)f(\boldsymbol{r}_0)\mathrm{d}\sigma_0+\int_C\left[G(\boldsymbol{r},\boldsymbol{r}_0)\frac{\partial u(\boldsymbol{r}_0)}{\partial n_0}-u(\boldsymbol{r}_0)\frac{\partial G(\boldsymbol{r},\boldsymbol{r}_0)}{\partial n_0}\right]\mathrm{d}l_0 \tag{12.5.13b}$$

这就是二维泊松方程的基本积分公式。注意式 (12.5.13b) 中的格林函数 $G(\boldsymbol{r},\boldsymbol{r}_0)$ 是 $\nabla^2 G=-\delta(x-x_0)\delta(y-y_0)$ 的解，它表示位于 (x_0,y_0) 的二维点源在任意点 (x,y) 形成的电位。

由式 (12.5.13) 便能得出三维和二维泊松方程在相关条件下解的积分公式。

12.5.3　泊松方程的边值问题

(1) 第一类边值问题：

$$\begin{cases}\nabla^2 u(\boldsymbol{r})=\dfrac{\partial^2 u}{\partial x^2}+\dfrac{\partial^2 u}{\partial y^2}+\dfrac{\partial^2 u}{\partial z^2}=-f(\boldsymbol{r}) & (12.5.14\text{a})\\[2mm] u(\boldsymbol{r})\big|_{\varGamma}=g(\boldsymbol{r}) & (12.5.14\text{b})\end{cases}$$

相应的格林函数 $G(\boldsymbol{r},\boldsymbol{r}_0)$ 是

$$\begin{cases}\nabla^2 G=-\delta(\boldsymbol{r}-\boldsymbol{r}_0) & (12.5.15\text{a})\\[2mm] G\big|_{\varGamma}=0 & (12.5.15\text{b})\end{cases}$$

的解。边值问题 (12.5.15) 有明确的物理意义，它表示在一个边界为 $\varGamma$ 的接地的导体空腔内 $\boldsymbol{r}_0$ 处有一个 $q=1$ 的点电荷，如图 12.6 所示。$G(\boldsymbol{r},\boldsymbol{r}_0)$ 则表示在空腔内任意点 $\boldsymbol{r}$ 的电位。现在 $\boldsymbol{r}$ 点的电位不仅是该点电荷形成的，还有它在导体内壁上的感应电荷所产生的电位。但是感应电荷的分布是未知的，只知道导体边界电位为零 (接地)。

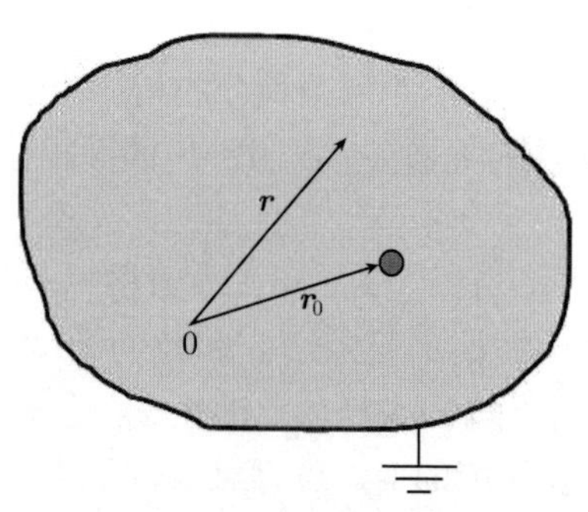

图 12.6　定解问题 (12.5.15) 的物理意义

为了求解边值问题 (12.5.14)，将式 (12.5.14b) 和式 (12.5.15b) 代入式 (12.5.13a)，得到

$$u(\boldsymbol{r})=\iiint\limits_{\Omega} G(\boldsymbol{r},\boldsymbol{r}_0)f(\boldsymbol{r}_0)\mathrm{d}V_0-\iint\limits_{\varGamma} g(\boldsymbol{r}_0)\frac{\partial G(\boldsymbol{r},\boldsymbol{r}_0)}{\partial n_0}\mathrm{d}S_0 \tag{12.5.16a}$$

这就是边值问题 (12.5.14) 解的积分公式。其中，第一项表示在 $\varGamma$ 所包围的区域 $\varOmega$ 内对电荷分布 $f(\boldsymbol{r}_0)$ 的体积分；而第二项表示对边界 $\varGamma$ 上电位分布 $g(\boldsymbol{r}_0)$ 的面积分。

对于二维情况，式 (12.5.16a) 约化为

$$u(\boldsymbol{r})=\iint_D G(\boldsymbol{r},\boldsymbol{r}_0)f(\boldsymbol{r}_0)\mathrm{d}\sigma_0-\int_C g(\boldsymbol{r}_0)\frac{\partial G(\boldsymbol{r},\boldsymbol{r}_0)}{\partial n_0}\mathrm{d}l_0 \tag{12.5.16b}$$

其中，第一项表示在封闭环 C 所包围的区域 D 内对电荷分布 $f(\boldsymbol{r}_0)$ 的面积分，而第二项表示对环 C 上电位分布 $g(\boldsymbol{r}_0)$ 的线积分。

对于具体的问题，首先求出式 (12.5.15) 的解 $G(\boldsymbol{r},\boldsymbol{r}_0)$，再将 f 和 g 的表示式代入式 (12.5.16a) 或式 (12.5.16b)，完成积分即可。

(2) 第二类边值问题：

$$\begin{cases}\nabla^2u(\boldsymbol{r})=\dfrac{\partial^2u}{\partial x^2}+\dfrac{\partial^2u}{\partial y^2}+\dfrac{\partial^2u}{\partial z^2}=-f(\boldsymbol{r}) & (12.5.17\text{a})\\ \left.\dfrac{\partial u}{\partial n}\right|_{\varGamma}=h(\boldsymbol{r}) & (12.5.17\text{b})\end{cases}$$

相应的格林函数 $G(\boldsymbol{r},\boldsymbol{r}_0)$ 是

$$\begin{cases}\nabla^2G=-\delta(\boldsymbol{r}-\boldsymbol{r}_0) & (12.5.18\text{a})\\ \left.\dfrac{\partial G}{\partial n}\right|_{\varGamma}=0 & (12.5.18\text{b})\end{cases}$$

的解。边值问题 (12.5.18) 的物理意义与式 (12.5.15) 相同，只是图 12.6 中空腔的边界条件变为电位梯度 (即电场强度) 为零。

将式 (12.5.17b) 和式 (12.5.18b) 代入式 (12.5.13a)，得到

$$u(\boldsymbol{r})=\iiint_{\varOmega} G(\boldsymbol{r},\boldsymbol{r}_0)f(\boldsymbol{r}_0)\mathrm{d}V_0+\iint_{\varGamma} G(\boldsymbol{r},\boldsymbol{r}_0)h(\mathbf{r}_0)\mathrm{d}S_0 \tag{12.5.19a}$$

这就是边值问题 (12.5.17) 解的积分公式。

对于二维情况，式 (12.5.19a) 约化为

$$u(\boldsymbol{r})=\iint_D G(\boldsymbol{r},\boldsymbol{r}_0)f(\boldsymbol{r}_0)\mathrm{d}\sigma_0+\int_C G(\boldsymbol{r},\boldsymbol{r}_0)h(\boldsymbol{r}_0)\mathrm{d}l_0 \tag{12.5.19b}$$

对于具体的问题，首先求出式 (12.5.18) 的解 $G(\boldsymbol{r},\boldsymbol{r}_0)$，再将 f 和 h 的表示式代入式 (12.5.19a) 或式 (12.5.19b)，完成积分即可。

(3) 第三类边值问题：

$$\begin{cases} \nabla^2 u(\boldsymbol{r}) = \dfrac{\partial^2 u}{\partial x^2} + \dfrac{\partial^2 u}{\partial y^2} + \dfrac{\partial^2 u}{\partial z^2} = -f(\boldsymbol{r}) & (12.5.20a) \\ \left[u + \alpha \dfrac{\partial u}{\partial n} \right]_{\Gamma} = z(\boldsymbol{r}) & (12.5.20b) \end{cases}$$

相应的格林函数 $G(\boldsymbol{r}, \boldsymbol{r}_0)$ 是

$$\begin{cases} \nabla^2 G = -\delta(\boldsymbol{r} - \boldsymbol{r}_0) & (12.5.21a) \\ \left[G + \alpha \dfrac{\partial G}{\partial n} \right]_{\Gamma} = 0 & (12.5.21b) \end{cases}$$

的解。边值问题 (12.5.21) 的物理意义与式 (12.5.15) 相同，只是图 12.6 中空腔的边界条件变为电位与电场的组合为零。为了得到边值问题 (12.5.21) 的解的积分公式，用 $G(\boldsymbol{r}, \boldsymbol{r}_0)$ 乘以式 (12.5.20b)，用 $u(\boldsymbol{r})$ 乘以式 (12.5.21b)，然后相减得到

$$G(\boldsymbol{r}, \boldsymbol{r}_0) \frac{\partial u}{\partial n} - u(\boldsymbol{r}) \frac{\partial G}{\partial n} = \frac{1}{\alpha} G(\boldsymbol{r}, \boldsymbol{r}_0) z(\boldsymbol{r}) \qquad (12.5.22)$$

将式 (12.5.22) 代入式 (12.5.13a) 得到

$$u(\boldsymbol{r}) = \iiint\limits_{\Omega} G(\boldsymbol{r}, \boldsymbol{r}_0) f(\boldsymbol{r}_0) \mathrm{d}V_0 + \frac{1}{\alpha} \iint\limits_{\Gamma} G(\boldsymbol{r}, \boldsymbol{r}_0) z(\boldsymbol{r}_0) \mathrm{d}S_0 \qquad (12.5.23a)$$

这就是边值问题 (12.5.20) 解的积分公式。

对于二维情况，式 (12.5.23a) 约化为

$$u(\boldsymbol{r}) = \iint\limits_{D} G(\boldsymbol{r}, \boldsymbol{r}_0) f(\boldsymbol{r}_0) \mathrm{d}\sigma_0 + \frac{1}{\alpha} \int_C G(\boldsymbol{r}, \boldsymbol{r}_0) z(\boldsymbol{r}_0) \mathrm{d}l_0 \qquad (12.5.23b)$$

对于具体的问题，首先求出式 (12.5.21) 的解 $G(\boldsymbol{r}, \boldsymbol{r}_0)$，再将 f 和 z 的表示式代入式 (12.5.23a) 或式 (12.5.23b)，完成积分即可。

当空间不存在自由电荷时，即 $f(\boldsymbol{r}) = 0$，上述问题约化为拉普拉斯方程的边值问题，相应的三类边值问题解的积分公式为

$$u(\boldsymbol{r}) = -\iint\limits_{\Gamma} g(\boldsymbol{r}_0) \frac{\partial G(\boldsymbol{r}, \boldsymbol{r}_0)}{\partial n_0} \mathrm{d}S_0 \qquad (12.5.24a)$$

$$u(\boldsymbol{r}) = \iint\limits_{\Gamma} G(\boldsymbol{r}, \boldsymbol{r}_0) h(\boldsymbol{r}_0) \mathrm{d}S_0 \qquad (12.5.24b)$$

$$u(\boldsymbol{r}) = \frac{1}{\alpha} \iint\limits_{\Gamma} G(\boldsymbol{r}, \boldsymbol{r}_0) z(\boldsymbol{r}_0) \mathrm{d}S_0 \qquad (12.5.24c)$$

在二维情况下，它们约化成相应的线积分

$$u(\boldsymbol{r}) = -\int_C g(\boldsymbol{r}_0)\frac{\partial G(\boldsymbol{r},\boldsymbol{r}_0)}{\partial n_0}\mathrm{d}l_0 \tag{12.5.24d}$$

$$u(\boldsymbol{r}) = \int_C G(\boldsymbol{r},\boldsymbol{r}_0)h(\boldsymbol{r}_0)\mathrm{d}l_0 \tag{12.5.24e}$$

$$u(\boldsymbol{r}) = \frac{1}{\alpha}\int_C G(\boldsymbol{r},\boldsymbol{r}_0)z(\boldsymbol{r}_0)\mathrm{d}l_0 \tag{12.5.24f}$$

作为上述解的积分公式的应用，我们首先通过例题求解无界域的泊松方程。

例 1 求解三维无界域泊松方程

$$\nabla^2 u = \frac{\partial^2 u}{\partial x^2} + \frac{\partial^2 u}{\partial y^2} + \frac{\partial^2 u}{\partial z^2} = -f(\boldsymbol{r}) \tag{12.5.25}$$

解 相应的格林函数 $G(\boldsymbol{r},\boldsymbol{r}_0)$ 的方程为

$$\nabla^2 G = -\delta(\boldsymbol{r}-\boldsymbol{r}_0) \tag{12.5.26}$$

$G(\boldsymbol{r},\boldsymbol{r}_0)$ 表示 $\boldsymbol{r}_0$ 处的点源 ($q=1$ 的点电荷) 在 $\boldsymbol{r}$ 形成的电位。在无界域情况下，泊松方程的基本积分公式 (12.5.13a) 中的封闭曲面 $\varGamma$ 是整个三维空间的 “边缘”，按照自然边界条件，$\varGamma$ 上的电位 u 和格林函数 G 都为零。这样一来，式 (12.5.13a) 中的面积分为零，只有体积分，即

$$u(\boldsymbol{r}) = \iiint_{\varOmega} G(\boldsymbol{r},\boldsymbol{r}_0)f(\boldsymbol{r}_0)\mathrm{d}V_0 \tag{12.5.27}$$

简单起见，我们考虑 $\boldsymbol{r}_0=0$，则 $G(r)$ 表示位于原点的点源在 r 形成的电位，它是球对称的 (只是 r 的函数)。对式 (12.5.26) 在体积 $\varOmega$ 内 (即整个三维空间) 积分，得到

$$\iiint_{\varOmega} \nabla^2 G(r)\mathrm{d}V = -\iiint_{\varOmega} \delta(r)\mathrm{d}V = -1 \tag{12.5.28}$$

利用散度定理 (12.4.9)，式 (12.5.28) 左边写为

$$\iiint_{\varOmega} \nabla^2 G(r)\mathrm{d}V = \iiint_{\varOmega} \nabla\cdot\nabla G(r)\mathrm{d}V = \iint_{\varGamma} \nabla G(r)\cdot\boldsymbol{n}\mathrm{d}S \tag{12.5.29}$$

由于 $\nabla G(r)$ 与外法线 $\boldsymbol{n}$ 的方向相同 (同为三维径向)，而 $\mathrm{d}S$ 用 $x-y$ 平面上的变量表示为 $\mathrm{d}S=r^2\sin\theta\mathrm{d}\theta\mathrm{d}\phi$，故

$$\iint_{\varGamma} \nabla G(r)\cdot\boldsymbol{n}\mathrm{d}S = \iint_{\varGamma} \frac{\partial G(r)}{\partial r}r^2\sin\theta\,\mathrm{d}\theta\mathrm{d}\phi = -1 \tag{12.5.30}$$

因为 $\int_{\theta=0}^{\pi}\int_{\phi=0}^{2\pi}\sin\theta\mathrm{d}\theta\mathrm{d}\phi=4\pi$，为使式 (12.5.30) 恒成立，必须有

$$\frac{\partial G(r)}{\partial r}r^2=-\frac{1}{4\pi} \tag{12.5.31}$$

积分后得到

$$G(r)=\frac{1}{4\pi r}+c \tag{12.5.32}$$

考虑到自然边界条件，当 $r\to\infty$ 时 $G(r)\to 0$，有 $c=0$，因此格林函数为

$$G(r)=\frac{1}{4\pi r} \tag{12.5.33}$$

这就是处于原点的 $q=1$ 的点电荷在任意 r 处形成的电位，我们用泊松方程的基本积分公式 (12.5.13a) 得到了它，这与已知结果式 (12.1.9) 及基本解 (12.5.5) 是相同的。如果点电荷处于 $\boldsymbol{r}_0$，则格林函数为

$$G(\boldsymbol{r},\boldsymbol{r}_0)=\frac{1}{4\pi\left|\boldsymbol{r}-\boldsymbol{r}_0\right|} \tag{12.5.34}$$

将式 (12.5.34) 代入式 (12.5.27)，注意到 $\varOmega$ 遍及整个三维空间，得到

$$u(\boldsymbol{r})=\frac{1}{4\pi}\iiint\limits_{\infty}\frac{f(\boldsymbol{r}_0)}{|\boldsymbol{r}-\boldsymbol{r}_0|}\mathrm{d}V_0 \tag{12.5.35}$$

这就是无界域泊松方程 (12.5.25) 的解，它与式 (12.1.4) 的结果是一致的。

例 2　求解二维无界域泊松方程

$$\nabla^2 u=\frac{\partial^2 u}{\partial x^2}+\frac{\partial^2 u}{\partial y^2}=-f(\boldsymbol{r}) \tag{12.5.36}$$

解　相应的格林函数 $G(\boldsymbol{r},\boldsymbol{r}_0)$ 的方程为

$$\nabla^2 G=-\delta(\boldsymbol{r}-\boldsymbol{r}_0) \tag{12.5.37}$$

$G(\boldsymbol{r},\boldsymbol{r}_0)$ 表示 $\boldsymbol{r}_0$ 处的二维点源 (线密度 $\rho=1$ 的垂直于 $x-y$ 平面的无限长线电荷) 在 $\boldsymbol{r}$ 形成的电位。现在泊松方程的基本积分公式由式 (12.5.13b) 表示。在无界域情况下，式 (12.5.13b) 中的封闭环 C 是整个二维空间的 “边界”。按照自然边界条件，C 上的电位 u 和格林函数 G 都为零，因此式 (12.5.13b) 中的线积分为零，只有面积分

$$u\left(\boldsymbol{r}\right)=\iint\limits_{D}G(\boldsymbol{r},\boldsymbol{r}_0)f(\boldsymbol{r}_0)\mathrm{d}\sigma_0 \tag{12.5.38}$$

简单起见，我们考虑 $\boldsymbol{r}_0=0$，则格林函数 $G(r)$ 是轴对称的 (只是 r 的函数)。现在对式 (12.5.37) 积分，我们将积分区域 V 选为以 z 轴为轴线，以坐标原点为中心、以 r 为半径的具有单位高度的圆柱体 (见图 12.2)，我们有

$$\iiint\limits_V \nabla^2 G(r)\mathrm{d}V=-\iiint\limits_V \delta(r)\mathrm{d}V=-1 \tag{12.5.39}$$

利用散度定理 (12.4.9) 将式 (12.5.39) 左边写为

$$\iiint\limits_V \nabla^2 G(r)\mathrm{d}V=\iiint\limits_V \nabla\cdot\nabla G(r)\mathrm{d}V=\iint\limits_S \nabla G(r)\cdot\boldsymbol{n}\mathrm{d}S \tag{12.5.40}$$

其中，S 是区域 V 的边界曲面。由于 $\nabla G(r)$ 与圆柱侧面外法线 $\boldsymbol{n}$ 的方向相同 (同为二维径向)，故式 (12.5.40) 在圆柱上、下底的面积分为零，只有沿侧面的积分。利用式 (12.5.39)，并注意到 $\mathrm{d}S=r\mathrm{d}z\,\mathrm{d}\phi$，式 (12.5.40) 变为

$$\iint\limits_S \nabla G(r)\cdot\boldsymbol{n}\mathrm{d}S=\iint\limits_S \frac{\partial G(r)}{\partial r}r\,\mathrm{d}z\mathrm{d}\phi=-1 \tag{12.5.41}$$

因为 $\displaystyle\int_{z=-1/2}^{1/2}\mathrm{d}z\int_{\phi=0}^{2\pi}\mathrm{d}\phi=2\pi$，为使式 (12.5.41) 恒成立，必须有

$$\frac{\partial G(r)}{\partial r}r=-\frac{1}{2\pi} \tag{12.5.42}$$

对式 (12.5.42) 积分，取 $r=1$ 处的电位为参考电位，即 $u(1)=0$，得到格林函数为

$$G(r)=\frac{1}{2\pi}\ln\frac{1}{r} \tag{12.5.43}$$

这就是处于 z 轴的 $\rho=1$ 的无限长线电荷在任意 r 处形成的电位，我们用泊松方程的基本积分公式 (12.5.13b) 得到了它，这与已知结果式 (12.1.16) 是一致的 [与基本解 (12.5.9) 是相同的]。如果线电荷处于 $\boldsymbol{r}_0$，则格林函数为

$$G(\boldsymbol{r},\boldsymbol{r}_0)=\frac{1}{2\pi}\ln\frac{1}{|\boldsymbol{r}-\boldsymbol{r}_0|} \tag{12.5.44}$$

将式 (12.5.44) 代入式 (12.5.38)，注意到 D 遍及整个二维平面，得到

$$u(\boldsymbol{r})=\frac{1}{2\pi}\iint\limits_\infty f(\boldsymbol{r}_0)\ln\frac{1}{|\boldsymbol{r}-\boldsymbol{r}_0|}\mathrm{d}\sigma_0 \tag{12.5.45}$$

这就是二维无界域泊松方程 (12.5.36) 的解。

12.6　格林函数法的应用：电像法

本节用格林函数法求解不同类型的拉普拉斯方程与泊松方程的边值问题。这些问题的解法有一个共同的特征：用点源与它的像在空间的电位叠加来构建满足边界条件的格林函数 (进而利用解的积分公式得到拉普拉斯方程与泊松方程的边值问题的解)，这样一种构建格林函数的方法称为电像法。电像法具有直观的几何图像和明确的物理意义，是一种简单、有效、用途广泛的格林函数法。

例 1　在上半空间 $z>0$ 求解泊松方程的第一类边值问题

$$\begin{cases} \nabla^2 u = \dfrac{\partial^2 u}{\partial x^2}+\dfrac{\partial^2 u}{\partial y^2}+\dfrac{\partial^2 u}{\partial z^2} = -f(x,y,z) \quad (-\infty<x,y<\infty, z>0) & \text{(12.6.1a)} \\ u(x,y,z)\big|_{z=0} = g(x,y) \quad (-\infty<x,y<\infty) & \text{(12.6.1b)} \end{cases}$$

解　格林函数 $G(\boldsymbol{r},\boldsymbol{r}_0)$ 满足的边值问题为

$$\begin{cases} \nabla^2 G = -\delta(x-x_0)\delta(y-y_0)\delta(z-z_0) & \text{(12.6.2a)} \\ G\big|_{z=0} = 0 & \text{(12.6.2b)} \end{cases}$$

边值问题 (12.6.2) 的物理意义是，在一个位于 $z=0$ 的接地导体平面上方的 $M_0(x_0, y_0, z_0)$ 点放置一个点源 ($q=1$ 的点电荷)。$G(\boldsymbol{r},\boldsymbol{r}_0)$ 则表示在导体平面上方任意点 $M(x,y,z)$ 形成的电位。现在 M 点的电位不仅是由该点电荷形成的，还有它在导体平面上的感应电荷所产生的电位。但是感应电荷的分布是未知的，只知道导体平面上电位为零。

导致 $z=0$ 平面上电位为零的一个等效方式是，除上半空间 M_0 处的点源之外，在下半空间的镜像对称点 $M_1(x_0,y_0,-z_0)$ 还有一个像电荷 ($q=-1$ 的点电荷)，如图 12.7 所示。这样一来，满足式 (12.6.2) 的解为

$$\begin{aligned} G(M,M_0) =& \frac{1}{4\pi r_{M_0M}} - \frac{1}{4\pi r_{M_1M}} \\ =& \frac{1}{4\pi}\frac{1}{\sqrt{(x-x_0)^2+(y-y_0)^2+(z-z_0)^2}} \\ & - \frac{1}{4\pi}\frac{1}{\sqrt{(x-x_0)^2+(y-y_0)^2+(z+z_0)^2}} \end{aligned} \tag{12.6.3}$$

下一步是将式 (12.6.3) 代入式 (12.5.16a) 计算电位分布 $u(x,y,z)$。为此，必须首先计算边界 $\varGamma$ 上的外法向导数 $\left.\dfrac{\partial G}{\partial n_0}\right|_{\varGamma}$，对于上半空间而言，其边界 $\varGamma$ 是 $z_0=0$ 平面，外法线 $\boldsymbol{n}_0$ 的方向为 z_0 轴负向，故

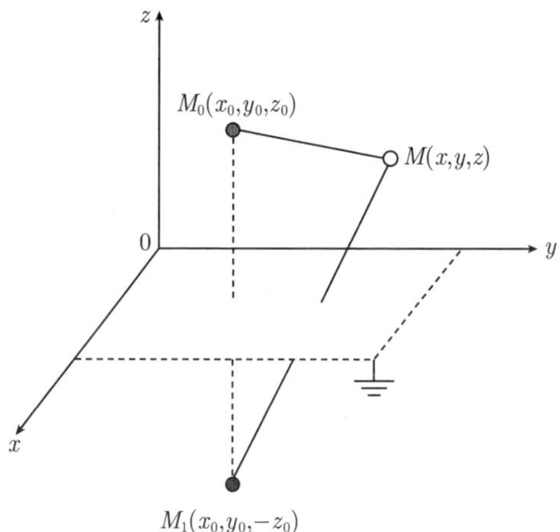

图 12.7 点电荷 M_0 与它的像电荷 M_1 在上半空间任意点 M 形成的电位

$$\left.\frac{\partial G}{\partial n_0}\right|_{\Gamma}=-\left.\frac{\partial G}{\partial z_0}\right|_{z_0=0} \tag{12.6.4}$$

利用式 (12.6.3) 计算式 (12.6.4) 右边的偏导数，得到

$$\begin{aligned}\frac{\partial G}{\partial z_0}=&\frac{1}{4\pi}\frac{\partial}{\partial z_0}\left[\frac{1}{\sqrt{(x-x_0)^2+(y-y_0)^2+(z-z_0)^2}}\right]\\&-\frac{1}{4\pi}\frac{\partial}{\partial z_0}\left[\frac{1}{\sqrt{(x-x_0)^2+(y-y_0)^2+(z+z_0)^2}}\right]\\=&\frac{1}{4\pi}\frac{z-z_0}{\left[(x-x_0)^2+(y-y_0)^2+(z-z_0)^2\right]^{3/2}}\\&+\frac{1}{4\pi}\frac{z+z_0}{\left[(x-x_0)^2+(y-y_0)^2+(z+z_0)^2\right]^{3/2}}\end{aligned}$$

从而

$$\left.\frac{\partial G}{\partial n_0}\right|_{\Gamma}=-\frac{z}{2\pi}\frac{1}{\left[(x-x_0)^2+(y-y_0)^2+z^2\right]^{3/2}} \tag{12.6.5}$$

将式 (12.6.3) 和式 (12.6.5) 代入式 (12.5.16a) 得到

$$\begin{aligned}u(\boldsymbol{r})=&\frac{z}{2\pi}\int_{-\infty}^{\infty}\int_{-\infty}^{\infty}\frac{g(x_0,y_0)}{\left[(x-x_0)^2+(y-y_0)^2+z^2\right]^{3/2}}\mathrm{d}x_0\mathrm{d}y_0\\&+\frac{1}{4\pi}\int_{x_0=-\infty}^{\infty}\int_{y_0=-\infty}^{\infty}\int_{z_0=0}^{\infty}f(x_0,y_0,z_0)\end{aligned}$$

$$\left[\frac{1}{\sqrt{(x-x_0)^2+(y-y_0)^2+(z-z_0)^2}}-\frac{1}{\sqrt{(x-x_0)^2+(y-y_0)^2+(z+z_0)^2}}\right]\mathrm{d}x_0\mathrm{d}y_0\mathrm{d}z_0 \tag{12.6.6}$$

这就是边值问题 (12.6.1) 的解。如果自由电荷密度 $f(x,y,z)=0$，则式 (12.6.1) 约化成拉普拉斯方程的边值问题，相应的解由式 (12.6.6) 约化为

$$u(\mathbf{r})=\frac{z}{2\pi}\int_{-\infty}^{\infty}\int_{-\infty}^{\infty}\frac{g(x_0,y_0)}{\left[(x-x_0)^2+(y-y_0)^2+z^2\right]^{3/2}}\mathrm{d}x_0\mathrm{d}y_0 \tag{12.6.7}$$

例 2 在上半平面 $y>0$ 求解拉普拉斯方程的第一类边值问题

$$\begin{cases}\nabla^2 u=\dfrac{\partial^2 u}{\partial x^2}+\dfrac{\partial^2 u}{\partial y^2}=0 \quad (-\infty<x<\infty, y>0) & (12.6.8\text{a})\\ u(x,0)=g(x) \quad (-\infty<x<\infty) & (12.6.8\text{b})\end{cases}$$

解 相应格林函数 $G(\boldsymbol{r},\boldsymbol{r}_0)$ 满足边值问题

$$\begin{cases}\nabla^2 G=-\delta(x-x_0)\delta(y-y_0) & (12.6.9\text{a})\\ G\big|_{y=0}=0 & (12.6.9\text{b})\end{cases}$$

边值问题 (12.6.9) 的物理意义是，在一个位于 $y=0$ 的接地导线上方的 $M_0(x_0,y_0)$ 点放置一个二维点源 (线密度 $\rho=1$ 的垂直于 $x-y$ 平面的无限长线电荷)。$G(\boldsymbol{r},\boldsymbol{r}_0)$ 则表示在导线上方任意点 $M(x,y)$ 形成的电位。现在 M 点的电位不仅是由该线电荷形成的，还有它在导线上的感应电荷所产生的电位。但是感应电荷的分布是未知的，只知道导线的电位为零。

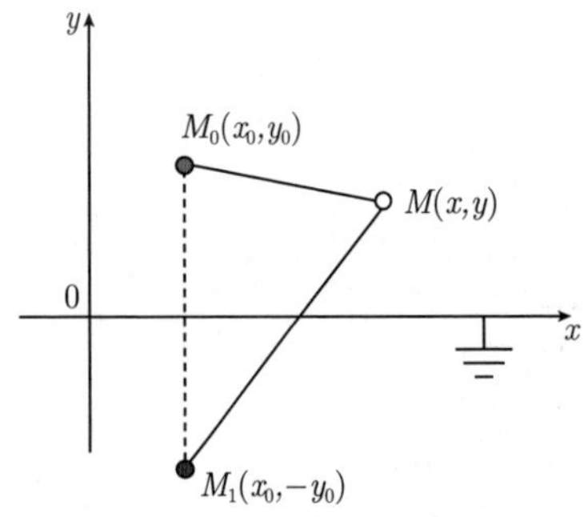

图 12.8 M_0 处的点源与它在 M_1 处的像电荷在上半平面任意点 M 形成的电位

使得导线电位为零的一个等效方式是，除上半平面 M_0 处的点源之外，在下半平面的镜像对称点 $M_1(x_0,-y_0)$ 还有一个像电荷 ($\rho=-1$ 的垂直于 $x-y$ 平面的无限长线电荷)，如图 12.8 所示。这样一来，由式 (12.1.15) 得到满足式 (12.6.9) 的解

$$G(M,M_0)=\frac{1}{2\pi}\ln\frac{1}{r_{M_0M}}-\frac{1}{2\pi}\ln\frac{1}{r_{M_1M}}=\frac{1}{2\pi}\ln\frac{r_{M_1M}}{r_{M_0M}}$$

$$= \frac{1}{4\pi} \ln \frac{(x-x_0)^2+(y+y_0)^2}{(x-x_0)^2+(y-y_0)^2} \tag{12.6.10}$$

对于现在的二维情况，解的积分公式由式 (12.5.24d) 表示，即

$$u(\boldsymbol{r}) = -\int_C g(\boldsymbol{r}_0)\frac{\partial G(\boldsymbol{r},\boldsymbol{r}_0)}{\partial n_0}\mathrm{d}l_0 \tag{12.6.11}$$

现在计算边界线 C 上的外法向导数 $\left.\dfrac{\partial G}{\partial n_0}\right|_C$，对于上半平面而言，其边界线 C 是 $y_0=0$ 直线，外法线 $\boldsymbol{n}_0$ 的方向为 y_0 轴负向，故

$$\begin{aligned}
\left.\frac{\partial G}{\partial n_0}\right|_C &= -\left.\frac{\partial G}{\partial y_0}\right|_{y_0=0} \\
&= -\frac{1}{4\pi}\left[\frac{\partial}{\partial y_0}\ln\frac{(x-x_0)^2+(y+y_0)^2}{(x-x_0)^2+(y-y_0)^2}\right]_{y_0=0} \\
&= -\frac{1}{2\pi}\left[\frac{y+y_0}{(x-x_0)^2+(y+y_0)^2}+\frac{y-y_0}{(x-x_0)^2+(y-y_0)^2}\right]_{y_0=0} \\
&= -\frac{1}{\pi}\frac{y}{(x-x_0)^2+y^2}
\end{aligned} \tag{12.6.12}$$

将式 (12.6.12) 代入式 (12.6.11)，注意到边界线 C 为整个 x 轴，$\mathrm{d}l_0=\mathrm{d}x_0$，得到

$$u(x,y) = \frac{1}{\pi}\int_{-\infty}^{\infty} g(x_0)\frac{y}{(x-x_0)^2+y^2}\mathrm{d}x_0 \tag{12.6.13}$$

这就是边值问题 (12.6.8) 的解，它与傅里叶变换法的结果 (11.1.48) 是相同的。

例 3 在上半平面 $y>0$ 求解泊松方程的第一类边值问题

$$\begin{cases}
\dfrac{\partial^2 v}{\partial x^2}+\dfrac{\partial^2 v}{\partial y^2} = -f(x,y) \quad (-\infty<x<\infty,\ y>0) & (12.6.14\text{a}) \\
v(x,0)=0 \quad (-\infty<x<\infty) & (12.6.14\text{b})
\end{cases}$$

解 该边值问题的格林函数与式 (12.6.10) 相同，积分公式为式 (12.5.16b)，即

$$v(\boldsymbol{r}) = \iint_D G(\boldsymbol{r},\boldsymbol{r}_0)f(\boldsymbol{r}_0)\mathrm{d}\sigma_0 - \int_C g(\boldsymbol{r}_0)\frac{\partial G(\boldsymbol{r},\boldsymbol{r}_0)}{\partial n_0}\mathrm{d}l_0 \tag{12.6.15}$$

现在 D 为上半平面，且 $g=0$，故式 (12.6.15) 变为

$$v(x,y) = \int_{y_0=0}^{\infty}\int_{x_0=-\infty}^{\infty} G(M,M_0)\,f(x_0,y_0)\mathrm{d}x_0\mathrm{d}y_0 \tag{12.6.16a}$$

将式 (12.6.10) 代入式 (12.6.16a) 得到

$$v(x,y) = \frac{1}{4\pi}\int_{y_0=0}^{\infty}\int_{x_0=-\infty}^{\infty} f(x_0,y_0)\ln\frac{(x-x_0)^2+(y+y_0)^2}{(x-x_0)^2+(y-y_0)^2}\mathrm{d}x_0\mathrm{d}y_0 \tag{12.6.16b}$$

这就是边值问题 (12.6.14) 的解。

对于上半平面泊松方程的第一类非齐次边值问题

$$\begin{cases} \dfrac{\partial^2 w}{\partial x^2}+\dfrac{\partial^2 w}{\partial y^2}=-f(x,y) \quad (-\infty<x<\infty,\ y>0) & (12.6.17\text{a}) \\ w(x,0)=g(x) \quad (-\infty<x<\infty) & (12.6.17\text{b}) \end{cases}$$

由叠加原理得到 $w=u+v$，其中 u 和 v 分别由式 (12.6.13) 和式 (12.6.16b) 表示，故

$$\begin{aligned} w\,(x,y)=&\frac{1}{\pi}\int_{-\infty}^{\infty}g(x_0)\frac{y}{(x-x_0)^2+y^2}\mathrm{d}x_0 \\ &+\frac{1}{4\pi}\int_{y_0=0}^{\infty}\int_{x_0=-\infty}^{\infty}f(x_0,y_0)\ln\frac{(x-x_0)^2+(y+y_0)^2}{(x-x_0)^2+(y-y_0)^2}\mathrm{d}x_0\mathrm{d}y_0 \end{aligned} \tag{12.6.18}$$

得到这一结果的另一个思路是，定解问题 (12.6.17) 的格林函数仍由式 (12.6.10) 表示，这样式 (12.6.17) 解的积分公式由式 (12.5.16b) 给出

$$w\,(x,y)=\int_{y_0=0}^{\infty}\int_{x_0=-\infty}^{\infty}G\,(M,M_0)\,f(x_0,y_0)\mathrm{d}x_0\mathrm{d}y_0-\int_{-\infty}^{\infty}g(x_0)\frac{\partial G}{\partial n_0}\mathrm{d}x_0 \tag{12.6.19}$$

将格林函数 (12.6.10) 和它的外法向导数 (12.6.12) 代入式 (12.6.19) 即得式 (12.6.18)。

例 4　求解球域内拉普拉斯方程的第一类边值问题

$$\begin{cases} \nabla^2 u=\dfrac{\partial^2 u}{\partial x^2}+\dfrac{\partial^2 u}{\partial y^2}+\dfrac{\partial^2 u}{\partial z^2}=0 \quad (r<R) & (12.6.20\text{a}) \\ u\big|_{r=R}=g(x,y,z) & (12.6.20\text{b}) \end{cases}$$

解　该边值问题的区域 $\varOmega$ 是以坐标原点 O 为中心，以 R 为半径的球域，它的边界面 $\varGamma$ 为球面。相应格林函数 $G(\boldsymbol{r},\boldsymbol{r}_0)$ 满足的边值问题为

$$\begin{cases} \nabla^2 G=-\delta(x-x_0)\delta(y-y_0)\delta(z-z_0) & (12.6.21\text{a}) \\ G\big|_{r=R}=0 & (12.6.21\text{b}) \end{cases}$$

边值问题 (12.6.21) 的物理意义是，在一个以 O 为中心、以 R 为半径的接地导体球壳内的 $M_0(x_0,y_0,z_0)$ 点放置一个点源 ($q=1$ 的点电荷)，如图 12.9 所示。$G(\boldsymbol{r},\boldsymbol{r}_0)$ 则表示在球壳内任意点 $M(x,y,z)$ 形成的电位。现在 M 点的电位不仅是由该电荷形成的，还有它在球壳内壁的感应电荷所产生的电位。但是感应电荷的分布是未知的，只知道球壳的电位为零。

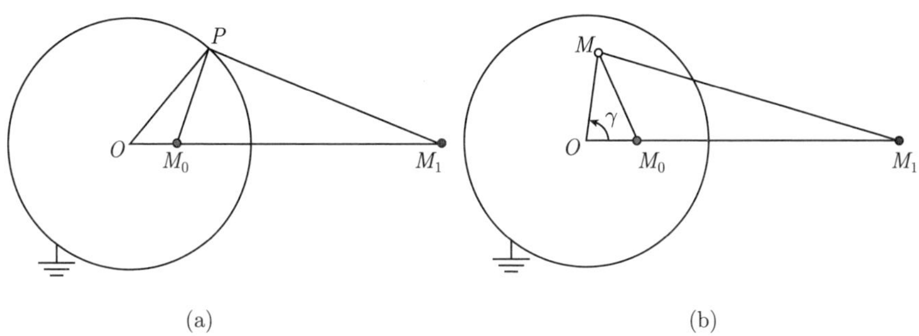

图 12.9 (a) 点电荷 M_0 与它的像电荷 M_1 在球壳上任意点 P 形成的电位为零；(b) 点电荷 M_0 与它的像电荷 M_1 在球壳内任意点 M 形成的电位为所求的电位。POM_1 与 MOM_1 不是同一个平面。这里 $r_0 = r_{OM_0}, r_1 = r_{OM_1}, r = r_{OM}, R = r_{OP}$

使球壳电位为零的一个等效方式是，除 M_0 处的点源之外，在空间某点 M_1 还有一个像电荷 (电量为 $-q$ 的点电荷)。我们现在来确定 q 及它的位置 M_1。根据对称性分析，M_1 应在 OM_0 的延长线。事实上，我们将会看到，如果按关系式

$$r_0 \cdot r_1 = R^2 \tag{12.6.22}$$

来确定像电荷的位置，则能进而确定像电荷的电量。要使得球壳上任一点 P 的电位为零，根据式 (12.1.2)，必须有

$$\frac{1}{4\pi r_{M_0P}} - \frac{q}{4\pi r_{M_1P}} = 0 \tag{12.6.23}$$

由此得到

$$q = \frac{r_{M_1P}}{r_{M_0P}} \tag{12.6.24}$$

注意到 $\triangle OM_1P$ 与 $\triangle OM_0P$ 有公共角，且由式 (12.6.22) 知夹这角的两边成比例 $\dfrac{r_{OM_0}}{R} = \dfrac{R}{r_{OM_1}}$，因此这两个三角形相似，从而

$$\frac{r_{M_1P}}{r_{M_0P}} = \frac{R}{r_{OM_0}} \tag{12.6.25}$$

故由式 (12.6.24) 得到

$$q = \frac{R}{r_0} \tag{12.6.26}$$

这样一来，M_0 处的电量为 $q = 1$ 的点电荷与它的像电荷 (位于 M_1 的电量为 $-R/r_0$ 的点电荷) 使得球壳上任一点的电位为零。这样我们得到满足式 (12.6.21) 的解

$$G(M, M_0) = \frac{1}{4\pi}\left(\frac{1}{r_{M_0M}} - \frac{R}{r_0}\frac{1}{r_{M_1M}}\right) \tag{12.6.27}$$

式 (12.6.27) 能被进一步化简，注意到

$$r_{M_0M} = \sqrt{r_0^2 + r^2 - 2rr_0\cos\gamma} \tag{12.6.28a}$$

$$r_{M_1M} = \sqrt{r_1^2 + r^2 - 2rr_1\cos\gamma} \tag{12.6.28b}$$

并利用式 (12.6.22)，式 (12.6.27) 变为

$$G(M, M_0) = \frac{1}{4\pi}\left(\frac{1}{\sqrt{r_0^2 + r^2 - 2rr_0\cos\gamma}} - \frac{R}{\sqrt{r^2r_0^2 + R^4 - 2R^2rr_0\cos\gamma}}\right) \tag{12.6.29}$$

它只含有点源的坐标 r_0 和观察点的坐标 r(不再包含像电荷的坐标 r_1)，式 (12.6.29) 就是问题 (12.6.21) 的格林函数。至于式 (12.6.29) 中的 $\cos\gamma$ 也只与 $\boldsymbol{r}_0$ 和 $\boldsymbol{r}$ 的取向有关 (我们最后再计算它)。

格林函数式 (12.6.29) 还可以从另一个更简捷的思路求得。事实上，起初可以将格林函数写成

$$\begin{aligned} G(M, M_0) &= \frac{1}{4\pi}\frac{1}{r_{M_0M}} + \frac{q}{4\pi}\frac{1}{r_{M_1M}} \\ &= \frac{1}{4\pi}\left[\frac{1}{\sqrt{r_0^2 + r^2 - 2rr_0\cos\gamma}} + \frac{q}{\sqrt{r_1^2 + r^2 - 2rr_1\cos\gamma}}\right] \end{aligned} \tag{12.6.30}$$

然后利用边界条件 (12.6.21b) 确定其中的 q 和 r_1。事实上，当 $r = R$ 时，式 (12.6.30) 给出 $G(P, M_0) = 0$，即

$$\frac{1}{\sqrt{r_0^2 + R^2 - 2Rr_0\cos\gamma}} + \frac{q}{\sqrt{r_1^2 + R^2 - 2Rr_1\cos\gamma}} = 0 \tag{12.6.31}$$

由式 (12.6.31) 得到

$$r_0^2 + R^2 - 2Rr_0\cos\gamma = \frac{1}{q^2}\left(r_1^2 + R^2\right) - \frac{2Rr_1}{q^2}\cos\gamma \tag{12.6.32}$$

式 (12.6.32) 对于任意的 γ 都应该成立，故两边比较常数项及 $\cos\gamma$ 的系数，得到

$$r_0^2 + R^2 = \frac{1}{q^2}\left(r_1^2 + R^2\right), \quad r_0 = \frac{r_1}{q^2} \tag{12.6.33}$$

联立解出

$$q = -\frac{R}{r_0}, \quad r_1 = \frac{R^2}{r_0} \tag{12.6.34}$$

代入式 (12.6.30) 即得式 (12.6.29)。

现在解的积分公式为式 (12.5.24a)，即

$$u(\boldsymbol{r}) = -\iint_{\Gamma} g(\boldsymbol{r}_0)\frac{\partial G(\boldsymbol{r},\boldsymbol{r}_0)}{\partial n_0}\mathrm{d}S_0 \tag{12.6.35}$$

在球面 Γ 上，$\mathrm{d}S_0$ 的外法线 $\boldsymbol{n}_0$ 的方向与径向相同，故

$$\left.\frac{\partial G}{\partial n_0}\right|_{\Gamma} = \left.\frac{\partial G}{\partial r_0}\right|_{r_0=R} \tag{12.6.36}$$

式 (12.6.36) 右边的偏导数由式 (12.6.29) 给出为

$$\frac{\partial G}{\partial r_0} = -\frac{1}{4\pi}\frac{r_0 - r\cos\gamma}{\left(r^2+r_0^2-2r_0r\cos\gamma\right)^{3/2}} + \frac{1}{4\pi}\frac{R\left(r^2r_0 - R^2r\cos\gamma\right)}{\left(r_0^2r^2+R^4-2R^2r_0r\cos\gamma\right)^{3/2}} \tag{12.6.37}$$

故

$$\left.\frac{\partial G}{\partial n_0}\right|_{\Gamma} = -\frac{1}{4\pi R}\frac{R^2-r^2}{\left(R^2+r^2-2rR\cos\gamma\right)^{3/2}} \tag{12.6.38}$$

将式 (12.6.38) 代入式 (12.6.35) 得到

$$u(\boldsymbol{r}) = \frac{1}{4\pi R}\iint_{\Gamma} g(\boldsymbol{r}_0)\frac{R^2-r^2}{\left(R^2+r^2-2rR\cos\gamma\right)^{3/2}}\mathrm{d}S_0 \tag{12.6.39}$$

式 (12.6.39) 在球坐标系中表示为 (注意到 $\mathrm{d}S_0 = R^2\sin\theta_0\mathrm{d}\theta_0\mathrm{d}\phi_0$)

$$u(r,\theta,\phi) = \frac{R}{4\pi}\int_0^{2\pi}\int_0^{\pi} g(R,\theta_0,\phi_0)\frac{R^2-r^2}{\left(R^2+r^2-2rR\cos\gamma\right)^{3/2}}\sin\theta_0\mathrm{d}\theta_0\mathrm{d}\phi_0 \tag{12.6.40}$$

最后我们来求出 $\cos\gamma$ 的表达式。γ 是 OM 与 OM_0 的夹角，设 $\boldsymbol{n}$ 和 $\boldsymbol{n}_0$ 分别是 OM 和 OM_0 方向的单位矢量，利用直角坐标系与球坐标系之间的变换关系式 (10.6.1)，我们有

$$\boldsymbol{n} = \sin\theta\cos\phi\boldsymbol{i} + \sin\theta\sin\phi\boldsymbol{j} + \cos\theta\boldsymbol{k} \tag{12.6.41a}$$

$$\boldsymbol{n}_0 = \sin\theta_0\cos\phi_0\boldsymbol{i} + \sin\theta_0\sin\phi_0\boldsymbol{j} + \cos\theta_0\boldsymbol{k} \tag{12.6.41b}$$

于是

$$\begin{aligned}
\cos\gamma =& \boldsymbol{n}\cdot\boldsymbol{n}_0\\
&= (\sin\theta\cos\phi\boldsymbol{i} + \sin\theta\sin\phi\boldsymbol{j} + \cos\theta\boldsymbol{k})\\
&\quad\cdot(\sin\theta_0\cos\phi_0\boldsymbol{i} + \sin\theta_0\sin\phi_0\boldsymbol{j} + \cos\theta_0\boldsymbol{k})\\
&= \sin\theta\cos\phi\sin\theta_0\cos\phi_0 + \sin\theta\sin\phi\sin\theta_0\sin\phi_0 + \cos\theta\cos\theta_0\\
&= \sin\theta\sin\theta_0\cos(\phi-\phi_0) + \cos\theta\cos\theta_0
\end{aligned}$$

至此，式 (12.6.40) 中的所有因子已经确定，它就是边值问题 (12.6.20) 的解，表示考查点 $M(r,\theta,\phi)$ 的电位。式 (12.6.40) 称为球的泊松积分公式。

例 5 求解球域内泊松方程的第一类非齐次边值问题

$$\begin{cases} \nabla^2 w = \dfrac{\partial^2 w}{\partial x^2}+\dfrac{\partial^2 w}{\partial y^2}+\dfrac{\partial^2 w}{\partial z^2} = -f(x,y,z) \quad (r<R) & (12.6.42\text{a}) \\ w\big|_{r=R} = g(x,y,z) & (12.6.42\text{b}) \end{cases}$$

解 边值问题 (12.6.42) 的格林函数仍由式 (12.6.29) 表示，而解的积分公式由式 (12.5.16a) 给出，即

$$w(\boldsymbol{r}) = \iiint\limits_{\Omega} G(M,M_0)f(\boldsymbol{r}_0)\mathrm{d}V_0 - \iint\limits_{\Gamma} g(\boldsymbol{r}_0)\frac{\partial G(M,M_0)}{\partial n_0}\mathrm{d}S_0 \tag{12.6.43a}$$

将式 (12.6.29) 及式 (12.6.38) 代入上式，在球坐标系中表示为

$$\begin{aligned} w(r,\theta,\phi) =& \int_0^R\int_0^{\pi}\int_0^{2\pi} G(M,M_0)f(r_0,\theta_0,\phi_0)r_0^2\sin\theta_0\mathrm{d}r_0\mathrm{d}\theta_0\mathrm{d}\phi_0 \\ &+\frac{R\left(R^2-r^2\right)}{4\pi}\int_0^{2\pi}\int_0^{\pi}\frac{g(R,\theta_0,\phi_0)}{\left(R^2+r^2-2rR\cos\gamma\right)^{3/2}}\sin\theta_0\mathrm{d}\theta_0\mathrm{d}\phi_0 \end{aligned} \tag{12.6.43b}$$

其中，$G(M,M_0)$ 由式 (12.6.29) 表示，式 (12.6.43b) 就是定解问题 (12.6.42) 的解。

例 6 求解圆域内泊松方程的第一类边值问题

$$\begin{cases} \nabla^2 u = \dfrac{\partial^2 u}{\partial x^2}+\dfrac{\partial^2 u}{\partial y^2} = -f(x,y) \quad (r<R) & (12.6.44\text{a}) \\ u\big|_{r=R} = g(x,y) & (12.6.44\text{b}) \end{cases}$$

解 这个边值问题的解的积分公式为式 (12.5.16b)，即

$$u(\boldsymbol{r}) = \iint\limits_{D} G(\boldsymbol{r},\boldsymbol{r}_0)f(\boldsymbol{r}_0)\mathrm{d}\sigma_0 - \int_C g(\boldsymbol{r}_0)\frac{\partial G(\boldsymbol{r},\boldsymbol{r}_0)}{\partial n_0}\mathrm{d}l_0 \tag{12.6.45}$$

该边值问题的区域 D 是以坐标原点 O 为中心、以 R 为半径的圆域，它的边界 C 为包围 D 的圆周，其中的格林函数 $G(\boldsymbol{r},\boldsymbol{r}_0)$ 是

$$\begin{cases} \nabla^2 G = -\delta(x-x_0)\delta(y-y_0) & (12.6.46\text{a}) \\ G\big|_{r=R} = 0 & (12.6.46\text{b}) \end{cases}$$

的解。边值问题式 (12.6.46) 的物理意义是，在一个以 z 轴为中心轴线、以 R 为半径的无限长接地导体圆筒内的 $M_0(x_0,y_0)$ 点放置一个二维点源 (线密度 $\rho=1$ 的平

行于 z 轴的无限长线电荷)，圆筒的正截面为 $x-y$ 平面 (图 12.10)。$G(\boldsymbol{r},\boldsymbol{r}_0)$ 则表示在圆筒内任意点 $M(x,y)$ 的电位。现在 M 点的电位不仅是由该线电荷形成的，还包含它在圆筒内壁的感应电荷所产生的电位。但是感应电荷的分布是未知的，只知道圆筒的电位为零。

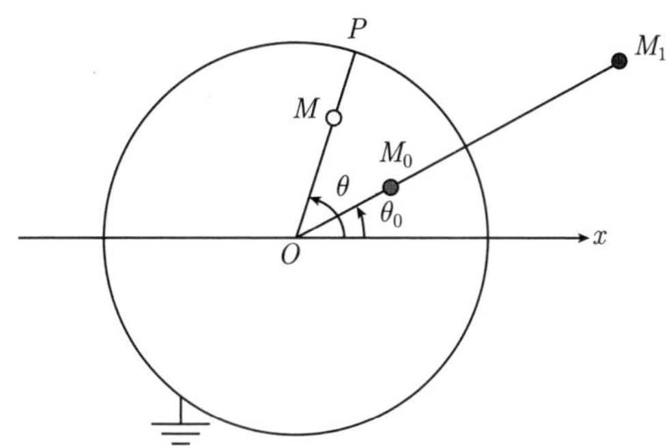

图 12.10 处于 M_0 的点源与它的像电荷 M_1 在圆筒内任意点 M 形成的电位

这里 $r_0=r_{OM_0}$，$r_1=r_{OM_1}$，$r=r_{OM}$，$R=r_{OP}$

使圆筒电位为零的一个等效方式是，除了 M_0 处的点源之外，在某处 M_1 还有一个像电荷 (线密度为 ρ 的平行于 z 轴的无限长线电荷)。根据对称性分析，M_1 应在 OM_0 的延长线上。设 M 点的电位为

$$G(M,M_0)=\frac{1}{2\pi}\ln\frac{1}{r_{M_0M}}+\frac{\rho}{2\pi}\ln\frac{1}{r_{M_1M}}+\frac{1}{2\pi}\ln\frac{r_0}{R} \tag{12.6.47}$$

其中

$$r_{M_0M}=\sqrt{r^2+r_0^2-2rr_0\cos(\theta-\theta_0)} \tag{12.6.48a}$$

$$r_{M_1M}=\sqrt{r^2+r_1^2-2rr_1\cos(\theta-\theta_0)} \tag{12.6.48b}$$

由于电位的数值是相对的，可以相差一个常数，式 (12.6.47) 右边的第三项就是一个附加的常数 [添加这个常数是为了随后满足边界条件 (12.6.46b)]。现在我们利用边界条件 (12.6.46b)，即 $G(P,M_0)=0$，来确定式 (12.6.47) 中的像电荷的线密度 ρ 和它的位置 r_1。当 $r\to R$ 时，$M\to P$，$G(M,M_0)\to G(P,M_0)=0$，我们有

$$\begin{aligned}G(P,M_0)=&\frac{1}{2\pi}\ln\frac{1}{r_{M_0P}}+\frac{\rho}{2\pi}\ln\frac{1}{r_{M_1P}}+\frac{1}{2\pi}\ln\frac{r_0}{R}\\=&-\frac{1}{4\pi}\ln\left[R^2+r_0^2-2Rr_0\cos(\theta-\theta_0)\right]\\&-\frac{\rho}{4\pi}\ln\left[R^2+r_1^2-2Rr_1\cos(\theta-\theta_0)\right]+\frac{1}{2\pi}\ln\frac{r_0}{R}\\=&0\end{aligned}$$

上式中 θ 为变量，由 $\partial G(P,M_0)/\partial\theta=0$ 得到

$$\frac{r_0}{R^2+r_0^2-2Rr_0\cos(\theta-\theta_0)}+\frac{\rho r_1}{R^2+r_1^2-2Rr_1\cos(\theta-\theta_0)}=0 \tag{12.6.49}$$

即

$$r_0\left(R^2+r_1^2\right)-2r_0r_1R\cos(\theta-\theta_0)=-\rho r_1\left(R^2+r_0^2\right)+2\rho r_0r_1R\cos(\theta-\theta_0) \tag{12.6.50}$$

式 (12.6.50) 对于任意 θ 均成立，两边比较常数项及 $\cos(\theta-\theta_0)$ 的系数，得到

$$r_0\left(R^2+r_1^2\right)=-\rho r_1\left(R^2+r_0^2\right) \tag{12.6.51}$$

$$\rho=-1 \tag{12.6.52}$$

将式 (12.6.52) 代入式 (12.6.51)，得到

$$r_1=\frac{R^2}{r_0} \tag{12.6.53}$$

这样式 (12.6.47) 变为

$$\begin{aligned}G(M,M_0)=&\frac{1}{2\pi}\ln\frac{1}{\sqrt{r^2+r_0^2-2rr_0\cos(\theta-\theta_0)}}\\&-\frac{1}{2\pi}\ln\frac{1}{\sqrt{r^2+r_1^2-2rr_1\cos(\theta-\theta_0)}}+\frac{1}{2\pi}\ln\frac{r_0}{R}\\=&\frac{1}{4\pi}\ln\left[\frac{r^2+r_1^2-2rr_1\cos(\theta-\theta_0)}{r^2+r_0^2-2rr_0\cos(\theta-\theta_0)}\frac{r_0^2}{R^2}\right]\\=&\frac{1}{4\pi}\ln\frac{r^2r_0^2+R^4-2rr_0R^2\cos(\theta-\theta_0)}{R^2\left[r^2+r_0^2-2rr_0\cos(\theta-\theta_0)\right]}\end{aligned} \tag{12.6.54}$$

式 (12.6.54) 只含有点源的坐标 r_0、θ_0 和观察点的坐标 r、θ，它就是所求的格林函数。特别是，我们看到由于附加常数 $\dfrac{1}{2\pi}\ln\dfrac{r_0}{R}$ 的引入，式 (12.6.54) 在 $r\to R$ 时给出 $G(P,M_0)=0$，满足边界条件 (12.6.46b)。

现在计算式 (12.6.45) 中的方向导数，在圆周 C 上，$\mathrm{d}l_0$ 的外法线 $\boldsymbol{n}_0$ 的方向与径向相同，故由式 (12.6.54) 得到

$$\left.\frac{\partial G}{\partial n_0}\right|_C=\left.\frac{\partial G}{\partial r_0}\right|_{r_0=R}=-\frac{R^2-r^2}{2\pi R\left[R^2+r^2-2rR\cos(\theta-\theta_0)\right]} \tag{12.6.55}$$

将式 (12.6.54) 和式 (12.6.55) 代入式 (12.6.45)，注意到 $\mathrm{d}\sigma_0=r_0\mathrm{d}r_0\mathrm{d}\theta_0$，$\mathrm{d}l_0=R\mathrm{d}\theta_0$，

得到

$$u(r,\theta)=\frac{1}{4\pi}\int_0^R\int_0^{2\pi}f(r_0,\theta_0)\ln\left\{\frac{r^2r_0^2+R^4-2rr_0R^2\cos(\theta-\theta_0)}{R^2\left[r^2+r_0^2-2rr_0\cos(\theta-\theta_0)\right]}\right\}r_0\mathrm{d}r_0\mathrm{d}\theta_0$$
$$+\frac{R^2-r^2}{2\pi}\int_0^{2\pi}\frac{g(\theta_0)}{R^2+r^2-2rR\cos(\theta-\theta_0)}\mathrm{d}\theta_0 \tag{12.6.56}$$

式 (12.6.56) 就是定解问题 (12.6.44) 的解。

对于圆域内拉普拉斯方程的边值问题，$f=0$，式 (12.6.56) 约化为

$$u(r,\theta)=\frac{R^2-r^2}{2\pi}\int_0^{2\pi}\frac{g(\theta_0)}{R^2+r^2-2rR\cos(\theta-\theta_0)}\mathrm{d}\theta_0 \tag{12.6.57}$$

式 (12.6.57) 称为圆域的泊松积分公式，而

$$P(r,\theta)=\frac{R^2-r^2}{R^2+r^2-2rR\cos(\theta-\theta_0)}\quad(0\leqslant r<R,\ 0\leqslant\theta\leqslant 2\pi) \tag{12.6.58}$$

称为圆域的泊松核。

12.7 第二类、第三类边值问题的格林函数

12.6 节用电像法讨论了拉普拉斯方程与泊松方程的第一类边值问题，本节用电像法进一步求解第二、第三类边值问题的格林函数。

12.7.1 第二类边值问题的格林函数

考虑上半平面内具有第二类边界条件的格林函数问题

$$\begin{cases}\nabla^2G=-\delta(x-x_0)\delta(y-y_0)\quad(-\infty<x<\infty,\ y>0) & (12.7.1\text{a})\\ \left.\dfrac{\partial G}{\partial y}\right|_{y=0}=0 & (12.7.1\text{b})\end{cases}$$

这个边值问题的物理意义是，在一根处于 $y=0$ 的导线上方的 $M_0(x_0,y_0)$ 点放置一个二维点源 (线密度 $\rho=1$ 的垂直于 $x-y$ 平面的无限长线电荷)。$G(M,M_0)$ 则表示在导线上方任意点 $M(x,y)$ 形成的电位。现在 M 点的电位不仅是由该线电荷形成，还有它在导线上的感应电荷所产生的电位。但是感应电荷的分布是未知的，只知道导线上的电位梯度 (即电场强度) 为零。

设想 M 点的电位是由 M_0 处的点源和位于 $M_1(x_0,y_1)$ 的像电荷 (线密度为 ρ 的垂直于 $x-y$ 平面的无限长线电荷) 在 M 点所形成的电位的叠加，即格林函数为

$$G(M,M_0)=\frac{1}{2\pi}\ln\frac{1}{r_{M_0M}}+\frac{\rho}{2\pi}\ln\frac{1}{r_{M_1M}}$$

$$= -\frac{1}{4\pi}\ln\left[(x-x_0)^2+(y-y_0)^2\right] - \frac{\rho}{4\pi}\ln\left[(x-x_0)^2+(y-y_1)^2\right] \quad (12.7.2)$$

进而由式 (12.7.2) 计算出电位梯度

$$\frac{\partial G}{\partial y} = -\frac{1}{2\pi}\frac{y-y_0}{(x-x_0)^2+(y-y_0)^2} - \frac{\rho}{2\pi}\frac{y-y_1}{(x-x_0)^2+(y-y_1)^2} \quad (12.7.3)$$

下面我们根据边界条件式 (12.7.1b) 来确定式 (12.7.2) 和式 (12.7.3) 中的像电荷的线密度 ρ 和它的位置 y_1。由式 (12.7.1b) 和式 (12.7.3) 得到

$$\left[\frac{\partial G}{\partial y}\right]_{y=0} = \frac{1}{2\pi}\frac{y_0}{(x-x_0)^2+y_0^2} + \frac{\rho}{2\pi}\frac{y_1}{(x-x_0)^2+y_1^2} = 0 \quad (12.7.4)$$

式 (12.7.4) 对变量 x 求导数，得到

$$\frac{y_0}{\left[(x-x_0)^2+y_0^2\right]^2} + \frac{\rho y_1}{\left[(x-x_0)^2+y_1^2\right]^2} = 0 \quad (12.7.5)$$

即

$$y_0\left[(x-x_0)^2+y_1^2\right]^2 = -\rho y_1\left[(x-x_0)^2+y_0^2\right]^2 \quad (12.7.6)$$

式 (12.7.6) 两边比较 $(x-x_0)$ 的幂的系数，得到

$$y_0 = -\rho y_1, \quad y_1 = -\rho y_0 \quad (12.7.7)$$

联立解得

$$\rho = 1, \quad y_1 = -y_0 \quad (12.7.8)$$

这表示像电荷与点源的电荷相同 (而在图 12.8 情况下二者的电荷相反)，仍位于点源的镜像对称点 $M_1(x_0, -y_0)$。这样格林函数式 (12.7.2) 变为

$$\begin{aligned} G(M,M_0) &= -\frac{1}{4\pi}\ln\left[(x-x_0)^2+(y-y_0)^2\right] - \frac{1}{4\pi}\ln\left[(x-x_0)^2+(y+y_0)^2\right] \\ &= -\frac{1}{4\pi}\ln\left\{\left[(x-x_0)^2+(y-y_0)^2\right]\left[(x-x_0)^2+(y+y_0)^2\right]\right\} \\ &= \frac{1}{4\pi}\ln\frac{1}{\left[(x-x_0)^2+(y-y_0)^2\right]\left[(x-x_0)^2+(y+y_0)^2\right]} \end{aligned} \quad (12.7.9)$$

我们进一步检验它是否满足边界条件式 (12.7.1b)，事实上，从式 (12.7.9) 得到

$$\left[\frac{\partial G}{\partial y}\right]_{y=0} = -\frac{1}{4\pi}\left[\frac{2(y-y_0)}{(x-x_0)^2+(y-y_0)^2} + \frac{2(y+y_0)}{(x-x_0)^2+(y+y_0)^2}\right]_{y=0}$$

$$= -\frac{1}{4\pi}\left[\frac{-2y_0}{(x-x_0)^2+y_0^2}+\frac{2y_0}{(x-x_0)^2+y_0^2}\right]=0$$

确实满足边界条件式 (12.7.1b)，可见格林函数 (12.7.9) 就是问题 (12.7.1) 的解。

由式 (12.7.9) 得到零电位线

$$\left[(x-x_0)^2+(y-y_0)^2\right]\left[(x-x_0)^2+(y+y_0)^2\right]=1 \tag{12.7.10}$$

特别是，对于 $y_0=0^+$，式 (12.7.10) 变成

$$(x-x_0)^2+y^2=1 \tag{12.7.11}$$

它是一个以 $(x_0,0^+)$ 为圆心，以 1 为半径，位于 $y>0$ 区域的半圆。由式 (12.7.9) 知，电位在该半圆内取正值。

我们利用式 (12.7.9) 作出格林函数的图像 (图 12.11)，它显示了点源在 x 方向形成的电位分布。由于上半平面的电位是由 $M_0(x_0,y_0)$ 和 $M_1(x_0,-y_0)$ 处两个同样的线电荷形成的，因此在 $x=x_0$ 直线上，y 离 y_0 越远，电位越低。

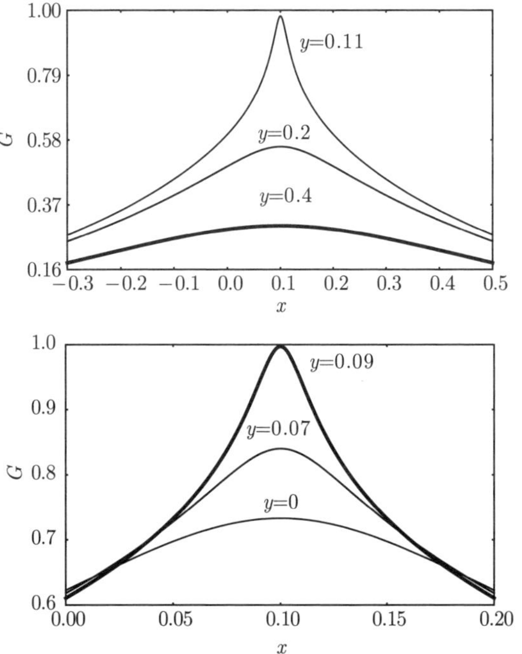

图 12.11 格林函数 (12.7.9) 的分布曲线

点源位置：$x_0=0.1$，$y_0=0.1$；像电荷位置：$x_1=0.1$，$y_1=-0.1$

12.7.2　第三类边值问题的格林函数

考虑上半平面具有第三类边界条件的格林函数问题

$$\begin{cases} \nabla^2 G = -\delta(x-x_0)\delta(y-y_0) \quad (-\infty < x < \infty,\ y > 0) & (12.7.12\text{a}) \\ \left[G + \dfrac{\partial G}{\partial y}\right]_{y=0} = 0 & (12.7.12\text{b}) \end{cases}$$

边值问题 (12.7.12) 的物理意义是，在一根位于 $y = 0$ 的导线上方的 $M_0(x_0, y_0)$ 点放置一个二维点源 (线密度 $\rho = 1$ 的垂直于 $x - y$ 平面的无限长线电荷)。$G(M, M_0)$ 则表示在导线上方任意点 $M(x, y)$ 形成的电位。现在 M 点的电位不仅由该线电荷形成，还有它在导线上的感应电荷所产生的电位。但是感应电荷的分布是未知的，只知道导线上的电位正比于电位梯度 [式 (12.7.12b)]。

设想 M 点的电位是由 M_0 处的点源和位于 $M_1(x_0, y_1)$ 的像电荷 (线密度为 ρ 的垂直于 $x - y$ 平面的无限长线电荷) 在 M 点所形成的电位的叠加，即格林函数为

$$\begin{aligned} G(M, M_0) =& \frac{1}{2\pi}\ln\frac{1}{r_{M_0M}} + \frac{\rho}{2\pi}\ln\frac{1}{r_{M_1M}} + \frac{1}{2\pi}\ln\frac{1}{R} \\ =& -\frac{1}{4\pi}\ln\left[(x-x_0)^2 + (y-y_0)^2\right] \\ & -\frac{\rho}{4\pi}\ln\left[(x-x_0)^2 + (y-y_1)^2\right] - \frac{1}{4\pi}\ln R^2 \end{aligned} \tag{12.7.13}$$

其中，R 是一个待定的常数，添加它是为了随后满足边界条件 (12.7.12b)，添加该常数后，式 (12.7.13) 仍满足方程 (12.7.12a)。进而由式 (12.7.13) 计算出电位梯度

$$\frac{\partial G}{\partial y} = -\frac{1}{2\pi}\frac{y-y_0}{(x-x_0)^2 + (y-y_0)^2} - \frac{\rho}{2\pi}\frac{y-y_1}{(x-x_0)^2 + (y-y_1)^2} \tag{12.7.14}$$

下面我们根据边界条件 (12.7.12b) 来确定式 (12.7.13) 和式 (12.7.14) 中像电荷的线密度 ρ 和它的位置 y_1。我们有

$$\begin{aligned} \left[G + \frac{\partial G}{\partial y}\right]_{y=0} =& -\frac{1}{4\pi}\ln\left[(x-x_0)^2 + y_0^2\right] - \frac{\rho}{4\pi}\ln\left[(x-x_0)^2 + y_1^2\right] \\ & -\frac{1}{4\pi}\ln R^2 + \frac{1}{2\pi}\frac{y_0}{(x-x_0)^2 + y_0^2} + \frac{\rho}{2\pi}\frac{y_1}{(x-x_0)^2 + y_1^2} = 0 \end{aligned} \tag{12.7.15}$$

式 (12.7.15) 对变量 x 求导数得到

$$\frac{1}{(x-x_0)^2 + y_0^2} + \frac{\rho}{(x-x_0)^2 + y_1^2} + \frac{2y_0}{\left[(x-x_0)^2 + y_0^2\right]^2} + \frac{2\rho y_1}{\left[(x-x_0)^2 + y_1^2\right]^2} = 0 \tag{12.7.16}$$

即

$$
\begin{aligned}
&2y_0\left[(x-x_0)^2+y_1^2\right]^2+2\rho y_1\left[(x-x_0)^2+y_0^2\right]^2\\
=&-\left[(x-x_0)^2+y_0^2\right]\left[(x-x_0)^2+y_1^2\right]^2-\rho\left[(x-x_0)^2+y_1^2\right]\left[(x-x_0)^2+y_0^2\right]^2
\end{aligned}
\tag{12.7.17}
$$

式 (12.7.17) 两边比较 $(x-x_0)$ 的各次幂的系数，得到

$$
\rho=-1,\quad y_1=2-y_0\quad (y_0\geqslant 1) \tag{12.7.18}
$$

这表示像电荷是负的，其位置不是点源的镜像对称点，但与点源的位置有关。将式 (12.7.18) 代入式 (12.7.13) 和式 (12.7.14) 得到

$$
G(M,M_0)=\frac{1}{4\pi}\ln\frac{(x-x_0)^2+(y-2+y_0)^2}{(x-x_0)^2+(y-y_0)^2}-\frac{1}{4\pi}\ln R^2 \tag{12.7.19}
$$

$$
\frac{\partial G}{\partial y}=\frac{1}{2\pi}\left[\frac{y-2+y_0}{(x-x_0)^2+(y-2+y_0)^2}-\frac{y-y_0}{(x-x_0)^2+(y-y_0)^2}\right] \tag{12.7.20}
$$

现在利用边界条件式 (12.7.12b) 来确定式 (12.7.19) 中的常数 R，让式 (12.7.19) 和式 (12.7.20) 满足边界条件 (12.7.12b)，得到

$$
\frac{1}{4\pi}\ln\frac{(x-x_0)^2+(2-y_0)^2}{R^2\left[(x-x_0)^2+y_0^2\right]}-\frac{1}{2\pi}\left[\frac{2-y_0}{(x-x_0)^2+(2-y_0)^2}-\frac{y_0}{(x-x_0)^2+y_0^2}\right]=0 \tag{12.7.21}
$$

式 (12.7.21) 对于变量 $(x-x_0)$ 的任何值应该成立，故对于 $x-x_0=0$ 也应该成立，由此得到

$$
R^2=\left(\frac{2-y_0}{y_0}\right)^2\exp\left[-2\left(\frac{1}{2-y_0}-\frac{1}{y_0}\right)\right] \tag{12.7.22}
$$

这是添加常数最简单的形式，将它代入式 (12.7.19) 得

$$
G(M,M_0)=\frac{1}{4\pi}\ln\left[\left(\frac{y_0}{2-y_0}\right)^2\frac{(x-x_0)^2+(y-2+y_0)^2}{(x-x_0)^2+(y-y_0)^2}\right]+\frac{1}{2\pi}\left(\frac{1}{2-y_0}-\frac{1}{y_0}\right) \tag{12.7.23}
$$

这就是满足式 (12.7.12) 的格林函数。

现在对得到的结果进行讨论。首先从式 (12.7.18) 可以看出，当点源的位置 $y_0=1$ 时，像电荷的位置也是 $y_1=1$，即 $(y_0,y_1)=(1,1)$，这表示点源与像电荷的位置相同，而它们的电荷相反，这相当于空间没有电荷，所以应该有 $G=0$ 和 $\partial G/\partial y=0$。实际上，式 (12.7.23) 和式 (12.7.20) 给出这一结果。利用式 (12.7.23) 和式 (12.7.20) 作出 $D\equiv G+\dfrac{\partial G}{\partial y}$ 在 x 方向的分布曲线，如图 12.12 所示。可以看出，对于任何 x，$D\big|_{y=0}=0$[满足边界条件式 (12.7.12b)]。当 $y>0$ 时，D 呈现

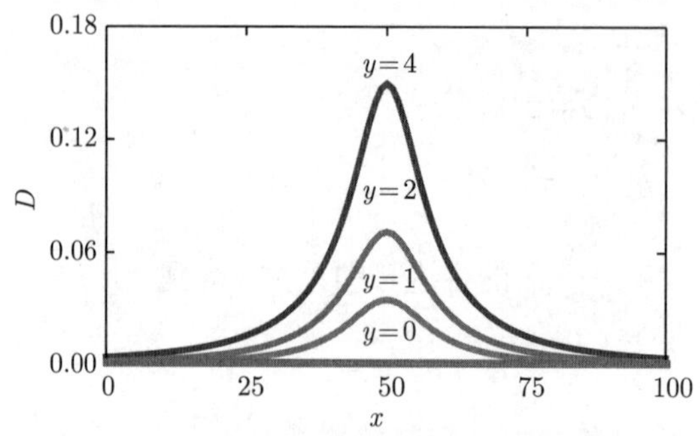

图 12.12　D 的分布曲线

点源位置：$x_0 = 50$，$y_0 = 10$；像电荷位置：$x_1 = 50$，$y_1 = -8$

关于 x_0 的对称分布，并随着 y 的增大而升高。格林函数 (12.7.23) 作为点源引起的电位分布如图 12.13 所示，可以看出 $y = 1$ 相应于零电位。随着 y 的增加，观察点 $M(x, y)$ 越来越靠近点源 $y_0 = 10$，故电位逐渐升高；当观察点 $M(x, y)$ 上升至高于点源后，电位随着 y 的增加而下降，这里电位对 y 的依赖性与图 12.11 的情况是类似的。

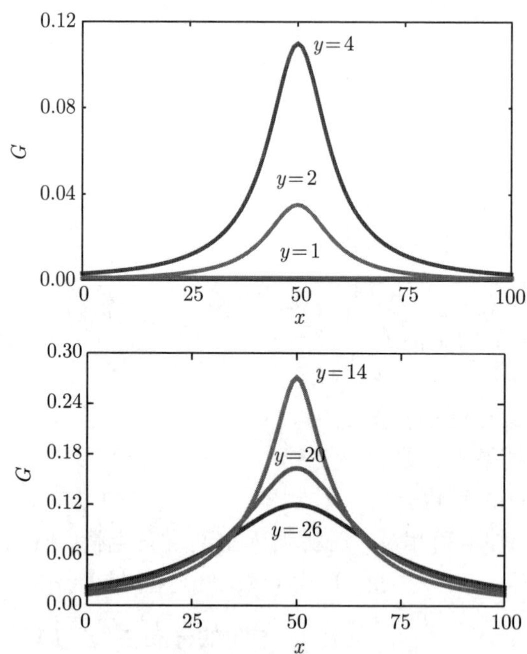

图 12.13　格林函数 (12.7.23) 的分布曲线

点源位置：$x_0 = 50$，$y_0 = 10$；像电荷位置：$x_1 = 50$，$y_1 = -8$

12.8 非线性问题的格林函数解法

格林函数法还可以用来处理某些非线性问题，下面介绍非线性单摆的格林函数解法。

非线性单摆的运动方程为 [式 (1.1.20)]

$$\frac{\mathrm{d}^2\theta}{\mathrm{d}t^2}+\omega^2\sin\theta=0 \tag{12.8.1}$$

其中，ω 是单摆的角频率。当摆角 $\theta<5^\circ$ 时，$\sin\theta\approx\theta$，方程 (12.8.1) 化为线性形式

$$\frac{\mathrm{d}^2\theta}{\mathrm{d}t^2}+\omega^2\theta=0 \tag{12.8.2}$$

为解非线性方程 (12.8.1)，将 $\sin\theta$ 展开成级数

$$\sin\theta=\theta-\frac{1}{3!}\theta^3+\frac{1}{5!}\theta^5-\cdots \tag{12.8.3}$$

将式 (12.8.3) 代入式 (12.8.1) 得到

$$\frac{\mathrm{d}^2\theta}{\mathrm{d}t^2}+\omega^2\theta=\omega^2\left(\frac{1}{3!}\theta^3-\frac{1}{5!}\theta^5+\cdots\right) \tag{12.8.4}$$

令

$$f(t)\equiv\omega^2\left[\frac{1}{3!}\theta^3(t)-\frac{1}{5!}\theta^5(t)+\cdots\right] \tag{12.8.5}$$

方程 (12.8.4) 变为

$$\frac{\mathrm{d}^2\theta}{\mathrm{d}t^2}+\omega^2\theta=f(t) \tag{12.8.6}$$

这样一来，非线性方程 (12.8.1) 从形式上化成了线性非齐次方程 (12.8.6)。该方程的解的积分公式可以表示为

$$\theta(t)=\int_0^{\infty}f(\xi)G(t,\xi)\mathrm{d}\xi \tag{12.8.7}$$

其中，$G(\xi,t)$ 是格林函数，它满足方程

$$\left(\frac{\mathrm{d}^2}{\mathrm{d}t^2}+\omega^2\right)G(t,\xi)=\delta(t-\xi) \tag{12.8.8}$$

方程 (12.8.8) 可以写为

$$\left(\frac{\mathrm{d}}{\mathrm{d}t}+\mathrm{i}\omega\right)\left(\frac{\mathrm{d}}{\mathrm{d}t}-\mathrm{i}\omega\right)G(t,\xi)=\delta(t-\xi) \tag{12.8.9}$$

令

$$g=\left(\frac{\mathrm{d}}{\mathrm{d}t}-\mathrm{i}\omega\right)G(t,\xi) \tag{12.8.10}$$

则方程 (12.8.9) 变为

$$\left(\frac{\mathrm{d}}{\mathrm{d}t}+\mathrm{i}\omega\right)g=\delta(t-\xi) \tag{12.8.11}$$

用积分因子 $\mathrm{e}^{\mathrm{i}\omega t}$ 乘以方程 (12.8.11) 两端，化简为

$$\frac{\mathrm{d}}{\mathrm{d}t}\left(\mathrm{e}^{\mathrm{i}\omega t}g\right)=\mathrm{e}^{\mathrm{i}\omega t}\delta(t-\xi) \tag{12.8.12}$$

积分后得到

$$g(t)=\begin{cases}\mathrm{e}^{-\mathrm{i}\omega(t-\xi)} & (t>\xi)\\ 0 & (t<\xi)\end{cases} \tag{12.8.13}$$

将式 (12.8.13) 代入式 (12.8.10) 得到

$$\left(\frac{\mathrm{d}}{\mathrm{d}t}-\mathrm{i}\omega\right)G(t,\xi)=\begin{cases}\mathrm{e}^{-\mathrm{i}\omega(t-\xi)} & (t>\xi)\\ 0 & (t<\xi)\end{cases} \tag{12.8.14}$$

方程 (12.8.14) 两边同乘以积分因子 $\mathrm{e}^{-\mathrm{i}\omega t}$，变为

$$\frac{\mathrm{d}}{\mathrm{d}t}\left(\mathrm{e}^{-\mathrm{i}\omega t}G\right)=\begin{cases}\mathrm{e}^{-\mathrm{i}2\omega t}\mathrm{e}^{\mathrm{i}\omega\xi} & (t>\xi)\\ 0 & (t<\xi)\end{cases} \tag{12.8.15}$$

积分后得到格林函数

$$G(t,\xi)=\begin{cases}\dfrac{\mathrm{e}^{\mathrm{i}\omega(t-\xi)}-\mathrm{e}^{-\mathrm{i}\omega(t-\xi)}}{\mathrm{i}2\omega} & (t>\xi)\\ 0 & (t<\xi)\end{cases} \tag{12.8.16}$$

或

$$G(t,\xi)=\begin{cases}\dfrac{\sin\omega(t-\xi)}{\omega} & (t>\xi)\\ 0 & (t<\xi)\end{cases} \tag{12.8.17}$$

将式 (12.8.17) 代入式 (12.8.7) 得到

$$\theta(t)=\int_0^t\omega\sin\omega\,(t-\xi)\left[\frac{1}{3!}\theta^3(\xi)-\frac{1}{5!}\theta^5(\xi)+\cdots\right]\mathrm{d}\xi \tag{12.8.18}$$

这就是非线性单摆方程 (12.8.1) 解的积分公式，可以直接用于数值计算。

第13章　贝塞尔函数

我们知道，利用分离变量法可以把偏微分方程化成常微分方程。经过分离变量后出现的常微分方程，有时是变系数的方程。变系数常微分方程的求解一般是困难的，但在求解数学物理方程中出现的变系数的常微分方程往往有一些特殊性，它们的解一般情况下不是初等函数，而是用收敛的无穷级数或是多项式来表示，这就是所谓的“特殊函数”。常见的特殊函数有伽马函数、贝塞尔函数、球贝塞尔函数、勒让德多项式、连带勒让德函数、厄米多项式、拉盖尔多项式、广义拉盖尔多项式等。我们在接下来的三章中会涉及这些特殊函数，而本章首先讨论贝塞尔方程与贝塞尔函数。

贝塞尔方程源于偏微分方程的求解，特别是极坐标系和柱坐标系的拉普拉斯方程。另外，贝塞尔方程还出现在其他许多经典问题的求解中，如我们在第 9 章所讨论的吊摆问题就是贝塞尔方程最初的形式，这一研究是在 1732 年完成的。贝塞尔方程与贝塞尔函数在现代许多理论问题与工程技术领域扮演着重要的角色。

13.1　几个微分方程的引入

本节我们将一般性地引入几个微分方程、包括亥姆霍兹方程、欧拉方程、贝塞尔方程、球贝塞尔方程、勒让德方程、连带勒让德方程等。首先考虑三维波动方程

$$\frac{\partial^2 v}{\partial t^2}=a^2\left(\frac{\partial^2 v}{\partial x^2}+\frac{\partial^2 v}{\partial y^2}+\frac{\partial^2 v}{\partial z^2}\right)\equiv a^2\nabla^2 v \tag{13.1.1a}$$

和三维热传导方程

$$\frac{\partial v}{\partial t}=a^2\left(\frac{\partial^2 v}{\partial x^2}+\frac{\partial^2 v}{\partial y^2}+\frac{\partial^2 v}{\partial z^2}\right)\equiv a^2\nabla^2 v \tag{13.1.1b}$$

设它们有变量分离的形式解

$$v(\boldsymbol{r},t)=u(\boldsymbol{r})T(t) \tag{13.1.2}$$

将式 (13.1.2) 分别代入式 (13.1.1a) 和式 (13.1.1b) 得到相同形式的空间函数 $u(\boldsymbol{r})$ 的方程

$$\nabla^2 u(\boldsymbol{r})+k^2 u(\boldsymbol{r})=0 \tag{13.1.3}$$

而时间函数 $T(t)$ 的方程分别为

$$T''(t)+k^2a^2T(t)=0,\quad T'(t)+k^2a^2T(t)=0 \tag{13.1.4}$$

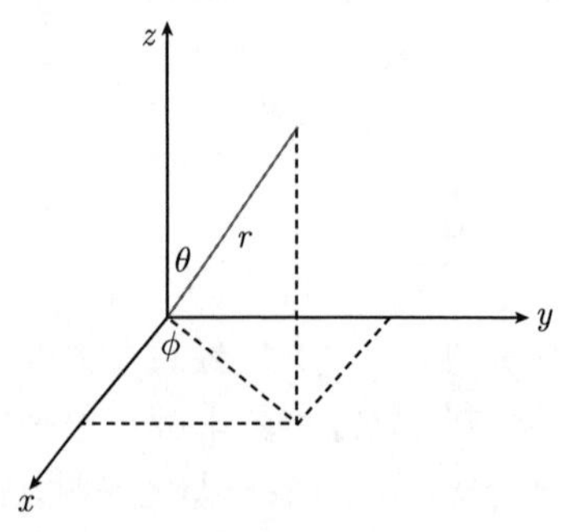

图 13.1　球坐标系 (r,θ,ϕ)

其中，k 是分离常数。方程 (13.1.3) 称为亥姆霍兹方程。

首先我们在球坐标系中讨论方程 (13.1.3)。利用直角坐标系与球坐标系的关系 (图 13.1)：

$$x = r\sin\theta\cos\phi \tag{13.1.5a}$$

$$y = r\sin\theta\sin\phi \tag{13.1.5b}$$

$$z = r\cos\theta \tag{13.1.5c}$$

方程 (13.1.3) 变为 [式 (1.2.49)]

$$\frac{1}{r^2}\frac{\partial}{\partial r}\left(r^2\frac{\partial u}{\partial r}\right)+\frac{1}{r^2\sin\theta}\frac{\partial}{\partial\theta}\left(\sin\theta\frac{\partial u}{\partial\theta}\right)+\frac{1}{r^2\sin^2\theta}\frac{\partial^2 u}{\partial\phi^2}+k^2u=0 \tag{13.1.6}$$

设方程 (13.1.6) 有变量分离的形式解

$$u(r,\theta,\phi)=R(r)\Theta(\theta)\Phi(\phi) \tag{13.1.7}$$

将式 (13.1.7) 代入式 (13.1.6) 得到

$$\frac{\mathrm{d}}{\mathrm{d}r}\left(r^2\frac{\mathrm{d}R}{\mathrm{d}r}\right)+\left(k^2r^2-\omega^2\right)\ R=0 \tag{13.1.8a}$$

$$\frac{1}{\sin\theta}\frac{\mathrm{d}}{\mathrm{d}\theta}\left(\sin\theta\frac{\mathrm{d}\Theta}{\mathrm{d}\theta}\right)+\left(\omega^2-\frac{m^2}{\sin^2\theta}\right)\Theta=0 \tag{13.1.8b}$$

$$\Phi''+m^2\Phi=0 \tag{13.1.8c}$$

其中，m 与 ω 均是分离常数。方程 (13.1.8a) 称为球贝塞尔方程，当其中的 $k=0$ 时，约化为

$$\frac{\mathrm{d}}{\mathrm{d}r}\left(r^2\frac{\mathrm{d}R}{\mathrm{d}r}\right)-\omega^2R=0 \tag{13.1.9a}$$

这是欧拉方程。在式 (13.1.8b) 中，令 $x=\cos\theta$，$y(x)=\Theta(\theta)$，该方程变为

$$\frac{\mathrm{d}}{\mathrm{d}x}\left[(1-x^2)\frac{\mathrm{d}y}{\mathrm{d}x}\right]+\left(\omega^2-\frac{m^2}{1-x^2}\right)y=0 \tag{13.1.9b}$$

它称为连带勒让德方程。在式 (13.1.9b) 中，当 $m=0$ 时，它变为

$$\frac{\mathrm{d}}{\mathrm{d}x}\left[(1-x^2)\frac{\mathrm{d}y}{\mathrm{d}x}\right]+\omega^2y=0 \tag{13.1.9c}$$

这是勒让德方程。

现在我们在柱坐标系中讨论方程 (13.1.3)，利用直角坐标系与柱坐标的关系 (图 13.2)

$$x=\rho\cos\phi,\quad y=\rho\sin\phi,\quad z=z \tag{13.1.10}$$

方程 (13.1.3) 变为 [式 (1.2.34)]

$$\frac{1}{\rho}\frac{\partial}{\partial\rho}\left(\rho\frac{\partial u}{\partial\rho}\right)+\frac{1}{\rho^2}\frac{\partial^2 u}{\partial\phi^2}+\frac{\partial^2 u}{\partial z^2}+k^2u=0 \tag{13.1.11}$$

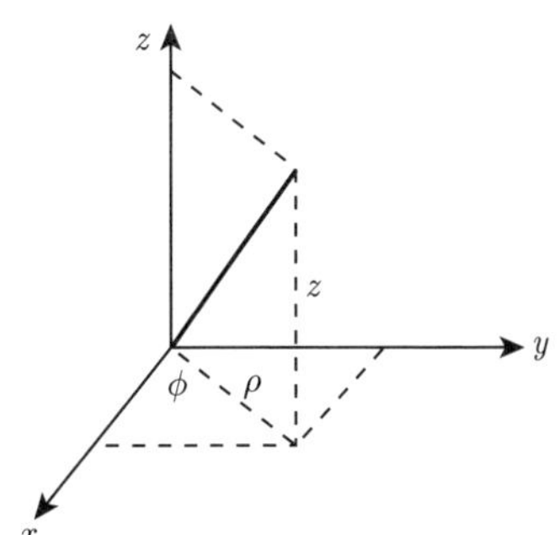

图 13.2 柱坐标系 (ρ,ϕ,z)

设方程 (13.1.11) 有变量分离的形式解

$$u(\rho,\ \phi,\ z)=R(\rho)\varPhi(\phi)Z(z) \tag{13.1.12}$$

将式 (13.1.12) 代入式 (13.1.11) 得到

$$\rho^2\frac{\mathrm{d}^2R}{\mathrm{d}\rho^2}+\rho\frac{\mathrm{d}R}{\mathrm{d}\rho}+\left[\left(k^2+\omega^2\right)\rho^2-m^2\right]R=0 \tag{13.1.13a}$$

$$\varPhi''+m^2\varPhi=0 \tag{13.1.13b}$$

$$Z''-\omega^2Z=0 \tag{13.1.13c}$$

其中，m 与 ω 均是分离常数。在式 (13.1.13a) 中，令 $x=\sqrt{k^2+\omega^2}\rho$，$y(x)=R(\rho)$，该方程变为

$$x^2\frac{d^2y}{\mathrm{d}x^2}+x\frac{\mathrm{d}y}{\mathrm{d}x}+\left(x^2-m^2\right)y=0 \tag{13.1.14}$$

方程 (13.1.14) 称为贝塞尔方程。

上述这些微分方程的引入，还可以从施图姆–刘维尔型方程 [见式 (9.1.1)] 出发

$$\frac{\mathrm{d}}{\mathrm{d}x}\left[k(x)\frac{\mathrm{d}y}{\mathrm{d}x}\right]-q(x)y+\lambda\rho(x)y=0 \tag{13.1.15}$$

事实上：

(1) 当 $k=1,\ q=0,\ \rho=1$ 时，方程 (13.1.15) 约化为

$$\frac{\mathrm{d}^2y}{\mathrm{d}x^2}+\lambda y=0 \tag{13.1.16}$$

这是亥姆霍兹方程。

(2) 当 $k=x,\ q=m^2/x,\ \rho=x$ 时，方程 (13.1.15) 约化为

$$\frac{\mathrm{d}}{\mathrm{d}x}\left(x\frac{\mathrm{d}y}{\mathrm{d}x}\right)-\frac{m^2}{x}y+\lambda xy=0 \tag{13.1.17}$$

这是参数形式的贝塞尔方程，当参数 $\lambda=1$ 时变为贝塞尔方程。

(3) 当 $k=x^2$, $q=\omega^2$, $\rho=x^2$ 时，方程 (13.1.15) 约化为

$$\frac{\mathrm{d}}{\mathrm{d}x}\left[x^2\frac{\mathrm{d}y}{\mathrm{d}x}\right]-\omega^2 y+\lambda x^2 y=0 \tag{13.1.18}$$

这是球贝塞尔方程。方程 (13.1.18) 中，当 $\lambda=0$ 时，化为欧拉方程 (13.1.9a)。

(4) 当 $k=1-x^2$, $q=0$, $\rho=1$ 时，方程 (13.1.15) 约化为

$$\frac{\mathrm{d}}{\mathrm{d}x}\left[(1-x^2)\frac{\mathrm{d}y}{\mathrm{d}x}\right]+\lambda y=0 \tag{13.1.19}$$

这是勒让德方程。

(5) 当 $k=1-x^2, q=\dfrac{m^2}{1-x^2}$, $\rho=1$ 时，方程 (13.1.15) 约化为

$$\frac{\mathrm{d}}{\mathrm{d}x}\left[(1-x^2)\frac{\mathrm{d}y}{\mathrm{d}x}\right]-\frac{m^2}{1-x^2}y+\lambda y=0 \tag{13.1.20}$$

这是连带勒让德方程。

13.2　伽马函数的基本知识

为了随后的需要，本节介绍伽马函数 (gamma function) 的基本知识。伽马函数定义为

$$\Gamma(x)=\int_0^\infty \mathrm{e}^{-t}t^{x-1}\mathrm{d}t \quad (x>0) \tag{13.2.1}$$

它的基本性质是

$$\Gamma(x+1)=x\Gamma(x) \tag{13.2.2}$$

这个公式可以用分部积分法证明如下

$$\begin{aligned}\Gamma(x+1)&=\int_0^\infty \mathrm{e}^{-t}t^x\mathrm{d}t=-\int_0^\infty t^x\mathrm{d}\left(\mathrm{e}^{-t}\right)\\&=-\left[t^x\mathrm{e}^{-t}\right]_{t=0}^\infty+x\int_0^\infty \mathrm{e}^{-t}t^{x-1}\mathrm{d}t=x\Gamma(x)\end{aligned} \tag{13.2.3}$$

另外，由式 (13.2.1) 容易求得伽马函数在 x 取正整数时的值，例如

$$\Gamma(1)=\int_0^\infty \mathrm{e}^{-t}\mathrm{d}t=1 \tag{13.2.4}$$

进而，基本性质 (13.2.2) 给出

$$\Gamma(2)=1\cdot\Gamma(1)=1,\quad \Gamma(3)=2\cdot\Gamma(2)=2!,\quad \Gamma(4)=3\cdot\Gamma(3)=3!,\cdots \tag{13.2.5}$$

继续递推可得

$$\Gamma(n+1)=n! \quad (n=0,1,2,\cdots) \tag{13.2.6}$$

需要指出，伽马函数 (13.2.1) 在自变量取零和负整数时是没有定义的，这意味着

$$\Gamma(-n)\to\infty \quad (n=0,1,2,\cdots) \tag{13.2.7}$$

例 1 证明伽马函数的另一个重要性质

$$\Gamma\left(\frac{1}{2}\right)=\sqrt{\pi} \tag{13.2.8}$$

证明 在式 (13.2.1) 中令 $x=u^2$，我们有

$$\Gamma\left(\frac{1}{2}\right)=\int_0^\infty \mathrm{e}^{-x}x^{-1/2}\mathrm{d}x=2\int_0^\infty \mathrm{e}^{-u^2}\mathrm{d}u \tag{13.2.9}$$

两边平方得

$$\left[\Gamma\left(\frac{1}{2}\right)\right]^2=\left(2\int_0^\infty \mathrm{e}^{-u^2}\mathrm{d}u\right)\left(2\int_0^\infty \mathrm{e}^{-v^2}\mathrm{d}v\right)=4\int_0^\infty\int_0^\infty \mathrm{e}^{-\left(x^2+y^2\right)}\mathrm{d}x\mathrm{d}y$$

右端的积分换成极坐标 ($r^2=x^2+y^2$，$\mathrm{d}x\mathrm{d}y=r\mathrm{d}r\mathrm{d}\theta$)，得到

$$\begin{aligned}\left[\Gamma\left(\frac{1}{2}\right)\right]^2&=4\int_0^\infty\int_0^\infty \mathrm{e}^{-\left(x^2+y^2\right)}\mathrm{d}x\mathrm{d}y=4\int_{\theta=0}^{\pi/2}\int_{r=0}^\infty \mathrm{e}^{-r^2}r\mathrm{d}r\mathrm{d}\theta\\&=4\int_0^{\pi/2}\left[-\frac{1}{2}\mathrm{e}^{-r^2}\right]_0^\infty\mathrm{d}\theta=\pi\end{aligned}$$

故式 (13.2.8) 得证。

例 2 证明

$$\Gamma\left(n+\frac{1}{2}\right)=\frac{(2n)!}{2^{2n}n!}\sqrt{\pi} \tag{13.2.10a}$$

$$\Gamma\left(n+\frac{1}{2}+1\right)=\frac{(2n+1)!}{2^{2n+1}n!}\sqrt{\pi} \tag{13.2.10b}$$

证明 由式 (13.2.2) 和式 (13.2.8) 得

$$\Gamma\left(1+\frac{1}{2}\right)=\frac{1}{2}\Gamma\left(\frac{1}{2}\right)=\frac{1}{2}\sqrt{\pi} \tag{13.2.11a}$$

$$\Gamma\left(2+\frac{1}{2}\right)=\frac{3}{2}\Gamma\left(1+\frac{1}{2}\right)=\frac{3}{2}\frac{1}{2}\sqrt{\pi} \tag{13.2.11b}$$

$$\Gamma\left(3+\frac{1}{2}\right)=\frac{5}{2}\Gamma\left(2+\frac{1}{2}\right)=\frac{5}{2}\frac{3}{2}\frac{1}{2}\sqrt{\pi} \tag{13.2.11c}$$

继续递推可得

$$\Gamma\left(n+\frac{1}{2}\right)=\frac{2n-1}{2}\cdots\frac{5}{2}\frac{3}{2}\frac{1}{2}\sqrt{\pi}$$
$$=\frac{\dfrac{2n-1}{2}\cdots\dfrac{5}{2}\dfrac{3}{2}\dfrac{1}{2}\cdot\dfrac{2n}{2}\cdots\dfrac{6}{2}\dfrac{4}{2}\dfrac{2}{2}}{\dfrac{2n}{2}\cdots\dfrac{6}{2}\dfrac{4}{2}\dfrac{2}{2}}\sqrt{\pi}=\frac{(2n)!}{2^{2n}n!}\sqrt{\pi}$$

故式 (13.2.10a) 得证。将上式中的 n 换成 $n+1$ 即得式 (13.2.10b)。

例 3　证明对于大的 n，下面的近似式 (斯特林公式) 成立

$$n!=\sqrt{2\pi n}n^n\mathrm{e}^{-n} \tag{13.2.12}$$

证明　由式 (13.2.1) 得到

$$\Gamma(n+1)=\int_0^{\infty}x^n\mathrm{e}^{-x}\mathrm{d}x=\int_0^{\infty}\exp\left(n\ln x-x\right)\mathrm{d}x \tag{13.2.13}$$

由于函数 $n\ln x-x$ 在 $x=n$ 处有一个极大值，这启示我们作代换 $x=n+y$，于是式 (13.2.13) 变成

$$\Gamma(n+1)=\mathrm{e}^{-n}\int_{-n}^{\infty}\exp\left[n\ln(n+y)-y\right]\mathrm{d}y$$
$$=\mathrm{e}^{-n}\int_{-n}^{\infty}\exp\left[n\ln n+n\ln\left(1+\frac{y}{n}\right)-y\right]\mathrm{d}y$$
$$=n^n\mathrm{e}^{-n}\int_{-n}^{\infty}\exp\left[n\ln\left(1+\frac{y}{n}\right)-y\right]\mathrm{d}y$$

利用展开式

$$\ln(1+u)=u-\frac{u^2}{2}+\frac{u^3}{3}-\cdots\quad\left(u=\frac{y}{n}\right) \tag{13.2.14}$$

然后设 $y=\sqrt{n}v$，得到

$$\Gamma(n+1)=n^n\mathrm{e}^{-n}\int_{-n}^{\infty}\exp\left(-\frac{y^2}{2n}+\frac{y^3}{3n^2}-\cdots\right)\mathrm{d}y$$
$$=n^n\mathrm{e}^{-n}\sqrt{n}\int_{-\sqrt{n}}^{\infty}\exp\left(-\frac{v^2}{2}+\frac{v^3}{3\sqrt{n}}-\cdots\right)\mathrm{d}v$$

当 n 很大时，上式中的积分主要由 $\displaystyle\int_{-\infty}^{\infty}\exp\left(-v^2/2\right)\mathrm{d}v=\sqrt{2\pi}$ 确定，再注意到式 (13.2.6)，即得斯特林公式 (13.2.12)。该公式在统计物理学中有重要的应用。

13.3 贝塞尔方程的求解

13.3.1 贝塞尔方程的广义幂级数解

本节我们求解贝塞尔方程 (13.1.14)，它可以写为

$$x^2\frac{\mathrm{d}^2y}{\mathrm{d}x^2}+x\frac{\mathrm{d}y}{\mathrm{d}x}+(x^2-\nu^2)y=0\quad(x>0)\tag{13.3.1}$$

这个方程称为 ν 阶贝塞尔方程，ν 为给定的实数。贝塞尔方程的解称为贝塞尔函数。方程 (13.3.1) 可以写为

$$y''+\frac{1}{x}y'+\frac{x^2-\nu^2}{x^2}y=0\tag{13.3.2}$$

下面我们考虑用幂级数解法求解这个变系数方程。但容易看出，方程 (13.3.2) 的解不能在 $x=0$ 附近展开成幂级数，因为 $x=0$ 是它的正则奇点。

按照常微分方程理论，对于变系数方程

$$y''+p(x)y'+q(x)y=0\tag{13.3.3}$$

如果 $xp(x)$, $x^2q(x)$ 都能在 $x=0$ 附近展开成幂级数，则在这个邻域内方程 (13.3.3) 有广义幂级数解

$$y=\sum_{k=0}^{\infty}C_kx^{C+k}\quad(C_0\neq0)\tag{13.3.4}$$

其中，C 是待定常数，$C_k(k=0,\ 1,\ 2,\cdots)$ 是展开系数。用广义幂级数 (13.3.4) 求解变系数微分方程 (13.3.3) 的方法称为弗罗贝尼乌斯法 (Frobenius method)。考查贝塞尔方程 (13.3.2)，我们有 $xp(x)=1$，$x^2q(x)=x^2-\nu^2$。显然，它们都能在 $x=0$ 附近展开成幂级数，因此方程 (13.3.2) 能展开成如式 (13.3.4) 所示的广义幂级数。

下面来确定 C、$C_k(k=0,\ 1,\ 2,\cdots)$，为此对式 (13.3.4) 求导数，得到

$$y'=\sum_{k=0}^{\infty}C_k(C+k)x^{C+k-1}\tag{13.3.5a}$$

$$y''=\sum_{k=0}^{\infty}C_k(C+k)(C+k-1)x^{C+k-2}\tag{13.3.5b}$$

将式 (13.3.4) 和式 (13.3.5) 代入式 (13.3.1)，得到

$$\sum_{k=0}^{\infty}C_k(C+k)(C+k-1)x^{C+k}+\sum_{k=0}^{\infty}C_k(C+k)x^{C+k}-\nu^2\sum_{k=0}^{\infty}C_kx^{C+k}+S=0\tag{13.3.6}$$

现在式 (13.3.6) 中的前三个求和有相同的幂次 x^{C+k}，而

$$S=\sum_{k=0}^{\infty}C_kx^{C+k+2}=\sum_{m=2}^{\infty}C_{m-2}x^{C+m}\quad(k+2=m)\tag{13.3.7}$$

由于这个求和始于指标 2，我们必须将式 (13.3.6) 的前三个求和中的 $k=0$ 项和 $k=1$ 单独写出，再将剩余的部分与 S 合并，得到

$$\begin{aligned}&C_0\left(C^2-\nu^2\right)x^C+C_1\left[(C+1)^2-\nu^2\right]x^{C+1}\\&+\sum_{k=2}^{\infty}\left\{C_k\left[(C+k)^2-\nu^2\right]+C_{k-2}\right\}x^{C+k}=0\end{aligned}\tag{13.3.8}$$

由 x 各次幂的系数为零得到

$$C_0\left(C^2-\nu^2\right)=0\quad(k=0)\tag{13.3.9a}$$

$$C_1\left[(C+1)^2-\nu^2\right]=0\quad(k=1)\tag{13.3.9b}$$

$$C_k\left[(C+k)^2-\nu^2\right]+C_{k-2}=0\quad(k\geqslant 2)\tag{13.3.9c}$$

由式 (13.3.9a)，注意到 $C_0\neq 0$，我们有

$$(C+\nu)(C-\nu)=0\tag{13.3.10}$$

它给出两个根 $C=\pm\nu$(设 $\nu\geqslant 0$)。它们相应于方程 (13.3.1) 的两个线性无关的解。

13.3.2 第一类贝塞尔函数

首先考虑 $C=\nu$，将它代入式 (13.3.9c) 给出递推关系式

$$C_k=\frac{-1}{k(k+2\nu)}C_{k-2}\quad(k\geqslant 2)\tag{13.3.11}$$

这是一个双间隔递推关系式，偶指标项与奇指标项必须分开确定。我们首先考查奇指标项，这时因为 $C=\nu$，式 (13.3.9b) 变成 $C_1(2\nu+1)=0$，它导致 $C_1=0$。从而由式 (13.3.11) 知 $C_3=C_5=\cdots=0$。这样一来，我们只需要处理偶指标项，为此令 $k=2m$，将式 (13.3.11) 改写为

$$C_{2m}=\frac{-1}{2^2m(m+\nu)}C_{2m-2}\quad(m\geqslant 1)\tag{13.3.12}$$

它给出

$$\begin{aligned}&m=1:\quad C_2=\frac{-1}{2^2(1+\nu)}C_0\\&m=2:\quad C_4=\frac{-1}{2^22(2+\nu)}C_2=\frac{1}{2^42!(1+\nu)(2+\nu)}C_0\\&m=3:\quad C_6=\frac{-1}{2^23(3+\nu)}C_4=\frac{-1}{2^63!(1+\nu)(2+\nu)(3+\nu)}C_0\\&\cdots\\&m=m:\quad C_{2m}=\frac{(-1)^m}{2^{2m}m!(1+\nu)(2+\nu)(3+\nu)\cdots(m+\nu)}C_0\end{aligned}$$

每个系数都有 C_0，将这些系数代入式 (13.3.4) 给出贝塞尔方程 (13.3.1) 的一个特解

$$y = C_0 \sum_{m=0}^{\infty} \frac{(-1)^m}{2^{2m} m!(1+\nu)(2+\nu)(3+\nu)\cdots(m+\nu)} x^{2m+\nu} \tag{13.3.13}$$

这里 C_0 是一个任意常数，通常取为

$$C_0 = \frac{1}{2^\nu \Gamma(\nu+1)} \tag{13.3.14}$$

按式 (13.3.14) 选择 C_0 可使式 (13.3.13) 中 2 的次数与 x 的次数相同，构成 $\left(\dfrac{x}{2}\right)^{2m+\nu}$ 的形式。另外，可以运用下列伽马函数的恒等式 [式 (13.2.2)]

$$\begin{aligned}
&\Gamma(1+\nu)\left[(1+\nu)(2+\nu)(3+\nu)\cdots(m+\nu)\right]\\
=&\Gamma(2+\nu)\left[(2+\nu)(3+\nu)\cdots(m+\nu)\right]\\
=&\cdots\\
=&\Gamma(m+\nu)\cdot(m+\nu)\\
=&\Gamma(m+\nu+1)
\end{aligned}$$

使式 (13.3.13) 变成简洁的形式，记为

$$J_\nu(x) = \sum_{m=0}^{\infty} \frac{(-1)^m}{m!\Gamma(m+\nu+1)} \left(\frac{x}{2}\right)^{2m+\nu} \tag{13.3.15}$$

它称为 ν 阶第一类贝塞尔函数，$J_\nu(x)$ 是贝塞尔方程 (13.3.1) 的第一个特解。

考查 $J_\nu(x)$ 在 $x=0$ 的值，显然有 $J_\nu(0)=0(\nu>0)$；当 $\nu=0$ 时，式 (13.3.15) 求和中 $m>0$ 的项均为零，而 $m=0$ 的项给出 [注意到式 (13.2.4)]

$$J_0(0) = \frac{1}{\Gamma(1)}\left(\frac{x}{2}\right)^0 = 1 \tag{13.3.16}$$

当 ν 取零和正整数，即 $\nu = n(n=0,\ 1,\ 2,\cdots)$ 时，利用伽马函数的性质 (13.2.6)，式 (13.3.15) 变成

$$J_n(x) = \sum_{m=0}^{\infty} \frac{(-1)^m}{m!(m+n)!} \left(\frac{x}{2}\right)^{2m+n} \tag{13.3.17}$$

它称为整数阶贝塞尔函数。

为了对贝塞尔函数有一个直观的了解，由式 (13.3.17) 作出 $J_0(x)$、$J_1(x)$ 和 $J_2(x)$ 的曲线，如图 13.3 所示，图中的曲线显示，确实有 $J_0(0)=1$，而 $J_\nu(0)=0(\nu>0)$。

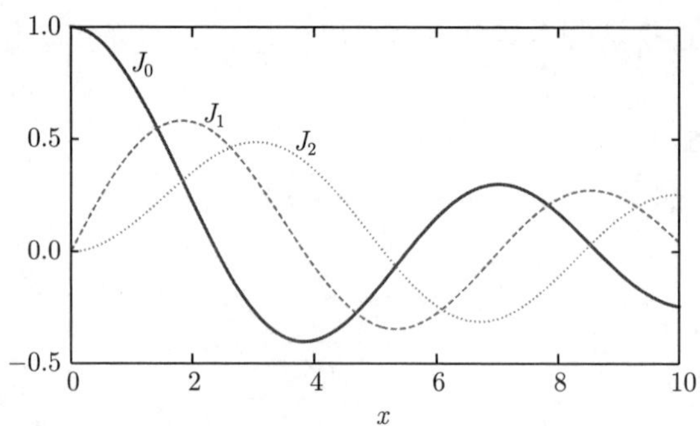

图 13.3 第一类贝塞尔函数 $J_0(x)$、$J_1(x)$ 和 $J_2(x)$ 的曲线

13.3.3 贝塞尔方程的通解

贝塞尔方程 (13.3.1) 的第二个特解相应于 (13.3.10) 的另一个根 $C=-\nu$，这样只需要将式 (13.3.15) 中的 ν 用 $-\nu$ 代替，即得这个特解

$$J_{-\nu}(x)=\sum_{m=0}^{\infty}\frac{(-1)^m}{m!\Gamma(m-\nu+1)}\left(\frac{x}{2}\right)^{2m-\nu} \tag{13.3.18}$$

考查 $J_\nu(x)$ 和 $J_{-\nu}(x)$ 在 $x=0$ 的取值可以看出，当 ν 不是整数时，$J_{-\nu}(0)\to\infty$ 而 $J_\nu(0)$ 是有限值，因此，比值 $J_\nu(x)/J_{-\nu}(x)$ 不可能是常数，这表示两个特解 $J_\nu(x)$ 和 $J_{-\nu}(x)$ 是线性独立的。我们举例说明这一结论。根据伽马函数的性质 (13.2.10b)，我们有

$$\begin{aligned}J_{1/2}(x)&=\sum_{m=0}^{\infty}\frac{(-1)^m}{m!\Gamma\left(m+\dfrac{1}{2}+1\right)}\left(\frac{x}{2}\right)^{2m+\frac{1}{2}}=\frac{1}{\sqrt{\pi}}\sum_{m=0}^{\infty}\frac{(-1)^m2^{2m+1}m!}{m!(2m+1)!}\left(\frac{x}{2}\right)^{2m+\frac{1}{2}}\\&=\sqrt{\frac{2}{\pi x}}\sum_{m=0}^{\infty}\frac{(-1)^m}{(2m+1)!}x^{2m+1}\end{aligned}$$

最后的求和正好是 $\sin x$ 的幂级数，故

$$J_{1/2}(x)=\sqrt{\frac{2}{\pi x}}\sin x \tag{13.3.19}$$

另外由式 (13.2.10a)，我们有

$$\begin{aligned}J_{-1/2}(x)&=\sum_{m=0}^{\infty}\frac{(-1)^m}{m!\Gamma\left(m-\dfrac{1}{2}+1\right)}\left(\frac{x}{2}\right)^{2m-\frac{1}{2}}=\frac{1}{\sqrt{\pi}}\sum_{m=0}^{\infty}\frac{(-1)^m2^{2m}m!}{m!(2m)!}\left(\frac{x}{2}\right)^{2m-\frac{1}{2}}\\&=\sqrt{\frac{2}{\pi x}}\sum_{m=0}^{\infty}\frac{(-1)^m}{(2m)!}x^{2m}\end{aligned}$$

最后的求和正好是 $\cos x$ 的幂级数，故

$$J_{-1/2}(x)=\sqrt{\frac{2}{\pi x}}\cos x \tag{13.3.20}$$

我们在图 13.4 中作出 $J_{1/2}(x)$ 和 $J_{-1/2}(x)$ 的曲线。显然 $J_{-1/2}(0^+)\to\infty$，而式 (13.3.19) 给出 $J_{1/2}(0)=0$，可见 $J_{1/2}(x)$ 和 $J_{-1/2}(x)$ 是线性独立的。

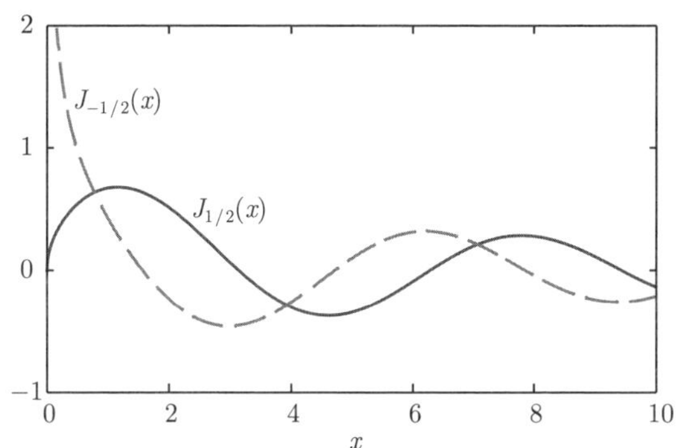

图 13.4 贝塞尔函数 $J_{1/2}(x)$ 和 $J_{-1/2}(x)$ 是线性独立的

我们进一步考查整数阶贝塞尔函数 $J_n(x)$ 与 $J_{-n}(x)$ 的关系。由式 (13.3.18) 写出

$$J_{-n}(x)=\sum_{m=0}^{\infty}\frac{(-1)^m}{m!\Gamma(m-n+1)}\left(\frac{x}{2}\right)^{2m-n} \tag{13.3.21}$$

按照伽马函数的性质式 (13.2.7)，式 (13.3.21) 中 $m-n+1\leqslant 0$ 时，$\Gamma(m-n+1)\to\infty$，即 $1/\Gamma(m-n+1)=0$。因此，当 $m-n+1>0$(即 $m>n-1$) 时，$J_{-n}(x)$ 取非零值，故式 (13.3.21) 中的求和实际上始于 $m=n$，即

$$J_{-n}(x)=\sum_{m=n}^{\infty}\frac{(-1)^m}{m!\Gamma(m-n+1)}\left(\frac{x}{2}\right)^{2m-n} \tag{13.3.22}$$

令 $m=k+n$，式 (13.3.22) 变为

$$\begin{aligned}J_{-n}(x)&=(-1)^n\sum_{k=0}^{\infty}\frac{(-1)^k}{(k+n)!\Gamma(k+1)}\left(\frac{x}{2}\right)^{2k+n}\\&=(-1)^n\sum_{k=0}^{\infty}\frac{(-1)^k}{k!(k+n)!}\left(\frac{x}{2}\right)^{2k+n}\end{aligned}$$

注意到式 (13.3.17)，我们有

$$J_{-n}(x)=(-1)^n J_n(x) \tag{13.3.23}$$

可见 $J_n(x)$ 和 $J_{-n}(x)$ 是线性相关的。

为了找到另一个与 $J_n(x)$ 线性无关的解，通常的方法是引入诺伊曼函数

$$Y_\nu(x) = \frac{J_\nu(x)\cos\nu\pi - J_{-\nu}(x)}{\sin\nu\pi} \quad (\nu \text{ 不是整数}) \tag{13.3.24}$$

Y_ν 也称为第二类 ν 阶贝塞尔函数。由于 J_ν 与 $J_{-\nu}$ 是贝塞尔方程的两个线性独立的特解，因此 Y_ν 也是贝塞尔方程的特解，显然它与 J_ν 是线性无关的。

在 ν 为整数的情况下，通常由非整数值向 ν 趋近的极限过程来构造一个函数

$$Y_\nu(x) = \lim_{\alpha\to\nu} \frac{J_\alpha(x)\cos\alpha\pi - J_{-\alpha}(x)}{\sin\alpha\pi} \quad (\nu \text{ 是整数}) \tag{13.3.25}$$

这个极限是存在的 (图 13.5)，它定义了 ν 阶贝塞尔方程的一个特解。这个解在 $x\to 0^+$ 处不是有界的 [图 13.5 显示 $Y_\nu(0^+)\to -\infty$]，因此它与相应的第一类贝塞尔函数 (图 13.3) 是线性独立的。

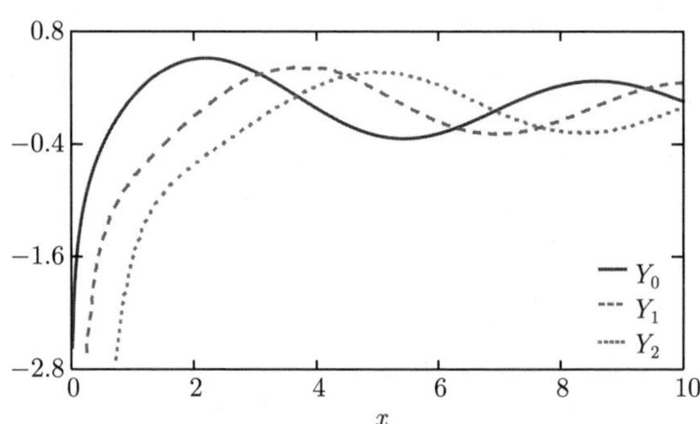

图 13.5　第二类贝塞尔函数 $Y_0(x)$、$Y_1(x)$ 和 $Y_2(x)$

(它们在 $x\to 0^+$ 处不是有界的)

综合上述，我们得到如下结论：ν 阶贝塞尔方程 (13.3.1) 的通解为

$$y(x) = AJ_\nu(x) + BY_\nu(x) \tag{13.3.26a}$$

其中，$J_\nu(x)$ 由式 (13.3.15) 确定，而 $Y_\nu(x)$ 由式 (13.3.24) 或式 (13.3.25) 表示；如果 ν 不是整数，其通解还可以表示为

$$y(x) = AJ_\nu(x) + BJ_{-\nu}(x) \tag{13.3.26b}$$

其中，$J_\nu(x)$ 和 $J_{-\nu}(x)$ 分别由式 (13.3.15) 和式 (13.3.18) 表示。

最后需要补充说明，研究发现第二类贝塞尔函数 $Y_n(x)$ $(n=0,1,2,\cdots)$ 有下

列级数展开式

$$\begin{aligned}Y_n(x) = &\frac{2}{\pi}\left(\ln\frac{x}{2}+\gamma\right)J_n(x) - \frac{1}{\pi}\sum_{k=0}^{n-1}\frac{(n-k-1)!}{k!}\left(\frac{x}{2}\right)^{2k-n}\\ &-\frac{1}{\pi}\sum_{k=0}^{\infty}\frac{(-1)^k}{k!(n+k)!}\left[\varPhi(k)+\varPhi(n+k)\right]\left(\frac{x}{2}\right)^{2k+n}\end{aligned} \tag{13.3.27}$$

其中，$\gamma = \lim\limits_{n\to\infty}\left(1+\frac{1}{2}+\frac{1}{3}+\cdots+\frac{1}{n}-\ln n\right) = 0.577\cdots$ 是欧拉常数，而

$$\varPhi(p) = 1+\frac{1}{2}+\frac{1}{3}+\cdots+\frac{1}{p},\quad \varPhi(0)=0 \tag{13.3.28}$$

$Y_n(x)$ 还有下列积分表示

$$Y_n(x) = \frac{1}{\pi}\int_0^{\pi}\sin(x\sin\theta-n\theta)\mathrm{d}\theta - \frac{1}{\pi}\int_0^{\infty}\left[\mathrm{e}^{nt}+(-1)^n\mathrm{e}^{-nt}\right]\mathrm{e}^{-x\sinh t}\mathrm{d}t \tag{13.3.29}$$

例 证明 $y = x^{\nu}J_{\nu}(x)$，$u = x^{\nu}Y_{\nu}(x)$ 是方程

$$x\frac{\mathrm{d}^2y}{\mathrm{d}x^2}+(1-2\nu)\frac{\mathrm{d}y}{\mathrm{d}x}+xy=0\quad (x>0) \tag{13.3.30}$$

的两个线性独立的解。

证明 对 $y = x^{\nu}J_{\nu}(x)$ 求导数

$$y' = \nu x^{\nu-1}J_{\nu}(x)+x^{\nu}J_{\nu}'(x) \tag{13.3.31a}$$

$$y'' = x^{\nu}J_{\nu}''(x)+2\nu x^{\nu-1}J_{\nu}'(x)+\nu(\nu-1)x^{\nu-2}J_{\nu}(x) \tag{13.3.31b}$$

代入式 (13.3.30) 得到

$$x^{\nu-1}\left[x^2J_{\nu}''(x)+xJ_{\nu}'(x)+\left(x^2-\nu^2\right)J_{\nu}(x)\right]=0 \tag{13.3.32}$$

由于 $J_{\nu}(x)$ 满足贝塞尔方程 (13.3.1)，即

$$x^2J_{\nu}''(x)+xJ_{\nu}'(x)+\left(x^2-\nu^2\right)J_{\nu}(x)=0 \tag{13.3.33}$$

故 $y = x^{\nu}J_{\nu}(x)$ 是式 (13.3.30) 的解。

另一方面，$u = x^{\nu}Y_{\nu}(x)$ 也是式 (13.3.30) 的解，而且比值

$$\frac{y}{u} = \frac{J_{\nu}(x)}{Y_{\nu}(x)} \neq \text{常数} \tag{13.3.34}$$

故 y 和 u 是方程 (13.3.30) 的两个线性无关的解。

13.4　贝塞尔函数的基本性质

本节我们讨论贝塞尔函数的生成函数，递推公式、积分表示和渐近公式等，这些基本知识将被用来进一步讨论贝塞尔函数的正交完备性及其广泛应用。

13.4.1　生成函数

如果一个函数的级数展开式的系数是贝塞尔函数，则称该函数为贝塞尔函数的生成函数或母函数，即如果有

$$f(x,r)=\sum_{n} J_n(x)r^n \tag{13.4.1}$$

则称 $f(x,r)$ 为 $J_n(x)$ 的生成函数，其中 r 为参数。生成函数有非常广泛的应用。

整数阶贝塞尔函数 $J_n(x)$ 的生成函数为

$$\exp\left[\frac{x}{2}\left(r-\frac{1}{r}\right)\right]=\sum_{n=-\infty}^{\infty} J_n(x)r^n \tag{13.4.2}$$

现证明如下。

证明　考虑函数

$$\exp\left[\frac{x}{2}\left(r-\frac{1}{r}\right)\right]=\exp\left(\frac{xr}{2}\right)\exp\left(-\frac{x}{2r}\right) \tag{13.4.3}$$

将式 (13.4.3) 右边的两个指数因子展开，得到

$$\begin{aligned}\exp\left(\frac{xr}{2}\right)\exp\left(-\frac{x}{2r}\right)&=\left[\sum_{l=0}^{\infty}\frac{1}{l!}\left(\frac{xr}{2}\right)^l\right]\left[\sum_{k=0}^{\infty}\frac{1}{k!}\left(-\frac{x}{2r}\right)^k\right]\\&=\sum_{l=0}^{\infty}\sum_{k=0}^{\infty}\frac{(-1)^k}{l!k!}\left(\frac{x}{2}\right)^{l+k}r^{l-k}\end{aligned} \tag{13.4.4}$$

令 $l-k=n$，则 n 由 $-\infty$ 变到 ∞，于是式 (13.4.4) 中的求和变成

$$\begin{aligned}\sum_{n=-\infty}^{\infty}\sum_{k=0}^{\infty}\frac{(-1)^k}{(n+k)!k!}\left(\frac{x}{2}\right)^{n+2k}r^n&=\sum_{n=-\infty}^{\infty}\left[\sum_{k=0}^{\infty}\frac{(-1)^k}{k!(n+k)!}\left(\frac{x}{2}\right)^{n+2k}\right]r^n\\&=\sum_{n=-\infty}^{\infty}J_n(x)r^n\end{aligned} \tag{13.4.5}$$

故式 (13.4.2) 得证。

13.4.2 递推公式

阶数邻近的贝塞尔函数之间存在一定的关系式，称为递推公式。基本的递推公式是

$$\frac{\mathrm{d}}{\mathrm{d}x}\left[x^{\nu}J_{\nu}(x)\right]=x^{\nu}J_{\nu-1}(x) \tag{13.4.6a}$$

$$\frac{\mathrm{d}}{\mathrm{d}x}\left[x^{-\nu}J_{\nu}(x)\right]=-x^{-\nu}J_{\nu+1}(x) \tag{13.4.6b}$$

式 (13.4.6) 对于任何 ν 成立。

证明 利用式 (13.3.15)，我们有

$$\begin{aligned}\frac{\mathrm{d}}{\mathrm{d}x}\left[x^{\nu}J_{\nu}(x)\right]&=\frac{\mathrm{d}}{\mathrm{d}x}\left[\sum_{k=0}^{\infty}\frac{(-1)^k}{k!\Gamma(k+\nu+1)}\left(\frac{1}{2}\right)^{2k+\nu}x^{2k+2\nu}\right]\\&=\sum_{k=0}^{\infty}\frac{(-1)^k2(k+\nu)}{k!\Gamma(k+\nu+1)}\left(\frac{1}{2}\right)^{2k+\nu}x^{2k+2\nu-1}\\&=x^{\nu}\sum_{k=0}^{\infty}\frac{(-1)^k}{k!\Gamma(k+\nu)}\left(\frac{x}{2}\right)^{2k+\nu-1}\\&=x^{\nu}J_{\nu-1}(x)\end{aligned}$$

这里用到了伽马函数的性质 $\Gamma(k+\nu+1)=(k+\nu)\Gamma(k+\nu)$。另外

$$\begin{aligned}\frac{\mathrm{d}}{\mathrm{d}x}\left[x^{-\nu}J_{\nu}(x)\right]&=\frac{\mathrm{d}}{\mathrm{d}x}\left[\sum_{k=0}^{\infty}\frac{(-1)^k}{k!\Gamma(k+\nu+1)}\left(\frac{1}{2}\right)^{2k+\nu}x^{2k}\right]\\&=\sum_{k=0}^{\infty}\frac{(-1)^k2k}{k!\Gamma(k+\nu+1)}\left(\frac{1}{2}\right)^{2k+\nu}x^{2k-1}\\&=\sum_{k=1}^{\infty}\frac{(-1)^k2k}{k!\Gamma(k+\nu+1)}\left(\frac{1}{2}\right)^{2k+\nu}x^{2k-1}\end{aligned}$$

因为求和中 $k=0$ 的项为零，故求和始于 $k=1$。令 $k=m+1$，上式变为

$$\begin{aligned}&\sum_{m=0}^{\infty}\frac{(-1)^{m+1}2(m+1)}{(m+1)!\Gamma(m+\nu+2)}\left(\frac{1}{2}\right)^{2m+\nu+2}x^{2m+1}\\&=-x^{-\nu}\sum_{m=0}^{\infty}\frac{(-1)^m}{m!\Gamma(m+\nu+2)}\left(\frac{x}{2}\right)^{2m+\nu+1}\\&=-x^{-\nu}J_{\nu+1}(x)\end{aligned}$$

故式 (13.4.6b) 得证，在该公式中取 $\nu=0$，得到

$$\frac{\mathrm{d}}{\mathrm{d}x}\left[J_0(x)\right]=-J_1(x) \tag{13.4.7a}$$

在式 (13.4.6a) 中取 $\nu=1$，得到

$$\frac{\mathrm{d}}{\mathrm{d}x}[xJ_1(x)]=xJ_0(x) \tag{13.4.7b}$$

式 (13.4.7) 是两个非常有用的递推公式。

贝塞尔函数还有如下两个常用的递推公式

$$J'_\nu(x)=\frac{1}{2}[J_{\nu-1}(x)-J_{\nu+1}(x)] \tag{13.4.8a}$$

$$J_{\nu-1}(x)+J_{\nu+1}(x)=\frac{2\nu}{x}J_\nu(x) \tag{13.4.8b}$$

式 (13.4.8) 对于任何 ν 成立。

证明　由式 (13.4.6a) 有

$$x^\nu J'_\nu(x)+\nu x^{\nu-1}J_\nu(x)=x^\nu J_{\nu-1}(x) \tag{13.4.9a}$$

或

$$xJ'_\nu(x)+\nu J_\nu(x)=xJ_{\nu-1}(x) \tag{13.4.9b}$$

由式 (13.4.6b) 有

$$x^{-\nu}J'_\nu(x)-\nu x^{-\nu-1}J_\nu(x)=-x^{-\nu}J_{\nu+1}(x) \tag{13.4.10a}$$

或

$$xJ'_\nu(x)-\nu J_\nu(x)=-xJ_{\nu+1}(x) \tag{13.4.10b}$$

式 (13.4.9b) 与式 (13.4.10b) 相加，得到

$$J_{\nu-1}(x)-J_{\nu+1}(x)=2J'_\nu(x) \tag{13.4.11a}$$

这就是式 (13.4.8a)。式 (13.4.9b) 与式 (13.4.10b) 相减，得到

$$2\nu J_\nu(x)=xJ_{\nu-1}(x)+xJ_{\nu+1}(x) \tag{13.4.11b}$$

这就是式 (13.4.8b)。

此外，式 (13.4.8) 的二式相加、相减还给出递推公式

$$xJ_{\nu-1}(x)=\nu J_\nu(x)+xJ'_\nu(x) \tag{13.4.12a}$$

$$xJ_{\nu+1}(x)=\nu J_\nu(x)-xJ'_\nu(x) \tag{13.4.12b}$$

我们由式 (13.4.6) 还能得到贝塞尔函数的积分递推公式

$$\int x^{\nu+1}J_\nu(x)\mathrm{d}x=x^{\nu+1}J_{\nu+1}(x) \tag{13.4.13a}$$

$$\int x^{-\nu+1}J_\nu(x)\mathrm{d}x = -x^{-\nu+1}J_{\nu-1}(x) \tag{13.4.13b}$$

它们对于任何 ν 成立。

注意，第二类贝塞尔函数 (13.3.24) 也具有与第一类贝塞尔函数相同的递推公式

$$\frac{\mathrm{d}}{\mathrm{d}x}\left[x^\nu Y_\nu(x)\right] = x^\nu Y_{\nu-1}(x) \tag{13.4.14a}$$

$$\frac{\mathrm{d}}{\mathrm{d}x}\left[x^{-\nu} Y_\nu(x)\right] = -x^{-\nu} Y_{\nu+1}(x) \tag{13.4.14b}$$

$$Y_\nu'(x) = \frac{1}{2}\left[Y_{\nu-1}(x) - Y_{\nu+1}(x)\right] \tag{13.4.14c}$$

$$Y_{\nu-1}(x) + Y_{\nu+1}(x) = \frac{2\nu}{x}Y_\nu(x) \tag{13.4.14d}$$

$$xY_{\nu-1}(x) = \nu Y_\nu(x) + xY_\nu'(x) \tag{13.4.14e}$$

$$xY_{\nu+1}(x) = \nu Y_\nu(x) - xY_\nu'(x) \tag{13.4.14f}$$

它们对于任何 ν 成立。

例 1 利用生成函数证明：整数阶贝塞尔函数满足递推公式 (13.4.8a)。

证明 对生成函数 (13.4.2) 两边关于 x 求导数，我们有

$$\exp\left[\frac{x}{2}\left(r - \frac{1}{r}\right)\right]\frac{1}{2}\left(r - \frac{1}{r}\right) = \sum_{n=-\infty}^{\infty} J_n'(x)r^n \tag{13.4.15}$$

再次利用生成函数式 (13.4.2)，得到

$$\sum_{n=-\infty}^{\infty}\left(r - \frac{1}{r}\right)J_n(x)r^n = 2\sum_{n=-\infty}^{\infty} J_n'(x)r^n \tag{13.4.16a}$$

即

$$\sum_{n=-\infty}^{\infty} J_n(x)r^{n+1} - \sum_{n=-\infty}^{\infty} J_n(x)r^{n-1} = 2\sum_{n=-\infty}^{\infty} J_n'(x)r^n \tag{13.4.16b}$$

在左边的两个求和中分别令 $n+1=m$ 和 $n-1=k$，得到

$$\sum_{m=-\infty}^{\infty} J_{m-1}(x)r^{m} - \sum_{k=-\infty}^{\infty} J_{k+1}(x)r^{k} = 2\sum_{n=-\infty}^{\infty} J_n'(x)r^n \tag{13.4.17a}$$

即

$$\sum_{n=-\infty}^{\infty} J_{n-1}(x)r^{n} - \sum_{n=-\infty}^{\infty} J_{n+1}(x)r^{n} = 2\sum_{n=-\infty}^{\infty} J_n'(x)r^n \tag{13.4.17b}$$

两边比较 r^n 的系数，得到

$$J_{n-1}(x)-J_{n+1}(x)=2J_n'(x) \tag{13.4.18}$$

这就是递推公式 (13.4.8a) 的整数阶形式。

例 2 利用生成函数证明：整数阶贝塞尔函数满足递推公式 (13.4.8b)。

证明 对生成函数 (13.4.2) 两边关于 r 求导数，我们有

$$\exp\left[\frac{x}{2}\left(r-\frac{1}{r}\right)\right]\frac{x}{2}\left(1+\frac{1}{r^2}\right)=\sum_{n=-\infty}^{\infty}nJ_n(x)r^{n-1} \tag{13.4.19}$$

再次利用生成函数 (13.4.2)，得到

$$\sum_{n=-\infty}^{\infty}\frac{x}{2}\left(1+\frac{1}{r^2}\right)J_n(x)r^n=\sum_{n=-\infty}^{\infty}nJ_n(x)r^{n-1} \tag{13.4.20a}$$

即

$$\sum_{n=-\infty}^{\infty}\frac{x}{2}J_n(x)r^n+\sum_{n=-\infty}^{\infty}\frac{x}{2}J_n(x)r^{n-2}=\sum_{n=-\infty}^{\infty}nJ_n(x)r^{n-1} \tag{13.4.20b}$$

在式 (13.4.20b) 左边的两个求和中分别令 $n+1=m$ 和 $n-1=k$，得到

$$\sum_{m=-\infty}^{\infty}\frac{x}{2}J_{m-1}(x)r^{m-1}+\sum_{k=-\infty}^{\infty}\frac{x}{2}J_{k+1}(x)r^{k-1}=\sum_{n=-\infty}^{\infty}nJ_n(x)r^{n-1} \tag{13.4.21a}$$

即

$$\sum_{n=-\infty}^{\infty}\frac{x}{2}J_{n-1}(x)r^{n-1}+\sum_{n=-\infty}^{\infty}\frac{x}{2}J_{n+1}(x)r^{n-1}=\sum_{n=-\infty}^{\infty}nJ_n(x)r^{n-1} \tag{13.4.21b}$$

两边比较 r^{n-1} 的系数，得到

$$\frac{x}{2}J_{n-1}(x)+\frac{x}{2}J_{n+1}(x)=nJ_n(x) \tag{13.4.22a}$$

即

$$J_{n-1}(x)+J_{n+1}(x)=\frac{2n}{x}J_n(x) \tag{13.4.22b}$$

这就是递推公式 (13.4.8b) 的整数阶形式。

例 3 计算半奇数阶的贝塞尔函数 $J_{\pm 3/2}(x)$、$J_{\pm 5/2}(x)$ 和 $J_{\pm\left(n+\frac{1}{2}\right)}(x)$。

解 我们利用式 (13.3.19) 和式 (13.3.20)，即

$$J_{1/2}(x)=\sqrt{\frac{2}{\pi x}}\sin x, J_{-1/2}(x)=\sqrt{\frac{2}{\pi x}}\cos x \tag{13.4.23}$$

推导 $J_{\pm 3/2}(x)$。在递推公式 (13.4.8b) 中取 $\nu=\pm 1/2$，得到

$$
\begin{aligned}
J_{3/2}(x) &= \frac{1}{x}J_{1/2}(x)-J_{-1/2}(x)=\sqrt{\frac{2}{\pi x}}\left(\frac{\sin x}{x}-\cos x\right)\\
&= -\sqrt{\frac{2}{\pi}}x^{1+\frac{1}{2}}\left(\frac{1}{x}\frac{\mathrm{d}}{\mathrm{d}x}\right)\left(\frac{\sin x}{x}\right)\\
J_{-3/2}(x) &= -J_{1/2}(x)-\frac{1}{x}J_{-1/2}(x)=-\sqrt{\frac{2}{\pi x}}\left(\sin x+\frac{\cos x}{x}\right)\\
&= \sqrt{\frac{2}{\pi}}x^{1+\frac{1}{2}}\left(\frac{1}{x}\frac{\mathrm{d}}{\mathrm{d}x}\right)\left(\frac{\cos x}{x}\right)
\end{aligned}
$$

在式 (13.4.8b) 中取 $\nu=\pm 3/2$，得到

$$
\begin{aligned}
J_{5/2}(x) &= \frac{3}{x}J_{3/2}(x)-J_{1/2}(x)=\sqrt{\frac{2}{\pi x}}\left[\left(\frac{3}{x^2}-1\right)\sin x-\frac{3}{x}\cos x\right]\\
&= \sqrt{\frac{2}{\pi}}x^{2+\frac{1}{2}}\left(\frac{1}{x}\frac{\mathrm{d}}{\mathrm{d}x}\right)^2\left(\frac{\sin x}{x}\right)\\
J_{-5/2}(x) &= -J_{-1/2}(x)-\frac{3}{x}J_{-3/2}(x)=\sqrt{\frac{2}{\pi x}}\left[\left(\frac{3}{x^2}-1\right)\cos x+\frac{3}{x}\sin x\right]\\
&= \sqrt{\frac{2}{\pi}}x^{2+\frac{1}{2}}\left(\frac{1}{x}\frac{\mathrm{d}}{\mathrm{d}x}\right)^2\left(\frac{\cos x}{x}\right)
\end{aligned}
$$

一般而言，有

$$
J_{n+\frac{1}{2}}(x)=(-1)^n\sqrt{\frac{2}{\pi}}x^{n+\frac{1}{2}}\left(\frac{1}{x}\frac{\mathrm{d}}{\mathrm{d}x}\right)^n\left(\frac{\sin x}{x}\right) \tag{13.4.24}
$$

$$
J_{-\left(n+\frac{1}{2}\right)}(x)=\sqrt{\frac{2}{\pi}}x^{n+\frac{1}{2}}\left(\frac{1}{x}\frac{\mathrm{d}}{\mathrm{d}x}\right)^n\left(\frac{\cos x}{x}\right) \tag{13.4.25}
$$

可见半奇数阶的贝塞尔函数都是初等函数。

例 4　计算积分 $\int xJ_2(x)\mathrm{d}x$。

解　下面的积分运算中略去了积分常数。由 $n=1$ 时的递推公式 (13.4.22b)，即

$$
J_2(x)=-J_0(x)+\frac{2}{x}J_1(x) \tag{13.4.26}
$$

得到

$$
\int xJ_2(x)\mathrm{d}x=-\int xJ_0(x)\mathrm{d}x+2\int J_1(x)\mathrm{d}x \tag{13.4.27}
$$

写出式 (13.4.13a) 的整数阶贝塞尔函数形式

$$
\int x^{n+1}J_n(x)\mathrm{d}x=x^{n+1}J_{n+1}(x)\quad (n=0,1,2,\cdots) \tag{13.4.28}
$$

在上式中取 $n=0$，得到

$$\int xJ_0(x)\mathrm{d}x = xJ_1(x) \tag{13.4.29a}$$

利用 $J_1(x)=-J_0'(x)$[式 (13.4.7a)] 得到

$$\int J_1(x)\mathrm{d}x = -J_0(x) \tag{13.4.29b}$$

由式 (13.4.29) 给出式 (13.4.27) 为

$$\int xJ_2(x)\mathrm{d}x = -xJ_1(x) - 2J_0(x) \tag{13.4.30}$$

例 5　计算积分 $\int x^4J_1(x)\mathrm{d}x$，并将结果用最低整数阶的贝塞尔函数的组合来表示。

解　在下面的积分运算中略去了积分常数。

方法 1　在式 (13.4.28) 中取 $n=1$ 得到

$$\int x^2J_1(x)\mathrm{d}x = x^2J_2(x) = \int \mathrm{d}\left[x^2J_2(x)\right] \tag{13.4.31}$$

用分部积分法给出

$$\begin{aligned}\int x^4J_1(x)\mathrm{d}x &= \int x^2\left[x^2J_1(x)\right]\mathrm{d}x = \int x^2\mathrm{d}[x^2J_2(x)]\\ &= x^4J_2(x) - 2\int x^3J_2(x)\mathrm{d}x\\ &= x^4J_2(x) - 2x^3J_3(x)\end{aligned}$$

方法 2　利用 $J_1(x)=-J_0'(x)$，有

$$\int x^4J_1(x)\mathrm{d}x = -\int x^4\mathrm{d}\left[J_0(x)\right] = -x^4J_0(x) + 4\int x^3J_0(x)\mathrm{d}x \tag{13.4.32}$$

对式 (13.4.32) 右边的积分用分部积分法，并利用式 (13.4.28)，得到

$$\begin{aligned}\int x^3J_0(x)\mathrm{d}x &= \int x^2\left[xJ_0(x)\right]\mathrm{d}x = \int x^2\mathrm{d}\left[xJ_1(x)\right]\\ &= x^3J_1(x) - 2\int x^2J_1(x)\mathrm{d}x\\ &= x^3J_1(x) - 2x^2J_2(x)\end{aligned} \tag{13.4.33a}$$

于是

$$\int x^4J_1(x)\mathrm{d}x = -x^4J_0(x) + 4x^3J_1(x) - 8x^2J_2(x) \tag{13.4.33b}$$

为了用最低整数阶的贝塞尔函数的组合表示式 (13.4.33b)，再利用 $n=1$ 时的式 (13.4.22b)，即

$$J_2(x)=\frac{2}{x}J_1(x)-J_0(x) \tag{13.4.34}$$

由式 (13.4.33b) 得到

$$\begin{aligned}\int x^4 J_1(x)\mathrm{d}x &= -x^4 J_0(x)+4x^3 J_1(x)-8x^2\left[\frac{2}{x}J_1(x)-J_0(x)\right]\\ &=\left(-x^4+8x^2\right)J_0(x)+\left(4x^3-16x\right)J_1(x)\end{aligned}$$

这就是所要求的结果。

13.4.3 积分表示

考虑解析函数

$$\exp\left[\frac{x}{2}\left(z-\frac{1}{z}\right)\right]=\exp\left(\frac{xz}{2}\right)\exp\left(-\frac{x}{2z}\right) \tag{13.4.35}$$

其中，z 是复变量，x 为实变量。将式 (13.4.35) 右边的两个指数因子展开，得到

$$\exp\left(\frac{xz}{2}\right)=\sum_{l=0}^{\infty}\frac{1}{l!}\left(\frac{xz}{2}\right)^l \tag{13.4.36a}$$

$$\exp\left(-\frac{x}{2z}\right)=\sum_{k=0}^{\infty}\frac{1}{k!}\left(-\frac{x}{2z}\right)^k \tag{13.4.36b}$$

式 (13.4.36) 的两式相乘，由于绝对收敛级数 (13.4.36a) 与 (13.4.36b) 可以逐项相乘，而且与项的排列次序无关，这样按照如式 (13.4.4) 和式 (13.4.5) 所示的方法，可得

$$\exp\left[\frac{x}{2}\left(z-\frac{1}{z}\right)\right]=\sum_{n=-\infty}^{\infty}J_n(x)z^n \tag{13.4.37}$$

按照复变函数理论，将解析函数 $f(z)$ 在 $z=0$ 展开成洛朗级数

$$f(z)=\sum_{n=-\infty}^{\infty}c_n z^n \tag{13.4.38}$$

其中，展开系数为

$$c_n=\frac{1}{2\pi i}\oint_C\frac{f(\xi)}{\xi^{n+1}}\mathrm{d}\xi \tag{13.4.39}$$

C 为 ξ 平面上围绕 $\xi=0$ 点的任一闭合回路。这样式 (13.4.37) 中的展开系数可以表示为

$$J_n(x)=\frac{1}{2\pi\mathrm{i}}\oint_C\frac{1}{z^{n+1}}\exp\left[\frac{x}{2}\left(z-\frac{1}{z}\right)\right]\mathrm{d}z \tag{13.4.40}$$

如果取 C 为单位圆，则在圆周上有 $z=\mathrm{e}^{\mathrm{i}\theta}$，我们有

$$z-\frac{1}{z}=\mathrm{e}^{\mathrm{i}\theta}-\mathrm{e}^{-\mathrm{i}\theta}=2\mathrm{i}\sin\theta,\quad z^{n+1}=\mathrm{e}^{\mathrm{i}\theta(n+1)},\quad \mathrm{d}z=\mathrm{i}\mathrm{e}^{\mathrm{i}\theta}\mathrm{d}\theta \tag{13.4.41}$$

从而式 (13.4.40) 变为

$$J_n(x)=\frac{1}{2\pi}\int_0^{2\pi}\frac{1}{\mathrm{e}^{\mathrm{i}\theta(n+1)}}\mathrm{e}^{\mathrm{i}x\sin\theta}\mathrm{e}^{\mathrm{i}\theta}\mathrm{d}\theta=\frac{1}{2\pi}\int_0^{2\pi}\mathrm{e}^{\mathrm{i}(x\sin\theta-n\theta)}\mathrm{d}\theta \tag{13.4.42}$$

即

$$J_n(x)=\frac{1}{2\pi}\int_0^{2\pi}\left[\cos\left(x\sin\theta-n\theta\right)+\mathrm{i}\sin\left(x\sin\theta-n\theta\right)\right]\mathrm{d}\theta \tag{13.4.43}$$

其中，$n=0,\ \pm1,\ \pm2,\cdots$ 式 (13.4.43) 右边的被积函数是 θ 的周期函数 (周期为 2π)，根据式 (2.1.10)，积分限可以取成 $[-\pi,\pi]$。而在这一区间内，$\sin\left(x\sin\theta-n\theta\right)$ 是奇函数，$\cos\left(x\sin\theta-n\theta\right)$ 是偶函数，因此式 (13.4.43) 变为

$$J_n(x)=\frac{1}{\pi}\int_0^{\pi}\cos\left(x\sin\theta-n\theta\right)\mathrm{d}\theta\quad(n=0,\pm1,\pm2,\cdots) \tag{13.4.44}$$

这就是 n 阶贝塞尔函数的积分表示。当 $n=0$ 时

$$J_0(x)=\frac{1}{\pi}\int_0^{\pi}\cos\left(x\sin\theta\right)\mathrm{d}\theta \tag{13.4.45}$$

这是零阶贝塞尔函数的积分表示。

上述推导积分表示式 (13.4.43) 的基础是复变函数理论。如果不利用这一理论，也可以按下面的方法进行推导。事实上，在式 (13.4.37) 中，令 $z=\mathrm{e}^{\mathrm{i}\theta}$，可得

$$\exp\left(\mathrm{i}x\sin\theta\right)=\sum_{n=-\infty}^{\infty}J_n(x)\mathrm{e}^{\mathrm{i}n\theta} \tag{13.4.46}$$

两边比较实部与虚部，并利用式 (13.3.23)，得到

$$\cos\left(x\sin\theta\right)=\sum_{n=-\infty}^{\infty}J_n(x)\cos n\theta=-J_0(x)+\sum_{n=1}^{\infty}\left[1-(-1)^n\right]J_n(x)\cos n\theta \tag{13.4.47a}$$

$$\sin\left(x\sin\theta\right)=\sum_{n=-\infty}^{\infty}J_n(x)\sin n\theta=\sum_{n=1}^{\infty}\left[1+(-1)^n\right]J_n(x)\sin n\theta \tag{13.4.47b}$$

式 (13.4.47a) 两边同乘以 $\cos m\theta$，式 (13.4.47b) 两边同乘以 $\sin m\theta$，然后对 θ 从 0 到 π 积分，并利用三角函数的正交性

$$\int_0^{\pi}\cos n\theta\cos m\theta\mathrm{d}\theta=\frac{\pi}{2}\delta_{nm},\int_0^{\pi}\sin n\theta\sin m\theta\mathrm{d}\theta=\frac{\pi}{2}\delta_{nm} \tag{113.4.48}$$

得到

$$\int_0^{\pi} \cos(x\sin\theta)\cos m\theta \mathrm{d}\theta = \int_0^{\pi} \left\{ -J_0(x) + \sum_{n=1}^{\infty} \left[1-(-1)^n\right] J_n(x)\cos n\theta \right\} \cos m\theta \mathrm{d}\theta$$

$$= \frac{\pi}{2}\sum_{n=1}^{\infty} \left[1-(-1)^n\right] J_n(x)\delta_{nm} = \frac{\pi}{2}\left[1-(-1)^m\right] J_m(x)$$

$$\int_0^{\pi} \sin(x\sin\theta)\sin m\theta \mathrm{d}\theta = \int_0^{\pi} \sum_{n=1}^{\infty} \left[1+(-1)^n\right] J_n(x)\sin n\theta \sin m\theta \mathrm{d}\theta$$

$$= \frac{\pi}{2}\sum_{n=1}^{\infty} \left[1+(-1)^n\right] J_n(x)\delta_{nm} = \frac{\pi}{2}\left[1+(-1)^m\right] J_m(x)$$

以上二式相加，并利用

$$\cos\alpha\cos\beta + \sin\alpha\sin\beta = \cos(\alpha-\beta) \tag{13.4.49}$$

得到

$$J_n(x) = \frac{1}{\pi}\int_0^{\pi} \cos(x\sin\theta - n\theta)\, \mathrm{d}\theta \ (n=0,\pm1,\pm2,\cdots) \tag{13.4.50}$$

可以看出，贝塞尔函数的积分表示其实是用正弦和余弦函数的积分形式表示贝塞尔函数，下面两个例题进一步显示正弦和余弦函数与贝塞尔函数的关系。

例 1 证明

$$\cos(x\sin\theta) = J_0(x) + 2J_2(x)\cos 2\theta + 2J_4(x)\cos 4\theta + \cdots \tag{13.4.51a}$$

$$\sin(x\sin\theta) = 2J_1(x)\sin\theta + 2J_3(x)\sin 3\theta + 2J_5(x)\sin 5\theta + \cdots \tag{13.4.51b}$$

证明 我们从式 (13.4.47) 出发，利用 $J_{-n}(x) = (-1)^n J_n(x)$ [式 (13.3.23)]，得到

$$\begin{aligned}\cos(x\sin\theta) &= \sum_{n=-\infty}^{\infty} J_n(x)\cos n\theta \\ &= J_0(x) + \left[J_1(x)\cos\theta + J_{-1}(x)\cos(-\theta)\right] \\ &\quad + \left[J_2(x)\cos 2\theta + J_{-2}(x)\cos(-2\theta)\right] + \cdots \\ &= J_0(x) + \left[J_1(x)\cos\theta - J_1(x)\cos\theta\right] \\ &\quad + \left[J_2(x)\cos 2\theta + J_2(x)\cos 2\theta\right] + \cdots \\ &= J_0(x) + 2J_2(x)\cos 2\theta + 2J_4(x)\cos 4\theta + \cdots\end{aligned}$$

同理

$$\sin(x\sin\theta) = \sum_{n=-\infty}^{\infty} J_n(x)\sin n\theta$$

$$
\begin{aligned}
&= [J_1(x)\sin\theta + J_{-1}(x)\sin(-\theta)] + [J_2(x)\sin 2\theta + J_{-2}(x)\sin(-2\theta)] \\
&\quad + [J_3(x)\sin 3\theta + J_{-3}(x)\sin(-3\theta)] + \cdots \\
&= [J_1(x)\sin\theta + J_1(x)\sin\theta] + [J_2(x)\sin 2\theta - J_2(x)\sin 2\theta] \\
&\quad + [J_3(x)\sin 3\theta + J_3(x)\sin 3\theta] \cdots \\
&= 2J_1(x)\sin\theta + 2J_3(x)\sin 3\theta + 2J_5(x)\sin 5\theta + \cdots
\end{aligned}
$$

例 2　推导下列展开式

$$\cos x = J_0(x) + 2\sum_{n=1}^{\infty}(-1)^n J_{2n}(x) \tag{13.4.52a}$$

$$\sin x = 2\sum_{n=0}^{\infty}(-1)^n J_{2n+1}(x) \tag{13.4.52b}$$

解　在式 (13.4.47) 中令 $\theta = \pi/2$，得到

$$\cos x = \sum_{n=-\infty}^{\infty} J_n(x)\cos\left(\frac{n\pi}{2}\right) \tag{13.4.53a}$$

$$\sin x = \sum_{n=-\infty}^{\infty} J_n(x)\sin\left(\frac{n\pi}{2}\right) \tag{13.4.53b}$$

进而得到

$$
\begin{aligned}
\cos x &= J_0(x) + \sum_{n=1}^{\infty}(-1)^n J_{2n}(x) + \sum_{n=-1}^{-\infty}(-1)^n J_{2n}(x) \\
&= J_0(x) + \sum_{n=1}^{\infty}(-1)^n [J_{2n}(x) + J_{-2n}(x)] \\
&= J_0(x) + 2\sum_{n=1}^{\infty}(-1)^n J_{2n}(x)
\end{aligned}
$$

同理可得式 (13.4.52b)。

上述推导过程还可以简化为直接在式 (13.4.51) 中取 $\theta = \pi/2$，得到

$$\cos x = J_0(x) - 2J_2(x) + 2J_4(x) - \cdots \tag{13.4.54a}$$

$$\sin x = 2J_1(x) - 2J_3(x) + 2J_5(x) - \cdots \tag{13.4.54b}$$

它们分别是式 (13.4.52a) 和式 (13.4.52b)。

13.4.4 渐近公式

观察如图 13.3 所示的贝塞尔函数的行为 [特别是 $J_0(x)$ 的曲线]，我们可以看出两个特征：当 x 变得较大时，它们显示振荡的行为，形似余弦或正弦波；而波的振幅发生衰减，好像一个 x 的负数幂。我们在图 13.6 中将 $J_0(x)$ 与余弦函数 $\sqrt{\dfrac{2}{\pi x}}\cos\left(x-\dfrac{\pi}{4}\right)$ 相比较。可以看出，在 $x<1$ 范围，二者有明显的差别，但在 $x>1$ 之后几乎是相等的。这样我们称该余弦函数是 $J_0(x)$ 的渐近公式

$$J_0(x)\approx\sqrt{\frac{2}{\pi x}}\cos\left(x-\frac{\pi}{4}\right) \tag{13.4.55}$$

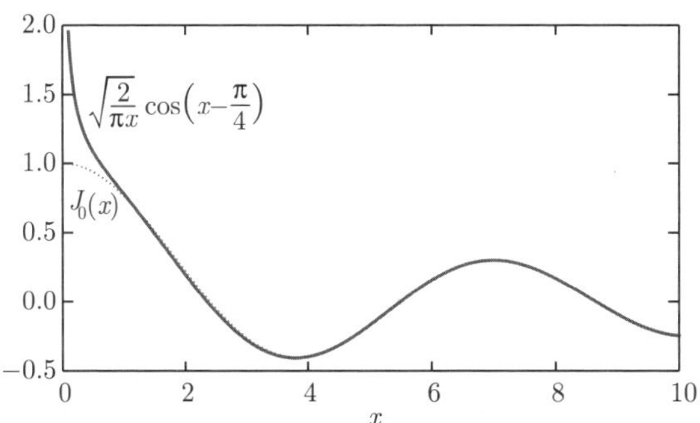

图 13.6 $J_0(x)$ 和它的渐近公式 $\sqrt{\dfrac{2}{\pi x}}\cos\left(x-\dfrac{\pi}{4}\right)$ 的曲线

一般情况下，n 阶贝塞尔函数 $J_n(x)$ 有渐近公式

$$J_n(x)\approx\sqrt{\frac{2}{\pi x}}\cos\left(x-\frac{\pi}{4}-\frac{n\pi}{2}\right)\quad(n=0,1,2,\cdots) \tag{13.4.56}$$

式 (13.4.56) 给出

$$J_1(x)\approx\sqrt{\frac{2}{\pi x}}\sin\left(x-\frac{\pi}{4}\right) \tag{13.4.57}$$

图 13.7 显示了 $J_1(x)$ 和它的渐近公式的曲线，在 $x>2$ 之后二者符合很好。这样我们由式 (13.4.55) 和式 (13.4.57) 看到，在 x 较大时，$J_0(x)$ 和 $J_1(x)$ 几乎是以 2π 为周期的函数，它们分别类似于余弦和正弦函数，即

$$J_0(x)\to\cos x,\quad J_1(x)\to\sin x \tag{13.4.58}$$

这样的类似性还表现在

$$J_0'(x)=-J_1(x)\to(\cos x)'=-\sin x \tag{13.4.59}$$

关于贝塞尔函数与余弦和正弦函数的区别，由式 (13.4.56) 可以看出，当 $x \to \infty$ 时 $J_n(\infty) \to 0$，而余弦和正弦函数维持振荡。

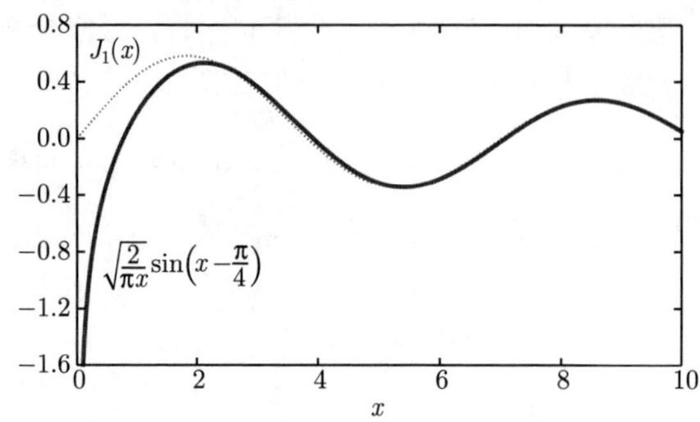

图 13.7　$J_1(x)$ 和它的渐近公式 $\sqrt{\dfrac{2}{\pi x}}\sin\left(x-\dfrac{\pi}{4}\right)$ 的曲线

最后需要说明，贝塞尔函数渐近公式的推导涉及“稳定相方法”(method of stationary phase)，对此可参考相关的专著。

13.5　贝塞尔函数的正交完备性

本节我们进一步推导贝塞尔函数的正交性及完备性关系式，它们对于求解有关贝塞尔方程的定解问题是很有用的。

13.5.1　正交函数集的构造

为了理解贝塞尔函数的正交性，我们从熟知的正弦函数集

$$S_m(x) = \sin(m\pi x) \quad (0 \leqslant x \leqslant 1, m = 1, 2, 3, \cdots) \tag{13.5.1}$$

出发。我们知道它们在区间 [0, 1] 上是正交的

$$\int_0^1 \sin(m\pi x)\sin(k\pi x)\mathrm{d}x = \frac{1}{2}\delta_{mk} \tag{13.5.2}$$

同样，余弦函数集

$$C_m(x) = \cos\left[\frac{(2m-1)\pi}{2}x\right] \quad (0 \leqslant x \leqslant 1, m = 1, 2, 3, \cdots) \tag{13.5.3}$$

在区间 [0, 1] 上也是正交的

$$\int_0^1 \cos\left[\frac{(2m-1)\pi}{2}x\right]\cos\left[\frac{(2k-1)\pi}{2}x\right]\mathrm{d}x = \frac{1}{2}\delta_{mk} \tag{13.5.4}$$

前几个 $C_m(x)$ 和 $S_m(x)$ 如图 13.8 所示。

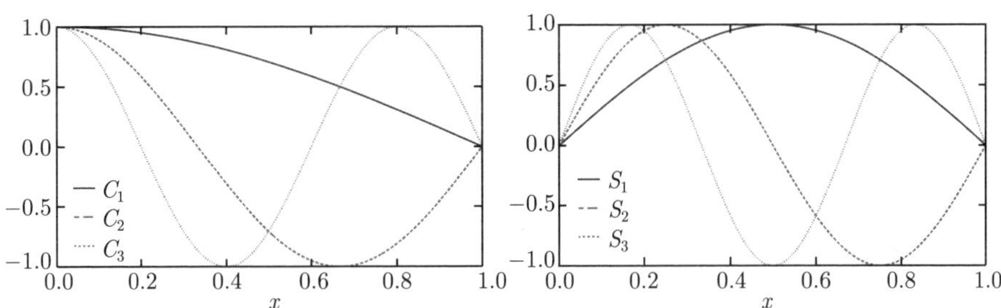

图 13.8 区间 [0, 1] 上的正交函数集：余弦函数 $C_m(x)$ 与正弦函数 $S_m(x)$

注意到，正交函数集 $C_m(x)$ 中的 $[(2m-1)\pi]/2$ 是余弦函数 $\cos x$ 的第 m 个零点，而正交函数集 $S_m(x)$ 中的 $m\pi$ 是正弦函数 $\sin x$ 的第 m 个零点。按照这个情况，构造贝塞尔函数的正交函数集的第一步是考查它的零点。为此我们考虑一个典型的贝塞尔函数 $J_\nu(x)$，为了能写出它的渐近公式，取 $J_\nu(x)$ 为整数阶贝塞尔函数 $J_n(x)$，图 13.9 显示了 $J_n(x)$ 和它的渐近公式的曲线。由此可以看出：对于确定的阶数 n，$J_n(x)$ 有无穷多个零点，我们用 $\mu_{nm}(m=1,\ 2,\ 3,\cdots)$ 表示它的第 m 个零点，则

$$0<\mu_{n1}<\mu_{n2}<\cdots<\mu_{nm}<\cdots \tag{13.5.5}$$

在 m 较大时，这些零点的位置与它的渐近公式的零点几乎是重合的，此时 $J_n(x)$ 几乎是以 2π 为周期的余弦函数 [式 (13.4.56)]，因此相邻两个零点的间隔为

$$\lim_{m\to\infty}(\mu_{n,m+1}-\mu_{n,m})=\pi \tag{13.5.6}$$

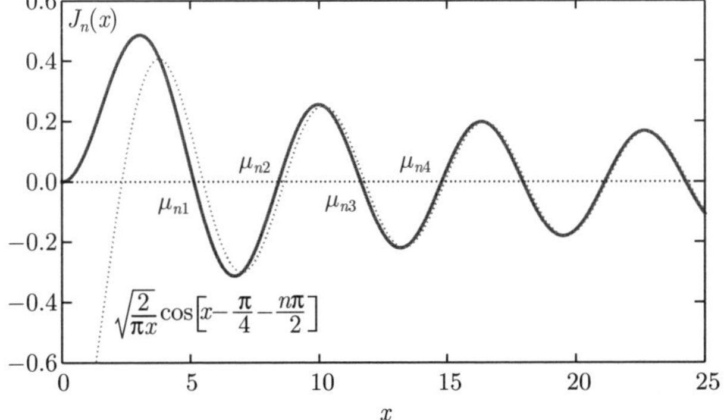

图 13.9 贝塞尔函数 $J_n(x)$ 的零点 $\mu_{n1},\mu_{n2},\cdots,\mu_{nm},\cdots$ 与它的渐近线的零点在 m 较大时几乎重合

我们考虑一般情况，在贝塞尔函数 $J_\nu(x)$ 的零点 $\mu_{\nu m}$ 的意义上，其正交函数集可以写为 $J_\nu(\mu_{\nu m}x)$。它的含义是，对于确定的阶数 ν，相应于不同零点 $\mu_{\nu m}(m=1,2,3,\cdots)$ 的函数 $J_\nu(\mu_{\nu m}x)$ 是相互正交的。我们在表 13.1 中列出了 $\mu_{nm}(n=0,1,2)$ 的前五个值。由这些值分别作出 $J_0(\mu_{0m}x)$ 和 $J_1(\mu_{1m}x)$ 的前三个正交函数，如图 13.10 所示。可以看出，$J_0(\mu_{0m}x)$ 的行为与余弦函数 $C_m(x)$ 类似，而 $J_1(\mu_{1m}x)$ 的行为与正弦函数 $S_m(x)$ 类似。

表 13.1　$J_0(x)$、$J_1(x)$ 和 $J_2(x)$ 的前五个零点

m	1	2	3	4	5
μ_{0m}	2.404 83	5.520 08	8.653 73	11.791 5	14.930 9
μ_{1m}	3.831 71	7.015 59	10.173 5	13.323 7	16.470 6
μ_{2m}	5.135 62	8.417 24	11.619 8	14.796 0	18.980 1

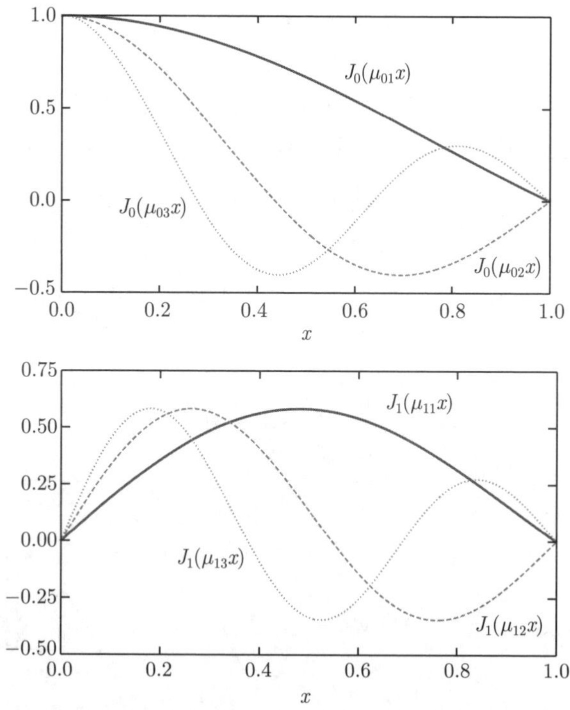

图 13.10　区间 [0, 1] 上的正交函数集：贝塞尔函数 $J_0(\mu_{0m}x)$ 与 $J_1(\mu_{1m}x)$

13.5.2　参数形式的贝塞尔函数

一般来说，形如 $J_\nu(\lambda x)(\lambda>0)$ 的贝塞尔函数称为参数形式的贝塞尔函数。在贝塞尔方程 (13.3.1) 中，用 λx 代换 x，即得

$$(\lambda x)^2 \frac{\mathrm{d}^2 y}{\mathrm{d}(\lambda x)^2} + (\lambda x) \frac{\mathrm{d}y}{\mathrm{d}(\lambda x)} + \left[(\lambda x)^2 - \nu^2\right] y = 0 \tag{13.5.7}$$

或

$$x^2 \frac{\mathrm{d}^2 y}{\mathrm{d}x^2} + x \frac{\mathrm{d}y}{\mathrm{d}x} + \left(\lambda^2 x^2 - \nu^2\right) y = 0 \tag{13.5.8a}$$

方程 (13.5.8a) 称为参数形式的贝塞尔方程，它的解为 $J_\nu(\lambda x)$。而方程 (13.5.8a) 的通解由式 (13.3.26a) 表示为 $y = AJ_\nu(\lambda x) + BY_\nu(\lambda x)$。方程 (13.5.8a) 的施图姆–刘维尔形式为

$$\frac{\mathrm{d}}{\mathrm{d}x}\left(x \frac{\mathrm{d}y}{\mathrm{d}x}\right) - \frac{\nu^2}{x} y + \lambda^2 x y = 0 \tag{13.5.8b}$$

在 $J_\nu(\lambda x)$ 的意义上，贝塞尔函数的递推公式呈现相应的参数形式。特别是，在基本递推公式 (13.4.6b) 中，用 λx 代换 x，得到

$$\frac{\mathrm{d}}{\mathrm{d}\,(\lambda x)} \left[(\lambda x)^{-\nu} J_\nu(\lambda x)\right] = -\,(\lambda x)^{-\nu} J_{\nu+1}(\lambda x) \tag{13.5.9}$$

取 $\nu = 0$，得到

$$\frac{\mathrm{d}}{\mathrm{d}x} J_0(\lambda x) = -\lambda J_1(\lambda x) \tag{13.5.10a}$$

这就是递推公式 (13.4.7a) 的参数形式。在式 (13.5.9) 中取 $\nu = 1$ 得到

$$\frac{\mathrm{d}}{\mathrm{d}x} \left[\frac{1}{x} J_1(\lambda x)\right] = -\frac{\lambda}{x} J_2(\lambda x) \tag{13.5.10b}$$

同样，在基本递推公式 (13.4.6a) 中，用 λx 代换 x，得到

$$\frac{\mathrm{d}}{\mathrm{d}\,(\lambda x)} \left[(\lambda x)^{\nu} J_\nu(\lambda x)\right] = (\lambda x)^{\nu} J_{\nu-1}(\lambda x) \tag{13.5.11}$$

取 $\nu = 1$，得到

$$\frac{\mathrm{d}}{\mathrm{d}x} \left[x J_1(\lambda x)\right] = \lambda x J_0(\lambda x) \tag{13.5.12a}$$

这就是递推公式 (13.4.7b) 的参数形式。在式 (13.5.11) 中取 $\nu = 2$，得到

$$\frac{\mathrm{d}}{\mathrm{d}x} \left[x^2 J_2(\lambda x)\right] = \lambda x^2 J_1(\lambda x) \tag{13.5.12b}$$

我们将会看到，这些参数形式的递推公式能用来计算有关贝塞尔函数的正交完备性中的许多实际问题。

13.5.3 贝塞尔函数的正交性

现在我们可以着手从理论上建立函数集 $J_\nu(\mu_{\nu m}x)$ 的正交性关系式。为此首先取一个正数 a，考虑零点 $\mu_{\nu m}$ 与 a 的比值

$$\lambda_{\nu m}=\frac{\mu_{\nu m}}{a}\quad (m=1,2,3,\cdots) \tag{13.5.13}$$

显然 $\lambda_{\nu m}$ 表示 ν 阶贝塞尔函数的相对于 a 的零点。在 $\lambda_{\nu m}$ 的意义上，参数形式的贝塞尔函数表示为 $J_\nu(\lambda_{\nu m}x)$。这样一来，$J_\nu(\mu_{\nu m}x)$ 中的 x 从 0 到 1 变化，相应于 $J_\nu(\lambda_{\nu m}x)$ 中的 x 从 0 到 a 变化。下面我们将在区间 $[0,a]$ 上一般性地讨论 $J_\nu(\lambda_{\nu m}x)$ 的正交性。

首先将参数形式的贝塞尔方程 (13.5.8b) 与施图姆–刘维尔型方程 (9.1.1) 相比较，我们有 $\rho(x)=x$，因此从式 (9.1.6) 知道，贝塞尔函数的正交性关系式中带有权重函数 x。实际上，我们将要证明

$$\int_0^a xJ_\nu(\lambda_{\nu m}x)\,J_\nu(\lambda_{\nu k}x)\mathrm{d}x=0\quad (m\neq k) \tag{13.5.14}$$

证明 将方程 (13.5.8b) 与施图姆–刘维尔型方程 (9.1.1) 相比较，有 $k(x)=x$，故端点值为 $k(0)=0$，$k(a)=a$。我们进一步计算式 (9.1.7) 的 Q 因子，有

$$Q=-a\left[J_\nu(\mu_{\nu m})J'_\nu(\mu_{\nu k})-J_\nu(\mu_{\nu k})J'_\nu(\mu_{\nu m})\right] \tag{13.5.15}$$

在零点 $\mu_{\nu m}$ 和 $\mu_{\nu k}$，有 $J_\nu(\mu_{\nu m})=J_\nu(\mu_{\nu k})=0$，故 $Q=0$，因此式 (13.5.14) 成立。

下面我们给出式 (13.5.14) 的详细证明过程。因为 $y=J_\nu(\lambda x)\equiv J_\nu(\lambda_{\nu m}x)$ 满足方程 (13.5.8a)

$$x^2\frac{\mathrm{d}^2y}{\mathrm{d}x^2}+x\frac{\mathrm{d}y}{\mathrm{d}x}+\left(\lambda^2x^2-\nu^2\right)y=0 \tag{13.5.16a}$$

所以 $u=J_\nu(\beta x)\equiv J_\nu(\lambda_{\nu k}x)$ 满足方程

$$x^2\frac{\mathrm{d}^2u}{\mathrm{d}x^2}+x\frac{\mathrm{d}u}{\mathrm{d}x}+\left(\beta^2x^2-\nu^2\right)u=0 \tag{13.5.16b}$$

用 u 乘以方程 (13.5.16a)，用 y 乘以方程 (13.5.16b)，并相减，得到

$$x^2\left(u\frac{\mathrm{d}^2y}{\mathrm{d}x^2}-y\frac{\mathrm{d}^2u}{\mathrm{d}x^2}\right)+x\left(u\frac{\mathrm{d}y}{\mathrm{d}x}-y\frac{\mathrm{d}u}{\mathrm{d}x}\right)=x^2\left(\beta^2-\lambda^2\right)yu \tag{13.5.17}$$

式 (13.5.17) 两边同除以 x，得到

$$x\frac{\mathrm{d}}{\mathrm{d}x}\left(u\frac{\mathrm{d}y}{\mathrm{d}x}-y\frac{\mathrm{d}u}{\mathrm{d}x}\right)+\left(u\frac{\mathrm{d}y}{\mathrm{d}x}-y\frac{\mathrm{d}u}{\mathrm{d}x}\right)=x\left(\beta^2-\lambda^2\right)yu \tag{13.5.18}$$

或

$$\frac{\mathrm{d}}{\mathrm{d}x}\left[x\left(u\frac{\mathrm{d}y}{\mathrm{d}x}-y\frac{\mathrm{d}u}{\mathrm{d}x}\right)\right]=x\left(\beta^2-\lambda^2\right)yu \tag{13.5.19}$$

上式对 x 从 0 到 a 积分，得到

$$\begin{aligned}\int_0^a xJ_\nu(\lambda x)\,J_\nu(\beta x)\mathrm{d}x&=\int_0^a xJ_\nu(\lambda_{\nu m}x)\,J_\nu(\lambda_{\nu k}x)\mathrm{d}x\\&=\frac{1}{\beta^2-\lambda^2}\left[x\left(u\frac{\mathrm{d}y}{\mathrm{d}x}-y\frac{\mathrm{d}u}{\mathrm{d}x}\right)\right]_0^a\end{aligned} \tag{13.5.20}$$

式 (13.5.20) 右边有 $y(a)=J_\nu(\mu_{\nu m})=0$，$u(a)=J_\nu(\mu_{\nu k})=0$，而 $\beta\neq\lambda$，故式 (13.5.14) 得证。

现在我们进一步证明模值为

$$\int_0^a xJ_\nu^2(\lambda_{\nu m}x)\mathrm{d}x=\frac{a^2}{2}J_{\nu+1}^2(\mu_{\nu m})\quad(m=1,2,3,\cdots) \tag{13.5.21}$$

注意式 (13.5.21) 涉及零点 $\mu_{\nu m}$ 和相对零点 $\lambda_{\nu m}$。

证明

方法 1　在式 (13.5.20) 中取 $\beta=\mu_{\nu k}/a$，视 λ 为变数，我们有

$$\left.\frac{\mathrm{d}u}{\mathrm{d}x}\right|_{x=a}=\left[\frac{\mathrm{d}}{\mathrm{d}x}J_\nu(\lambda_{\nu k}x)\right]_{x=a}=\frac{\mu_{\nu k}}{a}J_\nu'(\mu_{\nu k}) \tag{13.5.22}$$

另外 $u\big|_{x=a}=J_\nu(\mu_{\nu k})=0$，故式 (13.5.20) 变为

$$\int_0^a xJ_\nu(\lambda x)J_\nu\left(\frac{\mu_{\nu k}}{a}x\right)\mathrm{d}x=\frac{-\mu_{\nu k}J_\nu(\lambda a)J_\nu'(\mu_{\nu k})}{\left(\dfrac{\mu_{\nu k}}{a}\right)^2-\lambda^2} \tag{13.5.23}$$

上式中，令 $\lambda\to\dfrac{\mu_{\nu k}}{a}$，此时式 (13.5.23) 的右边为不定式 $\dfrac{0}{0}$，运用洛必达法则，可得

$$\begin{aligned}\int_0^a xJ_\nu^2\left(\frac{\mu_{\nu k}}{a}x\right)\mathrm{d}x&=\lim_{\lambda\to\frac{\mu_{\nu k}}{a}}\frac{-\mu_{\nu k}J_\nu(\lambda a)J_\nu'(\mu_{\nu k})}{\left(\dfrac{\mu_{\nu k}}{a}\right)^2-\lambda^2}\\&=\lim_{\lambda\to\frac{\mu_{\nu k}}{a}}\frac{-a\mu_{\nu k}J_\nu'(\lambda a)J_\nu'(\mu_{\nu k})}{-2\lambda}\\&=\frac{a^2}{2}\left[J_\nu'(\mu_{\nu k})\right]^2\end{aligned} \tag{13.5.24}$$

下面我们对式 (13.5.24) 右边化简。在递推公式 (13.4.12)，即

$$xJ_\nu'(x)=-\nu J_\nu(x)+xJ_{\nu-1}(x) \tag{13.5.25a}$$

$$xJ_\nu'(x)=\nu J_\nu(x)-xJ_{\nu+1}(x) \tag{13.5.25b}$$

中，取 $x=\mu_{\nu k}$，注意到 $J_\nu(\mu_{\nu k})=0$，我们有

$$J_\nu'(\mu_{\nu k})=J_{\nu-1}(\mu_{\nu k})=-J_{\nu+1}(\mu_{\nu k}) \tag{13.5.26}$$

将式 (13.5.26) 代入式 (13.5.24) 即得式 (13.5.21)，或

$$\int_0^a xJ_\nu^2(\lambda_{\nu m}x)\mathrm{d}x=\frac{a^2}{2}J_{\nu-1}^2(\mu_{\nu m})\quad(m=1,2,3,\cdots) \tag{13.5.27}$$

方法 2　将贝塞尔方程 (13.3.1) 写成施图姆–刘维尔形式

$$\frac{\mathrm{d}}{\mathrm{d}x}(xy')+\left(x-\frac{\nu^2}{x}\right)y=0 \tag{13.5.28}$$

用 xy' 乘以方程 (13.5.28) 两边, 得到

$$\frac{\mathrm{d}}{\mathrm{d}x}[(xy')^2]+(x^2-\nu^2)\frac{\mathrm{d}}{\mathrm{d}x}(y^2)=0 \tag{13.5.29}$$

现在将式 (13.5.29) 变成参数形式的贝塞尔方程, 为此用 λx 代换 x, 得到

$$\frac{\mathrm{d}}{\mathrm{d}x}\left[(\lambda xy')^2\right]+\left(\lambda^2x^2-\nu^2\right)\frac{\mathrm{d}}{\mathrm{d}x}\left(y^2\right)=0 \tag{13.5.30}$$

式 (13.5.30) 是关于 $y=J_\nu(\lambda_{\nu m}x)$ 的方程。对该方程关于 x 从 0 到 a 积分, 并利用微分关系式 $\mathrm{d}\left(x^2y^2\right)=2xy^2\mathrm{d}x+x^2\mathrm{d}\left(y^2\right)$, 得到

$$\left[(\lambda xy')^2\right]_0^a+\lambda^2\left[x^2y^2\right]_0^a-\nu^2\left[y^2\right]_0^a=2\lambda^2\int_0^a xy^2\mathrm{d}x \tag{13.5.31}$$

注意到 $\nu y\big|_{x=0}=\nu J_\nu(0)=0$ 和 $y\big|_{x=a}=[J_\nu(\lambda_{\nu m}x)]_{x=a}=J_\nu(\mu_{\nu m})=0$, 式 (13.5.31) 左边后两项为零, 而第一项给出

$$\left[(xy')^2\right]_0^a=\left[(xJ_\nu'(\lambda_{\nu m}x))^2\right]_0^a=[aJ_\nu'(\mu_{\nu m})]^2 \tag{13.5.32}$$

从而式 (13.5.31) 变为

$$\int_0^a xy^2\mathrm{d}x=\int_0^a xJ_\nu^2(\lambda_{\nu m}x)\mathrm{d}x=\frac{[aJ_\nu'(\mu_{\nu m})]^2}{2} \tag{13.5.33}$$

这就是式 (13.5.24), 接下来的过程与方法 1 相同。

现在我们将式 (13.5.14) 与 (13.5.21) 合写为

$$\int_0^a xJ_\nu(\lambda_{\nu m}x)\,J_\nu(\lambda_{\nu k}x)\mathrm{d}x=\frac{a^2}{2}J_{\nu+1}^2(\mu_{\nu m})\delta_{mk} \tag{13.5.34}$$

注意式 (13.5.34) 右边的 $J_{\nu+1}(\mu_{\nu m})$ 表示 $\nu+1$ 阶贝塞尔函数在 ν 阶贝塞尔函数的零点 $\mu_{\nu m}$ 的取值。由于 $J_{\nu+1}(x)$ 的零点与 $J_\nu(x)$ 的零点不相重合，故 $J_{\nu+1}(\mu_{\nu m}) \neq 0$。一个例子如图 13.11 所示。

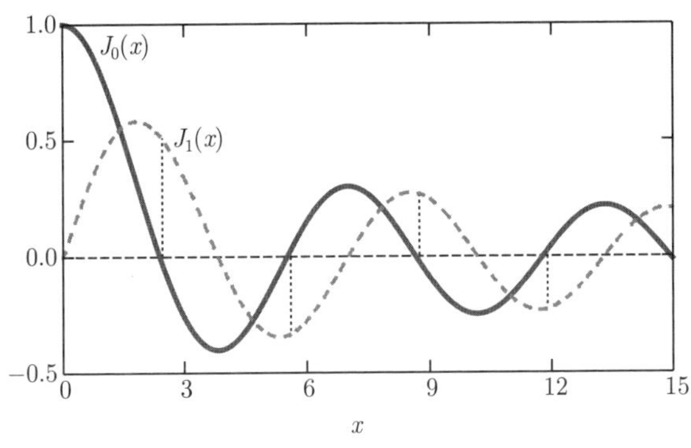

图 13.11 $J_1(\mu_{0m})(m=1,2,3,\cdots)$

在式 (13.5.34) 中取 $x=\sqrt{X}$ 和 $a=\sqrt{L}$，可得贝塞尔函数正交性的另一形式

$$\int_0^L J_\nu\left(\mu_{\nu m}\sqrt{\frac{x}{L}}\right) J_\nu\left(\mu_{\nu k}\sqrt{\frac{x}{L}}\right) \mathrm{d}x = LJ_{\nu+1}^2(\mu_{\nu m})\delta_{mk} \tag{13.5.35}$$

13.5.4 贝塞尔函数的完备性

正像式 (13.5.1) 的正弦函数 $\sin(m\pi x)$ 和式 (13.5.3) 的余弦函数 $\cos\left[(2m-1)\dfrac{\pi x}{2}\right]$ 能够用来展开一个任意函数一样，贝塞尔正交函数集 $J_\nu(\lambda_{\nu m}x)$ 也可以将一个定义在区间 $[0,a]$ 的函数 $f(x)$ 展开为

$$f(x)=\sum_{m=1}^{\infty} A_m J_\nu(\lambda_{\nu m}x) \tag{13.5.36}$$

它称为贝塞尔级数。我们利用正交性表达式 (13.5.34) 求式 (13.5.36) 中的系数 A_m，式 (13.5.36) 的两边同乘以 $xJ_\nu(\lambda_{\nu k}x)$，并在区间 $[0,a]$ 积分，我们有

$$\begin{aligned}
\int_0^a xJ_\nu(\lambda_{\nu k}x) f(x)\mathrm{d}x &= \int_0^a xJ_\nu(\lambda_{\nu k}x)\left[\sum_{m=1}^{\infty} A_m J_\nu(\lambda_{\nu m}x)\right]\mathrm{d}x \\
&= \sum_{m=1}^{\infty} A_m \int_0^a xJ_\nu(\lambda_{\nu k}x)\ J_\nu(\lambda_{\nu m}x)\,\mathrm{d}x \\
&= \frac{a^2}{2}\sum_{m=1}^{\infty} A_m J_{\nu+1}^2(\mu_{\nu m})\,\delta_{km} \\
&= \frac{a^2}{2} A_k J_{\nu+1}^2(\mu_{\nu k})
\end{aligned}$$

即

$$A_m = \frac{2}{a^2 J_{\nu+1}^2(\mu_{\nu m})} \int_0^a x J_\nu(\lambda_{\nu m} x) f(x) \mathrm{d}x \tag{13.5.37}$$

如果函数 f 在区间 $[0, a]$ 是分段光滑的，则 f 有如式 (13.5.36) 所示的贝塞尔级数展开式，对于 $x \in (0, a)$，贝塞尔级数的收敛性由狄利克雷定理确定，即

$$\sum_{m=1}^{\infty} A_m J_\nu(\lambda_{\nu m} x) = f(x) \quad (\text{在 } x \text{ 的连续点}) \tag{13.5.38a}$$

$$\sum_{m=1}^{\infty} A_m J_\nu(\lambda_{\nu m} x) = \frac{f(x-0) + f(x+0)}{2} \quad (\text{在 } x \text{ 的间断点}) \tag{13.5.38b}$$

必须注意，贝塞尔级数展开式 (13.5.36) 不能给出区间 $[0, a]$ 端点的行为，这从下面的例题中可以看出。

例 1　将函数 $f(x) = 1$ 在区间 $[0, 1]$ 上按零阶贝塞尔正交函数集 $J_0(\mu_{0m} x)$ 展开。

解　现在我们有

$$1 = \sum_{m=1}^{\infty} A_m J_0(\mu_{0m} x) \tag{13.5.39}$$

其中的展开系数为

$$A_m = \frac{2}{J_1^2(\mu_{0m})} \int_0^1 x J_0(\mu_{0m} x) \mathrm{d}x \tag{13.5.40a}$$

式中的积分为

$$\begin{aligned} \int_0^1 x J_0(\mu_{0m} x) \mathrm{d}x &= \frac{1}{\mu_{0m}} \int_0^1 \mu_{0m} x J_0(\mu_{0m} x) \mathrm{d}x \\ &= \frac{1}{\mu_{0m}} \int_0^1 \mathrm{d}\left[x J_1(\mu_{0m} x)\right] \\ &= \frac{1}{\mu_{0m}} \left[x J_1(\mu_{0m} x)\right]_0^1 = \frac{J_1(\mu_{0m})}{\mu_{0m}} \end{aligned} \tag{13.5.40b}$$

其中的运算用到了参数形式的递推公式 (13.5.12a)。这样式 (13.5.39) 变为

$$1 = \sum_{m=1}^{\infty} \frac{2}{\mu_{0m} J_1(\mu_{0m})} J_0(\mu_{0m} x) \quad (0 < x < 1) \tag{13.5.41}$$

利用表 13.1 的 μ_{0m} 值作出式 (13.5.41) 的部分和 $S_5(x)$，如图 13.12 所示。现在我们可以看出，贝塞尔级数 (13.5.36) 确实不能给出区间端点 $[0, 1]$ 的行为。事实上，本例中在 $x = 1$ 端点，式 (13.5.41) 右边求和中每一项都有 $J_0(\mu_{0m}) = 0$，因为我们在 J_0 的零点计算它的取值，因此式 (13.5.41) 右边的求和为零。图 13.12 的部分

和也清楚地显示这个情况。因此，本例的贝塞尔级数在端点 $x=1$ 不收敛于原函数 $f(x)=1$。

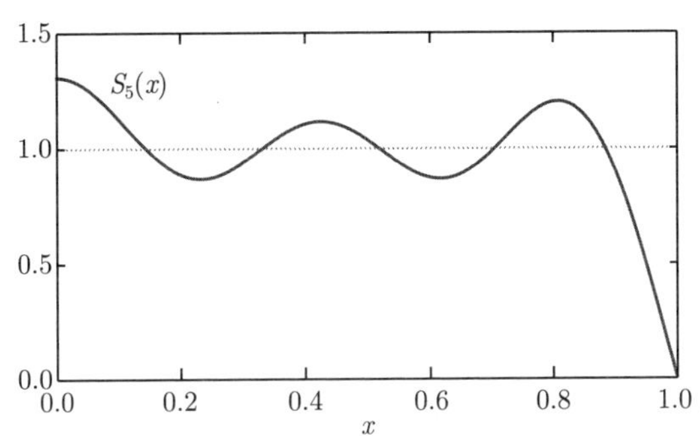

图 13.12　函数 $f(x)=1$ 的贝塞尔级数的部分和

例 2　将函数 $f(x)=x$ 在区间 $[0,1]$ 上按一阶贝塞尔正交函数集 $J_1(\mu_{1m}x)$ 展开。

解　现在我们有

$$x=\sum_{m=1}^{\infty} A_m J_1(\mu_{1m}x) \tag{13.5.42}$$

展开系数

$$A_m=\frac{2}{J_2^2(\mu_{1m})}\int_0^1 x^2 J_1(\mu_{1m}x)\,\mathrm{d}x \tag{13.5.43}$$

其中的积分为

$$\int_0^1 x^2 J_1(\mu_{1m}x)\,\mathrm{d}x=\frac{1}{\mu_{1m}}\int_0^1 \mu_{1m}x^2 J_1(\mu_{1m}x)\,\mathrm{d}x=\frac{1}{\mu_{1m}}J_2(\mu_{1m}) \tag{13.5.44}$$

其中的计算用到了参数形式的递推公式 (13.5.12b)。这样

$$A_m=\frac{2}{\mu_{1m}J_2(\mu_{1m})} \tag{13.5.45}$$

$$x=\sum_{m=1}^{\infty}\frac{2}{\mu_{1m}J_2(\mu_{1m})}J_1(\mu_{1m}x) \tag{13.5.46}$$

式 (13.5.46) 的展开系数还可以用更低阶的贝塞尔函数表示。利用递推公式 (13.4.8b)，即

$$J_2(x)=\frac{2}{x}J_1(x)-J_0(x) \tag{13.5.47}$$

注意到 $J_1(\mu_{1m})=0$，式 (13.5.46) 变为

$$x=-\sum_{m=1}^{\infty}\frac{2}{\mu_{1m}J_0(\mu_{1m})}J_1(\mu_{1m}x)\quad(0<x<1) \tag{13.5.48}$$

与上例的情况相同，在端点 $x=1$，式 (13.5.48) 右边求和中每一项都有 $J_1(\mu_{1m})=0$，因此式 (13.5.48) 右边的求和为零。本例的贝塞尔级数在该端点不收敛于原函数 $f(x)=x$。

例 3 将函数 $f(x)=x^{\nu}(\nu\geqslant 0)$ 在区间 $[0,1]$ 上按 ν 阶贝塞尔正交函数集 $J_{\nu}(\mu_{\nu m}x)$ 展开，并由此计算 $f(x)=\sqrt{x}$ 的展开式。

解 现在我们有

$$x^{\nu}=\sum_{m=1}^{\infty}A_mJ_{\nu}(\mu_{\nu m}x) \tag{13.5.49}$$

其中

$$A_m=\frac{2}{J_{\nu+1}^2(\mu_{\nu m})}\int_0^1 x^{\nu+1}J_{\nu}(\mu_{\nu m}x)\,\mathrm{d}x \tag{13.5.50}$$

在式 (13.4.13a) 中用 $\mu_{\nu m}x$ 代换 x，得到

$$\mu_{\nu m}\int x^{\nu+1}J_{\nu}(\mu_{\nu m}x)\mathrm{d}x=x^{\nu+1}J_{\nu+1}(\mu_{\nu m}x) \tag{13.5.51}$$

利用它计算式 (13.5.50) 中的积分，得到

$$A_m=\frac{2}{\mu_{\nu m}J_{\nu+1}^2(\mu_{\nu m})}\left[x^{\nu+1}J_{\nu+1}(\mu_{\nu m}x)\right]_0^1=\frac{2}{\mu_{\nu m}J_{\nu+1}(\mu_{\nu m})} \tag{13.5.52}$$

代入式 (13.5.49) 得到

$$x^{\nu}=2\sum_{m=1}^{\infty}\frac{1}{\mu_{\nu m}J_{\nu+1}(\mu_{\nu m})}J_{\nu}(\mu_{\nu m}x)\quad(0<x<1) \tag{13.5.53}$$

这就是 $\nu\geqslant 0$ 时的一般结果。当 $\nu=1/2$ 时，式 (13.5.53) 给出

$$\sqrt{x}=2\sum_{m=1}^{\infty}\frac{1}{\mu_{\frac{1}{2},m}J_{\frac{3}{2}}(\mu_{\frac{1}{2},m})}J_{\frac{1}{2}}\left(\mu_{\frac{1}{2},m}x\right) \tag{13.5.54}$$

下面进一步化简式 (13.5.54)。由式 (13.3.19) 可以看出，$J_{1/2}(x)$ 的零点为

$$\mu_{\frac{1}{2},m}=m\pi\quad(m=1,2,3,\cdots) \tag{13.5.55}$$

由式 (13.4.24) 知

$$J_{\frac{3}{2}}(\mu_{\frac{1}{2},m})=J_{\frac{3}{2}}(m\pi)=\frac{1}{\pi}\sqrt{\frac{2}{m}}(-1)^{m-1} \tag{13.5.56}$$

由式 (13.3.19) 知

$$J_{\frac{1}{2}}\left(\mu_{\frac{1}{2},m}x\right)=J_{\frac{1}{2}}(m\pi x)=\frac{1}{\pi}\sqrt{\frac{2}{mx}}\sin(m\pi x) \tag{13.5.57}$$

将式 (13.5.55) ∼ 式 (13.5.57) 代入式 (13.5.54)，得到

$$x = \frac{2}{\pi}\sum_{m=1}^{\infty}\frac{(-1)^{m-1}}{m}\sin(m\pi x)\ \ (0 < x < 1) \tag{13.5.58}$$

它正好是 x 的正弦函数展开式。

13.6 贝塞尔函数应用举例

贝塞尔函数在求解数学物理方法的定解问题中扮演着重要的角色，特别是通过分离变量法，很多问题都化为极坐标系或柱坐标系中的贝塞尔方程，它们在理论问题与工程领域都具有非常广泛的应用，其中一个有趣的例子是第 9 章所讨论的吊摆问题。本节通过一些典型的例题进一步讨论贝塞尔方程和贝塞尔函数在求解定解问题中的应用。

例 1 对于给定的实数 $\nu \geqslant 0$，求解关于待定常数 λ 的本征值问题

$$\begin{cases} x^2\dfrac{\mathrm{d}^2y}{\mathrm{d}x^2} + x\dfrac{\mathrm{d}y}{\mathrm{d}x} + \left(\lambda x^2 - \nu^2\right)y = 0 \quad (0 < x < 1) & (13.6.1\text{a}) \\ y(1) = 0 & (13.6.1\text{b}) \\ |y(0)| = \text{有限值} & (13.6.1\text{c}) \end{cases}$$

解 方程 (13.6.1a) 是参数形式的贝塞尔方程 [见式 (13.5.8a)]，它的通解为

$$y = AJ_\nu(\sqrt{\lambda}x) + BY_\nu(\sqrt{\lambda}x) \tag{13.6.2}$$

由于第二类贝塞尔函数 Y_ν 在 $x = 0$ 不是有界的 (图 13.5)，条件 (13.6.1c) 要求 $B = 0$，因此式 (13.6.2) 变为

$$y = AJ_\nu(\sqrt{\lambda}x) \tag{13.6.3}$$

由边界条件 (13.6.1b) 得到

$$J_\nu(\sqrt{\lambda}) = 0 \tag{13.6.4}$$

可见 $\sqrt{\lambda}$ 是 ν 阶贝塞尔函数的零点，即 $\sqrt{\lambda} = \mu_{\nu m}(m = 1,\ 2,\ 3,\cdots)$。这样本征值问题 (13.6.1) 的解为

$$\lambda = \mu_{\nu m}^2, y = AJ_\nu(\mu_{\nu m}x) \quad (m = 1, 2, 3, \cdots) \tag{13.6.5}$$

其中，$\mu_{\nu m}$ 是 ν 阶贝塞尔函数 $J_\nu(x)$ 的第 m 个零点。

例 2　设有半径为 1 的薄均匀圆盘，边缘温度保持为零度，初始时刻圆盘内温度分布为 $1-r^2$。其中，r 是圆盘内任一点到盘中心的距离，求圆盘内任意时刻的温度分布。

解　圆盘内任意时刻的温度分布服从二维热传导方程

$$\frac{\partial u}{\partial t}=a^2\left(\frac{\partial^2 u}{\partial x^2}+\frac{\partial^2 u}{\partial y^2}\right) \tag{13.6.6}$$

由于是圆域的定解问题，故采用极坐标系，取圆盘中心为坐标原点。考虑到初始温度分布 $1-r^2$ 是中心对称的 (只与 r 有关)，因此任意时刻的温度分布可以写为 $u(r,t)$(与变量 θ 无关)，利用二维极坐标系的拉普拉斯方程 (1.2.30)，系统的温度分布归结为下列定解问题

$$\begin{cases}\dfrac{\partial u}{\partial t}=a^2\left(\dfrac{\partial^2 u}{\partial r^2}+\dfrac{1}{r}\dfrac{\partial u}{\partial r}\right) & (0<r<1,t>0) \quad (13.6.7\text{a})\\ u(1,t)=0 & (t>0) \quad (13.6.7\text{b})\\ u(r,0)=1-r^2 & (0\leqslant r\leqslant 1) \quad (13.6.7\text{c})\end{cases}$$

设式 (13.6.7a) 有变量分离的形式解

$$u(r,t)=R(r)T(t) \tag{13.6.8}$$

将式 (13.6.8) 代入式 (13.6.7a)，得到

$$RT'=a^2\left(R''T+\frac{1}{r}R'T\right) \tag{13.6.9}$$

或

$$\frac{T'}{a^2T}=\frac{R''+\dfrac{1}{r}R'}{R}=-\beta \tag{13.6.10}$$

其中，β 是分离常数。由此得

$$T'+\beta a^2T=0 \tag{13.6.11a}$$

$$r^2R''+rR'+\beta r^2R=0 \tag{13.6.11b}$$

方程 (13.6.11a) 的解为

$$T(t)=\mathrm{e}^{-a^2\beta t} \tag{13.6.12}$$

由于 $t\to\infty$ 时，$u=$ 有限值，所以 β 只能为正值，令 $\sqrt{\beta}=\mu$，则

$$T(t)=\mathrm{e}^{-a^2\mu^2 t} \tag{13.6.13}$$

方程 (13.6.11b) 是零阶贝塞尔方程，它的通解为

$$R(r) = AJ_0(\mu r) + BY_0(\mu r) \tag{13.6.14}$$

由于第二类贝塞尔函数 Y_0 在 $r = 0$ 不是有界的 (图 13.5)，故必须取 $B = 0$，因此式 (13.6.14) 变为

$$R(r) = AJ_0(\mu r) \tag{13.6.15}$$

由边界条件 (13.6.7b) 得到

$$J_0(\mu) = 0 \tag{13.6.16}$$

可见 μ 是零阶贝塞尔函数的零点，即 $\mu = \mu_{0m}(m = 1, 2, 3, \cdots)$。综合以上结果可得

$$R_m(r) = A_m J_0(\mu_{0m} r) \tag{13.6.17a}$$

$$T_m(t) = \mathrm{e}^{-a^2 \mu_{0m}^2 t} \tag{13.6.17b}$$

从而本征解为

$$u_m(r,t) = A_m J_0(\mu_{0m} r)\mathrm{e}^{-a^2 \mu_{0m}^2 t} \tag{13.6.18}$$

利用叠加原理，得到定解问题 (13.6.7) 的一般解

$$u(r,t) = \sum_{m=1}^{\infty} A_m J_0(\mu_{0m} r)\mathrm{e}^{-a^2 \mu_{0m}^2 t} \tag{13.6.19}$$

现在利用初始条件 (13.6.7c) 确定系数 A_m，我们有

$$1 - r^2 = \sum_{m=1}^{\infty} A_m J_0(\mu_{0m} r) \tag{13.6.20}$$

由式 (13.5.37) 得到

$$\begin{aligned} A_m &= \frac{2}{J_1^2(\mu_{0m})} \int_0^1 x J_0(\mu_{0m} x)\left(1 - x^2\right) \mathrm{d}x \\ &= \frac{2}{J_1^2(\mu_{0m})} \int_0^1 x J_0(\mu_{0m} x)\, \mathrm{d}x - \frac{2}{J_1^2(\mu_{0m})} \int_0^1 x^3 J_0(\mu_{0m} x)\, \mathrm{d}x \end{aligned} \tag{13.6.21}$$

由式 (13.5.40b) 得到

$$\int_0^1 x J_0(\mu_{0m} x)\, \mathrm{d}x = \frac{J_1(\mu_{0m})}{\mu_{0m}} \tag{13.6.22}$$

在式 (13.4.33a) 中用 $\mu_{0m} x$ 代换 x，积分后得到

$$\int_0^1 x^3 J_0(\mu_{0m} x)\mathrm{d}x = \frac{J_1(\mu_{0m})}{\mu_{0m}} - 2\frac{J_2(\mu_{0m})}{\mu_{0m}^2} \tag{13.6.23}$$

将式 (13.6.22) 和式 (13.6.23) 代入式 (13.6.21)，得到

$$A_m = \frac{4J_2(\mu_{0m})}{\mu_{0m}^2 J_1^2(\mu_{0m})} \tag{13.6.24}$$

将式 (13.6.24) 代入式 (13.6.19)，得到

$$u(r,t) = \sum_{m=1}^{\infty} \frac{4J_2(\mu_{0m})}{\mu_{0m}^2 J_1^2(\mu_{0m})} J_0(\mu_{0m} r)\mathrm{e}^{-a^2\mu_{0m}^2 t} \tag{13.6.25}$$

这就是所求定解问题的解。其中，$\mu_{0m}(m=1,\ 2,\ 3,\cdots)$ 是 $J_0(x)$ 的第 m 个零点。

利用表 13.1 的数据可以写出式 (13.6.25) 的部分和 $S_5(r,t)$，并作出不同时刻 t 的温度分布，如图 13.13 所示。可以看出，$t=0$ 时，部分和 $S_5(r,0)$ 与初始分布 $u(r,0)=1-r^2$ 拟合极好。随着时间的增加，$S_5(r,t)$ 不断下降。由式 (13.6.25) 可以看出，当 $t\to\infty$ 时，系统温度为零。

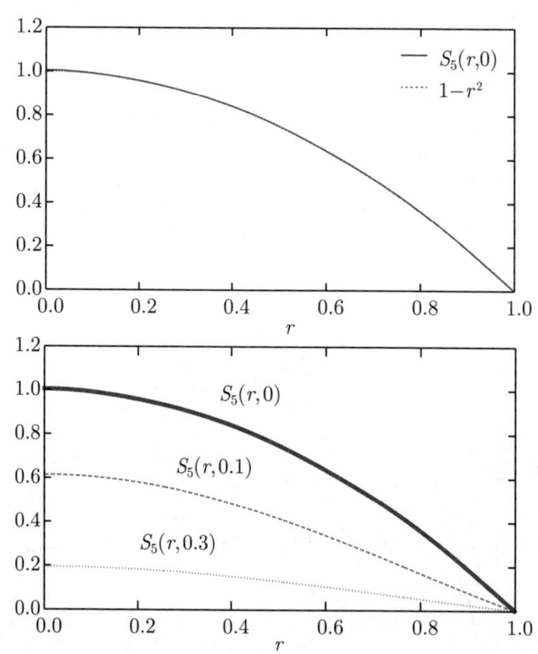

图 13.13　温度分布式 (13.6.25) 的部分和 $S_5(r,t)(a=1)$

例 3　设有高度为 h、半径为 a 的均匀圆柱体，圆柱体侧面的温度保持为零度，上、下底的温度分别为 H 和 0，求圆柱体内的稳态温度分布。

解　圆柱体内的稳态温度分布服从拉普拉斯方程

$$\frac{\partial^2 u}{\partial x^2} + \frac{\partial^2 u}{\partial y^2} + \frac{\partial^2 u}{\partial z^2} = 0 \tag{13.6.26}$$

由于是圆柱区域的问题，故采用柱坐标系 (图 13.14)，取下底中心为坐标原点，圆柱轴为 z 轴。考虑到边界温度分布与变量 ϕ 无关，因此稳态温度分布可以写为 $u(\rho,z)$，利用三维柱坐标系的拉普拉斯方程 (1.2.34)，系统的温度分布归结为下列边值问题

$$\begin{cases} \dfrac{\partial^2 u}{\partial \rho^2}+\dfrac{1}{\rho}\dfrac{\partial u}{\partial \rho}+\dfrac{\partial^2 u}{\partial z^2}=0 & (\rho<a, 0<z<h) & (13.6.27\text{a}) \\ u\big|_{\rho=a}=0 & (0\leqslant z\leqslant h) & (13.6.27\text{b}) \\ u\big|_{z=0}=0 & (\rho\leqslant a) & (13.6.27\text{c}) \\ u\big|_{z=h}=H & (\rho<a) & (13.6.27\text{d}) \end{cases}$$

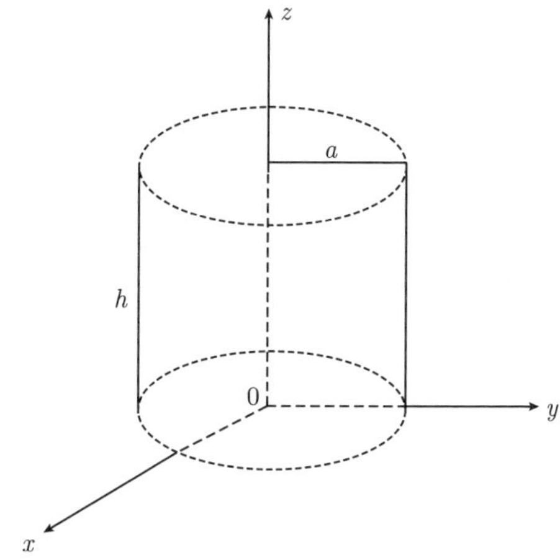

图 13.14 柱坐标系中的圆柱体

设式 (13.6.27a) 有变量分离的形式解

$$u(\rho,z)=R(\rho)Z(z) \tag{13.6.28}$$

将式 (13.6.28) 代入式 (13.6.27a)，得到

$$-\frac{1}{Z}Z''=\frac{R''+\dfrac{1}{\rho}R'}{R}=-\lambda^2 \tag{13.6.29}$$

其中，λ 是分离常数。由式 (13.6.29) 得到

$$Z''-\lambda^2 Z=0 \tag{13.6.30a}$$

$$R''+\frac{1}{\rho}R'+\lambda^2 R=0 \tag{13.6.30b}$$

方程 (13.6.30a) 的解为

$$Z(z)=\sinh(\lambda z) \tag{13.6.31}$$

它满足 u 在下底的条件式 (13.6.27c)。方程 (13.6.30b) 是零阶贝塞尔方程，它的通解为

$$R(\rho)=AJ_0(\lambda\rho)+BY_0(\lambda\rho) \tag{13.6.32}$$

由于第二类贝塞尔函数 Y_0 在 $\rho=0$ 不是有界的 (图 13.5)，故必须取 $B=0$，因此式 (13.6.32) 变为

$$R(\rho)=AJ_0(\lambda\rho) \tag{13.6.33}$$

由边界条件 (13.6.27b) 得到

$$J_0(\lambda a)=0 \tag{13.6.34}$$

可见 $\lambda a=\mu_{0m}(m=1,\ 2,\ 3,\cdots)$ 是零阶贝塞尔函数的零点。综合以上结果可得本征解为

$$u_m(\rho,z)=A_m\sinh\left(\mu_{0m}\frac{z}{a}\right)J_0\left(\mu_{0m}\frac{\rho}{a}\right) \tag{13.6.35}$$

利用叠加原理，得到定解问题 (13.6.27) 的一般解

$$u(\rho,z)=\sum_{m=1}^{\infty}A_m\sinh\left(\mu_{0m}\frac{z}{a}\right)J_0\left(\mu_{0m}\frac{\rho}{a}\right) \tag{13.6.36}$$

现在利用 u 在上底的条件 (13.6.27d) 确定系数 A_m，我们有

$$H=\sum_{m=1}^{\infty}A_m\sinh\left(\mu_{0m}\frac{h}{a}\right)J_0\left(\mu_{0m}\frac{\rho}{a}\right) \tag{13.6.37}$$

式 (13.6.37) 表明，$A_m\sinh\left(\mu_{0m}\dfrac{h}{a}\right)$ 是函数 $f(\rho)=H$ 按 $J_0\left(\mu_{0m}\dfrac{\rho}{a}\right)$ 在区间 $[0,a]$ 上展开的系数，由式 (13.5.37) 得到

$$A_m\sinh\left(\mu_{0m}\frac{h}{a}\right)=\frac{2H}{a^2J_1^2(\mu_{0m})}\int_0^a xJ_0\left(\frac{\mu_{0m}}{a}x\right)\mathrm{d}x \tag{13.6.38}$$

由式 (13.5.40b) 得到

$$\int_0^a xJ_0\left(\frac{\mu_{0m}}{a}x\right)\mathrm{d}x=\frac{a}{\mu_{0m}}\left[xJ_1\left(\frac{\mu_{0m}}{a}x\right)\right]_0^a=\frac{a^2}{\mu_{0m}}J_1(\mu_{0m}) \tag{13.6.39}$$

于是式 (13.6.38) 给出

$$A_m = \frac{2H}{\mu_{0m} J_1(\mu_{0m})} \operatorname{csch}\left(\mu_{0m} \frac{h}{a}\right) \tag{13.6.40}$$

从而式 (13.6.35) 变为

$$u(\rho, z) = 2H \sum_{m=1}^{\infty} \frac{1}{\mu_{0m} J_1(\mu_{0m})} \operatorname{csch}\left(\mu_{0m} \frac{h}{a}\right) \sinh\left(\mu_{0m} \frac{z}{a}\right) J_0\left(\mu_{0m} \frac{\rho}{a}\right) \tag{13.6.41}$$

这就是所求定解问题的解。其中，$\mu_{0m}(m = 1, 2, 3, \cdots)$ 是 $J_0(x)$ 的第 m 个零点。

13.7 球贝塞尔函数

球贝塞尔方程 (13.1.8a) 可以写为

$$x^2 y'' + 2xy' + \left[kx^2 - n(n+1)\right] y = 0 \quad (0 < x < a) \tag{13.7.1}$$

其中，k 是一个非负的实数，$n = 0, 1, 2, \cdots$ 为了得到方程 (13.7.1) 在区间 $[0, a]$ 上的有界解，引入代换

$$y(x) = x^{-1/2} w(x) \tag{13.7.2}$$

方程 (13.7.1) 变成

$$x^2 w'' + xw' + \left[kx^2 - \left(n + \frac{1}{2}\right)^2\right] w = 0 \tag{13.7.3}$$

这是 $\left(n + \frac{1}{2}\right)$ 阶参数形式的贝塞尔方程 [式 (13.5.8a)]。方程 (13.7.3) 存在有界解的条件是

$$k = \lambda^2 \tag{13.7.4}$$

而

$$\lambda = \lambda_{nm} = \frac{\mu_{n+\frac{1}{2}, m}}{a} \tag{13.7.5}$$

这里 $\mu_{n+\frac{1}{2}, m}$ 表示 $\left(n + \frac{1}{2}\right)$ 阶贝塞尔函数的第 m 个零点。这样式 (13.7.3) 的解为

$$w_{nm}(x) = J_{n+\frac{1}{2}}(\lambda_{nm} x) \quad (n = 0, 1, 2, \cdots, \quad m = 1, 2, 3, \cdots) \tag{13.7.6}$$

于是式 (13.7.2) 变为

$$x^{-1/2}J_{n+\frac{1}{2}}(\lambda_{nm}x)\quad(n=0,1,2,\cdots,\quad m=1,2,3,\cdots)\tag{13.7.7}$$

球贝塞尔函数定义为

$$j_n(x)=\sqrt{\frac{\pi}{2x}}J_{n+\frac{1}{2}}(x)\quad(n=0,1,2,\cdots)\tag{13.7.8}$$

容易验证：如果 $y(x)$ 是方程 (13.7.1) 的解，则乘以任意常数 A 之后，$Ay(x)$ 也是它的解。现在选择 $A=\sqrt{\pi/2}$ [这使得球贝塞尔函数具有最简洁的形式，如式 (13.7.10) 所示]，则式 (13.7.8) 所示的球贝塞尔函数显然是 (13.7.1) 的解，于是有

$$y_{nm}(x)=j_n(\lambda_{nm}x)\quad(n=0,1,2,\cdots,\quad m=1,2,3,\cdots)\tag{13.7.9}$$

这就是球贝塞尔方程 (13.7.1) 的解。n 阶球贝塞尔函数 $j_n(x)$ 由式 (13.7.8) 定义，它与 $\left(n+\dfrac{1}{2}\right)$ 阶贝塞尔函数相差一个因子 $\sqrt{\dfrac{\pi}{2x}}$。因此，由式 (13.4.24) 可知，球贝塞尔函数都是初等函数。利用式 (13.4.24) 计算出前几个球贝塞尔函数

$$j_0(x)=\frac{\sin x}{x}\tag{13.7.10a}$$

$$j_1(x)=\frac{\sin x}{x^2}-\frac{\cos x}{x}\tag{13.7.10b}$$

$$j_2(x)=\left(\frac{3}{x^3}-\frac{1}{x}\right)\sin x-\frac{3}{x^2}\cos x\tag{13.7.10c}$$

它们的曲线如图 13.15 所示。

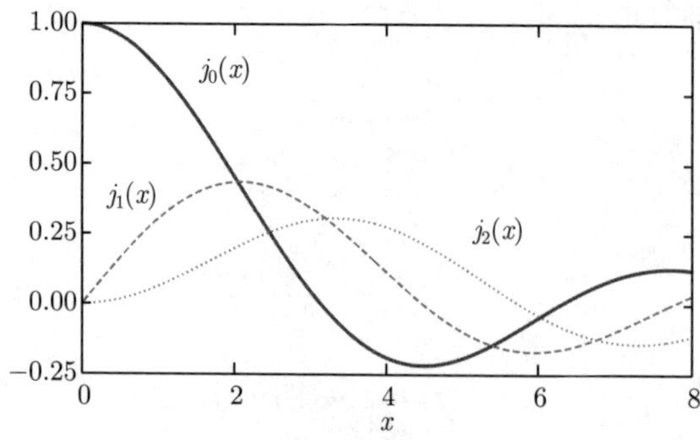

图 13.15　前几个球贝塞尔函数 $j_n(x)$ 曲线

球贝塞尔函数 $j_n(x)$ 的性质与半整数阶的贝塞尔函数 $J_{n+\frac{1}{2}}(x)$ 类似，球贝塞尔函数的基本递推公式为

$$\frac{\mathrm{d}}{\mathrm{d}x}\left[x^{n+1}j_n(x)\right]=x^{n+1}j_{n-1}(x) \tag{13.7.11a}$$

$$\frac{\mathrm{d}}{\mathrm{d}x}\left[x^{-n}j_n(x)\right]=-x^{-n}j_{n+1}(x) \tag{13.7.11b}$$

它们相应于贝塞尔函数的递推公式 (13.4.6)。而正交性关系为

$$\int_0^a x^2 j_n(\lambda_{nm}x)\, j_n(\lambda_{nk}x)\mathrm{d}x=\frac{a^3}{2}j_{n+1}^2(\mu_{n+\frac{1}{2},m})\delta_{mk} \tag{13.7.12}$$

可见球贝塞尔函数 $j_n(x)$ 正交性的权重函数是 x^2。

第 14 章　勒让德多项式

本章介绍另一种变系数的常微分方程 —— 勒让德方程。我们在讨论它的级数解法的基础上，由其在区间 $[-1,1]$ 的有界解构成另一类正交完备函数集 —— 勒让德多项式。我们还将对勒让德多项式的性质进行全面的讨论。最后介绍勒让德多项式在求解数学物理方法定解问题中的应用。

14.1　勒让德方程的引入

第 13 章我们通过三维波动方程、三维热传导方程，以及施图姆–刘维尔方程引入了勒让德方程。这里我们从拉普拉斯方程直接引入勒让德方程。拉普拉斯方程在球坐标系中表示为 [式 (1.2.49)]

$$\frac{1}{r^2}\frac{\partial}{\partial r}\left(r^2\frac{\partial u}{\partial r}\right)+\frac{1}{r^2\sin\theta}\frac{\partial}{\partial\theta}\left(\sin\theta\frac{\partial u}{\partial\theta}\right)+\frac{1}{r^2\sin^2\theta}\frac{\partial^2 u}{\partial\phi^2}=0 \tag{14.1.1}$$

设方程 (14.1.1) 有变量分离的形式解

$$u(r,\ \theta,\ \phi)=R(r)\Theta(\theta)\Phi(\phi) \tag{14.1.2}$$

将式 (14.1.2) 代入式 (14.1.1) 得到

$$\frac{\Theta\Phi}{r^2}\frac{\mathrm{d}}{\mathrm{d}r}\left(r^2\frac{\mathrm{d}R}{\mathrm{d}r}\right)+\frac{\Phi R}{r^2\sin\theta}\frac{\mathrm{d}}{\mathrm{d}\theta}\left(\sin\theta\frac{\mathrm{d}\Theta}{\mathrm{d}\theta}\right)+\frac{\Theta R}{r^2\sin^2\theta}\frac{\mathrm{d}^2\Phi}{d\phi^2}=0 \tag{14.1.3}$$

两边同乘以 $\dfrac{r^2}{\Theta\Phi R}$，并移项，得到

$$\frac{1}{R}\frac{\mathrm{d}}{\mathrm{d}r}\left(r^2\frac{\mathrm{d}R}{\mathrm{d}r}\right)=-\frac{1}{\Theta\sin\theta}\frac{\mathrm{d}}{\mathrm{d}\theta}\left(\sin\theta\frac{\mathrm{d}\Theta}{\mathrm{d}\theta}\right)-\frac{1}{\Phi\sin^2\theta}\frac{\mathrm{d}^2\Phi}{\mathrm{d}\phi^2} \tag{14.1.4}$$

于是

$$\frac{1}{R}\frac{\mathrm{d}}{\mathrm{d}r}\left(r^2\frac{\mathrm{d}R}{\mathrm{d}r}\right)=l(l+1) \tag{14.1.5a}$$

$$\frac{1}{\Theta\sin\theta}\frac{\mathrm{d}}{\mathrm{d}\theta}\left(\sin\theta\frac{\mathrm{d}\Theta}{\mathrm{d}\theta}\right)+\frac{1}{\Phi\sin^2\theta}\frac{\mathrm{d}^2\Phi}{\mathrm{d}\phi^2}=-l(l+1) \tag{14.1.5b}$$

其中, l 是分离常数，一般为实数。方程 (14.1.5a) 为欧拉方程，它的通解为

$$R(r)=A_l r^l+B_l\frac{1}{r^{l+1}} \tag{14.1.6}$$

其中, A_l 和 B_l 是任意常数。给方程 (14.1.5b) 两边同乘以 $\sin^2\theta$，并移项，得到

$$\frac{1}{\Theta}\sin\theta\frac{\mathrm{d}}{\mathrm{d}\theta}\left(\sin\theta\frac{\mathrm{d}\Theta}{\mathrm{d}\theta}\right)+l(l+1)\sin^2\theta=-\frac{1}{\Phi}\frac{\mathrm{d}^2\Phi}{\mathrm{d}\phi^2} \tag{14.1.7}$$

于是

$$-\frac{1}{\Phi}\frac{\mathrm{d}^2\Phi}{\mathrm{d}\phi^2}=m^2 \tag{14.1.8a}$$

$$\frac{1}{\Theta}\sin\theta\frac{\mathrm{d}}{\mathrm{d}\theta}\left(\sin\theta\frac{\mathrm{d}\Theta}{\mathrm{d}\theta}\right)+l(l+1)\sin^2\theta=m^2 \tag{14.1.8b}$$

其中, m 是另一个分离常数。方程 (14.1.8a) 的通解为

$$\Phi(\phi)=B_1\cos m\phi+B_2\sin m\phi \tag{14.1.9}$$

方程 (14.1.8b) 是连带勒让德方程。令 $x=\cos\theta$，$y(x)=\Theta(\theta)$，则

$$\frac{\mathrm{d}\Theta}{\mathrm{d}\theta}=-\sin\theta\frac{\mathrm{d}\Theta}{\mathrm{d}x},\quad \frac{\mathrm{d}^2\Theta}{\mathrm{d}\theta^2}=-\cos\theta\frac{\mathrm{d}\Theta}{\mathrm{d}x}+\sin^2\theta\frac{\mathrm{d}^2\Theta}{\mathrm{d}x^2} \tag{14.1.10}$$

于是方程 (14.1.8b) 变为

$$(1-x^2)y''-2xy'+\left[l(l+1)-\frac{m^2}{\sin^2\theta}\right]y=0 \tag{14.1.11a}$$

即

$$(1-x^2)y''-2xy'+\left[l(l+1)-\frac{m^2}{1-x^2}\right]y=0 \tag{14.1.11b}$$

当 $m=0$ 时，式 (14.1.8b) 和式 (14.1.11b) 分别约化为

$$\frac{1}{\sin\theta}\frac{\mathrm{d}}{\mathrm{d}\theta}\left(\sin\theta\frac{\mathrm{d}\Theta}{\mathrm{d}\theta}\right)=-l(l+1)\Theta \tag{14.1.12}$$

和

$$(1-x^2)y''-2xy'+l(l+1)y=0 \tag{14.1.13}$$

方程 (14.1.12) 或方程 (14.1.13) 就是勒让德方程。

14.2 勒让德多项式

现在我们求解勒让德方程 (14.1.13)，由式 (13.1.9c) 写出它的施图姆–刘维尔形式

$$\frac{\mathrm{d}}{\mathrm{d}x}\left[(1-x^2)\frac{\mathrm{d}y}{\mathrm{d}x}\right]+l(l+1)y=0 \tag{14.2.1}$$

可以看出，方程 (14.2.1) 是算符 $-\dfrac{\mathrm{d}}{\mathrm{d}x}\left[(1-x^2)\dfrac{\mathrm{d}}{\mathrm{d}x}\right]$ 的本征方程，本征值为 $l(l+1)$。

设方程 (14.1.13) 在 $x=0$ 处有幂级数解

$$y=\sum_{k=0}^{\infty} C_k x^k = C_0 + C_1 x + C_2 x^2 + \cdots \tag{14.2.2}$$

其中, $C_k(k=0,\ 1,\ 2,\cdots)$ 是系数。对式 (14.2.2) 求导数，得到

$$y'=\sum_{k=1}^{\infty} kC_k x^{k-1} \tag{14.2.3a}$$

$$y''=\sum_{k=2}^{\infty} k(k-1)C_k x^{k-2} \tag{14.2.3b}$$

在式 (14.2.3a) 中，因为求和的第一项 $(k=0)$ 为零，故求和实际从 $k=1$ 开始。同理，在式 (14.2.3b) 中, 因为求和的前两项 $(k=0,1)$ 均为零，故求和实际从 $k=2$ 开始。将式 (14.2.2) 和式 (14.2.3) 代入式 (14.1.13)，得到

$$\begin{aligned}
&\sum_{k=2}^{\infty} k(k-1)C_k x^{k-2} - \sum_{k=2}^{\infty} k(k-1)C_k x^k - \sum_{k=1}^{\infty} 2kC_k x^k + l(l+1)\sum_{k=0}^{\infty} C_k x^k \\
&=\sum_{k=2}^{\infty} k(k-1)C_k x^{k-2} - \sum_{k=0}^{\infty} [k(k+1)-l(l+1)]C_k x^k \\
&\quad (k-2=m) \\
&=\sum_{m=0}^{\infty} (m+2)(m+1)C_{m+2}x^m - \sum_{k=0}^{\infty} (k-l)(k+l+1)C_k x^k \\
&=\sum_{k=0}^{\infty} \left[(k+2)(k+1)C_{k+2} - (k-l)(k+l+1)C_k\right] x^k = 0
\end{aligned}$$

上式中参与求和的各项是相互独立的，因此求和为零的必要充分条件是任意项 x^k 的系数为零，即

$$(k+2)(k+1)C_{k+2} - (k-l)(k+l+1)C_k = 0 \tag{14.2.4}$$

这是系数所满足的关系式，可以写成

$$C_{k+2} = \frac{(k-l)(k+l+1)}{(k+2)(k+1)}C_k \quad (k=0,\ 1,\ 2,\cdots) \tag{14.2.5}$$

这是一个双间隔系数递推公式，我们由 C_0 开始递推，得到

$$\begin{aligned}
k=0:&\quad C_2 = \frac{(0-l)(0+l+1)}{2\cdot 1}C_0 = -\frac{l(l+1)}{2!}C_0 \\
k=2:&\quad C_4 = \frac{(2-l)(l+3)}{4\cdot 3}C_2 = \frac{(l-2)l(l+1)(l+3)}{4!}C_0
\end{aligned}$$

$$k=4:\quad C_6=-\frac{(l-4)(l-2)l(l+1)(l+3)(l+5)}{6!}C_0$$

$$\cdots\cdots$$

可以看出，每个系数都含有 C_0，将 C_2, C_4, $C_6,\cdots$ 代入式 (14.2.2)，得到偶数幂的集合 $C_0y_0(x)$，其中

$$\begin{aligned}y_0(x)=&1-\frac{l(l+1)}{2!}x^2+\frac{(l-2)l(l+1)(l+3)}{4!}x^4\\&-\frac{(l-4)(l-2)l(l+1)(l+3)(l+5)}{6!}x^6\\&+\frac{(l-6)(l-4)(l-2)l(l+1)(l+3)(l+5)(l+7)}{8!}x^8-\cdots\end{aligned}\tag{14.2.6a}$$

进而我们利用式 (14.2.5) 由 C_1 开始递推，得到

$$k=1:\quad C_3=\frac{(1-l)(l+2)}{3\cdot 2}C_1=-\frac{(l-1)(l+2)}{3!}C_1$$

$$k=3:\quad C_5=\frac{(3-l)(l+4)}{5\cdot 4}C_3=\frac{(l-3)(l-1)(l+2)(l+4)}{5!}C_1$$

$$k=5:\quad C_7=-\frac{(l-5)(l-3)(l-1)(l+2)(l+4)(l+6)}{7!}C_1$$

$$\cdots\cdots$$

可以看出，每个系数都含有 C_1，将 C_3, C_5, C_7, $\cdots$ 代入式 (14.2.2)，得到奇数幂的集合 $C_1y_1(x)$，其中

$$\begin{aligned}y_1(x)=&x-\frac{(l-1)(l+2)}{3!}x^3+\frac{(l-3)(l-1)(l+2)(l+4)}{5!}x^5\\&-\frac{(l-5)(l-3)(l-1)(l+2)(l+4)(l+6)}{7!}x^7+\cdots\end{aligned}\tag{14.2.6b}$$

显然，$y_0(x)$ 和 $y_1(x)$ 是线性独立的。这样我们得到式 (14.1.13) 的通解

$$y(x)=C_0y_0(x)+C_1y_1(x)\tag{14.2.7}$$

我们的结论是，勒让德方程 (14.1.13) 作为二阶常微分方程有两个线性独立的解 $y_0(x)$ 和 $y_1(x)$，称为勒让德函数，而 C_0 和 C_1 是两个线性无关的常数。

我们进一步讨论勒让德函数 $y_0(x)$ 和 $y_1(x)$ 的收敛性。按照达朗贝尔判别法，$y_0(x)$ 和 $y_1(x)$ 的收敛半径均为

$$R=\lim_{k\to\infty}\left|\frac{C_k}{C_{k+2}}\right|=\lim_{k\to\infty}\left|\frac{(k+2)(k+1)}{(k-l)(k+l+1)}\right|=\lim_{k\to\infty}\left|\frac{\left(1+\dfrac{2}{k}\right)\left(1+\dfrac{1}{k}\right)}{\left(1-\dfrac{l}{k}\right)\left(1+\dfrac{l+1}{k}\right)}\right|=1\tag{14.2.8}$$

这表示勒让德函数在 $|x| < 1$ 内收敛。

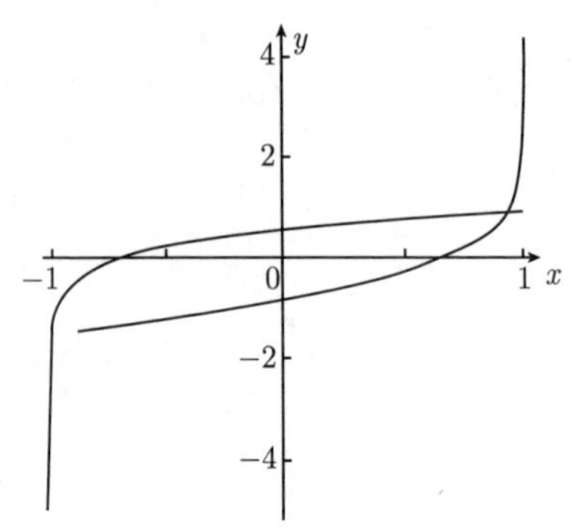

图 14.1　勒让德函数在 $l(l+1) = 3/4$ 时的行为

可以一般地证明：勒让德函数在边界 $x = \pm 1$ 上是无界的。图 14.1 作为一个例子显示了勒让德函数 $y_0(x)$ 和 $y_1(x)$ 在 $l(l+1) = 3/4$ 时的行为，可以看出它们分别在 $x = \pm 1$ 是无界的。在实际应用中，需要勒让德函数在 $x = \pm 1$ 是有界的，为此我们考虑将无穷级数 (14.2.6a) 和 (14.2.6b) 截断，使它们变成多项式，而多项式一定是有界的。

观察式 (14.2.6a) 中的系数可以发现，一旦一个因子在系数中出现，则这个因子会出现在后面的每一个系数中。例如，因子 $l-2$ 在 x^4 的系数中出现后，在 x^6，$x^8, \cdots$ 系数中均会出现。这样如果取 $l = 2$，则式 (14.2.6a) 被截断变成二项式 $y_0(x) = 1 - 3x^2$。显然，如果取 $l = 0, 2, 4, \cdots$，则 $y_0(x)$ 变成偶次幂多项式

$$y_0(x) = C_0 + C_2x^2 + C_4x^4 + \cdots + C_lx^l \quad (l \text{ 为偶数}) \tag{14.2.9a}$$

同理，在式 (14.2.6b) 中，如果取 $l = 1, 3, 5, \cdots$，则 $y_1(x)$ 变成奇次幂多项式

$$y_1(x) = C_1x + C_3x^3 + C_5x^5 + \cdots + C_lx^l \quad (l \text{ 为奇数}) \tag{14.2.9b}$$

当 l 取负整数时也可以截断无穷级数 (14.2.6a) 和 (14.2.6b)。例如，在式 (14.2.6a) 中取 $l = -3$，同样得到 $y_0(x) = 1 - 3x^2$，这意味着 l 取负整数截断无穷级数后没有给出新的结果。这样我们得到结论：当勒让德方程 (14.1.13) 中的实数 l 限于

$$l = 0,\ 1,\ 2, \cdots \tag{14.2.10}$$

时，它的解是多项式 (14.2.9)。

现在我们进一步确定式 (14.2.9) 中的系数。如果最高次幂的系数 C_l 被确定，按照递推公式 (14.2.5) 可以依次推出系数 C_{l-2}，C_{l-4}，$\cdots$ 这意味着所有系数都能确定下来。原则上 C_l 是一个任意常数，不过如果取

$$C_l = \frac{(2l)!}{2^l(l!)^2} \tag{14.2.11}$$

勒让德多项式 (14.2.9) 将呈现最简洁的形式。现在我们由式 (14.2.11) 推出较低次幂的系数，为此将式 (14.2.5) 写为

$$C_k = -\frac{(k+2)(k+1)}{(l-k)(k+l+1)}C_{k+2} \quad (k = 0,\ 1,\ 2, \cdots, l-2) \tag{14.2.12}$$

则有

$$C_{l-2}=-\frac{l(l-1)}{2(2l-1)}C_l=-\frac{l(l-1)}{2(2l-1)}\frac{(2l)!}{2^l(l!)^2}=-\frac{(2l-2)!}{2^l(l-1)!(l-2)!} \tag{14.2.13}$$

类似地

$$C_{l-4}=-\frac{(l-2)(l-3)}{4(2l-3)}C_{l-2}=\frac{(2l-4)!}{2^l2!(l-2)!(l-4)!} \tag{14.2.14}$$

一般项为

$$C_{l-2m}=(-1)^m\frac{(2l-2m)!}{2^lm!(l-m)!(l-2m)!}\quad\left(m=0,\ 1,\ 2\cdots\frac{l}{2}\right) \tag{14.2.15}$$

特别是常数项为

$$C_0=(-1)^{\frac{l}{2}}\frac{l!}{2^l\left[\left(\frac{l}{2}\right)!\right]^2}\quad\left(m=\frac{l}{2}\right) \tag{14.2.16}$$

利用通项公式 (14.2.15)，多项式解 (14.2.9) 被写为

$$P_l(x)=\frac{1}{2^l}\sum_{m=0}^{M}(-1)^m\frac{(2l-2m)!}{m!(l-m)!(l-2m)!}x^{l-2m} \tag{14.2.17}$$

它称为 l 阶勒让德多项式，其中，M 是求和指标 m 的最大值 $(M=l/2)$。由于 M 必须是自然数，所以将它写成

$$M=\begin{cases}\dfrac{l}{2} & (l=0,2,4,\cdots)\\ \dfrac{l-1}{2} & (l=1,3,5,\cdots)\end{cases} \tag{14.2.18}$$

这样无论 l 是偶数还是奇数，M 的取值均为 $M=0,\ 1,\ 2,\ 3,\cdots$ 注意在勒让德多项式 (14.2.17) 中，求和指标 m 的最小值 $m=0$ 相应于最高次幂 x^l [它的系数由式 (14.2.11) 确定]，而它的最大值 $m=M$ 相应于常数项 [由式 (14.2.16) 确定]。

勒让德多项式具有奇偶性，前几阶勒让德多项式 (图 14.2) 是

$$P_0(x)=1 \qquad P_1(x)=x$$

$$P_2(x)=\frac{1}{2}\left(3x^2-1\right) \qquad P_3(x)=\frac{1}{2}\left(5x^3-3x\right)$$

$$P_4(x)=\frac{1}{8}\left(35x^4-30x^2+3\right) \qquad P_5(x)=\frac{1}{8}\left(63x^5-70x^3+15x\right)$$

可以看出，当 l 为偶数时，$P_l(x)$ 为偶函数；当 l 为奇数时，$P_l(x)$ 为奇函数。对于任意阶勒让德多项式，恒有 $P_l(1)=1$，这样的简洁性来自式 (14.2.11) 的规定。

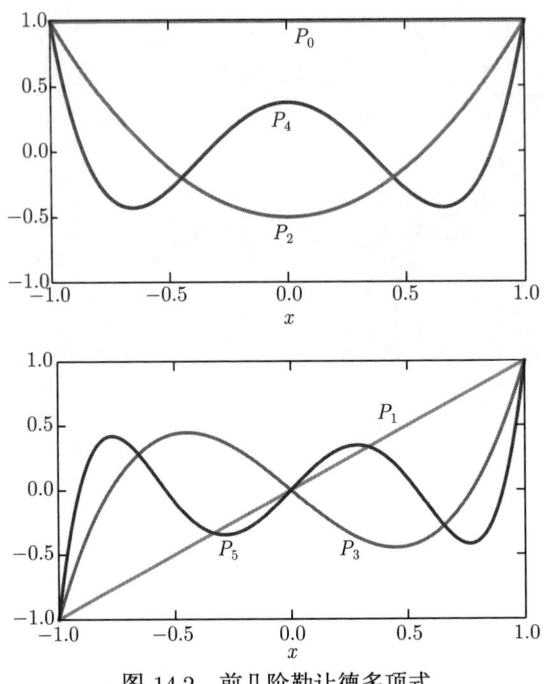

图 14.2　前几阶勒让德多项式

至此我们得到了勒让德方程 (14.1.13) 在 $x=\pm1$ 收敛的解，即 l 阶勒让德多项式 (14.2.17)。但通解 (14.2.7) 包含两个线性无关的解，另一个解呢？事实上，在截断无穷级数 (14.2.6) 的过程中，当 l 为偶数时，式 (14.2.6a) 的无穷级数 $y_0(x)$ 被截断成为多项式 (14.2.9a)，但 $y_1(x)$ 仍是无穷级数 [记为 $Y_1(x)$]；同样，当 l 为奇数时，式 (14.2.6b) 的无穷级数 $y_1(x)$ 被截断成为多项式 (14.2.9b)，但 $y_0(x)$ 仍是无穷级数 [记为 $Y_0(x)$]。多项式 (14.2.9a) 和 (14.2.9b) 组合起来构成 l 阶勒让德多项式 $P_l(x)$，而 $Y_0(x)$ 与 $Y_1(x)$ 的组合表示为 $Q_l(x)$，$Q_l(x)$ 在 $|x|<1$ 是收敛的，在 $x=\pm1$ 是发散的，它称为第二类勒让德函数。因此勒让德方程 (14.1.13) 的通解为

$$\begin{aligned} y(x) &= A\left[y_0(x)+y_1(x)\right]+B\left[Y_0(x)+Y_1(x)\right] \\ &= AP_l(x)+BQ_l(x) \end{aligned} \tag{14.2.19}$$

例 1　求下列微分方程的通解

$$(1-x^2)y''-2xy'+12y=0 \tag{14.2.20}$$

解　与勒让德方程 (14.1.13) 相比较，可以看出，方程 (14.2.20) 是 $l=3$ 的勒让德方程。它的通解由式 (14.2.19) 表示为

$$y(x)=AP_3(x)+BQ_3(x) \tag{14.2.21}$$

由于 l 是奇数，无穷级数解 $Q_3(x)$ 由式 (14.2.6a) 给出为

$$Q_3(x) = 1 - 6x^2 + 3x^4 + \frac{4}{5}x^6 - \cdots \tag{14.2.22}$$

于是通解 (14.2.21) 变为

$$y(x) = A\left[\frac{1}{2}\left(5x^3 - 3x\right)\right] + B\left(1 - 6x^2 + 3x^4 + \frac{4}{5}x^6 - \cdots\right) \tag{14.2.23}$$

例 2 证明：l 阶勒让德多项式 $P_l(x)$ 可以写成下列形式

$$\begin{aligned}P_l(x) = &\frac{(2l-1)(2l-3)\cdots 3\cdot 1}{l!}\\&\cdot\left[x^l - \frac{1}{2}\frac{l(l-1)}{(2l-1)}x^{l-2} + \frac{1}{2\cdot 4}\frac{l(l-1)(l-2)(l-3)}{(2l-1)(2l-3)}x^{l-4} - \cdots\right]\end{aligned} \tag{14.2.24}$$

证明 从递推公式 (14.2.5) 出发，即

$$C_{k+2} = \frac{(k-l)(k+l+1)}{(k+2)(k+1)}C_k \quad (k = 0,\ 1,\ 2,\cdots) \tag{14.2.25}$$

在式 (14.2.25) 中取 $l = k = 0,\ 1,\ 2,\cdots$ 则由 $C_l \neq 0$ 得到 $C_{l+2} = 0$，由此得到 $C_{l+4} = C_{l+6} = \cdots = 0$。这样幂级数解 (14.2.2) 变为多项式

$$y(x) = C_l x^l + C_{l-2}x^{l-2} + \cdots \tag{14.2.26}$$

将递推公式 (14.2.5) 写成

$$C_{k-2} = -\frac{k(k-1)}{(l-k+2)(k+l-1)}C_k \tag{14.2.27}$$

由式 (14.2.27) 推出

$$\begin{aligned}&C_{l-2} = -\frac{1}{2}\frac{l(l-1)}{(2l-1)}C_l\\&C_{l-4} = -\frac{1}{4}\frac{(l-2)(l-3)}{(2l-3)}C_{l-2} = \frac{1}{2\cdot 4}\frac{l(l-1)(l-2)(l-3)}{(2l-1)(2l-3)}C_l\\&\cdots\cdots\end{aligned}$$

这些系数有公因子 C_l，为了使 $P(1) = 1$ 取

$$C_l = \frac{(2l-1)(2l-3)\cdots 3\cdot 1}{l!} \tag{14.2.28}$$

将 C_l ，C_{l-2} ，$C_{l-4},\cdots$ 代入式 (14.2.26)，得到

$$\begin{aligned}y(x) = &\frac{(2l-1)(2l-3)\cdots 3\cdot 1}{l!}\\&\cdot\left[x^l - \frac{1}{2}\frac{l(l-1)}{(2l-1)}x^{l-2} + \frac{1}{2\cdot 4}\frac{l(l-1)(l-2)(l-3)}{(2l-1)(2l-3)}x^{l-4} - \cdots\right]\end{aligned} \tag{14.2.29}$$

这就是勒让德方程 (14.1.13) 的多项式解，它与 l 阶勒让德多项式 $P_l(x)$ 是相同的 [式 (14.2.29) 的前几阶给出如图 14.2 所示的曲线]，因此式 (14.2.17) 可以写成式 (14.2.24) 的形式。

例 3 求解轴对称系统 (如位于 z 轴上的点电荷) 在空间的电位分布。

解 自由空间的电位分布由拉普拉斯方程 (14.1.1) 描述。对于轴对称问题，电位分布与 ϕ 无关，可表示为 $u(r,\theta)$，它满足方程

$$\frac{1}{r^2}\frac{\partial}{\partial r}\left(r^2\frac{\partial u}{\partial r}\right)+\frac{1}{r^2\sin\theta}\frac{\partial}{\partial\theta}\left(\sin\theta\frac{\partial u}{\partial\theta}\right)=0 \tag{14.2.30}$$

设方程 (14.2.30) 有变量分离的形式解

$$u(r,\ \theta)=R(r)\Theta(\theta) \tag{14.2.31}$$

将式 (14.2.31) 代入式 (14.2.30)，得到

$$\frac{1}{R}\frac{\mathrm{d}}{\mathrm{d}r}\left(r^2\frac{\mathrm{d}R}{\mathrm{d}r}\right)=-\frac{1}{\Theta\sin\theta}\frac{\mathrm{d}}{\mathrm{d}\theta}\left(\sin\theta\frac{\mathrm{d}\Theta}{\mathrm{d}\theta}\right)=l(l+1) \tag{14.2.32}$$

其中, l 是分离常数。由式 (14.2.32) 得到

$$\frac{1}{R}\frac{\mathrm{d}}{\mathrm{d}r}\left(r^2\frac{\mathrm{d}R}{\mathrm{d}r}\right)=l(l+1) \tag{14.2.33a}$$

$$\frac{1}{\Theta\sin\theta}\frac{\mathrm{d}}{\mathrm{d}\theta}\left(\sin\theta\frac{\mathrm{d}\Theta}{\mathrm{d}\theta}\right)=-l(l+1) \tag{14.2.33b}$$

其中, (14.2.33a) 是欧拉方程，它的通解为

$$R(r)=A_l r^l+B_l\frac{1}{r^{l+1}} \tag{14.2.34}$$

而式 (14.2.33b) 为勒让德方程 [式 (14.1.12)]，它的多项式解为 $\Theta(\theta)=P_l(\cos\theta)$。故本征解 (14.2.31) 为

$$u_l(r,\theta)=\left(A_l r^l+B_l\frac{1}{r^{l+1}}\right)P_l(\cos\theta) \tag{14.2.35}$$

而一般解为

$$u(r,\theta)=\sum_{l=0}^{\infty}\left(A_l r^l+B_l\frac{1}{r^{l+1}}\right)P_l(\cos\theta) \tag{14.2.36}$$

这就是轴对称系统在空间的电位分布。

14.3 勒让德多项式的基本性质

14.3.1 微分表示

本节我们首先推导出 l 阶勒让德多项式 $P_l(x)$ 的微分表示，即罗德里格斯 (Rodrigues) 公式

$$P_l(x)=\frac{1}{2^l l!}\frac{\mathrm{d}^l}{\mathrm{d}x^l}(x^2-1)^l \tag{14.3.1}$$

方法 1 用二项式定理

$$(a+b)^l=\sum_{m=0}^{l}\begin{pmatrix} l \\ m \end{pmatrix}a^{l-m}b^m=\sum_{m=0}^{l}\frac{l!}{(l-m)!m!}a^{l-m}b^m \tag{14.3.2}$$

将 $(x^2-1)^l$ 展开

$$\begin{aligned}\frac{1}{2^l l!}(x^2-1)^l&=\frac{1}{2^l l!}\sum_{m=0}^{l}\frac{(-1)^m l!}{(l-m)!m!}(x^2)^{l-m}\\&=\sum_{m=0}^{l}\frac{(-1)^m}{2^l m!(l-m)!}x^{2l-2m}\\&\Rightarrow x^{2l}+x^{2l-2}+\cdots+x^l+\cdots\end{aligned}$$

接下来将对上式求 l 次导数，其结果 x^l 后面的所有项 (幂次低于 l) 将为零，只需考虑 $2l-2m\geqslant l$ 的项，即 $m\leqslant l/2$。这样上式的求和只需考虑到 $m=l/2$ 项，再利用式 (14.2.18) 的表示，我们有

$$\begin{aligned}\frac{1}{2^l l!}\frac{\mathrm{d}^l}{\mathrm{d}x^l}(x^2-1)^l&=\frac{\mathrm{d}^l}{\mathrm{d}x^l}\left[\sum_{m=0}^{M}\frac{(-1)^m}{2^l m!(l-m)!}x^{2l-2m}\right]\\&=\sum_{m=0}^{M}(-1)^m\frac{(2l-2m)(2l-2m-1)\cdots(l-2m+1)}{2^l m!(l-m)!}x^{l-2m}\\&=\sum_{m=0}^{M}(-1)^m\frac{(2l-2m)(2l-2m-1)\cdots(l-2m+1)(l-2m)!}{2^l m!(l-m)!(l-2m)!}x^{l-2m}\\&=\sum_{m=0}^{M}(-1)^m\frac{(2l-2m)!}{2^l m!(l-m)!(l-2m)!}x^{l-2m}=P_l(x)\end{aligned}$$

方法 2 对勒让德多项式 (14.2.24) 从 0 到 x 积分 l 次，得到

$$\underbrace{\int_0^x\cdots\cdots\int_0^x}_{l\ 次}P_l(x)\mathrm{d}x=\frac{(2l-1)(2l-3)\cdots3\cdot1}{(2l)!}\left[x^{2l}-lx^{2l-2}+\frac{l(l-1)}{2!}x^{2l-4}-\cdots\right]$$

$$= \frac{(2l-1)(2l-3)\cdots 3\cdot 1}{(2l)(2l-1)(2l-2)\cdots 2\cdot 1}(x^2-1)^l$$
$$= \frac{1}{2^l l!}(x^2-1)^l$$

对它微分 l 次，便得到式 (14.3.1)。

14.3.2　积分表示

根据复变函数论中的柯西积分公式

$$f^{(l)}(z) = \frac{l!}{2\pi \mathrm{i}}\oint_C \frac{f(\xi)}{(\xi - z)^{l+1}}\mathrm{d}\xi \tag{14.3.3}$$

$P_l(x)$ 的微分表示又可以变为积分表示

$$P_l(x) = \frac{1}{2^l l!}\frac{\mathrm{d}^l}{\mathrm{d}x^l}(x^2-1)^l = \frac{1}{2^l 2\pi \mathrm{i}}\oint_C \frac{(\xi^2-1)^l}{(\xi - x)^{l+1}}\mathrm{d}\xi \tag{14.3.4}$$

其中, C 是 ξ 平面上围绕 $\xi = x$ 点的任一闭合回路，积分 (14.3.4) 称为施列夫利 (Schläfli) 积分。

施列夫利积分也可以表示为定积分的形式。为此，在式 (14.3.4) 中将积分回路 C 选成以 $\xi = x$ 为圆心，以 $\sqrt{x^2-1}$ 为半径的圆周，其中 $|x| > 1$。如图 14.3 所示。这样，在 C 上有

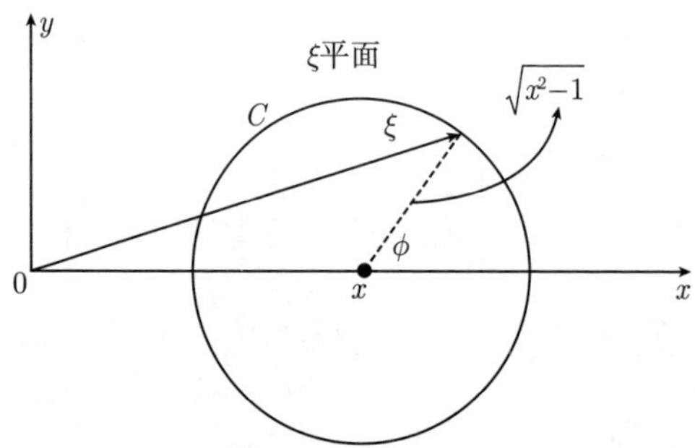

图 14.3　积分回路 C

$$\xi - x = \sqrt{x^2-1}\mathrm{e}^{\mathrm{i}\phi}\ (0 \leqslant \phi \leqslant 2\pi) \tag{14.3.5a}$$

于是

$$\mathrm{d}\xi = \mathrm{i}\sqrt{x^2-1}\mathrm{e}^{\mathrm{i}\phi}\mathrm{d}\phi = \mathrm{i}(\xi - x)\mathrm{d}\phi \tag{14.3.5b}$$

另外

$$\xi^2 - 1 = (x + \sqrt{x^2-1}\mathrm{e}^{\mathrm{i}\phi})^2 - 1$$

$$
\begin{aligned}
&= (x^2-1)(1+\mathrm{e}^{\mathrm{i}2\phi}) + 2x\sqrt{x^2-1}\mathrm{e}^{\mathrm{i}\phi} \\
&= 2\sqrt{x^2-1}\mathrm{e}^{\mathrm{i}\phi}(x+\sqrt{x^2-1}\cos\phi) \\
&= 2(\xi-x)(x+\sqrt{x^2-1}\cos\phi)
\end{aligned} \tag{14.3.5c}
$$

将式 (14.3.5) 代入式 (14.3.4) 得到

$$
\begin{aligned}
P_l(x) &= \frac{1}{2\pi}\int_0^{2\pi}(x+\sqrt{x^2-1}\cos\phi)^l\mathrm{d}\phi \\
&= \frac{1}{2\pi}\int_{-\pi}^{\pi}(x+\sqrt{x^2-1}\cos\phi)^l\mathrm{d}\phi \\
&= \frac{1}{\pi}\int_0^{\pi}(x+\sqrt{x^2-1}\cos\phi)^l\mathrm{d}\phi
\end{aligned} \tag{14.3.6}
$$

这就是勒让德多项式 $P_l(x)$ 的积分表示。

14.3.3 生成函数

下面我们计算勒让德多项式的生成函数。

方法 1 由二项式定理

$$
\begin{aligned}
(1+v)^p &= \sum_{k=0}^{\infty}\frac{p!}{(p-k)!k!}v^k \\
&= 1+pv+\frac{p(p-1)}{2!}v^2+\frac{p(p-1)(p-2)}{3!}v^3+\cdots \quad (\ |v|<1)
\end{aligned} \tag{14.3.7}
$$

它的收敛半径为

$$
R = \lim_{k\to\infty}\left|\frac{C_k}{C_{k+1}}\right| = \lim_{k\to\infty}\left|\frac{k+1}{p-k}\right| = \lim_{k\to\infty}\left|\frac{1+\dfrac{1}{k}}{\dfrac{p}{k}-1}\right| = 1 \tag{14.3.8}
$$

取 $p=-\dfrac{1}{2}$，我们得到

$$
\frac{1}{\sqrt{1+v}} = \sum_{k=0}^{\infty}(-1)^k\frac{(2k)!}{2^{2k}(k!)^2}v^k \quad (|v|<1) \tag{14.3.9}
$$

令 $v=-2rx+r^2$，我们有

$$
\begin{aligned}
\frac{1}{\sqrt{1-2rx+r^2}} &= [1-r(2x-r)]^{-1/2} \\
&= 1+\frac{1}{2}r(2x-r)+\frac{1\cdot 3}{2\cdot 4}r^2(2x-r)^2+\frac{1\cdot 3\cdot 5}{2\cdot 4\cdot 6}r^3(2x-r)^3+\cdots
\end{aligned}
$$

在展开式中, r^l 的系数是

$$\frac{1\cdot3\cdot5\cdots(2l-1)}{2\cdot4\cdot6\cdots2l}(2x)^l-\frac{1\cdot3\cdot5\cdots(2l-3)}{2\cdot4\cdot6\cdots(2l-2)}\cdot\frac{(l-1)}{1!}(2x)^{l-2}+\frac{1\cdot3\cdot5\cdots(2l-5)}{2\cdot4\cdot6\cdots(2l-4)}\cdot\frac{(l-2)(l-3)}{2!}(2x)^{l-4}-\cdots \tag{14.3.10}$$

它也可以写成

$$\frac{1\cdot3\cdot5\cdots(2l-1)}{l!}\left[x^l-\frac{l(l-1)}{2(2l-1)}x^{l-2}+\frac{l(l-1)(l-2)(l-3)}{2\cdot4(2l-1)(2l-3)}x^{l-4}-\cdots\right]\quad(|x|\leqslant1) \tag{14.3.11}$$

这就是如式 (14.2.24) 所示的 l 阶勒让德多项式，因此勒让德多项式的生成函数为

$$\frac{1}{\sqrt{1-2rx+r^2}}=\sum_{l=0}^{\infty}P_l(x)r^l\quad(|x|\leqslant1,\ |r|<1) \tag{14.3.12}$$

注意，对于 $|x|\leqslant1$，有 $|P_l(x)|\leqslant1$，所以这个级数对于 x 和 r 的所有给定的值是收敛的。

方法 2　考虑复变函数

$$w(x,z)=\frac{1}{\sqrt{1-2zx+z^2}} \tag{14.3.13}$$

其中, z 是复变量，$x(x=\cos\theta)$ 为绝对值不大于 1 的参数，这样 $w(x,z)$ 在单位圆 $|z|<1$ 内是解析函数。于是由复变函数论可知，当 $|z|<1$ 时，$w(x,z)$ 可以展开为

$$w(x,z)=\left(1-2zx+z^2\right)^{-1/2}=\sum_{l=0}^{\infty}C_l(x)z^l \tag{14.3.14}$$

其中, 展开系数为

$$C_l(x)=\frac{1}{2\pi\mathrm{i}}\oint_C\frac{\left(1-2zx+z^2\right)^{-1/2}}{z^{l+1}}\mathrm{d}z \tag{14.3.15}$$

这里 C 是单位圆内包围原点 $z=0$ 的任一封闭曲线。现在我们证明式 (14.3.14) 中的展开系数 $C_l(x)$ 就是 l 阶勒让德多项式 $P_l(x)$。为此，引入变换

$$\left(1-2zx+z^2\right)^{1/2}=1-z\xi \tag{14.3.16}$$

其中, ξ 是复变量。这样

$$z=\frac{2(\xi-x)}{\xi^2-1} \tag{14.3.17a}$$

$$\mathrm{d}z=2\frac{2\xi x-1-\xi^2}{(\xi^2-1)^2}\mathrm{d}\xi \tag{14.3.17b}$$

$$\frac{1}{1-z\xi}=\frac{\xi^2-1}{2\xi x-1-\xi^2} \tag{14.3.17c}$$

显然，z 平面的坐标原点 $z=0$ 对应 ξ 平面的 $\xi=x$。这样 z 沿着包围原点 $z=0$ 的封闭曲线 C 走一圈，就相应于 ξ 在包围 $\xi=x$ 的封闭曲线 C' 走一圈。将式 (14.3.17) 代入式 (14.3.15) 得到

$$C_l(x)=\frac{1}{2^l 2\pi\mathrm{i}}\oint_{C'}\frac{(\xi^2-1)^l}{(\xi-x)^{l+1}}\mathrm{d}\xi \tag{14.3.18}$$

这正是如式 (14.3.4) 所示的 l 阶勒让德多项式 $P_l(x)$ 的积分表示，于是式 (14.3.14) 变成

$$\frac{1}{\sqrt{1-2zx+z^2}}=\sum_{l=0}^{\infty}P_l(x)z^l \tag{14.3.19}$$

它与方法 1 的结果式 (14.3.12) 是相同的。

方法 3 利用牛顿力学讨论三质点间的引力作用。考查水平面上的三个质点：m_1、m 和 m_2，它们分别处于固定点 $O(0,0)$ 和 $P(1,0)$ 以及任意点 $Q(r,\theta)$，如图 14.4 所示。按照牛顿万有引力定律，两个质点间的引力与它们质量的乘积成正比，与它们距离的平方成反比。我们考查质点 m，它与 m_1、m_2 之间的引力分别为

$$F_1=\frac{Gm_1m}{R^2},\quad F_2=\frac{Gm_2m}{d^2} \tag{14.3.20}$$

其中, G 是万有引力常数。质点 m 处在 m_1 的引力场中具有势能

$$V_1=F_1R=\frac{Gm_1m}{R} \tag{14.3.21a}$$

同理，质点 m 处在 m_2 的引力场中具有势能

$$V_2=F_2d=\frac{Gm_2m}{d}=\frac{Gm_2m}{\sqrt{1-2r\cos\theta+r^2}} \tag{14.3.21b}$$

故质点 m 的势函数为

$$V(r,\theta)=V_1+V_2=\frac{Gm_1m}{R}+\frac{Gm_2m}{\sqrt{1-2r\cos\theta+r^2}} \tag{14.3.22}$$

选势能零点 $\dfrac{Gm_1m}{R}=0$，设 $Gm_2m=1$，则势函数变为

$$V(r,\theta)=\frac{1}{\sqrt{1-2r\cos\theta+r^2}} \tag{14.3.23}$$

取 $\cos\theta=x$，则势函数 (14.3.23) 就是勒让德多项式的生成函数 (14.3.12)。

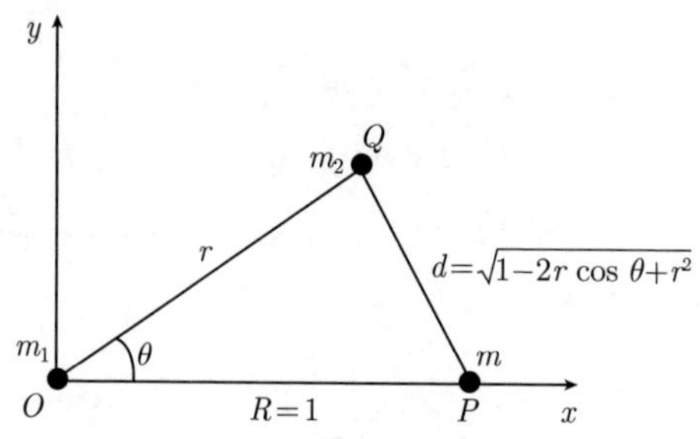

图 14.4　三质点间的万有引力作用

上述的牛顿力学模型不能给出生成函数按勒让德多项式的级数展开，即式 (14.3.12)，但能够反映生成函数的极限行为。事实上，当 $\theta = 0$ 时，三个质点在一条直线上，质点 m 的势函数与 m_2 的位置有关，我们有

$$V(r,0) = \frac{1}{\sqrt{(1-r)^2}} = \begin{cases} \dfrac{1}{1-r} & (r<1) \\ \dfrac{1}{r-1} & (r>1) \end{cases} \tag{14.3.24}$$

这是生成函数的一个重要特征。

方法 4　利用静电学方法考查点电荷的电位分布 [式 (12.1.2)]。设电量 $q = 4\pi\varepsilon$ 的点电荷位于 z 轴的 $z = 1$ 处，如图 14.5 所示。由于点电荷的电位分布是关于 z 轴对称的 (与 ϕ 没有关系)，因此空间任意点的电位分布为

$$u(r,\theta) = \frac{1}{\sqrt{1-2r\cos\theta+r^2}} \tag{14.3.25}$$

在 z 轴上 $(\theta = 0)$，式 (14.3.25) 给出

$$u(r,0) = \frac{1}{\sqrt{(1-r)^2}} = \begin{cases} \dfrac{1}{1-r} & (r<1) \\ \dfrac{1}{r-1} & (r>1) \end{cases} \tag{14.3.26}$$

这与生成函数的牛顿力学模型的结果式 (14.3.24) 是相同的。考虑到轴对称系统的电位分布式 (14.2.36)，式 (14.3.25) 可以写成

$$u(r,\theta) = \begin{cases} \displaystyle\sum_{l=0}^{\infty} A_l r^l\, P_l(\cos\theta) & (r<1) \\ \displaystyle\sum_{l=0}^{\infty} B_l \frac{1}{r^{l+1}} P_l(\cos\theta) & (r>1) \end{cases} \tag{14.3.27}$$

在 $\theta = 0[P_l(1) = 1]$ 时，式 (14.3.27) 应约化为式 (14.3.26)，即

$$u(r,0)=\begin{cases}\sum_{l=0}^{\infty}A_l r^l & (r<1)\\ \sum_{l=0}^{\infty}B_l\dfrac{1}{r^{l+1}} & (r>1)\end{cases}=\begin{cases}\dfrac{1}{1-r} & (r<1)\\ \dfrac{1}{r-1} & (r>1)\end{cases} \tag{14.3.28}$$

我们知道

$$\sum_{l=0}^{\infty}r^l=\frac{1}{1-r}\quad (r<1),\quad \sum_{l=0}^{\infty}\frac{1}{r^{l+1}}=\frac{1}{r-1}\quad (r>1) \tag{14.3.29}$$

故式 (14.3.28) 要求 $A_l=1$，$B_l=1$，这样，由式 (14.3.25) 和式 (14.3.27) 得到

$$\frac{1}{\sqrt{1-2r\cos\theta+r^2}}=\begin{cases}\sum_{l=0}^{\infty}r^l\,P_l(\cos\theta) & (r<1)\\ \sum_{l=0}^{\infty}\dfrac{1}{r^{l+1}}P_l(\cos\theta) & (r>1)\end{cases} \tag{14.3.30a}$$

或

$$\frac{1}{\sqrt{1-2rx+r^2}}=\begin{cases}\sum_{l=0}^{\infty}r^l\,P_l(x) & (r<1)\\ \sum_{l=0}^{\infty}\dfrac{1}{r^{l+1}}P_l(x) & (r>1)\end{cases} \tag{14.3.30b}$$

式 (14.3.30) 就是一般情况下勒让德多项式的生成函数。

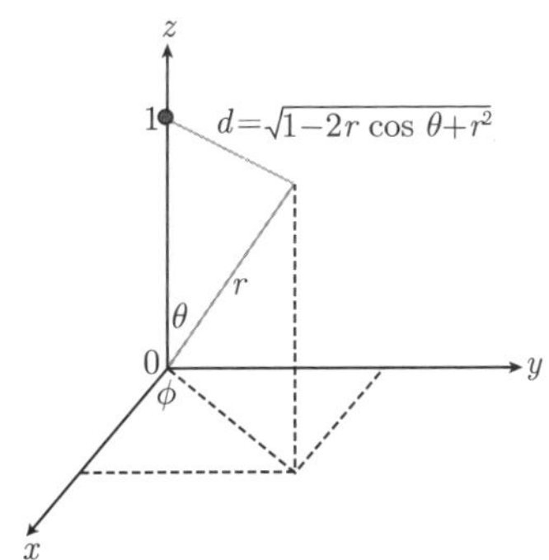

图 14.5 位于 $z=1$ 的点电荷在空间形成的电位 $u(r,\theta)$

14.3.4 递推公式

常见的勒让德多项式递推公式如下

$n=1,\ 2,\ 3,\cdots$

(1) $(n+1)P_{n+1}(x)=(2n+1)xP_n(x)-nP_{n-1}(x)$

(2) $P_n(x)=P'_{n+1}(x)-2xP'_n(x)+P'_{n-1}(x)$

(3) $xP'_n(x)-P'_{n-1}(x)=nP_n(x)$

(4) $P'_{n+1}(x)-P'_{n-1}(x)=(2n+1)P_n(x)$

(5) $nP'_{n+1}(x)+(n+1)P'_{n-1}(x)=(2n+1)xP'_n(x)$

······

$n=0,\ 1,\ 2,\cdots$

(6) $P'_{n+1}(x)=(n+1)P_n(x)+xP'_n(x)$

······

证明 公式 (1)：对生成函数 (14.3.12) 两边关于 r 求导数，得到

$$-\frac{1}{2}\left(1-2rx+r^2\right)^{-3/2}(-2x+2r)=\frac{x-r}{\left(1-2rx+r^2\right)^{3/2}}=\sum_{l=1}^{\infty}lr^{l-1}\ P_l(x)\tag{14.3.31}$$

两边同乘以 $(1-2rx+r^2)$，得到

$$\frac{x-r}{\sqrt{1-2rx+r^2}}=\left(1-2rx+r^2\right)\sum_{l=1}^{\infty}lr^{l-1}\ P_l(x)\tag{14.3.32}$$

利用式 (14.3.12)，式 (14.3.32) 写为

$$(x-r)\sum_{l=0}^{\infty}r^l\ P_l(x)=\left(1-2rx+r^2\right)\sum_{l=1}^{\infty}lr^{l-1}\ P_l(x)\tag{14.3.33}$$

整理后得

$$\sum_{l=0}^{\infty}(2l+1)xr^l\ P_l(x)=\sum_{l=1}^{\infty}lr^{l-1}\ P_l(x)+\sum_{l=0}^{\infty}(l+1)r^{l+1}\ P_l(x)\tag{14.3.34}$$

在式 (14.3.34) 右边的两个求和中，分别令 $n=l-1$ 和 $n=l+1$，得到

$$\sum_{n=0}^{\infty}(2n+1)xr^n\ P_n(x)=\sum_{n=0}^{\infty}(n+1)r^n\ P_{n+1}(x)+\sum_{n=0}^{\infty}nr^n\ P_{n-1}(x)\tag{14.3.35}$$

两边比较 r^n 的系数得到

$$(2n+1)xP_n(x)=(n+1)P_{n+1}(x)+nP_{n-1}(x)\tag{14.3.36}$$

这就是递推公式 (1)。

证明 公式 (2)：对生成函数 (14.3.12) 两边关于 x 求导数，得到

$$-\frac{1}{2}\left(1-2rx+r^2\right)^{-3/2}(-2r)=\frac{r}{\left(1-2rx+r^2\right)^{3/2}}=\sum_{l=0}^{\infty}r^l\ P'_l(x)\tag{14.3.37}$$

两边同乘以 $(1-2rx+r^2)$，得到

$$\frac{r}{\sqrt{1-2rx+r^2}}=\left(1-2rx+r^2\right)\sum_{l=0}^{\infty}r^lP_l'(x) \tag{14.3.38}$$

利用式 (14.3.12)，式 (14.3.38) 写为

$$r\sum_{l=0}^{\infty}P_l(x)r^l=\left(1-2rx+r^2\right)\sum_{l=0}^{\infty}r^lP_l'(x) \tag{14.3.39}$$

整理后得

$$\sum_{n=1}^{\infty}P_n(x)r^{n+1}+2x\sum_{n=1}^{\infty}r^{n+1}P_n'(x)=\sum_{n=1}^{\infty}r^{n+1}P_{n+1}'(x)+\sum_{n=1}^{\infty}r^{n+1}P_{n-1}'(x) \tag{14.3.40}$$

两边比较 r^{n+1} 的系数得

$$P_n(x)+2xP_n'(x)=P_{n+1}'(x)+P_{n-1}'(x) \tag{14.3.41}$$

这就是递推公式 (2)。

证明 公式 (3)：式 (14.3.31) 两边同乘以 r，得到

$$\frac{r(x-r)}{\left(1-2rx+r^2\right)^{3/2}}=\sum_{l=1}^{\infty}lr^l\,P_l(x) \tag{14.3.42a}$$

式 (14.3.37) 两边同乘以 $(x-r)$，得到

$$\frac{r(x-r)}{\left(1-2rx+r^2\right)^{3/2}}=(x-r)\sum_{l=0}^{\infty}r^l\,P_l'(x) \tag{14.3.42b}$$

式 (14.3.42) 的两式比较得到

$$\sum_{l=1}^{\infty}lr^l\,P_l(x)=(x-r)\sum_{l=0}^{\infty}r^l\,P_l'(x) \tag{14.3.43}$$

整理后得

$$\sum_{n=1}^{\infty}nr^nP_n(x)=x\sum_{n=1}^{\infty}r^n\,P_n'(x)-\sum_{n=1}^{\infty}r^n\,P_{n-1}'(x) \tag{14.3.44}$$

两边比较 r^n 的系数得到

$$nP_n(x)=xP_n'(x)-P_{n-1}'(x) \tag{14.3.45}$$

这就是递推公式 (3)。

证明 公式 (4)：对式 (14.3.36) 两边关于 x 求导数，得到

$$(2n+1)P_n(x)+(2n+1)xP_n'(x)=(n+1)P_{n+1}'(x)+nP_{n-1}'(x) \tag{14.3.46}$$

由式 (14.3.45) 与式 (14.3.46) 消去 $xP_n'(x)$，得到

$$(2n+1)P_n(x) = P'_{n+1}(x) - P'_{n-1}(x) \tag{14.3.47}$$

这就是递推公式 (4)。

证明　公式 (5)：由式 (14.3.41) 与式 (14.3.46) 消去 $P_n(x)$，得到

$$nP'_{n+1}(x) + (n+1)P'_{n-1}(x) = (2n+1)xP'_n(x) \tag{14.3.48}$$

这就是递推公式 (5)。

证明　公式 (6)：由式 (14.3.45) 与式 (14.3.46) 消去 $P'_{n-1}(x)$，得到

$$(n+1)P_n(x) = P'_{n+1}(x) - xP'_n(x) \tag{14.3.49}$$

这就是递推公式 (6)。

以上的证明方法都是利用生成函数，下面我们介绍另一种更基本的方法 (可以称为 "符号法")，用之证明递推公式 (1), (4), (6)。

证明　令 $u = x^2 - 1$，并采用符号 $D^n \equiv \dfrac{\mathrm{d}^n}{\mathrm{d}x^n}$，我们有

$$\begin{aligned}
Du^{n+1} &= 2(n+1)xu^n \\
D^2u^{n+1} &= D\left[2(n+1)xu^n\right] = 2(n+1)\left[u^n + 2x^2nu^{n-1}\right] \\
&= 2(n+1)\left[u^n + 2(u+1)nu^{n-1}\right] \\
&= 2(n+1)\left[2nu^{n-1} + (2n+1)u^n\right]
\end{aligned}$$

这样

$$\begin{aligned}
D^{n+1}\left(u^{n+1}\right) &= D^{n-1}D^2\left(u^{n+1}\right) \\
&= 4n(n+1)D^{n-1}\left(u^{n-1}\right) + 2(n+1)(2n+1)D^{n-1}u^n
\end{aligned} \tag{14.3.50}$$

将罗德里格斯公式 (14.3.1) 写为

$$P_n(x) = \frac{1}{2^n n!}D^n u^n \tag{14.3.51}$$

由式 (14.3.50) 得到

$$\begin{aligned}
P_{n+1}(x) &= \frac{1}{2^{n+1}(n+1)!}D^{n+1}\left(u^{n+1}\right) \\
&= \frac{1}{2^{n+1}(n+1)!}\left[4n(n+1)D^{n-1}\left(u^{n-1}\right) + 2(n+1)(2n+1)D^{n-1}u^n\right] \\
&= \frac{D^{n-1}\left(u^{n-1}\right)}{2^{n-1}(n-1)!} + \frac{(2n+1)D^{n-1}u^n}{2^n n!} \\
&= P_{n-1}(x) + \frac{(2n+1)D^{n-1}u^n}{2^n n!}
\end{aligned} \tag{14.3.52}$$

现在利用莱布尼茨的乘积微分法则

$$\frac{\mathrm{d}^n}{\mathrm{d}x^n}(f\cdot g) = \sum_{k=0}^{n}\frac{n!}{(n-k)!k!}\frac{\mathrm{d}^k f}{\mathrm{d}x^k}\frac{\mathrm{d}^{n-k}g}{\mathrm{d}x^{n-k}} \tag{14.3.53}$$

计算 $D^n(xu^n)$，求和中只有前两项是非零的，即

$$D^n(xu^n) = xD^n u^n + nD^{n-1}u^n \tag{14.3.54}$$

写 $D^{n+1} = D^n D$，利用式 (14.3.51)，得到

$$\begin{aligned}
P_{n+1}(x) &= \frac{1}{2^{n+1}(n+1)!}D^n D\left(u^{n+1}\right) \\
&= \frac{1}{2^{n+1}(n+1)!}D^n\left[2(n+1)xu^n\right] \\
&= \frac{1}{2^n n!}D^n\left[xu^n\right] = \frac{1}{2^n n!}\left[xD^n u^n + nD^{n-1}u^n\right] \\
&= xP_n(x) + \frac{n}{2^n n!}D^{n-1}u^n
\end{aligned} \tag{14.3.55}$$

从式 (14.3.52) 和式 (14.3.55) 中消去 $\dfrac{1}{2^n n!}D^{n-1}u^n$，即得递推公式 (1)。

进一步对式 (14.3.52) 两边求导数，得到

$$P'_{n+1}(x) = P'_{n-1}(x) + \frac{(2n+1)D^n u^n}{2^n n!} \tag{14.3.56}$$

将式 (14.3.51) 代入式 (14.3.56)，得到

$$P'_{n+1}(x) = P'_{n-1}(x) + (2n+1)P_n(x) \tag{14.3.57}$$

这就是递推公式 (4)。

另外对式 (14.3.55) 两边求导数，得到

$$P'_{n+1}(x) = P_n(x) + xP'_n(x) + \frac{n}{2^n n!}D^n u^n \tag{14.3.58}$$

将式 (14.3.51) 代入式 (14.3.58)，得到

$$P'_{n+1}(x) = (n+1)P_n(x) + xP'_n(x) \tag{14.3.59}$$

这就是递推公式 (6)。

14.3.5 例题

例 1 计算：$P_l(1)$，$P'_l(1)$，$P_l(-1)$ 和 $P'_l(-1)$。

解

方法 1 利用勒让德多项式的微分表示式 (14.3.1)。用二项式定理写出

$$\begin{aligned}
(x^2-1)^l &= (x-1)^l\left[(x-1)+2\right]^l \\
&= (x-1)^l\sum_{n=0}^{l}\frac{l!}{n!(l-n)!}2^{l-n}(x-1)^n \\
&= \sum_{n=0}^{l}\frac{l!}{n!(l-n)!}2^{l-n}(x-1)^{l+n}
\end{aligned}$$

代入式 (14.3.1) 得到

$$\begin{aligned}P_l(x) &= \frac{1}{2^l l!}\frac{\mathrm{d}^l}{\mathrm{d}x^l}\left[\sum_{n=0}^{l}\frac{l!}{n!(l-n)!}2^{l-n}(x-1)^{l+n}\right]\\&= \frac{\mathrm{d}^l}{\mathrm{d}x^l}\left[\sum_{n=0}^{l}\frac{1}{2^n n!(l-n)!}(x-1)^{l+n}\right]\\&= \sum_{n=0}^{l}\frac{1}{2^n n!(l-n)!}(l+n)(l+n-1)\cdots(n+1)\cdot(x-1)^n\\&= \sum_{n=0}^{l}\frac{1}{n!(l-n)!}(l+n)(l+n-1)\cdots(n+1)\cdot\left(\frac{x-1}{2}\right)^n\\&= \sum_{n=0}^{l}\frac{1}{n!(l-n)!}\frac{(l+n)!}{n!}\cdot\left(\frac{x-1}{2}\right)^n\end{aligned}$$

上式除 $n=0$ 项外，其余各项都含有因子 $(x-1)$，而 $n=0$ 项给出

$$P_l(1)=1 \tag{14.3.60a}$$

进而

$$\begin{aligned}P_l'(x) &= \sum_{n=0}^{l}\frac{1}{n!(l-n)!}\frac{(l+n)!}{n!}\cdot\frac{n}{2}\left(\frac{x-1}{2}\right)^{n-1}\\&= \sum_{n=1}^{l}\frac{1}{n!(l-n)!}\frac{(l+n)!}{n!}\cdot\frac{n}{2}\left(\frac{x-1}{2}\right)^{n-1}\end{aligned}$$

上式除 $n=1$ 项外，其余各项都含有因子 $(x-1)$，而 $n=1$ 项给出

$$P_l'(1)=\frac{l(l+1)}{2} \tag{14.3.60b}$$

另一方面，用二项式定理写出

$$\begin{aligned}(x^2-1)^l &= (x+1)^l\left[(x+1)-2\right]^l\\&= (x+1)^l\sum_{n=0}^{l}\frac{l!}{n!(l-n)!}(-2)^{l-n}(x+1)^n\\&= \sum_{n=0}^{l}\frac{l!}{n!(l-n)!}(-2)^{l-n}(x+1)^{l+n}\end{aligned}$$

代入式 (14.3.1) 得到

$$\begin{aligned}P_l(x) &= \frac{1}{2^l l!}\frac{\mathrm{d}^l}{\mathrm{d}x^l}\left[\sum_{n=0}^{l}\frac{l!}{n!(l-n)!}(-2)^{l-n}(x+1)^{l+n}\right]\\&= \frac{\mathrm{d}^l}{\mathrm{d}x^l}\left[\sum_{n=0}^{l}\frac{(-1)^{l-n}}{2^n n!(l-n)!}(x+1)^{l+n}\right]\end{aligned}$$

$$= \sum_{n=0}^{l} \frac{(-1)^{l-n}}{n!(l-n)!} \frac{(l+n)!}{n!} \cdot \left(\frac{x+1}{2}\right)^n$$

上式除 $n=0$ 项外，其余各项都含有因子 $(x+1)$，而 $n=0$ 项给出

$$P_l(-1) = (-1)^l \tag{14.3.61a}$$

进而

$$P_l'(x) = \sum_{n=0}^{l} \frac{(-1)^{l-n}}{n!(l-n)!} \frac{(l+n)!}{n!} \cdot \frac{n}{2} \left(\frac{x+1}{2}\right)^{n-1}$$
$$= \sum_{n=1}^{l} \frac{(-1)^{l-n}}{n!(l-n)!} \frac{(l+n)!}{n!} \cdot \frac{n}{2} \left(\frac{x+1}{2}\right)^{n-1}$$

上式除 $n=1$ 项外，其余各项都含有因子 $(x+1)$，而 $n=1$ 项给出

$$P_l'(-1) = (-1)^{l-1} \frac{l(l+1)}{2} \tag{14.3.61b}$$

方法 2 利用莱布尼茨的乘积微分法则 [与式 (14.3.53) 等价的另一种形式]

$$\frac{\mathrm{d}^l}{\mathrm{d}x^l}(f \cdot g) = \sum_{n=0}^{l} \frac{l!}{(l-n)!n!} \frac{\mathrm{d}^{l-n} f}{\mathrm{d}x^{l-n}} \frac{\mathrm{d}^n g}{\mathrm{d}x^n} \tag{14.3.62}$$

我们有

$$\frac{\mathrm{d}^l}{\mathrm{d}x^l}\left[(x^2-1)^l\right] = \frac{\mathrm{d}^l}{\mathrm{d}x^l}\left[(x+1)^l(x-1)^l\right]$$
$$= \frac{\mathrm{d}^l}{\mathrm{d}x^l}(x+1)^l \cdot (x-1)^l + \begin{pmatrix} l \\ 1 \end{pmatrix} \frac{\mathrm{d}^{l-1}}{\mathrm{d}x^{l-1}}(x+1)^l \cdot \frac{\mathrm{d}}{\mathrm{d}x}(x-1)^l + \cdots$$
$$+ \begin{pmatrix} l \\ n \end{pmatrix} \frac{\mathrm{d}^{l-n}}{\mathrm{d}x^{l-n}}(x+1)^l \cdot \frac{\mathrm{d}^n}{\mathrm{d}x^n}(x-1)^l + \cdots + (x+1)^l \cdot \frac{\mathrm{d}^l}{\mathrm{d}x^l}(x-1)^l$$

在上式中除最后一项外，其余各项都含有 $(x-1)$ 因子，而最后一项给出

$$P_l(1) = \frac{1}{2^l l!}(1+1)^l l! = 1 \tag{14.3.63a}$$

另一方面，除第一项外，其余各项都含有 $(x+1)$ 因子，而第一项给出

$$P_l(-1) = \frac{1}{2^l l!}(-2)^l l! = (-1)^l \tag{14.3.63b}$$

方法 3 在勒让德多项式的生成函数 (14.3.12) 中取 $x=1$，得到

$$\frac{1}{1-r} = \sum_{l=0}^{\infty} P_l(1) r^l = \sum_{l=0}^{\infty} r^l \tag{14.3.64}$$

这里利用了式 (14.3.29) 的第一式。两边比较 r^l 的系数得到 $P_l(1)=1$。另外将生成函数写成

$$\frac{1}{\sqrt{1-2rx+r^2}}=\frac{1}{\sqrt{1-2(-r)(-x)+(-r)^2}} \tag{14.3.65}$$

与式 (14.3.12) 比较，有

$$\sum_{l=0}^{\infty} r^l P_l(x)=\sum_{l=0}^{\infty}(-r)^l\ P_l(-x)=\sum_{l=0}^{\infty} r^l(-1)^l\ P_l(-x) \tag{14.3.66}$$

两边比较 r^l 的系数，有 $P_l(-x)=(-1)^l P_l(x)$，取 $x=1$ 得到 $P_l(-1)=(-1)^l$。

方法 4 利用勒让德多项式的积分表示式 (14.3.6)，即

$$P_l(x)=\frac{1}{\pi}\int_0^{\pi}(x+\sqrt{x^2-1}\cos\phi)^l\mathrm{d}\phi \tag{14.3.67}$$

在式 (14.3.67) 中分别取 $x=\pm 1$，得到

$$P_l(1)=\frac{1}{\pi}\int_0^{\pi}\mathrm{d}\phi=1 \tag{14.3.68a}$$

$$P_l(-1)=\frac{1}{\pi}\int_0^{\pi}(-1)^l\mathrm{d}\phi=(-1)^l \tag{14.3.68b}$$

例 2 计算 $P_{2n}(0)$，$P_{2n+1}(0)$ 和 $P_{2n}(0)-P_{2n+2}(0)$。

解 利用勒让德多项式的定义 (14.2.17)，即

$$P_l(x)=\frac{1}{2^l}\sum_{m=0}^{M}(-1)^m\frac{(2l-2m)!}{m!(l-m)!(l-2m)!}x^{l-2m} \tag{14.3.69}$$

当 l 为奇数时，$P_l(x)\Rightarrow x^l+x^{l-2}+\cdots+x$(无常数项)，故

$$P_{2n+1}(0)=0 \tag{14.3.70}$$

当 l 为偶数时，$P_l(x)\Rightarrow x^l+x^{l-2}+\cdots+x^2+$ 常数项 $P_l(0)$。由式 (14.3.69) 看出，常数项相应于 $l=2m$，故

$$P_l(0)\ =\frac{(-1)^m(2l-2m)!}{2^l m!(l-m)!(l-2m)!}=(-1)^{\frac{l}{2}}\frac{l!}{2^l\left(\frac{l}{2}\right)!\left(\frac{l}{2}\right)!} \tag{14.3.71a}$$

该常数项还可以直接由式 (14.2.16) 给出

$$C_0=(-1)^{\frac{l}{2}}\frac{l!}{2^l\left[\left(\frac{l}{2}\right)!\right]^2} \tag{14.3.71b}$$

对于偶数 $l=2n$，式 (14.3.71) 写为

$$P_{2n}(0)=(-1)^n\frac{(2n)!}{2^{2n}\left(n!\right)^2} \tag{14.3.72}$$

得到该结果的另一个方法是在生成函数 (14.3.12) 的两边取 $x=0$，并利用式 (14.3.9)，得到

$$\frac{1}{\sqrt{1+r^2}}=\sum_{l=0}^{\infty}P_l(0)r^l=\sum_{n=0}^{\infty}(-1)^n\frac{(2n)!}{2^{2n}(n!)^2}r^{2n} \tag{14.3.73}$$

两边比较 r^l 的系数 $(l=2n)$，立即得到式 (14.3.72)。

得到式 (14.3.72) 最直接的方法是由式 (14.2.24) 写出

$$\begin{aligned}P_{2n}(x)=&\frac{(4n-1)(4n-3)\cdots 3\cdot 1}{(2n)!}\\ &\cdot\left[\begin{aligned}&x^{2n}-\frac{1}{2}\frac{2n(2n-1)}{(4n-1)}x^{2n-2}+\\ &\frac{1}{2\cdot 4}\frac{2n(2n-1)(2n-2)(2n-3)}{(4n-1)(4n-3)}x^{2n-4}-\cdots\end{aligned}\right]\end{aligned} \tag{14.3.74}$$

它的常数项 $P_{2n}(0)$ 即为式 (14.3.72)。

进而由式 (14.3.72) 得到

$$P_{2n+2}(0)=(-1)^{\frac{2n+2}{2}}\frac{(2n+2)!}{2^{2n+2}\left[\left(\dfrac{2n+2}{2}\right)!\right]^2}=-(-1)^n\frac{(2n+2)!}{2^{2n+2}\left[(n+1)!\right]^2} \tag{14.3.75}$$

于是

$$P_{2n}(0)-P_{2n+2}(0)=(-1)^n\left(\frac{4n+3}{n+1}\right)\frac{(2n)!}{2^{2n+1}\left(n!\right)^2}\quad(n=0,\ 1,\ 2,\cdots) \tag{14.3.76}$$

这是一个很有用的公式。

例 3 计算 $P'_{2n}(0)$ 和 $P'_{2n+1}(0)$。

解 当 l 为偶数时，$P'_l(x)\Rightarrow x^l+x^{l-2}+\cdots+x$ (无常数项)，故

$$P'_{2n}(0)=0 \tag{14.3.77}$$

当 l 为奇数时，$P'_l(x)\Rightarrow x^l+x^{l-2}+\cdots+x^2+$ 常数项 $P'_l(0)$。而 $P'_l(x)$ 的常数项等于 $P_l(x)$ 的一次项 x 的系数 (相应于 $l-2m=1$)，故

$$P'_l(0)=(-1)^m\frac{(2l-2m)!}{2^l m!(l-m)!(l-2m)!}$$

$$= (-1)^{\frac{l-1}{2}} \frac{(l+1)!}{2^l \left(\frac{l-1}{2}\right)! \left(\frac{l+1}{2}\right)!}$$

或

$$P'_{2n+1}(0) = (-1)^n \frac{(2n+2)!}{2^{2n+1} n!(n+1)!} = (2n+1)P_{2n}(0) \tag{14.3.78}$$

例 4　计算积分

$$I_l = \int_0^1 P_l(x)\mathrm{d}x \tag{14.3.79}$$

解　当 $l = 0$ 时

$$I_0 = \int_0^1 P_0(x)\mathrm{d}x = \int_0^1 \mathrm{d}x = 1 \tag{14.3.80}$$

对于 $l > 0$，利用式 (14.2.1)，即

$$\frac{\mathrm{d}}{\mathrm{d}x}\left[(1-x^2)\frac{\mathrm{d}P_l(x)}{\mathrm{d}x}\right] = -l(l+1)P_l(x) \tag{14.3.81}$$

将式 (14.3.79) 写为

$$\begin{aligned} I_l = \int_0^1 P_l(x)\mathrm{d}x &= -\frac{1}{l(l+1)}\int_0^1 \mathrm{d}\left[(1-x^2)\frac{\mathrm{d}P_l(x)}{\mathrm{d}x}\right] \\ &= -\frac{1}{l(l+1)}\left[(1-x^2)\frac{\mathrm{d}P_l(x)}{\mathrm{d}x}\right]_0^1 \\ &= \frac{1}{l(l+1)}P'_l(0) \end{aligned}$$

利用式 (14.3.77) 和式 (14.3.78)，得到

$$I_{2n} = 0 \quad (n = 1,\ 2, 3\cdots) \tag{14.3.82a}$$

$$I_{2n+1} = (-1)^n \frac{(2n)!}{2^{2n+1} n!(n+1)!} \quad (n = 0,\ 1, 2\cdots) \tag{14.3.82b}$$

式 (14.3.80) 和式 (14.3.82) 就是积分式 (14.3.79) 的结果。式 (14.3.82a) 表明，偶数阶勒让德多项式 $P_{2n}(x)$ 在区间 $[-1,1]$ 上的正、负面积相等 $[P_0(x) = 1$ 除外]。

得出式 (14.3.82b) 的另一个方法是利用递推公式 (4)，即

$$P'_{2n+2}(x) - P'_{2n}(x) = (4n+3)P_{2n+1}(x) \tag{14.3.83}$$

从而积分式 (14.3.79) 为

$$I_{2n+1} = \int_0^1 P_{2n+1}(x)\mathrm{d}x$$

$$
\begin{aligned}
&= \frac{1}{(4n+3)} \int_0^1 \left[P'_{2n+2}(x) - P'_{2n}(x)\right] \mathrm{d}x \\
&= \frac{1}{(4n+3)} \left[P_{2n+2}(1) - P_{2n+2}(0) - P_{2n}(1) + P_{2n}(0)\right] \\
&= \frac{1}{(4n+3)} \left[P_{2n}(0) - P_{2n+2}(0)\right] \\
&= (-1)^n \frac{(2n)!}{2^{2n+1}(n+1)(n!)^2}
\end{aligned}
$$

这里用到了式 (14.3.76)。该结果与式 (14.3.82b) 相同。

例 5 设 $f(x)$ 是一个 k 次多项式，试证明当 $0 < k < l$ 时，$f(x)$ 与 l 阶勒让德多项式 $P_l(x)$ 在 $[-1,1]$ 上正交，即

$$
\int_{-1}^{1} f(x) P_l(x) \mathrm{d}x = 0 \tag{14.3.84}
$$

证明 利用勒让德多项式的微分表示式 (14.3.1)，即

$$
P_l(x) = \frac{1}{2^l l!} \frac{\mathrm{d}^l}{\mathrm{d}x^l} (x^2 - 1)^l \tag{14.3.85}
$$

我们有

$$
\begin{aligned}
\int_{-1}^{1} f(x) P_l(x) \mathrm{d}x &= \frac{1}{2^l l!} \int_{-1}^{1} f(x) \frac{\mathrm{d}^l}{\mathrm{d}x^l} (x^2-1)^l \mathrm{d}x \\
&= \frac{1}{2^l l!} \int_{-1}^{1} f(x) \mathrm{d}\left[\frac{\mathrm{d}^{l-1}}{\mathrm{d}x^{l-1}} (x^2-1)^l\right] \\
&= \frac{1}{2^l l!} \left[f(x) \frac{\mathrm{d}^{l-1}}{\mathrm{d}x^{l-1}} (x^2-1)^l\right]_{-1}^{1} - \frac{1}{2^l l!} \int_{-1}^{1} f'(x) \frac{\mathrm{d}^{l-1}}{\mathrm{d}x^{l-1}} (x^2-1)^l \mathrm{d}x
\end{aligned}
$$

上式右端第一项为零 [因为含有因子 (x^2-1)]。对第二项用分部积分法积分 $(k-1)$ 次，注意到 $f(x)$ 是一个 k 次多项式，微分 k 次后变成常数 $f^{(k)}$。而由于 $k < l$，$P_l(x)$ 微分 k 次后仍然是 x 的函数。于是上式变为

$$
\begin{aligned}
\int_{-1}^{1} f(x) P_l(x) \mathrm{d}x &= (-1)^k \frac{1}{2^l l!} \int_{-1}^{1} f^{(k)} \frac{\mathrm{d}^{l-k}}{\mathrm{d}x^{l-k}} (x^2-1)^l \mathrm{d}x \\
&= (-1)^k \frac{f^{(k)}}{2^l l!} \int_{-1}^{1} \frac{\mathrm{d}^{l-k}}{\mathrm{d}x^{l-k}} (x^2-1)^l \mathrm{d}x \\
&= (-1)^k \frac{f^{(k)}}{2^l l!} \int_{-1}^{1} \mathrm{d}\left[\frac{\mathrm{d}^{l-k-1}}{\mathrm{d}x^{l-k-1}} (x^2-1)^l\right] \\
&= (-1)^k \frac{f^{(k)}}{2^l l!} \left[\frac{\mathrm{d}^{l-k-1}}{\mathrm{d}x^{l-k-1}} (x^2-1)^l\right]_{-1}^{1} = 0
\end{aligned}
$$

这表示 $f(x)$ 与 l 阶勒让德多项式 $P_l(x)$ 在 $[-1,1]$ 上是正交的。

14.4　勒让德多项式的正交完备性

14.4.1　正交性

由式 (14.2.1) 写出勒让德方程的施图姆–刘维尔形式

$$\frac{\mathrm{d}}{\mathrm{d}x}\left[(1-x^2)\frac{\mathrm{d}P_l(x)}{\mathrm{d}x}\right]=-l(l+1)P_l(x) \tag{14.4.1}$$

方程 (14.4.1) 具有边界值 [见 14.3.5 节，例 1]：

$$P_l(1)=1, P_l'(1)\ =\frac{l(l+1)}{2} \tag{14.4.2a}$$

$$P_l(-1)=(-1)^l, P_l'(-1)=(-1)^{l-1}\frac{l(l+1)}{2} \tag{14.4.2b}$$

为了讨论 $P_l(x)$ 的正交性，将式 (14.4.2) 代入式 (9.1.7) 的 Q 因子，得到

$$\begin{aligned}Q&=k(1)\left[P_l(1)P_m'(1)-P_m(1)P_l'(1)\right]-k(-1)\left[P_l(-1)P_m'(-1)-P_m(-1)P_l'(-1)\right]\\&=k(1)\left[\frac{m(m+1)}{2}-\frac{l(l+1)}{2}\right]-k(-1)(-1)^{l+m-1}\left[\frac{m(m+1)}{2}-\frac{l(l+1)}{2}\right]\end{aligned}$$

其中, $k(x)=1-x^2$，故 $k(1)=0$，$k(-1)=0$，这导致 $Q=0$。因此勒让德多项式满足正交性

$$\int_{-1}^{1}P_l(x)P_m(x)\mathrm{d}x=0\quad(l\neq m) \tag{14.4.3}$$

关系式(14.4.3)从 14.3.5 节例 5 的结果是容易证明的。事实上，$\int_{-1}^{1}P_l(x)P_m(x)\mathrm{d}x$ 中的 $P_l(x)$ 和 $P_m(x)$ 分别是 l 阶和 m 阶多项式。如果 $l<m$，$P_l(x)$ 相应于式 (14.3.84) 中的 $f(x)$，积分结果为零；反之如果 $m<l$，$P_m(x)$ 相应于式 (14.3.84) 中的 $f(x)$，积分结果也为零。因此，只要 $l\neq m$，就有 $\int_{-1}^{1}P_l(x)P_m(x)\mathrm{d}x=0$。

其实，勒让德多项式的正交性从方程 (14.4.1) 可以直接看出来，式 (14.4.1) 表示 $P_l(x)$ 是算符

$$F=-\frac{\mathrm{d}}{\mathrm{d}x}\left[(1-x^2)\frac{\mathrm{d}}{\mathrm{d}x}\right]=(x^2-1)\frac{\mathrm{d}^2}{\mathrm{d}x^2}+2x\frac{\mathrm{d}}{\mathrm{d}x} \tag{14.4.4}$$

的本征函数，而该算符显然满足 $F^+=F$，是厄米算符，本征值 $l(l+1)$ 是实数。因此按照 9.3 节的论述，本征函数 $P_l(x)$ 是正交的。

下面我们推导勒让德多项式的一个重要积分公式。设 $P_l(x)$ 和 $P_m(x)$ 是两个不同阶的勒让德多项式，则它们满足方程 (14.1.13)

$$(1-x^2)P_l''-2xP_l'=-l(l+1)P_l \tag{14.4.5a}$$

$$(1-x^2)P_m''-2xP_m'=-m(m+1)P_m \tag{14.4.5b}$$

以 $P_m(x)$ 乘以式 (14.4.5a)，以 $P_l(x)$ 乘以式 (14.4.5b)，再将结果相减，得到

$$\begin{aligned}[m(m+1)-l(l+1)]P_lP_m &= (1-x^2)\left(P_mP_l''-P_lP_m''\right)-2x\left(P_mP_l'-P_lP_m'\right)\\ &=(1-x^2)\frac{\mathrm{d}}{\mathrm{d}x}\left(P_mP_l'-P_lP_m'\right)-2x\left(P_mP_l'-P_lP_m'\right)\\ &=\frac{\mathrm{d}}{\mathrm{d}x}\left[(1-x^2)\left(P_mP_l'-P_lP_m'\right)\right]\end{aligned}$$

两边对 x 在区间 $[x,1]$ 积分，得到

$$\begin{aligned}[m(m+1)-l(l+1)]\int_x^1 P_l(x)P_m(x)\mathrm{d}x &= \left[(1-x^2)\left(P_mP_l'-P_lP_m'\right)\right]_x^1\\ &=(x^2-1)\left[P_m(x)P_l'(x)-P_l(x)P_m'(x)\right]\end{aligned}$$

所以

$$\int_x^1 P_l(x)P_m(x)\mathrm{d}x=\frac{(1-x^2)\left[P_l(x)P_m'(x)-P_m(x)P_l'(x)\right]}{m(m+1)-l(l+1)}\quad (l\neq m) \tag{14.4.6a}$$

这是勒让德多项式的一般性结果。当积分下限为 $x=-1$ 时，给出勒让德多项式的正交性关系式 $\int_{-1}^1 P(x)P_m(x)\mathrm{d}x=0$。显然还有

$$\int_{-1}^x P_l(x)P_m(x)\mathrm{d}x=-\frac{(1-x^2)\left[P_l(x)P_m'(x)-P_m(x)P_l'(x)\right]}{m(m+1)-l(l+1)}\quad (l\neq m) \tag{14.4.6b}$$

式 (14.4.6) 是重要的积分公式。

14.4.2 模值

现在我们证明

$$I_l\equiv\int_{-1}^1 P_l^2(x)\mathrm{d}x=\frac{2}{2l+1} \tag{14.4.7}$$

证明

方法 1 对生成函数 (14.3.12) 的两边平方

$$\frac{1}{1-2rx+r^2}=\left[\sum_{l=0}^{\infty}r^l\ P_l(x)\right]\cdot\left[\sum_{m=0}^{\infty}r^m\ P_m(x)\right]=\sum_{l=0}^{\infty}\sum_{m=0}^{\infty}r^{l+m}P_l(x)P_m(x) \tag{14.4.8}$$

两边对 x 在区间 $[-1,1]$ 积分，并利用式 (14.4.3)，得到

$$\begin{aligned}\int_{-1}^{1}\frac{1}{1-2rx+r^2}\mathrm{d}x&=\sum_{l=0}^{\infty}\sum_{m=0}^{\infty}r^{l+m}\int_{-1}^{1}P_l(x)P_m(x)\mathrm{d}x\\&=\sum_{l=0}^{\infty}\sum_{m=0}^{\infty}I_l r^{l+m}\delta_{lm}\\&=\sum_{l=0}^{\infty}I_l r^{2l}\end{aligned}\tag{14.4.9}$$

式 (14.4.9) 左边的积分为

$$\begin{aligned}\int_{-1}^{1}\frac{1}{1-2rx+r^2}\mathrm{d}x&=-\frac{1}{2r}\int_{-1}^{1}\frac{\mathrm{d}(1-2rx+r^2)}{1-2rx+r^2}\\&=\left[-\frac{1}{2r}\ln(1-2rx+r^2)\right]_{-1}^{1}=\frac{1}{r}\ln\frac{1+r}{1-r}\quad(|r|<1)\\&=\sum_{l=0}^{\infty}\frac{2}{2l+1}r^{2l}\end{aligned}\tag{14.4.10}$$

式 (14.4.9) 与式 (14.4.10) 比较 r^{2l} 的系数，即得式 (14.4.7)。

方法 2 利用递推公式 (1)

$$(n+1)P_{n+1}+nP_{n-1}=(2n+1)xP_n\tag{14.4.11a}$$

及它的 $n-1$ 形式

$$nP_n+(n-1)P_{n-2}=(2n-1)xP_{n-1}\tag{14.4.11b}$$

以 P_{n-1} 乘以式 (14.4.11a)，以 P_n 乘以式 (14.4.11b)，将结果对 x 在区间 $[-1,1]$ 积分，并利用式 (14.4.3)，得到

$$n\int_{-1}^{1}P_{n-1}^2(x)\mathrm{d}x=(2n+1)\int_{-1}^{1}xP_{n-1}(x)P_n(x)\mathrm{d}x\tag{14.4.12a}$$

和

$$n\int_{-1}^{1}P_n^2(x)\mathrm{d}x=(2n-1)\int_{-1}^{1}xP_{n-1}(x)P_n(x)\mathrm{d}x\tag{14.4.12b}$$

比较式 (14.4.12a) 与式 (14.4.12b) 的右边，得到

$$\frac{1}{2n-1}\int_{-1}^{1}P_n^2(x)\mathrm{d}x=\frac{1}{2n+1}\int_{-1}^{1}P_{n-1}^2(x)\mathrm{d}x\tag{14.4.13}$$

即

$$\int_{-1}^{1}P_n^2(x)\mathrm{d}x=\frac{2n-1}{2n+1}\int_{-1}^{1}P_{n-1}^2(x)\mathrm{d}x\tag{14.4.14}$$

这是一个积分形式的递推公式。当 $n=1$ 时，我们有 $P_0(x)=1$ 及 $\int_{-1}^{1}P_0^2(x)\mathrm{d}x=2$，于是式 (14.4.14) 给出

$$\int_{-1}^{1}P_1^2(x)\mathrm{d}x=\frac{2\cdot1-1}{2\cdot1+1}\int_{-1}^{1}P_0^2(x)\mathrm{d}x=\frac{2}{3}=\frac{2}{2\cdot1+1} \tag{14.4.15a}$$

进而，当 $n=2$ 时，我们有

$$\int_{-1}^{1}P_2^2(x)\mathrm{d}x=\frac{2\cdot2-1}{2\cdot2+1}\int_{-1}^{1}P_1^2(x)\mathrm{d}x=\frac{2}{5}=\frac{2}{2\cdot2+1} \tag{14.4.15b}$$

显然可以归纳出

$$\int_{-1}^{1}P_l^2(x)\mathrm{d}x=\frac{2}{2l+1} \tag{14.4.16}$$

这个积分的平方根

$$\sqrt{\int_{-1}^{1}P_l^2(x)\mathrm{d}x}=\sqrt{\frac{2}{2l+1}} \tag{14.4.17}$$

通常称为勒让德多项式的模值。

14.4.3 完备性

利用式 (14.4.3) 和式 (14.4.16) 可以写出勒让德多项式的正交性关系式

$$\int_{-1}^{1}P_l(x)P_m(x)\mathrm{d}x=\frac{2}{2l+1}\delta_{l\,m} \tag{14.4.18}$$

设 $f(x)$ 在闭区间 $[-1,1]$ 是分段光滑的，则 $f(x)$ 可以按勒让德多项式级数展开，即

$$f(x)=\sum_{l=0}^{\infty}C_lP_l(x) \tag{14.4.19}$$

这称为勒让德多项式的完备性。现在我们利用式 (14.4.18) 计算展开系数 C_l，为此给式 (14.4.19) 两边同乘以 $P_m(x)$，并对 x 在区间 $[-1,1]$ 积分，得到

$$\begin{aligned}\int_{-1}^{1}P_m(x)f(x)\mathrm{d}x&=\int_{-1}^{1}P_m(x)\sum_{l=0}^{\infty}C_lP_l(x)\mathrm{d}x\\&=\sum_{l=0}^{\infty}C_l\int_{-1}^{1}P_m(x)P_l(x)\mathrm{d}x\\&=\sum_{l=0}^{\infty}\frac{2}{2l+1}C_l\delta_{m\,l}=\frac{2}{2m+1}C_m\end{aligned}$$

由此得到展开系数

$$C_l = \frac{2l+1}{2}\int_{-1}^{1} P_l(x)f(x)\mathrm{d}x \tag{14.4.20}$$

如果函数 f 在区间 $[-1,1]$ 是分段光滑的，则 f 有如式 (14.4.19) 所示的勒让德级数展开式，对于 $x \in (-1,1)$，勒让德级数的收敛性由狄利克雷定理确定，即

$$\sum_{l=0}^{\infty} C_l P_l(x) = f(x) \quad (\text{在 } x \text{ 的连续点}) \tag{14.4.21a}$$

$$\sum_{l=0}^{\infty} C_l P_l(x) = \frac{f(x-0)+f(x+0)}{2} \quad (\text{在 } x \text{ 的间断点}) \tag{14.4.21b}$$

14.4.4 例题

例 1　证明

$$\int_x^1 P_m(x)\mathrm{d}x = \frac{1}{2m+1}\left[P_{m-1}(x) - P_{m+1}(x)\right] \tag{14.4.22a}$$

$$\int_{-1}^{x} P_m(x)\mathrm{d}x = \frac{1}{2m+1}\left[P_{m+1}(x) - P_{m-1}(x)\right] \tag{14.4.22b}$$

证明

方法 1　根据式 (14.4.6a)，并利用 14.3.4 节的递推公式 (3)，公式 (6) 和公式 (1)，即

$$\begin{aligned}
&xP'_m(x) = mP_m(x) + P'_{m-1}(x)\\
&xP'_{m-1}(x) = P'_m(x) - mP_{m-1}(x)\\
&xP_m(x) = \frac{m+1}{(2m+1)}P_{m+1}(x) + \frac{m}{(2m+1)}P_{m-1}(x)
\end{aligned}$$

我们有

$$\begin{aligned}
\int_x^1 P_m(x)\mathrm{d}x &= \int_x^1 P_0(x)P_m(x)\mathrm{d}x\\
&= \frac{(1-x^2)\left[P_0(x)P'_m(x) - P_m(x)P'_0(x)\right]}{m(m+1)} = \frac{(1-x^2)P'_m(x)}{m(m+1)}\\
&= \frac{(1-x)P'_m(x)}{m(m+1)}(1+x) = \frac{1+x}{m(m+1)}\left[P'_m(x) - mP_m(x) - P'_{m-1}(x)\right]\\
&= \frac{1}{m(m+1)}\left[P'_m(x) - mxP_m(x) - xP'_{m-1}(x)\right]\\
&= \frac{1}{m+1}\left[-xP_m(x) + P_{m-1}(x)\right]
\end{aligned}$$

$$= \frac{1}{(m+1)}\left[-\frac{m+1}{(2m+1)}P_{m+1}(x)+\frac{m+1}{(2m+1)}P_{m-1}(x)\right]$$
$$= \frac{1}{2m+1}\left[P_{m-1}(x)-P_{m+1}(x)\right]$$

进而利用式 (14.4.6b) 可得式 (14.4.22b)。

方法 2 利用 14.3.4 节递推公式 (4)，即

$$P_m(x) = \frac{1}{2m+1}\left[P'_{m+1}(x)-P'_{m-1}(x)\right] \tag{14.4.23}$$

得到

$$\begin{aligned}\int_x^1 P_m(x)\mathrm{d}x &= \frac{1}{2m+1}\int_x^1 \left[P'_{m+1}(x)-P'_{m-1}(x)\right]\mathrm{d}x\\ &= \frac{1}{2m+1}\int_x^1 \mathrm{d}\left[P_{m+1}(x)-P_{m-1}(x)\right]\\ &= \frac{1}{2m+1}\left[P_{m+1}(x)-P_{m-1}(x)\right]_x^1\\ &= \frac{1}{2m+1}\left[P_{m-1}(x)-P_{m+1}(x)\right]\end{aligned}$$

同理可得式 (14.4.22b)。

例 2 计算积分：(1) $\int_0^1 xP_1(x)\mathrm{d}x$； (2) $\int_0^1 xP_{2n}(x)\mathrm{d}x$。

解 (1) 由式 (14.4.12a) 得到

$$\int_{-1}^1 xP_{n-1}(x)P_n(x)\mathrm{d}x = \frac{n}{2n+1}\int_{-1}^1 P_{n-1}^2(x)\mathrm{d}x \tag{14.4.24a}$$

在式 (14.4.24a) 中取 $n=1$，有

$$\int_{-1}^1 xP_0(x)P_1(x)\mathrm{d}x = \frac{1}{3}\int_{-1}^1 P_0^2(x)\mathrm{d}x \tag{14.4.24b}$$

利用 $P_0(x)=1$ 有

$$\int_{-1}^1 xP_1(x)\mathrm{d}x = \frac{2}{3} \tag{14.4.25a}$$

因 $xP_1(x)$ 是区间 $[-1,1]$ 上的偶函数，故

$$\int_0^1 xP_1(x)\mathrm{d}x = \frac{1}{3} \tag{14.4.25b}$$

(2) 由 14.3.4 节递推公式 (1) 有

$$xP_{2n}(x) = \frac{2n+1}{4n+1}P_{2n+1}(x)+\frac{2n}{4n+1}P_{2n-1}(x) \tag{14.4.26}$$

从式 (14.3.82b) 得到

$$\int_0^1 P_{2n+1}(x)\mathrm{d}x = (-1)^n \frac{(2n)!}{2^{2n+1}n!(n+1)!} \quad (n=0,\ 1,2\cdots) \tag{14.4.27a}$$

又有

$$\int_0^1 P_{2n-1}(x)\mathrm{d}x = (-1)^{n-1} \frac{(2n-2)!}{2^{2n-1}(n-1)!n!} \quad (n=1,\ 2,3\cdots) \tag{14.4.27b}$$

故

$$\begin{aligned}\int_0^1 xP_{2n}(x)\mathrm{d}x &= \frac{2n+1}{4n+1}\int_0^1 P_{2n+1}(x)\mathrm{d}x + \frac{2n}{4n+1}\int_0^1 P_{2n-1}(x)\mathrm{d}x \\ &= \frac{2n+1}{4n+1}(-1)^n\frac{(2n)!}{2^{2n+1}n!(n+1)!} + \frac{2n}{4n+1}(-1)^{n-1}\frac{(2n-2)!}{2^{2n-1}(n-1)!n!} \\ &= (-1)^{n+1}\frac{(2n-2)!}{2^{2n}(n+1)!(n-1)!} \quad (n=1,\ 2,\ 3,\cdots)\end{aligned} \tag{14.4.28}$$

例 3　计算积分 $\int_{-1}^1 P_n(x)\mathrm{d}x$。

解

方法 1　利用 14.3.4 节递推公式 (4)，即

$$P_n(x) = \frac{1}{2n+1}\left[P'_{n+1}(x) - P'_{n-1}(x)\right] \tag{14.4.29}$$

我们有

$$\begin{aligned}\int_{-1}^1 P_n(x)\mathrm{d}x &= \frac{1}{2n+1}\int_{-1}^1 \left[P'_{n+1}(x) - P'_{n-1}(x)\right]\mathrm{d}x \\ &= \frac{1}{2n+1}\{[P_{n+1}(1) - P_{n+1}(-1)] - [P_{n-1}(1) - P_{n-1}(-1)]\} \\ &= \frac{1}{2n+1}\left[-(-1)^{n+1} + (-1)^{n-1}\right] \\ &= 0 \quad (n=1,\ 2,\ 3,\cdots)\end{aligned}$$

这个结果不包含 $n=0$ 情况，对此另行计算，有 $\int_{-1}^1 P_0(x)\mathrm{d}x = 2$。故问题的结果为

$$\int_{-1}^1 P_n(x)\mathrm{d}x = \begin{cases} 0 & (n=1,\ 2,\ 3,\cdots) \\ 2 & (n=0) \end{cases} \tag{14.4.30a}$$

方法 2　将 $P_0(x)=1$ 插入被积函数，并利用式 (14.4.18)，有

$$\int_{-1}^1 P_n(x)\mathrm{d}x = \int_{-1}^1 P_0(x)P_n(x)\mathrm{d}x = \frac{2}{2n+1}\delta_{0n} = \begin{cases} 0 & (n\neq 0) \\ 2 & (n=0) \end{cases} \tag{14.4.30b}$$

例 4 计算积分 $\int_0^{\pi} P_n(\cos\theta)\sin(2\theta)\mathrm{d}\theta$。

解 利用 $\sin(2\theta) = 2\sin\theta\cos\theta$，得到

$$\begin{aligned}\int_0^{\pi} P_n(\cos\theta)\sin(2\theta)\mathrm{d}\theta &= 2\int_0^{\pi} P_n(\cos\theta)\sin\theta\cos\theta\mathrm{d}\theta \\ &= -2\int_0^{\pi} P_n(\cos\theta)\cos\theta\mathrm{d}(\cos\theta)\end{aligned}$$

令 $x=\cos\theta$，利用 $P_1(x)=x$ 以及式 (14.4.18)，上式变为

$$\begin{aligned}\int_0^{\pi} P_n(\cos\theta)\sin(2\theta)\mathrm{d}\theta &= -2\int_1^{-1} P_n(x)x\mathrm{d}x \\ &= 2\int_{-1}^{1} P_n(x)P_1(x)\mathrm{d}x \\ &= \begin{cases} \dfrac{4}{3} & (n=1) \\ 0 & (n\neq 1)\end{cases}\end{aligned}$$

例 5 将下列函数在区间 $[-1,1]$ 内展开成勒让德多项式级数

$$f(x) = 2x^3+3x+4, \quad f(x)=x^3 \tag{14.4.31}$$

解 因为 $f(x)$ 是三次式，将它展开成勒让德多项式级数时，只需要前三阶勒让德多项式，利用它们的表示式有

$$\begin{aligned}2x^3+3x+4 &= a_0P_0(x)+a_1P_1(x)+a_2P_2(x)+a_3P_3(x) \\ &= a_0\cdot 1 + a_1x + a_2\frac{1}{2}(3x^2-1)+a_3\frac{1}{2}(5x^3-3x) \\ &= \left(a_0-\frac{1}{2}a_2\right)+\left(a_1-\frac{3}{2}a_3\right)x+\frac{3}{2}a_2x^2+\frac{5}{2}a_3x^3\end{aligned} \tag{14.4.32}$$

两边比较 x 各次幂的系数，得到

$$a_0-\frac{1}{2}a_2=4, \quad a_1-\frac{3}{2}a_3=3, \quad \frac{3}{2}a_2=0, \quad \frac{5}{2}a_3=2 \tag{14.4.33}$$

解之得

$$a_0=4, \quad a_1=\frac{21}{5}, \quad a_2=0, \quad a_3=\frac{4}{5} \tag{14.4.34}$$

代入式 (14.4.32) 得到

$$2x^3+3x+4 = 4P_0(x)+\frac{21}{5}P_1(x)+\frac{4}{5}P_3(x) \tag{14.4.35}$$

这就是函数 $f(x)$ 的勒让德多项式级数。

同理

$$\begin{aligned}x^3 &= b_0P_0(x)+b_1P_1(x)+b_2P_2(x)+b_3P_3(x)\\ &= \left(b_0-\frac{1}{2}b_2\right)+\left(b_1-\frac{3}{2}b_3\right)x+\frac{3}{2}b_2x^2+\frac{5}{2}b_3x^3\end{aligned}$$

比较系数

$$b_0-\frac{1}{2}b_2=0,\quad b_1-\frac{3}{2}b_3=0,\quad \frac{3}{2}b_2=0,\quad \frac{5}{2}b_3=1 \tag{14.4.36}$$

故

$$b_0=0,\quad b_1=\frac{3}{5},\quad b_2=0,\quad b_3=\frac{2}{5} \tag{14.4.37}$$

展开式为

$$x^3=\frac{3}{5}P_1(x)+\frac{2}{5}P_3(x) \tag{14.4.38}$$

例 6 计算积分 $\int_{-1}^{1} x^2P_n(x)\mathrm{d}x$。

解 首先将函数 x^2 在区间 $[-1,1]$ 内展开成勒让德多项式级数，我们有

$$\begin{aligned}x^2 &= aP_0(x)+bP_1(x)+cP_2(x)\\ &= a+bx+c\frac{1}{2}\left(3x^2-1\right)\\ &= \left(a-\frac{c}{2}\right)+bx+\frac{3}{2}cx^2\end{aligned}$$

两边比较 x 各次幂的系数，得到

$$c=\frac{2}{3},\quad a=\frac{1}{3},\quad b=0 \tag{14.4.39}$$

故

$$x^2=\frac{1}{3}P_0(x)+\frac{2}{3}P_2(x) \tag{14.4.40}$$

将式 (14.4.40) 代入被积函数，并利用式 (14.4.18)，得到

$$\begin{aligned}\int_{-1}^{1} x^2P_n(x)\mathrm{d}x &= \int_{-1}^{1}\left[\frac{1}{3}P_0(x)+\frac{2}{3}P_2(x)\right]P_n(x)\mathrm{d}x\\ &= \frac{1}{3}\int_{-1}^{1}P_0(x)P_n(x)\mathrm{d}x+\frac{2}{3}\int_{-1}^{1}P_2(x)P_n(x)\mathrm{d}x\\ &= \begin{cases}\dfrac{2}{3} & (n=0)\\ 0 & (n\neq 0,2)\\ \dfrac{4}{15} & (n=2)\end{cases}\end{aligned}$$

例 7 计算积分：(1) $\int_{-1}^{1} x^2 P_3(x)\mathrm{d}x$； (2) $\int_{-1}^{1} \left(2x^3+3x+4\right) P_3(x)\mathrm{d}x$。

解 (1) 根据式 (14.3.84)，有

$$\int_{-1}^{1} x^2 P_3(x)\mathrm{d}x = 0 \tag{14.4.41}$$

由被积函数为奇函数也可以得出这一结果。

(2) 利用式 (14.4.35)，得到

$$\begin{aligned}\int_{-1}^{1} \left(2x^3+3x+4\right) P_3(x)\mathrm{d}x &= \int_{-1}^{1} \left[4P_0(x)+\frac{21}{5}P_1(x)+\frac{4}{5}P_3(x)\right] P_3(x)\mathrm{d}x \\ &= \frac{4}{5}\int_{-1}^{1} P_3^2(x)\mathrm{d}x = \frac{4}{5}\frac{2}{2\cdot 3+1} = \frac{8}{35}\end{aligned}$$

得到该结果的另一个方法是利用式 (14.3.84)，并注意式 (14.4.38)，有

$$\begin{aligned}\int_{-1}^{1} \left(2x^3+3x+4\right) P_3(x)\mathrm{d}x &= 2\int_{-1}^{1} x^3 P_3(x)\mathrm{d}x \\ &= 2\int_{-1}^{1} \left[\frac{3}{5}P_1(x)+\frac{2}{5}P_3(x)\right] P_3(x)\mathrm{d}x \\ &= \frac{4}{5}\int_{-1}^{1} P_3^2\mathrm{d}x = \frac{8}{35}\end{aligned}$$

例 8 计算积分 $\int_{-1}^{1} xP_m(x)P_n(x)\mathrm{d}x \ \ (m,n=0,\ 1,\ 2,\cdots)$。

解 利用 14.3.4 节的递推公式 (1)，即

$$xP_m(x) = \frac{m+1}{2m+1}P_{m+1}(x)+\frac{m}{2m+1}P_{m-1}(x) \tag{14.4.42}$$

得到

$$\begin{aligned}&\int_{-1}^{1} xP_m(x)P_n(x)\mathrm{d}x \\ =&\frac{m+1}{2m+1}\int_{-1}^{1} P_{m+1}(x)P_n(x)\mathrm{d}x+\frac{m}{2m+1}\int_{-1}^{1} P_{m-1}(x)P_n(x)\mathrm{d}x \\ =&\frac{m+1}{2m+1}\cdot\frac{2}{2n+1}\delta_{m+1,n}+\frac{m}{2m+1}\cdot\frac{2}{2n+1}\delta_{m-1,n} \\ =&\begin{cases}\dfrac{2n}{4n^2-1} & (m-n=-1) \\ \dfrac{2(n+1)}{(2n+3)(2n+1)} & (m-n=1) \\ 0 & (m-n\neq\pm 1)\end{cases}\end{aligned}$$

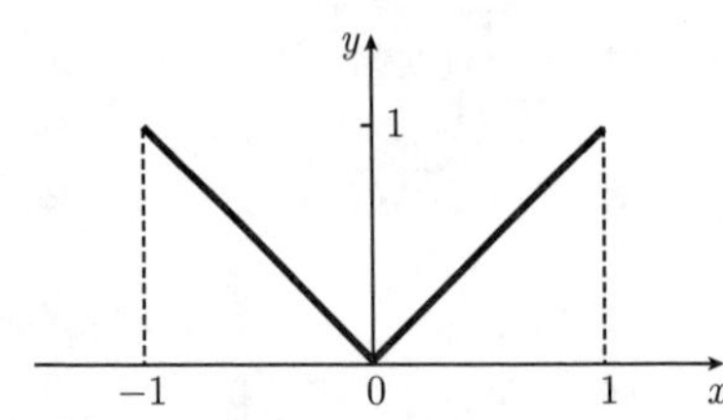

图 14.6　函数 $f(x)=|x|\,(-1<x<1)$

例 9　将 $f(x) = |x|$(图 14.6) 在区间 (−1,1) 内展开成勒让德多项式级数

解　设展开式为

$$f(x)=\sum_{l=0}^{\infty} C_l P_l(x) \tag{14.4.43}$$

其中, 展开系数为

$$C_l=\frac{2l+1}{2}\int_{-1}^{1} P_l(x) f(x) \mathrm{d}x=\frac{2l+1}{2}\int_{-1}^{1} P_l(x)\,|x|\,\mathrm{d}x \tag{14.4.44a}$$

因 $f(x)=|x|$ 在 $(-1,1)$ 内是偶函数，而 $P_{2n+1}(x)$ 是奇函数，故 $C_{2n+1}=0(n=0,1,2,\cdots)$。下面只需要计算 $C_{2n}(n=0,1,2,\cdots)$。首先

$$C_0=\frac{1}{2}\int_{-1}^{1} P_0(x) f(x) \mathrm{d}x=\frac{1}{2}\int_{-1}^{1} f(x) \mathrm{d}x=\int_{0}^{1} x \mathrm{d}x=\frac{1}{2} \tag{14.4.44b}$$

另外利用 14.3.4 节递推公式 (1)，即

$$x P_{2n}(x)=\frac{2n+1}{4n+1} P_{2n+1}(x)+\frac{2n}{4n+1} P_{2n-1}(x) \tag{14.4.45}$$

以及式 (14.4.27)，我们有

$$\begin{aligned}
C_{2n}&=\frac{4n+1}{2}\int_{-1}^{1} P_{2n}(x) f(x) \mathrm{d}x=(4n+1)\int_{0}^{1} x P_{2n}(x) \mathrm{d}x \\
&=(4n+1)\int_{0}^{1}\left[\frac{2n+1}{4n+1} P_{2n+1}(x)+\frac{2n}{4n+1} P_{2n-1}(x)\right] \mathrm{d}x \\
&=(2n+1)\int_{0}^{1} P_{2n+1}(x) \mathrm{d}x+2n\int_{0}^{1} P_{2n-1}(x) \mathrm{d}x \\
&=(-1)^{n}\frac{(2n)!(2n+1)}{2^{2n+1} n!(n+1)!}+(-1)^{n-1}\frac{2n(2n-2)!}{2^{2n-1} n!(n-1)!} \\
&=(-1)^{n+1}\left(\frac{4n+1}{n+1}\right)\frac{n(2n-2)!}{2^{2n}(n!)^{2}} \quad (n=1,2,3\cdots)
\end{aligned}$$

从而式 (14.4.43) 变为

$$|x|=\frac{1}{2}+\sum_{n=1}^{\infty}(-1)^{n+1}\left(\frac{4n+1}{n+1}\right)\frac{n(2n-2)!}{2^{2n}(n!)^{2}} P_{2n}(x) \quad (-1<x<1) \tag{14.4.46}$$

这就是函数 $|x|$ 的勒让德多项式级数。

例 10 将符号函数 (图 14.7)

$$f(x)=\begin{cases}-1 & (-1<x<0)\\ 1 & (0<x<1)\end{cases} \tag{14.4.47}$$

在区间 (−1,1) 内展开成勒让德多项式的级数。

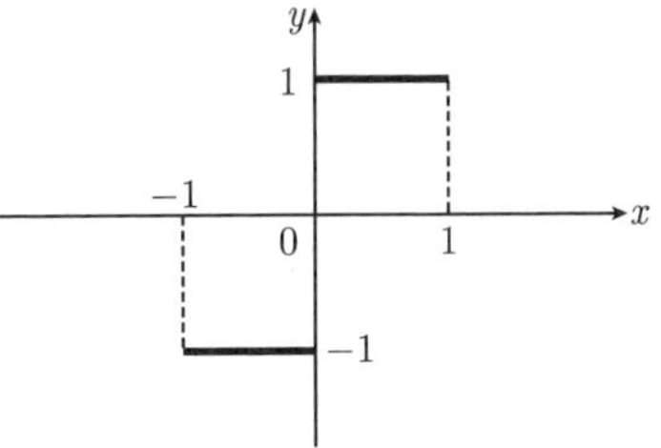

图 14.7 式 (14.4.47) 所示的符号函数

解 设展开式为

$$f(x)=\sum_{l=0}^{\infty}C_lP_l(x) \tag{14.4.48}$$

其中

$$C_l=\frac{2l+1}{2}\int_{-1}^{1}P_l(x)f(x)\mathrm{d}x=-\frac{2l+1}{2}\int_{-1}^{0}P_l(x)\mathrm{d}x+\frac{2l+1}{2}\int_{0}^{1}P_l(x)\mathrm{d}x \tag{14.4.49}$$

当 l 为偶数时，$P_l(x)$ 是偶函数，式 (14.4.49) 给出 $C_l=0$；当 l 为奇数时，$P_l(x)$ 是奇函数，式 (14.4.49) 给出

$$C_l=(2l+1)\int_0^1P_l(x)\mathrm{d}x \tag{14.4.50}$$

即

$$C_{2n-1}=(4n-1)\int_0^1P_{2n-1}(x)\mathrm{d}x\quad(n=1,\ 2,\ 3,\cdots) \tag{14.4.51}$$

于是

$$C_1=3\int_0^1P_1(x)\mathrm{d}x=3\int_0^1x\mathrm{d}x=\frac{3}{2} \tag{14.4.52a}$$

$$C_3=7\int_0^1P_3(x)\mathrm{d}x=\frac{7}{2}\int_0^1(5x^3-3x)\mathrm{d}x=-\frac{7}{8} \tag{14.4.52b}$$

$$C_5=11\int_0^1P_5(x)\mathrm{d}x=\frac{11}{8}\int_0^1(63x^5-70x^3+15x)\mathrm{d}x=\frac{11}{16} \tag{14.4.52c}$$

$$\cdots\cdots$$

所以

$$f(x)=\frac{3}{2}P_1(x)-\frac{7}{8}P_3(x)+\frac{11}{16}P_5(x)+\cdots\quad(-1<x<0,\ 0<x<1) \tag{14.4.53}$$

这就是符号函数 (14.4.47) 的勒让德多项式级数，它在原函数的间断点 $x=0$ 收敛于零 $[P_{2n-1}(0)=0]$，符合狄利克雷定理：$[f(x-0)+f(x+0)]/2=0$。

例 11 将单位阶跃函数 (图 14.8)

$$f(x)=\begin{cases}0 & (-1<x<0)\\ 1 & (0<x<1)\end{cases} \tag{14.4.54}$$

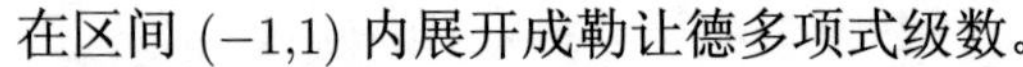
在区间 (−1,1) 内展开成勒让德多项式级数。

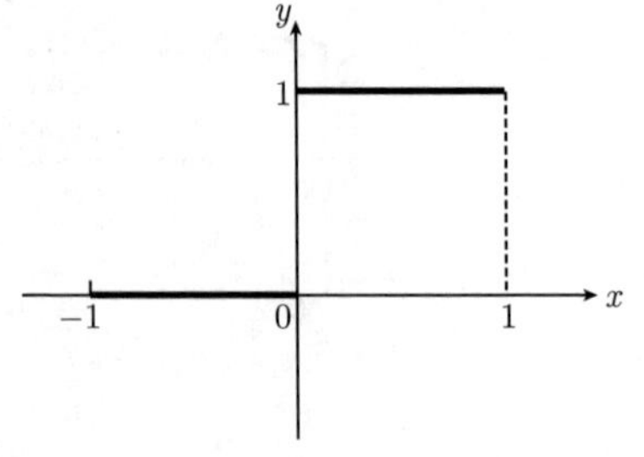

图 14.8　如式 (14.4.54) 所示的单位阶跃函数

解　设展开式为

$$f(x)=\sum_{l=0}^{\infty}C_lP_l(x) \tag{14.4.55}$$

其中

$$\begin{aligned}C_l&=\frac{2l+1}{2}\int_{-1}^{1}P_l(x)f(x)\mathrm{d}x\\&=\frac{2l+1}{2}\int_{0}^{1}P_l(x)\mathrm{d}x\end{aligned} \tag{14.4.56}$$

利用勒让德方程

$$\frac{\mathrm{d}}{\mathrm{d}x}\left[(1-x^2)\frac{\mathrm{d}P_l(x)}{\mathrm{d}x}\right]=-l(l+1)P_l(x) \tag{14.4.57}$$

作出式 (14.4.56) 中的积分

$$\begin{aligned}\int_0^1P_l(x)\mathrm{d}x&=-\frac{1}{l(l+1)}\int_0^1\mathrm{d}\left[(1-x^2)\frac{\mathrm{d}P_l(x)}{\mathrm{d}x}\right]\\&=-\frac{1}{l(l+1)}\left[(1-x^2)\frac{\mathrm{d}P_l(x)}{\mathrm{d}x}\right]_0^1\\&=\frac{1}{l(l+1)}P_l'(0)\end{aligned}$$

系数式 (14.4.56) 变为

$$C_l=\frac{1}{2}\frac{(2l+1)}{l(l+1)}P_l'(0)\quad(l=1,\ 2,\ 3,\cdots) \tag{14.4.58}$$

利用 14.3.5 节例 3 的结果

$$P_{2n}'(0)=0 \tag{14.4.59a}$$

$$P_{2n+1}'(0)=(-1)^n\frac{(2n+2)!}{2^{2n+1}n!(n+1)!}=(2n+1)P_{2n}(0) \tag{14.4.59b}$$

得到

$$C_{2n}=0 \tag{14.4.60a}$$

$$C_{2n+1}=\frac{1}{2}\frac{(4n+3)}{(2n+1)(2n+2)}P_{2n+1}'(0)=(-1)^n\left(\frac{4n+3}{n+1}\right)\frac{(2n)!}{2^{2n+2}\left(n!\right)^2} \tag{14.4.60b}$$

对于 $l=0$ 情况，需要另行计算，给出

$$C_0=\frac{1}{2}\int_0^1P_0(x)\mathrm{d}x=\frac{1}{2} \tag{14.4.61}$$

将式 (14.4.60) 和式 (14.4.61) 代入式 (14.4.55)，得到

$$f(x)=\frac{1}{2}+\sum_{n=0}^{\infty}(-1)^n\left(\frac{4n+3}{n+1}\right)\frac{(2n)!}{2^{2n+2}(n!)^2}P_{2n+1}(x) \tag{14.4.62}$$

这就是单位阶跃函数 (14.4.54) 的勒让德多项式级数，它在原函数的间断点 $x=0$ 收敛于 $1/2$[因为 $P_{2n+1}(0)=0$]。这符合狄利克雷定理：$[f(x-0)+f(x+0)]/2=1/2$。

为了检验级数 (14.4.62) 的收敛性，我们进一步讨论式 (14.4.55) 的部分和

$$S_m(x)=\sum_{l=0}^{m}C_lP_l(x) \tag{14.4.63}$$

为此首先利用式 (14.4.56) 计算出前几个系数

$$C_0=\frac{1}{2}\int_0^1P_0(x)\mathrm{d}x=\frac{1}{2}\int_0^1\mathrm{d}x=\frac{1}{2} \tag{14.4.64a}$$

$$C_1=\frac{3}{2}\int_0^1P_1(x)\mathrm{d}x=\frac{3}{2}\int_0^1x\mathrm{d}x=\frac{3}{4} \tag{14.4.64b}$$

$$C_2=\frac{5}{2}\int_0^1P_2(x)\mathrm{d}x=\frac{5}{2}\int_0^1\frac{3x^2-1}{2}\mathrm{d}x=0 \tag{14.4.64c}$$

$$C_3=\frac{7}{2}\int_0^1P_3(x)\mathrm{d}x=\frac{7}{2}\int_0^1\frac{5x^3-3x}{2}\mathrm{d}x=-\frac{7}{16} \tag{14.4.64d}$$

类似地

$$C_4=0,\quad C_5=\frac{11}{32},\quad C_6=0,\quad C_7=-\frac{75}{256} \tag{14.4.64e}$$

利用这些系数和前几阶勒让德多项式的表达式，写出式 (14.4.63) 的部分和

$$S_0(x)=\frac{1}{2},\quad S_1(x)=\frac{1}{2}+\frac{3}{4}x,\quad S_2(x)=S_1(x) \tag{14.4.65a}$$

$$S_3(x)=\frac{-35x^3+45x+16}{32},\quad S_4(x)=S_3(x) \tag{14.4.65b}$$

$$S_5(x)=\frac{693x^5-1050x^3+525x+128}{256},\quad S_6(x)=S_5(x) \tag{14.4.65c}$$

$$S_7(x)=\frac{-32175x^7+63063x^5-40425x^3+11025x+2048}{4095} \tag{14.4.65d}$$

图 14.9 显示了如式 (14.4.65) 所示的部分和及单位阶跃函数 f。可以看出，当求和项数增加时，曲线更加接近函数 f。注意所有部分和的曲线在原函数的间断点 $x=0$ 的值均为 $1/2$，这符合狄利克雷定理：$[f(x-0)+f(x+0)]/2=1/2$。

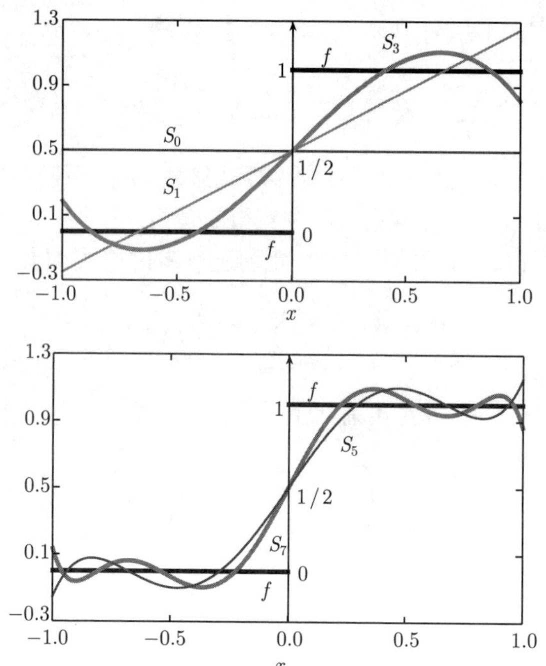

图 14.9　单位阶跃函数 f 和它的勒让德多项式级数的部分和 $S_m(x)$

14.5　勒让德多项式应用举例

本节通过几个例题讨论勒让德多项式在求解定解问题中的应用。

例 1　有一个球心在原点，半径为 1 的球，球内无电荷，球面上的电位分布为已知函数 $\cos^2\theta$，求球内的电位分布。

解　由于球内无电荷，电位满足拉普拉斯方程，它在球坐标系中表示为

$$\frac{1}{r^2}\frac{\partial}{\partial r}\left(r^2\frac{\partial u}{\partial r}\right)+\frac{1}{r^2\sin\theta}\frac{\partial}{\partial\theta}\left(\sin\theta\frac{\partial u}{\partial\theta}\right)+\frac{1}{r^2\sin^2\theta}\frac{\partial^2 u}{\partial\phi^2}=0 \tag{14.5.1}$$

由于球面上的电位分布为 $\cos^2\theta$，问题具有轴对称性 (与变量 ϕ 无关)，故电位分布可以写为 $u(r,\ \theta)$，它构成定解问题

$$\begin{cases}\dfrac{1}{r^2}\dfrac{\partial}{\partial r}\left(r^2\dfrac{\partial u}{\partial r}\right)+\dfrac{1}{r^2\sin\theta}\dfrac{\partial}{\partial\theta}\left(\sin\theta\dfrac{\partial u}{\partial\theta}\right)=0 \quad (0<r<1,\ 0\leqslant\theta\leqslant\pi) & (14.5.2\text{a})\\ u(1,\theta)=\cos^2\theta \quad (0\leqslant\theta\leqslant\pi) & (14.5.2\text{b})\end{cases}$$

设方程 (14.5.2a) 的变量分离的形式解为

$$u(r,\ \theta)=R(r)\Theta(\theta) \tag{14.5.3}$$

代入式 (14.5.2a)，得到 [式 (14.2.33)]

$$\frac{1}{R}\frac{\mathrm{d}}{\mathrm{d}r}\left(r^2\frac{\mathrm{d}R}{\mathrm{d}r}\right)=l(l+1) \tag{14.5.4a}$$

$$\frac{1}{\Theta\sin\theta}\frac{\mathrm{d}}{\mathrm{d}\theta}\left(\sin\theta\frac{\mathrm{d}\Theta}{\mathrm{d}\theta}\right)=-l(l+1) \tag{14.5.4b}$$

其中, l 是分离常数。式 (14.5.4a) 为欧拉方程，它的通解为

$$R(r)=A_l r^l+B_l\frac{1}{r^{l+1}} \tag{14.5.5}$$

其中, A_l 和 B_l 是任意常数。电位在原点 $r=0$ 要满足自然边界条件 $u|_{r=0}=$ 有限值，这要求 $B_l=0$，故式 (14.5.5) 变为

$$R(r)=A_l r^l \tag{14.5.6}$$

方程 (14.5.4b) 为勒让德方程，它的多项式解为 $\Theta(\theta)=P_l(\cos\theta)(l=0,\ 1,\ 2,\ 3,\cdots)$。故式 (14.5.2a) 的一般解为

$$u(r,\theta)=\sum_{l=0}^{\infty}A_l r^l P_l(\cos\theta) \tag{14.5.7}$$

利用边界条件 (14.5.2b)，由式 (14.5.7) 得到

$$\sum_{l=0}^{\infty}A_l P_l(\cos\theta)=\cos^2\theta \tag{14.5.8}$$

令 $x=\cos\theta$，则

$$\sum_{l=0}^{\infty}A_l P_l(x)=x^2 \tag{14.5.9}$$

函数 x^2 在区间 $[-1,1]$ 内可以展开成勒让德多项式的级数 [式 (14.4.40)]

$$x^2=\frac{1}{3}P_0(x)+\frac{2}{3}P_2(x) \tag{14.5.10}$$

故式 (14.5.7) 给出

$$\begin{aligned}u(r,\theta)&=\frac{1}{3}P_0(\cos\theta)+\frac{2}{3}r^2P_2(\cos\theta)\\&=\frac{1}{3}+\frac{1}{3}r^2(3\cos^2\theta-1)\end{aligned}$$

这就是所求定解问题的解。

例 2 一个半径为 R 的导体球壳，在 $\theta=\theta_0$ 处被绝缘材料分隔成两部分，两部分球面上的电位分别为 U 和 0，如图 14.10 所示。已知球壳内无电荷，求球内的电位分布，并讨论 $\theta_0=\pi/2$ 的情况。

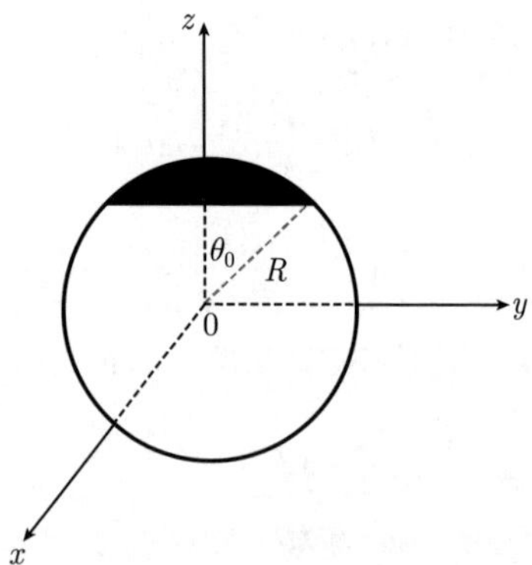

图 14.10　一个半径为 R 的导体球壳在 $\theta=\theta_0$ 处被绝缘材料分隔成两部分

解

方法 1　由于球壳内无电荷，电位满足拉普拉斯方程，而系统具有轴对称性，故电位 $u(r,\ \theta)$ 在球坐标系中构成定解问题

$$\begin{cases} \dfrac{1}{r^2}\dfrac{\partial}{\partial r}\left(r^2\dfrac{\partial u}{\partial r}\right)+\dfrac{1}{r^2\sin\theta}\dfrac{\partial}{\partial\theta}\left(\sin\theta\dfrac{\partial u}{\partial\theta}\right)=0 \quad (0<r<R,\ 0\leqslant\theta\leqslant\pi) & (14.5.11\text{a}) \\ u(R,\theta)=f(\theta)=\begin{cases} U & (0\leqslant\theta\leqslant\theta_0) \\ 0 & (\theta_0<\theta\leqslant\pi) \end{cases} & (14.5.11\text{b}) \end{cases}$$

与上例的情况相同，考虑到电位在原点 $r=0$ 要满足自然边界条件：$u|_{r=0}=$ 有限值，故定解问题 (14.5.11) 的一般解为

$$u(r,\theta)=\sum_{l=0}^{\infty}A_l r^l P_l(\cos\theta) \tag{14.5.12}$$

利用边界条件 (14.5.11b)，由式 (14.5.12) 得到

$$f(\theta)=\sum_{l=0}^{\infty}A_l R^l P_l(\cos\theta) \tag{14.5.13}$$

令 $x=\cos\theta$，则式 (14.5.13) 变为

$$f(x)=\sum_{l=0}^{\infty}A_l R^l P_l(x) \tag{14.5.14}$$

则

$$\begin{aligned} A_l R^l &= \frac{2l+1}{2}\int_{-1}^{1}f(x)P_l(x)\mathrm{d}x \\ &= \frac{2l+1}{2}\int_{\theta=\pi}^{0}f(\theta)P_l(\cos\theta)\mathrm{d}(\cos\theta) \end{aligned}$$

$$= -\frac{2l+1}{2}\int_{\theta=0}^{\pi} f(\theta)P_l(\cos\theta)\mathrm{d}(\cos\theta)$$
$$= -\frac{(2l+1)U}{2}\int_{\theta=0}^{\theta_0} P_l(\cos\theta)\mathrm{d}(\cos\theta) \tag{14.5.15}$$

利用 14.3.4 节递推公式 (4)，即

$$P_l(x) = \frac{1}{2l+1}\left[P'_{l+1}(x) - P'_{l-1}(x)\right] \tag{14.5.16}$$

得到展开系数

$$\begin{aligned} A_l &= -\frac{U}{2R^l}\left[P_{l+1}(\cos\theta) - P_{l-1}(\cos\theta)\right]_0^{\theta_0} \\ &= \frac{U}{2R^l}\left[P_{l-1}(\cos\theta_0) - P_{l+1}(\cos\theta_0)\right] \quad (l = 1,\ 2,\ 3, \cdots) \end{aligned}$$

对于 $l=0$ 情况

$$\begin{aligned} A_0 &= -\frac{U}{2}\int_{\theta=0}^{\theta_0} P_0(\cos\theta)\mathrm{d}(\cos\theta) = -\frac{U}{2}\int_{\theta=0}^{\theta_0}\mathrm{d}(\cos\theta) \\ &= -\frac{U}{2}\cos\theta\Big|_0^{\theta_0} = \frac{U}{2}(1-\cos\theta_0) \end{aligned} \tag{14.5.17}$$

将 $A_l(l=0,\ 1,\ 2,\cdots)$ 代入式 (14.5.12)，得到

$$u(r,\theta) = \frac{U}{2}(1-\cos\theta_0) + \frac{U}{2}\sum_{l=1}^{\infty}\left(\frac{r}{R}\right)^l\left[P_{l-1}(\cos\theta_0) - P_{l+1}(\cos\theta_0)\right]P_l(\cos\theta) \tag{14.5.18}$$

这就是所求定解问题的解。

对于 $\theta_0 = \pi/2$ 的情况 (球壳一半电位为 U，而另一半为零)，式 (14.5.18) 约化为

$$u(r,\theta) = \frac{U}{2} + \frac{U}{2}\sum_{l=1}^{\infty}\left(\frac{r}{R}\right)^l\left[P_{l-1}(0) - P_{l+1}(0)\right]P_l(\cos\theta) \tag{14.5.19}$$

当 $l=2n$ 时，根据 $P_{2n+1}(0)=0$[式 (14.3.70)]，式 (14.5.19) 求和中各项为零；当 $l=2n+1$ 时，利用式 (14.3.76) 得到

$$P_{l-1}(0) - P_{l+1}(0) = P_{2n}(0) - P_{2n+2}(0) = (-1)^n\left(\frac{4n+3}{n+1}\right)\frac{(2n)!}{2^{2n+1}(n!)^2} \tag{14.5.20}$$

故式 (14.5.19) 变为

$$u(r,\theta) = \frac{U}{2} + U\sum_{n=0}^{\infty}(-1)^n\left(\frac{r}{R}\right)^{2n+1}\left(\frac{4n+3}{n+1}\right)\frac{(2n)!}{2^{2n+2}(n!)^2}P_{2n+1}(\cos\theta) \tag{14.5.21}$$

这与单位阶跃函数的勒让德多项式级数 (14.4.62) 是类似的。

方法 2　利用勒让德方程

$$\frac{\mathrm{d}}{\mathrm{d}x}\left[(1-x^2)\frac{\mathrm{d}P_l(x)}{\mathrm{d}x}\right]=-l(l+1)P_l(x) \tag{14.5.22}$$

将式 (14.5.15) 写成

$$\begin{aligned}A_l&=-\frac{(2l+1)U}{2R^l}\int_{\theta=0}^{\theta_0}P_l(\cos\theta)\mathrm{d}(\cos\theta)=-\frac{(2l+1)U}{2R^l}\int P_l(x)\mathrm{d}x\\&=\frac{(2l+1)U}{2R^l l(l+1)}\int \mathrm{d}\left[(1-x^2)\frac{\mathrm{d}P_l(x)}{\mathrm{d}x}\right]=\frac{(2l+1)U}{2R^l l(l+1)}\left[(1-\cos^2\theta)P_l'(\cos\theta)\right]_{\theta=0}^{\theta_0}\\&=\frac{(2l+1)U}{2R^l l(l+1)}(1-\cos^2\theta_0)P_l'(\cos\theta_0)=\frac{(2l+1)U}{2R^l l(l+1)}\sin^2\theta_0 P_l'(\cos\theta_0)\end{aligned}$$

再注意到式 (14.5.17)，结果为

$$u(r,\theta)=\frac{U}{2}(1-\cos\theta_0)+\frac{U}{2}\sin^2\theta_0\sum_{l=1}^{\infty}\left(\frac{r}{R}\right)^l\frac{(2l+1)}{l(l+1)}P_l'(\cos\theta_0)P_l(\cos\theta) \tag{14.5.23}$$

当 $\theta_0=\pi/2$ 时，式 (14.5.23) 约化为

$$u(r,\theta)=\frac{U}{2}+\frac{U}{2}\sum_{l=1}^{\infty}\left(\frac{r}{R}\right)^l\frac{(2l+1)}{l(l+1)}P_l'(0)P_l(\cos\theta) \tag{14.5.24}$$

将式 (14.4.59)，即

$$P_{2n}'(0)=0 \tag{14.5.25a}$$

$$P_{2n+1}'(0)=(-1)^n\frac{(2n+2)!}{2^{2n+1}n!(n+1)!} \tag{14.5.25b}$$

代入式 (14.5.24) 化简后即得

$$u(r,\theta)=\frac{U}{2}+\frac{U}{2}\sum_{n=0}^{\infty}(-1)^n\left(\frac{r}{R}\right)^{2n+1}\left(\frac{4n+3}{n+1}\right)\frac{(2n)!}{2^{2n+1}(n!)^2}P_{2n+1}(\cos\theta) \tag{14.5.26}$$

这就是式 (14.5.21)。

第 15 章　量子力学薛定谔方程

勒让德多项式不但在前述的稳定场问题中有广泛的应用，在量子力学中更是扮演着重要的角色。本章通过求解量子力学薛定谔方程，进一步讨论勒让德多项式在量子力学中的应用。另外我们的求解还将涉及连带勒让德函数 (球谐函数)、广义拉盖尔多项式，以及厄米多项式等。这些内容不但涉及多种特殊函数的应用，而且为理解微观系统的量子力学性质提供了数学基础。

15.1　薛定谔方程的一般解

在量子力学中，微观粒子在势场 $V(\boldsymbol{r})$ 中的运动由薛定谔方程

$$\mathrm{i}\hbar\frac{\partial\varPsi}{\partial t}=-\frac{\hbar^2}{2\mu}\nabla^2\varPsi+V(\boldsymbol{r})\varPsi \tag{15.1.1}$$

描述。其中，μ 是粒子的质量；$\hbar=\dfrac{h}{2\pi}$(h 是普朗克常数)；$\varPsi(\boldsymbol{r},t)$ 是粒子的波函数；而 $|\varPsi(\boldsymbol{r},t)|^2$ 是任意 t 时刻在空间 $\boldsymbol{r}$ 处的单位体积内发现粒子的概率。设粒子初始时刻的波函数为

$$\varPsi(\boldsymbol{r},0)=f(\boldsymbol{r}) \tag{15.1.2}$$

现在我们来求任意 t 时刻的波函数 $\varPsi(\boldsymbol{r},t)$。

设 $\varPsi(\boldsymbol{r},t)$ 具有变量分离的形式解

$$\varPsi(\boldsymbol{r},t)=\psi(\boldsymbol{r})T(t) \tag{15.1.3}$$

其中，$\psi(\boldsymbol{r})$ 和 $T(t)$ 为波函数的空间与时间部分。将式 (15.1.3) 代入式 (15.1.1)，并利用粒子的哈密顿算符

$$\hat{H}=-\frac{\hbar^2}{2\mu}\nabla^2+V(\boldsymbol{r}) \tag{15.1.4}$$

得到

$$\mathrm{i}\hbar\psi(\boldsymbol{r})T'(t)=\hat{H}[\psi(\boldsymbol{r})T(t)] \tag{15.1.5}$$

由于算符 $\hat{H}$ 不含时间 t，两边同除以 $\psi(\boldsymbol{r})T(t)$ 得到

$$\mathrm{i}\hbar\frac{1}{T(t)}\frac{\mathrm{d}T}{\mathrm{d}t}=\frac{\hat{H}\psi(\boldsymbol{r})}{\psi(\boldsymbol{r})} \tag{15.1.6}$$

式 (15.1.6) 两边对时间 t 求导数，注意到右边不含 t，$\frac{\mathrm{d}}{\mathrm{d}t}\left[\frac{\hat{H}\psi(\boldsymbol{r})}{\psi(\boldsymbol{r})}\right]=0$，故

$$\mathrm{i}\hbar\frac{1}{T(t)}\frac{\mathrm{d}T}{\mathrm{d}t}=\frac{\hat{H}\psi(\boldsymbol{r})}{\psi(\boldsymbol{r})}=E \tag{15.1.7}$$

其中，E 是分离常数。由此得到空间函数 $\psi(\boldsymbol{r})$ 和时间函数 $T(t)$ 的方程

$$\hat{H}\psi(\boldsymbol{r})=E\psi(\boldsymbol{r}) \tag{15.1.8a}$$

$$\frac{\mathrm{d}T}{T}=-\frac{\mathrm{i}}{\hbar}E\mathrm{d}t \tag{15.1.8b}$$

式 (15.1.8a) 表示，$\psi(\boldsymbol{r})$ 是哈密顿算符 $\hat{H}$ 的本征函数。而方程 (15.1.8b) 的解为

$$T(t)=c\exp\left(-\frac{\mathrm{i}}{\hbar}Et\right) \tag{15.1.9}$$

其中，c 是任意常数。这样我们得到 $\varPsi(\boldsymbol{r},t)$ 的形式解

$$c\psi(\boldsymbol{r})\exp\left(-\frac{\mathrm{i}}{\hbar}Et\right) \tag{15.1.10}$$

在量子力学体系中，哈密顿算符的本征方程常伴有相应的量子化条件，这导致本征值是一系列分立的值，而相应的本征函数是一系列分立的函数，即

$$\hat{H}\psi_n(\boldsymbol{r})=E_n\psi_n(\boldsymbol{r})\quad(\text{设 } n=1,\ 2,\ 3,\cdots) \tag{15.1.11}$$

这样体系的本征解由式 (15.1.10) 写为

$$\varPsi_n(\boldsymbol{r},t)=c_n\psi_n(\boldsymbol{r})\exp\left(-\frac{\mathrm{i}}{\hbar}E_nt\right) \tag{15.1.12}$$

薛定谔方程 (15.1.1) 是线性的，服从叠加原理。为了满足初始条件式 (15.1.2)，将本征解 (15.1.12) 叠加起来构成一般解

$$\varPsi(\boldsymbol{r},t)=\sum_n c_n\psi_n(\boldsymbol{r})\exp\left(-\frac{\mathrm{i}}{\hbar}E_nt\right) \tag{15.1.13}$$

在 $t=0$ 时，由式 (15.1.2) 和式 (15.1.13) 得到

$$f(\boldsymbol{r})=\sum_n c_n\psi_n(\mathbf{r}) \tag{15.1.14}$$

下面我们求展开系数 C_n。由于哈密顿算符 (15.1.4) 是厄米算符，它的本征函数满足正交性 (9.3.7)，即

$$\int\psi_m^*(\boldsymbol{r})\psi_n(\boldsymbol{r})\mathrm{d}\boldsymbol{r}=\delta_{mn} \tag{15.1.15}$$

以 $\psi_m^*(\boldsymbol{r})$ 乘以式 (15.1.14) 两端，并对 $\boldsymbol{r}$ 变化的整个区域积分，利用式 (15.1.15) 得到

$$\begin{aligned}\int \psi_m^*(\boldsymbol{r})f(\boldsymbol{r})\mathrm{d}\boldsymbol{r} &= \int \psi_m^*(\boldsymbol{r})\left[\sum_n c_n\psi_n(\boldsymbol{r})\right]\mathrm{d}\boldsymbol{r}\\ &= \sum_n c_n \int \psi_m^*(\boldsymbol{r})\psi_n(\boldsymbol{r})\,\mathrm{d}\boldsymbol{r}\\ &= \sum_n c_n\delta_{mn} = c_m\end{aligned}$$

即

$$c_n = \int \psi_n^*(\boldsymbol{r})f(\boldsymbol{r})\mathrm{d}\boldsymbol{r} \tag{15.1.16}$$

这就是式 (15.1.14) 中的展开系数，它由哈密顿算符的本征函数 $\psi_n(\boldsymbol{r})$ 与初始波函数 $f(\boldsymbol{r})$ 确定。一旦知道 c_n，就可以写出薛定谔方程的一般解 (15.1.13)。可见，薛定谔方程 (15.1.1) 的求解归结为哈密顿算符的本征值问题 (15.1.11)。

例　设一个粒子的哈密顿算符的本征方程由式 (15.1.11) 表示，该粒子的初始波函数为 $f(x) = c_1\psi_1(x) + c_2\psi_2(x)$，其中 c_1 和 c_2 为复常数。求任意 t 时刻的波函数以及粒子的概率密度。

解　任意 t 时刻粒子的波函数为

$$\varPsi(x,t) = \sum_n c_n\psi_n(x)\exp\left(-\frac{\mathrm{i}}{\hbar}E_n t\right) \tag{15.1.17}$$

其中的展开系数为

$$c_n = \int \psi_n^*(x)f(x)\,\mathrm{d}\,x \tag{15.1.18}$$

将初始波函数 $f(x) = c_1\psi_1(x) + c_2\psi_2(x)$ 代入式 (15.1.18)，利用式 (15.1.15) 得到

$$c_n = \int \psi_n^*(x)\left[c_1\psi_1(x) + c_2\psi_2(x)\right]\,\mathrm{d}\,x = \begin{cases} c_1 & (n=1)\\ c_2 & (n=2)\\ 0 & (n\neq 1,\ 2)\end{cases} \tag{15.1.19}$$

这样式 (15.1.17) 变为

$$\varPsi(x,t) = c_1\psi_1(x)\exp\left(-\frac{\mathrm{i}}{\hbar}E_1 t\right) + c_2\psi_2(x)\exp\left(-\frac{\mathrm{i}}{\hbar}E_2 t\right) \tag{15.1.20}$$

粒子的概率密度为

$$\begin{aligned}|\varPsi(x,t)|^2 = &\left[c_1^*\psi_1^*(x)\exp\left(\frac{\mathrm{i}}{\hbar}E_1 t\right) + c_2^*\psi_2^*(x)\exp\left(\frac{\mathrm{i}}{\hbar}E_2 t\right)\right]\\ &\cdot\left[c_1\psi_1(x)\exp\left(-\frac{\mathrm{i}}{\hbar}E_1 t\right) + c_2\psi_2(x)\exp\left(-\frac{\mathrm{i}}{\hbar}E_2 t\right)\right]\end{aligned}$$

$$
\begin{aligned}
&= |c_1|^2 |\psi_1(x)|^2 + |c_2|^2 |\psi_2(x)|^2 \\
&\quad + c_1^* c_2 \psi_1^*(x)\psi_2(x) \exp\left[-\frac{\mathrm{i}}{\hbar}(E_2 - E_1)t\right] \\
&\quad + c_2^* c_1 \psi_2^*(x)\psi_1(x) \exp\left[\frac{\mathrm{i}}{\hbar}(E_2 - E_1)t\right]
\end{aligned} \tag{15.1.21}
$$

设

$$
c_1^* c_2 \psi_1^*(x)\psi_2(x) = |c_1 c_2| \, |\psi_1(x)\psi_2(x)| \, \mathrm{e}^{-\mathrm{i}\delta} \tag{15.1.22}
$$

令

$$
\omega = \frac{E_2 - E_1}{\hbar} \tag{15.1.23}
$$

式 (15.1.21) 变为

$$
|\varPsi(x,t)|^2 = |c_1|^2 |\psi_1(x)|^2 + |c_2|^2 |\psi_2(x)|^2 + 2|c_1 c_2| \, |\psi_1(x)\psi_2(x)| \cos(\omega\, t + \delta) \tag{15.1.24}
$$

这表示粒子的概率密度以 ω 为频率作周期振荡。

15.2　角向解：球谐函数

15.2.1　中心势场

在量子体系中，微观粒子所处的势场往往是中心势场，即势函数是球对称的 (只是 r 的函数)，可以写为 $V(r)$。这时粒子的哈密顿算符为

$$
\hat{H} = -\frac{\hbar^2}{2\mu}\nabla^2 + V(r) \tag{15.2.1}
$$

现在我们求解 $\hat{H}$ 的本征方程

$$
\hat{H}\psi(\boldsymbol{r}) = E\psi(\boldsymbol{r}) \tag{15.2.2}
$$

其中，E 是能量本征值；$\psi(\boldsymbol{r})$ 是相应的本征函数。由于势函数 $V(r)$ 的球对称性，我们选择球坐标系，利用式 (1.2.49)，将方程 (15.2.2) 写为

$$
-\frac{\hbar^2}{2\mu}\left[\frac{1}{r^2}\frac{\partial}{\partial r}\left(r^2\frac{\partial \psi}{\partial r}\right) + \frac{1}{r^2\sin\theta}\frac{\partial}{\partial \theta}\left(\sin\theta\frac{\partial \psi}{\partial \theta}\right) + \frac{1}{r^2\sin^2\theta}\frac{\partial^2 \psi}{\partial \phi^2}\right] + V(r)\psi = E\psi \tag{15.2.3}
$$

设方程 (15.2.3) 具有变量分离的形式解

$$
\psi(\boldsymbol{r}) = R(r)Y(\theta,\phi) \tag{15.2.4}
$$

其中，$R(r)$ 和 $Y(\theta,\phi)$ 分别是径向函数和角向函数。将式 (15.2.4) 代入式 (15.2.3)，分离变量后得到

$$
-\frac{1}{Y}\left[\frac{1}{\sin\theta}\frac{\partial}{\partial \theta}\left(\sin\theta\frac{\partial Y}{\partial \theta}\right) + \frac{1}{\sin^2\theta}\frac{\partial^2 Y}{\partial \phi^2}\right] = l(l+1) \tag{15.2.5}
$$

$$\frac{1}{R}\frac{\mathrm{d}}{\mathrm{d}r}\left(r^2\frac{\mathrm{d}R}{\mathrm{d}r}\right)+\left\{\frac{2\mu r^2}{\hbar^2}\left[E-V(r)\right]\right\}=l(l+1) \tag{15.2.6}$$

其中，l 是分离常数 (一般为实数)。方程式 (15.2.5) 和式 (15.2.6) 分别称为角向方程和径向方程。我们看到，能量本征值 E 与势函数 $V(r)$ 都含在径向方程中。角向方程的解 $Y(\theta,\phi)$ 称为球谐函数。显然，球坐标系中的薛定谔方程，不管中心势 $V(r)$ 的形式如何，其角向解都是球谐函数 $Y(\theta,\phi)$。

现在我们求解角向方程 (15.2.5)。首先我们看出，球谐函数 $Y(\theta,\phi)$ 是算符

$$L^2=-\left[\frac{1}{\sin\theta}\frac{\partial}{\partial\theta}\left(\sin\theta\frac{\partial}{\partial\theta}\right)+\frac{1}{\sin^2\theta}\frac{\partial^2}{\partial\phi^2}\right] \tag{15.2.7}$$

的本征函数，即

$$L^2Y(\theta,\,\phi)=l(l+1)Y(\theta,\,\phi) \tag{15.2.8}$$

本征值为 $l(l+1)$。设角向方程式 (15.2.5) 具有变量分离的形式解

$$Y(\theta,\,\phi)=\varTheta(\theta)\varPhi(\phi) \tag{15.2.9}$$

代入式 (15.2.5)，得到

$$\frac{\varPhi}{\sin\theta}\frac{\partial}{\partial\theta}\left(\sin\theta\frac{\partial\varTheta}{\partial\theta}\right)+\frac{\varTheta}{\sin^2\theta}\frac{\partial^2\varPhi}{\partial\phi^2}+l(l+1)\varTheta\varPhi=0 \tag{15.2.10}$$

式 (15.2.10) 两边同乘以 $\dfrac{\sin^2\theta}{\varTheta\varPhi}$，分离变量后给出

$$\frac{\mathrm{d}^2\varPhi}{\mathrm{d}\phi^2}+\lambda\varPhi=0 \tag{15.2.11}$$

$$\sin\theta\frac{\mathrm{d}}{\mathrm{d}\theta}\left(\sin\theta\frac{\mathrm{d}\varTheta}{\mathrm{d}\theta}\right)+\left[l(l+1)\sin^2\theta-\lambda\right]\varTheta=0 \tag{15.2.12}$$

其中，λ 是又一个分离常数 (一般为实数)。方程式 (15.2.11) 和式 (15.2.12) 分别称为经度角方程和纬度角方程。经度角方程显然伴有周期性边界条件

$$\varPhi(\phi+2\pi)=\varPhi(\phi) \tag{15.2.13}$$

考虑由式 (15.2.11) 和式 (15.2.13) 组成的定解问题，当 $\lambda<0$ 时，方程式 (15.2.11) 的解为 $\exp(\pm\sqrt{-\lambda}\phi)$，它显然不具有周期性。当 $\lambda\geqslant 0$，方程式 (15.2.11) 的通解为

$$\varPhi(\phi)=c\mathrm{e}^{\mathrm{i}\sqrt{\lambda}\phi}+d\mathrm{e}^{-\mathrm{i}\sqrt{\lambda}\phi} \tag{15.2.14}$$

式 (15.2.13) 给出 $\Phi(2\pi)=\Phi(0)$，进而由式 (15.2.14) 得到

$$c\mathrm{e}^{\mathrm{i}2\pi\sqrt{\lambda}}+d\mathrm{e}^{-\mathrm{i}2\pi\sqrt{\lambda}}=c+d \tag{15.2.15}$$

它成立的条件为

$$\sqrt{\lambda}=m\quad(m=0,\,1,\,2,\cdots) \tag{15.2.16}$$

这样经度角方程式 (15.2.11) 的满足周期性边界条件式 (15.2.13) 的解为

$$\varPhi(\phi)=c\mathrm{e}^{\mathrm{i}m\phi}+d\mathrm{e}^{-\mathrm{i}m\phi}\quad(m=0,\,1,\,2\cdots) \tag{15.2.17}$$

15.2.2 连带勒让德函数

现在考查纬度角方程 (15.2.12)，当其中的 λ 由式 (15.2.16) 确定后，它变为

$$\frac{1}{\sin\theta}\frac{\mathrm{d}}{\mathrm{d}\theta}\left(\sin\theta\frac{\mathrm{d}\Theta}{\mathrm{d}\theta}\right)+\left[l(l+1)-\frac{m^2}{\sin^2\theta}\right]\Theta=0\quad(m=0,\ 1,\ 2,\cdots)\tag{15.2.18}$$

这是连带勒让德方程 (13.1.8b)。至此方程式 (15.2.18) 中的 l 为任意实数。令 $x=\cos\theta$，$y(x)=\Theta(\theta)$，方程式 (15.2.18) 变为

$$(1-x^2)\frac{\mathrm{d}^2y}{\mathrm{d}x^2}-2x\frac{\mathrm{d}y}{\mathrm{d}x}+\left[l(l+1)-\frac{m^2}{1-x^2}\right]y=0\tag{15.2.19}$$

下面我们利用勒让德多项式 $P_l(x)$ 所满足的方程 [见式 (14.1.13)]

$$(1-x^2)\frac{\mathrm{d}^2P_l(x)}{\mathrm{d}x^2}-2x\frac{\mathrm{d}P_l(x)}{\mathrm{d}x}+l(l+1)P_l(x)=0\ (l=0,1,2,\cdots)\tag{15.2.20}$$

来求解方程式 (15.2.19)。为此，对方程式 (15.2.20) 两边求导数，得到

$$(1-x^2)P_l^{(1+2)}(x)-2(1+1)xP_l^{(1+1)}(x)+[l(l+1)-1\cdot(1+1)]\,P_l'(x)=0\tag{15.2.21}$$

对式 (15.2.21) 求导数，即对式 (15.2.20) 求二阶导数：

$$(1-x^2)P_l^{(2+2)}(x)-2(2+1)xP_l^{(2+1)}(x)+[l(l+1)-2\cdot(2+1)]\,P_l''(x)=0\tag{15.2.22}$$

$$\cdots\cdots$$

对式 (15.2.20) 求 m 阶导数：

$$(1-x^2)P_l^{(m+2)}(x)-2(m+1)xP_l^{(m+1)}(x)+[l(l+1)-m(m+1)]\,P_l^{(m)}(x)=0\tag{15.2.23}$$

因为方程式 (15.2.20) 中的 $x^2\dfrac{\mathrm{d}^2P_l(x)}{\mathrm{d}x^2}$，$x\dfrac{\mathrm{d}P_l(x)}{\mathrm{d}x}$，$P_l(x)$ 都是 l 阶多项式，所以对方程的求导数不能超过 l 次 (否则方程变成 $0=0$)。因此，m 的取值为

$$m=0,\ 1,\ 2,\cdots,l\tag{15.2.24}$$

方程式 (15.2.23) 可以写成

$$(1-x^2)\frac{\mathrm{d}^2P_l^{(m)}(x)}{\mathrm{d}x^2}-2(m+1)x\frac{\mathrm{d}P_l^{(m)}(x)}{\mathrm{d}x}+[l(l+1)-m(m+1)]\,P_l^{(m)}(x)=0\tag{15.2.25}$$

这是 l 阶勒让德多项式的 m 阶导数 $P_l^{(m)}(x)$ 所满足的二阶常微分方程。为解方程式 (15.2.25)，引入变换

$$w(x)=(-1)^m(1-x^2)^{m/2}P_l^{(m)}(x)\tag{15.2.26}$$

将式 (15.2.26) 代入式 (15.2.25)，得到 $w(x)$ 的方程

$$(1-x^2)\frac{\mathrm{d}^2w}{\mathrm{d}x^2}-2x\frac{\mathrm{d}w}{\mathrm{d}x}+\left[l(l+1)-\frac{m^2}{1-x^2}\right]w=0\ \ (l=0,1,2,\cdots)\tag{15.2.27}$$

这正是连带勒让德方程 (15.2.19)。可见方程 (15.2.19) 的解在 $l=0,1,2,\cdots$ 情况下正是式 (15.2.26) 所示的 $w(x)$，我们记之为

$$P_l^m(x)=(-1)^m(1-x^2)^{m/2}P_l^{(m)}(x) \tag{15.2.28}$$

$P_l^m(x)$ 称为 m 阶连带勒让德函数。显然，当 $m>l$ 时，$P_l^m(x)=0$。这样我们得到了纬度角方程 (15.2.18) 的解

$$\Theta(\theta)=P_l^m(\cos\theta)\quad (m=0,\ 1,\ 2,\cdots,l) \tag{15.2.29}$$

现在我们根据式 (15.2.24) 所示的 m 的取值范围，进一步考查经度角式 (15.2.17) 的表达式，它现在写为

$$\Phi(\phi)=c\mathrm{e}^{\mathrm{i}m\phi}+d\mathrm{e}^{-\mathrm{i}m\phi}\quad (m=0,\ 1,\ 2,\cdots,l) \tag{15.2.30}$$

式 (15.2.30) 表示，$\Phi(\phi)$ 有 $2l+1$ 个独立解：

$$1\text{个常数解}: c+d,\text{相应于}m=0; \tag{15.2.31a}$$

$$2l\text{个函数解}: c\mathrm{e}^{\mathrm{i}m\phi}\ \text{和}\ d\mathrm{e}^{-\mathrm{i}m\phi},\text{相应于}\ m=1,\ 2,\cdots,l \tag{15.2.31b}$$

这样式 (15.2.30) 有等价的表示式

$$\Phi(\phi)=A\mathrm{e}^{\mathrm{i}m\phi}\quad (m=0,\ \pm1,\ \pm2,\cdots,\pm l) \tag{15.2.32}$$

它的独立解也是 $2l+1$ 个。

现在，m 的取值范围已经扩大，我们必须将式 (15.2.28) 中 m 的取值范围也作相应的扩大。实施这一扩大的依据是连带勒让德方程 (15.2.20) 中出现的 m^2 使得 m 换成 $-m$ 时，方程保持不变。我们利用罗德里格斯公式 (14.3.1) 将式 (15.2.28) 写成

$$P_l^m(x)=\frac{(-1)^m}{2^l l!}(1-x^2)^{m/2}\frac{\mathrm{d}^{l+m}}{\mathrm{d}x^{l+m}}(x^2-1)^l$$

将 m 换成 $-m$，给出

$$P_l^{-m}(x)=\frac{(-1)^m}{2^l l!}(1-x^2)^{-m/2}\frac{\mathrm{d}^{l-m}}{\mathrm{d}x^{l-m}}(x^2-1)^l$$

$P_l^m(x)$ 与 $P_l^{-m}(x)$ 只相差一个常数，即

$$\text{常数}=\frac{P_l^m(x)}{P_l^{-m}(x)}=\frac{(1-x^2)^m\dfrac{\mathrm{d}^{l+m}}{\mathrm{d}x^{l+m}}(x^2-1)^l}{\dfrac{\mathrm{d}^{l-m}}{\mathrm{d}x^{l-m}}(x^2-1)^l}$$

其中，右边的分子与分母是幂次相同的多项式，它们的同幂项之比就等于左边的常数。我们计算分子与分母最高幂项之比，利用 14.3.1 节的方法，得到

$$\frac{(-1)^m x^{2m}\dfrac{(2l)!}{2^l l!(l-m)!}x^{l-m}}{\dfrac{(2l)!}{2^l l!(l+m)!}x^{l+m}}=(-1)^m\frac{(l+m)!}{(l-m)!}$$

故

$$P_l^m(x)=(-1)^m\frac{(l+m)!}{(l-m)!}P_l^{-m}(x) \tag{15.2.33}$$

这样一来，对于连带勒让德函数 $P_l^m(x)$，当 $m=0$ 时，$P_l^m(x)=P_l^{-m}(x)=P_l(x)$；当 $m=1,\ 2,\ 3,\cdots,l$ 时，(15.2.28) 给出 l 个值；当 $m=-1,\ -2,\ -3,\cdots,-l$ 时，式 (15.2.33) 给出另外 l 个值，因此，当 $m=0,\ \pm1,\ \pm2,\cdots,\pm l$ 时，连带勒让德函数 $P_l^m(x)$ 有 $2l+1$ 个值。

下面列出 $l=0,\ 1,\ 2$ 情况下的连带勒让德函数

$l=0:\quad m=0:\quad P_0^0(x)=1$

$l=1:\quad m=0:\quad P_1^0(x)=x$

$\qquad\quad m=1:\quad P_1^1(x)=-\sqrt{1-x^2},\quad m=-1:\quad P_1^{-1}(x)=\dfrac{1}{2}\sqrt{1-x^2}$

$l=2:\quad m=0:\quad P_2^0(x)=\dfrac{1}{2}(3x^2-1)$

$\qquad\quad m=1:\quad P_2^1(x)=-3x\sqrt{1-x^2},\quad m=-1:\quad P_2^{-1}(x)=\dfrac{1}{2}x\sqrt{1-x^2}$

$\qquad\quad m=2:\quad P_2^2(x)=3(1-x^2),\quad m=-2:\quad P_2^{-2}(x)=\dfrac{1}{8}(1-x^2)$

可以看出，如果 m 是正、负奇数，则 $P_l^m(x)$ 不是多项式，因为因子 $\sqrt{1-x^2}$ 的存在，所以我们一般地称 $P_l^m(x)$ 为连带勒让德函数。另外，如果 $(l+m)$ 是偶数，则 $P_l^m(x)$ 是偶函数；反之，如果 $(l+m)$ 是奇数，则 $P_l^m(x)$ 是奇函数。

m 取值扩大之后，纬度角表达式 (15.2.29) 写为

$$\Theta(\theta)=P_l^m(\cos\theta)\ (m=0,\ \pm1,\ \pm2,\cdots,\pm l) \tag{15.2.34}$$

15.2.3　连带勒让德函数的性质

连带勒让德函数与勒让德多项式类似，也具有在区间 $[-1,1]$ 上的正交性，其证明方法与勒让德多项式情况也完全相同。事实上，在连带勒让德函数 $P_l^m(x)$ 的意义上，方程 (15.2.19) 能写成施图姆–刘维尔形式

$$\frac{\mathrm{d}}{\mathrm{d}x}\left[(1-x^2)\frac{\mathrm{d}P_l^m}{\mathrm{d}x}\right]+\left[l(l+1)-\frac{m^2}{1-x^2}\right]P_l^m(x)=0 \tag{15.2.35}$$

这里 $k(x)=1-x^2$，故 $k(1)=0$，$k(-1)=0$，这导致式 (9.1.7) 中的 $Q=0$。因此，连带勒让德函数满足正交性

$$\int_{-1}^{1}P_l^m(x)P_k^m(x)\mathrm{d}x=0\quad(l\neq k) \tag{15.2.36}$$

现在我们证明

$$\int_{-1}^{1}[P_l^m(x)]^2\mathrm{d}x=\frac{2}{2l+1}\frac{(l+m)!}{(l-m)!}\quad(m\leqslant l)\tag{15.2.37}$$

证明 对式 (15.2.28) 两边关于 x 求导数，得到

$$\frac{\mathrm{d}P_l^m}{\mathrm{d}x}=(-1)^m\left[-xm(1-x^2)^{\frac{m}{2}-1}P_l^{(m)}(x)+(1-x^2)^{\frac{m}{2}}P_l^{(m+1)}(x)\right]\tag{15.2.38}$$

另外，由式 (15.2.28) 直接得到

$$P_l^{m+1}(x)=(-1)^{m+1}(1-x^2)^{\frac{m+1}{2}}P_l^{(m+1)}(x)\tag{15.2.39}$$

由式 (15.2.38) 和式 (15.2.39) 消去 $P_l^{(m+1)}(x)$ 得到

$$P_l^{m+1}(x)=-\left(1-x^2\right)^{1/2}\frac{\mathrm{d}P_l^m}{\mathrm{d}x}-mx\left(1-x^2\right)^{-1/2}P_l^m(x)\tag{15.2.40}$$

在式 (15.2.40) 两边取平方并积分，得到

$$\begin{aligned}\int_{-1}^{1}\left[P_l^{m+1}(x)\right]^2\mathrm{d}x=&\int_{-1}^{1}\left(1-x^2\right)\left[\frac{\mathrm{d}P_l^m}{\mathrm{d}x}\right]^2\mathrm{d}x+2m\int_{-1}^{1}xP_l^m(x)\frac{\mathrm{d}P_l^m}{\mathrm{d}x}\mathrm{d}x\\&+m^2\int_{-1}^{1}\frac{x^2}{1-x^2}\left[P_l^m(x)\right]^2\mathrm{d}x\end{aligned}\tag{15.2.41a}$$

为了化简式 (15.2.41a) 右边的积分，首先注意到

$$\begin{aligned}\int_{-1}^{1}P_l^m(x)\frac{\mathrm{d}}{\mathrm{d}x}\left[\left(1-x^2\right)\frac{\mathrm{d}P_l^m}{\mathrm{d}x}\right]\mathrm{d}x&=\int_{-1}^{1}P_l^m(x)\mathrm{d}\left[\left(1-x^2\right)\frac{\mathrm{d}P_l^m}{\mathrm{d}x}\right]\\&=\left[P_l^m(x)\left(1-x^2\right)\frac{\mathrm{d}P_l^m}{\mathrm{d}x}\right]_{-1}^{1}\\&\quad-\int_{-1}^{1}\left(1-x^2\right)\frac{\mathrm{d}P_l^m}{\mathrm{d}x}\mathrm{d}\left[P_l^m(x)\right]\\&=-\int_{-1}^{1}\left(1-x^2\right)\left[\frac{\mathrm{d}P_l^m}{\mathrm{d}x}\right]^2\mathrm{d}x\end{aligned}$$

再利用 $\mathrm{d}\{x[P_l^m(x)]^2\}=[P_l^m(x)]^2\mathrm{d}x+2xP_l^m(x)\frac{\mathrm{d}P_l^m}{\mathrm{d}x}\mathrm{d}x$，得到

$$\begin{aligned}2m\int_{-1}^{1}xP_l^m(x)\frac{\mathrm{d}P_l^m}{\mathrm{d}x}\mathrm{d}x&=\underbrace{\left[mx\left[P_l^m(x)\right]^2\right]_{-1}^{1}}_{=0}-m\int_{-1}^{1}\left[P_l^m(x)\right]^2\mathrm{d}x\\&=-m\int_{-1}^{1}\left[P_l^m(x)\right]^2\mathrm{d}x\end{aligned}$$

另外

$$m^2 \int_{-1}^{1} \frac{x^2}{1-x^2} [P_l^m(x)]^2 \, dx = -m^2 \int_{-1}^{1} [P_l^m(x)]^2 dx + \int_{-1}^{1} \frac{m^2}{1-x^2} [P_l^m(x)]^2 \, dx$$

这样式 (15.2.41a) 变成

$$\int_{-1}^{1} \left[P_l^{m+1}(x)\right]^2 dx = -\int_{-1}^{1} P_l^m(x) \frac{d}{dx}\left[\left(1-x^2\right)\frac{dP_l^m}{dx}\right] dx - m\int_{-1}^{1} [P_l^m(x)]^2 dx$$
$$- m^2 \int_{-1}^{1} [P_l^m(x)]^2 dx + \int_{-1}^{1} \frac{m^2}{1-x^2} [P_l^m(x)]^2 \, dx$$

进而利用式 (15.2.35)，我们有

$$\int_{-1}^{1} \left[P_l^{m+1}(x)\right]^2 dx = \int_{-1}^{1} \left[l(l+1) - \frac{m^2}{1-x^2}\right] [P_l^m(x)]^2 \, dx - m\int_{-1}^{1} [P_l^m(x)]^2 dx$$
$$- m^2 \int_{-1}^{1} [P_l^m(x)]^2 dx + \int_{-1}^{1} \frac{m^2}{1-x^2} [P_l^m(x)]^2 \, dx$$
$$= [l(l+1) - m(m+1)] \int_{-1}^{1} [P_l^m(x)]^2 dx$$

即

$$\int_{-1}^{1} \left[P_l^{m+1}(x)\right]^2 dx = (l-m)(l+m+1) \int_{-1}^{1} [P_l^m(x)]^2 dx \tag{15.2.41b}$$

这是一个积分递推公式，由它可以写出

$$\int_{-1}^{1} [P_l^m(x)]^2 dx = (l-m+1)\cdot(l+m) \int_{-1}^{1} \left[P_l^{m-1}(x)\right]^2 dx \tag{15.2.42a}$$

$$\int_{-1}^{1} \left[P_l^{m-1}(x)\right]^2 dx = (l-m+2)\cdot(l+m-1) \int_{-1}^{1} \left[P_l^{m-2}(x)\right]^2 dx \tag{15.2.42b}$$

$$\cdots\cdots$$

$$\int_{-1}^{1} \left[P_l^1(x)\right]^2 dx = l(l+1) \int_{-1}^{1} [P_l(x)]^2 dx \tag{15.2.42c}$$

这样

$$\int_{-1}^{1} [P_l^m(x)]^2 dx$$
$$= (l-m+1)(l-m+2)\cdots l\cdot(l+m)(l+m-1)\cdots(l+1) \int_{-1}^{1} [P_l(x)]^2 dx \tag{15.2.43}$$

其中

$$(l-m+1)(l-m+2)\cdots l\cdot(l+m)(l+m-1)\cdots(l+1)$$
$$= \frac{(l-m)!(l-m+1)(l-m+2)\cdots l}{(l-m)!} \frac{(l+m)(l+m-1)\cdots(l+1)!}{l!}$$
$$= \frac{l!}{(l-m)!}\frac{(l+m)!}{l!} = \frac{(l+m)!}{(l-m)!}$$

再利用式 (14.4.7)，则式 (15.2.43) 变成式 (15.2.37)。

关于连带勒让德函数的完备性，可以证明: 对于一个非负的整数 m，假定函数 $f(x)$ 在区间 $[-1,1]$ 上是分段光滑的，则 $f(x)$ 可以展开成连带勒让德函数的级数

$$f(x)=\sum_{l=m}^{\infty} C_l P_l^m(x) \tag{15.2.44}$$

其中, 连带勒让德系数为

$$C_l=\frac{2l+1}{2}\frac{(l+m)!}{(l-m)!}\int_{-1}^{1} f(x)P_l^m(x)\mathrm{d}x \quad (l=m,\ m+1,\ m+2,\cdots) \tag{15.2.45}$$

在开区间 $(-1,1)$ 的连续点 x，级数 (15.2.44) 收敛于 $f(x)$，而在 x 的间断点收敛于 $[f(x-0)+f(x+0)]/2$。容易验证，当 $m=0$ 时，式 (15.2.44) 和式 (15.2.45) 约化为勒让德多项式的结果，即式 (14.4.19) 和式 (14.4.20)。

15.2.4 球谐函数

我们回到角向解的讨论，利用式 (15.2.32) 和式 (15.2.34)，角向解现在可以表示 (注出下标 l、m) 为

$$Y_{l\,m}(\theta,\phi)=A_{lm}P_l^m(\cos\theta)\mathrm{e}^{\mathrm{i}m\phi}\begin{cases} l=0,\ 1,\ 2,\cdots \\ m=0,\ \pm1,\ \pm2,\ \cdots,\pm l\end{cases} \tag{15.2.46}$$

这就是球谐函数的表示式。式 (15.2.8) 显示，球谐函数是算符

$$L^2=-\left[\frac{1}{\sin\theta}\frac{\partial}{\partial\theta}\left(\sin\theta\frac{\partial}{\partial\theta}\right)+\frac{1}{\sin^2\theta}\frac{\partial^2}{\partial\phi^2}\right] \tag{15.2.47}$$

的本征函数，即

$$L^2Y_{l\,m}(\theta,\phi)=l(l+1)Y_{l\,m}(\theta,\phi) \tag{15.2.48}$$

本征值为 $l(l+1)$。显然，$Y_{l\,m}(\theta,\phi)$ 还是算符

$$L_z=-\mathrm{i}\frac{\partial}{\partial\phi} \tag{15.2.49}$$

的本征函数。事实上

$$\begin{aligned} L_zY_{l\,m}(\theta,\phi)&=-\mathrm{i}\frac{\partial}{\partial\phi}\left[A_{lm}P_l^m(\cos\theta)\mathrm{e}^{\mathrm{i}m\phi}\right] \\ &=m\left[A_{l\,m}P_l^m(\cos\theta)\mathrm{e}^{\mathrm{i}m\phi}\right]=mY_{l\,m}(\theta,\phi) \end{aligned} \tag{15.2.50}$$

本征值正是 m。

我们的结论是: 球谐函数 $Y_{lm}(\theta,\phi)$ 是算符 L^2 和 L_z 共同的本征函数，相应的本征值分别为 $l(l+1)$ 和 m。其中，l 的取值为 $l=0,\ 1,\ 2,\cdots$；而对于一个 l 值，m 的取值为 $m=0,\ \pm1,\ \pm2,\ \pm3,\cdots,\pm l$。

接下来我们讨论球谐函数的性质，为此首先考查 L^2 和 L_z 的物理意义。我们知道，量子力学的角动量算符表示为

$$\hat{\boldsymbol{L}} = \hat{\boldsymbol{r}} \times \hat{\boldsymbol{p}} = -\mathrm{i}\hbar\hat{\boldsymbol{r}} \times \nabla \tag{15.2.51}$$

其中，$\hat{\boldsymbol{p}} = -\mathrm{i}\hbar\nabla$ 是动量算符。利用矢量叉乘的定义

$$\hat{\boldsymbol{r}} \times \hat{\boldsymbol{p}} = \begin{vmatrix} \boldsymbol{i} & \boldsymbol{j} & \boldsymbol{k} \\ x & y & z \\ \hat{p}_x & \hat{p}_y & \hat{p}_z \end{vmatrix} \tag{15.2.52}$$

可以写出角动量分量 $\hat{L}_x$, $\hat{L}_y$, $\hat{L}_z$ 在直角坐标系中的表达式

$$\hat{L}_x = y\hat{p}_z - z\hat{p}_y = -\mathrm{i}\hbar\left(y\frac{\partial}{\partial z} - z\frac{\partial}{\partial y}\right) \tag{15.2.53a}$$

$$\hat{L}_y = z\hat{p}_x - x\hat{p}_z = -\mathrm{i}\hbar\left(z\frac{\partial}{\partial x} - x\frac{\partial}{\partial z}\right) \tag{15.2.53b}$$

$$\hat{L}_z = x\hat{p}_y - y\hat{p}_x = -\mathrm{i}\hbar\left(x\frac{\partial}{\partial y} - y\frac{\partial}{\partial x}\right) \tag{15.2.53c}$$

角动量平方算符是

$$\hat{L}^2 = -\hbar^2\left[\left(y\frac{\partial}{\partial z} - z\frac{\partial}{\partial y}\right)^2 + \left(z\frac{\partial}{\partial x} - x\frac{\partial}{\partial z}\right)^2 + \left(x\frac{\partial}{\partial y} - y\frac{\partial}{\partial x}\right)^2\right] \tag{15.2.54}$$

利用直角坐标与球坐标的关系

$$x = r\cos\phi\sin\theta, \quad y = r\sin\phi\sin\theta, \quad z = r\cos\theta \tag{15.2.55a}$$

$$r^2 = x^2 + y^2 + z^2 \tag{15.2.55b}$$

我们用球坐标变量表示 $\hat{L}_x$, $\hat{L}_y$, $\hat{L}_z$ 和 $\hat{L}^2$

$$\hat{L}_x = \mathrm{i}\hbar\left(\sin\phi\frac{\partial}{\partial\theta} + \cot\theta\cos\phi\frac{\partial}{\partial\phi}\right) \tag{15.2.56a}$$

$$\hat{L}_y = \mathrm{i}\hbar\left(-\cos\phi\frac{\partial}{\partial\theta} + \cot\theta\sin\phi\frac{\partial}{\partial\phi}\right) \tag{15.2.56b}$$

$$\hat{L}_z = -\mathrm{i}\hbar\frac{\partial}{\partial\phi} \tag{15.2.56c}$$

$$\hat{L}^2 = -\hbar^2\left[\frac{1}{\sin\theta}\frac{\partial}{\partial\theta}\left(\sin\theta\frac{\partial}{\partial\theta}\right) + \frac{1}{\sin^2\theta}\frac{\partial^2}{\partial\phi^2}\right] \tag{15.2.57}$$

式 (15.2.56c)、式 (15.2.57) 与式 (15.2.49)、式 (15.2.47) 相比，有

$$\hat{L}_z = \hbar L_z, \quad \hat{L}^2 = \hbar^2 L^2 \tag{15.2.58}$$

可见 L^2 就是无量纲的角动量平方算符，而 L_z 则是无量纲的角动量 z 分量算符。

在角动量平方算符 $\hat{L}^2$ 和角动量 z 分量算符 $\hat{L}_z$ 的意义上，我们有本征方程

$$\hat{L}^2 Y_{l\,m}(\theta,\phi) = l(l+1)\hbar^2 Y_{l\,m}(\theta,\phi) \tag{15.2.59a}$$

$$\hat{L}_z Y_{l\,m}(\theta,\phi) = m\hbar Y_{l\,m}(\theta,\phi) \tag{15.2.59b}$$

所以球谐函数 $Y_{l\,m}(\theta,\phi)$ 是算符 $\hat{L}^2$ 和 $\hat{L}_z$ 共同的本征函数，本征值分别为 $l(l+1)\hbar^2$ 和 $m\hbar$。因为 l 表征角动量的大小，所以称为角量子数，m 称为磁量子数。l 的取值为 $l=0,\ 1,\ 2,\cdots$ 而对于一个 l 值，m 的取值为 $m=0,\ \pm1,\ \pm2,\ \cdots,\pm l$，可以取 $(2l+1)$ 个值。因而对应于 $\hat{L}^2$ 的一个本征值 $l(l+1)\hbar^2$，因 m 的不同有 $(2l+1)$ 个不同的本征函数 $Y_{l\,m}(\theta,\phi)$。我们把这种一个本征值对应一个以上本征函数的情况称为"简并"，把所对应的本征函数的数目称为简并度，$\hat{L}^2$ 的本征值是 $(2l+1)$ 度简并的。按照光谱学的记法，$l=0$ 的态称为 s 态，$l=1,\ 2,\ 3,\cdots$ 的态依次称为 p, d, f, $\cdots$ 态。处于这些态的粒子，依次简称为 p, d, f, $\cdots$ 粒子。

作为一个独立的问题，我们可以讨论角动量 z 分量算符 $\hat{L}_z$ 的本征值问题。设 $\hat{L}_z$ 的本征方程为

$$-\mathrm{i}\hbar\frac{\partial}{\partial\phi}\varPhi = l_z\Phi \tag{15.2.60}$$

其中，l_z 是本征值；$\varPhi$ 是相应的本征波函数。方程 (15.2.60) 的通解为

$$\varPhi = c\exp\left(\frac{\mathrm{i}}{\hbar}l_z\phi\right) \tag{15.2.61}$$

其中，c 是任意常数。由波函数的归一化条件

$$\int_0^{2\pi}|\varPhi|^2\,\mathrm{d}\phi = 2\pi\,|c|^2 = 1 \tag{15.2.62}$$

以及周期性边界条件：$\varPhi(0)=\varPhi(2\pi)$，得到本征值

$$l_z = m\hbar\ (m=0,\ \pm1,\ \pm2,\cdots) \tag{15.2.63}$$

及归一化的本征函数

$$\varPhi_m(\phi) = \frac{1}{\sqrt{2\pi}}\exp(\mathrm{i}m\phi) \tag{15.2.64}$$

它正是式 (15.2.32)。在这个独立的问题中，不存在 l 对 m 的限制，因此 m 的取值为无限多个。

另外作为一个独立的问题，本征函数 $\varPhi_m(\phi)$ 具有正交归一性

$$\int_0^{2\pi}\varPhi_m^*(\phi)\varPhi_n(\phi)\mathrm{d}\phi = \frac{1}{2\pi}\int_0^{2\pi}\mathrm{e}^{-\mathrm{i}m\phi}\mathrm{e}^{\mathrm{i}n\phi}\mathrm{d}\phi = \delta_{mn} \tag{15.2.65}$$

15.2.5 球谐函数的性质

在诠释了球谐函数的物理意义之后，我们现在讨论它的性质。首先考查球谐函数 (15.2.46) 的正交性。为此需要在整个角向 $\varOmega\in[0,4\pi]$ 范围内作积分

$$\int_0^{4\pi}Y_{l\,m}^*(\theta,\phi)Y_{l'\,m'}(\theta,\phi)\mathrm{d}\varOmega = \int_{\theta=0}^{\pi}\int_{\phi=0}^{2\pi}Y_{l\,m}^*(\theta,\phi)Y_{l'\,m'}(\theta,\phi)\sin\theta\mathrm{d}\theta\mathrm{d}\phi$$

$$\propto \int_0^{\pi}\int_0^{2\pi} P_l^m(\cos\theta)\mathrm{e}^{-\mathrm{i}m\phi}P_{l'}^{m'}(\cos\theta)\mathrm{e}^{\mathrm{i}m'\phi}\sin\theta\mathrm{d}\theta\mathrm{d}\phi \equiv I$$

利用 $x=\cos\theta$，$\mathrm{d}x=-\sin\theta\mathrm{d}\theta$，以及函数 $\mathrm{e}^{\mathrm{i}m\phi}$ 的正交性表达式 (15.2.65)，容易得到

$$\begin{aligned}I &= \int_0^{\pi} P_l^m(\cos\theta)P_{l'}^{m'}(\cos\theta)\sin\theta\,\mathrm{d}\theta\int_0^{2\pi}\mathrm{e}^{-\mathrm{i}m\phi}\mathrm{e}^{\mathrm{i}m'\phi}\mathrm{d}\phi\\ &= 2\pi\left[\int_{-1}^{1}P_l^m(x)P_{l'}^{m'}(x)\mathrm{d}x\right]\left[\frac{1}{2\pi}\int_0^{2\pi}\mathrm{e}^{-\mathrm{i}m\phi}\mathrm{e}^{\mathrm{i}m'\phi}\mathrm{d}\phi\right]\\ &= 2\pi\left[\int_{-1}^{1}P_l^m(x)P_{l'}^{m'}(x)\mathrm{d}x\right]\delta_{mm'}\end{aligned}$$

这表示，如果 $m\neq m'$ 则 $I=0$；如果 $m=m'$，则由连带勒让德函数的正交性表达式 (15.2.36)，得到

$$I = 2\pi\int_{-1}^{1}P_l^m(x)P_{l'}^m(x)\mathrm{d}x \propto \delta_{ll'} \tag{15.2.66}$$

如果 $l\neq l'$，仍有 $I=0$。结论是，只有当 $m=m'$ 且同时 $l=l'$，才有 $I\neq 0$。

现在我们根据归一化条件

$$\int_{\theta=0}^{\pi}\int_{\phi=0}^{2\pi}|Y_{l\,m}(\theta,\phi)|^2\sin\theta\,\mathrm{d}\theta\,\mathrm{d}\phi = 1 \tag{15.2.67}$$

来确定式 (15.2.46) 中的归一化常数 A_{lm}。利用式 (15.2.37) 和式 (15.2.65)，式 (15.2.67) 左边变为

$$A_{lm}^2\int_{\theta=0}^{\pi}\int_{\phi=0}^{2\pi}[P_l^m(\cos\theta)]^2\sin\theta\,\mathrm{d}\theta\,\mathrm{d}\phi = A_{lm}^2\frac{4\pi}{2l+1}\frac{(l+m)!}{(l-m)!}$$

故

$$A_{lm} = \sqrt{\frac{2l+1}{4\pi}\frac{(l-m)!}{(l+m)!}} \tag{15.2.68}$$

这样一来，归一化的球谐函数为

$$Y_{l\,m}(\theta,\phi) = \sqrt{\frac{2l+1}{4\pi}\frac{(l-m)!}{(l+m)!}}P_l^m(\cos\theta)\mathrm{e}^{\mathrm{i}m\phi}\quad\begin{cases}l=0,\ 1,\ 2,\cdots\\ m=0,\ \pm1,\ \pm2,\ \cdots,\pm l\end{cases} \tag{15.2.69}$$

而它的正交性关系式为

$$\int_{\theta=0}^{\pi}\int_{\phi=0}^{2\pi}Y_{lm}^*(\theta,\phi)Y_{l'm'}(\theta,\phi)\sin\theta\mathrm{d}\theta\mathrm{d}\phi = \delta_{ll'}\delta_{mm'}$$

相对于第 15.2.2 节所列出的连带勒让德函数，这里列出相应的球谐函数如下

$$l=0:\quad m=0:\quad Y_{0,0}(\theta,\phi) = \frac{1}{\sqrt{4\pi}}$$

$$l=1:\quad m=0:\quad Y_{1,0}(\theta,\phi) = \sqrt{\frac{3}{4\pi}}\cos\theta$$

$$m=\pm1:\quad Y_{1,\pm1}(\theta,\phi)=\mp\sqrt{\frac{3}{8\pi}}\sin\theta\mathrm{e}^{\pm\mathrm{i}\phi}$$

$$l=2:\quad m=0:\quad Y_{2,0}(\theta,\phi)=\sqrt{\frac{5}{16\pi}}\left(3\cos^2\theta-1\right)$$

$$m=\pm1:\quad Y_{2,\pm1}(\theta,\phi)=\mp\sqrt{\frac{15}{8\pi}}\cos\theta\sin\theta\mathrm{e}^{\pm\mathrm{i}\phi}$$

$$m=\pm2:\quad Y_{2,\pm2}(\theta,\phi)=\sqrt{\frac{15}{32\pi}}\sin^2\theta\mathrm{e}^{\pm2\mathrm{i}\phi}$$

关于球谐函数的完备性，可以证明：如果函数 $f(\theta,\phi)$ 定义在 $0<\phi<2\pi$，$0<\theta<\pi$，假定它是 ϕ 的周期函数 (周期为 2π)，这样 $f(x)$ 能展开成球谐函数的级数

$$f(\theta,\phi)=\sum_{l=0}^{\infty}\sum_{m=-l}^{l}C_{l\,m}Y_{l\,m}(\theta,\phi)\tag{15.2.70}$$

其中，球谐系数为

$$C_{lm}=\int_0^{2\pi}\int_0^{\pi}Y_{l\,m}^*(\theta,\phi)f(\theta,\phi)\sin\theta\,\mathrm{d}\theta\,\mathrm{d}\phi\tag{15.2.71}$$

15.3 径向解：广义拉盖尔多项式

15.3.1 库仑场中的束缚态

至此我们已经对于中心势场问题得到了如式 (15.2.1) 所示的哈密顿算符 $\hat{H}$ 的本征函数 $\psi(\boldsymbol{r})=R(r)Y(\theta,\phi)$ 的角向部分 $Y(\theta,\phi)$[见式 (15.2.69)]，下面我们继续求解径向函数 $R(r)$ 的方程，即方程 (15.2.6)。由于角向问题的求解中已经确定了 l 的取值范围，因此径向方程现在写为

$$\frac{1}{R}\frac{\mathrm{d}}{\mathrm{d}r}\left(r^2\frac{\mathrm{d}R}{\mathrm{d}r}\right)+\left\{\frac{2\mu\,r^2}{\hbar^2}\left[E-V(r)\right]\right\}=l(l+1)\quad(l=0,\ 1,\ 2\cdots)\tag{15.3.1}$$

注意到，当 $E>0$ 时，对于 E 的任何值，径向方程 (15.3.1) 都有解 $R(r)$，即体系的能量具有连续谱 (图 15.1)。这在物理上意味着电子不受核的约束而自由运动 (电离)。但是我们知道电子受原子核约束时，在核外做轨道运动。电子被束缚时的运动状态称为“束缚态”。在方程 (15.3.1) 中，束缚态相应于 $E<0$，体系的能量呈现分立谱。在下面的讨论中，我们只考虑 $E<0$ 的情况。

引入函数代换

$$R(r)=\frac{u(r)}{r}\tag{15.3.2}$$

方程 (15.3.1) 变为

$$\frac{\mathrm{d}^2u}{\mathrm{d}r^2}+\left\{\frac{2\mu}{\hbar^2}\left[E-V(r)\right]-\frac{l\,(l+1)}{r^2}\right\}u=0\tag{15.3.3}$$

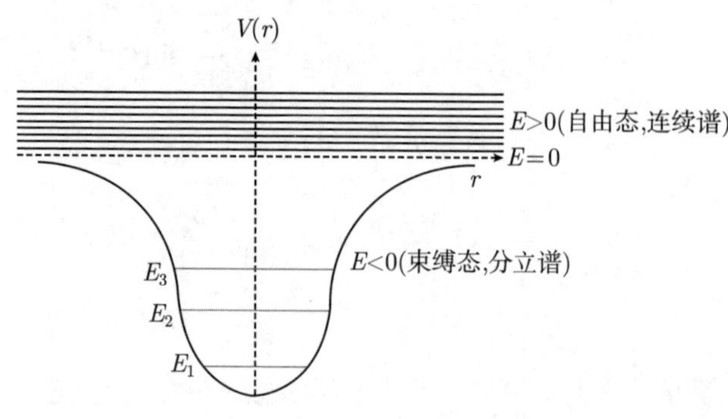

图 15.1 自由态与束缚态

为了求解方程 (15.3.3)，我们讨论最简单的中心势场，即库仑场。考虑一个电子在原子核所产生的电场中的运动，电子质量为 μ，其电荷为 $-e$，核的电荷为 Z；$Z=1$ 时，这个体系就是氢原子；$Z>1$ 则为类氢离子，如 $\mathrm{He}^{+}(Z=2)$，$\mathrm{Li}^{++}(Z=3)$。取核为坐标原点，则电子受核吸引的势能为

$$V(r)=-\frac{Ze^2}{r} \tag{15.3.4}$$

将它代入式 (15.3.3) 得

$$\frac{\mathrm{d}^2u}{\mathrm{d}r^2}+\left[\frac{2\mu}{\hbar^2}\left(E+\frac{Ze^2}{r}\right)-\frac{l\,(l+1)}{r^2}\right]u=0 \tag{15.3.5}$$

引入参数

$$\alpha=\sqrt{\frac{8\mu|E|}{\hbar^2}},\quad \beta=\frac{2\mu Ze^2}{\alpha\hbar^2}=\frac{Ze^2}{\hbar}\sqrt{\frac{\mu}{2|E|}} \tag{15.3.6}$$

及变量

$$\rho=\alpha r \tag{15.3.7}$$

方程 (15.3.5) 变为

$$\frac{\mathrm{d}^2u}{\mathrm{d}\rho^2}+\left[\frac{\beta}{\rho}-\frac{1}{4}-\frac{l(l+1)}{\rho^2}\right]u=0 \tag{15.3.8}$$

为解方程 (15.3.8)，我们首先考查它在 $\rho\to\infty$ 的渐近行为，这时式 (15.3.8) 变为

$$\frac{\mathrm{d}^2u}{\mathrm{d}\rho^2}-\frac{1}{4}u=0 \tag{15.3.9}$$

方程 (15.3.9) 的通解为

$$u(\rho)=A\mathrm{e}^{-\rho/2}+B\mathrm{e}^{\rho/2} \tag{15.3.10}$$

这里 A 和 B 为任意常数。因为波函数的标准条件要求当 $\rho\to\infty$ 时 $u(\rho)\to 0$，故 $B=0$，渐近解为 $A\mathrm{e}^{-\rho/2}$。

根据上面的讨论，我们写出 u 的形式解

$$u(\rho)=f(\rho)\mathrm{e}^{-\rho/2} \tag{15.3.11}$$

其中，$f(\rho)$ 是待求的函数。将式 (15.3.11) 代入式 (15.3.8)，得到 $f(\rho)$ 的方程

$$f''(\rho)-f'(\rho)+\left[\frac{\beta}{\rho}-\frac{l(l+1)}{\rho^2}\right]f(\rho)=0 \tag{15.3.12}$$

它的解不能在 $\rho=0$ 附近展开成幂级数，因为它是该方程的奇点。但式 (15.3.12) 可以展开成广义幂级数 [见式 (13.3.4)]

$$f(\rho)=\sum_{\nu=0}^{\infty}b_\nu\rho^{s+\nu}\quad(b_0\neq 0) \tag{15.3.13}$$

为了保证波函数的有限性，即 $r\to 0$ 时，$R(r)=u(r)/r$ 有限，我们考查

$$\frac{u(r)}{r}=\frac{\alpha f(\rho)\mathrm{e}^{-\rho/2}}{\rho}=\alpha\mathrm{e}^{-\rho/2}\sum_{\nu=0}^{\infty}b_\nu\rho^{s+\nu-1} \tag{15.3.14}$$

这里 ν 的最小值为 0，为了确保 ρ 的指数不为负数，必须有 $s\geqslant 1$。将式 (15.3.13) 代入方程 (15.3.12) 得到

$$\sum_{\nu=0}^{\infty}[(\nu+s)(\nu+s-1)-l(l+1)]b_\nu\rho^{\nu+s-2}+\sum_{\nu=0}^{\infty}[\beta-(\nu+s)]b_\nu\rho^{\nu+s-1}=0 \tag{15.3.15}$$

将式 (15.3.15) 左边第一个求和中的第一项 (即 $\nu=0$ 项) 单独写出，则该式变为

$$\begin{aligned}&[s(s-1)-l(l+1)]b_0\rho^{s-2}+\sum_{\nu=1}^{\infty}[(\nu+s)(\nu+s-1)-l(l+1)]b_\nu\rho^{\nu+s-2}\\&+\sum_{\nu=0}^{\infty}[\beta-(\nu+s)]b_\nu\rho^{\nu+s-1}=0\end{aligned} \tag{15.3.16}$$

在式 (15.3.16) 左边的第一个求和项中，令 $m=\nu-1$，则有

$$\begin{aligned}&\sum_{\nu=1}^{\infty}[(\nu+s)(\nu+s-1)-l(l+1)]b_\nu\rho^{\nu+s-2}\\&=\sum_{m=0}^{\infty}[(m+1+s)(m+s)-l(l+1)]b_{m+1}\rho^{m+s-1}\\&=\sum_{\nu=0}^{\infty}[(\nu+1+s)(\nu+s)-l(l+1)]b_{\nu+1}\rho^{\nu+s-1}\end{aligned}$$

代回式 (15.3.16)，整理后得到

$$[s(s-1)-l(l+1)]b_0\rho^{s-2}+\sum_{\nu=0}^{\infty}\left\{\begin{array}{l}[(\nu+s+1)(\nu+s)-l(l+1)]b_{\nu+1}\\+(\beta-\nu-s)b_\nu]\end{array}\right\}\rho^{\nu+s-1}=0 \tag{15.3.17}$$

式 (15.3.17) 各项是相互独立的，它导致 ρ 的各次幂的系数为零，即

$$s(s-1)-l(l+1)=0 \tag{15.3.18}$$

$$[(\nu+s+1)(\nu+s)-l(l+1)]b_{\nu+1}+(\beta-\nu-s)b_\nu=0\quad(\nu=0,1,2,\cdots) \tag{15.3.19}$$

由式 (15.3.18) 得到

$$s=-l, s=l+1 \tag{15.3.20}$$

式 (15.3.20) 相应于二阶常微分方程 (15.3.12) 的两个线性独立的解。但是 $s=-l$ 不满足 $s\geqslant 1$ 的条件，它导致式 (15.3.14) 在 $r\to 0$ 时发散。将 $s=l+1$ 代入式 (15.3.19) 得到

$$b_{\nu+1}=\frac{\nu+l+1-\beta}{(\nu+1)(\nu+2l+2)}b_\nu \tag{15.3.21}$$

这是一个系数递推公式。另外将 $s=l+1$ 代入式 (15.3.13) 得到

$$f(\rho)=\sum_{\nu=0}^{\infty}b_\nu\rho^{\nu+l+1}\quad(b_0\neq 0) \tag{15.3.22}$$

现在我们讨论式 (15.3.22) 的收敛性，利用式 (15.3.21) 给出收敛半径

$$\begin{aligned}R&=\lim_{\nu\to\infty}\left|\frac{b_\nu}{b_{\nu+1}}\right|=\lim_{\nu\to\infty}\left|\frac{(\nu+1)(\nu+2l+2)}{\nu+l+1-\beta}\right|\\&=\lim_{\nu\to\infty}\left|\frac{\left(1+\dfrac{1}{\nu}\right)\left(1+\dfrac{2l+2}{\nu}\right)}{\dfrac{1}{\nu}+\dfrac{l+1-\beta}{\nu^2}}\right|=\lim_{\nu\to\infty}\nu\to\infty\end{aligned}$$

可见广义幂级数解 (15.3.22) 的收敛半径为无穷大。

我们进一步考查该级数在 $\rho\to\infty$ 的收敛性。相邻两项系数的比值为

$$\frac{b_{\nu+1}}{b_\nu}=\frac{\nu+l+1-\beta}{(\nu+1)(\nu+2l+2)}\overset{\nu\to\infty}{\longrightarrow}\frac{1}{\nu} \tag{15.3.23}$$

考查指数函数 e^ρ 的幂级数

$$\mathrm{e}^\rho=1+\frac{\rho}{1!}+\frac{\rho^2}{2!}+\cdots+\frac{\rho^\nu}{\nu!}+\frac{\rho^{\nu+1}}{(\nu+1)!}+\cdots \tag{15.3.24}$$

它的相邻两项系数的比值在 $\nu\to\infty$ 也是 $\dfrac{1}{\nu}$，即

$$\frac{\dfrac{1}{(\nu+1)!}}{\dfrac{1}{\nu!}}=\frac{\nu!}{(\nu+1)!}=\frac{1}{\nu+1}\overset{\nu\to\infty}{\longrightarrow}\frac{1}{\nu} \tag{15.3.25}$$

一个幂级数在变量很大时的渐进性质主要取决于它的高次项。现在可以看出，就高次项 (相应于 $\nu \to \infty$) 而言，$f(\rho)$ 和 e^ρ 有相同的渐进行为，因此 $f(\rho) \stackrel{\rho\to\infty}{\longrightarrow} e^\rho$。这样

$$R(r) = \frac{u(r)}{r} = \frac{\alpha f(\rho) e^{-\rho/2}}{\rho} \stackrel{\rho\to\infty}{\longrightarrow} \frac{\alpha e^\rho e^{-\rho/2}}{\rho} = \frac{\alpha e^{\rho/2}}{\rho} \stackrel{\rho\to\infty}{\longrightarrow} \infty \tag{15.3.26}$$

这表示波函数在 $\rho \to \infty$ 不是有限的，这不满足波函数的标准条件。为了保证波函数 $R(r)$ 在 $\rho \to \infty$ 的有限性，需要将无穷级数 (15.3.22) 截断，使之变成多项式。

设级数 (15.3.22) 被截断后其最高求和指标 $\nu_{\max} = n_r$，即

$$f(\rho) = \sum_{\nu=0}^{n_r} b_\nu \rho^{\nu+l+1} \tag{15.3.27}$$

则截断后所得多项式的最高幂次为 $n_r + l + 1$，而式 (15.3.21) 变为

$$b_{n_r+1} = \frac{n_r + l + 1 - \beta}{(n_r+1)(n_r+2l+2)} b_{n_r} \tag{15.3.28}$$

这时 $b_{n_r} \neq 0$，但 $b_{n_r+1} = 0$(由此 $b_{n_r+2} = b_{n_r+3} = \cdots = 0$)，这样由式 (15.3.28) 得到

$$n_r + l + 1 - \beta = 0 \tag{15.3.29}$$

式 (15.3.29) 表示 β 是一个正整数，设为 n，则

$$\beta = n_r + l + 1 \equiv n \tag{15.3.30}$$

式 (15.3.30) 扮演了一个量子化条件。由它可以确定相关量子数的取值范围。n_r 称为径量子数：$n_r = 0,\ 1,\ 2, \cdots, n-1$，角量子数为

$$l = 0,\ 1,\ 2, \cdots, n-1 \tag{15.3.31}$$

而 n 是主量子数，取值为

$$n = 1,\ 2,\ 3, \cdots \tag{15.3.32}$$

将式 (15.3.30) 代入式 (15.3.6)，得到能量本征值

$$E_n = -\frac{\mu Z^2 e^4}{2\hbar^2 n^2} \quad (n = 1, 2, 3, \cdots) \tag{15.3.33}$$

由此可见，在粒子能量小于零 (束缚态) 的情况下，波函数在 $r \to \infty$ 的有限性导致能量取分立值 (即能量的量子化)。而基态能量 $(n = 1)$ 为，

$$E_1 = -\frac{\mu Z^2 e^4}{2\hbar^2} \tag{15.3.34}$$

对于氢原子 $(Z = 1)$，$E_1 = -13.6\text{eV}$。这个值恰好是氢原子的电离能，可见上述量子理论的结果与实验相符合。特别是，束缚态之间的跃迁给出

$$\nu_{m,n} = \frac{E_m - E_n}{h} = Rc\left(\frac{1}{n^2} - \frac{1}{m^2}\right) \quad (m > n) \tag{15.3.35}$$

其中，$\nu_{m,n}$ 是能级 E_m 与 E_n 之间的频率间隔；c 是真空中的光速；$R = \dfrac{2\pi\mu e^4}{h^3 c}$ 是里德堡常数。式 (15.3.35) 正是熟知的氢原子光谱的巴尔末公式，如图 15.2(a) 所示。当 $n \to \infty$ 时，$E_n \to 0$，电子由束缚态变成自由态，光谱线由分立谱变成连续谱 ($\nu_{m,n} \to 0$)，如图 15.2(b) 所示。

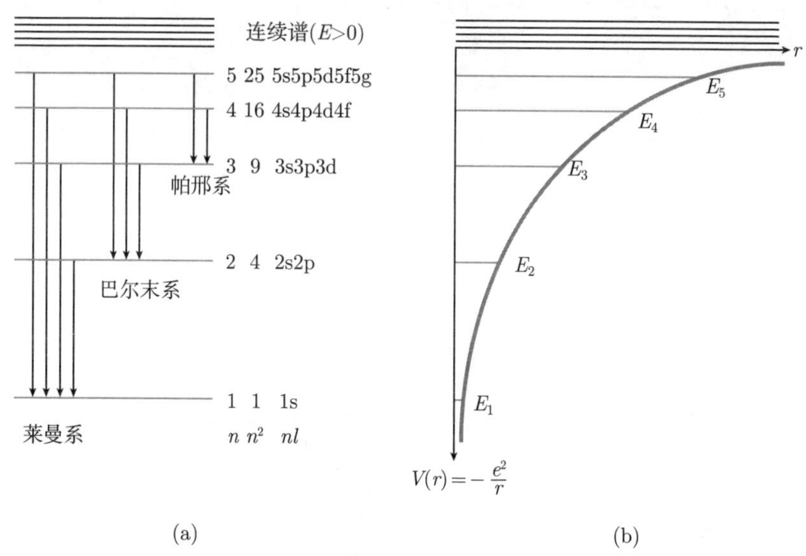

图 15.2　(a) 氢原子的能级与光谱线；(b) 氢原子的势能曲线与束缚态

15.3.2　广义拉盖尔多项式

我们进一步求径向本征函数。由式 (15.3.27) 和式 (15.3.30) 得到

$$f(\rho) = \sum_{\nu=0}^{n-l-1} b_\nu \rho^{\nu+l+1} = b_0 \rho^{l+1} \sum_{\nu=0}^{n-l-1} \frac{b_\nu}{b_0}\rho^\nu \tag{15.3.36}$$

为了计算其中的比值 b_ν/b_0，由式 (15.3.21) 和式 (15.3.30) 写出

$$b_{\nu+1} = \frac{\nu + l + 1 - n}{(\nu+1)(\nu+2l+2)} b_\nu \tag{15.3.37}$$

它给出 $\dfrac{b_0}{b_0} = 1$，$\dfrac{b_1}{b_0} = \dfrac{l+1-n}{(2l+2)}$，$\cdots$ 这样式 (15.3.36) 写为

$$f(\rho) = b_0 \rho^{l+1}\left[1 - \frac{n-l-1}{1!(2l+2)}\rho + \frac{(n-l-1)(n-l-2)}{2!(2l+2)(2l+3)}\rho^2 + \cdots\right.$$

$$
\begin{aligned}
&+(-1)^{\nu}\frac{(n-l-1)(n-l-2)\cdots(n-l-\nu)}{\nu!(2l+2)(2l+3)\cdots(2l+1+\nu)}\rho^{\nu}+\cdots\\
&+(-1)^{n-l-1}\frac{(n-l-1)(n-l-2)\cdots 1}{(n-l-1)!(2l+2)(2l+3)\cdots(n+l)}\rho^{n-l-1}\Bigg]\\
=&b_0\rho^{l+1}\sum_{\nu=0}^{n-l-1}(-1)^{\nu}\frac{(2l+1)!(n-l-1)!}{\nu!(n-l-\nu-1)!(2l+1+\nu)!}\rho^{\nu}\\
=&b_0\rho^{l+1}\frac{(2l+1)!(n-l-1)!}{(n+l)!}\sum_{\nu=0}^{n-l-1}(-1)^{\nu}\frac{(n+l)!}{\nu!(n-l-1-\nu)!(2l+1+\nu)!}\rho^{\nu}\\
=&b_0\rho^{l+1}\frac{(2l+1)!(n-l-1)!}{(n+l)!}L_{n-l-1}^{2l+1}(\rho)
\end{aligned}
$$

其中，$L_{n-l-1}^{2l+1}(\rho)$ 是广义拉盖尔多项式，而

$$
L_n^m(x)=\sum_{k=0}^{n}(-1)^k\frac{(m+n)!}{k!(n-k)!(m+k)!}x^k \tag{15.3.38}
$$

称为 m 阶 n 度广义拉盖尔多项式。

利用式 (15.3.2)、式 (15.3.7) 和式 (15.3.11) 写出径向本征函数 (注出量子数 n、l) 为

$$
R_{nl}(\rho)=N_{nl}\mathrm{e}^{-\rho/2}\rho^l L_{n-l-1}^{2l+1}(\rho) \tag{15.3.39}
$$

这里 N_{nl} 包含所有与 ρ 无关的常数因子。用玻尔半径

$$
a=\frac{\hbar^2}{\mu\mathrm{e}^2}=0.529\times10^{-10}\mathrm{m} \tag{15.3.40}
$$

表示空间尺度，注意到式 (15.3.30)，式 (15.3.7) 变为

$$
\rho=\alpha r=\frac{2Z}{an}r \tag{15.3.41}
$$

这样，式 (15.3.39) 写为

$$
R_{nl}(r)=N_{nl}\exp\left(-\frac{Z}{an}r\right)\left(\frac{2Z}{an}r\right)^l L_{n-l-1}^{2l+1}\left(\frac{2Z}{an}r\right) \tag{15.3.42}
$$

至此，只剩下归一化常数 N_{nl} 需要确定。波函数的归一化条件为

$$
\int_{-\infty}^{\infty}\int_{-\infty}^{\infty}\int_{-\infty}^{\infty}|\psi_{nlm}|^2\,\mathrm{d}x\mathrm{d}y\mathrm{d}z=1 \tag{15.3.43a}
$$

在球坐标系中，我们有 $\mathrm{d}x\mathrm{d}y\mathrm{d}z=r^2\sin\theta\mathrm{d}r\mathrm{d}\theta\mathrm{d}\phi$，这样式 (15.3.43a) 写为

$$
\int_{r=0}^{\infty}\int_{\theta=0}^{\pi}\int_{\phi=0}^{2\pi}|\psi_{nlm}(r,\ \theta,\ \phi)|^2r^2\sin\theta\mathrm{d}r\mathrm{d}\theta\mathrm{d}\phi=1 \tag{15.3.43b}
$$

由于球谐函数已经归一化 [式 (15.2.67)]，故式 (15.3.43b) 变为

$$\int_0^{\infty}|R_{nl}(r)|^2 r^2 \mathrm{d}r \cdot \int_{\theta=0}^{\pi}\int_{\phi=0}^{2\pi}|Y_{lm}(\theta,\phi)|^2 \sin\theta \mathrm{d}\theta\, \mathrm{d}\phi = \int_0^{\infty}|R_{nl}(r)|^2 r^2 \mathrm{d}r = 1 \tag{15.3.44}$$

这表示径向函数也是归一化的，而波函数的径向概率密度为 $|R_{nl}(r)|^2 r^2$。

将式 (15.3.42) 代入式 (15.3.44)，并利用式 (15.3.41)，得到

$$|N_{nl}|^{-2} = \left(\frac{an}{2Z}\right)^3 \int_0^{\infty} \mathrm{e}^{-\rho}\rho^{2l+2}\left[L_{n-l-1}^{2l+1}(\rho)\right]^2 \mathrm{d}\rho \tag{15.3.45}$$

利用积分公式

$$\int_0^{\infty} \mathrm{e}^{-x}x^{M+1}\left[L_N^M(x)\right]^2 \mathrm{d}x = \frac{\Gamma(N+M+1)}{N!}(2N+M+1) \tag{15.3.46}$$

由式 (15.3.45) 得到

$$N_{nl} = \sqrt{\left(\frac{2Z}{an}\right)^3 \frac{(n-l-1)!}{2n(n+l)!}} \tag{15.3.47}$$

这样归一化的径向函数为

$$R_{nl}(r) = \sqrt{\left(\frac{2Z}{an}\right)^3 \frac{(n-l-1)!}{2n(n+l)!}} \exp\left(-\frac{Z}{an}r\right)\left(\frac{2Z}{an}r\right)^l L_{n-l-1}^{2l+1}\left(\frac{2Z}{an}r\right) \tag{15.3.48}$$

下面列出前几个归一化的径向函数 $R_{nl}(r)$

$$R_{10}(r) = \left(\frac{Z}{a}\right)^{3/2} 2\exp\left(-\frac{Z}{a}r\right)$$

$$R_{20}(r) = \left(\frac{Z}{2a}\right)^{3/2}\left(2-\frac{Z}{a}r\right)\exp\left(-\frac{Z}{2a}r\right)$$

$$R_{21}(r) = \left(\frac{Z}{2a}\right)^{3/2}\frac{Z}{a\sqrt{3}}r\exp\left(-\frac{Z}{2a}r\right)$$

$$R_{30}(r) = \left(\frac{Z}{3a}\right)^{3/2}\left[2-\frac{4Z}{3a}r+\frac{4}{27}\left(\frac{Z}{a}r\right)^2\right]\exp\left(-\frac{Z}{3a}r\right)$$

$$R_{31}(r) = \left(\frac{2Z}{a}\right)^{3/2}\left(\frac{2}{27\sqrt{3}}-\frac{Z}{81\sqrt{3}a}r\right)\frac{Z}{a}r\exp\left(-\frac{Z}{3a}r\right)$$

$$R_{32}(r) = \left(\frac{2Z}{a}\right)^{3/2}\frac{Z}{81\sqrt{15}}\left(\frac{Z}{a}r\right)^2\exp\left(-\frac{Z}{3a}r\right)$$

现在我们把角向解 (15.2.69) 和径向解 (15.3.48) 代入式 (15.2.4) 得到本征函数为

$$\psi_{nlm}(r,\theta,\phi)=R_{nl}(r)Y_{l\,m}(\theta,\phi)$$
$$=N_{nl}\exp\left(-\frac{Z}{an}r\right)\left(\frac{2Z}{an}r\right)^{l}L_{n-l-1}^{2l+1}\left(\frac{2Z}{an}r\right)Y_{l\,m}(\theta,\phi)\quad\begin{cases}n=1,\ 2,\ 3,\cdots\\ l=0,\ 1,\ 2,\cdots,n-1\\ m=0,\ \pm1,\ \pm2,\ \cdots,\pm l\end{cases}\tag{15.3.49}$$

我们在式 (15.2.59) 中显示，球谐函数 $Y_{l\,m}(\theta,\phi)$ 是算符 $\hat{L}^2$ 和 $\hat{L}_z$ 共同的本征函数，而现在 ψ_{nlm} 是算符 $\hat{H}$、$\hat{L}^2$ 和 $\hat{L}_z$ 共同的本征函数，事实上

$$\hat{H}\psi_{nlm}=-\frac{\mu Z^2e^4}{2\hbar^2n^2}\psi_{nlm}\tag{15.3.50a}$$

$$\hat{L}^2\psi_{nlm}=l(l+1)\hbar^2\psi_{nlm}\tag{15.3.50b}$$

$$\hat{L}_z\psi_{nlm}=m\hbar\psi_{nlm}\tag{15.3.50c}$$

电子处于态 (15.3.49) 时，其能级由 (15.3.33) 式给出。由于 ψ_{nlm} 与 n、l、m 三个量子数有关，而能级 E_n 只与 n 有关，所以能级对于 l 和 m 是简并的。对于一个 n 值，l 可以取 $l=0,\ 1,\ 2,\cdots,n-1$(共 n 个值)，而对于一个 l 值，m 还可以取 $m=0,\ \pm1,\ \pm2,\cdots,\pm l$[共 $(2l+1)$ 个值]。不同的 l、m 对应不同的波函数 ψ_{nlm}。因此对于第 n 个能级 E_n，有

$$\sum_{l=0}^{n-1}(2l+1)=2\frac{n(n-1)}{2}+n=n^2\tag{15.3.51}$$

个波函数，因此电子第 n 个能级是 n^2 度简并的。

本节的最后，我们把空间函数 (15.3.49) 与时间函数 (15.1.9) 相乘，给出 (15.1.12) 的表示式

$$\varPsi_{nlm}(r,\theta,\phi,t)=\psi_{nlm}(r,\theta,\phi)\exp\left(-\frac{\mathrm{i}}{\hbar}E_nt\right)\tag{15.3.52}$$

其中，能量本征值 E_n 由式 (15.3.33) 确定；本征函数 ψ_{nlm} 由式 (15.3.49) 确定。式 (15.3.52) 就是薛定谔方程 (15.1.1) 的解。由于 $\left|\exp\left(-\frac{\mathrm{i}}{\hbar}E_nt\right)\right|^2=1$，含时波函数 $\varPsi_{nlm}(r,\theta,\phi,t)$ 是归一化的。

15.3.3 径向概率密度

本节我们进一步讨论径向解的性质。简单起见，考虑氢原子情况 $(Z=1)$，并讨论三种典型的束缚态：① 基态 ψ_{100}；② ψ_{n00} 态；③ $\psi_{n,n-1,m}$ 态。在讨论中，我们用 $W_{nl}(r)$ 表示式 (15.3.44) 中的径向概率密度，即 $W_{nl}(r)\equiv|R_{nl}(r)|^2r^2$。

(1) 首先考虑基态 $(n=1,\ l=0,\ m=0)$，其波函数是 $\psi_{100}(r,\theta,\phi)$，相应的径向概率密度为

$$W_{10}(r)=|R_{10}(r)|^2 r^2=\left|\frac{2}{a^{3/2}}\exp\left(-\frac{r}{a}\right)\right|^2 r^2=\frac{4}{a^3}r^2\exp\left(-\frac{2r}{a}\right) \tag{15.3.53}$$

这个结果还可以从另一个更基本的思路得出。事实上，基态波函数为

$$\begin{aligned}\psi_{100}&=R_{10}(r)Y_{00}(\theta,\phi)\\&=\frac{2}{a^{3/2}}\exp\left(-\frac{r}{a}\right)\frac{1}{\sqrt{4\pi}}=\frac{1}{\sqrt{\pi}a^{3/2}}\exp\left(-\frac{r}{a}\right)\end{aligned}$$

电子在空间任意处的单位体积内的概率 (即概率密度) 为

$$|\psi_{100}|^2=\frac{1}{\pi a^3}\exp\left(-\frac{2r}{a}\right) \tag{15.3.54}$$

则电子在 $r\to r+\mathrm{d}r$ 球壳 (体积为 $4\pi r^2\mathrm{d}r$，如图 15.3 所示) 内出现的概率为

$$\begin{aligned}|\psi_{100}|^2\cdot 4\pi r^2\mathrm{d}r&=\frac{4}{a^3}r^2\exp\left(-\frac{2r}{a}\right)\mathrm{d}r\\&=4\left(\frac{r}{a}\right)^2\exp\left(-2\frac{r}{a}\right)\mathrm{d}\left(\frac{r}{a}\right)\\&=4\rho^2\exp(-2\rho)\mathrm{d}\rho\ \ (\rho=r/a)\end{aligned}$$

其中，a 是玻尔半径。由此得到电子的径向概率密度 (以 ρ 为变量)

$$W_{10}(\rho)=4\rho^2\exp(-2\rho) \tag{15.3.55}$$

这个结果与式 (15.3.53) 是等价的。容易验证径向概率的归一性，即

$$\int_0^\infty W_{10}(\rho)\mathrm{d}\rho=4\int_0^\infty \rho^2\exp(-2\rho)\mathrm{d}\rho=1 \tag{15.3.56}$$

由式 (15.3.55) 作出径向概率密度分布 $W(\rho)$，如图 15.4 所示。它的最大值相应于

$$\frac{\mathrm{d}W_{10}}{\mathrm{d}\rho}=8\rho(1-\rho)\exp(-2\rho)\Rightarrow\rho_m=1 \tag{15.3.57}$$

这个结果显示，基态氢原子中的电子在整个空间 ($0<r<\infty$) 出现的概率都不为零，但在玻尔半径 $r=a$ 处有最大概率值 [$W_{10}(1)=0.54$]。我们看到氢原子的量子理论与玻尔的轨道图像如此奇妙地联系起来。

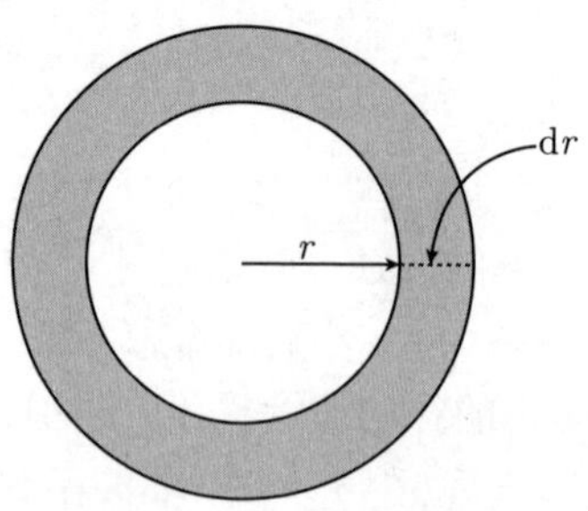

图 15.3　球壳 ($r\to r+\mathrm{d}r$) 的体积 $4\pi r^2\mathrm{d}r$

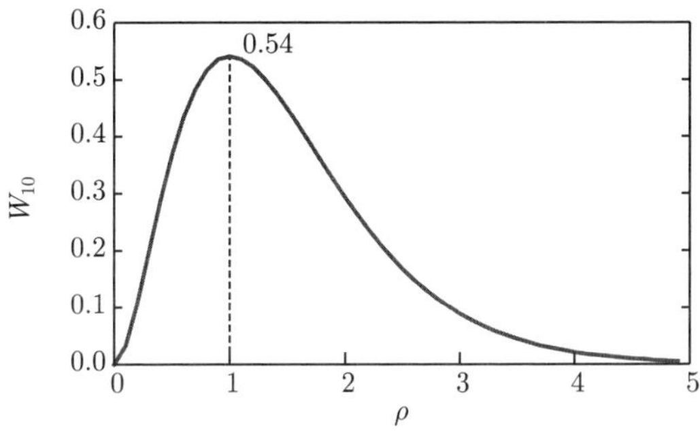

图 15.4 基态氢原子的径向概率密度分布

利用概率密度可以计算某些力学量的平均值，例如电子运动半径的平均值为

$$\begin{aligned}\langle\rho\rangle &= \int_0^\infty \rho W_{10}(\rho)\mathrm{d}\rho \\ &= 4\int_0^\infty \rho^3\exp(-2\rho)\mathrm{d}\rho = 4\cdot 3!\left(\frac{1}{2}\right)^4 = 1.5\end{aligned}$$

它是玻尔半径的 1.5 倍。而势能 $V(r) = -\mathrm{e}^2/r$ 的平均值为

$$\begin{aligned}\langle V\rangle &= \int_0^\infty \left(-\frac{\mathrm{e}^2}{r}\right)\frac{4}{a^3}r^2\exp\left(-\frac{2r}{a}\right)\mathrm{d}r \\ &= -4\frac{\mathrm{e}^2}{a^3}\int_0^\infty r\exp\left(-\frac{2r}{a}\right)\mathrm{d}r = -4\frac{\mathrm{e}^2}{a^3}\left(\frac{a}{2}\right)^2 = -\frac{\mathrm{e}^2}{a}\end{aligned}$$

势能的平均点在玻尔半径处。

我们进一步考查电子在有限空间的概率，引入

$$\begin{aligned}P_{nl}(s) &= \int_{r=0}^{sa}\int_{\theta=0}^{\pi}\int_{\phi=0}^{2\pi}|\psi_{nlm}|^2 r^2\sin\theta\,\mathrm{d}r\,\mathrm{d}\theta\,\mathrm{d}\phi \\ &= \int_{r=0}^{sa}|R_{nl}|^2\ r^2\mathrm{d}r\cdot\int_{\theta=0}^{\pi}\int_{\phi=0}^{2\pi}|Y_{lm}|^2\ \sin\theta\,\mathrm{d}\theta\,\mathrm{d}\phi \\ &= \int_0^{sa}|R_{nl}|^2\ r^2\mathrm{d}r \qquad (15.3.58)\end{aligned}$$

它表示在任意态 ψ_{nlm} 中电子在 s 倍的玻尔半径内出现的概率。对于基态情况，注意到 $\rho = r/a$，式 (15.3.58) 给出

$$P_{10}(s) = 4\int_0^s \rho^2\exp(-2\rho)\mathrm{d}\rho = \mathrm{e}^{-2s}\left(\mathrm{e}^{2s} - 1 - 2s - 2s^2\right) \qquad (15.3.59)$$

图 15.5 显示了 $P_{10}(s)$ 随 s 的变换曲线。可以得到，当 $s\approx 2.7$，概率值达到 0.9。当 $s\to\infty$ 时，式 (15.3.59) 给出 $P_{10}(\infty) = 1$，这正是径向波函数的归一化条件，即式 (15.3.56)。

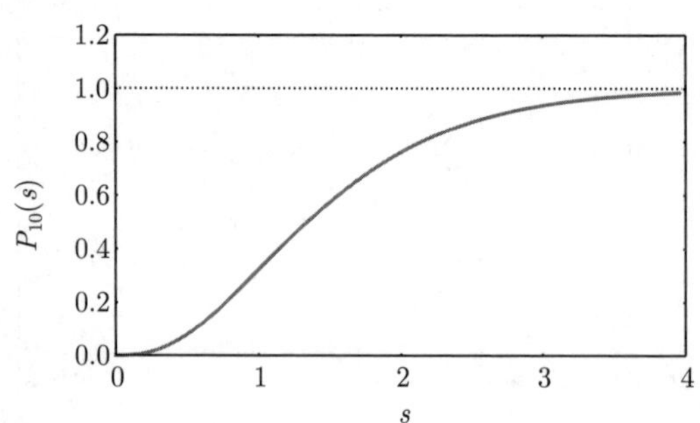

图 15.5 基态氢原子的电子在 s 倍玻尔半径内出现的概率：$P_{10}(1) = 0.32$，$P_{10}(2) = 0.76$

下面我们计算电子在经典禁区出现的概率。经典禁区定义为 $r > r_n$ 区域，而 r_n 由

$$V(r_n) = -\frac{\mathrm{e}^2}{r_n} = E_n = -\frac{\mu \mathrm{e}^4}{2\hbar^2 n^2} = -\frac{\mathrm{e}^2}{2n^2 a} \tag{15.3.60}$$

确定，即在以半径为 r_n 的球面上，电子的势能等于总能量。该球面以外的区域称为经典禁区。由式 (15.3.60) 解得

$$r_n = 2n^2 a \tag{15.3.61}$$

r_n 称为电子运动的最大经典半径，它是玻尔半径的 $2n^2$ 倍。对于基态，最大经典半径是玻尔半径的 2 倍。引入

$$\begin{aligned} Q_{nl}(n) &= \int_{r=2n^2a}^{\infty} \int_{\theta=0}^{\pi} \int_{\phi=0}^{2\pi} |\psi_{nlm}|^2 r^2 \sin\theta \,\mathrm{d}r \,\mathrm{d}\theta \,\mathrm{d}\phi \\ &= \int_{r=2n^2a}^{\infty} |R_{nl}|^2 \, r^2 \mathrm{d}r \cdot \int_{\theta=0}^{\pi} \int_{\phi=0}^{2\pi} |Y_{lm}|^2 \sin\theta \mathrm{d}\theta \,\mathrm{d}\phi \\ &= \int_{2n^2a}^{\infty} |R_{nl}|^2 \, r^2 \mathrm{d}r \end{aligned} \tag{15.3.62}$$

它表示在任意态 ψ_{nlm} 中电子在经典禁区出现的概率。在基态情况下

$$\begin{aligned} Q_{10}(1) &= 4\int_{2}^{\infty} \rho^2 \exp(-2\rho)\mathrm{d}\rho = 1 - 4\int_{0}^{2} \rho^2 \exp(-2\rho)\mathrm{d}\rho \\ &= 1 - \left[\mathrm{e}^{-2s}\left(\mathrm{e}^{2s} - 1 - 2s - 2s^2\right)\right]_{s=2} \\ &= 1 - 0.76 = 0.24 \end{aligned}$$

可见，基态情况下电子在经典禁区出现的概率是相当高的。这是一种很强的量子效应。

综合上述，在基态氢原子中，电子径向概率密度的最可几半径是玻尔半径 a，电子运动的平均半径为 $1.5a$，电子运动的最大经典半径为 $2a$，电子在经典禁区出现的概率高达 24%。

(2) 现在我们讨论 ψ_{n00} 态 $(n=1,2,3,\cdots,l=0,m=0)$。这些态之间的区别只是主量子数不同，而角向状态都是 Y_{00}。我们将考查这些态中电子的径向概率密度 W_{n0} 以及电子在 s 倍玻尔半径内出现的概率 P_{n0}。对于 ψ_{100} 态，我们已经讨论过。对于 ψ_{200} 态，由式 (15.3.58) 得到

$$
\begin{aligned}
P_{20}(s) &= \int_{r=0}^{sa} |R_{20}|^2\, r^2 \mathrm{d}r = \int_{r=0}^{sa} \left| \left(\frac{1}{2a}\right)^{3/2} \left(2-\frac{1}{a}r\right) \mathrm{e}^{-\frac{1}{2a}r} \right|^2 r^2 \mathrm{d}r \\
&= \int_{0}^{sa} \frac{1}{(2a)^3} \left(2-\frac{1}{a}r\right)^2 \mathrm{e}^{-\frac{1}{a}r}\, r^2 \mathrm{d}r \\
&= \int_0^s \frac{1}{8}\rho^2 (2-\rho)^2 \mathrm{e}^{-\rho}\, \mathrm{d}\rho
\end{aligned}
$$

从而径向概率密度为

$$
W_{20}(\rho) = \frac{1}{8}\rho^2 (2-\rho)^2 \mathrm{e}^{-\rho} \tag{15.3.63a}
$$

同理，对于 ψ_{300} 态，我们有

$$
\begin{aligned}
P_{30}(s) &= \int_{r=0}^{sa} |R_{30}|^2\, r^2 \mathrm{d}r = \int_{r=0}^{sa} \left| \left(\frac{1}{3a}\right)^{3/2} \left[2-\frac{4}{3a}r+\frac{4}{27}\left(\frac{1}{a}r\right)^2\right] \mathrm{e}^{-\frac{1}{3a}r} \right|^2 r^2 \mathrm{d}r \\
&= \int_{0}^{sa} \frac{1}{(3a)^3} \left[2-\frac{4}{3a}r+\frac{4}{27}\left(\frac{1}{a}r\right)^2\right]^2 \mathrm{e}^{-\frac{2}{3a}r}\, r^2 \mathrm{d}r \\
&= \int_0^s \frac{1}{27}\rho^2 \left[2-\frac{4}{3}\rho+\frac{4}{27}\rho^2\right]^2 \mathrm{e}^{-\frac{2}{3}\rho} \mathrm{d}\rho
\end{aligned}
$$

$$
W_{30}(\rho) = \frac{1}{27}\rho^2 \left[2-\frac{4}{3}\rho+\frac{4}{27}\rho^2\right]^2 \mathrm{e}^{-\frac{2}{3}\rho} \tag{15.3.63b}
$$

利用上述结果作出三个态的径向概率密度，如图 15.6 所示，图中还给出了当 $P_{n0}=0.9$ 时相应的 ρ 值。可以看出，随着主量子数 n 的增大，核对电子的束缚减弱，电子概率密度的峰向外移动。

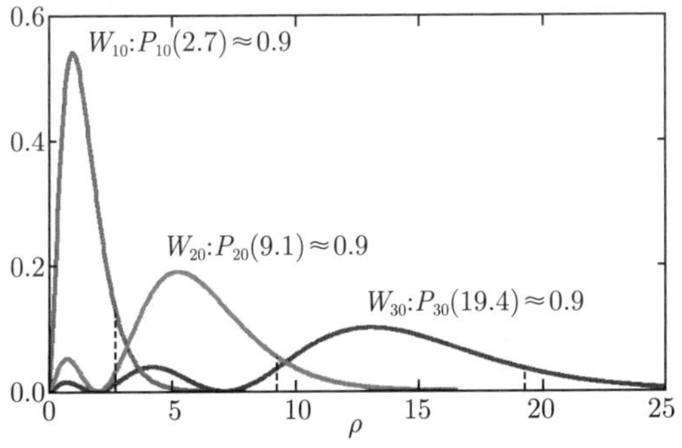

图 15.6 在 ψ_{n00} 态中，电子径向概率密度 W_{n0} 及 $P_{n0}=0.9$ 时相应的 ρ 值

(3) 现在我们讨论 $\psi_{n,n-1,m}$ 态。这些态的角量子数为 $l=n-1$。首先我们根据 $W_{n,n-1}(r)\equiv\left|R_{n,n-1}(r)\right|^2r^2$ 求出前几个态的径向概率密度

$$W_{10}(r)=\left|\frac{2}{a^{3/2}}\exp\left(-\frac{r}{a}\right)\right|^2r^2=\frac{4}{a^3}r^2\exp\left(-\frac{2r}{a}\right) \tag{15.3.64a}$$

$$W_{21}(r)=\left|\left(\frac{1}{2a}\right)^{3/2}\frac{1}{a\sqrt{3}}r\mathrm{e}^{-\frac{1}{2a}r}\right|^2r^2=\frac{1}{24a}\left(\frac{r}{a}\right)^4\mathrm{e}^{-r/a} \tag{15.3.64b}$$

$$W_{32}(r)=\left|\left(\frac{2}{a}\right)^{3/2}\frac{1}{81\sqrt{15}}\left(\frac{r}{a}\right)^2\mathrm{e}^{-\frac{1}{3a}r}\right|^2r^2=\frac{8}{98415a}\left(\frac{r}{a}\right)^6\mathrm{e}^{-\frac{2}{3}\frac{r}{a}} \tag{15.3.64c}$$

将式 (15.3.64) 中三式的 r/a 换成 ρ，再计算 $\mathrm{d}W_{n,n-1}(\rho)/\mathrm{d}\rho=0$，得到三个态的径向概率密度分布和相应的最可几 ρ 值：

$$W_{10}(\rho)=4\rho^2\exp(-2\rho)\,,\quad \rho_m=1 \tag{15.3.65a}$$

$$W_{21}(\rho)=\frac{1}{24}\rho^4\exp(-\rho),\quad \rho_m=4 \tag{15.3.65b}$$

$$W_{32}(\rho)=\frac{8}{98415}\rho^6\exp\left(-\frac{2}{3}\rho\right),\quad \rho_m=9 \tag{15.3.65c}$$

图 15.7 显示了式 (15.3.65) 的径向概率密度分布及相应的最可几 ρ 值。由此推测 $W_{n,n-1}(\rho)$ 的最可几值为 $\rho_m=n^2$，下面对此作一般性的证明。为此由式 (15.3.48) 写出

$$\begin{aligned}W_{n,\,n-1}(r)&=\left|\sqrt{\left(\frac{2}{na}\right)^3\frac{1}{2n(2n-1)!}}\exp\left(-\frac{1}{an}r\right)\left(\frac{2}{an}r\right)^{n-1}\ L_0^{2n-1}\left(\frac{2}{an}r\right)\ \right|^2r^2\\&=\left(\frac{2}{na}\right)^3\frac{1}{2n(2n-1)!}\exp\left(-\frac{2r}{na}\right)\left(\frac{2r}{an}\right)^{2(n-1)}r^2\\&=\frac{1}{an^2(2n-1)!}\exp\left(-\frac{2r}{na}\right)\left(\frac{2r}{na}\right)^{2n}\end{aligned}$$

这里利用了广义拉盖尔多项式的性质 $L_0^m(x)=1$。事实上，从式 (15.3.38) 可以看出，当 $n=0$ 时，广义拉盖尔多项式 $L_n^m(x)$ 只有第一项 (其值为 1)。上式换成变量 ρ 后变为

$$W_{n,\,n-1}(\rho)=\frac{1}{n^2(2n-1)!}\exp\left(-\frac{2}{n}\rho\right)\left(\frac{2}{n}\rho\right)^{2n} \tag{15.3.66}$$

这就是 $\psi_{n,n-1,m}$ 态中电子的径向概率密度。由式 (15.3.66) 得到

$$\frac{\mathrm{d}W_{n,n-1}}{\mathrm{d}\rho}=\frac{4}{n^3(2n-1)!}\exp\left(-\frac{2}{n}\rho\right)\left(\frac{2}{n}\rho\right)^{2n-1}\left(n-\frac{\rho}{n}\right) \tag{15.3.67}$$

由 $\mathrm{d}W_{n,n-1}/\mathrm{d}\rho = 0$ 得到最可几值 $\rho_m = n^2$。

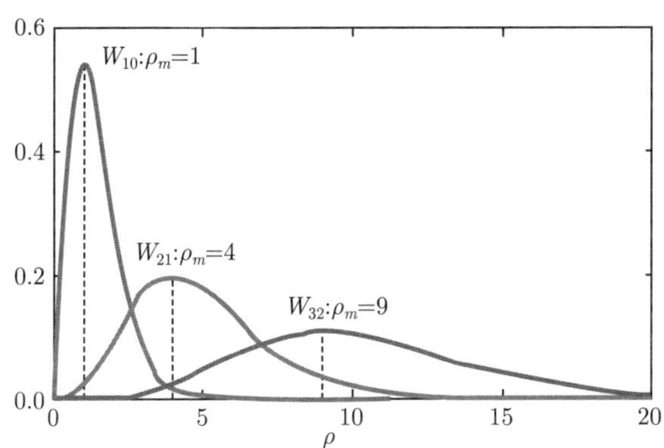

图 15.7 式 (15.3.65) 的径向概率密度分布 (均为单峰分布) 及相应的最可几 ρ 值

现在计算电子在经典禁区出现的概率，由式 (15.3.61) 可以看出，经典禁区相应于 $\rho > 2n^2$，由式 (15.3.66) 得到

$$Q_{n,n-1}(n) = \frac{1}{n^2(2n-1)!}\int_{2n^2}^{\infty} \exp\left(-\frac{2}{n}\rho\right)\left(\frac{2}{n}\rho\right)^{2n} \mathrm{d}\rho \tag{15.3.68}$$

其中的积分是一种不完全伽马函数 (incomplete gamma function)，定义为

$$\Gamma(a,x) = \int_x^{\infty} \exp(-t)\, t^{a-1}\mathrm{d}t \tag{15.3.69}$$

如果 a 是一个正整数，则式 (15.3.69) 约化为

$$\Gamma(a,x) = (a-1)!\mathrm{e}^{-x}\sum_{k=0}^{a-1}\frac{x^k}{k!} \tag{15.3.70}$$

这样式 (15.3.68) 写为 $\left(t = \dfrac{2}{n}\rho\right)$

$$\begin{aligned} Q_{n,n-1}(n) &= \frac{1}{(2n)!}\int_{4n}^{\infty} \exp(-t)\, t^{(2n+1)-1}\mathrm{d}t \\ &= \frac{1}{(2n)!}\Gamma(2n+1,4n) = \mathrm{e}^{-4n}\sum_{k=0}^{2n}\frac{(4n)^k}{k!} \end{aligned}$$

上式给出

$$Q_{1,0}(1) = 0.238, \quad Q_{2,1}(2) = 0.100, \quad Q_{3,2}(3) = 0.046, \quad Q_{4,3}(4) = 0.022$$

$$Q_{10,9}(10) = 0.000368$$

可见，随着主量子数 n 的增大，电子在经典禁区出现的概率减小，量子特征趋于经典的行为，这正是量子–经典对应原理的具体体现。

15.4　量子谐振子与厄米多项式

本节我们讨论另一个典型的量子力学系统，即线性谐振子，并求解谐振子的薛定谔方程，它涉及另一类重要的特殊函数 —— 厄米多项式。

15.4.1　量子谐振子

在经典力学中，质量为 μ 的弹簧振子 (图 15.8)，在弹性力 (恢复力)$F=-kx$ 作用下运动，其中，k 是弹簧的劲度系数，x 是振子在任意 t 时刻离开平衡位置的位移。根据牛顿第二定律，有

$$\mu\frac{\mathrm{d}^2x}{\mathrm{d}t^2}=-kx \tag{15.4.1}$$

方程 (15.4.1) 是线性的，其通解为

$$x=A\sin(\omega t+\delta) \tag{15.4.2}$$

其中，$\omega=\sqrt{k/\mu}$ 是振子的角频率；A 和 δ 分别是振幅和位相，由振子的初始条件决定。式 (15.4.2) 所描述的运动称为简谐振动，做简谐振动的振子称为谐振子。

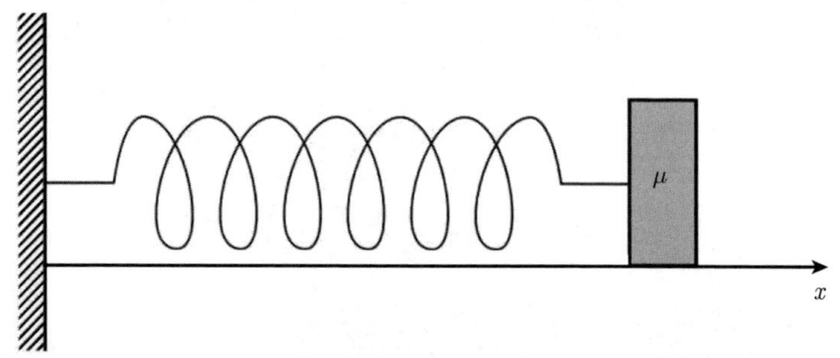

图 15.8　弹簧振子

在物理学中，任何一个力 $F(x)$，如引力、电磁力等，均对应一个势能函数 $U(x)$，二者之间有一般关系式

$$F(x)=-\frac{\partial U(x)}{\partial x} \tag{15.4.3}$$

这样，谐振子的势能函数 $U(x)$ 为

$$U(x)=\int kx\mathrm{d}x=\frac{1}{2}kx^2+U_0=\frac{1}{2}\mu\omega^2x^2 \tag{15.4.4}$$

这里已经将参考势能选为 $U_0=0$。可见谐振子的势能函数 $U(x)$ 是抛物线，如图

15.9 所示，当谐振子处于振幅位置时 $(x=\pm A)$，有最大势能 $\dfrac{1}{2}kA^2$，而此处的动能为零。谐振子在任意 x 处的总能量为

$$E=\frac{p^2}{2\mu}+\frac{1}{2}\mu\omega^2x^2 \tag{15.4.5}$$

其中，p 是振子的动量。

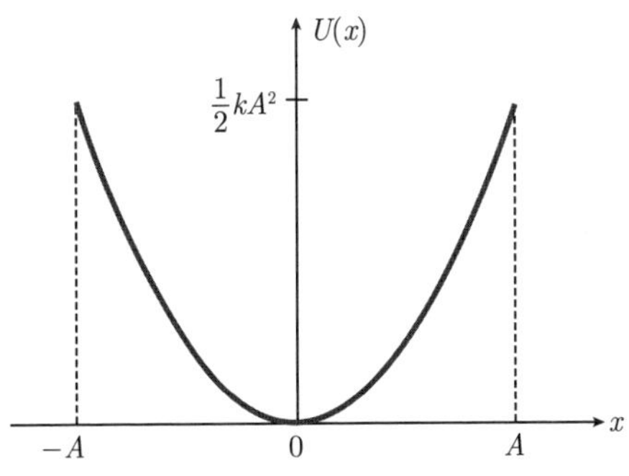

图 15.9　谐振子的势能曲线

根据力学量的算符表示

$$E\to \mathrm{i}\hbar\frac{\partial}{\partial t}, p\to -\mathrm{i}\hbar\frac{\partial}{\partial x}\left(p^2\to -\hbar^2\frac{\partial^2}{\partial x^2}\right) \tag{15.4.6}$$

我们由式 (15.4.5) 得到体系的薛定谔方程

$$\mathrm{i}\hbar\frac{\partial \varPsi}{\partial t}=-\frac{\hbar^2}{2\mu}\frac{\partial^2 \varPsi}{\partial x^2}+\frac{1}{2}\mu\omega^2x^2\varPsi(x,t) \tag{15.4.7}$$

这里，$\varPsi(x,t)$ 是任意 t 时刻的波函数。设粒子初始时刻的波函数为

$$\varPsi(x,0)=f(x) \tag{15.4.8}$$

现在我们来求任意 t 时刻的波函数 $\varPsi(x,t)$。设 $\varPsi(x,t)$ 具有形式解

$$\varPsi(x,t)=\psi(x)T(t) \tag{15.4.9}$$

其中，$\psi(x)$ 和 $T(t)$ 分别是空间与时间部分。将式 (15.4.9) 代入式 (15.4.7)，分离变量后，得到

$$-\frac{\hbar^2}{2\mu}\frac{\mathrm{d}^2\psi}{\mathrm{d}x^2}+\frac{1}{2}\mu\omega^2x^2\psi(x)=E\psi(x) \tag{15.4.10a}$$

$$\frac{\mathrm{d}T}{T}=-\frac{\mathrm{i}}{\hbar}E\mathrm{d}t\Rightarrow T(t)=\exp\left(-\frac{\mathrm{i}}{\hbar}Et\right) \tag{15.4.10b}$$

其中，分离常数E 是能量本征值。方程 (15.4.10a) 就是系统的定态薛定谔方程。它描述质量为 μ 的微观粒子在势场 $\dfrac{1}{2}\mu\omega^2x^2$ 中沿 x 轴的振动。一般来说，任何量子

体系在稳定平衡点附件的小幅度振动都可以近似地用谐振子来表示，如固体中原子的振动、晶格的振动、原子核表面振动等。特别是，双原子分子中两原子之间的相互作用势能就是原子间距离 x 的函数，其形状如图 15.10 所示，图中的势能曲线在 x_0 附近可约化为抛物线 [与式 (15.4.4) 类似]

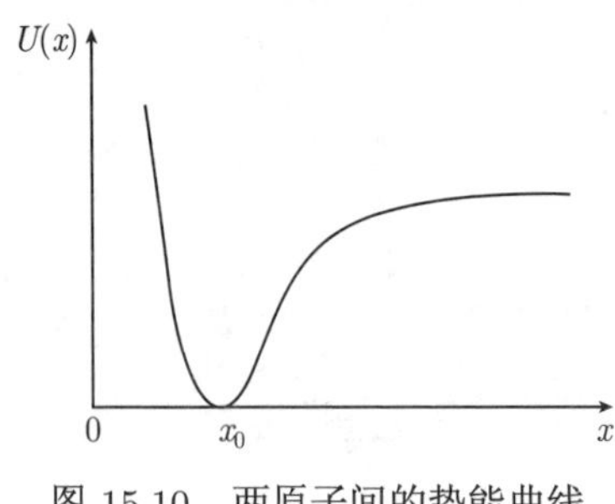

图 15.10　两原子间的势能曲线

$$U(x)=\frac{1}{2}k(x-x_0)^2$$

在 $x=x_0$ 处势能有极小值 $U(x_0)=0$，这是一个稳定平衡点，当原子间距大于 x_0 时，原子间相互吸引；反之当原子间距小于 x_0 时，原子间相互排斥，两原子间的相对运动可以看成一种简谐振动。这样一种相互作用势能存在于许多体系之中，甚至存在于生命体系之中。

现在我们求解方程 (15.4.10a)，为方便起见，引入无量纲位移 ξ 代替 x，它们的关系是

$$\xi=\alpha x,\quad \alpha=\sqrt{\frac{\mu\omega}{\hbar}} \tag{15.4.11}$$

并定义无量纲参数

$$\lambda=\frac{2E}{\hbar\omega} \tag{15.4.12}$$

用 $\dfrac{2}{\hbar\omega}$ 乘以方程 (15.4.10a) 两边，并利用式 (15.4.11) 及式 (15.4.12)，得到

$$\frac{\mathrm{d}^2\psi}{\mathrm{d}\xi^2}+(\lambda-\xi^2)\psi=0 \tag{15.4.13}$$

体系的能量含在参数 λ 之中。式 (15.4.13) 是一个变系数二阶常微分方程，称为谐振子的标准方程。为求解该方程，我们先考查它的渐近解，即当 $\xi\to\pm\infty$ 时波函数的行为。在此情况下，$\lambda\ll\xi^2$，于是方程变为

$$\frac{\mathrm{d}^2\psi}{\mathrm{d}\xi^2}-\xi^2\psi=0 \tag{15.4.14}$$

它的解是

$$\psi\sim \mathrm{e}^{\xi^2/2}+\mathrm{e}^{-\xi^2/2} \tag{15.4.15}$$

这就是方程 (15.4.13) 的渐近解 (即 $\xi\to\pm\infty$ 时的解)。因为波函数的标准条件要求当 $\xi\to\pm\infty$ 时 $\psi\to 0$，故只取 $\psi\sim \mathrm{e}^{-\xi^2/2}$。

根据上面的讨论，现在将方程 (15.4.13) 的形式解写为

$$\psi(\xi)=y(\xi)\mathrm{e}^{-\xi^2/2} \tag{15.4.16}$$

其中，$y(\xi)$ 是待求的函数，它必须保证波函数 $\psi(\xi)$ 在 ξ 取有限值以及 $\xi\to\pm\infty$ 时都满足标准条件。

将形式解式 (15.4.16) 代入式 (15.4.13)，并利用

$$\frac{\mathrm{d}\psi}{\mathrm{d}\xi}=\left(-\xi y+\frac{\mathrm{d}y}{\mathrm{d}\xi}\right)\mathrm{e}^{-\xi^2/2} \tag{15.4.17a}$$

$$\frac{\mathrm{d}^2\psi}{\mathrm{d}\xi^2}=\left(-y-2\xi\frac{\mathrm{d}y}{\mathrm{d}\xi}+\xi^2y+\frac{\mathrm{d}^2y}{\mathrm{d}\xi^2}\right)\mathrm{e}^{-\xi^2/2} \tag{15.4.17b}$$

得到关于 $y(\xi)$ 的方程

$$\frac{\mathrm{d}^2y}{\mathrm{d}\xi^2}-2\xi\frac{\mathrm{d}y}{\mathrm{d}\xi}+(\lambda-1)y=0 \tag{15.4.18}$$

这个方程称为厄米方程。

设方程 (15.4.18) 在 $\xi=0$ 处有幂级数解

$$y(\xi)=\sum_{k=0}^{\infty}C_k\xi^k=C_0+C_1\xi+C_2\xi^2+\cdots \tag{15.4.19}$$

其中，$C_k(k=0,\ 1,\ 2,\cdots)$ 是各次幂的系数。对式 (15.4.19) 求导数，得到

$$y'=\sum_{k=1}^{\infty}kC_k\xi^{k-1},\quad y''=\sum_{k=2}^{\infty}k(k-1)C_k\xi^{k-2} \tag{15.4.20}$$

将式 (15.4.19) 和式 (15.4.20) 代入式 (15.4.18)，得到

$$\begin{aligned}
&\sum_{k=2}^{\infty}k(k-1)C_k\xi^{k-2}-2\xi\sum_{k=1}^{\infty}kC_k\xi^{k-1}+(\lambda-1)\sum_{k=0}^{\infty}C_k\xi^k\\
=&\sum_{k=2}^{\infty}k(k-1)C_k\xi^{k-2}-\sum_{k=0}^{\infty}[2k-(\lambda-1)]C_k\xi^k\\
&(m=k-2)\\
=&\sum_{m=0}^{\infty}(m+2)(m+1)C_{m+2}\xi^m-\sum_{k=0}^{\infty}[2k-(\lambda-1)]C_k\xi^k\\
=&\sum_{k=0}^{\infty}\left[(k+2)(k+1)C_{k+2}-[2k-(\lambda-1)]C_k\right]\xi^k=0
\end{aligned}$$

求和中的各项是独立的，故求和为零的必要充分条件是任意项 ξ^k 的系数为零，即

$$(k+2)(k+1)C_{k+2}-[2k-(\lambda-1)]C_k=0 \tag{15.4.21}$$

这是系数所满足的关系式，可以写成

$$C_{k+2}=\frac{2k-(\lambda-1)}{(k+2)(k+1)}C_k\quad(k=0,\ 1,\ 2,\cdots) \tag{15.4.22}$$

这是一个双间隔系数递推公式，我们由 C_0 开始递推，得到

$$
\begin{aligned}
k=0:\quad & C_2=\frac{-(\lambda-1)}{2\cdot 1}C_0=\frac{-(\lambda-1)}{2!}C_0\\
k=2:\quad & C_4=\frac{4-(\lambda-1)}{4\cdot 3}C_2=\frac{-(\lambda-1)[4-(\lambda-1)]}{4!}C_0\\
k=4:\quad & C_6=\frac{8-(\lambda-1)}{6\cdot 5}C_4=\frac{-(\lambda-1)[4-(\lambda-1)][8-(\lambda-1)]}{6!}C_0\\
& \cdots\cdots
\end{aligned}
$$

可以看出，每个系数都含有 C_0，将 C_2，C_4，$C_6,\cdots$ 代入式 (15.4.19)，得到偶数幂的集合 $C_0y_0(x)$，其中

$$
\begin{aligned}
y_0(\xi)=&1+\frac{-(\lambda-1)}{2!}\xi^2+\frac{-(\lambda-1)[4-(\lambda-1)]}{4!}\xi^4\\
&+\frac{-(\lambda-1)[4-(\lambda-1)][8-(\lambda-1)]}{6!}\xi^6+\cdots
\end{aligned}
\tag{15.4.23a}
$$

进而我们利用式 (15.4.22) 由 C_1 开始递推，得到

$$
\begin{aligned}
k=1:\quad & C_3=\frac{2-(\lambda-1)}{3\cdot 2}C_1=\frac{2-(\lambda-1)}{3!}C_1\\
k=3:\quad & C_5=\frac{6-(\lambda-1)}{5\cdot 4}C_3=\frac{[2-(\lambda-1)][6-(\lambda-1)]}{5!}C_1\\
k=5:\quad & C_7=\frac{10-(\lambda-1)}{7\cdot 6}C_5=\frac{[2-(\lambda-1)][6-(\lambda-1)][10-(\lambda-1)]}{7!}C_1\\
& \cdots\cdots
\end{aligned}
$$

可以看出，每个系数都含有 C_1，将 C_3，C_5，C_7，$\cdots$ 代入式 (15.4.19)，得到奇数幂的集合 $C_1y_1(x)$，其中

$$
\begin{aligned}
y_1(\xi)=&\xi+\frac{2-(\lambda-1)}{3!}\xi^3+\frac{[2-(\lambda-1)][6-(\lambda-1)]}{5!}\xi^5\\
&+\frac{[2-(\lambda-1)][6-(\lambda-1)][10-(\lambda-1)]}{7!}\xi^7+\cdots
\end{aligned}
\tag{15.4.23b}
$$

显然 $y_0(\xi)$ 和 $y_1(\xi)$ 是线性独立的。这样我们得到式 (15.4.18) 的通解

$$
y(\xi)=C_0y_0(\xi)+C_1y_1(\xi) \tag{15.4.24}
$$

我们的结论是，厄米方程 (15.4.18) 作为二阶常微分方程有两个线性独立的解 $y_0(x)$ 和 $y_1(x)$，它们称为厄米函数，而 C_0 和 C_1 是两个线性无关的常数。

我们进一步讨论厄米函数 $y_0(\xi)$ 和 $y_1(\xi)$ 的收敛性。按照达朗贝尔判别法，$y_0(\xi)$ 和 $y_1(\xi)$ 的收敛半径均为

$$R=\lim_{k\to\infty}\left|\frac{C_k}{C_{k+2}}\right|=\lim_{k\to\infty}\left|\frac{(k+2)(k+1)}{2k-(\lambda-1)}\right|=\lim_{k\to\infty}\left|\frac{\left(1+\dfrac{2}{k}\right)\left(1+\dfrac{1}{k}\right)}{\dfrac{2}{k}-\dfrac{(\lambda-1)}{k^2}}\right|=\lim_{k\to\infty}\left(\frac{k}{2}\right)\to\infty \tag{15.4.25}$$

这表示厄米方程的幂级数通解 (15.4.24) 的收敛半径为无穷大。

我们需要进一步讨论幂级数解 (15.4.24) 在 $\xi\to\pm\infty$ 的行为。级数中相邻两项系数的比值为

$$\frac{C_{k+2}}{C_k}=\frac{2k-(\lambda-1)}{(k+1)(k+2)}=\frac{\dfrac{2k-(\lambda-1)}{k^2}}{\left(1+\dfrac{1}{k}\right)\left(1+\dfrac{2}{k}\right)}\xrightarrow{k\to\infty}\frac{2}{k} \tag{15.4.26}$$

考查指数函数 $\exp\left(\xi^2\right)$ 的幂级数

$$\exp\left(\xi^2\right)=1+\frac{\xi^2}{1!}+\frac{\xi^4}{2!}+\cdots+\frac{\xi^k}{\left(\dfrac{k}{2}\right)!}+\frac{\xi^{k+2}}{\left(\dfrac{k}{2}+1\right)!}+\cdots \tag{15.4.27}$$

它的相邻两项系数的比值在 $k\to\infty$ 时也是 $\dfrac{2}{k}$，即

$$\frac{\left(\dfrac{k}{2}\right)!}{\left(\dfrac{k}{2}+1\right)!}=\frac{1}{\left(\dfrac{k}{2}+1\right)}\xrightarrow{k\to\infty}\frac{2}{k} \tag{15.4.28}$$

与导出式 (15.3.26) 的方式类似，级数 $y(\xi)$ 与 $\exp\left(\xi^2\right)$ 在 $\xi\to\pm\infty$ 的渐进性质主要取决于 k 较大的高次项。现在可以看出，二者在 $k\to\infty$ 情况下有相同的渐进行为，因此 $y(\xi)\xrightarrow{\xi\to\pm\infty}\exp\left(\xi^2\right)$，这样

$$\begin{aligned}\psi(\xi)=y(\xi)\exp\left(-\frac{1}{2}\xi^2\right)&\xrightarrow{\xi\to\pm\infty}=\exp\left(\xi^2\right)\exp\left(-\frac{1}{2}\xi^2\right)\\&=\exp\left(\frac{1}{2}\xi^2\right)\xrightarrow{\xi\to\pm\infty}\infty\end{aligned}$$

这表示厄米函数 $y(\xi)$ 使波函数 $\psi(\xi)$ 在 $\xi\to\pm\infty$ 发散，不满足波函数的标准条件。为了保证波函数 $\psi(\xi)$ 在 $\xi\to\pm\infty$ 的有限性，需要将无穷级数 $y(\xi)$ 截断，使之变成多项式，而多项式一定是有界的。

观察式 (15.4.23a) 中的系数可以发现，一旦一个因子在系数中出现，则这个因子会出现在后面的每一个系数中。例如，因子 $[4-(\lambda-1)]$ 在 ξ^4 的系数中出现后，在 ξ^6，$\xi^8,\cdots$ 系数中均会出现。这样如果取 $\lambda-1=4$，则式 (15.4.23a) 被截断变成

二项式 $y_0(\xi)=1-2\xi^2$ 。显然，如果取 $\lambda-1=2n(n$ 是偶数)，则 $y_0(\xi)$ 变成 n 次多项式

$$y_0(\xi)=C_0+C_2\xi^2+C_4\xi^4+\cdots+C_n\xi^n \quad (n\text{ 为偶数}) \tag{15.4.29a}$$

同理，在式 (15.4.23b) 中，如果取 $\lambda-1=2n(n$ 是奇数)，则 $y_1(\xi)$ 变成 n 次多项式

$$y_1(\xi)=C_1\xi+C_3\xi^3+C_5\xi^5+\cdots+C_n\xi^n \quad (n\text{ 为奇数}) \tag{15.4.29b}$$

因此得到结论：当厄米方程 (15.4.18) 中的任意实数 λ 的取值限于

$$\lambda-1=2n \quad (n=0,\ 1,\ 2,\cdots) \tag{15.4.30}$$

时，它的解是多项式 (15.4.29)。

现在我们进一步确定式 (15.4.29) 中的系数。如果最高次幂的系数 C_n 被确定，按照递推公式 (15.4.22) 可以依次推出系数 C_{n-2}，C_{n-4}，$\cdots$ 这意味着所有系数都能确定下来。原则上 C_n 是一个任意常数，不过如果取

$$C_n=2^n \tag{15.4.31}$$

厄米多项式 (15.4.29) 将呈现最简洁的形式。现在我们由式 (15.4.31) 推出较低次幂的系数，为此将式 (15.4.22) 写为

$$C_k=\frac{(k+2)(k+1)}{2k-2n}C_{k+2} \quad (k=0,\ 1,\cdots,n-2) \tag{15.4.32}$$

我们有

$$\begin{aligned}
C_n&=2^n=\frac{(-1)^0 n!}{0!(n-2\cdot 0)!}2^{n-2\cdot 0}\\
C_{n-2}&=-\frac{n(n-1)}{4}2^n=-\frac{n(n-1)(n-2)!}{2^2(n-2)!}2^n\\
&=-\frac{n!}{(n-2)!}2^{n-2}=\frac{(-1)^1 n!}{1!(n-2\cdot 1)!}2^{n-2\cdot 1}\\
C_{n-4}&=\frac{n(n-1)}{4}\frac{(n-2)(n-3)}{8}2^n=\frac{n(n-1)(n-2)(n-3)(n-4)!}{2!\ \cdot 2^4(n-4)!}2^n\\
&=\frac{(-1)^2 n!}{2!(n-2\cdot 2)!}2^{n-2\cdot 2}\\
&\cdots\cdots
\end{aligned}$$

一般项为

$$C_{n-2m}=\frac{(-1)^m n!}{m!(n-2m)!}2^{n-2m} \quad \left(m=0,\ 1,\ 2,\cdots,\frac{n}{2}\right) \tag{15.4.33}$$

特别是常数项为

$$C_0=\frac{(-1)^{n/2}n!}{\left(\frac{n}{2}\right)!}\quad\left(m=\frac{n}{2}\right) \tag{15.4.34}$$

利用通项公式 (15.4.33)，多项式解 (15.4.29) 被写为

$$H_n(\xi)=\sum_{m=0}^{M}(-1)^m\frac{n!}{m!(n-2m)!}(2\xi)^{n-2m} \tag{15.4.35}$$

式 (15.4.35) 称为 n 阶厄米多项式。其中，M 是求和指标 m 的最大值 $(M=n/2)$。由于 M 必须是自然数，所以将它写成

$$M=\begin{cases}\dfrac{n}{2} & (n=0,2,4,\cdots)\\[2mm] \dfrac{n-1}{2} & (n=1,3,5,\cdots)\end{cases} \tag{15.4.36}$$

这样无论 n 是偶数还是奇数，M 的取值均为 $M=0,\ 1,\ 2,\ 3,\cdots$。注意在厄米多项式 (15.4.35) 中，求和指标 m 的最小值 $m=0$ 相应于最高次幂 ξ^n [它的系数由式 (15.4.31) 确定]，而它的最大值 $m=M$ 相应于常数项 [由式 (15.4.34) 确定]。

厄米多项式具有奇偶性，前几阶厄米多项式 (图 15.11) 是

$$H_0(x)=1,\qquad H_1(x)=2x$$
$$H_2(x)=4x^2-2,\qquad H_3(x)=8x^3-12x$$
$$H_4(x)=16x^4-48x^2+12,\qquad H_5(x)=32x^5-160x^3+120x$$

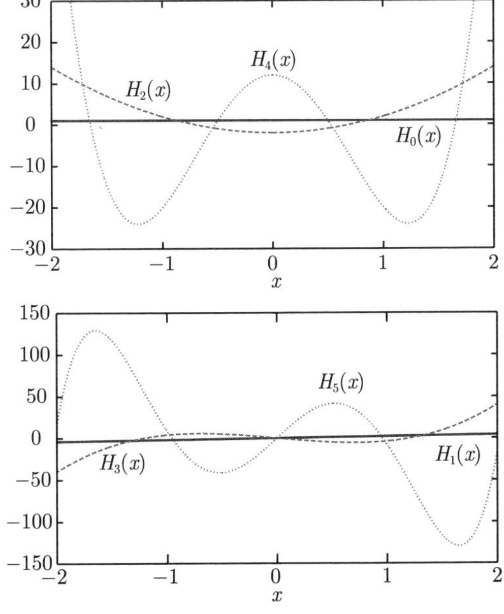

图 15.11 前几阶厄米多项式

例 1　证明：n 阶厄米多项式 $H_n(x)$ 可以写成下列形式

$$H_n(x) = (2x)^n - n(n-1)(2x)^{n-2} + \frac{n(n-1)(n-2)(n-3)}{2}(2x)^{n-4} - \cdots \quad (15.4.37)$$

证明　从递推公式 (15.4.22) 出发，即

$$C_{k+2} = \frac{2k-(\lambda-1)}{(k+2)(k+1)}C_k \quad (k=0,\ 1,\ 2,\cdots) \quad (15.4.38)$$

在式 (15.4.38) 中取 $\lambda - 1 = 2n(n = k = 0,\ 1,\ 2,\cdots)$，则由 $C_n \neq 0$ 得到 $C_{n+2} = 0$，由此得到 $C_{n+4} = C_{n+6} = \cdots = 0$。这样，幂级数解 (15.4.19) 变为多项式

$$y(\xi) = C_n\xi^n + C_{n-2}\xi^{n-2} + \cdots \quad (15.4.39)$$

将递推公式 (15.4.38) 写成

$$C_{k-2} = \frac{k(k-1)}{2(k-2)-2n}C_k \quad (15.4.40)$$

由式 (15.4.40) 推出

$$\begin{aligned} C_{n-2} &= -\frac{n(n-1)}{4}C_n \\ C_{n-4} &= -\frac{(n-2)(n-3)}{8}C_{n-2} = \frac{n(n-1)(n-2)(n-3)}{32}C_n \\ &\cdots\cdots \end{aligned}$$

这些系数有共同的因子 C_n，取 $C_n = 2^n$，将 C_n ，C_{n-2}，$C_{n-4}\cdots$ 代入式 (15.4.39)，得到

$$\begin{aligned} y(\xi) &= 2^n\left[\xi^n - \frac{n(n-1)}{4}\xi^{n-2} + \frac{n(n-1)(n-2)(n-3)}{32}\xi^{n-4} - \cdots\right] \\ &= (2\xi)^n - n(n-1)(2\xi)^{n-2} + \frac{n(n-1)(n-2)(n-3)}{2}(2\xi)^{n-4} - \cdots \end{aligned}$$

这就是厄米方程 (15.4.18) 的多项式解，它与 n 阶厄米多项式 $H_n(\xi)$ 是相同的，式 (15.4.37) 的曲线如图 15.11 所示。

例 2　证明厄米多项式的公式

$$\frac{\mathrm{d}H_n}{\mathrm{d}x} = 2nH_{n-1}(x), \quad \frac{\mathrm{d}^nH_n}{\mathrm{d}x^n} = 2^n n! \quad (15.4.41)$$

证明　由式 (15.4.37) 写出

$$\begin{aligned} H_{n-1}(x) =& (2x)^{n-1} - (n-1)(n-2)(2x)^{n-3} \\ &+ \frac{(n-1)(n-2)(n-3)(n-4)}{2}(2x)^{n-5} - \cdots \end{aligned}$$

另一方面，对式 (15.4.37) 求导数，得到

$$
\begin{aligned}
&\frac{\mathrm{d}H_n}{\mathrm{d}x}\\
=&2n(2x)^{n-1}-2(n-2)n(n-1)(2x)^{n-2-1}\\
&+2(n-4)\frac{n(n-1)(n-2)(n-3)}{2}(2x)^{n-4-1}-\cdots\\
=&2n\left[(2x)^{n-1}-(n-1)(n-2)(2x)^{n-3}+\frac{(n-1)(n-2)(n-3)(n-4)}{2}(2x)^{n-5}-\cdots\right]\\
=&2nH_{n-1}(x)
\end{aligned}
$$

这样

$$
\frac{\mathrm{d}^2H_n}{\mathrm{d}x^2}=2^2n(n-1)H_{n-2}(x),\quad \frac{\mathrm{d}^nH_n}{\mathrm{d}x^n}=2^nn! \tag{15.4.42}
$$

15.4.2　厄米多项式

从上述讨论可以看出，为了确保波函数 $\psi(\xi)=y(\xi)\mathrm{e}^{-\xi^2/2}$[式 (15.4.16)] 的有限性，我们将无穷级数 $y(\xi)$ 截断，使之变成厄米多项式 $H_n(\xi)$，而这一改变发生的条件是厄米方程 (15.4.18) 中 λ 的取值限于 $\lambda-1=2n(n=0,\ 1,\ 2,\cdots)$。由此我们立即得到本征值 [利用式 (15.4.12)]

$$
E_n=\hbar\omega\left(n+\frac{1}{2}\right)\quad (n=0,\ 1,\ 2,\cdots) \tag{15.4.43}
$$

其中 n 是量子数。本征函数 (15.4.16) 则为

$$
\psi_n(\xi)=A_n\exp\left(-\frac{1}{2}\xi^2\right)H_n(\xi)\quad (n=0,\ 1,\ 2,\cdots) \tag{15.4.44}
$$

其中，A_n 是归一化常数。为了求出 A_n，我们需要推导出关于厄米多项式 $H_n(\xi)$ 性质的一些结果。

1. 正交性

在厄米多项式的意义上，厄米方程 (15.4.18) 现在写为

$$
\frac{\mathrm{d}^2H_n}{\mathrm{d}\xi^2}-2\xi\frac{\mathrm{d}H_n}{\mathrm{d}\xi}+2nH_n(\xi)=0\quad (n=0,\ 1,\ 2,\cdots) \tag{15.4.45}
$$

下面我们按照施图姆–刘维尔理论考查 $H_n(\xi)$ 的正交性。但是方程 (15.4.45) 显然不能化成施图姆–刘维尔型方程。不过给方程 (15.4.45) 两边同乘以 $\mathrm{e}^{-\xi^2}$

$$
\mathrm{e}^{-\xi^2}\frac{\mathrm{d}^2H_n}{\mathrm{d}\xi^2}-2\xi\mathrm{e}^{-\xi^2}\frac{\mathrm{d}H_n}{\mathrm{d}\xi}+2n\mathrm{e}^{-\xi^2}H_n(\xi)=0 \tag{15.4.46}
$$

它变成施图姆–刘维尔型方程

$$\frac{\mathrm{d}}{\mathrm{d}\xi}\left(\mathrm{e}^{-\xi^2}\frac{\mathrm{d}H_n}{\mathrm{d}\xi}\right)+2n\mathrm{e}^{-\xi^2}H_n=0 \tag{15.4.47}$$

与式 (9.1.1) 相比较：$k(\xi)=\mathrm{e}^{-\xi^2}$，$\rho(\xi)=\mathrm{e}^{-\xi^2}$。由于在边界 $\xi\to\pm\infty$ 处，$k(\pm\infty)=0$，这使得式 (9.1.7) 中的 $Q=0$。而式 (9.1.6) 给出加权正交性关系式

$$\int_{-\infty}^{\infty}H_m(\xi)H_n(\xi)\mathrm{e}^{-\xi^2}\mathrm{d}\xi=0\quad(m\neq n) \tag{15.4.48}$$

2. 微分表示

现在我们推导厄米多项式 $H_n(\xi)$ 的微分表示，令 $U=\exp(-\xi^2)$，则

$$\frac{\mathrm{d}U}{\mathrm{d}\xi}=-2\xi U \tag{15.4.49}$$

利用莱布尼茨的乘积微分法则 [式 (14.3.53)]，即

$$\frac{\mathrm{d}^n}{\mathrm{d}x^n}(f\cdot g)=\sum_{k=0}^{n}\frac{n!}{(n-k)!k!}\frac{\mathrm{d}^k f}{\mathrm{d}x^k}\frac{\mathrm{d}^{n-k}g}{\mathrm{d}x^{n-k}} \tag{15.4.50}$$

计算 $\dfrac{\mathrm{d}^n}{\mathrm{d}\xi^n}(-2\xi U)$，求和中只有前两项 ($k=0,\ 1$) 是非零的

$$\frac{\mathrm{d}^n}{\mathrm{d}\xi^n}(-2\xi U)=-2\left(\xi\frac{\mathrm{d}^nU}{\mathrm{d}\xi^n}+n\frac{\mathrm{d}^{n-1}U}{\mathrm{d}\xi^{n-1}}\right) \tag{15.4.51}$$

利用式 (15.4.49)，式 (15.4.51) 变为

$$\frac{\mathrm{d}^{n+1}U}{\mathrm{d}\xi^{n+1}}=-2\left(\xi\frac{\mathrm{d}^nU}{\mathrm{d}\xi^n}+n\frac{\mathrm{d}^{n-1}U}{\mathrm{d}\xi^{n-1}}\right) \tag{15.4.52}$$

再对式 (15.4.52) 求导数，得到

$$\frac{\mathrm{d}^{n+2}U}{\mathrm{d}\xi^{n+2}}=-2\xi\frac{\mathrm{d}^{n+1}U}{\mathrm{d}\xi^{n+1}}-2(n+1)\frac{\mathrm{d}^nU}{\mathrm{d}\xi^n} \tag{15.4.53}$$

方程 (15.4.53) 可以写成

$$\frac{\mathrm{d}^2U^{(n)}}{\mathrm{d}\xi^2}=-2\xi\frac{\mathrm{d}U^{(n)}}{\mathrm{d}\xi}-2(n+1)U^{(n)}(\xi) \tag{15.4.54}$$

为解方程 (15.4.54)，引入变换

$$w(\xi)=(-1)^n\mathrm{e}^{\xi^2}U^{(n)}(\xi) \tag{15.4.55}$$

将式 (15.4.55) 代入式 (15.4.54)，得到 $w(\xi)$ 的方程

$$\frac{\mathrm{d}^2w}{\mathrm{d}\xi^2}-2\xi\frac{\mathrm{d}w}{\mathrm{d}\xi}+2nw(\xi)=0 \tag{15.4.56}$$

这正是厄米方程 (15.4.45)。可见式 (15.4.45) 的解就是 $w(\xi)$，即 $H_n(\xi)=w(\xi)$。注意到 $U=\exp\left(-\xi^2\right)$，由式 (15.4.55) 得到

$$H_n(\xi)=(-1)^n\mathrm{e}^{\xi^2}\frac{\mathrm{d}^n}{\mathrm{d}\xi^n}\left(\mathrm{e}^{-\xi^2}\right) \tag{15.4.57}$$

这就是厄米多项式 $H_n(\xi)$ 的微分表示。

3. **生成函数**

厄米多项式的生成函数表示为

$$S(x,r)\equiv\exp\left(2xr-r^2\right)=\sum_{n=0}^{\infty}H_n(x)\frac{r^n}{n!} \tag{15.4.58}$$

其中, r 是实参数。这个生成函数是非常有用的，我们现在论证其中的 $H_n(x)$ 是 n 阶厄米多项式。式 (15.4.58) 两边分别对 x 和 r 求导数，得到

$$\frac{\partial S}{\partial x}=2r\exp\left(2xr-r^2\right)=\sum_{n=0}^{\infty}H_n(x)\frac{2r^{n+1}}{n!}=\sum_{n=0}^{\infty}\frac{r^n}{n!}\frac{\mathrm{d}H_n}{\mathrm{d}x} \tag{15.4.59a}$$

$$\begin{aligned}\frac{\partial S}{\partial r}&=(2x-2r)\exp\left(2xr-r^2\right)=2\sum_{n=0}^{\infty}H_n(x)\frac{(x-r)r^n}{n!}\\&=\sum_{n=0}^{\infty}\frac{nr^{n-1}}{n!}H_n(x)=\sum_{n=1}^{\infty}\frac{r^{n-1}}{(n-1)!}H_n(x)\end{aligned} \tag{15.4.59b}$$

上式的最后一步是由于 $n=0$ 项为零。由式 (15.4.59a) 得到

$$\sum_{n=1}^{\infty}H_{n-1}(x)\frac{2r^n}{(n-1)!}=\sum_{n=1}^{\infty}\frac{r^n}{n!}\frac{\mathrm{d}H_n}{\mathrm{d}x}\quad\left(\frac{\mathrm{d}H_0}{\mathrm{d}x}=0\right) \tag{15.4.60}$$

两边比较 r^n 幂的系数，得到

$$\frac{\mathrm{d}H_n}{\mathrm{d}x}=2nH_{n-1}(x)\quad(n=0,\ 1,\ 2,\cdots) \tag{15.4.61}$$

进而由式 (15.4.59b) 得到

$$2\sum_{n=0}^{\infty}H_n(x)\frac{xr^n}{n!}-2\sum_{n=0}^{\infty}H_{n-1}(x)\frac{nr^n}{n!}=\sum_{n=0}^{\infty}\frac{r^n}{n!}H_{n+1}(x) \tag{15.4.62}$$

两边比较 r^n 幂的系数，得到

$$H_{n+1}(x)=2xH_n(x)-2nH_{n-1}(x)\quad(n=0,\ 1,\ 2,\cdots) \tag{15.4.63}$$

由式 (15.4.61) 和式 (15.4.63) 得到

$$\frac{\mathrm{d}H_n}{\mathrm{d}x}=2xH_n(x)-H_{n+1}(x)$$

这样

$$\begin{aligned}\frac{\mathrm{d}^2H_n}{\mathrm{d}x^2}&=2H_n(x)+2x\frac{\mathrm{d}H_n}{\mathrm{d}x}-\frac{\mathrm{d}H_{n+1}}{\mathrm{d}x}\\&=2x\frac{\mathrm{d}H_n}{\mathrm{d}x}+2H_n(x)-2(n+1)H_n(x)\\&=2x\frac{\mathrm{d}H_n}{\mathrm{d}x}-2nH_n(x)\ (n=0,\ 1,\ 2,\cdots)\end{aligned}$$

这正是方程 (15.4.45)，可见生成函数 (15.4.58) 中的 $H_n(x)$ 确实是 n 阶厄米多项式。上述的论证还推出了厄米多项式的两个递推公式 (15.4.61) 和式 (15.4.63)，而前者正是式 (15.4.41) 的第一式。

现在对式 (15.4.58)，即

$$S(x,r)\equiv\exp\left(x^2\right)\exp\left[-(x-r)^2\right]=\sum_{n=0}^{\infty}H_n(x)\frac{r^n}{n!}\tag{15.4.64}$$

两边关于 r 求 n 次导数, 这使得式 (15.4.64) 右边求和中小于 n 的项均变成零, 第 n 项变成 $H_n(x)$, 而大于 n 的项含有 r 的幂。接下来两边取 $r=0$, 结果为

$$\left.\frac{\partial^nS}{\partial r^n}\right|_{r=0}=H_n(x)\tag{15.4.65}$$

注意，对于任意函数 $f(x-r)$，我们有

$$\frac{\partial f}{\partial x}=-\frac{\partial f}{\partial r},\quad\frac{\partial^nf}{\partial x^n}=(-1)^n\frac{\partial^nf}{\partial r^n}\tag{15.4.66}$$

这样

$$\frac{\partial^nS}{\partial r^n}=\mathrm{e}^{x^2}\frac{\partial^n}{\partial r^n}[\mathrm{e}^{-(x-r)^2}]=(-1)^n\mathrm{e}^{x^2}\frac{\partial^n}{\partial x^n}[\mathrm{e}^{-(x-r)^2}]\tag{15.4.67}$$

由式 (15.4.65) 和式 (15.4.67) 得到

$$H_n(x)=(-1)^n\mathrm{e}^{x^2}\frac{\partial^n}{\partial x^n}(\mathrm{e}^{-x^2})\tag{15.4.68}$$

这就是 n 阶厄米多项式的微分表示。利用生成函数方法，推导它相当简单。

4. 归一化常数

现在求式 (15.4.44) 中的归一化常数 A_n，由归一化条件 $\int_{-\infty}^{\infty}|\psi_n(x)|^2\mathrm{d}x=1$ 得

$$|A_n|^{-2}=\frac{1}{\alpha}\int_{-\infty}^{\infty}\mathrm{e}^{-\xi^2}H_n^2(\xi)\mathrm{d}\xi=\frac{(-1)^n}{\alpha}\int_{-\infty}^{\infty}H_n(\xi)\frac{\mathrm{d}^n}{\mathrm{d}\xi^n}(\mathrm{e}^{-\xi^2})\mathrm{d}\xi\tag{15.4.69}$$

这里已经利用了 ξ 与 x 的关系式 (15.4.11) 及式 (15.4.68)。对式 (15.4.69) 右端的积分用分部积分法，得到

$$\begin{aligned}|A_n|^{-2} &= \frac{(-1)^n}{\alpha}\int_{-\infty}^{\infty} H_n(\xi)\frac{\mathrm{d}^n}{\mathrm{d}\xi^n}(\mathrm{e}^{-\xi^2})\mathrm{d}\xi \\ &= \frac{(-1)^n}{\alpha}\int_{-\infty}^{\infty} H_n(\xi)\mathrm{d}\left[\frac{\mathrm{d}^{n-1}}{\mathrm{d}\xi^{n-1}}(\mathrm{e}^{-\xi^2})\right] \\ &= \frac{(-1)^n}{\alpha}\left[H_n(\xi)\frac{\mathrm{d}^{n-1}}{\mathrm{d}\xi^{n-1}}(\mathrm{e}^{-\xi^2})\right]_{-\infty}^{\infty} + \frac{(-1)^{n+1}}{\alpha}\int_{-\infty}^{\infty}\frac{\mathrm{d}H_n(\xi)}{\mathrm{d}\xi}\frac{\mathrm{d}^{n-1}}{\mathrm{d}\xi^{n-1}}(\mathrm{e}^{-\xi^2})\mathrm{d}\xi\end{aligned}$$

上式中的第一项是 $\mathrm{e}^{-\xi^2}$ 与一个多项式的乘积，所以把 $\xi=\pm\infty$ 代入后等于零。

上述的分部积分共进行 n 次，得到

$$|A_n|^{-2} = \frac{(-1)^{n+n}}{\alpha}\int_{-\infty}^{\infty}\frac{\mathrm{d}^n H_n(\xi)}{\mathrm{d}\xi^n}\left(\mathrm{e}^{-\xi^2}\right)\mathrm{d}\xi \tag{15.4.70}$$

注意到式 (15.4.42) 的第二式，并利用高斯积分公式 (3.3.8)，得到

$$A_n = \left(\frac{\alpha}{2^n n!\sqrt{\pi}}\right)^{1/2} \tag{15.4.71}$$

利用这一结果，厄米多项式的正交性关系式 (15.4.48) 变为

$$\int_{-\infty}^{\infty} H_m(\xi)H_n(\xi)\mathrm{e}^{-\xi^2}\mathrm{d}\xi = 2^n n!\sqrt{\pi}\delta_{mn} \tag{15.4.72}$$

这个关系式还可以由生成函数式 (15.4.58) 直接推出。事实上，写出生成函数

$$\exp\left(2xt-t^2\right) = \sum_{m=0}^{\infty} H_m(x)\frac{t^m}{m!} \tag{15.4.73}$$

式 (15.4.73) 与式 (15.4.58) 相乘，得到

$$\exp\left(2xt-t^2+2xr-r^2\right) = \sum_{m=0}^{\infty}\sum_{n=0}^{\infty} H_m(x)H_n(x)\frac{t^m r^n}{m!n!} \tag{15.4.74}$$

用 e^{-x^2} 乘上式两边，然后对 x 从 $-\infty$ 到 ∞ 积分，得到

$$\int_{-\infty}^{\infty}\exp\left[2tr-(x-t-r)^2\right]\mathrm{d}x = \sum_{m=0}^{\infty}\sum_{n=0}^{\infty}\frac{t^m r^n}{m!n!}\int_{-\infty}^{\infty} H_m(x)H_n(x)\mathrm{e}^{-x^2}\mathrm{d}x \tag{15.4.75}$$

现在左边为

$$\begin{aligned}\int_{-\infty}^{\infty}\exp\left[2tr-(x-t-r)^2\right]\mathrm{d}x &= \mathrm{e}^{2tr}\int_{-\infty}^{\infty}\exp\left[-(x-t-r)^2\right]\mathrm{d}x \\ &= \mathrm{e}^{2tr}\int_{-\infty}^{\infty}\mathrm{e}^{-u^2}\mathrm{d}u = \mathrm{e}^{2tr}\sqrt{\pi}\end{aligned}$$

将 e^{2tr} 展开成幂级数，有

$$e^{2tr}\sqrt{\pi} = \sqrt{\pi}\sum_{n=0}^{\infty}\frac{(2tr)^n}{n!} = 2^n\sqrt{\pi}\sum_{n=0}^{\infty}\frac{(tr)^n}{n!} \tag{15.4.76}$$

由式 (15.4.75) 与式 (15.4.76) 得到

$$2^n\sqrt{\pi}\sum_{n=0}^{\infty}\frac{(tr)^n}{n!} = \sum_{m=0}^{\infty}\sum_{n=0}^{\infty}\frac{t^m r^n}{m!n!}\int_{-\infty}^{\infty}H_m(x)H_n(x)e^{-x^2}dx \tag{15.4.77}$$

该等式成立的条件是

$$\int_{-\infty}^{\infty}H_m(x)H_n(x)e^{-x^2}dx = 2^n n!\sqrt{\pi}\delta_{mn} \tag{15.4.78}$$

这正是厄米多项式的正交性关系式 (15.4.72)。我们再次看到生成函数方法的简单性。

15.4.3 系统的含时解

在式 (15.4.78) 的意义上，量子谐振子的本征函数的正交性表示为

$$\int_{-\infty}^{\infty}\psi_m(x)\ \psi_n(x)dx = \delta_{mn} \tag{15.4.79}$$

其中，归一化的本征函数为

$$\psi_n(\xi) = \left(\frac{\alpha}{2^n n!\sqrt{\pi}}\right)^{1/2}\exp\left(-\frac{1}{2}\xi^2\right)H_n(\xi) \tag{15.4.80a}$$

或

$$\psi_n(x) = \left(\frac{\alpha}{2^n n!\sqrt{\pi}}\right)^{1/2}\exp\left(-\frac{1}{2}\alpha^2x^2\right)H_n(\alpha x) \tag{15.4.80b}$$

现在我们可以讨论由式 (15.4.7) 和式 (15.4.8) 构成的初值问题。本征解式 (15.4.9) 给出 [注意到式 (15.4.10b)]

$$\psi_n(x)\exp\left(-\frac{i}{\hbar}E_n t\right) \tag{15.4.81}$$

其中，E_n 由式 (15.4.43) 表示。对本征解式 (15.4.81) 叠加，我们得到线性薛定谔方程 (15.4.7) 的一般解

$$\Psi(x,t) = \sum_{n=0}^{\infty}c_n\psi_n(x)\exp\left(-\frac{i}{\hbar}E_n t\right) \tag{15.4.82}$$

其中，c_n 是展开系数，由初始条件 $\Psi(x,0) = f(x)$[式 (15.4.8)] 得到

$$f(x) = \sum_{n=0}^{\infty}c_n\psi_n(x) \tag{15.4.83}$$

对式 (15.4.83) 两边同乘以 $\psi_m(x)$，然后在 $(-\infty,\infty)$ 上积分，并利用式 (15.4.79)，得到

$$c_n=\int_{-\infty}^{\infty}\psi_n(x)f(x)\,\mathrm{d}\,x \tag{15.4.84}$$

例 设谐振子的初态为基态和第一激发态的叠加，即

$$\Psi(x,0)=A\left[3\psi_0(x)+4\psi_1(x)\right] \tag{15.4.85}$$

其中，$\psi_0(x)$ 和 $\psi_1(x)$ 由式 (15.4.80b) 给出。

(1) 求出归一化常数 A；

(2) 求出谐振子任意时刻的状态。

解 由归一化条件 $\int_{-\infty}^{\infty}|\Psi(x,0)|^2\mathrm{d}x=1$，即

$$\int_{-\infty}^{\infty}A^2\left[3\psi_0(x)+4\psi_1(x)\right]^2\mathrm{d}x=1 \tag{15.4.86}$$

及正交性关系式 (15.4.79)，得到

$$A^{-2}=9\int_{-\infty}^{\infty}\psi_1^2(x)\mathrm{d}x+16\int_{-\infty}^{\infty}\psi_2^2(x)\mathrm{d}x=25 \tag{15.4.87}$$

故 $A=1/5$。因此初态为

$$\Psi(x,0)=\frac{3}{5}\psi_0(x)+\frac{4}{5}\psi_1(x) \tag{15.4.88}$$

由式 (15.4.84) 得到

$$c_0=\frac{3}{5},\quad c_1=\frac{4}{5},\quad c_n=0\quad(n\neq 1,2) \tag{15.4.89}$$

进而由式 (15.4.82) 得到

$$\begin{aligned}\Psi(x,t)&=\frac{3}{5}\psi_0\exp\left(-\frac{\mathrm{i}}{\hbar}E_0t\right)+\frac{4}{5}\psi_1\exp\left(-\frac{\mathrm{i}}{\hbar}E_1t\right)\\&=\frac{3}{5}\psi_0\exp\left(-\frac{\mathrm{i}}{2}\omega t\right)+\frac{4}{5}\psi_1\exp\left(-\frac{3\mathrm{i}}{2}\omega t\right)\end{aligned}$$

这就是谐振子任意时刻的状态，其中 E_0 和 E_1 分别是基态和第一激发态的能量，而 ω 是能级的频率间隔，由式 (15.4.43) 确定。

15.4.4 概率密度

现在进一步讨论量子谐振子本征态的概率密度，它由式 (15.4.80a) 给出

$$|\psi_n(\xi)|^2 = \frac{\alpha}{2^n n!\sqrt{\pi}} \exp\left(-\xi^2\right) H_n^2(\xi) \tag{15.4.90}$$

我们首先思考一个问题：一个经典谐振子运动时，在什么位置出现的概率最大 (图 15.12)? 这个问题其实是问振子从一个端点 $(x=-A)$ 运动到另一个端点 $(x=A)$，在 $T/2$(T 为周期) 时间内，在哪个位置停留的时间最长？或者更确切地说，在哪个位置上，通过单位距离用的时间最长。我们知道，振子以最大速度通过平衡位置，在该位置附件通过单位距离用的时间最短，因此出现的概率最小；而在振幅位置速度由正变负 (或由负变正)，总要经历速度为零的时刻，在该位置上通过单位距离用的时间最长，因此出现的概率最大。如果用 $\rho(x)$ 表示振子在任意 x 处的概率密度，则概率的归一化写为

$$\int_{-A}^{A} \rho(x)\mathrm{d}x = 1 \tag{15.4.91}$$

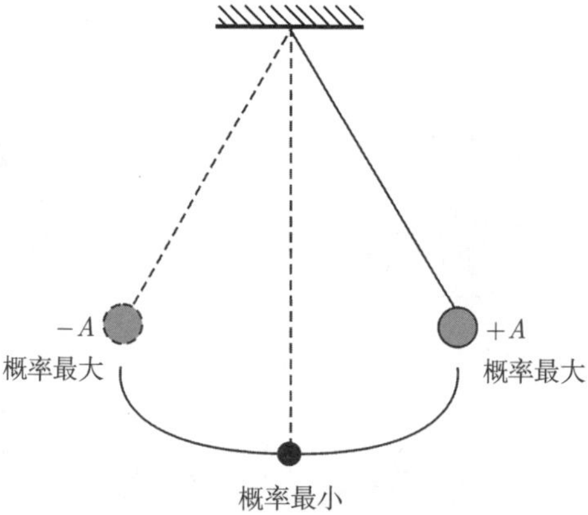

图 15.12　经典谐振子在平衡位置的概率最小，在振幅位置的概率最大

现在我们按照这样的知识考查量子谐振子的概率密度。首先，定义经典禁区 $|x| > A_n$，其中 A_n 由

$$\frac{1}{2}\mu\omega^2 A_n^2 = \hbar\omega\left(n+\frac{1}{2}\right) \tag{15.4.92}$$

确定。式 (15.4.92) 表明，在 A_n 处振子的势能等于总能量，A_n 称为最大经典振幅 (与量子数 n 有关)。利用无量纲变量 $\xi = \alpha x$[式 (15.4.11)]，最大无量纲经典振幅表示为 $a_n = \alpha A_n$。式 (15.4.92) 给出

$$a_n = \sqrt{2n+1} \tag{15.4.93}$$

现在我们考查基态的量子谐振子 $(n=0)$，由式 (15.4.93) 知道最大无量纲经典振幅为 $a_0 = 1$。振子的本征能量为 $E_0 = \dfrac{1}{2}\hbar\omega$，它称为零点能；相应的概率密度由

式 (15.4.90) 给出

$$|\psi_0(\xi)|^2 = \frac{\alpha}{\sqrt{\pi}} \exp\left(-\xi^2\right) \tag{15.4.94}$$

这是一个高斯函数 (图 15.13)。首先可以看出，基态量子谐振子概率密度的行为与经典情况完全相反，它的最大值出现在 "平衡位置"$\xi = 0$。另外按照经典力学的知识，一个谐振子只允许在 $|x| \leqslant A_0$(即 $|\xi| \leqslant 1$) 范围内运动，而 $|x| > A_0$ 属于经典禁区。但量子谐振子可以出现在禁区内，事实上我们可以计算振子在经典禁区出现的概率

$$Q_0 = \int_{-\infty}^{-A_0} |\psi_0(x)|^2 \mathrm{d}x + \int_{A_0}^{\infty} |\psi_0(x)|^2 \mathrm{d}x \tag{15.4.95}$$

用 $\xi = \alpha x$ 以及高斯函数的对称性，我们得到

$$Q_0 = \frac{2}{\sqrt{\pi}} \int_1^{\infty} \exp\left(-\xi^2\right) \mathrm{d}\xi \tag{15.4.96}$$

这是余误差函数 $\operatorname{erfc}(x) = \dfrac{2}{\sqrt{\pi}} \displaystyle\int_x^{\infty} \exp\left(-\xi^2\right) \mathrm{d}\xi$ 在 $x = 1$ 的取值：$Q_0 = 0.157$。可见量子谐振子在经典禁区有可观的存在概率，这是一种量子效应。

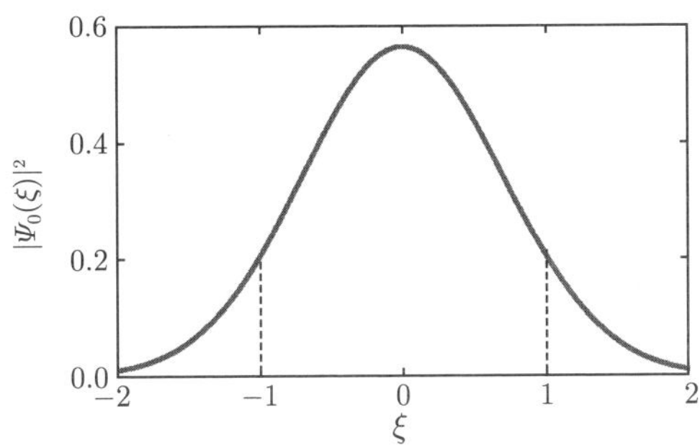

图 15.13 基态量子谐振子的概率密度，振子在经典禁区有 15.7% 的存在概率

为了一般性地搞清楚量子谐振子与经典谐振子的关系，下面对经典谐振子的概率密度问题进行定量的研究。由图 15.8 考查振子从 $x = -A$ 到 $x = A$ 的运动 (经历的时间为半个周期)，振子在任意 $\mathrm{d}x$ 区域内 (停留的时间为 $\mathrm{d}t$) 出现的概率为

$$\rho(x)\mathrm{d}x = \frac{\mathrm{d}t}{T/2} \tag{15.4.97}$$

概率密度 $\rho(x)$ 的归一化条件由空间变量表示为式 (15.4.91)，而用时间变量还可以表示为

$$\int_0^{T/2} \frac{\mathrm{d}t}{T/2} = 1 \tag{15.4.98}$$

现在我们求解方程 (15.4.97)，为此对简谐振动的位移式 (15.4.2) 关于时间 t 求导数，有

$$\frac{\mathrm{d}x}{\mathrm{d}t} = A\omega\cos(\omega t+\delta) = A\omega\sqrt{1-\sin^2(\omega t+\delta)}$$
$$= A\omega\sqrt{1-\left(\frac{x}{A}\right)^2} = \omega\sqrt{A^2-x^2}$$

由式 (15.4.97)，并注意到 $T = 2\pi/\omega$，我们有

$$\rho(x) = \frac{2/T}{\dfrac{\mathrm{d}x}{\mathrm{d}t}} = \frac{2}{T\omega\sqrt{A^2-x^2}} = \frac{1}{\pi\sqrt{A^2-x^2}} \tag{15.4.99}$$

这就是经典谐振子的概率密度表示式，如图 15.14 所示。

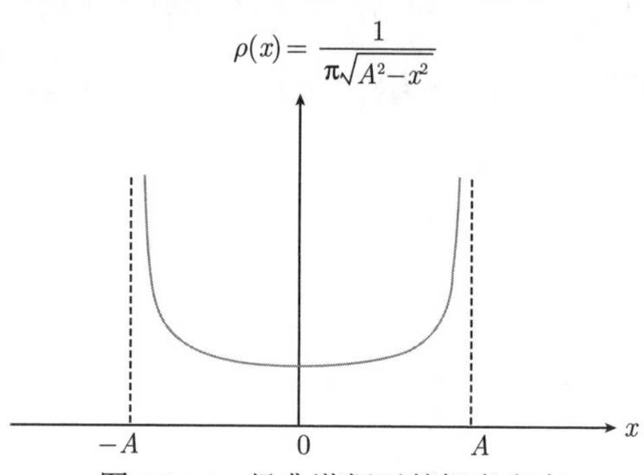

图 15.14　经典谐振子的概率密度

经典振幅 A 对于不同的本征态 $\psi_n(x)$，应该有不同的尺度。为了与量子谐振子的概率密度相比较，式 (15.4.99) 中的经典振幅 A 应该用相应的最大经典振幅 A_n[式 (15.4.92)] 代替，即

$$\rho(x) = \frac{1}{\pi\sqrt{A_n - x^2}} \tag{15.4.100}$$

利用关系式 $\xi = \alpha x$，$a_n = \alpha A_n$，概率密度式 (15.4.100) 用无量纲变量 ξ 表示为 [注意到式 (15.4.93)]

$$\rho(\xi) = \frac{1}{\pi\sqrt{2n+1-\xi^2}} \tag{15.4.101}$$

相应的归一化条件为

$$\int_{-1}^{1}\frac{1}{\pi\sqrt{2n+1-\xi^2}}\mathrm{d}\xi = 1 \tag{15.4.102}$$

现在我们将量子谐振子的概率密度式 (15.4.90) 与相应的经典结果式 (15.4.101) 相比较，如图 15.15 所示。可以看出，当量子数 n 取前两个值时，量子谐振子的概率密度与经典情况毫无相似之处 (甚至完全相反)；随着 n 的增加，量子谐振子概率密度两侧的峰逐渐升高，与经典情况的相似性随之增加。在较大量子数 n 情况下 (图 15.16)，量子谐振子的概率密度呈快速振荡，其平均值接近经典行为。可见，能量高的振子比能量低的振子 “更经典”。量子系统在量子数较大情况下趋于经典系统的行为，这是量子–经典对应原理的普遍规律。

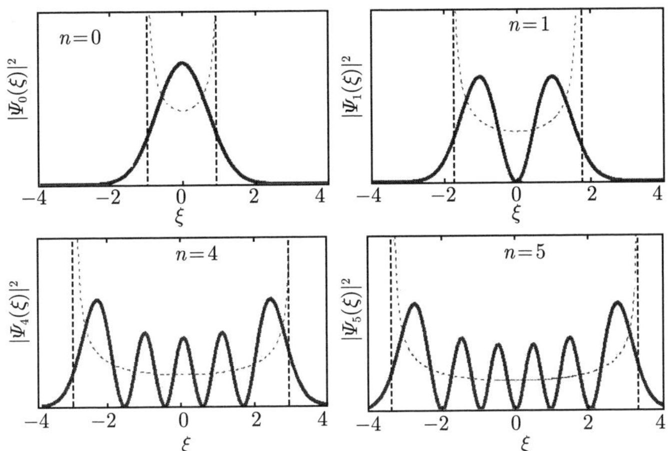

图 15.15　量子 (实线) 与经典 (虚线) 谐振子的概率密度

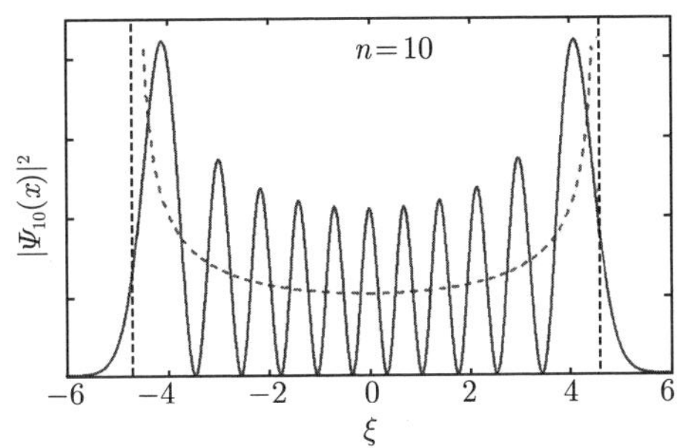

图 15.16　较大量子数时量子 (实线) 与经典 (虚线) 谐振子的概率密度

为了进一步说明谐振子体系中的这种效应，我们考查振子在经典禁区的概率随量子数 n 的变化，由

$$\begin{aligned} Q_n &= \int_{-\infty}^{-A_n} |\psi_n(x)|^2 \mathrm{d}x + \int_{A_n}^{\infty} |\psi_n(x)|^2 \mathrm{d}x \\ &= 2\int_{A_n}^{\infty} |\psi_n(x)|^2 \mathrm{d}x = \frac{2}{\alpha}\int_{a_n}^{\infty} |\psi_n(\xi)|^2 \mathrm{d}\xi \\ &= \frac{1}{2^{n-1}n!\sqrt{\pi}}\int_{\sqrt{2n+1}}^{\infty} \exp\left(-\xi^2\right) H_n^2(\xi) \mathrm{d}\xi \end{aligned}$$

给出

$$Q_0 = 0.157, \quad Q_1 = 0.112, \quad Q_2 = 0.095, \quad Q_3 = 0.085$$
$$Q_{10} = 0.060$$

可见随着量子数 n 的增加，谐振子在经典禁区的概率减小，系统趋于经典行为。我们再次看到，能量高的振子比能量低的振子 “更经典”。

索　引

E

F

H

J

K

L

M

R

S

T

W

X

Y

Z